핵심 공업수학 개정판

Advanced Engineering Mathematics 8e

Peter V. O'Neil 저

공업수학교재편찬위원회 역

북스힐

Cengage

Australia • Brazil • Canada • Mexico • Singapore • United Kingdom • United States

Cengage

Advanced Engineering Mathematics,
SI Edition, Eighth Edition

Peter V. O'Neil

Original edition © 2022 Cengage Engineering, a part of Cengage Learning
Advanced Engineering Mathematics, SI Edition, Eighth Edition
by Peter V. O'Neil
ISBN: 9781337274524

ISBN: 979-11-5971-454-2

Cengage Learning Korea Ltd.
14F YTN Newsquare 76 Sangamsan-ro
Mapo-gu Seoul 03926 Korea
Tel: (82) 2 330 7000
Fax: (82) 2 330 7001

Printed in Korea
Print Number: 01 Print Year: 2022

역자 머리말

이 책은 Peter V. O'Neil의 『Advanced Engineering Mathematics』 8판을 근간으로 선별적으로 압축하여 번역한 교재이다. 미분적분학에 기본 지식이 있는 공학도 및 자연과학도들, 응용과학을 공부하는 학생들, 현장의 엔지니어들을 위하여 편집하고 번역하였다. 또한 이 책은 수학적 기초 이론을 바탕으로 현장의 문제를 해결하기 위한 모델링 등으로 실제 문제를 해결하는 데 도움이 될 것으로 생각한다.

특히 컴퓨터를 이용하여 구체적인 그래프를 그리고 실상을 관찰할 수 있도록 하여 시각적·공간적으로 문제를 이해하는 데 많은 도움이 될 것으로 본다.

공업수학에서 필요한 일반적인 상미분방정식, 행렬과 행렬식, 그리고 이들을 이용한 선형 연립 미분방정식의 계와 Laplace 변환, 푸리에 변환, 또한 아주 중요한 편미분방정식인 열방정식 및 파동방정식의 해법과 유체역학의 해석에 도움이 되는 편미분방정식이 포함되도록 하였다. 또한 전자기학에 필요한 퍼텐셜 이론과 벡터 해석도 일부 포함되도록 하였다. 그리고 간단하게나마 복소해석학 분야도 포함되도록 하였다. 복소적분 분야는 충분하지 않으므로 좀 더 깊은 내용을 다룬 복소수 함수론을 참고하시길 권한다.

가급적 보기 문제를 많이 포함되도록 하여 쉬운 단계에서 어려운 단계까지 학습할 수 있도록 편집하였다.

우리 역자들은 원서의 내용을 선별적으로 압축하여 번역 편집하였으므로 좀 더 깊은 내용을 원하는 독자들은 원서를 참고하시길 권하고 싶다.

누리호 발사 성공과 함께 우리나라 첫 달 탐사선인 “다누리”호도 성공적으로 발사되었으므로 공학과 응용과학에 관련하는 많은 분과 독자들이 공학수학과 그 응용에 더 많은 관심을 갖기를 희망한다.

끝으로 코로나 대유행으로 어려운 와중에도 불구하고 출판을 위해 혼신의 노력을 다해주신 ㈜도서출판 북스힐 관계자 여러분께 깊은 감사를 드린다.

2022년 8월 역자 일동

차례

2부 행렬과 선형대수학

3부 선형 연립 미분방정식과 해법

4부 벡터 해석

5부 푸리에 해석

6부 편미분방정식

7부 복소해석

1부 상미분방정식

Ordinary Differential Equations

1장 1계 미분방정식

미지의 함수와 그 도함수들로 구성된 식을 **미분방정식**이라 한다. 특히 1변수 함수에 대한 미분으로 표현된 식을 **상미분방정식**, 다변수 함수에 대한 편미분으로 표현된 식을 **편미분방정식**이라 분류한다. 미분방정식은 자연과학, 공학, 경제학 등 다양한 분야에서 나타나는 현상들을 모델링하고 이해하는 데 많이 이용된다.

다음 방정식을 생각해 보자.

$$F(x, y, y') = 0 \tag{1.1}$$

이 식은 미지함수 $y = y(x)$에 관한 방정식으로서 y의 1계 미분이 포함되어 있으므로 **1계 미분방정식**이라 한다.

일반적으로 방정식에 포함된 도함수 중에서 미분 횟수가 가장 많은 것이 n번이면 이 식을 ***n*계 미분방정식**이라고 부른다.

한편, 어떤 함수 $y = y(x)$를 식 (1.1)에 대입했을 때 등식이 성립하면 이 함수 $y = y(x)$를 미분방정식 (1.1)의 해라고 한다. 앞으로 다양한 형태의 미분방정식에 대하여 그 해법을 살펴보도록 하자.

1.1 변수분리형 방정식

정의 1.1 변수분리형 미분방정식

$$y' = F(x)G(y)$$

꼴의 미분방정식을 변수분리형이라 한다.

이 경우 종속변수 y를 좌변으로, 독립변수 x를 우변으로 분리하면 다음과 같은 형태로 쓸 수 있다.

$$\frac{1}{G(y)}\,dy = F(x)\,dx.$$

여기서 $G(y)\,Z\neq 0$이라 가정하자. 이 식의 양변을 적분한

$$\int \frac{1}{G(y)}\,dy = \int F(x)\,dx$$

는 x, y, 적분상수로 표현되는 식이다. 이것을 $y(x)$에 대해 풀면 해를 구할 수 있다. 그러나 y를 항상 x에 관한 구체적인 함수, 즉 양함수 꼴로 구할 수 있는 것은 아니다.

Math in Context | 에너지 균형방정식

기계나 부품을 설계할 때 많은 경우에 물질과 에너지 균형방정식을 이용한다. 유체시스템에 관한 역학적 에너지 균형방정식은 다음과 같이 쓸 수 있다.

$$dE = dH + dQ - dW.$$

여기서

E = 부피당 물체의 토탈에너지,
H = 엔탈피, 즉 내부에너지,
Q = 시스템에 가한 열,
W = 시스템이 한 일

이다. 많은 경우에 에너지 균형방정식은 관심있는 양에 대한 변수분리 미분방정식으로 표현된다.

보기 1.1

$$y' = y^2 e^{-x}$$

이 방정식을 다시 쓰면

$$\frac{dy}{dx} = y^2 e^{-x}$$

이므로 변수분리형이다. $y \neq 0$일 때

$$\frac{1}{y^2}\,dy = e^{-x}\,dx$$

이므로 양변을 적분하면

$$-\frac{1}{y} = -e^{-x} + C$$

이 함수를 y에 대해 정리하면

$$y = \frac{1}{e^{-x} - C}.$$

이와 같이 임의의 상수 C를 사용하여 모든 해를 포함한 표현을 미분방정식의 **일반해**라 한다. 한편 C 대신 특정한 값을 선택하여 얻은 해를 **특수해**라 하고, 해의 그래프를 미분방정식의 **적분곡선**이라 한다.

위에서 변수를 분리하기 위해 양변을 y^2으로 나눌 때 $y \neq 0$이라는 조건이 필요하다. 사실 상수함수 $y(x) = 0$은 비록 일반해로부터 상수값 C를 선택함으로써 얻을 수 있는 것은 아니지만 $y' = y^2 e^{-x}$의 한 해이다. 이러한 이유로 $y(x) = 0$을 이 방정식의 **특이해**라고 한다. 그림 1.1은 $C = -3, -5, -7$을 선택해서 얻은 특수해의 적분곡선이다.

때로는 주어진 점 $x = x_0$에서 특정된 함수값 $y = y_0$를 취하는 미분방정식의 해를 구하고자 하는 경우가 있다. 이와 같이

$$F(x, y, y') = 0; \quad y(x_0) = y_0$$

꼴의 문제를 **초깃값 문제**, 주어진 조건 $y(x_0) = y_0$를 **초기조건**이라 한다.

보기 1.1에 초기조건 $y(0) = 4$를 첨가해 보자.

일반해에 초기조건을 대입하면

$$y(0) = \frac{1}{1 - C} = 4$$

이므로 $C = \frac{3}{4}$이 된다. 따라서 초깃값 문제의 해는 $y = \frac{1}{e^{-x} - 3/4}$이다.

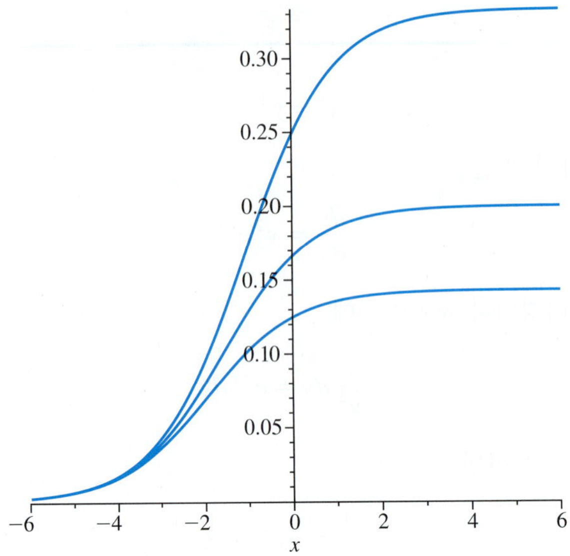

그림 1.1 $C=-3,\ -5,\ -7$에 대한 $y' = y^2e^{-x}$의 적분곡선

변수를 분리할 때 부가되는 조건 때문에 혹시 빠뜨리는 특이해가 없는지 염두에 두어야 한다.

보기 1.2

$$x^2y' = 1 + y$$

이 방정식을 변수분리하면

$$\frac{1}{1+y}\,dy = \frac{1}{x^2}\,dx$$

이다. 비록 $y=-1$을 미분방정식에 대입하면 $0=0$인 결과를 얻을 수 있다고 할지라도, 변수분리를 위해 $y \neq -1$의 조건이 필요하다.

변수분리된 방정식을 적분하면 다음 식을 얻는다.

$$\ln|1+y| = -\frac{1}{x} + C.$$

이것은 음함수 꼴의 일반해이다. 이 경우에는 $y(x)$를 양함수 꼴로 풀 수 있다. 먼저 위 식의 양변에 지수를 취하면 다음 식을 얻는다.

$$1 + y = \pm e^{C}e^{-1/x} = Ae^{-1/x}.$$

여기서 $\pm e^C$ 대신 A를 사용하였다. C가 임의의 상수이므로 A는 0이 아닌 임의의 상수이다. 따라서 일반해는

$$y(x) = -1 + Ae^{-1/x}$$

이고, A는 0이 아닌 임의의 상수이다.

이제 $y \neq -1$이라고 했던 가정으로 돌아가 보자. 만일 일반해에서 $A = 0$을 허용한다면, 실제로 $y = -1$인 해를 얻게 된다. 더구나 상수함수 $y(x) = -1$은 원래 미분방정식 $x^2 y' = 1 + y$를 만족한다. 따라서 A가 0을 포함하는 임의의 상수라면 일반해

$$y(x) = -1 + Ae^{-1/x}$$

은 구하고자 하는 모든 해를 포함하고 있다.

보기 1.3

$$y' = y\frac{(x-1)^2}{y+3}\ ;\quad y(3) = -1$$

의 일반해는 다음과 같은 음함수 꼴로 주어진다.

$$y + 3\ln|y| = \frac{1}{3}(x-1)^3 + C. \tag{1.2}$$

초기조건 $y(3) = -1$을 만족하는 해를 찾고자 하면 $x = 3$, $y = -1$을 식 (1.2)에 대입하여

$$-1 = \frac{1}{3}(2)^3 + C \Rightarrow C = -\frac{11}{3}$$

을 얻는다. 따라서 이 초깃값 문제의 해는 다음을 만족하는 음함수이다.

$$y + 3\ln|y| = \frac{1}{3}(x-1)^3 - \frac{11}{3}.$$

그림 1.2는 이 초깃값 문제의 적분곡선이다.

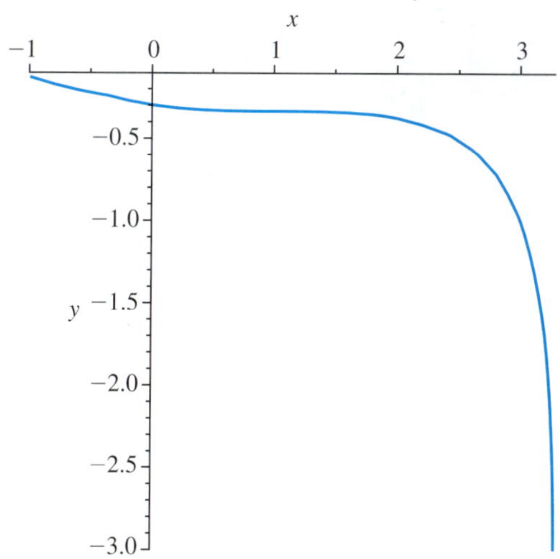

그림 1.2 $y + 3\ln|y| = \frac{1}{3}(x-1)^3 - \frac{11}{3}$

Math in Context | 압축기

압축기는 제트기 엔진, 화학공장, 냉장고, 에어컨 등 여러 방면의 공학응용에서 찾아볼 수 있는 기본적인 기계이다. 압축기는 압력을 증가시켜 기체의 부피를 줄인다. 정상상태($dE=0$)에서 압축기를 작동하면 에너지 균형방정식은

$$dW = dH + dQ$$

로 단순화된다. 이 방정식은 다양한 관심 변수에 대해 풀 수 있다. 예를 들어 다음 문제를 살펴보자; 기체를 압축시키면 온도가 증가한다. 외부로부터 냉각작용이 없을 때($dQ=0$), 온도 증가와 부피 변화 사이의 관계는 어떻게 되는가?

식 $dW = dH$에 대하여 압축기체의 부피 감소와 이에 대응하는 온열효과의 관계를 설정할 수 있다. 열역학 관계식 $dH = nC_p dT$와 $dW = -VdP$를 대입하고 이상기체방정식 $pV = nRT$를 이용하면 변수분리형 미분방정식을 얻을 수 있다.

여기서 R은 기체상수, C_p는 기체가 압축될 때 실험적으로 결정되는 열효율이다.

$$nC_p\,dT = -VdP = -\frac{nRT}{V}dV$$

변수를 분리하여 적분하면

$$\int_{T_{in}}^{T_{out}} \frac{dT}{T} = -\frac{R}{C_p}\int_{V_{in}}^{V_{out}} \frac{dV}{V}, \qquad \frac{T_{out}}{T_{in}} = \left(\frac{V_{in}}{V_{out}}\right)^{\frac{R}{C_p}}.$$

T_{out}은 냉장시스템 설계에서 중요한 매개변수이지만, 엔지니어들은 필요에 따라 T_{out}를 무시하거나 극한을 취한다.

왼쪽 그림: 송풍기 사진, 적당한 압축과 온열을 조절할 수 있는 압축기의 일종.
오른쪽 그림: 압축기의 온열효과에 대한 도식.
참조: Israel Urieli, Engineering Thermodynamics, https://www.ohio.edu/mechanical/thermo/Intro/Chapt.1-6/Chapert4c/html

보기 1.4 사망 시간 추정

피살자가 발견되어 검시관이 사망 시간을 추정하려고 한다. 사망 후 시간이 지나면서 사체는 열을 방출하여 체온이 점점 낮아지게 될 것이다. 검시관은 사체의 현재 체온을 재고, 사체가 열을 방출하여 이 온도에 이르기까지 얼마의 시간이 걸리겠는가를 계산하여 사망 시간을 추정하려고 한다.

피살자는 섭씨 20도인 방에 있었고 사망 당시 체온은 37도로 정상이었다고 가정하자. 검시관은 오후 9시 40분 현장에 도착하여 사체의 체온이 34.7도, 오후 11시에 다시 측정하여 체온이 31.8도임을 알았다.

Newton의 냉각법칙에 의하면, 사체는 체온과 방 온도의 차이에 비례하는 속도로 열에너지를 방출하게 된다. 따라서 $T(t)$를 시간 t에서 사체의 체온이라 하고 비례상수를 k라고 하면 다음이 성립한다.

$$T'(t) = k[T(t) - 20].$$

변수분리하여 적분하면

$$\begin{aligned} &\frac{1}{T-20}\,dT = k\,dt \\ &\Rightarrow \ln|T-20| = kt + C \\ &\Rightarrow T - 20 = \pm e^{c} e^{kt} = Ae^{kt} \\ &\Rightarrow T(t) = 20 + Ae^{kt} \end{aligned}$$

가 된다.

이제 상수 k와 A를 결정하자. 9시 40분 사체의 체온은 34.7도였으므로 이 시각을 기준 시간 0이라고 하면

$$T(0) = 34.7 = 20 + A.$$

따라서 $A = 14.7$이고,

$$T(t) = 20 + 14.7\,e^{kt}$$

가 된다. 또한 80분 후 체온은 31.8도였으므로

$$T(80) = 31.8 = 20 + 14.7e^{80k}$$

$$\Rightarrow e^{80k} = \frac{11.8}{14.7}, \qquad k = \frac{1}{80}\ln\frac{11.8}{14.7}$$

이 된다. 따라서 사체의 체온함수는

$$T(t) = 20 + 14.7e^{\ln(11.8/14.7)\,t/80}$$

이다. 사망 시간은 사체의 온도가 정상 체온인 37도였던 시간이다. $T(t)$를 37이

라 하고 t를 풀면

$$T(t) = 37 = 20 + 14.7e^{\ln(11.8/14.7)\,t/80}$$
$$\Rightarrow \frac{17}{14.7} = e^{\ln(11.8/14.7)\,t/80}$$
$$\Rightarrow \ln\frac{17}{14.7} = \frac{t}{80}\ln\frac{11.8}{14.7}$$
$$\Rightarrow t = \frac{80\ln(17/14.7)}{\ln(11.8/14.7)}$$

이고 대략 −52.9분이 된다. 따라서 사건은 처음 사체의 체온을 측정한 오후 9시 40분보다 약 52.9분 전, 즉 살인은 오후 8시 47분경에 일어난 것이다.

보기 1.5 탄소 연대 측정

방사능 붕괴 시 질량은 방사를 통해 에너지로 전환되며, 질량의 변화 속도는 질량 자체에 비례한다는 사실이 알려져 있다. 따라서 시간이 t일 때 질량을 $m(t)$라 하고 비례상수를 k라고 하면 다음이 성립한다.

$$\frac{dm}{dt} = km.$$

이때 비례상수 k는 방사능 물질의 종류에 따라 다르다.

이 식은 변수분리형 미분방정식으로 다음과 같이 변형할 수 있다.

$$\frac{1}{m}\,dm = k\,dt$$
$$\Rightarrow \ln|m| = kt + c.$$

이때 질량은 항상 양의 값을 가지므로

$$\ln m = kt + c$$
$$\Rightarrow m(t) = e^{kt+c} = Ae^{kt}$$

를 얻는다. 여기서 A는 상수이다.

주어진 방사능 물질에 대한 A와 k를 결정하기 위해서는 두 개의 측정값이 필요하다. 시간 0일 때 초기질량은 M그램이라고 하자. 그러면

$$m(0) = A = M$$
$$\Rightarrow m(t) = Me^{kt}$$

가 된다. 얼마의 시간이 지나 시간 T일 때 M_T그램의 질량이 남았다면

$$
\begin{aligned}
m(T) &= M_T = Me^{kT} \\
\Rightarrow \ln \frac{M_T}{M} &= kT \\
\Rightarrow k &= \frac{1}{T} \ln \frac{M_T}{M}
\end{aligned}
$$

이다. 따라서 임의의 시간에 질량은

$$m(t) = Me^{\ln(M_T/M)\, t/T}.$$

만일 두 번째 측정 시간을 주의 깊게 선택한다면 질량에 관해 보다 간편한 식을 얻을 수 있다. 질량이 방사되어 정확하게 절반이 남게 되는 시간인 $T = H$에서 두 번째 측정을 하면 $M_T/M = 1/2$이므로 질량은

$$m(t) = Me^{-(\ln 2)\, t/H} \tag{1.3}$$

가 된다. 이 H를 원소의 **반감기**라고 한다. 또한 임의의 시간 t_1에 대해 $t_1 + H$일 때 원소의 질량은 t_1일 때 존재했던 질량의 절반이 된다. 이 사실은 다음 계산을 통해 확인할 수 있다.

$$
\begin{aligned}
m(t_1 + H) &= Me^{-(\ln 2)(t_1 + H)/H} \\
&= Me^{-(\ln 2)\, t_1/H} e^{-(\ln 2)\, H/H} = e^{-\ln 2} m(t_1) \\
&= \frac{1}{2} m(t_1).
\end{aligned}
$$

식 (1.3)은 고대 유물의 연대를 추정하는 데 사용된다. 지구의 성층권은 끊임없이 고에너지를 가진 우주광선의 충격을 받는다. 그 결과 많은 중성자를 생성하고 그것이 공기 중의 질소와 충돌하여 그 일부가 방사능 물질인 탄소 ^{14}C로 변환된다. 이 원소의 반감기는 5730년이다. 대기 중 일반 탄소에 대한 ^{14}C의 비율은 일정하다. 이는 생명체(식물 혹은 동물)가 흡수하는 탄소 중에서 ^{14}C의 비율이 항상 일정하다는 것을 의미한다. 생명체가 죽으면 ^{14}C의 흡수를 중단하게 되며 방사능 붕괴가 일어나기 시작한다. 유물의 일반 탄소에 대한 ^{14}C의 비율을 측정함으로써 붕괴량과 붕괴에 소요된 시간을 추정할 수 있으며, 그 결과 생명체가 살았던 연대를 추정할 수 있다. 이렇게 유물의 연대를 추정하는 과정을 탄소 연대 측정이라고 한다. 이 방법은 역사학이나 고고학 연구에 있어서 매우 유용한 도구이다.

식 (1.3)을 탄소 연대 측정에 적용하기 위해 $H = 5730$을 이용하여 계산하면

$$
\begin{aligned}
&\frac{\ln 2}{H} = \frac{\ln 2}{5730} \approx 0.000120968 \\
&\Rightarrow m(t) \approx Me^{-0.000120968t}.
\end{aligned}
$$

이제 우리가 화석화된 나무 유물을 가지고 있다고 가정해 보자. 측정 결과 유물 표본의 ^{14}C 비율은 현재 비율의 37%라고 하자. 나무가 죽었을 때를 기준 시간 0이라 하면 1 g의 방사능 탄소가 붕괴하여 현재의 양이 되기까지 시간 T는

$$0.37 \approx e^{-0.000120968T}$$

$$\Rightarrow T \approx -\frac{\ln(0.37)}{0.000120968} \approx 8219$$

년이다.

보기 1.6 종단속도

중력의 영향으로 물, 공기, 기름과 같은 매질 속에서 떨어지고 있는 물체를 생각해 보자. 이 매질은 물체의 하강운동을 지연시킨다. 예를 들어 벽돌이 수영장에 떨어진다든지, 볼베어링이 기름탱크 안으로 떨어지는 경우를 생각해 보자. 여기에서 이러한 물체의 운동에 대해 분석하고자 한다.

$v(t)$를 시간 t일 때 속도라 하자. 중력은 mg 크기로 물체를 아래로 잡아당긴다. 이때 매질은 운동을 지연시키는 힘의 크기가 속도의 제곱에 비례한다고 한다. 만일 물체의 하강 방향을 양의 방향으로 잡으면 상승 방향은 음이 되어 Newton의 법칙은 비례상수 α에 대해

$$F = mg - \alpha v^2 = m\frac{dv}{dt}$$

이 된다. 물체가 정지상태로부터 자유낙하를 시작한다고 가정하고 이 순간을 시간 0으로 보고 속도를 측정한다면 $v(0)=0$이다. 이제 위의 식을 속도에 대한 초깃값 문제

$$v' = g - \frac{\alpha}{m}v^2; \quad v(0) = 0$$

으로 표현할 수 있다. 이 미분방정식은 변수분리형이다. 변수를 분리하여 적분하면

$$\frac{1}{g-(\alpha/m)v^2}\,dv = dt$$

$$\Rightarrow \sqrt{\frac{m}{\alpha g}}\tanh^{-1}\left(\sqrt{\frac{\alpha}{mg}}\,v\right) = t + C$$

$$\Rightarrow v(t) = \sqrt{\frac{mg}{\alpha}}\tanh\sqrt{\frac{\alpha g}{m}}(t+C)$$

이다. 이제 적분상수를 구하기 위해 초기조건을 대입하면

$$v(0)=\sqrt{\frac{mg}{\alpha}}\tanh C\sqrt{\frac{\alpha g}{m}}=0$$

이다. $\tanh\xi=0$이 되려면 $\xi=0$이므로 $C=0$이다. 따라서

$$v(t)=\sqrt{\frac{mg}{\alpha}}\tanh\sqrt{\frac{\alpha g}{m}}\,t.$$

여기서 t가 점점 증가하면 $\tanh\sqrt{\alpha g/m}\,t$는 1에 수렴한다. 이것은

$$\lim_{t\to\infty}v(t)=\sqrt{\frac{mg}{\alpha}}$$

이라는 것을 의미한다. 즉, 중력의 영향으로 매질 속에서(속도의 제곱에 비례하는 저항력을 갖는) 떨어지고 있는 물체는 그 속도가 무한정 증가하지 않고 한계값 $\sqrt{mg/\alpha}$에 수렴한다. 만일 매질이 충분히 깊다면 물체는 시간이 충분히 지난 후부터는 거의 일정한 속도로 가라앉게 될 것이다. $\sqrt{mg/\alpha}$를 물체의 **종단속도**라고 한다. 스카이다이버들은 이런 현상을 경험한다.

위에서 제시한 세 가지 보기에서 알 수 있듯이 다양한 종류의 문제를 해결하는 데 미분방정식이 이용된다. 주어진 문제 자체는 미분방정식이 아니지만, 여러 가지 정보를 이용하여 몇 단계 변형을 거쳐 문제에 대응하는 미분방정식과 초기조건을 찾아내게 된다. 이러한 과정을 **수학적 모델링**이라 한다. 모델은 미분방정식 그리고 초기조건 같은 관련 정보로 구성되어 있다.

연습문제 1.1

문제 1부터 10까지 미분방정식이 변수분리형인지 판단하여라. 만일 변수분리형이라면 일반해(음함수로 정의되기도 하는)를 구하라. 변수분리형이 아니면 해를 구할 필요가 없다.

1. $3y'=4x/y^2$

2. $y+xy'=0$

3. $(\cos y)y'=\sin(x+y)$

4. $e^{x+y}y'=3x$

5. $xy'+y=y^2$

6. $y'=\dfrac{(x+1)^2-2y}{2^y}$

7. $(x\sin y)y'=\cos y$

8. $\dfrac{x}{y}y'=\dfrac{2y^2+1}{x+1}$

9. $y+y'=e^x-\sin y$

10. $[\cos(x+y)+\sin(x-y)]y'=\cos 2x$

문제 11에서 15까지 초깃값 문제를 풀어라.

11. $xy^2y'=y+1;\ y(3e^2)=2$

12. $y' = 3x^2(y+2);\ y(2) = 8$

13. $(\ln y^x)y' = 3x^2 y;\ y(2) = e^3$

14. $2yy' = e^{x-y^2};\ y(4) = -2$

15. $yy' = 2x \sec 3y;\ y(2/3) = \pi/3$

16. 32.2도의 온도를 가진 물체가 15.5도를 유지하고 있는 환경에 놓여 있다. 10분 후 이 물체의 온도는 31.1도까지 냉각되었다. 이 환경에서 20분이 지난 후 물체의 온도는 어떻게 되겠는가? 이 물체가 18도까지 냉각되는 데 걸리는 시간은 얼마인가?

17. 21.1도를 가리키고 있는 온도계를 집 밖으로 가지고 나갔다. 5분 후 온도계 눈금은 15.5도였고, 15분 뒤에는 10.2도였다. 집 밖의 온도는 몇 도이겠는가? 단, 집 밖의 온도는 일정하다고 가정한다.

18. 어떤 방사능 물질의 반감기가 ln 2주라고 하자. 특정한 시간에 방사능 물질이 e^3 ton이 있었다면 3주 후에는 얼마나 남겠는가?

19. ^{238}U의 반감기는 약 4.5×10^9년이다. 현재 10 kg의 ^{238}U 덩어리는 10억 년 후에 얼마나 남겠는가?

20. 12 g의 방사능 원소가 4분 동안에 9.1 g으로 붕괴되었다. 이 원소의 반감기는 얼마인가?

21. 다음을 계산하여라.

$$\int_0^\infty e^{-t^2-9/t^2}\,dt$$

힌트: 양수 x에 대해 정의된 함수

$$I(x) = \int_0^\infty e^{-t^2-(x/t)^2}\,dt$$

를 x로 미분하여 $I'(x)$를 구하라. 여기서 $u=x/t$로 치환하여 $I'(x) = -2I(x)$임을 보이고 이 미분방정식을 풀어라. 일반해에 포함된 상수는 가우스 적분의 결과인 $\int_0^\infty e^{-t^2}dt = \sqrt{\pi}/2$를 이용하여 계산할 수 있다. 끝으로 $I(3)$을 계산하면 된다.

22. (개체 증가의 로지스틱 모델) 1837년 생물학자 베르헐스트(Verhulst)는 세균배양 접시의 박테리아 등과 같은 개체수 증가 현상을 모델링하는 미분방정식을 개발했다. 베르헐스트는 시간에 대한 개체수 $P(t)$의 변화율은 증가를 촉진하는 인자로서 개체수 자체의 영향을 받고, 또한 식량이나 공간상의 제한과 같이 증가를 억제시키려는 인자에도 영향을 받는다고 생각했다. 그는 증가인자를 $aP(t)$의 항으로, 억제인자를 $-bP(t)^2$의 항으로 가정하여 모델을 세웠다. a와 b는 양수로 그 값은 실험대상에 의존한다. 이 모델을 로지스틱 방정식이라 한다.

$$P'(t) = aP(t) - bP(t)^2$$

시간이 0일 때 개체수를 $P(0) = p_0$라 하고 이 초깃값 문제를 풀면

$$P(t) = \frac{ap_0}{a - bp_0 + bp_0 e^{at}}\, e^{at}.$$

이것을 개체 증가의 로지스틱 모델이라 한다. 이 함수의 그래프는 그림 1.3과 같은 모양이다. 이때 $\lim_{t\to\infty} P(t) = a/b$임을 보여라. 이것은 개체수의 한계치로서 그 이상 개체가 증가할 수 없다.

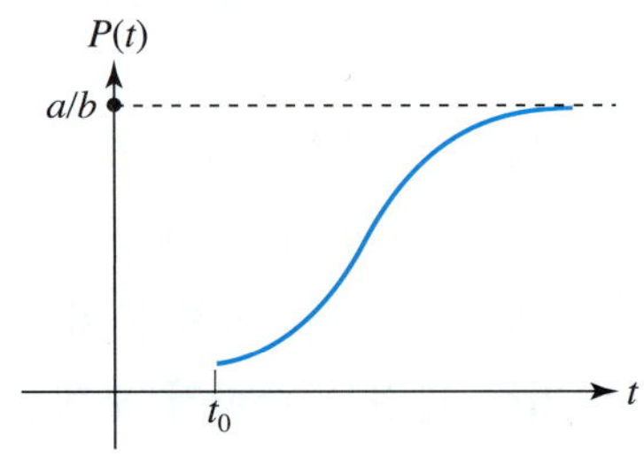

그림 1.3 인구 증가의 로지스틱 모델

23. 문제 22번에 계속하여, 1920년 펄과 리드는 미국의 인구에 대해서 $a=0.03134$, $b=(1.5887)(10^{-10})$을 제안하였다. 표 1.1은 1790년 이후 10년 단위의 미국 인구 조사 데이터이다. 1790년을 시간 0으로 하여 p_0를 정하고, 시간이 t일 때 미국 인구에 대한 로지스틱 모델에 펄/리드 계수를 적용하면 다음 식과 같다.

$$P(t) = \frac{123{,}141.5668}{0.03072 + 0.00062e^{0.03134t}}\, e^{0.03134t}$$

이 모델이 제시하는 1980년까지 미국 인구를 알기 위해 1790년부터 10년 단위로 $P(t)$를 계산하여 표 1.1을 완성하여라. 이때 1790년 인구에 대해서는 $t=0$, 1800년 인구에 대해서는 $t=10$으로 놓아야 한다. 이 값들을 실제 인구 조사 데이터와 함께 좌표평면에 표시하고, 실제 인구 증가

▶표 1.1 미국 인구 증가에 관한 로지스틱 모델

연도	인구수	로지스틱 모델 예측치 $P(t)$	오차(%)
1790	3,929,214		
1800	5,308,483		
1810	7,239,881		
1820	9,638,453		
1830	12,866,020		
1840	17,069,453		
1850	23,191,876		
1860	31,443,321		
1870	38,558,371		
1880	50,189,209		
1890	62,979,766		
1900	76,212,168		
1910	92,228,496		
1920	106,021,537		
1930	123,202,624		
1940	132,164,569		
1950	151,325,798		
1960	179,323,175		
1970	203,302,031		
1980	226,547,042		

와 이 모델에 의해 예상되는 인구 증가를 비교하기 위해 각각의 데이터 점들을 매끄러운 곡선으로 연결하여라. 상당히 긴 시간 동안 이 모델은 꽤 정확한 것을 알 수 있으며, 이후 실제 데이터를 벗어나게 된다. 이 모델에 의한 미국 인구의 한계치는 약 197,300,000명이지만 이 수치는 이미 1970년에 초과하였다. 이는 이 모델이 오랜 시간이 지나면 정확하게 예측하기 어렵다는 것을 의미한다.

때로는 지수함수 모델이 인구 증가에 적용되기도 한다. 이것은 인구 증가율이 인구수에 비례하는 것으로 가정한다. 즉, $P'(t) = kP(t)$로 두는 것이다. 여기서 k는 상수이다. 1790년을 시간 0으로 하고, 1790년과 1800년의 데이터를 사용하여 이 미분방정식을 풀어라. 그것을 사용하여 1980년 미국 인구의 예측치를 계산하여라. 이 수치들은 아마도 곧 실제 데이터를 벗어나게 될 것이며, 따라서 로지스틱 모델이 지수함수 모델보다 훨씬 더 정확하다는 것은 분명하다. 그럼에도 불구하고 지수함수 모델은 비교적 짧은 시간에 대한 인구의 예측에는 이용된다.

1.2 선형 미분방정식

정의 1.2 선형 미분방정식

$$y'(x) + p(x)y = q(x)$$

꼴을 **1계 선형 미분방정식**이라고 한다.

선형 미분방정식의 해를 구하는 방법을 살펴보자. 주어진 식에 $e^{\int p(x)\,dx}$를 곱하면

$$e^{\int p(x)\,dx}\, y'(x) + p(x)\, e^{\int p(x)\,dx}\, y = q(x)\, e^{\int p(x)\,dx}$$

이다. 이 식의 좌변은 $y(x)\, e^{\int p(x)\,dx}$의 도함수이므로

$$\frac{d}{dx}\left(y(x)\, e^{\int p(x)\,dx}\right) = q(x)\, e^{\int p(x)\,dx}.$$

이를 적분하면

$$y(x)\, e^{\int p(x)\,dx} = \int q(x) e^{\int p(x)\,dx}\, dx + C$$

가 되고, 이것을 $y(x)$에 대해서 풀면 다음 일반해를 얻는다.

$$y(x) = e^{-\int p(x)\,dx} \int q(x)\, e^{\int p(x)\,dx}\, dx + Ce^{-\int p(x)\,dx}. \tag{1.4}$$

$e^{\int p(x)\,dx}$를 미분방정식의 **적분인자**라고 한다. 왜냐하면 방정식에 이 인자를 곱하면 적분이 가능하기 때문이다.

보기 1.7

$$y' + y = x$$

이 미분방정식은 선형이다. 적분인자 $e^{\int dx} = e^x$이므로 미분방정식에 e^x를 곱하면

$$\begin{aligned} & y'e^x + ye^x = xe^x \\ \Rightarrow\ & (ye^x)' = xe^x \\ \Rightarrow\ & ye^x = \int xe^x\, dx = (x-1)\, e^x + C \end{aligned}$$

를 얻는다. 따라서 일반해는

$$y(x) = x - 1 + Ce^{-x}.$$

보기 1.8

$$y' = 3x^2 - \frac{y}{x}\ ; \quad y(1) = 5.$$

우선 주어진 선형 미분방정식을 다음과 같은 꼴로 쓴다.

$$y' + \frac{1}{x}y = 3x^2.$$

이때 적분인자는 $e^{\int 1/x dx} = e^{\ln x} = x$이다(단, $x > 0$). 따라서

$$xy' + y = 3x^3 \Rightarrow (xy)' = 3x^3$$
$$\Rightarrow xy = \frac{3}{4}x^4 + C.$$

일반해는

$$y(x) = \frac{3}{4}x^3 + \frac{C}{x} \qquad (x > 0)$$

이다. 초기조건으로부터

$$y(1) = 5 = \frac{3}{4} + C$$

이므로 $C = 17/4$이고, 초깃값 문제의 해는 다음과 같다.

$$y(x) = \frac{3}{4}x^3 + \frac{17}{4x} \qquad (x > 0).$$

p와 q의 형태에 따라 일반해 (1.4)의 모든 적분을 간단한 형태의 함수로 구하는 것이 불가능할 수도 있다. 다음 미분방정식이 그 예이다.

$$y' + xy = 2.$$

이 미분방정식의 일반해는

$$y(x) = 2e^{-x^2/2}\int e^{x^2/2}dx + Ce^{-x^2/2}$$

인데, 여기서 $\int e^{x^2/2}dx$는 간단한 함수로 나타낼 수 없다.

보기 1.9 혼합문제

탱크 안에 50 kg의 소금이 용해된 800 ℓ의 소금물이 들어 있다고 하자. 여기에 ℓ당 1/64 kg의 소금이 녹아 있는 소금물이 12 ℓ/min 속도로 탱크 안으로 유입된다. 동시에 소금물은 12 ℓ/min 속도로 탱크로부터 배출되고 있다(그림 1.4).

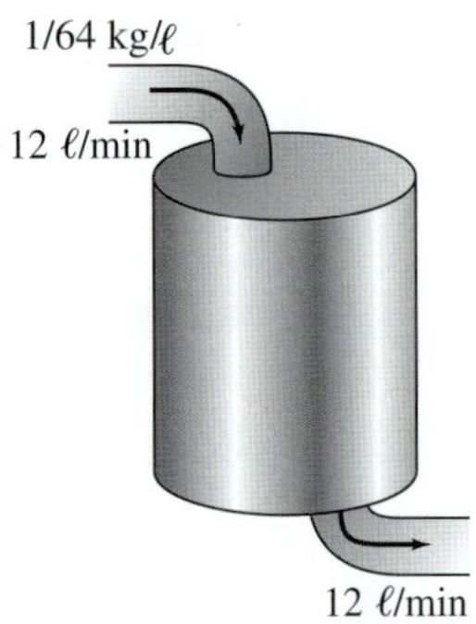

그림 1.4 저장 탱크

임의의 시간 t에서 탱크 안 소금의 양은 얼마인가?

이러한 문제를 **혼합문제**라 하는데, 화학 산업이나 제조 공정에서 자주 볼 수 있는 문제이다. 수학적 모델을 세우기 전에 우선 탱크 안의 소금물에 대한 소금의 초기비율은 800 ℓ에 50 kg, 즉 $\frac{1}{16}$ kg/ℓ라는 것을 염두에 두자. 농도가 $\frac{1}{64}$ kg/ℓ로 일정한 소금물이 탱크로 유입되기 때문에, 혼합된 소금물의 농도는 점차 낮아져 유입되는 소금물의 농도로 수렴할 것이다. 다시 말해 오랜 시간($t \to \infty$)이 지나면 탱크 안에는 $\frac{1}{64}$ kg/ℓ × 800 ℓ = 12.5 kg의 소금이 남게 될 것이다.

이제 $Q(t)$를 시간 t에서 탱크 속 소금의 양이라고 하자. 시간에 대한 $Q(t)$의 변화율은 단위시간당 유입되는 소금량에서 유출되는 소금량을 뺀 것과 같다. 즉,

$$\begin{aligned}\frac{dQ}{dt} &= \text{유입률} - \text{유출률}\\ &= \left(\frac{1}{64}\frac{\text{kg}}{\ell}\right)\left(12\,\frac{\ell}{\text{minute}}\right) - \left(\frac{Q(t)}{800}\frac{\text{kg}}{\ell}\right)\left(12\,\frac{\ell}{\text{minute}}\right)\\ &= \frac{3}{16} - \frac{3}{200}Q(t).\end{aligned}$$

이것은 다음과 같은 선형 미분방정식이다.

$$Q'(t) + \frac{3}{200}Q = \frac{3}{16}.$$

적분인자는 $e^{\int (3/200)\,dt} = e^{3t/200}$이므로

$$\begin{aligned}(Qe^{3t/200})' &= \frac{3}{16}e^{3t/200}\\ \Rightarrow Qe^{3t/200} &= \frac{3}{16}\frac{200}{3}e^{3t/200} + C\\ \Rightarrow Q(t) &= 12.5 + Ce^{-3t/200}.\end{aligned}$$

초기 소금량은 50 kg이므로

$$Q(0) = 50 = 12.5 + C$$

에서 C = 37.5이고, 따라서

$$Q(t) = 12.5 + 37.5e^{-3t/200}$$

가 된다. 예상한 대로 시간 t가 증가하면 소금량은 12.5 kg에 수렴한다. 이 극한값은 탱크 안으로 유입되는 소금량에 의존하는 것이지 탱크 안의 초기 소금량과는 무관하다는 것을 알 수 있다. 해의 12.5에 해당하는 항은 시간에 무관하므로 이를 해의 **정상상태** 부분이라고 하며, $37.5e^{-3t/200}$에 해당하는 항은 과도

상태 부분이라고 한다. t가 증가하면 과도상태 부분은 탱크 안의 소금량에 거의 영향을 미치지 않으며, t가 무한히 커지면 해는 정상상태로 수렴하게 된다.

연습문제 1.2

문제 1부터 5까지 일반해를 구하라.

1. $y' - \frac{3}{x}y = 2x^2$
2. $y' - y = \sinh x$
3. $y' + 2y = x$
4. $y' + (\sec x)y = \cos x$
5. $y' - 2y = -8x^2$

문제 6에서 10까지 초깃값 문제를 풀어라.

6. $y' + 3y = 5e^{2x} - 6;\ y(0) = 2$
7. $y' + \frac{1}{x-2}y = 3x;\ y(3) = 4$
8. $y' - y = 2e^{4x};\ y(0) = -3$
9. $y' + \frac{2}{x+1}y = 3;\ y(0) = 5$
10. $y' + \frac{5y}{9x} = 3x^3 + x;\ y(-1) = 4$
11. 그래프의 점 (x, y)를 지나는 접선의 y절편이 $2x^2$인 함수를 모두 구하라.
12. 2000 ℓ의 탱크에 12.5 kg의 소금이 용해된 200 ℓ의 소금물이 들어 있다. 시간 0부터 0.25 kg/ℓ의 소금이 함유된 소금물이 12 ℓ/min 속도로 유입되고, 혼합된 소금물은 8 ℓ/min 속도로 탱크로부터 유출된다. 탱크에 400 ℓ의 소금물이 들어 있을 때 소금량은 얼마가 되겠는가?
13. 두 개의 탱크가 그림 1.5처럼 연결되어 있다. 탱크 1에는 처음에 10 kg의 소금이 용해되어있는 400 ℓ의 소금물이 들어 있다. 반면 탱크 2에는 45 kg의 소금이 용해되어있는 600 ℓ의 소금물이 들어 있다. 시간 0부터 $\frac{1}{16}$ kg/ℓ의 소금이 용해되어 있는 소금물이 20 ℓ/min 속도로 탱크 1로 유입된다. 탱크 1의 배출구를 통해 20 ℓ/min 속도로 소금물이 탱크 2로 유출되고, 탱크 2도 마찬가지로 배출구를 통해 20 ℓ/min 속도로 소금물이 밖으로 배출된다. 임의의 시간 t에서 각 탱크 속 소금량을 구하라. 또한 탱크 2의 소금의 농도가 최소가 되는 시기와 그때 탱크에 남아 있는 소금량을 구하라. 힌트: 먼저 시간 t에서 탱크 1의 소금량을 구하라. 그리고 이 해를 이용해서 탱크 2의 소금량을 결정하라.

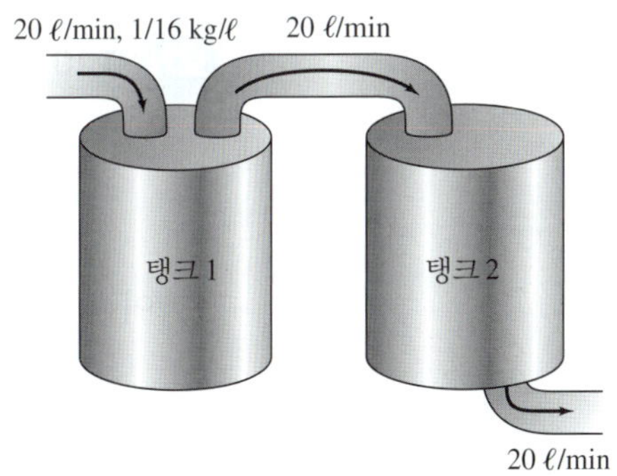

그림 1.5 탱크 사이의 혼합

1.3 완전 미분방정식

미분방정식 $M(x, y) + N(x, y)y' = 0$을

$$M(x, y)\,dx + N(x, y)\,dy = 0 \tag{1.5}$$

꼴로 쓰기도 한다. 이 형태로부터 일반해를 유도할 수 있는 경우가 자주 있다. 2변수 함수 $\varphi(x, y)$에 대한 완전미분은

$$d\varphi = \frac{\partial\varphi}{\partial x}\,dx + \frac{\partial\varphi}{\partial y}\,dy$$

임을 상기하자. 만약에 $\varphi(x, y)$를 잘 선택하여

$$\frac{\partial\varphi}{\partial x} = M(x, y), \qquad \frac{\partial\varphi}{\partial y} = N(x, y)$$

를 만족시키면 미분방정식 $M\,dx + N\,dy = 0$은

$$0 = M\,dx + N\,dy = d\varphi$$

가 되어 $d\varphi = 0$이므로 $\varphi(x, y)$는 상수함수, 즉

$$\varphi(x, y) = C \qquad (C\text{는 임의의 상수}) \tag{1.6}$$

는 음함수로서 (1.5)의 일반해가 된다. 실제로 (1.6)에 대한 음함수 미분을 취하면 (1.5)를 만족하는 것을 쉽게 확인할 수 있다.

보기 1.10

$$\frac{dy}{dx} = -\frac{2xy^3 + 2}{3x^2y^2 + 8e^{4y}}.$$

이 식을 다음과 같이 변형해 보자.

$$(2xy^3 + 2)\,dx + (3x^2y^2 + 8e^{4y})\,dy = 0. \tag{1.7}$$

이제

$$\varphi(x, y) = x^2y^3 + 2x + 2e^{4y}$$

이라 두자. 이 함수를 찾는 방법은 나중에 설명하고, 우선 함수를 살펴보면

$$\frac{\partial\varphi}{\partial x} = 2xy^3 + 2, \qquad \frac{\partial\varphi}{\partial y} = 3x^2y^2 + 8e^{4y}$$

이 되므로 방정식 (1.7)은

$$\frac{\partial \varphi}{\partial x}dx + \frac{\partial \varphi}{\partial y}dy = 0$$
$$\Rightarrow d\varphi(x, y) = 0$$

이다. 따라서 이 방정식의 일반해는

$$\varphi(x, y) = C$$

이고, 이 보기에서는

$$x^2y^3 + 2x + 2e^{4y} = C$$

이다. 이것은 음함수로 주어진 미분방정식 (1.7)의 일반해이다. 이것을 증명하기 위해 마지막 식을 x에 대해 미분해 보면

$$2xy^3 + 3x^2y^2y' + 2 + 8e^{4y}y' = 0$$
$$\Rightarrow 2xy^3 + 2 + (3x^2y^2 + 8e^{4y})y' = 0$$

을 얻게 된다. 이것은 원래 미분방정식

$$y' = -\frac{2xy^3 + 2}{3x^2y^2 + 8e^{4y}}$$

와 같다.

정의 1.3 포텐셜함수

$$\frac{\partial \varphi}{\partial x} = M(x, y), \quad \frac{\partial \varphi}{\partial y} = N(x, y)$$

을 만족하는 함수 $\varphi(x, y)$를 미분방정식 $M\,dx + Ndy = 0$에 대한 **포텐셜함수**라고 한다.

정의 1.4 완전 미분방정식

미분방정식 $M\,dx + Ndy = 0$의 포텐셜함수가 영역 R에서 존재하면 이 방정식은 영역 R에서 **완전하다**고 한다.

보기 1.10의 미분방정식은 평면 전체에서 완전하다. 왜냐하면 모든 (x, y)에 대해 정의된 포텐셜함수가 있기 때문이다. 일단 포텐셜함수를 찾으면 음함수로 주어진 일반해를 구할 수 있다. 때때로 이 해를 양함수로 풀 수도 있고, 그렇지 못할 수도 있다.

다시 보기 1.10으로 돌아가서 이 미분방정식의 포텐셜함수를 어떻게 구할 수 있는지 생각해 보자. 다음 두 식을 만족하는 함수를 찾으면 된다.

$$\frac{\partial\varphi}{\partial x} = 2xy^3 + 2, \quad \frac{\partial\varphi}{\partial y} = 3x^2y^2 + 8e^{4y}.$$

이 방정식 중 어느 하나를 선택하여 적분하자. 첫 번째 식을 x에 대해 적분하면

$$\varphi(x, y) = \int \frac{\partial\varphi}{\partial x}\,dx = \int (2xy^3 + 2)\,dx$$
$$= x^2y^3 + 2x + g(y)$$

를 얻는다. 여기서 x로 적분하므로 적분상수는 y의 함수임에 주목하자. 이 식을 x로 편미분해 보면 어떠한 함수 $g(y)$에 대해서도 $2xy^2 + 2$가 된다.

이제 함수 $g(y)$가 포함된 φ를 알았다. 여기서 이미 알고 있는 $\partial\varphi/\partial y$를 사용하면

$$\frac{\partial\varphi}{\partial y} = 3x^2y^2 + 8e^{4y}$$
$$= \frac{\partial}{\partial y}(x^2y^3 + 2x + g(y)) = 3x^2y^2 + g'(y)$$

이다. $g'(y) = 8e^{4y}$일 때 이 방정식이 성립하므로 $g(y) = 2e^{4y}$이다. 따라서

$$\varphi(x, y) = x^2y^3 + 2x + 2e^{4y}$$

은 포텐셜함수이다.

Math in Context | 증기

공학에서 증기를 이용하는 것은 19세기 증기기관으로부터 현대의 발전소 터빈을 구동시키는 것에 이르기까지 오랜 역사를 지니고 있다. 증기는 시스템에 에너지를 전달하는 데 이용되므로 열 유체 공학자들이 증기에너지를 온도나 압력 같은 측정 가능한 속성과 서로 연관시키는 데 필수적이다.

엔탈피 함수는 유체에너지에 관한 대표적인 열역학 포텐셜 함수이다. 많은 실제 상황에서 이것은 완전 미분방정식의 형태로 쓸 수 있다. 예를 들면

$$dH = S(T, P)\,dT + V(T, P)dP$$

인데, 여기서 엔트로피 S와 부피 V는 온도 T와 압력 P에 관한 함수이다. 여러 가지 유체에 대한 S와 P의 상호관계는 실험적으로 알려져 있다. 유체의 엔탈피 변화는 위의 미분방정식을 풀어서 결정된다.

증기가 매우 널리 사용됨에 따라 위의 방정식과 기타 관련 방정식의 해에 대한 표가 있어서 엔지니어나 발전소 운영자에게 편리하고 시간을 절약할 수 있도록 제공되어 있다.

보기 1.11

$$y + y' = 0.$$

만일 포텐셜함수 φ가 있다면

$$\frac{\partial \varphi}{\partial x} = y, \quad \frac{\partial \varphi}{\partial y} = 1$$

이 성립한다. $\partial\varphi/\partial x = y$를 x에 관해 적분하면 $\varphi(x, y) = xy + g(y)$가 되고 이것을 $\partial\varphi/\partial y = 1$에 대입하면

$$\frac{\partial}{\partial y}(xy + g(y)) = x + g'(y) = 1$$

이다. 그러나 이것은 오직 $g'(y) = 1 - x$일 때에만 성립한다. g는 원래 y의 함수이므로 이것은 모순이다. 따라서 $y + y' = 0$은 포텐셜함수를 가질 수 없다. 즉, 이 미분방정식은 완전 미분방정식이 아니다.

이 보기로부터 완전성에 대한 판정법이 필요함을 알 수 있다.

정리 1.1 완전성의 판정

$M(x, y)$, $N(x, y)$, $\partial M/\partial y$, $\partial N/\partial x$가 직사각형 영역 R에서 연속이라 하자. 그러면 미분방정식 $M(x, y)dx + N(x, y)dy = 0$이 영역 R에서 완전할 필요충분조건은 영역 R에서

$$\frac{\partial M}{\partial y} = \frac{\partial N}{\partial x}$$

일 때이다.

증명 만일 $M\,dx + N\,dy = 0$이 완전하면 φ가 존재하여 다음이 성립된다.

$$\frac{\partial \varphi}{\partial x} = M(x, y), \quad \frac{\partial \varphi}{\partial y} = N(x, y).$$

그러면 영역 R상의 임의의 (x, y)에 대해

$$\frac{\partial M}{\partial y} = \frac{\partial}{\partial y}\left(\frac{\partial \varphi}{\partial x}\right) = \frac{\partial^2 \varphi}{\partial y \partial x} = \frac{\partial^2 \varphi}{\partial x \partial y} = \frac{\partial}{\partial x}\left(\frac{\partial \varphi}{\partial y}\right) = \frac{\partial N}{\partial x}$$

이 성립한다.

역으로 $\partial M/\partial y$과 $\partial N/\partial x$이 R에서 연속함수라고 하자. R상의 한 점 (x_0, y_0)를 고정하고 φ를 다음과 같이 정의하자.

$$\varphi(x, y) = \int_{x_0}^{x} M(\xi, y_0)\, d\xi + \int_{y_0}^{y} N(x, \eta)\, d\eta.$$

이 함수를 y로 편미분하면

$$\frac{\partial \varphi}{\partial y} = N(x, y)$$

가 성립된다. 또한 φ를 x로 편미분하면

$$\begin{aligned}
\frac{\partial \varphi}{\partial x} &= \frac{\partial}{\partial x}\int_{x_0}^{x} M(\xi, y_0)\, d\xi + \frac{\partial}{\partial x}\int_{y_0}^{y} N(x, \eta)\, d\eta \\
&= M(x, y_0) + \int_{y_0}^{y} \frac{\partial N}{\partial x}(x, \eta)\, d\eta \\
&= M(x, y_0) + \int_{y_0}^{y} \frac{\partial M}{\partial \eta}(x, \eta)\, d\eta \\
&= M(x, y_0) + M(x, y) - M(x, y_0) = M(x, y)
\end{aligned}$$

이다. 따라서 $\varphi(x, y)$는 포텐셜함수이다. ■

예를 들어 보기 1.11의 $y + y' = 0$을 다시 생각해 보자. 여기서 $M(x, y) = y$이고 $N(x, y) = 1$이다. 즉, 평면 전체에서

$$\frac{\partial N}{\partial x} = 0, \quad \frac{\partial M}{\partial y} = 1$$

이므로 서로 다르다. 따라서 $y + y' = 0$은 완전하지 않다.

보기 1.12

$$x^2 + 3xy + (4xy + 2x)\, y' = 0.$$

$M(x, y) = x^2 + 3xy$, $N(x, y) = 4xy + 2x$에 대해 완전성 판별을 하면

$$\frac{\partial N}{\partial x} = 4y + 2, \quad \frac{\partial M}{\partial y} = 3x$$

이다. 여기서

$$3x = 4y + 2$$

는 직선 위에서만 성립할 뿐 어떠한 영역에서도 성립할 수 없다. 따라서 이 미분방정식은 완전하지 않다.

보기 1.13

$$(e^x \sin y - 2x)\,dx + (e^x \cos y + 1)\,dy = 0.$$

$M(x, y) = e^x \sin y - 2x$, $N(x, y) = e^x \cos y + 1$에 대해

$$\frac{\partial N}{\partial x} = e^x \cos y = \frac{\partial M}{\partial y}$$

이므로 이 미분방정식은 완전하다. 포텐셜함수를 찾기 위해 다음과 같이 두자.

$$\frac{\partial \varphi}{\partial x} = e^x \sin y - 2x\,, \qquad \frac{\partial \varphi}{\partial y} = e^x \cos y + 1.$$

두 번째 방정식을 y에 대해 적분하면

$$\begin{aligned}\varphi(x, y) &= \int (e^x \cos y + 1)\,dy \\ &= e^x \sin y + y + h(x)\end{aligned}$$

이고 다음 관계가 성립해야 한다.

$$\begin{aligned}\frac{\partial \varphi}{\partial x} &= e^x \sin y - 2x \\ &= \frac{\partial}{\partial x}(e^x \sin y + y + h(x)) \\ &= e^x \sin y + h'(x).\end{aligned}$$

따라서 $h'(x) = -2x$가 되며, $h(x) = -x^2$이다. 그러므로

$$\varphi(x, y) = e^x \sin y + y - x^2$$

는 포텐셜함수이고, 이때 미분방정식의 일반해는 다음과 같이 음함수로 주어진다.

$$e^x \sin y + y - x^2 = C.$$

연습문제 1.3

문제 1부터 5까지 미분방정식이 완전한지를 판단하여라. 완전하다면 포텐셜함수와 음함수 꼴의 일반해를 구하라. 완전하지 않다면 해를 구할 필요가 없다.

1. $(2y^2 + ye^{xy})\,dx + (4xy + xe^{xy} + 2y)\,dy = 0$
2. $(4xy + 2x)\,dx + (2x^2 + 3y^2)\,dy = 0$
3. $(4xy + 2x^2 y)\,dx + (2x^2 + 3y^2)\,dy = 0$
4. $2\cos(x + y) - 2x \sin(x + y) - 2x \sin(x + y)y' = 0$

5. $\dfrac{1}{x} + y + (3y^2 + x)y' = 0$

문제 6, 7에서 미분방정식이 완전하기 위한 상수 α를 찾아라. 그리고 포텐셜함수와 일반해를 구하라.

6. $(3x^2 + xy^{\alpha})\,dx - x^2 y^{\alpha-1}\,dy = 0$

7. $(2xy^3 - 3y) - (3x + \alpha x^2 y^2 - 2\alpha y)y' = 0$

문제 8부터 12까지 미분방정식이 초기위치를 포함하는 어떤 직사각형 영역에서 완전한지를 판단하여라. 완전하면 초깃값 문제를 풀어라. 미분방정식이 완전하지 않으면 해를 구할 필요가 없다.

8. $2y - y^2\sec^2(xy^2) + (2x - 2xy\sec^2(xy^2))y' = 0;\ y(1) = 2$

9. $3y^4 - 1 + 12xy^3 y' = 0;\ y(1) = 2$

10. $1 + e^{y/x} - \dfrac{y}{x}e^{y/x} + e^{y/x}y' = 0;\ y(1) = -5$

11. $x\cos(2y - x) - \sin(2y - x)$
$-2x\cos(2y - x)y' = 0;\ y(\pi/12) = \pi/8$

12. $e^y + (xe^y - 1)y' = 0;\ y(5) = 0$

13. 평면의 어떤 영역 R에서 φ가 $M + Ny' = 0$에 대한 포텐셜함수라고 하자. 임의의 상수 c에 대해 $\varphi + c$도 포텐셜함수가 됨을 보여라. φ를 이용하여 구한 $M + Ny' = 0$의 일반해와 $\varphi + c$를 이용하여 구한 일반해가 어떻게 다른지를 설명하라.

1.4 적분인자

"대부분"의 미분방정식은 어떠한 영역에서도 완전하지 않다. 그러나 때때로 0이 아닌 어떤 함수 $\mu(x, y)$를 미분방정식에 곱함으로써 완전 미분방정식이 되도록 변형할 수 있다. 다음 예를 살펴보자.

보기 1.14

$$(y^2 - 6xy)\,dx + (3xy - 6x^2)\,dy = 0 \tag{1.8}$$

은 어떠한 직사각형 영역에서도 완전하지 않다. 이 방정식에 $\mu(x, y) = y$를 곱하면

$$(y^3 - 6xy^2)\,dx + (3xy^2 - 6x^2y)\,dy = 0 \tag{1.9}$$

이 된다. $y \neq 0$인 영역에서 식 (1.8)과 식 (1.9)는 해가 같다.

식 (1.9)는 평면 전체에서 완전하고 다음 함수는 포텐셜함수이다.

$$\varphi(x, y) = xy^3 - 3x^2y^2.$$

따라서 식 (1.8)의 일반해는

$$xy^3 - 3x^2y^2 = C.$$

정의 1.5 적분인자

영역 R상의 모든 (x, y)에 대해 $\mu(x, y) \neq 0$이고 $\mu M\,dx + \mu N\,dy = 0$이 영역 R에서 완전하면 함수 μ를 $M\,dx + N\,dy = 0$의 **적분인자**라 한다.

일반적으로 적분인자 μ를 구하는 것은 쉽지 않지만 특수한 경우에는 μ를 쉽게 구할 수 있다. $\mu M\,dx + \mu N\,\mathrm{dy} = 0$이 완전 미분방정식일 조건은

$$\frac{\partial}{\partial x}(\mu N) = \frac{\partial}{\partial y}(\mu M) \tag{1.10}$$

이다. 이 식을 전개하여 μ에 관해 정리하면

$$\frac{1}{\mu}\left(\frac{\partial \mu}{\partial x}N - \frac{\partial \mu}{\partial y}M\right) = \frac{\partial M}{\partial y} - \frac{\partial N}{\partial x} \tag{1.11}$$

이 된다.

만약에 μ가 x만의 함수 $\mu = \mu(x)$꼴이면 $\dfrac{\partial \mu}{\partial y} = 0$이므로 식 (1.11)은

$$\frac{1}{\mu}\frac{d\mu}{dx} = \frac{1}{N}\left(\frac{\partial M}{\partial y} - \frac{\partial N}{\partial x}\right) \tag{1.12}$$

이 되며, 이때 식 (1.12)의 우변은 x에만 의존하는 함수이어야 한다. 역으로 식 (1.12)의 우변이 x만의 함수이면 식 (1.12)를 만족하는 함수 $\mu(x)$는 위 과정을 거슬러 가면 식 (1.10)을 만족한다. 마찬가지로 $\mu = \mu(y)$인 경우 식 (1.11)은

$$\frac{1}{\mu}\frac{d\mu}{dy} = -\frac{1}{M}\left(\frac{\partial M}{\partial y} - \frac{\partial N}{\partial x}\right) \tag{1.13}$$

이 되어 식 (1.13)의 우변이 y만의 함수일 때 $\mu = \mu(y)$꼴의 적분인자를 구할 수 있다.

요약하면

정리 1.2 $\mu(x)$꼴의 적분인자

식 (1.12)의 우변이 x만의 함수이면 미분방정식은 식 (1.12)를 만족하는 $\mu(x)$꼴의 적분인자를 갖는다.

정리 1.3 $\mu(y)$꼴의 적분인자

식 (1.13)의 우변이 y만의 함수이면 미분방정식은 식 (1.13)을 만족하는 $\mu(y)$꼴의 적분인자를 갖는다.

보기 1.15

$$(x - xy)\,dx - dy = 0.$$

$$\frac{\partial M}{\partial y} - \frac{\partial N}{\partial x} = (-x) - 0 = -x \neq 0$$

이므로 이 방정식은 완전하지 않다.

$$\frac{1}{N}\left(\frac{\partial M}{\partial y} - \frac{\partial N}{\partial x}\right) = x$$

이므로

$$\frac{d\mu}{\mu} = x$$

에서 적분인자 $\mu(x)$를 구할 수 있다. 적분하면

$$\ln \mu = \frac{1}{2}x^2.$$

여기서 적분인자는 하나만 구하면 되므로 적분상수를 0, $\mu > 0$으로 둔 것이다. 따라서

$$\mu(x) = e^{x^2/2}$$

은 적분인자이다. 이제 미분방정식에 $e^{x^2/2}$를 곱하면

$$(x - xy)\,e^{x^2/2}\,dx - e^{x^2/2}\,dy = 0$$

을 얻는데, 이 방정식은 평면 전체에서 완전하므로 포텐셜함수 $\varphi(x, y) = (1-y)\,e^{x^2/2}$을 구할 수 있다. 따라서 일반해는

$$(1-y)\,e^{x^2/2} = C.$$

만일 μ를 x만의 함수 혹은 y만의 함수라고 가정하여 적분인자를 찾을 수 없다면, 당연히 다른 꼴의 μ를 생각해야 한다.

보기 1.16

$$(2y^2 - 9xy)\,dx + (3xy - 6x^2)\,dy = 0.$$

이 방정식은 완전하지 않다. $M = 2y^2 - 9xy$, $N = 3xy - 6x^2$이라 두고, 식 (1.10)으로부터 적분인자를 찾아보자.

$$\frac{\partial}{\partial x}[\mu(3xy-6x^2)]=\frac{\partial}{\partial y}[\mu(2y^2-9xy)]$$

$$\Longleftrightarrow (3xy-6x^2)\frac{\partial\mu}{\partial x}+\mu(3y-12x)=(2y^2-9xy)\frac{\partial\mu}{\partial y}+\mu(4y-9x).\ (1.14)$$

만일 $\mu=\mu(x)$라고 가정하면

$$\frac{1}{\mu}\frac{d\mu}{dx}=\frac{y+3x}{3x(y-2x)}$$

이다. 우변은 y를 포함하고 있으므로, x만의 함수 $\mu(x)$를 찾을 수 없다. 마찬가지로 $\mu=\mu(y)$라고 가정하면 역시 풀 수 없는 방정식을 얻게 된다. 따라서 x와 y 모두에 의존하는 적분인자 $\mu(x, y)$를 찾아야 한다. $\mu(x, y)=x^a y^b$의 형태를 시도해 보자. 이것을 식 (1.10)에 대입하여 만족하는 a와 b를 찾아보자. 대입하면 다음 식을 얻는다.

$$\begin{aligned}&3ax^a y^{b+1}-6ax^{a+1}y^b+3x^a y^{b+1}-12xx^{a+1}y^b\\&=2bx^a y^{b+1}-9bx^{a+1}y^b+4x^a y^{b+1}-9x^{a+1}y^b.\end{aligned}$$

양변을 $x^a y^b$로 나누어 항들을 정리하면

$$(1+2b-3a)y=(-3+9b-6a)x.$$

이 식이 항등식이 되기 위해서는

$$1+2b-3a=0,\quad -3+9b-6a=0$$

이어야 한다. 이 식을 풀면 $a=b=1$이다. 따라서 $\mu(x, y)=xy$는 적분인자이다. 미분방정식에 xy를 곱하면

$$(2xy^3-9x^2y^2)dx+(3x^2y^2-6x^3y)dy=0$$

이 된다. 이것은 $\varphi(x, y)=x^2y^3-3x^3y^2$이 포텐셜함수가 되는 완전 미분방정식이다. 따라서 미분방정식의 해는

$$x^2y^3-3x^3y^2=C.$$

연습문제 1.4

1. 미분방정식 $y-xy'=0$을 생각해 보자.

(a) 이 방정식은 임의의 직사각형에서 완전하지 않음을 보여라.

(b) x만의 함수인 적분인자 $\mu(x)$를 찾아라.

(c) y만의 함수인 적분인자 $\nu(y)$를 찾아라.

(d) $\eta(x, y)=x^a y^b$인 적분인자가 있음을 보여라(a, b는 상

수). 그러한 적분인자를 모두 찾아라.

문제 2부터 11까지 (a) 미분방정식이 완전하지 않음을 보여라. (b) 적분인자를 찾아라. (c) 일반해를 구하라. (d) 특이해가 있다면 찾아라.

2. $xy' - 3y = 2x^3$

3. $1 + (3x - e^{-2y})y' = 0$

4. $6x^2 + 12xy + y^2 + (6x^2 + 2y)y' = 0$

5. $4xy + 6y^2 + (2x^2 + 6xy)y' = 0$

6. $(y^2 + y)dx - x\,dy = 0$

7. $(2xy^2 + 2xy)dx + (x^2y + x^2)dy = 0$

8. $(6xy + 2y + 8)dx + x\,dy = 0$

9. $(2x - 2y - x^2 + 2xy)dx + (2x^2 - 4xy - 2x)dy = 0$

힌트: $\mu(x, y) = e^{ax}e^{by}$를 시도하여라.

10. $(2y^2 - 9xy)dx + (3xy - 6x^2)dy = 0$

힌트: $\mu(x, y) = x^a y^b$를 시도하여라.

11. $x^2y' + xy = -y^{-3/2}$

힌트: $\mu(x, y) = x^a y^b$를 시도하여라.

문제 12부터 19까지 적분인자를 찾고 그것을 이용하여 방정식의 일반해를 구하라. 그리고 초깃값 문제의 해를 구하라.

12. $3y + 4xy' = 0;\ y(1) = 6$

13. $1 + xy' = 0;\ y(e^4) = 0$

14. $y(1 + x) + 2xy' = 0;\ y(4) = 6$

15. $2(y^3 - 2) + 3xy^2y' = 0;\ y(3) = 1$

16. $2y(1 + x^2) + xy' = 0;\ y(2) = 3$

힌트: $\mu = x^a y^{bx^2}$를 시도하여라.

17. $2xy + 3y' = 0;\ y(0) = 4$

힌트: $\mu = y^a e^{bx^2}$를 시도하여라.

18. $3x^2y + y^3 + 2xy^2y' = 0;\ y(2) = 1$

19. $\sin(x - y) + \cos(x - y) - \cos(x - y)y' = 0;\ y(0) = 7\pi/6$

1.5 동차, Bernoulli, Riccati 방정식

이 절에서는 해를 찾는 방법이 알려져 있는 또 다른 세 종류의 1계 미분방정식에 대해 살펴본다.

1.5.1 동차 미분방정식

정의 1.6 동차 미분방정식

$$y' = f\left(\frac{y}{x}\right)$$

꼴을 동차 미분방정식이라고 한다.

때로는 조작을 통해 주어진 방정식이 동차 방정식임을 알 수 있다. 예를 들면

$$y' = \frac{y}{x+y}$$

를 생각하자. $x \neq 0$일 때 우변의 분자, 분모를 x로 나누면

$$y' = \frac{y/x}{1+y/x}$$

이므로 이 방정식은 동차 방정식이다.

이제 동차 방정식의 풀이법을 알아보자. 동차 방정식은 다음 치환을 이용하여 항상 변수분리형 방정식으로 바꿀 수 있다.

$$y = ux$$

라 놓자. 그러면 $y' = u'x + x'u = u'x + u$가 되고, 따라서 $y' = f(y/x)$는 다음과 같이 변형된다.

$$u'x + u = f(u).$$

이것을 변수 분리하면

$$\frac{1}{f(u)-u}\,du = \frac{1}{x}\,dx$$

이므로 적분하여 u에 대한 일반해를 구할 수 있다. 여기에 $u = y/x$를 대입하면 원래 동차 방정식의 일반해를 구할 수 있다.

보기 1.17

$$xy' = \frac{y^2}{x} + y.$$

이 식은 다음과 같이 변형된다.

$$y' = \left(\frac{y}{x}\right)^2 + \frac{y}{x}.$$

이제 $y = ux$라 두고 변수분리 적분하면

$$\begin{aligned}
&u'x + u = u^2 + u \\
\Rightarrow\ &u'x = u^2 \\
\Rightarrow\ &\frac{1}{u^2}\,du = \frac{1}{x}\,dx \\
\Rightarrow\ &-\frac{1}{u} = \ln|x| + C \\
\Rightarrow\ &u(x) = \frac{-1}{\ln|x| + C}.
\end{aligned}$$

그러므로 방정식의 일반해는

$$y = \frac{-x}{\ln|x| + C}.$$

보기 1.18 추적문제

추적문제는 하나의 물체가 다른 물체를 쫓아가는 경로를 결정하는 것이다. 추적문제의 예로 비행기를 격추하기 위한 미사일이나 우주정거장과 우주왕복선의 랑데부를 들 수 있다. 여기에서는 간단한 추적문제에 대해 살펴보자.

어떤 사람이 폭이 w인 운하로 뛰어들어 출발점의 정반대쪽에 있는 목표점을 향해 헤엄친다고 하자. 헤엄 속력은 v, 물의 유속은 s이다. 운하를 횡단하는 동안 항상 목표점을 향해 헤엄친다 가정하고 이 사람의 경로를 알아보자.

그림 1.6은 목표점 A를 원점으로, 출발점 B를 $(w, 0)$이 되도록 잡은 것이다. 시간 t일 때 사람의 위치를 점 $(x(t), y(t))$라 하자. 헤엄 속도의 수평 및 수직 성분은 각각

$$x'(t) = -v\cos\alpha, \quad y'(t) = s - v\sin\alpha$$

이다. 여기서 α는 시간 t에서 x축의 양의 방향과 점 $(x(t), y(t))$ 사이의 각이다. 이 식들로부터

$$\frac{dy}{dx} = \frac{y'(t)}{x'(t)} = \frac{s - v\sin\alpha}{-v\cos\alpha} = \tan\alpha - \frac{s}{v}\sec\alpha$$

가 된다. 그림 1.6에서 α, x, y의 관계식을 구하면

$$\tan\alpha = \frac{y}{x}, \quad \sec\alpha = \frac{1}{x}\sqrt{x^2 + y^2}$$

이므로

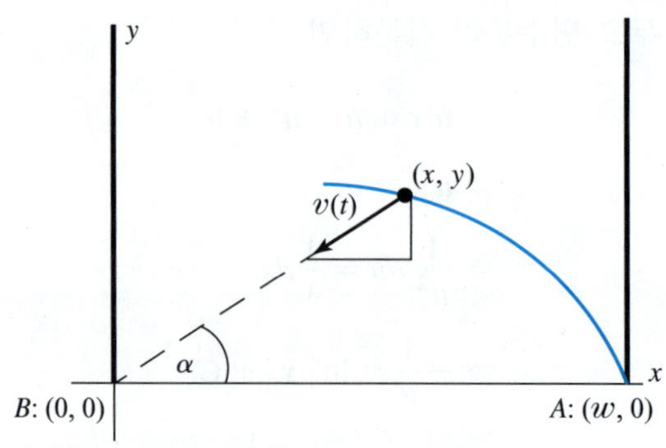

그림 1.6 수영자의 경로

$$\frac{dy}{dx} = \frac{y}{x} - \frac{s}{v}\frac{1}{x}\sqrt{x^2 + y^2}$$

이다. 이것은 다음과 같은 동차 방정식이다.

$$\frac{dy}{dx} = \frac{y}{x} - \frac{s}{v}\sqrt{1 + \left(\frac{y}{x}\right)^2}.$$

여기서 $y = ux$라 두고 정리하면

$$\frac{1}{\sqrt{1+u^2}}\ du = -\frac{s}{v}\frac{1}{x}dx$$

$$\Rightarrow \ln\left|\ u + \sqrt{1+u^2}\ \right| = -\frac{s}{v}\ln|\,x\,| + C$$

$$\Rightarrow \left|u + \sqrt{1+u^2}\right| = e^C e^{-(s\ln|x|)/v}$$

$$\Rightarrow u + \sqrt{1+u^2} = Kx^{-s/v}$$

이 된다(K는 임의의 상수). 이 식을 u에 대해 풀면

$$\sqrt{1+u^2} = Kx^{-s/v} - u$$

$$\Rightarrow\ 1 + u^2 = K^2x^{-2s/v} - 2Kux^{-s/v} + u^2$$

$$\Rightarrow\ u(x) = \frac{1}{2}Kx^{-s/v} - \frac{1}{2}\frac{1}{K}x^{s/v}$$

이 된다. 따라서 $y = ux$로부터

$$y(x) = \frac{1}{2}Kx^{1-s/v} - \frac{1}{2}\frac{1}{K}x^{1+s/v}.$$

K를 결정하기 위해 출발점 $(w, 0)$을 위의 식에 대입하면

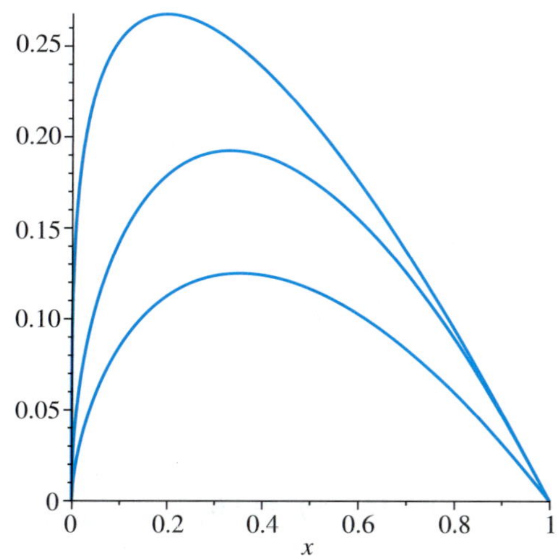

그림 1.7 $w = 1$, s/v가 각각 1/3, 1/2, 3/4일 때 대응하는 $y(x)$의 그래프

$$\frac{1}{2}Kw^{1-s/v} - \frac{1}{2}\frac{1}{K}w^{1+s/v} = 0$$

$$\Rightarrow K = w^{s/v}.$$

따라서 y는

$$y(x) = \frac{w}{2}\left[\left(\frac{x}{w}\right)^{1-s/v} - \left(\frac{x}{w}\right)^{1+s/v}\right]$$

이다(그림 1.7 참조).

1.5.2 Bernoulli 방정식

정의 1.7 Bernoulli 방정식

$$y' = P(x)y = R(x)y^{\alpha}$$

꼴을 **Bernoulli 방정식**이라 한다. 여기서 α는 상수이다.

$\alpha = 0$ 또는 $\alpha = 1$이면 이 방정식은 선형이다. Bernoulli 방정식은

$$v = y^{1-\alpha}$$

으로 치환하면 v에 대한 선형 미분방정식이 된다. 증명은 간단하므로 생략한다.

보기 1.19

$$y' + \frac{1}{x}y = 3x^2y^3.$$

치환 $v = y^{-2}$을 적용하면 $y = v^{-1/2}$이므로 미분방정식은

$$-\frac{1}{2}v^{-3/2}v' + \frac{1}{x}v^{-1/2} = 3x^2v^{-3/2}$$

이 된다. 여기에 $-2v^{3/2}$을 곱하면

$$v' - \frac{2}{x}v = -6x^2$$

이 되는데, 이 선형 미분방정식의 적분인자는 $e^{-\int(2/x)\,dx} = x^{-2}$이므로

$$\begin{aligned} & x^{-2}v' - 2x^{-3}v = -6 \\ \Rightarrow\ & (x^{-2}v)' = -6 \\ \Rightarrow\ & x^{-2}v = -6x + C \\ \Rightarrow\ & v = -6x^3 + Cx^2 \end{aligned}$$

이 된다. 따라서 주어진 Bernoulli 방정식의 일반해는

$$y(x) = \frac{1}{\sqrt{v(x)}} = \frac{1}{\sqrt{Cx^2 - 6x^3}}.$$

1.5.3 Riccati 방정식

정의 1.8 Riccati 방정식

$$y' = P(x)y^2 + Q(x)y + R(x)$$

꼴을 **Riccati 방정식**이라 한다.

만일 어떠한 방법으로든 Riccati 방정식의 특수해 $S(x)$를 하나 얻을 수 있다면 치환

$$y = S(x) + \frac{1}{z}$$

을 이용하여 주어진 방정식을 z에 대한 선형 미분방정식으로 변형할 수 있다. 따라서 이 선형 미분방정식의 일반해를 찾으면 치환 관계식으로부터 원래의 Riccati 방정식의 일반해를 구할 수 있다.

보기 1.20

$$y' = \frac{1}{x}y^2 + \frac{1}{x}y - \frac{2}{x}.$$

이 방정식을 잘 살펴보면 $y = S(x) = 1$이 하나의 해임을 알 수 있다. 이제

$$y = 1 + \frac{1}{z}$$

로 치환하여 방정식에 대입하면

$$-\frac{1}{z^2}z' = \frac{1}{x}\left(1 + \frac{1}{z}\right)^2 + \frac{1}{x}\left(1 + \frac{1}{z}\right) - \frac{2}{x}$$

$$\Rightarrow z' + \frac{3}{x}z = -\frac{1}{x}$$

이다. 선형 미분방정식의 적분인자 $e^{\int(3/x)\,dx} = x^3$을 위 식에 곱하면

$$x^3z' + 3x^2z = (x^3z)' = -x^2$$
$$\Rightarrow x^3z = -\frac{1}{3}x^3 + C$$
$$\Rightarrow z(x) = -\frac{1}{3} + \frac{C}{x^3}$$

이므로 주어진 Riccati 방정식의 일반해는

$$y(x) = 1 + \frac{1}{z(x)} = \frac{C + 2x^3}{C - x^3}.$$

연습문제 1.5

문제 1부터 14까지 일반해를 찾아라.

1. $y' = \frac{1}{x^2}y^2 - \frac{1}{x}y + 1$

2. $y' + \frac{1}{x}y = \frac{2}{x^3}y^{-4/3}$

3. $y' + xy = xy^2$

4. $y' = \frac{x}{y} + \frac{y}{x}$

5. $y' = \frac{y}{x+y}$

6. $y' = \frac{1}{2x}y^2 - \frac{1}{x}y - \frac{4}{x}$

7. $(x-2y)y' = 2x - y$

8. $xy' = x\cos(y/x) + y$

9. $y' + \frac{1}{x}y = \frac{1}{x^4}y^{-3/4}$

10. $x^2y' = x^2 + y^2$

11. $y' = -\frac{1}{x}y^2 + \frac{2}{x}y$

12. $x^3y' = x^2y - y^3$

13. $y' = -e^{-x}y^2 + y + e^x$

14. $y' + \frac{2}{x}y = \frac{3}{x}y^2$

15. 다음 미분방정식을 생각해 보자.

$$y' = F\left(\frac{ax+by+c}{dc+ey+r}\right).$$

여기서 a, b, c, d, e, r은 각각 상수이다.

(a) $c = r = 0$일 때 이 방정식은 동차임을 보여라.

(b) c 또는 r이 0이 아닐 때 $ae - bd \neq 0$이라 가정하고, 상수 h와 k를 잘 선택하여 $X = x + h$, $Y = y + k$로 치환하면 이 방정식을 동차 방정식으로 변형할 수 있음을 보여라. 힌트: 방정식에서 $x = X - h$, $y = Y - k$라 두고 X와 Y에 대한 미분방정식을 만들어라. (a)의 결론이 성립하도록 h와 k를 선택하면 이 방정식이 동차가 됨을 보여라.

문제 16부터 19까지 15번 문제의 방법을 사용하여 일반해를 구하라.

16. $y' = \frac{y-3}{x+y-1}$

17. $y' = \frac{3x-y-9}{x+y+1}$

18. $y' = \frac{x+2y+7}{-2x+y-9}$

19. $y' = \frac{2x-5y-9}{-4x+y+9}$

20. 15번 문제에서 $ae - bd = 0$인 경우를 생각해 보자. $a \neq 0$이라 가정하고, $u = (ax+by)/a$라 치환하면 15번 문제의 미분방정식을 다음으로 변형할 수 있음을 보여라.

$$\frac{du}{dx} = 1 + \frac{b}{a}F\left(\frac{au+c}{du+r}\right)$$

문제 21부터 24까지 20번 문제의 방법을 사용하여 일반해를 찾아라.

21. $y' = \dfrac{x-y+2}{x-y+3}$

22. $y' = \dfrac{3x+y-1}{6x+2y-3}$

23. $y' = \dfrac{x-2y}{3x-6y+4}$

24. $y' = \dfrac{x-y+6}{3x-3y+4}$

25. (추적하는 개) 어떤 사람이 직교하는 두 도로의 교차점에 서 있고, 그의 개가 동쪽으로 A m 떨어진 지점에 위치하고 있다. 주어진 순간에 사람이 일정한 속도 v로 북쪽을 향해 걷기 시작했다. 동시에 개가 주인을 향해 $2v$ 속도로 달리기 시작했다. 개는 항상 주인을 향해 움직인다고 가정할 때 개의 경로를 구하라. 또한 개가 주인을 따라잡을 수 있는지를 결정하라.

26. (추적선) 직선 형태의 해변으로부터 L만큼 떨어진 바다 위에 보트가 떠 있다. 보트로부터 직선거리 L인 해변의 한 점에서 시작하여 해변을 따라 사람이 길이 L인 로프로 보트를 끌면서 걸을 때 이 보트의 경로를 구하라. 이 곡선을 추적선이라고 한다.

27. (잠수함 추적) 구축함이 잠수함을 추적한다. 잠수함이 구축함으로부터 9 km 떨어진 위치에서 물 위로 떠오른 것을 구축함의 승무원이 발견하였다. 잠수함은 즉시 잠수하여 구축함이 알지 못하는 직선방향으로 일정한 속력 v km/hr로 달아나기 시작했다. 구축함은 일정한 속력 $2v$로 움직인다고 가정할 때 이 구축함이 언젠가는 잠수함의 바로 위를 통과할 수 있게 되는 경로를 구하라.

1.6 응용

1계 미분방정식을 역학 문제에 적용하기 전에 몇 가지 배경지식을 복습해 보자.

운동에 관한 Newton의 제2법칙은, 물체의 운동량(질량 × 속도)의 변화율은 물체에 작용하는 힘에 비례한다는 것이다. 이것은 벡터 문제이지만 여기에서는 직선운동만을 고려하자. 이 경우 Newton의 법칙은 다음 식으로 표현된다.

$$F = \frac{d}{dt}(mv).$$

움직이는 물체의 질량이 꼭 일정해야 할 필요는 없다. 예를 들면 비행기는 움직이면서 연료를 소비한다. 만일 m이 일정하다면 Newton의 법칙은

$$F = m\frac{dv}{dt} = ma$$

이다. 여기서 a는 직선운동을 하는 물체의 가속도이다. 만일 m이 일정하지 않다면

$$F = m\frac{dv}{dt} + v\frac{dm}{dt}$$

이 된다.

떨어지는 쇠사슬의 운동

m당 ρ kg의 무게를 가진 길이 40 m의 쇠사슬이 충분히 높은 위치에 있는 통 속에 들어 있고, 통에 나 있는 구멍을 통해 10 m가 이미 풀어져 나와 있는 상태를 생각하자. 이때부터 쇠사슬이 풀리며 떨어지기 시작해서 통을 모두 빠져나올 때의 속도를 계산하여라.

움직이고 있는 쇠사슬의 무게는 시간에 따라 변한다. $x(t)$를 시간 t일 때 통을 빠져나온 쇠사슬의 길이라고 하자. 이때의 운동방정식은

$$m\frac{dv}{dt} + v\frac{dm}{dt} = F \tag{1.15}$$

이고, F는 쇠사슬에 작용하는 전체 외력이다. 여기서 $F = x\rho = mg$이므로 $m = x\rho/g = x\rho/9.8$이다. 따라서

$$\frac{dm}{dt} = \frac{\rho}{9.8}\frac{dx}{dt} = \frac{\rho}{9.8}v$$

이며,

$$\frac{dv}{dt} = \frac{dv}{dx}\frac{dx}{dt} = v\frac{dv}{dx}$$

이므로 식 (1.15)에 이것을 대입하면

$$\frac{x\rho}{9.8}v\frac{dv}{dx} + \frac{\rho}{9.8}v^2 = x\rho$$

$$\Rightarrow \frac{dv}{dx} + \frac{1}{x}v = \frac{9.8}{v} \tag{1.16}$$

이 된다. 이것은 Bernoulli 방정식이다. $w = v^2$으로 치환하면 $v = w^{1/2}$이므로 식 (1.16)에 대입하면

$$\frac{1}{2}w^{-1/2}\frac{dw}{dx} + \frac{1}{x}w^{1/2} = 9.8w^{-1/2}$$

$$\Rightarrow w' + \frac{2}{x}w = 19.6$$

$$\Rightarrow w(x) = v(x)^2 = \frac{19.6}{3}x + \frac{C}{x^2} = \frac{98}{15}x + \frac{C}{x^2}$$

이다. 초기조건은 $x = 10$일 때 $v = 0$이므로 $0 = (98/15)(10) + C/100$이다. 그러므로 특수해는

$$v(x)^2 = \frac{98}{15}\left[x - \frac{1000}{x^2}\right]$$

이다. 쇠사슬이 통을 모두 빠져나오는 것은 $x = 40$일 때이며, 이때 속도는

$$v^2 = \frac{98}{15}\left[40 - \frac{1000}{1600}\right] = 257.25$$

를 만족한다. 따라서 이 순간의 속도는 $v = \sqrt{257.25}$, 즉 약 15 m/sec이다.

경사면에서 블록의 미끄럼 운동

무게 29.4 kg·m/sec^{2}의 블록이, 길이가 50 m이고 수평면과의 각도가 $\pi/6$ rad인 경사진 평면의 정상에서 정지상태로 있다가 운동을 시작한다. 마찰계수는 $\mu = 3\sqrt{3}/49$이라고 가정한다. 공기의 저항력은 경사면에서 블록의 하강운동을 지연시키는데, 그 크기는 블록의 하강속도의 1/2과 같다. 임의의 시간 t에서 블록의 하강속도 $v(t)$를 알고 싶다.

그림 1.8은 블록에 작용하는 힘을 보여준다. 경사면을 따라 작용하는 중력의 성분은 $mg\sin\theta = 29.4\sin\frac{\pi}{6} = 14.7\,(\text{kg}\cdot\text{m/sec}^2)$이다. 마찰에 의한 저항력은 운동의 반대 방향으로 작용하며

$$-\mu N = -\mu mg\cos\theta = -\frac{3\sqrt{3}}{49}(29.4)\cos\frac{\pi}{6} = -2.7$$

이다. 공기의 저항력은 $-v/2$이고, 음의 부호는 이것이 운동을 지연시키는 힘이라는 것을 나타낸다. 따라서 경사면을 따라 블록에 작용하는 전체 외력은

$$F = 14.7 - 2.7 - \frac{1}{2}v = 12 - \frac{1}{2}v$$

이다. 블록의 무게가 29.4 kg·m/sec^{2}이므로, 그 질량은 $\frac{29.4}{9.8} = 3$ kg이다. Newton의 제2법칙으로부터

$$3\frac{dv}{dt} = 12 - \frac{1}{2}v$$

를 얻을 수 있다. 이것은 선형 미분방정식이고, 이것을 풀면

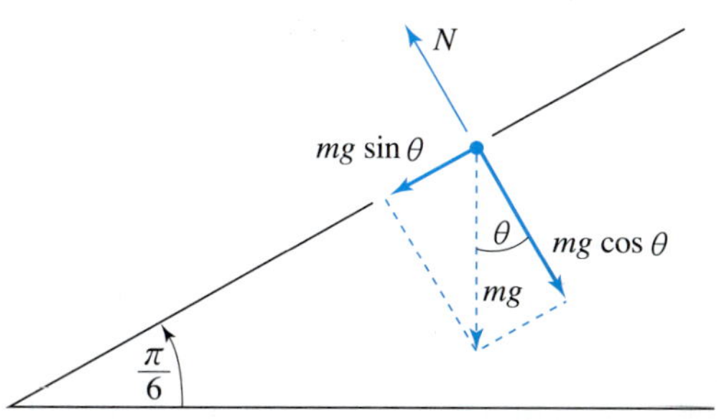

그림 1.8 경사면상의 블록에 작용하는 힘

$$\begin{aligned} & v' + \frac{1}{6}v = 4 \\ \Rightarrow\ & e^{t/6}v' + \frac{1}{6}e^{t/6}v = (e^{t/6}v)' = 4e^{t/6} \\ \Rightarrow\ & e^{t/6}v = 24e^{t/6} + C \\ \Rightarrow\ & v(t) = 24 + Ce^{-t/6} \end{aligned}$$

이다. 블록이 시간 0일 때 정지상태로부터 출발하므로 $v(0) = 0 = 24 + C$이고, 따라서 $C = -24$이다. 그러므로 속도는

$$v(t) = 24(1 - e^{-t/6})$$

이다.

$x(t)$를 시간 t일 때 경사면의 정상에서부터 측정한 블록의 위치라고 하자. $v(t) = x'(t)$이므로

$$x(t) = \int v(t)\,dt = 24t + 144e^{-t/6} + K$$

이다. $x(0) = 0 = 144 + K$이므로

$$K = -144$$

이고, 위치함수는

$$x(t) = 24t + 144(e^{-t/6} - 1)$$

이다. 지금까지 임의의 시간에서 블록의 위치와 속도를 구하였다. 이제 블록이 언제 경사면의 끝에 도달하는지 알고 싶다고 하자. 이것은 블록이 50 m를 내려갔을 때이다. 이것이 시간 T일 때 일어난다고 하면

$$x(T) = 50 = 24T + 144(e^{-T/6} - 1)$$

이다. 따라서 $T \approx 5.8$초이다.

속도에 관한 식으로부터

$$\lim_{t \to \infty} v(t) = 24$$

임을 주목하자. 이것은 경사면을 미끄러져 내려오는 블록은 종단속도를 가진다는 것을 의미한다. 만일 경사면이 아주 길다면 블록은 결국 거의 일정한 속도를 유지하게 될 것이다.

1.6.1 전기회로

전기 공학자들은 때때로 전기회로를 모델링하기 위해 미분방정식을 사용한다. 수학적 모델은 다양한 조건하에서 회로의 성질을 해석하거나 특정한 성질을 갖는 회

로를 설계하는 데 도움이 된다.

여기서는 저항과 인덕터와 축전기로 구성된 단순한 회로에 대해서 살펴본다. 축전기는 절연체에 의해 서로 격리된 두 개의 도체 판으로 구성된 저장장치이다. 축전기에 기전력을 작용시키면 한 판에 있던 전자가 다른 판으로 이동하는 효과를 얻게 된다. 축전기의 전하량은 작용한 기전력에 비례하는데, 이 비례상수를 캐패시턴스라고 한다.

인덕터는 자성 물질로 된 철심 주위에 전선을 감아서 만든다. 전류가 전선을 통과할 때 철심 내부와 인덕터 주위에 자기장이 형성된다. 인덕터를 통과할 때의 전압강하는 전류의 변화율에 비례하는데, 이 비례상수를 인덕터의 인덕턴스라 한다.

전류는 초당 흐르는 전하량이다. 즉 전류는 $i(t) = q'(t)$이다.

저항값이 R인 저항에 의한 전압강하는 iR, 캐패시턴스가 C인 축전기에 의한 전압강하는 q/C, 인덕턴스가 L인 인덕터에 의한 전압강하는 $Li'(t)$임이 알려져 있다.

Kirchhoff의 전압에 관한 법칙을 사용하여 회로에 관한 방정식을 세운다. **Kirchhoff의 전압법칙**은 닫힌회로 내에서 전압 증가와 전압 강하의 합은 0이라는 것이다.

수학적으로 회로를 모델링하는 예로서 그림 1.9의 회로를 생각해 보자. 점 A에서 시작하여 회로를 시계 방향으로 돌아보자. 첫째로 배터리를 통과하는데, 여기서 E 볼트의 전압 증가가 있다. 다음에 저항을 통과할 때 iR 볼트의 전압 강하가 있다. 끝으로 인덕터를 통과할 때 $Li'(t)$의 전압 강하가 있고, 이후에 다시 점 A로 돌아온다. 따라서 Kirchhoff의 전압법칙은

$$E - iR - Li' = 0$$

이고, 이것은 선형 미분방정식이다. 정리하면

$$i' + \frac{R}{L}i = \frac{E}{L}$$

이고, 이것을 풀면

$$i(t) = \frac{E}{R} + Ke^{-Rt/L}$$

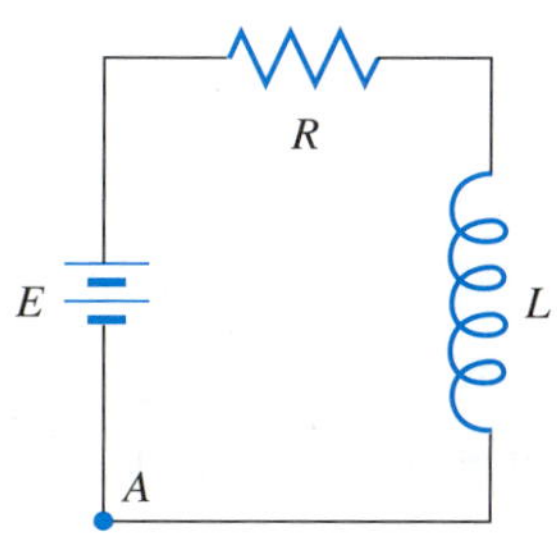

그림 1.9 RL 회로

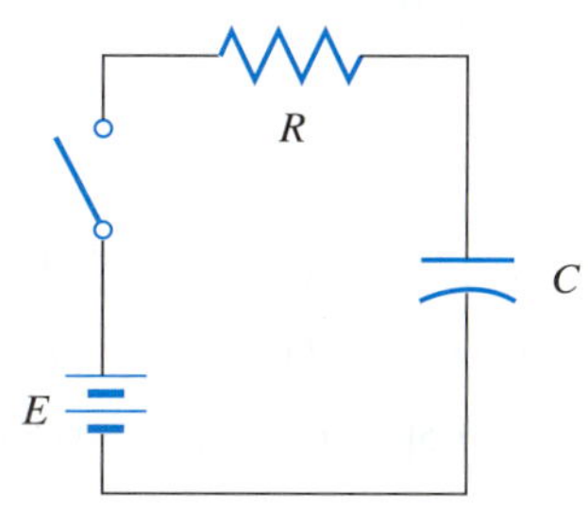

그림 1.10 RC 회로

이다. 상수 K를 결정하기 위해서는 전류에 대한 초기조건이 필요하다. 초기조건이 없다고 하더라도 $t \to \infty$가 되면 전류는 극한값 E/R에 수렴하게 된다는 사실을 알 수 있다. 이것은 회로 내 전류의 정상상태 값이다.

전기회로의 미분방정식을 유도하는 또 다른 방법은 구성요소 중 하나를 전원으로 생각하고, 이 구성요소를 통과할 때의 전압 강하가 나머지 다른 구성요소들을 통과할 때 전압 강하의 합과 같다고 놓는 것이다. 이 방법을 확인하기 위해 그림 1.10에 있는 회로를 생각해 보자. 초기에 스위치는 열려 있고, 따라서 전류가 흐르지 않고 축전기의 전하도 0이다. 시간 0에서 스위치를 닫은 후 시간 t초일 때 축전기의 전하량을 알고 싶다. 스위치를 닫으면 닫힌회로가 구성된다. 배터리를 전원으로 생각하면

$$iR + \frac{1}{C}q = E$$

$$\Rightarrow \; Rq' + \frac{1}{C}q = E$$

이다. 이 식은 선형 미분방정식이며, 정리하면

$$q' + \frac{1}{RC}q = \frac{E}{R}$$

$$\Rightarrow \; q(t) = EC(1 - e^{-t/RC})$$

이다. 이것은 $q(0) = 0$을 만족한다. 이 방정식은 회로에 대해 상당히 많은 정보를 제공해 준다. 시간 t일 때 축전기의 전압은 $q(t)/C = E(1 - e^{-t/RC})$이므로, $t \to \infty$이면 전압은 E에 수렴한다는 것을 알 수 있다. E는 배터리의 전압이므로 배터리와 축전기의 전압 차이는 시간이 증가하면 무시할 수 있고, 저항에 의한 전압 강하는 매우 작아짐을 알 수 있다. 이 회로를 흐르는 전류는 다음과 같이 계산할 수 있다.

$$i(t) = q'(t) = \frac{E}{R}e^{-t/RC}.$$

따라서 $t \to 0$이면 $i(t) \to E/R$가 된다.

1.6.2 직교궤적

두 곡선의 교점 P에서 접선들이 서로 수직이면 이 두 곡선은 점 P에서 **직교한다**라고 한다. 두 개의 곡선족이 직교한다는 것은 첫 번째 족의 곡선과 두 번째 족의 곡선이 만나는 모든 점에서 직교한다는 뜻이다. 직교하는 곡선족들은 많은 상황에서 발생하는데, 지구의 경도와 위도, 등전위선과 기전력선이 그것이다.

평면상에 곡선족 $\mathfrak{F}$가 주어졌다고 생각해 보자. $\mathfrak{F}$의 각 곡선이 $\mathfrak{G}$의 각 곡선과

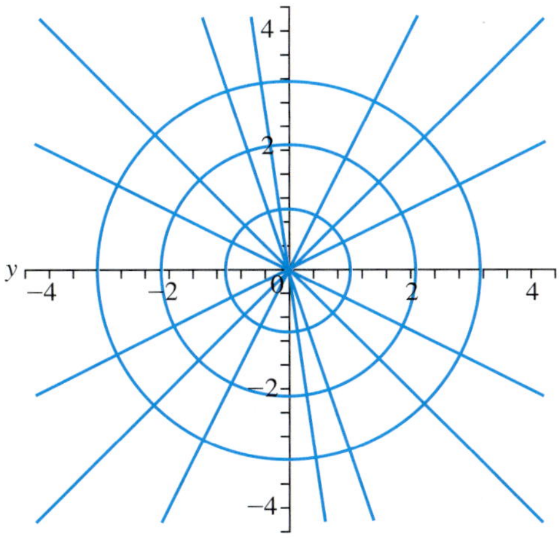

그림 1.11 직교궤적: 원과 직선

만날 때마다 직교하는 두 번째 곡선족 $\mathfrak{G}$를 알고 싶다. $\mathfrak{G}$를 $\mathfrak{F}$의 직교궤적이라 한다. 간단한 예로써 원점을 중심으로 하는 모든 원들로 구성되어 있는 곡선족 $\mathfrak{F}$를 생각해 보자. 그러면 $\mathfrak{G}$는 원점을 통과하는 모든 직선들로 구성된다(그림 1.11). 각 직선은 각 원과 만날 때마다 직교한다.

일반적으로 어떤 곡선족 $\mathfrak{F}$가 주어졌다고 생각해 보자. 이것은 몇 가지 방법으로 기술될 수 있는데, 예를 들면 방정식

$$F(x, y, k) = 0$$

은 상수 k의 선택에 따라 다른 곡선이 된다. 이 식으로부터 미분을 이용하여 상수 k를 소거한 후 곡선족이 만족하는 미분방정식

$$y' = f(x, y)$$

형태로 정리하자. 그러면 한 점 (x_0, y_0)에서 이 점을 지나고 $\mathfrak{F}$에 속하는 곡선 C의 기울기는 $f(x_0, y_0)$이다. 이것이 0이 아니라고 가정하면, 점 (x_0, y_0)을 지나고 이 점에서 C에 직교하는 곡선은 기울기가 $-1/f(x_0, y_0)$이어야 한다(두 직선의 기울기의 곱이 -1일 때 이 직선들은 직교한다). 따라서 $\mathfrak{F}$와 직교궤적을 이루는 곡선족 $\mathfrak{G}$는 다음 미분방정식을 만족한다.

$$y' = -\frac{1}{f(x, y)}.$$

이 미분방정식을 풀어 직교궤적 $\mathfrak{G}$를 구한다.

보기 1.21

포물선족 $F(x, y, k) = y - kx^2 = 0$에 대한 직교궤적을 구해 보자.

먼저 곡선족 $\mathfrak{F}$가 만족하는 미분방정식을 구한다.

$$\frac{y}{x^2} = k$$

를 미분하면

$$x^2y' - 2xy = 0$$

이므로

$$y' = \frac{2y}{x}$$

가 곡선족 $\mathfrak{F}$에 대한 미분방정식이다. 따라서 구하고자 하는 곡선족 $\mathfrak{G}$의 미분방정식은

$$y' = -\frac{x}{2y}$$

이 방정식은 변수분리형으로 정리하면

$$2y\,dy = -x\,dx$$

$$\Rightarrow\ y^2 = -\frac{1}{2}x^2 + C$$

를 얻는다. 이것은 다음과 같이 정의된 타원족이다.

$$\frac{1}{2}x^2 + y^2 = C.$$

그림 1.12는 $\mathfrak{F}$와 $\mathfrak{G}$의 몇몇 포물선과 타원들이다. $\mathfrak{F}$의 각 포물선은 $\mathfrak{G}$의 각 타원과 교차할 때마다 직교한다.

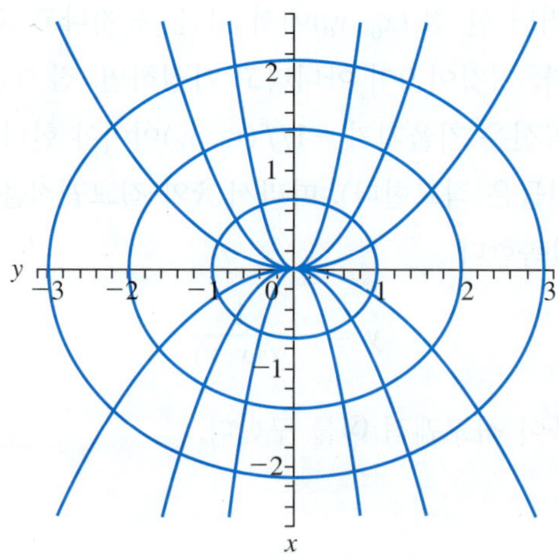

그림 1.12 직교궤적: 포물선과 타원

연습문제 1.6

역학계

1. (탁자 위의 쇠사슬) m당 ρ kg 무게를 가진 24 m 쇠사슬이 매우 높고 마찰이 없는 탁자 위에 놓여 있는데, 그중 6 m의 쇠사슬은 탁자 모서리 밖으로 벗어나 걸려 있다. 쇠사슬이 정지상태로부터 운동을 시작할 때, 쇠사슬 끝이 탁자를 완전히 벗어나는 데까지 걸리는 시간과 이 순간 쇠사슬의 속도를 계산하여라.

2. (낮은 탁자에서 떨어지는 쇠사슬) 문제 1의 쇠사슬이 4 m 높이의 건물 위에 있다. 2 m의 쇠사슬은 이미 바닥에 쌓여 있고, 그때 정지상태의 쇠사슬은 떨어지기 시작한다. 쇠사슬 끝 부분이 건물을 벗어나는 순간, 쇠사슬의 속도를 계산하여라. 힌트: 쇠사슬의 움직이는 부분의 질량은 시간에 따라 변한다. Newton의 법칙은 무게중심에 적용된다.

3. 떨어지는 쇠사슬의 운동에 관한 보기에서 쇠사슬이 통을 빠져나오는 데까지 걸리는 시간을 계산하여라.

4. (회전 포물면) 일정한 각속도 ω로 회전운동을 하고 있는 원통형 그릇 안에 들어 있는 액체의 표면 모양을 구하라. 힌트: 그림 1.13에서와 같이 액체 표면의 한 점 (x, y)에 있는 액체 입자를 생각해 보자. 이 액체 입자에 작용하는 힘은 $m\omega^2 x$ 크기의 수평성분과 mg 크기의 수직성분으로 분해된다. 그리고 이 입자는 평형상태이므로 두 힘의 합은 액체의 표면에 수직 방향으로 작용한다.

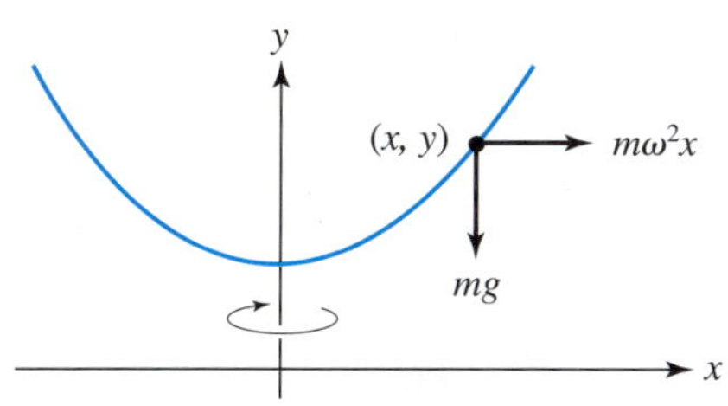

그림 1.13 회전하는 액체 표면

회전하는 액체의 성질을 이용하여 천문학자 Roger Angle은 망원경용 반사경을 제조하는, 소위 회전주조라고 부르는 기술을 개발하였다. *Time* 지(1992년 4월 27일)에 따르면 "…복잡한 세라믹 주형을 가열로 안에 조립한 뒤 유리조각을 채운다. 그 후 가열로 덮개를 밀봉한 뒤 온도를 시간당 2 °C 정도로 수일 동안에 걸쳐서 서서히 올린다. 온도가 750 °C가 되면 이 유리는 유연해지고 연못의 표면과 같이 되는데, 이때 가열로는 회전목마가 도는 것처럼 돌기 시작한다. 이 방법은 통상적으로 연마를 통해 만드는 포물면 형태의 유리를 자동으로 만들어준다."

이 방법으로 연마가 전혀 필요 없이 포물면을 만들 수 있다. 이 방법으로 크기가 6.5 m인 세계에서 가장 큰 반사망원경을 제작하여 Arizona의 Hopkins 산에 있는 천문대에 설치하였다.

5. 고도 342 m에서 4 m/sec 속도로 상승하고 있는 열기구에서 10 kg 모래주머니를 떨어뜨렸다. 공기 저항은 없다고 가정하고 모래주머니의 최대 상승 높이, 지상에 충돌할 때의 속도, 그때까지 걸린 시간을 구하라.

6. 썰매를 타고 있는 소녀와 썰매의 총무게는 29.4 kg·m/sec^{2}이다. 수평면과의 각이 30°인 경사면에서 썰매가 내려오기 시작한다. 이때 썰매와 눈과의 마찰계수는 $\sqrt{3}/98$이고 내려오는 속도와 같은 공기 저항을 받는다고 한다. 출발하여 9초 후부터는 수평면상에서 활주한다. 그녀는 경사면 끝에서 정지 위치가 되는 점에 도달하기까지 얼마의 거리를 이동하였는가?

7. 낙하산을 타고 있는 여자와 장비의 무게는 58.8 kg·m/sec^{2}이다. 낙하산을 펴기 전에는 하강속도의 6배만큼 공기 저항을 받는다. 비행기에서 뛰어내리고 나서 4초 후, 그녀가 낙하산을 폈을 때는 하강속도의 제곱의 3배와 같은 저항력을 받는다. 임의의 시간 t에서 낙하산의 속도와 낙하한 거리를 구하라. 그리고 그녀의 종단속도는 얼마인가?

8. Archimedes의 부력 원리에 의하면 유체에 잠긴 물체는 이 물체가 밀어낸 유체의 무게와 같은 크기의 부력을 받는다. 무게가 117.6 kg·m/sec^{2}이고, $1 \times 2 \times 3$ m^{3}의 직사각형 상자가 100 m 깊이의 호수 속으로 떨어졌다. 이 상자는 속도의 1/2만큼 물의 저항을 받으면서 가라앉기 시작한다. 상자의 종단속도를 계산하여라. 이 상자가 호수 밑

바닥에 도달하는 시간까지 10 m/sec의 속도를 얻을 수 있겠는가? 호수의 물의 밀도는 19.6 kg/m^3라고 가정하여라.

9. 문제 8의 상자가 호수 밑바닥에 부딪쳐 부서지면서 뚜껑이 열려 상자 속의 내용물 19.8 kg·m/sec^2이 밖으로 나왔다고 하자. 다시 상자가 호수 표면에 떠오를 때의 속도를 구하라.

10. 지구 내부에서 중력가속도는 지구 중심에서부터의 거리에 비례한다. 어떤 물체를 지구 중심을 지나는 구멍 속으로 떨어뜨렸다. 지구 중심에 도달할 때 물체의 속도를 계산하여라.

11. 한 입자가 바닥면에 수직으로 놓여 있는 원 꼭대기에서 정지상태로부터 중력의 영향만을 받으면서 원 위의 다른 종점을 향하여 현을 따라 미끄러진다. 종점에 도달할 때까지 걸리는 시간은 종점의 위치와 무관하다는 것을 보여라. 이 시간을 구하라.

12. 질량 m인 공을 지구 표면에서 위쪽 방향으로 던졌다. 초기속도는 v_0이며, 공에 작용하는 힘은 공기 저항과 중력이다. 공기 저항은 속도의 제곱에 비례한다.

(a) 시간 t에서 공의 높이에 대한 미분방정식을 유도하고 해를 구하라.

(b) 공이 도달할 수 있는 최대 높이와 이 높이에 도달하는 시간을 구하라.

(c) 공이 최대 높이에 도달하는 데 걸리는 시간은 공이 다시 지상으로 되돌아오는 데 걸리는 시간과 같다는 것이 사실인가?

13. 질량 M인 유조선이 직선으로 항해하고 있다. 시간 0에서 엔진을 멈추고 항해한다. 유조선에 대한 바닷물의 저항력은 $v(t)^{\alpha}$에 비례한다. 여기서 $v(t)$는 시간 t에서의 속도이며, α는 상수이다.

(a) $v(t)$에 관한 미분방정식을 유도하여라.

(b) $0 < \alpha < 1$인 경우 유조선은 직선으로 이동하다가 완전히 멈추게 된다는 것을 보여라. 만일 $\alpha \geq 1$인 경우에는 무슨 일이 일어나겠는가?

회로

14. 그림 1.14의 전기회로에서 각 전류를 계산하여라.

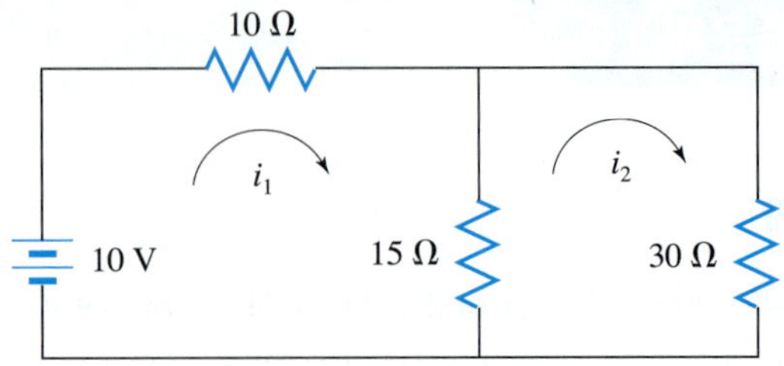

그림 1.14

15. 그림 1.15의 회로에서 축전기는 초기에 무전하 상태이다. 스위치를 닫은 후 축전기의 전압이 76 volt가 되는 데 걸리는 시간을 구하라. 그 시간에 저항을 지나는 전류의 크기를 계산하여라(여기서 μF는 10^{-6} farad를 나타낸다).

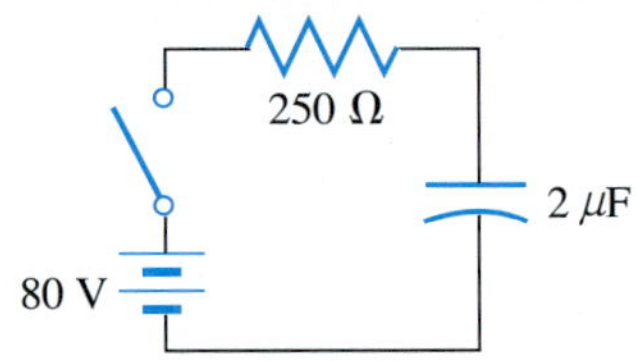

그림 1.15

16. 그림 1.16의 회로에서 스위치를 닫은 직후의 모든 전류값을 구하라. 여기서 스위치를 닫기 전에는 축전기의 전하뿐만 아니라 모든 전류값이 0이라고 가정하여라.

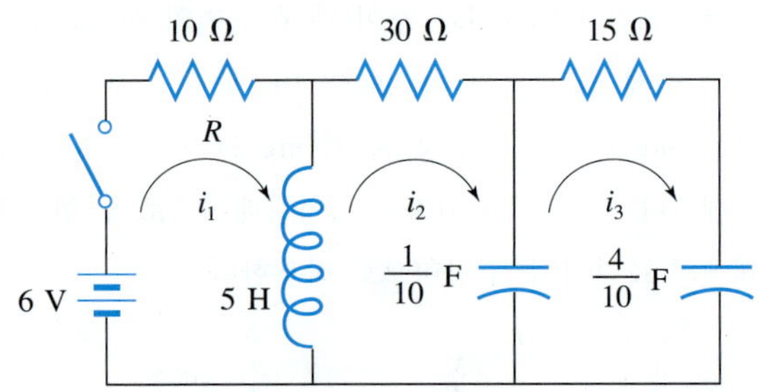

그림 1.16

17. RC회로에서 전하 $q(t)$는 다음 선형 미분방정식을 만족한다.

$$q' + \frac{1}{RC}q = \frac{1}{R}E(t)$$

(a) $E(t) = E$는 상수일 경우 이 미분방정식을 전하에 대하여 풀어라. 조건 $q(0) = q_0$을 사용하여 적분 상수를 구하라.

(b) $\lim_{t\to\infty} q(t)$를 구하고 이 극한이 q_0에 무관하다는 것을 보여라.

(c) $q(t)$의 그래프를 그려라. 전하가 최댓값과 최솟값을 가지는 시간을 결정하여라.

(d) $q(t)$와 정상 상태값($t \to \infty$일 때 $q(t)$의 극한값)의 차이가 1% 이내가 되는 시간을 구하라.

18. 문제 17의 미분방정식을 이용하여 기전력이 $E(t) = A\cos\omega t$인 RC회로의 전하를 구하라. 단, A와 ω는 양수이다. $q(0) = q_0$인 조건을 사용하여 일반해의 상수를 결정하여라.

19. $R = 2$ ohm, $L = 25$ henry, 기전력 $E(t) = Ae^{-t}$인 RL회로에서 전류 $i(t)$를 구하라. A는 양수이고, $i(0) = 0$이다. 시간에 따른 전류의 그래프를 그려라.

20. 기전력이 $E(t) = A\sin\omega_1 t + B\cos\omega_2 t$인 RL회로에서 전류를 구하라. 단, A, B, ω_1, ω_2는 양수이고 $i(0) = 0$이다. 해에서 $A = B = 1$이라 두고, 각기 다른 ω_1과 ω_2값에 대응하는 해의 그래프를 그려서 이 주파수 값들이 해의 움직임에 미치는 영향을 평가하여라.

직교궤적

문제 21부터 29까지 곡선족에 대한 직교궤적을 찾아라. 주어진 곡선족의 곡선 몇 개와 이에 직교하는 곡선 몇 개를 그려라.

21. $2x^2 - 3y = K$

22. $x^2 + 2y^2 = K$

23. $y = Kx^2 + 1$

24. $x^2 - Ky^2 = 1$

25. $y = e^{kx}$

26. $y = ke^x$

27. $y = (x - k)^2$

28. $y^2 = Kx^3$

29. $x^2 - Ky = 1$

2장 2계 미분방정식

2.1 2계 선형 미분방정식

2계 미분방정식은 방정식에 포함된 최고계 미분항이 2계인 방정식

$$F(x, y, y', y'') = 0$$

이다. 예를 들면

$$y'' = x^3,$$

$$xy'' - \cos y = e^x,$$

$$y'' - 4xy' + y = 2$$

등이 2계 미분방정식이다.

다음과 같은 형태를 **2계 선형 미분방정식**이라 한다.

$$R(x)y'' + P(x)y' + Q(x)y = F(x).$$

여기서 $R(x)$가 0인 점에서는 2계 미분항이 사라지게 되어 다루기 어려운 경우가 된다. 그래서 이러한 방정식을 다룰 때는 $R(x) \neq 0$인 구간에 대해서만 생각하며 이 때 주어진 방정식은 $R(x)$로 나누어

$$y'' + p(x)y' + q(x)y = f(x) \tag{2.1}$$

꼴이 된다.

기본 개념을 이해하기 위해 다음과 같은 간단한 2계 선형 미분방정식을 먼저 생각해 보자.

$$y'' - 12x = 0$$

해를 구하려면 y에 관해 적분을 두 번 하면 된다.

$$\begin{aligned} & y'' = 12x \\ \Rightarrow\ & y' = \int 12x\,dx = 6x^2 + c_1 \\ \Rightarrow\ & y(x) = \int (6x^2 + c)\,dx = 2x^3 + c_1 x + c_2. \end{aligned}$$

이 해는 임의의 상수를 두 개 포함한다. 1계 미분방정식의 일반해가 임의의 상수를 한 개 갖고 있는 것을 생각해 보면, 두 번 적분이 필요한 2계 방정식의 해가 임의의 상수를 두 개 포함하고 있다는 사실은 자연스럽다.

c_1과 c_2를 임의로 선택하여 평면상에 $y = 2x^3 + c_1 x + c_2$의 그림을 그릴 수 있다. 그림 2.1은 여러 가지 다른 상수값에 대한 적분곡선들이다.

1계 미분방정식의 경우와는 달리 한 점을 지나는 적분곡선들은 여러 개 존재한다. 예를 들면 다음 초깃값을 만족하는 해를 구한다고 하자.

$$y(0) = 3.$$

그러면 c_2는 다음과 같이 결정된다.

$$y(0) = c_2 = 3.$$

하지만 c_1값은 여전히 어떤 값으로든 정할 수 있다. 따라서 다음 모든 해는 점 (0, 3)을 지난다.

$$y(x) = 2x^3 + c_1 x + 3.$$

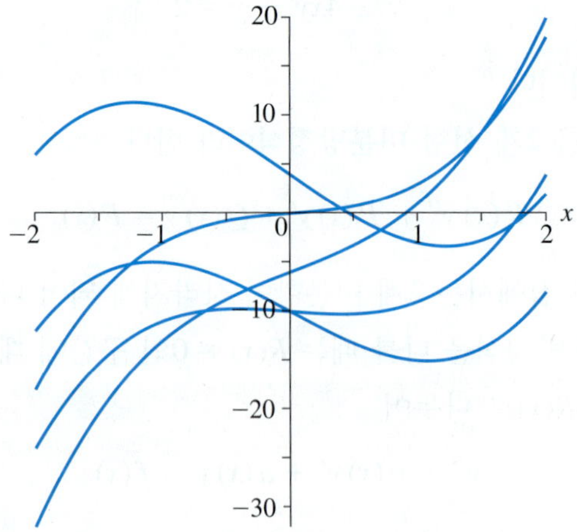

그림 2.1 $y'' = 12x$의 적분곡선들

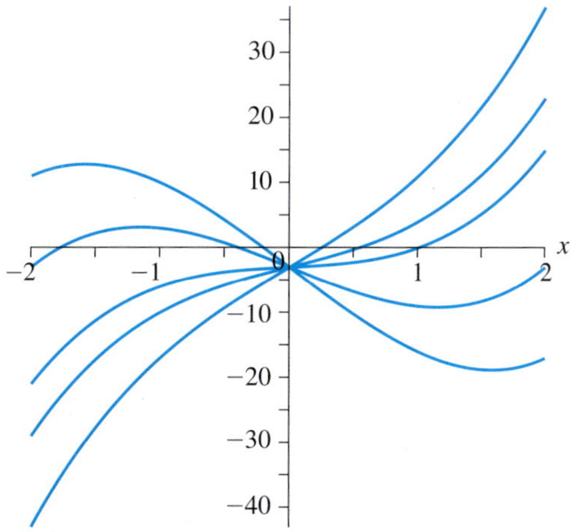

그림 2.2 점 (0, −3)을 지나는 $y'' = 12x$의 적분곡선들

그림 2.2는 여러 개의 c_1값에 대응하는 적분곡선들이다. 여기서 (0, 3)에서 기울기값을 정해 주면 오직 한 개의 적분곡선이 결정된다. 예를 들면 다음 초기조건을 추가로 도입할 수 있다.

$$y'(0) = -1.$$

그러면 $y'(x) = 6x^2 + c_1$이므로 $c_1 = -1$이다. 그러므로 두 개의 초기조건을 모두 만족하는 해는 오직 한 개이며, 그 해는 다음과 같다.

$$y(x) = 2x^3 - x + 3.$$

정리하면 이 보기에서 미분방정식의 일반해는 임의의 상수를 두 개 포함하고 있다. 해의 그래프가 점 (0, 3)을 지나게 하는 초기조건 $y(0) = 3$은 임의의 상수 중 하나를 결정한다. 다른 초기조건 $y'(0) = -1$은 점 (0, 3)을 지나면서 기울기가 −1인 해를 선별하여 이 미분방정식의 해가 유일하도록 해준다.

식 (2.1)에 대한 초깃값 문제는 미분방정식과 두 개의 초기조건으로 구성된다. 첫 번째 초기조건은 해곡선이 지나야 하는 한 점을 지정하고, 또 다른 초기조건은 그 점에서 해곡선의 기울기를 지정해 준다. 따라서 초깃값 문제는 다음과 같은 꼴이다.

$$y'' + p(x)y' + q(x)y = f(x); \quad y(x_0) = A, \quad y'(x_0) = B.$$

여기서 A와 B는 주어진 실수이다.

다음은 2계 선형 미분방정식에 대한 해의 존재성과 유일성 정리이다. 증명은 생략한다.

정리 2.1

p, q, f는 열린구간 I에서 연속이며 x_0는 I의 한 점이고 A, B는 실수라고 하자. 그러면 초깃값 문제

$$y'' + p(x)y' + q(x)y = f(x); \quad y(x_0) = A, \quad y'(x_0) = B$$

는 구간 I의 모든 x에서 정의되는 유일한 해를 갖는다.

이제 해를 구하는 방법을 알아보자.

2.1.1 제차 선형 미분방정식

$$y'' + p(x)y' + q(x)y = 0 \tag{2.2}$$

꼴을 **제차 선형 미분방정식**이라고 한다.

두 함수 $y_1(x)$와 $y_2(x)$의 **일차결합**은 각각 상수배의 합

$$c_1y_1(x) + c_2y_2(x)$$

로 정의한다. 여기서 c_1과 c_2는 상수이다. 두 해의 일차결합이 다시 해가 된다는 것은 제차 선형 미분방정식의 중요한 성질이다.

정리 2.2

두 함수 y_1과 y_2가 구간 I에서 $y'' + p(x)y' + q(x)y = 0$의 해이면 두 해의 일차결합 역시 주어진 방정식의 해이다.

증명 c_1과 c_2가 상수일 때 $y(x) = c_1y_1(x) + c_2y_2(x)$를 미분방정식에 대입하면

$$\begin{aligned}
&(c_1y_1 + c_2y_2)'' + p(x)(c_1y_1 + c_2y_2)' + q(x)(c_1y_1 + c_2y_2) \\
&= c_1[y_1'' + p(x)y_1' + q(x)y_1] + c_2[y_2'' + p(x)y_2' + q(x)y_2] \\
&= c_1 \cdot 0 + c_2 \cdot 0 = 0.
\end{aligned}$$

■

특히 $c_2 = 0$인 경우, 이 정리로부터 제차 방정식에서 한 해의 상수배도 역시 해가 된다는 것을 알 수 있다. 비제차 방정식의 경우는 이 성질이 성립되지 않는다. 예를 들면 $y_1(x) = 4e^{2x}/5$는 방정식

$$y'' + 2y' - 3y = 4e^{2x}$$

의 해이지만 $y(x) = 5y_1(x) = 4e^{2x}$는 해가 아니다.

두 해의 일차결합 $c_1 y_1 + c_2 y_2$를 생각하는 이유는 식 (2.2)의 두 해로부터 더 많은 해를 얻고자 하는 것이다. 그러나 y_2가 이미 y_1의 상수배이면

$$c_1 y_1 + c_2 y_2 = c_1 y_1 + c_2 k y_1 = (c_1 + k c_2) y_1$$

은 단지 y_1의 또 다른 상수배에 지나지 않는다. 이 경우 y_2는 불필요한 요소가 된다. 즉, y_2가 가진 모든 정보는 이미 y_1에 포함되어 있는 것이다. 따라서 한 해가 다른 해의 상수배인지 아닌지 구별할 필요가 있다.

정의 2.1 일차종속, 일차독립

f와 g가 열린구간 I의 모든 x에서 $f(x) = cg(x)$이거나 $g(x) = cf(x)$이면 열린구간 I에서 두 함수는 **일차종속**이라 한다. 여기서 c는 상수이다.

f와 g가 구간 I에서 일차종속이 아니면 두 함수는 그 구간에서 **일차독립**이라고 한다.

보기 2.1

$y_1(x) = \cos x$와 $y_2(x) = \sin x$는 $y'' + y = 0$의 해이다. 이 함수들은 서로 상수배가 아니다. 그러므로 이 해들은 일차독립이다. 따라서 정리 2.2로부터 임의의 상수 a, b에 대해 함수 $a\cos x + b\sin x$ 또한 해가 된다. $\cos x$와 $\sin x$는 일차독립이므로 이 일차결합은 무한히 많은 새로운 해를 생성하게 된다.

방정식 (2.2)의 두 해가 일차독립인지 아닌지를 판별할 수 있는 판별법을 소개한다. y_1과 y_2의 **Wronskian**을 다음과 같이 정의한다.

$$W(x) = y_1(x) y_2'(x) - y_1'(x) y_2(x).$$

이것은 다음 2 × 2 행렬식과 같다.

$$W(x) = \begin{vmatrix} y_1(x) & y_2(x) \\ y_1'(x) & y_2'(x) \end{vmatrix}.$$

정리 2.3 Wronskian 판별법

y_1과 y_2가 열린구간 I에서 $y'' + p(x)y' + q(x)y = 0$의 해이면

(1) 열린구간 I의 모든 x에 대해 $W(x) = 0$이거나 모든 x에 대해 $W(x) \neq 0$이다.

(2) 열린구간 I에서 $W(x) \neq 0$는 y_1과 y_2가 일차독립이기 위한 필요충분조건이다.

(1)은 두 해의 Wronskian은 I의 어떤 점에서는 0이고 다른 점에서는 0이 아닌 상황은 없다는 것을 의미한다. (2)는 Wronskian이 0이 아닌 값을 갖는다는 것은 해들이 서로 일차독립이라는 것과 동치라는 뜻이다. 이 두 결론을 합치면 두 해가 일차종속인지 일차독립인지를 알려면 $W(x)$의 계산이 쉬운 어느 한 점에서만 $W(x)$를 계산해 보면 된다는 뜻이다.

보기 2.2

$y_1(x) = \cos x$와 $y_2(x) = \sin x$는 $y'' + y = 0$의 해이다. 이 경우 두 해가 일차독립임은 명확하다. 이 해들의 Wronskian은 다음과 같다.

$$W(x) = \begin{vmatrix} \cos x & \sin x \\ -\sin x & \cos x \end{vmatrix} = \cos^2 x + \sin^2 x = 1 \neq 0.$$

이제 2계 제차 선형 미분방정식의 모든 해를 구하기 위해 필요한 요소에 대해 알아보자.

정리 2.4

y_1과 y_2를 열린구간 I에서 $y'' + p(x)y' + q(x)y = 0$의 일차독립인 두 해라 하면 이 미분방정식의 모든 해들은 y_1과 y_2의 일차결합이 된다.

이 정리는 $y'' + p(x)y' + q(x)y = 0$의 모든 해를 찾는 방법을 제시한다. 먼저 두 개의 일차독립인 해를 찾는다. 필요에 따라 독립성을 확인하기 위해 Wronskian을 사용한다. 그러면 c_1과 c_2가 임의의 상수일 때, $c_1y_1 + c_2y_2$가 모든 가능한 해이다. 증명에 앞서 몇 가지 용어를 정의한다.

정의 2.2

y_1과 y_2를 열린구간 I에서 $y'' + p(x)y' + q(x)y = 0$의 해라고 하자.

(1) y_1과 y_2가 I에서 서로 일차독립이면 y_1과 y_2는 **기본 해집합**을 구성한다고 한다.

(2) y_1과 y_2가 기본 해집합을 구성하면 임의의 상수 c_1과 c_2에 대해 $c_1y_1 + c_2y_2$를 구간 I에서 미분방정식의 **일반해**라고 한다.

따라서 일반해를 구하기 위해서 먼저 기본 해집합을 찾는다. 정리 2.4의 증명은 다음과 같다.

증명 φ를 구간 I에서 $y'' + p(x)y' + q(x)y = 0$의 임의의 해라고 하자. 그러면 다음 식을 만족하는 c_1과 c_2가 존재함을 밝혀 보자.

$$\varphi(x) = c_1 y_1(x) + c_2 y_2(x).$$

구간 I에서 한 점 x_0를 선택하고 $\varphi(x_0) = A$, $\varphi'(x_0) = B$라고 하자. 정리 2.1에 의하면 φ는 구간 I에서 다음 초깃값 문제의 유일한 해이다.

$$y'' + p(x)y' + q(x)y = 0; \quad y(x_0) = A, \quad y'(x_0) = B.$$

이제 두 개의 미지수 c_1과 c_2를 포함하고 있는 다음 연립방정식을 생각해 보자.

$$y_1(x_0)c_1 + y_2(x_0)c_2 = A,$$
$$y_1'(x_0)c_1 + y_2'(x_0)c_2 = B.$$

y_1과 y_2가 일차독립이므로 $W(x_0) \neq 0$이다. 따라서 이 연립방정식의 해는 다음과 같다.

$$c_1 = \frac{Ay_2'(x_0) - By_2(x_0)}{W(x_0)}, \qquad c_2 = \frac{By_1(x_0) - Ay_1'(x_0)}{W(x_0)}.$$

c_1과 c_2를 이렇게 선택하면 함수 $c_1y_1 + c_2y_2$는 위에서 제시한 초깃값 문제의 해가 된다. 이 초깃값 문제의 해는 유일하므로 구간 I에서 $\varphi(x) = c_1 y_1(x) + c_2 y_2(x)$이다. ■

Math in Context | 용수철 모델

고전적인 공학분야에서 많이 활용되는 운동에 관한 연구는 Newton의 제2법칙 $\Sigma F = ma$를 따르는데 보통 2계 미분방정식으로 표현된다. 이 방정식은 유체 운동이나 탄성체 운동 모두에 적용되는데, 서로 다른 준거기준이 사용되므로 각각의 경우는 다른 형태로 수식화된다.

용수철 모델은 재료변형, 고층건물의 중량 조절판, 자동차의 충격흡수기 등 여러 고체 운동의 설계모형에 사용되는 보편적인 모델이다.

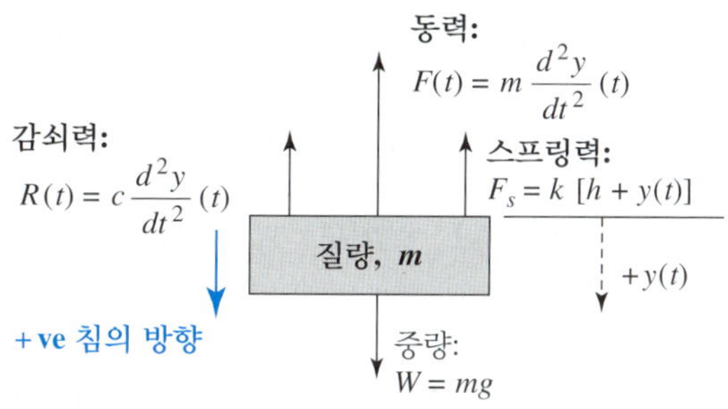

미분방정식 유도 도식

Hsu, Tai-Ran. "Applications of Second Order Differential Equations in Mechanical Engineering Analysis."

자전거나 자동차에는 도로 요철로 인한 탑승자의 불쾌감을 해소하기 위해 바퀴와 차체 사이에 감쇠 서스펜션 시스템이 장착되어 있다. 이 시스템은 고정점(바퀴)과 움직이는 물체(차체) 사이의 감쇠 용수철 운동으로 모델화되어 있다.

보기 2.3

$$y'' - 3y + 2 = 0.$$

$y = e^x$, $y_2 = e^{2x}$이 해가 되는 것은 대입해 보면 쉽게 알 수 있다. y_1과 y_2는 일차 독립이므로 방정식의 모든 해는

$$y = c_1 e^x + c_2 e^{2x}$$

꼴이다.

2.1.2 비제차 선형 미분방정식

위에서 설명한 제차 선형 미분방정식 풀이법은 다음 꼴의 **비제차 선형 미분방정식**을 푸는 데도 중요한 역할을 한다.

$$y'' + p(x)y' + q(x)y = f(x) \tag{2.3}$$

정리 2.5

y_1과 y_2가 열린구간 I에서 $y'' + p(x)y' + q(x)y = 0$의 기본 해집합을 구성한다고 하고 y_p를 식 (2.3)의 특수해라고 하면 식 (2.3)의 임의의 해 φ는 어떤 상수 c_1과 c_2에 대해 다음과 같이 표현된다.

$$\varphi = c_1 y_1 + c_2 y_2 + y_p$$

증명 φ와 y_p가 식 (2.3)의 해라는 사실을 이용하면 다음이 성립한다.

$$\begin{aligned}(\varphi - y_p)'' + p(\varphi - y_p)' + q(\varphi - y_p) &= (\varphi'' + p\varphi' + q\varphi) - (y_p'' + py_p' + qy_p) \\ &= f - f = 0.\end{aligned}$$

그러므로 $\varphi - y_p$는 $y'' + py' + qy = 0$의 해이다. y_1과 y_2는 이 제차 미분방정식의 기본 해집합이므로 다음 식을 만족하는 상수 c_1과 c_2가 존재한다.

$$\varphi - y_p = c_1 y_1 + c_2 y_2.$$

■

$c_1 y_1 + c_2 y_2 + y_p$를 식 (2.3)의 **일반해**라고 부르고 그 풀이법은

(1) 대응하는 제차 미분방정식 $y'' + p(x)y' + q(x)y = 0$의 기본 해집합 y_1, y_2를 찾는다.

(2) $y'' + p(x)y' + q(x)y = f(x)$의 한 특수해 y_p를 구한다.

(3) 일반해는 $c_1 y_1 + c_2 y_2 + y_p$이다.

보기 2.4

$$y'' + 4y = 8x.$$

$y_1 = \cos 2x$, $y_2 = \sin 2x$는 방정식 $y'' + 4y = 0$의 기본 해집합이 됨을 알 수 있다. 한편 $y_p = 2x$는 주어진 비제차 방정식의 특수해이므로 이 방정식의 일반해는

$$y = c_1 \cos 2x + c_2 \sin 2x + 2x.$$

연습문제 2.1

문제 1부터 4까지 y_1과 y_2가 (a) 미분방정식의 해임을 증명하여라. (b) Wronskian이 0이 아님을 증명하여라. (c) 각 미분방정식의 일반해를 구하라. (d) 초깃값 문제의 해를 구하라.

1. $y'' + 36y = x - 1;\ y(0) = -5,\ y'(0) = 2$
$y_1(x) = \sin 6x,\ y_2(x) = \cos 6x,\ y_p(x) = \frac{1}{36}(x-1)$

2. $y'' - 16y = 4x^2;\ y(0) = 12,\ y'(0) = 3$
$y_1(x) = e^{4x},\ y_2(x) = e^{-4x},\ y_p(x) = -\frac{1}{4}x^2 - \frac{1}{32}$

3. $y'' + 3y' + 2y = 15;\ y(0) = -3,\ y'(0) = -1$
$y_1(x) = e^{-2x},\ y_2(x) = e^{-x},\ y_p(x) = \frac{15}{2}$

4. $y'' - 6y' + 13y = -e^x;\ y(0) = -1,\ y'(0) = 1$
$y_1(x) = e^{3x}\cos 2x,\ y_2(x) = e^{3x}\sin 2x,$
$y_p(x) = -\frac{1}{8}e^x$

5. $y'' - 2y' + 2y = -5x^2;\ y(0) = 6,\ y'(0) = 1$
$y_1(x) = e^x\cos x,\ y_2(x) = e^x \sin x,\ y_p(x) = -\frac{5}{2}x^2 - 5x - \frac{5}{2}$

6. (a) 정리 2.3 (1)을 증명하여라.
힌트: $y_1'' + p(x)y_1' + q(x)y_1 = 0$과 $y_2'' + p(x)y_2' + q(x)y_2 = 0$에서 첫 번째 방정식에 $-y_2$를 곱하고, 두 번째 방정식에 y_1을 곱한 후 서로 더하면 $W' + p(x)W = 0$임을 보여라. 이 1계 미분방정식을 $W(x)$에 대해 풀어라.
(b) 정리 2.3 (2)를 증명하여라.
힌트: y_1과 y_2를 구간 I에서 일차종속인 해라고 하자. 그러면 구간 I의 x에서 $W(x) = 0$임을 직접 계산을 통해 확인할 수 있다.
역으로 구간 I의 모든 x에서 $W(x) = 0$이라고 가정하자. 또한 구간 I의 한 점 x_0에서 $y_2(x_0)$가 0이 아니라고 가정하면 x_0를 포함하는 어떤 부분 구간 J가 있어서 J의 모든 점 x에서 $y_2(x) \neq 0$이다. 이제 $[1/(y_2(x)^2]W(x) = (d/dx)[y_1(x)/y_2(x)] = 0$임을 보여라. 즉, $y_1(x)/y_2(x)$는 어떤 상수 C가 된다. 따라서 구간 J에서 $y_1(x) = Cy_2(x)$가 된다. 끝으로 y_1과 Cy_2가 구간 I에서 동일한 초깃값 문제의 해임을 보임으로써 구간 I에서 $y_1(x) = Cy_2(x)$임을 보여라.

7. $y_1(x) = x$, $y_2(x) = x^2$은 구간 $[-1, 1]$에서 미분방정식 $x^2y'' - 2xy' + 2y = 0$의 일차독립인 해이지만, $W(0) = 0$임을 보여라. 이 사실이 주어진 구간에서 정리 2.3 (1)에 모순되지 않는 이유는 무엇인가?

8. y_1과 y_2는 $[a, b]$에서 $y'' + p(x)y' + q(x)y = 0$의 해이며, p와 q는 동일한 구간에서 연속이라 하자. 만일 y_1과 y_2가 구간 (a, b) 내 동일한 점 x_0에서 극값(극소값 또는 극대값)을 가지면 y_1과 y_2는 $[a, b]$에서 일차종속임을 증명하여라.

9. y_1과 y_2는 열린구간 I에서 $y'' + p(x)y' + q(x)y = 0$의 해이고 구간 I의 한 점 x_0에서 $y_1(x_0) = y_2(x_0) = 0$이라고 하자. 그러면 y_1과 y_2가 I에서 일차종속임을 증명하여라. 즉, 일차독립인 해는 공통근을 가질 수 없다.

10. φ가 열린구간 I에서 p와 q가 연속인 다음 초깃값 문제의 해라고 가정하자.

$$y'' + p(x)y' + q(x)y = 0;$$
$$y(x_0) = y'(x_0) = 0$$

그러면 구간 I의 모든 x에서 $\varphi(x) = 0$임을 증명하여라.

11. **Strum 분리 정리**를 증명하여라: φ와 ψ는 열린구간 I에서 $y'' + p(x)y' + q(x)y = 0$의 일차독립인 해라고 하자. 그러면 φ와 ψ는 공통근을 갖지 않는다. 또한 φ의 이웃하는 두 근 사이에는 ψ의 근이 정확히 한 개가 존재한다(f의 근은 $f(w) = 0$을 만족하는 w를 의미한다).

힌트: 먼저 문제 13에서 언급한 것과 같이 구간 I에서 φ와 ψ가 공통근을 가질 수 없음을 보여라. 이제 x_1과 x_2가 φ의 이웃하는 두 근이라 하자. $W(x)$는 구간 I에서 부호가 항상 일정하다는 사실로부터 $\psi(x_1)$과 $\psi(x_2)$는 서로 부호가 다름을 보여라. 그러면 중간값 정리에 의해 ψ가 x_1과 x_2 사이에서 근을 갖게 된다. 끝으로, φ와 ψ의 역할을 바꾸어 생각해 보면 x_1과 x_2 사이에 ψ의 근이 오직 하나만 존재함을 보일 수 있다.

2.2 차수축소법

2계 선형 미분방정식 $y'' + p(x)y' + q(x)y = 0$에 대하여 $y_1 \neq 0$이 하나의 해일 때 y_1과 일차독립인 다른 해 y_2를 찾는 방법을 살펴보자.

$y_2(x) = u(x)y_1(x)$가 해가 되도록 상수함수가 아닌 $u(x)$를 구하면 된다.

$$y_2 = uy_1, \qquad y_2' = u'y_1 + uy_1', \qquad y_2'' = u''y_1 + 2u'y_1' + uy_1''$$

을 주어진 방정식에 대입하고 u에 관해 정리하면

$$u''y_1 + u'[2y_1' + py_1] + u[y_1'' + py_1' + qy_1] = 0$$

이다. 이때 y_1은 원래 미분방정식의 해이기 때문에 u의 계수는 0이다. 따라서 u는

$$u''y_1 + u'[2y_1' + py_1] = 0$$
$$\Longleftrightarrow u'' + \frac{2y_1' + py_1}{y_1}u' = 0$$

을 만족하면 된다.

$$g(x) = \frac{2y_1'(x) + p(x)y_1(x)}{y_1(x)}$$

이라 하면 $y_1(x)$와 $p(x)$는 주어진 함수이므로 $g(x)$도 정해진다. 그러면 u에 대한 미분방정식

$$u'' + g(x)u' = 0$$

을 얻는다. 이 식은 u'에 대한 1계 선형 미분방정식이므로

$$u' = e^{-\int g(x)\,dx}$$
$$\Rightarrow\ u = \int e^{-\int g(x)\,dx}\,dx$$

이다.

u를 구하는 공식을 암기할 필요는 없다. 하나의 해 y_1이 주어진 경우 $y_2 = uy_1$을 미분방정식에 대입하여 결과식을 $u(x)$에 대해 푸는 과정을 기억하면 된다.

보기 2.5

$y_1(x) = e^{-2x}$은 $y'' + 4y' + 4y = 0$의 해이다. 두 번째 해를 구해 보자.

$y_2 = ue^{-2x}$을 미분방정식에 대입하면

$$u''e^{-2x} = 0$$
$$\Rightarrow\qquad u'' = 0$$

이다. 적분을 두 번 하면 $u(x) = cx + d$를 얻는다. 두 번째 해 y_2를 하나만 찾으면 되므로 $c = 1$, $d = 0$이라고 두면 $u(x) = x$가 된다. 따라서

$$y_2(x) = xe^{-2x}$$

은 y_1과 일차독립인 해이다. 이때 모든 x에 대해

$$W(x) = \begin{vmatrix} e^{-2x} & xe^{-2x} \\ -2e^{-2x} & e^{-2x} - 2xe^{-2x} \end{vmatrix} = e^{-4x} \neq 0$$

이므로 y_1과 y_2는 기본 해집합이며 $y'' + 4y' + 4y = 0$의 일반해는

$$y(x) = c_1 e^{-2x} + c_2 xe^{-2x}$$

이다.

보기 2.6

$x > 0$인 구간에서 $x^2y'' - 3xy' + 4y = 0$의 일반해를 구해 보자. $y_1 = x^2$은 방정식의 해임을 쉽게 확인할 수 있다. $y_2 = x^2u$라 놓고 미분방정식에 대입하면

$$x^2u'' + xu' = 0\ \Rightarrow\ xu'' + u' = 0$$
$$\Rightarrow\ xu'' + u' = (xu')' = 0$$

이므로 $xu' = c$가 되고, 여기서 $c = 1$을 선택한다. 그러면

$$u' = \frac{1}{x}$$

$$\Rightarrow \ u = \ln x + d$$

이다. 여기서 u를 하나만 찾으면 되므로 $d = 0$이라 두자. 그러면 $y_2 = x^2 \ln x$는 두 번째 해가 된다. x^2과 $x^2 \ln x$는 기본 해집합이므로 일반해는

$$y(x) = c_1 x^2 + c_2 x^2 \ln x$$

이다.

연습문제 2.2

문제 1부터 10까지 주어진 함수가 미분방정식의 해임을 증명하여라. 차수축소법을 이용하여 두 번째 해를 구하고 최종적으로 일반해를 구하라.

1. $y'' + 4y = 0;\ y_1(x) = \cos 2x$

2. $y'' - 9y = 0;\ y_1(x) = e^{3x}$

3. $y'' - 10y' + 25y = 0;\ y_1(x) = e^{5x}$

4. $x > 0$일 때 $x^2y'' - 7xy' + 16y = 0;\ y_1(x) = x^4$

5. $x > 0$일 때 $x^2y'' - 3xy' + 4y = 0;\ y_1(x) = x^2$

6. $x > 0$일 때 $(2x^2 + 1)y'' - 4xy' + 4y = 0;\ y_1(x) = x$

7. $x > 0$일 때 $y'' + \frac{1}{x}y' + \left(1 - \frac{1}{4x^2}\right)y = 0;\ y_1(x) = \frac{\cos x}{\sqrt{x}}$

8. -1과 $-1/2$을 포함하지 않는 구간에서

$$(2x^2 + 3x + 1)y'' + 2xy' - 2y = 0;\ y_1(x) = x$$

9. 0이 아닌 상수 a에 대해 $y_1(x) = e^{-ax}$는 $y'' + 2ay' + a^2y = 0$의 해임을 증명하여라. 그리고 일반해를 구하라.

10. 2계 미분방정식이 x를 포함하지 않으면 $u = y'$로 놓고 풀 수 있다. 이때 y는 독립변수로 생각하고 u를 y의 함수로 생각한다. y의 2계 미분이

$$y'' = \frac{d}{dx}\left[\frac{dy}{dx}\right] = \frac{du}{dx} = \frac{du}{dy}\frac{dy}{dx} = u\frac{du}{dy}$$

임을 이용하면 $F(y, y', y'') = 0$을 $F(y, u, u\frac{du}{dy}) = 0$으로 변환할 수 있다. 이 방정식을 $u(y)$에 대해서 풀고, $u = y'$에서 x에 대한 함수 y를 구한다. 이 방법을 사용하여 다음 방정식의 해를 구하라.

(a) $yy'' + 3(y')^2 = 0$

(b) $yy'' + (y + 1)(y')^2 = 0$

(c) $yy'' = y^2y' + (y')^2$

(d) $y'' = 1 + (y')^2$

(e) $y'' + (y')^2 = 0$

2.3 상수 계수 방정식

A와 B가 실수상수인 제차 선형 미분방정식

$$y'' + Ay' + By = 0 \tag{2.4}$$

을 푸는 방법에 대해 살펴보자. 지수함수 e^{rx}의 미분은 e^{rx}의 상수배이므로 함수 $y(x) = e^{rx}$ 중에서 해를 찾는다. r을 구하기 위해 e^{rx}을 식 (2.4)에 대입하면 다음 식을 얻는다.

$$r^2 e^{rx} + Are^{rx} + Be^{rx} = 0$$

이 식이 성립하기 위해서는

$$r^2 + Ar + B = 0$$

이어야 한다. 이것을 식 (2.4)의 **특성방정식**이라고 부른다. 특성방정식의 근은

$$r = \frac{-A \pm \sqrt{A^2 - 4B}}{2}$$

이며 세 가지 경우로 나눠 볼 수 있다.

2.3.1 $A^2 - 4B > 0$인 경우

이 경우는 특성방정식이 서로 다른 두 실근

$$r_1 = \frac{-A + \sqrt{A^2 - 4B}}{2}, \quad r_2 = \frac{-A - \sqrt{A^2 - 4B}}{2}$$

를 갖고 $y_1 = e^{r_1 x}$과 $y_2 = e^{r_2 x}$는 식 (2.4)의 일차독립인 해가 된다. 따라서 일반해는 다음과 같다.

$$y(x) = c_1 e^{r_1 x} + c_2 e^{r_2 x}.$$

보기 2.7

$$y'' - y' - 6y = 0.$$

특성방정식 $r^2 - r - 6 = 0$의 근은 $r_1 = -2$와 $r_2 = 3$이므로 일반해는

$$y = c_1 e^{-2x} + c_2 e^{3x}.$$

2.3.2 $A^2 - 4B = 0$ 경우

특성방정식이 중근 $r = -A/2$를 가지는 경우 $y_1 = e^{-Ax/2}$은 하나의 해이다. 또 다른 해는 차수축소법을 써서 구한다. $y_2 = ue^{-Ax/2}$이라 두고 미분방정식에 대입하면

$$u'' + \left(B - \frac{A^2}{4}\right)u = 0$$

이다. $A^2 - 4B = 0$이므로 이 미분방정식은 $u'' = 0$이 되어 $u = x$로 선택할 수 있다. 이 경우 두 번째 해는 $y_2 = xe^{-Ax/2}$이다. y_1과 y_2는 일차독립이므로 기본 해집합을 구성하며 일반해는 다음과 같다.

$$y(x) = c_1 e^{-Ax/2} + c_2 xe^{-Ax/2} = e^{-Ax/2}(c_1 + c_2 x).$$

보기 2.8

$$y'' - 6y' + 9y = 0.$$

특성방정식은 $r^2 - 6r + 9 = 0$이며 $r = 3$이 중근이다. 일반해는

$$y(x) = e^3 x(c_1 + c_2 x).$$

2.3.3 $A^2 - 4B < 0$인 경우

이 경우 특성방정식은 다음과 같은 서로 다른 두 복소수근을 가진다.

$$\frac{-A \pm \sqrt{4B - A^2}\, i}{2}.$$

$p = -\frac{A}{2}$, $q = \frac{1}{2}\sqrt{4B - A^2}$으로 치환해서 표현하면 근은 $p \pm iq$이다. 따라서

$$z_1 = e^{(p+iq)x}, \quad z_2 = e^{(p-iq)x}$$

은 미분방정식의 해이다.

구하고자 하는 방정식의 해 y는 실수함수인 데 반해 z_1과 z_2는 복소지수함수이다. 이로부터 실수함수인 해를 얻기 위해 다음 오일러 공식을 이용한다. θ가 실수일 때

$$e^{i\theta} = \cos\theta + i\sin\theta.$$

이 공식을 유도하는 방법은 연습문제 22를 참조하면 된다.

이제 특성방정식이 서로 다른 두 복소수근 $p \pm iq$를 가질 때, $y'' + Ay' + By = 0$을 푸는 문제로 돌아가자. p와 q는 실수이므로

$$z_1 = e^{(p+iq)x} = e^{px}e^{iqx} = e^{px}(\cos qx + i\sin qx)$$
$$= e^{px}\cos qx + ie^{px}\sin qx,$$
$$z_2 = e^{(p-iq)x} = e^{px}\cos qx - ie^{px}\sin qx$$

이다. 그러므로 일반해는

$$y(x) = c_1\left(e^{px}\cos qx + ie^{px}\sin qx\right) + c_2\left(e^{px}\cos qx - i_2 e^{px}\sin qx\right)$$
$$= (c_1 + c_2)e^{px}\cos qx + (c_1 - c_2)ie^{px}\sin qx.$$

여기서 c_1과 c_2를 어떻게 선택해도 미분방정식의 해가 된다. 먼저 $c_1 = c_2 = 1/2$로 선택하면

$$y_1 = e^{px}\cos qx,$$

그리고 $c_1 = 1/2i$과 $c_2 = -1/2i$로 두면

$$y_2 = e^{px}\sin qx$$

는 실수함수로서 일차독립인 두 해이다. 그러므로 $y'' + Ay' + By = 0$의 일반해는

$$y = e^{px}(c_1\cos qx + c_2\sin qx)$$

이다.

보기 2.9

$$y'' + 2y' + 6y = 0.$$

특성방정식 $r^2 + 2r + 6 = 0$의 근은 $r = -1 \pm \sqrt{5}\,i$이므로 일반해는

$$y(x) = e^{-x}\left(c_1\cos\sqrt{5}x + c_2\sin\sqrt{5}x\right).$$

보기 2.10

$$y'' + 36y = 0.$$

특성방정식 $r^2 + 36 = 0$의 근은 $2 = \pm 6i$이다. 따라서 일반해는

$$y = c_1\cos 6x + c_2\sin 6x.$$

연습문제 2.3

문제 1부터 10까지 미분방정식의 일반해를 구하라.

1. $y'' - y' - 6y = 0$

2. $y'' - 2y' + 10y = 0$

3. $y'' + 6y' + 9y = 0$

4. $y'' - 3y' = 0$

5. $y'' + 10y' + 26y = 0$

6. $y'' + 6y' - 40y = 0$

7. $y'' - 14y' + 49y = 0$

8. $y'' - 6y' + 7y = 0$

9. $y'' + 4y' + 9y = 0$

10. $y'' + 16y' + 64y = 0$

문제 11부터 20까지 초깃값 문제를 풀어라.

11. $y'' + 3y' = 0;\ y(0) = 3, y'(0) = 6$

12. $y'' + 2y' - 3y = 0;\ y(0) = 6,\ y'(0) = -2$

13. $y'' - 2y' + y = 0;\ y(1) = y'(1) = 0$

14. $y'' + 2y' - 3y = 0;\ y(0) = 6,\ y'(0) = -2$

15. $y'' + y' - 12y = 0;\ y(2) = 2,\ y'(2) = 1$

16. $y'' - 4y' + 4y = 0;\ y(0) = 3,\ y'(0) = 5$

17. $y'' - 2y' + y = 0;\ y(1) = 12,\ y'(1) = -5$

18. $y'' - 2y' - 5y = 0;\ y(0) = 0,\ y'(0) = 3$

19. $y'' - y' + 4y = 0;\ y(-2) = 1,\ y'(-2) = 3$

20. $y'' - 5y' + 12y = 0;\ y(2) = 0,\ y'(2) = -4$

21. 이 문제는 미분방정식의 계수가 조금만 바뀌어도 해는 많이 변할 수 있다는 사실을 보여준다.

(a) a가 0이 아닌 상수일 때 $y'' - 2ay' + a^2 y = 0$의 일반해 $\varphi(x)$를 구하라.

(b) ϵ이 양의 상수일 때 $y'' - 2ay' + (a^2 - \epsilon^2)y = 0$의 일반해 $\varphi_\epsilon(x)$를 구하라.

(c) $\epsilon \to 0$로 극한을 취하면 (b)의 미분방정식은 (a)의 미분방정식으로 수렴하지만, (b)의 해 $\varphi_\epsilon(x)$는 일반적으로 (a)의 해 $\varphi(x)$로 수렴하지 않는다는 것을 증명하여라.

22. 멱급수를 이용하여 오일러 공식 $e^{i\theta} = \cos\theta + i\sin\theta$를 유도하여라.

힌트: $e^x = \sum_{n=0}^{\infty} \frac{1}{n!} x^n$

$$\cos x = \sum_{n=0}^{\infty} \frac{(-1)^n}{(2n)!} x^{2n}$$

$$\sin x = \sum_{n=0}^{\infty} \frac{(-1)^n}{(2n+1)!} x^{2n+1}$$

을 이용하고 $x = i\theta$를 대입하여라.

2.4 Euler 방정식

$$x^2 y'' + Axy' + By = 0 \tag{2.5}$$

꼴을 Euler 방정식이라 한다. 이때 x의 범위는 $x > 0$이라 생각하고 A, B는 실수상수이다.

식 (2.5)의 각 항은 x의 제곱 횟수와 y의 미분 횟수가 같다는 것에 착안하여 $y = x^r$(r는 상수) 꼴이 해가 됨을 유추할 수 있다. $y = x^r$을 식 (2.5)의 좌변에 대입하면

$$[r(r-1) + Ar + B]x^r$$

이 되므로

$$r(r-1) + Ar + B = 0, \qquad 즉, \qquad r^2 + (A-1)r + B = 0 \tag{2.6}$$

을 만족하면 $y = x^r$은 (2.5)의 해가 된다. 식 (2.6)을 Euler 방정식의 **특성방정식**이라 한다. 상수 계수 방정식일 때와 마찬가지로 세 가지 경우로 나누어 생각하자.

2.4.1 $(A - 1)^2 - 4B > 0$인 경우

이때 특성방정식은 서로 다른 두 실근 $r = r_1$, r_2를 가지므로 $y_1 = x^{r_1}$과 $y_2 = x^{r_2}$은 일차독립인 해가 되어 Euler 방정식의 일반해는

$$y = c_1 x^{r_1} + c_2 x^{r_2}$$

이다.

보기 2.11

$$x^2 y'' + 2xy' - 6y = 0.$$

특성방정식은

$$r(r-1) + 2r - 6 = r^2 + r - 6 = (r-2)(r+3) = 0$$

이므로 $r = 2, -3$이다. 따라서 일반해는

$$y = c_1 x^2 + \frac{c_2}{x_3}.$$

2.4.2 $(A - 1)^2 - 4B = 0$인 경우

특성방정식 (2.6)의 근은 $r = -(A-1)/2$(중근)이므로 $y = x^r$은 하나의 해이다. 다른 해 y_2를 구하기 위해 차수축소법을 이용하자.

$y_2 = u(x)x^r$을 Euler 방정식 (2.5)에 대입하면 $2r + 1 = A$이므로

$$\begin{aligned}
&x^2(ux^r)'' + Ax(ux^r)' + Bux^r \\
&= [xu'' + (2r + A)u']x^{r+1} + u[x^2(x^r)'' + Ax(x^r)' + Bx^r] \\
&= [xu'' + u']x^{r+1} + 0 \\
&= (xu')'x^{r+1} \\
&= 0
\end{aligned}$$

이다. 따라서

$$(xu')' = 0$$

이면 된다. $xu' = c$에서 $c = 1$을 택하면 $xu' = 1$이므로 $u = \int \frac{dx}{x} = \ln|x| + d$이다. $d = 0$을 택하면 $x > 0$이므로

$$u = \ln x$$

이다. 따라서

$$y_1 = x^r, \quad y_2 = x^r \ln x$$

는 식 (2.5)의 기본 해집합이다.

보기 2.12

$$x^2 y'' - 5xy' + 9y = 0.$$

특성방정식 $r(r-1) - 5r + 9 = (r-3)^2 = 0$의 근은 $r = 3$(중근)이므로 $y_1 = x^3$, $y_2 = x^3 \ln x$는 일차독립인 해이다. 따라서 일반해는

$$y = c_1 x^3 + c_2 x^3 \ln x = x^3(c_1 + c_2 \ln x).$$

2.4.3 $(A-1)^2 - 4B < 0$인 경우

특성방정식은 서로 다른 두 복소수근 $r = p \pm iq$를 가진다. 여기서 $p = -(A-1)/2$, $q = \sqrt{4B - (A-1)^2}$이다. 따라서 복수지수함수 x^{p+iq}, x^{p-iq}은 Euler 방정식의 해이다. 복수지수는

$$x^{p+iq} = e^{(p+iq)\ln x} = e^{p\ln x} e^{iq\ln x} = x^p[\cos(q\ln x) + i\sin(q\ln x)]$$

로 정의된다. 따라서 실수함수의 해를 얻기 위해 제차 방정식의 성질인 두 해의 일차결합은 해임을 이용하면

$$y_1 = \frac{1}{2}(x^{p+iq} + x^{p-iq}) = x^p\cos(q\ln x),$$

$$y_2 = \frac{1}{2i}(x^{p+iq} - x^{p-iq}) = x^p \sin(q \ln x)$$

는 서로 일차독립인 해가 된다.

보기 2.13

$$x^2y'' + 3xy' + 10y = 0.$$

특성방정식 $r(r-1) + 3r + 10 = 0$의 근은 $r = -1 \pm 3i$이므로

$$y_1 = \frac{1}{x}\cos(3\ln x), \quad y_2 = \frac{1}{x}\sin(3\ln x)$$

는 기본 해집합이다. 따라서 일반해는

$$y = \frac{1}{x}(c_1\cos(3\ln x) + c_2\sin(3\ln x)).$$

연습문제 2.4

문제 1부터 10까지 일반해를 구하라.

1. $x^2y'' + 2xy' - 6y = 0$

2. $x^2y'' + 3xy' + y = 0$

3. $x^2y'' + xy' + 4y = 0$

4. $x^2y'' + xy' - 4y = 0$

5. $x^2y'' + xy' - 16y = 0$

6. $x^2y'' + 3xy' + 10y = 0$

7. $x^2y'' + 6xy' + 6y = 0$

8. $x^2y'' + 4y = 0$

9. $x^2y'' + 25xy' + 144y = 0$

10. $x^2y'' + xy' = 0$

문제 11부터 17까지 초깃값 문제를 풀어라.

11. $x^2y'' + 5xy' + 20y = 0;\ y(-1) = 3,\ y'(-1) = 2$

힌트: $x < 0$일 때 Euler 방정식의 해가 필요하다.

12. $x^2y'' + 5xy' - 21y = 0;\ y(2) = 1,\ y'(2) = 0$

13. $x^2y'' - xy' = 0;\ y(2) = 5,\ y'(2) = 8$

14. $x^2y'' - 3xy' + 4y = 0;\ y(1) = 4,\ y'(1) = 5$

15. $x^2y'' + 25xy' + 144y = 0;\ y(1) = -4,\ y'(1) = 0$

16. $x^2y'' - 9xy' + 24y = 0;\ y(1) = 1,\ y'(1) = 10$

17. $x^2y'' + xy' - 4y = 0;\ y(1) = 7,\ y'(1) = -3$

18. Euler 방정식을 푸는 다른 방법에 대해 살펴보자.

$$x = e^t,\ Y(t) = y(x) = y(e^t)$$

로 치환하면 $x^2y'' + Axy' + By = 0$는

$$Y''(t) + (A-1)Y'(t) + BY(t) = 0$$

과 동치임을 보여라.

2.5 비제차 방정식

정리 2.5에 따르면 제차 선형 미분방정식 $y'' + p(x)y' + q(x)y = 0$의 일반해가 y_h일 때 비제차 선형 미분방정식

$$y'' + p(x)y' + q(x)y = f(x) \tag{2.7}$$

의 일반해는 식 (2.7)의 한 특수해 y_p에 대해 $y = y_h + y_p$로 표현된다. 이 절에서는 특수해 y_p를 구하는 두 가지 방법을 제시한다.

2.5.1 미정계수법

다음 미분방정식을 생각해 보자.

$$y'' + Ay' + By = f(x).$$

때때로 $f(x)$의 형태로부터 특수해 y_p를 추측할 수가 있다. 예를 들어 $f(x)$가 다항식이라고 가정하자. 다항식은 그 도함수들도 다항식이기 때문에 다항식들 중에서 $y_p(x)$를 찾을 수 있을 것이다. 따라서 계수가 정해지지 않은 다항식을 미분방정식의 y에 대입해서 $y'' + Ay' + By$와 $f(x)$가 같아지도록 미정계수를 정해 준다. 또 다른 예로써 $f(x)$가 지수함수, 가령 $f(x) = e^{-2x}$이라 가정하자. e^{-2x}의 1계 및 2계 도함수들은 e^{-2x}에 상수를 곱한 것들이기 때문에 특수해의 꼴을 $y_p = Ce^{-2x}$으로 가정하고 미분방정식에 대입하여 미분방정식의 좌우변이 같아지도록 미정계수 C를 정해 준다.

이 방법에 대한 몇 가지 보기를 살펴보자.

보기 2.14

$$y'' + 3y' + 2y = -2x^2 + 3.$$

$f(x) = -2x^2 + 3$이 2차 다항식이기 때문에 다음 꼴의 특수해를 구해 보자.

$$y_p(x) = ax^2 + bx + c.$$

여기서 $y'' + 3y' + 2y$가 2차식이 되어야 하기 때문에 3차 이상의 다항식을 생각할 필요는 없다. 이것을 식에 대입하여 x에 관해 정리하면

$$2ax^2 + (6a + 2b)x + (2a + 3b + 2c) = -2x^2 + 3$$

이다. 모든 x에 대해서 이 식이 성립하려면 계수가 서로 같아야 하므로

$$2a=-2, \quad 6a+2b=0, \quad 2a+3b+2=3$$

이다. 이 연립방정식을 풀면

$$a=-1, \ \ b=3, \ c=-2$$

이다. 따라서

$$y_p(x)=-x^2+3x-2$$

은 특수해이다. 이 함수를 미분방정식에 대입해 보면 해가 됨을 확인할 수 있다.

이 미분방정식의 일반해를 구하려면 제차 미분방정식 $y''+3y'+2y=0$의 일반해 y_h를 구해야 한다.

$$y_h(x)=c_1e^{-x}+c_2e^{-2x}$$

이므로 방정식의 일반해는

$$y(x)=c_1e^{-x}+c_2e^{-2x}-x^2+3x-2.$$

이처럼 y_p의 꼴을 아직 정해지지 않은 계수를 써서 표현하고, 이 식이 해가 되도록 계수를 정해주는 방법을 **미정계수법**이라 한다.

보기 2.15

$$y''+4y=7e^{3x}.$$

우변이 지수함수이고, 그 도함수도 지수함수 꼴이기 때문에 $y_p=ae^{3x}$꼴의 특수해를 구하자. 이것을 미분방정식에 대입하면

$$9ae^{3x}+4ae^{3x}=7e^{3x}$$

이므로 $13ae^{3x}=7e^{3x}$이고, $a=\frac{7}{13}$이 되어서

$$y_p(x)=\frac{7}{13}e^{3x}$$

은 특수해이다. $y_p(t)=c_1\cos 2x+c_2\sin 2x$이므로

$$y(x)=c_1\cos 2x+c_2\sin 2x+\frac{7}{13}e^{3x}.$$

보기 2.16

$$y''-5y'+6y=-3\sin 2x.$$

$f(x)=-3\sin 2x$일 때 주의해야 할 것은 $\sin 2x$의 도함수가 미분하는 횟수에

따라 $\sin 2x$ 또는 $\cos 2x$의 상수배가 된다는 것이다. 따라서 해의 형태를 추측할 때 두 가지 가능성을 모두 고려해야 한다. 즉, 특수해의 꼴을

$$y_p(x) = c\cos 2x + d\sin 2x$$

로 가정하자. 이것을 식에 대입하면

$$[2d + 10c + 3]\sin 2x + [2c - 10d]\cos 2x = 0.$$

이 관계식이 모든 실수 x에 대해서 성립하려면 계수들이 모두 0이어야 하므로

$$2d + 10c = -3,$$
$$10d - 2c = 0$$

이다. 따라서

$$d = -\frac{3}{52}, \quad c = -\frac{15}{52}$$

이므로

$$y_p(x) = -\frac{15}{52}\cos 2x - \frac{3}{52}\sin 2x$$

는 특수해이다. 따라서 일반해는 다음과 같다.

$$y(x) = c_1 e^{3x} + c_2 e^{2x} - \frac{15}{52}\cos 2x - \frac{3}{52}\sin 2x.$$

y_p를 추측할 때 주의가 필요한 경우가 있다. 다음 보기를 살펴보자.

보기 2.17

$$y'' + 2y' - 3y = 8e^x.$$

$f(x) = 8e^x$이기 때문에 우리는 다음과 같은 해의 꼴을 추측할 수 있다.

$$y_p(x) = ce^x.$$

이 식을 미분방정식에 대입하면

$$ce^x + 2ce^x - 3ce^x = 8e^x$$

이므로

$$0 = 8e^x$$

가 되어 모순이다. 따라서 $y_p = ce^x$ 꼴의 특수해는 존재하지 않는다.

이 보기에서 문제점은 e^x가 대응하는 제차 방정식 $y'' + 2y' - 3y = 0$의 해라는 것이다. 그래서 ce^x을 $y'' + 2y' - 3y = 8e^x$에 대입하면 좌변은 $8e^x$이 될 수 없는 0이 되어 버린다.

이 문제점의 해결책은 다음과 같다. 만일 추측한 y_p가 $y'' + Ay' + By = 0$의 해이면, y_p에 x를 하나 곱한 것을 새로운 y_p의 형태로 보는 것이다. 이렇게 해도 $y'' + Ay' + By = 0$의 해가 되면 x를 한 번 더 곱한다.

보기 2.17을 이 방법으로 풀어보자.

보기 2.18

다시 $y'' + 2y' - 3y = 8e^x$을 생각해 보자.

$y_p = ce^x$ 꼴 함수는 e^x가 $y'' + 2y' - 3y = 0$을 만족하기 때문에 주어진 미분방정식의 해가 될 수 없다. 따라서 $y_p = cxe^x$을 시도해 보면

$$[2ce^x + 4cxe^x] + 2[ce^x + cxe^x] - 3ce^x = 8e^x$$
$$\Rightarrow 4ce^x = 8e^x$$

이다. 따라서 $c = 2$이므로 $y_p(x) = 2xe^x$은 특수해이다.

보기 2.19

$$y' - 6y' + 9y = 5e^{3x}.$$

먼저 $y_p = ce^{3x}$을 시도해 보아야 하지만 이것은 $y'' - 6y' + 9y = 0$의 해이다. 이 경우에는 $y_p = cxe^{3x}$을 시도하더라도, 얻어지는 관계식을 만족하는 c가 존재하지 않는다. 그 이유는 $y'' - 6y' + 9y = 0$의 특성방정식 $(r-3)^2 = 0$이 3을 중근으로 가지기 때문이다. 이럴 경우 e^{3x}과 xe^{3x} 모두가 대응하는 제차 미분방정식 $y'' - 6y' + 9y = 0$의 해가 된다. 따라서 $y_p(x) = cx^2e^{3x}$을 시도해 보면

$$[2ce^{3x} + 12cxe^{3x} + 9cx^2e^{3x}] - 6[2cxe^{3x} + 3cx^2e^{3x}] + 9cx^2e^{3x} = 5e^{3x}$$
$$\Rightarrow 2ce^{3x} = 5e^{3x}$$

이므로 $c = \frac{5}{2}$이고 $y_p(x) = \frac{5x^2e^{3x}}{2}$은 특수해이다.

앞의 두 보기에서와 같이 $y'' + Ay' + By = f(x)$에 미정계수법을 적용할 때는 먼저 대응제차식 $y'' + Ay' + By = 0$의 일반해를 구해야 한다. 이것은 비제차 미분방정식의 일반해를 구하기 위해서도 필요하지만, 추측한 y_p의 형태에 x나 x^2을 곱할지를 판단하기 위해서도 필요하다.

미정계수법의 절차를 요약하면

1. 대응하는 제차 방정식 $y'' + Ay' + By = 0$을 푼다.
2. $f(x)$로부터 y_p를 추측한다. 만약에 y_p가 대응하는 제차 방정식의 해이면 y_p에 x를 곱한다. 만일 이렇게 해도 $y'' + Ay' + By = 0$의 해가 포함되어 있다면 x를 다시 곱한다.
3. 이렇게 만든 y_p를 $y'' + Ay' + By = f(x)$에 대입하여 미정계수를 결정한다.

다음은 2번 단계에서 $f(x)$에 따라 추측할 수 있는 y_p의 꼴이다. 이 목록에서 $P(x)$는 주어진 n차 다항식이고 $Q(x)$와 $R(x)$는 미정계수를 가지고 있는 n차 다항식이다.

$f(x)$	y_p의 형태
$P(x)$	$Q(x)$
ce^{ax}	de^{ax}
$\alpha \cos bx$ 또는 $\beta \sin bx$	$c \cos bx + d \sin bx$
$P(x)\, e^{ax}$	$Q(x)\, e^{ax}$
$P(x) \cos bx$ 또는 $P(x) \sin bx$	$Q(x) \cos bx + R(x) \sin bx$
$P(x) e^{ax} \cos bx$ 또는 $P(x) e^{ax} \sin bx$	$Q(x) e^{ax} \cos bx + R(x) e^{ax} \sin bx$

보기 2.20

$$y'' + 9y = -4x \sin 3x.$$

먼저 제차 미분방정식 $y'' + 9y = 0$을 풀면 $\cos 3x$와 $\sin 3x$가 기본 해집합을 구성함을 알 수 있다. $f(x) = -4x \sin 3x$이기 때문에 특수해 꼴을

$$y_p(x) = (ax + b) \cos 3x + (cx + d) \sin 3x$$

라고 추측할 수 있다. 추측한 y_p는 $b \cos 3x$와 $d \sin 3x$의 항을 포함하고 있고, 이것은 $y'' + 9y = 0$의 해이다. 그러므로 x를 한 번 곱해서 y_p의 형태를

$$y_p(x) = (ax^2 + bx) \cos 3x + (cx^2 + dx) \sin 3x$$

로 수정한다. 이것을 방정식에 대입하면

$$(2a + 6d) \cos 3x + (-6b + 2c) \sin 3x + 12cx \cos 3x + (-12a + 4)x \sin 3x = 0$$

이다. 이 식이 모든 x에 대해 성립하기 위해서는 계수가 모두 0이 되어야 한다. 즉,

$$2a + 6d = 0, \quad -6b + 2c = 0, \quad 12c = 0, \quad -12a + 4 = 0$$

이 된다. 그러면 $a = \frac{1}{3}$, $c = 0$, $b = 0$, $d = -\frac{1}{9}$이 되어

$$y_p(x) = \frac{1}{3}x^2\cos 3x - \frac{1}{9}x\sin 3x$$

는 특수해이고 따라서 일반해는 다음과 같다.

$$y(x) = c_1\cos 3x + c_2\sin 3x + \frac{1}{3}x^2\cos 3x - \frac{1}{9}x\sin 3x.$$

보기 2.21

$$x^2y'' - 5xy' + 8y = 2\ln x.$$

특성방정식이

$$r(r-1) - 5r + 8 = (r-2)(r-4) = 0$$

이므로 $y_1 = x^2$, $y_2 = x^4$은 기본 해집합이다.

특수해 y_p를 구하기 위해 $(\ln x)' = \frac{1}{x}$, $(\ln x)'' = -\frac{1}{x^2}$을 이용하면

$$y_p = a\ln x + b$$

꼴의 해를 추측할 수 있다. 이것을 방정식에 대입하여 정리하면

$$-a - 5a + 8(a\ln x + b) = 2\ln x$$

이므로 $a = \frac{1}{4}$, $b = \frac{3}{16}$이다. 따라서

$$y_p = \frac{1}{4}\ln x + \frac{3}{16}$$

은 특수해이고, 방정식의 일반해는

$$y(x) = c_1x^2 + c_2x^4 + \frac{1}{4}\ln x + \frac{3}{16}.$$

2.5.2 중첩 원리

다음 미분방정식을 생각해 보자.

$$y'' + p(x)y' + q(x)y = f_1(x) + f_2(x) + \cdots + f_N(x). \tag{2.8}$$

만일 y_{pj}가 미분방정식

$$y'' + p(x)y' + q(x)y = f_j(x)$$

의 해라고 하면, 이것들을 결합한

$$y_{p1}+y_{p2}+\cdots+y_{pN}$$

은 식 (2.8)의 해이다. 이것은 미분방정식에 직접 대입하여 쉽게 확인할 수 있다.

$$(y_{p1}+y_{p2}+\cdots+y_{pN})''+p(x)(y_{p1}+y_{p2}+\cdots+y_{pN})'+q(x)(y_{p1}+y_{p2}+\cdots+y_{pN})$$
$$=(y''_{p1}+p(x)y'_{p1}+q(x)y_{p1})+\cdots+(y''_{pN}+p(x)y'_{pN}+q(x)y_{pN})$$
$$=f_1(x)+f_2(x)+\cdots+f_N(x).$$

그러므로 $y''+p(x)y'+q(x)y=f_j(x)$의 각 방정식을 개별적으로 풀어서 그것을 모두 더하면 식 (2.8)의 해가 된다는 뜻이다. 이것을 **중첩 원리**라 한다.

보기 2.22

$$y''+4y=x+2e^{-2x}.$$

다음 두 문제를 생각하자.

문제 1: $y''+4y=x$
문제 2: $y''+4y=2e^{-2x}$

미정계수법을 사용하면 $y_{p1}=\dfrac{x}{4}$, $y_{p2}=\dfrac{e^{-2x}}{4}$은 각각 특수해가 된다. 그러므로

$$y_p=\frac{1}{4}(x+e^{-2x})$$

은 원래 문제의 특수해가 된다. 따라서 미분방정식의 일반해는

$$y=c_1\cos 2x+c_2\sin 2x+\frac{1}{4}(x+e^{-2x}).$$

2.5.3 매개변수변환법

비제차 선형 미분방정식

$$y''+p(x)y'+g(x)y=f(x) \tag{2.9}$$

의 특수해를 찾는 다른 방법에 대해 살펴보자.

제차 미분방정식의 해 y_1과 y_2로 구성되는 기본 해집합을 구할 수 있다고 가정해 보자. 이 제차 미분방정식의 일반해는 $y_h(x)=c_1y_1(x)+c_2y_2(x)$의 형태이다. 매개변수변환법은 제차 미분방정식의 일반해에서 상수 c_1과 c_2 대신 x에 관한 함수를 대입해서 비제차 미분방정식의 특수해를 구하는 방법이다. 즉, 다음 꼴의 함수가 해가 되도록 $u(x)$와 $v(x)$를 찾는 것이다.

$$y_p(x) = u(x)y_1(x) + v(x)y_2(x).$$

우선 다음을 계산한다.

$$y_p' = uy_1' + vy_2' + u'y_1 + v'y_2.$$

사실 y_p가 식 (2.9)의 해가 되게 하는 u와 v는 무수히 많고 우리는 그중 한 쌍만 찾으면 되기 때문에, y_p'의 표현이 간단해지도록 다음 조건을 추가한다.

$$u'y_1 + v'y_2 = 0. \tag{2.10}$$

그러면 y_p'은 간단히

$$y_p' = uy_1' + vy_2'$$

로 표현된다. 이때 y_p''을 계산하면

$$y_p'' = u'y_1' + v'y_2' + uy_1'' + vy_2''$$

이다. 이제 y_p'와 y_p''의 식을 식 (2.9)에 대입하면

$$u[y_1'' + p(x)y_1' + q(x)y_1] + v[y_2'' + p(x)y_2' + q(x)y_2] + u'y_1' + v'y_2' = f(x)$$

이다. 여기서 y_1과 y_2가 제차방정식의 해이므로 괄호 안에 있는 두 항은 0이 되어

$$u'y_1' + v'y_2' = f(x) \tag{2.11}$$

가 성립한다. 식 (2.10)과 (2.11)을 연립해서 u'과 v'에 대해 풀면 다음 식을 얻는다.

$$u'(x) = -\frac{y_2(x)f(x)}{W(x)}, \quad v'(x) = \frac{y_1(x)f(x)}{W(x)}. \tag{2.12}$$

여기서 W는 y_1과 y_2의 Wronskian이다. 위 식을 적분하면 u와 v를 구할 수 있고, 따라서 y_p가 정해진다.

보기 2.23

$$y'' + 4y = \sec x.$$

$y_1(x) = \cos 2x$, $y_2(x) = \sin 2x$는 $y'' + 4y = 0$의 기본 해집합이다.

$f(x) = \sec x$를 이용하여 식 (2.12)를 계산하면

$$u'(x) = -\frac{1}{2}\sin 2x \sec x = -\sin x,$$

$$v'(x) = \frac{1}{2}\cos 2x \sec x = \cos x - \frac{1}{2}\sec x$$

이다. 따라서

$$u(x) = \int -\sin x\, dx = \cos x,$$

$$v(x) = \int \cos x \, dx - \frac{1}{2}\int \sec x \, dx$$
$$= \sin x - \frac{1}{2}\ln|\sec x + \tan x|$$

이다. 여기서 한 쌍의 u와 v만 필요하므로 적분상수는 0으로 택한다.

$$y_p(x) = u(x)y_1(x) + v(x)y_2(x)$$
$$= \cos x \cos 2x + \left(\sin x - \frac{1}{2}\ln|\sec x + \tan x|\right)\sin 2x$$

는 특수해이다. 그러므로 $y'' + 4y = \sec x$의 일반해는

$$y = (c_1 + \cos x)\cos 2x + \left(c_2 + \sin x - \frac{1}{2}\ln|\sec x + \tan x|\right)\sin 2x.$$

보기 2.24

$$y'' - \frac{4}{x}y' + \frac{4}{x^2}y = x^2 + 1.$$

대응하는 제차 미분방정식은

$$y'' - \frac{4}{x}y' + \frac{4}{x^2}y = 0$$

이고 $y_1(x) = x$와 $y_2(x) = x^4$이 기본 해집합이다.

식 (2.12)를 계산하면

$$u'(x) = -\frac{x^4(x^2+1)}{3x^4} = -\frac{1}{3}(x^2+1), \quad v'(x) = \frac{x(x^2+1)}{3x^4} = \frac{1}{3}\left(\frac{1}{x} + \frac{1}{x^3}\right),$$
$$\Rightarrow u(x) = -\frac{1}{9}x^3 - \frac{1}{3}x, \quad v(x) = \frac{1}{3}\ln x - \frac{1}{6x^2}$$

을 얻는다. 따라서

$$y_p(x) = \left(-\frac{1}{9}x^3 - \frac{1}{3}x\right)x + \left(\frac{1}{3}\ln x - \frac{1}{6x^2}\right)x^4$$

은 특수해이다. 그러므로 일반해는

$$y = c_1x + c_2x^4 - \frac{1}{2}x^2 + \frac{1}{3}x^4\ln x.$$

연습문제 2.5

문제 1부터 12까지 미정계수법을 사용하여 일반해를 구하라.

1. $y'' - y' - 2y = 2x^2 + 5$
2. $y'' - y' - 6y = 8e^{2x}$
3. $y'' - 6y' + 8y = 3e^x$
4. $y'' + 6y' + 9y = 9\cos 3x$
5. $y'' - 3y' + 2y = 10\sin x$
6. $y'' - 2y' + y = 3x + 25\sin 3x$
7. $y'' - 4y' = 8x^2 + 3e^{3x}$
8. $y'' - y' - 6y = 12xe^x$
9. $y'' + 2y' + y = -3e^{-x} + 8xe^{-x} + 1$
10. $y'' - 3y' + 2y = 60e^{2x}\cos 3x$
11. $y'' + 4y' + 4y = 7x - 3\cos 2x + 5xe^{-2x}$
12. $y'' + 5y' = xe^{-x}\sin 3x$

문제 13부터 18까지 매개변수변환법을 사용하여 일반해를 구하라.

13. $y'' + y = \tan x$
14. $y'' - 4y' + 3y = 2\cos(x+3)$
15. $y'' + 9y = 12\sec 3x$
16. $y'' - 2y' - 3y = 2\sin^2 x$
17. $y'' - 3y' + 2y = \cos e^{-x}$
18. $y'' - 5y' + 6y = 8\sin^2 4x$

문제 19부터 30까지 초깃값 문제를 풀어라.

19. $y'' + 8y' + 12y = e^{-x} + 7;\ y(0) = 1,\ y'(0) = 0$
20. $y'' - 3y' = 2e^{2x}\sin x;\ y(0) = 1,\ y'(0) = 2$
21. $y'' - 2y' - 8y = 10e^{-x} + 8e^{2x};\ y(0) = 1,\ y'(0) = 4$
22. $y'' - 6y' + 9y = 4e^{3x};\ y(0) = 1,\ y'(0) = 2$
23. $y'' - 5y' + 6y = \cos 2x;\ y(0) = 0,\ y'(0) = 4$
24. $y'' - y' + y = 1;\ y(1) = 4,\ y'(1) = -2$
25. $y'' - y = 5\sin^2 x;\ y(0) = 2,\ y'(0) = -4$
26. $y'' + y = \tan x;\ y(0) = 4,\ y'(0) = 3$
27. $x^2y'' - 6y = 8x^2;\ y(1) = 1,\ y'(1) = 0$
28. $x^2y'' + 7xy' + 9y = 27\ln x;\ y(1) = 1,\ y'(1) = -4$
29. $x^2y'' - 2xy' + 2y = 10\sin(\ln x);\ y(1) = 3,\ y'(1) = 0$
30. $x^2y'' - 4xy' + 6y = x^4e^x;\ y(2) = 2,\ y'(2) = 7$

2.6 응용

길이가 L이고 복원계수가 k인 용수철을 생각해 보자. 이 용수철이 수직으로 걸려 있다. 질량 m인 물체를 용수철 끝에 매달아 길이가 d만큼 늘어나서 평형 상태에 있다고 하자. 이 물체를 y_0만큼 잡아당긴 뒤 놓아 보자. 또는 초기속도가 0이 아닌 값을 갖도록 물체를 위 또는 아래로 던질 수도 있다. 이 물체의 운동을 해석하기 위한 수학적 모델을 만들어 보자.

평형점을 $y = 0$, 아래쪽을 양의 방향, 시간 t일 때 물체가 평형점으로부터 떨어져

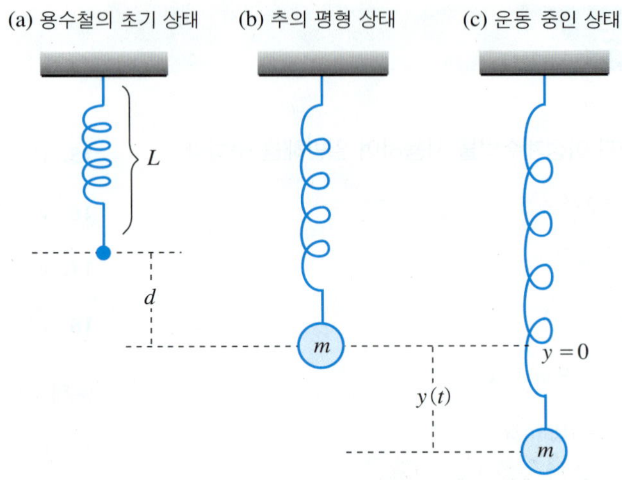

그림 2.3 질량/용수철 시스템

있는 거리를 $y(t)$라 하자.

이제 물체에 가해지는 힘에 대해 알아보자. 먼저 크기 mg의 힘으로 중력이 물체를 아래로 잡아당긴다. 그리고 Hooke 법칙에 의하면 용수철이 물체에 작용하는 힘의 크기는 $-k(d+y)$이다. 그러므로 추에 가해진 전체 힘은 $mg - kd - ky$이다. 평형점($y = 0$)에서는 이 합력이 0이므로 $mg = kd$이다. 그러므로 중력과 용수철에 의해 추에 실제 작용하는 힘은 $-ky$이다.

또한 움직임을 늦추고 감쇠시키는 힘이 있다. 공기 저항이나 물체가 기름과 같은 점성을 가진 유체에 담겨 있다고 할 때 저항력이 그것이다. 실험에 의하면 이런 힘은 속도 y'에 비례한다. 이 비례상수를 **감쇠상수**라고 하고 c로 표시하면 저항력의 크기는 $-cy'$이다. 따라서 중력, 저항력, 용수철의 힘을 모두 더하면 물체에 작용하는 힘은 다음과 같다.

$$-ky - cy'.$$

또한 크기 $f(t)$로 외부에서 힘을 가해 줄 수도 있다. 그렇다면 물체에 작용하는 힘의 총합은

$$F = -ky + f(t)$$

이다. 질량은 일정하다고 가정하면 Newton의 제2운동법칙에 의해

$$my'' = -ky + f(t) \tag{2.13}$$

이다. 이것을 **용수철 방정식**이라 한다.

다양한 조건에서 이 방정식을 이용하여 물체의 움직임을 해석해 보자.

2.6.1 비강제운동

먼저 $f(t) = 0$인 경우, 즉 외력이 없는 경우를 생각해 보자. 용수철 방정식은 다음과 같다.

$$y'' + \frac{c}{m}y' + \frac{k}{m}y = 0.$$

이때 특성방정식

$$r^2 + \frac{c}{m}r + \frac{k}{m} = 0$$

의 근은

$$r = -\frac{c}{2m} \pm \frac{1}{2m}\sqrt{c^2 - 4km}.$$

우리가 예상할 수 있듯이 일반해, 즉 물체의 운동은 물체의 질량, 감쇠의 양, 용수철의 강도에 의해서 좌우된다. 다음 경우를 생각해 보자.

경우 1. $c^2 - 4km > 0.$

이 경우 특성방정식의 근은 다음의 서로 다른 두 실근

$$r_1 = -\frac{c}{2m} + \frac{1}{2m}\sqrt{c^2 - 4km}, \quad r_2 = -\frac{c}{2m} - \frac{1}{2m}\sqrt{c^2 - 4km}$$

이다. 따라서 식 (2.13)의 일반해는

$$y(t) = c_1 e^{r_1 t} + c_2 e^{r_2 t}.$$

여기서 r_1과 r_2는 음수이다. 그러므로 초기조건에 상관없이

$$\lim_{t \to \infty} y(t) = 0$$

이다. 즉, $c^2 - 4km > 0$인 경우에는 시간이 증가함에 따라 물체의 운동이 0으로 감소하게 된다. 이 경우를 **과도감쇠**라고 한다.

보기 2.25 과도감쇠

$c = 6$, $k = 5$, $m = 1$이라 하면 일반해는 다음과 같다.

$$y(t) = c_1 e^{-t} + c_2 e^{-5t}.$$

만일 시간 $t = 0$일 때 이 물체가 평형점 위로 4만큼의 위치에서 2만큼의 속도로 아래쪽으로 운동을 시작한다고 하면 초기조건은 $y(0) = -4$와 $y'(0) = 2$이다. 이 초깃값 문제의 해는

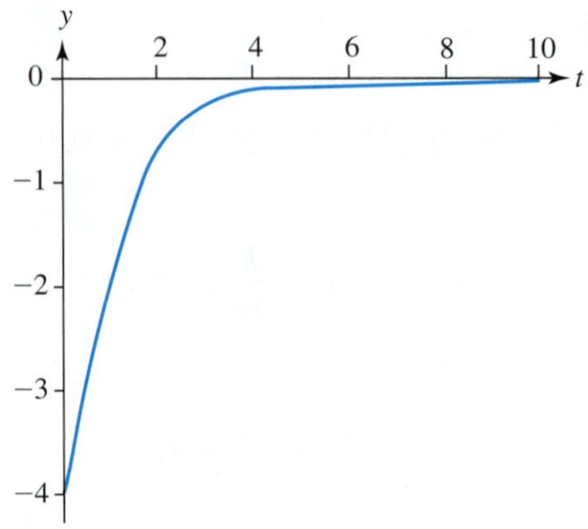

그림 2.4 과도감쇠 운동

$$y(t)=\frac{1}{2}e^{-t}(-9+e^{-4t})$$

이다. 그림 2.4는 이 해의 그래프이다.

이 해로부터 무엇을 알 수 있겠는가? $t>0$일 때 $-9+e^{-4t}<0$이기 때문에 $y(t)<0$이고, 추는 항상 평형점 위쪽에 있다. 속도 $y'(t)=e^{-t}(9-5e^{-4t})/2$는 시간 t가 증가함에 따라 0으로 감소하게 되고, t가 증가함에 따라 $y(t)\to 0$이 된다. 그래서 물체는 아래쪽으로 운동하면서 속도는 계속 감소하여 시간이 충분히 흐르면 평형 상태에 이른다.

경우 2. $c^2-4km=0$

이 경우 용수철 방정식 (2.13)의 일반해는 다음과 같다.

$$y(t)=(c_1+c_2t)e^{-ct/2m}.$$

이 경우를 **임계감쇠**라고 한다. 과도감쇠의 경우처럼 t가 증가함에 따라 $y(t)\to 0$이지만, 과도감쇠와 임계감쇠 사이에는 중요한 차이점이 있다.

보기 2.26 임계감쇠

$c=2$, $k=m=1$이라 하자. 그러면 $y(t)=(c_1+c_2t)e^{-t}$이다. 추가 초기에 평형점 위로 4만큼의 위치에서 5만큼의 속도로 아래쪽으로 운동을 시작하면 초기 조건은 $y(0)=-4$, $y'(0)=5$이다. 이 초깃값 문제의 해는

$$y(t)=(-4+t)e^{-t}$$

이다. 이때 $y(4)=0$이다. 즉, 과도감쇠 운동과는 다르게 추는 4초 후에 평형점에 도달한다. $y(t)$는 5초에서 최댓값에 도달하고, 그 최댓값은 $y(5)=e^{-5}$이다.

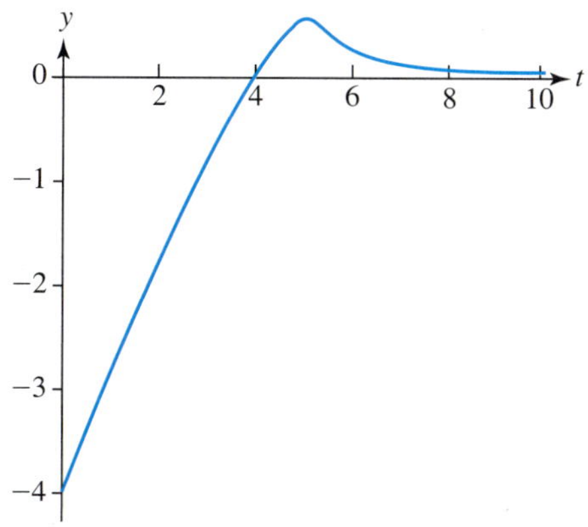

그림 2.5 임계감쇠 운동

또한 속도 $y'(t) = (5 - t)e^{-t}$은 $t > 5$에서 음수이므로 $t = 5$ 이후에는 추가 위쪽으로 운동하게 된다. 그리고 $t \to \infty$일 때 $y(t) \to 0$이므로 물체는 시간이 증가함에 따라 평형점을 향해 돌아오게 되며, 이때 속도는 점점 감소한다. 그림 2.5는 이 해의 그래프이다.

일반적으로 임계감쇠가 일어날 경우 물체는 위의 보기와 같이 평형점을 꼭 한 번만 통과하거나 초기조건에 따라서는 전혀 도달하지 않을 수도 있다.

경우 3. $c^2 - 4km < 0$.

이 경우 복원계수와 질량이 충분히 커서 감쇠 효과가 작으므로 **과소감쇠**라고 한다. 일반해는

$$y(t) = e^{-ct/2m}[c_1\cos\beta t + c_2\sin\beta t]$$

이고, 여기서

$$\beta = \frac{1}{2m}\sqrt{4km - c^2}$$

이다. c와 m이 양수이므로 $t \to \infty$일 때 $y(t) \to 0$이다. 그러나 해에 있는 sin항과 cos항 때문에 진동운동이 일어난다.

보기 2.27 과소감쇠

$c = k = 2$, $m = 1$이라 하자. 그러면 일반해는 다음과 같다.

$$y(t) = e^{-t}[c_1\cos t + c_2\sin t].$$

추가 초기에 평형점 위쪽으로 3만큼의 위치에서 2만큼의 속도로 아래쪽으

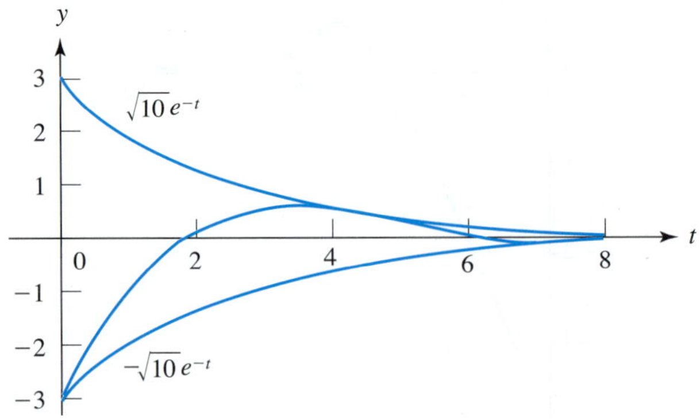

그림 2.6 과소감쇠 운동

로 운동을 시작한다고 하면 초기조건은 $y(0) = -3$, $y'(0) = 2$이며, 해는 다음과 같다.

$$y(t) = -e^{-t}(3\cos t + \sin t).$$

이 해의 모습은 위상각 형태로 고치면 보다 쉽게 알아볼 수 있다. 즉,

$$y(t) = -\sqrt{10}\,e^{-t}\cos(t - \tan^{-1} 1/3).$$

이 함수는 $y = \sqrt{10}\,e^{-t}$과 $y = -\sqrt{10}\,e^{-t}$ 사이를 움직이면서 감소하는 진폭을 가지는 cos 곡선이다. 그림 2.6에서 보듯이 해는 두 개의 지수함수 사이에 끼여 있다. 진동하는 cos 성분 때문에 물체는 평형점을 위아래로 통과하게 된다. 사실 이 해가 평형점을 통과해서 $y(t) = 0$이 되는 순간은 정확히

$$t = \tan^{-1}\frac{1}{3} + \frac{2n+1}{2}\pi$$

일 때이다. 여기서 $n = 0, 1, 2, 3, \cdots$이다. 과소감쇠의 경우 운동의 진폭은 시간이 지남에 따라 0으로 감소하고, 이론적으로 물체는 평형점을 무한히 여러 번 통과하게 된다.

2.6.2 강제운동

이제 크기 $f(t)$인 외력이 물체에 가해진다고 가정하자. 예를 들어 양수 A, ω에 대해 외력의 크기가 주기함수 $f(t) = A\cos\omega t$로 주어질 때 물체의 운동에 대해 생각해 보자. 이때 용수철방정식은 다음과 같다.

$$y'' + \frac{c}{m}y' + \frac{k}{m}y = \frac{A}{m}\cos\omega t. \tag{2.14}$$

이 비제차 선형 미분방정식을 풀어보자. 미정계수법을 사용하여 특수해를 구해

보면

$$y_p(x) = a\cos\omega t + b\sin\omega t.$$

이 식을 식 (2.14)에 대입하여 각 항을 재정리하면 다음과 같은 관계식을 얻게 된다.

$$\left[-a\omega^2 + \frac{b\omega c}{m} + a\frac{k}{m} - \frac{A}{m}\right]\cos\omega t = \left[b\omega^2 + \frac{a\omega c}{m} - b\frac{k}{m}\right]\sin\omega t.$$

$\sin\omega t$, $\cos\omega t$는 서로 상수배가 될 수 없으므로 모든 t에서 이 관계식이 성립하려면 각 변의 계수가 모두 0이 되어야 한다. 그러므로

$$-a\omega^2 + \frac{b\omega c}{m} + a\frac{k}{m} - \frac{A}{m} = 0, \quad b\omega^2 + \frac{a\omega c}{m} - b\frac{k}{m} = 0$$

$$\Rightarrow\ a = \frac{A(k - m\omega^2)}{(k - m\omega^2)^2 + \omega^2 c^2}, \quad b = \frac{A\omega c}{(k - m\omega^2)^2 + \omega^2 c^2}$$

이다. 편의상 $\omega_0 = \sqrt{k/m}$이라고 하면

$$y_p = \frac{mA(\omega_0^2 - \omega^2)}{m^2(\omega_0^2 - \omega^2)^2 + \omega^2 c^2}\cos\omega t + \frac{A\omega c}{m^2(\omega_0^2 - \omega^2)^2 + \omega^2 c^2}\sin\omega t \quad (2.15)$$

은 특수해이다. 몇 가지 예를 통해 이 같은 외력이 있는 운동에 대해서 알아보자.

과도감쇠 강제운동

앞의 과도감쇠 경우처럼 $c = 6$, $k = 5$, $m = 1$이라 하고 $A = 6\sqrt{5}$, $\omega = \sqrt{5}$라고 하자. 물체가 평형점에서 정지된 상태로 운동을 시작한다면 운동은 다음 초깃값 문제를 만족한다.

$$y'' + 6y' + 5y = 6\sqrt{5}\cos\sqrt{5}\,t; \quad y(0) = y'(0) = 0.$$

이 초깃값 문제의 해는 다음과 같다.

$$y(t) = \frac{\sqrt{5}}{4}(-e^{-t} + e^{-5t}) + \sin\sqrt{5}t.$$

그림 2.7은 이 함수의 그래프이다. 시간이 증가함에 따라 지수항은 매우 빠르게 0으로 감소하고 운동에 미치는 영향이 적어지지만 sin항의 진동은 계속된다. 따라서 시간이 증가하면 이 문제의 해는 $\sin\sqrt{5}\,t$와 점점 비슷하게 움직이게 되고 물체는 대략 $\frac{2\pi}{\sqrt{5}}$의 주기로 위아래로 운동하면서 평형점을 통과한다.

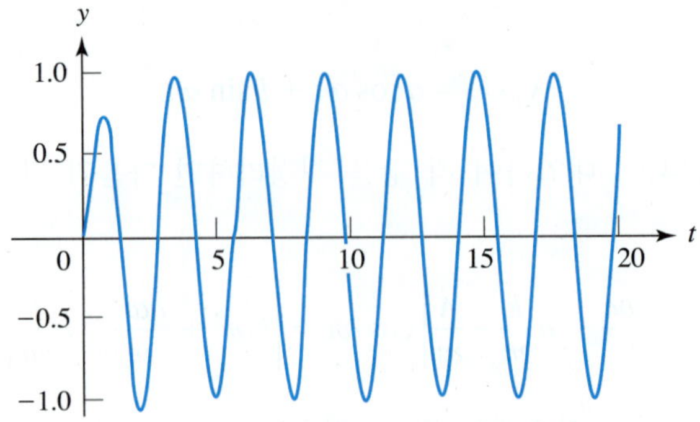

그림 2.7 외력이 $6\sqrt{5}\cos\sqrt{5}\,t$인 과도감쇠 운동

임계감쇠 강제운동

$c = 2$, $m = k = 1$, $\omega = 1$, $A = 2$라 하자. 물체가 평형점에서 정지된 상태로 운동을 시작한다면 운동은 다음 초깃값 문제를 만족한다.

$$y'' + 2y' + y = 2\cos t\;; \quad y(0) = y'(0) = 0.$$

이 초깃값 문제의 해는

$$y(t) = -te^{-t} + \sin t$$

이다. 그림 2.8은 이 해의 그래프이다. 지수함수 항은 처음에는 영향을 미치지만 시간이 증가함에 따라 0으로 감소하게 된다. 이때 $-te^{-t}$항은 0으로 감소하지만 과도감쇠의 경우에 대응하는 항 $\frac{\sqrt{5}}{4}(-e^{-t}+e^{-5t})$만큼 빠르게 감소하지는 않는다. 그럼에도 불구하고 시간이 지나면 이 해는 평형점을 상하로 통과하는 sin 함수에 가까워진다.

과소감쇠 강제운동

$c = k = 2$, $m = 1$, $\omega = \sqrt{2}$, $A = 2\sqrt{2}$라 하자. $c^2 - 4km < 0$이므로 과소감쇠지만

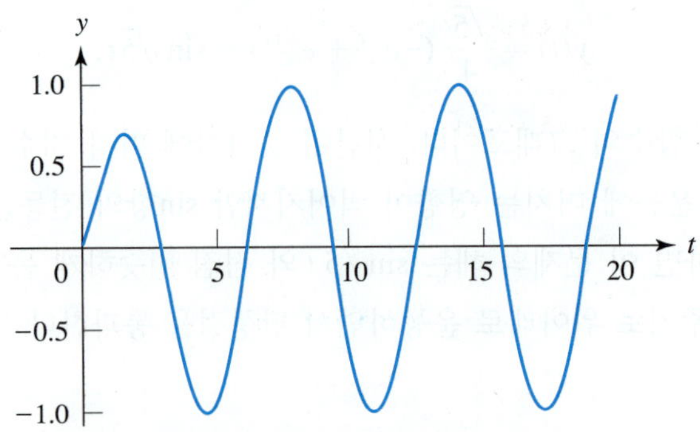

그림 2.8 외력이 $2\cos t$인 임계감쇠 운동

이 경우는 외력이 있다. 물체가 평형점에 정지된 상태에서 운동을 시작하면 다음 초깃값 문제를 만족한다.

$$y'' + 2y' + 2y = 2\sqrt{2}\cos\sqrt{2}\,t\,; \qquad y(0) = y'(0) = 0.$$

이 초깃값 문제의 해는 다음과 같다.

$$y(t) = -\sqrt{2}\,e^{-t}\sin t + \sin\sqrt{2}\,t.$$

다른 두 경우와 달리 이 해는 지수함수에 $\sin t$가 곱해져 있다. 그림 2.9는 이 함수의 그래프이다. 시간이 증가하면 $-\sqrt{2}\,e^{-t}\sin t$ 항은 점차 그 영향이 작아지고 이 운동은 대략 $\frac{2\pi}{\sqrt{2}}$의 주기로 평형점을 상하로 통과하는 진동운동에 가까워진다.

2.6.3 공진

물체에 외력이 $f(t) = a\cos\omega t$로 주어졌을 때 용수철 방정식은 다음과 같다.

$$y'' + \frac{k}{m}y = \frac{A}{m}\cos\omega t.$$

대응하는 제차 미분방정식의 해는

$$y_h(t) = C_1\cos\omega_0 t + C_2\sin\omega_0 t$$

이다. 일반해는 다음 경우에 따라 형태가 매우 달라진다.

경우 1. 고유주파수와 입력주파수가 다른 경우 $\omega \neq \omega_0$를 생각해 보자. 이 경우

$$y_p(t) = \frac{A}{m(\omega_0^2 - \omega^2)}\cos\omega t$$

는 특수해이므로 일반해는

$$y(t) = c_1\cos\omega_0 t + c_2\sin\omega_0 t + \frac{A}{m(\omega_0^2 - \omega^2)}\cos\omega t$$

이다. 만약 고유주파수와 입력주파수가 점점 가까워지면 해에 있는 $\cos\omega t$의 진폭은 무한히 커진다.

경우 2. 고유주파수와 입력주파수가 같은 경우 $\omega = \omega_0$를 생각해 보자.

$$y_p(t) = \frac{A}{2m\omega_0}t\sin\omega_0 t$$

은 특수해이므로 일반해는

$$y(t) = c_1\cos\omega_0 t + c_2\sin\omega_0 t + \frac{A}{2m\omega_0}t\sin\omega_0 t.$$

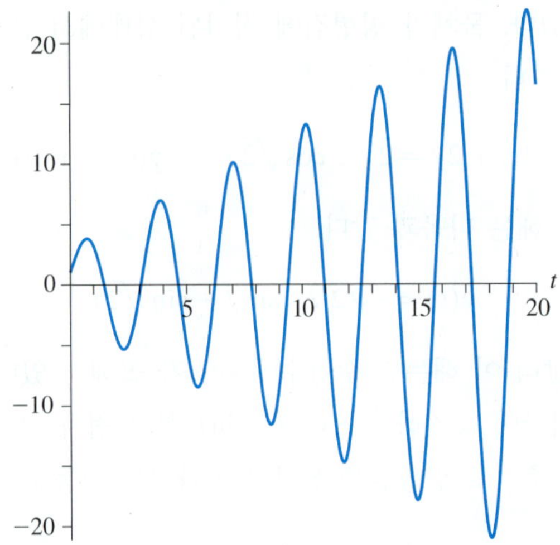

그림 2.9 공진

이 해는 $y_p(t)$에 있는 t 때문에 $\omega \neq \omega_0$의 경우와는 해의 행태가 매우 다르다. t가 증가함에 따라 해의 진폭은 증가하게 된다. 이 현상을 공진이라고 한다.

예를 들어 $c_1 = 1$, $c_2 = 3$, $\omega = \omega_0 = 1$, $\dfrac{A}{2m} = 1$이라고 하면 해는

$$y(t) = \cos t + 3\sin t + t\sin t$$

이다. 그림 2.9는 이 함수의 그래프인데 시간에 따라서 진동의 크기가 증가하는 것을 알 수 있다.

만약 고유주파수와 입력주파수가 거의 같아지면 진동은 공진에 가까워져 진폭이 매우 커지게 되므로 마침내 그 계를 파괴할 수도 있다. 이것은 병사들이 행진하며 다리를 건널 때도 발생할 수가 있다. 만약 행진의 박자(입력주파수)가 다리의 고유주파수와 충분히 가까우면 진동은 위험한 수준까지 커질 수 있다. 실제로 1831년 영국 Manchester 근교에서 Broughton 다리를 줄지어 건너던 병사들에 의해 다리가 무너지는 일이 발생했다. 최근에는 미국 워싱턴 주에 있는 Tacoma Narrows 다리가 바람에 의한 진동으로 기상천외한 형태로 뒤틀리다가 붕괴되었다.

2.6.4 전기회로

저항 R, 인덕턴스 L, 커패시턴스 C를 포함하는 회로의 기전력 $E(t)$는 다음과 같이 회로 각 부분의 전압강하의 합이 된다.

$$E(t) = Li'(t) + Ri(t) + \frac{1}{C}q(t).$$

이때 $i(t)$는 시간 t에서의 전류이고 $q(t)$는 전하량이다. 여기서 $i = q'$이므로 다음

1940년에 완성된 Tacoma Narrows 다리는 센 바람에 흔들리는 것으로 유명했다. 하지만 어느 누구도 엄청난 일이 일어날 수도 있다고 생각하지는 않았다. 1940년 11월 7일, 유달리 강한 바람이 다리의 구조와 공진을 일으켜 다리의 진동을 증대시켰으며 위험한 수준에까지 도달하였다. 곧, 한쪽 보행로가 다른 쪽보다 80 cm 이상 높아질 정도로 비틀려 차도의 콘크리트가 떨어져 나갔고, 서스펜션 스팬의 일부가 완전히 휘어져 떨어져 나갔다. 곧이어 전체의 스팬이 붕괴되었다. 이 기상천외한 다리 붕괴로 대형 구조물을 설계할 때는 진동이나 파동 현상을 새로운 수학적인 기법으로 다루게 되었다.

과 같은 2계 선형 미분방정식을 얻을 수 있다.

$$q'' + \frac{R}{L}q' + \frac{1}{LC}q = \frac{1}{L}E(t).$$

만약 R, L, C가 상수이면 이 선형 미분방정식은 다양한 $E(t)$에 대해 풀 수 있다. 이 방정식은 용수철에 매달린 물체의 운동을 표현하는 다음 방정식과 동일한 형태이다.

$$y'' + \frac{c}{m}y' + \frac{k}{m}y = \frac{1}{m}f(t).$$

그러므로 한 방정식의 해를 곧바로 다른 방정식의 해로 해석할 수 있으며 역학적인 문제와 전기적인 문제 사이에 다음과 같은 대응관계를 생각할 수 있다.

변위함수 $y(t)$ $\Longleftrightarrow$ 전하 $q(t)$

속도 $y'(t)$ $\Longleftrightarrow$ 전류 $i(t)$

$$\text{외력 } f(t) \iff \text{기전력 } E(t)$$

$$\text{질량 } m \iff \text{인덕턴스 } L$$

$$\text{감쇠상수 } c \iff \text{저항 } R$$

$$\text{용수철의 복원계수 } k \iff \text{커패시턴스의 역수 } \frac{1}{C}$$

보기 2.28

그림 2.10의 회로에 기전력 $E(t) = 17 \sin 2t$가 걸린다고 하자. 시간 0에서 전류는 0이고, 축전기의 전하는 $\frac{1}{2000}$ 쿨롬이다. $t > 0$일 때 축전기의 전하 $q(t)$는 다음 초깃값 문제의 해이다.

$$10q'' + 120q' + 1000q = 17\sin 2t\,; \quad q(0) = \frac{1}{2000}, \quad q'(0) = 0.$$

이 초깃값 문제의 해는

$$q(t) = \frac{1}{1500}e^{-6t}[7\cos 8t - \sin 8t] + \frac{1}{240}[-\cos 2t + 4\sin 2t]$$

이다. 또한 전류를 계산하면

$$i(t) = q'(t) = -\frac{1}{30}e^{-6t}[\cos 8t + \sin 8t] + \frac{1}{120}[4\cos 2t + \sin 2t]$$

이다. 여기서 앞쪽 항

$$-\frac{1}{30}e^{-6t}[\cos 8t + \sin 8t]$$

를 전류의 **과도상태** 부분이라고 한다. 이 부분은 짧은 기간 동안만 효과가 있다가 t가 증가함에 따라 0으로 감소하기 때문에 이렇게 부른다. 그리고 뒤쪽 항

$$\frac{1}{120}[4\cos 2t + \sin 2t]$$

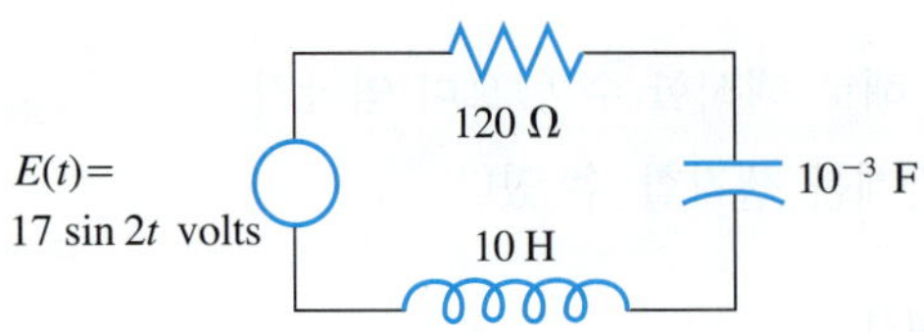

그림 2.10

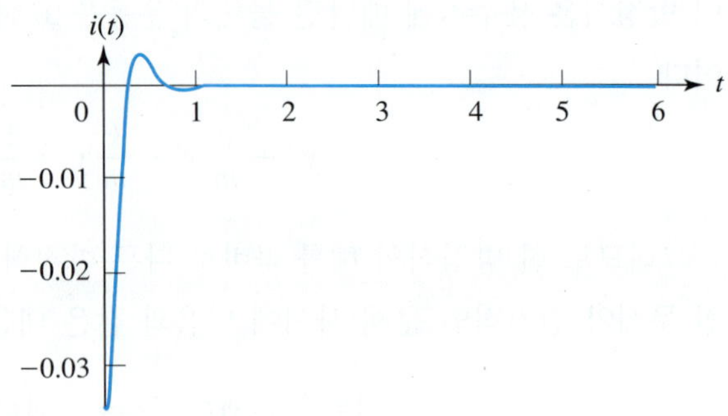

그림 2.11 전류의 과도상태 부분

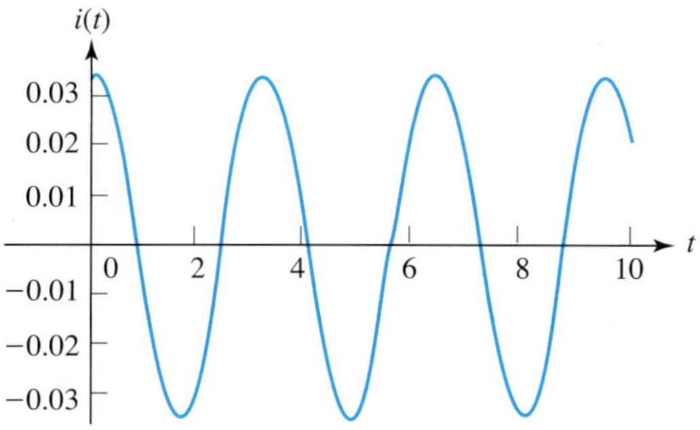

그림 2.12 전류의 정상상태 부분

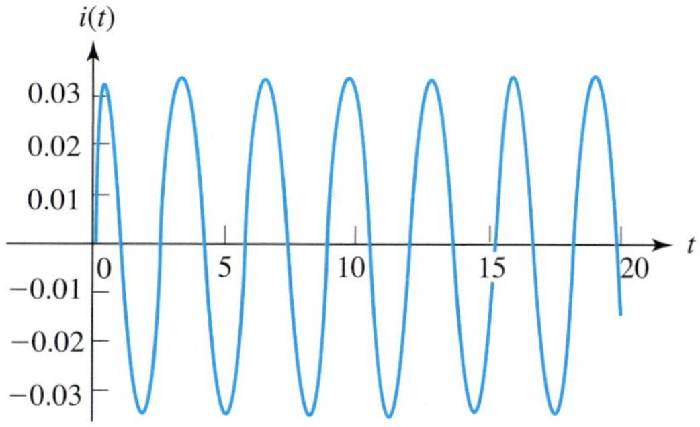

그림 2.13 전류함수

를 정상상태 부분이라 한다. 그림 2.11과 그림 2.12는 각각 과도상태 부분과 정상상태 부분이고 그림 2.13은 두 부분의 합, 즉 전체 전류이다.

연습문제 2.6

1. 이 문제는 비강제 운동에서 초기위치와 초기속도의 상대적 효과를 비교하기 위한 것이다. 다음 초깃값 문제를 풀어라.

$$y'' + 4y' + 2y = 0;\ y(0) = 5,\ y'(0) = 0$$

또 다음 초깃값 문제를 풀어라.

$$y'' + 4y' + 2y = 0;\ y(0) = 0,\ y'(0) = 5$$

동일한 평면에 두 해의 그래프를 그려라. 이 해로부터 초기위치와 초기속도의 효과에 대해 어떤 결론을 내릴 수 있는가?

2. 비강제 임계감쇠방정식 $y'' + 4y' + 4y = 0$을 사용하여 문제 1을 반복하여라.

3. 비강제 과소감쇠방정식 $y'' + 2y' + 5y = 0$을 사용하여 문제 1을 반복하여라.

4. 8 kg 추가 용수철에 매달려 있을 때 그 무게로 용수철이 20 cm 늘어난다. 7 kg 추를 이 용수철에 매단다면 운동방정식은 어떻게 달라지는가? 초기속도는 위쪽으로 4 m/s라고 가정하여라.

5. 1 kg 물체가 복원계수 24 N/m인 용수철에 매달려 있다. 물체에 붙어 있는 완충 장치는 $11v$ N의 저항을 일으킨다(속도의 단위는 m/s이다). 이 물체가 평형점보다 $\frac{25}{3}$ cm 낮은 위치에서 초기속도 5 m/s로 상승하기 시작한다고 하자. 변위함수를 구하고 그래프를 그려라. 초기위치가 평형상태에서 각각 12, 20, 30, 45 cm 아래일 때의 해를 구하고 같은 좌표평면상에 해의 그래프를 그려서 해에 대한 초기위치의 영향을 살펴보아라.

6. 임계감쇠의 경우 추가 몇 번이나 평형점을 통과할 수 있는가? 또한 추가 평형점을 통과하지 않기 위한 초기변위 $y(0)$의 조건은 무엇이며, 초기속도는 추가 평형점을 통과하는지에 어떤 영향을 주는가?

7. 과도감쇠의 경우에 추가 몇 번이나 평형점을 통과할 수 있는가? 추가 평형점을 통과하지 않기 위한 초기위치 $y(0)$의 조건은 무엇인가?

8. $y(0) = y'(0) \neq 0$이라고 가정하자. 임계감쇠의 경우 추의 최대 변위를 구하라. 이 최대 변위가 발생하는 시간은 초기변위에 무관함을 보여라.

9. 용수철에 매달린 추가 평형점으로부터 거리 d에 놓여 있고 가속도는 a라고 가정하자. 비감쇠 운동의 경우 이 추의 운동 주기가 $2\pi\sqrt{d/a}$임을 증명하여라.

10. 질량 m_1인 추가 용수철에 매달려서 주기가 p인 비감쇠 운동을 하고 있다. 얼마 후 질량이 m_2인 두 번째 추가 첫 번째 추에 순간적으로 달라붙었다. 질량이 $m_1 + m_2$인 새로운 물체는 주기 $\dfrac{p}{\sqrt{1+m_2/m_1}}$인 단순조화 운동을 한다는 것을 증명하여라.

11. 반지름 $\frac{\pi}{5}$ m, 높이 6 m, 질량 $10\pi^3$ kg인 원통 모양의 부표가 있다. 부표를 물속에 잠길 때까지 밀어 넣고 정지상태에서 놓았다. 부표의 진동이 갖는 진폭과 주파수를 계산하여라. 단, 물의 밀도는 62.5 kg/m^{3}이다.

12. 진자 운동에서 진자가 수직방향과 이루는 각 $\theta(t)$는 $\theta''(t) + \frac{g}{L}\sin\theta(t) = 0$을 만족한다. 시간 0에서 추는 $\theta = -\alpha$ $\left(0 < \alpha < \frac{\pi}{2}\right)$의 위치에서 운동을 시작하였다(즉, 왼쪽으로 α rad만큼 움직인 뒤 가만히 놓았다). 진자가 정반대 위치에 도달할 때까지 다음 관계식이 성립함을 보여라.

$$t = \sqrt{L/2g}\int_{-\alpha}^{\theta}\frac{1}{\sqrt{\cos\varphi - \cos\alpha}}\,d\varphi$$

문제 13부터 15까지 주어진 값을 사용하여 그림 2.14 *RLC* 회로의 전류를 구하라. 초기전류와 축전기의 초기전하는 0으로 가정하여라.

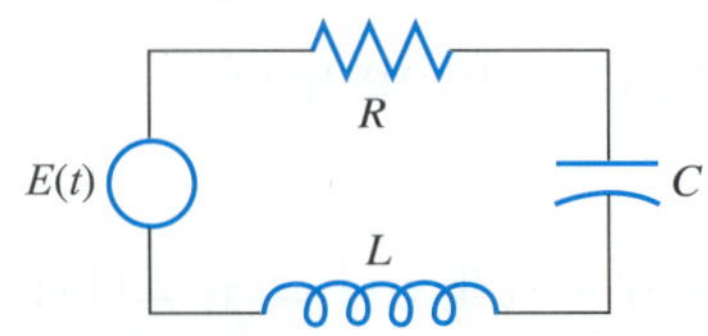

그림 2.14 *RLC* 회로

13. $R = 400\,\Omega$, $L = 0.12$ H, $C = 0.14$ F, $E(t) = 120\sin 20t$ V

14. $R = 150\,\Omega$, $L = 0.2$ H, $C = 0.05$ F, $E(t) = 1 - e^{-t}$ V

15. $R = 450\,\Omega$, $L = 0.95$ H, $C = 0.007$ F, $E(t) = e^{-t}\sin^2 3t$ V

Laplace 변환 3장

3.1 정의와 기본 성질

Laplace 변환은 여러 가지 초깃값 문제, 특히 불연속함수를 포함하는 미분방정식에 이용되는데, 이러한 문제들은 전기공학 분야에 자주 등장한다. Laplace 변환은 미분방정식의 초깃값 문제를 대수적 방정식으로 바꿔 준다.

초깃값 문제	$\longrightarrow$	대수 문제
$\downarrow$ (점선)		$\downarrow$
초깃값 문제의 해	$\longleftarrow$	대수 문제의 해

정의 3.1 Laplace 변환

f의 Laplace 변환 $\mathfrak{L}[f]$는 적분이 수렴하는 모든 s에 대해 다음과 같이 정의한다.

$$\mathfrak{L}[f](s) = \int_0^{\infty} e^{-st} f(t)\,dt$$

Laplace 변환은 함수 f에서 $\mathfrak{L}[f]$라는 새로운 함수로 변환시킨다. 보통 함수 f의 독립변수로 t를, 함수 $\mathfrak{L}[f]$의 독립변수로 s를 사용한다. 편의상 원래 함수를 소문자로 표기했을 때 그것의 Laplace 변환을 다음과 같이 대응되는 대문자로 표시한다.

$$F = \mathfrak{L}[f], \quad G = \mathfrak{L}[g], \quad H = \mathfrak{L}[h].$$

보기 3.1

a를 실수라고 하자. $s > a$일 때 e^{at}의 Laplace 변환은 정의에 의해

$$\mathfrak{L}[f](s) = F(s) = \int_0^\infty e^{-st} e^{at}\, dt = \int_0^\infty e^{-(s-a)t}\, dt$$
$$= \left[\frac{-1}{s-a} e^{-(s-a)t}\right]_0^\infty$$
$$= \frac{1}{s-a}$$

이다. 그러므로 $f(t) = e^{at}$의 Laplace 변환은 $s > a$인 경우에 $F(s) = 1/(s-a)$이다.

보기 3.2

$g(t) = \sin t$라 하자. 그러면

$$\mathfrak{L}[g](s) = G(s) = \int_0^\infty e^{-st} \sin t\, dt$$
$$= \left[-\frac{e^{-st}(\cos t + s \sin t)}{s^2+1}\right]_0^\infty = \frac{1}{s^2+1}$$

이다. 이 경우 $G(s)$는 $s > 0$일 때 정의된다.

다음 표 3.1은 간단한 함수들의 Laplace 변환을 계산해 놓은 표이다. 3장 마지막 부록 3.2에는 다양한 함수들의 변환을 표로 작성해 두었다.

▶표 3.1 **Laplace 변환**

$f(t)$	$F(s)$	$f(t)$	$F(s)$
(1) 1	$\frac{1}{s}$	(6) $t\sin at$	$\frac{2as}{(s^2+a^2)^2}$
(2) t^n	$\frac{n!}{s^{n+1}}$	(7) $t\cos at$	$\frac{(s^2-a^2)}{(s^2+a^2)^2}$
(3) e^{at}	$\frac{1}{s-a}$	(8) $\sinh at$	$\frac{a}{s^2-a^2}$
(4) $\sin at$	$\frac{a}{s^2+a^2}$	(9) $\cosh at$	$\frac{s}{s^2-a^2}$
(5) $\cos at$	$\frac{s}{s^2+a^2}$	(10) $\delta(t-a)$	e^{-as}

정리 3.1 Laplace 변환의 선형성

$\mathfrak{L}[f](s) = F(s)$와 $\mathfrak{L}[g](s) = G(s)$가 $s > a$에서 정의되고 α와 β가 임의의 실수라고 하면 $s > a$에서 다음이 성립한다.

$$\mathfrak{L}[\alpha f + \beta g](s) = \alpha F(s) + \beta G(s)$$

증명 $\mathfrak{L}[\alpha f + \beta g] = \int_0^{\infty} e^{-st}(\alpha f(t) + \beta g(t))\,dt$

$$= \alpha \int_0^{\infty} e^{-st} f(t)\,dt + \beta \int_0^{\infty} e^{-st} g(t)\,dt = \alpha F(s) + \beta G(s).$$ ■

Math in Context | 제어계측공학

Radiokafka/Shutterstock.com

Laplace 변환은 운송문제(물체, 모멘텀, 열 등), 핵물리학, 전기공학 등 공학분야에서 유도되는 시간변수 미분방정식을 푸는 데 광범위하게 이용된다.

제어계측 공학분야의 핵심인 조절기는 시스템이 원하는 상태를 유지하도록 하는 도구이다. Laplace 변환은 조절기를 설계하는 데 기본이 된다. 예를 들면 자동차의 크루즈 컨트롤, 화학반응기가 어떤 온도를 유지하도록 설계된 조절시스템 등이 있다.

모든 함수의 Laplace 변환이 존재하는 것은 아니다. Laplace 변환을 정의하는 특이적분 $\int_0^{\infty} e^{-st} f(t)\,dt$가 실수 s에 대해 발산할 수 있기 때문이다. 따라서 주어진 함수가 Laplac 변환을 가지기 위한 조건에 대해 생각해 보자. 한 가지 분명한 필요조건은 모든 $k > 0$에 대해 $\int_0^{k} e^{-st} f(t)\,dt$가 정의되어야 한다는 것이다. 만일 f가 임의의 양수 k에 대해 구간 $[0, k]$에서 구분적 연속이면 위 조건을 만족한다. 이러한 개념은 자주 등장하므로 그 의미를 분명히 정의하기로 하자.

정의 3.2 구분적 연속

함수 f가 구간 $[a, b]$에서 **구분적 연속**이라는 뜻은 f의 불연속점들

$$a < t_1 < t_2 < \cdots < t_n < b$$

이 유한개만 존재하고, 다음 극한이 모두 존재한다는 것이다.

$$\lim_{t \to a+} f(t), \quad \lim_{t \to t_j-} f(t), \quad \lim_{t \to t_j+} f(t), \quad \lim_{t \to b-} f(t).$$

만약 f가 $[0, k]$에서 구분적 연속이면 $e^{-st}f(t)$도 구분적 연속이므로 $\int_0^k e^{-st}f(t)dt$가 존재한다. 하지만 모든 양수 k에 대해 $\int_0^k e^{-st}f(t)dt$가 존재한다고 해서 $\lim_{k \to \infty}\int_0^k e^{-st}f(t)\,dt$가 존재한다고 말할 수는 없다. 예를 들어 $f(t) = e^{t^2}$은 모든 k에 대해 구간 $[0, k]$에서 연속이지만 $\int_0^\infty e^{-st}e^{t^2}dt$는 모든 실수 s에 대해서 발산한다. 따라서 $\int_0^\infty e^{-st}f(t)\,dt$가 수렴하기 위해서는 f에 대한 추가적인 조건이 필요하다. 만일 어떤 수 M과 b가 존재해서 $|f(t)| \le Me^{bt}$라고 하면,

$$s > b\text{인 } s\text{에 대해 } e^{-st}|f(t)| \le Me^{-(s-b)t}$$

이다. 그런데 적분

$$\int_0^\infty Me^{-(s-b)t}\,dt$$

는 $s > b$일 때 $M/(s-b)$로 수렴한다. 따라서 비교판정법을 쓰면 $\int_0^\infty e^{-st}|f(t)|\,dt$도 $s > b$에서 수렴한다. 그러므로 $\int_0^\infty e^{-st}f(t)dt$도 $s > b$일 때 수렴한다.

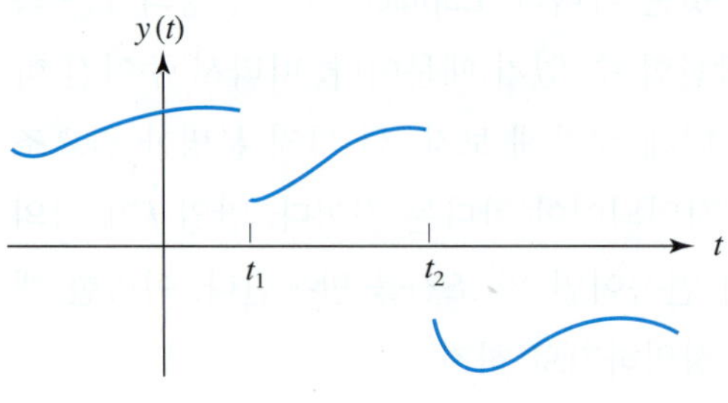

그림 3.1 구분적 연속인 함수

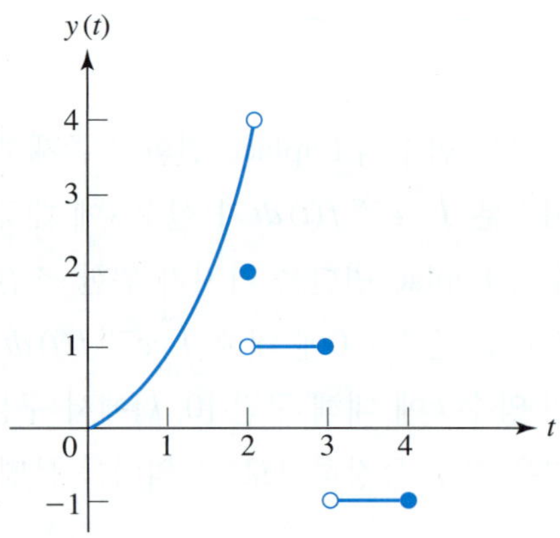

그림 3.2 $f(t) = \begin{cases} 0 \le t < 2\text{일 때} & t^2 \\ t = 2\text{일 때} & 2 \\ 2 < t \le 3\text{일 때} & 1 \\ 3 < t \le 4\text{일 때} & -1 \end{cases}$

정리 3.2 $\mathfrak{L}[f]$의 존재성

f가 모든 양수 k에 대해 $[0, k]$에서 구분적 연속이라고 하자. 또한 어떤 상수 M과 b가 존재해서 모든 양수 t에 대해 $|f(t)| \le Me^{bt}$라 하자. 그러면 $s > b$에서 $\int_0^\infty e^{-st} f(t)\,dt$가 수렴한다. 따라서 $\mathfrak{L}[f](s)$는 $s > b$에서 잘 정의된다.

이제 이 장의 첫 부분에서 소개한 흐름도를 생각해 보자. 이 흐름도의 첫 번째 단계는 주어진 함수의 Laplace 변환을 취하는 것이다. 그런데 마지막 단계에서는 그 반대 방향, 즉 Laplace 변환으로부터 원래 함수를 찾을 수 있어야 한다. 대수 문제를 풀어서 어떤 함수 $G(s)$를 구했다면, 다음은 G를 Laplace 변환으로 갖는 함수 g를 계산해야 한다. 이 과정을 Laplace 역변환이라 한다.

정리 3.3 Lerch 정리

f와 g는 $[0, \infty)$에서 연속이라 하자. $\mathfrak{L}[f] = \mathfrak{L}[g]$이면 $f = g$이다.

정의 3.3 Laplace 역변환

주어진 함수 G에 대해 $\mathfrak{L}[g] = G$를 만족하는 함수 g를 G의 Laplace 역변환이라고 하고 다음과 같이 표현한다.

$$g = \mathfrak{L}^{-1}[G]$$

예를 들면

$$\mathfrak{L}^{-1}\left[\frac{1}{s-a}\right](t) = e^{at},$$

$$\mathfrak{L}^{-1}\left[\frac{1}{s^2+1}\right](t) = \sin t$$

로 표현할 수 있다.

Laplace 변환의 선형성 때문에 역변환도 선형이다.

정리 3.4

$\mathfrak{L}^{-1}[F] = f$, $\mathfrak{L}^{-1}[G] = g$이면 실수 α, β에 대해

$$\mathfrak{L}^{-1}[\alpha F + \beta G] = \alpha f + \beta g.$$

표 3.1과 부록 3.2를 써서 $\mathfrak{L}[f]$를 구하는 방법은 좌측열의 f에 대응하는 우측열의 F를 찾으면 된다. 또한 $\mathfrak{L}^{-1}[F]$를 구할 때는 우측열의 F에 대응하는 좌측열의 f를 찾는다.

연습문제 3.1

문제 1부터 6까지 Laplace 변환의 선형성과 표 3.1을 사용하여 함수의 Laplace 변환을 구하라.

1. $2\sinh t - 4$

2. $\cos t - \sin t$

3. $4t\sin 2t$

4. $t^2 - 3t + 5$

5. $(t+4)^2$

6. $2t^2e^{-3t} - 4t + 1$

문제 7부터 12까지 Laplace 역변환의 선형성과 표 3.1을 사용하여 함수의 Laplace 역변환을 구하라.

7. $\dfrac{-2}{s+16}$

8. $\dfrac{3s+17}{s^2-7}$

9. $\dfrac{3}{s-7} + \dfrac{1}{s^2}$

10. $\dfrac{5}{(s+7)^2}$

11. $\dfrac{1}{s-4} - \dfrac{6}{(s-4)^2}$

12. $\dfrac{2}{s^4}\left[\dfrac{1}{s} - \dfrac{3}{s^2} + \dfrac{4}{s^6}\right]$

13. f는 주기가 T인 주기함수일 때, 즉 모든 t에 대해 $f(t+T) = f(t)$인 T가 존재할 때

(a) 다음을 증명하여라.

$$\mathfrak{L}[f](s) = \sum_{n=0}^{\infty} \int_{nT}^{(n+1)T} e^{-st} f(t)\,dt$$

(b) 다음을 증명하여라.

$$\int_{nT}^{(n+1)T} e^{-st} f(t)\,dt = e^{-nsT} \int_0^T e^{-st} f(t)\,dt$$

(c) 다음을 증명하여라.

$$\mathfrak{L}[f](s) = \left[\sum_{n=0}^{\infty} e^{-nsT}\right] \int_0^T e^{-st} f(t)\,dt$$

(d) $-1 < r < 1$일 때 $\displaystyle\sum_{n=0}^{\infty} r^n = \frac{1}{1-r}$을 이용하여 다음을 증명하여라.

$$\mathfrak{L}[f](s) = \frac{1}{1-e^{-sT}} \int_0^T e^{-st} f(t)\,dt$$

문제 14부터 20까지 식 또는 그래프로 주어진 함수는 주기함수이다. 문제 13의 결과를 이용하여 Laplace 변환을 구하라.

14. f는 다음과 같이 정의된 주기가 6인 함수.

$$f(t) = \begin{cases} 5 & 0 < t \le 3\text{일 때}, \\ 0 & 3 < t \le 6\text{일 때} \end{cases}$$

15. $f(t) = |E\sin\omega t|$, 여기서 E와 ω는 양의 상수.

16. f의 그래프는 그림 3.3과 같다.

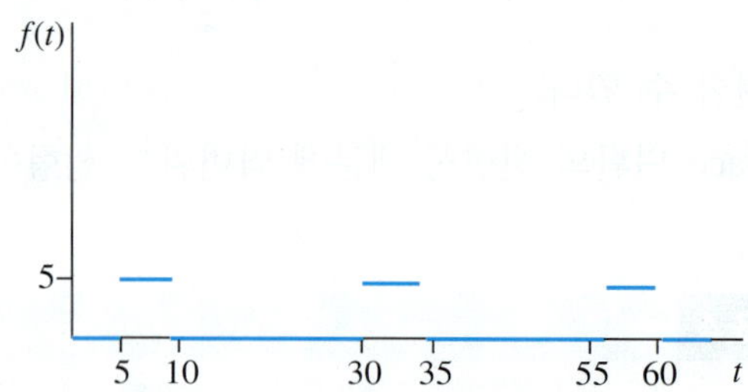

그림 3.3

17. f의 그래프는 그림 3.4와 같다.

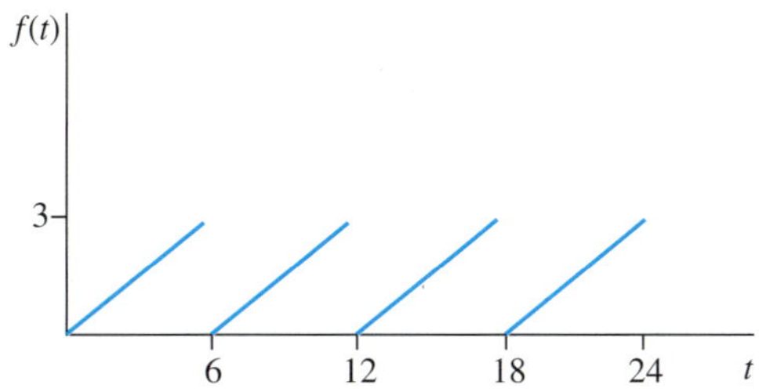

그림 3.4

18. f의 그래프는 그림 3.5와 같다.

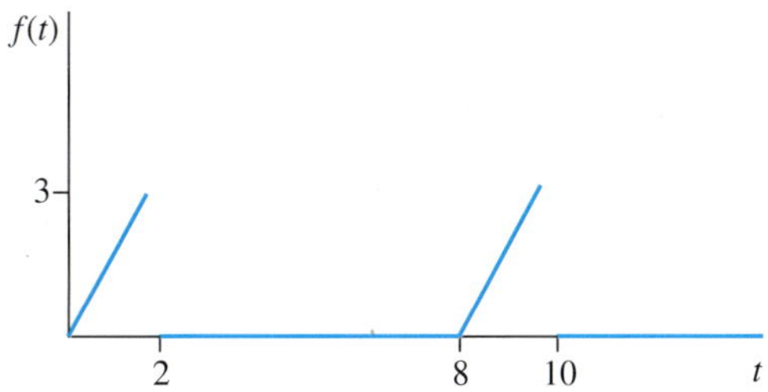

그림 3.5

19. f의 그래프는 그림 3.6과 같다.

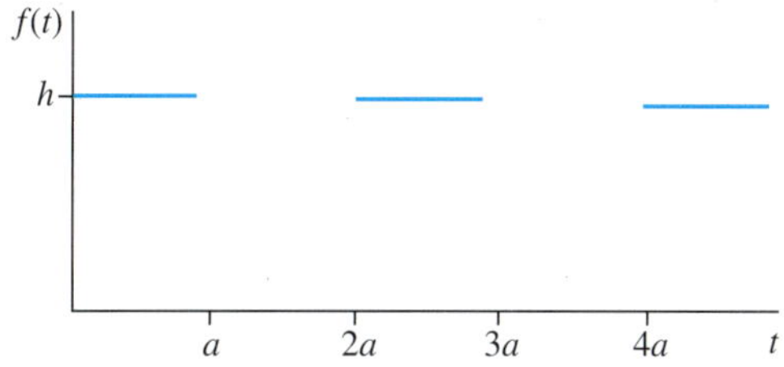

그림 3.6

20. f의 그래프는 그림 3.7과 같다.

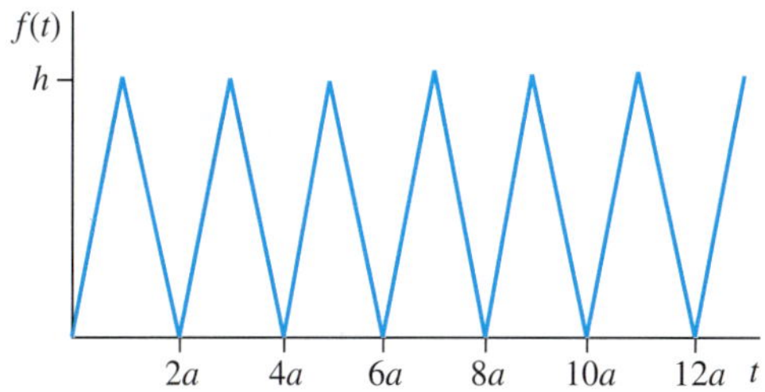

그림 3.7

3.2 초깃값 문제

미분방정식의 초깃값 문제를 푸는 데 Laplace 변환을 이용하려면 도함수에 대한 변환이 필요하다.

정리 3.5 도함수의 Laplace 변환

f와 f'은 모든 양수 k에 대해 $[0, k]$에서 구분적 연속이라 하자. 또한 $s > 0$일 때 $\lim_{k \to \infty} e^{-sk} f(k) = 0$이라 하자. 그러면 다음 관계가 성립한다.

$$\mathfrak{L}[f'](s) = sF(s) - f(0) \tag{3.1}$$

다시 말하면 f의 도함수의 Laplace 변환은 f의 Laplace 변환에 s를 곱한 것에서 $f(0)$을 뺀 것이다.

증명 $u = e^{-st}$와 $dv = f'(t)\,dt$를 써서 부분적분을 하면

$$\mathfrak{L}[f'](s) = \int_0^\infty e^{-st} f'(t)\,dt = [e^{-st} f(t)]_0^\infty - \int_0^\infty -se^{-st} f(t)\,dt$$
$$= \lim_{k\to\infty} e^{-sk} f(k) - f(0) + s\int_0^\infty e^{-st} f(t)\,dt$$
$$= -f(0) + sF(s). \quad ■$$

f가 0에서 불연속점을 갖는다면(예를 들어 f가 시간 $t = 0$일 때 스위치가 켜지는 기전력이라면), 이 정리의 결론은 다음과 같다.

$$\mathfrak{L}[f'](s) = sF(s) - f(0+).$$

여기서 $f(0+) = \lim_{t\to 0+} f(t)$는 0에서 $f(t)$의 우극한 값이다.

정리 3.6 고계 도함수의 Laplace 변환

$f, f', f'', \cdots, f^{(n-1)}, f^{(n)}$은 모든 양수 k에 대해 구간 $[0, k]$에서 구분적 연속이라 하자. 또한 $j = 1, 2, \cdots, n-1$에 대해 $s > 0$에서 $\lim_{k\to\infty} e^{-sk} f^{(j)}(k) = 0$이라 하자. 그러면 다음 관계식이 성립한다.

$$\mathfrak{L}[f^{(n)}](s) = s^n F(s) - s^{n-1} f(0) - s^{n-2} f'(0) - \cdots - sf^{(n-2)}(0) - f^{(n-1)}(0) \quad (3.2)$$

Math in Context | 유체 저장시스템의 설계

단면적이 A인 원기둥 모양의 유체 저장 탱크를 생각해 보자. 액체 표면 높이를 h, 액체 유입률을 q_i이라 하면 액체의 유출률은 $q_0 = \frac{h}{R_v}$로 모델링되는데, 여기서 R_v는 밸브의 저항을 나타내는 상수이다. 시스템에 대한 물질균형 방정식으로부터 다음 식이 유도된다.

$$A\frac{dh}{dt} = q_i - \frac{h}{R_v}$$

Laplace 변환을 하면

$$\frac{H(s)}{Q_i(s)} = \frac{R_v}{AR_v s + 1} = \frac{K_p}{\tau_p s + 1}$$

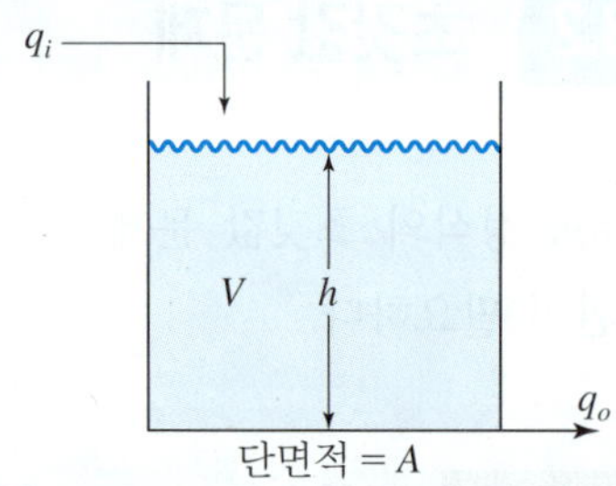

액체 저장시스템의 도식

Dale E. Seborg, Thomas F. Edgar, and Duncan A. Mellichamp. Process Dynamics and Control

이 되는데, 좌변(제어공학에서 전달함수라 한다)은 출력 $H(s)$와 입력 $Q_i(s)$의 비이다.

K_p는 프로세스 게인(process gain)이고 p는 프로세스 시간상수인데 이것들은 액체저장 공정의 조절기를 설계하는 데 중요한 상수이다.

보기 3.3

$$y' - 4y = 1; \quad y(0) = 1.$$

이 문제는 앞에서 공부한 방법으로도 쉽게 풀 수 있지만, 여기서는 Laplace 변환을 사용하는 방법을 설명하고자 한다. $\mathfrak{L}[y](s) = Y(s)$라고 하자. 미분방정식에 Laplace 변환을 취하면

$$\begin{aligned}\mathfrak{L}[y' - 4y] &= \mathfrak{L}[y'] - 4\mathfrak{L}[y] \\ &= (sY(s) - y(0)) - 4Y(s) = \mathfrak{L}[1] = \frac{1}{s}.\end{aligned}$$

초기조건 $y(0) = 1$을 이용하여 정리하면

$$Y(s) = \frac{1}{(s-4)} + \frac{1}{s(s-4)}$$

이 된다. 따라서 초깃값 문제의 해는

$$y = \mathfrak{L}^{-1}[Y] = \mathfrak{L}^{-1}\left[\frac{1}{s-4}\right] + \mathfrak{L}^{-1}\left[\frac{1}{s(s-4)}\right]$$

이다. 표 3.1을 이용하면

$$y(t) = \frac{5}{4}e^{4t} - \frac{1}{4}$$

이다.

보기 3.4

$$y'' + 4y' + 3y = e^t; \quad y(0) = 0, \quad y'(0) = 2.$$

미분방정식에 Laplace 변환을 적용하면

$$\begin{aligned}&\mathfrak{L}[y''] + 4\mathfrak{L}[y'] + 3\mathfrak{L}[y] \\ &= \left[s^2Y - sy(0) - y'(0)\right] + 4[sY - y(0)] + 3Y \\ &= [s^2 + 4s + 3]Y - 2 \\ &= \mathfrak{L}[e^t] \\ &= \frac{1}{s-1}\end{aligned}$$

$$\Rightarrow (s+1)(s+3)Y = \frac{1}{s-1} + 2 = \frac{2s-1}{s-1}.$$

$Y(s)$의 역변환을 구하기 위해서는 부분분수분해를 적용해야 한다. 부록 3.1의 방법을 적용하면, $Y(s)$의 부분분수는

$$Y(s)=\frac{2s-1}{(s-1)(s+1)(s+3)}=\frac{A}{s-1}+\frac{B}{s+1}+\frac{C}{s+3}$$

꼴이다. 모든 s에 대해서 이 관계식이 성립하려면

$$A(s+1)(s+3)+B(s-1)(s+3)+C(s-1)(s+1)=2s-1$$

이어야 한다. A, B, C를 결정하기 위해서는 s에 적절한 값을 대입해 보면 된다. $s=1,\ -1,\ -3$을 각각 대입하면 $A=-1/8$, $B=3/4$, $C=-7/8$이다. 따라서

$$Y(s)=\frac{1}{8}\frac{1}{s-1}+\frac{3}{4}\frac{1}{s+1}-\frac{7}{8}\frac{1}{s+3}$$

이다. Laplace 역변환을 하면 주어진 초깃값 문제의 해는

$$y(t)=\frac{1}{8}e^{t}+\frac{3}{4}e^{-t}-\frac{7}{8}e^{-3t}$$

이다.

보기 3.5

$$y''+y=t;\quad y(0)=1,\quad y'(0)=0.$$

미분방정식에 Laplace 변환을 취하면

$$s^2Y-sy(0)-y'(0)+Y=\mathfrak{L}[t]=\frac{1}{s^2}$$

$$\Rightarrow s^2Y-s+Y=\frac{1}{s^2}$$

$$\Rightarrow Y(s)=\frac{1}{s^2(s^2+1)}+\frac{s}{s^2+1}=\frac{1}{s^2}-\frac{1}{s^2+1}+\frac{s}{s^2+1}$$

가 된다. 따라서

$$y(t)=t-\sin t+\cos t.$$

연습문제 3.2

문제 1부터 10까지 초깃값 문제를 Laplace 변환을 사용하여 풀어라.

1. $y'+4y=1;\ y(0)=-3$

2. $y'-9y=t;\ y(0)=5$

3. $y'+4y=\cos t;\ y(0)=0$

4. $y'+2y=e^{-t};\ y(0)=1$

5. $y' - 2y = 1 - t;\ y(0) = 4$

6. $y'' + y = 1;\ y(0) = 6,\ y'(0) = 0$

7. $y'' - 4y' + 4y = \cos t;\ y(0) = 1,\ y'(0) = 1$

8. $y'' + 9y = t^2;\ y(0) = y'(0) = 0$

9. $y'' + 16y = 1 + t;\ y(0) = -2,\ y'(0) = 1$

10. $y'' - 5y' + 6y = e^{-t};\ y(0) = 0,\ y'(0) = 2$

11. f가 0에서 불연속점을 갖는 것을 제외하고는 정리 3.5의 가정을 만족한다고 가정하자. $f(0+) = \lim_{t \to 0+} f(t)$라 할 때 $\mathfrak{L}[f'](s) = sF(s) - f(0+)$임을 보여라.

12. f가 어떤 양수 c에서 불연속점을 갖는 것을 제외하고는 정리 3.5의 가정을 만족한다고 가정하자. $f(c-) = \lim_{k \to c-} f(t)$라 할 때 다음을 증명하여라.

$$\mathfrak{L}[f'] = sF(s) - f(0) - e^{-cs}[f(c+) - f(c-)]$$

13. $g(t)$는 모든 양수 k에 대해 구간 $[0, k]$에서 구분적 연속이다. $t \geq a$에서 $|g(t)| \leq Me^{bt}$가 성립하는 M, b, a가 존재한다고 하자. $\mathfrak{L}[g] = G$라고 할 때, 다음을 증명하여라.

$$\mathfrak{L}\left[\int_0^t g(w)\,dw\right] = \frac{1}{s}G(s) - \frac{1}{s}\int_0^a g(w)\,dw$$

3.3 Heaviside 함수와 이동정리

Laplace 변환을 적용하면 풀 수 있는 문제의 종류가 다양해진다. 1, 2절의 방법은 연속함수에 대한 문제들만 다루었다. 그러나 많은 수학적 모델들이 불연속적인 과정을 다룬다(예를 들면 회로에서 스위치가 켜지고 꺼지는 경우가 있다). 이런 경우에도 Laplace 변환은 효과적이다. 우선 불연속함수를 어떻게 표현하는지와 그 변환 및 역변환을 계산하는 법을 알아야 한다.

3.3.1 s-이동정리

먼저 함수 $e^{at}f(t)$의 Laplace 변환은 함수 $f(t)$의 Laplace 변환을 a만큼 평행이동한 함수임을 보이자. 이것은 $F(s)$에서 s를 $s - a$로 치환한 $F(s-a)$이다.

정리 3.7 s-이동정리

$\mathfrak{L}[f](s) = F(s)$가 $s > b$에서 정의되면 임의의 상수 a에 대해 $s > a + b$일 때

$$\mathfrak{L}[e^{at} f(t)](s) = F(s-a)$$

가 성립한다.

증명

$$\mathfrak{L}[e^{at} f(t)](s) = \int_0^\infty e^{at} e^{-st} f(t)\,dt$$

$$= \int_0^\infty e^{-(s-a)t} f(t)\,dt = F(s-a).$$

■

보기 3.6

표 3.1에서 $\mathfrak{L}[\cos bt] = s/(s^2 + b^2)$임을 알고 있다. 그러므로 $e^{at}\cos bt$의 Laplace 변환은 위 식에서 s를 $s-a$로 치환하여 얻을 수 있다.

$$\mathfrak{L}[e^{at}\cos bt] = \frac{s-a}{(s-a)^2 + b^2}.$$

s-이동정리를 Laplace 역변환에 적용해 보면 $\mathfrak{L}[f] = F$일 때

$$\mathfrak{L}^{-1}[F(s-a)] = e^{at} f(t)$$

이다. 이 결과를 다음과 같이 표기할 수도 있다.

$$\mathfrak{L}^{-1}[F(s-a)] = e^{at}\,\mathfrak{L}^{-1}[F(s)]. \tag{3.3}$$

보기 3.7

$$\mathfrak{L}^{-1}\left[\frac{4}{s^2 + 4s + 20}\right].$$

분모를 완전제곱 형태로 정리하면

$$\frac{4}{s^2 + 4s + 20} = \frac{4}{(s+2)^2 + 16}$$

이다. 이것은

$$F(s) = \frac{4}{s^2 + 16}$$

를 -2만큼 이동한 함수이므로 s-이동정리를 이용하면

$$\mathfrak{L}^{-1}\left[\frac{4}{(s+2)^2 + 16}\right] = e^{-2t}\sin 4t$$

이다.

보기 3.8

$$\mathfrak{L}^{-1}\left[\frac{3s-1}{s^2-6s+2}\right].$$

먼저 주어진 유리식을 $s-a$의 함수 형태로 바꾸면

$$\frac{3s-1}{s^2-6s+2} = \frac{3(s-3)}{(s-3)^2-7} + \frac{8}{(s-3)^2-7} = G(s-3) + K(s-3)$$

이다. 여기서

$$G(s)=\frac{3s}{s^2-7}, \quad K(s)=\frac{8}{s^2-7}$$

이다. 따라서

$$\begin{aligned}\mathfrak{L}^{-1}\left[\frac{3s-1}{s^2-6s+2}\right] &= \mathfrak{L}^{-1}[G(s-3)]+\mathfrak{L}^{-1}[K(s-3)] \\ &= e^{3t}\mathfrak{L}^{-1}[G(s)]+e^{3t}\mathfrak{L}^{-1}[K(s)] \\ &= e^{3t}\mathfrak{L}^{-1}\left[\frac{3s}{s^2-7}\right]+e^{3t}\mathfrak{L}^{-1}\left[\frac{8}{s^2-7}\right] \\ &= 3e^{3t}\cosh\sqrt{7}t+\frac{8}{\sqrt{7}}e^{3t}\sinh\sqrt{7}t.\end{aligned}$$

3.3.2 Heaviside 함수와 맥동

불연속점을 갖는 함수를 다룰 때는 단위 계단함수, 즉 Heaviside 함수를 사용하면 효과적이다.

정의 3.4 Heaviside 함수

$$H(t)=\begin{cases}0 & t<0\text{일 때,} \\ 1 & t\geq 0\text{일 때}\end{cases}$$

를 **Heaviside 함수**라 한다.

그림 3.8은 $H(t)$의 그래프이며 원점에서 크기 1인 불연속을 갖는다. Heaviside 함수는 $t<0$일 때 꺼진 상태(off)인 $H(t)=0$에서 $t\geq 0$일 때 켜진 상태(on)인 $H(t)=1$이 되는 스위치 함수로 생각할 수 있다. $H(t-a)$는 Heaviside 함수를 오른쪽으로 a만큼 평행이동한 것이다.

$$H(t-a)=\begin{cases}0 & t<a\text{일 때,} \\ 1 & t\geq a\text{일 때.}\end{cases}$$

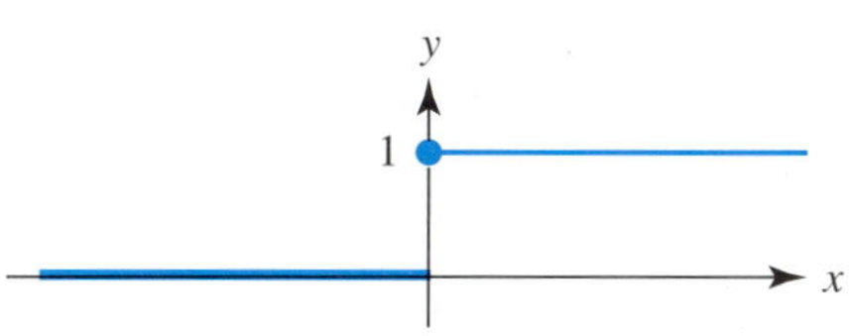

그림 3.8 Heaviside 함수 $H(t)$

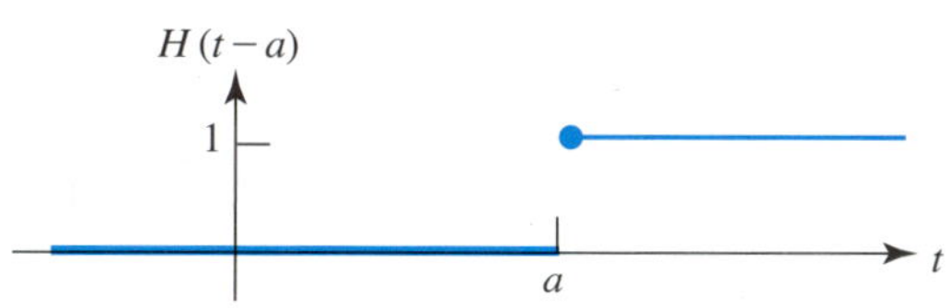

그림 3.9 이동된 Heaviside 함수

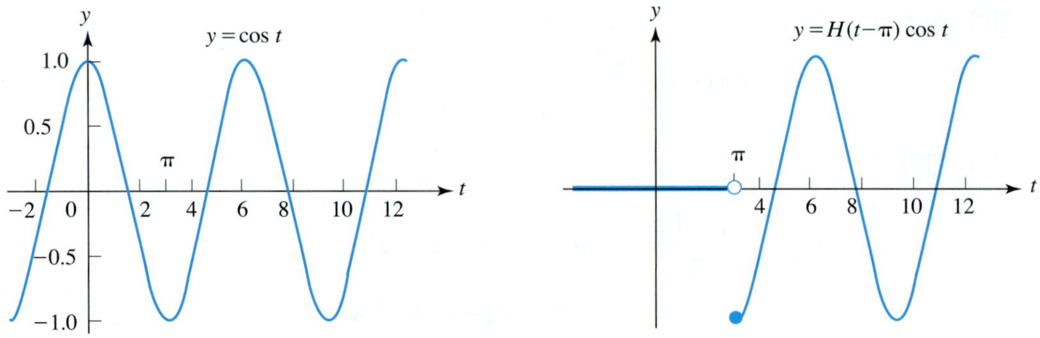

그림 3.10 $y = \cos t$와 $y = H(t - \pi)\cos t$의 비교

그림 3.9는 이 함수의 그래프이다. $H(t-a)$는 시간 $t = a$까지는 꺼진 채로 있다가 $t = a$에서 켜져서 크기 1의 값을 갖는 함수이다.

또한 $H(t-a)$는 주어진 함수를 시간 $t = a$가 될 때까지는 꺼진 채로 있다가 시간 $t = a$에서부터 활성화시키는 효과를 얻는 데 사용할 수 있다. 예를 들면 함수

$$H(t-a)g(t) = \begin{cases} 0 & t < a\text{일 때}, \\ g(t) & t \geq a\text{일 때} \end{cases}$$

는 시간 $t = a$가 될 때까지 함수값은 0이다. 그러나 그 이후부터는 $g(t)$이다.

그림 3.10은 $\cos t$와 $H(t-\pi)\cos t$의 그래프를 비교한 것이다. Heaviside 함수를 이용하면 맥동을 표현할 수도 있다.

정의 3.5 맥동

$$H(t-a) - H(t-b)$$

를 맥동함수라 한다. 여기서 $a < b$이다.

그림 3.11은 맥동함수의 그래프이다. 이 함수는 $a \leq t < b$에서는 값이 1이고 그 외는 값이 0이다. 어떤 함수 g에 맥동을 곱하여 주면 시간 a와 b 사이에서만 켜져

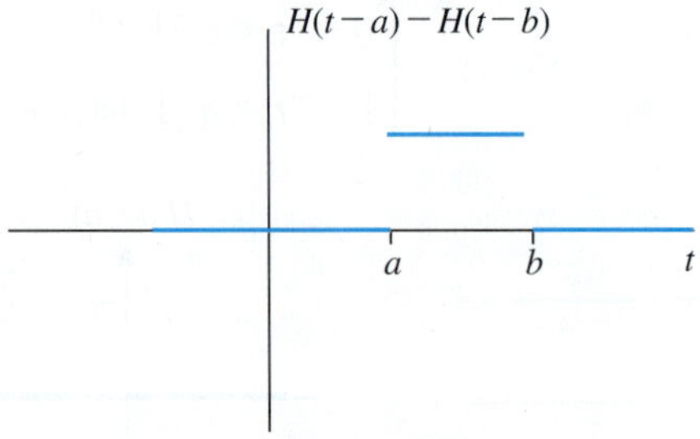

그림 3.11 맥동함수 $H(t-a) - H(t-b)$

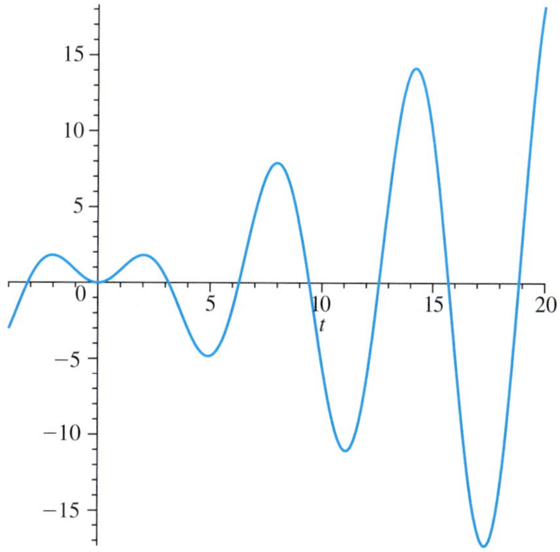

그림 3.12 $y = t\sin t$

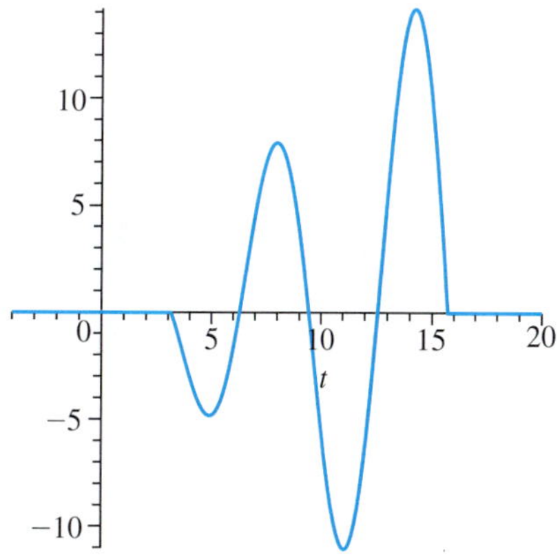

그림 3.13 $y = [H(t-\pi) - H(t-5\pi)]\,t\sin t$

서 함수 g와 같은 상태이고, 그 외 시간에는 꺼진 상태가 되는 효과를 얻을 수 있다. 예를 들어 $g(t) = t\sin t$이면

$$[H(t-\pi)-H(t-5\pi)]\,t\sin t = \begin{cases} 0 & t<\pi \text{일 때}, \\ t\sin t & \pi \le t < 5\pi \text{일 때}, \\ 0 & t \ge 5\pi \text{일 때} \end{cases}$$

이고, 그림 3.13은 이 함수의 그래프이다.

종종 $H(t-a)g(t-a)$를 이동된 함수라고 부르는데, 사실은 $g(t)$를 a만큼 평행이동한 후 $t<a$에서는 0이 되게 만든 것이다. t-이동정리는 이와 같은 함수의 Laplace 변환에 관한 것이다.

정리 3.8 ***t*-이동정리**

$\mathfrak{L}[f](s) = F(s)$는 $s > b$에서 정의되었다 하자. 그러면 $s > b$에서

$$\mathfrak{L}[H(t-a)f(t-a)](s) = e^{-as}F(s).$$

증명 Laplace 변환의 정의로부터

$$\mathfrak{L}[H(t-a)f(t-a)] = \int_0^\infty e^{-st}H(t-a)f(t-a)\,dt$$
$$= \int_a^\infty e^{-st}f(t-a)\,dt$$

이다. 마지막 적분에서 $w = t - a$로 치환하면

$$\mathfrak{L}[H(t-a)f(t-a)] = \int_0^\infty e^{-s(a+w)} f(w)\,dw$$
$$= e^{-as}\int_0^\infty e^{-sw} f(w)\,dw = e^{-as}F(s).$$

■

Math in Context | 입력 변화 모델링

조절기의 목적은 입력(q_i와 같은)이 변화하는 상황에서 시스템을 조절하는 것이다. 보통 발생하는 상황으로는 갑작스런 입력량 변화, 운행자가 밸브를 여닫아 발생하는 유체유입 증가와 같은 지속적인 입력량 증가 또는 감소 등이 있다. 이러한 변화는 Heaviside 함수로 모델링될 수 있다. 예를 들면 다음 식은 시간이 t_0일 때 갑자기 시스템의 유입률이 200% 증가했을 때의 모델이다;

$$q_i(t) = H(t - t_0) \times 2$$

앞에서 살펴본 액체저장 시스템에 관한 방정식에 위 $q_i(t)$를 대입한 후 Laplace 역변환을 적용하면 시스템은 이러한 변화에 다음과 같이 반응한다;

$$h(t) = 2K_p(1 - e^{-(t-t_0)/\tau_p})$$

다른 종류의 입력변화도 모델링할 수 있다. 충격함수 또는 Dirac 델타함수는 전압의 급변이나 요동같이 순간적으로 갑자기 발생하는 스파이크를 모델링하고, 진동 입력 방법은 밸브를 돌린 다음 일정 시간 동안 유지하다가 원래 상태로 복원시키는 공정을 모델링한다.

공정 모델링은 흔히 Laplace s-변수 영역에서 이루어진다. Laplace 변환은 일반식으로 SISO(single input, single output) 제어시스템에 쓰이는 데 이 시스템은 화학공장이나 제조공장에서 온도, 유출입량, 용기 내 압력 등과 같은 변수들을 관리하는 보편적 시스템이다.

일단 공정이 설계되면 엔지니어는 어떤 종류의 조절기를 설계하여 설치할지 결정하는 어떤 경험적 지식을 사용한다. 예를 들면 어떤 경우에는 눈대중으로 조절기 시간 상수 τ_c는 대략 공정시간 상수 τ_p의 1/4이어야 된다고 판단한다. 비슷한 경우로 일단 K_p가 Laplace 모델로부터 결정되면 적당한 이득 조절기 K_c를 경험적으로 찾을 수 있다.

조절기 판매자는 시간상수 τ_c와 이득 조절기 K_c가 제시된 작동 범위에 있도록 조절기를 설계한다. 엔지니어는 판매자 정보에 기초하여 적절한 조절기를 선택할 때 어떠한 물리적 요소(앞의 예에서 단면적 A, 밸브저항 R_v 등)가 변화에 대한 반응시간에 기여하는지 이해하여야 한다. 이런 직관력은 s-변수 전달함수의 Laplace 변환을 분석함으로써 얻을 수 있다. 이와 같이 Laplace 변환은 조절제어 루프를 모델링하고 물리적인 매개변수들이 어떻게 제어공정 과정에 영향을 미치는지 이해할 수 있도록 해준다.

보기 3.9

함수 $H(t-a)$의 Laplace 변환을 구해 보자. 이 함수는 상수함수 $f(t)=1$을 쓰면 $H(t-a)f(t-a)$로 볼 수 있다. $F(s)=1/s$이므로 t-이동정리를 적용하면

$$\mathfrak{L}[H(t-a)]=e^{-as}\mathfrak{L}[1]=\frac{1}{s}e^{-as}.$$

보기 3.10

$0 \le t < 2$에서 $g(t)=0$이고, $t \ge 2$에서 $g(t)=t^2+1$일 때 $\mathfrak{L}[g]$를 구해 보자.

$g(t)=H(t-2)(t^2+1)$이라고 쓸 수 있다. t-이동정리를 적용하기 위해서는 $g(t)$를 $H(t-2)f(t-2)$의 형태로 고쳐야 한다.

$$t^2+1=(t-2+2)^2+1=(t-2)^2+4(t-2)+5$$

이므로

$$\begin{aligned} g(t)&=(t^2+1)H(t-2)\\ &=\left[(t-2)^2+4(t-2)+5\right]H(t-2) \end{aligned}$$

가 되며, t-이동정리에 의하여

$$\begin{aligned} \mathfrak{L}[g]&=e^{-2s}\left\{\mathfrak{L}[t^2]+4\mathfrak{L}[t]+5\mathfrak{L}[1]\right\}\\ &=e^{-2s}\left[\frac{2}{s^3}+\frac{4}{s^2}+\frac{5}{s}\right]. \end{aligned}$$

t-이동정리를 역변환에 적용하면

$$\mathfrak{L}^{-1}[e^{-as}F(s)]=H(t-a)f(t-a) \tag{3.4}$$

가 된다. 이 공식을 이용하면 역변환을 알고 있는 함수 $F(s)$에 지수함수 e^{-as}이 곱해진 경우에도 역변환을 할 수 있다.

보기 3.11

$$\mathfrak{L}^{-1}\left[\frac{se^{-3s}}{s^2+4}\right].$$

지수함수가 곱해져 있으므로 식 (3.4)를 이용하자. 우선

$$\mathfrak{L}^{-1}\left[\frac{s}{s^2+4}\right]=\cos 2t$$

이므로

$$\mathfrak{L}^{-1}\left[\frac{se^{-3s}}{s^2+4}\right]=H(t-3)\cos 2(t-3).$$

지금까지의 내용을 이용하면 미분방정식의 우변이 불연속함수인 초깃값 문제도 풀 수 있다.

보기 3.12

$$y''+4y=f(t);\quad y(0)=y'(0)=0.$$

여기서

$$f(t)=\begin{cases}0 & t<3\text{일 때},\\ t & t\geq 3\text{일 때}.\end{cases}$$

이 문제는 f가 불연속이기 때문에 2절에서 소개한 방법은 쓸 수 없다. 먼저 $f(t)$를

$$f(t)=H(t-3)t$$

로 표기한 후 미분방정식에 Laplace 변환을 적용하면

$$\begin{aligned}\mathfrak{L}[y'']+4\mathfrak{L}[y]&=s^2Y(s)-sy(0)-y'(0)+4Y(s)\\&=(s^2+4)Y(s)=\mathfrak{L}[H(t-3)t]\end{aligned}$$

이다. t-이동정리를 사용하여 $\mathfrak{L}[H(t-3)t]$를 계산하면

$$\begin{aligned}\mathfrak{L}[H(t-3)t]&=\mathfrak{L}[H(t-3)((t-3)+3)]\\&=e^{-3s}\mathfrak{L}[t+3]=e^{-3s}\left(\frac{1}{s^2}+\frac{3}{s}\right).\end{aligned}$$

따라서

$$Y(s)=\frac{3s+1}{s^2(s^2+4)}e^{-3s}$$

이다. 이제 $Y(s)$의 역변환을 계산하자. 먼저 부분분수분해를 하면

$$\frac{3s+1}{s^2(s^2+4)}e^{-3s}=\left[\frac{3}{4}\frac{1}{s}+\frac{1}{4}\frac{1}{s^2}-\frac{3}{4}\frac{s}{s^2+4}-\frac{1}{4}\frac{1}{s^2+4}\right]e^{-3s}$$

이고, 여기에 식 (3.4)를 적용하면

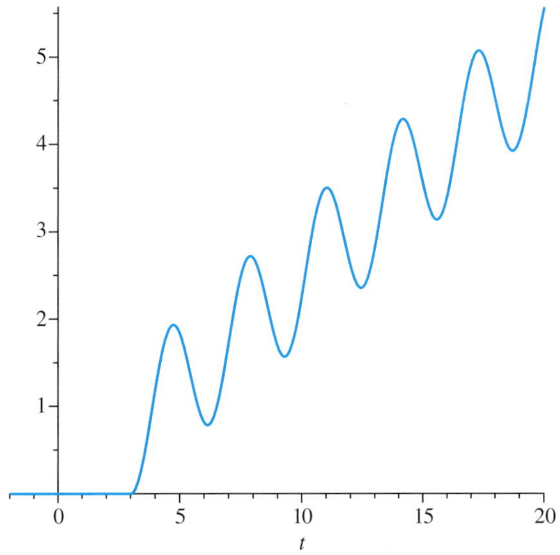

그림 3.14 $y'' + 4y = \begin{cases} 0 & 0 \le t < 3\text{일 때} \\ t & t \le 3\text{일 때} \end{cases}$; $y(0) = y'(0) = 0$

$$y(t) = \frac{1}{8} H(t-3)[2t - 6\cos 2(t-3) - \sin 2(t-3)]$$

이다. 그림 3.14는 $y(t)$의 그래프이다.

보기 3.13

함수 $f(t)$를

$$f(t) = \begin{cases} 0 & t < 2\text{ 일 때}, \\ t-1 & 2 \le t < 3\text{ 일 때}, \\ -4 & t \ge 3\text{ 일 때} \end{cases}$$

로 정의하자. 그림 3.15는 f의 그래프이다. f는 $t = 2$에서 크기가 1인, 그리고 $t = 3$에서 크기가 6인 불연속점들이 있다. f를 Heaviside 함수로 표현하기 위하여 f가 0이 아닌 두 개의 구간을 생각하자. 한 구간 $[2, 3)$에서 $f(t)$는 $t - 1$이며, 다른 한 구간 $[3, \infty]$에서 $f(t)$는 -4이다. 처음 부분은 $t - 1$에 맥동함수 $H(t-2) - H(t-3)$을 곱하면 되고, 두 번째는 -4에 $H(t-3)$을 곱하면 된다. 그러므로

$$f(t) = [H(t-2) - H(t-3)](t-1) - 4H(t-3)$$

으로 표현된다.

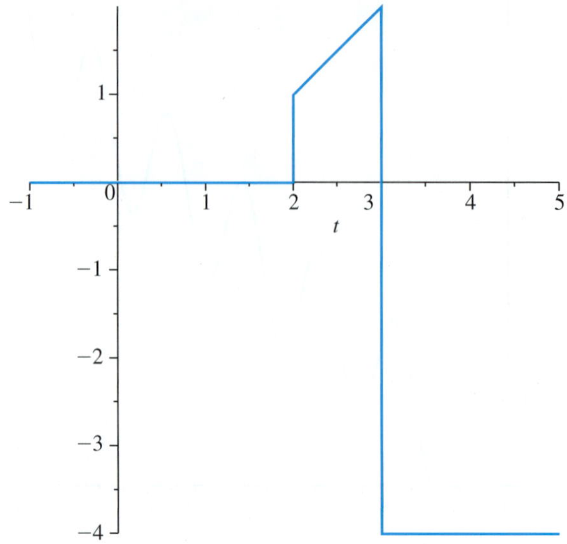

그림 3.15 $f(t) = \begin{cases} 0 & t < 2\text{일 때} \\ t-1 & 2 \le t < 3\text{일 때} \\ -4 & t \ge 3\text{일 때} \end{cases}$

3.3.3 회로 분석

전기회로에서 스위치를 켜고 끄는 상황에 대한 문제를 푸는 데 Heaviside 함수는 매우 편리하다.

보기 3.14

그림 3.16의 회로를 생각하자. 초기전류와 축전지의 초기전하는 0이라고 하자. $t = 2$초일 때 스위치를 B에서 A로 옮겨서 1초 동안 머물고 난 뒤에 다시 B로 되돌렸다. 축전지의 전압 E_{out}을 구하고자 한다.

입력전압 $E(t)$는 $t = 2$초 이전에는 0이고 $t = 2$초부터 10 volt가 되었다가 $t = 3$초 이후에는 다시 0이 된다. 그러므로 $E(t)$는 맥동함수

$$E(t) = 10[H(t-2) - H(t-3)]$$

이다. Kirchhoff의 전압법칙에 의하면

$$Ri(t) + \frac{1}{C}q(t) = E(t),$$

즉,

$$250{,}000q'(t) + 10^6 q(t) = E(t)$$

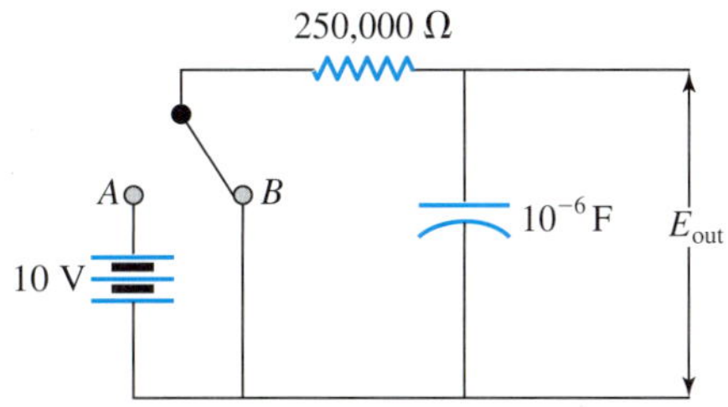

그림 3.16

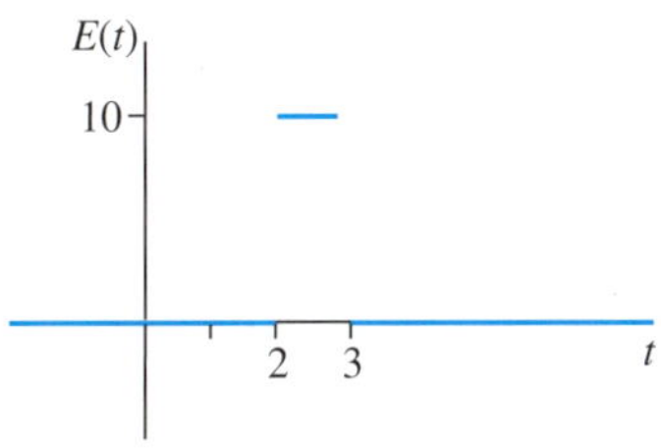

그림 3.17 그림 3.16의 회로에서 입력전압

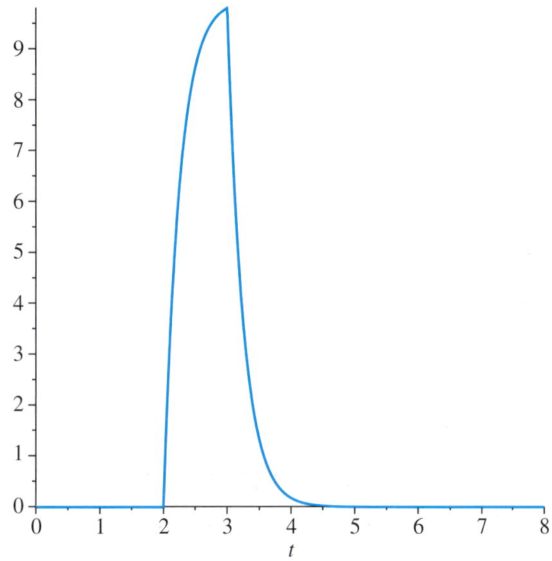

그림 3.18 그림 3.16의 회로에서 출력전압

이다. 초기조건 $q(0) = 0$을 감안해서 $q(t)$에 대하여 풀어보자. Laplace 변환을 취하면

$$250{,}000\,[sQ(t) - q(0)] + 10^6 Q(t) = 250{,}000sQ + 10^6 Q = \mathfrak{L}\,[E(t)]\,.$$

이때 우변은

$$\begin{aligned}\mathfrak{L}[E(t)] &= 10\mathfrak{L}[H(t-2)] - 10\mathfrak{L}[H(t-3)] \\ &= \frac{10}{s}e^{-2s} - \frac{10}{s}e^{-3s}\end{aligned}$$

이다. 따라서 미분방정식의 Laplace 변환식은

$$2.5\,(10^5)\,sQ(s) + 10^6\,Q(s) = \frac{10}{s}e^{-2s} - \frac{10}{s}e^{-3s}$$

이고, 이것을 Q에 대해 풀면

$$Q(s) = 4(10^{-5})\frac{1}{s(s+4)}e^{-2s} - 4(10^{-5})\frac{1}{s(s+4)}e^{-3s}$$

$$= 10^{-5}\left[\frac{1}{s} - \frac{1}{s+4}e\right]^{-2s} - 10^{-5}\left[\frac{1}{s} - \frac{1}{s+4}e\right]^{-3s}$$

이다. 역변환을 취하면

$$q(t) = 10^{-5}H(t-2)[1-e^{-4(t-2)}] - 10^{-5}H(t-3)[1-e^{-4(t-3)}].$$

끝으로 축전지의 출력전압은 $E_{out}(t) = 10^6 q(t)$이므로

$$E_{out}(t) = 10H(t-2)[1-e^{-4(t-2)}] - 10H(t-3)[1-e^{-4(t-3)}].$$

연습문제 3.3

문제 1부터 15까지 Laplace 변환을 구하라.

1. $(t^3 - 3t + 2)e^{-2t}$
2. $e^{-3t}(t-2)$
3. $f(t) = \begin{cases} 1 & 0 \le t < 7\text{일 때} \\ \cos t & t \ge 7\text{일 때} \end{cases}$
4. $e^{4t}(t - \cos t)$
5. $f(t) = \begin{cases} t & 0 \le t < 3\text{일 때} \\ 1-3t & t \ge 3\text{일 때} \end{cases}$
6. $f(t) = \begin{cases} 2t - \sin t & 0 \le t < \pi\text{일 때} \\ 0 & t \ge \pi\text{일 때} \end{cases}$
7. $e^{-t}(1 - t^2 + \sin t)$
8. $f(t) = \begin{cases} t^2 & 0 \le t < 2\text{일 때} \\ 1 - t - 3t^2 & t \ge 2\text{일 때} \end{cases}$
9. $f(t) = \begin{cases} \cos t & 0 \le t < 2\pi\text{일 때} \\ 2 - \sin t & t \ge 2\pi\text{일 때} \end{cases}$
10. $f(t) = \begin{cases} -4 & 0 \le t < 1\text{일 때} \\ 0 & 1 \le t < 3\text{일 때} \\ e^{-t} & t \ge 3\text{일 때} \end{cases}$
11. $te^{-2t}\cos 3t$
12. $e^t(1 - \cosh t)$
13. $f(t) = \begin{cases} t-2 & 0 \le t < 16\text{일 때} \\ -1 & t \ge 16\text{일 때} \end{cases}$
14. $f(t) = \begin{cases} 1 - \cos 2t & 0 \le t < 3\pi\text{일 때} \\ 0 & t \ge 3\pi\text{일 때} \end{cases}$
15. $e^{-5t}(t^4 + 2t^2 + t)$

문제 16부터 29까지 Laplace 역변환을 구하라.

16. $\dfrac{1}{s^2 + 4s + 12}$
17. $\dfrac{1}{s^2 - 4s + 5}$
18. $\dfrac{1}{s^3}e^{-5s}$
19. $\dfrac{se^{-2s}}{s^2 + 9}$
20. $\dfrac{3}{s+2}e^{-4s}$
21. $\dfrac{1}{s^2 + 6s + 7}$

22. $\dfrac{s-4}{s^2-8s+10}$

23. $\dfrac{s+2}{s^2+6s+1}$

24. $\dfrac{1}{(s-5)^3}e^{-s}$

25. $\dfrac{1}{s(s^2+16)}e^{-21s}$

26. $\dfrac{s-3}{s^2+10s+9}$

27. $\dfrac{2s+4}{s^2-4s+4}$

28. $\dfrac{se^{-10s}}{(s^2+4)^2}$

29. $\dfrac{s}{s^2-14s+1}$

30. $\mathfrak{L}\left[e^{-2t}\int_0^t e^{2\omega}\cos 3\omega\, d\omega\right]$를 구하라.

힌트: s-이동정리를 이용하여라.

문제 31부터 40까지 초깃값 문제를 풀어라.

31. $y''+4y=f(t);\ y(0)=1,\ y'(0)=0,$

$$f(t)=\begin{cases}0 & 0\le t<4\text{일 때}\\ 3 & t\ge 4\text{일 때}\end{cases}$$

32. $y''-2y'-3y=f(t);\ y(0)=1,\ y'(0)=0,$

$$f(t)=\begin{cases}0 & 0\le t<4\text{일 때}\\ 12 & t\ge 4\text{일 때}\end{cases}$$

33. $y^{(3)}-8y=g(t);\ y(0)=y'(0)=y''(0)=0,$

$$g(t)=\begin{cases}0 & 0\le t<6\text{일 때}\\ 2 & t\ge 6\text{일 때}\end{cases}$$

34. $y''+5y'+6y=f(t);\ y(0)=y'(0)=0,$

$$f(t)=\begin{cases}-2 & 0\le t<3\text{일 때}\\ 0 & t\ge 3\text{일 때}\end{cases}$$

35. $y^{(3)}-y''+4y'-4y=f(t);\ y(0)=y'(0)=0,$

$$y''(0)=1,\ f(t)=\begin{cases}1 & 0\le t<5\text{일 때}\\ 2 & t\ge 5\text{일 때}\end{cases}$$

36. $y''-4y'+4y=f(t);\ y(0)=-2,\ y'(0)=1,$

$$f(t)=\begin{cases}t & 0\le t<3\text{일 때}\\ t+2 & t\ge 3\text{일 때}\end{cases}$$

37. 그림 3.19의 RL회로에서 초기전류가 0이고 $0\le t<5$에서 $E(t)=k$, $t\ge 5$에서 $E(t)=0$일 때 전류를 구하라.

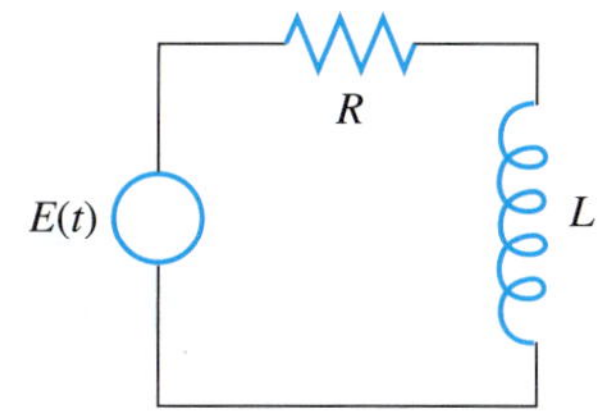

그림 3.19

38. **Heaviside 공식**은 유리식 $P(s)/Q(s)$의 Laplace 역변환을 계산하는 방법이다. 이 방법은 $Q(s)$의 인수별로 대응하는 Laplace 역변환의 항을 구성하는 것이다. $Q(s)$가 1차 함수들의 곱으로 완전히 인수분해될 수 있는 경우에 대해 설명해 보자.

(a) $Q(s)=k(s-a_1)(s-a_2)\cdots(s-a_n)$

이고 $a_1, a_2, \cdots, a_n$들은 서로 다른 실수라고 가정하자. 그러면 $Z(s)=P(s)/Q'(s)$라고 할 때

$$\mathfrak{L}^{-1}\left[\frac{P(s)}{Q(s)}\right](t)=Z(a_1)e^{a_1t}+Z(a_2)e^{a_2t}+\cdots+Z(a_n)e^{a_nt}$$

임을 증명하여라.

힌트: 부분분수분해를 사용하면

$$\frac{P(s)}{Q(s)}=\frac{A_1}{s-a_1}+\frac{A_2}{s-a_2}+\cdots+\frac{A_n}{s-a_n}$$

이다. A_j를 구하기 위하여 위 식을 다시 쓰면

$$\frac{P(s)(s-a_j)}{Q(s)}=A_j+(s-a_j)G(s)$$

이며, $G(s)$는 $(s-a_j)$인수를 갖지 않는다. 이 방정식의 양변에 $s\to a_j$로 극한을 취하라.

(b) Heaviside 공식을 사용하여 다음 주어진 함수의 Laplace 역변환을 구하라.

(1) $\dfrac{s}{s^2-3s+2}$

(2) $\dfrac{s+4}{s^2-5s-6}$

(3) $\dfrac{s+8}{s^3+6s^2-s-30}$

(4) $\dfrac{s^2+4s+16}{s^3+8s^2-9s-72}$

3.4 합성곱

일반적으로 두 함수의 곱의 Laplace 변환은 각 함수의 Laplace 변환의 곱이 아니다. 그런데 $f*g$로 표기하는 함수 f와 g의 합성곱이라고 부르는 특별한 형태의 곱이 있다. 합성곱 $f*g$의 Laplace 변환은 f의 Laplace 변환과 g의 Laplace 변환을 곱한 것과 같아진다.

정의 3.6 합성곱

$[0, \infty)$에서 정의된 함수 f와 g의 합성곱 $f*g$는 $t \geq 0$에서 다음과 같이 정의한 함수이다.

$$(f*g)(t) = \int_0^t f(t-\tau)\,g(\tau)\,d\tau.$$

정리 3.9 합성곱 정리

$f*g$가 잘 정의된다면 $\mathfrak{L}[f*g] = \mathfrak{L}[f]\mathfrak{L}[g]$이다.

증명 $F = \mathfrak{L}[f]$와 $G = \mathfrak{L}[g]$라 하자. Laplace 변환의 정의로부터

$$F(s)G(s) = F(s)\int_0^\infty e^{-st} g(t)\,dt = \int_0^\infty F(s)e^{-s\tau} g(\tau)\,d\tau$$

이다. 또한 관계식

$$e^{-s\tau}F(s) = \mathfrak{L}[H(t-\tau)f(t-\tau)](s)$$

를 적분으로 표현된 $F(s)G(s)$의 식에 대입하면

$$\begin{aligned} F(s)G(s) &= \int_0^\infty \mathfrak{L}[H(t-\tau)f(t-\tau)](s)\,g(\tau)\,d\tau \\ &= \int_0^\infty \left[\int_0^\infty e^{-st}H(t-\tau)f(t-\tau)\,dt\right] g(\tau)\,d\tau \\ &= \int_0^\infty \int_0^\infty e^{-st} g(\tau)H(t-\tau)f(t-\tau)\,dt\,d\tau \\ &= \int_0^\infty \int_\tau^\infty e^{-st} g(\tau)f(t-\tau)\,dt\,d\tau \end{aligned}$$

이다. 마지막 식의 적분 영역은 $0 \le \tau \le t < \infty$인 점 (t, τ)들로 구성되며 마지막 적분식에서 적분 순서를 바꾸어서 계산하면 다음과 같다.

$$\begin{aligned} F(s)G(s) &= \int_0^\infty \int_0^t e^{-st} g(\tau) f(t-\tau)\, d\tau\, dt \\ &= \int_0^\infty e^{-st} \left[\int_0^t g(\tau) f(t-\tau)\, d\tau \right] dt \\ &= \int_0^\infty e^{-st} (f*g)(t)\, dt = \mathfrak{L}[f*g](s). \end{aligned}$$

■

정리 3.10

$\mathfrak{L}^{-1}[F] = f$, $\mathfrak{L}^{-1}[G] = g$이면

$$\mathfrak{L}^{-1}[FG] = f*g.$$

보기 3.15

$$\mathfrak{L}^{-1}\left[\frac{1}{s(s-4)^2}\right].$$

위 정리를 사용하면

$$\mathfrak{L}^{-1}\left[\frac{1}{s(s-4)^2}\right] = \mathfrak{L}^{-1}\left[\frac{1}{s}\,\frac{1}{(s-4)^2}\right].$$

여기서

$$\mathfrak{L}^{-1}\left[\frac{1}{s}\right] = 1 = f(t), \qquad \mathfrak{L}^{-1}\left[\frac{1}{(s-4)^2}\right] = te^{4t} = g(t)$$

이므로

$$\begin{aligned} \mathfrak{L}^{-1}\left[\frac{1}{s(s-4)^2}\right] &= f(t)*g(t) = 1*te^{4t} \\ &= \int_0^t \tau e^{4\tau}\, d\tau = \frac{1}{4}te^{4t} - \frac{1}{16}e^{4t} + \frac{1}{16} \end{aligned}$$

이다.

합성곱은 교환법칙이 성립된다.

정리 3.11

$f*g$가 정의되면 $g*f$도 정의되고 $f*g = g*f$이다.

증명 합성곱의 정의에서 $z = t - \tau$로 치환하면

$$\begin{aligned}(f*g)(t) &= \int_0^t f(t-\tau)\, g(\tau)\, d\tau \\ &= \int_t^0 f(z)\, g(t-z)(-1)\, dz = \int_0^t f(z)\, g(t-z)\, dz = (g*f)(t).\end{aligned}$$ ■

합성곱을 이용하면 다음 보기와 같이 해를 매우 일반적인 꼴로 표현할 수 있다.

보기 3.16

다음 초깃값 문제를 풀어보자.

$$y'' - 2y' - 8y = f(t); \quad y(0) = 1, \quad y'(0) = 0.$$

초깃값을 감안하여 Laplace 변환을 적용하면

$$\mathfrak{L}[y'' - 2y' - 8y](s) = (s^2 Y(s) - s) - 2(sY(s) - 1) - 8Y(s) = \mathfrak{L}[f](s) = F(s)$$

이다. 그러면

$$\begin{aligned} &(s^2 - 2s - 8)\, Y(s) - s + 2 = F(s) \\ \Rightarrow\ Y(s) &= \frac{1}{s^2 - 2s - 8} F(s) + \frac{s-2}{s^2 - 2s - 8} \\ &= \frac{1}{6}\frac{1}{s-4} F(s) - \frac{1}{6}\frac{1}{s+2} F(s) + \frac{1}{3}\frac{1}{s-4} + \frac{2}{3}\frac{1}{s+2} \end{aligned}$$

이다. 이것을 역변환하면

$$y(t) = \frac{1}{6} e^{4t} * f(t) - \frac{1}{6} e^{-2t} * f(t) + \frac{1}{3} e^{4t} + \frac{2}{3} e^{-2t}$$

이다. 이 해는 주어진 함수 $f(t)$에 e^{4t}과 e^{-2t}이 합성곱이 되어 있는 꼴이다.

합성곱은 미지함수의 적분이 포함되어있는 "적분방정식"을 푸는 데에도 유용하다. 3.3절 연습문제 37에서 전류를 구하는 문제가 적분방정식이다.

보기 3.17

다음 적분방정식에서 f를 구해 보자.

$$f(t) = 2t^2 + \int_0^t f(t-\tau)e^{-\tau}\,d\tau.$$

위 식의 오른쪽에 있는 적분을 $f(t)$와 e^{-t}의 합성곱으로 보자. 그러면 적분방정식은 다음과 같이 쓸 수 있다.

$$f(t) = 2t^2 + f(t) * e^{-t}.$$

이 방정식을 Laplace 변환하고 합성곱 정리를 이용하면

$$F(s) = \frac{4}{s^3} + F(s)\frac{1}{s+1}$$

$$\Rightarrow F(s) = \frac{4}{s^3} + \frac{4}{s^4}$$

이다. Laplace 역변환을 취하면

$$f(t) = 2t^2 + \frac{2}{3}t^3.$$

연습문제 3.4

문제 1부터 8까지 합성곱 정리를 사용하여 Laplace 역변환을 계산하여라. a와 b는 양의 상수이다.

1. $\dfrac{1}{(s^2+4)(s^2-4)}$

2. $\dfrac{1}{s(s^2+16)}$

3. $\dfrac{s}{(s^2+a^2)(s^2+b^2)}$

4. $\dfrac{s}{(s-3)(s^2+5)}$

5. $\dfrac{1}{s(s^2+a^2)^2}$

6. $\dfrac{1}{s^4(s-5)}$

7. $\dfrac{1}{s(s+2)}e^{-4t}$

8. $\dfrac{2}{s^3(s^2+5)}$

문제 9부터 16까지 초깃값 문제의 해를 $f(t)$의 적절한 합성곱으로 표현하여라.

9. $y''-5y'+6y = f(t);\ y(0) = y'(0) = 0$

10. $y''+10y'+24y = f(t);\ y(0) = 1,\ y'(0) = 0$

11. $y''-8y'+12y = f(t);\ y(0) = -3,\ y'(0) = 2$

12. $y''-4y'-5y = f(t);\ y(0) = 2,\ y'(0) = 1$

13. $y''+9y = f(t);\ y(0) = -1,\ y'(0) = 1$

14. $y''-k^2y = f(t);\ y(0) = 2,\ y'(0) = -4$

15. $y^{(3)}-y''-4y'+4y = f(t);\ y(0) = y'(0) = 1,\ y''(0) = 0$

16. $y^{(4)}-11y''+18y = f(t);$
$y(0) = y'(0) = y''(0) = y^{(3)}(0) = 0$

문제 17부터 23까지 적분방정식을 풀어라.

17. $f(t) = -1 + \int_0^t f(t-\alpha)e^{-3\alpha}\,d\alpha$

18. $f(t) = -t + \int_0^t f(t-\alpha)\sin\alpha\,d\alpha$

19. $f(t) = e^{-t} + \int_0^t f(t-\alpha)\,d\alpha$

20. $f(t) = -1 + t - 2\int_0^t f(t-\alpha)\sin\alpha\,d\alpha$

21. $f(t) = 3 + \int_0^t f(\alpha)\cos 2(t-\alpha)\,d\alpha$

22. $f(t) = \cos t + e^{-2t}\int_0^t f(\alpha)e^{2\alpha}\,d\alpha$

23. $f(t) = e^{-3t}\left[e^t - 3\int_0^t f(\alpha)e^{3\alpha}\,d\alpha\right]$

24. 합성곱 정리를 이용하여

$$\mathfrak{L}\left[\int_0^t f(w)\,dw\right](s) = (1/s)F(s)$$

임을 보여라.

3.5 충격함수와 Dirac 델타함수

아주 큰 힘이 순간적으로 가해지는 경우를 "충격"이라고 하는데, 이 개념은 다음과 같이 수학적으로 모델링할 수 있다. 양수 ϵ에 대하여 다음과 같이 정의된 맥동 δ_ϵ를 생각해 보자.

$$\delta_\epsilon(t) = \frac{1}{\epsilon}[H(t) - H(t-\epsilon)].$$

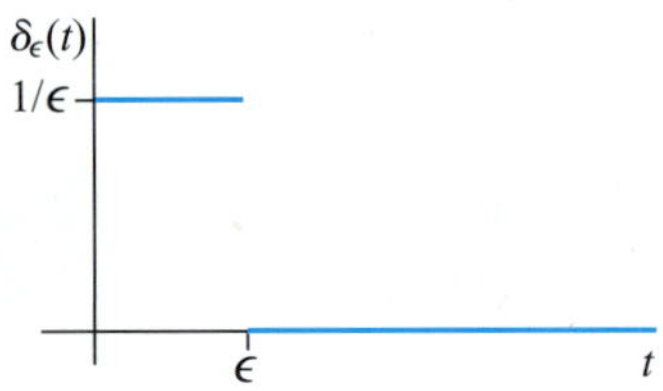

그림 3.20 $\delta_\epsilon(t-a)$의 그래프

이 맥동은 그림 3.20과 같이 진폭이 $1/\epsilon$이고 소요시간이 ϵ이며, 시간 전체에 대한 적분값이 1이다. ϵ을 0으로 보내면 맥동의 진폭은 무한히 증가하는 반면에 맥동의 소요시간은 0에 가까워진다.

Dirac 델타함수는 진폭이 무한대이고 소요시간이 무한히 작은 맥동을 의미하는 것으로 다음과 같이 정의된다.

$$\delta(t) = \lim_{\epsilon \to 0+} \delta_\epsilon(t).$$

사실 $\delta(t)$는 엄밀한 의미의 함수는 아니고 초함수라고 하는 것이다. 이동된 델타함수 $\delta(t-a)$는 $t = a$에서 무한대이고 다른 점에서는 0이다.

델타함수에도 Laplace 변환을 정의할 수 있다. 먼저

$$\delta_\epsilon(t-a) = \frac{1}{\epsilon}[H(t-a) - H(t-a-\epsilon)]$$

이므로

$$\mathfrak{L}[\delta_\epsilon(t-a)] = \frac{1}{\epsilon}\left[\frac{1}{s}e^{-as} - \frac{1}{s}e^{-(a+\epsilon)s}\right] = \frac{e^{-as}(1-e^{-\epsilon s})}{\epsilon s}$$

이다. 따라서 델타함수의 Laplace 변환은 다음과 같이 정의할 수 있다.

$$\mathfrak{L}[\delta(t-a)] = \lim_{\epsilon \to 0+} \frac{e^{-as}(1-e^{-\epsilon s})}{\epsilon s} = e^{-as}.$$

특히 $a = 0$일 때는

$$\mathfrak{L}[\delta(t)] = 1$$

이다. 따라서 델타함수는 상수함수 1의 Laplace 역변환으로 생각할 수 있다.

다음 성질은 델타함수의 **여과특성**이라는 것인데, 만일 어떤 신호(함수)에 $\delta(t-a)$를 곱하면 신호는 시간 a에서 충격을 받게 되고, 그 결과를 0부터 무한대까지 적분하면 신호값 $f(a)$를 정확히 얻을 수 있다.

정리 3.12 여과특성

$a > 0$이고 f는 $[0, \infty)$에서 적분가능하며 a 근방에서 연속이면

$$\int_0^\infty f(t)\,\delta(t-a)\,dt = f(a).$$

증명 먼저 다음 식을 계산하자.

$$\begin{aligned}\int_0^\infty f(t)\,\delta_\epsilon(t-a)\,dt &= \int_0^\infty \frac{1}{\epsilon}[H(t-a) - H(t-a-\epsilon)]f(t)\,dt \\ &= \frac{1}{\epsilon}\int_a^{a+\epsilon} f(t)\,dt.\end{aligned}$$

적분에 대한 평균값 정리에 의하면 a와 $a+\epsilon$ 사이에 어떤 t_ϵ이 존재하여

$$\frac{1}{\epsilon}\int_a^{a+\epsilon} f(t)dt = f(t_\epsilon)$$

을 만족한다. 그러므로

$$\int_0^\infty f(t)\,\delta_\epsilon(t-a)\,dt = f(t_\epsilon)$$

이다. 이 식의 양변에 극한 $\epsilon \to 0+$을 취해 보자. t_ϵ은 a와 $a+\epsilon$ 사이에 놓이므로 $t_\epsilon \to a$이다. 그리고 f가 a에서 연속이므로 $f(t_\epsilon) \to f(a)$이다. 따라서

$$\begin{aligned}\int_0^\infty f(t)\,\delta(t-a)\,dt &= \lim_{\epsilon \to 0+} \int_0^\infty f(t)\,\delta_\epsilon(t-a)\,dt \\ &= \lim_{\epsilon \to 0+} f(t_\epsilon) = f(a).\end{aligned}$$

만약 여과특성을 $f(t) = e^{-st}$에 적용해 보면

$$\int_0^\infty e^{-st}\,\delta(t-a)\,dt = e^{-as}$$

이므로 델타함수의 Laplace 변환을 얻게 된다.

다음은 델타함수를 포함하는 초깃값 문제이다.

보기 3.18

$$y'' + 2y' + 2y = \delta(t-3); \qquad y(0) = y'(0) = 0.$$

미분방정식을 Laplace 변환하여 정리하면

$$s^2 Y(s) + 2sY(s) + 2Y(s) = e^{-3s}$$
$$\Rightarrow Y(s) = \frac{e^{-3s}}{s^2 + 2s + 2} = \frac{1}{(s+1)^2 + 1} e^{-3s}.$$

$\mathfrak{L}^{-1}[1/(s^2+1)] = \sin t$에 s-이동정리를 적용하면

$$\mathfrak{L}^{-1}\left[\frac{1}{(s+1)^2 + 1}\right] = e^{-t}\sin t$$

가 된다. 다음으로 t-이동정리를 적용하면

$$y(t) = H(t-3)\, e^{-(t-3)} \sin(t-3)$$

이다. 그림 3.21은 이 해의 그래프이다.

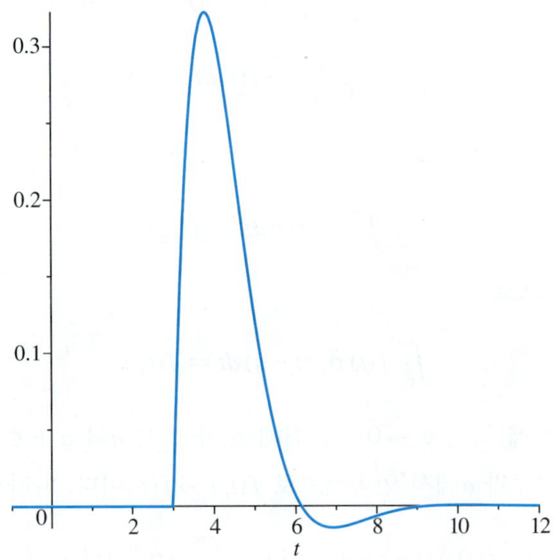

그림 3.21 $y(t) = \begin{cases} 0 & 0 \le t < 3\text{일 때} \\ e^{-(t-3)}\sin(t-3) & t \ge 3\text{일 때} \end{cases}$

보기 3.19

그림 3.22와 같은 회로를 생각해 보자. 전류와 축전지의 전하는 시간 0에서 0이라고 가정하자. 입력전압이 $\delta(t)$일 때 출력전압을 계산하고자 한다.

출력전압은 $q(t)/C$이므로 $q(t)$를 구하면 된다. Kirchhoff의 전압법칙을 사용하면

$$Li' + Ri + \frac{1}{C}q = i' + 10i + 100q = \delta(t)$$

이다. $i = q'$이므로

$$q'' + 10q' + 100q = \delta(t)$$

이다. 초깃값 $q(0) = q'(0) = 0$을 감안해서 Laplace 변환을 하면 다음과 같다.

$$s^2 Q(s) + 10sQ(s) + 100Q(s) = 1.$$

따라서

$$Q(s) = \frac{1}{s^2 + 10s + 100} = \frac{1}{(s+5)^2 + 75}$$

$$\Rightarrow q(t) = \mathfrak{L}^{-1}\left[\frac{1}{(s+5)^2 + 75}\right] = \frac{1}{5\sqrt{3}} e^{-5t} \sin 5\sqrt{3}\, t$$

이다. 그러므로 출력전압은

$$\frac{1}{C} q(t) = 100q(t) = \frac{20}{\sqrt{3}} e^{-5t} \sin 5\sqrt{3}\, t$$

이다. 그림 3.23은 출력전압의 그래프이다. 전류 $i(t)$를 구하려면 $i(t) = q'(t)$를 써서 계산할 수 있다.

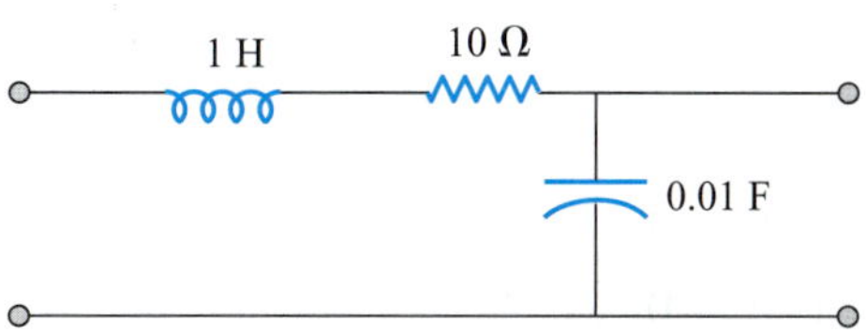

그림 3.22 RLC 회로

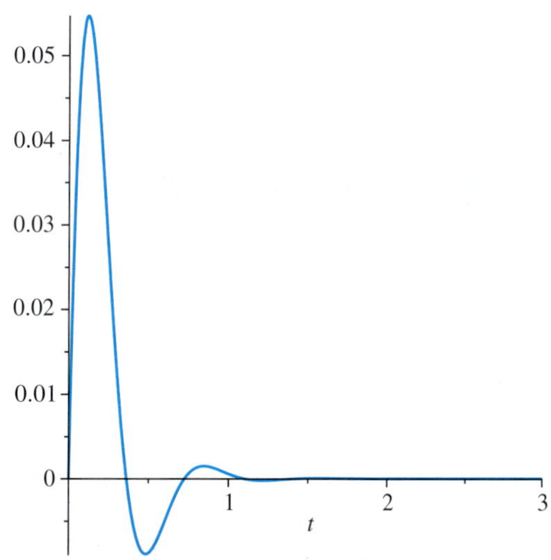

그림 3.23 회로의 출력전압 $q(t)$

연습문제 3.5

문제 1부터 4까지 초깃값 문제의 해를 구하고 해의 그래프를 그려라.

1. $y'' + 5y' + 6y = 3\delta(t-2) - 4\delta(t-5);\ y(0) = y'(0) = 0$

2. $y'' - 4y' + 13y = 4\delta(t-3);\ y(0) = y'(0) = 0$

3. $y^{(3)} + 4y'' + 5y' + 2y = 6\delta(t);\ y(0) = y'(0) = y''(0) = 0$

4. $y'' + 16y' = 12\delta(t - 5\pi/8);\ y(0) = 3,\ y'(0) = 0$

5. $\int_0^\infty f(t)\,\delta(t-2)\,dt$를 구하라. 이때 $f(t)$는 $0 \le t < 2$에서 $f(t) = t$이고 $t = 2$에서 $f(t) = 5$이며, $t > 2$에서 $f(t) = t^2$인 함수이다.

6. 다음 미분방정식을 풀어라.

$$y^{(4)}(x) = \frac{M}{EI}\delta(x-a);$$

$$y(0) = 0,\ y'(0) = B,\ y^{(3)}(0) = F_0,\ y(L) = 0$$

이 미분방정식은 경계값 문제이다. 이 식은 길이가 L이고 수평으로 놓여 양 끝이 고정되어있는 빔의 $x = a$ 위치에 질량 M인 추를 올려놓았을 때 빔의 변형을 모델링한 것이다. 여기서 E는 Young의 계수이고, I는 빔의 무게중심을 지나는 수평축에 대해 계산한 $x = a$에서 빔 단면의 관성 모멘텀이다. 빔의 무게는 무시하자.

7. 다음 미분방정식을 풀어라.

$$y^{(4)}(x) = \frac{M}{EI}\delta(x-a);$$

$$y(0) = y''(0) = y(L) = 0,\ y^{(3)}(0) = F_0$$

여기서 F_0는 왼쪽 막대 끝($x = 0$)의 전단력이다.

8. 질량 m인 물체가 복원계수 k인 용수철의 아래쪽 끝에 매달려 있다. 시간 0에서 물체가 평형점으로부터 초기속도 v_0로 아래쪽으로 움직이기 시작했다. 시간 t일 때 물체의 위치에 대한 미분방정식을 유도하고 이를 풀어라. 물체가 평형점을 출발할 때의 운동량은 얼마인가?

9. 질량 m인 물체가 복원계수 k인 용수철의 아래쪽 끝에 매달려 있다. 시간 0에서 이 추에 크기 mv_0의 충격이 가해졌다. 시간에 대한 물체의 위치함수를 구하라. 문제 8에서의 물체 위치와 이 문제에서의 물체 위치를 비교하여라.

10. 2 g 물체가 용수철 아래쪽 끝에 매달려 있고 그로 인해 용수철이 8/3 cm가 늘어나서 평형상태를 이루고 있다. 시간 0에서 1/4 g 크기의 충격을 아래쪽으로 가했다. 물체가 평형점에서 출발할 때의 속도, 이후 발생하는 진동의 주파수, 진폭을 구하라.

3.6 연립 미분방정식

Laplace 변환을 이용하여 미분이나 적분이 포함된 연립방정식을 풀 수도 있다.

보기 3.20

$$x'' - 2x' + 3y' + 2y = 4,$$
$$2y' - x' + 3y = 0,$$
$$x(0) = x'(0) = y(0) = 0.$$

초기조건을 감안하여 주어진 미분방정식을 각각 Laplace 변환하면

$$s^2 X - 2sX + 3sY + 2Y = \frac{4}{s},$$
$$2sY - sX + 3Y = 0$$

이 된다. 위 식을 $X(s)$와 $Y(s)$에 대하여 풀면

$$X(s) = \frac{4s+6}{s^2(s+2)(s-1)}, \quad Y(s) = \frac{2}{s(s+2)(s-1)}$$

이다. 부분분수로 분해해서 정리하면

$$X(s) = -\frac{7}{2}\frac{1}{s} - 3\frac{1}{s^2} + \frac{1}{6}\frac{1}{s+2} + \frac{10}{3}\frac{1}{s-1},$$
$$Y(s) = -\frac{1}{s} + \frac{1}{3}\frac{1}{s+2} + \frac{2}{3}\frac{1}{s-1}$$

이므로

$$x(t) = -\frac{7}{2} - 3t + \frac{1}{6}e^{-2t} + \frac{10}{3}e^{t},$$
$$y(t) = -1 + \frac{1}{3}e^{-2t} + \frac{2}{3}e^{t}.$$

보기 3.21

그림 3.24의 역학계에서 물체의 움직임을 표현하고자 한다. 시간 t에서 물체 m_1의 위치를 $x_1(t)$, m_2의 위치를 $x_2(t)$로 두자. 평형점에서는 $x_1 = x_2 = 0$이라 하자. 오른쪽 방향이 양의 방향이다.

Hooke의 법칙을 두 물체에 적용하면 물체 m_1, 물체 m_2가 받은 용수철의 복원력은

$$-k_1 x_1 + k_2(x_2 - x_1), \quad -k_2(x_2 - x_1) - k_3 x_2$$

이다. 따라서 Newton의 제2법칙에 의하여

$$m_1 x_1'' = -(k_1 + k_2)x_1 + k_2 x_2 + f_1(t),$$
$$m_2 x_2'' = k_2 x_1 - (k_2 + k_3)x_2 + f_2(t)$$

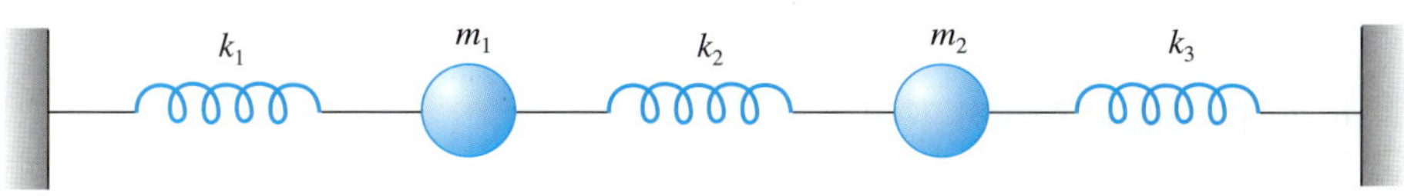

그림 3.24

가 성립된다. 여기서 $f_1(t)$와 $f_2(t)$는 각각 물체 m_1과 m_2에 가해지는 외력이다. 공기저항에 의한 감쇠는 무시할 수 있다고 하자.

구체적으로 $m_1 = m_2 = 1$, $k_1 = k_3 = 4$, $k_2 = 5/2$이며 $f_1(t) = 2[1 - H(t-3)]$, $f_2(t) = 0$이라 하자. 즉, m_2에 가해지는 외력은 없고, m_1에는 처음 3초 동안만 크기 2인 외력이 가해진다. 각 물체의 변위함수에 대한 미분방정식은 다음과 같다.

$$x_1'' = -\frac{13}{2}x_1 + \frac{5}{2}x_2 + 2[1-H(t-3)],$$
$$x_2'' = \frac{5}{2}x_1 - \frac{13}{2}x_2 .$$

이 물체들이 평형점에서 정지된 상태로 출발한다고 하면 초기조건은

$$x_1(0) = x_2(0) = x_1'(0) = x_2'(0) = 0$$

이다. 위의 연립 미분방정식을 Laplace 변환하면

$$s^2 X_1 = -\frac{13}{2}X_1 + \frac{5}{2}X_2 + \frac{2(1-e^{-3s})}{s},$$
$$s^2 X_2 = \frac{5}{2}X_1 - \frac{13}{2}X_2$$

이다. 이 식을 연립하여 풀면

$$X_1(s) = \frac{2}{(s^2+9)(s^2+4)}\left(s^2 + \frac{13}{2}\right)\frac{1}{s}(1-e^{-3s}),$$
$$X_2(s) = \frac{5}{(s^2+9)(s^2+4)}\frac{1}{s}(1-e^{-3s})$$

이다. 부분분수로 분해하면

$$X_1(s) = \frac{13}{36}\frac{1}{s} - \frac{1}{4}\frac{s}{s^2+4} - \frac{1}{9}\frac{s}{s^2+9} - \frac{13}{36}\frac{1}{s}e^{-3s}$$
$$+ \frac{1}{4}\frac{s}{s^2+4}e^{-3s} + \frac{1}{9}\frac{s}{s^2+9}e^{-3s},$$

$$X_2(s) = \frac{5}{36}\frac{1}{s} - \frac{1}{4}\frac{s}{s^2+4} + \frac{1}{9}\frac{s}{s^2+9} - \frac{5}{36}\frac{1}{s}e^{-3s}$$
$$+ \frac{1}{4}\frac{s}{s^2+4}e^{-3s} - \frac{1}{9}\frac{s}{s^2+9}e^{-3s}.$$

따라서 Laplace 역변환을 하면

$$x_1(t)=\frac{13}{36}-\frac{1}{4}\cos 2t-\frac{1}{9}\cos 3t$$
$$+\left[-\frac{13}{36}+\frac{1}{4}\cos 2(t-3)-\frac{1}{9}\cos 3(t-3)\right]H(t-3),$$

$$x_2(t)=\frac{5}{36}-\frac{1}{4}\cos 2t+\frac{1}{9}\cos 3t$$
$$+\left[-\frac{5}{36}+\frac{1}{4}\cos 2(t-3)-\frac{1}{9}\cos 3(t-3)\right]H(t-3).$$

보기 3.22

그림 3.25의 회로를 생각해 보자. 스위치는 시간 0에서 켜지며 이때 두 루프의 전류와 축전기의 전하는 모두 0이다. 입력전압이 $E(t) = 2H(t-4) - H(t-5)$일 때 두 루프의 전류를 구해 보자.

각 루프에 Kirchhoff의 법칙을 적용하면

$$2i_1+5(i_1-i_2)'+3i_1=2H(t-4)-H(t-5),$$
$$i_1+4i_2+5(i_1-i_2)'=0$$

이다. 각각의 방정식에 Laplace 변환을 적용하면

$$5(s+1)I_1-5sI_2=\frac{2}{s}e^{-4s}-\frac{1}{s}e^{-5s},$$
$$-5sI_1+5(s+1)I_2=0$$

가 된다. I_1과 I_2에 대해 풀면

$$I_1(s)=\frac{2}{5}\left[\frac{1}{s}-\frac{2}{2s+1}\right]e^{-4s}-\frac{1}{5}\left[\frac{1}{s}-\frac{2}{2s+1}\right]e^{-5s},$$
$$I_2(s)=\frac{2}{5(2s+1)}e^{-4s}+\frac{1}{5(2s+1)}e^{-5s}$$

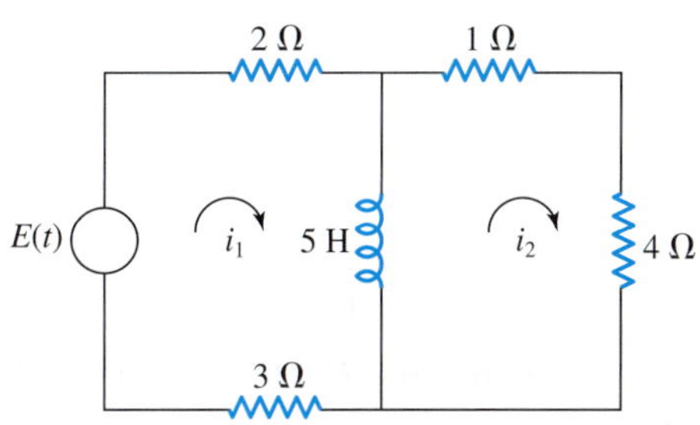

그림 3.25

이다. 끝으로 Laplace 역변환을 하면 해는

$$i_1(t)=\frac{2}{5}(1-e^{-(t-4)})H(t-4)-\frac{1}{5}(1-e^{-(t-5)})H(t-5),$$
$$i_2(t)=-\frac{2}{5}e^{-(t-4)}H(t-4)+\frac{1}{5}e^{-(t-5)}H(t-5).$$

연습문제 3.6

문제 1부터 10까지 연립 미분방정식의 초깃값 문제를 Laplace 변환을 이용하여 풀어라.

1. $x'-2y'=1,\ x'+y-x=0;\ x(0)=y(0)=0$
2. $2x'-3y+y'=0,\ x'+y'=t;\ x(0)=y(0)=0$
3. $x'+2y'-y=1,\ 2x'+y=0;\ x(0)=y(0)=0$
4. $x'+y'-x=\cos 2t,\ x'+2y'=0;\ x(0)=y(0)=0$
5. $3x'-y=2t,\ x'+y'-y=0;\ x(0)=y(0)=0$
6. $x'+4y'-y=0,\ x'+2y=e^{-t};\ x(0)=y(0)=0$
7. $x'+2x-y'=0,\ x'+y+x=t^2;\ x(0)=y(0)=0$
8. $x'+4x-y=0,\ x'+y'=t;\ x(0)=y(0)=0$
9. $x'+y'+x-y=0,\ x'+2y'+x=1;\ x(0)=y(0)=0$
10. $x'+2y'-x=0,\ 4x'+3y'+y=-6;\ x(0)=y(0)=0$
11. Laplace 변환을 이용하여 다음 연립 미분방정식을 풀어라.

$$\begin{aligned} y_1'-2y_2'+3y_3&=0,\\ y_1-4y_2'+3y_3'&=t,\\ y_1-2y_2'+3y_3'&=-1,\\ y_1(0)=y_2(0)&=y_3(0)=0 \end{aligned}$$

12. 그림 3.26의 회로에서 초기전류와 전하는 0이고 $E(t)=1-H(t-4)\sin(2(t-4))$일 때 각 전류를 구하라.
13. 그림 3.26의 회로에서 초기전류와 전하는 0이고 $E(t)=5H(t-2)$일 때 각 전류를 구하라.

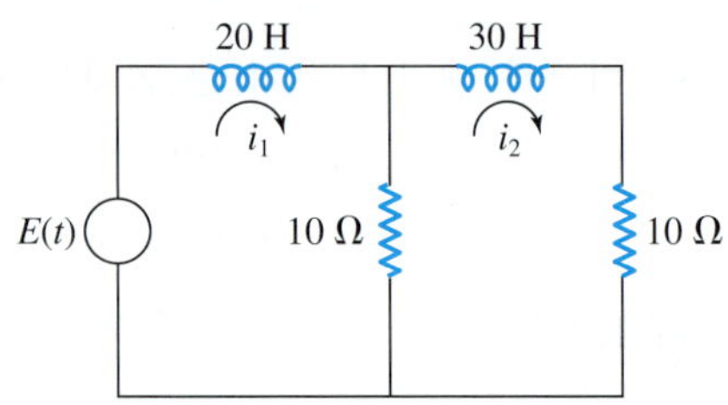

그림 3.26

14. 그림 3.27의 역학계에서 초기속도와 초기위치는 0, 외부에서 가해 준 힘은 $f_1(t)=2$와 $f_2(t)=0$일 때 물체들의 변위함수를 구하라.

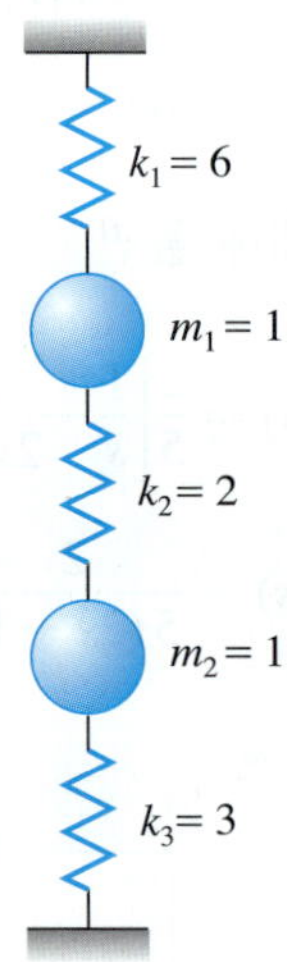

그림 3.27

15. 그림 3.28의 역학계에서 외력이 $f_1(t)=1-H(t-2)$이고 $f_2(t)=0$일 때 물체의 변위함수를 구하라.
16. 그림 3.28의 역학계를 생각해 보자. 물체 M에 외력 $f(t)=$

$A\sin\omega t$를 가한다. 물체 M과 m은 초기에 평형상태에서 정지돼 있다.

(a) 변위함수에 대한 초깃값 문제를 유도하고 풀어라.

(b) $\omega = \sqrt{k_2/m}$ 이 되게 m과 k_2를 선택하면 물체 m이 물체 M의 진동을 상쇄시킴을 보여라. 이러한 경우에 m을 **진동흡수체**라고 한다.

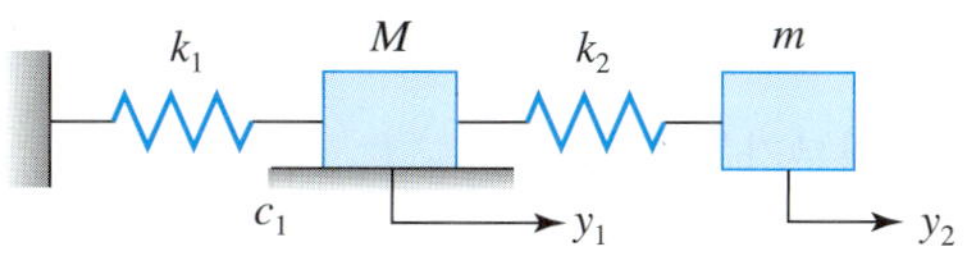

그림 3.28

17. 질량 m_1과 m_2를 갖는 두 물체가 그림 3.29처럼 복원계수 k인 용수철의 양 끝에 부착돼 있다. 모든 물체는 마찰이 없는 탁자 위에 놓여 있다. 두 물체를 양쪽으로 잡아당겼다가 놓으면 두 물체는 다음과 같은 주기로 진동함을 보여라.

$$2\pi\sqrt{\frac{m_1 m_2}{k(m_1+m_2)}}$$

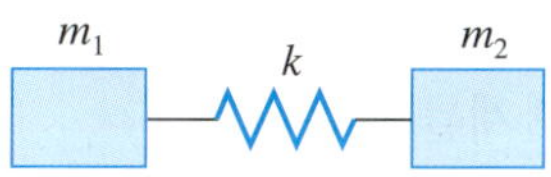

그림 3.29

18. 그림 3.30과 같이 두 개의 탱크가 파이프로 연결되어 있다. 처음에 탱크 1에는 소금 11 kg이 녹아 있는 소금물이 60 ℓ, 탱크 2에는 소금 7 kg이 녹아 있는 소금물이 18 ℓ, 들어있다. 시간 0에서부터 1 ℓ당 소금 1/6 kg이 녹아 있는 소금물을 분당 2 ℓ 속도로 탱크 1에 넣어 준다. 두 탱크는 그림과 같이 소금물을 주고받으며 탱크 2에서는 소금물이 분당 2 ℓ가 빠져나간다. 4분 후부터 2분 동안 탱크 2에 분당 소금 11 kg을 넣어 주었다. 시간 $t \geq 0$에서 각 탱크 안의 소금량을 계산하여라.

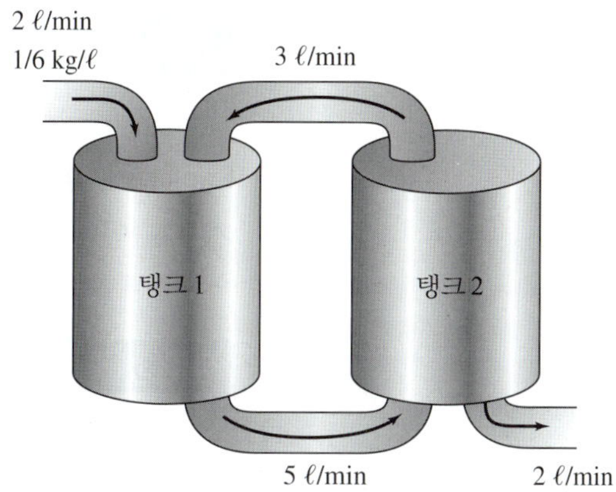

그림 3.30

19. 두 개의 탱크가 그림 3.31과 같이 파이프로 연결되어 있다. 초기에 탱크 1에는 소금 10 kg이 녹아 있는 소금물 200 ℓ, 탱크 2에는 소금 5 kg이 녹아 있는 소금물 100 ℓ가 들어 있다. 시간 0에서부터 순수한 물이 분당 3ℓ 속도로 탱크 1에 공급된다. 소금물은 그림에서 나타난 것과 같은 속도로 탱크 상호 간에 교환된다. 3분 경과 후에 소금 5 kg을 탱크 2에 넣었다. 시간 $t \geq 0$에서 각 탱크 안의 소금량을 계산하여라.

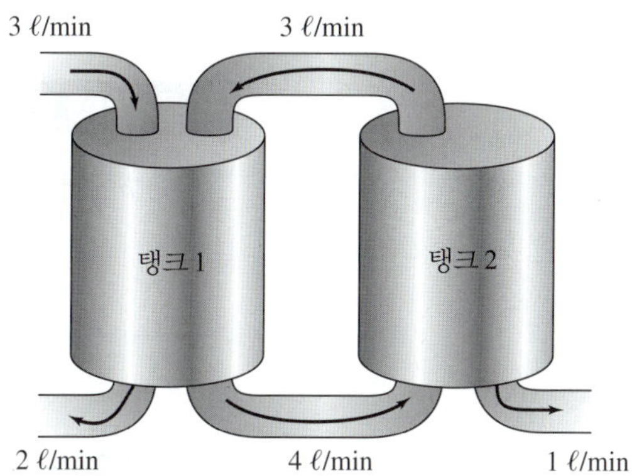

그림 3.31

3.7 다항식 계수 미분방정식

Laplace 변환을 이용하면 계수가 다항식인 선형 미분방정식의 해를 구할 수 있는 경우도 있다.

정리 3.13

$s > b$에서 $\mathfrak{L}[f](s) = F(s)$이고 F는 미분가능하면

$$\mathfrak{L}[tf(t)](s) = -F'(s).$$

증명 $f(t)$의 Laplace 변환 $F(s)$를 미분하면

$$F'(s) = \frac{d}{ds}\int_0^{\infty} e^{-st} f(t)\,dt = \int_0^{\infty} \frac{\partial}{\partial s}(e^{-st} f(t))\,dt$$
$$= \int_0^{\infty} -te^{-st} f(t)\,dt = \int_0^{\infty} e^{-st}[-tf(t)]\,dt$$
$$= \mathfrak{L}[-tf(t)](s).$$ ■

위 정리를 n번 반복해서 적용하면 다음 관계를 얻는다.

따름정리 3.1

$s > b$에서 $\mathfrak{L}[f](s) = F(s)$이고 양의 정수 n에 대해 F가 n번 미분가능하면

$$\mathfrak{L}[t^n f(t)](s) = (-1)^n \frac{d^n}{ds^n} F(s).$$

보기 3.23

$$ty'' + (4t-2)y' - 4y = 0; \quad y(0) = 1.$$

미분방정식에 Laplace 변환을 적용하면

$$\mathfrak{L}[ty''] + 4\mathfrak{L}[ty'] - 2\mathfrak{L}[y'] - 4\mathfrak{L}[y] = 0$$

이다.

$$\mathfrak{L}[ty''] = -\frac{d}{ds}\mathfrak{L}[y''] = -\frac{d}{ds}[s^2 Y - sy(0) - y'(0)] = -2sY - s^2 Y' + 1,$$

$$\mathfrak{L}[ty'] = -\frac{d}{ds}\mathfrak{L}[y'] = -\frac{d}{ds}[sY - y(0)] = -Y - sY',$$

$$\mathfrak{L}[y'] = sY - y(0) = sY - 1$$

이므로 미분방정식의 Laplace 변환은

$$-2sY - s^2Y' + 1 - 4Y - 4sY' - 2sY + 2 - 4Y = 0$$

이다. 정리하면

$$Y' + \frac{4s+8}{s(s+4)}Y = \frac{3}{s(s+4)}$$

이다. 이 식은 $Y(s)$에 대한 1계 선형 미분방정식이므로 적분인자를 이용해 풀 수 있다. 적분인자는 $e^{\ln[(s^2(s+4)^2]} = s^2(s+4)^2$이므로

$$\begin{aligned} & s^2(s+4)^2Y' + (4s+8)s(s+4)Y = 3s(s+4) \\ \Rightarrow\ & [s^2(s+4)^2Y]' = 3s(s+4) \\ \Rightarrow\ & s^2(s+4)^2Y = s^3 + 6s^2 + C \\ \Rightarrow\ & Y(s) = \frac{s}{(s+4)^2} + \frac{6}{(s+4)^2} + \frac{C}{s^2(s+4)^2} \end{aligned}$$

이다. Laplace 역변환을 적용하면

$$y(t) = e^{-4t} + 2te^{-4t} + \frac{C}{32}[-1 + 2t + e^{-4t} + 2te^{-4t}].$$

이 함수는 임의의 상수 C에 대해 $y(0) = 1$과 미분방정식을 만족한다. 따라서 이 문제의 해는 유일하지 않다.

보기 3.23처럼 계수가 다항식인 선형 미분방정식에서는 $t^n y(t)$의 Laplace 변환이 $Y(s)$의 미분 형태가 되므로 $Y(s)$에 대한 미분방정식을 얻는다.

보기 3.24를 다루기 위해서는 다음 정리가 필요하다.

정리 3.14

f는 모든 양수 k에 대해 $[0, k)$에서 구분적 연속이고 $t \geq 0$에서 $|f(t)| \leq Me^{bt}$인 M, b가 존재한다고 하자. 그러면 $\mathfrak{L}[f] = F$에 대하여

$$\lim_{s\to\infty} F(s) = 0$$

이 성립된다.

증명

$$|F(s)| = \left| \int_0^{\infty} e^{-st} f(t)\, dt \right| \le \int_0^{\infty} e^{-st} M e^{bt}\, dt$$

$$= \frac{M}{b-s} e^{-(s-b)t} \Big|_0^{\infty} = \frac{M}{s-b}.$$

따라서 $s \to \infty$이면 $F(s) \to 0$이다. ■

보기 3.24

$$y'' + 2ty' - 4y = 1; \quad y(0) = y'(0) = 0.$$

미분방정식에 Laplace 변환을 적용하면

$$s^2 Y(s) - sy(0) - y'(0) + 2\mathfrak{L}[ty'](s) - 4Y(s) = \frac{1}{s}$$

이다. 여기서

$$\mathfrak{L}[ty'](s) = -\frac{d}{ds}[\mathfrak{L}[y'](s)]$$

$$= -\frac{d}{ds}[sY(s) - y(0)] = -Y(s) - sY'(s)$$

이므로 이 식과 초기조건 $y(0) = y'(0) = 0$을 이용하면

$$s^2 Y(s) - 2Y(s) - 2sY'(s) - 4Y(s) = \frac{1}{s}$$

$$\Rightarrow Y' + \left(\frac{3}{s} - \frac{s}{2}\right) Y = -\frac{1}{2s^2}$$

이다. 이것은 Y에 대한 1계 선형 미분방정식이다. 적분인자는

$$e^{\int \left(\frac{3}{s} - \frac{s}{2}\right) ds} = e^{3 \ln s - \frac{1}{4}s^2} = s^3 e^{-s^2/4}$$

이므로

$$(s^3 e^{-s^2/4} Y)' = -\frac{1}{2} s e^{-s^2/4}$$

$$\Rightarrow s^3 e^{-s^2/4} Y = e^{-s^2/4} + C$$

$$\Rightarrow Y(s) = \frac{1}{s^3} + \frac{C}{s^3} e^{s^2/4}$$

이다. 여기서 $\lim_{s \to \infty} Y(s) = 0$이기 위해서는 $C = 0$이어야 한다. 따라서 $Y(s) = 1/s^3$이고

$$y(t) = \frac{1}{2} t^2.$$

연습문제 3.7

문제 1부터 6까지 미분방정식을 풀어라.

1. $t^2 y' - 2y = 2$
2. $y'' + 4ty' - 4y = 0;\ y(0) = 0,\ y'(0) = -7$
3. $ty'' + (t-1)y' + y = 0;\ y(0) = 0$
4. $y'' + 2ty' - 4y = 6;\ y(0) = 0,\ y'(0) = 0$
5. $y'' + 8ty' = 0;\ y(0) = 4,\ y'(0) = 0$
6. $(1-t)y'' + ty' - y = 0,\ y(0) = 3,\ y'(0) = -1$
7. f는 모든 양수 k에 대하여 $[0, k]$에서 구분적 연속이고 어떤 상수 M과 b에 대하여 $|f(t)| \le Me^{bt}$라고 하자. 또한 $\lim_{t\to 0+} (1/t)\, f(t)$가 존재하며 유한하다고 하자. 그러면

$$\mathfrak{L}\left[\frac{1}{t}\, f(t)\right](s) = \int_s^{\infty} F(w)\, dw$$

임을 증명하여라. 힌트: $g(t) = f(t)/t$라고 하자. g의 Laplace 변환이 존재함을 증명하여라. 그리고

$$F(s) = \mathfrak{L}[f(t)](s) = \mathfrak{L}[tg(t)](s) = -\frac{d}{ds}\mathfrak{L}[g(t)](s)$$

임을 증명하여라.

그러면 $\mathfrak{L}[g](s) = -\int_0^s F(w)dw + C$이다. $\lim_{s\to\infty} G(s) = 0$을 이용하여 C를 구하라.

문제 8부터 10까지 연습문제 11의 결과를 이용하여 주어진 함수의 Laplace 변환을 구하라.

8. $(\sin t)/t$
9. $(\sinh t)/t$
10. $(e^{-at} - e^{-bt})/t$
11. 다음 경계값 문제를 풀어라.

$$t(1-t)y'' + 2y' + 2y = 6t;$$
$$y(0) = 0,\ y(2) = 0$$

부록 3.1 부분분수와 Heaviside 공식

부분분수란 유리함수 $P(x)/Q(x)$를 간단한 형태의 분수들의 합으로 표현하는 것을 말한다.

실수 계수 다항식 $P(x)$와 $Q(x)$는 (P의 차수) < (Q의 차수)이면서 공통인수가 없다고 가정하자. 다음 과정을 통해 $P(x)/Q(x)$는 간단한 분수들의 합 $S(x)$로 쓸 수 있다.

1. $Q(x)$는 1차식 $x-a$ 또는 2차식 x^2+bx+c들로 인수분해된다. 단, 여기서 $b^2-4c<0$이다.

$$Q(x) = \alpha(x-a_1)^{m_1}(x-a_2)^{m_2}\cdots(x-a_p)^{m_p}(x^2+b_1x+c_1)^{n_1}\cdots(x^2+b_qx+c_q)^{n_q}.$$

2. $x-a$가 중복도 m인 $Q(x)$의 인수이면 $S(x)$는

$$\frac{A_1}{x-a} + \frac{A_2}{(x-a)^2} + \cdots + \frac{A_m}{(x-a)^m}$$

꼴을 포함한다. 여기서 A_1, A_2, ⋯, A_m은 상수이다.

3. x^2+bx+c가 $b^2-4c<0$이면서 중복도 n인 $Q(x)$의 인수이면 $S(x)$는

$$\frac{B_1 x+C_1}{x^2+bx+c}+\frac{B_2 x+C_2}{(x^2+bx+c)^2}+\cdots+\frac{B_n x+C_n}{(x^2+bx+c)^n}$$

꼴을 포함한다. 여기서 B_1, ⋯, B_n, C_1, ⋯, C_n은 상수이다.

4. $P(x)/Q(x)$의 부분분수 ;

$$\begin{aligned}P(x)/Q(x)=&\sum_i\left\{\frac{A_{i1}}{x-a_i}+\frac{A_{i2}}{(x-a_i)^2}+\cdots+\frac{A_{iq_i}}{(x-a_i)^{q_i}}\right\}\\&+\sum_j\left\{\frac{B_{j1}x+C_{j1}}{x^2+b_jx+c_j}+\frac{B_{j2}x+C_{j2}}{(x^2+b_jx+c_j)^2}\right.\\&\left.+\cdots+\frac{B_{jq_j}x+C_{jq_j}}{(x^2+b_jx+c_j)^{q_j}}\right\}\end{aligned}$$

가 성립하는 상수 $A_{i\alpha}$, $B_{j\beta}$, $C_{j\beta}$가 유일하게 존재한다.

보기 3.25

$$\frac{2x-1}{x^3+6x^2+5x-12}.$$

분모를 인수분해하여 부분분수 꼴로 쓰면

$$\begin{aligned}\frac{2x-1}{x^3+6x+5x-12}&=\frac{2x-1}{(x-1)(x+3)(x+4)}\\&=\frac{A}{x-1}+\frac{B}{x+3}+\frac{C}{x+4}.\end{aligned} \tag{3.5}$$

여기서 미정계수 A, B, C를 구하는 방법은 다양하다.

방법 1. 식 (3.5)의 양변에 분모를 곱하면

$$2x-1=A(x+3)(x+4)+B(x-1)(x+4)+C(x-1)(x+3)$$

이며 이 등식은 모든 x에 대해 성립한다. $x=1$, $x=-3$, $x=-4$를 대입하면

$$A=\frac{1}{20},\quad B=\frac{7}{4},\quad C=-\frac{9}{5}$$

가 된다. 따라서

$$\frac{2x-1}{x^2+6x^2+5x-12}=\frac{1}{20}\frac{1}{x-1}+\frac{7}{4}\frac{1}{x+3}-\frac{9}{5}\frac{1}{x+4}.$$

방법 2. 식 (3.5)의 양변에 분모를 곱하여 차수별로 정리하면

$$2x-1=(A+B+C)x^2+(7A+3B+2C)x+(12A-4B-3C)$$

이다. 이 등식이 모든 x에 대해 성립하므로 계수 비교하면

$$\begin{aligned} A+\ \ B+\ \ C&=\ \ 0,\\ 7A+3B+2C&=\ \ 2,\\ 12A-4B-3C&=-1 \end{aligned}$$

이다. 연립방정식을 풀면 $A=1/20,\ B=7/4,\ C=-9/5$가 되어 같은 결과를 얻는다.

보기 3.26

$$\frac{x^2+2x+3}{(x^2+x+5)(x-2)^2}.$$

부분분수 꼴은

$$\frac{x^2+2x+3}{(x^2+x+5)(x-2)^2}=\frac{A}{x-2}+\frac{B}{(x-2)^2}+\frac{Cx+D}{x^2+x+5}$$

이다. 양변에 분모를 곱하고 차수별로 정리하면

$$\begin{aligned} x^2+2x+3=&(A+C)x^3+(-A+B-4C+D)x^2\\ &+(3A+B+4C-4D)x+(-10A+5B+4D) \end{aligned}$$

이다. 계수 비교하면

$$\begin{aligned} A+C&=0,\\ -A+B-4C+D&=1,\\ 3A+B+4C-4D&=2,\\ -10A+5B+4D&=3 \end{aligned}$$

이므로 $A=1/11,\ B=1,\ C=-1/11,\ D=-3/11$이다. 따라서

$$\frac{x^2+2x+3}{(x^2+x+5)(x-2)^2}=\frac{1}{11}\frac{1}{x-2}+\frac{1}{(x-2)^2}-\frac{1}{11}\frac{x+3}{x^2+x+5}.$$

유리함수 $P(s)/Q(s)$가 특수한 형태일 때 $\mathfrak{L}^{-1}[P(s)/Q(s)]$를 구하는 방법으로 Heaviside 공식이 있다. 다항식 $P(s)$와 $Q(s)$는 (P의 차수) $<$ (Q의 차수)이면서 서로 공통인수가 없다고 가정하자. 또한

$$Q(s) = \alpha(s-a_1)(s-a_2)\cdots(s-a_n)$$

으로 인수분해된다고 가정하자. 이때 $a_1, a_2, \cdots, a_n$은 서로 다른 실수 또는 복소수이다. $P(s)/Q(s)$의 부분분수

$$\frac{P(s)}{Q(s)} = \frac{A_1}{s-a_1} + \frac{A_2}{s-a_2} + \cdots + \frac{A_n}{s-a_n}$$

에서 A_j를 구하기 위해 위 식에 $s-a_j$를 곱하면

$$\frac{P(s)(s-a_j)}{Q(s)} = A_j + (s-a_j)G_j(s)$$

꼴이며 $G_j(s)$는 $s-a_j$를 인수로 갖지 않는다. 이 식의 양변에 $s \to a_j$로 극한을 취하면

$$A_j = \frac{P(a_j)}{Q'(a_j)}$$

이 된다. 한편,

$$Q_j(s) = \frac{Q(s)}{s-a_j}$$

로 두면 $G_j(s)$는 $Q(s)$에서 $s-a_j$ 인수를 제거한 $n-1$차 다항식이고 극한을 취하면

$$Q_j(a_j) = Q'(a_j)$$

임을 알 수 있다. 따라서

$$\frac{P(s)}{Q(s)} = \sum_{j=1}^{n} \frac{P(a_j)}{Q'(a_j)} \frac{1}{s-a_j} = \sum_{j=1}^{n} \frac{P(a_j)}{Q_j(a_j)} \frac{1}{s-a_j}$$

이므로 Laplace 역변환을 취하면

$$\mathfrak{L}^{-1}\left[\frac{P(s)}{Q(s)}\right] = \sum_{j=1}^{n} \frac{P(a_j)}{Q'(a_j)} e^{a_j t} = \sum_{j=1}^{n} \frac{P(a_j)}{Q_j(a_j)} e^{a_j t}$$

이 성립한다. 이것을 Heaviside 공식이라 한다.

보기 3.27

$F(s) = \dfrac{s}{(s^2+4)(s-1)}$의 Laplace 역변환을 구해 보자.

$$F(s) = \frac{s}{(s-2i)(s+2i)(s-1)}$$

이므로 $a_j = 2i,\ a_2 = -2i,\ a_3 = 1$을 대입하면

$$\begin{aligned}\mathfrak{L}^{-1}[F(s)] &= \frac{2i}{4i(2i-1)} e^{2it} + \frac{-2i}{-4i(-2i-1)} e^{-2it} + \frac{1}{(1-2i)(1+2i)} e^t \\ &= -\frac{1}{10}(e^{2it} + e^{-2it}) + \frac{2}{10i}(e^{2it} - e^{-2it}) + \frac{1}{5} e^t\end{aligned}$$

$$= -\frac{1}{5}\cos 2t + \frac{2}{5}\sin 2t + \frac{1}{5}e^t$$

가 된다. 여기서 Euler 공식 $e^{i\theta} = \cos\theta + i\sin\theta$로부터

$$\cos\theta = \frac{1}{2}(e^{i\theta} + e^{-i\theta}),\ \sin\theta = \frac{1}{2i}(e^{i\theta} - e^{-i\theta})$$

를 이용하였다.

부록 3.2 Laplace 변환표

	$f(t)$	$F(s) = \mathfrak{L}[f(t)](s)$
1.	$t^n \quad (n = 0, 1, 2, 3, \cdots)$	$\frac{n!}{s^{n+1}}$
2.	$\frac{1}{\sqrt{t}}$	$\sqrt{\frac{\pi}{s}}$
3.	e^{at}	$\frac{1}{s-a}$
4.	$\sin at$	$\frac{a}{s^2 + a^2}$
5.	$\cos at$	$\frac{s}{s^2 + a^2}$
6.	$\sin at - at\cos at$	$\frac{2a^3}{(s^2 + a^2)^2}$
7.	$\sin at + at\cos at$	$\frac{2as^2}{(s^2 + a^2)^2}$
8.	$t\sin at$	$\frac{2as}{(s^2 + a^2)^2}$
9.	$\sinh at$	$\frac{a}{s^2 - a^2}$
10.	$\cosh at$	$\frac{s}{s^2 - a^2}$
11.	$\sin at \cosh at - \cos at \sinh at$	$\frac{4a^3}{s^4 + 4a^4}$
12.	$\sin at \sinh at$	$\frac{2a^2 s}{s^4 + 4a^4}$
13.	$\frac{1}{\sqrt{\pi t}} e^{at}(1 + 2at)$	$\frac{s}{(s-a)^{3/2}}$

▶ (계속)

	$f(t)$	$F(s)=\mathfrak{L}[f(t)](s)$
14.	$J_n(at) \quad (n=0, 1, 2, \cdots)$	$\dfrac{1}{a^n}\dfrac{\left(\sqrt{s^2+a^2}-s\right)^n}{\sqrt{s^2+a^2}}$
15.	$J_0(2\sqrt{at})$	$\dfrac{1}{s}e^{-a/s}$
16.	$\dfrac{1}{t}\sin at$	$\tan^{-1}\dfrac{a}{s}$
17.	$\dfrac{2}{t}[1-\cos at]$	$\ln\dfrac{s^2+a^2}{s^2}$
18.	$\dfrac{2}{t}[1-\cosh at]$	$\ln\dfrac{s^2-a^2}{s^2}$
19.	$\dfrac{1}{\sqrt{\pi t}}-ae^{a^2 t}\operatorname{erfc}\left(\dfrac{a}{\sqrt{t}}\right)$	$\dfrac{1}{\sqrt{s}+a}$
20.	$\dfrac{1}{\sqrt{\pi t}}+ae^{a^2 t}\operatorname{erf}\left(\dfrac{a}{\sqrt{t}}\right)$	$\dfrac{\sqrt{s}}{s-a^2}$

미분방정식의 급수해 4장

미분방정식 중에는 해를 닫힌 형식, 즉 다항식, 지수함수, 삼각함수 등과 같은 기본 함수들로 표현되는 형태로 구할 수 없거나 지금까지 다루었던 방법으로는 해결할 수 없는 다양한 형태의 방정식들이 있다. 이러한 경우 방정식의 해를 무한급수 꼴로 구할 수 있으면 수치적인 근삿값들을 계산하거나 해의 성질을 이해하는 데 도움이 된다. 이 장에서는 미분방정식에 대한 멱급수 해법과 Frobenius 해법에 대해 살펴본다.

4.1 멱급수

4.1.1 멱급수의 수렴

먼저 멱급수에 대한 기본적인 내용을 간략하게 살펴보자.

정의 4.1 멱급수

무한급수 $\sum_{n=0}^{\infty} a_n(x-x_0)^n$을 중심이 x_0이고 $\{a_n\}$을 계수로 하는 **멱급수**라고 한다.

멱급수 $\sum_{n=0}^{\infty} a_n(x-x_0)^n$은 $x=x_0$에서는 반드시 수렴한다. 왜냐하면 이 경우 상수

항 a_0를 제외하고는 모든 항이 0이 되기 때문이다.

다음 정리를 이용하면 멱급수의 수렴 범위를 알 수 있다.

정리 4.1

급수 $\sum_{n=0}^{\infty} a_n(x-x_0)^n$이 $x = x_1 \neq x_0$에서 수렴하면 급수는 $|x-x_0| < |x_1 - x_0|$인 x에 대해 절대수렴한다. 또한 급수가 $x = x_2$에서 발산하면 급수는 $|x-x_0| > |x_2 - x_0|$인 x에 대해 발산한다.

정리 4.2 수렴성

급수 $\sum_{n=0}^{\infty} a_n(x-x_0)^n$에 대해 다음 중 하나가 반드시 성립한다.

(1) 급수는 $x = x_0$일 경우에만 수렴한다.

(2) 급수는 모든 실수 x에 대해 수렴한다.

(3) 양수 R이 존재해서 급수는 $|x-x_0| < R$이면 수렴하고 $|x-x_0| > R$이면 발산한다.

이 경우 R을 멱급수의 **수렴반지름**, $(x_0 - R, x_0 + R)$을 **열린수렴구간**이라고 한다.

경우 (2)는 경우 (3)에서 $R = \infty$인 것으로 볼 수도 있다. 이 경우 수렴구간은 실수 전체 범위이다. 경우 (1)도 $R = 0$이라고 두면 경우 (3)에 포함시킬 수 있다.

때때로 비율판정법을 적용하여 멱급수의 수렴반지름을 찾을 수 있다.

정리 4.3 비율판정법

$$\lim_{n\to\infty} \left| \frac{b_{n+1}}{b_n} \right| = L$$

이라 하자. $L < 1$이면 급수 $\sum_{n=0}^{\infty} b_n$은 절대수렴하고, $L > 1$이면 발산한다.

보기 4.1

$$\sum_{n=0}^{\infty} \frac{(-1)^n}{(n+1)9^n}(x-2)^{2n}.$$

$b_n = (-1)^n(x-2)^{2n}/(n+1)9^n$이라 하면

$$\left|\frac{b_{n+1}}{b_n}\right| = \left|\frac{\dfrac{(-1)^{n+1}}{(n+2)9^{n+1}}(x-2)^{2n+2}}{\dfrac{(-1)^n}{(n+1)9^n}(x-2)^{2n}}\right| = \frac{n+1}{9(n+2)}|x-2|^2$$

이고, 극한은

$$\begin{aligned}\lim_{n\to\infty}\left|\frac{b_{n+1}}{b_n}\right| &= \lim_{n\to\infty}\frac{n+1}{9(n+2)}|x-2|^2 \\ &= |x-2|^2\lim_{n\to\infty}\frac{n+1}{9(n+2)} = \frac{1}{9}|x-2|^2\end{aligned}$$

이다. 급수는 이 극한값이 1보다 작을 때, 즉 $|x-2|<3$일 때 절대수렴한다. $x<-1$ 또는 $x>5$일 때 이 멱급수는 발산한다.

4.1.2 멱급수의 연산과 미적분

멱급수가 0이 아닌 수렴반지름을 갖는다고 가정하자. 그러면 그 수렴구간에서 급수는 x에 관한 함수가 된다. 다음 두 급수가 어떤 구간 (x_0-R, x_0+R)에서 수렴한다고 가정하자.

$$f(x) = \sum_{n=0}^{\infty} a_n(x-x_0)^n, \qquad g(x) = \sum_{n=0}^{\infty} b_n(x-x_0)^n.$$

그러면 다음과 같이 두 멱급수를 더할 수도, 뺄 수도 있다.

$$(f\pm g)(x) = f(x)\pm g(x) = \sum_{n=0}^{\infty}(a_n\pm b_n)(x-x_0)^n.$$

이 식의 우변에 있는 이 급수들 역시 구간 (x_0-R, x_0+R)에서 수렴한다. 또한 멱급수에 상수를 곱할 수도 있다.

$$kf(x) = \sum_{n=0}^{\infty} ka_n(x-x_0)^n.$$

이것도 역시 구간 (x_0-R, x_0+R)에서 수렴한다.

멱급수는 다음의 법칙에 따라 곱할 수도 있다.

$$(fg)(x) = f(x)g(x) = \sum_{n=0}^{\infty} c_n(x-x_0)^k,$$

여기서

$$c_n = \sum_{j=0}^{n} a_j b_{n-j}$$

이다. 이 멱급수 곱의 처음 몇 개의 항은 다음과 같다.

$$f(x)g(x) = a_0b_0 + (a_0b_1 + a_1b_0)(x-x_0) + (a_0b_2 + a_1b_1 + a_2b_0)(x-x_0)^2 + (a_0b_3 + a_1b_2 + a_2b_1 + a_3b_0)(x-x_0)^3 + \cdots.$$

이 계수들은 급수의 다항식을 다음과 같이 항별로 곱해서 구한 $(x-x_0)$의 거듭제곱의 계수들과 같다.

$$\left[a_0 + a_1(x-x_0) + a_2(x-x_0)^2 + \cdots\right]\left[b_0 + b_1(x-x_0) + b_2(x-x_0)^2 + \cdots\right].$$

멱급수가 수렴하는 임의의 열린구간에서 급수를 다음과 같이 항별로 미분할 수 있다.

$$f'(x) = \sum_{n=1}^{\infty} na_n(x-x_0)^{n-1} = a_1 + 2a_2(x-x_0) + 3a_3(x-x_0)^2 + \cdots.$$

미분한 급수의 합은 $n=1$에서부터 시작한다. 그 이유는 멱급수 $\sum_{n=0}^{\infty} a_n(x-x_0)^n$의 상수항 a_0는 도함수가 0이기 때문이다. 이 새로운 함수 $f'(x)$의 급수는 원래의 함수 $f(x)$와 같은 수렴반지름을 갖는다. 따라서 몇 번이라도 계속해서 미분할 수 있다.

$$f''(x) = \sum_{n=2}^{\infty} n(n-1)a_n(x-x_0)^{n-2},$$

$$f^{(k)}(x) = \sum_{n=k}^{\infty} n(n-1)(n-2)\cdots(n-k+1)a_n(x-x_0)^{n-k}. \tag{4.1}$$

이들 급수는 각각 원래의 급수함수 $f(x)$와 같은 수렴반지름을 갖는다.

멱급수가 수렴하는 임의의 열린구간에서 급수를 다음과 같이 항별로 적분할 수 있다.

$$\int f(x)dx = \sum_{n=0}^{\infty} a_n \int (x-x_0)^n dx = \sum_{n=0}^{\infty} \frac{a_n}{n+1}(x-x_0)^{n+1} + C.$$

4.1.3 Taylor 급수와 Maclaurin 급수 전개

수렴하는 멱급수로 함수를 정의하는 대신 주어진 함수로부터 출발하여 이 함수의 어떤 점 x_0에서 함수를 멱급수로 표현해 보자.

$$f(x) = \sum_{n=0}^{\infty} a_n(x-x_0)^n.$$

이때 계수 a_n은 x_0에서의 f와 그 미분값으로 표시할 수 있다. 먼저 $x=x_0$이면 상수항을 제외한 모든 항은 0이므로

$$f(x_0) = a_0$$

이다. 일반적으로 식 (4.1)로부터

$$f^{(k)}(x_0) = k!a_k$$

이므로

$$a_k = \frac{1}{k!} f^{(k)}(x_0)$$

이다. 이 수를 x_0에서 f의 k번째 **Taylor 계수**라고 한다. 그리고 급수

$$\sum_{n=0}^{\infty} \frac{1}{n!} f^{(n)}(x_0)(x - x_0)^n$$

을 x_0에 관한 $f(x)$의 **Taylor 급수**라고 한다.

$f(x)$가 x_0에서 멱급수 전개가 가능하면 이 급수는 반드시 Taylor 계수를 갖는 Taylor 급수가 된다. 이와 같은 결과로 만일 두 멱급수가 임의의 열린구간에서 같다면 그 계수들은 반드시 같아야 한다. 임의의 구간 $(x_0 - r, x_0 + r)$에서 다음과 같은 급수를 생각해 보자.

$$\sum_{n=0}^{\infty} a_n (x - x_0)^n = \sum_{n=0}^{\infty} b_n (x - x_0)^n .$$

$f(x)$를 이 급수에 의해 정의된 함수라고 하면, 이 급수는 반드시 f의 Taylor 급수가 된다. 따라서

$$a_n = \frac{1}{n!} f^{(n)}(x_0) = b_n .$$

하지만 모든 함수가 주어진 점에서 Taylor 급수 전개가 가능한 것은 아니다. 그러한 전개가 가능하면 그 함수를 그 점에서 **해석적**이라고 한다. f가 x_0에서 해석적이기 위해서는 무한히 미분가능해야 한다. 그러나 이것이 충분조건은 아니다. 예를 들면 $f(x) = e^{-1/x^2}$은 $x_0 = 0$에서 무한 번 미분가능하지만 Taylor 급수는 $f(x)$로 수렴하지 않는다.

알고 있는 많은 함수들이 Taylor 급수 전개가 가능하다. $x_0 = 0$일 때 Taylor 급수 전개를 **Maclaurin 급수 전개**라고도 한다. 예를 들면 다음의 급수들은 Maclaurin 급수 전개이다.

$$e^x = \sum_{n=0}^{\infty} \frac{1}{n!} x^n,$$

$$\sin x = \sum_{n=0}^{\infty} \frac{(-1)^n}{(2n+1)!} x^{2n+1},$$

$$\cos x = \sum_{n=0}^{\infty} \frac{(-1)^n}{(2n)!} x^{2n}.$$

보기 4.2

$g(x) = \ln(1 + x)$를 1에서 멱급수로 전개해 보자. 여기에는 두 가지 방법이 있다.

첫 번째로 Taylor 급수를 직접 계산할 수 있다. g의 도함수들은 다음과 같다.

$$\begin{aligned} g'(x) &= \frac{1}{1+x} = (1+x)^{-1}, \\ g''(x) &= -(1+x)^{-2}, \\ g^{(3)}(x) &= 2(1+x)^{-3}, \\ &\vdots \\ g^{(n)}(x) &= (-1)^{n+1}(n-1)!(1+x)^{-n}. \end{aligned}$$

그러므로 $n = 1, 2, \cdots$에 대해 1에서 $g(x)$의 n번째 Taylor 계수는

$$\frac{1}{n!}g^{(n)}(1) = \frac{1}{n!}(-1)^{n-1}\frac{(n-1)!}{2^n} = \frac{(-1)^{n-1}}{n2^n}.$$

$g(1) = \ln 2$이므로 1에서 $\ln(1 + x)$의 Taylor 급수는

$$\ln 2 + \sum_{n=1}^{\infty}\frac{(-1)^{n-1}}{n2^n}(x-1)^n$$

이다. 이 급수는 $-1 < x < 3$일 때 $\ln(1 + x)$에 수렴한다.

두 번째로 다음과 같은 기하급수를 이용하여 구할 수도 있다.

$$\begin{aligned} \frac{1}{1+x} &= \frac{1}{2+(x-1)} = \frac{1}{2}\frac{1}{1+\dfrac{x-1}{2}} \\ &= \frac{1}{2}\sum_{n=0}^{\infty}(-1)^n\left(\frac{x-1}{2}\right)^n = \sum_{n=0}^{\infty}\frac{(-1)^n}{2^{n+1}}(x-1)^n. \end{aligned}$$

단, $|x-1| < 2$이다. 이제 이 급수를 항별로 적분하면

$$\begin{aligned} \int\frac{1}{1+x}dx = \ln(1+x) &= \sum_{n=0}^{\infty}\frac{(-1)^n}{2^{n+1}}\int(x-1)^n + C \\ &= \sum_{n=0}^{\infty}\frac{(-1)^n}{(n+1)2^{n+1}}(x-1)^{n+1} + C \end{aligned}$$

이고, 적분상수를 계산하기 위해 $x = 1$을 이 급수에 대입하면 $\ln 2 = C$가 되므로

$$\ln(1+x) = \ln 2 + \sum_{n=0}^{\infty}\frac{(-1)^n}{(n+1)2^{n+1}}(x-1)^{n+1}$$

이다. 이 급수는 첫 번째 계산에서 구한 급수와 사실 동일하다. 즉,

$$\sum_{n=1}^{\infty}\frac{(-1)^{n-1}}{n2^n}(x-1)^n = \sum_{n=0}^{\infty}\frac{(-1)^n}{(n+1)2^{n+1}}(x-1)^{n+1}$$

이다. 왜냐하면 이 두 급수는 모두 다음과 같기 때문이다.

$$\frac{1}{2}(x-1)-\frac{1}{8}(x-1)^2+\frac{1}{24}(x-1)^3-\cdots.$$

4.1.4 지표 이동

위의 계산에서 서로 달라 보이는 두 급수 $\sum_{n=1}^{\infty}\left[(-1)^{n-1}/n2^n\right](x-1)^n$과 $\sum_{n=0}^{\infty}\left[(-1)^n/(n+1)2^{n+1}\right](x-1)^{n+1}$은 사실 동일한 것임을 알았다. 첫 번째 급수에서 $n=k$라고 하고 두 번째 급수에서 $n=k-1$이라 두면 완전히 똑같은 항들을 얻게 된다.

보기 4.3

다음 두 급수의 합을 생각하자.

$$\sum_{n=0}^{\infty}a_nx^{n+2}+\sum_{n=0}^{\infty}b_nx^n. \tag{4.2}$$

이 급수들을 같은 차수항끼리 묶어서 하나의 급수로 결합하고 싶다. 그러기 위해 첫 번째 급수를 x^{n+2} 대신 x^n을 사용해서 표현하자. 이렇게 하는 간단한 방법은 다음과 같다.

$$\sum_{n=0}^{\infty}a_nx^{n+2}=a_0x^2+a_1x^3+a_2x^4+\cdots=\sum_{n=2}^{\infty}a_{n-2}x^n.$$

요점은 계수의 지표와 x의 차수를 2만큼 이동시키는 것이다. 이 두 급수는 동일한 것이지만, 우변의 형태가 식 (4.2)를 계산하기에 더 편리하다. 이제 식 (4.2)는 다음과 같이 나타낼 수 있다.

$$\begin{aligned}\sum_{n=0}^{\infty}a_nx^{n+2}+\sum_{n=0}^{\infty}b_nx^n&=\sum_{n=2}^{\infty}a_{n-2}x^n+\sum_{n=0}^{\infty}b_nx^n\\&=\sum_{n=2}^{\infty}a_{n-2}x^n+\sum_{n=2}^{\infty}b_nx^n+b_0+b_1x\\&=b_0+b_1x+\sum_{n=2}^{\infty}(a_{n-2}+b_n)x^n.\end{aligned}$$

위의 과정을 적분에서 변수변환과 유사하게 급수의 지표를 변환하여 설명할 수도 있다. 다시 $\sum_{n=0}^{\infty}a_nx^{n+2}$에서 $m=n+2$라 두자. 그러면 $n=0$일 때 $m=2$이다. 또한 $n=m-2$이므로 $a_n=a_{m-2}$이고 $x^{n+2}=x^m$이다. 그러면

$$\sum_{n=0}^{\infty} a_n x^{n+2} = \sum_{m=2}^{\infty} a_{m-2} x^m$$

이다. 끝으로 마지막 급수의 지표 m 대신 n을 쓰면

$$\sum_{m=2}^{\infty} a_{m-2} x^m = \sum_{n=2}^{\infty} a_{n-2} x^n$$

이 된다.

연습문제 4.1

문제 1부터 14까지 멱급수의 수렴반지름 및 열린수렴구간을 찾아라.

1. $\sum_{n=0}^{\infty} \frac{(-1)^n}{n+1}(x-4)^n$

2. $\sum_{n=0}^{\infty} \frac{2^n}{n!} x^n$

3. $\sum_{n=0}^{\infty} \frac{1}{n+2}(x+1)^n$

4. $\sum_{n=0}^{\infty} n^2 x^n$

5. $\sum_{n=0}^{\infty} \frac{2n+1}{2n-1} x^n$

6. $\sum_{n=0}^{\infty} n^n x^n$

7. $\sum_{n=0}^{\infty} \left(-\frac{3}{2}\right)^n \left(x-\frac{5}{2}\right)^n$

8. $\sum_{n=0}^{\infty} \frac{n^2-3n}{n^2+4} x^n$

9. $\sum_{n=1}^{\infty} \left(\frac{n+1}{n}\right)^n x^n$

10. $\sum_{n=0}^{\infty} \frac{3^n}{(2n)!} x^{2n}$

11. $\sum_{n=1}^{\infty} \frac{(-1)^n}{n^2 3^n}(x-2)^n$

12. $\sum_{n=1}^{\infty} \frac{n!}{n^n} x^n$

13. $\sum_{n=2}^{\infty} \frac{\ln n}{n} x^n$

14. $\sum_{n=0}^{\infty} \frac{e^n}{n!} x^{n+2}$

문제 15부터 18까지 지표 이동하여 급수에 나타낸 x의 차수가 n이 되도록 하여라.

15. $\sum_{n=0}^{\infty} \frac{(-1)^{n+1}}{2n+4} x^{n+1}$

16. $\sum_{n=0}^{\infty} \frac{(n+1)^n}{2^n} x^{n+1}$

17. $\sum_{n=1}^{\infty} \frac{2n+3}{n} x^{n+1}$

18. $\sum_{n=4}^{\infty} \frac{(-1)^{n+1}}{2+n^2} x^{n-3}$

문제 19부터 21까지 지표 이동하여 두 급수에서 가능한 한 많은 항을 하나의 급수로 결합하여라.

19. $\sum_{n=1}^{\infty} 2^n x^{n+1} + \sum_{n=0}^{\infty} (n+1) x^n$

20. $\sum_{n=0}^{\infty} \frac{n!}{2^n} x^{n+3} + \sum_{n=1}^{\infty} \frac{1}{n+1} x^{n-1}$

21. $\sum_{n=1}^{\infty} \frac{n!}{n^2} x^{n-1} + \sum_{n=2}^{\infty} 2^n x^n$

22. 모든 실수 x에 대해 $e^x = \sum_{n=0}^{\infty} (1/n!) x^n$이다. 이 급수를 e^y의 급수와 곱하고, 급수 곱의 계수에 관한 공식을 이용하여 $e^{x+y} = e^x e^y$임을 증명하여라.

힌트: $(x+y)^n$의 이항전개를 이용하여라.

23. $\cos x = \sum_{n=0}^{\infty}\left[(-1)^n/(2n)!\right]x^{2n}$,

$\sin x = \sum_{n=0}^{\infty}\left[(-1)^n/(2n+1)!\right]x^{2n+1}$이다. 이 두 급수를 곱하여 $\sin x \cos x = \frac{1}{2}\sin 2x$임을 보여라.

24. $\cos x$의 Maclaurin 급수를 $\sin x$의 Maclaurin 급수로 나누어서 $\tan x$에 대한 Maclaurin 급수의 0이 아닌 처음 네 항을 결정하여라.

25. $x=2$에서 함수 $1/(1+x)$의 Taylor 급수를 구하라.

힌트: 다음 식에서 기하급수를 사용하여라.

$$\frac{1}{1+x}=\frac{1}{3}\frac{1}{1+\frac{x-2}{3}}$$

4.2 멱급수해

정의 4.2 해석함수

함수 $f(x)$가 x_0를 포함하는 열린구간에서

$$f(x)=\sum_{n=0}^{\infty}a_n(x-x_0)^n$$

과 같은 멱급수로 표현될 때, $f(x)$를 **x_0에서 해석적**이라고 한다.

예를 들면 $\sin x$는 다음과 같은 멱급수로 표현될 수 있으므로 0에서 해석적이다.

$$\sin x = \sum_{n=0}^{\infty}\frac{(-1)^n}{(2n+1)!}x^{2n+1}.$$

이 급수는 모든 실수 x에 대해 수렴한다. 만일 초깃값 미분방정식의 계수가 해석함수이면 그 해도 해석적이다.

정리 4.4

p와 q가 x_0에서 해석적이라고 하자. 그러면 초깃값 문제

$$y' + p(x)y = q(x); \qquad y(x_0)=y_0$$

의 해는 x_0에서 해석적이다.

정리 4.5

p, q, f가 x_0에서 해석적이라고 하자. 그러면 초깃값 문제

$$y'' + p(x)y' + q(x)y = f(x); \quad y(x_0) = A, \quad y'(x_0) = B$$

의 해는 x_0에서 해석적이다.

다음 절에서는 다른 관점에서 멱급수해를 다시 논의한다.

보기 4.4

$$y' + x^2 y = 0; \quad y(0) = 1$$

을 만족하는 0에서 해석적인 급수해를 구하자.

$y(x) = \sum_{n=0}^{\infty} a_n x^n$을 방정식에 대입하면

$$\sum_{n=1}^{\infty} na_n x^{n-1} + \sum_{n=0}^{\infty} a_n x^{n+2} = 0$$

이다. 두 급수 형태에서 x의 차수가 일치하도록 지표를 이동하여 식을 정리하면

$$\begin{aligned}
&\sum_{n=0}^{\infty}(n+1)a_{n+1}x^n + \sum_{n=2}^{\infty} a_{n-2}x^n \\
&= a_1 + a_2 x + \sum_{n=2}^{\infty}(n+1)a_{n+1}x^n + \sum_{n=2}^{\infty} a_{n-2}x^n \\
&= a_1 + a_2 x + \sum_{n=2}^{\infty}\{(n+1)a_{n+1} + a_{n-2}\}x^n \\
&= 0
\end{aligned}$$

이 된다. 이 등식은 0을 포함하는 어떤 열린구간의 모든 x에 대해 성립하므로 각 항의 계수는 0이어야 한다. 따라서

$$a_1 = a_2 = 0, \tag{4.3}$$

$$n \geq 2\text{일 때 } (n+1)a_{n+1} + a_{n-2} = 0 \tag{4.4}$$

이어야 한다. 식 (4.3)을 식 (4.4)에 반복하여 적용하면

$$0 = a_1 = a_4 = a_7 = a_{10} = \cdots$$
$$0 = a_2 = a_5 = a_8 = a_{11} = \cdots$$

이다. 식 (4.4)에서 $n = 3k - 1$일 때를 생각하면

$$a_{3k} = -\frac{a_{3(k-1)}}{3k}$$

이 된다. $a_0 = y(0) = 1$이므로 이 점화식을 풀면

$$a_{3k} = \frac{(-1)^k}{3^k k!} a_0 = \frac{(-1)^k}{3^k k!}$$

이 된다. 따라서 구하는 급수해는

$$y = \sum_{k=0}^{\infty} a_{3k} x^{3k} = \sum_{k=0}^{\infty} \frac{(-1)^k}{3^k k!} x^{3k}$$

이다.

보기 4.5

미분방정식 $y'' + x^2 y = 0$의 0에서 전개한 급수해를 구하자.

$y(x) = \sum_{n=0}^{\infty} a_n x^n$을 대입하면

$$y'' + x^2 y = \sum_{n=2}^{\infty} n(n-1) a_n x^{n-2} + \sum_{n=0}^{\infty} a_n x^{n+2} = 0 \qquad (4.5)$$

이다. 두 급수의 형태에서 x의 차수가 같아지도록 지표를 이동하면

$$\begin{aligned}&\sum_{n=0}^{\infty}(n+2)(n+1)a_{n+2}x^n + \sum_{n=2}^{\infty} a_{n-2}x^n \\ &= 2\cdot 1\, a_2 x^0 + 3\cdot 2\, a_3 x + \sum_{n=2}^{\infty}\left[(n+2)(n+1)a_{n+2} + a_{n-2}\right]x^n \\ &= 0.\end{aligned}$$

이 급수가 0을 포함하는 어떤 열린구간의 모든 x에서 0이 되기 위해서는 각 항의 계수가 0이어야 한다. 즉,

$$a_2 = a_3 = 0,$$

$$n = 2, 3, \cdots \text{에 대해} \quad (n+2)(n+1)a_{n+2} + a_{n-2} = 0$$

이어야 한다. 이로부터 다음 관계식을 얻을 수 있다.

$$n = 2, 3, \cdots \text{일 때} \quad a_{n+2} = -\frac{1}{(n+2)(n+1)} a_{n-2}. \qquad (4.6)$$

식 (4.6)을 사용하여 a_n을 계산해 보면

$$a_4 = -\frac{1}{4\cdot 3} a_0 = -\frac{1}{12} a_0,$$

$$a_5 = -\frac{1}{5\cdot 4} a_1 = -\frac{1}{20} a_1,$$

$$a_6 = -\frac{1}{6\cdot 5} a_2 = 0,$$

$$a_7 = -\frac{1}{7\cdot 6}a_3 = 0,$$

$$a_8 = -\frac{1}{8\cdot 7}a_4 = \frac{1}{56\cdot 12}a_0,$$

$$a_9 = -\frac{1}{9\cdot 8}a_5 = \frac{1}{72\cdot 20}a_1$$

등을 얻는다. 따라서 급수해의 처음 몇 항은 다음과 같이 나타낼 수 있다.

$$\begin{aligned} y &= a_0 + a_1 x + 0x^2 + 0x^3 - \frac{1}{12}a_0 x^4 \\ &\quad - \frac{1}{20}a_1 x^5 + 0x^6 + 0x^7 + \frac{1}{672}a_0 x^8 + \frac{1}{1440}a_1 x^9 + \cdots \\ &= a_0\left(1 - \frac{1}{12}x^4 + \frac{1}{672}x^8 + \cdots\right) + a_1\left(x - \frac{1}{20}x^5 + \frac{1}{1440}x^9 + \cdots\right). \end{aligned}$$

a_0와 a_1이 임의의 상수이므로 이것은 실제로 일반해이다. $a_0 = y(0)$, $a_1 = y'(0)$이므로 $y(0)$과 $y'(0)$에 의해서 특수해가 결정된다.

보기 4.6

$$y'' + x^2 y' + 4y = 1 - x^2.$$

구하려고 하는 해를 $y(x) = \sum_{n=0}^{\infty} a_n x^n$이라고 하자. 이 급수를 미분방정식에 대입하면

$$\begin{aligned} &\sum_{n=2}^{\infty} n(n-1)a_n x^{n-2} + x^2 \sum_{n=1}^{\infty} n a_n x^{n-1} + 4\sum_{n=0}^{\infty} a_n x^n = 1 - x^2 \\ \Rightarrow &\sum_{n=2}^{\infty} n(n-1)a_n x^{n-2} + \sum_{n=1}^{\infty} n a_n x^{n+1} + \sum_{n=0}^{\infty} 4a_n x^n = 1 - x^2 \\ \Rightarrow &\sum_{n=0}^{\infty} (n+2)(n+1)a_{n+2} x^n + \sum_{n=2}^{\infty} (n-1)a_{n-1} x^n + \sum_{n=0}^{\infty} 4a_n x^n = 1 - x^2 \quad (4.7) \\ \Rightarrow &\; 2a_2 x^0 + 6a_3 x + 4a_0 x^0 + 4a_1 x \\ &\quad + \sum_{n=2}^{\infty} \left[(n+2)(n+1)a_{n+2} + (n-1)a_{n-1} + 4a_n\right] x^n = 1 - x^2 \end{aligned}$$

이 된다. 계수를 비교하면

$$2a_2 + 4a_0 = 1,$$

$$6a_3 + 4a_1 = 0,$$

$$4\cdot 3a_4 + a_1 + 4a_2 = -1,$$

$n \geq 3$에 대해 $\quad (n+2)(n+1)a_{n+2} + (n-1)a_{n-1} + 4a_n = 0.$

이 식에서 차례로

$$a_2 = \frac{1}{2} - 2a_0$$

$$a_3 = -\frac{2}{3}a_1$$

$$a_4 = \frac{1}{12}(-1 - a_1 - 4a_2) = -\frac{1}{12} - \frac{1}{12}a_1 - \frac{1}{3}\left(\frac{1}{2} - 2a_0\right)$$

$$= -\frac{1}{4} + \frac{2}{3}a_0 - \frac{1}{12}a_1$$

이 되고, $n = 3, 4, \cdots$에 대해

$$a_{n+2} = -\frac{4a_n + (n-1)a_{n-1}}{(n+2)(n+1)}$$

임을 알 수 있다. $n = 3$이면

$$a_5 = -\frac{4a_3 + 2a_2}{20} = -\frac{1}{20}\left(-\frac{8}{3}a_1 + 1 - 4a_0\right)$$

$$= -\frac{1}{20} + \frac{1}{5}a_0 + \frac{2}{15}a_1,$$

$n = 4$일 때

$$a_6 = -\frac{1}{30}(4a_4 + 3a_3) = -\frac{1}{30}\left(-1 + \frac{8}{3}a_0 - \frac{1}{3}a_1 - 2a_1\right)$$

$$= \frac{1}{30} - \frac{4}{45}a_0 + \frac{7}{90}a_1.$$

이렇게 급수해의 처음 여섯 항을 구하면 다음과 같다.

$$y = a_0 + a_1x + \left(\frac{1}{2} - 2a_0\right)x^2 - \frac{2}{3}a_1x^3 + \left(-\frac{1}{4} + \frac{2}{3}a_0 - \frac{1}{12}a_1\right)x^4$$

$$+ \left(-\frac{1}{20} + \frac{1}{5}a_0 + \frac{2}{15}a_1\right)x^5 + \left(\frac{1}{30} - \frac{4}{45}a_0 + \frac{7}{90}a_1\right)x^6 + \cdots.$$

점화식을 이용하면 급수해에서 원하는 만큼의 항을 구할 수 있다. 위의 보기에서 $n \geq 3$에 대한 모든 a_n은 결국 a_0와 a_1으로 표현할 수 있는데, a_0와 a_1은 임의의 상수이다. 실제로 $y(0) = a_0$와 $y'(0) = a_1$이며, 이 값이 주어지면 해는 유일하게 결정된다.

보기 4.7

$$y'' + xy' - y = e^{3x}.$$

각 계수는 0에서 해석적이다. 따라서 0에서 급수해를 찾자.

$y(x) = \sum_{n=0}^{\infty} a_n x^n$과 $e^{3x} = \sum_{n=0}^{\infty}(3^n/n!)x^n$을 미분방정식에 대입하면

$$\sum_{n=2}^{\infty} n(n-1)a_n x^{n-2} + \sum_{n=1}^{\infty} na_n x^n - \sum_{n=0}^{\infty} a_n x^n = \sum_{n=0}^{\infty} \frac{3^n}{n!} x^n$$

$$\Rightarrow \sum_{n=0}^{\infty} (n+2)(n+1)a_{n+2} x^n + \sum_{n=1}^{\infty} na_n x^n - \sum_{n=0}^{\infty} a_n x^n = \sum_{n=0}^{\infty} \frac{3^n}{n!} x^n$$

$$\Rightarrow 2a_2 - a_0 + \sum_{n=1}^{\infty} \left[(n+2)(n+1)a_{n+2} + (n-1)a_n\right]x^n = 1 + \sum_{n=1}^{\infty} \frac{3^n}{n!} x^n.$$

양변의 계수를 비교하면

$$2a_2 - a_0 = 1,$$

$$n = 1, 2, \cdots \text{에 대해} \quad (n+2)(n+1)a_{n+2} + (n-1)a_n = \frac{3^n}{n!}$$

이다. 따라서

$$a_2 = \frac{1}{2}(1 + a_0),$$

$$n = 1, 2, \cdots \text{에 대해} \quad a_{n+2} = \frac{(3^n/n!) + (1-n)a_n}{(n+2)(n+1)}$$

이 된다. 이 점화식을 이용하면 급수해에서 원하는 만큼의 계수를 다음과 같이 임의의 상수 a_0와 a_1으로 나타낼 수 있다.

$$y(x) = a_0 + a_1 x + \frac{1+a_0}{2}x^2 + \frac{1}{2}x^3 + \left(\frac{1}{3} - \frac{a_0}{24}\right)x^4 + \frac{7}{40}x^5 + \left(\frac{19}{240} + \frac{1}{240}a_0\right)x^6 + \cdots.$$

연습문제 4.2

문제 1부터 12까지 급수해가 만족하는 점화식을 찾고, 그것을 이용하여 일반해의 Maclaurin 급수의 처음 다섯 항을 구하라.

1. $y' - xy = 1 - x$

2. $y' - x^3 y = 4$

3. $y' + (1 - x^2)y = x$

4. $y'' + 2y' + xy = 0$

5. $y'' - xy' + y = 3$

6. $y'' + xy' + xy = 0$

7. $y'' - x^2 y + 2y = x$

8. $y'' + x^2 y' + 2y = 0$

9. $y'' + (1-x)y' + 2y = 1 - x^2$

10. $y'' + y' - (1 - x + x^2)y = -5$

11. $y' + xy = \cos x$

12. $y'' + xy' = 1 - e^x$

4.3 Frobenius 해법

다음 2계 선형 미분방정식을 생각해 보자.

$$P(x)y'' + Q(x)y' + R(x)y = F(x). \tag{4.8}$$

이 방정식을 $P(x)$로 나누면 다음과 같은 꼴이 된다.

$$y'' + p(x)y' + q(x)y = f(x). \tag{4.9}$$

이 미분방정식의 계수들이 x_0를 포함하는 어떤 열린구간에서 해석적이면 앞에서 설명한 방법으로 방정식 (4.9)의 급수해를 구할 수 있고, 따라서 방정식 (4.8)도 풀 수 있다. 이런 x_0를 미분방정식의 보통점이라 한다. 하지만 만일 x_0가 보통점이 아니면 이 방법으로는 해를 구할 수 없고, 다른 방법이 필요하다.

정의 4.3 특이점

$P(x_0) \neq 0$이고, $Q(x)/P(x)$, $Q(x)/P(x)$, $R(x)/P(x)$, $F(x)/P(x)$가 x_0에서 해석적이면 x_0를 방정식 (4.8)의 **보통점**이라고 한다.

x_0가 보통점이 아닐 때는 x_0를 방정식 (4.8)의 **특이점**이라고 한다.

따라서 $P(x_0) = 0$이거나 $Q(x)/P(x)$, $R(x)/P(x)$, $F(x)/P(x)$ 중 어느 하나라도 x_0에서 해석적이 아니면 x_0는 특이점이다.

보기 4.8

$$x^3(x-2)^2 y'' + 5(x+2)(x-2)y' + 3x^2 y = 0.$$

이 미분방정식은 0과 2에서 특이점을 가진다. 왜냐하면 $P(x) = x^3(x-2)^2$이므로 $P(0) = P(2) = 0$이기 때문이다. 다른 모든 점은 보통점이다.

특이점 근처에서의 해는 보통점 근처에서의 해와는 매우 다른 성질을 가지고 있다.

특이점 부근의 해를 이해하기 위해서 다음과 같은 제차 미분방정식에 초점을 맞추자.

$$P(x)y'' + Q(x)y' + R(x)y = 0. \tag{4.10}$$

일단 이 방정식이 이해되면 비제차 미분방정식 (4.8)을 다루는 것은 그리 어렵지 않다. 특이점에도 다루기 쉬운 것과 어려운 것이 있다.

정의 4.4 정칙 특이점

x_0가 방정식 (4.10)의 특이점이고 두 함수

$$(x-x_0)\frac{Q(x)}{P(x)}, \quad (x-x_0)^2\frac{R(x)}{P(x)}$$

가 x_0에서 해석적일 때 x_0를 **정칙 특이점**이라고 한다.

정칙이 아닌 특이점을 **비정칙 특이점**이라고 한다.

보기 4.9

앞에서 다음 미분방정식이 0과 2에서 특이점을 갖는다는 것을 알았다. 이 특이점들을 구분해 보자.

$$x^3(x-2)^2y'' + 5(x+2)(x-2)y' + 3x^2y = 0.$$

$P(x) = x^3(x-2)^2$, $Q(x) = 5(x+2)(x-2)$, $R(x) = 3x^2$이라 하자. 먼저 $x_0 = 0$을 생각하자. 이때

$$(x-0)\frac{Q(x)}{P(x)} = \frac{5x(x+2)(x-2)}{x^3(x-2)^2} = \frac{5}{x^2}\,\frac{x+2}{x-2}$$

는 0에서 정의되지 않는다. 따라서 0에서 해석적이 아니다. 그러므로 0은 비정칙 특이점이다.

다음으로 $x_0 = 2$라 하고 다음 두 식을 생각하자.

$$(x-2)\frac{Q(x)}{P(x)} = 5\frac{x+2}{x^3},$$

$$(x-2)^2\frac{R(x)}{P(x)} = \frac{3}{x}.$$

이 두 함수는 모두 2에서 해석적이다. 따라서 2는 정칙 특이점이다.

미분방정식 (4.10)이 x_0에서 정칙 특이점을 갖는다고 하자. 그러면 x_0는 특이점이므로 멱급수해가 존재하는지는 알 수 없지만 다음과 같은 꼴의 해가 존재함이 알려져 있다.

$$y(x) = \sum_{n=0}^{\infty} c_n (x-x_0)^{n+r}, \quad c_0 \neq 0. \tag{4.11}$$

이 급수를 **Frobenius 급수**라고 하며, 이 방법에 의해 해를 구하는 것을 **Frobenius 해법**이라고 한다. r은 음이 될 수도 있고, 정수가 아닐 수도 있다.

Frobenius 급수는 $c_0 x^r$에서부터 "시작"하는데, 이것은 $r = 0$일 때만 상수가 된다. 따라서 Frobenius 급수 (4.11)의 도함수

$$y'(x) = \sum_{n=0}^{\infty} (n+r) c_n (x-x_0)^{n+r-1}$$

은 $n = 0$인 항의 미분이 0이 아닐 수도 있으므로 이 급수는 $n = 0$에서 시작한다. 마찬가지로 2계 도함수의 형태는

$$y''(x) = \sum_{n=0}^{\infty} (n+r)(n+r-1) c_n (x-x_0)^{n+r-2}$$

이 된다.

이제 r을 결정하는 방법에 대해 살펴보자. 식 (4.10)의 양변에 $(x-x_0)^2/P(x)$를 곱하면

$$(x-x_0)^2 y'' + (x-x_0)\left[(x-x_0)\frac{Q(x)}{P(x)}\right] y' + \left[(x-x_0)^2 \frac{R(x)}{P(x)}\right] y = 0 \tag{4.12}$$

이 된다. x_0는 정칙 특이점이므로

$$(x-x_0)\frac{Q(x)}{P(x)} = \sum_{n=0}^{\infty} A_n (x-x_0)^n, \quad (x-x_0)^2 \frac{R(x)}{P(x)} = \sum_{n=0}^{\infty} B_n (x-x_0)^n \tag{4.13}$$

꼴로 쓸 수 있다. 따라서 (4.11)과 (4.13)을 방정식 (4.12)에 대입하면

$$\sum_{n=0}^{\infty} (n+r)(n+r-1) c_n (x-x_0)^{n+r} + \left[\sum_{n=0}^{\infty} A_n (x-x_0)^n\right]\left[\sum_{n=0}^{\infty} (n+r) c_n (x-x_0)^{n+r}\right]$$
$$+ \left[\sum_{n=0}^{\infty} B_n (x-x_0)^n\right]\left[\sum_{n=0}^{\infty} c_n (x-x_0)^{n+r}\right] = 0$$

이 된다. 여기서 좌변 급수들의 최저차항은 r차이다. x^n의 계수가 0이 되어야 하므로

$$r(r-1) + A_0 r + B_0 = 0$$

이어야 한다. 이 식을 방정식 (4.10)의 결정방정식이라 한다.

다음 정리는 Frobenius 급수해의 존재성에 관한 것이다. 편의상 함수의 이동을 생각하여 $x_0 = 0$이라 가정한다.

정리 4.6 Frobenius 해법

$x_0 = 0$이 $P(x)y'' + Q(x)y' + R(x)y = 0$의 정칙 특이점이면 $c_0 \neq 0$인 Frobenius 급수해가 적어도 하나 존재한다.

$$y(x) = \sum_{n=0}^{\infty} c_n x^{n+r}.$$

두 실수 r_1과 r_2가 결정방정식의 근일 때 다음이 성립한다.

(1) $r_1 - r_2$가 정수가 아니면

$$y_1(x) = \sum_{n=0}^{\infty} c_n x^{n+r_1}, \quad y_2(x) = \sum_{n=0}^{\infty} c_n^* x^{n+r_2}$$

꼴의 일차독립인 Frobenius 급수해가 존재한다. 여기서 $c_0 \neq 0$, $c_0^* \neq 0$이다.

(2) $r_1 - r_2$가 양의 정수이면

$$y_1(x) = \sum_{n=0}^{\infty} c_n x^{n+r_1}, \quad y_2(x) = k y_1(x) \ln x + \sum_{n=0}^{\infty} c_n^* x^{n+r_2}$$

꼴의 일차독립인 Frobenius 급수해가 존재한다. 여기서 $c_0 \neq 0$, $c_0^* \neq 0$이고 k는 상수이다.

(3) $r_1 - r_2 = 0$이면

$$y_1(x) = \sum_{n=0}^{\infty} c_n x^{n+r_1}, \quad y_2(x) = y_1(x) \ln x + \sum_{n=1}^{\infty} c_n^* x^{n+r_1}$$

꼴의 일차독립인 해가 존재한다. 여기서 $c_0 \neq 0$이다.

보기 4.10

$$x^2 y'' + x\left(\frac{1}{2} + 2x\right)y' + \left(x - \frac{1}{2}\right)y = 0.$$

0이 정칙 특이점이므로 Frobenius 급수 $y(x) = \sum_{n=0}^{\infty} c_n x^{n+r}$을 해로 놓고 풀 수 있다. 이 급수를 미분방정식에 대입하면

$$\begin{aligned}
&\sum_{n=0}^{\infty} (n+r)(n+r-1)c_n x^{n+r} + \sum_{n=0}^{\infty} \frac{1}{2}(n+r)c_n x^{n+r} \\
&\quad + \sum_{n=0}^{\infty} 2(n+r)c_n x^{n+r+1} + \sum_{n=0}^{\infty} c_n x^{n+r+1} - \sum_{n=0}^{\infty} \frac{1}{2} c_n x^{n+r} \\
&= \left[r(r-1)c_0 + \frac{1}{2}c_0 r - \frac{1}{2}c_0\right]x^r + \sum_{n=1}^{\infty}\left[(n+r)(n+r-1)c_n + \frac{1}{2}(n+r)c_n\right. \\
&\quad \left. + 2(n+r-1)c_{n-1} + c_{n-1} - \frac{1}{2}c_n\right]x^{n+r} \\
&= 0.
\end{aligned}$$

이 식은 각 x^{n+r}의 계수가 0일 때 성립한다. 따라서 $n = 1, 2, \cdots$에 대해서

$$\left[r(r-1)+\frac{1}{2}r-\frac{1}{2}\right]c_0=0, \tag{4.14}$$

$$(n+r)(n+r-1)c_n+\frac{1}{2}(n+r)c_n+2(n+r-1)c_{n-1}+c_{n-1}-\frac{1}{2}c_n=0. \tag{4.15}$$

$c_0 \neq 0$이라고 가정하므로 식 (4.14)는

$$\left(r+\frac{1}{2}\right)(r-1)=0.$$

이것이 이 미분방정식의 결정방정식으로서 근은 $r_1 = 1$과 $r_2 = -\frac{1}{2}$이다. 식 (4.15)에서 c_n을 c_{n-1}으로 나타내면 $n = 1, 2, \cdots$일 때 다음과 같은 점화식을 얻을 수 있다.

$$c_n=-\frac{2n+2r-1}{\left(n+r+\frac{1}{2}\right)(n+r-1)}c_{n-1}.$$

첫 번째 Frobenius 급수해를 구하기 위해 $r = r_1 = 1$을 점화식에 대입하면

$$n=1,\ 2,\ \cdots\text{일 때}\qquad c_n=\frac{(-2)(2n+1)}{n(2n+3)}c_{n-1}$$

을 얻는다. 이 점화식을 풀면

$$\begin{aligned} c_n &= \frac{(-2)(2n+1)}{n(2n+3)}\cdot\frac{(-2)(2n-1)}{(n-1)(2n+1)}\cdot\cdots\cdot\frac{(-2)(2\cdot 1+1)}{1(2\cdot 1+3)}c_0 \\ &= \frac{(-2)^n 3c_0}{n!(2n+3)} \end{aligned}$$

이다. 따라서 $3c_0 = 1$이라 놓으면

$$y_1=\sum_{n=0}^{\infty}\frac{(-2)^n}{n!(2n+3)}x^n$$

은 첫 번째 Frobenius 급수해이다.

두 번째 Frobenius 급수해를 구하기 위해 $r=r_2=-\frac{1}{2}$을 점화식에 대입한다. 여기서 혼동하지 않도록 c_n 대신에 c_n^*를 사용하면 $n = 1, 2, \cdots$에 대해 다음 식을 얻는다.

$$c_n^*=-\frac{4(n-1)}{n(2n-3)}c_{n-1}^*.$$

이 경우 $c_1^*=0$이므로 $n = 1, 2, \cdots$에 대해 $c_n^*=0$이 된다. 따라서 $c_0^*=1$이라 놓으면

$$y_2 = \sum_{n=0}^{\infty} c_n^* x^{n-1/2} = x^{-1/2}$$

은 두 번째 Frobenius 급수해이다.

보기 4.11 세 번째 경우에서 중근인 예

$$x^2 y'' + 5xy' + (x+4)y = 0.$$

0이 정칙 특이점이므로 Frobenius 급수해 $y = \sum_{n=0}^{\infty} c_n x^{n+r}$을 대입하면

$$\sum_{n=0}^{\infty}(n+r)(n+r-1)c_n x^{n+r} + \sum_{n=0}^{\infty}5(n+r)c_n x^{n+r} + \sum_{n=0}^{\infty}c_n x^{n+r+1} + \sum_{n=0}^{\infty}4c_n x^{n+r}$$
$$= \sum_{n=0}^{\infty}(n+r)(n+r-1)c_n x^{n+r} + \sum_{n=0}^{\infty}5(n+r)c_n x^{n+r} + \sum_{n=1}^{\infty}c_{n-1} x^{n+r} + \sum_{n=0}^{\infty}4c_n x^{n+r}$$
$$= [r(r-1)+5r+4]c_0 x^r + \sum_{n=1}^{\infty}[(n+r)(n+r-1)c_n + 5(n+r)c_n + c_{n-1} + 4c_n]x^{n+r}$$
$$= 0.$$

x^r의 계수를 0으로 놓으면 결정방정식을 얻게 된다.

$$r(r-1) + 5r + 4 = 0$$

이 결정방정식은 중근 $r = -2$를 갖는다. $r = -2$를 대입하면 $n = 1, 2, \cdots$에 대해 x^{n+r}의 계수는 다음을 만족한다.

$$(n-2)(n-3)c_n + 5(n-2)c_n + c_{n-1} + 4c_n = 0.$$

정리하면

$$c_n = -\frac{1}{n^2}c_{n-1}$$
$$\Rightarrow c_n = (-1)^n \frac{1}{(n!)^2}c_0$$

이다. 따라서 $c_0 = 1$로 놓으면

$$y_1(x) = \sum_{n=0}^{\infty}(-1)^n \frac{1}{(n!)^2}x^{n-2}$$

은 Frobenius 급수해이다.

결정방정식이 중근 $r = -2$를 가지므로 정리의 결론 (2)를 적용하면 두 번째 급수해의 형태는 다음과 같다.

$$y_2(x) = y_1(x)\ln x + \sum_{n=1}^{\infty}c_n^* x^{n-2}.$$

이 두 번째 해 $y_2(x)$를 미분방정식에 대입하고 항들을 정리하면

$$4y_1 + 2xy_1' + \sum_{n=1}^{\infty}(n-2)(n-3)c_n^* x^{n-2} + \sum_{n=1}^{\infty}5(n-2)c_n^* x^{n-2}$$
$$+ \sum_{n=1}^{\infty}c_n^* x^{n-1} + \sum_{n=1}^{\infty}4c_n^* x^{n-2} + \ln x\left[x^2 y_1'' + 5xy_1' + (x+4)y_1\right] = 0$$

이 된다. y_1이 미분방정식의 해이므로 $\ln x$에 곱해져 있는 항은 0이 된다. 마지막 식에서 지표 이동을 하면

$$-2x^{-1} + c_1^* x^{-1} + \sum_{n=2}^{\infty}\left[\frac{4(-1)^n}{(n!)^2} + \frac{2(-1)^n}{(n!)^2}(n-2)\right.$$
$$\left. + (n-2)(n-3)c_n^* + 5(n-2)c_n^* + c_{n-1}^* + 4c_n^*\right]x^{n-2} = 0$$

이 된다. x의 각 거듭제곱의 계수가 0이어야 하므로

$$c_1^* = 2,$$
$$n = 2,\ 3,\ 4,\ \cdots\text{에 대해, } c_n^* = -\frac{1}{n^2}c_{n-1}^* - \frac{2(-1)^n}{n(n!)^2}$$

이어야 한다. 이 점화식을 이용함으로써 원하는 만큼의 계수들을 계산해낼 수 있다. 결과적으로 얻어지는 해의 처음 몇 항은 다음과 같다.

$$y_2(x) = y_1(x)\ln x + \frac{2}{x} - \frac{3}{4} + \frac{11}{108}x - \frac{25}{3456}x^2 + \frac{137}{432000}x^3 + \cdots.$$

y_1과 y_2는 일차독립인 기본 해집합을 구성하므로 일반해는

$$y(x) = [C_1 + C_2\ln x]\sum_{n=0}^{\infty}\frac{(-1)^n}{(n!)^2}x^{n-2}$$
$$+ C_2\left[\frac{2}{x} - \frac{3}{4} + \frac{11}{108}x - \frac{25}{3456}x^2 + \frac{137}{432000}x^3 + \cdots\right].$$

보기 4.12 두 번째 경우에서 $k = 0$인 예

$$x^2y'' + x^2y' - 2y = 0.$$

0은 정칙 특이점이므로 이 방정식에 $y(x) = \sum_{n=0}^{\infty}c_n x^{n+r}$을 대입하면 다음 식을 얻는다.

$$[r(r-1)-2]c_0x^r + \sum_{n=1}^{\infty}\left[(n+r)(n+r-1)c_n + (n+r-1)c_{n-1} - 2c_n\right]x^{n+r} = 0.$$

결정방정식 $r^2 - r - 2 = 0$의 근은 $r_1 = 2$, $r_2 = -1$이고 x^{n+r}의 계수를 0으로 놓으면,

$$(n+r)(n+r-1)c_n + (n+r-1)c_{n-1} - 2c_n = 0 \tag{4.16}$$

이다. $r_1 - r_2 = 3$이 양의 정수이므로 정리의 결론 (2)를 적용한다.

먼저 $r = 2$라고 하면 식 (4.16)으로부터

$$n = 1, 2, \cdots \text{일 때} \qquad c_n = -\frac{n+1}{n(n+3)}c_{n-1} = \frac{(-1)^n(n+1)}{(n+3)!}(3!c_0)$$

이다.

$3!\,c_0 = 1$이라 놓으면

$$y_1(x) = \sum_{n=0}^{\infty} \frac{(-1)^n\,(n+1)}{(n+3)!}\,x^{n+2}$$

은 Frobenius 급수해이다. $r = -1$을 이용하여 두 번째 급수해를 구하기 위해

$$y_2(x) = ky_1(x)\ln x + \sum_{n=0}^{\infty} c_n^*\,x^{n-1} \tag{4.17}$$

이 해가 되도록 상수 k와 c_n^*를 찾아야 한다. 식 (4.17)을 방정식에 대입하면

$$\begin{aligned}
&x^2\left[ky_1''\ln x + 2ky_1'\cdot\frac{1}{x} - ky_1\cdot\frac{1}{x^2} + \sum_{n=0}^{\infty}(n-1)(n-2)\,c_n^*\,x^{n-3}\right]\\
&\quad + x^2\left[ky_1'\ln x + ky_1\cdot\frac{1}{x} + \sum_{n=0}^{\infty}(n-1)\,c_n^*\,x^{n-2}\right] - 2\left[ky_1\ln x + \sum_{n=0}^{\infty}c_n^* x^{n-1}\right]\\
&= 2kxy_1' - ky_1 + kxy_1 + \sum_{n=0}^{\infty} n(n-3)\,c_n^*\,x^{n-1} + \sum_{n=0}^{\infty}(n-1)\,c_n^*\,x^n\\
&= 2k\sum_{n=0}^{\infty}\frac{(-1)^n(n+2)(n+1)}{(n+3)!}\,x^{n+2} - k\sum_{n=0}^{\infty}\frac{(-1)^n(n+1)}{(n+3)!}\,x^{n+2}\\
&\quad + k\sum_{n=0}^{\infty}\frac{(-1)^n(n+1)}{(n+3)!}\,x^{n+3} + \sum_{n=1}^{\infty}n(n-3)c_n^* x^{n-1} + \sum_{n=0}^{\infty}(n-1)\,c_n^*\,x^n\\
&= 0
\end{aligned}$$

이다. 여기서 상수항과 x, x^2의 계수는 0이므로

$$\begin{aligned}
-2c_1^* - c_0^* &= 0,\\
-2c_2^* &= 0,\\
\frac{k}{2} + c_2^* &= 0
\end{aligned} \tag{4.18}$$

이다. 따라서 $c_2^* = 0$이고 $k = 0$이다. 그러므로 식 (4.16)에 의해

$$n(n-3)c_n^* + (n-2)c_{n-1}^* = 0$$

이어야 한다. $c_3^* = 0$으로 선택하면 모든 $n = 4, 5, 6, \cdots$에 대해 $c_n^* = 0$이 되므로 $c_0^* = 1$로 선택한

$$y_2 = \frac{1}{x} - \frac{1}{2}$$

은 y_1과 일차독립인 두 번째 급수해가 된다.

보기 4.13 두 번째 경우에서 $k \neq 0$인 예

$$xy'' - y = 0$$

이 미분방정식은 0에서 정칙 특이점을 가진다. $y(x) = \sum_{n=0}^{\infty} c_n x^{n+r}$이라 두면

$$\begin{aligned}
&\sum_{n=0}^{\infty}(n+r)(n+r-1)c_n x^{n+r-1} - \sum_{n=0}^{\infty} c_n x^{n+r} \\
&= (r^2 - r)c_0 x^{r-1} + \sum_{n=1}^{\infty}[(n+r)(n+r-1)c_n - c_{n-1}]x^{n+r-1} \\
&= 0
\end{aligned}$$

을 얻을 수 있다. 결정방정식 $r^2 - r = 0$의 근은 $r_1 = 1$, $r_2 = 0$이다. $r_1 - r_2 = 1$은 양의 정수이므로 정리의 결론 (2)를 적용한다. 계수의 점화식은 $n = 1, 2, \cdots$에 대해

$$(n+r)(n+r-1)c_n - c_{n-1} = 0$$

이다.

$r = 1$이라고 두고 c_n에 관해서 풀면

$$n = 1, 2, 3, \cdots\text{일 때,} \qquad c_n = \frac{1}{n(n+1)} c_{n-1}$$

이다. 따라서 c_n의 일반항은

$$c_n = \frac{1}{n!(n+1)!} c_0$$

이다. 그러므로 $c_0 = 1$이라 놓으면

$$y_1(x) = \sum_{n=0}^{\infty} \frac{1}{n!(n+1)!} x^{n+1}$$

은 Frobenius 급수해이다.

$r_2 = 0$을 이용하여 두 번째 해를 구하자.

$$y_2(x) = k y_1(x) \ln x + \sum_{n=0}^{\infty} c_n^* x^n.$$

이 식을 미분방정식에 대입하면

$$x\left[ky_1'' \ln x + 2ky_1'\frac{1}{x} - ky_1\frac{1}{x^2} + \sum_{n=2}^{\infty} n(n-1)\, c_n^* x^{n-2}\right] - ky_1 \ln x - \sum_{n=0}^{\infty} c_n^* x^n = 0 \tag{4.19}$$

이다. 여기서 y_1이 미분방정식의 해이므로

$$[xy_1'' - y_1]\, k \ln x = 0$$

이다. 식 (4.19)의 남은 항에 $y_1(x)$의 급수를 대입하면

$$\begin{aligned}
&2k\sum_{n=0}^{\infty}\frac{1}{(n!)^2}x^n - k\sum_{n=0}^{\infty}\frac{1}{n!(n+1)!}x^n + \sum_{n=2}^{\infty} n(n-1)c_n^* x^{n-1} - \sum_{n=0}^{\infty} c_n^* x^n \\
&= 2k\sum_{n=0}^{\infty}\frac{1}{(n!)^2}x^n - k\sum_{n=0}^{\infty}\frac{1}{n!(n+1)!}x^n + \sum_{n=1}^{\infty}(n+1)n\, c_{n+1}^* x^n - \sum_{n=0}^{\infty} c_n^* x^n \\
&= (2k - k - c_0^*)x^0 + \sum_{n=1}^{\infty}\left[\frac{2k}{(n!)^2} - \frac{k}{n!(n+1)!} + n(n+1)c_{n+1}^* - c_n^*\right]x^n \\
&= 0
\end{aligned}$$

이므로

$$k - c_0^* = 0,$$

$$n = 1, 2, \cdots\text{에 대해} \qquad c_{n+1}^* = \frac{1}{n(n+1)}\left[c_n^* - \frac{(2n+1)k}{n!(n+1)!}\right]$$

이다. 두 번째 해 하나를 구하기 위해 $c_0^* = 1$, $c_1^* = 0$을 선택하면 $k = 1$이 되고 따라서 구하는 y_2는

$$y_2(x) = y_1(x)\ln x + 1 - \frac{3}{4}x^2 - \frac{7}{36}x^3 - \frac{35}{1728}x^4 - \cdots.$$

보기 4.14 제1종 Bessel 함수

다음 미분방정식을 ν차 Bessel 방정식이라고 한다.

$$x^2 y'' + xy' + (x^2 - \nu^2)y = 0.$$

여기서 ν는 0보다 큰 실수이다. Bessel 방정식의 해를 **Bessel 함수**라고 한다. 이 Bessel 함수는 특수한 함수를 다룰 때, 무한 원기둥의 열전달을 해석할 때 다시 등장한다.

0은 Bessel 방정식의 특이점이므로 Frobenius 급수해를 시도한다.

$$y(x)=\sum_{n=0}^{\infty}c_n x^{n+r}.$$

이 급수해를 Bessel 방정식에 대입하면 다음 식을 얻는다.

$$\left[r(r-1)+r-\nu^2\right]c_0x^r+\left[r(r+1)+(r+1)-\nu^2\right]c_1x^{r+1}$$
$$+\sum_{n=2}^{\infty}\left[\left[(n+r)(n+r-1)+(n+r)-\nu^2\right]c_n+c_{n-2}\right]x^{n+r}=0. \quad (4.20)$$

결정방정식은

$$r^2-\nu^2=0$$

이고 근은 $\pm\nu$이다. 식 (4.20)의 x^{r+1}의 계수에서 $r=\nu$라 두면

$$(2\nu+1)c_1=0$$

이고, $\nu>0$이므로 $c_1=0$이다.

식 (4.20)의 x^{n+r}의 계수로부터 $n=2, 3, \cdots$에 대해 다음 식을 얻는다.

$$\left[(n+r)(n+r-1)+(n+r)-\nu^2\right]c_n+c_{n-2}=0.$$

이 식에서 $r=\nu$라 두고 $n=2, 3, \cdots$에 대해 c_n을 풀면

$$c_n=-\frac{1}{n(n+2\nu)}c_{n-2}$$

이다. 여기서 $c_1=0$이므로 홀수 번째 계수는

$$c_3=c_5=\cdots=c_{2n+1}=0$$

이다. 짝수 번째 계수에 대해서는

$$\begin{aligned}c_{2n}&=-\frac{1}{2n(2n+2\nu)}c_{2n-2}=-\frac{1}{2^2n(n+\nu)}c_{2n-2}\\&=\frac{1}{2^4n(n-1)(n+\nu)(n+\nu-1)}c_{2n-4}\\&=\cdots=\frac{(-1)^n}{2^{2n}n(n-1)\cdots(2)(1)(n+\nu)(n-1+\nu)\cdots(1+\nu)}c_0\\&=\frac{(-1)^n}{2^{2n}n!(1+\nu)(2+\nu)\cdots(n+\nu)}c_0\end{aligned}$$

가 된다. 따라서 $c_0=1$로 놓으면

$$y_1(x)=\sum_{n=0}^{\infty}\frac{(-1)^n}{2^{2n}n!(1+\nu)(2+\nu)\cdots(n+\nu)}x^{2n+\nu}. \quad (4.21)$$

이 함수를 ν차 제1종 Bessel 함수라고 한다.

보기 4.15 제2종 Bessel 함수

0차($\nu = 0$) Bessel 방정식을 생각하자.

$$x^2 y'' + xy' + x^2 y = 0.$$

앞의 보기에서 결정방정식이 중근 $r = 0$을 갖는다는 것과

$$y_1(x) = \sum_{n=0}^{\infty} (-1)^n \frac{1}{2^{2n}(n!)^2} x^{2n}$$

이 해가 됨을 알았다. 두 번째 해를 시도하자.

$$y_2(x) = y_1(x) \ln x + \sum_{n=1}^{\infty} c_n^* x^n.$$

미분방정식에 이 $y_2(x)$를 대입하면

$$\begin{aligned}
& xy_1'' \ln x + 2y_1' - \frac{1}{x} y_1 + \sum_{k=2}^{\infty} n(n-1) c_n^* x^{n-1} \\
& \quad + y_1' \ln x + \frac{1}{x} y_1 + \sum_{n=1}^{\infty} n c_n^* x^{n-1} + xy_1 \ln x + \sum_{n=1}^{\infty} c_n^* x^{n+1} \\
& = 2y_1' + \sum_{n=2}^{\infty} n^2 c_n^* x^{n-1} + c_1^* + \sum_{n=1}^{\infty} c_n^* x^{n+1} \\
& = \sum_{n=1}^{\infty} \frac{(-1)^n}{2^{2n-2} n!(n-1)!} x^{2n-1} + c_1^* + 4c_2^* x + \sum_{n=3}^{\infty} (n^2 c_n^* + c_{n-2}^*) x^{n-1} \\
& = 0
\end{aligned} \tag{4.22}$$

이 된다. 이 방정식에서 상수항은 c_1^*이고, 따라서 이것은 0이 되어야 한다. 식 (4.22)에 있는 x의 짝수차 항은 마지막 항에서 n이 홀수일 때만 나타난다. 이 항들의 계수는 0이 되어야 하므로

$$n = 3, 5, 7, \cdots \text{일 때} \quad n^2 c_n^* + c_{n-2}^* = 0$$

이 된다. 그러면 홀수 지표에 대응되는 계수들은 모두 c_1^*의 상수배가 되므로

$$n = 1, 2, \cdots \text{일 때} \quad c_{2n-1}^* = 0$$

이다. 짝수 지표에 대응되는 계수들을 결정하기 위해 식 (4.22)의 두 번째 급수에서 n을 $2j$로 바꾸어 쓰고, 첫 번째 급수에서 n을 j로 바꾸어 쓰면

$$\begin{aligned}
& \sum_{j=1}^{\infty} \frac{(-1)^j}{2^{2j-2} j!(j-1)!} x^{2j-1} + 4c_2^* x + \sum_{j=2}^{\infty} \left(4j^2 c_{2j}^* + c_{2j-2}^*\right) x^{2j-1} \\
& = \left(4c_2^* - 1\right) x + \sum_{j=2}^{\infty} \left[\frac{(-1)^j}{2^{2j-2} j!(j-1)!} + 4j^2 c_{2j}^* + c_{2j-2}^*\right] x^{2j-1} \\
& = 0
\end{aligned}$$

이다. x의 각 거듭제곱의 계수는 0이어야 하므로

$$c_2^* = \frac{1}{4},$$

$$j = 2, 3, 4, \cdots \text{일 때} \quad c_{2j}^* = \frac{(-1)^{j+1}}{2^{2j}(j!)^2 j} - \frac{1}{4j^2}c_{2j-2}^*$$

를 얻는다. 이 점차식의 일반항을 구하면

$$c_{2j}^* = \frac{(-1)^{j+1}}{2^2 4^2 \cdots (2j)^2}\left[1 + \frac{1}{2} + \cdots + \frac{1}{j}\right] = \frac{(-1)^{j+1}}{2^{2j}(j!)^2}\phi(j)$$

가 되고, 여기서

$$\phi(j) = 1 + \frac{1}{2} + \cdots + \frac{1}{j}$$

이다. 따라서 다음과 같은 0차 Bessel 방정식의 두 번째 해를 구할 수 있다.

$$y_2(x) = y_1(x)\ln x + \sum_{n=1}^{\infty}\frac{(-1)^{n+1}}{2^{2n}(n!)^2}\phi(n)x^{2n}.$$

여기서 $x > 0$이다.

연습문제 4.3

문제 1부터 4까지 모든 특이점을 찾아내고 정칙인지 비정칙인지를 구별하여라.

1. $x^2(x-3)^2y'' + 4x(x^2-x-6)y' + (x^2-x-2)y = 0$

2. $(x^3-2x^2-7x-4)y'' - 2(x^2+1)y' + (5x^2-2x)y = 0$

3. $x^2(x-2)y'' + (5x-7)y' + 2(3+5x^2)y = 0$

4. $x^2\sin^2(x-\pi)y'' + \tan(x-\pi)(\tan x)y' + (7x-2)(\cos x)y = 0$

문제 5부터 11까지 (a) 0이 방정식의 정칙 특이점임을 보여라. (b) 결정방정식을 찾고 해를 구하라. (c) 점화식을 구하라. (d) 두 개의 일차독립인 Frobenius 급수해의 0이 아닌 처음 다섯 항을 구하라.

5. $4x^2y'' + 2xy' - xy = 0$

6. $16x^2y'' - 4x^2y' + 3y = 0$

7. $9x^2y'' + 2(2x+1)y = 0$

8. $12x^2y'' + 5xy' + (1-2x^2)y = 0$

9. $2xy'' + (2x+1)y' + 2y = 0$

10. $2x^2y'' - xy' + (1-x^2)y = 0$

11. $9x^2y'' + 9xy' + (9x^2-4)y = 0$

12. Euler 방정식 $x^2y'' + axy' + by = 0$에서 0은 정칙 특이점임을 보여라. Frobenius 해법을 적용하여라.

문제 13부터 22까지 (a) 결정방정식을 찾아라. (b) 정리를 이용하여 일차독립인 두 해의 적당한 꼴을 결정하여라. (c) 일차독립인 두 해의 처음 다섯 항을 찾아라.

13. $xy'' + (1 - x)y' + y = 0$

14. $xy'' - 2xy' + 2y = 0$

15. $x(x - 1)y'' + 3y' - 2y = 0$

16. $4x^2y'' + 4xy' + (4x^2 - 9)y = 0$

17. $x^2y'' - 2xy' - (x^2 - 2)y = 0$

18. $xy'' - y' + 2y = 0$

19. $x^2y'' + x(x - 2)y' + (x^2 + 2)y = 0$

20. $3x^2y'' + (6x^2 - 7x)y' + 3(1 + x^3)y = 0$

21. $x^2y'' + (x^2 - 3x)y' + (x - 4)y = 0$

22. $x^2y'' - 3xy' + 4(1 + x)y = 0$

2부

행렬과 선형대수학

Matrices and Linear Algebra

벡터와 벡터공간 5장

5.1 평면 벡터와 공간 벡터

온도나 질량과 같이 하나의 실수로 표현할 수 있는 물리량을 **스칼라(scalar)**라고 한다. 그에 비해 **벡터(vector)**는 크기와 방향을 동시에 갖고 있다. 어떤 물체에 가해지는 힘의 영향은 크기뿐만 아니라 방향에 의해서도 결정된다. 속도와 가속도는 벡터의 예이다.

벡터는 그림 5.1처럼 원점에서 공간상의 한 점 (x, y, z)까지의 화살표로 크기와 방향을 동시에 표현할 수 있다. 벡터의 방향은 화살표의 방향, 벡터의 크기는 화살표의 길이로 표현된다. 벡터의 크기가 클수록 화살표의 길이는 더 길어진다. 벡터는 오직 크기와 방향에 의해서만 결정되기 때문에 길이와 방향이 같은 화살표들은 모두 같은 벡터를 나타낸다. 그림 5.2에 있는 화살표들은 시작점이 서로 다르지만 모두 같은 벡터를 나타내고 있다.

따라서 벡터를 평행이동하여 시작점을 원점으로 맞추면 공간상의 모든 벡터들의 집합과 $\mathbb{R}^3$ 사이에 일대일 대응이 있게 된다. 좀 더 자세히 말하면 점 $(x, y, z) \in \mathbb{R}^3$은 시작점이 원점이고 끝점이 (x, y, z)인 벡터와 대응한다. 앞으로 (x, y, z)라는 기호는 $\mathbb{R}^3$내의 점을 나타내거나 원점에서 시작하여 (x, y, z)에서 끝나는 벡터를 표현할 때 사용한다. 물론 (x, y, z)가 점을 나타내는지 또는 벡터를 나타내는지는 사용되는 본문에서 명확해질 것이다.

정의 5.1 벡터

3차원 공간에서 **벡터**는 순서 3쌍 (x, y, z)로 정의하며 여기서 세 성분 x, y, z는 실수이다.

두 벡터 (x_1, y_1, z_1), (x_2, y_2, z_2)가 같기 위한 필요충분조건은 세 성분들이 같을 때, 즉 $x_1 = x_2$, $y_1 = y_2$, $z_1 = z_2$일 때이다.

그림 5.3에서처럼 벡터 $(-x, -y, -z)$와 (x, y, z)는 크기는 같지만 방향이 서로 반대이다.

통상 벡터는 굵은 활자체($\mathbf{F}, \mathbf{G}, \mathbf{H}, \cdots$)로 스칼라는 보통의 활자체로 표기한다.

정의 5.2 벡터의 크기

벡터 $\mathbf{F} = (x, y, z)$의 **크기(norm)** 또는 **길이(length)**는 스칼라로서 다음과 같이 정의한다.

$$\|\mathbf{F}\| = \sqrt{x^2 + y^2 + z^2}.$$

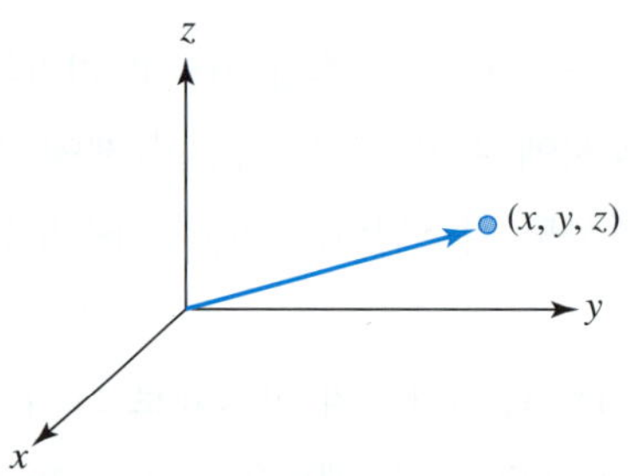

그림 5.1 벡터 (x, y, z)는 원점 $(0, 0, 0)$부터 점 (x, y, z)까지의 화살표로 나타낸다.

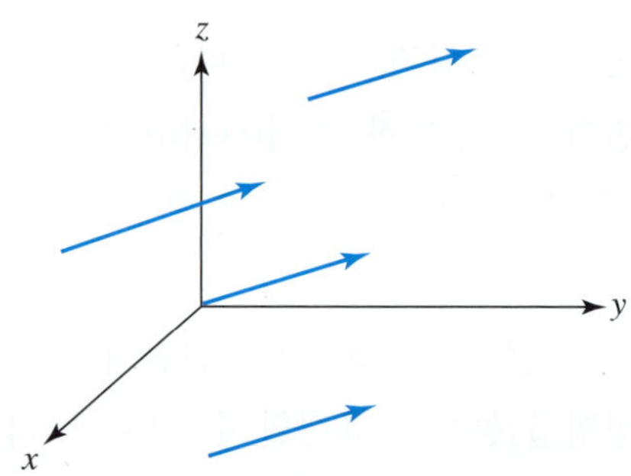

그림 5.2 동일한 벡터를 나타내는 화살표

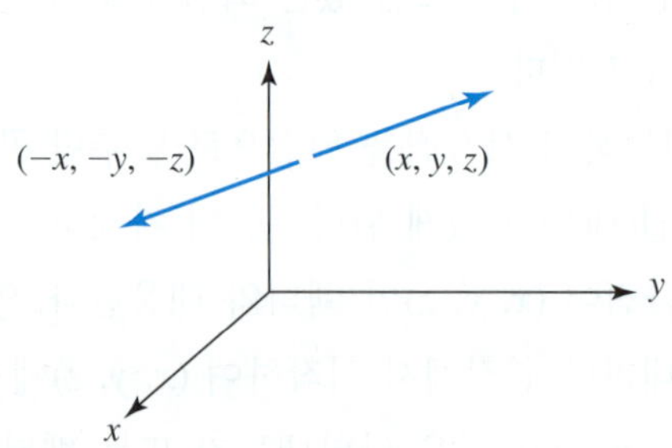

그림 5.3 벡터 $(-x, -y, -z)$는 벡터 (x, y, z)의 역벡터이다.

이것은 원점에서 점 (x, y, z)까지의 거리이며 또한 벡터 (x, y, z)를 나타내는 화살표의 길이이다. 예를 들어 $\mathbf{G} = (-1, 4, 2)$의 크기는 $\|\mathbf{G}\| = \sqrt{21}$이며, 이것은 원점과 점 $(-1, 4, 2)$ 사이의 거리이다.

정의 5.3 벡터의 스칼라곱

벡터 $\mathbf{F} = (a, b, c)$에 스칼라 α의 곱은 $\alpha\mathbf{F}$로 표시하며 다음과 같이 정의한다.

$$\alpha\mathbf{F} = (\alpha a, \alpha b, \alpha c).$$

그러면

$$\|\alpha\mathbf{F}\| = \sqrt{(\alpha a)^2 + (\alpha b)^2 + (\alpha c)^2} = |\alpha|\,\|\mathbf{F}\|$$

가 된다. 즉, $\alpha\mathbf{F}$의 길이는 $\mathbf{F}$의 길이에 $|\alpha|$를 곱한 값이 되므로 벡터의 스칼라곱은 크기조정 연산으로 볼 수 있다. 특별히 다음 경우를 살펴보자.

- 만약 $\alpha > 1$이면 $\alpha\mathbf{F}$는 $\mathbf{F}$와 같은 방향을 나타내고 길이는 더 길다.
- 만약 $0 < \alpha < 1$이면 $\alpha\mathbf{F}$는 $\mathbf{F}$와 같은 방향을 나타내고 길이는 더 짧다.
- 만약 $-1 < \alpha < 0$이면 $\alpha\mathbf{F}$는 $\mathbf{F}$와 반대 방향을 나타내고 길이는 더 짧다.
- 만약 $\alpha < -1$이면 $\alpha\mathbf{F}$는 $\mathbf{F}$와 반대 방향을 나타내고 길이는 더 길다.
- 만약 $\alpha = -1$이면 $\alpha\mathbf{F}$는 $\mathbf{F}$와 반대 방향을 나타내고 길이는 같다.
- 만약 $\alpha = 0$이면 $\alpha\mathbf{F} = (0, 0, 0)$이 되는데, 이를 영벡터라 부르고 $\mathbf{O}$라 표기한다. 영벡터는 화살표로 표현할 수 없기에 방향은 없고 크기는 0인 유일한 벡터이다.

$\mathbf{F}$가 $\mathbf{G}$의 0이 아닌 스칼라곱이 될 때 두 벡터 $\mathbf{F}$, $\mathbf{G}$는 평행이라 한다. 평행한 벡터들은 길이가 서로 다를 수 있으며 심지어 방향은 서로 반대일 수 있지만 그 벡터들을 표현하는 화살표들을 따라 직선들을 그으면 3차원 공간에서 서로 평행한 직선들이 된다.

정의 5.4 벡터의 합

두 벡터 $\mathbf{F} = (a_1, a_2, a_3)$와 $\mathbf{G} = (b_1, b_2, b_3)$의 합은 다음과 같다.

$$\mathbf{F} + \mathbf{G} = (a_1 + b_1, a_2 + b_2, a_3 + b_3)$$

벡터의 합과 스칼라곱은 다음의 성질이 있다. $\mathbf{F}$, $\mathbf{G}$, $\mathbf{H}$가 벡터이고 α, β가 스칼라일 때

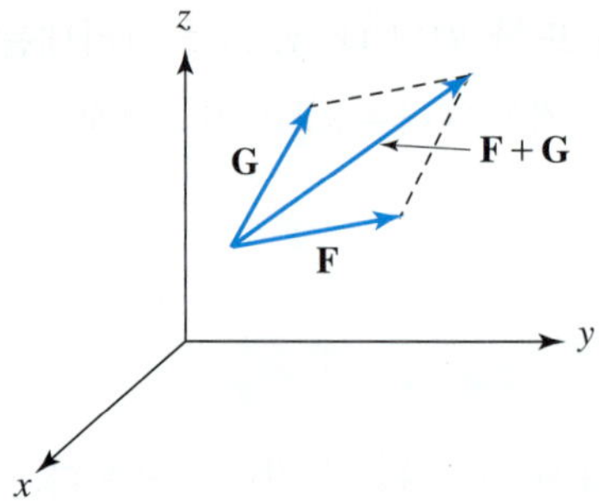

그림 5.4 벡터합에 대한 평행사변형의 법칙

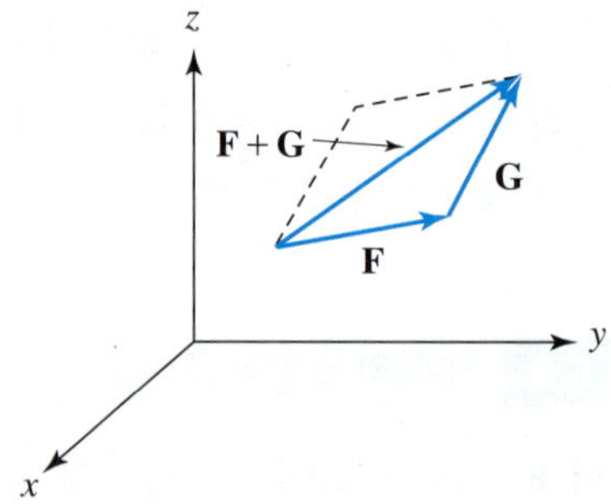

그림 5.5 평행사변형 법칙의 또 다른 관점

(1) $\mathbf{F} + \mathbf{G} = \mathbf{G} + \mathbf{F}$ (교환법칙)

(2) $(\mathbf{F} + \mathbf{G}) + \mathbf{H} = \mathbf{F} + (\mathbf{G} + \mathbf{H})$ (결합법칙)

(3) $\mathbf{F} + \mathbf{O} = \mathbf{F}$

(4) $\alpha(\mathbf{F} + \mathbf{G}) = \alpha\mathbf{F} + \alpha\mathbf{G}$

(5) $(\alpha\beta)\mathbf{F} = \alpha(\beta\mathbf{F})$

(6) $(\alpha + \beta)\mathbf{F} = \alpha\mathbf{F} + \beta\mathbf{F}$.

벡터의 합은 평행사변형 법칙으로 표현하면 유용할 때가 있다. 만약 벡터 $\mathbf{F}$, $\mathbf{G}$를 같은 시작점을 가진 화살표들로 표시하면 각각을 변으로 갖는 평행사변형을 그릴 수 있는데, 이때 그림 5.4처럼 대각선을 따라 그은 화살표가 벡터의 합 $\mathbf{F} + \mathbf{G}$를 나타낸다. 같은 크기와 방향을 갖는 화살표는 같은 벡터를 나타내기 때문에 그림 5.5와 같이 $\mathbf{F}$의 끝점을 $\mathbf{G}$의 시작점으로 하여 그림으로써 $\mathbf{F} + \mathbf{G}$를 나타내는 화살표를 그릴 수도 있다.

그림 5.5의 삼각형으로부터 벡터의 합과 크기에 관한 중요한 부등식을 유도할 수 있는데, 삼각형의 두 변의 길이의 합은 다른 한 변의 길이보다 크거나 같으므로

$$\|\mathbf{F} + \mathbf{G}\| \le \|\mathbf{F}\| + \|\mathbf{G}\| \quad \text{(삼각부등식)}$$

을 얻을 수 있다.

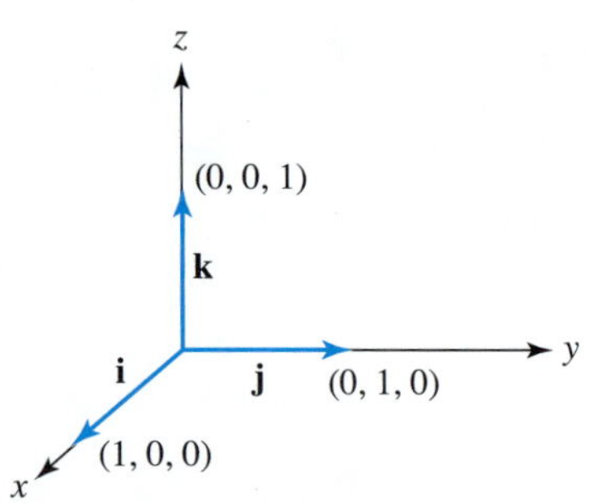

그림 5.6 단위벡터 $\mathbf{i}, \mathbf{j}, \mathbf{k}$

길이가 1인 벡터는 단위벡터라 한다. 그림 5.6처럼 양의 좌표축을 따라 놓인 단위벡터들을

$$\mathbf{i} = (1, 0, 0), \quad \mathbf{j} = (0, 1, 0), \quad \mathbf{k} = (0, 0, 1)$$

로 표기한다.

임의의 벡터 $\mathbf{F} = (a, b, c)$에 대해

$$\mathbf{F} = (a, b, c) = a(1, 0, 0) + b(0, 1, 0) + c(0, 0, 1) = a\mathbf{i} + b\mathbf{j} + c\mathbf{k}$$

가 되는데, 이때 $a\mathbf{i} + b\mathbf{j} + c\mathbf{k}$를 벡터 $\mathbf{F}$의 표준꼴이라 한다. $\mathbf{F}$의 한 성분이 0이면 표준꼴에서 종종 생략한다. 예를 들어 $\mathbf{F} = (-7, 0, 4)$의 표준꼴은 $-7\mathbf{i} + 0\mathbf{j} + 4\mathbf{k}$ 대신 $-7\mathbf{i} + 4\mathbf{k}$로 표시한다.

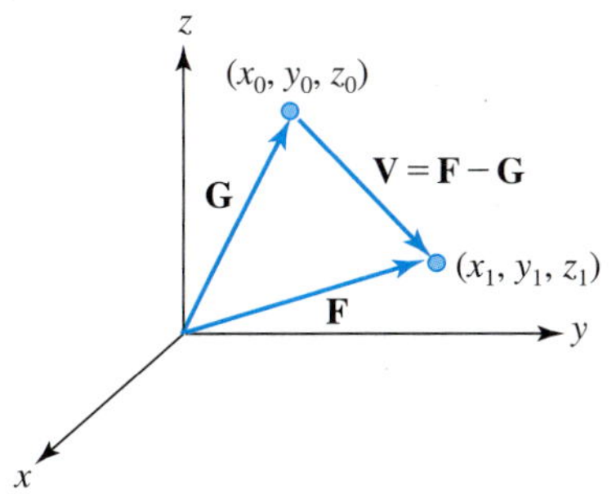

그림 5.7 시작점이 (x_0, y_0, z_0)이고 끝점이 (x_1, y_1, z_1)인 벡터

만약 벡터를 xy평면상의 화살표로 표현한다면 세 번째 좌표를 보통 생략하여 $\mathbf{i} = (1, 0)$과 $\mathbf{j} = (0, 1)$만을 가지고 나타낸다. 예를 들어 공간 내의 벡터 $\mathbf{V} = (2, -6, 0)$은 xy평면상의 원점과 점 $(2, -6)$을 잇는 화살표로 표현할 수 있고

$$\mathbf{V} = 2\mathbf{i} - 6\mathbf{j}$$

처럼 표준꼴로 나타낼 수 있다.

공간 내의 점 $P_0(x_0, y_0, z_0)$를 시작점으로 하고 점 $P_1(x_1, y_1, z_1)$을 끝점으로 하는 화살표가 나타내는 벡터 $\mathbf{V}$의 성분을 정확히 아는 것은 종종 유용하다. 이를 위해

$$\mathbf{G} = x_0\mathbf{i} + y_0\mathbf{j} + z_0\mathbf{k}, \quad \mathbf{F} = x_1\mathbf{i} + y_1\mathbf{j} + z_1\mathbf{k}$$

라 하면 그림 5.7의 평행사변형 법칙에 의해

$$\mathbf{G} + \mathbf{V} = \mathbf{F} \Rightarrow \mathbf{V} = \mathbf{F} - \mathbf{G} = (x_1 - x_0)\mathbf{i} + (y_1 - y_0)\mathbf{j} + (z_1 - z_0)\mathbf{k}$$

로 $\mathbf{V}$의 성분을 얻을 수 있다. 예를 들어 $(-1, 6, 3)$에서 $(9, -1, -7)$까지의 화살표가 나타내는 벡터는 $10\mathbf{i} - 7\mathbf{j} - 10\mathbf{k}$이다.

이를 이용하면 임의의 주어진 방향과 크기를 갖는 벡터를 구할 수 있다. 예를 들어 $(-1, 6, 5)$에서 $(-8, 4, 9)$로 향하는 방향으로 길이가 7인 벡터 $\mathbf{F}$를 구해 보자. 주어진 방향의 단위벡터를 먼저 찾은 후 그 단위벡터에 7을 스칼라곱하여 $\mathbf{F}$를 구하려 한다. 벡터 $\mathbf{V} = -7\mathbf{i} - 2\mathbf{j} + 4\mathbf{k}$와 같은 방향을 갖는 단위벡터는

$$\frac{1}{\|\mathbf{V}\|}\mathbf{V} = \frac{1}{\sqrt{69}}\mathbf{V}$$

이므로

$$\mathbf{F} = \frac{7}{\sqrt{69}}\mathbf{V} = \frac{7}{\sqrt{69}}(-7\mathbf{i} - 2\mathbf{j} + 4\mathbf{k})$$

가 된다.

벡터의 효율성은 다음의 사변형에 관한 잘 알려진 사실을 유도함으로써 알 수 있다.

보기 5.1

그림 5.8처럼 임의로 주어진 사각형의 각 변의 중점을 차례대로 연결하여 얻은 도형은 평행사변형이 됨을 증명해 보자.

그림 5.9와 같이 벡터 **A**, **B**, **C**, **D**, **x**, **y**, **u**, **v**를 정의한다. 벡터의 합과 스칼라곱의 정의에 의해

$$\mathbf{x}=\frac{1}{2}\mathbf{A}+\frac{1}{2}\mathbf{B}, \quad \mathbf{u}=\frac{1}{2}\mathbf{C}+\frac{1}{2}\mathbf{D}, \quad \mathbf{A}+\mathbf{B}+\mathbf{C}+\mathbf{D}=0$$

이 되므로

$$\mathbf{x}=\frac{1}{2}(\mathbf{A}+\mathbf{B})=\frac{1}{2}(-\mathbf{C}-\mathbf{D})=-\mathbf{u}$$

를 얻는다. 즉, **x**와 **u**는 크기는 같으면서 방향이 반대이므로 서로 평행하며 같은 길이를 갖는다. 비슷하게 **y**와 **v**도 평행하며 길이가 서로 같음을 보일 수 있다.

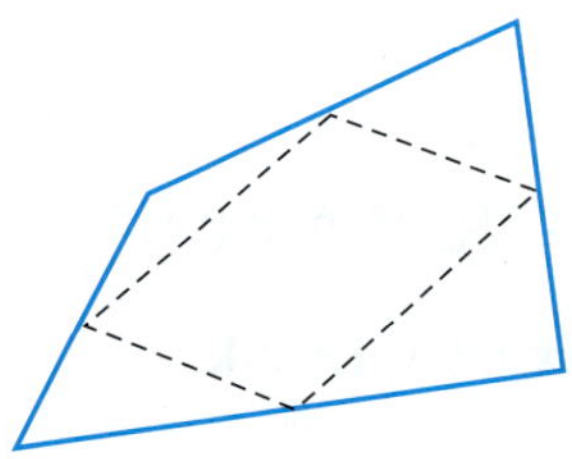

그림 5.8

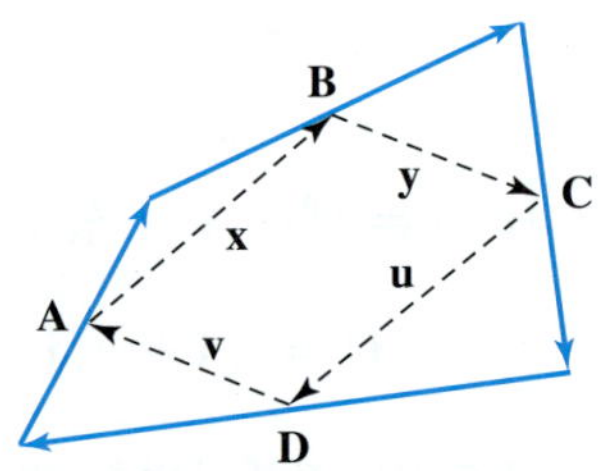

그림 5.9

보기 5.2

두 점 (−2, −4, 7), (9, 1, −7)을 지나는 직선의 방정식을 구해 보자.

먼저 두 점을 잇는 벡터는 $\mathbf{V} = 11\mathbf{i} + 5\mathbf{j} - 14\mathbf{k}$이고 구하려는 직선 L은 (−2, −4, 7)을 지나며 **V**와 평행하다. 따라서 L 위의 임의의 점 (x, y, z)에 대해 (−2, −4, 7)을 시작점으로 하고 (x, y, z)를 끝점으로 갖는 벡터는 벡터 **V**와 평행하므로

$$(x+2,\ y+4,\ z-7)=t(11,\ 5,\ -14) \qquad (t\in\mathbb{R})$$

가 되고

$$x=-2+11t\,, \quad y=-4+5t\,, \quad z=7-14t$$

라는 직선 L의 매개변수방정식을 얻게 된다. 다시 말하면 t가 실수상에서 움직일 때 점 $(-2 + 11t, -4 + 5t, 7 - 14t)$는 직선 L 위에서 움직이게 된다. $t = 0$일 때 점 (−2, −4, 7), $t = 1$일 때 점 (9, 1, −7)을 얻으므로 직선 L이 실제로 처음에 주어진 두 점을 지나게 됨을 알 수 있다. 직선 L의 방정식에서 t를 소거하

여 표준형으로 나타내면

$$\frac{x+2}{11}=\frac{y+4}{5}=-\frac{z-7}{14}$$

이다.

직선의 표준형을 쓸 때는 몇 가지 주의할 점이 있다. 예를 들어 (2, −1, 6)과 (−4, −1, 2)를 지나는 직선의 매개변수방정식은

$$x=2-6t\,,\quad y=-1\,,\quad z=6-4t\quad (t\in\mathbb{R})$$

가 되는데 t를 소거하여 표준형을 구해 보면

$$\frac{x-2}{-6}=\frac{z-6}{-4}\,,\quad y=-1$$

이 된다. 이 직선상의 모든 점의 y좌표는 −1이다. 즉, y = −1을 표준형에서 뺄 수 없다.

만약 $y=-1$을 빼고

$$\frac{x-2}{-6}=\frac{z-6}{-4}$$

이라 쓰면 이것은 직선의 방정식이 아니라 평면의 방정식이 된다.

위의 예에서 다룬 방법을 일반적으로 적용할 수 있다. 두 점 $P_0(x_0, y_0, z_0)$, $P_1(x_1, y_1, z_1)$을 지나는 직선의 방정식 L을 구해 보자(그림 5.10 참조). 직선 L은 P_0를 지나며 벡터 $(x_1-x_0, y_1-y_0, z_1-z_0)$와 평행하므로 L 위의 임의의 점 $P(x, y, z)$에 대해

$$(x-x_0\,,\,y-y_0\,,\,z-z_0)=t(x_1-x_0\,,\,y_1-y_0\,,\,z_1-z_0)\quad (t\in\mathbb{R})$$

가 된다. 따라서 직선 L의 매개변수방정식은

$$x=x_0+t(x_1-x_0)\,,\quad y=y_0+t(y_1-y_0)\,,\quad z=z_0+t(z_1-z_0)\quad (t\in\mathbb{R})$$

이다. 물론 각각 $t=0$, 1일 때 주어진 두 점 P_0, P_1을 지난다.

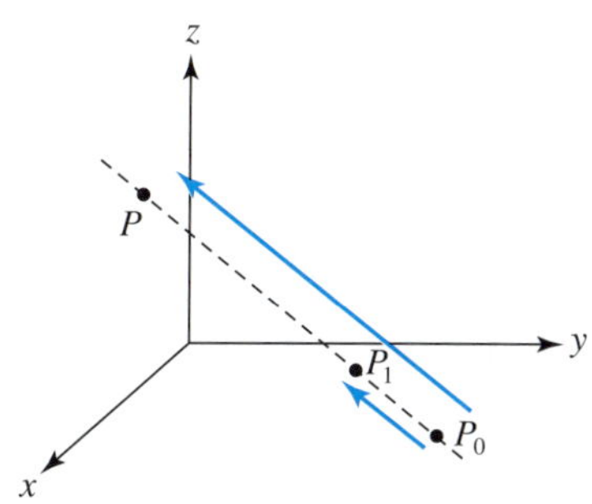

그림 5.10 직선의 매개변수방정식

보기 5.3

두 점 (1, −2, 4), (6, 2, −3)을 지나는 직선의 방정식을 구하기 위해 위의 일반적인 매개변수방정식에 대입하면

$$x=1+5t\,,\quad y=-2+4t\,,\quad z=4-7t$$

를 얻는다.

Math in Context | 외팔보

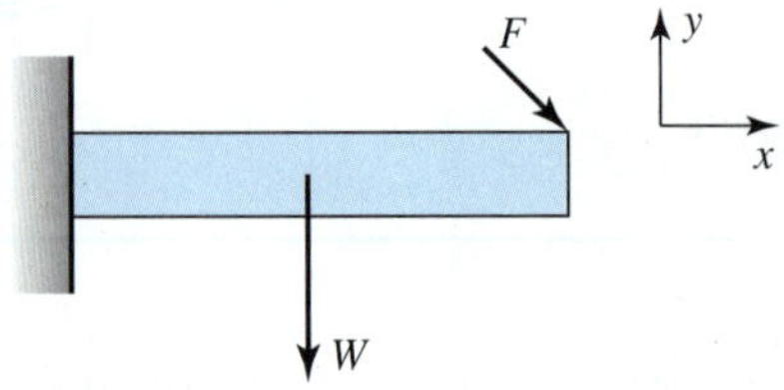

벡터의 개념은 공학의 여러 분야에서 이용된다. 한 가지 예로서 외팔보에 대해 알아보자. 외팔보란 그림과 같이 수평으로 놓인 보로서 한쪽 끝만 고정되어 있고 다른 쪽 끝은 허공에 떠 있는 것을 말한다. 이 외팔보에 가해지는 힘은 외팔보 자체의 중력 W와 별도로 외부에서 주어진 하중 F가 있다고 하자.

보가 받는 힘을 세 가지 다른 관점으로 해석할 수 있는데, 보의 길이인 x축 방향의 힘을 축력(axial force), 보에 수직인 y축 방향의 힘을 전단력(shear force), 보의 고정점을 중심으로 구부려지는 힘을 굽힘 모멘트(bending moment)라 한다. 이 예제에서 중력 W는 전단력과 굽힘 모멘트에 영향을 준다. 외부 하중 F의 효과를 이해하기 위해 F를 x축 방향의 성분 F_x와 y축 방향의 성분 F_y로 분해하자. 그러면 F_x는 축력에만 영향을 미치고, F_y는 전단력과 굽힘 모멘트에 영향을 주게 된다.

연습문제 5.1

문제 1부터 5까지 $\mathbf{F}+\mathbf{G}$, $\mathbf{F}-\mathbf{G}$, $2\mathbf{F}$, $3\mathbf{G}$, $\|\mathbf{F}\|$를 계산하여라.

1. $\mathbf{F}=2\mathbf{i}-3\mathbf{j}+5\mathbf{k}$, $\mathbf{G}=\sqrt{2}\,\mathbf{i}+6\mathbf{j}-5\mathbf{k}$

2. $\mathbf{F}=\mathbf{i}-3\mathbf{k}$, $\mathbf{G}=4\mathbf{j}$

3. $\mathbf{F}=2\mathbf{i}-5\mathbf{j}$, $\mathbf{G}=\mathbf{i}+5\mathbf{j}-\mathbf{k}$

4. $\mathbf{F}=\sqrt{2}\mathbf{i}-\mathbf{j}-6\mathbf{k}$, $\mathbf{G}=8\mathbf{i}+2\mathbf{k}$

5. $\mathbf{F}=\mathbf{i}+\mathbf{j}+\mathbf{k}$, $\mathbf{G}=2\mathbf{i}-2\mathbf{j}+2\mathbf{k}$

문제 6부터 9까지 주어진 길이를 갖고 첫 번째 점에서 두 번째 점으로 향하는 방향을 갖는 벡터를 구하라.

6. 5, (0, 1, 4), (−5, 2, 2)

7. 9, (1, 2, 1), (−4, −2, 3)

8. 12, (−4, 5, 1), (6, 2, −3)

9. 4, (0, 0, 1), (−4, 7, 5)

문제 10부터 15까지 주어진 점을 포함하는 직선의 매개변수방정식과 이 직선의 표준형을 구하라.

10. (1, 0, 4), (2, 1, 1)

11. (3, 0, 0), (−3, 1, 0)

12. (2, 5, 1), (6, 1, −2)

13. (0, 1, 3), (0, 0, 1)

14. (1, 0, −4), (2, −2, 5)

15. (2, −3, 6), (−1, 6, 4)

5.2 내적

정의 5.5 내적

두 벡터 $\mathbf{F} = a_1\mathbf{i} + b_1\mathbf{j} + c_1\mathbf{k}$와 $\mathbf{G} = a_2\mathbf{i} + b_2\mathbf{j} + c_2\mathbf{k}$의 **내적(dot product)** $\mathbf{F} \cdot \mathbf{G}$는 다음과 같이 정의한다.

$$\mathbf{F} \cdot \mathbf{G} = a_1a_2 + b_1b_2 + c_1c_2.$$

예를 들면

$$(\sqrt{3}\,\mathbf{i} + 4\mathbf{j} - \pi\mathbf{k}) \cdot (-2\mathbf{i} + 6\mathbf{j} + 3\mathbf{k}) = -2\sqrt{3} + 24 - 3\pi$$

이다. 두 벡터의 내적은 스칼라(실수)이므로 내적을 **스칼라적(scalar product)**이라고도 부른다. 벡터의 스칼라곱과 혼동하지 않게 주의하자.

정리 5.1 내적의 성질

$\mathbf{F}, \mathbf{G}, \mathbf{H}$는 벡터이고 α, β는 스칼라일 때

(1) $\mathbf{F}\cdot\mathbf{G} = \mathbf{G}\cdot\mathbf{F}$ (교환법칙)

(2) $(\mathbf{F}+\mathbf{G})\cdot\mathbf{H} = \mathbf{F}\cdot\mathbf{H} + \mathbf{G}\cdot\mathbf{H}$ (분배법칙)

(3) $\alpha(\mathbf{F}\cdot\mathbf{G}) = (\alpha\mathbf{F})\cdot\mathbf{G} = \mathbf{F}\cdot(\alpha\mathbf{G})$

(4) $\mathbf{F}\cdot\mathbf{F} = \|\mathbf{F}\|^2$

(5) $\mathbf{F}\cdot\mathbf{F} = 0 \Longleftrightarrow \mathbf{F} = \mathbf{O}$

(6) $\|\alpha\mathbf{F} + \beta\mathbf{G}\|^2 = \alpha^2\|\mathbf{F}\|^2 + 2\alpha\beta\mathbf{F}\cdot\mathbf{G} + \beta^2\|\mathbf{G}\|^2$

증명 (1)~(4)는 정의대로 직접 계산하면 증명할 수 있다. 영벡터는 길이가 0인 유일한 벡터이므로 (4)로부터 (5)를 곧바로 얻을 수 있다. (6)을 보이기 위해 (1)~(4)의 결과를 다음과 같이 이용한다.

$$\begin{aligned}\|\alpha\mathbf{F} + \beta\mathbf{G}\|^2 &= (\alpha\mathbf{F} + \beta\mathbf{G})\cdot(\alpha\mathbf{F} + \beta\mathbf{G}) \\ &= \alpha^2\mathbf{F}\cdot\mathbf{F} + \alpha\beta\mathbf{F}\cdot\mathbf{G} + \alpha\beta\mathbf{G}\cdot\mathbf{F} + \beta^2\mathbf{G}\cdot\mathbf{G} \\ &= \alpha^2\|\mathbf{F}\|^2 + 2\alpha\beta\mathbf{F}\cdot\mathbf{G} + \beta^2\|\mathbf{G}\|^2.\end{aligned}$$

■

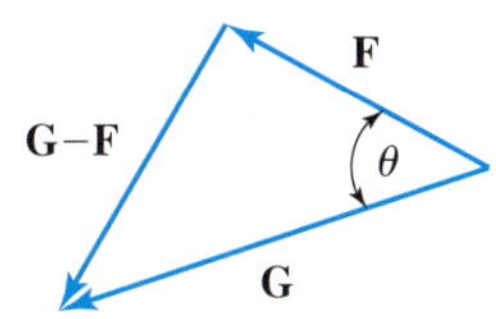

그림 5.11

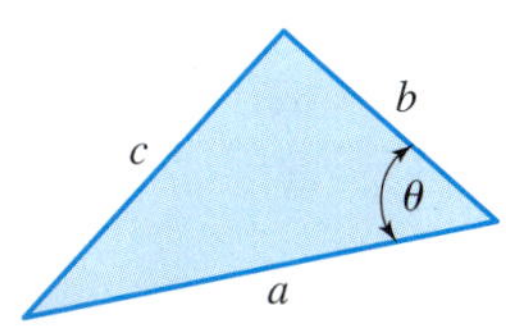

그림 5.12 코사인법칙: $a^2 + b^2 - 2ab\cos\theta = c^2$

두 벡터의 사이각을 결정하는 데 내적을 이용할 수 있다. 그림 5.11과 같이 $\mathbf{F}$와 $\mathbf{G}$를 같은점에서 출발하는 화살표로 표시하고 θ를 두 화살표의 사이각이라고 하자. $\mathbf{F}$의 끝점으로부터 $\mathbf{G}$의 끝점까지 화살표는 벡터 $\mathbf{G} - \mathbf{F}$를 나타내며, $\mathbf{F}, \mathbf{G}, \mathbf{G} - \mathbf{F}$의 세 벡터는 삼각형의 각 변을 이룬다. 한편 cos법칙에 의해(그림 5.12 참조)

$$a^2 + b^2 - 2ab\cos\theta = c^2 \tag{5.1}$$

이므로 그림 5.11에서 변의 길이가 $a = \|\mathbf{G}\|$, $b = \|\mathbf{F}\|$, $c = \|\mathbf{G} - \mathbf{F}\|$인 삼각형에 적용하고 정리 5.1(6)에서 $\alpha = -1$, $\beta = 1$이라 놓으면, 식 (5.1)은

$$\|\mathbf{G}\|^2 + \|\mathbf{F}\|^2 - 2\|\mathbf{G}\|\|\mathbf{F}\|\cos\theta = \|\mathbf{G}-\mathbf{F}\|^2 = \|\mathbf{G}\|^2 + \|\mathbf{F}\|^2 - 2\mathbf{G}\cdot\mathbf{F}$$

이다. 따라서

$$\mathbf{F}\cdot\mathbf{G} = \|\mathbf{F}\|\|\mathbf{G}\|\cos\theta$$

이고, **F**와 **G**가 모두 영벡터가 아니라고 가정하면

$$\cos\theta = \frac{\mathbf{F}\cdot\mathbf{G}}{\|\mathbf{F}\|\|\mathbf{G}\|} \tag{5.2}$$

가 된다. 여기서 $|\cos\theta| \le 1$이므로 다음을 얻는다.

정리 5.2 $\mathbb{R}^3$에서 Cauchy-Schwarz 부등식

F와 **G**가 $\mathbb{R}^3$의 벡터일 때

$$|\mathbf{F}\cdot\mathbf{G}| \le \|\mathbf{F}\|\|\mathbf{G}\|$$

이다. 여기서 등호가 성립할 조건은 **F**와 **G**가 서로 다른 벡터의 상수배인 경우이다.

Math in Context | 방향 코사인

방향 코사인이란 두 벡터의 사이각의 코사인을 뜻한다. 즉, 두 벡터 v_1과 v_2의 방향 코사인은

$$\cos\alpha = \frac{v_1\cdot v_2}{\|v_1\|\|v_2\|}$$

이다. 방향 코사인이 특히 많이 사용되는 경우는 주어진 벡터 v_1에 대해 v_2를 각 좌표축 방향의 단위 벡터로 선택한 경우이다. 이때의 방향 코사인들은

$$\cos\theta = \frac{v_1\cdot i}{\|v_1\|}, \quad \cos\varphi = \frac{v_1\cdot j}{\|v_1\|}, \quad \cos\gamma = \frac{v_1\cdot k}{\|v_1\|}$$

이다.

보기 5.4

$\mathbf{F} = -\mathbf{i} + 3\mathbf{j} + \mathbf{k}$와 $\mathbf{G} = 2\mathbf{j} - 4\mathbf{k}$라고 하자. **F**와 **G**의 사이각 θ에 대해

$$\cos\theta = \frac{(-\mathbf{i} + 3\mathbf{j} + \mathbf{k})\cdot(2\mathbf{j} - 4\mathbf{k})}{\|-\mathbf{i} + 3\mathbf{j} + \mathbf{k}\|\|2\mathbf{j} - 4\mathbf{k}\|}$$

$$= \frac{(-1)(0)+(3)(2)+(1)(-4)}{\sqrt{1^2+3^2+1^2}\sqrt{2^2+4^2}} = \frac{2}{\sqrt{220}}$$

이다. 따라서

$$\theta = \arccos\left(\frac{2}{\sqrt{220}}\right) \approx 1.436 \text{ rad}$$

이다.

보기 5.5

두 직선 L_1과 L_2의 매개변수방정식 표현을 각각

$$x = 1 + 6t, \quad y = 2 - 4t, \quad z = -1 + 3t,$$
$$x = 4 - 3p, \quad y = 2p, \quad z = -5 + 4p$$

라 하자. 여기서 매개변수 t와 p는 모든 실수이다. 두 직선이 만나는 점 $(1, 2, -1)$ (즉, $t = 0$일 때 L_1과 $p = 1$일 때 L_2)에서 직선들 간의 사이각을 구하자.

물론 두 직선이 교차하면 사이각은 두 개이고(그림 5.13) 두 각의 합은 π이다. 이들 중 하나의 각이 정해지면 나머지 각도 얻는다.

이 문제를 풀려면 먼저 각 직선과 평행한 벡터를 구하고 다음에 이 벡터들의 사이각을 구하면 된다. 직선 L_1과 평행한 벡터 $\mathbf{F}$를 구하기 위해 L_1상의 임의의 두 점, 즉 $(1, 2, -1)$과 $t = 1$일 때 $(7, -2, 2)$를 택하여 두 점 사이의 벡터를 구하면

$$\mathbf{F} = (7-1)\mathbf{i} + (-2-2)\mathbf{j} + (2-(-1))\mathbf{k} = 6\mathbf{i} - 4\mathbf{j} + 3\mathbf{k}$$

가 된다. 같은 방법으로 L_2상의 두 점, 즉 $(1, 2, -1)$과 $p = 0$일 때 $(4, 0, -5)$를 택하면 이 두 점이 이루는 벡터 $\mathbf{G}$는

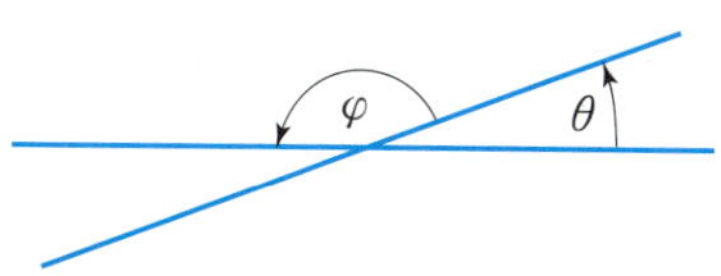

그림 5.13

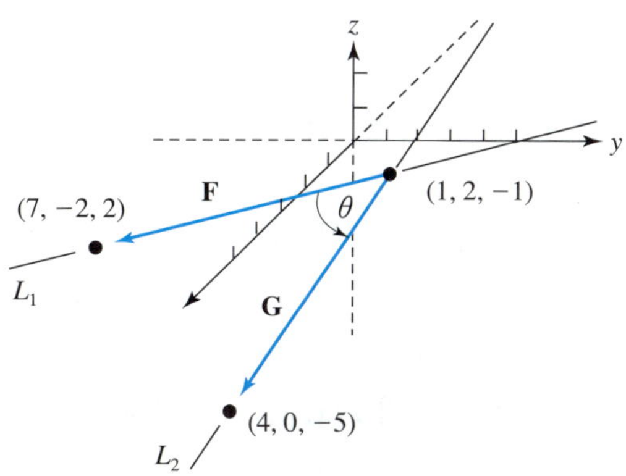

그림 5.14

$$\mathbf{G} = (4-1)\mathbf{i} + (0-2)\mathbf{j} + (-5-(-1))\mathbf{k} = 3\mathbf{i} - 2\mathbf{j} - 4\mathbf{k}$$

이다. 이 벡터들이 그림 5.14에 나타나 있다. 이 두 벡터 **F**와 **G**의 사이각에 대한 cosine 값을 구해 보면

$$\cos\theta = \frac{\mathbf{F}\cdot\mathbf{G}}{\|\mathbf{F}\|\|\mathbf{G}\|} = \frac{6(3)-4(-2)+3(-4)}{\sqrt{36+16+9}\sqrt{9+4+16}} = \frac{14}{\sqrt{1769}}.$$

직선들 사이의 각 중 하나는 $\theta = \cos^{-1}(14/\sqrt{1769}) \approx 1.23$ rad이다.

정의 5.6 수직벡터

영벡터가 아닌 임의의 두 벡터 **F**와 **G**의 사이각이 $\frac{\pi}{2}$이면 **F**와 **G**는 서로 수직이라 한다. 편의상 영벡터는 모든 벡터와 수직이라 정의한다. 그러면 식 (5.2)에 의해 임의의 두 벡터 **F**와 **G**가 수직이라는 것은 $\mathbf{F}\cdot\mathbf{G} = 0$과 동치이다.

보기 5.6

$\mathbf{F} = -4\mathbf{i} - \mathbf{j} + 2\mathbf{k}$, $\mathbf{G} = 2\mathbf{i} + 4\mathbf{k}$와 $\mathbf{H} = 6\mathbf{i} - \mathbf{j} - 2\mathbf{k}$라고 하자. 이때 $\mathbf{F}\cdot\mathbf{G} = 0$이므로 **F**와 **G**는 서로 수직이다. 그러나 $\mathbf{F}\cdot\mathbf{H}$와 $\mathbf{G}\cdot\mathbf{H}$는 0이 아니므로 **F**와 **H** 그리고 **G**와 **H**는 각각 수직이 아니다.

정리 5.1(6)은 **F**와 **G**가 서로 수직일 경우 더 간단하게 표현된다. 이 경우 $\mathbf{F}\cdot\mathbf{G} = 0$이고 더 나아가 $\alpha = \beta = 1$이라면

$$\|\mathbf{F}+\mathbf{G}\|^2 = \|\mathbf{F}\|^2 + \|\mathbf{G}\|^2$$

이라는 피타고라스 정리를 얻는다.

5.2.1 평면의 방정식

3차원 공간상의 한 평면 Π는 이 평면 위의 한점 P_0와 평면에 놓여있는 모든 벡터와 수직인 벡터 **N**에 의해 결정된다. 이 벡터 **N**을 평면 Π의 법선벡터라 한다(그림 5.15). 이제 점 P_0의 좌표는 (x_0, y_0, z_0)이고, 법선벡터 **N**은 $a\mathbf{i} + b\mathbf{j} + c\mathbf{k}$라 하자. 평면 위의 임의의 점 $P(x, y, z)$에 대해 P_0와 P를 연결한 벡터는 평면 Π에 놓여있으므로 **N**과 수직이다. 따라서

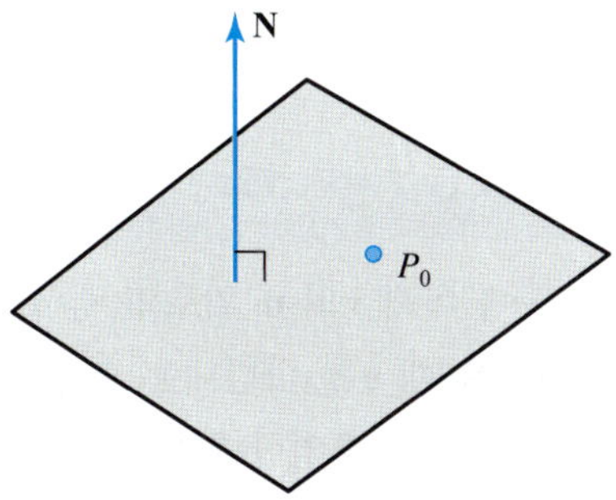

그림 5.15 평면과 법선벡터

$$((x-x_0)\mathbf{i}+(y-y_0)\mathbf{j}+(z-z_0)\mathbf{k})\cdot\mathbf{N}=0$$

이고, 이것을 정리하면

$$a(x-x_0)+b(y-y_0)+c(z-z_0)=0$$

이 된다. 이 식이 주어진 조건을 만족하는 평면의 방정식이다.

보기 5.7

점 $(-6, 1, 1)$을 포함하고 벡터 $\mathbf{N}=-2\mathbf{i}+4\mathbf{j}+\mathbf{k}$에 수직인 평면 Π의 방정식은

$$-2(x+6)+4(y-1)+(z-1)=0$$

이고, 정리하면

$$-2x+4y+z=17$$

이다.

평면의 방정식은

$$ax+by+cz=d$$

로 표현하면, 그 법선벡터는 $\mathbf{N}=a\mathbf{i}+b\mathbf{j}+c\mathbf{k}$임을 쉽게 알 수 있다. 또한 $\mathbf{N}$과 평행한 모든 벡터들이 주어진 평면의 법선벡터이다. 한편 평면의 방정식에서 a, b, c를 고정하고 d를 변경하면 원래 평면과 평행한 평면을 얻을 수 있다.

5.2.2 벡터의 정사영

정의 5.7 정사영

영벡터가 아닌 두 벡터 $\mathbf{u}$, $\mathbf{v}$에 대해 $\mathbf{v}$의 $\mathbf{u}$ 위로의 **정사영** $\text{proj}_{\mathbf{u}}\mathbf{v}$는 $\mathbf{u}$, $\mathbf{v}$를 시작점이 같은 화살표들로 표현했을 때 $\mathbf{u}$를 나타내는 화살표를 따라 확장한 직선 위에 $\mathbf{v}$를 나타내는 화살표를 수직으로 투영한 화살표가 나타내는 벡터로 정의한다.

정리 5.3

영벡터가 아닌 두 벡터 $\mathbf{u}$, $\mathbf{v}$에 대해 $\mathbf{v}$의 $\mathbf{u}$ 위로의 정사영은

$$\text{proj}_{\mathbf{u}}\mathbf{v} = \frac{\mathbf{u}\cdot\mathbf{v}}{\|\mathbf{u}\|^2}\mathbf{u}$$

이다.

증명 그림 5.16처럼 $\mathbf{u}$와 $\mathbf{v}$ 사이의 사이각을 θ라 하면 $\cos\theta = \dfrac{d}{\|\mathbf{v}\|}$이므로

$$\text{proj}_{\mathbf{u}}\mathbf{v} = d\frac{\mathbf{u}}{\|\mathbf{u}\|} = \|\mathbf{v}\|\cos\theta\frac{\mathbf{u}}{\|\mathbf{u}\|} = \frac{\mathbf{u}\cdot\mathbf{v}}{\|\mathbf{u}\|^2}\mathbf{u}$$

이다. ■

예를 들어 벡터 $\mathbf{v} = 4\mathbf{i} - \mathbf{j} + 2\mathbf{k}$의 벡터 $\mathbf{u} = \mathbf{i} - \mathbf{j} + 2\mathbf{k}$ 위로의 정사영은

$$\text{proj}_{\mathbf{u}}\mathbf{v} = \frac{\mathbf{u}\cdot\mathbf{v}}{\|\mathbf{u}\|^2}\mathbf{u} = \frac{9}{6}\mathbf{u} = \frac{3}{2}(\mathbf{i} - \mathbf{j} + 2\mathbf{k})$$

이다. 만약 벡터 $\mathbf{v}$를 힘으로 생각하면 $\text{proj}_{\mathbf{u}}\mathbf{v}$는 힘 $\mathbf{v}$가 $\mathbf{u}$ 방향으로 작용하는 힘으로 해석할 수 있다.

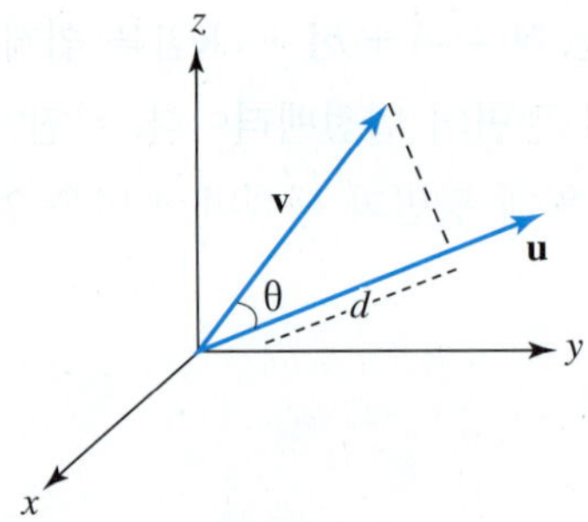

그림 5.16 $\mathbf{v}$의 $\mathbf{u}$ 위로의 정사영 벡터

Math in Context | 외팔보의 정적해석 I

구조역학에서 정적해석이란 물체가 정지상태에 있기 위해 작용하는 힘을 분석하는 것이다. 외팔보의 경우 고정된 한쪽 끝점에서 작용하는 축력, 전단력, 굽힘 모멘트를 계산할 수 있다. 정사영의 개념을 이용하면 외부하중 F를 x축 방향 성분과 y축 방향 성분으로 분해할 수 있다. 외부하중이 $F=(2, -2)$일 때 x축 방향의 단위벡터 x와 y축 방향의 단위벡터 y를 이용하여 계산하면

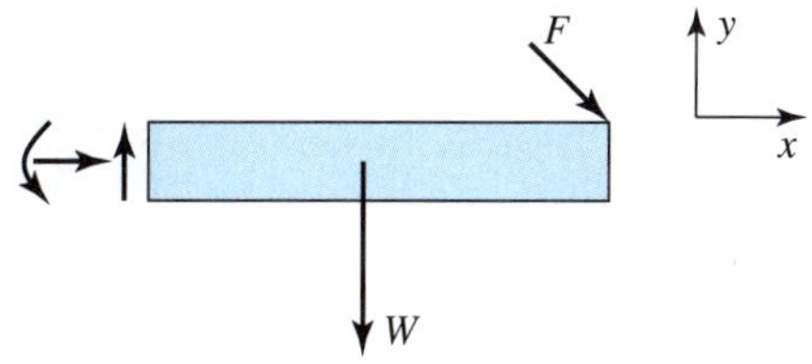

$$\text{proj}_{\mathbf{x}}F = \frac{F \cdot \mathbf{x}}{\|\mathbf{x}\|}\mathbf{x} = (2,\ 0),$$

$$\text{proj}_{\mathbf{y}}F = \frac{F \cdot \mathbf{y}}{\|\mathbf{y}\|}\mathbf{y} = (0,\ -2)$$

임을 알 수 있다.

연습문제 5.2

문제 1부터 6까지 주어진 벡터의 내적과 사이각의 cosine 값을 구하고 이들이 수직인지를 판정하여라.

1. $\mathbf{i},\ 2\mathbf{i} - 3\mathbf{j} + \mathbf{k}$
2. $2\mathbf{i} - 6\mathbf{j} + \mathbf{k},\ \mathbf{i} - \mathbf{j}$
3. $-4\mathbf{i} - 2\mathbf{j} + 3\mathbf{k},\ 6\mathbf{i} - 2\mathbf{j} - \mathbf{k}$
4. $8\mathbf{i} - 3\mathbf{j} + 2\mathbf{k},\ -8\mathbf{i} - 3\mathbf{j} + \mathbf{k}$
5. $\mathbf{i} - 3\mathbf{k},\ 2\mathbf{j} + 6\mathbf{k}$
6. $\mathbf{i} + \mathbf{j} + 2\ \mathbf{k},\ \mathbf{i} - \mathbf{j} + 2\mathbf{k}$

문제 7부터 12까지 다음에 주어진 점을 지나고 주어진 벡터를 법선벡터로 하는 평면의 방정식을 구하라.

7. $(-1,\ 1,\ 2),\ 3\mathbf{i} - \mathbf{j} + 4\mathbf{k}$
8. $(-1,\ 0,\ 0),\ \mathbf{i} - 2\mathbf{j}$
9. $(2,\ -3,\ 4),\ 8\mathbf{i} - 6\mathbf{j} + 4\mathbf{k}$
10. $(-1,\ -1,\ -5),\ -3\mathbf{i} + 2\mathbf{j}$
11. $(0,\ -1,\ 4),\ 7\mathbf{i} + 6\mathbf{j} - 5\mathbf{k}$
12. $(-2,\ 1,\ -1),\ 4\mathbf{i} + 3\mathbf{j} + \mathbf{k}$

문제 13부터 17까지 $\mathbf{v}$의 $\mathbf{u}$ 위로의 정사영을 구하라.

13. $\mathbf{v} = \mathbf{i} - \mathbf{j} + 4\ \mathbf{k},\ \mathbf{u} = -3\mathbf{i} + 2\mathbf{j} - \mathbf{k}$
14. $\mathbf{v} = 5\mathbf{i} + 2\mathbf{j} - 3\mathbf{k},\ \mathbf{u} = \mathbf{i} - 5\mathbf{j} + 2\mathbf{k}$
15. $\mathbf{v} = -\mathbf{i} + 3\mathbf{j} + 6\mathbf{k},\ \mathbf{u} = 2\mathbf{i} + 7\mathbf{j} - 3\mathbf{k}$
16. $\mathbf{v} = 7\mathbf{i} + 3\mathbf{j} - 9\mathbf{k},\ \mathbf{u} = 4\mathbf{i} + 9\mathbf{j} - 2\mathbf{k}$
17. $\mathbf{v} = -6\mathbf{i} - 12\mathbf{j} + 3\mathbf{k},\ \mathbf{u} = -9\mathbf{i} + 3\mathbf{j} + 4\mathbf{k}$

5.3 외적

정의 5.8 외적

두 벡터 $\mathbf{F} = a_1\mathbf{i} + a_2\mathbf{j} + a_3\mathbf{k}$와 $\mathbf{G} = b_1\mathbf{i} + b_2\mathbf{j} + b_3\mathbf{k}$의 **외적(cross product)** $\mathbf{F} \times \mathbf{G}$는

$$\mathbf{F} \times \mathbf{G} = (a_2 b_3 - a_3 b_2)\mathbf{i} + (a_3 b_1 - a_1 b_3)\mathbf{j} + (a_1 b_2 - a_2 b_1)\mathbf{k}$$

로 정의된 벡터이다.

두 벡터를 내적하면 스칼라가 되는데 그에 반해 두 벡터를 외적하면 벡터가 된다. 외적은 3×3 행렬식으로 표현하면 기억하기 쉽다. 행렬식의 첫 번째 행은 기본 단위벡터로, 두 번째 행은 $\mathbf{F}$의 성분으로, 세 번째 행은 $\mathbf{G}$의 성분으로 놓는다. 이 행렬식을 첫 번째 행에 대해 전개하여 계산하면

$$\begin{aligned}\begin{vmatrix} \mathbf{i} & \mathbf{j} & \mathbf{k} \\ a_1 & a_2 & a_3 \\ b_1 & b_2 & b_3 \end{vmatrix} &= \begin{vmatrix} a_2 & a_3 \\ b_2 & b_3 \end{vmatrix}\mathbf{i} - \begin{vmatrix} a_1 & a_3 \\ b_1 & b_3 \end{vmatrix}\mathbf{j} + \begin{vmatrix} a_1 & a_2 \\ b_1 & b_2 \end{vmatrix}\mathbf{k} \\ &= (a_2 b_3 - a_3 b_2)\mathbf{i} + (a_3 b_1 - a_1 b_3)\mathbf{j} + (a_1 b_2 - a_2 b_1)\mathbf{k} \\ &= \mathbf{F} \times \mathbf{G}\end{aligned}$$

이다. 예를 들면

$$\begin{aligned}(\mathbf{i} + 2\mathbf{j} - 3\mathbf{k}) \times (-2\mathbf{i} + \mathbf{j} + 4\mathbf{k}) &= \begin{vmatrix} \mathbf{i} & \mathbf{j} & \mathbf{k} \\ 1 & 2 & -3 \\ -2 & 1 & 4 \end{vmatrix} \\ &= \begin{vmatrix} 2 & -3 \\ 1 & 4 \end{vmatrix}\mathbf{i} - \begin{vmatrix} 1 & -3 \\ -2 & 4 \end{vmatrix}\mathbf{j} + \begin{vmatrix} 1 & 2 \\ -2 & 1 \end{vmatrix}\mathbf{k} \\ &= 11\mathbf{i} + 2\mathbf{j} + 5\mathbf{k}\end{aligned}$$

이다. 행렬식에서 두 행을 서로 바꾸면 부호가 바뀐다. 이것은 외적에서 $\mathbf{F}$와 $\mathbf{G}$의 곱의 순서를 바꾼다면 결과적으로 부호가 바뀐다는 것을 의미한다. 즉,

$$\mathbf{F} \times \mathbf{G} = -(\mathbf{G} \times \mathbf{F})$$

이므로 내적과 달리 외적은 교환법칙이 성립하지 않으며 연산의 순서가 중요하다.

외적에 관한 몇몇 법칙들을 다음 정리를 통해 알아보자.

정리 5.4 외적의 성질

$\mathbf{F}$, $\mathbf{G}$, $\mathbf{H}$는 벡터이고 α는 스칼라라고 하자. 그러면

(1) $\mathbf{F} \times \mathbf{G} = -(\mathbf{G} \times \mathbf{F})$

(2) $\mathbf{F} \times \mathbf{G}$는 $\mathbf{F}$와 $\mathbf{G}$에 각각 수직이다.

(3) $\|\mathbf{F} \times \mathbf{G}\| = \|\mathbf{F}\|\|\mathbf{G}\|\sin\theta$, 여기서 θ는 $\mathbf{F}$와 $\mathbf{G}$의 사이각이다.

(4) 영벡터가 아닌 $\mathbf{F}$와 $\mathbf{G}$에 대해 $\mathbf{F} \times \mathbf{G} = \mathbf{O}$일 필요충분조건은 $\mathbf{F}$와 $\mathbf{G}$가 평행인 것이다.

(5) $\mathbf{F} \times (\mathbf{G} + \mathbf{H}) = \mathbf{F} \times \mathbf{G} + \mathbf{F} \times \mathbf{H}$

(6) $\alpha(\mathbf{F} \times \mathbf{G}) = (\alpha\mathbf{F}) \times \mathbf{G} = \mathbf{F} \times (\alpha\mathbf{G})$

증명 위 식들에 대한 증명은 대부분 단순한 계산이다. (2)와 (3)을 증명해 보자.

$$(2):\quad \mathbf{F}\cdot(\mathbf{F}\times\mathbf{G}) = a_1(a_2b_3 - a_3b_2) + a_2(a_3b_1 - a_1b_3) + a_3(a_1b_2 - a_2b_1) = 0$$

이므로 $\mathbf{F}$는 $\mathbf{F} \times \mathbf{G}$와 수직이다. 같은 방법으로 $\mathbf{G}$도 $\mathbf{F} \times \mathbf{G}$와 수직임을 알 수 있다.

$$\begin{aligned}(3):\quad \|\mathbf{F}\times\mathbf{G}\|^2 &= (a_2b_3 - a_3b_2)^2 + (a_3b_1 - a_1b_3)^2 + (a_1b_2 - a_2b_1)^2 \\ &= (a_1^2 + a_2^2 + a_3^2)(b_1^2 + b_2^2 + b_3^2) - (a_1b_1 + a_2b_2 + a_3b_3)^2 \\ &= \|\mathbf{F}\|^2\|\mathbf{G}\|^2 - (\mathbf{F}\cdot\mathbf{G})^2 \\ &= \|\mathbf{F}\|^2\|\mathbf{G}\|^2 - \|\mathbf{F}\|^2\|\mathbf{G}\|^2\cos^2\theta \\ &= \|\mathbf{F}\|^2\|\mathbf{G}\|^2(1 - \cos^2\theta) \\ &= \|\mathbf{F}\|^2\|\mathbf{G}\|^2\sin^2\theta\end{aligned}$$

이다. 이때 $0 \le \theta \le \pi$이므로 양변의 제곱근을 구하면 (3)을 얻는다. ■

영벡터가 아닌 $\mathbf{F}$와 $\mathbf{G}$가 평행하지 않으면 시작점을 같게 했을 때 이 벡터들이 나타내는 화살표들은 3차원 공간에서 한 평면을 결정한다(그림 5.17). 그런데 $\mathbf{F} \times \mathbf{G}$는 이 평면에 수직이다(그림 5.18). 특히, 오른손으로 $\mathbf{F}$에서 $\mathbf{G}$로 둥글게 말아 쥘

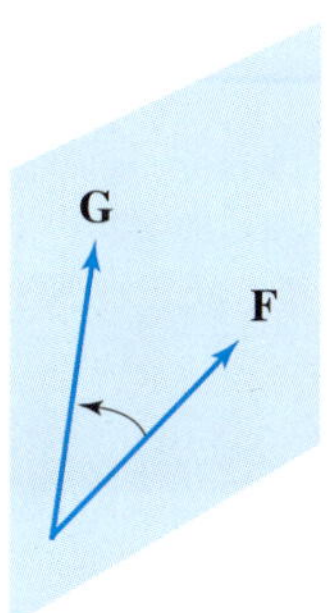

그림 5.17 F와 G로 얻은 평면

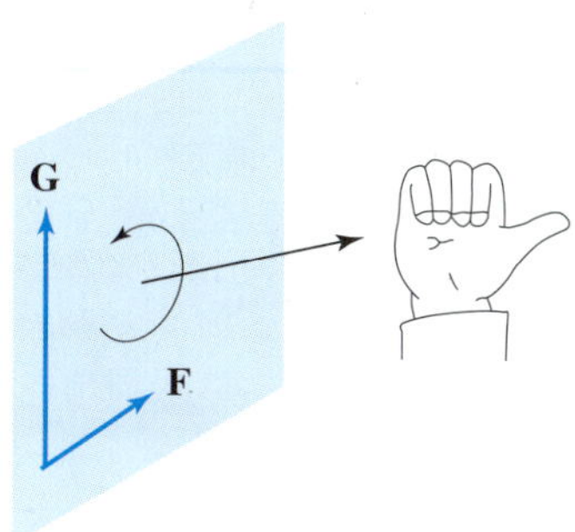

그림 5.18 오른손법칙에 의해 $\mathbf{F} \times \mathbf{G}$의 방향을 결정한다.

때 엄지손가락이 가리키는 방향이 $\mathbf{F} \times \mathbf{G}$의 방향이 된다. 이것을 **오른손법칙**이라고 부른다. 간단한 예로 $\mathbf{i} \times \mathbf{j} = \mathbf{k}$이다. 3차원에서 이러한 세 벡터를 표준 오른손좌표계라고 정의한다. $\mathbf{G} \times \mathbf{F}$와 $\mathbf{F} \times \mathbf{G}$는 반대 방향을 가리킨다는 사실 역시 오른손법칙을 통해 재확인할 수 있다.

정리 5.4(4)를 이용하면 세 점 P, Q, R이 같은 직선 위에 놓여있는지 쉽게 확인할 수 있다. P에서 Q까지의 벡터를 $\mathbf{F}$라 하고, P에서 R까지의 벡터를 $\mathbf{G}$라 하면, 세 점이 같은 직선 위에 있다는 뜻은 $\mathbf{F}$와 $\mathbf{G}$가 평행하다는 것이고, 이는 $\mathbf{F} \times \mathbf{G} = \mathbf{0}$과 동치이다.

세 점 P, Q, R이 같은 직선 위에 놓여있지 않다면, 정리 5.4(2)를 이용하여 주어진 세 점을 지나는 평면을 구할 수 있다. 위에서와 같이 $\mathbf{F}$와 $\mathbf{G}$를 정의하면, $\mathbf{F}$와 $\mathbf{G}$가 평행하지 않으므로 그 외적 $\mathbf{N} = \mathbf{F} \times \mathbf{G}$는 영벡터가 아니고, $\mathbf{F}$와 $\mathbf{G}$에 각각 수직이다. 따라서 $\mathbf{N}$은 $\mathbf{F}$와 $\mathbf{G}$에 의해 결정되는 평면의 법선벡터이다. 이 법선벡터와 세 점 중 한 점을 이용하여 평면의 방정식을 구할 수 있다.

보기 5.8

세 점 $P(-1, 4, 2)$, $Q(6, -2, 8)$, $R(5, -1, -1)$을 지나는 평면의 방정식을 구해보자. P에서 Q까지의 벡터 $\mathbf{F}$와 P에서 R까지의 벡터 $\mathbf{G}$는 각각

$$\mathbf{F} = 7\mathbf{i} - 6\mathbf{j} + 6\mathbf{k}, \quad \mathbf{G} = 6\mathbf{i} - 5\mathbf{j} - 3\mathbf{k}$$

이고, 그 외적은

$$\mathbf{N} = \mathbf{F} \times \mathbf{G} = 48\mathbf{i} + 57\mathbf{j} + \mathbf{k}$$

이다. 이제 점 P를 지나고 법선벡터가 $\mathbf{N}$인 평면의 방정식을 구하면

$$48(x + 1) + 57(y - 4) + z - 2 = 0$$

이고, 정리하면

$$48x + 57y + z = 182$$

이다.

Math in Context | 외팔보의 정적해석 II

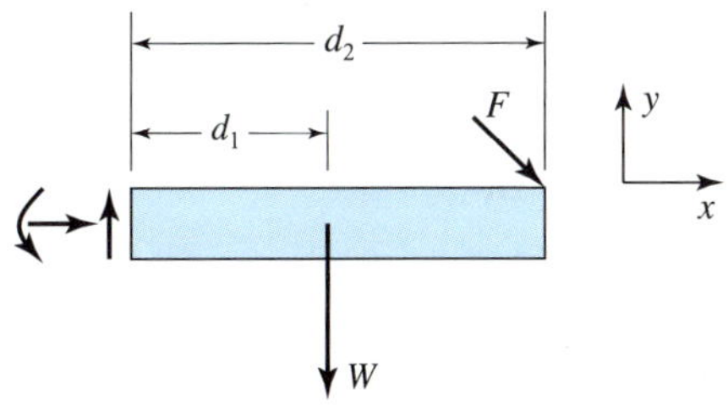

자체의 중력 $W = (0,\ -2,\ 0)$와 외부하중 $F = (2,\ -2,\ 0)$가 가해진 채 정지상태에 있는 외팔보에서 발생하는 내부 반작용력 F_R과 내부 반작용 굽힘 모멘트 M_R을 구해 보자.

외팔보 전체의 길이 d_2는 2이고, 왼쪽 고정점에서 중력 W가 가해지는 무게중심까지의 거리 d_1는 1이다. 먼저 외팔보에 작용하는 모든 힘의 합이 $\mathbf{0}$이어야 하므로

$$F_R + W + F = \mathbf{0}$$

이다. 이 식의 x방향 성분을 보면

$$F_{R,x} + W_x + F_x = F_{R,x} + (0,\ 0,\ 0) + (2,\ 0,\ 0) = \mathbf{0}$$

이므로 $F_{R,x} = (-2,\ 0,\ 0)$이다. 또한 y방향 성분을 보면

$$F_{R,y} + W_y + F_y = F_{R,y} + (0,\ -2,\ 0) + (0,\ -2,\ 0) = \mathbf{0}$$

이므로 $F_{R,y} = (0,\ 4,\ 0)$이다. 따라서 내부 반작용력 F_R은 $(-2,\ 4,\ 0)$이다.

이제 굽힘 모멘트에 대해 알아보자. 어떤 물체의 한 점이 고정되어 있을 때 이 고정점을 원점으로 보자. 이 물체에서 위치벡터가 r인 점에 힘 F가 가해질 경우 발생하는 모멘트 M은

$$M = r \times F$$

로 정의된다.

외팔보의 고정점에서 본 무게 중심의 위치 벡터는 $d_1 = (1,\ 0,\ 0)$이고 외부하중 F가 작용하는 점의 위치 벡터는 $d_1 = (2,\ 0,\ 0)$이다. 따라서 중력 W에 의해 발생하는 모멘트는 $d_1 \times W = (0,\ 0,\ -2)$이고 외부하중 F에 의해 발생하는 모멘트는 $d_2 \times F = (0,\ 0,\ -4)$이다. 이 모멘트들과 외팔보 내부의 반작용 모멘트 M_R의 합이 0이어야 하므로

$$M_R + d_1 \times W + d_2 \times F = 0$$

으로부터

$$M_R = -d_1 \times W - d_2 \times F = (0,\ 0,\ 6)$$

임을 알 수 있다. 위 그림에서 모멘트들은 xy 평면에 수직인 벡터로 표현됨을 주의하자.

연습문제 5.3

문제 1부터 4까지 $\mathbf{F} \times \mathbf{G}$와 $\mathbf{G} \times \mathbf{F}$를 각각 계산하라.

1. $\mathbf{F} = -3\mathbf{i} + 6\mathbf{j} + \mathbf{k}$, $\mathbf{G} = -\mathbf{i} - 2\mathbf{j} + \mathbf{k}$

2. $\mathbf{F} = 6\mathbf{i} - \mathbf{k}$, $\mathbf{G} = \mathbf{j} + 2\mathbf{k}$

3. $\mathbf{F} = 2\mathbf{i} - 3\mathbf{j} + 4\mathbf{k}$, $\mathbf{G} = -3\mathbf{i} + 2\mathbf{j}$

4. $\mathbf{F} = 8\mathbf{i} + 6\mathbf{j}$, $\mathbf{G} = 14\,\mathbf{j}$

문제 5부터 9까지 다음 각 점들이 같은 직선 위에 놓여있는지 판정하여라. 그렇지 않은 경우 세 점을 지나는 평면의 방정식을 구하라.

5. $(-1, 1, 6)$, $(2, 0, 1)$, $(3, 0, 0)$

6. $(4, 1, 1)$, $(-2, -2, 3)$, $(6, 0, 1)$

7. $(1, 0, -2)$, $(0, 0, 0)$, $(5, 1, 1)$

8. $(0, 0, 2)$, $(-4, 1, 0)$, $(2, -1, -1)$

9. $(-4, 2, -6)$, $(1, 1, 3)$, $(-2, 4, 5)$

문제 10부터 12까지 주어진 평면에 수직인 법선벡터를 구하라.

10. $8x - y + z = 12$

11. $x - y + 2z = 0$

12. $x - 3y + 2x = 9$

13. $\mathbf{F}$와 $\mathbf{G}$는 출발점이 같고 서로 평행하지 않는 벡터들이다. 이 벡터들을 두 변으로 가지는 평행사변형이 넓이가

$$\|\mathbf{F} \times \mathbf{G}\|$$

임을 보여라.

14. 출발점이 같은 세 벡터 $\mathbf{F}$, $\mathbf{G}$, $\mathbf{H}$를 모서리로 가지는 평행육면체의 부피가

$$|\mathbf{F} \cdot (\mathbf{G} \times \mathbf{H})|$$

임을 보여라. 이 값을 세 벡터 $\mathbf{F}$, $\mathbf{G}$, $\mathbf{H}$의 스칼라 삼중적(scalar triple product)이라 한다.

5.4 벡터공간 $\mathbb{R}^n$

정의 5.9 n**차원 벡터**

n개의 실수를 성분으로 갖는 벡터 $(x_1, x_2, \cdots, x_n)$을 n차원 벡터라 한다. 모든 n차원 벡터의 집합은 $\mathbb{R}^n$으로 표기한다.

$\mathbb{R}^2$는 두 성분을 갖는 벡터 (x, y)들로 구성되어 있다. 그러한 2차원 벡터는 자연스럽게 평면상의 한 점과 대응된다. $\mathbb{R}^3$의 원소는 3차원 벡터 또는 공간상의 점으로 볼 수 있다. $\mathbb{R}^n$은 행렬, 1차 연립방정식, 선형 연립 미분방정식 등을 다룰 때 유용한 대수적인 구조를 갖고 있다.

정의 5.10

(1) 두 n차원 벡터 $(x_1, x_2, \cdots, x_n)$, $(y_1, y_2, \cdots, y_n)$이 같을 때는 오직 $x_1 = y_1$, $x_2 = y_2$, $\cdots$, $x_n = y_n$일 때이다.

(2) $\mathbb{R}^n$상의 영벡터는 각 성분이 0인 n차원 벡터, 즉 $\mathbf{O} = (0, 0, \cdots, 0)$이다.

(3) 두 개의 n차원 벡터의 합은 벡터의 각 성분끼리 더하여 얻는다.

$$(x_1, x_2, \cdots, x_n) + (y_1, y_2, \cdots, y_n) = (x_1 + y_1, x_2 + y_2, \cdots, x_n + y_n).$$

(4) n차원 벡터와 스칼라의 곱은 벡터의 각 성분에 스칼라를 곱하여 얻는다.

$$\alpha(x_1, x_2, \cdots, x_n) = (\alpha x_1, \alpha x_2, \cdots, \alpha x_n).$$

$\mathbb{R}^n$에서의 대수적인 법칙들은 $\mathbb{R}^3$에서와 같다.

정리 5.5

$\mathbf{F}$, $\mathbf{G}$, $\mathbf{H}$가 $\mathbb{R}^n$의 벡터이고 α, β는 임의의 실수라고 하자. 그러면

(1) $\mathbf{F} + \mathbf{G} = \mathbf{G} + \mathbf{F}$

(2) $\mathbf{F} + (\mathbf{G} + \mathbf{H}) = (\mathbf{F} + \mathbf{G}) + \mathbf{H}$

(3) $\mathbf{F} + \mathbf{O} = \mathbf{F}$

(4) $(\alpha + \beta)\mathbf{F} = \alpha\mathbf{F} + \beta\mathbf{F}$

(5) $(\alpha\beta)\mathbf{F} = \alpha(\beta\mathbf{F})$

(6) $\alpha(\mathbf{F} + \mathbf{G}) = \alpha\mathbf{F} + \alpha\mathbf{G}$

(7) $\alpha\mathbf{O} = \mathbf{O}$

어떤 집합의 원소들 사이의 합과 스칼라곱이 정의되어 있고 이 연산들이 정리 5.5의 성질을 가지고 있을 때, 이 집합을 **벡터공간(vector space)**이라고 부른다. $\mathbb{R}^n$은 벡터공간의 대표적인 예이다.

n차원 벡터 $\mathbf{F} = (x_1, x_2, \cdots, x_n)$의 **크기(norm)**는

$$\|\mathbf{F}\| = \sqrt{x_1^2 + x_2^2 + \cdots + x_n^2}$$

으로 정의한다. 이 크기는 $\mathbb{R}^n$에서 거리 개념을 정의할 때 사용한다. 두 점 $P(x_1, x_2, \cdots, x_n)$, $Q(y_1, y_2, \cdots, y_n)$에 대응하는 두 벡터들을 각각 $\mathbf{F} = (x_1, x_2, \cdots, x_n)$, $\mathbf{G} = (y_1, y_2, \cdots, y_n)$이라 두면 두 점 사이의 거리는 $\mathbf{F}$와 $\mathbf{G}$의 차의 크기이다.

$$P\text{와 } Q \text{ 사이의 거리} = \|\mathbf{F} - \mathbf{G}\| = \sqrt{(x_1 - y_1)^2 + (x_2 - y_2)^2 + \cdots + (x_n - y_n)^2}.$$

$n > 3$일 때 $\mathbb{R}^n$에서 외적은 정의하지 않는다. 그러나 내적은 n차원 벡터까지 확장된다.

정의 5.11 ***n*차원 벡터의 내적**

두 n차원 벡터 $(x_1, x_2, \cdots, x_n)$과 $(y_1, y_2, \cdots, y_n)$의 내적은 다음과 같이 정의한다.

$$(x_1, x_2, \cdots, x_n)\cdot(y_1, y_2, \cdots, y_n) = x_1 y_1 + x_2 y_2 + \cdots + x_n y_n.$$

정리 5.1의 모든 결론은 n차원 벡터일 때도 성립한다. 그러므로 정리 5.6은 자연스럽다.

정리 5.6

$\mathbf{F}$, $\mathbf{G}$, $\mathbf{H}$는 n차원 벡터이고 α, β가 스칼라라고 하자. 그러면

(1) $\|\alpha\mathbf{F}\| = |\alpha|\|\mathbf{F}\|$

(2) $\|\mathbf{F}+\mathbf{G}\| \le \|\mathbf{F}\| + \|\mathbf{G}\|$ (삼각부등식)

(3) $\mathbf{F}\cdot\mathbf{G} = \mathbf{G}\cdot\mathbf{F}$ (교환법칙)

(4) $(\mathbf{F}+\mathbf{G})\cdot\mathbf{H} = \mathbf{F}\cdot\mathbf{H} + \mathbf{G}\cdot\mathbf{H}$ (분배법칙)

(5) $\alpha(\mathbf{F}\cdot\mathbf{G}) = (\alpha\mathbf{F})\cdot\mathbf{G} = \mathbf{F}\cdot(\alpha\mathbf{G})$

(6) $\mathbf{F}\cdot\mathbf{F} = \|\mathbf{F}\|^2$

(7) $\mathbf{F}\cdot\mathbf{F} = 0 \Leftrightarrow \mathbf{F} = \mathbf{O}$

(8) $\|\alpha\mathbf{F}+\beta\mathbf{G}\|^2 = \alpha^2\|\mathbf{F}\|^2 + 2\alpha\beta\mathbf{F}\cdot\mathbf{G} + \beta^2\|\mathbf{G}\|^2$

$\mathbb{R}^n$상의 두 벡터 $\mathbf{F}$와 $\mathbf{G}$의 사이각의 cosine값을 다음과 같이 정의한다.

$$\cos\theta = \begin{cases} 0 & \text{만약 } \mathbf{F} \text{ 또는 } \mathbf{G}\text{가 } \mathbf{O}\text{벡터일 때,} \\ (\mathbf{F}\cdot\mathbf{G})/(\|\mathbf{F}\|\|\mathbf{G}\|) & \text{만약 } \mathbf{F}\neq\mathbf{O}\text{이고 } \mathbf{G}\neq\mathbf{O}\text{일 때.} \end{cases}$$

이는 $\mathbb{R}^3$에서의 관계식을 일반화한 것이다. $\mathbb{R}^3$에서처럼 두 n차원 벡터 $\mathbf{F}$, $\mathbf{G}$가 서로 수직이라는 것을 $\mathbf{F}$와 $\mathbf{G}$의 내적이 0일 때로 정의하는게 자연스럽다. 따라서 $\mathbf{F}$, $\mathbf{G}$ 사이의 사이각이 $\frac{\pi}{2}$이거나 $\mathbf{F}$ 또는 $\mathbf{G}$가 영벡터이면 $\mathbf{F}$와 $\mathbf{G}$는 서로 수직이다. 만약 $\mathbf{F}$와 $\mathbf{G}$가 서로 수직이면 $\mathbf{F}\cdot\mathbf{G} = 0$이 되고, 정리 5.6 (8)에서 $\alpha = \beta = 1$일 때 $\mathbb{R}^n$상의 피타고라스 정리

$$\|\mathbf{F}+\mathbf{G}\|^2 = \|\mathbf{F}\|^2 + \|\mathbf{G}\|^2$$

을 얻는다.

좌표축 방향의 단위벡터들

$$\begin{aligned} \mathbf{e}_1 &= (1, 0, 0, \cdots, 0), \\ \mathbf{e}_2 &= (0, 1, 0, \cdots, 0), \\ &\vdots \\ \mathbf{e}_n &= (0, 0, \cdots, 0, 1) \end{aligned}$$

을 $\mathbb{R}^n$의 표준 기저벡터라 정의한다. 크기가 1이고 서로 수직인 벡터들은 정규직교(orthonormal)라 하는데 $\mathbf{e}_1, \mathbf{e}_2, \cdots, \mathbf{e}_n$은 정규직교이다. 임의의 n차원 벡터는 다음과 같은 표준꼴로 쓸 수 있다.

$$(x_1, x_2, \cdots, x_n) = x_1\mathbf{e}_1 + x_2\mathbf{e}_2 + \cdots + x_n\mathbf{e}_n.$$

이는 $\mathbb{R}^3$에서 3차원 벡터를 정규직교인 3차원 벡터들 $\mathbf{i}, \mathbf{j}, \mathbf{k}$로 표현한 것의 일반화이다.

정의 5.12 부분공간

다음 조건을 만족하는 n차원 벡터의 집합 S를 $\mathbb{R}^n$의 부분공간(subspace)이라 한다.

(1) S는 영벡터 $\mathbf{O}$을 포함한다.

(2) S에 속하는 임의의 두 벡터의 합도 S에 속한다.

(3) S에 속하는 임의의 벡터의 스칼라곱도 S에 속한다.

조건 (2)와 (3)을 결합하여 S에 속하는 임의의 벡터 $\mathbf{F}$, $\mathbf{G}$와 실수 α, β에 대하여 $\alpha\mathbf{F} + \beta\mathbf{G}$가 S에 속한다로 말할 수 있다.

보기 5.9

S가 $\mathbb{R}^n$의 영벡터 $\mathbf{O}$만의 집합이면, S는 $\mathbb{R}^n$의 부분공간이며 이것을 영공간이라고 부른다. $\mathbb{R}^n$ 자신도 $\mathbb{R}^n$의 부분공간이 된다.

Math in Context | 외팔보 정적해석의 응용

외팔보 문제는 구조역학이나 항공공학 등 다양한 분야에 응용된다. 예를 들면 구조역학에서는 외팔보 자체의 무게와 예상되는 외부 하중에 의해 발생하는 내부 반작용력을 계산하여 외팔보를 설계하게 된다. 항공공학에서도 비행기의 날개를 외팔보로 모델링할 수 있다. 공기역학을 감안한 해석이 훨씬 복잡하기는 하지만 기본 원리는 외팔보와 동일하다. 날개의 재질과 형태가 내부 반작용력을 감당할 수 있도록 설계해야 한다.

보기 5.10

S는 $\mathbb{R}^2$에서 $(x, 5x)$ 꼴인 모든 벡터들의 집합이라 하자. 그러면 $\mathbf{O} = (0, 0)$은 $x = 0$인 경우로써 S의 원소이다. S에 속하는 임의의 두 벡터 $(a, 5a)$와 $(b, 5b)$

에 대해

$$(a,\ 5a)+(b,\ 5b)=(a+b,\ 5(a+b))$$

이므로 그 합도 S에 속한다. 또한 임의의 실수 α에 대해

$$\alpha(x,\ 5x)=(\alpha x,\ 5(\alpha x))$$

이므로 스칼라 곱도 S에 속한다. 따라서 집합 S는 $\mathbb{R}^2$의 부분공간이다. 기하학적으로 S는 원점에서 출발해서 직선 $y=5x$ 위의 점까지 가는 모든 벡터들로 구성된다.

보기 5.11

T는 $\mathbb{R}^3$에서 $(x,\ y,\ 2y-6x)$ 꼴인 모든 벡터들의 집합이라 하자. 여기서 x와 y는 서로 독립적인 실수들이다. 그러면 T가 $\mathbb{R}^3$의 부분공간이 됨을 쉽게 알 수 있다. T에 속하는 벡터들을 3차원 공간의 점 $(x,\ y,\ z)$ 중에서 $z=-6x+2y$를 만족하는 점으로 볼 수 있다. 따라서 T를 3차원 공간에서 원점을 지나는 평면 $6x-2y+z=0$으로 볼 수 있다.

보기 5.12

$\mathbb{R}^n$의 부분집합 중에서 부분공간이 되지 않는 경우를 살펴보자. W는 $\mathbb{R}^n$에서 $\|F\|>0$인 모든 벡터 $\mathbf{F}$들의 집합이라 하자. 그러면 W는 영벡터 $\mathbf{O}$을 포함하지 않으므로 부분공간이 아니다.

또 다른 예로써 H는 $\mathbb{R}^n$에서 크기가 1인 모든 벡터들과 영벡터 $\mathbf{O}$으로 구성된 집합이라 하자. 크기가 1인 두 벡터의 합은 일반적으로 크기가 1이 아니므로 H는 부분공간이 아니다. 또한 $\alpha\neq 1$인 스칼라 곱도 H를 벗어난다.

정의 5.13 $\mathbb{R}^n$에서의 일차결합

$\mathbb{R}^n$에서 k개 벡터 $\mathbf{F}_1,\ \mathbf{F}_2,\ \cdots,\ \mathbf{F}_k$의 **일차결합(linear combination)**은

$$\sum_{j=1}^{k}\alpha_j\mathbf{F}_j=\alpha_1\mathbf{F}_1+\cdots+\alpha_k\mathbf{F}_k \qquad (\alpha_i\in\mathbb{R})$$

이다.

일차결합의 정의를 이용하면, $\mathbb{R}^n$에서 k개의 벡터 $\mathbf{F}_1,\ \cdots,\ \mathbf{F}_k$의 모든 일차결합들

로 이루어진 집합이 $\mathbb{R}^n$의 부분공간이 됨을 쉽게 확인할 수 있다.

보기 5.13

$\mathbb{R}^4$에서 3개의 벡터

$$\mathbf{F}_1 = (2, 1, -1, 0), \quad \mathbf{F}_2 = (4, 5, -3, -4), \quad \mathbf{F}_3 = (1, -1, 0, 2)$$

가 주어져 있다. 이 세 벡터로 만들 수 있는 모든 일차결합

$$\alpha_1 \mathbf{F}_1 + \alpha_2 \mathbf{F}_2 + \alpha_3 \mathbf{F}_3$$

로 이루어진 집합 S를 생각해 보자. 위의 일차결합 꼴로 표현된 벡터의 합이나 스칼라 곱이 다시 위와 같은 꼴이므로 S에 속한다. 또한 $\alpha_1 = \alpha_2 = \alpha_3 = 0$으로 선택하면 영벡터 $\mathbf{O}$도 S의 원소이다. 따라서 S는 $\mathbb{R}^4$의 부분공간이다.

정의 5.14 생성집합

$\mathbf{F}_1, \mathbf{F}_2, \cdots, \mathbf{F}_k$가 $\mathbb{R}^n$의 부분공간 S에 속하는 벡터라고 하자. S의 모든 벡터들이 $\mathbf{F}_1, \mathbf{F}_2, \cdots, \mathbf{F}_k$의 일차결합이면 $\mathbf{F}_1, \mathbf{F}_2, \cdots, \mathbf{F}_k$를 S의 **생성집합**이라 한다. 이 경우 S는 $\mathbf{F}_1, \mathbf{F}_2, \cdots, \mathbf{F}_k$에 의해 **생성(span)**된다 또는 $\mathbf{F}_1, \mathbf{F}_2, \cdots, \mathbf{F}_k$는 S를 생성한다고 말한다.

$\mathbb{R}^n$의 부분공간 S의 생성집합은 여러 가지 다양한 꼴로 표현될 수 있다. 예를 들어 S가 $\mathbb{R}^2$에서 스칼라 α에 대해 $\alpha(1, 1)$ 꼴인 모든 벡터들로 구성된 부분공간이라 하자. 즉, 벡터 $(1, 1)$이 S의 생성집합이다. 하지만 $(2, 2)$ 또는 (π, π) 등도 S의 생성집합이 될 수 있다.

보기 5.14

벡터 $\mathbf{i}, \mathbf{j}, \mathbf{k}$는 $\mathbb{R}^3$를 생성한다. 또한 $3\mathbf{k}, 2\mathbf{j}, -\mathbf{k}$도 $\mathbb{R}^3$를 생성한다. 사실 $\mathbb{R}^3$의 생성집합은 무수히 많은 꼴이 존재한다. 예를 들면 다음과 같다.

$$\mathbf{F}_1 = \mathbf{i} + \mathbf{k}, \quad \mathbf{F}_2 = \mathbf{i} + \mathbf{j}, \quad \mathbf{F}_3 = \mathbf{j} + \mathbf{k}$$

이 벡터들은 $\mathbb{R}^3$의 생성집합이고, $\mathbb{R}^3$의 임의의 벡터 $\mathbf{V} = a\mathbf{i} + b\mathbf{j} + c\mathbf{k}$는

$$\mathbf{V} = \frac{a+c-b}{2}\mathbf{F}_1 + \frac{b+a-c}{2}\mathbf{F}_2 + \frac{b+c-a}{2}\mathbf{F}_3$$

로 표현 가능하다.

정의 5.15 일차종속 및 일차독립

$\mathbf{F}_1, \mathbf{F}_2, \cdots, \mathbf{F}_k$가 $\mathbb{R}^n$의 벡터라 하자.

(1) $\mathbf{F}_1, \mathbf{F}_2, \cdots, \mathbf{F}_k$가 **일차종속**이라는 것은 그 벡터들 중 어느 한 벡터가 다른 벡터들의 일차결합으로 표시될 때이다.

(2) 벡터 $\mathbf{F}_1, \mathbf{F}_2, \cdots, \mathbf{F}_k$가 **일차독립**이라는 것은 이 벡터들이 일차종속이 아닌 경우이다.

보기 5.13의 세 벡터는 일차종속이다. 왜냐하면

$$\mathbf{F}_2 = 3\mathbf{F}_1 - 2\mathbf{F}_3$$

이기 때문이다. 반면 보기 5.14의 생성집합들은 모두 일차독립이다.

벡터 $\mathbf{F}_1, \mathbf{F}_2, \cdots, \mathbf{F}_k$가 일차종속이라는 뜻은 이 벡터들로 생성되는 부분공간을 만들 때 필요없는 벡터가 있다는 것이다. 보기 5.13의 세 벡터에 의해 생성되는 부분공간을 W라 하자. 사실 W는 두 벡터 $\mathbf{F}_1$, $\mathbf{F}_3$만으로도 생성된다. 다음과 같이 $\mathbf{F}_1, \mathbf{F}_2, \mathbf{F}_3$의 임의의 일차결합은 $\mathbf{F}_1$과 $\mathbf{F}_3$의 일차결합으로 표현 가능하기 때문이다.

$$\begin{aligned} & a\mathbf{F}_1 + b\mathbf{F}_2 + c\mathbf{F}_3 \\ &= a\mathbf{F}_1 + b(3\mathbf{F}_1 - 2\mathbf{F}_3) + c\mathbf{F}_3 \\ &= (a+3b)\mathbf{F}_1 + (c-2b)\mathbf{F}_3 \end{aligned}$$

일반적으로 벡터 $\mathbf{F}_1, \mathbf{F}_2, \cdots, \mathbf{F}_k$가 일차종속이면 이 중 일부를 제외하더라도 생성되는 부분공간은 동일하다. 다음 정리에서 일차독립과 일차종속의 중요한 특성을 알아보자.

정리 5.7

$\mathbf{F}_1, \mathbf{F}_2, \cdots, \mathbf{F}_k$가 $\mathbb{R}^n$의 벡터라고 하자.

(1) $\mathbf{F}_1, \mathbf{F}_2, \cdots, \mathbf{F}_k$가 일차종속일 필요충분조건은 모두는 0이 아닌 실수 $\alpha_1, \alpha_2, \cdots, \alpha_k$가 존재하여

$$\alpha_1\mathbf{F}_1 + \alpha_2\mathbf{F}_2 + \cdots + \alpha_k\mathbf{F}_k = \mathbf{O}$$

이다.

(2) $\mathbf{F}_1, \mathbf{F}_2, \cdots, \mathbf{F}_k$가 일차독립일 필요충분조건은

$$\alpha_1\mathbf{F}_1 + \alpha_2\mathbf{F}_2 + \cdots + \alpha_k\mathbf{F}_k = \mathbf{O}$$

이면 $\alpha_1 = \alpha_2 = \cdots = \alpha_k = 0$이다.

증명 (1)을 증명하기 위하여 $\mathbf{F}_1, \mathbf{F}_2, \cdots, \mathbf{F}_k$가 일차종속이라고 가정하자. 그러면 이 벡터들 중의 적어도 하나($\mathbf{F}_1$이라 하자)는 다른 벡터들의 일차결합이다. 즉,

$$\mathbf{F}_1 = \alpha_2 \mathbf{F}_2 + \cdots + \alpha_k \mathbf{F}_k.$$

따라서

$$\mathbf{F}_1 - \alpha_2 \mathbf{F}_2 - \cdots - \alpha_k \mathbf{F}_k = \mathbf{O}.$$

그러나 이것은 $\mathbf{F}_1, \mathbf{F}_2, \cdots, \mathbf{F}_k$의 일차결합으로 계수가 모두는 0이 아닌($\mathbf{F}_1$의 계수는 1이다) 영벡터이다.

역으로 적어도 하나의 j에 대해 $\alpha_j \neq 0$이면서

$$\alpha_1 \mathbf{F}_1 + \alpha_2 \mathbf{F}_2 + \cdots + \alpha_k \mathbf{F}_k = \mathbf{O}$$

이라 하자. 필요하다면 벡터의 순서를 바꿔도 되므로 $\alpha_1 \neq 0$이라 가정해도 된다. 그러면

$$\mathbf{F}_1 = -\frac{\alpha_2}{\alpha_1} \mathbf{F}_2 - \cdots - \frac{\alpha_k}{\alpha_1} \mathbf{F}_k$$

이므로 $\mathbf{F}_1$은 $\mathbf{F}_2, \cdots, \mathbf{F}_k$의 일차결합이다. 따라서 $\mathbf{F}_1, \mathbf{F}_2, \cdots, \mathbf{F}_k$는 일차종속이다.

(2)의 증명은 (1)로부터 명백하다. ■

보기 5.15

보기 5.13의 세 벡터는 $\mathbf{F}_2 = 3\mathbf{F}_1 - 2\mathbf{F}_3$ 관계를 가지므로 일차종속이다. 이 관계는

$$3\mathbf{F}_1 - \mathbf{F}_2 - 2\mathbf{F}_3 = \mathbf{O}$$

으로 표현할 수 있는데, 이는 $\mathbf{F}_1, \mathbf{F}_2, \mathbf{F}_3$의 일차결합으로 영벡터를 만들 수 있다는 뜻이다.

정의 5.16 기저

S를 $\mathbb{R}^n$의 부분공간이라고 하자. $\mathbf{F}_1, \mathbf{F}_2, \cdots, \mathbf{F}_k$가 일차독립이고 S를 생성하면 $\mathbf{F}_1, \mathbf{F}_2, \cdots, \mathbf{F}_k$를 S의 **기저(basis)**라고 한다.

기저는 아래의 두 성질을 가진다. 벡터 $\mathbf{F}_1, \cdots, \mathbf{F}_k$가 $\mathbb{R}^n$의 부분공간 S의 기저라고 하면

(1) S에 속하는 모든 벡터는 기저벡터 $\mathbf{F}_1, \cdots, \mathbf{F}_k$의 일차결합, 즉

$$c_1\mathbf{F}_1 + c_2\mathbf{F}_2 + \cdots + c_k\mathbf{F}_k$$

의 꼴이다.

(2) $\mathbf{F}_1, \cdots, \mathbf{F}_k$ 중 어떤 벡터 $\mathbf{F}_j$도 다른 벡터들의 일차결합은 아니다.

기저 $\mathbf{F}_1, \cdots, \mathbf{F}_k$ 중 하나라도 제외하면 부분공간 S를 생성하지 못한다. 만약 예를 들어 $\mathbf{F}_1$을 제외한 $\mathbf{F}_2, \cdots, \mathbf{F}_k$가 S를 생성한다면, $\mathbf{F}_1$도 S에 속하므로

$$\mathbf{F}_1 = c_2\mathbf{F}_2 + \cdots + c_k\mathbf{F}_k$$

가 되고, $\mathbf{F}_1, \cdots, \mathbf{F}_k$가 일차종속이므로 기저가 될 수 없다. 이러한 관점에서 기저란 주어진 부분공간을 생성하는 데 필요한 최소한의 생성집합이다.

보기 5.16

S는 $\mathbb{R}^4$의 부분공간으로 $(x, 0, z, 0)$ 꼴의 모든 벡터로 구성된다고 하자. 이 벡터들은

$$(x, 0, z, 0) = x(1, 0, 0, 0) + z(0, 0, 1, 0)$$

으로 표현 가능하므로 두 벡터 $(1, 0, 0, 0)$과 $(0, 0, 1, 0)$이 부분공간 S를 생성한다. 또한 이 두 벡터들은 일차독립이므로 S의 기저를 구성한다.

보기 5.17

세 벡터 $\mathbf{i}, \mathbf{j}, \mathbf{k}$는 $\mathbb{R}^3$의 기저가 된다. 뿐만 아니라 $\mathbb{R}^3$에는 무수히 많은 꼴의 기저가 존재한다. 예를 들어 0이 아닌 계수 a, b, c에 대해

$$a\mathbf{i}, \quad b\mathbf{j}, \quad c\mathbf{k}$$

도 $\mathbb{R}^3$의 기저이다. 또한 세 벡터

$$\mathbf{i}+\mathbf{k}, \quad \mathbf{i}+\mathbf{j}, \quad \mathbf{j}+\mathbf{k}$$

도 일차 독립이고 $\mathbb{R}^3$를 생성하므로 $\mathbb{R}^3$의 기저이다.

보기 5.18

$\mathbb{R}^3$에서 평면 $x+y+z=0$에 속하는 벡터들로 이루어진 부분공간을 M이라 하자. $\mathbb{R}^3$의 벡터 (x, y, z)는 $z-x-y$일 때 M에 속한다. 따라서 이 벡터는

$$(x, y, z) = (x, y, -x-y) = x(1, 0, -1) + y(0, 1, -1)$$

꼴이므로 벡터 (1, 0, −1)과 (0, 1, −1)은 M을 생성한다. 이 두 벡터는 일차독립이므로 M의 기저이다.

$\mathbb{R}^n$의 부분공간 S가 다양한 꼴의 기저를 가질 수는 있지만, 기저를 구성하는 벡터의 개수는 항상 일정함을 보일 수 있다. 이 개수를 부분공간 S의 차원(dimension)이라 한다. 예를 들면 $\mathbb{R}^n$의 차원은 n이고, 보기 5.16의 부분공간 S의 차원은 2이다.

연습문제 5.4

문제 1부터 6까지 주어진 집합 S가 $\mathbb{R}^n$의 부분공간인지 판정하여라.

1. S는 $\mathbb{R}^4$에서 (−2, 1, −1, 4)의 스칼라배인 모든 벡터

2. S는 $\mathbb{R}^6$에서 세 번째와 다섯 번째 성분이 0인 모든 벡터

3. S는 $\mathbb{R}^5$에서 네 번째 성분이 1인 모든 벡터

4. S는 $\mathbb{R}^8$에서 길이가 1보다 작은 모든 벡터

5. S는 $\mathbb{R}^4$에서 적어도 한 성분이 0인 벡터

6. S는 $\mathbb{R}^5$에서 첫 번째와 네 번째 성분이 같은 벡터

문제 7부터 16까지 주어진 벡터가 $\mathbb{R}^n$에서 일차독립인지 또는 일차종속인지를 결정하여라.

7. $\mathbb{R}^3$에서 $3\mathbf{i} + 2\mathbf{j}$, $\mathbf{i} - \mathbf{j}$

8. $\mathbb{R}^3$에서 $2\mathbf{i}$, $3\mathbf{j}$, $5\mathbf{i} - 12\mathbf{k}$, $\mathbf{i} + \mathbf{j} + \mathbf{k}$

9. $\mathbb{R}^7$에서 (8, 0, 2, 0, 0, 0, 0), (0, 0, 0, 0, 1, −1, 0)

10. $\mathbb{R}^4$에서 (1, 0, 0, 0), (0, 1, 1, 0), (−4, 6, 6, 0)

11. $\mathbb{R}^4$에서 (1, 2, −3, 1), (4, 0, 0, 2), (6, 4, −6, 4)

12. $\mathbb{R}^4$에서 (0, 1, 1, 1), (−3, 2, 4, 4), (−2, 2, 34, 2), (1, 1, −6, −2)

13. $\mathbb{R}^2$에서 (1, −2), (4, 1), (6, 6)

14. $\mathbb{R}^5$에서 (−1, 1, 0, 0, 0), (0, −1, 1, 0, 0), (0, 1, 1, 1, 0)

15. $\mathbb{R}^5$에서 (−2, 0, 0, 1, 1), (1, 0, 0, 0, 0), (0, 0, 0, 0, 2), (1, −1, 3, 3, 1)

16. $\mathbb{R}^4$에서 (3, 0, 0, 4), (2, 0, 0, 8)

문제 17부터 21까지 주어진 집합 S가 제시된 $\mathbb{R}^n$의 부분공간임을 보이고, 이 부분공간의 기저와 차원을 구하라.

17. S는 $\mathbb{R}^4$에서 $(x, y, -y, -x)$ 꼴인 모든 벡터

18. S는 $\mathbb{R}^4$에서 $(x, y, 2x, 3y)$ 꼴인 모든 벡터

19. S는 $\mathbb{R}^n$에서 두 번째 성분이 0인 모든 벡터

20. S는 $\mathbb{R}^6$에서 $(x, x, y, y, 0, z)$ 꼴인 모든 벡터

21. S는 $\mathbb{R}^7$에서 $(0, x, 0, 2x, 0, 3x, 0)$ 꼴인 모든 벡터

문제 22부터 25까지 주어진 벡터들이 $\mathbb{R}^n$의 적절한 부분공간 S의 기저를 형성하는 것을 확인하여라. 또한 제시된 벡터 X를 주어진 기저벡터의 일차결합으로 표현하여라.

22. 기저벡터 (1, −1, 0), (0, 1, 0), $X = (3, 1, 0)$

23. 기저벡터 (1, 1, 1), (0, 1, 1), $X = (-5, -3, -3)$

24. 기저벡터 (2, 1, 1, 0), (0, 1, 1, 0), (0, 0, 1, 1), $X = (4, 5, 9, 4)$

25. 기저벡터 (1, 0, −3, 2), (1, 0, −1, 1), $X = (-4, 0, 10, -7)$

26. 벡터 $\mathbf{V}_1, \cdots, \mathbf{V}_k$가 $\mathbb{R}^n$의 부분공간 S의 기저라고 하자. S에 속하는 임의의 벡터 $\mathbf{U}$에 대해 $\mathbf{V}_1, \cdots, \mathbf{V}_k, \mathbf{U}$는 일차종속임을 보여라.

27. $\mathbf{X}$와 $\mathbf{Y}$는 n차원 벡터이고, $\|\mathbf{X}\| = \|\mathbf{Y}\|$라 하자. 두 벡터

$$\mathbf{X}+\mathbf{Y}, \qquad \mathbf{X}-\mathbf{Y}$$

가 서로 수직임을 보여라. $n=2$일 때 평행사변형을 이용한 벡터합으로 이 성질을 확인하여라.

28. S는 벡터 $\mathbf{U}_1, \cdots, \mathbf{U}_k$로 생성되는 $\mathbb{R}^n$의 부분공간이라 하자. 이 생성 집합의 일부 또는 전부를 이용하여 S의 기저를 구성할 수 있음을 보여라. 즉, 임의의 생성 집합은 기저를 포함함을 보여라.

힌트: 만약 주어진 벡터들이 일차독립이면 전체가 기저이다. 만약 주어진 벡터들의 일차종속이면, 그중 하나는 나머지 벡터들의 일차결합이므로 이 벡터를 제외한 $k-1$개의 벡터가 S를 생성한다. 이 $k-1$개의 벡터가 일차 독립이면 기저가 되고, 그렇지 않으면 이 과정을 반복하여 기저를 찾을 수 있다.

29. $\mathbb{R}^n$에서 유한 개의 벡터가 주어져 있다. 만약 그중 하나가 영벡터이면, 이 벡터들은 일차 종속임을 보여라.

5.5 직교 기저와 직교화 과정

$\mathbb{R}^n$에서 영벡터를 제외한 유한개의 벡터로 구성된 집합이 직교(orthogonal)한다는 것은 이 집합의 모든 벡터들이 서로 직교한다는 뜻이다.

정리 5.8

$\mathbb{R}^n$에서 영벡터가 아닌 직교하는 벡터들의 집합은 일차독립이다.

증명 정리 5.7을 이용하자. 벡터 $\mathbf{F}_1, \cdots, \mathbf{F}_k$들이 서로 직교하고 영벡터가 아니라고 하자. 만일

$$\alpha_1\mathbf{F}_1+\cdots+\alpha_k\mathbf{F}_k=\mathbf{O}$$

이라고 할 때 양변에 $\mathbf{F}_1$을 내적하면 $\mathbf{F}_1\cdot\mathbf{F}_j=0(j=2, \cdots, k)$이므로

$$\alpha_1\mathbf{F}_1\cdot\mathbf{F}_1=\alpha_1\|\mathbf{F}_1\|^2=\mathbf{O}$$

이다. 여기서 $\mathbf{F}_1\neq 0$이고 $\|\mathbf{F}_1\|>0$이므로 $\alpha_1=0$이다. 마찬가지로 $\mathbf{F}_1$ 대신 $\mathbf{F}_j$를 이용하면 모든 α_k가 0임을 알 수 있다. 따라서 $\mathbf{F}_1, \cdots, \mathbf{F}_k$의 일차결합이 영벡터가 되기 위해서는 모든 계수가 0이어야 한다. ■

정의 5.17

$\mathbb{R}^n$의 부분공간 S의 기저를 이루는 벡터들이 서로 수직이면 그 기저를 S의 직교기저(orthogonal basis)라고 한다. S의 직교기저를 이루는 벡터들의 크기가 모두 1이면 그 기저를 S의 정규직교기저(orthonormal basis)라 한다.

벡터 $\mathbf{V}_1, \cdots, \mathbf{V}_m$이 부분공간 S의 직교기저라 하자. S에 속하는 벡터 $\mathbf{F}$는 이 기저의 일차결합

$$\mathbf{F} = \sum_{j=1}^{m} c_j \mathbf{V}_j$$

으로 표현된다. 이때의 계수 $c_1, \cdots, c_m$을 벡터 $\mathbf{F}$의 기저 $\mathbf{V}_1, \cdots, \mathbf{V}_m$에 대한 좌표(coordinate)라 부른다. 이때 $j \neq k$이면 $\mathbf{V}_j \cdot \mathbf{V}_k = 0$이므로

$$\mathbf{F} \cdot \mathbf{V}_k = \sum_{j=1}^{m} c_j \mathbf{V}_j \cdot \mathbf{V}_k = c_k \mathbf{V}_k \cdot \mathbf{V}_k$$

이다. 따라서 좌표는

$$c_k = \frac{\mathbf{F} \cdot \mathbf{V}_k}{\mathbf{V}_k \cdot \mathbf{V}_k} = \frac{\mathbf{F} \cdot \mathbf{V}_k}{\|\mathbf{V}_k\|^2}$$

로 계산할 수 있다. 즉, 직교기저인 경우 주어진 벡터의 좌표를 쉽게 계산할 수 있다. 만약 $\mathbf{V}_1, \cdots, \mathbf{V}_m$이 정교직교기저이면 좌표는 더 간단히

$$c_k = \mathbf{F} \cdot \mathbf{V}_k$$

로 표현된다.

예를 들면 $\mathbf{i}, \mathbf{j}, \mathbf{k}$는 $\mathbb{R}^3$의 정규직교기저이다. 임의의 벡터 $\mathbf{F} = (a, b, c)$는

$$\mathbf{F} = a\mathbf{i} + b\mathbf{j} + c\mathbf{k}$$

로 표현되고, 이때 $\mathbf{F}$의 좌표는

$$a = \mathbf{F} \cdot \mathbf{i}, \quad b = \mathbf{F} \cdot \mathbf{j}, \quad c = \mathbf{F} \cdot \mathbf{k}$$

이다.

$\mathbf{X}_1, \cdots, \mathbf{X}_m$이 $\mathbb{R}^n$의 부분공간 S의 기저를 이룬다고 하자. $m \geq 2$일 때 $\mathbf{X}_1, \cdots, \mathbf{X}_m$으로부터 S의 직교기저 $\mathbf{V}_1, \cdots, \mathbf{V}_m$을 찾고자 한다.

먼저 $\mathbf{V}_1 = \mathbf{X}_1$이라 두자. $\mathbf{X}_2$의 $\mathbf{V}_1$ 위로의 정사영을 $\mathbf{X}_2$에서 빼줌으로써 $\mathbf{V}_1$에 수직인 벡터 $\mathbf{V}_2$를 얻는다. 즉,

$$\mathbf{V}_2 = \mathbf{X}_2 - \frac{\mathbf{X}_2 \cdot \mathbf{V}_1}{\|\mathbf{V}_1\|^2} \mathbf{V}_1$$

이라 두면 $\mathbf{V}_1$과 $\mathbf{V}_2$가 서로 수직임을 다음처럼 확인할 수 있다.

$$\mathbf{V}_1 \cdot \mathbf{V}_2 = \mathbf{V}_1 \cdot \mathbf{X}_2 - \frac{\mathbf{X}_2 \cdot \mathbf{V}_1}{\|\mathbf{V}_1\|^2} (\mathbf{V}_1 \cdot \mathbf{V}_1) = 0.$$

비슷하게 $\mathbf{X}_3$에서 $\mathbf{X}_3$의 $\mathbf{V}_1$ 위로의 정사영과 $\mathbf{X}_3$의 $\mathbf{V}_2$ 위로의 정사영을 각각 빼준 것을 $\mathbf{V}_3$라 두면, 즉

$$\mathbf{V}_3 = \mathbf{X}_3 - \frac{\mathbf{X}_3 \cdot \mathbf{V}_1}{\|\mathbf{V}_1\|^2} \mathbf{V}_1 - \frac{\mathbf{X}_3 \cdot \mathbf{V}_2}{\|\mathbf{V}_2\|^2} \mathbf{V}_2$$

이면 위와 비슷하게 $i = 1, 2$에 대해

$$\begin{aligned}\mathbf{V}_i\cdot\mathbf{V}_3&=\mathbf{V}_i\cdot\mathbf{X}_3-\frac{\mathbf{X}_3\cdot\mathbf{V}_1}{\|\mathbf{V}_1\|^2}\mathbf{V}_i\cdot\mathbf{V}_1-\frac{\mathbf{X}_3\cdot\mathbf{V}_2}{\|\mathbf{V}_2\|^2}\mathbf{V}_i\cdot\mathbf{V}_2\\&=\mathbf{V}_i\cdot\mathbf{X}_3-\frac{\mathbf{X}_3\cdot\mathbf{V}_i}{\|\mathbf{V}_i\|^2}\mathbf{V}_i\cdot\mathbf{V}_i\\&=0\end{aligned}$$

이 되어 $\mathbf{V}_3$가 $\mathbf{V}_1$, $\mathbf{V}_2$와 서로 수직임을 보일 수 있고, 결과적으로 $\mathbf{V}_1$, $\mathbf{V}_2$, $\mathbf{V}_3$가 서로 수직임을 알 수 있다. 이러한 방법을 계속함으로써, 즉

$$\mathbf{V}_i=\mathbf{X}_i-\frac{\mathbf{X}_i\cdot\mathbf{V}_1}{\|\mathbf{V}_1\|^2}\mathbf{V}_1-\frac{\mathbf{X}_i\cdot\mathbf{V}_2}{\|\mathbf{V}_2\|^2}\mathbf{V}_2-\cdots-\frac{\mathbf{X}_i\cdot\mathbf{V}_{i-1}}{\|\mathbf{V}_{i-1}\|^2}\mathbf{V}_{i-1}\qquad(i=2,\cdots,m)$$

이라 두면 S의 직교기저 $\mathbf{V}_1, \cdots, \mathbf{V}_m$을 얻을 수 있게 된다. 이러한 과정을 **그람–슈미트 직교화 과정(Gram-Schmidt orthogonalization process)**이라 한다. 물론 S의 정규직교기저는 $\frac{\mathbf{V}_1}{\|\mathbf{V}_1\|}, \cdots, \frac{\mathbf{V}_m}{\|\mathbf{V}_m\|}$ 으로 얻을 수 있다.

보기 5.19

$\mathbb{R}^7$의 부분공간 S가 다음의 벡터들을 기저로 갖는다고 할 때 S의 직교기저를 구해 보자.

$\mathbf{X}_1=(1, 2, 0, 0, 2, 0, 2)$, $\mathbf{X}_2=(0, 1, 0, 0, 3, 0, 0)$, $\mathbf{X}_3=(1, 0, 0, 0, -5, 0, 0)$

S의 직교기저 $\mathbf{V}_1$, $\mathbf{V}_2$, $\mathbf{V}_3$를 그람–슈미트 직교화 과정에 의해

$$\begin{aligned}\mathbf{V}_1&=\mathbf{X}_1=(1, 2, 0, 0, 2, 0, 0),\\\mathbf{V}_2&=\mathbf{X}_2-\frac{\mathbf{X}_2\cdot\mathbf{V}_1}{\|\mathbf{V}_1\|^2}\mathbf{V}_1\\&=(0, 1, 0, 0, 3, 0, 0)-\frac{8}{9}(1, 2, 0, 0, 2, 0, 0)\\&=\left(-\frac{8}{9}, -\frac{7}{9}, 0, 0, \frac{11}{9}, 0, 0\right),\end{aligned}$$

$$\begin{aligned}\mathbf{V}_3&=\mathbf{X}_3-\frac{\mathbf{X}_3\cdot\mathbf{V}_1}{\|\mathbf{V}_1\|^2}\mathbf{V}_1-\frac{\mathbf{X}_3\cdot\mathbf{V}_2}{\|\mathbf{V}_2\|^2}\mathbf{V}_2\\&=(1, 0, 0, 0, -5, 0, 0)+(1, 2, 0, 0, 2, 0, 0)+\frac{63}{26}\left(-\frac{8}{9}, -\frac{7}{9}, 0, 0, \frac{11}{9}, 0, 0\right)\\&=\left(-\frac{2}{13}, \frac{3}{26}, 0, 0, -\frac{1}{26}, 0, 0\right)\end{aligned}$$

으로 얻을 수 있다.

연습문제 5.5

1. $\mathbf{V}_1, \cdots, \mathbf{V}_k$가 $\mathbb{R}^n$에서 서로 수직인 벡터들일 때

$$\|\mathbf{V}_1 + \cdots + \mathbf{V}_k\|^2 = \|V_1\|^2 + \cdots + \|\mathbf{V}_k\|^2$$

임을 보여라.

힌트:

$$\|\mathbf{V}_1 + \cdots + \mathbf{V}_k\|^2 = (\mathbf{V}_1 + \cdots + \mathbf{V}_k) \cdot (\mathbf{V}_1 + \cdots + \mathbf{V}_k)$$

를 이용하여라.

2. $\mathbf{V}_1, \cdots, \mathbf{V}_k$는 $\mathbb{R}^n$에서 정규직교인 벡터들이라고 하자. $\mathbb{R}^n$의 임의의 벡터 $\mathbf{X}$에 대해

$$\sum_{j=1}^{k} (\mathbf{X} \cdot \mathbf{V}_j)^2 \leq \|\mathbf{X}\|^2$$

임을 보여라. 이것을 벡터에 대한 베셀(Bessel)의 부등식이라 한다.

힌트:

$$Y = X - \sum_{j=1}^{k} (\mathbf{X} \cdot \mathbf{V}_j)\,\mathbf{V}_j$$

라 두고 $\|Y\|^2$을 계산하여라.

3. $\mathbf{V}_1, \cdots, \mathbf{V}_k$을 $\mathbb{R}^n$의 정규직교기저라 하자. $\mathbb{R}^n$의 임의의 벡터 $\mathbf{X}$에 대해

$$\sum_{j=1}^{n} (\mathbf{X} \cdot \mathbf{V}_j)^2 = \|\mathbf{X}\|^2$$

임을 보여라. 이것을 벡터에 대해 파세발(Parseval)의 등식이라 한다.

문제 4부터 11까지 그람–슈미트 과정을 이용하여 주어진 벡터들로 생성되는 벡터공간의 직교기저를 구하라.

4. (1, 4, 0), (2, −5, 0)

5. (0, −1, 2, 0), (0, 3, −4, 0)

6. (0, 2, 1, −1), (0, −1, 1, 6), (0, 2, 2, 3)

7. (−1, 0, 3, 0, 4), (4, 0, −1, 0, 3), (0, 0, −1, 0, 5)

8. (0, 0, 2, 2, 1), (0, 0, −1, −1, 5), (0, 1, −2, 1, 0), (0, 1, 1, 2, 0)

9. (1, 2, 0, −1, 2, 0), (3, 1, −3, −4, 0, 0), (0, −1, 0, −5, 0, 0), (1, −6, 4, −2, −3, 0)

10. (0, 0, 1, 1, 0, 0), (0, 0, −3, 0, 0, 0)

11. (0, −2, 0, −2, 0, −2), (0, 1, 0, −1, 0, 0), (0, −4, 0, 0, 0, 6)

5.6 직교 여공간과 정사영

정의 5.18 직교 여공간

$\mathbb{R}^n$의 부분공간 S에 대해 S에 속하는 모든 벡터들과 수직인 n차원 벡터들의 집합을 기호로 $S^{\perp}$라 쓰고, 이를 $\mathbb{R}^n$에서 S의 직교 여공간(**orthogonal complement**)이라 부른다.

벡터 $\mathbf{u}$가 S에 속하고, 벡터 $\mathbf{v}$가 $S^{\perp}$에 속하면 $\mathbf{u} \cdot \mathbf{v} = 0$이다. 만약 S가 $\mathbb{R}^n$ 전체이

면 $S^{\perp}$은 영벡터만으로 구성된다. 반면 S가 영벡터로만 이루어져 있으면 $S^{\perp}$는 $\mathbb{R}^n$ 전체이다.

보기 5.20

S가 $\mathbb{R}^3$에서 $(x, y, 0)$ 꼴의 모든 벡터로 이루어져 있다고 하자. 그러면 S는 $\mathbb{R}^3$에 포함된 x, y 평면에 해당된다. 그러면 $S^{\perp}$는 이 평면과 수직인 모든 벡터들, 즉 $(0, 0, z)$ 꼴의 벡터들로 구성된다.

위의 보기에서 $S^{\perp}$는 $\mathbb{R}^3$의 부분공간이 되는데, 이러한 현상이 일반적으로 성립함을 보이자.

정리 5.9

$\mathbb{R}^n$ 내의 임의의 부분공간 S에 대해 $S^{\perp}$ 역시 $\mathbb{R}^n$의 부분공간이 된다. 더욱이 S와 $S^{\perp}$에 동시에 포함되어있는 벡터는 오직 영벡터 뿐이다.

증명 영벡터는 모든 벡터와 수직이므로 $S^{\perp}$는 영벡터를 포함한다. $\mathbf{u}$, $\mathbf{v}$를 $S^{\perp}$ 내의 임의의 두 벡터, a와 b를 임의의 스칼라라 하자. S 내의 임의의 벡터 $\mathbf{w}$에 대해

$$\mathbf{w} \cdot (a\mathbf{u} + b\mathbf{v}) = a\mathbf{w} \cdot \mathbf{u} + b\mathbf{w} \cdot \mathbf{v} = 0$$

이므로 $S^{\perp}$는 $\mathbb{R}^n$의 부분공간이 된다. 당연히 영벡터는 S와 $S^{\perp}$에 포함된다. 반대로 벡터 $\mathbf{u}$가 S와 $S^{\perp}$에 포함되면

$$\mathbf{u} \cdot \mathbf{u} = 0$$

이므로, $\mathbf{u} = \mathbf{O}$이다. ■

보기 5.20을 다시 살펴보자. $\mathbb{R}^3$의 임의의 벡터 (x, y, z)는 S에 속하는 벡터와 $S^{\perp}$ 속하는 벡터의 합으로 유일하게 표현된다. 즉,

$$(x, y, z) = (x, y, 0) + (0, 0, z)$$

이다. 이러한 성질은 $\mathbb{R}^n$의 부분공간 S에 대해 일반적으로 성립한다.

정리 5.10

S는 $\mathbb{R}^n$의 부분공간이라고 하자. 그러면 $\mathbb{R}^n$의 임의의 벡터 $\mathbf{u}$에 대해

$$\mathbf{u} = \mathbf{u}_s + \mathbf{u}^{\perp}$$

를 만족하는 S에 속하는 벡터 $\mathbf{u}_s$와 $S^{\perp}$에 속하는 벡터 $\mathbf{u}^{\perp}$가 각각 유일하게 존재한다.

증명 그람-슈미트 직교화 과정에 의해 S의 직교기저 $\mathbf{V}_1, \cdots, \mathbf{V}_m$이 존재한다. 벡터 $\mathbf{u}$를 각각의 직교기저벡터 $\mathbf{V}_i$ 위로 정사영한 벡터들을 모두 더한 벡터를 $\mathbf{u}_s$로 정의하자. 즉,

$$\mathbf{u}_s = \frac{\mathbf{u} \cdot \mathbf{V}_1}{\|\mathbf{V}_1\|^2} \mathbf{V}_1 + \cdots + \frac{\mathbf{u} \cdot \mathbf{V}_m}{\|\mathbf{V}_m\|^2} \mathbf{V}_m = \sum_{i=1}^{m} \frac{\mathbf{u} \cdot \mathbf{V}_i}{\|\mathbf{V}_i\|^2} \mathbf{V}_i$$

라 두면 이는 S에 포함된다. 이제 $\mathbf{u}^{\perp} := \mathbf{u} - \mathbf{u}_s$가 $S^{\perp}$에 포함됨을 보이면 된다. 임의의 j에 대해

$$\begin{aligned} \mathbf{u}^{\perp} \cdot \mathbf{V}_j &= (\mathbf{u} - \mathbf{u}_s) \cdot \mathbf{V}_j \\ &= \mathbf{u} \cdot \mathbf{V}_j - \sum_{i=1}^{m} \frac{\mathbf{u} \cdot \mathbf{V}_i}{\|\mathbf{V}_i\|^2} \mathbf{V}_i \cdot \mathbf{V}_j \\ &= \mathbf{u} \cdot \mathbf{V}_j - \frac{\mathbf{u} \cdot \mathbf{V}_j}{\|\mathbf{V}_j\|^2} \mathbf{V}_j \cdot \mathbf{V}_j = 0 \end{aligned}$$

이므로 $\mathbf{u}^{\perp}$는 S의 모든 벡터에 수직이 된다.

마지막으로 유일성을 보이자. 만일

$$\mathbf{u} = \mathbf{u}_s + \mathbf{u}^{\perp} = \mathbf{U}_s + \mathbf{U}^{\perp} \quad (\mathbf{U}_s \in S,\ \mathbf{U}^{\perp} \in S^{\perp})$$

라 하면

$$\mathbf{u}_s - \mathbf{U}_s = \mathbf{U}^{\perp} - \mathbf{u}^{\perp} \in S \cap S^{\perp} = \{\mathbf{O}\}$$

이므로 $\mathbf{u}_s = \mathbf{U}_s$, $\mathbf{u}^{\perp} = \mathbf{U}^{\perp}$이다. ■

정의 5.19 정사영

위 정리의 $\mathbf{u}_s$를 벡터 $\mathbf{u}$의 부분공간 S 위로의 **정사영(orthogonal projection)**이라 한다.

위 정리의 증명에서 보듯이 벡터 $\mathbf{u}$를 S의 각각의 직교기저벡터 $\mathbf{V}_i$ 위로 정사영한 벡터들을 모두 더하면 S 위로의 정사영 벡터 $\mathbf{u}_s$를 얻을 수 있다. 그리고 정리의 유일성에 의해 이렇게 얻은 $\mathbf{u}_s$는 S의 직교기저벡터 $\mathbf{V}_i$들의 선택에 상관없이 똑같다.

보기 5.21

두 번째, 네 번째 성분이 0인 모든 5차원 벡터 $(x, 0, y, 0, z)$들로 이루어진 $\mathbb{R}^5$의 부분공간을 S라 하자. 벡터 $\mathbf{u} = (1, 4, 1, -1, 3)$의 S 위로의 정사영을 구해 보자.

먼저 S의 직교기저벡터들을 찾아야 하는데 이 경우는 그람-슈미트 직교화

과정을 사용할 필요 없이

$$\mathbf{V}_1 = (1, 0, 0, 0, 0), \quad \mathbf{V}_2 = (0, 0, 1, 0, 0), \quad \mathbf{V}_3 = (0, 0, 0, 0, 1)$$

이 S의 직교기저벡터임을 알 수 있다. 따라서

$$\begin{aligned}\mathbf{u}_s &= \frac{\mathbf{u}\cdot\mathbf{V}_1}{\|\mathbf{V}_1\|^2}\mathbf{V}_1 + \frac{\mathbf{u}\cdot\mathbf{V}_2}{\|\mathbf{V}_2\|^2}\mathbf{V}_2 + \frac{\mathbf{u}\cdot\mathbf{V}_3}{\|\mathbf{V}_3\|^2}\mathbf{V}_3 \\ &= \mathbf{V}_1 + \mathbf{V}_2 + 3\mathbf{V}_3 \\ &= (1, 0, 1, 0, 3)\end{aligned}$$

이 된다. 물론 S의 직교벡터들을

$$\mathbf{V}_1^* = (1, 0, 1, 0, 0), \quad \mathbf{V}_2^* = (0, 0, 1, 0, 2), \quad \mathbf{V}_3^* = (0, 0, 2, 0, -1)$$

처럼 다르게 선택해도

$$\begin{aligned}\mathbf{u}_s &= \frac{\mathbf{u}\cdot\mathbf{V}_1^*}{\|\mathbf{V}_1^*\|^2}\mathbf{V}_1^* + \frac{\mathbf{u}\cdot\mathbf{V}_2^*}{\|\mathbf{V}_2^*\|^2}\mathbf{V}_2^* + \frac{\mathbf{u}\cdot\mathbf{V}_3^*}{\|\mathbf{V}_3^*\|^2}\mathbf{V}_3^* \\ &= \mathbf{V}_1^* + \frac{7}{5}\mathbf{V}_2^* - \frac{1}{5}\mathbf{V}_3^* \\ &= (1, 0, 1, 0, 3)\end{aligned}$$

으로 같은 정사영 벡터 $\mathbf{u}_s$를 얻게 된다. 끝으로

$$\mathbf{u}^{\perp} = \mathbf{u} - \mathbf{u}_s = (0, 4, 0, -1, 0)$$

이다.

다음으로 S 내의 벡터들 중 $\mathbf{u}$에 가장 가까운 벡터가 바로 $\mathbf{u}_s$가 된다는 주목할 만한 성질을 보일 것이다.

정리 5.11

$\mathbb{R}^n$의 부분공간 S는 영공간이 아니고 $\mathbf{u}$는 $\mathbb{R}^n$의 벡터라 하자. 그러면 $\mathbf{u}_s$가 아닌 S에 속하는 모든 벡터 $\mathbf{v}$에 대해

$$\|\mathbf{u} - \mathbf{u}_s\| < \|\mathbf{u} - \mathbf{v}\|$$

이 성립한다.

증명 만약 $\mathbf{u}$가 S에 포함되어 있으면 $\mathbf{u}_s = \mathbf{u}$이므로 위 부등식이 성립한다. 이제 $\mathbf{u}$가 S에 포함되지 않는다고 하자. 그러면

$$\mathbf{u}-\mathbf{v}=(\mathbf{u}-\mathbf{u}_s)+(\mathbf{u}_s-\mathbf{v}), \quad \mathbf{u}-\mathbf{u}_s \in S^{\perp}, \quad \mathbf{u}_s-\mathbf{v} \in S$$

이므로 $\mathbf{u}-\mathbf{u}_s$와 $\mathbf{u}_s-\mathbf{v}$가 서로 수직이어서 $\mathbb{R}^n$상의 피타고라스 정리에 의해

$$\|\mathbf{u}-\mathbf{v}\|^2=\|\mathbf{u}-\mathbf{u}_s\|^2+\|\mathbf{u}_s-\mathbf{v}\|^2$$

을 얻는다. 그런데 $\mathbf{u}_s$와 $\mathbf{v}$는 서로 다르므로 $\mathbf{u}_s-\mathbf{v} \neq \mathbf{O}$이다. 따라서

$$\|\mathbf{u}-\mathbf{v}\|>\|\mathbf{u}-\mathbf{u}_s\|$$

이다. ■

보기 5.22

$\mathbb{R}^6$의 부분공간 S는 다음을 직교기저벡터로 갖는다고 하자.

$$\mathbf{V}_1=(1, 0, 0, 0, 0, 0), \quad \mathbf{V}_2=(0, 1, 0, 0, 0, 1), \quad \mathbf{V}_3=(0, 1, 0, 0, 0, -1).$$

$\mathbf{u}=(1, -1, 4, 1, 2, -5)$와 가장 가까운 S 내의 벡터를 구하고, 벡터 $\mathbf{u}$와 S 사이의 거리도 구해 보자.

벡터 $\mathbf{u}$의 S 위로의 정사영 $\mathbf{u}_s$를 구하면

$$\begin{aligned}\mathbf{u}_s&=(\mathbf{u}\cdot\mathbf{V}_1)\mathbf{V}_1+\frac{1}{2}(\mathbf{u}\cdot\mathbf{V}_2)\mathbf{V}_2+\frac{1}{2}(\mathbf{u}\cdot\mathbf{V}_3)\mathbf{V}_3\\&=(1, -1, 0, 0, 0, -5)\end{aligned}$$

이고 $\|\mathbf{u}-\mathbf{u}_s\|=\sqrt{21}$이다.

정리 5.19에서처럼 주어진 벡터로부터 거리가 가장 가까운 S 내의 벡터를 찾는 것을 최소제곱법이라 부른다.

연습문제 5.6

문제 1부터 5까지의 $\mathbf{u}$를 S에 속하는 벡터와 $S^{\perp}$에 속하는 벡터의 합으로 표현하여라. 또한 $\mathbf{u}$와 S 사이의 거리를 구하라.

1. $\mathbf{u}=(-2, 6, 1, 7)$; S의 직교기저 $(1, -1, 0, 0)$, $(1, 1, 0, 0)$
2. $\mathbf{u}=(0, -4, -4, 1, 3)$; S의 직교기저 $(1, 0, 0, 2, 0)$, $(-2, 0, 0, 1, 0)$
3. $\mathbf{u}=(4, -1, 3, 2, -7)$; S의 직교기저 $(1, -1, 0, 1, -1)$, $(1, 0, 0, -1, 0)$, $(0, -1, 0, 0, 1)$
4. $\mathbf{u}=(3, 9, 4, -5)$; S의 직교기저 $(1, -1, 0, 0)$, $(1, 1, 6, 1)$
5. $\mathbf{u}=(8, 1, 1, 0, 0, -3, 4)$; S의 직교기저 $(1, 0, 1, 0, 1, 0, 0)$, $(0, 1, 0, 1, 0, 0, 0)$
6. $\mathbb{R}^n$의 부분공간 S에 대해 $(S^{\perp})^{\perp}$는 무엇이 되는지 결정하여라.

7. $\mathbb{R}^n$의 부분공간 S에 대해 $\dim(S)$와 $\dim(S^\perp)$ 사이의 관계를 구하라.

8. S를 $(1, 0, 1, 0)$, $(-2, 0, 2, 1)$로 생성되는 $\mathbb{R}^4$의 부분공간이라 하자. 벡터 $(1, -1, 3, -3)$에 가장 가까운 S에 속하는 벡터를 구하라.

9. S를 $(2, 1, -1, 0, 0)$, $(-1, 2, 0, 1, 0)$, $(0, 1, 1, -2, 0)$으로 생성되는 $\mathbb{R}^5$의 부분공간이라 하자. 벡터 $(4, 3, -3, 4, 7)$에 가장 가까운 S에 속하는 벡터를 구하라.

10. S를 $(0, 1, 1, 0, 0, 1)$, $(0, 0, 3, 0, 0, -3)$, $(6, 0, 0, -2, 0, 0)$로 생성되는 $\mathbb{R}^6$의 부분공간이라 하자. 벡터 $(0, 1, 1, -2, -2, 6)$에 가장 가까운 S에 속하는 벡터를 구하라.

행렬과 1차 연립방정식 6장

6.1 행렬

정의 6.1 행렬

수나 함수 등 다루려는 대상들을 n행과 m열로 정렬한 배열을 $n \times m$ **행렬 (matrix)**이라 한다.

행렬의 표기는 벡터에서 사용했던 것처럼 굵은 글씨체로 쓴다. 예를 들어

$$\mathbf{A} = \begin{pmatrix} 2 & 1 & \pi \\ 1 & \sqrt{2} & e^{-x} \end{pmatrix}$$

는 2×3 행렬이다. 행렬의 i번째 행과 j번째 열에 있는 원소를 행렬의 (i, j)-성분이라 한다. 어떤 행렬이 $\mathbf{A}$와 같이 대문자로 표기된다면, 행렬의 (i, j)-성분을 a_{ij}로 표기하고 $\mathbf{A} = [a_{ij}]$로 쓴다. 예를 들어 위 행렬 $\mathbf{A}$에서 $a_{11} = 2$, $a_{22} = \sqrt{2}$, $a_{23} = e^{-x}$이다.

$n \times m$ 행렬 $\mathbf{A}$의 성분 a_{ij}들 중에서 첫 번째 첨자가 i인 것들을 모으면 m차원 벡터

$$(a_{i1},\ a_{i2},\ \cdots,\ a_{im})$$

이 되는데, 이것을 **행벡터**라고 한다. 반면 두 번째 첨자가 j인 성분들을 모으면 n차원 벡터

$$\begin{pmatrix} a_{1j} \\ a_{2j} \\ \vdots \\ a_{nj} \end{pmatrix}$$

가 되고 이것을 **열벡터**라고 한다.

위에서 주어진 행렬 $\mathbf{A}$는 두 개의 행벡터

$$(2, 1, \pi), \quad (1, \sqrt{2}, e^{-x})$$

와 세 개의 열벡터

$$\begin{pmatrix} 2 \\ 1 \end{pmatrix}, \quad \begin{pmatrix} 1 \\ \sqrt{2} \end{pmatrix}, \quad \begin{pmatrix} \pi \\ e^{-x} \end{pmatrix}$$

를 가진다.

정의 6.2

$\mathbf{A}$는 모든 성분이 실수인 $n \times m$ 행렬이라 하자. $\mathbf{A}$의 모든 행벡터들로 생성되는 $\mathbb{R}^m$의 부분공간을 $\mathbf{A}$의 **행공간(row space)**라 한다. 또한 $\mathbf{A}$의 모든 열벡터들로 생성되는 $\mathbb{R}^n$의 부분공간을 $\mathbf{A}$의 **열공간(column space)**라 한다.

정의 6.3 상등

행렬 $\mathbf{A} = [a_{ij}]$와 $\mathbf{B} = [b_{ij}]$가 같다는 것은 행과 열의 개수가 각각 같고 모든 i와 j에 대하여 $a_{ij} = b_{ij}$이다.

이제 행렬의 덧셈과 곱셈, 행렬의 상수곱을 다룬다.

정의 6.4 행렬의 덧셈

$\mathbf{A} = [a_{ij}]$와 $\mathbf{B} = [b_{ij}]$가 $n \times m$ 행렬일 때 이들의 합은 $n \times m$ 행렬로

$$\mathbf{A} + \mathbf{B} = [a_{ij} + b_{ij}]$$

이다.

정의 6.4로부터 행렬의 덧셈은 대응하는 성분들끼리 더하면 된다. 예를 들어

$$\begin{pmatrix} 1 & 2 & -3 \\ 4 & \sin x & 2 \end{pmatrix} + \begin{pmatrix} -1 & 6 & e^{-5x} \\ 8 & 12 & 14 \end{pmatrix} = \begin{pmatrix} 0 & 8 & -3 + e^{-5x} \\ 12 & 12 + \sin x & 16 \end{pmatrix}$$

이다.

정의 6.5 행렬과 스칼라의 곱

$\mathbf{A} = [a_{ij}]$이고 α가 수나 함수 같은 스칼라일 때 $\alpha\mathbf{A}$는

$$\alpha\mathbf{A} = [\alpha a_{ij}]$$

이다.

정의 6.5는 행렬과 스칼라 α의 곱은 행렬의 각 성분에 α를 곱하는 것을 의미한다. 예를 들어

$$4\begin{pmatrix} -3 & 6 \\ 1 & 1 \\ 2x & 3 \\ \sin x & -6 \end{pmatrix} = \begin{pmatrix} -12 & 24 \\ 4 & 4 \\ 8x & 12 \\ 4\sin x & -24 \end{pmatrix}$$

이고

$$\sin x \begin{pmatrix} 4 \\ e^{-x} \\ -\pi \\ x^2 \end{pmatrix} = \begin{pmatrix} 4\sin x \\ e^{-x}\sin x \\ -\pi\sin x \\ x^2\sin x \end{pmatrix}$$

이다.

정의 6.6 행렬의 곱

$\mathbf{A} = [a_{ij}]$를 $n \times k$ 행렬, $\mathbf{B} = [b_{ij}]$를 $k \times m$ 행렬이라 하자. 그러면 행렬의 곱 $\mathbf{AB}$는 $n \times m$ 행렬로 그것의 (i, j)-성분은

$$\sum_{s=1}^{r} a_{is}b_{sj} = a_{i1}b_{1j} + a_{i2}b_{2j} + \cdots + a_{ik}b_{kj}$$

이다.

$\mathbf{AB}$의 (i, j)-성분은 $\mathbf{A}$의 i번째 행과 $\mathbf{B}$의 j번째 열의 내적이다. 즉,

$$\mathbf{AB}\text{의 } (i, j)\text{-성분} = (\mathbf{A}\text{의 } i\text{행}) \cdot (\mathbf{B}\text{의 } j\text{열})$$

이다. 이는 물론 $\mathbf{A}$의 열의 개수와 $\mathbf{B}$의 행의 개수가 같기 때문에 가능하다. 즉, $\mathbf{A}$의 행과 $\mathbf{B}$의 열을 내적하기 위해서는 $\mathbf{A}$의 행과 $\mathbf{B}$의 열은 같은 차원의 벡터여야 한다.

보기 6.1

$$\mathbf{A} = \begin{pmatrix} 1 & 3 \\ 2 & 5 \end{pmatrix}, \quad \mathbf{B} = \begin{pmatrix} 1 & 1 & 3 \\ 2 & 1 & 4 \end{pmatrix}$$

에서 $\mathbf{A}$는 2×2 행렬이고 $\mathbf{B}$는 2×3 행렬이므로 $\mathbf{AB}$는 정의된다. $\mathbf{AB}$는 2×3

행렬이고, 계산하면

$$\mathbf{AB} = \begin{pmatrix} 1 & 3 \\ 2 & 5 \end{pmatrix}\begin{pmatrix} 1 & 1 & 3 \\ 2 & 1 & 4 \end{pmatrix} = \begin{pmatrix} 7 & 4 & 15 \\ 12 & 7 & 26 \end{pmatrix}$$

이다. 이 보기에서 **BA**는 정의할 수 없는데 **B**의 열의 개수와 **A**의 행의 개수가 같지 않기 때문이다.

보기 6.2

$$\mathbf{A} = \begin{pmatrix} 1 & 1 & 2 & 1 \\ 4 & 1 & 6 & 2 \end{pmatrix}, \quad \mathbf{B} = \begin{pmatrix} -1 & 8 \\ 2 & 1 \\ 1 & 1 \\ 12 & 6 \end{pmatrix}$$

이라 하자. **A**는 2×4이고 **B**는 4×2이므로 **AB**는 정의되고 그 결과는 2×2 행렬

$$\mathbf{AB} = \begin{pmatrix} 1 & 1 & 2 & 1 \\ 4 & 1 & 6 & 2 \end{pmatrix}\begin{pmatrix} -1 & 8 \\ 2 & 1 \\ 1 & 1 \\ 12 & 6 \end{pmatrix} = \begin{pmatrix} 15 & 17 \\ 28 & 51 \end{pmatrix}$$

이다. 이 보기에서는 **BA** 또한 정의된다. 그 결과는 4×4 행렬

$$\mathbf{BA} = \begin{pmatrix} -1 & 8 \\ 2 & 1 \\ 1 & 1 \\ 12 & 6 \end{pmatrix}\begin{pmatrix} 1 & 1 & 2 & 1 \\ 4 & 1 & 6 & 2 \end{pmatrix} = \begin{pmatrix} 31 & 7 & 46 & 15 \\ 6 & 3 & 10 & 4 \\ 5 & 2 & 8 & 3 \\ 36 & 18 & 60 & 24 \end{pmatrix}$$

이다.

보기 6.2처럼 **AB**와 **BA**가 둘 다 정의되어도 그 결과는 서로 다른 차원의 행렬일 수 있다. 즉, 행렬의 곱은 교환법칙이 성립하지 않는다.

정리 6.1

행렬 **A**, **B**, **C**에 대하여 다음의 합과 곱이 잘 정의될 때

(1) $\mathbf{A} + \mathbf{B} = \mathbf{B} + \mathbf{A}$

(2) $\mathbf{A}(\mathbf{B} + \mathbf{C}) = \mathbf{AB} + \mathbf{AC}$

(3) $(\mathbf{A} + \mathbf{B})\mathbf{C} = \mathbf{AC} + \mathbf{BC}$

(4) $\mathbf{A}(\mathbf{BC}) = (\mathbf{AB})\mathbf{C}$

(5) $\alpha\mathbf{AB} = (\alpha\mathbf{A})\mathbf{B} = \mathbf{A}(\alpha\mathbf{B})$ (α는 임의의 스칼라)

여러 면에서 행렬의 곱이 숫자의 곱처럼 연산되지 않는다는 것을 살펴보았다. 여기에 세 가지 중요한 차이점을 요약한다.

차이점 1 **AB**와 **BA**가 연산가능할지라도 $\mathbf{AB} \neq \mathbf{BA}$일 수 있다.

보기 6.3

$$\begin{pmatrix} 1 & 0 \\ 2 & -4 \end{pmatrix}\begin{pmatrix} -2 & 6 \\ 1 & 3 \end{pmatrix} = \begin{pmatrix} -2 & 6 \\ -8 & 0 \end{pmatrix}$$

과

$$\begin{pmatrix} -2 & 6 \\ 1 & 3 \end{pmatrix}\begin{pmatrix} 1 & 0 \\ 2 & -4 \end{pmatrix} = \begin{pmatrix} 10 & -24 \\ 7 & -12 \end{pmatrix}$$

의 결과는 다르다.

차이점 2 행렬의 곱에서는 약분할 수 없다. 즉, $\mathbf{AB} = \mathbf{AC}$가 $\mathbf{B} = \mathbf{C}$를 의미하지는 않는다.

보기 6.4

$$\begin{pmatrix} 1 & 1 \\ 3 & 3 \end{pmatrix}\begin{pmatrix} 4 & 2 \\ 3 & 16 \end{pmatrix} = \begin{pmatrix} 7 & 18 \\ 21 & 54 \end{pmatrix} = \begin{pmatrix} 1 & 1 \\ 3 & 3 \end{pmatrix}\begin{pmatrix} 2 & 7 \\ 5 & 11 \end{pmatrix}$$

이지만

$$\begin{pmatrix} 4 & 2 \\ 3 & 16 \end{pmatrix} \neq \begin{pmatrix} 2 & 7 \\ 5 & 11 \end{pmatrix}$$

이다.

차이점 3 영행렬(성분이 모두 0인 행렬)이 아닌 두 행렬의 곱이 영행렬이 될 수 있다.

보기 6.5

$$\begin{pmatrix} 1 & 2 \\ 3 & 6 \end{pmatrix}\begin{pmatrix} 6 & 4 \\ -3 & -2 \end{pmatrix} = \begin{pmatrix} 0 & 0 \\ 0 & 0 \end{pmatrix}.$$

6.1.1 특수한 행렬

특수한 꼴의 행렬들을 정의한다.

정의 6.7 O행렬

$\mathbf{O}_{nm}$ 또는 간단히 $\mathbf{O}$은 $n \times m$ 영행렬, 즉 모든 성분이 0인 행렬을 의미한다.

예를 들어 2×4 영행렬은

$$\mathbf{O}_{24} = \begin{pmatrix} 0 & 0 & 0 & 0 \\ 0 & 0 & 0 & 0 \end{pmatrix}$$

이다. $\mathbf{A}$가 $n \times m$이면

$$\mathbf{A} + \mathbf{O}_{nm} = \mathbf{O}_{nm} + \mathbf{A} = \mathbf{A}$$

이다.

정의 6.8

행의 개수와 열의 개수가 같은 행렬을 정사각행렬이라 한다. 또한 $n \times n$ 정사각행렬 $\mathbf{A}$에서 $a_{11}, a_{22}, \ldots, a_{nn}$의 원소들을 주 대각원(main diagonal)이라 한다.

정의 6.9 단위행렬

$n \times n$ **단위행렬(identity matrix)**은 주 대각원 a_{ij}가 모두 1이고, 다른 원소는 모두 0인 행렬로서 $\mathbf{I}_n$ 또는 간단히 $\mathbf{I}$로 표기한다.

예를 들어

$$\mathbf{I}_2 = \begin{pmatrix} 1 & 0 \\ 0 & 1 \end{pmatrix}, \quad \mathbf{I}_3 = \begin{pmatrix} 1 & 0 & 0 \\ 0 & 1 & 0 \\ 0 & 0 & 1 \end{pmatrix}$$

이다.

정리 6.2

$\mathbf{A}$가 $n \times m$이면

$$\mathbf{A}\mathbf{I}_m = \mathbf{I}_n\mathbf{A} = \mathbf{A}$$

이다.

보기 6.6

$$\mathbf{A} = \begin{pmatrix} 1 & 0 \\ 2 & 1 \\ -1 & 8 \end{pmatrix}$$

이라 하자.

$$\mathbf{I}_3\mathbf{A} = \begin{pmatrix} 1 & 0 & 0 \\ 0 & 1 & 0 \\ 0 & 0 & 1 \end{pmatrix}\begin{pmatrix} 1 & 0 \\ 2 & 1 \\ -1 & 8 \end{pmatrix} = \begin{pmatrix} 1 & 0 \\ 2 & 1 \\ -1 & 8 \end{pmatrix} = \mathbf{A}$$

이고

$$\mathbf{A}\mathbf{I}_2 = \begin{pmatrix} 1 & 0 \\ 2 & 1 \\ -1 & 8 \end{pmatrix}\begin{pmatrix} 1 & 0 \\ 0 & 1 \end{pmatrix} = \begin{pmatrix} 1 & 0 \\ 2 & 1 \\ -1 & 8 \end{pmatrix} = \mathbf{A}$$

이다.

정의 6.10 전치행렬

$\mathbf{A} = [a_{ij}]$가 $n \times m$ 행렬일 때 $\mathbf{A}$의 **전치행렬(transpose)** $\mathbf{A}^t$는 $m \times n$ 행렬로서 $\mathbf{A}^t = [a_{ji}]$이다.

$\mathbf{A}$의 전치행렬은 $\mathbf{A}$의 k번째 행을 $\mathbf{A}^t$의 k번째 열로 바꿔 구성한다.

보기 6.7

$$\mathbf{A} = \begin{pmatrix} -1 & 6 & 3 & -4 \\ 0 & \pi & 12 & -5 \end{pmatrix}$$

는 2×4 행렬이고 이것의 전치행렬은 4×2 행렬로서

$$\mathbf{A}^t = \begin{pmatrix} -1 & 0 \\ 6 & \pi \\ 3 & 12 \\ -4 & -5 \end{pmatrix}$$

이다.

정리 6.3

전치행렬은 다음의 성질을 가진다.

(1) $(\mathbf{I}_n)^t = \mathbf{I}_n$

(2) 임의의 행렬 $\mathbf{A}$에 대하여 $(\mathbf{A}^t)^t = \mathbf{A}$

(3) $\mathbf{AB}$가 정의되면 $(\mathbf{AB})^t = \mathbf{B}^t\mathbf{A}^t$

증명 (1)과 (2)는 당연하므로 (3)만 증명하자. $\mathbf{A} = [a_{ij}]$를 $n \times k$ 행렬, $\mathbf{B} = [b_{ij}]$를 $k \times m$ 행렬이라 하면 $\mathbf{AB}$는 정의되고 그 결과는 $n \times m$ 행렬이다. $\mathbf{B}^t$가 $m \times k$ 행렬이고 $\mathbf{A}^t$가 $k \times n$ 행렬이기 때문에 $\mathbf{B}^t\mathbf{A}^t$는 정의되고 $m \times n$ 행렬이다. 즉, $(\mathbf{AB})^t$와 $\mathbf{B}^t\mathbf{A}^t$는 차원이 같으므로 $(\mathbf{AB})^t$의 (i, j)-성분과 $\mathbf{B}^t\mathbf{A}^t$의 (i, j)-성분이 같다는 것을 보이면 된다. 행렬곱의 정의로부터

$$\begin{aligned}(\mathbf{B}^t\mathbf{A}^t)_{ij} &= (\mathbf{B}^t\text{의 } i\text{번째 행})\cdot(\mathbf{A}^t\text{의 } j\text{번째 열})\\ &= (\mathbf{B}\text{의 } i\text{번째 열})\cdot(\mathbf{A}\text{의 } j\text{번째 행})\\ &= (\mathbf{A}\text{의 } j\text{번째 행})\cdot(\mathbf{B}\text{의 } i\text{번째 열})\\ &= (\mathbf{AB})_{ji} = ((\mathbf{AB})^t)_{ij}\end{aligned}$$

이다. ■

두 n차원 벡터의 내적을 전치행렬을 이용하여 행렬의 곱으로 표현하는 것이 편리할 때도 있다. 2개의 n차원 벡터 $(x_1, x_2, \cdots, x_n)$과 $(y_1, y_2, \cdots, y_n)$를 $n \times 1$ 행렬로 표현하면

$$\mathbf{X} = \begin{pmatrix} x_1 \\ x_2 \\ \vdots \\ x_n \end{pmatrix}, \quad \mathbf{Y} = \begin{pmatrix} y_1 \\ y_2 \\ \vdots \\ y_n \end{pmatrix}$$

이다. 이때 $\mathbf{X}^t\mathbf{Y}$는 1×1 행렬

$$\begin{aligned}\mathbf{X}^t\mathbf{Y} &= (x_1 \ \ x_2 \ \ \cdots \ \ x_n)\begin{pmatrix} y_1 \\ y_2 \\ \vdots \\ y_n \end{pmatrix}\\ &= x_1y_1 + x_2y_2 + \cdots + x_ny_n = \mathbf{X}\cdot\mathbf{Y}\end{aligned}$$

이다. 여기서 결과로 나오는 1×1 행렬을 괄호 없이 하나의 수로 표현한다. 이처럼 $n \times 1$ 열벡터로 표현된 n차원 벡터의 내적을 행렬의 곱 $\mathbf{X}^t\mathbf{Y}$로 나타낼 수도 있다.

6.1.2 다른 관점으로 본 행렬 곱

$\mathbf{A}$가 $n \times k$ 행렬이고 $\mathbf{B}$가 $k \times m$ 행렬이면 $\mathbf{AB}$는 $n \times m$ 행렬이다. 행렬곱 $\mathbf{AB}$를 계산할 때 행렬 $\mathbf{A}$ 전체와 $\mathbf{B}$의 각 열을 하나씩 곱하면 $\mathbf{AB}$의 열을 하나씩 얻을 수 있다. 즉

$$\mathbf{AB}\text{의 } j\text{번째 열} = \mathbf{A}\,(\mathbf{B}\text{의 } j\text{번째 열})$$

이다. 이때 $\mathbf{A}$는 $n \times k$ 행렬이고, $\mathbf{B}$의 j번째 열을 $k \times 1$ 행렬로 볼 수 있으므로 그

곱은 $n \times 1$ 행렬이다.

구체적으로 $\mathbf{B}$의 각 열을 $\mathbf{C}_1, \cdots, \mathbf{C}_m$이라 하면

$$\mathbf{B} = \begin{pmatrix} \| & \| & \cdots & \| \\ \mathbf{C}_1 & \mathbf{C}_2 & \cdots & \mathbf{C}_m \\ \| & \| & \cdots & \| \end{pmatrix}$$

으로 나타낼 수 있고, 행렬곱 $\mathbf{AB}$는

$$\begin{aligned} \mathbf{AB} &= \mathbf{A}\begin{pmatrix} \| & \| & \cdots & \| \\ \mathbf{C}_1 & \mathbf{C}_2 & \cdots & \mathbf{C}_m \\ \| & \| & \cdots & \| \end{pmatrix} \\ &= \begin{pmatrix} \| & \| & \cdots & \| \\ \mathbf{AC}_1 & \mathbf{AC}_2 & \cdots & \mathbf{AC}_m \\ \| & \| & \cdots & \| \end{pmatrix} \end{aligned}$$

이다. 예를 들어

$$\mathbf{A} = \begin{pmatrix} 2 & -4 \\ 1 & 7 \end{pmatrix}, \quad \mathbf{B} = \begin{pmatrix} -3 & 6 & 7 \\ -5 & 1 & 2 \end{pmatrix}$$

라 하자. $\mathbf{B}$의 각 열은

$$\mathbf{C}_1 = \begin{pmatrix} -3 \\ -5 \end{pmatrix}, \quad \mathbf{C}_2 = \begin{pmatrix} 6 \\ 1 \end{pmatrix}, \quad \mathbf{C}_3 = \begin{pmatrix} 7 \\ 2 \end{pmatrix}$$

이고, 행렬 $\mathbf{A}$와 $\mathbf{B}$의 각 열들의 곱은

$$\begin{aligned} \mathbf{AC}_1 &= \begin{pmatrix} 2 & -4 \\ 1 & 7 \end{pmatrix}\begin{pmatrix} -3 \\ -5 \end{pmatrix} = \begin{pmatrix} 14 \\ -38 \end{pmatrix} \\ \mathbf{AC}_2 &= \begin{pmatrix} 2 & -0 \\ 1 & 7 \end{pmatrix}\begin{pmatrix} 6 \\ 1 \end{pmatrix} = \begin{pmatrix} 8 \\ 13 \end{pmatrix} \\ \mathbf{AC}_3 &= \begin{pmatrix} 2 & -4 \\ 1 & 7 \end{pmatrix}\begin{pmatrix} 7 \\ 2 \end{pmatrix} = \begin{pmatrix} 6 \\ 21 \end{pmatrix} \end{aligned}$$

이다. 이것들이 행렬곱 $\mathbf{AB}$의 각 열에 해당한다. 즉

$$\mathbf{AB} = \begin{pmatrix} 2 & -4 \\ 1 & 7 \end{pmatrix}\begin{pmatrix} -3 & 6 & 7 \\ -5 & 1 & 2 \end{pmatrix} = \begin{pmatrix} 14 & 8 & 6 \\ -38 & 13 & 21 \end{pmatrix} = \begin{pmatrix} \| & \| & \| \\ \mathbf{AC}_1 & \mathbf{AC}_2 & \mathbf{AC}_3 \\ \| & \| & \| \end{pmatrix}$$

이다.

행렬곱을 바라보는 또 다른 관점을 살펴보자. $n \times m$ 행렬 $\mathbf{A} = [a_{ij}]$에서 j번째 열을 $n \times 1$ 행렬

$$\mathbf{A}_j = \begin{pmatrix} a_{ij} \\ a_{2j} \\ \vdots \\ a_{nj} \end{pmatrix}$$

라 두자. **X**는 $m \times 1$ 행렬로서

$$\mathbf{X} = \begin{pmatrix} x_1 \\ x_2 \\ \vdots \\ x_m \end{pmatrix}$$

이라 하자. 그러면 행렬곱 **AX**는 **A**의 각 열벡터의 일차결합으로 표현된다. 즉,

$$\mathbf{AX} = x_1\mathbf{A}_1 + x_2\mathbf{A}_2 + \cdots + x_m\mathbf{A}_m$$

이다. 왜냐하면

$$\begin{aligned}\mathbf{AX} &= \begin{pmatrix} a_{11} & a_{12} & \cdots & a_{1m} \\ a_{21} & a_{22} & \cdots & a_{2m} \\ \vdots & \vdots & \vdots & \vdots \\ a_{n1} & a_{n2} & \cdots & a_{nm} \end{pmatrix}\begin{pmatrix} x_1 \\ x_2 \\ \vdots \\ x_m \end{pmatrix} \\ &= \begin{pmatrix} a_{11}x_1 + a_{12}x_2 + \cdots + a_{1m}x_m \\ a_{21}x_1 + a_{22}x_2 + \cdots + a_{2m}x_m \\ \vdots \\ a_{n1}x_1 + a_{n2}x_2 + \cdots + a_{nm}x_m \end{pmatrix} \\ &= x_1\begin{pmatrix} a_{11} \\ a_{21} \\ \vdots \\ a_{n1} \end{pmatrix} + x_2\begin{pmatrix} a_{12} \\ a_{22} \\ \vdots \\ a_{n2} \end{pmatrix} + \cdots + x_m\begin{pmatrix} a_{1m} \\ a_{2m} \\ \vdots \\ a_{nm} \end{pmatrix} \\ &= x_1\mathbf{A}_1 + x_2\mathbf{A}_2 + \cdots + x_m\mathbf{A}_m\end{aligned}$$

이기 때문이다. 예를 들어

$$\mathbf{A} = \begin{pmatrix} 4 & 1 & 3 \\ 8 & 6 & 2 \end{pmatrix}, \quad \mathbf{X} = \begin{pmatrix} x_1 \\ x_2 \\ x_3 \end{pmatrix}$$

이면

$$\begin{aligned}\mathbf{AX} &= \begin{pmatrix} 4 & 1 & 3 \\ 8 & 6 & 2 \end{pmatrix}\begin{pmatrix} x_1 \\ x_2 \\ x_3 \end{pmatrix} \\ &= \begin{pmatrix} 4x_1 + x_2 + 3x_3 \\ 8x_1 + 6x_2 + 2x_3 \end{pmatrix} = x_1\begin{pmatrix} 4 \\ 8 \end{pmatrix} + x_2\begin{pmatrix} 1 \\ 6 \end{pmatrix} + x_3\begin{pmatrix} 3 \\ 2 \end{pmatrix}\end{aligned}$$

이다.

연습문제 6.1

문제 1부터 6까지 **A**와 **B**에 대하여 주어진 수식을 계산하라.

1. $\mathbf{A}=\begin{pmatrix} 1 & -1 & 3 \\ 2 & -4 & 6 \\ -1 & 1 & 2 \end{pmatrix}, \mathbf{B}=\begin{pmatrix} -4 & 0 & 0 \\ -2 & -1 & 6 \\ 8 & 15 & 4 \end{pmatrix};$

$2\mathbf{A}-3\mathbf{B}$

2. $\mathbf{A}=\begin{pmatrix} -2 & 2 \\ 0 & 1 \\ 14 & 2 \\ 6 & 8 \end{pmatrix}, \mathbf{B}=\begin{pmatrix} 4 & 4 \\ 2 & 1 \\ 14 & 16 \\ 1 & 25 \end{pmatrix};$

$-5\mathbf{A}+3\mathbf{B}$

3. $\mathbf{A}=\begin{pmatrix} x & 1-x \\ 2 & e^x \end{pmatrix}, \mathbf{B}=\begin{pmatrix} 1 & -6 \\ x & \cos x \end{pmatrix};$

$\mathbf{A}^2+2\mathbf{AB}$

4. $\mathbf{A}=(14), \mathbf{B}=(-12); -3\mathbf{A}-5\mathbf{B}$

5. $\mathbf{A}=\begin{pmatrix} 1 & -2 & 1 & 7 & -9 \\ 8 & 2 & -5 & 0 & 0 \end{pmatrix};$

$\mathbf{B}=\begin{pmatrix} -5 & 1 & 8 & 21 & 7 \\ 12 & -6 & -2 & -1 & 9 \end{pmatrix};$

$4\mathbf{A}+5\mathbf{B}$

6. $\mathbf{A}=\begin{pmatrix} -2 & 3 \\ 1 & 1 \end{pmatrix}, \mathbf{B}=\begin{pmatrix} 0 & 8 \\ -5 & 1 \end{pmatrix}; \mathbf{A}^3-\mathbf{B}^2$

문제 7부터 16까지 **AB**와 **BA**가 연산가능한지 아닌지를 결정하고, 연산가능하면 그것을 계산하라.

7. $\mathbf{A}=\begin{pmatrix} -4 & 6 & 2 \\ -2 & -2 & 3 \\ 1 & 1 & 8 \end{pmatrix},$

$\mathbf{B}=\begin{pmatrix} -2 & 4 & 6 & 12 & 5 \\ -3 & -3 & 1 & 1 & 4 \\ 0 & 0 & 1 & 6 & -9 \end{pmatrix}$

8. $\mathbf{A}=\begin{pmatrix} -2 & -4 \\ 3 & -1 \end{pmatrix}, \mathbf{B}=\begin{pmatrix} 6 & 8 \\ 1 & -4 \end{pmatrix}$

9. $\mathbf{A}=(-1 \;\; 6 \;\; 2 \;\; 14 \;\; -22), \mathbf{B}=\begin{pmatrix} -3 \\ 2 \\ 6 \\ 0 \\ -4 \end{pmatrix}$

10. $\mathbf{A}=\begin{pmatrix} -3 & 1 \\ 6 & 2 \\ 18 & -22 \\ 1 & 6 \end{pmatrix}, \mathbf{B}=\begin{pmatrix} -16 & 0 & 0 & 28 \\ 0 & 1 & 1 & 26 \end{pmatrix}$

11. $\mathbf{A}=\begin{pmatrix} -21 & 4 & 8 & -3 \\ 12 & 1 & 0 & 14 \\ 1 & 16 & 0 & -8 \\ 13 & 4 & 8 & 0 \end{pmatrix}, \mathbf{B}=\begin{pmatrix} -9 & 16 & 3 & 2 \\ 5 & 9 & 14 & 0 \end{pmatrix}$

12. $\mathbf{A}=\begin{pmatrix} -2 & 4 \\ 3 & 9 \end{pmatrix}, \mathbf{B}=\begin{pmatrix} 1 & -3 & 7 & 2 \\ 5 & 9 & 1 & 0 \end{pmatrix}$

13. $\mathbf{A}=\begin{pmatrix} -4 & -2 & 0 \\ 0 & 5 & 3 \\ -3 & 1 & 1 \end{pmatrix}, \mathbf{B}=(1 \;\; -3 \;\; 4)$

14. $\mathbf{A}=\begin{pmatrix} -3 \\ 0 \\ -1 \\ 4 \end{pmatrix}, \mathbf{B}=\begin{pmatrix} 3 \\ -2 \\ 4 \end{pmatrix}$

15. $\mathbf{A}=\begin{pmatrix} 7 & -8 \\ 1 & 6 \end{pmatrix}, \mathbf{B}=\begin{pmatrix} 1 & -4 & 3 \\ -4 & 7 & 0 \end{pmatrix}$

16. $\mathbf{A}=\begin{pmatrix} -3 & 2 \\ 0 & -2 \\ 1 & 8 \\ 3 & -3 \end{pmatrix}, \mathbf{B}=(-5 \;\; 5 \;\; 7 \;\; 2)$

문제 17부터 21까지 **AB**와 **BA**가 연산가능한지 아닌지를 결정하고, 연산가능하면 그것의 차원을 구하라.

17. **A**는 14×21, **B**는 21×14이다.

18. **A**는 18×4, **B**는 18×4이다.

19. **A**는 6×2, **B**는 4×6이다.

20. **A**는 1×3, **B**는 3×3이다.

21. **A**는 7×6, **B**는 7×7이다.

22. $\mathbf{BA}=\mathbf{CA}$이지만 $\mathbf{B} \neq \mathbf{C}$인 영행렬이 아닌 2×2 행렬 **A**, **B**, **C**를 찾아라.

23. **A**는 모든 원소가 실수인 $n \times m$ 행렬이라 하자. **A**의 각 행을 순서대로 한 줄로 나열하면 N차원 벡터로 볼 수 있다. 예를 들면 행렬

$$\mathbf{A}=\begin{pmatrix}1 & -3 & 4\\ 2 & 0 & -5\end{pmatrix}$$

는 벡터로

$$(1, -3, 4, 2, 0, -5)$$

에 대응된다. N의 값을 결정하고 **A**들의 집합이 N차원 벡터공간임을 보여라.

6.2 행연산과 기약꼴 행렬

정의 6.11 기본 행연산

행렬 **A**에 시행하는 세 가지 기본 행연산(**elementary row operation**)은 다음과 같다.

(1) 제1행연산: **A**의 두 행을 서로 바꾸기

(2) 제2행연산: **A**의 한 행에 0이 아닌 상수를 곱하기

(3) 제3행연산: **A**의 한 행에 상수를 곱하여 다른 행에 더하기

$n \times m$ 행렬 **A**에 적용되는 행 연산들은 먼저 n차 단위행렬 **I**에 해당연산을 시행하고 그 결과로 얻어진 행렬을 **A**의 왼쪽에 곱한 것과 같다.

보기 6.8

A는 아래의 4×3 행렬이다.

$$\mathbf{A}=\begin{pmatrix}-2 & 1 & 6\\ 1 & 1 & 2\\ 0 & 9 & 3\\ 2 & -3 & 4\end{pmatrix}$$

제1연산을 이용하여 두 번째와 세 번째 행을 바꾸면 다음과 같다.

$$\begin{pmatrix}-2 & 1 & 6\\ 0 & 9 & 3\\ 1 & 1 & 2\\ 2 & -3 & 4\end{pmatrix}$$

이것은 $\mathbf{I}_4$의 두 번째, 세 번째 행을 바꾼 행렬을 **A**의 왼쪽에 곱한 것과 같다. 즉,

$$\begin{pmatrix}1 & 0 & 0 & 0\\ 0 & 0 & 1 & 0\\ 0 & 1 & 0 & 0\\ 0 & 0 & 0 & 1\end{pmatrix}\begin{pmatrix}-2 & 1 & 6\\ 1 & 1 & 2\\ 0 & 9 & 3\\ 2 & -3 & 4\end{pmatrix}=\begin{pmatrix}-2 & 1 & 6\\ 0 & 9 & 3\\ 1 & 1 & 2\\ 2 & -3 & 4\end{pmatrix}$$

이다. 제2연산의 예로서 $\mathbf{A}$의 세 번째 행에 π를 곱하면

$$\begin{pmatrix} -2 & 1 & 6 \\ 1 & 1 & 2 \\ 0 & 9\pi & 3\pi \\ 2 & -3 & 4 \end{pmatrix}$$

인데, 이것은 $\mathbf{I}_4$의 세 번째 행에 π를 곱한 행렬을 $\mathbf{A}$의 왼쪽에 곱한 것과 같다. 즉

$$\begin{pmatrix} 1 & 0 & 0 & 0 \\ 0 & 1 & 0 & 0 \\ 0 & 0 & \pi & 0 \\ 0 & 0 & 0 & 1 \end{pmatrix}\begin{pmatrix} -2 & 1 & 6 \\ 1 & 1 & 2 \\ 0 & 9 & 3 \\ 2 & -3 & 4 \end{pmatrix} = \begin{pmatrix} -2 & 1 & 6 \\ 1 & 1 & 2 \\ 0 & 9\pi & 3\pi \\ 2 & -3 & 4 \end{pmatrix}$$

이다. 제3연산의 예로서 $\mathbf{A}$의 첫 번째 행에 -6을 곱해서 세 번째 행에 더하면

$$\begin{pmatrix} -2 & 1 & 6 \\ 1 & 1 & 2 \\ 12 & 3 & -33 \\ 2 & -3 & 4 \end{pmatrix}$$

인데, 이것은 $\mathbf{I}_4$의 첫 번째 행에 -6을 곱해서 세 번째 행에 더해서 얻어진 행렬을 $\mathbf{A}$의 왼쪽에서 곱한 것과 같다. 즉,

$$\begin{pmatrix} 1 & 0 & 0 & 0 \\ 0 & 1 & 0 & 0 \\ -6 & 0 & 1 & 0 \\ 0 & 0 & 0 & 1 \end{pmatrix}\begin{pmatrix} -2 & 1 & 6 \\ 1 & 1 & 2 \\ 0 & 9 & 3 \\ 2 & -3 & 4 \end{pmatrix} = \begin{pmatrix} -2 & 1 & 6 \\ 1 & 1 & 2 \\ 12 & 3 & -33 \\ 2 & -3 & 4 \end{pmatrix}$$

이다.

정의 6.12 기본행렬

$\mathbf{I}_n$에 기본 행연산을 시행하여 만들어진 행렬을 기본행렬이라 한다.

보기 6.8에 따르면 행렬 $\mathbf{A}$에 기본 행연산을 시행하는 것은 동일한 행연산으로 만들어진 기본행렬을 $\mathbf{A}$의 왼쪽에 곱하는 것과 같음을 알 수 있다. 따라서 $\mathbf{A}$에 여러 행연산을 순차적으로 적용하는 것은 대응되는 기본행렬들의 곱으로 얻어진 행렬을 $\mathbf{A}$에 곱하는 것과 같다. 예를 들어 행렬 $\mathbf{A}$에 행연산 $\mathcal{O}_1, \cdots, \mathcal{O}_k$를 순서대로 적용하여 행렬 $\mathbf{B}$를 얻는다고 하자. 단위행렬 $\mathbf{I}_n$에 행연산 $\mathcal{O}_j$를 적용해서 만들어진 행렬을 $\mathbf{E}_j$라 하면

$$\mathbf{B} = \mathbf{E}_k\mathbf{E}_{k-1} \cdots \mathbf{E}_2\mathbf{E}_1\mathbf{A}$$

이다. 각 $j = 1, \cdots, k$에 대해 행연산 $\mathcal{O}_j$를 적용하는 것은 행렬의 왼쪽에 $\mathbf{E}_j$를 곱하는 것과 같기 때문이다.

보기 6.9

$\mathbf{A}$는 보기 6.8에서와 동일한 행렬이라 하자. $\mathbf{A}$에 순차적으로 다음의 세 가지 행연산을 시행할 것이다. 첫 번째 연산 $\mathcal{O}_1$은 첫 번째 행과 네 번째 행을 교환하는 것이고, 두 번째 연산 $\mathcal{O}_2$는 세 번째 행에 상수 2를 곱하는 것이고, 세 번째 연산은 네 번째 행에 −5를 곱해서 첫 번째 행에 더하는 것이다. $\mathbf{A}$에 이 세 연산을 적용하여 그 결과 $\mathbf{B}$를 계산하는 과정을 살펴보면

$$\mathbf{A} = \begin{pmatrix} -2 & 1 & 6 \\ 1 & 1 & 2 \\ 0 & 9 & 3 \\ 2 & -3 & 4 \end{pmatrix} \overset{\mathcal{O}_1}{\rightarrow} \begin{pmatrix} 2 & -3 & 4 \\ 1 & 1 & 2 \\ 0 & 9 & 3 \\ -2 & 1 & 6 \end{pmatrix} \overset{\mathcal{O}_2}{\rightarrow} \begin{pmatrix} 2 & -3 & 4 \\ 1 & 1 & 2 \\ 0 & 18 & 6 \\ -2 & 1 & 6 \end{pmatrix} \overset{\mathcal{O}_3}{\rightarrow} \begin{pmatrix} 12 & -8 & -26 \\ 1 & 1 & 2 \\ 0 & 18 & 6 \\ -2 & 1 & 6 \end{pmatrix} = \mathbf{B}$$

이다. 한편 각 행연산 $\mathcal{O}_j$에 대응되는 기본행렬 $\mathbf{E}_j$들은 각각

$$\mathbf{E}_1 = \begin{pmatrix} 0 & 0 & 0 & 1 \\ 0 & 1 & 0 & 0 \\ 0 & 0 & 1 & 0 \\ 1 & 0 & 0 & 0 \end{pmatrix}, \quad \mathbf{E}_2 = \begin{pmatrix} 1 & 0 & 0 & 0 \\ 0 & 1 & 0 & 0 \\ 0 & 0 & 2 & 0 \\ 0 & 0 & 0 & 1 \end{pmatrix}, \quad \mathbf{E}_3 = \begin{pmatrix} 1 & 0 & 0 & -5 \\ 0 & 1 & 0 & 0 \\ 0 & 0 & 1 & 0 \\ 0 & 0 & 0 & 1 \end{pmatrix}$$

이고, 이 기본행렬들의 곱은

$$\mathbf{E}_3\mathbf{E}_2\mathbf{E}_1 = \begin{pmatrix} -5 & 0 & 0 & 1 \\ 0 & 1 & 0 & 0 \\ 0 & 0 & 2 & 0 \\ 1 & 0 & 0 & 0 \end{pmatrix}$$

이다. 이 행렬을 $\mathbf{A}$의 왼쪽에 곱해

$$\mathbf{E}_3\mathbf{E}_2\mathbf{E}_1\mathbf{A} = \mathbf{B}$$

임을 확인할 수 있다.

여러 행연산을 시행할 때는 그 순서가 매우 중요하다. 시행하는 순서가 달라지면 그 결과도 일반적으로 달라진다.

정의 6.13 행 동치

행렬 $\mathbf{A}$에 기본 행연산을 순차적으로 시행하여 행렬 $\mathbf{B}$를 얻을 수 있다면, $\mathbf{A}$와 $\mathbf{B}$는 **행 동치(row equivalence)**라 부른다.

위의 보기에서, **A**와 **B**는 행 동치이다. 간혹 기본 행연산을 되돌리고 싶을 때가 있다. 이것은 같은 종류의 기본 행연산으로 가능하다. 각 기본 행연산에 대하여 차례로 살펴보자. **A**의 i행과 j행을 바꾸어서 **B**를 얻었다면 **B**의 i행과 j행을 다시 바꾸어 **A**를 얻을 수 있다. 즉, 이미 시행된 제1행연산은 같은 제1행연산에 의해 원래대로 되돌릴 수 있다. **A**의 i행에 $\alpha \neq 0$를 곱하여 **C**를 만들었다면, **C**의 i행에 $1/\alpha$을 곱하여 다시 **A**를 만들 수 있다. 즉, 이미 시행된 제2행연산은 제2행연산에 의해 되돌릴 수 있다. 끝으로 행렬 **A**의 i행에 α를 곱하여 j 행에 더하여 **D**를 만들었다면, **D**의 i행에 $-\alpha$를 곱하여 j행에 더하면 다시 **A**를 만들 수 있다. 즉, 제3행연산은 제3행연산에 의해 되돌릴 수 있다.

기본 행연산은 여러 곳에 이용되는데 그중 대표적인 것이 1차 연립방정식을 풀 때이다. 기본 행연산을 이용하여 1차 연립방정식의 계수행렬을 변환하면 연립방정식을 쉽게 풀 수 있는 특별한 형태의 계수행렬을 얻을 수 있다.

정의 6.14 선행 성분

행렬의 각 행에서 0이 아닌 성분 중 가장 왼쪽에 있는 것을 선행 성분이라 한다. 한 행의 모든 성분이 0이면 선행 성분은 존재하지 않는다.

정의 6.15 기약꼴 행렬

행렬 **A**가 다음 조건들을 모두 만족할 때 기약꼴 행렬(**reduced form matrix**)이라 한다.

(1) 모든 선행 성분의 값은 1이다.

(2) 어떤 행의 선행 성분이 j열에 있으면, 다른 행들의 j열 성분은 모두 0이다.

(3) i번째 행에 0이 아닌 성분이 있고, k번째 행은 모든 성분이 0이라면 k는 i보다 크다.

(4) r_1행의 선행 성분이 c_1열에 있고 r_2행이 선행 성분이 c_2열에 있을 때, $r_1 < r_2$이면 $c_1 < c_2$이다.

조건 (1)은 0이 아닌 성분을 가지는 행의 성분들을 왼쪽에서 오른쪽으로 읽었을 때 처음으로 나타나는 0이 아닌 수는 1이라는 것이다. 조건 (2)는 어느 행의 선행 성분의 위와 아래는 모두 0이라는 것을 의미한다. 기약꼴 행렬은 모든 성분이 0인 행을 꼭 가질 필요는 없다. 그러나 조건 (3)에 의해 만약 모든 성분이 0인 행이 있으면 그렇지 않은 행의 아래에 있어야 한다. 조건 (4)는 어떤 행의 선행 성분은 그 위쪽 선행 성분보다 오른쪽 아래에 있다는 것을 의미한다.

보기 6.10

다음 네 행렬은 모두 기약꼴 행렬이다.

$$\begin{pmatrix} 1 & -4 & 1 & 0 \\ 0 & 0 & 0 & 1 \end{pmatrix}, \quad \begin{pmatrix} 0 & 1 & 3 & 0 \\ 0 & 0 & 0 & 1 \\ 0 & 0 & 0 & 0 \end{pmatrix},$$

$$\begin{pmatrix} 0 & 1 & 2 & 0 & 0 \\ 0 & 0 & 0 & 1 & 0 \\ 0 & 0 & 0 & 0 & 0 \\ 0 & 0 & 0 & 0 & 0 \end{pmatrix}, \quad \begin{pmatrix} 1 & 0 & 0 & 2 & 1 \\ 0 & 1 & 0 & -2 & 4 \\ 0 & 0 & 1 & 0 & 1 \\ 0 & 0 & 0 & 0 & 0 \end{pmatrix}.$$

모든 행렬은 기본 행연산을 시행해서 기약꼴 행렬로 변환할 수 있다.

정리 6.4

임의의 $n \times m$ 행렬 $\mathbf{A}$는 적절한 기약꼴 행렬 $\mathbf{A}_R$과 행 동치이다. 또한 기본행렬들의 곱으로 만들어진 $n \times n$ 행렬 $\mathbf{\Omega}_R$이 존재하여

$$\mathbf{\Omega}_R \mathbf{A} = \mathbf{A}_R$$

이 된다.

주어진 행렬을 기약꼴 행렬로 변환하는 과정을 살펴보자. 이 과정을 통해 행렬 $\mathbf{\Omega}_R$도 계산할 수 있다.

먼저 모든 성분이 0인 행이 있으면 제1행연산을 이용하여 행렬의 바닥으로 모아준다. 그러면 기약꼴 행렬 정의의 조건(3)이 만족되므로 나머지 행들만 고려하면 된다. 이때 나머지 행들은 모두 선행 성분을 가진다. 그중 선행 성분이 가장 왼쪽에 있는 행 하나를 선택하여 행렬의 가장 위쪽으로 옮겨준다. 이제 가장 위쪽 행의 선행 성분의 값이 α이면 그 행에 $1/\alpha$을 곱해서 선행 성분이 1이 되게 한다. 다음으로 이 선행 성분 아래로 i번째 행에 0이 아닌 성분 β가 있으면, 첫 번째 행에 $-\beta$를 곱하고 i번째 행에 더해서 해당 성분이 0이 되게 한다.

다음으로 두 번째와 그 아래의 행들 중에서 선행 성분이 가장 왼쪽에 있는 행을 선택하여 두 번째 행으로 이동한 후 위의 과정을 수행한다. 이 과정을 위에서 아래로 순차적으로 진행하면 기약꼴 행렬을 얻게 된다.

이제 $\mathbf{\Omega}_R$을 찾아보자. $\mathbf{A}$를 $\mathbf{A}_R$로 변환할 때 적용된 행 연산을 순서대로 $\mathcal{O}_1$, $\mathcal{O}_2$, $\cdots$, $\mathcal{O}_r$이라 하자. 행 연산 $\mathcal{O}_j$에 대응되는 기본행렬을 $\mathbf{E}_j$라 할 때

$$\mathbf{\Omega}_R = \mathbf{E}_r \mathbf{E}_{r-1} \cdots \mathbf{E}_1$$

으로 두면 $\mathbf{\Omega}_R\mathbf{A} = \mathbf{A}_R$이 된다.

사실 행렬 $\mathbf{A}$를 기약꼴 행렬 $\mathbf{A}_R$로 변환할 때 사용되는 행연산들의 조합이 유일한 것은 아니다. 그럼에도 불구하고 결과적으로 얻어지는 기약꼴 행렬 $\mathbf{A}_R$은 항상 일정함을 보일 수 있다.

보기 6.11

2×3 행렬

$$\mathbf{A} = \begin{pmatrix} -3 & 1 & 0 \\ 4 & -2 & 1 \end{pmatrix}$$

을 기약꼴 행렬로 변환해 보자. 먼저 $\mathbf{A}$에는 모든 성분이 0인 행은 없다. 위에서 설명한 과정을 차례로 적용해 보면

$$\begin{aligned}
&\mathbf{A} \rightarrow \\
&\mathcal{O}_1 : 1\text{행에 } 1/-3 \text{ 곱하기} \rightarrow \begin{pmatrix} 1 & -1/3 & 0 \\ 4 & -2 & 1 \end{pmatrix}, \\
&\mathcal{O}_2 : 1\text{행에 } -4\text{를 곱해 } 2\text{행에 더하기} \rightarrow \begin{pmatrix} 1 & -1/3 & 0 \\ 0 & -2/3 & 1 \end{pmatrix}, \\
&\mathcal{O}_3 : 2\text{행에 } -3/2 \text{ 곱하기} \rightarrow \begin{pmatrix} 1 & -1/3 & 0 \\ 0 & 1 & -3/2 \end{pmatrix}, \\
&\mathcal{O}_4 : 2\text{행에 } 1/3\text{을 곱해 } 1\text{행에 더하기} \rightarrow \begin{pmatrix} 1 & 0 & -1/2 \\ 0 & 1 & -3/2 \end{pmatrix} = \mathbf{A}_R
\end{aligned}$$

$\mathbf{\Omega}_R\mathbf{A} = \mathbf{A}_R$이 되는 행렬 $\mathbf{\Omega}_R$은 위의 각 행 연산에 대응되는 기본행렬을 곱해서 얻을 수 있다. $\mathcal{O}_1, \cdots, \mathcal{O}_4$에 대응되는 기본행렬은 차례로

$$\mathbf{E}_1 = \begin{pmatrix} -1/3 & 0 \\ 0 & 1 \end{pmatrix}, \quad \mathbf{E}_2 = \begin{pmatrix} 1 & 0 \\ -4 & 1 \end{pmatrix}, \quad \mathbf{E}_3 = \begin{pmatrix} 1 & 0 \\ 0 & -3/2 \end{pmatrix}, \quad \mathbf{E}_4 = \begin{pmatrix} 1 & 1/3 \\ 0 & 1 \end{pmatrix}$$

이므로

$$\mathbf{\Omega}_R = \mathbf{E}_4\mathbf{E}_3\mathbf{E}_2\mathbf{E}_1 = \begin{pmatrix} -1 & -1/2 \\ -2 & -3/2 \end{pmatrix}$$

이다. 그러면

$$\mathbf{\Omega}_R\mathbf{A} = \begin{pmatrix} -1 & -1/2 \\ -2 & -3/2 \end{pmatrix}\begin{pmatrix} -3 & 1 & 0 \\ 4 & -2 & 1 \end{pmatrix} = \begin{pmatrix} 1 & 0 & -1/2 \\ 0 & 1 & -3/2 \end{pmatrix} = \mathbf{A}_R$$

임을 확인할 수 있다.

각 단계의 기본행렬 $\mathbf{E}_j$들을 계산하지 않고 $\mathbf{A}$의 기약화를 진행하면서 $\mathbf{\Omega}_R$을 동시에 계산하는 방법이 있다. 위 보기의 행렬 $\mathbf{A}$를 이용하여 이 방법을 설명하기로 한

다. 주어진 2×3 행렬 오른쪽에 2차 단위행렬 $\mathbf{I}_2$를 덧붙여 2×5 행렬

$$[\mathbf{A} \vdots \mathbf{I}_2] = \begin{pmatrix} -3 & 1 & 0 & \vdots & 1 & 0 \\ 4 & -2 & 1 & \vdots & 0 & 1 \end{pmatrix}$$

을 만든다. 이 행렬을 **첨가행렬(augmented matrix)**이라 한다. 여기서 수직 점선은 구분을 위한 것일 뿐이므로 생략해도 된다.

이제 $\mathbf{A}$의 기약화를 진행하면서 필요한 행연산을 첨가행렬 전체에 적용해 준다. 이 과정을 살펴보면

$$[\mathbf{A} \vdots \mathbf{I}_2] \to$$

$$\mathcal{O}_1 : 1\text{행에 } 1/-3 \text{ 곱하기} \to \begin{pmatrix} 1 & -1/3 & 0 & \vdots & -1/3 & 0 \\ 4 & -2 & 1 & \vdots & 0 & 1 \end{pmatrix}$$

$$\mathcal{O}_2 : 1\text{행에 } -4\text{를 곱해 } 2\text{행에 더하기} \to \begin{pmatrix} 1 & -1/3 & 0 & \vdots & -1/3 & 0 \\ 0 & -2/3 & 1 & \vdots & 4/3 & 1 \end{pmatrix}$$

$$\mathcal{O}_3 : 2\text{행에 } -3/2 \text{ 곱하기} \to \begin{pmatrix} 1 & -1/3 & 0 & \vdots & -1/3 & 0 \\ 0 & 1 & -3/2 & \vdots & -2 & -3/2 \end{pmatrix}$$

$$\mathcal{O}_4 : 2\text{행에 } 1/3\text{을 곱해 } 1\text{행에 더하기} \to \begin{pmatrix} 1 & 0 & -1/2 & \vdots & -1 & -1/2 \\ 0 & 1 & -3/2 & \vdots & -2 & -3/2 \end{pmatrix} = \mathbf{A}_R \vdots \mathbf{\Omega}_R$$

이다. 첨가행렬의 왼쪽 부분의 기약화가 완료되고 $\mathbf{A}_R$이 나오면 그때 첨가된 부분이 $\mathbf{\Omega}_R$이다. 이것을 $\mathbf{A}$를 기약화하는 과정에서 사용된 기본 행연산들을 $\mathbf{I}_2$에 동일한 순서로 적용한 것이기 때문이다.

보기 6.12

행렬

$$\mathbf{A} = \begin{pmatrix} 0 & 0 & 0 & 0 & 0 \\ 0 & 0 & 2 & 0 & 0 \\ 0 & 1 & 0 & 1 & 1 \\ 0 & 0 & 3 & 0 & -4 \end{pmatrix}$$

를 기약꼴 행렬 $\mathbf{A}_R$로 변환하고, $\mathbf{\Omega}_R\mathbf{A} = \mathbf{A}_R$인 $\mathbf{\Omega}_R$을 찾아라.

먼저 첨가행렬을 구성하면

$$[\mathbf{A} : \mathbf{I}_4] = \begin{pmatrix} 0 & 0 & 0 & 0 & 0 & \vdots & 1 & 0 & 0 & 0 \\ 0 & 0 & 2 & 0 & 0 & \vdots & 0 & 1 & 0 & 0 \\ 0 & 1 & 0 & 1 & 1 & \vdots & 0 & 0 & 1 & 0 \\ 0 & 0 & 3 & 0 & -4 & \vdots & 0 & 0 & 0 & 1 \end{pmatrix}$$

이고, 모든 성분이 0인 행을 제일 아래로 내리면

$$\begin{pmatrix} 0 & 0 & 2 & 0 & 0 & \vdots & 0 & 1 & 0 & 0 \\ 0 & 1 & 0 & 1 & 1 & \vdots & 0 & 0 & 1 & 0 \\ 0 & 0 & 3 & 0 & -4 & \vdots & 0 & 0 & 0 & 1 \\ 0 & 0 & 0 & 0 & 0 & \vdots & 1 & 0 & 0 & 0 \end{pmatrix}$$

이다. 1행과 2행을 바꾸어 첫 번째 행의 선행 성분이 1이 되게 하면

$$\left(\begin{array}{ccccc:cccc} 0 & 1 & 0 & 1 & 1 & 0 & 0 & 1 & 0 \\ 0 & 0 & 2 & 0 & 0 & 0 & 1 & 0 & 0 \\ 0 & 0 & 3 & 0 & -4 & 0 & 0 & 0 & 1 \\ 0 & 0 & 0 & 0 & 0 & 1 & 0 & 0 & 0 \end{array}\right)$$

이고, 2행에 1/2을 곱하면

$$\left(\begin{array}{ccccc:cccc} 0 & 1 & 0 & 1 & 1 & 0 & 0 & 1 & 0 \\ 0 & 0 & 1 & 0 & 0 & 0 & 1/2 & 0 & 0 \\ 0 & 0 & 3 & 0 & -4 & 0 & 0 & 0 & 1 \\ 0 & 0 & 0 & 0 & 0 & 1 & 0 & 0 & 0 \end{array}\right)$$

이다. 2행에 −3을 곱해 3행에 더하면

$$\left(\begin{array}{ccccc:cccc} 0 & 1 & 0 & 1 & 1 & 0 & 0 & 1 & 0 \\ 0 & 0 & 1 & 0 & 0 & 0 & 1/2 & 0 & 0 \\ 0 & 0 & 0 & 0 & -4 & 0 & -3/2 & 0 & 1 \\ 0 & 0 & 0 & 0 & 0 & 1 & 0 & 0 & 0 \end{array}\right)$$

이고, 3행에 −1/4을 곱하면

$$\left(\begin{array}{ccccc:cccc} 0 & 1 & 0 & 1 & 1 & 0 & 0 & 1 & 0 \\ 0 & 0 & 1 & 0 & 0 & 0 & 1/2 & 0 & 0 \\ 0 & 0 & 0 & 0 & 1 & 0 & 3/8 & 0 & -1/4 \\ 0 & 0 & 0 & 0 & 0 & 1 & 0 & 0 & 0 \end{array}\right)$$

이다. 끝으로 3행에 −1을 곱해 1행에 더하면

$$\left(\begin{array}{ccccc:cccc} 0 & 1 & 0 & 1 & 0 & 0 & -3/8 & 1 & 1/4 \\ 0 & 0 & 1 & 0 & 0 & 0 & 1/2 & 0 & 0 \\ 0 & 0 & 0 & 0 & 1 & 0 & 3/8 & 0 & -1/4 \\ 0 & 0 & 0 & 0 & 0 & 1 & 0 & 0 & 0 \end{array}\right)$$

이다. 이때 왼쪽 부분이 $\mathbf{A}_R$이고 첨가된 오른쪽 부분이 $\mathbf{\Omega}_R$이다. 결과적으로

$$\begin{aligned} \mathbf{\Omega}_R \mathbf{A} &= \begin{pmatrix} 0 & -3/8 & 1 & 1/4 \\ 0 & 1/2 & 0 & 0 \\ 0 & 3/8 & 0 & -1/4 \\ 1 & 0 & 0 & 0 \end{pmatrix} \begin{pmatrix} 0 & 0 & 0 & 0 & 0 \\ 0 & 0 & 2 & 0 & 0 \\ 0 & 1 & 0 & 1 & 1 \\ 0 & 0 & 3 & 0 & -4 \end{pmatrix} \\ &= \begin{pmatrix} 0 & 1 & 0 & 1 & 0 \\ 0 & 0 & 1 & 0 & 0 \\ 0 & 0 & 0 & 0 & 1 \\ 0 & 0 & 0 & 0 & 0 \end{pmatrix} = \mathbf{A}_R \end{aligned}$$

이다.

다음 두 개의 절에서 이 과정을 이용하여 1차 연립방정식을 푸는 방법을 공부할 것이다.

연습문제 6.2

문제 1부터 8까지 **A**에 주어진 행연산을 순서대로 시행하여 **B**를 구하고 $\mathbf{\Omega A} = \mathbf{B}$가 되는 $\mathbf{\Omega}$를 구하라.

1. $\mathbf{A} = \begin{pmatrix} -2 & 1 & 4 & 2 \\ 0 & 1 & 16 & 3 \\ 1 & -2 & 4 & 8 \end{pmatrix}$, 2행에 $\sqrt{3}$을 곱하라.

2. $\mathbf{A} = \begin{pmatrix} 3 & -6 \\ 1 & 1 \\ 8 & -2 \\ 0 & 5 \end{pmatrix}$, 2행을 6배하여 3행에 더하라.

3. $\mathbf{A} = \begin{pmatrix} -2 & 14 & 6 \\ 8 & 1 & -3 \\ 2 & 9 & 5 \end{pmatrix}$, 3행에 $\sqrt{13}$을 곱하여 1행에 더하고, 2행과 1행을 바꾸고 1행을 5배하여라.

4. $\mathbf{A} = \begin{pmatrix} -4 & 6 & -3 \\ 12 & 4 & -4 \\ 1 & 3 & 0 \end{pmatrix}$, 2행과 3행을 바꾸고, 1행의 부호를 바꾸어 2행에 더하라.

5. $\mathbf{A} = \begin{pmatrix} -3 & 15 \\ 2 & 8 \end{pmatrix}$, 2행에 $\sqrt{3}$을 곱하여 1행에 더하고, 2행을 15배하고, 1행과 2행을 바꾸어라.

6. $\mathbf{A} = \begin{pmatrix} 3 & -4 & 5 & 9 \\ 2 & 1 & 3 & -6 \\ 1 & 13 & 2 & 6 \end{pmatrix}$, 1행을 3행에 더하고, 1행에 $\sqrt{3}$을 곱하여 2행에 더하고, 3행을 4배하고 2행을 3행에 더하라.

7. $\mathbf{A} = \begin{pmatrix} -1 & 0 & 3 & 0 \\ 1 & 3 & 2 & 9 \\ -9 & 7 & -5 & 7 \end{pmatrix}$, 3행을 4배하고, 1행을 14배하여 2행에 더하고, 3행과 2행을 바꾸어라.

8. $\mathbf{A} = \begin{pmatrix} 0 & -9 & 14 \\ 1 & 5 & 2 \\ 9 & 15 & 0 \end{pmatrix}$, 2행과 3행을 바꾸고, 2행을 3배하여 3행에 더하고, 1행과 3행을 바꾸고, 3행을 4배하여라.

문제 9부터 11까지 **A**는 $n \times m$ 행렬이다.

9. **A**의 s행과 t행을 바꾸어 얻은 행렬을 **B**라 하고 $\mathbf{I}_R$의 s행과 t행을 바꾸어 얻은 행렬을 **E**라 하면 $\mathbf{B} = \mathbf{EA}$임을 증명하여라.

10. **A**의 s행에 α를 곱하여 얻은 행렬을 **B**, $\mathbf{I}_n$의 s행에 α를 곱하여 얻은 행렬을 **E**라 하면 $\mathbf{B} = \mathbf{EA}$임을 증명하여라.

11. **A**의 s행에 α를 곱하여 t행에 더하여 얻은 행렬을 **B**라 하고 $\mathbf{I}_n$의 s행에 α를 곱하여 t행에 더하여 얻은 행렬을 **E**라 하면 $\mathbf{B} = \mathbf{EA}$임을 증명하여라.

문제 12부터 23까지 주어진 행렬 **A**에 대하여 $\mathbf{\Omega}_R\mathbf{A} = \mathbf{A}_R$이 되는 기약꼴 행렬 $\mathbf{A}_R$과 $\mathbf{\Omega}_R$를 구하라.

12. $\mathbf{A} = \begin{pmatrix} 1 & -1 & 3 \\ 0 & 1 & 2 \\ 0 & 0 & 0 \end{pmatrix}$

13. $\mathbf{A} = \begin{pmatrix} 3 & 1 & 1 & 4 \\ 0 & 1 & 0 & 0 \end{pmatrix}$

14. $\mathbf{A} = \begin{pmatrix} -1 & 4 & 1 & 1 \\ 0 & 0 & 0 & 0 \\ 0 & 0 & 0 & 0 \\ 0 & 0 & 0 & 1 \end{pmatrix}$

15. $\mathbf{A} = \begin{pmatrix} 1 & 0 & 1 & 1 & -1 \\ 0 & 1 & 0 & 0 & 2 \end{pmatrix}$

16. $\mathbf{A} = \begin{pmatrix} 0 & 1 \\ 0 & 0 \\ 1 & 3 \\ 0 & 1 \end{pmatrix}$

17. $\mathbf{A} = \begin{pmatrix} 2 & 2 \\ 1 & 1 \end{pmatrix}$

18. $\mathbf{A}=\begin{pmatrix} -1 & 4 & 6 \\ 2 & 3 & -5 \\ 7 & 1 & 1 \end{pmatrix}$

19. $\mathbf{A}=\begin{pmatrix} -3 & 4 & 4 \\ 0 & 0 & 0 \end{pmatrix}$

20. $\mathbf{A}=\begin{pmatrix} -1 & 2 & 3 & 1 \\ 1 & 0 & 0 & 0 \end{pmatrix}$

21. $\mathbf{A}=\begin{pmatrix} 8 & 2 & 1 & 0 \\ 0 & 1 & 1 & 3 \\ 4 & 0 & 0 & -3 \end{pmatrix}$

22. $\mathbf{A}=\begin{pmatrix} 4 & 1 & -7 \\ 2 & 2 & 0 \\ 0 & 1 & 0 \end{pmatrix}$

23. $\mathbf{A}=\begin{pmatrix} 0 \\ -3 \\ 1 \\ 1 \end{pmatrix}$

6.3 제차 1차 연립방정식

제차 1차 연립방정식의 해를 행렬을 사용하여 구해 보자. 미지수가 m개인 1차 연립방정식

$$\begin{aligned} a_{11}x_1 + a_{12}x_2 + \cdots + a_{1m}x_m &= 0 \\ a_{21}x_1 + a_{22}x_2 + \cdots + a_{2m}x_m &= 0 \\ &\vdots \\ a_{n1}x_1 + a_{n2}x_2 + \cdots + a_{nm}x_m &= 0 \end{aligned}$$

의 해를 구하려 한다. 각 방정식의 우변이 0일 때, 이 연립방정식을 제차(homogeneous)라고 한다.

$$\mathbf{A}=[a_{ij}], \qquad \mathbf{X}=\begin{pmatrix} x_1 \\ x_2 \\ \vdots \\ x_m \end{pmatrix}$$

이라 두고 영행렬 $\mathbf{O}_{n,1}$을 간단히 $\mathbf{O}$이라 표기하면 위의 연립방정식을

$$\mathbf{AX} = \mathbf{O}$$

으로 나타낼 수 있다.

이 연립방정식의 해가 가지는 성질에 대해 살펴보자. 먼저 이 연립방정식의 해는 $m \times 1$ 행렬

$$\mathbf{S}=\begin{pmatrix} c_1 \\ c_2 \\ \vdots \\ c_m \end{pmatrix}$$

로서 $\mathbf{AS} = \mathbf{O}$을 만족한다. 이때 $\mathbf{S}$를 m차원 벡터로도 볼 수 있다. 이러한 해들의 합이나 상수배를 취해도 주어진 연립방정식의 해이며 m차원 영벡터도 역시 해가 된다. 따라서 주어진 연립방정식의 모든 해들로 구성된 집합이 $\mathbb{R}_m$의 부분공간이 되는데, 이것을 **해공간(solution space)**이라 한다.

연립방정식의 계수행렬 $\mathbf{A}$에 기본 행연산을 적용하는 것이 연립방정식에는 어떤 영향을 주는지 알아보자. 제1행연산은 연립방정식에서 두 식을 교환하는 것이고, 제2행연산은 한 식에 0이 아닌 상수를 곱하는 것과 같고, 제3행연산은 한 식을 상수배해서 다른 식에 더하는 것과 같다.

위의 연산들로 연립방정식을 변화시키더라도 해는 변하지 않음을 쉽게 확인할 수 있다. 그러므로 계수행렬 $\mathbf{A}$에 기본 행연산들을 적용하여 새로운 연립방정식 $\mathbf{A}^*\mathbf{X} = \mathbf{O}$으로 변형하여도 그 해는 동일하다. 특히 주어진 연립방정식을 기약꼴 연립방정식

$$\mathbf{A}_R\mathbf{X} = \mathbf{O}$$

으로 변형해서 풀어도 된다. 기약꼴 연립방정식이 되면 일반해의 형태와 해공간의 기저 등을 쉽게 계산할 수 있다. 이 결과는 원래 주어진 연립방정식의 일반해와 해공간의 기저 등과 동일하다.

보기 6.13

연립방정식

$$x_1 - 3x_2 + 2x_3 = 0,$$
$$-2x_1 + x_2 - 3x_3 = 0$$

을 풀어보자.

먼저 이 연립방정식을 행렬 형태 $\mathbf{AX} = \mathbf{O}$으로 나타낸다. 여기서

$$\mathbf{A} = \begin{pmatrix} 1 & -3 & 2 \\ -2 & 1 & -3 \end{pmatrix}, \quad \mathbf{X} = \begin{pmatrix} x_1 \\ x_2 \\ x_3 \end{pmatrix}, \quad \mathbf{O} = \begin{pmatrix} 0 \\ 0 \end{pmatrix}$$

이다. $\mathbf{A}$를 기약꼴 행렬로 변환하면

$$\mathbf{A}_R = \begin{pmatrix} 1 & 0 & 7/5 \\ 0 & 1 & -1/5 \end{pmatrix}$$

이므로 $\mathbf{A}_R\mathbf{X} = \mathbf{O}$은

$$x_1 + \frac{7}{5}x_3 = 0,$$
$$x_2 - \frac{1}{5}x_3 = 0$$

이다. 이 기약꼴 연립방정식의 해는

$$x_1 = -\frac{7}{5}x_3, \quad x_2 = \frac{1}{5}x_3, \quad x_3\text{는 임의의 실수}$$

꼴이다. 기약꼴 연립방정식의 모든 해는 임의의 실수 x_3에 대해 위의 꼴이어야 한다. 이러한 해를 일반해(general solution)라 한다.

이 일반해를 행렬로 나타내면 다음과 같다.

$$\mathbf{X} = \alpha\begin{pmatrix} -7/5 \\ 1/5 \\ 1 \end{pmatrix}$$

여기서 α는 x_3에 해당하는 임의의 실수이다. 이 일반해는 원래 주어진 연립방정식의 일반해이기도 하다.

위의 일반해에서 α는 임의의 실수이므로 행렬 속의 인자 1/5을 α에 흡수시켜서

$$\mathbf{X} = \alpha\begin{pmatrix} -7 \\ 1 \\ 5 \end{pmatrix}$$

로 나타낼 수도 있다. 따라서 이 연립방정식의 해공간은 $\mathbb{R}^3$에서 기저벡터 (−7, 1, 5)로 생성된다. 즉, 해공간의 차원이 1인데 이 값은 일반해에 포함된 임의의 상수의 개수와 같다.

계수행렬 $\mathbf{A}$를 변형해 만든 기약꼴 행렬 $\mathbf{A}_R$에서 영벡터가 아닌 각각의 행들은 하나씩의 미지수를 임의의 상수가 포함된 다른 변수들의 일차식으로 표현해준다. 이로부터 다음 사실을 알 수 있다.

해공간의 차원
= 일반해에 포함된 임의의 상수의 개수
= 미지수의 개수 − $\mathbf{A}_R$에서 영벡터가 아닌 행의 개수.

정의 6.16 계수(rank)

행렬 $\mathbf{A}$의 기약꼴 행렬 $\mathbf{A}_R$에서 영벡터가 아닌 행의 개수를 $\mathbf{A}$의 **계수(rank)**라고 하고 rank($\mathbf{A}$)로 표기한다.

$n \times m$ 행렬 $\mathbf{A}$로 표현된 제차 1차 연립방정식 $\mathbf{AX} = \mathbf{O}$의 해공간의 차원은 $m-\text{rank}(\mathbf{A})$가 된다.

보기 6.14

연립방정식

$$\begin{aligned} x_1 - 3x_2 + x_3 - 7x_4 + 4x_5 &= 0 \\ x_1 + 2x_2 - 3x_3 &= 0 \\ x_2 - 4x_3 + x_5 &= 0 \end{aligned}$$

을 풀어 보자. $\mathbf{AX} = \mathbf{O}$의 꼴로 표현하면 $\mathbf{A}$는 3×5 행렬, $\mathbf{X}$는 5×1 행렬, $\mathbf{O}$는 3×1 행렬이다. 행렬

$$\mathbf{A} = \begin{pmatrix} 1 & -3 & 1 & -7 & 4 \\ 1 & 2 & -3 & 0 & 0 \\ 0 & 1 & -4 & 0 & 1 \end{pmatrix}$$

를 기약꼴로 변환하면

$$\mathbf{A}_R = \begin{pmatrix} 1 & 0 & 0 & -\frac{35}{16} & \frac{13}{16} \\ 0 & 1 & 0 & \frac{28}{16} & -\frac{20}{16} \\ 0 & 0 & 1 & \frac{7}{16} & -\frac{9}{16} \end{pmatrix}$$

이다. 여기서 $\text{rank}(\mathbf{A}) = 3$이므로 해공간의 차원은

$$m - \text{rank}(\mathbf{A}) = 5 - 3 = 2$$

이다. 그러므로 미지수 중 두 개는 임의의 값을 가질 수 있고 다른 세 변수는 이 두 변수들로 표현된다. 기약꼴 방정식을 풀면 다음과 같다.

$$\begin{aligned} x_1 - \frac{35}{16}x_4 + \frac{13}{16}x_5 &= 0 & \quad & x_1 = \frac{35}{16}x_4 - \frac{13}{16}x_5, \\ x_2 + \frac{28}{16}x_4 - \frac{20}{16}x_5 &= 0 & \Rightarrow \quad & x_2 = -\frac{28}{16}x_4 + \frac{20}{16}x_5, \\ x_3 + \frac{7}{16}x_4 - \frac{9}{16}x_5 &= 0 & \quad & x_3 = -\frac{7}{16}x_4 + \frac{9}{16}x_5, \end{aligned}$$

여기서 x_4, x_5는 임의의 값을 가질 수 있다. $x_4 = 16\alpha$, $x_5 = 16\beta(\alpha, \beta \in \mathbb{R})$라 두면 일반해를 다음처럼 표현할 수 있다.

$$\mathbf{X} = \begin{pmatrix} 35\alpha - 13\beta \\ -28\alpha + 20\beta \\ -7\alpha + 9\beta \\ 16\alpha \\ 16\beta \end{pmatrix} = \alpha \begin{pmatrix} 35 \\ -28 \\ -7 \\ 16 \\ 0 \end{pmatrix} + \beta \begin{pmatrix} -13 \\ 20 \\ 9 \\ 0 \\ 16 \end{pmatrix}.$$

따라서 이 연립방정식의 해공간은 기저벡터

$$(35,\ -28,\ -7,\ 16,\ 0),\qquad (-13,\ 20,\ 9,\ 0,\ 16)$$

으로 생성되는 2차원 공간이다.

제차 연립방정식 $\mathbf{AX} = \mathbf{O}$을 푸는 과정을 정리해 보자.

1. $\mathbf{A}$를 기약꼴 행렬 $\mathbf{A}_R$로 변환한다.
2. 기약꼴 연립방정식 $\mathbf{A}_R\mathbf{X} = \mathbf{O}$을 푼다.
3. 임의의 값을 가지는 $m - \text{rank}(\mathbf{A})$개의 미지수를 이용하여 일반해를 표현한다.
4. 해공간의 기저벡터를 구한다.

보기 6.15

연립방정식

$$\begin{aligned} 2x_1 - 4x_2 + x_3 + x_4 + 6x_5 + 4x_6 - 2x_7 &= 0 \\ -4x_1 + x_2 + 6x_3 + 3x_4 + 10x_5 - 3x_6 + 6x_7 &= 0 \\ 3x_1 + x_2 - 4x_3 + 2x_4 + 5x_5 + x_6 + 3x_7 &= 0 \end{aligned}$$

의 계수행렬은

$$\mathbf{A} = \begin{pmatrix} 2 & -4 & 1 & 1 & 6 & 4 & -2 \\ -4 & 1 & 6 & 3 & 10 & -3 & 6 \\ 3 & 1 & -4 & 2 & 5 & 1 & 3 \end{pmatrix}$$

이고 기약꼴로 변환하면

$$\mathbf{A}_R = \begin{pmatrix} 1 & 0 & 0 & 3 & 67/7 & 4/7 & 29/7 \\ 0 & 1 & 0 & 9/5 & 178/35 & -5/7 & 118/35 \\ 0 & 0 & 1 & 11/5 & 36/5 & 0 & 16/5 \end{pmatrix}$$

이다. 여기서 미지수의 개수 m은 7이고, $\mathbf{A}_R$은 영벡터가 아닌 행을 3개 가지고 있으므로 해공간은 4차원이다. 따라서 네 개의 미지수 x_4, x_5, x_6, x_7이 임의의 값을 가질 수 있고, 이 값들로 다른 세 개의 미지수 x_1, x_2, x_3의 값이 정해진다. 일반해로 표현하면

$$\mathbf{X} = \alpha \begin{pmatrix} -3 \\ -9/5 \\ -11/5 \\ 1 \\ 0 \\ 0 \end{pmatrix} + \beta \begin{pmatrix} -67/7 \\ -178/35 \\ -36/5 \\ 0 \\ 1 \\ 0 \\ 0 \end{pmatrix} + \gamma \begin{pmatrix} -4/7 \\ 5/7 \\ 0 \\ 0 \\ 0 \\ 1 \\ 0 \end{pmatrix} + \delta \begin{pmatrix} -29/7 \\ -118/35 \\ -16/5 \\ 0 \\ 0 \\ 0 \\ 1 \end{pmatrix}$$

이다.

제차 연립방정식은 항상 영벡터를 해로 가지는데 이것을 자명해(trivial solution)라 한다. 자명해가 유일한 해인 경우도 있다.

보기 6.16

연립방정식

$$\begin{aligned} -4x_1 + x_2 - 7x_3 &= 0 \\ 2x_1 + 9x_2 - 13x_3 &= 0 \\ x_1 + x_2 + 10x_3 &= 0 \end{aligned}$$

의 계수행렬은

$$\mathbf{A} = \begin{pmatrix} -4 & 1 & -7 \\ 2 & 9 & -13 \\ 1 & 1 & 10 \end{pmatrix}$$

이고, 기약꼴로 변환하면 $\mathbf{A}_R = \mathbf{I}_3$가 된다. 이 연립방정식의 미지수의 개수 m은 3이고, $\mathbf{A}_R$에서 영벡터가 아닌 행의 개수도 3이므로 해공간은 0차원 부분공간, 즉 영벡터로만 구성된다. 기약꼴 연립방정식은

$$\begin{pmatrix} 1 & 0 & 0 \\ 0 & 1 & 0 \\ 0 & 0 & 1 \end{pmatrix} \mathbf{X} = \begin{pmatrix} 0 \\ 0 \\ 0 \end{pmatrix}$$

이고 그 해는 자명해 밖에 없다. 따라서 원래의 연립방정식의 해도 자명해인

$$\mathbf{X} = \begin{pmatrix} 0 \\ 0 \\ 0 \end{pmatrix}$$

밖에 없다.

연습문제 6.3

문제 1부터 12까지 연립방정식의 일반해를 구하라. 또한 해공간의 차원과 기저를 구하라.

1. $$\begin{aligned} x_1 + 2x_2 - x_3 + x_4 &= 0 \\ x_2 - x_3 + x_4 &= 0 \end{aligned}$$

2. $$\begin{aligned} -3x_1 + x_2 - x_3 + x_4 + x_5 &= 0 \\ x_2 + x_3 + 4x_5 &= 0 \\ -3x_3 + 2x_4 + x_5 &= 0 \end{aligned}$$

3. $$\begin{aligned} -2x_1 + x_2 + 2x_3 &= 0 \\ x_1 - x_2 &= 0 \\ x_1 + x_2 &= 0 \end{aligned}$$

4. $$\begin{aligned} 4x_1 + x_2 - 3x_3 + x_4 &= 0 \\ 2x_1 - x_3 &= 0 \end{aligned}$$

5. $x_1 - x_2 + 3x_3 - x_4 + 4x_5 = 0$
$2x_1 - 2x_2 + x_3 + x_4 = 0$
$x_1 - 2x_3 + x_5 = 0$
$x_3 + x_4 - x_5 = 0$

6. $6x_1 - x_2 + x_3 = 0$
$x_1 - x_4 + 2x_5 = 0$
$x_1 - 2x_5 = 0$

7. $-10x_1 - x_2 + 4x_3 - x_4 + x_5 - x_6 = 0$
$x_2 - x_3 + 3x_4 = 0$
$2x_1 - x_2 + x_5 = 0$
$x_2 - x_4 + x_6 = 0$

8. $8x_1 - 2x_3 + x_6 = 0$
$2x_1 - x_2 + 3x_4 - x_6 = 0$
$x_2 + x_3 - 2x_5 - x_6 = 0$
$x_4 - 3x_5 + 2x_6 = 0$

9. $x_2 - 3x_4 + x_5 = 0$
$2x_1 - x_2 + x_4 = 0$
$2x_1 - 3x_2 + 4x_5 = 0$

10. $4x_1 - 3x_2 + x_4 + x_5 - 3x_6 = 0$
$2x_2 + 4x_4 - x_5 - 6x_6 = 0$
$3x_1 - 2x_2 + 4x_5 - x_6 = 0$
$2x_1 + x_2 - 3x_3 + 4x_4 = 0$

11. $x_1 - 2x_2 + x_5 - x_6 + x_7 = 0$
$x_3 - x_4 + x_5 - 2x_6 + 3x_7 = 0$
$x_1 - x_5 + 2x_6 = 0$
$2x_1 - 3x_4 + x_5 = 0$

12. $2x_1 - 4x_5 + x_7 + x_8 = 0$
$2x_2 - x_6 + x_7 - x_8 = 0$
$x_3 - 4x_4 + x_5 = 0$
$x_2 - x_3 + x_4 = 0$
$x_2 - x_5 + x_6 - x_7 = 0$

13. 방정식의 개수가 미지수의 개수보다 크거나 같은 연립방정식 $\mathbf{AX} = \mathbf{O}$이 자명하지 않은 해를 가질 수 있는가?

14. 연립방정식 $\mathbf{AX} = \mathbf{O}$이 자명하지 않은 해를 갖는다는 것과 $\mathbf{A}$의 열벡터들이 일차종속이라는 것이 서로 동치임을 보여라.

15. 실수 성분을 갖는 $n \times m$ 행렬 $\mathbf{A}$에 대해 $\mathbf{AX} = \mathbf{O}$의 해공간을 $S(\mathbf{A})$라 하고, R과 C를 각각 $\mathbf{A}$의 행공간과 열공간이라 하자.

(a) $R^{\perp} = S(\mathbf{A})$를 보여라.

(b) $C^{\perp} = S(\mathbf{A}^t)$를 보여라.

6.4 비제차 1차 연립방정식

비제차 1차 연립방정식

$$\begin{aligned} a_{11}x_1 + a_{12}x_2 + \cdots + a_{1m}x_m &= b_1 \\ a_{21}x_1 + a_{22}x_2 + \cdots + a_{2m}x_m &= b_2 \\ &\vdots \\ a_{n1}x_1 + a_{n2}x_2 + \cdots + a_{nm}x_m &= b_n \end{aligned}$$

을 생각해 보자. 이 방정식을 $\mathbf{AX} = \mathbf{B}$처럼 행렬 꼴로 쓸 수 있고, 여기서 $\mathbf{A} = [a_{ij}]$는 $n \times m$ 계수행렬이며

$$\mathbf{X}=\begin{pmatrix} x_1 \\ x_2 \\ \vdots \\ x_m \end{pmatrix}, \quad B=\begin{pmatrix} b_1 \\ b_2 \\ \vdots \\ b_n \end{pmatrix}$$

이다. 이 연립방정식에는 n개의 방정식과 m개의 변수가 있다. 모든 b_j가 0이면 이것은 제차 방정식 $\mathbf{AX} = \mathbf{O}$이 된다. 그렇지 않은 경우를 비제차(nonhomogeneous)라고 한다.

비제차 연립방정식은 제차 연립방정식과는 큰 차이가 있다. 제차 연립방정식과 달리 비제차 연립방정식의 해를 일차결합한 것은 해가 되지 않는다. 또한 영벡터는 해가 아니다. 그래서 비제차 연립방정식의 해집합은 $\mathbb{R}^m$의 부분공간이 될 수 없다. 심지어 비제차 연립방정식은 해를 전혀 갖지 않을 수도 있다. 예를 들어 연립방정식

$$\begin{aligned} 2x_1 - 3x_2 &= 6 \\ 4x_1 - 6x_2 &= 8 \end{aligned}$$

은 해를 갖지 않는다. 왜냐하면 첫 번째 식 $2x_1 - 3x_2 = 6$을 만족하는 x_1, x_2에 대해 $4x_1 - 6x_2 = 2(2x_1 - 3x_2) = 12 \neq 8$이기 때문이다. 이처럼 비제차 연립방정식이 해를 갖지 않는 경우를 불능(inconsistent)라고 한다.

이제 비제차 연립방정식 $\mathbf{AX} = \mathbf{B}$에 대해 우리가 할 일은 다음 두 가지이다.

1. 해가 존재하는지 판별하기
2. 해가 존재한다면, 모든 해를 구하기

이 작업을 위해서 제차 연립방정식에서 사용한 방법을 적용할 것인데, 이때 계수 행렬 **A**만이 아니라 우변 **B**도 고려해야 한다. 비제차 연립방정식의 모든 정보는 계수행렬 **A**에 우변 **B**를 첨가해서 만든 $n \times (m + 1)$차원 첨가행렬 $[\mathbf{A} \vdots \mathbf{B}]$로 표현할 수 있다. 예를 들면 비제차 연립방정식

$$\begin{aligned} 2x_1 - x_2 + 7x_3 &= 4 \\ 8x_1 + 3x_2 - 4x_3 &= 17 \end{aligned}$$

에 대응되는 첨가행렬은

$$[\mathbf{A} \vdots \mathbf{B}] - \begin{pmatrix} 2 & -1 & 7 & : & 4 \\ 8 & 3 & -4 & : & 17 \end{pmatrix}$$

이다. 첨가행렬 $[\mathbf{A} \vdots \mathbf{B}]$에 기본 행연산을 적용하여 $[\mathbf{A}^* \vdots \mathbf{B}^*]$로 변형할 수 있다면, 두 연립방정식 $\mathbf{AX} = \mathbf{B}$와 $\mathbf{A}^*\mathbf{X} = \mathbf{B}^*$는 동일한 해를 가진다. 이것은 행연산이 우변 벡터 **B**에도 똑같이 적용된다는 사실로부터 쉽게 확인할 수 있다. 예를 들어 두 번째 방정식에 3을 곱해서 얻어진 연립방정식

$$2x_1 - x_2 + 7x_3 = 4$$
$$24x_1 + 9x_2 - 12x_3 = 51$$

은 원래 연립방정식과 동일한 해를 가진다.

주어진 연립방정식을 $n \times (m+1)$차원 첨가행렬 $[\mathbf{A} \vdots \mathbf{B}]$로 표현한 후 기본 행연산을 이용해 $\mathbf{A}$를 기약꼴 행렬로 변환하여 $[\mathbf{A}_R \vdots \mathbf{C}]$가 되었다고 하자. 그러면 두 연립방정식 $\mathbf{AX} = \mathbf{B}$와 $\mathbf{A}_R\mathbf{X} = \mathbf{C}$는 동일한 해를 가진다.

기약꼴 계수행렬을 갖는 비제차 연립방정식 $\mathbf{A}_R\mathbf{X} = \mathbf{C}$의 해는 두 가지 경우로 나누어 생각해 볼 수 있다.

(1) $\mathbf{A}_R$의 한 행(예를 들어 k번째 행)이 영벡터이면서 대응되는 우변 c_k는 0이 아닌 경우 대응되는 방정식은

$$0x_1 + 0x_2 + \cdots + 0x_m = c_k \neq 0$$

이므로 해가 존재하지 않는다. 따라서 이 연립방정식은 불능이고 원래 주어진 연립방정식도 불능이다.

(2) 위의 (1)과 같은 행이 존재하지 않는 경우 $\mathbf{A}_R\mathbf{X} = \mathbf{C}$는 해를 가진다. 이 방정식의 모든 해를 구하면 $\mathbf{AX} = \mathbf{B}$의 일반해를 얻게 된다.

비제차 연립방정식이 해를 가지는지 판정하는 과정을 정리해 보자. 첨가행렬 $[\mathbf{A} \vdots \mathbf{B}]$를 기약꼴 행렬로 변환하여

$$[\mathbf{A} \vdots \mathbf{B}]_R = [\mathbf{A}_R \vdots \mathbf{C}]$$

를 계산한다. 이때 $\mathbf{A}_R$ 부분에 속하는 영벡터가 아닌 행의 개수와 전체 $[\mathbf{A}_R \vdots \mathbf{C}]$에 속하는 영벡터가 아닌 행의 개수가 일치하면 $\mathbf{AX} = \mathbf{B}$는 해를 가지고, 그렇지 않으면 불능이다.

보기 6.17

연립방정식

$$2x_1 - 3x_2 = 6$$
$$4x_1 - 6x_2 = 8$$

은 불능임을 알고 있다. 위에서 설명한 과정을 적용해서 판정해 보자. 첨가행렬

$$[\mathbf{A} \vdots \mathbf{B}] = \begin{pmatrix} 2 & -3 & \vdots & 6 \\ 4 & -6 & \vdots & 8 \end{pmatrix}$$

을 기약꼴로 변환하면

$$[\mathbf{A} \vdots \mathbf{B}]_R = \begin{pmatrix} 1 & -3/2 & \vdots & 2 \\ 0 & 0 & \vdots & -4 \end{pmatrix}$$

이다. 여기서 세로선 왼쪽 부분이 $\mathbf{A}_R$이다. 이 연립방정식의 두 번째 식은

$$0x_1 + 0x_2 = -4$$

이므로 해가 없다. 따라서 기약꼴 연립방정식과 원래의 연립방정식 모두 불능이다. 여기서 $\mathbf{A}_R$ 부분의 영벡터가 아닌 행은 1개인 데 반해 $[\mathbf{A} \vdots \mathbf{B}]_R$ 전체에는 영벡터가 아닌 행이 2개이다.

보기 6.18

다음 연립방정식을 풀거나 또는 불능임을 보여라.

$$\begin{pmatrix} -3 & 2 & 2 \\ 1 & 4 & -6 \\ 0 & -2 & 2 \end{pmatrix} \mathbf{X} = \begin{pmatrix} 8 \\ 1 \\ -2 \end{pmatrix}$$

계수행렬 $\mathbf{A}$에 우변 벡터 $\mathbf{B}$를 첨가하여

$$[\mathbf{A} \vdots \mathbf{B}] = \begin{pmatrix} -3 & 2 & 2 & \vdots & 8 \\ 1 & 4 & -6 & \vdots & 1 \\ 0 & -2 & 2 & \vdots & 2 \end{pmatrix}$$

를 만들고 이것을 기약꼴로 변환하면

$$[\mathbf{A} \vdots \mathbf{B}]_R = \begin{pmatrix} 1 & 0 & 0 & \vdots & 0 \\ 0 & 1 & 0 & \vdots & 5/2 \\ 0 & 0 & 1 & \vdots & 3/2 \end{pmatrix} = [\mathbf{A}_R \vdots \mathbf{C}]$$

가 된다. 이때 영벡터가 아닌 행은 $\mathbf{A}_R$ 부분에서 3개이고 전체 $[\mathbf{A}_R \vdots \mathbf{C}]$에서도 3개이므로 해가 존재한다. 기약꼴 행렬에 대응되는 연립방정식은

$$x_1 = 0$$
$$x_2 = \frac{5}{2}$$
$$x_3 = \frac{3}{2}$$

이고, 행렬로 나타내면

$$\mathbf{X} = \begin{pmatrix} 0 \\ 5/2 \\ 3/2 \end{pmatrix}$$

이다. 이것이 주어진 연립방정식의 유일한 해이다.

보기 6.19

다음 연립방정식을 풀거나 또는 불능임을 보여라.

$$x_1 - x_2 + 2x_4 + x_5 = -3$$
$$x_2 + x_3 + 3x_4 + 2x_5 = 1$$
$$x_1 - 4x_2 + 3x_3 + x_4 - 7x_5 = 0$$

계수행렬 **A**에 우변 벡터 **B**를 첨가하여

$$[\mathbf{A} \vdots \mathbf{B}] = \begin{pmatrix} 1 & -1 & 0 & 2 & 1 & \vdots & -3 \\ 0 & 1 & 1 & 3 & 2 & \vdots & 1 \\ 1 & -4 & 3 & 1 & -7 & \vdots & 0 \end{pmatrix}$$

을 만들고, 이것을 기약꼴로 변환하면

$$[\mathbf{A} \vdots \mathbf{B}]_R = \begin{pmatrix} 1 & 0 & 0 & 11/3 & 10/3 & \vdots & -3 \\ 0 & 1 & 0 & 5/3 & 7/3 & \vdots & 0 \\ 0 & 0 & 1 & 4/3 & -1/3 & \vdots & 1 \end{pmatrix} = [\mathbf{A}_R \vdots \mathbf{C}]$$

이다. 영벡터가 아닌 행은 $\mathbf{A}_R$ 부분에 3개가 있고 전체 $[\mathbf{A}_R \vdots \mathbf{C}]$에도 3개가 있으므로 주어진 연립방정식은 해를 가진다. 기약꼴 행렬을 연립방정식으로 나타내면

$$x_1 + \frac{11}{3}x_4 + \frac{10}{3}x_5 = -3$$
$$x_2 + \frac{5}{3}x_4 + \frac{7}{3}x_5 = 0$$
$$x_3 + \frac{4}{3}x_4 - \frac{1}{3}x_5 = 1$$

이고, 변형하면

$$x_1 = -3 - \frac{11}{3}x_4 - \frac{10}{3}x_5$$
$$x_2 = 0 - \frac{5}{3}x_4 - \frac{7}{3}x_5$$
$$x_3 = 1 - \frac{4}{3}x_4 + \frac{1}{3}x_5$$

이다. 이것이 미지수 x_4와 x_5가 임의의 값을 가질 때 다른 변수 x_1, x_2, x_3의 값을 결정해주는 일반해 꼴이다. 이것을 행렬로 나타내면

$$\mathbf{X} = \begin{pmatrix} x_1 \\ x_2 \\ x_3 \\ x_4 \\ x_5 \end{pmatrix} = \begin{pmatrix} -3 \\ 0 \\ 1 \\ 0 \\ 0 \end{pmatrix} + x_4 \begin{pmatrix} -11/3 \\ -5/3 \\ -4/3 \\ 1 \\ 0 \end{pmatrix} + x_5 \begin{pmatrix} -10/3 \\ -7/3 \\ 1/3 \\ 0 \\ 1 \end{pmatrix}$$

이다. 여기서 x_4와 x_5는 임의의 상수이다.

위 보기의 일반해로부터 비제차 연립방정식의 일반해가 갖는 구조를 유추해 볼 수 있다. $\mathbf{U}_p$는 $\mathbf{AX} = \mathbf{B}$의 한 가지 해라고 하자. 만일 $\mathbf{U}$가 동일한 비제차 방정식의 또 다른 해라고 하면, $\mathbf{U} - \mathbf{U}_p$는 제차 방정식 $\mathbf{AX} = \mathbf{O}$의 해가 된다. 왜냐하면

$$\mathbf{A}(\mathbf{U} - \mathbf{U}_p) = \mathbf{AU} - \mathbf{AU}_p = \mathbf{B} - \mathbf{B} = \mathbf{O}$$

이기 때문이다. 그러면 $\mathbf{U} - \mathbf{U}_p$는 제차 방정식 $\mathbf{AX} = \mathbf{O}$의 일반해에 속할 것이므로

$$\mathbf{U} = \mathbf{U}_p + (\mathbf{AX} = \mathbf{O}\text{의 어떤 해})$$

의 관계가 성립한다. 다시 말하면

($\mathbf{AX} = \mathbf{B}$의 일반해) = ($\mathbf{AX} = \mathbf{B}$의 한 특수해 $\mathbf{U}_p$) + (제차 방정식 $\mathbf{AX} = \mathbf{O}$의 일반해)

이다. 보기 6.19에서

$$\mathbf{U}_p = \begin{pmatrix} -3 \\ 0 \\ 1 \\ 0 \\ 0 \end{pmatrix}$$

은 $\mathbf{AX} = \mathbf{B}$의 한 특수해이고

$$\mathbf{H} = x_4 \begin{pmatrix} -11/3 \\ -5/3 \\ -4/3 \\ 1 \\ 0 \end{pmatrix} + x_5 \begin{pmatrix} -10/3 \\ -7/3 \\ 1/3 \\ 0 \\ 1 \end{pmatrix}$$

은 제차 방정식 $\mathbf{AX} = \mathbf{O}$의 일반해이다. 이때 비제차 방정식 $\mathbf{A}^X = \mathbf{B}$의 일반해는

$$\mathbf{X} = \mathbf{U}_p + \mathbf{H}$$

이다. 비제차 방정식의 일반해의 이러한 구조는 2계 미분방정식의 일반해의 구조와 유사하다. 2계 미분방정식

$$y'' + p(x)y' + q(x)y = f(x)$$

에서

일반해 = 한 특수해 y_p + (제차 미분방정식 $y'' + p(x)y' + q(x)y = 0$의 일반해)

이다.

보기 6.20

다음 비제차 연립방정식을 풀어라.

$$2x_1 + x_2 + x_3 - 3x_4 = 8$$
$$4x_1 + 2x_2 - 3x_3 + x_4 = 6$$

대응되는 첨가행렬

$$[\mathbf{A} \vdots \mathbf{B}] = \begin{pmatrix} 2 & 1 & 1 & -3 & \vdots & 8 \\ 4 & 2 & -3 & 1 & \vdots & 6 \end{pmatrix}$$

을 기약꼴로 변환하면

$$[\mathbf{A} \vdots \mathbf{B}]_R = \begin{pmatrix} 1 & 1/2 & 0 & -4/5 & \vdots & 3 \\ 0 & 0 & 1 & -7/5 & \vdots & 2 \end{pmatrix}$$

이다. 따라서 기약꼴 연립방정식은

$$x_1 + \frac{1}{2}x_2 - \frac{4}{5}x_4 = 3$$

$$x_3 - \frac{7}{5}x_4 = 2$$

이고, 이것을 변형하면

$$x_1 = -\frac{1}{2}x_2 + \frac{4}{5}x_4 + 3$$

$$x_3 = \frac{7}{5}x_4 + 2$$

이다. 일반해를 구하면

$$\mathbf{X} = \begin{pmatrix} x_1 \\ x_2 \\ x_3 \\ x_4 \end{pmatrix} = x_2 \begin{pmatrix} -1/2 \\ 1 \\ 0 \\ 0 \end{pmatrix} + x_4 \begin{pmatrix} 4/5 \\ 0 \\ 7/5 \\ 1 \end{pmatrix} + \begin{pmatrix} 3 \\ 0 \\ 2 \\ 0 \end{pmatrix}$$

이고, 여기서 x_2와 x_4는 임의의 상수이다. 이 일반해는 제차 방정식 $\mathbf{AX} = \mathbf{O}$의 일반해에 한 특수해를 더한 꼴이다.

연습문제 6.4

문제 1부터 14까지 연립방정식의 일반해를 찾거나 불능임을 보여라.

1. $3x_1 - 2x_2 + x_3 = 6$
$x_1 + 10x_2 - x_3 = 2$
$-3x_1 - 2x_2 + x_3 = 0$

2. $4x_1 - 2x_2 + 3x_3 + 10x_4 = 1$
$x_1 - 3x_4 = 8$
$2x_1 - 3x_2 + x_4 = 16$

3. $2x_1 - 3x_2 + x_4 - x_6 = 0$
$3x_1 - 2x_3 + x_5 = 1$
$x_2 - x_4 + 6x_6 = 3$

4. $2x_1 - 3x_2 = 1$
$-x_1 + 3x_2 = 0$
$x_1 - 4x_2 = 3$

5. $3x_2 - 4x_4 = 10$
$x_1 - 3x_2 + 4x_3 - x_6 = 8$
$x_2 + x_3 - 6x_4 + x_6 = -9$
$x_1 - x_2 + x_6 = 0$

6. $2x_1 - 3x_2 + x_4 = 1$
$3x_1 + x_3 - x_4 = 0$
$2x_1 - 3x_2 + 10x_3 = 0$

7. $8x_1 - 4x_2 + 10x_5 = 1$
$x_2 + x_4 - x_5 = 2$
$x_3 - 3x_4 + 2x_5 = 0$

8. $2x_1 - 3x_3 = 1$
$x_1 - x_2 + x_3 = 1$
$2x_1 - 4x_2 + x_3 = 2$

9. $14x_3 - 3x_5 + x_7 = 2$
$x_1 + x_2 + x_3 - x_4 + x_6 = -4$

10. $3x_1 - 2x_2 = -1$
$4x_1 + 3x_2 = 4$

11. $7x_1 - 3x_2 + 4x_3 = -7$
$2x_1 + x_2 - x_3 + 4x_4 = 6$
$x_2 - 3x_4 = -5$

12. $-4x_1 + 5x_2 - 6x_3 = 2$
$2x_1 - 6x_2 + x_3 = -5$
$-6x_1 + 16x_2 - 11x_3 = 1$

13. $4x_1 - x_2 + 4x_3 = 1$
$x_1 + x_2 - 5x_3 = 0$
$-2x_1 + x_2 + 7x_3 = 4$

14. $-6x_1 + 2x_2 - x_3 + x_4 = 0$
$x_1 + 4x_2 - x_4 = -5$
$x_1 + x_2 + x_3 - 7x_4 = 0$

15. 연립방정식 $\mathbf{AX} = \mathbf{B}$의 해가 존재하는 것과 $\mathbf{B}$가 $\mathbf{A}$의 열벡터들의 일차결합으로 표현된다는 것이 서로 동치임을 보여라.

6.5 역행렬

정의 6.17 역행렬

$\mathbf{A}$가 $n \times n$ 행렬이라 하자. $n \times n$ 행렬 $\mathbf{B}$가

$$\mathbf{AB} = \mathbf{BA} = \mathbf{I}_n$$

을 만족하면 $\mathbf{B}$를 $\mathbf{A}$의 **역행렬(inverse matrix)**이라 하고, $\mathbf{A}^{-1}$로 표시한다.

행렬 $\mathbf{A}$가 역행렬을 가진다면 그 역행렬은 유일하다. 만일 두 역행렬 $\mathbf{B}$와 $\mathbf{C}$가 존재한다면

$$\mathbf{AB} = \mathbf{BA} = \mathbf{I}_n \text{이고 } \mathbf{AC} = \mathbf{CA} = \mathbf{I}_n$$

이다. 따라서

$$\mathbf{C} = \mathbf{CI}_n = \mathbf{C}(\mathbf{AB}) = (\mathbf{CA})\mathbf{B} = \mathbf{I}_n\mathbf{B} = \mathbf{B}$$

이므로 **C**와 **B**는 동일하다.

정사각행렬이 역행렬을 갖지 않을 수도 있다.

보기 6.21

행렬

$$\mathbf{A}=\begin{pmatrix}1 & 3\\ 2 & 6\end{pmatrix}$$

이 역행렬을 갖는다고 하자. 그 역행렬을

$$\mathbf{A}^{-1}=\begin{pmatrix}a & b\\ c & d\end{pmatrix}$$

라고 하면

$$\mathbf{AA}^{-1}=\begin{pmatrix}1 & 3\\ 2 & 6\end{pmatrix}\begin{pmatrix}a & b\\ c & d\end{pmatrix}=\begin{pmatrix}a+3c & b+3d\\ 2a+6c & 2b+6d\end{pmatrix}=\begin{pmatrix}1 & 0\\ 0 & 1\end{pmatrix}$$

이다. 여기서 $a + 3c = 1$과 $2a + 6c = 0$은 서로 모순된 식이므로 **A**는 역행렬을 갖지 않는다.

정사각행렬이 주어져 있을 때 두 가지 질문을 해볼 수 있다. 먼저 역행렬이 존재하는가? 만일 존재한다면 어떻게 계산할 것인가?

주어진 $n \times n$ 행렬 **A**의 기약꼴 행렬 $\mathbf{A}_R$을 이용하면 이 질문들에 답할 수 있다. 기약꼴 변환을 통해

$$\mathbf{\Omega}_R\mathbf{A} = \mathbf{A}^R$$

이 되는 행렬 $\mathbf{\Omega}_R$을 계산한다. 만약 $\mathbf{A}_R = \mathbf{I}_n$이면 $\mathbf{\Omega}_R = \mathbf{A}^{-1}$이다. 반대로 $\mathbf{A}_R \neq \mathbf{I}$이면 **A**는 역행렬을 갖지 않는다.

보기 6.22

행렬 **A**는

$$\mathbf{A}=\begin{pmatrix}5 & -1\\ 6 & 8\end{pmatrix}$$

이라 하자. **A**의 오른편에 $\mathbf{I}_2$를 첨가하여 2×4 첨가행렬

$$[\mathbf{A} \,\vdots\, \mathbf{I}_2]=\left(\begin{array}{cc|cc}5 & -1 & 1 & 0\\ 6 & 8 & 0 & 1\end{array}\right)$$

을 만들 수 있다. 기본 행연산들을 적용하여 $\mathbf{A}$를 기약꼴 행렬 $\mathbf{A}_R$로 변환하면서 동일한 연산을 첨가된 $\mathbf{I}_2$ 부분에도 적용한다. 먼저 첫 번째 행에 1/5을 곱하면

$$\begin{pmatrix} 1 & -1/5 & \vdots & 1/5 & 0 \\ 6 & 8 & \vdots & 0 & 1 \end{pmatrix}$$

이고, 첫 번째 행에 6을 곱해서 두 번째 행에 더하면

$$\begin{pmatrix} 1 & -1/5 & \vdots & 1/5 & 0 \\ 0 & 46/5 & \vdots & -6/5 & 1 \end{pmatrix}$$

이다. 두 번째 행에 5/46을 곱하면

$$\begin{pmatrix} 1 & -1/5 & \vdots & 1/5 & 0 \\ 0 & 1 & \vdots & -6/46 & 5/46 \end{pmatrix}$$

이고, 두 번째 행에 1/5을 곱해서 첫 번째 행에 더하면

$$\begin{pmatrix} 1 & 0 & \vdots & 8/46 & 1/46 \\ 0 & 1 & \vdots & -6/46 & 5/46 \end{pmatrix}$$

이다. 이때 왼쪽 부분이 $\mathbf{A}_R = \mathbf{I}_2$이고, 오른쪽 부분이 Ω_R이다. 여기서

$$\Omega_R \mathbf{A} = \mathbf{A}_R = \mathbf{I}_2$$

이므로

$$\mathbf{A}^{-1} = \Omega_R = \begin{pmatrix} 8/46 & 1/46 \\ -6/46 & 5/46 \end{pmatrix}$$

이다.

이 방법을 보기 6.21의 행렬 $\mathbf{A}$에 적용해 보자. 첨가행렬

$$\begin{pmatrix} 1 & 3 & \vdots & 1 & 0 \\ 2 & 6 & \vdots & 0 & 1 \end{pmatrix}$$

을 기약꼴로 변환하면

$$\begin{pmatrix} 1 & 3 & \vdots & 1 & 0 \\ 0 & 0 & \vdots & -2 & 1 \end{pmatrix}$$

이다. 여기서

$$\mathbf{A}_R = \begin{pmatrix} 1 & 3 \\ 0 & 0 \end{pmatrix} \neq \mathbf{I}_2$$

이므로 $\mathbf{A}$는 역행렬을 갖지 않는다.

정의 6.18 정칙행렬과 특이행렬

역행렬이 있는 정사각행렬을 **정칙행렬(nonsingular matrix)**이라 하고, 역행렬이 없는 정사각행렬을 **특이행렬(singular matrix)**이라 한다.

다음 정리는 역행렬의 여러 가지 성질들이다.

정리 6.5

(1) $\mathbf{I}_n$은 정칙행렬이고 $\mathbf{I}_n^{-1} = \mathbf{I}_n$이다.

(2) $\mathbf{A}$와 $\mathbf{B}$가 정칙행렬이면 $\mathbf{AB}$도 정칙행렬이고

$$(\mathbf{AB})^{-1} = \mathbf{B}^{-1}\mathbf{A}^{-1}$$

이다.

(3) $\mathbf{A}$가 정칙행렬이면 $\mathbf{A}^{-1}$도 정칙행렬이고

$$(\mathbf{A}^{-1})^{-1} = \mathbf{A}$$

이다.

(4) $\mathbf{A}$가 정칙행렬이면 $\mathbf{A}^t$도 정칙행렬이고

$$(\mathbf{A}^t)^{-1} = (\mathbf{A}^{-1})^t$$

이다.

(5) $\mathbf{A}$가 정칙이라는 것과 $\mathbf{A}_R = \mathbf{I}_n$은 동치이다.

(6) $\mathbf{AB}$가 정칙이면 $\mathbf{A}$와 $\mathbf{B}$도 정칙이다.

(7) 정사각행렬 $\mathbf{A}$와 $\mathbf{B}$ 중에 하나가 특이행렬이면 $\mathbf{AB}$와 $\mathbf{BA}$도 특이행렬이다.

(8) 모든 기본행렬은 정칙행렬이고 그것의 역행렬 역시 같은 유형의 기본행렬이다.

위 정리의 대부분 결과는 간단한 계산으로 확인해볼 수 있다. 예를 들어 (2)를 보면

$$(\mathbf{AB})(\mathbf{B}^{-1}\mathbf{A}^{-1}) = \mathbf{A}(\mathbf{BB}^{-1})\mathbf{A}^{-1} = \mathbf{AA}^{-1} = \mathbf{I}_n$$

이므로 $\mathbf{AB}$의 역행렬이 $\mathbf{B}^{-1}\mathbf{A}^{-1}$이다. 또한 (4)를 보면

$$\mathbf{I}_n = (\mathbf{I}_n)^t = (\mathbf{AA}^{-1})^t = (\mathbf{A}^{-1})^t\mathbf{A}^t$$

이므로 $\mathbf{A}^t$의 역행렬은 $\mathbf{A}^{-1}$이다.

미지수의 개수와 방정식의 개수가 같은 1차 연립방정식의 해와 역행렬의 관계를 다음과 같이 정리해 보자.

정리 6.6

$\mathbf{A}$를 $n \times n$ 행렬이라 하자.

(1) 제차 방정식 $\mathbf{AX} = \mathbf{O}$이 비자명한 해를 가질 필요충분조건은 $\mathbf{A}$가 특이행렬인 것이다.

(2) 비제차 방정식 $\mathbf{AX} = \mathbf{B}$의 해가 유일하기 위한 필요충분조건은 $\mathbf{A}$가 정칙행렬인 것이다. 이때 유일한 해는 $\mathbf{X} = \mathbf{A}^{-1}\mathbf{B}$이다.

증명 (1)이 성립하는 이유를 살펴보자. 제차 방정식 $\mathbf{AX} = \mathbf{O}$가 비자명해를 가질 필요충분조건은 n에서 $\mathbf{A}_R$의 영벡터가 아닌 행의 개수를 뺀 값이 양수인 것이다. 따라서 $\mathbf{A}_R$의 행 중에 영벡터가 있다는 뜻이므로 $\mathbf{A}$는 역행렬을 갖지 않는다. 역으로 $\mathbf{A}$가 특이행렬이면 $\mathbf{A}_R$에는 영벡터인 행이 존재하고 해공간의 차원이 양수가 되어서 비자명해를 갖게 된다.

(2)이 성립하는 이유를 살펴보자. $\mathbf{A}$가 정칙행렬이면 $\mathbf{A}^{-1}$가 존재하고, 연립방정식 $\mathbf{AX} = \mathbf{B}$의 양변 왼쪽에 $\mathbf{A}^{-1}$를 곱하면

$$\mathbf{X} = \mathbf{A}^{-1}\mathbf{B}$$

가 되는데 이것이 유일한 해이다.

보기 6.23

연립방정식

$$\begin{aligned} 2x_1 - x_2 + x_3 &= 4 \\ x_1 - 5x_2 - 2x_3 &= 6 \\ 5x_1 - 2x_2 + x_3 &= 1 \end{aligned}$$

을 풀어보자. 계수행렬

$$\mathbf{A} = \begin{pmatrix} 2 & -1 & 1 \\ 1 & -5 & -2 \\ 5 & -2 & 1 \end{pmatrix}$$

로 첨가행렬 $[\mathbf{A} \vdots \mathbf{I}_3]$를 만들고 이것을 기약꼴로 변환하면 $\mathbf{A}$가 정칙임을 알 수 있다.

$$\mathbf{A}^{-1} = \frac{1}{16}\begin{pmatrix} -9 & -1 & 7 \\ -11 & -3 & 5 \\ 23 & -1 & -9 \end{pmatrix}$$

을 얻는다. 따라서 주어진 연립방정식은 유일한 해를 가지고, 그 해는

$$\mathbf{X} = \mathbf{A}^{-1}\mathbf{B} = \frac{1}{16}\begin{pmatrix} -9 & -1 & 7 \\ -11 & -3 & 5 \\ 23 & -1 & -9 \end{pmatrix}\begin{pmatrix} 4 \\ 6 \\ 1 \end{pmatrix} = \frac{1}{16}\begin{pmatrix} -35 \\ -57 \\ 77 \end{pmatrix}$$

이다. 이 예제에서 대응되는 제차 연립방정식 $\mathbf{AX} = \mathbf{O}$의 해는 자명해 0뿐이다. 또한 $\mathbf{A}$는 3×3 행렬이고 $\mathbf{A}_R$에서 영벡터가 아닌 행의 수도 3이므로, 연립방정식 $\mathbf{AX} = \mathbf{O}$의 해공간의 차원은 $3 - 3 = 0$이다. 따라서 해공간은 영벡터로만 구성된다.

연습문제 6.5

문제 1부터 10까지 주어진 행렬의 역행렬을 구하거나 그 행렬이 특이행렬임을 보여라.

1. $\begin{pmatrix} -1 & 2 \\ 2 & 1 \end{pmatrix}$

2. $\begin{pmatrix} 12 & 3 \\ 4 & 1 \end{pmatrix}$

3. $\begin{pmatrix} -5 & 2 \\ 1 & 2 \end{pmatrix}$

4. $\begin{pmatrix} -1 & 0 \\ 4 & 4 \end{pmatrix}$

5. $\begin{pmatrix} 6 & 2 \\ 3 & 3 \end{pmatrix}$

6. $\begin{pmatrix} 1 & 1 & -3 \\ 2 & 16 & 1 \\ 0 & 0 & 4 \end{pmatrix}$

7. $\begin{pmatrix} -3 & 4 & 1 \\ 1 & 2 & 0 \\ 1 & 1 & 3 \end{pmatrix}$

8. $\begin{pmatrix} -2 & 1 & -5 \\ 1 & 1 & 4 \\ 0 & 3 & 3 \end{pmatrix}$

9. $\begin{pmatrix} -2 & 1 & 1 \\ 0 & 1 & 1 \\ -3 & 0 & 6 \end{pmatrix}$

10. $\begin{pmatrix} 12 & 1 & 14 \\ -3 & 2 & 0 \\ 0 & 9 & 14 \end{pmatrix}$

문제 11부터 15까지 주어진 연립방정식의 해를 역행렬을 이용하여 구하라.

11. $\begin{aligned} x_1 - x_2 + 3x_3 - x_4 &= 1 \\ x_2 - 3x_3 + 5x_4 &= 2 \\ x_1 - x_3 + x_4 &= 0 \\ x_1 + 2x_3 - x_4 &= -5 \end{aligned}$

12. $\begin{aligned} 8x_1 - x_2 - x_3 &= 4 \\ x_1 + 2x_2 - 3x_3 &= 0 \\ 2x_1 - x_2 + 4x_3 &= 5 \end{aligned}$

13. $\begin{aligned} 2x_1 - 6x_2 + 3x_3 &= -4 \\ -x_1 + x_2 + x_3 &= 5 \\ 2x_1 + 6x_2 - 5x_3 &= 8 \end{aligned}$

14. $\begin{aligned} 12x_1 + x_2 - 3x_3 &= 4 \\ x_1 - x_2 + 3x_3 &= -5 \\ -2x_1 + x_2 + x_3 &= 0 \end{aligned}$

15. $\begin{aligned} 4x_1 + 6x_2 - 3x_3 &= 0 \\ 2x_1 + 3x_2 - 4x_3 &= 0 \\ x_1 - x_2 + 3x_3 &= -7 \end{aligned}$

6.6 최소제곱법

이번 절에서는 주어진 데이터를 근사적으로 표현한 직선을 찾는 문제에 이용되는 **최소제곱법(least square method)**에 대해 다룬다.

정의 6.19

A는 모든 성분이 실수인 $n \times m$ 행렬, **B**는 $\mathbb{R}^n$의 벡터라 하자. $\mathbb{R}^m$의 모든 벡터 **X**에 대해

$$\|\mathbf{AX}^* - \mathbf{B}\| \le \|\mathbf{AX} - \mathbf{B}\|$$

를 만족하는 $\mathbb{R}^m$의 한 벡터 $\mathbf{X}^*$를 연립방정식 $\mathbf{AX} = \mathbf{B}$에 대한 **최소제곱 벡터**라 한다.

$\mathbf{X}^*$가 $\mathbf{AX} = \mathbf{B}$에 대한 최소제곱 벡터라는 것은 모든 **AX** 꼴의 벡터들 중에서 $\mathbf{AX}^*$가 **B**에 가장 가깝다는 것을 의미한다.

이제 주어진 $\mathbf{AX} = \mathbf{B}$에 대한 모든 최소제곱 벡터들을 찾는 방법에 대해 알아볼 것이다. 먼저 주목할 점은 **AX** 꼴의 벡터들이 행렬 **A**의 열공간 S를 이룬다는 것이다. 따라서 $\mathbf{AX} = \mathbf{B}$가 해가 존재한다는 것은 $\mathbf{B} \in S$와 동치이다. 그 이유는 만약 **A**의 열벡터들을 $\mathbf{C}_1, \cdots, \mathbf{C}_m$이라 두면

$$\mathbf{X} = \begin{pmatrix} x_1 \\ \vdots \\ x_m \end{pmatrix} \Rightarrow \mathbf{AX} = x_1\mathbf{C}_1 + \cdots + x_m\mathbf{C}_m = \mathbf{B}$$

이기 때문이다.

다음 보조정리에 따르면 최소제곱 벡터를 찾는 문제는 정사영에 관한 연립방정식을 푸는 문제로 바뀌게 된다.

보조정리 6.1

$\mathbf{X}^*$가 $\mathbf{AX} = \mathbf{B}$에 대한 최소제곱 벡터라는 것은

$$\mathbf{AX}^* = \mathbf{B}_S$$

와 동치이다. 여기서 $\mathbf{B}_S$는 벡터 **B**를 **A**의 열공간 S 위로 정사영한 벡터를 나타낸다.

증명 정의 6.19에 의해 모든 $\mathbf{AX}$ 꼴의 벡터들, 즉 S 내의 모든 벡터들 중에서 $\mathbf{AX}^*$가 $\mathbf{B}$에 가장 가깝다. 그런데 정리 5.11에 의해 $\mathbf{B}_S$는 S의 벡터들 중에서 $\mathbf{B}$와 가장 가까운 유일한 벡터이다. 따라서 $\mathbf{X}^*$가 최소제곱 벡터라는 것과 $\mathbf{AX}^* = \mathbf{B}_S$라는 것은 동치이다. ■

위의 보조정리를 이용하여 최소제곱 벡터를 구하려면 $\mathbf{A}$의 열공간 위로의 $\mathbf{B}$의 정사영을 먼저 구해야 하므로 그리 효율적이지 못하다. 그러나 보조정리를 이용하여 보다 효율적인 다음의 정리를 얻을 수 있다.

정리 6.7

m차원 벡터 $\mathbf{X}$가 $\mathbf{AX} = \mathbf{B}$에 대한 최소제곱 벡터라는 것과 $\mathbf{X}$가 다음의 연립방정식

$$\mathbf{A}^t\mathbf{AX} = \mathbf{A}^t\mathbf{B}$$

의 해라는 것은 동치이다.

증명 앞의 보조정리에 의해 $\mathbf{AX} = \mathbf{B}_S$의 해집합과 $\mathbf{A}^t\mathbf{AX} = \mathbf{A}^t\mathbf{B}$의 해집합이 같다는 것을 보이면 된다. 먼저 $\mathbf{B} = \mathbf{B}_S + \mathbf{B}^\perp$로 표현하자. 그러면 S의 모든 벡터와 $\mathbf{B}^\perp$는 서로 수직이 되므로 $\mathbf{A}$의 열벡터 $\mathbf{C}_1, \cdots, \mathbf{C}_m$과 $\mathbf{B}^\perp$를 내적하면 0이 된다. 즉, $\mathbf{A}^t\mathbf{B}^\perp = 0$이므로

$$\mathbf{AX} = \mathbf{B}_S \Rightarrow \mathbf{A}^t\mathbf{AX} = \mathbf{A}^t\mathbf{B}_S = \mathbf{A}^t(\mathbf{B} - \mathbf{B}^\perp) = \mathbf{A}^t\mathbf{B}$$

를 얻게 된다. 반대로

$$\begin{aligned}\mathbf{A}^t\mathbf{AX} = \mathbf{A}^t\mathbf{B} &\Rightarrow \mathbf{A}^t(\mathbf{AX} - \mathbf{B}) = \mathbf{O}\\ &\Rightarrow \mathbf{AX} - \mathbf{B} \in S^\perp\end{aligned}$$

이므로 $\mathbf{B}$를 S 내의 벡터와 S의 여공간 내의 벡터로 다음처럼

$$\mathbf{B} = \mathbf{AX} + (\mathbf{B} - \mathbf{AX})$$

로 표현할 수 있다. 정리 5.10에 의하면 이러한 표현은 유일하므로 $\mathbf{AX} = \mathbf{B}_S$가 된다. ■

위의 정리에 나오는 $\mathbf{A}^t\mathbf{AX} = \mathbf{A}^t\mathbf{B}$를 $\mathbf{AX} = \mathbf{B}$의 보조적인 최소제곱 연립방정식이라 한다.

따름정리 6.1

만약 $\mathbf{A}^t\mathbf{A}$가 정칙행렬이면 $\mathbf{AX} = \mathbf{B}$는 유일한 최소제곱 벡터를 갖는다. 이 경우 최소제곱 벡터는

$$\mathbf{X}^* = (\mathbf{A}^t\mathbf{A})^{-1}\mathbf{A}^t\mathbf{B}$$

이다.

보기 6.24

$$\mathbf{A} = \begin{pmatrix} -1 & -2 \\ 1 & 4 \\ 2 & 2 \end{pmatrix}, \quad \mathbf{B} = \begin{pmatrix} 3 \\ -2 \\ 7 \end{pmatrix}$$

일 때 $\mathbf{AX} = \mathbf{B}$에 대한 최소제곱 벡터를 구해 보자.

$$\mathbf{A}^t\mathbf{A} = \begin{pmatrix} 6 & 10 \\ 10 & 24 \end{pmatrix}$$

로서 정칙행렬이고 $\mathbf{A}^t\mathbf{B} = \begin{pmatrix} 9 \\ 0 \end{pmatrix}$이므로 최소제곱 벡터는

$$\mathbf{X}^* = (\mathbf{A}^t\mathbf{A})^{-1}\mathbf{A}^t\mathbf{B} = \begin{pmatrix} 12/22 & -5/22 \\ -5/22 & 3/22 \end{pmatrix}\begin{pmatrix} 9 \\ 0 \end{pmatrix} = \begin{pmatrix} 108/22 \\ -4/22 \end{pmatrix}$$

이다.

이제 평면상의 여러 점들의 집합에 (특정한 의미에서) 가장 잘 들어맞는 직선을 그리는 문제에 최소제곱 벡터를 적용하자.

보기 6.25

다음의 데이터

$$(0, -5.5), \ (1, -2.7), \ (2, -0.8), \ (3, 1.2), \ (5, 4.7)$$

을 각각 $(x_1, y_1), \cdots, (x_5, y_5)$라 표기하자. 이제 이 점들에 "가장 잘 들어맞는" 직선 $y = ax + b$를 그리고자 한다. 각각의 점 (x_1, y_1)에 대해 $ax_1 + b$를 y_i와의 근사라고 생각하자:

$$\begin{gathered} ax_1 + b \approx y_1 \\ \vdots \\ ax_5 + b \approx y_5. \end{gathered}$$

이 근사식들로부터 다음의 연립방정식

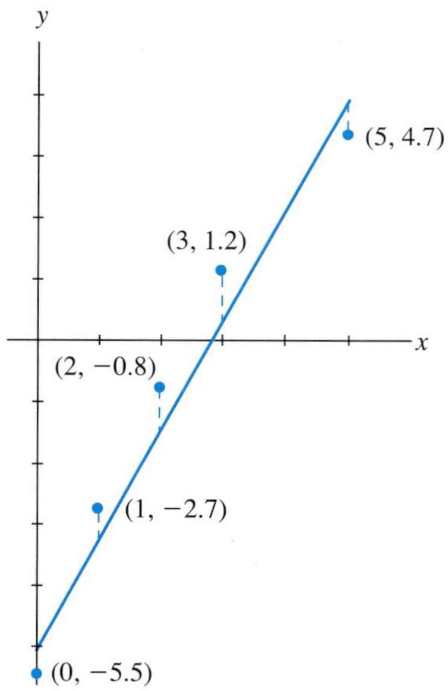

그림 6.4 최소제곱 직선

$$\begin{pmatrix} 0 & 1 \\ 1 & 1 \\ 2 & 1 \\ 3 & 1 \\ 5 & 1 \end{pmatrix}\begin{pmatrix} a \\ b \end{pmatrix} = \begin{pmatrix} -5.5 \\ -2.7 \\ -0.8 \\ 1.2 \\ 4.7 \end{pmatrix}$$

을 생각하면 이 방정식의 해는 존재하지 않지만 이에 대한 최소제곱 벡터를 구함으로써 주어진 5개의 점들에 "가장 가깝게" 근사되는 직선을 그릴 수 있다. 계산에 의해 최소제곱 벡터는

$$\begin{pmatrix} 2.001351251\cdots \\ -5.0229729\cdots \end{pmatrix}$$

가 되고 편의상 $a = 2$, $b = -5.02$로 잡으면 $y = 2x - 5.02$가 주어진 데이터에 아주 잘 들어맞는 직선이 된다. 이런 과정으로 얻은 직선은 모든 직선들 중에서 주어진 각각의 점들로부터 x축에 수직하게 그어 직선과 만나는 거리의 제곱의 합이 최소가 되게 하는 직선이다(그림 6.4).

이렇게 얻은 직선을 주어진 데이터에 대한 최소제곱 직선이라 하고 통계학에서는 이를 회귀직선(regression line)이라 부르기도 한다.

연습문제 6.6

문제 1부터 6까지 주어진 연립방정식에 대한 최소제곱 벡터들을 모두 구하라.

1. $\begin{pmatrix} 1 & 0 \\ 6 & 2 \end{pmatrix}\mathbf{X} = \begin{pmatrix} -2 \\ -4 \end{pmatrix}$

2. $\begin{pmatrix} 1 & 1 & -2 \\ -2 & 3 & 1 \end{pmatrix}\mathbf{X} = \begin{pmatrix} 0 \\ 3 \end{pmatrix}$

3. $\begin{pmatrix} 1 & 1 & -2 & 1 \\ -2 & 3 & 0 & -4 \\ 0 & -2 & 1 & 5 \end{pmatrix}\mathbf{X} = \begin{pmatrix} 4 \\ -1 \\ 6 \end{pmatrix}$

4. $\begin{pmatrix} 1 & 1 \\ -2 & 3 \\ 0 & -1 \\ 2 & 2 \\ -3 & 7 \end{pmatrix}\mathbf{X} = \begin{pmatrix} -5 \\ 1 \\ 3 \\ 2 \\ 1 \end{pmatrix}$

5. $\begin{pmatrix} 1 & 1 \\ -2 & 3 \end{pmatrix}\mathbf{X} = \begin{pmatrix} 4 \\ -1 \end{pmatrix}$

6. $\begin{pmatrix} -5 & 2 \\ 1 & 4 \end{pmatrix}\mathbf{X} = \begin{pmatrix} 1 \\ -1 \end{pmatrix}$

문제 7부터 10까지 주어진 데이터에 대한 최소제곱 직선을 구하라.

7. (−3, −23), (0, −8.2), (1, −4.6), (2, −0.5), (4, 7.3), (7, 19.2)

8. (−3, −7.4), (−1, −4.2), (0, −3.7), (2, −1.9), (4, 0.3), (7, 2.8), (11, 7.2)

9. (1, 3.8), (3, 11.7), (5, 20.6), (7, 26.5), (9, 35.2)

10. (−5, 21.2), (−3, 13.6), (−2, 10.7), (0, 4.2), (1, 2.4), (3, −3.7), (6, −14.2)

6.7 행렬식

$n \times m$ 행렬 $\mathbf{A}$에 대해 det($\mathbf{A}$) 또는 $|\mathbf{A}|$로 표시되는 행렬식을 다음의 규칙에 따라 정의하기도 한다. 먼저 1×1 행렬 $A = [a_{11}]$의 행렬식은?

$$|\mathbf{A}| = a_{11}$$

로 정의한다. 다음으로 2×2 행렬

$$\mathbf{A} = \begin{pmatrix} a_{11} & a_{12} \\ a_{21} & a_{22} \end{pmatrix}$$

의 행렬식은

$$|\mathbf{A}| = a_{11}a_{22} - a_{12}a_{21}$$

으로 정의한다. $n \geq 3$인 경우는 귀납적으로 정의하는데 이를 위해서 아래의 개념이 필요하다.

정의 6.20

$\mathbf{A}$가 $n \times n$ 행렬이라 하자. i, j번째 소행렬식(minor) M_{ij}는 $\mathbf{A}$에서 i행과 j열을 삭제해서 만든 $(n-1) \times (n-1)$ 행렬의 행렬식이다. 또한 $(-1)^{i+j} M_{ij}$를 $\mathbf{A}$의 i, j 번째 여인수(cofactor)라 한다.

정의 6.21 행 전개를 통한 행렬식의 정의

$n \times n$ 행렬 $\mathbf{A}$에서 하나의 행을 선택한다. 선택된 행이 i행이라 할 때 $\mathbf{A}$의 행렬식 $|\mathbf{A}|$는 이 행의 각 원소 a_{ij}와 i, j번째 여인수를 곱한 것의 총합이다. 즉

$$\begin{aligned}|\mathbf{A}| &= (-1)^{i+1} a_{i1} M_{i1} + (-1)^{i+2} a_{i2} M_{i2} + \cdots + (-1)^{i+n} a_{in} M_{in} \\ &= \sum_{j=1}^{n} (-1)^{i+j} a_{ij} M_{ij} \qquad (6.1)\end{aligned}$$

이다.

이처럼 행 전개를 통해 행렬식을 정의할 수 있는 것은 어떤 행을 선택하여 전개하더라도 그 값이 모두 동일하기 때문이다. 또한 동일한 값을 열 전개를 통해서도 정의할 수 있다.

정의 6.22 열 전개를 통한 행렬식의 정의

$n \times n$ 행렬 $\mathbf{A}$에서 하나의 열을 선택한다. 선택된 열이 j열이라 할 때 $\mathbf{A}$의 행렬식 $|\mathbf{A}|$은 이 열의 각 원소 a_{ij}와 i, j번째 여인수를 곱한 것이 총합이다. 즉,

$$\begin{aligned}|\mathbf{A}| &= (-1)^{1+j} a_{1j} M_{1j} + (-1)^{2+j} a_{2j} M_{2j} + \cdots + (-1)^{n+j} a_{nj} M_{nj} \\ &= \sum_{i=1}^{n} (-1)^{i+j} a_{ij} M_{ij} \qquad (6.2)\end{aligned}$$

이다.

주어진 $n \times n$ 행렬 $\mathbf{A}$에 대해 임의의 행에 대해 행 전개로 계산한 행렬식 (6.1)과 임의의 열에 대해 열 전개로 계산한 행렬식 (6.2)의 값이 모두 동일한 것을 보일 수 있다. 일반적인 증명은 생략하는 대신 보기를 통해 확인해 보자.

보기 6.26

행렬

$$\mathbf{A} = \begin{pmatrix} -6 & 3 & 7 \\ 12 & -5 & -9 \\ 2 & 4 & -6 \end{pmatrix}$$

의 행렬식을 여러 가지 방법의 전개로 계산해 보자. 먼저 첫 번째 행에 대해 행 전개를 하면

$$
\begin{aligned}
|\mathbf{A}| &= \sum_{j=1}^{3}(-1)^{1+j}a_{1j}M_{1j} \\
&= (-1)^{1+1}a_{11}M_{11} + (-1)^{1+2}a_{12}M_{12} + (-1)^{1+3}a_{13}M_{13} \\
&= (-1)^{2}(-6)\begin{vmatrix} -5 & -9 \\ 4 & -6 \end{vmatrix} + (-1)^{3}(3)\begin{vmatrix} 12 & -9 \\ 2 & -6 \end{vmatrix} + (-1)^{4}(7)\begin{vmatrix} 12 & -5 \\ 2 & 4 \end{vmatrix} \\
&= (-6)(30+36) - 3(-72+18) + 7(48+10) = 172
\end{aligned}
$$

이고, 세 번째 행에 대해 행 전개를 하면

$$
\begin{aligned}
|\mathbf{A}| &= \sum_{j=1}^{3}(-1)^{3+j}a_{3j}M_{3j} \\
&= (-1)^{3+1}a_{31}M_{31} + (-1)^{3+2}a_{32}M_{32} + (-1)^{3+3}a_{33}M_{33} \\
&= 2\begin{vmatrix} 3 & 7 \\ -5 & -9 \end{vmatrix} + (-1)(4)\begin{vmatrix} -6 & 7 \\ 12 & -9 \end{vmatrix} + (-6)\begin{vmatrix} -6 & 3 \\ 12 & -5 \end{vmatrix} \\
&= 2(-27+35) - 4(54-84) - 6(30-36) = 172
\end{aligned}
$$

이다. 또한 첫 번째 열에 대해 열 전개를 하면

$$
\begin{aligned}
|\mathbf{A}| &= \sum_{i=1}^{3}(-1)^{i+1}a_{i1}M_{i1} \\
&= (-1)^{1+1}a_{11}M_{11} + (-1)^{2+1}a_{21}M_{21} + (-1)^{3+1}a_{31}M_{31} \\
&= (-1)^{2}(-6)\begin{vmatrix} -5 & -9 \\ 4 & -6 \end{vmatrix} + (-1)^{3}(12)\begin{vmatrix} 3 & 7 \\ 4 & -6 \end{vmatrix} + (-1)^{4}(2)\begin{vmatrix} 3 & 7 \\ -5 & -9 \end{vmatrix} \\
&= (-6)(30+36) - 12(-18-28) + 2(-27+35) = 172
\end{aligned}
$$

이고, 두 번째 열에 대해 열 전개를 하면

$$
\begin{aligned}
|\mathbf{A}| &= \sum_{i=1}^{3}(-1)^{i+2}a_{i2}M_{i2} \\
&= (-1)^{1+2}a_{12}M_{12} + (-1)^{2+2}a_{22}M_{22} + (-1)^{3+2}a_{32}M_{32} \\
&= (-1)^{3}(3)\begin{vmatrix} 12 & -9 \\ 2 & -6 \end{vmatrix} + (-1)^{4}(-5)\begin{vmatrix} -6 & 7 \\ 2 & -6 \end{vmatrix} + (-1)^{5}(4)\begin{vmatrix} -6 & 7 \\ 12 & -9 \end{vmatrix} \\
&= (-3)(-72+18) - 5(36-14) - 4(54-84) = 172
\end{aligned}
$$

이다.

행렬식을 계산함에 있어 임의의 행이나 열에 대한 전개가 모두 같은 값이므로 가급적 0이 많거나 숫자가 간단한 행 또는 열을 선택하는 것이 효율적이다. 여기서

행렬식이 가지고 있는 몇 가지 유용한 성질들을 알아보자.

정리 6.8

$\mathbf{A}$와 $\mathbf{B}$를 $n \times n$ 행렬이라 하자.

(1) $|\mathbf{A}^t| = |\mathbf{A}|$

(2) $\mathbf{A}$에 모든 원소가 0인 행이나 열이 있으면 $|\mathbf{A}| = 0$이다.

(3) $\mathbf{B}$를 $\mathbf{A}$의 두 행 또는 두 열을 서로 교환하여 얻은 행렬이라 하자. 그러면 $|\mathbf{B}| = -|\mathbf{A}|$이다.

(4) $\mathbf{A}$의 두 행 또는 두 열이 같으면, $|\mathbf{A}| = 0$이다.

(5) $\mathbf{A}$의 한 행 또는 열에 스칼라 α를 곱한 행렬을 $\mathbf{B}$라고 하자. 그러면 $|\mathbf{B}| = \alpha|\mathbf{A}|$이다.

(6) $\mathbf{A}$의 한 행(또는 열)에 상수를 곱하여 다른 행(또는 열)에 더하여 만든 행렬을 $\mathbf{B}$라고 하자. 그러면 $|\mathbf{B}| = |\mathbf{A}|$이다.

(7) $\mathbf{A}$가 정칙행렬이라는 것과 $|\mathbf{A}| \neq 0$은 동치이다.

(8) $\mathbf{A}$와 $\mathbf{B}$를 $n \times n$ 행렬이라 하자. 그러면 $|\mathbf{AB}| = |\mathbf{A}||\mathbf{B}|$이다.

성질 (1)은 행렬 $\mathbf{A}$와 그 전치행렬 $\mathbf{A}^t$의 행렬식이 같다는 것이다. 이것은 $\mathbf{A}$에서 한 행에 대한 행 전개가 $\mathbf{A}^t$에서 대응되는 열에 대한 열 전개와 같기 때문이다.

성질 (2)는 모든 원소가 0인 행 또는 열이 있다면 그 행 또는 열에 대한 전개의 결과가 0이기 때문이다. 성질 (3), (5), (6)은 기본 행연산이 행렬식에 미치는 영향을 설명한 것이다. 전치행렬과 원래 행렬의 행렬식이 같으므로 기본 열연산도 동일한 영향을 미친다. 성질 (4)에서 $\mathbf{A}$의 두 행 또는 두 열이 같다고 하자. 동일한 두 행 또는 두 열을 서로 교환하여 얻는 행렬을 $\mathbf{B}$라 하면 $\mathbf{A} = \mathbf{B}$이고 $|\mathbf{A}| = |\mathbf{B}|$이다. 하지만 성질 (3)에 의하면 $|\mathbf{A}| = -|\mathbf{B}|$이므로 $|\mathbf{A}| = -|\mathbf{A}|$이고, 따라서 $|\mathbf{A}| = 0$이다. 다음으로 성질 (7)에서 정칙행렬이라 함은 그 기약꼴 행렬이 단위행렬인 것이다. 행렬이 정칙이 아니면 그 기약꼴 행렬은 모든 원소가 0인 행을 갖게 되므로 행렬식 또한 0이다. 그런데 기약꼴 변환을 할 때 이용되는 기본 행연산들은 행렬식에 0이 아닌 상수를 곱하는 효과를 주게 되므로 기약꼴 행렬의 행렬식이 0이면 원래 행렬의 행렬식도 0이다.

이제 여인수 전개를 이용한 방법 대신, 기본 행연산 또는 열연산을 이용하여 행렬식을 계산하는 과정을 알아보자.

6.7.1 행연산 및 열연산에 의한 행렬식 계산

행렬식을 여인수 전개로 계산할 때 해당 행 또는 열에 0이 포함되어 있으면 그만큼 계산량이 줄어든다. 따라서 기본 행연산이나 열연산을 이용하여 특정 행이나 열에 가능한 많은 원소를 0으로 만들고, 그 행이나 열을 이용하여 여인수 전개를 하면 행렬식 계산이 간단해진다. 이 과정에서 행연산 또는 열연산에 따라 행렬식에 곱해지는 상수를 잘 계산해야 한다.

보기 6.27

행렬

$$\mathbf{A}=\begin{pmatrix} 4 & 2 & -3 \\ 3 & 4 & 6 \\ 2 & -6 & 8 \end{pmatrix}$$

의 행렬식을 계산해 보자. 두 번째 열에 0을 만들기 위해 1행에 −2을 곱해서 2행에 더하고, 1행에 3을 곱해서 3행에 더하면

$$\mathbf{B}=\begin{pmatrix} 4 & 2 & -3 \\ -5 & 0 & 12 \\ 14 & 0 & -1 \end{pmatrix}$$

이 된다. 이 행연산은 행렬식의 값에 영향을 주지 않는다.

행렬식 $|\mathbf{B}|$를 2열을 따라 전개해 계산하면

$$\begin{aligned} |\mathbf{A}| &= |\mathbf{B}| \\ &= (-1)^{1+2}(2)\begin{pmatrix} -5 & 12 \\ 14 & -1 \end{pmatrix} \\ &= (-2)(5-168) = 326 \end{aligned}$$

이다.

보기 6.28

$$\mathbf{A}=\begin{pmatrix} -6 & 0 & 1 & 3 & 2 \\ -1 & 5 & 0 & 1 & 7 \\ 8 & 3 & 2 & 1 & 7 \\ 0 & 1 & 5 & -3 & 2 \\ 1 & 15 & -3 & 9 & 4 \end{pmatrix}$$

라 하자. 위에서 설명한 대로 행렬식을 계산하는 방법은 여러 가지가 있다. 먼저 $a_{13}=1$이라는 사실을 이용할 수 있다. 세 번째 열의 나머지 성분은 기본 행

연산을 통해 모두 0으로 만든다. $a_{23} = 0$이므로 3열에 있는 3, 4, 5행의 성분들만 0으로 만들면 된다. 따라서 1행에 −2를 곱하여 3행에 더하고, 1행에 −5를 곱하여 4행에 더하고, 1행에 3을 곱하여 5행에 더하면

$$\mathbf{B} = \begin{pmatrix} -6 & 0 & 1 & 3 & 2 \\ -1 & 5 & 0 & 1 & 7 \\ 20 & 3 & 0 & -5 & 3 \\ 30 & 1 & 0 & -18 & -8 \\ -17 & 15 & 0 & 18 & 10 \end{pmatrix}$$

이다. 제3연산을 사용하였으므로

$$|\mathbf{A}| = |\mathbf{B}|$$

이고, 3열을 따라 열전개를 하면 다음과 같다.

$$|\mathbf{B}| = (-1)^{1+3}(1)|\mathbf{C}| = |\mathbf{C}|.$$

여기서 **C**는 **B**에서 1행과 3열을 빼고 얻은 4×4 행렬

$$\mathbf{C} = \begin{pmatrix} -1 & 5 & 1 & 7 \\ 20 & 3 & -5 & 3 \\ 30 & 1 & -18 & -8 \\ -17 & 15 & 18 & 10 \end{pmatrix}$$

이다. 이 행렬은 4×4이므로 **A**보다 작다. $|\mathbf{C}|$에도 같은 방법을 사용한다. 예를 들면 **C**의 (1, 1)−위치에 있는 −1을 이용할 수 있다. 이번에는 1행의 2, 3, 4열의 성분이 0이 되도록 기본 열연산을 사용한다. 1열에 5를 곱하여 2행에 더하고, 1열을 3열에 더하고, 1열에 7을 곱하여 4열에 더하면

$$\mathbf{D} = \begin{pmatrix} -1 & 0 & 0 & 0 \\ 20 & 103 & 15 & 143 \\ 30 & 151 & 12 & 202 \\ -17 & -70 & 1 & -109 \end{pmatrix}$$

이다. 여기서도 사용한 연산이 모두 제3연산이므로

$$|\mathbf{C}| = |\mathbf{D}|$$

이다. $|\mathbf{D}|$를 1행에 대한 행 전개로 계산하면

$$|\mathbf{D}| = (-1)^{1+1}(-1)|\mathbf{E}| = -|\mathbf{E}|$$

이고 **E**는 **D**에서 1행과 1열을 뺀 3×3 행렬

$$\mathbf{E} = \begin{pmatrix} 103 & 15 & 143 \\ 151 & 12 & 202 \\ -70 & 1 & -109 \end{pmatrix}$$

이다. $|\mathbf{E}|$를 계산하기 위해서, 이번에는 (3, 2)−성분 $e_{32}=1$을 택한다. 3행에 −15를 곱하여 1행에 더하고, 3행에 −12를 곱하여 2행에 더하면

$$\mathbf{F}=\begin{pmatrix}1153 & 0 & 1778\\ 991 & 0 & 1510\\ -70 & 1 & -109\end{pmatrix}$$

이고

$$|\mathbf{E}|=|\mathbf{F}|$$

이다. $|\mathbf{F}|$를 2열에 대해 전개하여 계산하면

$$|\mathbf{F}|=(-1)^{3+2}(1)|\mathbf{G}|=-|\mathbf{G}|$$

이고, $\mathbf{G}$는 $\mathbf{F}$에서 3행과 2열을 뺀 2×2 행렬

$$\mathbf{G}=\begin{pmatrix}1153 & 1778\\ 991 & 1510\end{pmatrix}$$

이다. 2×2 행렬의 행렬식을 정의에 따라 계산하면

$$|\mathbf{G}|=-20968$$

이고, 구한 것을 차례로 써보면

$$|\mathbf{A}|=|\mathbf{B}|=|\mathbf{C}|=|\mathbf{D}|=-|\mathbf{E}|=-|\mathbf{F}|=|\mathbf{G}|=-20968$$

이다.

연습문제 6.7

문제 1부터 13까지 이 절에서 소개한 방법을 사용하여 각 문제에 주어진 행렬의 행렬식을 계산하여라.

1. $\begin{pmatrix}-2 & 4 & 1\\ 1 & 6 & 3\\ 7 & 0 & 4\end{pmatrix}$

2. $\begin{pmatrix}2 & -3 & 7\\ 14 & 1 & 1\\ -13 & -1 & 5\end{pmatrix}$

3. $\begin{pmatrix}-4 & 5 & 6\\ -2 & 3 & 5\\ 2 & -2 & 6\end{pmatrix}$

4. $\begin{pmatrix}2 & -5 & 8\\ 4 & 3 & 8\\ 13 & 0 & -4\end{pmatrix}$

5. $\begin{pmatrix}17 & -2 & 5\\ 1 & 12 & 0\\ 14 & 7 & -7\end{pmatrix}$

6. $\begin{pmatrix}-3 & 3 & 9 & 6\\ 1 & -2 & 15 & 6\\ 7 & 1 & 1 & 5\\ 2 & 1 & -1 & 3\end{pmatrix}$

7. $\begin{pmatrix} 0 & 1 & 1 & -4 \\ 6 & -3 & 2 & 2 \\ 1 & -5 & 1 & -2 \\ 4 & 8 & 2 & 2 \end{pmatrix}$

8. $\begin{pmatrix} 2 & 7 & -1 & 0 \\ 3 & 1 & 1 & 8 \\ -2 & 0 & 3 & 1 \\ 4 & 8 & -1 & 0 \end{pmatrix}$

9. $\begin{pmatrix} 10 & 1 & -6 & 2 \\ 0 & -3 & 3 & 9 \\ 0 & 1 & 1 & 7 \\ -2 & 6 & 8 & 8 \end{pmatrix}$

10. $\begin{pmatrix} -7 & 16 & 2 & 4 \\ 1 & 0 & 0 & 5 \\ 0 & 3 & -4 & 4 \\ 6 & 1 & 1 & -5 \end{pmatrix}$

11. $\begin{pmatrix} 14 & 13 & -2 & 5 \\ 7 & 1 & 1 & 7 \\ 0 & 2 & 12 & 3 \\ 1 & -6 & 5 & 23 \end{pmatrix}$

12. $\begin{pmatrix} -5 & 4 & 1 & 7 \\ -9 & 3 & 2 & -5 \\ -2 & 0 & -1 & 1 \\ 1 & 14 & 0 & 3 \end{pmatrix}$

13. $\begin{pmatrix} -8 & 5 & 1 & 7 & 2 \\ 0 & 1 & 3 & 5 & -6 \\ 2 & 2 & 1 & 5 & 3 \\ 0 & 4 & 3 & 7 & 2 \\ 1 & 1 & -7 & -6 & 5 \end{pmatrix}$

14. 다음 등식을 증명하여라.

$$\begin{vmatrix} 1 & \alpha & \alpha^2 \\ 1 & \beta & \beta^2 \\ 1 & \gamma & \gamma^2 \end{vmatrix} = (\alpha-\beta)(\gamma-\alpha)(\beta-\gamma)$$

이것을 **Vandermonde 행렬식**이라 한다.

15. 다음의 등식을 증명하여라.

$$\begin{vmatrix} a & b & c & d \\ b & c & d & a \\ c & d & a & b \\ d & a & b & c \end{vmatrix} = (a+b+c+d)(b-a+d-c)\begin{vmatrix} 0 & 1 & -1 & 1 \\ 1 & c & d & a \\ 1 & d & a & b \\ 1 & a & b & c \end{vmatrix}$$

16. 세 점 (x_1, y_1), (x_2, y_2), (x_3, y_3)가 동일한 직선 위에 있을 필요충분조건이

$$\begin{vmatrix} 1 & x_1 & y_1 \\ 1 & x_2 & y_2 \\ 1 & x_3 & y_3 \end{vmatrix} = 0$$

임을 증명하라.

힌트: 행렬식이 0일 필요충분조건은 한 행이나 한 열이 나머지 행이나 열들의 일차결합으로 나타낼 수 있다는 것이다.

17. $n \times n$ 행렬 $\mathbf{A} = [a_{ij}]$가 위의 삼각행렬이라 함은 $i > j$인 a_{ij}가 모두 0이라는 뜻이다. 즉, 주 대각원 아래쪽의 모든 원소가 0이다. $\mathbf{A}$가 위 삼각행렬이면

$$|\mathbf{A}| = a_{11}a_{22} \cdots a_{nn},$$

즉, 행렬식이 주 대각원의 곱이 됨을 보여라.

6.8 Cramer 법칙

$n \times n$ 행렬 $\mathbf{A}$가 정칙일 때 연립방정식 $\mathbf{AX} = \mathbf{B}$의 해는 $\mathbf{X} = \mathbf{A}^{-1}\mathbf{B}$이다. 이 해를 행렬식을 사용하여 구하는 공식을 **Cramer 법칙**이라고 한다.

정리 6.9 Cramer 법칙

A는 $n \times n$ 정칙행렬, **B**는 $n \times 1$ 행렬이라 하자. **A**의 k번째 열을 **B**로 바꾸어 얻은 행렬을 $\mathbf{A}(k\,;\mathbf{B})$라 하면 $\mathbf{AX} = \mathbf{B}$의 유일한 해는

$$x_k = \frac{|\mathbf{A}(k\,;\mathbf{B})|}{|\mathbf{A}|} \qquad (1 \le k \le n)$$

이다.

증명

$$\mathbf{B} = \begin{pmatrix} b_1 \\ b_2 \\ \vdots \\ b_n \end{pmatrix}$$

이라 하자. **A**의 k번째 열에 x_k를 곱한 행렬의 행렬식은 $x_k|\mathbf{A}|$이므로

$$x_k|\mathbf{A}| = \begin{vmatrix} a_{11} & a_{12} & \cdots & a_{1k}x_k & \cdots & a_{1n} \\ a_{21} & a_{22} & \cdots & a_{2k}x_k & \cdots & a_{2n} \\ \vdots & \vdots & & \vdots & & \vdots \\ a_{n1} & a_{n2} & \cdots & a_{nk}x_k & \cdots & a_{nn} \end{vmatrix}$$

이다. $j \ne k$에 대하여 각각의 j열에 x_j를 곱하여 k열에 더한다. 이러한 제3열연산은 행렬식의 값을 바꾸지 않으므로

$$x_k|\mathbf{A}| = \begin{vmatrix} a_{11} & a_{12} & \cdots & a_{11}x_1 + a_{12}x_2 + \cdots + a_{1n}x_n & \cdots & a_{1n} \\ a_{21} & a_{22} & \cdots & a_{21}x_1 + a_{22}x_2 + \cdots + a_{2n}x_n & \cdots & a_{2n} \\ \vdots & \vdots & & \vdots & & \vdots \\ a_{n1} & a_{n2} & \cdots & a_{n1}x_1 + a_{n2}x_2 + \cdots + a_{nn}x_n & \cdots & a_{nn} \end{vmatrix}$$

$$= \begin{vmatrix} a_{11} & a_{12} & \cdots & b_1 & \cdots & a_{1n} \\ a_{21} & a_{22} & \cdots & b_2 & \cdots & a_{2n} \\ \vdots & \vdots & & \vdots & & \vdots \\ a_{n1} & a_{n2} & \cdots & b_n & \cdots & a_{nn} \end{vmatrix} = |\mathbf{A}(k\,;\mathbf{B})|$$

이다. ■

보기 6.29

연립방정식

$$x_1 - 3x_2 - 4x_3 = 1$$
$$-x_1 + x_2 - 3x_3 = 14$$
$$x_2 - 3x_3 = 5$$

를 Cramer 법칙을 이용하여 풀어 보자.

계수행렬은

$$\mathbf{A} = \begin{pmatrix} 1 & -3 & -4 \\ -1 & 1 & -3 \\ 0 & 1 & -3 \end{pmatrix}$$

이고 $|\mathbf{A}| = 13$이므로, 주어진 연립방정식은 유일한 해를 가진다. Cramer 법칙에 의해서

$$x_1 = \frac{1}{13}\begin{vmatrix} 1 & -3 & -4 \\ 14 & 1 & -3 \\ 5 & 1 & -3 \end{vmatrix} = -\frac{117}{13} = -9,$$

$$x_2 = \frac{1}{13}\begin{vmatrix} 1 & 1 & -4 \\ -1 & 14 & -3 \\ 0 & 5 & -3 \end{vmatrix} = -\frac{10}{13},$$

$$x_3 = \frac{1}{13}\begin{vmatrix} 1 & -3 & 1 \\ -1 & 1 & 14 \\ 0 & 1 & 5 \end{vmatrix} = -\frac{25}{13}$$

이다.

Cramer 법칙은 Gauss-Jordan 소거법만큼 효율적이지는 않지만, 해를 구하는 구체적인 공식이므로 이론적으로 편리하게 사용될 때가 종종 있다.

연습문제 6.8

문제 1부터 10까지 주어진 연립방정식을 Cramer 법칙을 사용하여 해를 구하거나 해가 없음을 보여라.

1. $15x_1 - 4x_2 = 5$
$8x_1 + x_2 = -4$

2. $x_1 + 4x_2 = 3$
$x_1 + x_2 = 0$

3. $8x_1 - 4x_2 + 3x_3 = 0$
$x_1 + 5x_2 - x_3 = -5$
$-2x_1 + 6x_2 + x_3 = -4$

4. $5x_1 - 6x_2 + x_3 = 4$
$-x_1 + 3x_2 - 4x_3 = 5$
$2x_1 + 3x_2 + x_3 = -8$

5. $x_1 + x_2 - 3x_3 = 0$
$x_2 - 4x_3 = 0$
$x_1 - x_2 - x_3 = 5$

6. $6x_1 + 4x_2 - x_3 + 3x_4 - x_5 = 7$
$x_1 - 4x_2 + x_5 = -5$
$x_1 - 3x_2 + x_3 - 4x_5 = 0$
$-2x_1 + x_3 - 2x_5 = 4$
$x_3 - x_4 - x_5 = 8$

7. $2x_1 - 4x_2 + x_3 - x_4 = 6$
$x_1 - 3x_3 = 10$
$x_1 - 4x_3 = 0$
$x_2 - x_3 + 2x_4 = 4$

8. $2x_1 - 3x_2 + x_4 = 2$
$x_2 - x_3 + x_4 = 2$
$x_3 - 2x_4 = 5$
$x_1 - 3x_2 + 4x_3 = 0$

9. $14x_1 - 3x_3 = 5$
$2x_1 - 4x_3 + x_4 = 2$
$x_1 - x_2 + x_3 - 3x_4 = 1$
$x_3 - 4x_4 = -5$

10. $x_2 - 4x_4 = 18$
$x_1 - x_2 + 3x_3 = -1$
$x_1 + x_2 - 3x_3 + x_4 = 5$
$x_2 + 3x_4 = 0$

6.9 고유값과 고유벡터

정의 6.23 고유값 및 고유벡터

A를 $n \times n$ 실 또는 복소행렬이라고 하자. 영이 아닌 n차원 열벡터 **E**가 존재하여

$$\mathbf{AE} = \lambda\mathbf{E}$$

를 만족하는 실수 또는 복소수인 λ를 **A**의 **고유값(eigenvalue)**이라 한다. 이 식이 성립하는 영이 아닌 벡터 **E**를 고유값 λ에 관한 **고유벡터(eigenvector)**라 부른다.

고유값을 행렬의 **특성값(characteristic value)**이라고도 하며 고유벡터를 **특성벡터(characteristic vector)**라고도 부른다. 고유벡터의 성분이 복소수이면 $\mathbb{C}^n$의 벡터로 생각할 수 있는데 이것은 복소수 n개의 순서쌍으로 되어 있다. 만약 **A**를 n차원 벡터, **X**를 n차원 벡터 **AX**로 보내는 일차변환으로 생각하면, 고유벡터 **E**는 **A**에 의해 **E**와 평행한 벡터 λ**E**로 보내진다. 이는 고유벡터의 중요한 기하학적 의미이다.

만약 $\alpha \neq 0$이고 $\mathbf{AE} = \lambda\mathbf{E}$이면

$$\mathbf{A}(\alpha\mathbf{E}) = \alpha(\mathbf{AE}) = \alpha(\lambda\mathbf{E}) = \lambda(\alpha\mathbf{E})$$

이므로 고유벡터의 0이 아닌 스칼라곱도 역시 고유벡터라는 것을 알 수 있다.

보기 6.30

$$\mathbf{A} = \begin{pmatrix} 1 & -1 & 0 \\ 0 & 1 & 1 \\ 0 & 0 & -1 \end{pmatrix}$$

이라 하자. $\begin{pmatrix}6\\0\\0\end{pmatrix}$은 고유값 1에 관한 고유벡터이다. 왜냐하면

$$\mathbf{AE}=\begin{pmatrix}1&-1&0\\0&1&1\\0&0&-1\end{pmatrix}\begin{pmatrix}6\\0\\0\end{pmatrix}=\begin{pmatrix}6\\0\\0\end{pmatrix}=\mathbf{E}$$

이기 때문이다. 고유벡터에 0이 아닌 스칼라곱을 하여도 고유벡터가 되기 때문에 0이 아닌 임의의 스칼라 α에 대해 $\begin{pmatrix}\alpha\\0\\0\end{pmatrix}$도 고유값 1에 관한 고유벡터이다.

A의 또 다른 고유값은 -1이고 대응되는 고유벡터는 $\begin{pmatrix}1\\2\\-4\end{pmatrix}$이다. 왜냐하면

$$\begin{pmatrix}1&-1&0\\0&1&1\\0&0&-1\end{pmatrix}\begin{pmatrix}1\\2\\-4\end{pmatrix}=\begin{pmatrix}-1\\-2\\4\end{pmatrix}=-1\begin{pmatrix}1\\2\\-4\end{pmatrix}$$

이기 때문이다. 0이 아닌 임의의 스칼라 α에 대하여 $\begin{pmatrix}\alpha\\2\alpha\\-4\alpha\end{pmatrix}$는 고유값 -1에 관한 고유벡터이다.

보기 6.31

$$\mathbf{B}=\begin{pmatrix}1&0\\0&0\end{pmatrix}$$

이라 하자. 그러면

$$\begin{pmatrix}1&0\\0&0\end{pmatrix}\begin{pmatrix}0\\4\end{pmatrix}=\begin{pmatrix}0\\0\end{pmatrix}=0\begin{pmatrix}0\\4\end{pmatrix}$$

이므로 숫자 0은 고유벡터가 $\begin{pmatrix}0\\4\end{pmatrix}$인 **B**의 고유값이다. 영벡터는 고유벡터가 될 수 없지만 상수 0은 행렬의 고유값이 될 수 있다. 0이 아닌 임의의 스칼라 α에 대하여 $\begin{pmatrix}0\\4\alpha\end{pmatrix}$ 또한 고유값이 0인 고유벡터이다.

주어진 행렬 **A**의 모든 고유값을 구하는 방법을 알아보자. **E**가 **A**의 고유값 λ에 관한 고유벡터이면

$$\mathbf{AE}=\lambda\mathbf{E}\iff\lambda\mathbf{E}-\mathbf{AE}=\mathbf{O}\iff(\lambda\mathbf{I}_n-\mathbf{A})\mathbf{E}=\mathbf{O}$$

이므로, **E**는 n변수 제차 연립방정식

$$(\lambda\mathbf{I}_n-\mathbf{A})\mathbf{X}=\mathbf{O}$$

의 비자명한 해이다.

그런데 이 방정식의 비자명한 해가 존재하기 위한 필요충분조건은 계수행렬의 행렬식이 0인 것이다. 따라서 $|\lambda\mathbf{I}_n-\mathbf{A}|=0$이 성립하면 λ는 $\mathbf{A}$의 고유값이다. 이 식은 구체적으로

$$\begin{vmatrix} \lambda-a_{11} & -a_{12} & \cdots & -a_{1n} \\ -a_{21} & \lambda-a_{22} & \cdots & -a_{2n} \\ \vdots & \vdots & & \vdots \\ -a_{n1} & -a_{n2} & \cdots & \lambda-a_{nn} \end{vmatrix}=0$$

이고, 좌측의 행렬식을 전개하면 λ에 대한 n차 다항식이 되고 이 방정식의 근이 $\mathbf{A}$의 고유값이다.

정의 6.24 특성다항식

다항식 $|\lambda\mathbf{I}_n-\mathbf{A}|$를 $\mathbf{A}$의 **특성다항식(characteristic polynomial)**이라 부르며 $p_{\mathbf{A}}(\lambda)$라고 표기한다.

어떤 고유값 λ에 대해 $(\lambda\mathbf{I}_n-\mathbf{A})\mathbf{X}=\mathbf{O}$의 비자명한 모든 해 $\mathbf{E}$는 λ에 관한 고유벡터이다. 고유값과 고유벡터의 성질을 요약하면 다음과 같다.

정리 6.10

$\mathbf{A}$를 실 혹은 복소 $n\times n$ 행렬이라고 하자.

(1) λ가 고유값일 필요충분조건은 $|\lambda\mathbf{I}_n-\mathbf{A}|=0$이다.

(2) λ가 $\mathbf{A}$의 고유값이면 $(\lambda\mathbf{I}_n-\mathbf{A})\mathbf{X}=\mathbf{O}$의 비자명한 해는 λ에 관한 고유벡터이다.

(3) $\mathbf{E}$가 고유값 λ에 관한 고유벡터이면 임의의 0이 아닌 실수 c에 대해 $c\mathbf{E}$도 λ에 관한 고유벡터이다.

$\mathbf{A}$가 $n\times n$ 행렬이면 n차 다항식 $p_{\mathbf{A}}(\lambda)$의 계수는 $\mathbf{A}$의 성분에 따라 실수 또는 복소수이다. $p_{\mathbf{A}}(\lambda)$의 근은 중복도를 고려하면 정확히 n개이므로 모두 n개의 고유값 $\lambda_1, \lambda_2, \cdots, \lambda_n$이 있다.

$$p_{\mathbf{A}}(\lambda)=(\lambda-1)(\lambda-3)^2(\lambda-i)^4$$

이면 7개의 고유값을 1, 3, 3, i, i, i, i 식으로 나열한다. 고유값 3의 중복도는 2이고 i의 중복도는 4이다.

보기 6.32

보기 6.30의

$$\mathbf{A}=\begin{pmatrix}1 & -1 & 0\\ 0 & 1 & 1\\ 0 & 0 & -1\end{pmatrix}$$

에 대한 특성다항식은

$$p_{\mathbf{A}}(\lambda)=|\lambda\mathbf{I}_3-\mathbf{A}|=\begin{vmatrix}\lambda-1 & 1 & 0\\ 0 & \lambda-1 & -1\\ 0 & 0 & \lambda+1\end{vmatrix}$$

$$=(\lambda-1)^2(\lambda+1)$$

이므로 $\mathbf{A}$의 고유값은 1, 1, -1이다.

1에 관한 고유벡터를 구하기 위하여

$$(1\mathbf{I}_3-\mathbf{A})\mathbf{X}=\begin{pmatrix}0 & 1 & 0\\ 0 & 0 & -1\\ 0 & 0 & 2\end{pmatrix}\mathbf{X}=\mathbf{O}$$

을 풀면, 일반해

$$\begin{pmatrix}\alpha\\ 0\\ 0\end{pmatrix}$$

을 얻게 되고 이것들은 고유값 1에 관한 고유벡터($\alpha \neq 0$일 때)이다.

-1에 관한 고유벡터를 구하기 위하여

$$(-1\mathbf{I}_3-\mathbf{A})\mathbf{X}=\begin{pmatrix}-2 & 1 & 0\\ 0 & -2 & -1\\ 0 & 0 & 0\end{pmatrix}\mathbf{X}=\mathbf{O}$$

을 풀면 일반해

$$\begin{pmatrix}\beta\\ 2\beta\\ -4\beta\end{pmatrix}$$

를 얻는다. 이것들은 $\beta \neq 0$일 때 고유값 -1에 관한 고유벡터이다.

보기 6.33

행렬

$$\mathbf{B}=\begin{pmatrix}1 & -2\\ 2 & 0\end{pmatrix}$$

의 특성다항식은

$$p_{\mathbf{A}}(\lambda)=\left|\lambda\begin{pmatrix}1 & 0\\0 & 1\end{pmatrix}-\begin{pmatrix}1 & -2\\2 & 0\end{pmatrix}\right|=\begin{vmatrix}\lambda-1 & 2\\-2 & \lambda\end{vmatrix}=\lambda^2-\lambda+4$$

이다. 이 다항식의 근은 $(1\pm\sqrt{15}\,i)/2$이고 이것은 **B**의 고유값이다. 이 경우처럼 실행렬 **B**의 고유값이 복소수일 수도 있다. $(1+\sqrt{15}\,i)/2$에 관한 고유벡터를 구해 보자.

$$\left[\frac{1+\sqrt{15}\,i}{2}\begin{pmatrix}1 & 0\\0 & 1\end{pmatrix}-\begin{pmatrix}1 & -2\\2 & 0\end{pmatrix}\right]\mathbf{X}=\mathbf{O}$$

또는

$$\begin{pmatrix}\frac{1+\sqrt{15}\,i}{2}-1 & 2\\-2 & \frac{1+\sqrt{15}\,i}{2}\end{pmatrix}\begin{pmatrix}x_1\\x_2\end{pmatrix}=\begin{pmatrix}0\\0\end{pmatrix}$$

을 풀면 일반해는

$$\mathbf{E}_1=\alpha\begin{pmatrix}1\\\frac{1-\sqrt{15}\,i}{4}\end{pmatrix}$$

이다. 이것은 $\alpha\neq0$일 때 고유값 $(1+\sqrt{15}i)/2$에 관한 고유벡터이다.

$(1-\sqrt{15}i)/2$에 관한 고유벡터를 구하기 위하여

$$\begin{pmatrix}\frac{1-\sqrt{15}\,i}{2}-1 & 2\\-2 & \frac{1-\sqrt{15}\,i}{2}\end{pmatrix}\mathbf{X}=\mathbf{O}$$

을 풀면 일반해는 다음과 같다.

$$\mathbf{E}_2=\beta\begin{pmatrix}1\\\frac{1+\sqrt{15}\,i}{4}\end{pmatrix}.$$

이것은 $\beta\neq0$일 때 고유값 $(1-\sqrt{15}i)/2$에 관한 고유벡터이다.

실수 행렬 **A**가 고유값 $\lambda=\alpha+i\beta$와 λ에 관한 고유벡터 **E**를 갖는다면 켤레복소수 $\overline{\lambda}=\alpha-i\beta$도 **A**의 고유값이며 $\overline{\lambda}$에 관한 고유벡터는 $\overline{\mathbf{E}}$가 된다. 여기서 $\overline{\mathbf{E}}$는 **E**의 성분에 켤레복소수를 취한 벡터이다. 이 사실은

$$\begin{aligned}\mathbf{AE}=\lambda\mathbf{E} &\Rightarrow \overline{\mathbf{AE}}=\overline{\lambda\mathbf{E}}\\&\Rightarrow \overline{\mathbf{A}}\,\overline{\mathbf{E}}=\overline{\lambda}\,\overline{\mathbf{E}}\\&\Rightarrow \mathbf{A}\overline{\mathbf{E}}=\overline{\lambda}\,\overline{\mathbf{E}}\end{aligned}$$

로부터 나온다.

보기 6.33에서와 같이 행렬의 고유벡터는 복소수 성분을 가질 수도 있다. 따라서 n차원 실수 벡터공간 $\mathbb{R}^n$의 개념을 복소수 벡터공간으로 확장할 필요가 있다. 복소수 벡터들의 덧셈이나 상수배는 실수 벡터의 연산과 마찬가지로 할 수 있으며, 일차독립과 일차종속의 개념도 복소수 벡터로 확장할 수 있다. 특히 정리 5.7의 결과도 복소수 벡터에 대해 그대로 적용된다.

6.9.1 고유벡터의 일차 독립성

앞서 살펴본 모든 보기들에서 서로 다른 고유값에 대응되는 고유벡터들은 실수벡터이든지 복소수 벡터이든지 상관없이 모두 일차 독립이었다. 또 다른 예를 살펴보자.

보기 6.34

행렬 $\mathbf{K}$를

$$\mathbf{K} = \begin{pmatrix} 2 & 1 & 0 & 0 \\ 1 & -4 & 0 & 0 \\ 0 & 2 & 0 & 2 \\ 0 & -1 & 1 & 0 \end{pmatrix}$$

이라 하면, 그 특성다항식은

$$p_{\mathbf{K}}(\lambda) = (\lambda^2 - 2)(\lambda^2 + 2\lambda - 9)$$

이고, $\mathbf{K}$의 고유값은

$$\sqrt{2},\ -\sqrt{2},\ -1+\sqrt{2},\ -1-\sqrt{10}$$

이다. 각 고유값에 대응되는 고유벡터들은 순서대로

$$\begin{pmatrix} 0 \\ 0 \\ \sqrt{2} \\ 1 \end{pmatrix}, \begin{pmatrix} 0 \\ 1 \\ -\sqrt{2} \\ 1 \end{pmatrix}, \begin{pmatrix} \frac{11}{3} + \frac{13}{12}\sqrt{10} \\ -\frac{1}{6} + \frac{5}{12}\sqrt{10} \\ 1 \\ -\frac{1}{3} + \frac{1}{12}\sqrt{10} \end{pmatrix}, \begin{pmatrix} \frac{11}{3} - \frac{13}{12}\sqrt{10} \\ -\frac{1}{6} - \frac{5}{12}\sqrt{10} \\ 1 \\ -\frac{1}{3} - \frac{1}{12}\sqrt{10} \end{pmatrix}$$

이다. 서로 다른 고유값에 대응하는 위의 고유벡터들은 $\mathbb{R}^4$에서 일차독립이다. 이것은 위의 고유벡터를 열벡터로 하는 행렬의 행렬식을 계산해 보면 0이 아닌 값 $-41\sqrt{20}/6$이므로 확인할 수 있다.

위 보기들로부터 확인한 성질은 일반적으로 성립한다. 비록 복소수 벡터라 하더라도 서로 다른 고유값에 대응하는 고유벡터들은 일차독립이다.

정리 6.11 고유벡터의 일차독립성

행렬 $\mathbf{A}$가 서로 다른 k개의 고유값 $\lambda_1, \cdots, \lambda_k$를 가지고, 각 고유값에 대응되는 고유벡터를 $\mathbf{V}_1, \cdots, \mathbf{V}_k$라 하면 이 고유벡터들은 일차독립이다.

증명 k개의 서로 다른 고유값에 대응하는 고유벡터들이 일차독립이라는 것을 수학적 귀납법을 사용하여 증명해 보자. $k = 1$일 때 단일고유값에 대응하는 고유벡터는 $\mathbf{O}$이 아니므로 일차독립이다. 임의의 $k-1$개의 서로 다른 고유값에 대응하는 $k-1$개의 고유벡터가 일차독립이라 하자. 이제

$$c_1\mathbf{V}_1 + \cdots + c_k\mathbf{V}_k = \mathbf{O} \Rightarrow c_1 = \cdots = c_k = 0$$

임을 보이면 된다. 왼쪽 등식의 양변에 $\lambda_1\mathbf{I}_n - \mathbf{A}$를 곱하면

$$\begin{aligned}\mathbf{O} &= (\lambda_1\mathbf{I}_n - \mathbf{A})(c_1\mathbf{V}_1 + \cdots + c_k\mathbf{V}_k)\\ &= c_1(\lambda_1\mathbf{V}_1 - \mathbf{A}\mathbf{V}_1) + c_2(\lambda_1\mathbf{V}_2 - \mathbf{A}\mathbf{V}_2) + \cdots + c_k(\lambda_1\mathbf{V}_k - \mathbf{A}\mathbf{V}_k)\\ &= c_1(\lambda_1\mathbf{V}_1 - \lambda_1\mathbf{V}_1) + c_2(\lambda_1\mathbf{V}_2 - \lambda_2\mathbf{V}_2) + \cdots + c_k(\lambda_1\mathbf{V}_k - \lambda_k\mathbf{V}_k)\\ &= c_2(\lambda_1 - \lambda_2)\mathbf{V}_2 + \cdots + c_k(\lambda_1 - \lambda_k)\mathbf{V}_k\end{aligned}$$

이다. 귀납법의 가정에 의해 $\mathbf{V}_2, \cdots, \mathbf{V}_k$가 일차독립이고, $j = 2, \cdots, k$에 대해 $\lambda_1 - \lambda_j \neq 0$이므로

$$c_2 = \cdots = c_k = 0$$

이다. 따라서 $c_1\mathbf{V}_1 = \mathbf{O}$이 되는데 여기서 $\mathbf{V}_1$은 고유벡터로 $\mathbf{O}$이 될 수 없으므로 $c_1 = 0$이다. 결론적으로

$$c_1 = \cdots = c_k = 0$$

이 된다. ■

행렬의 대각화를 다룰 때 고유벡터들이 일차독립인지 알 필요가 있다. 다음 정리는 $\mathbf{A}$가 n개의 서로 다른 고유값을 가지는 특별한 경우에 이에 대한 답을 준다.

정리 6.12

$n \times n$ 행렬 $\mathbf{A}$에 n개의 서로 다른 고유값이 있으면 대응하는 n개의 고유벡터들은 일차독립이다.

위의 정리에 의하면 $n \times n$ 행렬 $\mathbf{A}$가 n개의 서로 다른 고유값을 갖는다면 n개의 일차독립인 고유벡터를 갖게 된다. 그런데 만약 고유값의 중복도가 1보다 클 때는

어떻게 될까? 보기 6.32의 예에서 고유값은 1, 1, -1이므로 1의 중복도는 2이다. 이때 고유값 1에 대응하는 모든 고유벡터는

$$\begin{pmatrix} 1 \\ 0 \\ 0 \end{pmatrix}$$

의 상수배 꼴이다. 이 경우 3×3 행렬이 오직 2개의 고유벡터를 가지는데, 고유값 -1에 대응하는 고유벡터 하나와 중복도 2인 고유값 1에 대응하는 또 다른 고유벡터 하나가 그것이다. 하지만 중복도를 가지는 한 고유값에 하나 이상의 일차독립인 고유벡터가 대응될 수도 있다.

보기 6.35

행렬 $\mathbf{C}$를

$$\mathbf{C} = \begin{pmatrix} 5 & -4 & 4 \\ 12 & -11 & 12 \\ 4 & -4 & 5 \end{pmatrix}$$

라 하자. 고유값은 -3, 1, 1이며 1의 중복도는 2이다. -3에 대응하는 고유벡터는

$$\begin{pmatrix} 1 \\ 3 \\ 1 \end{pmatrix}$$

이다. 이제 고유값 1에 대응하는 고유벡터를 구하기 위하여

$$(\mathbf{I}_3 - \mathbf{C})\mathbf{X} = \begin{pmatrix} -4 & 4 & -4 \\ -12 & 12 & -12 \\ -4 & 4 & -4 \end{pmatrix} \begin{pmatrix} x_1 \\ x_2 \\ x_3 \end{pmatrix} = \begin{pmatrix} 0 \\ 0 \\ 0 \end{pmatrix}$$

을 풀면, 일반해는

$$\alpha \begin{pmatrix} 1 \\ 0 \\ -1 \end{pmatrix} + \beta \begin{pmatrix} 0 \\ 1 \\ 1 \end{pmatrix}$$

이다. 따라서 고유값 1에 대응하는 두 개의 일차독립인 고유벡터를 얻는다. 예를 들면

$$\begin{pmatrix} 1 \\ 0 \\ -1 \end{pmatrix}, \quad \begin{pmatrix} 0 \\ 1 \\ 1 \end{pmatrix}$$

이다. 이 행렬의 경우 비록 서로 다른 3개의 고유값을 갖진 않지만 3개의 고유벡터들은 일차독립이 된다.

위의 보기들을 통해 알게 된 사실을 정리해 보자. **A**는 크기가 $n \times n$인 실수 또는 복소수 행렬이라 하자.

1. 만일 **A**가 n개의 서로 다른 고유값을 가지면, **A**는 n개의 일차독립인 고유벡터를 갖는다.
2. **A**의 한 고유값의 중복도 m이 1보다 클 경우, 이 고유값에 대응되는 일차독립인 고유벡터는 1개에서 m개까지 존재할 수 있다. 만일 **A**가 n개의 일차독립인 고유벡터를 갖는다면, **A**의 각 고유값에는 그 중복도와 같은 개수의 일차독립인 고유벡터가 대응된다.
3. **A**의 한 고유값의 중복도가 m이고, 이 고유값에 대응되는 일차독립인 고유벡터의 개수 r이 m보다 작으면, **A**는 n개의 일차독립인 고유벡터를 갖지 않는다.

연습문제 6.9

문제 1부터 16까지 주어진 행렬의 고유값을 구하고 각각의 고유값에 관한 고유벡터를 구하라. 또한 평면상에 Gershgorin 원을 그리고 평면상에 점으로 고유값의 위치를 나타내어라.

1. $\begin{pmatrix} 1 & 3 \\ 2 & 1 \end{pmatrix}$

2. $\begin{pmatrix} -2 & 0 \\ 1 & 4 \end{pmatrix}$

3. $\begin{pmatrix} -5 & 0 \\ 1 & 2 \end{pmatrix}$

4. $\begin{pmatrix} 6 & -2 \\ -3 & 4 \end{pmatrix}$

5. $\begin{pmatrix} 1 & -6 \\ 2 & 2 \end{pmatrix}$

6. $\begin{pmatrix} 0 & 1 \\ 0 & 0 \end{pmatrix}$

7. $\begin{pmatrix} 2 & 0 & 0 \\ 1 & 0 & 2 \\ 0 & 0 & 3 \end{pmatrix}$

8. $\begin{pmatrix} -2 & 1 & 0 \\ 1 & 3 & 0 \\ 0 & 0 & -1 \end{pmatrix}$

9. $\begin{pmatrix} -3 & 1 & 1 \\ 0 & 0 & 0 \\ 0 & 1 & 0 \end{pmatrix}$

10. $\begin{pmatrix} 0 & 0 & -1 \\ 0 & 0 & 1 \\ 2 & 0 & 0 \end{pmatrix}$

11. $\begin{pmatrix} -14 & 1 & 0 \\ 0 & 2 & 0 \\ 1 & 0 & 2 \end{pmatrix}$

12. $\begin{pmatrix} 3 & 0 & 0 \\ 1 & -2 & -8 \\ 0 & -5 & 1 \end{pmatrix}$

13. $\begin{pmatrix} 1 & -2 & 0 \\ 0 & 0 & 0 \\ -5 & 0 & 7 \end{pmatrix}$

14. $\begin{pmatrix} -2 & 1 & 0 & 0 \\ 1 & 0 & 0 & 1 \\ 0 & 0 & 0 & 0 \\ 0 & 0 & 0 & 0 \end{pmatrix}$

15. $\begin{pmatrix} -4 & 1 & 0 & 1 \\ 0 & 1 & 0 & 0 \\ 0 & 0 & 2 & 0 \\ 1 & 0 & 0 & 3 \end{pmatrix}$

16. $\begin{pmatrix} 5 & 1 & 0 & 9 \\ 0 & 1 & 0 & 9 \\ 0 & 0 & 0 & 9 \\ 0 & 0 & 0 & 0 \end{pmatrix}$

17. λ가 $\mathbf{A}$의 고유값이고 $\mathbf{E}$가 대응하는 고유벡터이면 임의의 양의 정수 k에 대해서 λ^k는 $\mathbf{A}^k$의 고유값이고 $\mathbf{E}$가 대응하는 고유벡터임을 보여라.

18. $\mathbf{A}$가 $n \times n$ 행렬일 때 특성다항식 $p_{\mathbf{A}}(\lambda)$의 상수 항이 $(-1)^n|\mathbf{A}|$임을 증명하고, 이것을 이용하여 0은 모든 특이행렬의 고유값임을 보여라.

6.10 행렬의 대각화

정사각행렬 $\mathbf{A}$의 성분 a_{ii}를 주대각선 성분이라 하고, 그 외의 원소들을 비대각 성분이라고 부른다.

정의 6.25 대각행렬

모든 비대각 성분들이 0인 정사각행렬을 **대각행렬(diagonal matrix)**이라고 부른다.

주대각 성분이 $d_1, \cdots, d_n$인 대각행렬을 다음과 같이 나타낸다.

$$\begin{pmatrix} d_1 & & & O \\ & d_2 & & \\ & & \ddots & \\ O & & & d_n \end{pmatrix}$$

여기에 주대각선의 우측 상단과 좌측 하단에 있는 O은 비대각 성분이 모두 0임을 뜻한다. 다음에 대각행렬의 흥미로운 성질을 살펴본다.

정리 6.13

$$\mathbf{D} = \begin{pmatrix} d_1 & & & O \\ & d_2 & & \\ & & \ddots & \\ O & & & d_n \end{pmatrix}, \quad \mathbf{W} = \begin{pmatrix} w_1 & & & O \\ & w_2 & & \\ & & \ddots & \\ O & & & w_n \end{pmatrix}$$

하자. 그러면

(1)

$$\mathbf{DW} = \mathbf{WD} = \begin{pmatrix} d_1 w_1 & & & O \\ & d_2 w_2 & & \\ & & \ddots & \\ O & & & d_n w_n \end{pmatrix}$$

이다.

(2) $|\mathbf{D}| = d_1 d_2 \cdots d_n$

(3) $\mathbf{D}$가 정칙행렬이 될 필요충분조건은 주대각선의 모든 성분이 0이 아니다.

(4) 만약 모든 d_i가 0이 아니면

$$\mathbf{D}^{-1} = \begin{pmatrix} 1/d_1 & & & O \\ & 1/d_2 & & \\ & & \ddots & \\ O & & & 1/d_n \end{pmatrix}$$

이다.

(5) $\mathbf{D}$의 고유값은 $d_1, \cdots, d_n$이다.

(6) d_i에 관한 고유벡터들은 $d_i = d_j$인 각각의 j에 대해 j번째 성분은 1, 나머지 성분들은 0인 벡터들

$$\begin{pmatrix} 0 \\ \vdots \\ 0 \\ 1 \\ 0 \\ \vdots \\ 0 \end{pmatrix} \leftarrow j\text{번째}$$

이다.

대부분의 정사각행렬은 대각행렬이 아니다. 그러나 주어진 행렬을 대각행렬로 변환시킬 수 있으면 대각행렬의 편리한 특성을 이용할 수 있다.

정의 6.26 대각화 가능 행렬

$\mathbf{P}^{-1}\mathbf{AP}$가 대각행렬이 되게 하는 $n \times n$ 정칙행렬 $\mathbf{P}$가 존재하면 $n \times n$ 행렬 $\mathbf{A}$는 **대각화(diagonalization)**가 가능하다고 한다. 이러한 행렬 $\mathbf{P}$가 존재할 때 $\mathbf{P}$는 $\mathbf{A}$를 대각화한다고 한다.

모든 행렬이 대각화 가능한 것은 아니다. 다음 정리는 행렬이 대각화 가능할 조건과 그 경우 대각화 시키는 행렬 $\mathbf{P}$를 구하는 방법에 관한 것이다.

정리 6.14 대각화 가능성

$\mathbf{A}$를 $n \times n$ 행렬이라 하자. $\mathbf{A}$가 대각화가 가능하다는 것과 $\mathbf{A}$가 n개의 일차독립인 고유벡터를 갖는다는 것은 동치이다. 더욱이 이 고유벡터들을 열로 하는 $n \times n$ 행렬을 $\mathbf{P}$라 하면 $\mathbf{P}^{-1}\mathbf{AP}$는 $\mathbf{P}$의 열벡터들에 대응하는 고유값들을 대각선을 따라 순서대로 아래로 정리한 대각행렬이 된다.

반대로 만약 $\mathbf{Q}^{-1}\mathbf{AQ}$가 대각행렬이면 주대각 성분들은 $\mathbf{A}$의 고유값들이 되고 $\mathbf{Q}$의 열들은 이 고유값들에 대응하는 일차독립인 고유벡터들이 된다.

행렬 $\mathbf{A}$의 고유값을 $\lambda_1, \lambda_2, \cdots, \lambda_n$이라 하고(어떤 것은 중복되기도 한다) $\mathbf{V}_1, \mathbf{V}_2, \cdots, \mathbf{V}_n$을 그에 대응하는 고유벡터라 가정하자. 이 고유벡터들이 서로 일차독립이면, 이 고유벡터들을 열로 하는 행렬 $\mathbf{P}$는 정칙행렬이므로 정리에서 $\mathbf{P}^{-1}$가 정의된다.

보기 6.36

행렬

$$\mathbf{A} = \begin{pmatrix} -1 & 4 \\ 0 & 3 \end{pmatrix}$$

의 고유값은 -1과 3이고, 대응되는 고유벡터는 각각 $\begin{pmatrix} 1 \\ 0 \end{pmatrix}$과 $\begin{pmatrix} 1 \\ 1 \end{pmatrix}$이다.

$$\mathbf{P} = \begin{pmatrix} 1 & 1 \\ 0 & 1 \end{pmatrix}$$

라 두면 고유벡터들이 일차독립이기 때문에 이 행렬은 정칙이다. 계산하면 $\mathbf{P}^{-1} = \begin{pmatrix} 1 & -1 \\ 0 & 1 \end{pmatrix}$이므로

$$\mathbf{P}^{-1}\mathbf{AP} = \begin{pmatrix} 1 & -1 \\ 0 & 1 \end{pmatrix}\begin{pmatrix} -1 & 4 \\ 0 & 3 \end{pmatrix}\begin{pmatrix} 1 & 1 \\ 0 & 1 \end{pmatrix} = \begin{pmatrix} -1 & 0 \\ 0 & 3 \end{pmatrix}$$

이다. 이 행렬의 대각성분에는 고유벡터를 $\mathbf{P}$의 열로 쓴 것과 같은 순서대로 주대각선을 따라 고유값들이 나타난다. 고유벡터의 순서를 바꾸어 대각화 행렬을 만들면

$$\mathbf{Q} = \begin{pmatrix} 1 & 1 \\ 1 & 0 \end{pmatrix}$$

이고, 이 경우

$$\mathbf{Q}^{-1}\mathbf{AQ} = \begin{pmatrix} 3 & 0 \\ 0 & -1 \end{pmatrix}$$

이다.

보기 6.37

행렬

$$\mathbf{M} = \begin{pmatrix} -5 & 0 & 1 \\ 0 & 1 & 2 \\ 1 & 0 & -3 \end{pmatrix}$$

의 고유값은 1, $1+\sqrt{17}$, $1-\sqrt{17}$이고, 대응되는 고유벡터는 각각

$$\begin{pmatrix} 0 \\ 1 \\ 0 \end{pmatrix}, \quad \begin{pmatrix} 17+4\sqrt{17} \\ 2 \\ \sqrt{17} \end{pmatrix}, \quad \begin{pmatrix} 17-4\sqrt{17} \\ 2 \\ -\sqrt{17} \end{pmatrix}$$

이다. 대각화 행렬

$$\mathbf{P} = \begin{pmatrix} 0 & 17+4\sqrt{17} & 17-4\sqrt{17} \\ 1 & 2 & 2 \\ 0 & \sqrt{17} & -\sqrt{17} \end{pmatrix}$$

은 일차독립인 고유벡터로 구성되고, 굳이 $\mathbf{P}^{-1}$를 계산하지 않더라도 정리에 의해

$$\mathbf{P}^{-1}\mathbf{AP} = \begin{pmatrix} 1 & 0 & 0 \\ 0 & 1+\sqrt{17} & 0 \\ 0 & 0 & 1-\sqrt{17} \end{pmatrix}$$

임을 알 수 있다.

보기 6.38

보기 6.32의 행렬은 대각화가 불가능하다. 왜냐하면 3×3 행렬로서 일차독립인 고유벡터가 2개 뿐이기 때문이다.

보기 6.39

행렬이 대각화 가능하기 위해서 모든 고유값이 꼭 서로 달라야 하는 것은 아니다. 중요한 것은 n개의 일차독립인 고유벡터가 존재하는 것이고, 이것은 중복도가 1보다 큰 고유값이 있더라도 가능하다. 예를 들어 보기 6.35에서 행렬

$$\mathbf{C} = \begin{pmatrix} 5 & -4 & 4 \\ 12 & -11 & 12 \\ 4 & -4 & 5 \end{pmatrix}$$

의 고유값은 중복도를 고려하면 −3, 1, 1이지만 일차독립인 고유벡터 3개가 존재했다. 이 고유벡터들을 이용해서 대각화 행렬을 만들면

$$\mathbf{P} = \begin{pmatrix} 1 & 1 & 0 \\ 3 & 0 & 1 \\ 1 & -1 & 1 \end{pmatrix}$$

이고

$$\mathbf{P}^{-1}\mathbf{CP} = \begin{pmatrix} -3 & 0 & 0 \\ 0 & 1 & 0 \\ 0 & 0 & 1 \end{pmatrix}$$

이다.

이제 정리 6.14를 증명해 보자.

증명 $\mathbf{A}$의 고유값을 $\lambda_1, \lambda_2, \cdots, \lambda_n$이라 하고 $\mathbf{V}_1, \mathbf{V}_2, \cdots, \mathbf{V}_n$을 각각의 고유값에 대응하는 고유벡터라 하자. 이들은 $\mathbf{P}$의 열을 이룬다. 고유벡터들은 일차독립이므로 $\mathbf{P}$의 열공간의 차원은 n이고 $\mathbf{P}$는 정칙이다. 이제 $\mathbf{P}^{-1}\mathbf{AP}$를 계산해 보면

$$\mathbf{AP}\text{의 } j\text{열} = \mathbf{A}(\mathbf{P}\text{의 } j\text{열}) = \mathbf{AV}_j = \lambda_j \mathbf{V}_j$$

이므로, $\mathbf{AP}$는

$$\mathbf{AP} = \begin{pmatrix} | & | & \cdots & | \\ \mathbf{AV}_1 & \mathbf{AV}_2 & \cdots & \mathbf{AV}_n \\ | & | & \cdots & | \end{pmatrix} = \begin{pmatrix} | & | & \cdots & | \\ \lambda_1\mathbf{V}_1 & \lambda_2\mathbf{V}_2 & \cdots & \lambda_n\mathbf{V}_n \\ | & | & \cdots & | \end{pmatrix}$$

이다. 이제 각 고유벡터 $\mathbf{V}_j$를

$$\mathbf{V}_j = \begin{pmatrix} v_{1j} \\ v_{2j} \\ \vdots \\ v_{nj} \end{pmatrix}$$

로 표현하고, 대각행렬 $\mathbf{D}$를

$$\mathbf{D} = \begin{pmatrix} \lambda_1 & 0 & \cdots & 0 \\ 0 & \lambda_2 & \cdots & 0 \\ \vdots & \vdots & \vdots & \vdots \\ 0 & 0 & \cdots & \lambda_n \end{pmatrix}$$

이라 하면

$$\mathbf{PD} = \begin{pmatrix} v_{11} & v_{12} & \cdots & v_{1n} \\ v_{21} & v_{22} & \cdots & v_{2n} \\ \vdots & \vdots & \cdots & \vdots \\ v_{n1} & v_{n2} & \cdots & v_{nn} \end{pmatrix}\begin{pmatrix} \lambda_1 & 0 & \cdots & 0 \\ 0 & \lambda_2 & \cdots & 0 \\ \vdots & \vdots & \vdots & \vdots \\ 0 & 0 & \cdots & \lambda_n \end{pmatrix}$$

$$= \begin{pmatrix} \lambda_1 v_{11} & \lambda_2 v_{12} & \cdots & \lambda_n v_{1n} \\ \lambda_1 v_{21} & \lambda_2 v_{22} & \cdots & \lambda_n v_{2n} \\ \vdots & \vdots & \cdots & \vdots \\ \lambda_1 v_{n1} & \lambda_2 v_{n2} & \cdots & \lambda_n v_{nn} \end{pmatrix} = \begin{pmatrix} | & | & \cdots & | \\ \lambda_1 \mathbf{V}_1 & \lambda_2 \mathbf{V}_2 & \cdots & \lambda_n \mathbf{V}_n \\ | & | & \cdots & | \end{pmatrix}$$

$$= \mathbf{AP}$$

이다. 역으로 $\mathbf{Q}$가 $\mathbf{A}$를 대각화하는 행렬이라면 $\mathbf{Q}$의 각 열은 $\mathbf{A}$의 고유벡터이고 $\mathbf{Q}^{-1}\mathbf{AQ}$는 $\mathbf{A}$의 고유값으로 구성된 대각행렬이 된다는 사실도 비슷한 계산으로 확인할 수 있다. ■

보기 6.40

$$\mathbf{A} = \begin{pmatrix} -2 & 0 & 0 & 5 \\ 1 & 3 & 0 & 0 \\ 0 & 4 & 4 & 0 \\ 2 & 0 & 0 & -3 \end{pmatrix}$$

의 고유값은 3, 4, $-\frac{5}{2}+\frac{1}{2}\sqrt{41}$, $-\frac{5}{2}-\frac{1}{2}\sqrt{41}$로서 서로 다르므로 $\mathbf{A}$는 대각화가 가능하다. 따라서

$$\mathbf{P}^{-1}\mathbf{AP} = \begin{pmatrix} 3 & 0 & 0 & 0 \\ 0 & 4 & 0 & 0 \\ 0 & 0 & -\frac{5}{2}+\frac{1}{2}\sqrt{41} & 0 \\ 0 & 0 & 0 & -\frac{5}{2}-\frac{1}{2}\sqrt{41} \end{pmatrix}$$

인 정칙행렬 $\mathbf{P}$가 존재한다.

연습문제 6.10

문제 1부터 10까지 주어진 행렬을 대각화 하는 행렬을 구하거나 주어진 행렬이 대각화 가능하지 않다는 것을 보여라.

1. $\begin{pmatrix} 0 & -1 \\ 4 & 3 \end{pmatrix}$

2. $\begin{pmatrix} 5 & 3 \\ 1 & 3 \end{pmatrix}$

3. $\begin{pmatrix} 1 & 0 \\ -4 & 1 \end{pmatrix}$

4. $\begin{pmatrix} -5 & 3 \\ 0 & 9 \end{pmatrix}$

5. $\begin{pmatrix} 5 & 0 & 0 \\ 1 & 0 & 3 \\ 0 & 0 & -2 \end{pmatrix}$

6. $\begin{pmatrix} 0 & 0 & 0 \\ 1 & 0 & 2 \\ 0 & 1 & 3 \end{pmatrix}$

7. $\begin{pmatrix} -2 & 0 & 1 \\ 1 & 1 & 0 \\ 0 & 0 & -2 \end{pmatrix}$

8. $\begin{pmatrix} 2 & 0 & 0 \\ 0 & 2 & 1 \\ 0 & -1 & 0 \end{pmatrix}$

9. $\begin{pmatrix} 1 & 0 & 0 & 0 \\ 0 & 4 & 1 & 0 \\ 0 & 0 & -3 & 1 \\ 0 & 0 & 1 & -2 \end{pmatrix}$

10. $\begin{pmatrix} -2 & 0 & 0 & 0 \\ -4 & -2 & 0 & 0 \\ 0 & 0 & -2 & 0 \\ 0 & 0 & 0 & -2 \end{pmatrix}$

11. $\mathbf{A}$의 고유값이 $\lambda_1, \lambda_2, \cdots, \lambda_n$이고, $\mathbf{P}$가 $\mathbf{A}$를 대각화 한다고 가정할 때 임의의 양의 정수 k에 대하여 $\mathbf{P}$가 $\mathbf{A}^k$를 대각화

함을 보이고 $\mathbf{P}^{-1}\mathbf{A}^k\mathbf{P}$를 구하라.

문제 12부터 15까지 문제 11의 결과를 이용하여 주어진 행렬의 거듭제곱을 계산하여라.

12. $\mathbf{A}=\begin{pmatrix} -3 & -3 \\ -2 & -4 \end{pmatrix}$; $\mathbf{A}^5$

13. $\mathbf{A}=\begin{pmatrix} -1 & 0 \\ 1 & -5 \end{pmatrix}$; $\mathbf{A}^6$

14. $\mathbf{A}=\begin{pmatrix} -2 & 3 \\ 3 & -4 \end{pmatrix}$; $\mathbf{A}^4$

15. $\mathbf{A}=\begin{pmatrix} 0 & 2 \\ 1 & 0 \end{pmatrix}$; $\mathbf{A}^6$

16. $\mathbf{A}^2$이 대각화 가능하면 $\mathbf{A}$도 대각화 가능함을 보여라.

3부

선형 연립 미분방정식과 해법

Systems of Linear Differential Equations and Solutions

7장 선형 연립 미분방정식

n계 선형 미분방정식은 n개의 1계 선형 연립 미분방정식으로 변환된다. 선형 연립 미분방정식은 그림 7.1과 같이 전기, 기계, 생명, 화학, 금융 등의 시스템을 분석하는 데 사용된다. 2부에서 다루었던 $\mathbb{R}^n$ 위의 벡터, 행렬대수, 행렬식, 고유값, 고유벡터에 대한 개념을 선형 연립 미분방정식의 해를 구하는 데 적용해 보자.

7.1 선형 연립 미분방정식

n개의 미지 함수에 대한 n개의 1계 선형 연립 미분방정식

$$
\begin{aligned}
x_1'(t) &= a_{11}x_1(t) + a_{12}x_2(t) + \cdots + a_{1n}x_n(t) + g_1(t),\\
x_2'(t) &= a_{21}x_1(t) + a_{22}x_2(t) + \cdots + a_{2n}x_n(t) + g_2(t),\\
&\ \ \vdots\\
x_n'(t) &= a_{n1}x_1(t) + a_{n2}x_2(t) + \cdots + a_{nn}x_n(t) + g_n(t),
\end{aligned}
$$

을 풀기 위해 행렬을

$$
\mathbf{A} = \begin{pmatrix} a_{11} & a_{12} & \cdots & a_{1n} \\ a_{21} & a_{22} & \cdots & a_{2n} \\ \vdots & \vdots & & \vdots \\ a_{n1} & a_{n2} & \cdots & a_{nn} \end{pmatrix},\ \mathbf{X}(t) = \begin{pmatrix} x_1(t) \\ x_2(t) \\ \vdots \\ x_n(t) \end{pmatrix},\ \mathbf{X}'(t) = \begin{pmatrix} x_1'(t) \\ x_2'(t) \\ \vdots \\ x_n'(t) \end{pmatrix},\ G(t) = \begin{pmatrix} g_1(t) \\ g_2(t) \\ \vdots \\ g_n(t) \end{pmatrix}
$$

그림 7.1 1962년 2월 20일, John Glenn은 지구 궤도를 돈 최초의 미국인이 되었다. 그는 5시간 동안 지구를 3바퀴 돌았다. 지구와 수성의 궤도 비행으로 우주 정거장 개발에 필요한 인력과 장비를 운송하였고, 또한 이 비행은 무중력 실험을 수행하기 위해 미항공우주국(NASA) 케네디 센터에서 발사된 우주 왕복선 프로그램의 초석이 되었다. 우주 왕복선의 궁극적 목표는 무중력에서 인간 활동의 지속가능 기간과 우주와 지구에서 일어나는 다양한 현상을 과학적으로 관찰하고, 상업적인 우주 개발 등을 연구하는 것이다. 우주 왕복선 임무와 관계된 궤도와 힘의 계산은 연립 미분방정식의 해와 관련이 있다.

로 정의하면 위 연립 미분방정식은

$$\mathbf{X}'(t) = \mathbf{A}\mathbf{X}(t) + \mathbf{G}(t) \tag{7.1}$$

로 쓸 수 있다.

$\mathbf{G}(t) = \mathbf{O}$($n \times 1$ 영행렬)일 때 식 (7.1)을 **제차(homogeneous)**라 하고, 그렇지 않을 때 **비제차(nonhomogeneous)**라 한다.

주어진 수 t_0와 $n \times 1$ 행렬 $\mathbf{X}^0$에 대해

$$\mathbf{X}(t_0) = \mathbf{X}^0$$

를 식 (7.1)에 대한 **초기조건**이라 하고

$$\mathbf{X}' = \mathbf{A}\mathbf{X} + \mathbf{G}\,;\ \mathbf{X}(t_0) = \mathbf{X}^0$$

를 **초깃값 문제**라고 한다.

정리 7.1은 연립 미분방정식 초깃값 문제에 대한 존재성과 유일성에 대한 정리이다.

정리 7.1 존재성과 유일성

행렬 $\mathbf{G}(t)$의 각 성분함수가 t_0를 포함하는 구간 I에서 연속이고, $\mathbf{X}^0$는 $n \times 1$ 상수행렬일 때 초깃값 문제

$$\mathbf{X}' = \mathbf{AX} + \mathbf{G}\,; \qquad \mathbf{X}(t_0) = \mathbf{X}^0$$

는 구간 I에서 유일한 해를 갖는다.

$\mathbf{X} = \mathbf{AX} + \mathbf{G}$의 모든 해를 구하기 위하여 단일 2계 선형 미분방정식

$$y''(t) + p(t)y'(t) + g(t)y(t) = 0$$

의 경우와 같이 제차인 경우부터 살펴보자.

7.1.1 제차 연립 미분방정식

제차 연립 미분방정식 $\mathbf{X}' = \mathbf{AX}$의 해는 $n \times 1$ 실함수 행렬이기 때문에 이 해의 일차결합(상수배한 해들의 유한합)도 다시 그 방정식의 해가 된다.

정리 7.2 해의 일차결합

$c_1, c_2, \cdots, c_k$가 실수이고 $\mathbf{\Phi}_1, \mathbf{\Phi}_2, \cdots, \mathbf{\Phi}_k$가 열린구간 I에서 정의된 $\mathbf{X}' = \mathbf{AX}$의 해이면 일차결합 $c_1\mathbf{\Phi}_1 + \cdots + c_k\mathbf{\Phi}_k$도 $\mathbf{X}' = \mathbf{AX}$의 해이다.

증명

$$\begin{aligned}(c_1\mathbf{\Phi}_1 + \cdots + c_k\mathbf{\Phi}_k)' &= c_1\mathbf{\Phi}_1' + \cdots + c_k\mathbf{\Phi}_k' \\ &= c_1\mathbf{A\Phi}_1 + \cdots + c_k\mathbf{A\Phi}_k = \mathbf{A}(c_1\mathbf{\Phi}_1 + \cdots + c_k\mathbf{\Phi}_k).\end{aligned}$$ ■

만약 $\mathbf{\Phi}_1 = a_2\mathbf{\Phi}_2 + \cdots + a_k\mathbf{\Phi}_k$이면

$$\begin{aligned}c_1\mathbf{\Phi}_1 + \cdots + c_k\mathbf{\Phi}_k &= c_1(a_2\mathbf{\Phi}_2 + \cdots + a_k\mathbf{\Phi}_k) + c_2\mathbf{\Phi}_2 + \cdots + c_k\mathbf{\Phi}_k \\ &= (c_1a_2 + c_2)\mathbf{\Phi}_2 + \cdots + (c_1a_k + c_k)\mathbf{\Phi}_k\end{aligned}$$

이므로 $\mathbf{\Phi}_1, \cdots, \mathbf{\Phi}_k$의 일차결합을 $\mathbf{\Phi}_1$을 제외한 $\mathbf{\Phi}_2, \cdots, \mathbf{\Phi}_k$의 일차결합으로 나타낼 수 있다. 이 경우 함수 $\mathbf{\Phi}_1, \mathbf{\Phi}_2, \cdots, \mathbf{\Phi}_k$는 **일차종속**이라 한다. 반면 함수들 $\mathbf{\Phi}_1, \mathbf{\Phi}_2, \cdots, \mathbf{\Phi}_k$ 중에 어느 것도 나머지 함수의 일차결합이 아닐 때 **일차독립**이라 한다. 그러므로 해들의 집합은 일차종속 아니면 일차독립이다.

정의 7.1 일차종속과 일차독립

구간 I에서 정의된 $\mathbf{X}' = \mathbf{AX}$의 해 $\mathbf{\Phi}_1, \mathbf{\Phi}_2, \cdots, \mathbf{\Phi}_k$에 대하여 하나의 해가 다른 해들의 일차결합이면 **일차종속**이고, 어떤 해도 다른 해들의 일차결합이 아니면 **일차독립**이다.

보기 7.1

다음 세 함수

$$\mathbf{\Phi}_1(t)=\begin{pmatrix}-2e^{3t}\\ e^{3t}\end{pmatrix},\quad \mathbf{\Phi}_2(t)=\begin{pmatrix}(1-2t)e^{3t}\\ te^{3t}\end{pmatrix},\quad \mathbf{\Phi}_3(t)=\begin{pmatrix}(11-6t)e^{3t}\\ (-4+3t)e^{3t}\end{pmatrix}$$

가 연립 미분방정식

$$\mathbf{X}'=\begin{pmatrix}1 & -4\\ 1 & 5\end{pmatrix}\mathbf{X} \tag{7.2}$$

의 일차종속인 해임을 보이자. 세 함수가 해가 됨은 쉽게 확인할 수 있다. 또한 세 함수 사이에

$$\mathbf{\Phi}_3(t)=-4\mathbf{\Phi}_1(t)+3\mathbf{\Phi}_2(t)$$

인 관계가 있으므로 $\mathbf{\Phi}_3$가 $\mathbf{\Phi}_1$, $\mathbf{\Phi}_2$의 일차결합이고, 해 $\mathbf{\Phi}_1, \mathbf{\Phi}_2, \mathbf{\Phi}_3$는 $\mathbf{X}' = \mathbf{AX}$의 일차종속인 해들이다. 다시 말해 해집합 $\mathbf{\Phi}_1, \mathbf{\Phi}_2, \mathbf{\Phi}_3$는 해집합 $\mathbf{\Phi}_1, \mathbf{\Phi}_2$보다 더 많은 정보를 포함하고 있는 것은 아니다.

다음은 $\mathbf{X}' = \mathbf{AX}$의 n개 해가 갖는 일차독립성을 판별하는 방법에 대한 정리이다.

정리 7.3 해의 일차독립성 판별

다음 행렬함수들이 열린구간 I에서 $\mathbf{X}' = \mathbf{AX}$의 해라고 가정하자.

$$\mathbf{\Phi}_1(t)=\begin{pmatrix}\varphi_{11}(t)\\ \varphi_{21}(t)\\ \vdots\\ \varphi_{n1}(t)\end{pmatrix},\quad \mathbf{\Phi}_2(t)=\begin{pmatrix}\varphi_{12}(t)\\ \varphi_{22}(t)\\ \vdots\\ \varphi_{n2}(t)\end{pmatrix},\quad \cdots,\quad \mathbf{\Phi}_n(t)=\begin{pmatrix}\varphi_{1n}(t)\\ \varphi_{2n}(t)\\ \vdots\\ \varphi_{nn}(t)\end{pmatrix}.$$

t_0가 구간 I에 포함될 때 다음 세 조건은 동치이다.

(1) $\mathbf{\Phi}_1(t_0), \cdots, \mathbf{\Phi}_n(t_0)$이 $\mathbb{R}^n$ 공간의 벡터로서 일차독립이다.

(2) $\begin{vmatrix}\varphi_{11}(t_0) & \varphi_{12}(t_0) & \cdots & \varphi_{1n}(t_0)\\ \varphi_{21}(t_0) & \varphi_{22}(t_0) & \cdots & \varphi_{2n}(t_0)\\ \vdots & \vdots & & \vdots\\ \varphi_{n1}(t_0) & \varphi_{n2}(t_0) & \cdots & \varphi_{nn}(t_0)\end{vmatrix}\neq 0.$

(3) $\mathbf{\Phi}_1, \mathbf{\Phi}_2, \cdots, \mathbf{\Phi}_n$이 구간 I에서 일차독립이다.

정리 7.3(2)는 열린구간에서 $\mathbf{X}' = \mathbf{AX}$의 n개 해가 일차독립임을 증명하는 데 효과적이다. 구간 I에서 행렬식을 계산하기 쉬운 t_0를 선택하고 행렬식 값을 계산해서 0이 아니면 해는 일차독립이고, 0이면 일차종속이다. 이는 2계 선형 미분방정식의 Wronskian 판별법과 유사하다.

증명 (1)⇒(3): $\mathbf{\Phi}_1, \mathbf{\Phi}_2, \cdots, \mathbf{\Phi}_n$이 구간 I에서 일차종속이라 하면 해 중의 하나가 다른 해들의 일차결합이 된다. 예를 들어 $\mathbf{\Phi}_1$이 $\mathbf{\Phi}_2, \cdots, \mathbf{\Phi}_n$의 일차결합이면

$$\mathbf{\Phi}_1(t) = c_2\mathbf{\Phi}_2(t) + \cdots + c_n\mathbf{\Phi}_n(t)$$

인 상수 $c_2, \cdots, c_n$이 있다. 특히 $t = t_0$에서

$$\mathbf{\Phi}_1(t_0) = c_2\mathbf{\Phi}_2(t_0) + \cdots + c_n\mathbf{\Phi}_n(t_0)$$

이므로, $\mathbb{R}^n$ 공간에서 벡터 $\mathbf{\Phi}_1(t_0), \cdots, \mathbf{\Phi}_n(t_0)$가 일차종속이 되고, 이것은 (1)과 모순이다. 따라서 조건 (1)로부터 조건 (3)을 유도하였다.

(3) ⇒ (1): $\mathbb{R}^n$ 공간에서 벡터 $\mathbf{\Phi}_1(t_0), \cdots, \mathbf{\Phi}_n(t_0)$가 일차종속이라 하자. 이 벡터들 중 하나는 다른 해들의 일차결합이 된다. 예를 들어 $\mathbf{\Phi}_1(t_0)$가 $\mathbf{\Phi}_2(t_0), \cdots, \mathbf{\Phi}_n(t_0)$의 일차결합이면

$$\mathbf{\Phi}_1(t_0) = c_2\mathbf{\Phi}_2(t_0) + \cdots + c_n\mathbf{\Phi}_n(t_0)$$

인 상수 $c_2, \cdots, c_n$이 있다.

한편, 구간 I에서

$$\mathbf{\Phi}(t) = \mathbf{\Phi}_1(t) - c_2\mathbf{\Phi}_2(t) - \cdots - c_n\mathbf{\Phi}_n(t)$$

는 $\mathbf{\Phi}_1, \mathbf{\Phi}_2, \cdots, \mathbf{\Phi}_n$의 일차결합으로 $\mathbf{X}' = \mathbf{AX}$의 해이고

$$\mathbf{\Phi}(t_0) = \begin{pmatrix} 0 \\ 0 \\ \vdots \\ 0 \end{pmatrix}$$

이다. 그러므로 구간 I에서 $\mathbf{\Phi}$는 초깃값 문제

$$\mathbf{X}' = \mathbf{AX}; \quad \mathbf{X}(t_0) = \mathbf{O}$$

의 해이다. 그런데 영함수

$$\mathbf{\Psi}(t) = \begin{pmatrix} 0 \\ 0 \\ \vdots \\ 0 \end{pmatrix} = \mathbf{O}$$

도 이 초깃값 문제의 해이다. 정리 7.1의 해의 유일성에 의해 구간 I에서

$$\begin{aligned}&\boldsymbol{\Phi}(t)=\boldsymbol{\Psi}(t)=\mathbf{O},\\ \Rightarrow\ &\boldsymbol{\Phi}(t)=\boldsymbol{\Phi}_1(t)-c_2\boldsymbol{\Phi}_2(t)-\cdots-c_n\boldsymbol{\Phi}_n(t)=\mathbf{O},\\ \Rightarrow\ &\boldsymbol{\Phi}_1(t)=c_2\boldsymbol{\Phi}_2(t)+\cdots+c_n\boldsymbol{\Phi}_n(t)\end{aligned}$$

이다. 따라서 $\boldsymbol{\Phi}_1$은 $\boldsymbol{\Phi}_2, \cdots, \boldsymbol{\Phi}_n$의 일차결합이고 $\boldsymbol{\Phi}_1, \boldsymbol{\Phi}_2, \cdots, \boldsymbol{\Phi}_n$은 구간 I에서 일차종속으로 (3)의 조건에 어긋난다. 그러므로 조건 (3)은 조건 (1)을 의미한다.

(1) ⇔ (2): $\mathbb{R}^n$ 공간의 n개 벡터가 일차독립이라는 것과 이 벡터들을 열원소로 하는 $n \times n$ 행렬의 행렬식 값이 0이 아니라는 것은 동치이다.

따라서 조건 (1), (2), (3)은 동치이다. ■

지금까지 $\mathbf{A}$가 $n \times n$ 행렬일 때 $\mathbf{X}' = \mathbf{AX}$의 n개 해의 일차독립성을 판별하는 방법을 살펴보았다. n개의 일차독립인 해는 열린구간 I에서 $\mathbf{X}' = \mathbf{AX}$의 모든 해를 결정하기에 충분하다. 이는 $y'' + p(x)y' + q(x)y = 0$의 두 개의 일차독립인 해가 이 방정식의 모든 해를 결정한다는 것과 유사하다.

보기 7.2

보기 7.1에서

$$\boldsymbol{\Phi}_1(t)=\begin{pmatrix}-2e^{3t}\\ e^{3t}\end{pmatrix},\quad \boldsymbol{\Phi}_2(t)=\begin{pmatrix}(1-2t)e^{3t}\\ te^{3t}\end{pmatrix}$$

가 식 (7.2)의 해임을 보였다. 두 해가 일차독립임을 보이자.

$t = 0$일 때

$$\boldsymbol{\Phi}_1(0)=\begin{pmatrix}-2\\ 1\end{pmatrix},\quad \boldsymbol{\Phi}_2(0)=\begin{pmatrix}1\\ 0\end{pmatrix}$$

이므로

$$\left|\boldsymbol{\Phi}_1(0)\quad \boldsymbol{\Phi}_2(0)\right|=\begin{vmatrix}-2 & 1\\ 1 & 0\end{vmatrix}=-1\neq 0$$

이다. 그러므로 $\boldsymbol{\Phi}_1$과 $\boldsymbol{\Phi}_2$는 정리 7.3에 의해 연립 미분방정식 (7.2)의 일차독립인 해이다.

정리 7.4 제차 연립 미분방정식의 해의 표현

$\mathbf{X}' = \mathbf{AX}$는 구간 I에서 n개의 일차독립인 해를 가진다. $\boldsymbol{\Phi}_1, \boldsymbol{\Phi}_2, \cdots, \boldsymbol{\Phi}_n$이 구간 I에서 n개의 일차독립인 해일 때, 구간 I에서 모든 해는 $c_1, \cdots, c_n$에 대해

$$\mathbf{X} = c_1\boldsymbol{\Phi}_1 + \cdots + c_n\boldsymbol{\Phi}_n$$

로 표현할 수 있다.

증명 n개의 일차독립인 해가 존재한다는 것을 증명하기 위해 다음과 같은 $n \times 1$ 상수행렬

$$\mathbf{E}^{(1)} = \begin{pmatrix} 1 \\ 0 \\ 0 \\ \vdots \\ 0 \end{pmatrix}, \quad \mathbf{E}^{(2)} = \begin{pmatrix} 0 \\ 1 \\ 0 \\ \vdots \\ 0 \end{pmatrix}, \quad \cdots, \quad \mathbf{E}^{(n)} = \begin{pmatrix} 0 \\ 0 \\ 0 \\ \vdots \\ 1 \end{pmatrix},$$

과 구간 I 위의 점 t_0를 선택하자.

초깃값 문제

$$\mathbf{X}' = \mathbf{AX}; \quad \mathbf{X}(t_0) = \mathbf{E}^{(j)}$$

는 $j = 1, 2, \cdots, n$에 대해 정리 7.1에 의해 구간 I에서 유일한 해 $\mathbf{\Phi}_j$를 갖는다. 이 해들은 정리 7.3에 의해 일차독립이다. 왜냐하면 초기조건을 위와 같이 선택하면 t_0에서 계산한 해들이 열원소인 $n \times n$ 행렬은 단위행렬 $\mathbf{I}_n$이고 그 행렬식 값이 1이기 때문에 정리 7.3(2)가 성립해서 이 해들은 일차독립이 된다.

$\mathbf{\Phi}_1, \cdots, \mathbf{\Phi}_n$이 구간 I에서 $\mathbf{X}' = \mathbf{AX}$의 일차독립인 n개의 해이고 $\mathbf{\Lambda}$를 임의의 해라 할 때, $\mathbf{\Lambda}$가 $\mathbf{\Phi}_1, \cdots, \mathbf{\Phi}_n$의 일차결합임을 보이자.

$\mathbf{\Lambda}(t_0)$와 각 $\mathbf{\Phi}_j(t_0)$는 $n \times 1$ 상수 열행렬이다. 열원소가 $\mathbf{\Phi}_1(t_0), \cdots, \mathbf{\Phi}_n(t_0)$인 $n \times n$ 행렬 $\mathbf{S}$는 $\mathbf{\Phi}_1, \cdots, \mathbf{\Phi}_n$이 일차독립이므로 정리 7.3에 의해 정칙행렬이 된다. 식

$$\mathbf{S}\begin{pmatrix} c_1 \\ c_2 \\ \vdots \\ c_n \end{pmatrix} = \mathbf{\Lambda}(t_0) \tag{7.3}$$

은 유일한 해를 갖는다. 따라서 상수 $c_1, \cdots, c_n$에 대해

$$\mathbf{\Lambda}(t_0) = c_1\mathbf{\Phi}_1(t_0) + \cdots + c_n\mathbf{\Phi}_n(t_0)$$

로 나타낼 수 있고, $\mathbf{\Lambda}$와 $c_1\mathbf{\Phi}_1 + \cdots + c_n\mathbf{\Phi}_n$은 모두 다음 초깃값 문제의 해가 됨을 알 수 있다.

$$\mathbf{X}' = \mathbf{AX}; \quad \mathbf{X}(t_0) = \mathbf{\Lambda}(t_0).$$

이 초깃값 문제는 정리 7.1에 의해 구간 I에서 모든 t에 대해 유일한 해를 가지므로 $\mathbf{\Lambda}(t) = c_1\mathbf{\Phi}_1(t) + \cdots + c_n\mathbf{\Phi}_n(t)$가 된다. ■

따라서 $\mathbf{\Phi}_1, \cdots, \mathbf{\Phi}_n$이 일차독립일 때

$$c_1\mathbf{\Phi}_1 + c_2\mathbf{\Phi}_2 + \cdots + c_n\mathbf{\Phi}_n$$

을 $\mathbf{X}' = \mathbf{AX}$의 "일반해"라고 한다. 모든 해는 $c_1, \cdots, c_n$을 잘 선택해서 나타낼 수 있다. 즉, $\mathbf{\Phi}_1, \cdots, \mathbf{\Phi}_n$은 $\mathbf{X}' = \mathbf{AX}$ 해공간의 기저를 형성한다.

보기 7.3

선형 연립 미분방정식 (7.2)의 일반해를 구하자. 보기 7.2에서

$$\mathbf{\Phi}_1(t)=\begin{pmatrix}-2e^{3t}\\ e^{3t}\end{pmatrix},\quad \mathbf{\Phi}_2(t)=\begin{pmatrix}(1-2t)e^{3t}\\ te^{3t}\end{pmatrix}$$

가 식 (7.2)의 일차독립인 해임을 보였다. 따라서 식 (7.2)의 일반해는

$$\mathbf{X}(t)=c_1\begin{pmatrix}-2e^{3t}\\ e^{3t}\end{pmatrix}+c_2\begin{pmatrix}(1-2t)e^{3t}\\ te^{3t}\end{pmatrix}.$$

연립 방정식의 해를 행렬함수로 표현하자. 예를 들어 식 (7.2)의 일반해는 보기 7.3에서 구한 것과 같이 $c_1\mathbf{\Phi}_1(t)+\cdots+c_2\mathbf{\Phi}_2(t)$이므로

$$\begin{aligned}c_1\mathbf{\Phi}_1(t)+c_2\mathbf{\Phi}_2(t)&=c_1\begin{pmatrix}-2e^{3t}\\ e^{3t}\end{pmatrix}+c_2\begin{pmatrix}(1-2t)e^{3t}\\ te^{3t}\end{pmatrix}\\ &=\begin{pmatrix}-2e^{3t} & (1-2t)e^{3t}\\ e^{3t} & te^{3t}\end{pmatrix}\begin{pmatrix}c_1\\ c_2\end{pmatrix}\end{aligned}$$

이다. 따라서 다음과 같다면

$$\mathbf{\Omega}(t)=(\mathbf{\Phi}_1(t)\ \mathbf{\Phi}_2(t))=\begin{pmatrix}-2e^{3t} & (1-2t)e^{3t}\\ e^{3t} & te^{3t}\end{pmatrix},\quad \mathbf{C}=\begin{pmatrix}c_1\\ c_2\end{pmatrix}$$

일반해 $c_1\mathbf{\Phi}_1+c_2\mathbf{\Phi}_2$를 $\mathbf{\Omega}(t)\mathbf{C}$로 간략하게 쓸 수 있다.

정의 7.2 기본행렬과 추이행렬

행렬 $\mathbf{\Omega}$의 열이 연립 미분방정식의 일차독립인 해일 때 $\mathbf{\Omega}$를 $\mathbf{X}'=\mathbf{AX}$의 **기본행렬**이라 한다. $\mathbf{\Omega}(0)=\mathbf{I}_n$인 기본행렬을 **추이행렬**이라 한다.

$\mathbf{X}'=\mathbf{AX}$의 일반해를 기본행렬 $\mathbf{\Omega}$를 이용해서 $\mathbf{\Omega C}=(\mathbf{\Phi}_1\mathbf{\Phi}_2\cdots\mathbf{\Phi}_n)\begin{pmatrix}c_1\\ c_1\\ \vdots\\ c_n\end{pmatrix}$로 쓸 수 있다. 즉, 아래와 같다.

$$(\mathbf{\Omega}(t)\mathbf{C})'=\mathbf{\Omega}'(t)\mathbf{C}=(\mathbf{A\Omega}(t))\mathbf{C}=\mathbf{A}(\mathbf{\Omega}(t)\mathbf{C}).$$

이 표기는 선형 연립 미분방정식 초깃값 문제를 푸는 데 편리하다.

보기 7.4

$$\mathbf{X}' = \begin{pmatrix} 1 & -4 \\ 1 & 5 \end{pmatrix}\mathbf{X}; \quad \mathbf{X}(0) = \begin{pmatrix} -2 \\ 3 \end{pmatrix}.$$

보기 7.3과 일반해의 행렬 표현을 이용하면 기본행렬

$$\mathbf{\Omega}(t) = \begin{pmatrix} -2e^{3t} & (1-2t)e^{3t} \\ e^{3t} & te^{3t} \end{pmatrix}$$

일 때, 일반해는 $\mathbf{X}_t = \mathbf{\Omega}(t)\mathbf{C}$이다.

초기조건을 만족하기 위해

$$\mathbf{X}(0) = \mathbf{\Omega}(0)\mathbf{C} = \begin{pmatrix} -2 \\ 3 \end{pmatrix}$$

인 $\mathbf{C}$를 선택하자.

$$\begin{pmatrix} -2 & 1 \\ 1 & 0 \end{pmatrix}\mathbf{C} = \begin{pmatrix} -2 \\ 3 \end{pmatrix}$$

이므로

$$\mathbf{C} = \begin{pmatrix} -2 & 1 \\ 1 & 0 \end{pmatrix}^{-1}\begin{pmatrix} -2 \\ 3 \end{pmatrix} = \begin{pmatrix} 3 \\ 4 \end{pmatrix}$$

이다. 따라서 이 초깃값 문제의 유일한 해는

$$\mathbf{X}(t) = \mathbf{\Omega}(t)\begin{pmatrix} 3 \\ 4 \end{pmatrix} = \begin{pmatrix} -2e^{3t} - 8te^{3t} \\ 3e^{3t} + 4te^{3t} \end{pmatrix}.$$

3차 이상 고차원에서 $\mathbf{\Omega}(0)^{-1}$은 선형대수법 혹은 컴퓨터 소프트웨어를 이용하여 구할 수 있다.

7.1.2 비제차 연립 미분방정식

비제차 연립 미분방정식 $\mathbf{X}' = \mathbf{AX} + \mathbf{G}$의 해들의 일차결합은 해가 되지 않으므로 해집합이 함수의 벡터공간은 아니다. 그렇지만 이 비제차 연립 미분방정식의 일반해는 제차 연립 미분방정식 $\mathbf{X}' = \mathbf{AX}$의 일반해와 비제차 연립 미분방정식의 특수해와의 합이 된다. 이것은 2계 미분방정식 $y'' + p(x)y' + q(x)y = f(x)$에 대한 정리 2.5와 유사하다.

정리 7.5 비제차 연립 미분방정식의 해의 표현

$\mathbf{\Omega}$를 연립 미분방정식 $\mathbf{X}' = \mathbf{AX}$의 기본행렬이라 하고 $\mathbf{\Phi}_p$를 $\mathbf{X}' = \mathbf{AX} + \mathbf{G}$의 특수해라고 하면 $\mathbf{X}' = \mathbf{AX} + \mathbf{G}$의 일반해는 $\mathbf{X} = \mathbf{\Omega C} + \mathbf{\Phi}_p$이다. 여기서 $\mathbf{C}$는 임의의 $n \times 1$ 상수행렬이다.

증명

$$(\mathbf{\Omega C} + \mathbf{\Phi}_p)' = (\mathbf{\Omega C})' + \mathbf{\Phi}_p' = \mathbf{A}(\mathbf{\Omega C}) + \mathbf{A\Phi}_p + \mathbf{G} = \mathbf{A}(\mathbf{\Omega C} + \mathbf{\Phi}_p) + \mathbf{G}$$

이므로 $\mathbf{\Omega C} + \mathbf{\Phi}_p$는 이 비제차 연립 미분방정식의 해이다.

$\mathbf{\Phi}$가 $\mathbf{X}' = \mathbf{AX} + \mathbf{G}$의 임의의 해이면 $\mathbf{\Phi} - \mathbf{\Phi}_p$는 $\mathbf{X}' = \mathbf{AX}$의 해이다. 왜냐하면

$$(\mathbf{\Phi} - \mathbf{\Phi}_p)' = \mathbf{\Phi}' - \mathbf{\Phi}_p' = \mathbf{A\Phi} + \mathbf{G} - (\mathbf{A\Phi}_p + \mathbf{G}) = \mathbf{A}(\mathbf{\Phi} - \mathbf{\Phi}_p)$$

이기 때문이다. $\mathbf{\Phi} - \mathbf{\Phi}_p$가 $\mathbf{X}' = \mathbf{AX}$의 해이므로 $\mathbf{\Phi} - \mathbf{\Phi}_p = \mathbf{\Omega C}$인 $n \times 1$ 상수행렬 $\mathbf{C}$가 존재한다. 따라서 $\mathbf{\Phi} = \mathbf{\Omega C} + \mathbf{\Phi}_p$이다. ■

비제차 선형 연립 미분방정식 $\mathbf{X}' = \mathbf{AX} + \mathbf{G}$의 일반해를 구하는 방법을 정리해 보자. 제차 연립 미분방정식 $\mathbf{X}' = \mathbf{AX}$에 대해 n개의 일차독립인 해를 구해서 기본행렬 $\mathbf{\Omega}$를 만든다. 다음으로 $\mathbf{X}' = \mathbf{AX} + \mathbf{G}$의 특수해 $\mathbf{\Phi}_p$를 찾는다. 그러면 $\mathbf{\Omega C} + \mathbf{\Phi}_p$는 $\mathbf{X}' = \mathbf{AX} + \mathbf{G}$의 일반해이다.

연습문제 7.1

문제 1부터 5까지 (a) 주어진 함수가 연립 미분방정식을 만족하는지 확인하고, (b) 연립 미분방정식을 행렬꼴 $\mathbf{X}' = \mathbf{AX}$로 나타내고, (c) n개의 일차독립인 해 $\mathbf{\Phi}_1, \cdots, \mathbf{\Phi}_n$을 구하고, (d) 일반해를 기본행렬을 이용하여 $\mathbf{\Omega}(t)\mathbf{C}$의 꼴로 표현하고, (e) 초기조건을 만족하는 유일한 해를 구하라.

1. $x_1'(t) = 5x_1(t) + 3x_2(t),\ x_2'(t) = x_1(t) + 3x_2(t),$
$x_1(0) = 0,\ x_2(0) = 4;$
$x_1(t) = -c_1 e^{2t} + 3c_2 e^{6t},\ x_2(t) = c_1 e^{2t} + c_2 e^{6t}$

2. $x_1'(t) = 2x_1(t) + x_2(t),$
$x_2'(t) = -3x_1(t) + 6x_2(t),$
$x_1(0) = -2,\ x_2(0) = 1;$
$x_1(t) = c_1 e^{4t} \cos t + c_2 e^{4t} \sin t,$
$x_2(t) = 2c_1 e^{4t}[\cos t - \sin t] + 2c_2 e^{4t}[\cos t + \sin t]$

3. $x_1'(t) = 3x_1(t) + 8x_2(t),\ x_2'(t) = x_1(t) - x_2(t),$
$x_1(0) = 2,\ x_2(0) = 2;$
$x_1(t) = 4c_1 e^{(1+2\sqrt{3})t} + 4c_2 e^{(1-2\sqrt{3})t},$
$x_2(t) = (-1+\sqrt{3})c_1 e^{(1+2\sqrt{3})t} + (-1-\sqrt{3})c_2 e^{(1-2\sqrt{3})t}$

4. $x_1'(t) = x_1(t) - x_2(t)$, $x_2'(t) = 4x_1(t) + 2x_2(t)$,

$x_1(0) = -2$, $x_2(0) = 7$;

$$x_1(t) = 2e^{3t/2}\left[c_1 \cos\frac{\sqrt{15}\,t}{2} + c_2 \sin\frac{\sqrt{15}\,t}{2}\right],$$

$$x_2(t) = c_1 e^{3t/2}\left[-\cos\frac{\sqrt{15}\,t}{2} + \sqrt{15}\sin\frac{\sqrt{15}\,t}{2}\right]$$

$$-c_2 e^{3t/2}\left[\sin\frac{\sqrt{15}\,t}{2} + \sqrt{15}\cos\frac{\sqrt{15}\,t}{2}\right]$$

5. $x_1'(t) = 5x_1(t) - 4x_2(t) + 4x_3(t)$,

$x_2'(t) = 12x_1(t) - 11x_2(t) + 12x_3(t)$,

$x_3'(t) = 4x_1(t) - 4x_2(t) + 5x_3(t)$,

$x_1(0) = 1$, $x_2(0) = -3$, $x_3(0) = 5$;

$x_1(t) = c_1 e^t + c_3 e^{-3t}$,

$x_2(t) = c_2 e^{2t} + 3c_3 e^{-3t}$,

$x_3(t) = (c_2 - c_1)e^t + c_3 e^{-3t}$

7.2 제차 선형 연립 미분방정식

A가 $n \times n$ 상수행렬인 $\mathbf{X}' = \mathbf{AX}$ 꼴의 연립 미분방정식의 해는 정리 7.4에 의해 일차독립인 n개의 해의 일차결합으로 표현된다. a가 상수일 때 $y' = ay$의 해가 지수함수 $y = ce^{ax}$임을 상기하여 이 일차독립인 n개의 해를 구해 보자.

$n \times 1$ 행렬 $\boldsymbol{\xi}$와 상수 λ에 대해 $\mathbf{X} = \boldsymbol{\xi}e^{\lambda t}$를 해라고 가정하여 미분방정식에 대입하면 다음과 같다.

$$\boldsymbol{\xi}\lambda e^{\lambda t} = \mathbf{A}(\boldsymbol{\xi}e^{\lambda t}),$$
$$\mathbf{A}\boldsymbol{\xi} = \lambda\boldsymbol{\xi}$$

여기서 λ는 **A**의 고유값이고 $\boldsymbol{\xi}$는 대응하는 고유벡터여야 함을 알 수 있다.

정리 7.6 고유값과 제차 선형 연립 미분방정식

A가 $n \times n$ 상수행렬일 때, $\boldsymbol{\xi}e^{\lambda t}$가 $\mathbf{X}' = \mathbf{AX}$의 비자명해가 될 필요충분조건은 λ가 **A**의 고유값이고 $\boldsymbol{\xi}$가 대응되는 고유벡터인 것이다.

기본행렬을 만들기 위해서는 n개의 일차독립인 해들이 필요하다. 중복되는 고유값이 있어도 n개의 일차독립인 고유벡터들만 찾을 수 있으면 된다.

정리 7.7 제차 선형 연립 미분방정식의 해

A가 $n \times n$의 상수행렬일 때, **A**의 고유값 $\lambda_1, \cdots, \lambda_n$에 대응하는 고유벡터 $\boldsymbol{\xi}_1, \cdots, \boldsymbol{\xi}_n$들이 일차독립이면 $\boldsymbol{\xi}_1 e^{\lambda_1 t}, \cdots, \boldsymbol{\xi}_n e^{\lambda_n t}$는 $\mathbf{X}' = \mathbf{AX}$의 일차독립인 해이다. $\boldsymbol{\Phi}_i(t) = \boldsymbol{\xi}_i e^{\lambda_i t}$, $i = 1, \cdots, n$일 때 $\boldsymbol{\Omega}(t) = (\boldsymbol{\Phi}_i(t)\ \cdots,\ \boldsymbol{\Phi}_n(t))$라 하고, $C = \begin{pmatrix} c_1 \\ \vdots \\ c_n \end{pmatrix}$을

$n \times 1$ 상수행렬이라 하면 일반해

$$\mathbf{X}(t) = \mathbf{\Omega}(t)\mathbf{C}$$

로 표현할 수 있다.

증명 각각의 $\boldsymbol{\xi}_i e^{\lambda_i t}$가 해라는 것은 자명한데, 문제는 이 해들이 일차독립인가이다. 먼저 $t = 0$에서 구한 해들을 열로 하는 $n \times n$ 행렬을 만들면 각각의 $\boldsymbol{\xi}_1, \cdots, \boldsymbol{\xi}_n$이 일차독립이므로 행렬식이 0이 아니다. 따라서 정리 7.3에 의해 $\boldsymbol{\xi}_1 e^{\lambda_1 t}, \cdots, \boldsymbol{\xi}_n e^{\lambda_n t}$는 일차독립이다. 정리 7.4에 의해 일반해는 $\mathbf{X}(t) = \mathbf{\Omega}(t)\mathbf{C}$로 쓸 수 있다.

보기 7.5

$$\mathbf{X}' = \begin{pmatrix} 4 & 2 \\ 3 & 3 \end{pmatrix}\mathbf{X}.$$

$\mathbf{A}$의 고유값은 1과 6이고, 대응하는 고유벡터는

$$\begin{pmatrix} 1 \\ -\dfrac{3}{2} \end{pmatrix}, \quad \begin{pmatrix} 1 \\ 1 \end{pmatrix}$$

이다. 이 고유벡터들은 일차독립이므로

$$\begin{pmatrix} 1 \\ -\dfrac{3}{2} \end{pmatrix} e^{t}, \quad \begin{pmatrix} 1 \\ 1 \end{pmatrix} e^{6t}$$

은 일차독립인 해이다. 따라서 연립방정식의 일반해는

$$\mathbf{X}(t) = c_1 \begin{pmatrix} 1 \\ -\dfrac{3}{2} \end{pmatrix} e^{t} + c_2 \begin{pmatrix} 1 \\ 1 \end{pmatrix} e^{6t}$$

이다. 기본행렬은

$$\mathbf{\Omega}(t) = \begin{pmatrix} e^{t} & e^{6t} \\ -\dfrac{3}{2} e^{t} & e^{6t} \end{pmatrix}$$

이므로 일반해를 $\mathbf{X}(t) = \mathbf{\Omega}(t)\mathbf{C}$로 나타낼 수 있다. 각 성분별로 나타내면

$$x_1(t) = c_1 e^{t} + c_2 e^{6t},$$
$$x_2(t) = -\frac{3}{2} c_1 e^{t} + c_2 e^{6t}.$$

보기 7.6

$$\mathbf{X}' = \begin{pmatrix} 5 & -4 & 4 \\ 12 & -11 & 12 \\ 4 & -4 & 5 \end{pmatrix}\mathbf{X}.$$

$\mathbf{A}$의 고유값은 -3, 1, 1이다. 고유값 1이 중복되었지만 3개의 일차독립인 고유벡터를 다음과 같이 찾을 수 있다. 고유값 -3에 대응하는 고유벡터는

$$\begin{pmatrix} 1 \\ 3 \\ 1 \end{pmatrix}$$

이고, 고유값 1에 대응하는 일차독립인 두 고유벡터는

$$\begin{pmatrix} 1 \\ 1 \\ 0 \end{pmatrix}, \quad \begin{pmatrix} -1 \\ 0 \\ 1 \end{pmatrix}$$

이다. 따라서

$$\begin{pmatrix} 1 \\ 3 \\ 1 \end{pmatrix}e^{-3t}, \quad \begin{pmatrix} 1 \\ 1 \\ 0 \end{pmatrix}e^{t}, \quad \begin{pmatrix} -1 \\ 0 \\ 1 \end{pmatrix}e^{t}$$

은 일차독립인 해이고, 기본행렬은

$$\mathbf{\Omega}(t) = \begin{pmatrix} e^{-3t} & e^{t} & -e^{t} \\ 3e^{-3t} & e^{t} & 0 \\ e^{-3t} & 0 & e^{t} \end{pmatrix},$$

일반해는 $\mathbf{X}(t) = \mathbf{\Omega}(t)\mathbf{C}$이다.

보기 7.7 재료 혼합문제

2개의 탱크가 그림 7.2와 같이 5개의 관으로 연결되어 있다. 탱크 1에는 염소 150 g이 녹아 있는 물 20 ℓ가 있다. 탱크 2에는 염소 50 g이 녹아 있는 물 10 ℓ가 있다. 정제수가 시간 $t = 0$에서 3 ℓ/min로 탱크 1로 들어가고, 염소 혼합 용액은 그림 7.2와 같은 속도로 탱크 간에 서로 교환되거나 방출한다. 시간이 지남에 따라 각 탱크의 염소량을 구해 보자.

그림 7.2와 같은 속도로 혼합 용액과 정제수가 들어가고 나간다면 각 탱크의 혼합용액의 부피는 일정하다. $x_j(t)$가 시간 t에서 탱크 j의 염소량이라면

$$\begin{aligned} x_1 \text{의 변화율} &= x_1' = \text{유입률} - \text{유출률} \\ &= 3\,(\ell/\text{min}) \cdot 0\,(\text{g}/\ell) + 3\,(\ell/\text{min}) \cdot \frac{x_2}{10}\,(\text{g}/\ell) \end{aligned}$$

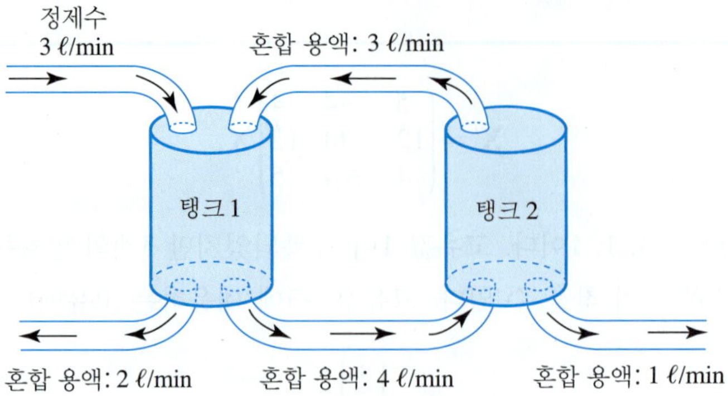

그림 7.2 재료혼합문제(보기 7.7)

$$-2\,(\ell/\text{min})\cdot\frac{x_1}{20}\,(\text{g}/\ell)-4\,(\ell/\text{min})\cdot\frac{x_1}{20}\,(\text{g}/\ell)$$
$$=-\frac{3}{10}x_1+\frac{3}{10}x_2$$

이다. 같은 방법으로

$$x_2'=4\frac{x_1}{20}-3\frac{x_2}{10}-\frac{x_2}{10}=\frac{1}{5}x_1-\frac{2}{5}x_2.$$

따라서 이 문제는

$$\mathbf{A}=\begin{pmatrix}-\frac{3}{10} & \frac{3}{10}\\ \frac{1}{5} & -\frac{2}{5}\end{pmatrix}$$

일 때, 초깃값 문제

$$\mathbf{X}'=\mathbf{AX},\quad \mathbf{X}(0)=\begin{pmatrix}150\\50\end{pmatrix}$$

을 푸는 문제이다. **A**의 고유값은 $-\frac{1}{10}$과 $-\frac{3}{5}$이고 대응하는 고유벡터는

$$\begin{pmatrix}\frac{3}{2}\\1\end{pmatrix},\quad\begin{pmatrix}-1\\1\end{pmatrix}$$

이다. 따라서 기본행렬은

$$\mathbf{\Omega}(t)=\begin{pmatrix}\frac{3}{2}e^{-t/10} & -e^{-3t/5}\\ e^{-t/10} & e^{-3t/5}\end{pmatrix}$$

이고 일반해는 $\mathbf{X}(t)=\mathbf{\Omega}(t)\mathbf{C}$이다. 초기조건을 이용하여 **C**를 구하면

$$\begin{pmatrix}150\\50\end{pmatrix}=\mathbf{X}(0)=\mathbf{\Omega}(0)\,\mathbf{C}=\begin{pmatrix}\frac{3}{2} & -1\\ 1 & 1\end{pmatrix}\mathbf{C},$$

$$\mathbf{C}=\begin{pmatrix}\frac{3}{2} & -1\\ 1 & 1\end{pmatrix}^{-1}\begin{pmatrix}150\\ 50\end{pmatrix}=\begin{pmatrix}80\\ -30\end{pmatrix}$$

이다. 그러므로 해는

$$\mathbf{X}(t)=\begin{pmatrix}\frac{3}{2}e^{-t/10} & -e^{-3t/5}\\ e^{-t/10} & e^{-3t/5}\end{pmatrix}\begin{pmatrix}80\\ -30\end{pmatrix}=\begin{pmatrix}120e^{-t/10}+30e^{-3t/5}\\ 80e^{-t/10}-30e^{-3t/5}\end{pmatrix}$$

이다. 시간 t가 무한히 커질 때 $x_1(t)$와 $x_2(t)$는 0으로 수렴함을 알 수 있다.

7.2.1 복소수 고유값

연립 미분방정식 $\mathbf{X}' = \mathbf{AX}$에서 $\mathbf{A}$가 실수행렬이라 하더라도 고유값이 복소수일 수 있다. $\lambda = \alpha + i\beta$가 고유벡터 $\boldsymbol{\xi}$인 복소수 고유값이라면 $\mathbf{A}\boldsymbol{\xi} = \lambda\boldsymbol{\xi}$이므로

$$\overline{\mathbf{A}}\,\overline{\boldsymbol{\xi}}=\overline{\lambda}\,\overline{\boldsymbol{\xi}} \Rightarrow \mathbf{A}\overline{\boldsymbol{\xi}}=\overline{\lambda}\,\overline{\boldsymbol{\xi}}$$

이다. 이것은 λ의 켤레 복소수 $\overline{\lambda}=\alpha-i\beta$가 고유벡터가 $\overline{\boldsymbol{\xi}}$인 고유값이라는 것을 의미한다. 따라서 $\boldsymbol{\xi}e^{\lambda t}$와 $\overline{\boldsymbol{\xi}}e^{\overline{\lambda}t}$는 기본행렬을 구성하는 일차독립인 두 해가 된다.

기본행렬이 일반적으로 복소함수로 이루어져 있을 때, 실함수로 이루어진 기본행렬로 바꿀 수 있으면 편리하다. 한 쌍의 켤레 복소수 고유값에 대응하는 두 개의 복소수 고유벡터는 항상 일차독립인 두 개의 실수열벡터로 만들어 대체할 수가 있다.

정리 7.8 복소수 고유값과 제차 연립 미분방정식의 해

실수 α, β와 일차독립인 $n \times 1$ 두 실벡터 $\mathbf{U}$, $\mathbf{V}$에 대해 $\alpha + i\beta$와 $\mathbf{U} + i\mathbf{V}$가 $n \times n$ 실행렬 $\mathbf{A}$의 고유값과 대응하는 고유벡터라면

$$e^{\alpha t}[\mathbf{U}\cos\beta t-\mathbf{V}\sin\beta t],$$
$$e^{\alpha t}[\mathbf{U}\sin\beta t+\mathbf{V}\cos\beta t]$$

는 $\mathbf{X}' = \mathbf{AX}$의 일차독립인 두 해이다.

증명 $\boldsymbol{\Phi}(t)=e^{(\alpha+i\beta)t}(\mathbf{U}+i\mathbf{V})$일 때 위의 두 해는 각각

$$\frac{1}{2}(\boldsymbol{\Phi}(t)+\overline{\boldsymbol{\Phi}(t)}),\quad \frac{1}{2i}(\boldsymbol{\Phi}(t)-\overline{\boldsymbol{\Phi}(t)})$$

이고, 이 두 해의 일차독립은 $\mathbf{U}$와 $\mathbf{V}$의 일차독립과 동치이다. ■

보기 7.8

$$\mathbf{X}' = \mathbf{AX}, \quad \mathbf{A} = \begin{pmatrix} 2 & 0 & 1 \\ 0 & -2 & -2 \\ 0 & 2 & 0 \end{pmatrix}.$$

A의 고유값은 2, $-1+\sqrt{3}\,i$, $-1-\sqrt{3}\,i$이며 고유벡터는 각각

$$\begin{pmatrix} 1 \\ 0 \\ 0 \end{pmatrix}, \quad \begin{pmatrix} 1 \\ -2\sqrt{3}\,i \\ -3+\sqrt{3}\,i \end{pmatrix}, \quad \begin{pmatrix} 1 \\ 2\sqrt{3}\,i \\ -3-\sqrt{3}\,i \end{pmatrix}$$

이다. 따라서 세 개의 해는

$$\begin{pmatrix} 1 \\ 0 \\ 0 \end{pmatrix} e^{2t}, \quad \begin{pmatrix} 1 \\ -2\sqrt{3}\,i \\ -3+\sqrt{3}\,i \end{pmatrix} e^{(-1+\sqrt{3}i)t}, \quad \begin{pmatrix} 1 \\ 2\sqrt{3}\,i \\ -3-\sqrt{3}\,i \end{pmatrix} e^{(-1-\sqrt{3}i)t}$$

이다. 이 세 개의 해는 일차독립이고 이를 열원소로 하는 기본행렬은

$$\mathbf{\Omega}_1(t) = \begin{pmatrix} e^{2t} & e^{(-1+\sqrt{3}i)t} & e^{(-1-\sqrt{3}i)t} \\ 0 & -2\sqrt{3}\,ie^{(-1+\sqrt{3}i)t} & 2\sqrt{3}\,ie^{(-1-\sqrt{3}i)t} \\ 0 & (-3+\sqrt{3}\,i)e^{(-1+\sqrt{3}i)t} & (-3-\sqrt{3}i)e^{(-1-\sqrt{3}i)t} \end{pmatrix}$$

이다. 실수만 사용하여 기본행렬을 표시하기 위해 한 복소수 고유벡터를 다음과 같이 표현하자.

$$\begin{pmatrix} 1 \\ -2\sqrt{3}\,i \\ -3+\sqrt{3}\,i \end{pmatrix} = \begin{pmatrix} 1 \\ 0 \\ -3 \end{pmatrix} + i\begin{pmatrix} 0 \\ -2\sqrt{3} \\ \sqrt{3} \end{pmatrix} = \mathbf{U} + i\mathbf{V},$$

$$\mathbf{U} = \begin{pmatrix} 1 \\ 0 \\ -3 \end{pmatrix}, \quad \mathbf{V} = \begin{pmatrix} 0 \\ -2\sqrt{3} \\ \sqrt{3} \end{pmatrix}.$$

그러면 **U**와 **V**는 일차독립임을 쉽게 확인할 수 있고,

$$\begin{aligned} \begin{pmatrix} 1 \\ -2\sqrt{3}\,i \\ -3+\sqrt{3}\,i \end{pmatrix} e^{(-1+\sqrt{3}i)t} &= e^{-t}(\mathbf{U}+i\mathbf{V})\left[\cos\sqrt{3}\,t + i\sin\sqrt{3}\,t\right] \\ &= e^{-t}\Big[\mathbf{U}\cos\sqrt{3}\,t - \mathbf{V}\sin\sqrt{3}\,t \\ &\quad + i(\mathbf{V}\cos\sqrt{3}\,t + \mathbf{U}\sin\sqrt{3}\,t)\Big] \end{aligned} \tag{7.4}$$

$$\begin{aligned} \begin{pmatrix} 1 \\ -2\sqrt{3}\,i \\ -3-\sqrt{3}\,i \end{pmatrix} e^{(-1-\sqrt{3}i)t} &= e^{-t}(\mathbf{U}-i\mathbf{V})\left[\cos\sqrt{3}\,t - i\sin\sqrt{3}\,t\right] \\ &= e^{-t}\Big[\mathbf{U}\cos\sqrt{3}\,t - \mathbf{V}\sin\sqrt{3}\,t \\ &\quad - i(\mathbf{V}\cos\sqrt{3}\,t + \mathbf{U}\sin\sqrt{3}\,t)\Big] \end{aligned} \tag{7.5}$$

이다. 식 (7.4)와 (7.5)는 모두 주어진 방정식의 해이다. 따라서 이들의 일차결합도 해가 된다. 두 식을 더하고 2로 나누면

$$\mathbf{\Phi}_1(t) = \mathbf{U}e^{-t}\cos\sqrt{3}\,t - \mathbf{V}e^{-t}\sin\sqrt{3}\,t$$

이고, 두 식을 빼고 $2i$로 나누면

$$\mathbf{\Phi}_2(t) = \mathbf{V}e^{-t}\cos\sqrt{3}\,t + \mathbf{U}e^{-t}\sin\sqrt{3}\,t$$

이다. 위의 결과와 고유값 2에 대응되는 해를 이용하면 다음과 같은 기본행렬을 얻을 수 있다.

$$\mathbf{\Omega}_2(t) = \begin{pmatrix} e^{2t} & e^{-t}\cos\sqrt{3}\,t & e^{-t}\sin\sqrt{3}\,t \\ 0 & 2\sqrt{3}\,e^{-t}\sin\sqrt{3}\,t & -2\sqrt{3}\,e^{-t}\cos\sqrt{3}\,t \\ 0 & e^{-t}[-3\cos\sqrt{3}\,t - \sqrt{3}\sin\sqrt{3}\,t] & e^{-t}[\sqrt{3}\cos\sqrt{3}\,t - 3\sin\sqrt{3}\,t] \end{pmatrix}.$$

따라서 일반해는 다음과 같다.

$$\mathbf{X}(t) = \mathbf{\Omega}_1(t)\mathbf{C} \quad \text{또는} \quad \mathbf{X}(t) = \mathbf{\Omega}_2(t)\mathbf{K}$$

여기서 **C**는 임의의 상수 3×1 복소행렬이고, **K**는 임의의 상수 3×1 실행렬이다.

7.2.2 *n*개의 일차독립인 고유벡터를 갖지 않는 경우

A가 n개의 일차독립인 고유벡터를 가질 때 연립 미분방정식 $\mathbf{X}' = \mathbf{AX}$에 대한 기본행렬을 만드는 방법을 공부하였다. **A**가 n개의 서로 다른 고유값을 갖는다면 항상 일차독립인 n개의 고유벡터를 구할 수 있다. **A**가 중복되는 고유값을 가질 때 중복되는 개수만큼의 일차독립인 고유벡터를 구할 수 있으면 기본행렬을 만들 수 있지만, 그렇지 않다면 지금까지의 방법으로 기본행렬을 구할 수 없다. 이 절에서는 이 경우에 기본행렬을 찾는 방법을 생각해 보자. 두 보기를 통해 이에 대해 살펴보자.

보기 7.9

$$\mathbf{X}' = \mathbf{AX}, \quad \mathbf{A} = \begin{pmatrix} 1 & 3 \\ -3 & 7 \end{pmatrix}.$$

A는 중복도 2인 하나의 고유값 4를 갖는다. 고유벡터는

$$\mathbf{E}_1 = \begin{pmatrix} 1 \\ 1 \end{pmatrix}$$

이고, 일차독립인 다른 하나의 고유벡터를 구할 수 없다. 연립 미분방정식의 하나의 해는

$$\mathbf{\Phi}_1(t) = \mathbf{E}_1 e^{4t}$$

이다. 두 번째 해를

$$\mathbf{\Phi}_2(t) = \mathbf{E}_1 te^{4t} + \mathbf{E}_2 e^{4t}$$

라 하고 2×1 상수행렬 $\mathbf{E}_2$를 구하자. $\mathbf{\Phi}_2'(t) = \mathbf{A}\mathbf{\Phi}_2(t)$이므로

$$\mathbf{E}_1[e^{4t} + 4te^{4t}] + 4\mathbf{E}_2 e^{4t} = A\mathbf{E}_1 te^{4t} + A\mathbf{E}_2 e^{4t}$$

이다. 이 방정식을 e^{4t}로 나누면

$$\mathbf{E}_1 + 4\mathbf{E}_1 t + 4\mathbf{E}_2 = \mathbf{A}\mathbf{E}_1 t + \mathbf{A}\mathbf{E}_2$$

인데, $\mathbf{AE}_1 = 4\mathbf{E}_1$이므로 t를 포함한 항은 없어지고

$$(\mathbf{A} - 4\mathbf{I}_2)\mathbf{E}_2 = \mathbf{E}_1 = \begin{pmatrix} 1 \\ 1 \end{pmatrix}$$

이다.

$$\begin{pmatrix} -3 & 3 \\ -3 & 3 \end{pmatrix}\mathbf{E}_2 = \begin{pmatrix} 1 \\ 1 \end{pmatrix}$$

이므로 이 방정식의 해는 임의의 실수 s에 대해 $\mathbf{E}_2 = \begin{pmatrix} s \\ \dfrac{1+3s}{3} \end{pmatrix}$이다. $s = 1$이면 $\mathbf{E}_2 = \begin{pmatrix} 1 \\ \dfrac{4}{3} \end{pmatrix}$이므로 두 번째 해는

$$\mathbf{\Phi}_2(t) = \mathbf{E}_1 te^{4t} + \mathbf{E}_2 e^{4t} = \begin{pmatrix} 1 \\ 1 \end{pmatrix} te^{4t} + \begin{pmatrix} 1 \\ \dfrac{4}{3} \end{pmatrix} e^{4t} = \begin{pmatrix} 1+t \\ \dfrac{4}{3}+t \end{pmatrix} e^{4t}$$

이다. $\mathbf{\Phi}_1(0)$과 $\mathbf{\Phi}_2(0)$를 열로 하는 행렬

$$\begin{pmatrix} 1 & 1 \\ 1 & \dfrac{4}{3} \end{pmatrix}$$

의 행렬식 값이 $\dfrac{1}{3}$이기 때문에 $\mathbf{\Phi}_1$과 $\mathbf{\Phi}_2$는 정리 7.3에 의해 일차독립이다. 그러므로 $\mathbf{\Phi}_1(t)$와 $\mathbf{\Phi}_2(t)$는 기본행렬의 열이 되어

$$\mathbf{\Omega}(t) = \begin{pmatrix} e^{4t} & (1+t)e^{4t} \\ e^{4t} & \left(\dfrac{4}{3}+t\right)e^{4t} \end{pmatrix}$$

이고, $\mathbf{X}' = \mathbf{AX}$의 일반해는 $\mathbf{X}(t) = \mathbf{\Omega}(t)\mathbf{C}$이다.

보기 7.9에서 연립 미분방정식의 한 해가 $\mathbf{E}_1 e^{4t}$이고, 같은 형태의 일차독립인 해

를 얻을 수 없을 때, 두 번째 해의 형태를 $\mathbf{\Phi}_2(t) = \mathbf{E}_1te^{4t} + \mathbf{E}_2e^{4t}$로 두고 주어진 $\mathbf{E}_1$에 대해 $\mathbf{E}_2$를 구하였다. 3 × 3 행렬 $\mathbf{A}$에 대해 반복되는 고유값을 갖는 다른 보기를 살펴보자.

보기 7.10

$$\mathbf{X}' = \mathbf{AX}, \quad \mathbf{A} = \begin{pmatrix} -2 & -1 & -5 \\ 25 & -7 & 0 \\ 0 & 1 & 3 \end{pmatrix}.$$

$\mathbf{A}$는 중복도 3인 고유값 −2를 갖는 데 대응하는 일차독립인 고유벡터는 $\mathbf{E}_1 = \begin{pmatrix} -1 \\ -5 \\ 1 \end{pmatrix}$뿐이다. 연립 미분방정식의 하나의 해는

$$\mathbf{\Phi}_1(t) = \mathbf{E}_1 e^{-2t} = \begin{pmatrix} -1 \\ -5 \\ 1 \end{pmatrix} e^{-2t}$$

이다.

일차독립인 두 번째 해를

$$\mathbf{\Phi}_2(t) = \mathbf{E}_1 te^{-2t} + \mathbf{E}_2 e^{-2t}$$

라 하고, 3 × 1 상수행렬 $\mathbf{E}_2$를 구하자. $\mathbf{X}' = \mathbf{AX}$에 대입하면

$$\mathbf{E}_1[e^{-2t} - 2te^{-2t}] + \mathbf{E}_2[-2e^{-2t}] = \mathbf{AE}_1 te^{-2t} + \mathbf{AE}_2 e^{-2t}$$

이다. 공통인수 e^{-2t}로 나누고 $\mathbf{AE}_1 = -2\mathbf{E}_2$을 대입하면

$$\mathbf{E}_1 - 2t\mathbf{E}_1 - 2\mathbf{E}_2 = -2t\mathbf{E}_1 + \mathbf{AE}_2,$$

$$(\mathbf{A} + 2\mathbf{I}_3)\mathbf{E}_2 = \mathbf{E}_1.$$

따라서

$$\begin{pmatrix} 0 & -1 & -5 \\ 25 & -5 & 0 \\ 0 & 1 & 5 \end{pmatrix} \mathbf{E}_2 = \begin{pmatrix} -1 \\ -5 \\ 1 \end{pmatrix}$$

이고, 임의의 실수 s에 대해 $\mathbf{E}_2 = \begin{pmatrix} -s \\ 1-5s \\ s \end{pmatrix}$이다. 특히 $s = 1$이면

$$\mathbf{E}_2 = \begin{pmatrix} -1 \\ -4 \\ 1 \end{pmatrix}$$

이므로 두 번째 해는

$$\begin{aligned} \mathbf{\Phi}_2(t) &= \mathbf{E}_1 te^{-2t} + \mathbf{E}_2 e^{-2t} \\ &= \begin{pmatrix} -1 \\ -5 \\ 1 \end{pmatrix} te^{-2t} + \begin{pmatrix} -1 \\ -4 \\ 1 \end{pmatrix} e^{-2t} = \begin{pmatrix} -1-t \\ -4-5t \\ 1+t \end{pmatrix} e^{-2t}. \end{aligned}$$

마지막 해를

$$\mathbf{\Phi}_3(t)=\frac{1}{2}\mathbf{E}_1 t^2 e^{-2t}+\mathbf{E}_2 te^{-2t}+\mathbf{E}_3 e^{-2t}$$

라 하고, $\mathbf{E}_3$를 구하기 위해 미분방정식 $\mathbf{X}'=\mathbf{A}\mathbf{X}$에 대입하면

$$\begin{aligned}&\mathbf{E}_1[te^{-2t}-t^2e^{-2t}]+\mathbf{E}_2[e^{-2t}-2te^{-2t}]+\mathbf{E}_3[-2e^{-2t}]\\&=\frac{1}{2}\mathbf{A}\mathbf{E}_1 t^2e^{-2t}+\mathbf{A}\mathbf{E}_2 te^{-2t}+\mathbf{A}\mathbf{E}_3 e^{-2t}.\end{aligned}$$

이 식을 e^{-2t}로 나누고 $\mathbf{A}\mathbf{E}_1=-2\mathbf{E}_1$, $\mathbf{A}\mathbf{E}_2=\mathbf{E}_1-2\mathbf{E}_2$임을 이용하면

$$(\mathbf{A}+2\mathbf{I})\mathbf{E}_3=\mathbf{E}_2,$$

$$\begin{pmatrix}0&-1&-5\\25&-5&0\\0&1&5\end{pmatrix}\mathbf{E}_3=\begin{pmatrix}-1\\-4\\1\end{pmatrix}.$$

이 식의 해는 임의의 실수 s에 대해

$$\mathbf{E}_3=\begin{pmatrix}\frac{1}{25}-s\\1-5s\\s\end{pmatrix}$$

인데, $s=1$이면

$$\mathbf{E}_3=\begin{pmatrix}-\frac{24}{25}\\-4\\1\end{pmatrix}$$

이므로 세 번째 해는

$$\begin{aligned}\mathbf{\Phi}_3(t)&=\frac{1}{2}\begin{pmatrix}-1\\-5\\1\end{pmatrix}t^2e^{-2t}+\begin{pmatrix}-1\\-4\\1\end{pmatrix}te^{-2t}+\begin{pmatrix}-\frac{24}{25}\\-4\\1\end{pmatrix}e^{-2t}\\&=\begin{pmatrix}-\frac{24}{25}-t-\frac{1}{2}t^2\\-4-4t-\frac{5}{2}t^2\\1+t+\frac{1}{2}t^2\end{pmatrix}e^{-2t}.\end{aligned}$$

$\mathbf{\Phi}_1$, $\mathbf{\Phi}_2$, $\mathbf{\Phi}_3$가 일차독립인 것을 보이기 위하여 3×3 행렬을 만들어 $t=0$에서 값을 구하면

$$\begin{pmatrix}-1&-1&-\frac{24}{25}\\-5&-4&-4\\1&1&1\end{pmatrix}$$

이고, 행렬식 값은 $-\frac{1}{25}$이다. 따라서 이 행렬의 열들은 일차독립이고 기본행렬은

$$\mathbf{\Omega}(t)=\begin{pmatrix} -e^{-2t} & (-1-t)e^{-2t} & \left(-\frac{24}{25}-t-\frac{1}{2}t^2\right)e^{-2t} \\ -5e^{-2t} & (-4-5t)e^{-2t} & \left(-4-4t-\frac{5}{2}t^2\right)e^{-2t} \\ e^{-2t} & (1+t)e^{-2t} & \left(1+t+\frac{1}{2}t^2\right)e^{-2t} \end{pmatrix}$$

이며, $\mathbf{X}' = \mathbf{AX}$의 일반해는 $\mathbf{X}(t) = \mathbf{\Omega}(t)\mathbf{C}$이다.

이 보기들에서 연립 미분방정식 $\mathbf{X}' = \mathbf{AX}$의 해를 구하는 일반적인 방법을 정리해 보자. n개의 일차독립인 해를 구하기 위해 두 가지 경우를 생각한다.

경우 1. $\mathbf{A}$가 n개의 일차독립인 고유벡터를 가질 때:

n개의 고유벡터를 이용하여 일차독립인 해를 구하고 이들을 열로 하는 기본행렬을 만든다(이 방법은 $\mathbf{A}$의 고유값 중에 중복되는 것이 있는 경우에도 적용된다).

경우 2. $\mathbf{A}$가 n개의 일차독립인 고유벡터를 갖지 않을 때:

$\mathbf{A}$의 고유값을 $\lambda_1, \cdots, \lambda_n$이라 할 때 적어도 하나의 고유값은 반복된다. 왜냐하면 $\mathbf{A}$가 n개의 서로 다른 고유값을 갖는다면 대응하는 고유벡터들은 반드시 일차독립이므로 경우 1에 해당되기 때문이다. $\lambda_1, \cdots, \lambda_r$을 서로 다른 고유값이라고 하자. $j = 1, \cdots, r$에 대해서 $\mathbf{V}_j$가 λ_j에 대응하는 고유벡터라고 하면 다음과 같은 r개의 일차독립인 해를 구할 수 있다.

$$\mathbf{\Phi}_1(t) = \mathbf{V}_1 e^{\lambda_1 t}, \cdots, \mathbf{\Phi}_r(t) = \mathbf{V}_r e^{\lambda_r t}.$$

이제 반복되는 고유값들을 생각해 보자. 한 고유값 μ의 중복도가 k라고 하자. 대응하는 고유벡터를 $\mathbf{E}_1$이라 하면

$$\mathbf{\Phi}_1(t) = \mathbf{E}_1 e^{\mu t}$$

은 해이다. μ에 대응하는 두 번째 해는

$$\mathbf{\Phi}_2(t) = \mathbf{E}_1 te^{\mu t} + \mathbf{E}_2 e^{\mu t}$$

라 하고, 연립 미분방정식 $\mathbf{X}' = \mathbf{AX}$에 대입하여 $\mathbf{E}_2$를 구한다. 중복도 $k = 2$라면 또 다른 고유값으로 넘어간다. 중복도 $k \geq 3$이면 세 번째 해

$$\mathbf{\Phi}_3(t) = \frac{1}{2}\mathbf{E}_1 t^2 e^{\mu t} + \mathbf{E}_2 te^{\mu t} + \mathbf{E}_3 e^{\mu t}$$

를 연립 미분방정식에 대입하여 $\mathbf{E}_3$를 구한다. 중복도 $k \geq 4$이면

$$\mathbf{\Phi}_4(t) = \frac{1}{3!}\mathbf{E}_1 t^3 e^{\mu t} + \frac{1}{2!}\mathbf{E}_2 t^2 e^{\mu t} + \mathbf{E}_3 t e^{\mu t} + \mathbf{E}_4 e^{\mu t}$$

를 연립 미분방정식에 대입하여 $\mathbf{E}_4$를 구한다.

따라서 고유값 μ의 중복도가 k 이상일 때 k번째 일차독립인 해는

$$\begin{aligned}\mathbf{\Phi}_k(t) &= \frac{1}{(k-1)!}\mathbf{E}_1 t^{k-1} e^{\mu t} + \frac{1}{(k-2)!}\mathbf{E}_2 t^{k-2} e^{\mu t} + \cdots + \mathbf{E}_{k-1} t e^{\mu t} + \mathbf{E}_k e^{\mu t} \\ &= \sum_{j=0}^{k-1} \frac{1}{j!}\mathbf{E}_{k-j} t^j e^{\mu t}\end{aligned}$$

라 하고, 연립 미분방정식에 대입하여 $\mathbf{E}_k$를 구한다.

n개의 일차독립인 해를 구할 때까지 각각의 고유값에 대하여 이 방법을 반복하면 된다.

연습문제 7.2

문제 1부터 7까지 연립 미분방정식의 기본행렬을 구하고 그것을 사용하여 방정식의 일반해를 구하라.

1. $x_1' = 3x_1,\ x_2' = 5x_1 - 4x_2$

2. $x_1' = 4x_1 + 2x_2,\ x_2' = 3x_1 + 3x_2$

3. $x_1' = x_1 + x_2,\ x_2' = x_1 + x_2$

4. $x_1' = 2x_1 + x_2 - 2x_3,\ x_2' = 3x_1 - 2x_2,$
$x_3' = 3x_1 - x_2 - 3x_3$

5. $x_1' = x_1 + 2x_2 + x_3,\ x_2' = 6x_1 - x_2,$
$x_3' = -x_1 - 2x_2 - x_3$

6. $x_1' = 6x_1 + 2x_2,\ x_2' = 4x_1 + 4x_2,$
$x_3' = 2x_3 + 2x_4,\ x_4' = x_3 + 3x_4$

7. $x_1' = x_1 - x_2 + 4x_3,\ x_2' = 3x_1 + 2x_2 - x_3,$
$x_3' = 2x_1 + x_2 - x_3$

문제 8부터 13까지 연립 미분방정식의 기본행렬을 구하고 이를 사용해서 초깃값 문제의 해를 구하라.

8. $x_1' = 3x_1 - 4x_2,\ x_2' = 2x_1 - 3x_2;$
$x_1(0) = 7,\ x_2(0) = 5$

9. $x_1' = x_1 - 2x_2,\ x_2' = -6x_1;$
$x_1(0) = 1,\ x_2(0) = -19$

10. $x_1' = 2x_1 - 10x_2,\ x_2' = -x_1 - x_2;$
$x_1(0) = -3,\ x_2(0) = 6$

11. $x_1' = 3x_1 - x_2 + x_3,\ x_2' = x_1 + x_2 - x_3,$
$x_3' = x_1 - x_2 + x_3;$
$x_1(0) = 1,\ x_2(0) = 5,\ x_3(0) = 1$

12. $x_1' = 2x_1 + x_2 - 2x_3,\ x_2' = 3x_1 - 2x_2,$
$x_3' = 3x_1 + x_2 - 3x_3;$
$x_1(0) = 1, x_2(0) = 7, x_3(0) = 3$

13. $x_1' = 2x_1 + 3x_2 + 3x_3,\ x_2' = -x_2 - 3x_3,$
$x_3' = 2x_3;$
$x_1(0) = 9,\ x_2(0) = -1,\ x_3(0) = 3$

14. $t > 0$에 대해서 매개변수 $z = \ln(t)$를 이용하면, 다음 연립 미분방정식

$$tx_1'(x) = ax_1(x) + bx_2,\ tx_2'(x) = cx_1(t) + dx_2(t)$$

가 선형 연립 미분방정식 $\mathbf{X}' = \mathbf{AX}$로 변환됨을 보여라. 단, a, b, c, d는 상수이다.

15. 문제 14의 원리를 이용해서 다음 연립 미분방정식의 해를 구하라.

$$tx_1'(t) = 6x_1(t) + 2x_2(t),$$
$$tx_2'(t) = 4x_1(t) + 4x_2(t)$$

16. 다음 연립 미분방정식의 해를 구하라.

$$tx_1'(t) = -x_1(t) - 3x_2(t),\ tx_2'(t) = x_1(t) - 5x_2(t)$$

문제 17부터 23까지 주어진 행렬이 **A**일 때 연립 미분방정식 $\mathbf{X}' = \mathbf{AX}$의 기본행렬을 구하라.

17. $\begin{pmatrix} 2 & -4 \\ 1 & 2 \end{pmatrix}$

18. $\begin{pmatrix} 0 & 5 \\ -1 & -2 \end{pmatrix}$

19. $\begin{pmatrix} 3 & -5 \\ 1 & -1 \end{pmatrix}$

20. $\begin{pmatrix} 1 & -1 & 1 \\ 1 & -1 & 0 \\ 1 & 0 & -1 \end{pmatrix}$

21. $\begin{pmatrix} -2 & 1 & 0 \\ -5 & 0 & 0 \\ 0 & 3 & -2 \end{pmatrix}$

22. $\begin{pmatrix} 3 & 0 & 1 \\ 9 & -1 & 2 \\ -9 & 4 & -1 \end{pmatrix}$

23. $\begin{pmatrix} 3 & -2 & 0 & 0 \\ 5 & -3 & 0 & 0 \\ 0 & 0 & 3 & -2 \\ 0 & 0 & 5 & -3 \end{pmatrix}$

문제 24부터 28까지 주어진 행렬이 **A**와 $\mathbf{X}(0)$일 때, 연립 미분방정식 $\mathbf{X}' = \mathbf{AX}$의 기본행렬을 구하고, 초깃값 문제의 해를 구하라.

24. $\begin{pmatrix} 3 & 2 \\ -5 & 1 \end{pmatrix}; \begin{pmatrix} 2 \\ 8 \end{pmatrix}$

25. $\begin{pmatrix} 3 & -2 \\ 5 & -3 \end{pmatrix}; \begin{pmatrix} 2 \\ 10 \end{pmatrix}$

26. $\begin{pmatrix} 2 & -5 \\ 1 & -2 \end{pmatrix}; \begin{pmatrix} 5 \\ 0 \end{pmatrix}$

27. $\begin{pmatrix} 3 & -3 & 1 \\ 2 & -1 & 0 \\ 1 & -1 & 1 \end{pmatrix}; \begin{pmatrix} 7 \\ 4 \\ 3 \end{pmatrix}$

28. $\begin{pmatrix} 2 & -5 & 0 \\ 2 & -4 & 0 \\ 4 & -5 & -2 \end{pmatrix}; \begin{pmatrix} 5 \\ 5 \\ 9 \end{pmatrix}$

29. 다음 초깃값 문제의 해를 구하라.
(문제 14 참조)

$$tx_1'(t) = 5x_1(t) - 4x_2(t),$$
$$tx_2'(t) = 2x_1(t) + x_2(t);$$
$$x_1(1) = 6,\ x_2(1) = 5.$$

30. 적어도 하나가 실수가 아닌 복소수를 성분으로 하는 복소 행렬의 모든 고유값이 실수일 수 있는가? 그렇지 않다면 증명을 하고, 그렇다면 예를 들어라.

문제 31부터 38까지 주어진 행렬이 **A**일 때 $\mathbf{X}' = \mathbf{AX}$의 기본행렬을 구하라. 7.2.2절의 방법을 사용하여라.

31. $\begin{pmatrix} 3 & 2 \\ 0 & 3 \end{pmatrix}$

32. $\begin{pmatrix} 2 & 0 \\ 5 & 2 \end{pmatrix}$

33. $\begin{pmatrix} 2 & -4 \\ 1 & 6 \end{pmatrix}$

34. $\begin{pmatrix} 5 & -3 \\ 3 & -1 \end{pmatrix}$

35. $\begin{pmatrix} 2 & 5 & 6 \\ 0 & 8 & 9 \\ 0 & -1 & 2 \end{pmatrix}$

36. $\begin{pmatrix} 1 & 5 & 0 \\ 0 & 1 & 0 \\ 4 & 8 & 1 \end{pmatrix}$

37. $\begin{pmatrix} 1 & 5 & -2 & 6 \\ 0 & 3 & 0 & 4 \\ 0 & 3 & 0 & 4 \\ 0 & 0 & 0 & 1 \end{pmatrix}$

38. $\begin{pmatrix} 0 & 1 & 0 & 0 \\ 0 & 0 & 1 & 0 \\ 0 & 0 & 0 & 1 \\ -1 & 0 & -2 & 0 \end{pmatrix}$

문제 39부터 44까지 주어진 행렬이 **A**와 $\mathbf{X}(0)$일 때, $\mathbf{X}' = \mathbf{AX}$의 일반해를 구하고, 초깃값 문제의 해를 구하라. 7.2.2절의 방법을 사용하여라.

39. $\begin{pmatrix} 7 & -1 \\ 1 & 5 \end{pmatrix}; \begin{pmatrix} 5 \\ 3 \end{pmatrix}$

40. $\begin{pmatrix} 2 & 0 \\ 5 & 2 \end{pmatrix}$; $\begin{pmatrix} 4 \\ 3 \end{pmatrix}$

41. $\begin{pmatrix} -4 & 1 & 1 \\ 0 & 2 & -5 \\ 0 & 0 & -4 \end{pmatrix}$; $\begin{pmatrix} 0 \\ 4 \\ 12 \end{pmatrix}$

42. $\begin{pmatrix} -5 & 2 & 1 \\ 0 & -5 & 3 \\ 0 & 0 & -5 \end{pmatrix}$; $\begin{pmatrix} 2 \\ -3 \\ 4 \end{pmatrix}$

43. $\begin{pmatrix} 1 & -2 & 0 & 0 \\ 1 & -1 & 0 & 0 \\ 0 & 0 & 5 & -3 \\ 0 & 0 & 3 & -1 \end{pmatrix}$; $\begin{pmatrix} 2 \\ -2 \\ 1 \\ 4 \end{pmatrix}$

44. $\begin{pmatrix} 1 & 4 & 0 & 0 \\ 0 & 1 & 0 & 0 \\ 0 & 0 & 1 & 0 \\ 1 & -3 & 2 & 0 \end{pmatrix}$; $\begin{pmatrix} 7 \\ 1 \\ -4 \\ -6 \end{pmatrix}$

45. $\mathbf{A} = [a_{ij}]$가 $n \times n$ 행렬이라 하자. 행렬 $\mathbf{\Omega}(t) = [\mathbf{\Omega}_{ij}(t)]$는

$$\mathbf{\Omega}_{ij}(t) = \begin{cases} e^{a_{ij}t}, & i = j \text{일 때} \\ 0, & i \neq j \text{일 때} \end{cases}$$

$\mathbf{\Omega}$가 $\mathbf{X}' = \mathbf{AX}$에 대한 기본행렬임을 증명하여라.

7.3 비제차 선형 연립 미분방정식

비제차 연립 미분방정식 $\mathbf{X}'(t) = \mathbf{AX}(t) + \mathbf{G}(t)$에 대해 알아보자. 구간 I에서 $\mathbf{G}(t)$는 연속인 $n \times 1$ 행렬일 때, $\mathbf{X}'(t) = \mathbf{AX}(t) + \mathbf{G}(t)$의 일반해는 $\mathbf{X}(t) = \mathbf{\Omega}(t)\mathbf{C} + \mathbf{\Phi}_p(t)$ 형태이다. 이때 $\mathbf{\Omega}(t)$는 제차 미분방정식 $\mathbf{X}'(t) = \mathbf{AX}(t)$에 대한 $n \times n$ 기본행렬, $\mathbf{C}$는 임의의 $n \times 1$ 상수행렬, 그리고 $\mathbf{\Phi}_p$는 $\mathbf{X}'(t) = \mathbf{AX}(t) + \mathbf{G}(t)$의 특수해이다. 기본행렬 $\mathbf{\Omega}(t)$를 구하는 방법을 7.2절에서 배웠으므로 이 절에서는 특수해 $\mathbf{\Phi}_p(t)$을 구하는 방법에 대해 알아보자.

7.3.1 매개변수 변환법

연립 미분방정식의 매개변수 변분법을 알아보기에 앞서 스칼라 미분방정식의 매개변수 변환법을 다시 한 번 상기해 보자.

다음 2계 제차 미분방정식

$$y''(t) + p(t)y'(t) + q(t)y(t) = 0$$

의 일차독립인 해가 $y_1(x)$와 $y_2(x)$이면 일반해는

$$y_h(t) = c_1 y_1(t) + c_2 y_2(t)$$

이다. 비제차 방정식

$$y''(t) + p(t)y'(t) + q(t)y(t) = f(t)$$

의 특수해 y_p는 제차 방정식의 일반해 $y_h(k)$에 포함된 상수 c_1, c_2를 함수 $u(t)$와 $v(t)$

로 바꾸어

$$y_p(t) = u(t)y_1(t) + v(t)y_2(t) = (y_1(t)\ \ y_2(t))\begin{pmatrix} u(t) \\ v(t) \end{pmatrix}$$

꼴로 구하는 것이 2계 (스칼라) 미분방정식의 매개변수 변환법이다. 연립 미분방정식 $\mathbf{X}'(t) = \mathbf{AX}(t) + \mathbf{G}(t)$에 대한 매개변수 변환법도 같은 방식을 따른다.

제차 미분방정식 $\mathbf{X}'(t) = \mathbf{AX}(t)$의 일반해가 기본행렬 $\mathbf{\Omega}(t)$에 대해 $\mathbf{X}(t) = \mathbf{\Omega}(t)\mathbf{C}$일 때, 비제차 연립 미분방정식 $\mathbf{X}'(t) = \mathbf{AX}(t) + \mathbf{G}(t)$의 특수해를

$$\mathbf{\Phi}_p(t) = \mathbf{\Omega}(t)\mathbf{U}(t)$$

의 형태로 구하자. 연립 미분방정식에 대입하면

$$(\mathbf{\Omega U})' = \mathbf{A}(\mathbf{\Omega U}) + \mathbf{G},$$

$$\mathbf{\Omega}'\mathbf{U} + \mathbf{\Omega U}' = (\mathbf{A\Omega})\mathbf{U} + \mathbf{G}$$

이다. 여기서 $\mathbf{\Omega}' = \mathbf{A\Omega}$이므로

$$\mathbf{\Omega U}' = \mathbf{G}$$

이다. $\mathbf{\Omega}$는 기본행렬이기 때문에 각 열은 일차독립이고 역행렬이 존재하므로

$$\mathbf{U}' = \mathbf{\Omega}^{-1}\mathbf{G}$$

이다. $\mathbf{U}(0) = \mathbf{O}$이면

$$\mathbf{U}(t) = \int_0^t \mathbf{\Omega}^{-1}(s)\mathbf{G}(s)\,ds$$

이다. 여기서 행렬의 적분은 각 성분들의 적분이다. $\mathbf{U}(t)$로부터 $\mathbf{X}'(t) = \mathbf{AX}(t) + \mathbf{G}(t)$의 특수해 $\mathbf{\Phi}_p(t) = \mathbf{\Omega}(t)\mathbf{U}(t)$를 구할 수 있다. 따라서 이 비제차 미분방정식의 일반해는

$$\mathbf{X}(t) = \mathbf{\Omega}(t)\mathbf{C} + \mathbf{\Omega}(t)\int_0^t \mathbf{\Omega}^{-1}(s)\mathbf{G}(s)\,ds$$

이다.

이 매개변수 변환법은 $\mathbf{A} = \mathbf{A}(t)$일 때에도, 기본행렬 $\mathbf{\Omega}(t)$를 구할 수 있으면 적용할 수 있다.

보기 7.11

$$\mathbf{X}' = \begin{pmatrix} 1 & -10 \\ -1 & 4 \end{pmatrix}\mathbf{X} + \begin{pmatrix} e^t \\ \sin t \end{pmatrix}.$$

먼저 $\mathbf{X}' = \mathbf{AX}$에 대한 기본행렬을 구하자. $\mathbf{A}$의 고유값은 -1과 6이고 이에 대응하는 고유벡터는 각각 $\begin{pmatrix} 5 \\ 1 \end{pmatrix}$과 $\begin{pmatrix} -2 \\ 1 \end{pmatrix}$이다. 따라서 $\mathbf{X}' = \mathbf{AX}$의 기본행렬은

$$\boldsymbol{\Omega}(t)=\begin{pmatrix} 5e^{-t} & -2e^{6t} \\ e^{-t} & e^{6t} \end{pmatrix}$$

이다. 역행렬은

$$\boldsymbol{\Omega}^{-1}(t)=\frac{1}{7}\begin{pmatrix} e^{t} & 2e^{t} \\ -e^{-6t} & 5e^{-6t} \end{pmatrix}$$

이므로

$$\mathbf{U}'(t)=\boldsymbol{\Omega}^{-1}(t)\mathbf{G}(t)=\frac{1}{7}\begin{pmatrix} e^{2t}+2e^{t}\sin t \\ -e^{-5t}+5e^{-6t}\sin t \end{pmatrix},$$

$$\mathbf{U}(t)=\int_0^t \boldsymbol{\Omega}^{-1}(t)\mathbf{G}(t)\,dt=\frac{1}{7}\begin{pmatrix} \int_0^t e^{2s}\,ds+2\int_0^t e^{s}\sin s\,ds \\ -\int_0^t e^{-5s}\,ds+5\int_0^t e^{-6s}\sin s\,ds \end{pmatrix}$$

$$=\begin{pmatrix} \frac{1}{14}e^{2t}+\frac{1}{7}e^{t}[\sin t-\cos t] \\ \frac{1}{35}e^{-5t}+\frac{5}{259}e^{-6t}[-6\sin t-\cos t] \end{pmatrix}$$

이다. 따라서 $\mathbf{X}'=\mathbf{A}\mathbf{X}+\mathbf{C}$의 일반해는 $C=\begin{pmatrix} c_1 \\ c_2 \end{pmatrix}$일 때

$$\mathbf{X}(t)=\boldsymbol{\Omega}(t)\mathbf{C}+\boldsymbol{\Omega}(t)\mathbf{U}(t)=\boldsymbol{\Omega}(t)(\mathbf{C}+\mathbf{U}(t))$$

$$=\begin{pmatrix} 5c_1e^{-t}-2c_2e^{6t}+\frac{3}{10}e^{t}+\frac{35}{37}\sin t-\frac{25}{37}\cos t \\ c_1e^{-t}+c_2e^{6t}+\frac{1}{10}e^{t}+\frac{1}{37}\sin t-\frac{6}{37}\cos t \end{pmatrix}.$$

보기 7.12

그림 7.3의 회로에서 스위치를 닫는 시간 0초 이전에 인덕터에 흐르는 전류와 축전기의 전하는 0이라 할 때, 시간 t에 따른 각 회로의 전류 $i_1(t)$, $i_2(t)$를 구하자.

Kirchhoff 법칙을 두 내부 루프에 적용하면

$$10i_1+4(i_1'-i_2')=4,$$
$$4(i_1'-i_2')=100q_2$$

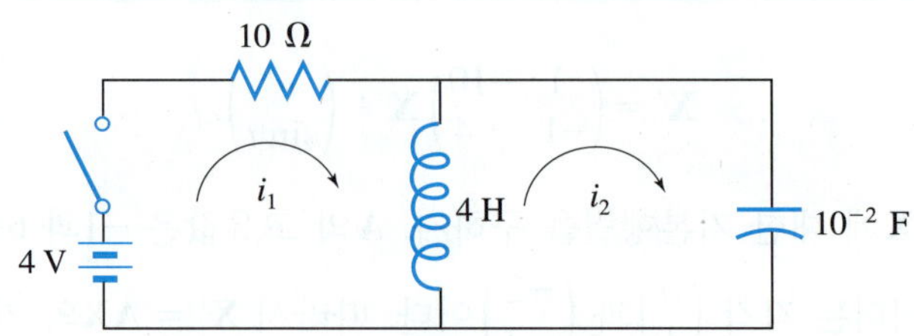

그림 7.3

이고 외부 루프에 적용하면

$$10i_1 + 100q_2 = 4$$

이다. 이 방정식 중 두 개만 있으면 전류를 구하는 데 충분하다.

세 번째 식을 미분하고, 첫 번째 식을 정리하면 다음 연립 미분방정식을 얻는다.

$$\begin{aligned} i_1' &= -10i_2 \\ 2i_1' - 2i_2' &= -5i_1 + 2. \end{aligned}$$

행렬로 표현하면

$$\begin{pmatrix} 1 & 0 \\ 2 & -2 \end{pmatrix}\begin{pmatrix} i_1 \\ i_2 \end{pmatrix}' = \begin{pmatrix} 0 & -10 \\ -5 & 0 \end{pmatrix}\begin{pmatrix} i_1 \\ i_2 \end{pmatrix} + \begin{pmatrix} 0 \\ 2 \end{pmatrix}$$

이다. 첫 번째 행렬의 역행렬을 양변에 곱하면

$$\begin{pmatrix} i_1 \\ i_2 \end{pmatrix}' = \begin{pmatrix} 0 & -10 \\ \frac{5}{2} & -10 \end{pmatrix}\begin{pmatrix} i_1 \\ i_2 \end{pmatrix} + \begin{pmatrix} 0 \\ -1 \end{pmatrix}$$

이 된다. $\mathbf{X} = \begin{pmatrix} i_1 \\ i_2 \end{pmatrix}$이면

$$\mathbf{X}' = \begin{pmatrix} 0 & -10 \\ \frac{5}{2} & -10 \end{pmatrix}\mathbf{X} + \begin{pmatrix} 0 \\ -1 \end{pmatrix}$$

인 비제차 선형 연립 미분방정식 문제가 된다. 먼저 제차 연립 미분방정식 $\mathbf{X}' = \mathbf{A}\mathbf{X}$의 해를 구한다. 여기서 $\begin{pmatrix} 0 & -10 \\ \frac{5}{2} & -10 \end{pmatrix}$은 중복도 2인 고유값 -5를 갖고, 대응하는 고유벡터는 $\mathbf{E}_1 = \begin{pmatrix} 2 \\ 1 \end{pmatrix}$이다. 따라서 $\mathbf{X}' = \mathbf{A}\mathbf{X}$의 첫 번째 해는

$$\mathbf{\Phi}_1(t) = \mathbf{E}_1 e^{-5t}.$$

두 번째 해를

$$\mathbf{\Phi}_2(t) = \mathbf{E}_1 te^{-5t} + \mathbf{E}_2 e^{-5t}$$

이라 하고, $\mathbf{X}' = \mathbf{A}\mathbf{X}$에 대입하면

$$\mathbf{E}_1 e^{-5t} - 5\mathbf{E}_1 te^{-5t} - 5\mathbf{E}_2 e^{-5t} = \mathbf{A}\mathbf{E}_1 te^{-5t} + \mathbf{A}\mathbf{E}_2 e^{-5t}$$

이다. 여기서 te^{-5t}를 포함하는 항은 소거되고 나머지 항들을 e^{-5t}로 나누면

$$(\mathbf{A} + 5\mathbf{I})\mathbf{E}_2 = \mathbf{E}_1, \quad \begin{pmatrix} 5 & -10 \\ \frac{5}{2} & -5 \end{pmatrix}\mathbf{E}_2 = \begin{pmatrix} 2 \\ 1 \end{pmatrix}$$

이다. $\mathbf{E}_2 = \begin{pmatrix} \alpha \\ \frac{1}{10}(5\alpha - 2) \end{pmatrix}$ 꼴인데, $\alpha = 1$을 대입하면 $\mathbf{E}_2 = \begin{pmatrix} 1 \\ \frac{3}{10} \end{pmatrix}$이다. 따라서

$\mathbf{X}' = \mathbf{AX}$의 두 번째 해는

$$\mathbf{\Phi}_2(t) = \begin{pmatrix} 2 \\ 1 \end{pmatrix} te^{-5t} + \begin{pmatrix} 1 \\ \frac{3}{10} \end{pmatrix} e^{-5t} = \begin{pmatrix} (1+2t)e^{-5t} \\ \left(\frac{3}{10}+t\right)e^{-5t} \end{pmatrix}.$$

$\mathbf{\Phi}_1(t)$과 $\mathbf{\Phi}_2(t)$를 사용하여 기본행렬을 구성하면

$$\mathbf{\Omega}(t) = \begin{pmatrix} 2e^{-5t} & (1+2t)e^{-5t} \\ e^{-5t} & \left(\frac{3}{10}+t\right)e^{-5t} \end{pmatrix}$$

이다.

이제 $\mathbf{X}' = \mathbf{AX} + \mathbf{G}$의 특수해 $\mathbf{\Phi}_p(t)$를 얻기 위해 매개변수 변환법을 이용한다. 먼저

$$\mathbf{\Omega}^{-1}(t) = \begin{pmatrix} -\frac{1}{4}(3+10t)e^{5t} & \frac{5}{2}(1+2t)e^{5t} \\ \frac{5}{2}e^{5t} & -5e^{5t} \end{pmatrix}$$

이므로

$$\begin{aligned} \mathbf{U}(t) &= \int_0^t \mathbf{\Omega}^{-1}(s)\mathbf{G}(s)\,ds \\ &= \int_0^t \begin{pmatrix} -\frac{1}{4}(3+10t)e^{5s} & \frac{5}{2}(1+2t)e^{5s} \\ \frac{5}{2}e^{5s} & -5e^{5s} \end{pmatrix} \begin{pmatrix} 0 \\ -1 \end{pmatrix} ds \\ &= \begin{pmatrix} -\frac{5}{2}\int (1+2t)e^{5s}\,ds \\ \int 5e^{5s}\,ds \end{pmatrix} = \begin{pmatrix} -\frac{3}{10}e^{5t} - e^{5t}t \\ e^{5t} \end{pmatrix}. \end{aligned}$$

따라서

$$\mathbf{\Phi}_p(t) = \mathbf{\Omega}(t)\mathbf{U}(t) = \begin{pmatrix} 2e^{-5t} & (1+2t)e^{-5t} \\ e^{-5t} & \left(\frac{3}{10}+t\right)e^{-5t} \end{pmatrix} \begin{pmatrix} -\frac{3}{10}e^{5t} - e^{5t}t \\ e^{5t} \end{pmatrix} = \begin{pmatrix} \frac{2}{5} \\ 0 \end{pmatrix}$$

는 특수해이다. 따라서 일반해는 임의의 상수행렬 $\mathbf{C}$에 대해

$$\mathbf{X}(t) = \begin{pmatrix} 2e^{-5t} & (1+2t)e^{-5t} \\ e^{-5t} & \left(\frac{3}{10}+t\right)e^{-5t} \end{pmatrix} \mathbf{C} + \begin{pmatrix} \frac{2}{5} \\ 0 \end{pmatrix}$$

이다.

이제 초기조건을 생각하자. 스위치를 닫기 전과 닫는 순간에 인덕터에 흐르는 전류와 축전기의 전하는 0이므로 $i_1(0) = i_2(0)$, $q_2(0) = 0$이다. 외부회로에 $t = 0$을 대입하면

$$10i_1(0)+100q_2(0)=10i_1(0)=4$$

이므로

$$i_1(0)=i_2(0)=\frac{2}{5}$$

이다. 따라서 초기조건은

$$\mathbf{X}(0)=\begin{pmatrix}\frac{2}{5}\\ \frac{2}{5}\end{pmatrix}=\begin{pmatrix}2 & 1\\ 1 & \frac{3}{10}\end{pmatrix}\mathbf{C}+\begin{pmatrix}\frac{2}{5}\\ 0\end{pmatrix}$$

이므로

$$\mathbf{C}=\begin{pmatrix}2 & 1\\ 1 & \frac{3}{10}\end{pmatrix}^{-1}\begin{pmatrix}0\\ \frac{2}{5}\end{pmatrix}=\begin{pmatrix}1\\ -2\end{pmatrix}$$

이다. 따라서 전류는

$$\mathbf{i}(t)=\begin{pmatrix}2e^{-5t} & (1+2t)\,e^{-5t}\\ e^{-5t} & \left(\frac{3}{10}+t\right)e^{-5t}\end{pmatrix}\begin{pmatrix}1\\ -2\end{pmatrix}+\begin{pmatrix}\frac{2}{5}\\ 0\end{pmatrix}=\begin{pmatrix}-4te^{-5t}+\frac{2}{5}\\ \left(\frac{2}{5}-2t\right)e^{-5t}\end{pmatrix}.$$

7.3.2 대각화 해법

A가 상수행렬이고 대각화 가능하다면 **A**는 n개의 일차독립인 고유벡터를 가진다. 고유벡터들을 열로 하는 정칙행렬을 **P**라 하고 대각선이 대응하는 고유값인 대각행렬을 **D**라 하면

$$\mathbf{P}^{-1}\mathbf{AP}=\mathbf{D}=\begin{pmatrix}\lambda_1 & 0 & \cdots & 0\\ 0 & \lambda_2 & \cdots & 0\\ \vdots & \vdots & \ddots & \vdots\\ 0 & 0 & \cdots & \lambda_n\end{pmatrix}$$

이다. $\mathbf{X}(t)=\mathbf{PZ}(t)$이면 연립 미분방정식 $\mathbf{X}'(t)=\mathbf{AX}(t)+\mathbf{G}(t)$는

$$\mathbf{X}'(t)=\mathbf{PZ}'(t)=\mathbf{A}(\mathbf{PZ}(t))+\mathbf{G}(t)\ \Rightarrow\ \mathbf{PZ}'(t)=(\mathbf{AP})\,\mathbf{Z}(t)+\mathbf{G}(t)$$

이다. 좌변에 $\mathbf{P}^{-1}$을 곱하면

$$\mathbf{Z}'(t)=(\mathbf{P}^{-1}\mathbf{AP})\,\mathbf{Z}(t)+\mathbf{P}^{-1}\mathbf{G}(t)=\mathbf{DZ}(t)+\mathbf{P}^{-1}\mathbf{G}(t)$$

이다. 이것은 다음과 같은 단순계 꼴이다.

$$z_1'(t) = \lambda_1 z_1(t) + f_1(t)$$
$$z_2'(t) = \lambda_2 z_2(t) + f_2(t)$$
$$\vdots$$
$$z_n'(t) = \lambda_n z_n(t) + f_n(t).$$

여기서

$$\mathbf{P}^{-1}\mathbf{G}(t) = \begin{pmatrix} f_1(t) \\ f_2(t) \\ \vdots \\ f_n(t) \end{pmatrix}$$

이다. $\mathbf{Z}(t) = \begin{pmatrix} z_1(t) \\ z_2(t) \\ \vdots \\ z_n(t) \end{pmatrix}$가 위의 단순계 $\mathbf{Z}'(t) = \mathbf{DZ}(t) + \mathbf{P}^{-1}\mathbf{G}(t)$의 해이면 $\mathbf{X}'(t) = \mathbf{AX}(t) + \mathbf{G}(t)$의 해는 $\mathbf{X}(t) = \mathbf{PZ}(t)$이다.

보기 7.13

$$\mathbf{X}' = \mathbf{AX} + \begin{pmatrix} 8 \\ 4e^{3t} \end{pmatrix}, \quad \mathbf{A} = \begin{pmatrix} 3 & 3 \\ 1 & 5 \end{pmatrix}.$$

$\mathbf{A}$의 고유값은 2, 6이며 대응하는 고유벡터는 각각 $\begin{pmatrix} -3 \\ 1 \end{pmatrix}$과 $\begin{pmatrix} 1 \\ 1 \end{pmatrix}$이다. 따라서

$$\mathbf{P} = \begin{pmatrix} -3 & 1 \\ 1 & 1 \end{pmatrix} \Rightarrow \mathbf{P}^{-1}\mathbf{AP} = \begin{pmatrix} 2 & 0 \\ 0 & 6 \end{pmatrix}$$

이다. $\mathbf{P}$의 역행렬을 구하면

$$\mathbf{P}^{-1} = \begin{pmatrix} -\frac{1}{4} & \frac{1}{4} \\ \frac{1}{4} & \frac{3}{4} \end{pmatrix}$$

이고, $\mathbf{X} = \mathbf{PZ}$로 치환하면 연립 미분방정식은

$$\mathbf{Z}' = \begin{pmatrix} 2 & 0 \\ 0 & 6 \end{pmatrix}\mathbf{Z} + \begin{pmatrix} -\frac{1}{4} & \frac{1}{4} \\ \frac{1}{4} & \frac{3}{4} \end{pmatrix}\begin{pmatrix} 8 \\ 4e^{3t} \end{pmatrix} = \begin{pmatrix} 2 & 0 \\ 0 & 6 \end{pmatrix}\mathbf{Z} + \begin{pmatrix} -2 + e^{3t} \\ 2 + 3e^{3t} \end{pmatrix}$$

이 된다. 이것은 다음과 같은 단순계 연립 미분방정식이다.

$$z_1'(t) = 2z_1(t) - 2 + e^{3t}, \quad z_2'(t) = 6z_2(t) + 2 + 3e^{3t}.$$

위의 1계 선형 미분방정식의 해를 구하면 각각

$$z_1(t) = c_1 e^{2t} + e^{3t} + 1, \quad z_2(t) = c_2 e^{6t} - e^{3t} - \frac{1}{3}$$

이므로

$$\mathbf{Z}(t)=\begin{pmatrix} c_1 e^{2t}+e^{3t}+1 \\ c_2 e^{6t}-e^{3t}-\dfrac{1}{3} \end{pmatrix}$$

이다. 따라서 일반해는

$$\mathbf{X}(t)=\mathbf{PZ}(t)=\begin{pmatrix} -3 & 1 \\ 1 & 1 \end{pmatrix}\begin{pmatrix} c_1 e^{2t}+e^{3t}+1 \\ c_2 e^{6t}-e^{3t}-\dfrac{1}{3} \end{pmatrix}=\begin{pmatrix} -3c_1 e^{2t}+c_2 e^{6t}-4e^{3t}-\dfrac{10}{3} \\ c_1 e^{2t}+c_2 e^{6t}+\dfrac{2}{3} \end{pmatrix}$$

$$=\begin{pmatrix} -3e^{2t} & e^{6t} \\ e^{2t} & e^{6t} \end{pmatrix}\mathbf{C}+\begin{pmatrix} -4e^{3t}-\dfrac{10}{3} \\ \dfrac{2}{3} \end{pmatrix}. \tag{7.6}$$

보기 7.14

$$\mathbf{X}'=\begin{pmatrix} 3 & 3 \\ 1 & 5 \end{pmatrix}\mathbf{X}+\begin{pmatrix} 8 \\ 4e^{3t} \end{pmatrix}; \quad \mathbf{X}(0)=\begin{pmatrix} 2 \\ -7 \end{pmatrix}.$$

이 연립 미분방정식의 일반해는 식 (7.6)이므로 초기조건 $\mathbf{X}(0)$로부터 $\mathbf{C}$를 결정하자. 일반해에 $t=0$을 대입하면

$$\mathbf{X}(0)=\begin{pmatrix} -3 & 1 \\ 1 & 1 \end{pmatrix}\mathbf{C}+\begin{pmatrix} -\dfrac{22}{3} \\ \dfrac{2}{3} \end{pmatrix}=\begin{pmatrix} 2 \\ -7 \end{pmatrix},$$

$$\mathbf{C}=\mathbf{P}^{-1}\begin{pmatrix} \dfrac{28}{3} \\ -\dfrac{23}{3} \end{pmatrix}=\begin{pmatrix} -\dfrac{1}{4} & \dfrac{1}{4} \\ \dfrac{1}{4} & \dfrac{3}{4} \end{pmatrix}\begin{pmatrix} \dfrac{28}{3} \\ -\dfrac{23}{3} \end{pmatrix}=\begin{pmatrix} -\dfrac{17}{4} \\ -\dfrac{41}{12} \end{pmatrix}$$

이다. 따라서 이 초깃값 문제의 해는

$$\mathbf{X}=\begin{pmatrix} -3e^{2t} & e^{6t} \\ e^{2t} & e^{6t} \end{pmatrix}\begin{pmatrix} -\dfrac{17}{4} \\ -\dfrac{41}{12} \end{pmatrix}+\begin{pmatrix} -4e^{3t}-\dfrac{10}{3} \\ \dfrac{2}{3} \end{pmatrix}=\begin{pmatrix} \dfrac{51}{4}e^{2t}-\dfrac{41}{12}e^{6t}-4e^{3t}-\dfrac{10}{3} \\ -\dfrac{17}{4}e^{2t}-\dfrac{41}{12}e^{6t}+\dfrac{2}{3} \end{pmatrix}.$$

보기 7.15

그림 7.4의 회로에서, $t=0$에서 스위치를 닫기 전까지 인덕터에 흐르는 전류와 축전기에 흐르는 전하는 0이라 가정하고, 내부 각 루프의 전류 j_1과 j_2를 구

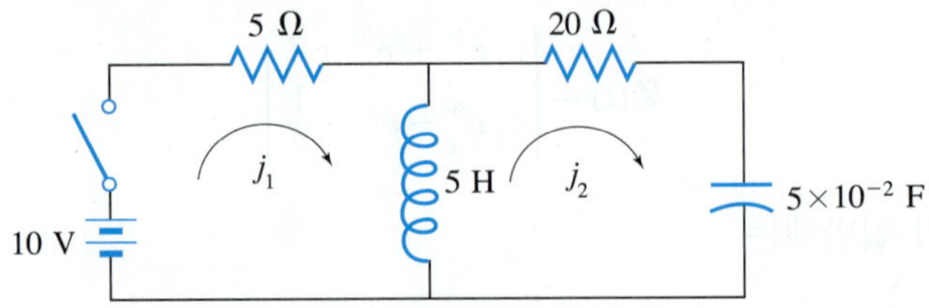

그림 7.4

하자.

이 회로의 세 루프에 각각 Kirchhoff 법칙을 적용하면

$$5j_1 + 5(j_1' - j_2') = 10,$$

$$5(j_1' - j_2') = 20\,j_2 + \frac{q_2}{5\cdot 10^{-2}},$$

$$5j_1 + 20\,j_2 + \frac{q_2}{5\cdot 10^{-2}} = 10$$

이다. 위의 식 가운데 두 개의 식만 이용하면 구할 수 있다. 첫 번째 식을 정리하고 세 번째 식을 미분하여 정리하면

$$j_1' - j_2' = -j_1 + 2$$

$$j_1' + 4\,j_2' = -4\,j_2$$

이고, 이 식은 다음과 같이 행렬 형태로 나타낼 수 있다.

$$\begin{pmatrix} 1 & -1 \\ 1 & 4 \end{pmatrix}\begin{pmatrix} j_1 \\ j_2 \end{pmatrix}' = \begin{pmatrix} -1 & 0 \\ 0 & -4 \end{pmatrix}\begin{pmatrix} j_1 \\ j_2 \end{pmatrix} + \begin{pmatrix} 2 \\ 0 \end{pmatrix}.$$

좌변 첫 번째 행렬의 역행렬을 양변에 곱하여 일반적인 형태로 고치면

$$\begin{pmatrix} j_1 \\ j_2 \end{pmatrix}' = \begin{pmatrix} -\frac{4}{5} & -\frac{4}{5} \\ \frac{1}{5} & -\frac{4}{5} \end{pmatrix}\begin{pmatrix} j_1 \\ j_2 \end{pmatrix} + \begin{pmatrix} \frac{8}{5} \\ -\frac{2}{5} \end{pmatrix}$$

$\mathbf{X}' = \mathbf{AX} + \mathbf{G}$의 꼴을 얻는다. $\mathbf{A}$의 고유값은 $(-4 + 2i)/5$와 $(-4 - 2i)/5$이고 대응하는 고유벡터는 각각 $\begin{pmatrix} 2 \\ -i \end{pmatrix}$와 $\begin{pmatrix} 2 \\ i \end{pmatrix}$이다. $\mathbf{A}$를 대각화하기 위해

$$\mathbf{P} = \begin{pmatrix} 2 & 2 \\ -i & i \end{pmatrix}$$

에 대해 $\mathbf{X} = \mathbf{PZ}$라 하면 연립 미분방정식은

$$\mathbf{PZ}' = \mathbf{A}(\mathbf{PZ}) + \mathbf{G} \;\Rightarrow\; \mathbf{Z}' = (\mathbf{P}^{-1}\mathbf{AP})\,\mathbf{Z} + \mathbf{P}^{-1}\mathbf{G}$$

이다.

$$\mathbf{P}^{-1}=\begin{pmatrix}\frac{1}{4} & \frac{1}{2}i\\ \frac{1}{4} & -\frac{1}{2}i\end{pmatrix} \Rightarrow \mathbf{P}^{-1}\mathbf{AP}=\begin{pmatrix}\frac{-4+2i}{5} & 0\\ 0 & \frac{-4-2i}{5}\end{pmatrix}$$

이므로

$$\mathbf{Z}'=\begin{pmatrix}\frac{-4+2i}{5} & 0\\ 0 & \frac{-4-2i}{5}\end{pmatrix}\mathbf{Z}+\begin{pmatrix}\frac{2-i}{5}\\ \frac{2+i}{5}\end{pmatrix}$$

이다. 이 행렬 방정식의 각 성분은 다음의 단순계 미분방정식이다.

$$z_1'(t)=\frac{4-2i}{5}z_1+\frac{2-i}{5}, \quad z_2'(t)=\frac{4+2i}{5}z_2+\frac{2+i}{5}.$$

두 복소수 1계 선형 미분방정식의 해를 각각 구하면

$$z_1(t)=c_1e^{-(4-2i)t/5}+\frac{1}{2}, \quad z_2(t)=c_2e^{-(4+2i)t/5}+\frac{1}{2}.$$

따라서 일반해는

$$\mathbf{X}(t)=\mathbf{PZ}(t)=\begin{pmatrix}2 & 2\\ -i & i\end{pmatrix}\begin{pmatrix}c_1e^{-(4-2i)t/5}+\frac{1}{2}\\ c_2e^{-(4+2i)t/5}+\frac{1}{2}\end{pmatrix}$$
$$=\begin{pmatrix}2c_1e^{-(4-2i)t/5}+2c_2e^{-(4+2i)t/5}+2\\ -ic_1e^{-(4-2i)t/5}+ic_2e^{-(4+2i)t/5}\end{pmatrix}.$$

스위치를 연결한 직후 인덕터를 통해서 흐르는 전류 $j_1(0)-j_2(0)=0$이고 축전지의 전하 $q_2(0)=0$이다. 외부 루프의 Kirchhoff 법칙에 의해

$$5j_1(0)+20j_2(0)+\frac{q_2(0)}{5\times10^{-2}}=10$$

이므로

$$j_1(0)=j_2(0)=\frac{2}{5}, \quad \mathbf{X}(0)=\begin{pmatrix}\frac{2}{5}\\ \frac{2}{5}\end{pmatrix}.$$

일반해에 $t=0$을 대입하면

$$\mathbf{X}(0)=\begin{pmatrix}\frac{2}{5}\\ \frac{2}{5}\end{pmatrix}=\begin{pmatrix}2c_1+2c_2+2\\ -ic_1+ic_2\end{pmatrix}$$

이므로

$$c_1=\frac{-2+i}{5}, \quad c_2=\frac{-2-i}{5}.$$

따라서 내부 각 루프의 전류는

$$\mathbf{X}(t)=\begin{pmatrix} j_1(t) \\ j_2(t) \end{pmatrix}=\begin{pmatrix} \frac{2}{5}(-2+i)e^{-(4-2i)t/5}+\frac{2}{5}(-2-i)e^{-(4+2i)t/5}+2 \\ -\frac{i}{5}(-2+i)e^{-(4-2i)t/5}+\frac{i}{5}(-2-i)e^{-(4+2i)t/5} \end{pmatrix}$$

이다. Euler 공식을 이용하여 다음과 같이 표기할 수도 있다.

$$j_1(t)=2-\frac{4}{5}e^{-\frac{4}{5}t}\left[2\cos\frac{2}{5}t+\sin\frac{2}{5}t\right],$$

$$j_2(t)=\frac{2}{5}e^{-\frac{4}{5}t}\left[\cos\frac{2}{5}t-2\sin\frac{2}{5}t\right].$$

연습문제 7.3

문제 1부터 5까지 행렬 **A**와 **G**가 다음과 같을 때 연립 미분방정식 $\mathbf{X}'=\mathbf{AX}+\mathbf{G}$의 일반해를 매개변수 변환법을 이용하여 구하라.

1. $\begin{pmatrix} 5 & 2 \\ -2 & 1 \end{pmatrix}, \begin{pmatrix} -3e^t \\ e^{3t} \end{pmatrix}$

2. $\begin{pmatrix} 2 & -4 \\ 1 & -2 \end{pmatrix}, \begin{pmatrix} 1 \\ 3t \end{pmatrix}$

3. $\begin{pmatrix} 7 & -1 \\ 1 & 5 \end{pmatrix}, \begin{pmatrix} 2e^{6t} \\ 6te^{6t} \end{pmatrix}$

4. $\begin{pmatrix} 2 & 0 & 0 \\ 0 & 6 & -4 \\ 0 & 4 & -2 \end{pmatrix}, \begin{pmatrix} e^{2t}\cos 3t \\ -2 \\ -2 \end{pmatrix}$

5. $\begin{pmatrix} 1 & 0 & 0 & 0 \\ 4 & 3 & 0 & 0 \\ 0 & 0 & 3 & 0 \\ -1 & 2 & 9 & 1 \end{pmatrix}, \begin{pmatrix} 0 \\ -2e^t \\ 0 \\ e^t \end{pmatrix}$

문제 6부터 9까지 행렬 **A**, **G**, $\mathbf{X}^0$가 다음과 같을 때 초깃값 문제 $\mathbf{X}'=\mathbf{AX}+\mathbf{G}$; $\mathbf{X}(0)=\mathbf{X}^0$의 해를 매개변수 변환법을 이용하여 구하라.

6. $\begin{pmatrix} 2 & 0 \\ 5 & 2 \end{pmatrix}, \begin{pmatrix} 2 \\ 10t \end{pmatrix}; \begin{pmatrix} 0 \\ 3 \end{pmatrix}$

7. $\begin{pmatrix} 5 & -4 \\ 4 & -3 \end{pmatrix}, \begin{pmatrix} 2e^t \\ 2e^t \end{pmatrix}; \begin{pmatrix} -1 \\ 3 \end{pmatrix}$

8. $\begin{pmatrix} 2 & -3 & 1 \\ 0 & 2 & 4 \\ 0 & 0 & 1 \end{pmatrix}, \begin{pmatrix} 10e^{2t} \\ 6e^{2t} \\ -e^{2t} \end{pmatrix}; \begin{pmatrix} 5 \\ 11 \\ -2 \end{pmatrix}$

9. $\begin{pmatrix} 1 & -3 & 0 \\ 3 & -5 & 0 \\ 4 & 7 & -2 \end{pmatrix}, \begin{pmatrix} te^{-2t} \\ te^{-2t} \\ t^2e^{-2t} \end{pmatrix}; \begin{pmatrix} 6 \\ 2 \\ 3 \end{pmatrix}$

10. 연립 미분방정식 $\mathbf{X}'=\mathbf{AX}$에 대해 다음을 증명하여라.

(a) $\mathbf{\Omega}(t)$가 기본행렬일 때 $\mathbf{\Phi}(t)=\mathbf{\Omega}(t)$, $\mathbf{\Omega}^{-1}(0)$는 추이행렬이다.

(b) $\mathbf{\Phi}(t)$가 추이행렬일 때 실수 s, t에 대해 $\mathbf{\Phi}^{-1}(t)=\mathbf{\Phi}(-t)$, $\mathbf{\Phi}(t+s)=\mathbf{\Phi}(t)\mathbf{\Phi}(s)$.

문제 11부터 13까지 행렬 $\mathbf{\Omega}(t)$가 주어진 연립 미분방정식의 기본행렬임을 증명하고 추이행렬을 구하라.

11. $x_1'=4x_1+2x_2,\ x_2'=3x_1+3x_2;$

$$\mathbf{\Omega}(t)=\begin{pmatrix} 2e^{t} & e^{6t} \\ -3e^{t} & e^{6t} \end{pmatrix}$$

12. $x_1' = -10x_2,\ x_2' = \dfrac{5}{2}x_1 - 10x_2;$

$$\mathbf{\Omega}(t)=\begin{pmatrix} 2e^{-5t} & (1+5t)e^{-5t} \\ e^{-5t} & \dfrac{5}{2}te^{-5t} \end{pmatrix}$$

13. $x_1' = 5x_1 - 4x_2 + 4x_3,$
$x_2' = 12x_1 - 11x_2 + 12x_3,$
$x_3' = 4x_1 - 4x_2 + 5x_3;$

$$\mathbf{\Omega}(t)=\begin{pmatrix} e^{-3t} & e^{t} & 0 \\ 3e^{-3t} & 0 & e^{t} \\ e^{-3t} & -e^{t} & e^{t} \end{pmatrix}$$

문제 14부터 22까지 연립 미분방정식의 일반해를 대각화 해법을 이용하여 구하라. 단 $x_i' = x_i'(t),\ x_j = x_j(t),\ i,\ j = 1,\ 2,\ 3,\ 4$를 의미한다.

14. $x_1' = -2x_1 + x_2,$
$x_2' = -4x_1 + 3x_2 + 10\cos t$

15. $x_1' = 3x_1 + 3x_2 + 8,\ x_2' = x_1 + 5x_2 + 4e^{3t}$

16. $x_1' = x_1 + x_2 + 6e^{3t},\ x_2' = x_1 + x_2 + 4$

17. $x_1' = 6x_1 + 5x_2 - 4\cos 3t,$
$x_2' = x_1 + 2x_2 + 8$

18. $x_1' = 3x_1 - 2x_2 + 3e^{2t},\ x_2' = 9x_1 - 3x_2 + e^{2t}$

19. $x_1' = 2x_1 + x_2 - 2x_3 - 2,$
$x_2' = 3x_1 - 2x_2 + 5e^{2t},$
$x_3' = 3x_1 + x_2 - 3x_3 + 9t$

20. $x_1' = 3x_1 - x_2 + x_3 + 12e^{4t},$
$x_2' = x_1 + x_2 - x_3 + 4\cos 2t,$
$x_3' = x_1 - x_2 + x_3 + 4\cos 2t$

21. $x_1' = x_1 - x_2 - x_3 + 4e^{t},$
$x_2' = x_1 - x_2 + 2e^{-3t},$
$x_3' = x_1 - x_3 - 2e^{-3t}$

22. $x_1' = x_1 + x_2 - e^{2t},\ x_2' = x_1 + x_2 - e^{2t},$
$x_3' = 4x_3 + 2x_4 + 10e^{6t},$
$x_4' = 3x_3 + 3x_4 + 15e^{6t}$

문제 23부터 29까지 초깃값 문제의 해를 대각화 해법을 이용하여 구하라. 단, $x_i' = x_i'(t),\ x_j = x_j(t),\ i,\ j = 1,\ 2,\ 3,\ 4$를 의미한다.

23. $x_1' = x_1 + x_2 + 6e^{2t},\ x_2' = x_1 + x_2 + 2e^{2t};$
$x_1(0) = 6,\ x_2(0) = 0$

24. $x_1' = x_1 - 2x_2 + 2t,\ x_2' = -x_1 + 2x_2 + 5;$
$x_1(0) = 13,\ x_2(0) = 12$

25. $x_1' = 2x_1 - 5x_2 + 5\sin t,\ x_2' = x_1 - 2x_2;$
$x_1(0) = 10,\ x_2(0) = 5$

26. $x_1' = 5x_1 - 4x_2 + 4x_3 - 3e^{-3t},$
$x_2' = 12x_1 - 11x_2 + 12x_3 + t,$
$x_3' = 4x_1 - 4x_2 + 5x_3;$
$x_1(0) = 1,\ x_2(0) = -1,\ x_3(0) = 2$

27. $x_1' = 3x_1 - x_2 - x_3,\ x_2' = x_1 + x_2 - x_3 + t,$
$x_3' = x_1 - x_2 + x_3 + 2e^{t};$
$x_1(0) = 1,\ x_2(0) = 2,\ x_3(0) = -2$

28. $x_1' = 3x_1 - 4x_2 + 2,\ x_2' = 2x_1 - 3x_2 + 4t,$
$x_3' = x_2 - 2x_3 + 14;$
$x_1(0) = -5,\ x_2(0) = -1,\ x_3(0) = 2$

29. $x_1' = -2x_2 + \dfrac{t}{2},\ x_2' = x_1 + 2x_2 - \dfrac{t}{2};$
$x_1(0) = x_2(0) = 0$

4부

벡터 해석

Vector Analysis

8장 벡터 미분학

벡터 미분학 8장

8장에서는 정의역과 공역이 스칼라 $\mathbb{R}$인 스칼라 함수에서의 미분에 관한 이론을 정의역과 공역 중 하나 혹은 둘 다 벡터 $\mathbb{R}^3$ 또는 $\mathbb{R}^2$인 벡터함수, 스칼라장, 벡터장의 미분에 관한 이론으로 확장할 것이다. 정의역과 공역에 따라 각 함수들을 다음과 같이 부르기로 하자.

f: $\mathbb{R} \to \mathbb{R}$; 스칼라 함수
$\mathbf{C}$: $\mathbb{R} \to \mathbb{R}^3$; 벡터함수
ϕ: $\mathbb{R}^3 \to \mathbb{R}$; 스칼라장
$\mathbf{F}$: $\mathbb{R}^3 \to \mathbb{R}^3$; 벡터장

여기서 $\mathbb{R}^3$ 대신 $\mathbb{R}^2$로 바꾸는 것도 가능하다.

8장 1절과 2절에서는 벡터함수 $\mathbf{C}$를 $\mathbb{R}^3$ 공간의 곡선으로 생각하여 위치벡터, 속도, 가속도, 곡률 등에 대해 학습한다. 8장 3절에서는 스칼라장 ϕ의 등위면($\mathbb{R}^3$) 혹은 등위선($\mathbb{R}^2$)에서 경사가 가장 급한 방향을 대응시키는 기울기(Gradient) 벡터, 8장 4절에서는 벡터장을 벡터장으로 대응시키는 회전(Curl), 벡터장을 스칼라장으로 대응시키는 발산(Divergence)을 소개할 것이다. 8장 5절에서는 벡터장의 여러 가지 형태를 살펴보고, 곡선의 접선이 주어진 벡터장과 일치하는 흐름선에 대해 배울 것이다.

8.1 벡터함수

정의 8.1 벡터함수

벡터함수는 스칼라 변수를 벡터에 대응하는 함수이다.

벡터함수는

$$\mathbf{C}(t) = (x(t),\ y(t),\ x(t)) = x(t)\,\mathbf{i} + y(t)\,\mathbf{j} + z(t)\,\mathbf{k}$$

와 같은 형태로서 일변수 t에 벡터 $(x(t), y(t), z(t))$를 대응시키는 $\mathbb{R}^3$ 공간에서의 곡선으로 생각할 수 있다. $\mathbf{C}(t)$가 연속이라는 것은 각 성분함수 $x(t)$, $y(t)$, $z(t)$가 연속이라는 뜻이고, $\mathbf{C}(t)$가 미분가능이라는 것도 각 성분함수가 미분가능하다는 의미이다. 즉,

$$\mathbf{C}'(t) = (x'(t),\ y'(t),\ z'(t))$$

를 의미하고, 이는 곡선 C의 시간 t에서 접선벡터를 의미한다.

벡터함수의 다양한 조합에 관한 미분은 스칼라 함수와 비슷한데, 미분가능한 벡터함수 $\mathbf{C}(t)$, $\mathbf{D}(t)$, 미분가능한 스칼라 함수 $f(t)$, 실수 α에 관한 미분법칙은 다음과 같다.

(1) $(\mathbf{C}(t) + \mathbf{D}(t))' = \mathbf{C}'(t) + \mathbf{D}'(t)$,

(2) $(\alpha\mathbf{C}(t))' = \alpha\mathbf{C}'(t)$,

(3) $((f(t)\mathbf{C}(t))' = f'(t)\mathbf{C}(t) + f(t)\mathbf{C}'(t)$,

(4) $(\mathbf{C}(t)\cdot\mathbf{D}(t))' = \mathbf{C}'(t)\cdot\mathbf{D}(t) + \mathbf{C}(t)\cdot\mathbf{D}'(t)$,

(5) $(\mathbf{C}(t)\times\mathbf{D}(t))' = \mathbf{C}'(t)\times\mathbf{D}(t) + \mathbf{C}(t)\times\mathbf{D}'(t)$,

(6) $(\mathbf{C}(f(t)))' = f'(t)\mathbf{C}'(f(t))$.

미분법칙 (1), (2)는 벡터함수 미분의 선형성을 나타내고, 미분법칙 (3), (4), (5)는 곱에 관한 미분을 벡터함수에 대해 확장한 것이며, 미분법칙 (6)은 연쇄법칙(Chain Rule)을 확장한 것이다.

벡터함수 $\mathbf{C}(t) = (x(t), y(t), z(t))$를 $\mathbb{R}^3$ 공간의 곡선 C에 대한 위치벡터라고 하자. 예를 들어

$$\mathbf{C}(t) = (\cos 4t,\ t,\ \sin 4t)\,, \quad -\frac{3}{2} \le t \le \frac{3}{2}$$

라고 하자. 그림 8.1은 이 곡선에 대한 그래프이다.

t의 범위가 주어지지 않은 경우 t가 모든 실수 값을 갖는다고 가정한다.

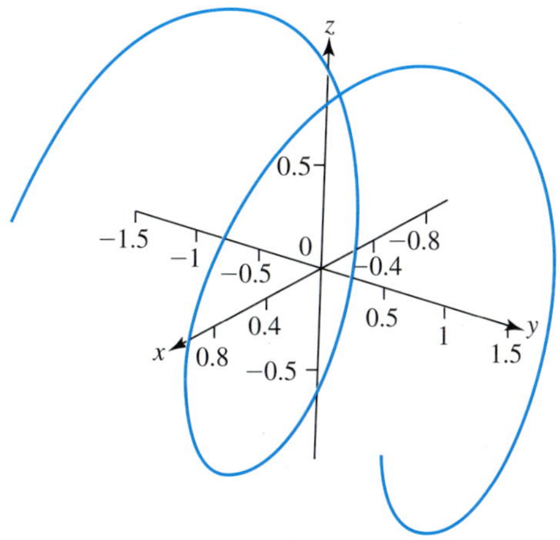

그림 8.1 $t \in [-3/2, 3/2]$일 때 곡선 $\mathbf{C}(t) = (\cos 4t, t, \sin 4t)$의 그래프

곡선 C의 위치벡터 $\mathbf{C}(t) = (x(t), y(t), z(t))$에 대해 시간 $t = t_0$에서 위치벡터의 미분 $\mathbf{C}'(t_0)$는 이 곡선의 접선벡터가 됨을 좀 더 자세히 살펴보자. $\mathbf{C}'(t_0)$를 계산해 보면

$$\begin{aligned}\mathbf{C}'(t_0) &= (x'(t_0),\ y'(t_0),\ z'(t_0)) \\ &= \left(\lim_{h\to 0}\frac{x(t_0+h)-x(t_0)}{h},\ \lim_{h\to 0}\frac{y(t_0+h)-y(t_0)}{h},\ \lim_{h\to 0}\frac{z(t_0+h)-z(t_0)}{h}\right) \\ &= \lim_{h\to 0}\frac{\mathbf{C}(t_0+h)-\mathbf{C}(t_0)}{h}\end{aligned}$$

그림 8.2는 위치벡터 $\mathbf{C}(t_0)$와 $\mathbf{C}(t_0+h)$, $\mathbf{C}(t_0+h)-\mathbf{C}(t_0)$를 나타내고 있고, h가 0으로 다가감에 따라 $\mathbf{C}(t_0+h)$가 곡선 C를 따라 $\mathbf{C}(t_0)$로 다가갈 때 $\mathbf{C}(t_0+h)-\mathbf{C}(t_0)$가 접선벡터 $\mathbf{C}'(t_0)$ 방향으로 수렴함을 보여주고 있다.

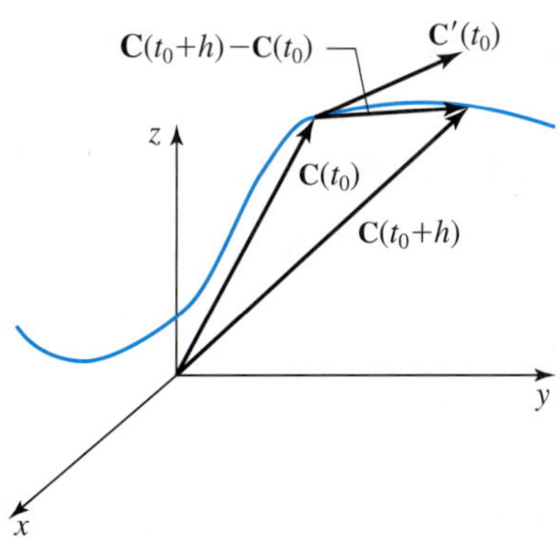

그림 8.2 곡선 C에 대한 시간 t_0에서의 접선벡터 $C'(t_0)$

보기 8.1

벡터함수

$$\mathbf{H}(t) = t^2\mathbf{i} + \sin t\,\mathbf{j} - t^2\mathbf{k}$$

의 $t = 0$과 $t = 1$에서 접선벡터를 구하자.

위치벡터를 $\mathbf{H}(t)$로 하는 곡선의 그래프는 그림 8.3과 같다.

$$\mathbf{H}'(t) = 2t\mathbf{i} + \cos t\,\mathbf{j} - 2t\mathbf{k}$$

이므로, $t = 0$에서 접선벡터는

$$\mathbf{H}'(0) = \mathbf{j}$$

이고, $t = 1$일 때 접선벡터는

$$\mathbf{H}'(1) = 2\mathbf{i} + \cos(1)\mathbf{j} - 2\mathbf{k}$$

이다.

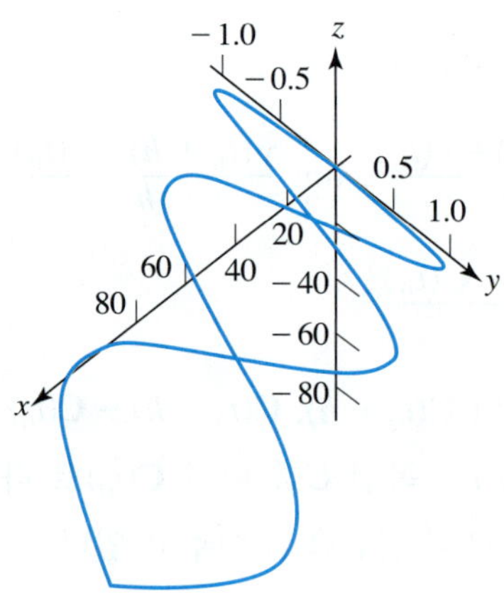

그림 8.3 $x = x^2$, $y = \sin t$, $z = -t^2$의 그래프

곡선이 $\mathbf{C}(t) = x(t)\mathbf{i} + y(t)\mathbf{j} + z(t)\mathbf{k}$일 때 시간 a에서 t까지 지나간 곡선의 길이 $s(t)$는 이 구간에서 접선벡터의 크기의 적분, 즉

$$s(t) = \int_a^t \|\mathbf{C}'(\tau)\| d\tau = \int_a^t \sqrt{(x'(\tau))^2 + (y'(\tau))^2 + (z'(\tau))^2}\, d\tau$$

이다. $s(t)$는 위치벡터 $\mathbf{C}(t)$의 시간 a에서 t까지 이동거리라고 한다.

보기 8.2

위치벡터가

$$\mathbf{C}(t) = \cos t\,\mathbf{i} + \sin t\,\mathbf{j} + \frac{1}{3}t\,\mathbf{k}$$

일 때 시간 -4π에서 t까지의 곡선의 길이를 구하자.

이 곡선은 원기둥 $x^2 + y^2 = 1$ 위의 나선이고, 접선벡터는

$$\mathbf{C}'(t) = -\sin t\,\mathbf{i} + \cos t\,\mathbf{j} + \frac{1}{3}\mathbf{k}$$

이다. 그림 8.4는 나선형 곡선과 곡선의 몇몇 점에서 접선벡터를 보여주고 있다. 접선벡터의 크기는

$$\|\mathbf{C}'(t)\| = \sqrt{\sin^2 t + \cos^2 t + \frac{1}{9}} = \frac{1}{3}\sqrt{10}$$

이므로 다음과 같다.

$$s(t) = \int_{-4\pi}^{t} \|\mathbf{C}'(\tau)\|\,d\tau = \int_{-4\pi}^{t} \frac{1}{3}\sqrt{10}\,d\tau = \frac{\sqrt{10}}{3}(t + 4\pi).$$

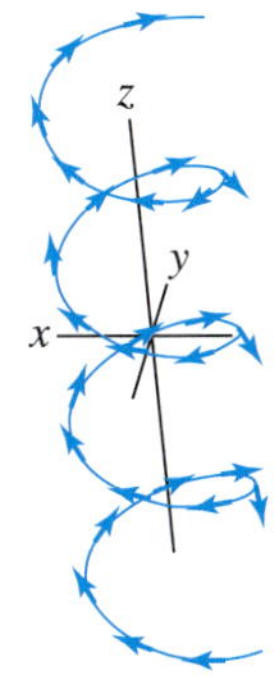

그림 8.4 나선형 곡선과 몇몇 점에 대한 접선벡터

때때로 곡선의 위치벡터를 다룰 때 각 점에서 접선벡터의 길이가 1이 되도록 하는 것이 편리할 때가 있다. 길이가 1인 접선벡터를 **단위접선벡터**라 한다. 곡선의 위치벡터의 도함수가 연속이고 모든 t에 대하여 $\mathbf{C}'(t) \neq \mathbf{O}$일 때 동일 곡선을 재매개화하여 모든 t에서 접선벡터가 단위접선벡터가 되게 할 수 있음을 보이고자 한다.

구간 $a \le t \le b$에서 $\mathbf{C}$에 대한 위치벡터가

$$\mathbf{C}(t) = x(t)\mathbf{i} + y(t)\mathbf{j} + z(t)\mathbf{k}$$

이고, x', y', z'은 연속일 때

$$s(t) = \int_{a}^{t} \|\mathbf{C}'(\xi)\|\,d\xi$$

라고 하자. 그림 8.5와 같이 $s(t)$는 곡선상의 시작점 $(x(a), y(a), z(a))$에서 점 $(x(t), y(t), z(t))$까지 곡선의 길이이다. t가 a부터 b까지 증가함에 따라 $s(t)$는 $s(a) = 0$부

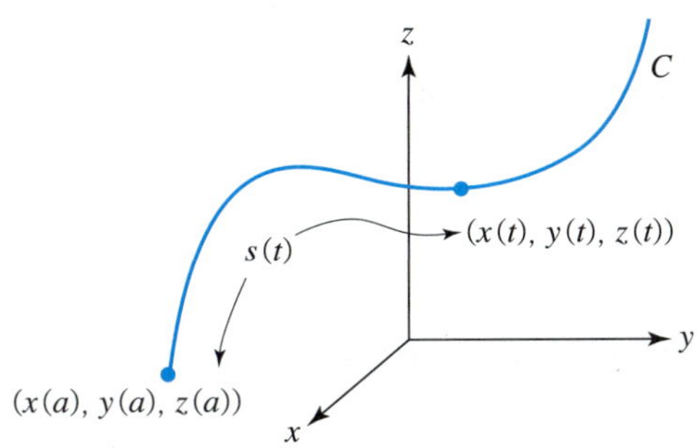

그림 8.5 곡선 C의 길이함수

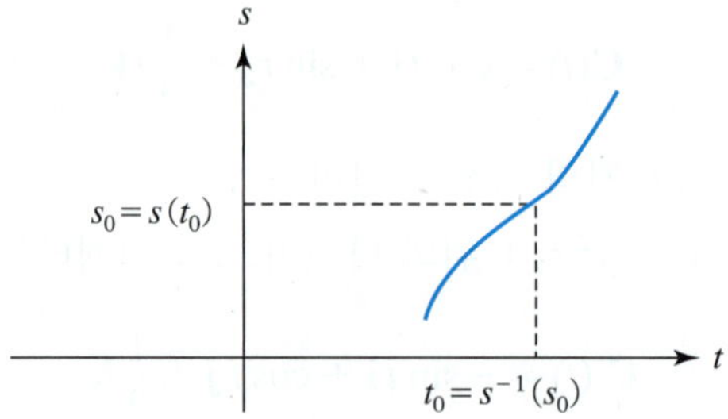

그림 8.6 역함수를 가지는 길이함수

터 곡선의 전체 길이인 $s(b) = L$까지 증가한다. 한편, 미적분학 기본정리에 의해

$$\frac{ds}{dt} = \|\mathbf{C}'(t)\| = \sqrt{x'(t)^2 + y'(t)^2 + z'(t)^2} > 0$$

이다. 즉, 함수 $s(t)$는 변수 t에 대해 순증가함수이므로 그림 8.6과 같이 역함수 $t = t(s)$가 있다. 구간 $0 \le s \le L$에서 $\mathbf{D}(s)$를

$$\mathbf{D}(s) = \mathbf{C}(t(s)) = x(t(s))\mathbf{i} + y(t(s))\mathbf{j} + z(t(s))\mathbf{k}$$

라 하면, $\mathbf{D}$는 $\mathbf{C}$와 지나간 자리가 같은 곡선의 위치함수이다. 즉, t가 a부터 b까지 변할 때 $\mathbf{C}(t)$가 만드는 곡선은 s가 0부터 L까지 변할 때 $\mathbf{D}(s)$가 만드는 곡선과 같다. 한편,

$$\begin{aligned}\mathbf{D}'(s) &= \frac{d}{ds}\mathbf{C}(t(s)) = \frac{d}{dt}\mathbf{C}(t)\frac{dt}{ds} \\ &= \frac{1}{ds/dt}\mathbf{C}'(t) = \frac{1}{\|\mathbf{C}'(t)\|}\mathbf{C}'(t)\end{aligned}$$

이므로 $\mathbf{D}'$의 크기는 항상 1이다. $\mathbf{C}(t)$보다 지나간 자리는 같으면서 곡선의 길이 s로 재매개화한 $\mathbf{D}(s)$ 함수를 이용하는 것이 편리할 때가 많다.

보기 8.3

구간 $-4\pi \le t \le 4\pi$에서 곡선

$$\mathbf{F}(t) = \cos t\,\mathbf{i} + \sin t\,\mathbf{j} + \frac{1}{3}t\,\mathbf{k}$$

를 지나간 자리가 같으면서 접선벡터의 크기가 1인 곡선 $\mathbf{G}(s)$로 재매개화하자.

보기 8.2에서

$$\|\mathbf{F}'(t)\| = \frac{1}{3}\sqrt{10}$$

임을 보였다. 이를 이용하면 이 곡선의 길이함수는

$$s(t) = \int_{-4\pi}^{t} \frac{1}{3}\sqrt{10}\,d\tau = \frac{1}{3}\sqrt{10}\,(t + 4\pi)$$

이고, 역함수는

$$t = t(s) = \frac{3s}{\sqrt{10}} - 4\pi$$

이다. 이 식을 곡선 $F(t)$에 대입하고 s에 관해 미분하면

$$\mathbf{G}(s) = \mathbf{F}(t(s)) = \mathbf{F}\left(\frac{3s}{\sqrt{10}} - 4\pi\right)$$

$$= \cos\frac{3s}{\sqrt{10}}\mathbf{i} + \sin\frac{3s}{\sqrt{10}}\mathbf{j} + \left(\frac{s}{\sqrt{10}} - \frac{4}{3}\pi\right)\mathbf{k},$$

$$\mathbf{G}'(s) = -\frac{3}{\sqrt{10}}\sin\frac{3s}{\sqrt{10}}\mathbf{i} + \frac{3}{\sqrt{10}}\cos\frac{3s}{\sqrt{10}}\mathbf{j} + \frac{1}{\sqrt{10}}\mathbf{k}$$

이다. $\|\mathbf{G}'(s)\| = 1$이므로 단위접선벡터를 가지는 동일 곡선 $\mathbf{G}(s)$로 $\mathbf{F}(t)$를 재매개화하였다.

보기 8.3과 같이 길이함수에 대한 재매개화는 원 곡선보다 복잡한 경우가 많다. 하지만 다음 절에 나올 '곡률'의 일반적인 정의를 위해 개념적으로 유용하게 쓰인다.

연습문제 8.1

문제 1부터 10까지 (a) 대괄호 안을 먼저 계산한 후 미분하여라. (b) 이 절에서 기술한 미분법칙 (3)~(6)을 이용하여 미분하여라.

1. $\mathbf{C}(t) = \mathbf{i} + 3t^2\mathbf{j} + 2t\mathbf{k},\ f(t) = 4\cos 3t;$
$(d/dt)[f(t)\mathbf{C}(t)]$

2. $\mathbf{C}(t) = t\mathbf{i} - 3t^2\mathbf{k},\ \mathbf{D}(t) = \mathbf{i} + \cos t\mathbf{k};$
$(d/dt)[\mathbf{C}(t)\cdot\mathbf{D}(t)]$

3. $\mathbf{C}(t) = t\mathbf{i} + \mathbf{j} + 4\mathbf{k},\ \mathbf{D}(t) = \mathbf{i} - \cos t\mathbf{j} + t\mathbf{k};$
$(d/dt)[\mathbf{C}(t)\times\mathbf{D}(t)]$

4. $\mathbf{C}(t) = \sinh t\mathbf{j} - t\mathbf{k},\ \mathbf{D}(t) = t\mathbf{i} + t^2\mathbf{j} - t^2\mathbf{k};$
$(d/dt)[\mathbf{C}(t)\times\mathbf{D}(t)]$

5. $\mathbf{C}(t) = t\mathbf{i} - \cosh t\mathbf{j} + e^t\mathbf{k},\ f(t) = 1 - 2t^3;$
$(d/dt)[f(t)\mathbf{C}(t)]$

6. $\mathbf{C}(t) = t\mathbf{i} - t\mathbf{j} + t^2\mathbf{k},$
$\mathbf{D}(t) = \sin t\mathbf{i} - 4\mathbf{j} - t^3\mathbf{k};$
$(d/dt)[\mathbf{C}(t)\cdot\mathbf{D}(t)]$

7. $\mathbf{C}(t) = -9\mathbf{i} + t^2\mathbf{j} + t^2\mathbf{k},\ \mathbf{D}(t) = e^t\mathbf{i};$
$(d/dt)[\mathbf{C}(t)\times\mathbf{D}(t)]$

8. $\mathbf{C}(t) = -4\cos t\mathbf{k},\ \mathbf{D}(t) = -t^2\mathbf{i} + 4\sin t\mathbf{k};$
$(d/dt)[\mathbf{C}(t)\cdot\mathbf{D}(t)]$

9. $\mathbf{C}(t) = -t^2\mathbf{i} + \cos t\mathbf{k},\ f(t) = 2t^2;$
$(d/dt)[\mathbf{C}(f(t))]$

10. $\mathbf{C}(t) = -(2t + \cos t)\mathbf{i} + 4\mathbf{j} - t^4\mathbf{k},$
$f(t) = 1/t;\ (d/dt)[\mathbf{C}(f(t))]$

11. $(\mathbf{C} + \mathbf{D})' = \mathbf{C}' + \mathbf{D}'$임을 증명하여라.

12. $(\mathbf{C}\times\mathbf{D})' = \mathbf{C}'\times\mathbf{D} + \mathbf{C}\times\mathbf{D}'$임을 증명하여라.

13. $(\mathbf{C}\cdot\mathbf{D})' = \mathbf{C}'\cdot\mathbf{D} + \mathbf{C}\cdot\mathbf{D}'$임을 증명하여라.

문제 14부터 17까지 주어진 곡선의 (a) 위치벡터와 접선벡터를 구하라. (b) 길이함수 $2(t)$를 구하라. (c) 위치벡터를 s에 대한 함수로 나타내어라. (d) 구한 위치벡터의 도함수의 크기가 1임을 증명하여라.

14. $x=t,\ y=\cosh t,\ z=1,\ (0\le t\le \pi)$

15. $x=\sin t,\ y=\cos t,\ z=45t,\ (0\le t\le 2\pi)$

16. $x=y=z=t^3,\ (-1\le t\le 1)$

17. $x=2t^2,\ y=3t^2,\ z=4t^2,\ (1\le t\le 3)$

18. 입자의 위치벡터가 $\mathbf{C}(t) = x(t)\mathbf{i} + y(t)\mathbf{j} + z(t)\mathbf{k}$이고, x, y, z가 미분가능할 때 $\mathbf{C}\times\mathbf{C}' = \mathbf{O}$이면 입자가 항상 일정한 방향으로 운동함을 증명하여라.

19. 입자의 위치벡터가 $\mathbf{C}(t) = x(t)\mathbf{i} + y(t)\mathbf{j} + z(t)\mathbf{k}$이고 x, y, z가 두 번 미분가능하다고 하자.
   (a) $\|\mathbf{C}(t)\times[\mathbf{C}(t+\Delta t)-\mathbf{C}(t)]\|$는 $\mathbf{C}(t+\Delta t)-\mathbf{C}(t)$와 $\mathbf{C}(t)$가 만드는 삼각형 넓이의 두 배와 같음을 증명하여라.
   (b) $\mathbf{C}\times\mathbf{C}'' = \mathbf{O}$일 때 일정 시간 동안 위치벡터가 훑고 지나가는 영역의 넓이는 일정함을 보여라. 그리고 이 결과를 행성운동에 관한 Kepler의 제2법칙과 비교하여라.

20. $\mathbf{C}$, $\mathbf{D}$, $\mathbf{E}$가 미분가능한 벡터함수이고 $[\mathbf{C}, \mathbf{D}, \mathbf{E}]$가 이 벡터의 스칼라 3중곱이라고 할 때 $d/dt\,[\mathbf{C}, \mathbf{D}, \mathbf{E}]$에 대한 공식을 유도하여라(5.3절의 연습문제 14 참조).

8.2 벡터함수와 곡률

정의 8.2 속도, 속력, 가속도와 이동거리

입자의 위치벡터 $\mathbf{F}(t)$가 두 번 미분가능할 때

(1) 속도 $\mathbf{v}(t)$는

$$\mathbf{v}(t) = \mathbf{C}'(t)$$

(2) 속력 $v(t)$는

$$v(t) = \|\mathbf{v}(t)\|$$

(3) 가속도 $a(t)$는

$$a(t) = \mathbf{v}'(t)$$

(4) 시간 a부터 t까지 이동거리 $s(t)$는

$$s(t) = \int_a^t v(\tau)\,d\tau$$

이다.

속도는 크기와 방향을 갖는 벡터이다. 속도 $\mathbf{v}(t)$는 입자의 위치벡터에 대한 곡선의 접선벡터이다. 그러므로 입자는 곡선상에서 매순간 접선 방향으로 이동한다고 생각할 수 있다. 시간 t에서 속력은

$$v(t) = \|\mathbf{v}(t)\| = \|\mathbf{C}'(t)\| = \frac{ds}{dt}$$

이므로 이동한 거리 $s(t)$의 시간에 대한 변화율이다.

보기 8.4

벡터함수

$$\mathbf{C}(t) = \sin t\,\mathbf{i} + 2e^{-t}\mathbf{j} + t^2\mathbf{k}$$

의 속도, 가속도와 속력을 구하자.

매개변수방정식으로 표현하면

$$x = \sin t\,, \quad y = 2e^{-t}\,, \quad z = t^2$$

이다. 그림 8.7은 이 곡선의 그래프인데, 속도와 가속도는

$$\mathbf{v}(t) = \cos t\,\mathbf{i} - 2e^{-t}\mathbf{j} + 2t\,\mathbf{k},$$
$$\mathbf{a}(t) = -\sin t\,\mathbf{i} + 2e^{-t}\mathbf{j} + 2\mathbf{k}$$

이고, 속력은

$$v(t) = \sqrt{\cos^2 t + 4e^{-2t} + 4t^2}.$$

이다.

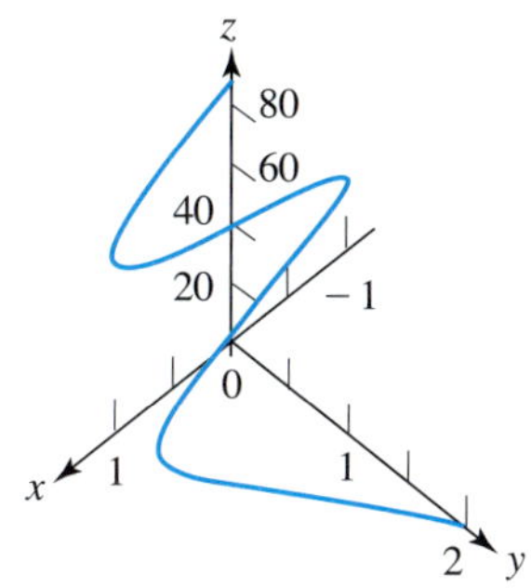

그림 8.7 $x = \sin t,\ y = 2e^{-t},\ z = t^2$인 곡선의 그래프

Math in Context | Navier-Stokes 방정식(NS 방정식)

벡터 미적분학은 고체역학과 유체역학을 포함하는 연속체 역학에서 연구와 모델링을 위한 기본적인 도구이다. 공기역학과 수력학을 포함하는 유체역학에서는 NS 방정식이 가장 중요한 방정식인데, 유체의 속도를 묘사하기 위해 벡터장에 대한 미분으로 표현되어 있다. NS 방정식 중 가장 간단한 경우만이 해석적인 해가 알려져 있고, 일반적인 경우의 해를 푸는 것은 백만 불의 상금이 걸려 있는 문제이다.

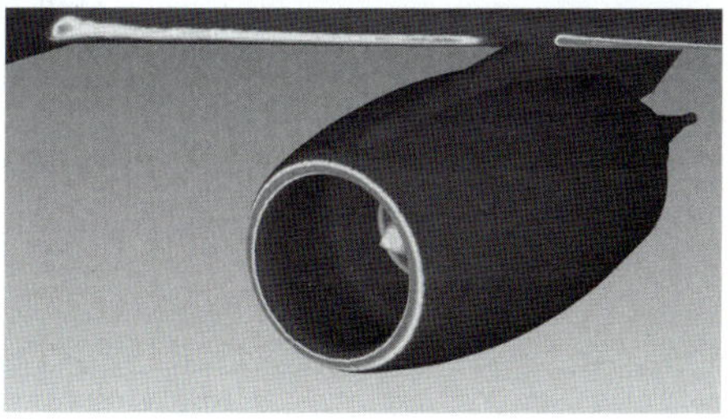
그림 8.8 NS 방정식을 이용한 에어포일의 전산유체역학 모델링

복잡한 수학 지식 및 과학기술을 이용하여 제품이나 시스템을 설계하는 설계공학자는 일상적으로 NS 방정식의 근사해를 구하기 위해 전산유체역학(CFD) 소프트웨어를 사용한다. 그 응용의 일례로 항공공학에서 항공기 날개 디자인은 많은 비용을 들여 풍동(wind tannel) 실험을 해야 했는데, NS 방정식을 이용하여 풍동을 시뮬레이션하여 초기에 항공기 날개의 사용 가능성을 많은 비용을 들이지 않고 평가할 수 있게 되었다. 실제 풍동 테스트는 시뮬레이션 결과가 좋은 경우에만 진행한다.

지금부터 곡률의 정의와 곡률을 구하는 여러 가지 방법을 알아보자.

8.2.1 곡선의 길이, 단위접선벡터와 곡률

정의 8.3 단위접선벡터함수

$\mathbf{C}'(t) \neq 0$일 때 단위접선벡터함수

$$\mathbf{T}(t) = \frac{\mathbf{C}'(t)}{\|\mathbf{C}'(t)\|}.$$

단위접선벡터함수는 다음과 같이 표현할 수도 있다.

$$\mathbf{T}(t) = \frac{\mathbf{C}'(t)}{\frac{ds}{dt}} = \frac{\mathbf{v}(t)}{\|\mathbf{v}(t)\|} = \frac{\mathbf{v}(t)}{v(t)}.$$

곡선 $\mathbf{C}(t)$를 길이함수 $s(t)$로 재매개화하면 $\|\mathbf{C}'(s)\| = 1$이므로 속력은 1이고 단위접선벡터는 곧 속도벡터가 된다. 즉, $\mathbf{T}(s) = \mathbf{C}'(s)$이다. 단위접선벡터를 사용하면 곡선의 굽은 정도를 나타내는 곡률 함수를 정의할 수 있다.

정의 8.4 곡률

곡선의 곡률 $\boldsymbol{\kappa}$는 곡선의 길이 s에 대한 단위접선벡터 $\mathbf{T}(s)$의 변화율의 크기이다.

$$\kappa(s) = \left\| \frac{d\mathbf{T}}{ds} \right\| = \|\mathbf{C}''(s)\|.$$

직관적으로 한 점에서 곡률이 크다는 것은 그 점에서 단위접선벡터의 변화가 더 빠르다는 것을 나타낸다. 그림 8.9에서는 화살표 방향을 따라 단위접선벡터의 변화가 커지므로 곡률이 커지는 것을 나타내고 있다.

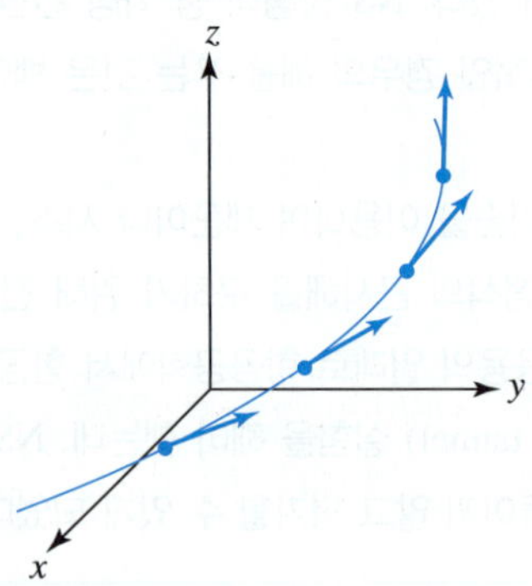

그림 8.9 단위접선벡터의 곡선의 길이에 대한 변화율의 크기와 곡률

보기 8.5

그림 8.10과 같은 곡선의 위치함수

$$\mathbf{C}(t) = [\cos t + t\sin t]\,\mathbf{i} + [\sin t - t\cos t]\,\mathbf{j} + t^2\mathbf{k}$$

를 곡선의 길이 $s(t)$에 대해 단위접선벡터함수 $\mathbf{T}(s)$로 표현하고 곡률을 구하자.

$$\mathbf{C}'(t) = t\cos t\,\mathbf{i} + t\sin t\,\mathbf{j} + 2t\,\mathbf{k}$$

이고, $\|\mathbf{C}'(t)\| = \sqrt{5}\,t$ 이므로

$$s(t) = \int_0^t \|\mathbf{C}'(\xi)\|\,d\xi = \int_0^t \sqrt{5}\xi\,d\xi = \frac{\sqrt{5}}{2}t^2$$

이다. t를 s로 표현하면

$$t = \frac{\sqrt{2s}}{5^{1/4}}$$

이다. $\alpha = \sqrt{2}/5^{1/4}$ 이라 하고, $\mathbf{C}$를 s의 함수로 재매개화하면

$$\begin{aligned}\mathbf{D}(s) &= \mathbf{C}(t(s))\\ &= \left(\cos\alpha\sqrt{s} + \alpha\sqrt{s}\sin\alpha\sqrt{s}\right)\mathbf{i} + \left(\sin\alpha\sqrt{s} - \alpha\sqrt{s}\cos\alpha\sqrt{s}\right)\mathbf{j} + \alpha^2 s\,\mathbf{k}\end{aligned}$$

이고, 단위접선벡터함수는

$$\begin{aligned}\mathbf{T}(s) &= \mathbf{D}'(s)\\ &= \frac{1}{2}\alpha^2\cos\alpha\sqrt{s}\,\mathbf{i} + \frac{1}{2}\alpha^2\sin\alpha\sqrt{s}\,\mathbf{j} + \alpha^2\mathbf{k}\end{aligned}$$

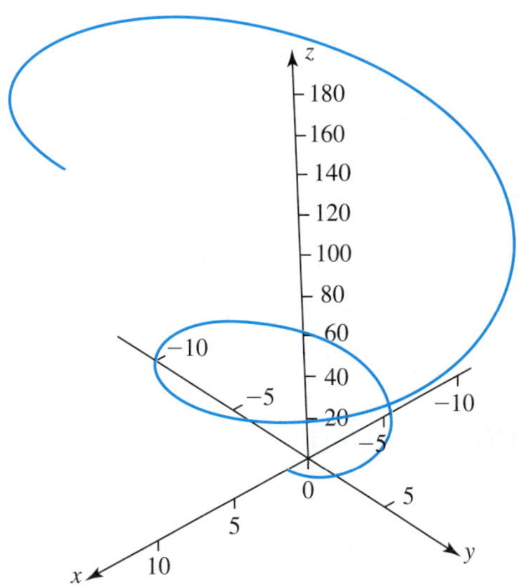

그림 8.10 보기 8.5의 곡선 $x = \cos t + t\sin t$, $y = \sin t - t\cos t$, $z = t^2$의 그래프

이다.

$$\|\mathbf{T}(s)\|^2 = \frac{1}{4}\alpha^4 + \alpha^4 = \frac{5}{4}\left(\frac{\sqrt{2}}{5^{1/4}}\right)^4 = 1$$

이므로 $\mathbf{T}(s)$가 단위벡터함수임을 확인할 수 있고,

$$\mathbf{T}'(s) = -\frac{\alpha^3}{4\sqrt{s}}\sin\alpha\sqrt{s}\,\mathbf{i} + \frac{\alpha^3}{4\sqrt{s}}\cos\alpha\sqrt{s}\,\mathbf{j}$$

이기 때문에 곡률은

$$\kappa(s) = \|\mathbf{T}'(s)\| = \left(\frac{\alpha^6}{16s}\right)^{1/2} = \frac{1}{4\sqrt{s}}\left(\frac{2^{1/2}}{5^{1/4}}\right)^3 = \frac{1}{5^{3/4}}\frac{1}{\sqrt{2}}\frac{1}{\sqrt{s}}$$

이다. 여기서 $s = \sqrt{5}\,t^2/2$이므로 곡률을 t에 대한 함수로 나타내면 $\kappa(t) = 1/5t$ 이다.

8.2.2 단위접선벡터, 속도와 곡률

$\kappa(s) = \|\mathbf{T}'(s)\|$를 직접 계산하는 것은 보기 8.5와 같이 일반적으로 간단하지 않다. 한편, 연쇄법칙을 이용하면

$$\kappa(t) = \left\|\frac{d\mathbf{T}}{dt}\frac{dt}{ds}\right\| = \left\|\frac{d\mathbf{T}/dt}{ds/dt}\right\| = \frac{\|\mathbf{T}'(t)\|}{\|\mathbf{C}'(t)\|} \tag{8.1}$$

이므로 이를 이용하면 곡선의 길이에 대한 재매개화 없이 보다 쉽게 곡률을 구할 수 있다.

보기 8.6

a, b, c, d, e, h가 상수일 때, 식 (8.1)을 이용하여 다음 직선

$$x = a + bt\,,\quad y = c + dt\,,\quad z = e + ht$$

의 곡률을 구하자.

위치벡터는

$$\mathbf{C}(t) = (a + bt)\,\mathbf{i} + (c + dt)\,\mathbf{j} + (e + ht)\,\mathbf{k}$$

이다.

$$\mathbf{C}'(t) = b\mathbf{i} + d\,\mathbf{j} + h\mathbf{k},$$

$$\|\mathbf{C}'(t)\| = \sqrt{b^2 + d^2 + h^2}$$

이고, 단위접선벡터함수는

$$\mathbf{T}(t)=\frac{\mathbf{C}'(t)}{\|\mathbf{C}'(t)\|}=\frac{1}{\sqrt{b^2+d^2+h^2}}(b\mathbf{i}+d\mathbf{j}+h\mathbf{k})$$

인 상수벡터이므로 $\mathbf{T}'(t)=\mathbf{O}$이다. 따라서 곡률은

$$\kappa(t)=\frac{\|\mathbf{T}'(t)\|}{\|\mathbf{C}'(t)\|}=0$$

이다. 이는 직선이 구부러진 데가 없어서 곡률이 0일 것이라는 예상과 일치한다.

보기 8.7

$y=3$인 평면에서 반지름이 4인 원의 곡률을 구하자.

이 원의 위치벡터는

$$\mathbf{C}(\theta)=4\cos\theta\,\mathbf{i}+3\mathbf{j}+4\sin\theta\,\mathbf{k}, \quad 0\le\theta<2\pi$$

이므로, 속도와 속력은 각각

$$\mathbf{C}'(\theta)=-4\sin\theta\,\mathbf{i}+4\cos\theta\,\mathbf{k},$$

$$\|\mathbf{C}'(\theta)\|=4$$

이다. 단위접선벡터함수와 그 미분은

$$\mathbf{T}(\theta)=\frac{\mathbf{C}'(\theta)}{\|\mathbf{C}'(\theta)\|}=-\sin\theta\,\mathbf{i}+\cos\theta\,\mathbf{k},$$

$$\mathbf{T}'(\theta)=-\cos\theta\,\mathbf{i}-\sin\theta\,\mathbf{k}$$

이므로, 곡률은

$$\kappa(\theta)=\frac{\|\mathbf{T}'(\theta)\|}{\|\mathbf{C}'(\theta)\|}=\frac{1}{4}$$

이다. 이 결과는 원의 곡률이 상수라는 예상과 일치한다.

일반적으로 반지름이 r인 원의 곡률은 $1/r$이다. 원의 곡률은 일정할 뿐 아니라 반지름이 커질수록 작아진다.

보기 8.8

$$\mathbf{C}(t)=[\cos t+t\sin t]\,\mathbf{i}+[\sin t-t\cos t]\,\mathbf{j}+t^2\mathbf{k}$$

의 곡률을 계산하자.

보기 8.5에서 구한 속도 $\mathbf{C}'(t)$와 속력 $\|\mathbf{C}'(t)\|$를 이용하면 단위접선벡터함수와 그 미분은

$$\mathbf{T}(t) = \frac{1}{\|\mathbf{C}'(t)\|}\mathbf{C}'(t) = \frac{1}{\sqrt{5}}[\cos t\,\mathbf{i} + \sin t\,\mathbf{j} + 2\mathbf{k}],$$

$$\mathbf{T}'(t) = \frac{1}{\sqrt{5}}[-\sin t\,\mathbf{i} + \cos t\,\mathbf{j}]$$

이다. 구한 값과 식 (8.1)을 이용하여 곡률을 계산하면 $t > 0$일 때

$$\kappa(t) = \frac{\|\mathbf{T}'(t)\|}{\|\mathbf{C}'(t)\|} = \frac{1}{\sqrt{5}\,t}\sqrt{\frac{1}{5}[\sin^2 t + \cos^2 t]} = \frac{1}{5t}$$

이다. 이는 보기 8.5에서 구한 곡률과 일치한다.

8.2.3 가속도의 접선 및 법선성분과 곡률

곡률이 0이 아닐 때 단위접선벡터함수와 수직인 단위법선벡터함수를 정의하자.

정의 8.5 단위법선벡터함수

s가 곡선의 길이이고, 곡률 $\kappa(s) \neq 0$일 때 단위법선벡터함수

$$\mathbf{N}(s) = \frac{1}{\kappa(s)}\mathbf{T}'(s).$$

이다.

이 벡터는 다음 두 가지 중요한 성질이 있다. 첫째로 $\mathbf{N}(s)$는 단위벡터이다. 왜냐하면 $\kappa(s) = \|\mathbf{T}'(s)\|$이기 때문에

$$\|\mathbf{N}(s)\| = \frac{\|\mathbf{T}'(s)\|}{\|\mathbf{T}'(s)\|} = 1$$

이다. 둘째로 $\mathbf{N}(s)$는 단위접선벡터와 수직이다. 이를 증명하기 위해 다음을 살펴보자.

$\|\mathbf{T}(s)\| = 1$이므로

$$\|\mathbf{T}(s)\|^2 = \mathbf{T}(s) \cdot \mathbf{T}(s) = 1$$

이다. 이 식을 미분하면

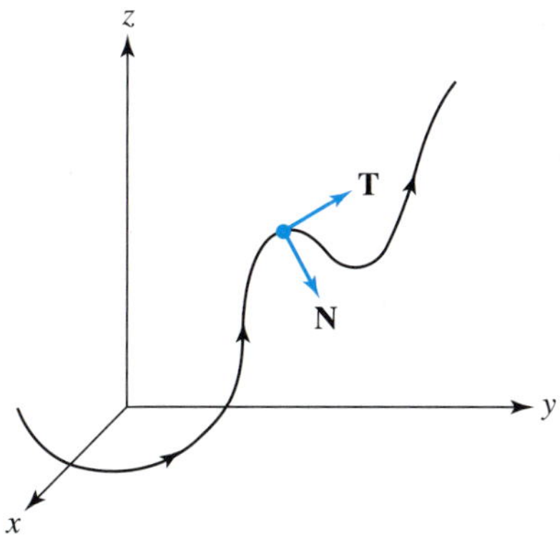

그림 8.11 곡선의 한 점에서 접선벡터와 법선벡터

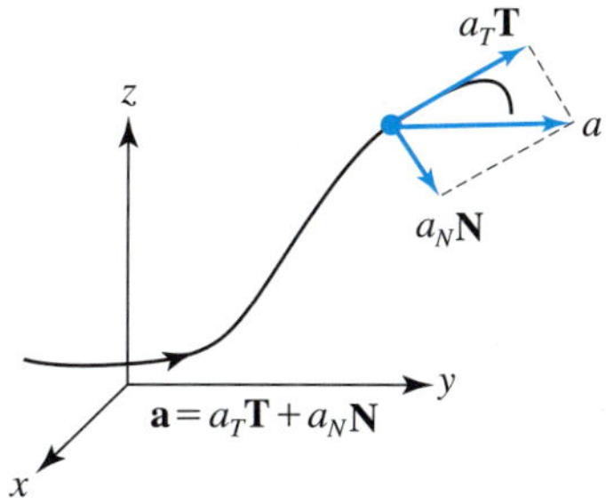

그림 8.12 가속도벡터의 분해

$$\mathbf{T}'(s) \cdot \mathbf{T}(s) + \mathbf{T}(s) \cdot \mathbf{T}'(s) = 2\mathbf{T}(s) \cdot \mathbf{T}'(s) = 0 \Rightarrow \mathbf{T}(s) \cdot \mathbf{T}'(s) = 0$$

이므로 $\mathbf{T}(s)$와 $\mathbf{T}'(s)$는 수직이다. $\mathbf{N}(s)$는 $\mathbf{T}'(s)$의 양의 스칼라곱이므로 $\mathbf{T}'(s)$와 같은 방향이다. 따라서 $\mathbf{N}(s)$와 $\mathbf{T}(s)$는 수직이고, 이것이 $\mathbf{N}(s)$를 법선벡터라 부르는 이유이다.

곡선상의 각 점에서 접선벡터는 곡선에 접하고 법선벡터는 곡선에 수직이다(그림 8.11). 따라서 입자 운동의 궤적 위의 모든 점에서 접선벡터와 법선벡터는 수직이다. 한 점에서 가속도는 곡률이 0이 아닐 때 다음 정리 8.1에 의해 단위접선벡터와 단위법선벡터의 일차결합으로 나타낼 수 있다(그림 8.12).

정리 8.1 단위접선벡터, 단위법선벡터와 가속도

$$\mathbf{a} = \frac{dv}{dt}\mathbf{T} + v^2\kappa\mathbf{N}.$$

증명 먼저

$$\mathbf{T}(t) = \frac{\mathbf{C}'(t)}{\|\mathbf{C}'(t)\|} = \frac{\mathbf{v}}{v}$$

이므로

$$\mathbf{v} = v\mathbf{T}$$

이다. 따라서 다음과 같다.

$$\mathbf{a} = \frac{d}{dt}\mathbf{v} = \frac{dv}{dt}\mathbf{T} + v\frac{d\mathbf{T}}{dt} = \frac{dv}{dt}\mathbf{T} + v\frac{ds}{dt}\frac{d\mathbf{T}}{ds}$$

$$= \frac{dv}{dt}\mathbf{T} + v^2\mathbf{T}'(s) = \frac{dv}{dt}\mathbf{T} + v^2\kappa\mathbf{N}. \quad \blacksquare$$

위의 정리는 가속도가 접선과 법선이 이루는 평면 위에 있으며 접선성분 $a_T = dv/dt$이고 법선성분 $a_N = v^2\kappa$임을 알려 준다. 즉, 가속도의 접선성분은 속력의 도함수인 반면에 법선성분은 곡률과 속력 제곱의 곱이다. 단위접선 **T**와 단위법선 **N**은 서로 수직인 단위벡터이기 때문에 다음과 같이 표현할 수 있다.

$$\begin{aligned}\|\mathbf{a}\|^2 &= \mathbf{a}\cdot\mathbf{a} = (a_T\mathbf{T} + a_N\mathbf{N})\cdot(a_T\mathbf{T} + a_N\mathbf{N}) \\ &= a_T^2\mathbf{T}\cdot\mathbf{T} + 2a_Ta_N\mathbf{T}\cdot\mathbf{N} + a_N^2\mathbf{N}\cdot\mathbf{N}. \\ &= a_T^2 + a_N^2.\end{aligned}$$

이 식으로부터 $\|\mathbf{a}\|$, a_T, a_N 중 두 가지를 알면 나머지 하나를 구할 수 있다. 따라서 $\|\mathbf{a}\|$와 $a_T = dv/dt$를 알면 곡률

$$\kappa = \frac{a_N}{v^2} = \frac{\sqrt{\|a\|^2 - a_T^2}}{v^2} = \frac{\sqrt{\|a\|^2 - (v')^2}}{v^2}$$

을 구할 수 있다.

보기 8.9

다음 곡선

$$\mathbf{C}(t) = [\cos t + t\sin t]\mathbf{i} + [\sin t - t\cos t]\mathbf{j} + t^2\mathbf{k}$$

에 대한 가속도의 접선 및 법선성분과 곡률을 구하자.

먼저 속도와 속력은 각각

$$\mathbf{v}(t) = \mathbf{C}'(t) = t\cos t\,\mathbf{i} + t\sin t\,\mathbf{j} + 2t\mathbf{k},$$

$$v(t) = \|\mathbf{C}'(t)\| = \sqrt{5}t$$

이다. 따라서 가속도의 접선성분은

$$a_T = \frac{dv}{dt} = \sqrt{5}$$

이며 일정한 값을 갖는다. 가속도벡터는

$$\mathbf{a} = \mathbf{v}' = [\cos t - t\sin t]\mathbf{i} + [\sin t + t\cos t]\mathbf{j} + 2\mathbf{k}$$

이고 크기는

$$\|\mathbf{a}\| = \sqrt{5 + t^2}$$

이다. 따라서

$$a_N = \sqrt{\|\mathbf{a}\|^2 - a_T^2} = t$$

이다. 정리 8.1에 의해

$$a_N = t = \kappa v^2 = 5t^2\kappa$$

이고 곡률은

$$\kappa = \frac{1}{5t}$$

이다. 이것은 보기 8.5와 8.8에서 구한 곡률과 일치한다.

보기 8.9에서 단위접선벡터함수와 단위법선벡터함수도 t의 함수로 쉽게 표현할 수 있다. 즉,

$$\mathbf{T}(t) = \frac{1}{v}\mathbf{v} = \frac{1}{\sqrt{5}}[\cos t\,\mathbf{i} + \sin t\,\mathbf{j} + 2\mathbf{k}],$$

$$\mathbf{N}(t) = \frac{1}{\kappa}\mathbf{T}'(s) = \frac{1}{\kappa}\frac{d\mathbf{T}}{dt}\frac{dt}{ds} = \frac{1}{\kappa v}\mathbf{T}'(t)$$

$$= \frac{5t}{\sqrt{5}\,t}\frac{1}{\sqrt{5}}[-\sin t\,\mathbf{i} + \cos t\,\mathbf{j}] = -\sin t\,\mathbf{i} + \cos t\,\mathbf{j}$$

이다. 이 계산에서는 보기 8.5와 같이 $s(t)$와 그 역함수를 구하지 않아도 된다.

8.2.4 속도, 가속도와 곡률

식 (8.1)

$$\kappa(t) = \frac{\|\mathbf{T}'(t)\|}{\|\mathbf{C}'(t)\|}$$

에서 $\mathbf{T}'$를 계산하지 않고, $\mathbf{C}'$와 $\mathbf{C}''$만으로 직접 κ를 계산하는 방법을 유도하자.

정리 8.2 곡률

$\mathbf{C}$가 곡선의 위치함수이고 두 번 미분가능할 때

$$\kappa = \frac{\|\mathbf{C}' \times \mathbf{C}''\|}{\|\mathbf{C}'\|^3}.$$

증명 가속도

$$\mathbf{a} = a_T\mathbf{T} + \kappa v^2\mathbf{N}$$

에 대해 단위접선벡터의 외적을 양변에 적용하면

$$\mathbf{T} \times \mathbf{a} = a_T\mathbf{T} \times \mathbf{T} + \kappa v^2(\mathbf{T} \times \mathbf{N}) = \kappa v^2(\mathbf{T} \times \mathbf{N})$$

이므로

$$\begin{aligned}\|\mathbf{T}\times\mathbf{a}\| &= \kappa v^2\|\mathbf{T}\times\mathbf{N}\| \\ &= \kappa v^2\|\mathbf{T}\|\|\mathbf{N}\|\sin\theta\end{aligned}$$

이다. 여기서 θ는 $\mathbf{T}$와 $\mathbf{N}$의 사잇각인데, 두 벡터는 서로 수직인 단위벡터이므로 $\theta=\pi/2$, $\|\mathbf{T}\|=\|\mathbf{N}\|=1$이다. 그러므로

$$\|\mathbf{T}\times\mathbf{a}\|=\kappa v^2$$

이고

$$\kappa=\frac{\|\mathbf{T}\times\mathbf{a}\|}{v^2}$$

이다. 그런데 $\mathbf{T}=\mathbf{C}'/\|\mathbf{C}'\|$, $\mathbf{a}=\mathbf{C}''$, $v=\|\mathbf{C}'\|$이므로

$$\kappa=\frac{\left\|\dfrac{\mathbf{C}'}{\|\mathbf{C}'\|}\mathbf{C}''\right\|}{\|\mathbf{C}'\|^2}=\frac{\|\mathbf{C}'\times\mathbf{C}''\|}{\|\mathbf{C}'\|^3}.$$ ■

보기 8.10

$$\mathbf{C}(t)=(\cos t+t\sin t)\mathbf{i}+(\sin t-t\cos t)\mathbf{j}+t^2\mathbf{k}$$

의 곡률을 계산하여라.

$\mathbf{C}(t)$의 1계 및 2계 도함수를 구하면

$$\mathbf{C}'(t)=(t\cos t,\ t\sin t,\ 2t),\quad \mathbf{C}''(t)=(\cos t-t\sin t,\ \sin t+t\cos t,\ 2)$$

이고,

$$\mathbf{C}'\times\mathbf{C}''=\begin{vmatrix}\mathbf{i} & \mathbf{j} & \mathbf{k}\\ t\cos t & t\sin t & 2t\\ \cos t-t\sin t & \sin t+t\cos t & 2\end{vmatrix}=(-2t^2\cos t,\ -2t^2\sin t,\ t^2)$$

이다. 따라서 곡률은

$$\kappa(t)=\frac{\|\mathbf{C}'(t)\times\mathbf{C}''(t)\|}{\|\mathbf{C}'(t)\|^3}=\frac{\sqrt{5}\,t^2}{(\sqrt{5}\,t)^3}=\frac{1}{5t},$$

이고 이것은 보기 8.5, 보기 8.8, 보기 8.9에서 구한 계산과 일치한다.

연습문제 8.2

문제 1부터 3까지 주어진 위치벡터 **C** 에 대해 속도, 속력, 가속도, 곡률, 단위접선벡터를 구하라.

1. $\mathbf{C}(t) = (2t, -2t, t)$

2. $\mathbf{C}(t) = (2t, -2, t)$

3. $\mathbf{C}(t) = \ln(t)(1, -1, 2)$

문제 4부터 8까지 주어진 위치벡터에 대해 속도, 속력, 가속도, 가속도의 접선과 법선의 방향 성분, 곡률, 단위접선, 단위법선, 단위종법선벡터를 구하라.

4. $\mathbf{C}(t) = t\sin t\mathbf{i} + t\cos t\mathbf{j} + \mathbf{k}$

5. $\mathbf{C}(t) = 3t\mathbf{i} - 2\mathbf{j} + t^2\mathbf{k}$

6. $\mathbf{C}(t) = \alpha\cos t\mathbf{i} + \beta t\mathbf{j} + \alpha\sin t\mathbf{k}$

7. $\mathbf{C}(t) = 2\sinh\mathbf{j} - 2\cosh t\mathbf{k}$

8. $\mathbf{C}(t) = 3t\cos t\mathbf{j} - 3t\sin t\mathbf{k}$

9. 곡선의 단위접선벡터함수가 상수벡터이면 이 곡선이 직선임을 증명하여라.

10. 직선의 곡률이 0임을 보기 8.6에서 증명하였다. 두 번 미분가능한 곡선의 곡률이 0일 때, 이 곡선이 직선이라고 할 수 있는가?

11. $\tau(s) = -\mathbf{N}(s)\cdot\mathbf{B}'(s)$임을 보여라.

12. $\tau(s) = [\mathbf{T}(s), \mathbf{N}(s), \mathbf{N}'(s)]$임을 보여라.

13. $\tau(s) = [\mathbf{C}'(s), \mathbf{C}''(s), \mathbf{C}'''(s)]/\kappa^2(s)$임을 보여라.

14. xy평면에서 원운동하는 입자의 위치벡터를 $\mathbf{C}(t) = \alpha[\cos(\omega t)\mathbf{i} + \sin(\omega t)\mathbf{j}]$라고 하자. 여기서 α와 ω는 양의 상수이다.

(a) 입자의 각속도(속력을 원의 반지름으로 나눈 물리량)가 ω임을 보여라.

(b) 가속도벡터 **a**는 중심을 향하는 방향이며 일정한 크기 $\alpha\omega^2$임을 보여라[이 가속도벡터는 구심가속도(centripetal acceleration)이다. 구심력은 $m\mathbf{a}$이고 원심력(centrifugal force)은 $-m\mathbf{a}$이며, m은 입자의 질량이다].

8.3 기울기벡터

3변수 실함수 $\varphi(x, y, z)$ 혹은 2변수 실함수 $\varphi(x, y)$를 스칼라장이라고 한다. 기울기벡터는 스칼라장으로부터 만들 수 있는 중요한 벡터장이다.

정의 8.6 기울기벡터

스칼라장 φ의 모든 편도함수가 정의될 때 벡터장

$$\nabla\varphi = \frac{\partial\varphi}{\partial x}\mathbf{i} + \frac{\partial\varphi}{\partial y}\mathbf{j} + \frac{\partial\varphi}{\partial z}\mathbf{k}$$

를 φ의 기울기벡터라 한다.

기호 ∇는 "델"로 읽고 기울기 연산자라 한다. 기울기 연산자 ∇는 스칼라장 φ를 기울기벡터장 $\nabla\varphi$로 바꾼다. 예를 들어 $\varphi(x, y, z) = x^2 y \cos yz$이면

$$\nabla\varphi = 2xy\cos yz\mathbf{i} + [x^2\cos yz - x^2 yz\sin yz]\mathbf{j} - x^2y^2\sin yz\mathbf{k}$$

이다. 점 P에서 기울기벡터는 $\nabla\varphi(P)$로 표기한다. 예를 들어 $P = (1, -1, 3)$이라면

$$\nabla\varphi(1,-1,3) = -2\cos 3\mathbf{i} + [\cos 3 + 3\sin 3]\mathbf{j} + \sin 3\mathbf{k}$$

이다.

φ가 x와 y만의 함수, 즉 2변수 실함수라고 하면 $\nabla\varphi$는 평면 벡터장이다. 예를 들어 $\varphi(x, y) = (x-y)\cos y$이면

$$\nabla\varphi(x,y) = \cos y\mathbf{i} + [-\cos y - (x-y)\sin y]\mathbf{j}$$

이고 $(2, \pi)$에서 기울기벡터는

$$\nabla\varphi(2,\pi) = -\mathbf{i} + \mathbf{j}$$

이다.

기울기 연산자는 선형성을 가진다:

$$\nabla(\varphi + \psi) = \nabla\varphi + \nabla\psi,$$

$$\nabla(c\varphi) = c\nabla\varphi.$$

이제 방향미분을 정의하고 기울기벡터와의 관계를 살펴보자. $\varphi(x, y, z)$가 스칼라장이고, 단위벡터 $\mathbf{u} = (a, b, c)$, 점 $P_0(x_0, y_0, z_0)$라 하자. 그림 8.13에서 $\mathbf{u}$를 P_0에서 시작하는 화살표로 나타내었다. P_0부터 (x, y, z)까지 점 P가 움직인다면 t초에서

$$P = (x_0 + at, y_0 + bt, z_0 + ct)$$

이다. P_0부터 P까지의 거리는 정확히 t이다. 왜냐하면

$$\begin{aligned}\|P - P_0\| &= \|(x_0 + at - x_0)\mathbf{i} + (y_0 + bt - y_0)\mathbf{j} + (z_0 + ct - z_0)\mathbf{k}\| \\ &= t\|\mathbf{u}\| = t\end{aligned}$$

이기 때문이다. 도함수

$$\frac{d}{dt}\varphi(x_0 + at, y_0 + bt, z_0 + ct)$$

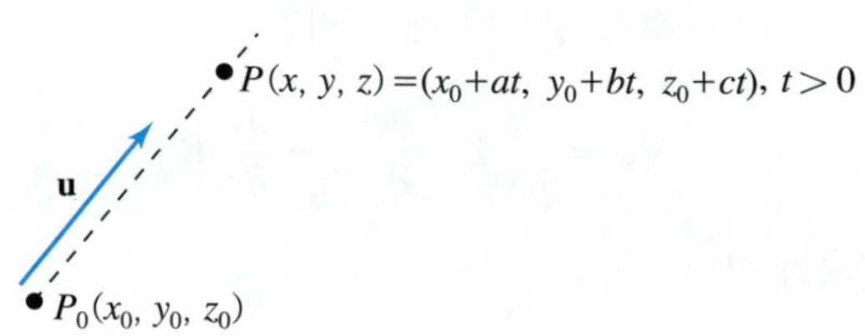

그림 8.13 점 P_0, 단위벡터 $\mathbf{u}$와 점 $P = P_0 + t\mathbf{u}$의 그래프

는 거리 t에 대한 $\varphi(x_0 + at, y_0 + bt, z_0 + ct)$의 변화율이며

$$\frac{d}{dt}\varphi(x_0 + at, y_0 + bt, z_0 + ct)\Big]_{t=0}$$

는 점 $P(0) = P_0$에서 $\mathbf{u}$ 방향으로 φ의 변화율이다. 즉, 이 도함수는 $\mathbf{u}$ 방향으로 P_0에서 $\varphi(x, y, z)$의 변화율을 나타낸다. $\mathbf{u}$가 단위벡터가 아닐 때는 단위벡터 $\frac{\mathbf{u}}{\|\mathbf{u}\|}$를 사용한다. 이것을 요약하면 다음과 같이 정의할 수 있다.

정의 8.7 방향미분

벡터 $\mathbf{u}$ 방향으로 P_0에서 스칼라장 φ의 방향미분은 $D_{\mathbf{u}}\varphi(P_0)$로 표기하며

$$D_{\mathbf{u}}\varphi(P_0) = \frac{d}{dt}\varphi\left(P_0 + t\frac{\mathbf{u}}{\|\mathbf{u}\|}\right)\Big]_{t=0}$$

로 정의한다.

다음 정리를 이용하면 방향미분을 쉽게 구할 수 있다.

정리 8.3 방향미분과 기울기벡터

φ가 미분가능한 스칼라장일 때

$$D_{\mathbf{u}}\varphi(P_0) = \nabla\varphi(P_0)\cdot\frac{\mathbf{u}}{\|\mathbf{u}\|}$$

이다.

증명 $\mathbf{u} = (a, b, c)$, $a^2 + b^2 + c^2 = 1$이라 가정하면 연쇄법칙에 의해

$$\frac{d}{dt}\varphi(x + at, y + bt, z + ct) = \frac{\partial\varphi}{\partial x}a + \frac{\partial\varphi}{\partial y}b + \frac{\partial\varphi}{\partial z}c$$

이다. $t = 0$일 때 $(x_0 + at, y_0 + bt, z_0 + ct) = (x_0, y_0, z_0)$이므로

$$\begin{aligned} D_{\mathbf{u}}\varphi(P_0) &= \frac{d}{dt}\varphi(x_0 + at, y_0 + bt, z_0 + ct)\Big]_{t=0} \\ &= \frac{\partial\varphi}{\partial x}(P_0)a + \frac{\partial\varphi}{\partial y}(P_0)b + \frac{\partial\varphi}{\partial z}(P_0)c \\ &= \nabla\varphi(P_0)\cdot\mathbf{u}. \end{aligned}$$

$a^2 + b^2 + c^2 \neq 1$이 아닐 때 $D_{\mathbf{u}}\varphi(P_0) = \nabla\varphi(P_0)\cdot\frac{\mathbf{u}}{\|\mathbf{u}\|}$도 어렵지 않게 확인할 수 있다. ■

보기 8.11

$\varphi(x, y, z) = x^2y - xe^z$, $P_0 = (2, -1, \pi)$, $u = (1/\sqrt{6})(\mathbf{i} - 2\mathbf{j} + \mathbf{k})$일 때 방향미분 $D_{\mathbf{u}}\varphi(P_0)$를 구하자.

$\mathbf{u}$는 단위벡터이므로

$$
\begin{aligned}
D_{\mathbf{u}}\varphi(2, -1, \pi) &= \nabla\varphi(2, -1, \pi) \cdot \mathbf{u} \\
&= \varphi_x(2, -1, \pi)\frac{1}{\sqrt{6}} + \varphi_y(2, -1, \pi)\left(-\frac{2}{\sqrt{6}}\right) + \varphi_z(2, -1, \pi)\frac{1}{\sqrt{6}} \\
&= \frac{1}{\sqrt{6}}\left([2xy - e^z]_{(2,-1,\pi)} - 2[x^2]_{(-2,1,\pi)} + [-xe^z]_{(2,-1,\pi)}\right) \\
&= \frac{1}{\sqrt{6}}(-4 - e^\pi - 8 - 2e^\pi) = -\frac{\sqrt{6}}{2}(4 + e^\pi).
\end{aligned}
$$

$\varphi(x, y, z)$가 P_0를 중심으로 하는 구 안의 모든 점에서 정의되면 P_0에 서서 여러 방향을 응시할 때, $\varphi(x, y, z)$가 국소적으로 어떤 방향으로 증가·감소함을 알 수 있다. 다음 정리는 기울기벡터 $\nabla\varphi(P_0)$가 최대 증가율 방향, $-\nabla\varphi(P_0)$가 최소 증가율 방향임을 알려준다.

정리 8.4 최대 증가율, 최소 증가율과 기울기벡터

스칼라장 φ와 φ의 1계 편도함수가 P_0를 중심으로 하는 구의 내부에서 연속이며 $\nabla\varphi(P_0) \neq 0$일 때, P_0에서 $\varphi(x, y, z)$의

(1) 최대 증가율은 $\nabla\varphi(P_0)$ 방향이며 증가율은 $\|\nabla\varphi(P_0)\|$이다.

(2) 최소 증가율은 $-\nabla\varphi(P_0)$ 방향이며 증가율은 $-\|\nabla\varphi(P_0)\|$이다.

증명 $\mathbf{u}$를 임의의 단위벡터라 하면

$$
\begin{aligned}
D_{\mathbf{u}}\varphi(P_0) &= \nabla\varphi(P_0) \cdot \mathbf{u} \\
&= \|\nabla\varphi(P_0)\|\|\mathbf{u}\|\cos\theta = \|\nabla\varphi(P_0)\|\cos\theta
\end{aligned}
$$

이고, 여기서 θ는 $\mathbf{u}$와 $\nabla\varphi(P_0)$의 사잇각이다. P_0에서 최대 증가율을 갖는 $\mathbf{u}$ 방향은 φ의 방향미분이 최대가 되는 방향이다. 이 방향도함수는 $\cos\theta = 1$일 때, 즉 $\theta = 0$일 때 최대이며 $\mathbf{u}$는 $\nabla\varphi(P_0)$와 같은 방향이다. 따라서 기울기벡터는 P_0에서 $\varphi(x, y, z)$의 최대 변화율 방향을 나타내며, 크기는 $\|\nabla\varphi(P_0)\|$이다. 또한 방향도함수는 $\cos\theta = -1$일 때, 즉 $\theta = \pi$일 때 최소가 된다. 이 경우 $\mathbf{u}$는 $\nabla\varphi(P_0)$와 반대 방향이며 최소 방향미분의 크기는 $-\|\nabla\varphi(P_0)\|$이다. ■

보기 8.12

$\varphi(x, y, z) = 2xz + e^y z^2$일 때, $P_0 = (2, 1, 1)$에서 $\varphi(x, y, z)$의 최대·최소 변화율을 구하자.

$$\nabla\varphi(x, y, z) = 2z\mathbf{i} + e^y z^2 \mathbf{j} + (2x + 2ze^y)\mathbf{k}$$

이므로

$$\nabla\varphi(P_0) = 2\mathbf{i} + e\mathbf{j} + (4 + 2e)\mathbf{k}$$

이다. (2, 1, 1)에서 $\varphi(x, y, z)$ 최대 증가율은 $\sqrt{5e^2 + 16e + 20}$이고 벡터 방향은 $(2, e, 4 + 2e)$, 최소 증가율은 $-\sqrt{5e^2 + 16e + 20}$이고, 방향은 $-(2, e, 4 + 2e)$이다.

스칼라장 φ와 상수 k에 대하여 $\varphi(x, y, z) = k$를 만족시키는 점들의 집합은 3차원 공간에서 곡면을 형성한다. 이러한 곡면을 φ의 k−**등위면**이라고 한다. 예를 들어 $\varphi(x, y, z) = x^2 + y^2 + z^2$이고 k−등위면은 $k > 0$일 때 반지름 $\sqrt{k}$인 구, $k = 0$일 때 원점, $k < 0$일 때 공집합이다.

등위면 $\varphi(x, y, z) = k$상의 한 점 $P_0 = (x_0, y_0, z_0)$를 생각하자. 그림 8.14의 C_1과 C_2처럼 곡면상에 놓이면서 점 P_0를 지나는 매끄러운 곡선이 있다고 가정하자. 또한 이들 각 곡선은 P_0에서 일차독립인 두 접선벡터를 갖는다고 가정하자. P_0에서 일차독립인 두 접선벡터는 곡면에 대한 접평면 Π를 결정한다. P_0에서 접평면 Π에 수직인 벡터를 이 점에서 곡면에 대한 **법선벡터** 또는 **법선**이라고 한다. 곡면상의 점에서 법선벡터를 구하면 이 점에서 접평면의 방정식을 알 수 있으므로 법선벡터는 접평면을 찾는 데 중요한 역할을 한다.

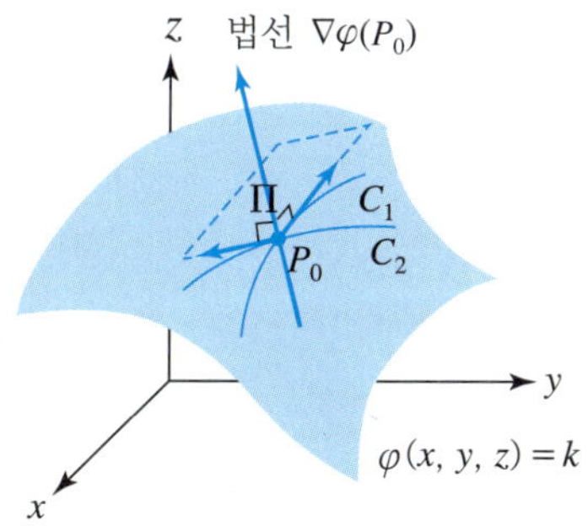

그림 8.14 P_0을 지나는 곡면의 법선은 접평면 Π를 결정한다.

정리 8.5 법선벡터로서 기울기벡터

φ와 φ의 1계 편도함수가 연속이고 $\nabla\varphi(P) \neq \mathbf{O}$이면 $\nabla\varphi(P)$는 점 P에서 등위곡면 $\varphi(x, y, z) = k$의 법선벡터이다.

증명 점 $P_0 = (x_0, y_0, z_0)$와 $\varphi(P_0)$−등위면, 그리고 이 등위면에서 이 점을 지나는 매끄러운 곡선 $\mathbf{C}(t) = (x(t), y(t), z(t))$가 있다. 어떤 t_0에 대해

$$P_0 = (x_0, y_0, z_0) = (x(t_0), y(t_0), z(t_0)) = \mathbf{C}(t_0)$$

이다. 곡선이 등위면상에 있으므로 모든 t에 대해

$$\varphi(\mathbf{C}(t)) = \varphi(x(t), y(t), z(t)) = \varphi(P_0)$$

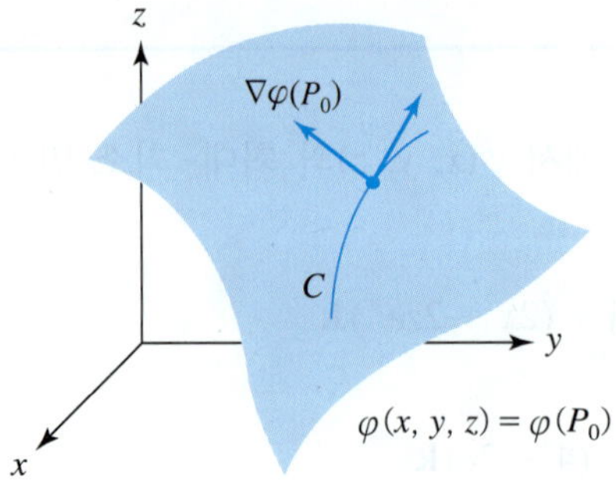

(a) $\nabla\varphi(P_0)$ 등위면

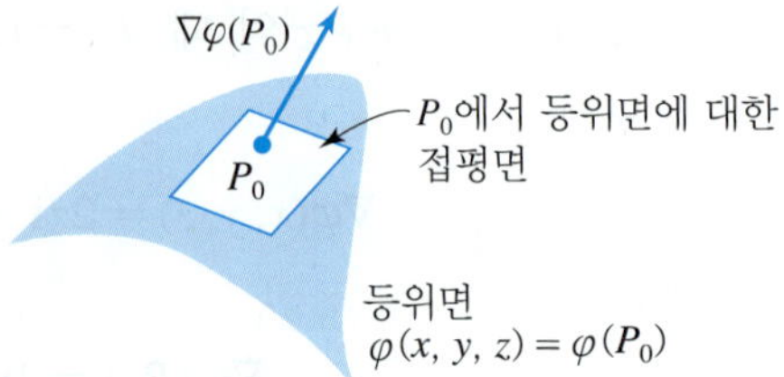

(b) P_0에서 φ의 접평면

그림 8.15 $\nabla\varphi(P_0)$은 P_0에서 등위면과 수직이다.

이고,

$$\begin{aligned} 0 &= \frac{d}{dt}(\varphi(x(t), y(t), z(t))) \\ &= \varphi_x x'(t) + \varphi_y y'(t) + \varphi_z z'(t) \\ &= \nabla\varphi \cdot [x'(t)\mathbf{i} + y'(t)\mathbf{j} + z'(t)\mathbf{k}] \end{aligned}$$

이다. 그러므로 C에 대한 접선벡터 $\mathbf{C}'(t) = x'(t)\mathbf{i} + y'(t)\mathbf{j} + z'(t)\mathbf{k}$에 대해

$$\nabla\varphi(P_0) \cdot \mathbf{C}'(t_0) = 0$$

이다. 이것은 $\nabla\varphi(P_0)$가 P_0에서 곡선 C에 대한 접선벡터와 수직임을 뜻한다. 그림 8.15와 같이 C는 P_0를 지나는 평면상의 임의의 매끄러운 곡선이므로 $\nabla\varphi(P_0)$는 P_0를 지나는 평면에 수직이다. ■

법선벡터를 알면 접평면의 방정식을 구할 수 있다. $P = (x, y, z)$가 접평면상의 임의의 점이면 그림 8.16과 같이

$$P - P_0 = (x - x_0)\mathbf{i} + (y - y_0)\mathbf{j} + (z - z_0)\mathbf{k}$$

는 접평면 위의 벡터이다. 이 벡터는 법선벡터와 수직이므로

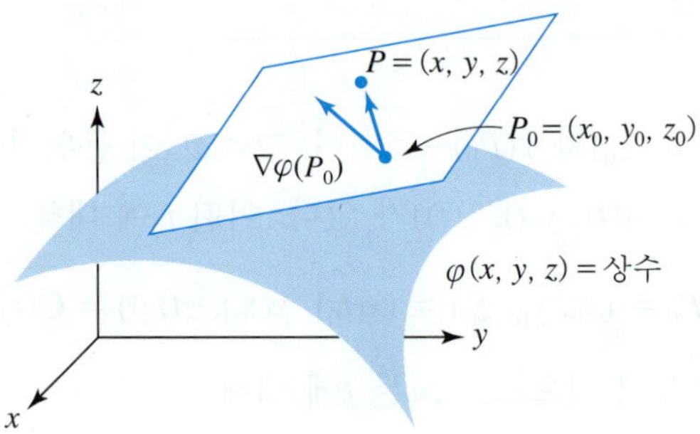

그림 8.16 접평면 $\nabla\varphi(P_0) \cdot [(x - x_0)\mathbf{i} + (y - y_0)\mathbf{j} + (z - z_0)\mathbf{k}] = 0$

$$\nabla\varphi(P_0)\cdot[(x-x_0)\mathbf{i}+(y-y_0)\mathbf{j}+(z-z_0)\mathbf{k}]=0.$$

따라서

$$\frac{\partial\varphi}{\partial x}(P_0)(x-x_0)+\frac{\partial\varphi}{\partial y}(P_0)(y-y_0)+\frac{\partial\varphi}{\partial z}(P_0)(z-z_0)=0 \tag{8.2}$$

이 된다. 이 방정식은 접평면의 모든 점에서 만족된다. 반대로 (x, y, z)가 이 방정식을 만족하면 $(x-x_0)\mathbf{i}+(y-y_0)\mathbf{j}+(z-z_0)\mathbf{k}$는 법선벡터에 수직이다. 따라서 (x, y, z)는 접평면에 놓이게 되어 이 평면 위의 점을 나타낸다. 그러므로 식 (8.2)는 P_0에서 등위면 $\varphi(x, y, z)=\varphi(P_0)$에 대한 접평면의 방정식이다.

보기 8.13

$\varphi(x,y,z)=z-\sqrt{x^2+y^2}$의 0−등위면은 그림 8.17과 같이 원뿔 모양이다. $(1, 1, \sqrt{2})$에서 법선벡터와 접평면을 구해 보자.

먼저 기울기벡터

$$\nabla\varphi=-\frac{x}{\sqrt{x^2+y^2}}\mathbf{i}-\frac{y}{\sqrt{x^2+y^2}}\mathbf{j}+\mathbf{k}$$

이다. 그림 8.17은 원뿔 위의 점 $P_0=\left(x_0, y_0, \sqrt{x_0^2+y_0^2}\right)$에서 기울기벡터 $\nabla\varphi(P_0)$를 나타낸다. 예를 들어

$$\nabla\varphi\left(1,1,\sqrt{2}\right)=-\frac{1}{\sqrt{2}}\mathbf{i}-\frac{1}{\sqrt{2}}\mathbf{j}+\mathbf{k}$$

는 $(1, 1, \sqrt{2})$에서 원뿔 모양 0−등위면의 접평면의 법선벡터이고 접평면의 방정식은

$$-\frac{1}{\sqrt{2}}(x-1)-\frac{1}{\sqrt{2}}(y-1)+z-\sqrt{2}=0,$$
$$x+y-\sqrt{2}\,z=0.$$

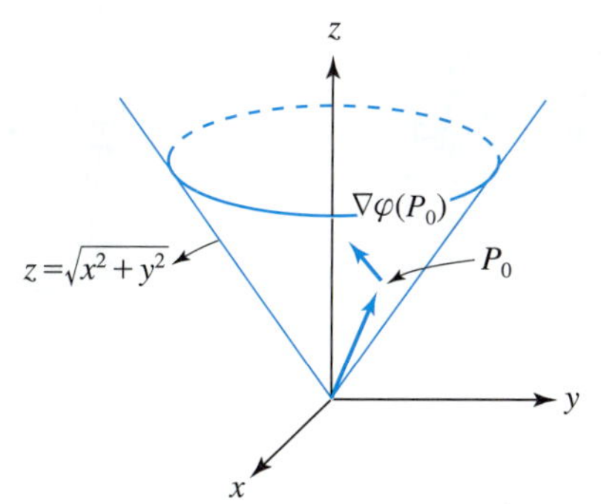

그림 8.17 원뿔 $z=\sqrt{x^2+y^2}$과 P_0에서 법선벡터 $\nabla\varphi(P_0)$

원뿔은 "뾰족한 점"인 원점에서 접평면 또는 법선벡터가 없다. 이것은 평면 위의 곡선 $y = |x|$의 그래프에서 뾰족한 점인 원점에서 접선벡터가 없는 것과 유사하다.

보기 8.14

곡면 $z = \sin xy$ 위의 점 $(1, 2, \sin 2)$와 $(-1, -2, \sin 2)$에서 접평면을 구하자.

$\varphi(x, y, z) = \sin xy - z$라 하면 이 곡면은 φ의 0−등위면이다. 기울기벡터는

$$\nabla\varphi = y\cos xy\,\mathbf{i} + x\cos xy\,\mathbf{j} - \mathbf{k}$$

로 그림 8.18(a)와 같고, 곡면상의 임의의 점 (x_0, y_0, z_0)에서 접평면은

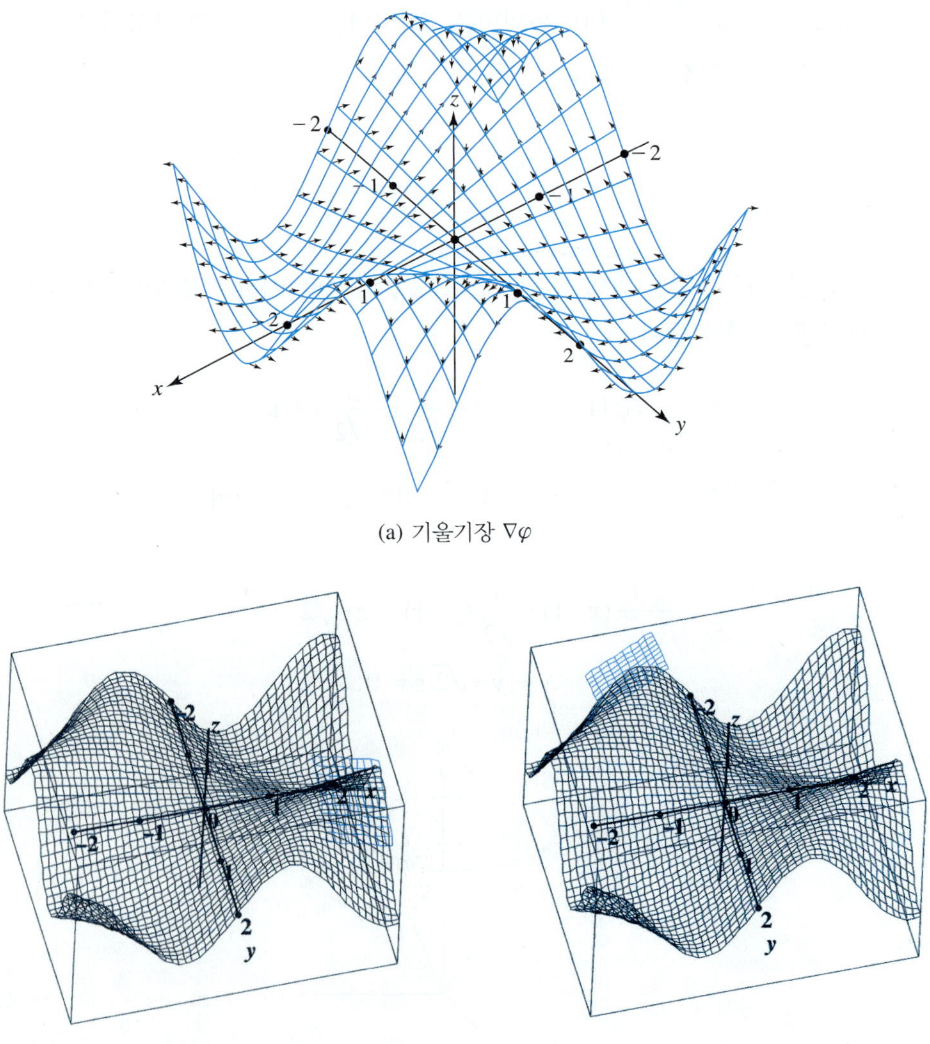

(a) 기울기장 $\nabla\varphi$

(b) $(1, 2, \sin 2)$에서 접평면

(c) $(-1, -2, \sin 2)$에서 접평면

그림 8.18 $\varphi(x, y, z) = \sin xy - z$의 0−등위면

$$y_0(\cos x_0\, y_0)(x - x_0) + x_0(\cos x_0\, y_0)(y - y_0) - (z - z_0) = 0.$$

(1, 2, sin 2)에서 접평면의 방정식은

$$2\cos 2(x-1) + \cos 2(y-2) - (z - \sin 2) = 0,$$

$$2(\cos 2)x + (\cos 2)y - z = 4\cos 2 - \sin 2$$

이고, 그림 8.18(b)와 같다. 같은 방법으로 $(-1,\ -2,\ \sin 2)$에서 접평면의 방정식은

$$(2\cos 2)x + (\cos 2)y + z = -4\cos 2 + \sin 2$$

이고, 그림 8.18(c)와 같다.

보기 8.15

$\varphi(x, y, z) = \sin(x^2 + y^2) - z$의 0–등위면 위의 점 (2, 1, sin 5)에서 접평면을 구하자.

0–등위면은 그림 8.19와 같다. 기울기벡터는

$$\nabla\varphi = 2\cos(x^2 + y^2)[x\mathbf{i} + y\mathbf{j}] - \mathbf{k}$$

이고 그림 8.19(a)에 화살표로 나타내었다. (2, 1, sin 5)에서 접평면의 방정식은

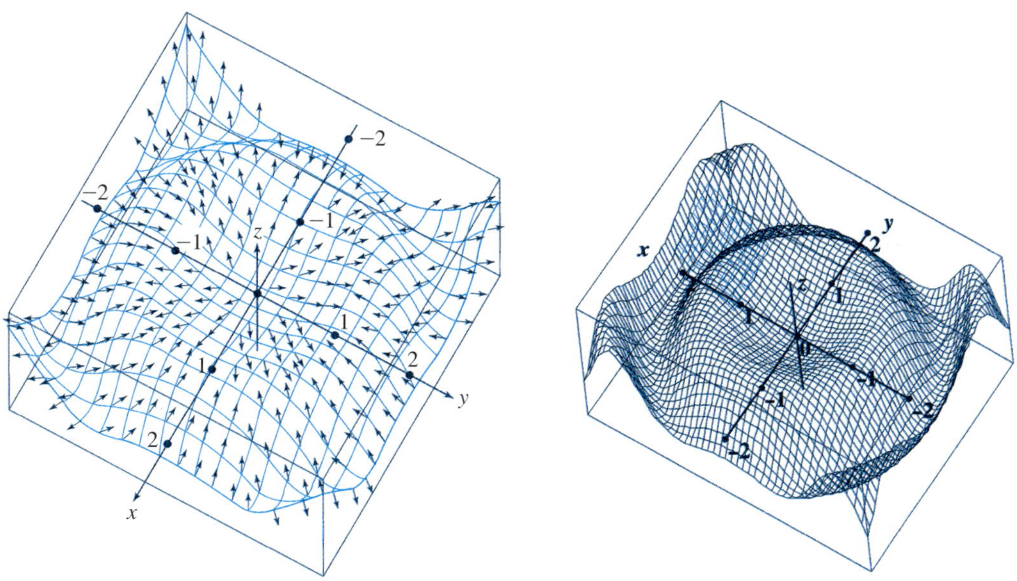

(a) 기울기장　　(b) (2, 1, sin 5)에서의 접평면

그림 8.19 $\varphi(x, y, z) = \sin(x^2 + y^2) - z$의 0–등위면

$$4(\cos 5)(x-2)+2(\cos 5)(y-1)-(z-\sin 5)=0$$

이고 그림 8.19(b)와 같다.

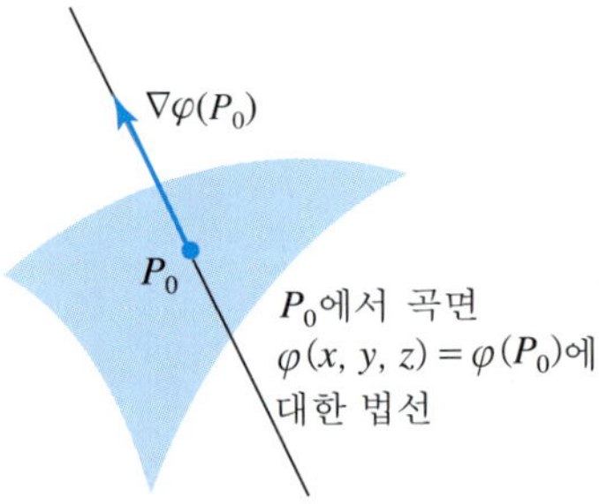

그림 8.20 P_0에서의 법선

P_0를 지나고 $\nabla\varphi(P_0)$에 평행한 직선은 그림 8.20과 같이 $\varphi(P_0)$–등위면 위의 점 P_0에 대한 법선이다. 법선의 방정식을 구해 보자.

(x, y, z)가 법선 위의 점이라면 벡터

$$(x-x_0)\mathbf{i}+(y-y_0)\mathbf{j}+(z-z_0)\mathbf{k}$$

는 법선 방향이므로 법선벡터 $\nabla\varphi(P_0)$와 평행하다. 그러므로 적당한 상수 t에 대하여

$$(x-x_0)\mathbf{i}+(y-y_0)\mathbf{j}+(z-z_0)\mathbf{k}=t\nabla\varphi(P_0)$$

이므로

$$x-x_0=\frac{\partial\varphi}{\partial x}(P_0)t, \quad y-y_0=\frac{\partial\varphi}{\partial y}(P_0)t, \quad z-z_0=\frac{\partial\varphi}{\partial z}(P_0)t$$

이다. 반대로 어떤 상수 t에 대해서도 (x, y, z)는 법선 위에 있으므로, 위의 식은 법선의 방정식이다. t를 소거하면

$$\frac{x-x_0}{\frac{\partial\varphi}{\partial x}(P_0)}=\frac{y-y_0}{\frac{\partial\varphi}{\partial y}(P_0)}=\frac{z-z_0}{\frac{\partial\varphi}{\partial z}(P_0)}$$

로 나타낼 수 있다.

보기 8.16

원뿔 $\varphi(x, y, z)=z-\sqrt{x^2+y^2}=0$ 위의 점 $(1, 1, \sqrt{2})$에서 접평면의 법선의 방정식을 구하자.

보기 8.13에서 점 $(1, 1, \sqrt{2})$에서의 기울기벡터

$$-\frac{1}{\sqrt{2}}\mathbf{i}-\frac{1}{\sqrt{2}}\mathbf{j}+\mathbf{k}$$

를 구했다. 이 점을 지나는 법선은 매개변수 t에 대해

$$x-1=-\frac{1}{\sqrt{2}}t, \quad y-1=-\frac{1}{\sqrt{2}}t, \quad z-\sqrt{2}=t$$

이므로 법선 $N(t)$의 방정식은

$$N(t)=\left(-\frac{t}{\sqrt{2}}+1, -\frac{t}{\sqrt{2}}+1, t+\sqrt{2}\right)$$

또는

$$\frac{x-1}{-\frac{\sqrt{2}}{2}} = \frac{y-1}{-\frac{\sqrt{2}}{2}} = \frac{z-\sqrt{2}}{1}$$

로 표현할 수 있다.

보기 8.17

점 $(2, -2, 8)$에서 곡면 $z = x^2 + y^2$에 대한 접평면과 법선을 구하자.

$\varphi(x, y, z) = x^2 + y^2 - z$라고 할 때 곡면은 0−등위면이며 그림 8.21과 같다. 기울기벡터는

$$\nabla\varphi = 2x\mathbf{i} + 2y\mathbf{j} - \mathbf{k}$$

이고

$$\nabla\varphi(2, -2, 8) = 4\mathbf{i} - 4\mathbf{j} - \mathbf{k}$$

는 점 $(2, -2, 8)$에서 곡면에 대한 법선벡터이다. 접평면의 방정식은

$$4(x-2) - 4(y+2) - (z-8) = 0, \quad 4x - 4y - z = 8.$$

이다. 법선의 방정식은 매개변수 t에 대해

$$x = 2 + 4t, \qquad y = -2 - 4t, \qquad z = 8 - t$$

이므로 법선 $N(t) = 4t + 2, -4t - 2, -t + 8)$로 표현할 수 있다.

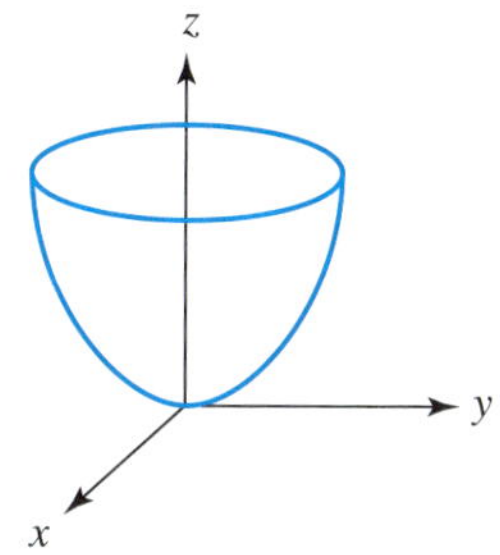

그림 8.21 곡면 $z = x^2 + y^2$

연습문제 8.3

문제 1부터 10까지 스칼라장 φ의 기울기벡터를 구하고 주어진 점에서 기울기벡터를 계산하여라. 또한 주어진 점에서 φ의 최대 변화율과 최소 변화율을 구하라.

1. $\varphi(x, y, z) = xyz$; $(1, 1, 1)$
2. $\varphi(x, y, z) = x^2y - \sin(xz)$; $(1, -1, \pi/4)$
3. $\varphi(x, y, z) = 2xy + xe^z$; $(-2, 1, 6)$
4. $\varphi(x, y, z) = \cos(xyz)$; $(-1, 1, \pi/2)$
5. $\varphi(x, y, z) = \cosh(2xy) - \sinh z$; $(0, 1, 1)$
6. $\varphi(x, y, z) = \sqrt{x^2 + y^2 + z^2}$; $(2, 2, 2)$
7. $\varphi(x, y, z) = \ln(x + y + z)$; $(3, 1, -2)$
8. $\varphi(x, y, z) = -1/\|x\mathbf{i} + y\mathbf{j} + z\mathbf{k}\|$; $(-2, 1, 1)$
9. $\varphi(x, y, z) = e^x \cos y \cos z$; $(0, \pi/4, \pi/4)$
10. $\varphi(x, y, z) = 2x^3y + ze^y$; $(1, 1, 2)$

문제 11부터 16까지 스칼라장 φ의 주어진 벡터 방향에 대한 방향미분을 구하라.

11. $\varphi(x, y, z) = 8xy^2 - xz$; $(1/\sqrt{3})(\mathbf{i} + \mathbf{j} + \mathbf{k})$

12. $\varphi(x, y, z) = \cos(x-y) + e^z$; $\mathbf{i} - \mathbf{j} + 2\mathbf{k}$

13. $\varphi(x, y, z) = x^2yz^3$; $2\mathbf{j} + \mathbf{k}$

14. $\varphi(x, y, z) = yz + xz + xy$; $\mathbf{i} - 4\mathbf{k}$

15. $\varphi(x, y, z) = \sin(x - y + 2z)$; $-\mathbf{i} + \mathbf{j} + \mathbf{k}$

16. $\varphi(x, y, z) = 1 - x^2 - y^2 - xyz$; $\mathbf{i} + 3\mathbf{k}$

문제 17부터 26까지 주어진 점에서 주어진 곡면에 대한 접평면과 법선의 방정식을 구하라.

17. $x^2 + y^2 + z^2 = 4$; $(1, 1, \sqrt{2})$

18. $z = x^2 + y$; $(-1, 1, 2)$

19. $z^2 = x^2 - y^2$; $(1, 1, 0)$

20. $\sinh(x + y + z) = 0$; $(0, 0, 0)$

21. $2x - 4y^2 + z^3 = 0$; $(-4, 0, 2)$

22. $x^2 - y^2 + z^2 = 0$; $(1, 1, 0)$

23. $2x - \cos xyz = 3$; $(1, \pi, 1)$

24. $3x^4 + 3y^4 + 6z^4 = 12$; $(1, 1, 1)$

25. $x^2 - 2y^2 + z^4 = 0$; $(1, 1, 1)$

26. $\cos x - \sin y + z = 1$; $(0, \pi, 0)$

문제 27부터 30까지 주어진 교점에서 두 곡면의 끼인각을 구하라. 단, 끼인각은 예각 혹은 직각이다.

27. $z = 3x^2 + 2y^2$, $z = -2x + 7y^2$; $(1, 1, 5)$

28. $x^2 + y^2 + z^2 = 4$, $x^2 + z^2 = 2$; $(1, \sqrt{2}, 1)$

29. $z = \sqrt{x^2 + y^2}$, $x^2 + y^2 = 8$; $(2, 2, \sqrt{8})$

30. $x^2 + y^2 + 2z^2 = 10$, $x + y + z = 5$; $(2, 2, 1)$

31. $\nabla\varphi = \mathbf{i} + \mathbf{k}$일 때 φ의 등위면은 어떤 모양인가? $\nabla\varphi$의 흐름선이 φ의 등위면과 직교함을 증명하여라. 흐름선의 정의는 정의 8.11을 참조하여라.

8.4 발산과 회전

기울기 연산자는 스칼라장을 벡터장으로 만든다. 이 절에서는 다른 두 개의 연산자, 발산과 회전 연산자를 소개한다. 발산 연산자는 벡터장을 스칼라장으로 만들고, 회전 연산자는 벡터장을 벡터장에 대응시킨다.

정의 8.8 발산

벡터장 $\mathbf{F}(x, y, z) = f(x, y, z)\mathbf{i} + g(x, y, z)\mathbf{j} + h(x, y, z)\mathbf{k}$의 발산은 다음 스칼라장이다.

$$\operatorname{div}\mathbf{F} = \nabla \cdot \mathbf{F} = \frac{\partial f}{\partial x} + \frac{\partial g}{\partial y} + \frac{\partial h}{\partial z}.$$

예를 들어 $\mathbf{F} = 2xy\mathbf{i} + (xyz^2 - \sin yz)\mathbf{j} + ze^{x+y}\mathbf{k}$이면 div $\mathbf{F}$는

$$\operatorname{div}\mathbf{F} = 2y + xz^2 - z\cos yz + e^{x+y}$$

인 스칼라장이다. div **F**는 "**F**의 발산"이라 한다.

정의 8.9 회전

벡터장 $\mathbf{F}(x, y, z) = f(x, y, z)\mathbf{i} + g(x, y, z)\mathbf{j} + h(x, y, z)\mathbf{k}$의 회전은 다음 벡터장으로 정의한다.

$$\operatorname{curl}\mathbf{F} = \nabla \times \mathbf{F} = \left(\frac{\partial h}{\partial y} - \frac{\partial g}{\partial z}\right)\mathbf{i} + \left(\frac{\partial f}{\partial z} - \frac{\partial h}{\partial x}\right)\mathbf{j} + \left(\frac{\partial g}{\partial x} - \frac{\partial f}{\partial y}\right)\mathbf{k}.$$

이 벡터장은 "**F**의 회전"이라 한다. $\mathbf{F} = y\mathbf{i} + 2xz\mathbf{j} + ze^x\mathbf{k}$이면

$$\operatorname{curl}\mathbf{F} = -2x\mathbf{i} - ze^x\mathbf{j} + (2z-1)\mathbf{k}$$

인 벡터장이다.

기울기벡터, 발산, 회전은 델연산자

$$\nabla = \frac{\partial}{\partial x}\mathbf{i} + \frac{\partial}{\partial y}\mathbf{j} + \frac{\partial}{\partial z}\mathbf{k}$$

를 이용하여 나타낼 수 있다.

$$\begin{aligned}\varphi\text{의 기울기벡터} = \operatorname{grad}\varphi = \nabla\varphi &= \left(\frac{\partial}{\partial x}\mathbf{i} + \frac{\partial}{\partial y}\mathbf{j} + \frac{\partial}{\partial z}\mathbf{k}\right)\varphi \\ &= \frac{\partial \varphi}{\partial x}\mathbf{i} + \frac{\partial \varphi}{\partial y}\mathbf{j} + \frac{\partial \varphi}{\partial z}\mathbf{k},\end{aligned}$$

$$\begin{aligned}\mathbf{F}\text{의 발산} = \operatorname{div}\mathbf{F} = \nabla\cdot\mathbf{F} &= \left(\frac{\partial}{\partial x}\mathbf{i} + \frac{\partial}{\partial y}\mathbf{j} + \frac{\partial}{\partial}\mathbf{k}\right)\cdot(f\mathbf{i} + g\mathbf{j} + h\mathbf{k}) \\ &= \frac{\partial f}{\partial x} + \frac{\partial g}{\partial y} + \frac{\partial h}{\partial z},\end{aligned}$$

$$\begin{aligned}\mathbf{F}\text{의 회전} = \operatorname{curl}\mathbf{F} = \nabla\times\mathbf{F} &= \begin{vmatrix} \mathbf{i} & \mathbf{j} & \mathbf{k} \\ \partial/\partial x & \partial/\partial y & \partial/\partial z \\ f & g & h \end{vmatrix} \\ &= \begin{vmatrix} \frac{\partial}{\partial y} & \frac{\partial}{\partial z} \\ g & h \end{vmatrix}\mathbf{i} + \begin{vmatrix} \frac{\partial}{\partial z} & \frac{\partial}{\partial x} \\ h & f \end{vmatrix}\mathbf{j} + \begin{vmatrix} \frac{\partial}{\partial x} & \frac{\partial}{\partial y} \\ f & g \end{vmatrix}\mathbf{k} \\ &= \left(\frac{\partial h}{\partial y} - \frac{\partial g}{\partial z}\right)\mathbf{i} + \left(\frac{\partial f}{\partial z} - \frac{\partial h}{\partial x}\right)\mathbf{j} + \left(\frac{\partial g}{\partial x} - \frac{\partial f}{\partial y}\right)\mathbf{k}.\end{aligned}$$

이와 같이 델 연산자를 이용하면 기울기벡터, 발산, 회전을 단순한 벡터연산으로 다룰 수 있어서 계산하는 데 편리하다.

기울기벡터, 발산, 회전 사이에는 다음 두 개의 기본적인 관계식이 있다.

정리 8.6 기울기벡터의 회전, 발산

1계 및 2계 편도함수가 연속인 스칼라장 φ와 벡터장 $\mathbf{F}$에 대해

(1) $\nabla \times (\nabla\varphi) = \text{curl}(\text{grad}\ \varphi) = \mathbf{O}$

(2) $\nabla \cdot (\nabla \times \mathbf{F}) = \text{div}(\text{curl}\ \mathbf{F}) = 0$

증명

$$\nabla \times (\nabla\varphi) = \nabla \times \left(\frac{\partial\varphi}{\partial x}\mathbf{i} + \frac{\partial\varphi}{\partial y}\mathbf{j} + \frac{\partial\varphi}{\partial z}\mathbf{k}\right)$$

$$= \begin{vmatrix} \mathbf{i} & \mathbf{j} & \mathbf{k} \\ \partial/\partial x & \partial/\partial y & \partial/\partial z \\ \partial\varphi/\partial x & \partial\varphi/\partial y & \partial\varphi/\partial z \end{vmatrix}$$

$$= \left(\frac{\partial^2\varphi}{\partial y\partial z} - \frac{\partial^2\varphi}{\partial z\partial y}\right)\mathbf{i} + \left(\frac{\partial^2\varphi}{\partial z\partial x} - \frac{\partial^2\varphi}{\partial x\partial z}\right)\mathbf{j} + \left(\frac{\partial^2\varphi}{\partial x\partial y} - \frac{\partial^2\varphi}{\partial y\partial x}\right)\mathbf{k} = \mathbf{O}.$$

$$\nabla \cdot (\nabla \times \mathbf{F}) = \frac{\partial}{\partial x}\left(\frac{\partial h}{\partial y} - \frac{\partial g}{\partial z}\right) + \frac{\partial}{\partial y}\left(\frac{\partial f}{\partial z} - \frac{\partial h}{\partial x}\right) + \frac{\partial}{\partial z}\left(\frac{\partial g}{\partial x} - \frac{\partial f}{\partial y}\right)$$

$$= \frac{\partial^2 h}{\partial x\partial y} - \frac{\partial^2 g}{\partial x\partial z} + \frac{\partial^2 f}{\partial y\partial z} - \frac{\partial^2 h}{\partial y\partial x} + \frac{\partial^2 g}{\partial z\partial x} - \frac{\partial^2 f}{\partial z\partial y} = 0.$$ ■

벡터장의 회전은 벡터이기 때문에 (1)의 우변은 영벡터 $\mathbf{O}$이고 벡터장의 발산은 스칼라이기 때문에 (2)의 우변은 스칼라 0이다.

이제 발산과 회전의 물리적 의미에 대하여 알아보자.

8.4.1 발산의 물리적 의미

$\mathbf{F} = (x, y, z, t)$를 시간 t일 때 점 (x, y, z)에서 유속이라 하고 그림 8.22와 같이 유

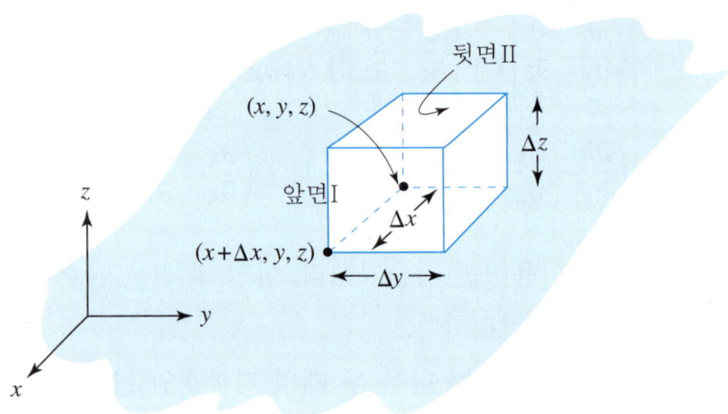

그림 8.22 직육면체 상자의 앞면 I과 뒷면 II

체 안에 있는 작은 상자를 고려해 보자. 임의의 시간에서 단위부피당 유체가 상자의 각 면을 통과하여 상자 바깥으로 나오는 양을 측정하려고 한다.

우선 그림 8.22에서 앞면 I와 뒷면 II을 보자. 앞면 I로부터 상자 바깥으로 향하는 법선벡터는 **i**이다. 앞면 I를 통해 상자 바깥으로 흘러나가는 유량은 속도의 수직성분(**F**와 **i**의 내적)과 유출면 넓이를 곱하여 구한다. 즉,

$$\begin{aligned}\text{앞면 I을 통과하는 유출량} &= \mathbf{F}(x+\Delta x, y, z, t)\cdot \mathbf{i}\Delta y\Delta z \\ &= f(x+\Delta x, y, z, t)\Delta y\Delta z\end{aligned}$$

이다. 뒷면 II에서 상자 바깥을 향하는 단위법선벡터는 $-\mathbf{i}$이므로 이 면을 통과하여 상자 밖으로 흘러나가는 유출량은

$$\begin{aligned}\text{뒷면 II를 통과하는 유출량} &= \mathbf{F}(x, y, z, t)\cdot(-\mathbf{i})\Delta y\Delta z \\ &= -f(x, y, z, t)\Delta y\Delta z.\end{aligned}$$

그러므로 면 I과 II를 통과하여 밖으로 나오는 총유출량은

$$[f(x+\Delta x, y, z, t)-f(x, y, z, t)]\Delta y\Delta z.$$

같은 방법으로 다른 두 쌍의 면에 대한 유출량을 계산하면 상자의 각 면을 통과하여 상자 바깥으로 흘러나오는 총유출량은

$$\begin{aligned}&[f(x+\Delta x, y, z, t)-f(x, y, z, t)]\Delta y\Delta z+[g(x, y+\Delta y, z, t)-g(x, y, z, t)]\Delta x\Delta z \\ &\quad +[h(x, y, z+\Delta z, t)-h(x, y, z, t)]\Delta x\Delta y.\end{aligned}$$

단위부피당 유출량은 총유출량은 상자의 부피 $\Delta x\Delta y\Delta z$로 나눈

$$\begin{aligned}\text{단위부피당 유출량} = &\frac{f(x+\Delta x, y, z, t)-f(x, y, z, t)}{\Delta x} \\ &+\frac{g(x, y+\Delta y, z, t)-g(x, y, z, t)}{\Delta y} \\ &+\frac{h(x, y, z+\Delta z, t)-h(x, y, z, t)}{\Delta z}\end{aligned}$$

이다. Δx, Δy, Δz가 모두 0으로 수렴하면 상자는 점 (x, y, z)로 수렴하고 단위부피당 유출량은

$$\frac{\partial f}{\partial x}+\frac{\partial g}{\partial y}+\frac{\partial h}{\partial z}$$

로 수렴한다. 이것은 시간 t에서 $\mathbf{F}(x, y, z, t)$의 발산이다. 그러므로 **F**의 발산은 이 점으로부터 밖으로 흘러 나가거나 퍼져 나가는 유출량을 측정하는 것으로 이해할 수 있다.

Math in Context | 뉴턴 유체의 비압축성 흐름

NS 방정식은 물이나 엔진오일과 같은 뉴턴 유체가 비압축적으로 흐를 때 다음과 같다.

$$\rho\left(\frac{\partial \vec{v}}{\partial t} + \vec{v}\cdot\nabla\vec{v}\right) = -\nabla P + \mu\nabla^2\vec{v} + \rho\vec{g}$$

여기서 ρ는 유체 밀도, $\vec{v}$는 유체 속도, P는 유체압력, μ는 유체의 점성, g는 중력가속도를 의미한다.

P는 방향에 무관한 스칼라 함수이고, ∇P는 압력의 기울기벡터장이다. $\nabla\vec{v}$ 항은 속도벡터의 발산이고, $\nabla^2\vec{v}$는 속도벡터에 라플라스 작용소를 가해 얻은 벡터장이다.

위 방정식은 실제 x, y, z축에 관한 세 개의 분리된 방정식을 벡터로 표현하였다는 것에 주의하자. 예를 들어 x축에 관한 방정식은 다음과 같이 쓸 수 있다.

$$\rho\left(\frac{\partial v_x}{\partial t} + v_x\frac{\partial v_x}{\partial x} + v_y\frac{\partial v_x}{\partial y} + v_z\frac{\partial v_x}{\partial z}\right) = -\frac{\partial P}{\partial x} + \mu\left(\frac{\partial^2 v_x}{\partial x^2} + \frac{\partial^2 v_x}{\partial y^2} + \frac{\partial^2 v_x}{\partial z^2}\right) + \rho g_x.$$

여기서 밑첨자는 각 벡터의 x, y, z 성분을 의미한다. 즉, $v = (v_x, v_y, v_z)$, $g = (g_x, g_y, g_z)$이다.

8.4.2 회전의 물리적 의미

그림 8.23과 같이 직선 L을 중심으로 일정한 각속도 ω로 회전하는 물체를 생각하자. 각속도벡터 $\mathbf{\Omega}$는 크기가 ω이며 방향은 물체가 직선 L을 축으로 하여 오른나사 방향으로 회전할 때 진행하는 방향이다. L은 원점을 지나며 $\mathbf{F} = x\mathbf{i} + y\mathbf{j} + z\mathbf{k}$는 회전하는 물체의 위치벡터라 하고 $\mathbf{F}'$를 회전에 대한 접선벡터라 하면

$$\|\mathbf{F}'\| = \|\mathbf{\Omega}\times\mathbf{F}\| = \omega\|\mathbf{F}\|\sin\theta$$

여기서 θ는 $\mathbf{\Omega}$와 $\mathbf{F}$의 사잇각이다. $\mathbf{F}'$와 $\mathbf{\Omega}\times\mathbf{F}$는 방향과 크기가 같으므로 $\mathbf{F}' = \mathbf{\Omega}\times\mathbf{F}$이다. $\mathbf{\Omega} = a\mathbf{i} + b\mathbf{j} + c\mathbf{k}$이면

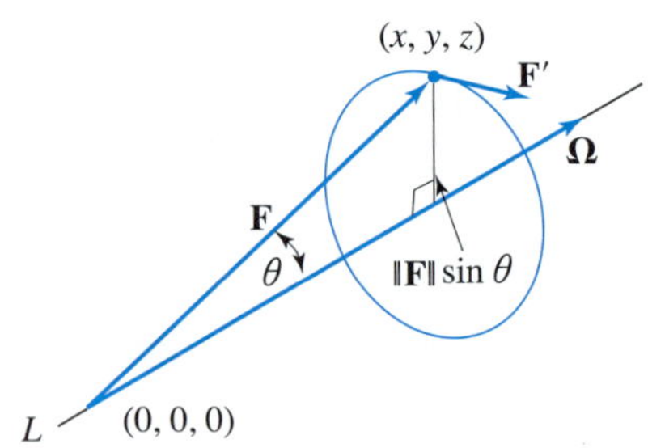

그림 8.23 직선 L을 중심으로 일정한 각속도 ω로 회전하는 물체

$$\mathbf{F}' = \boldsymbol{\Omega} \times \mathbf{F} = \begin{vmatrix} \mathbf{i} & \mathbf{j} & \mathbf{k} \\ a & b & c \\ x & y & z \end{vmatrix} = (bz - cy)\,\mathbf{i} + (cx - az)\,\mathbf{j} + (ay - bx)\,\mathbf{k},$$

$$\nabla \times \mathbf{F}' = \begin{vmatrix} \mathbf{i} & \mathbf{j} & \mathbf{k} \\ \partial/\partial x & \partial/\partial y & \partial/\partial z \\ bz - cy & cx - az & ay - bx \end{vmatrix} = 2a\mathbf{i} + 2b\mathbf{j} + 2c\mathbf{k} = 2\boldsymbol{\Omega}.$$

이므로 $\boldsymbol{\Omega} = \frac{1}{2}\nabla \times \mathbf{F}'$이다.

일정하게 회전하는 물체의 각속도는 접선벡터의 **회전(curl)**의 상수곱이다. 이 때문에 curl은 특히 영국에서 역학을 다룰 때 **rot(rotation)**로 표기한다. 회전이 **O**인 벡터장을 비회전계라고 하는 것 또한 이 때문이다.

발산과 회전의 또 다른 의미는 다음 장에서 Gauss 정리와 Stokes 정리를 배운 후에 다룬다.

Math in Context | NS 방정식의 간소화

비록 많은 실제적인 공학문제에서 NS 방정식이 손으로 풀리지는 않지만, 전산유체역학 소프트웨어를 적절히 사용하기 위해 공학자는 벡터 미분법을 이용하여 해에 관한 통찰력을 얻기를 원한다. 하지만 공학자는 각각의 문제에 NS 방정식을 재공식화 하는 미분작용소와 친해져야 하는 상황을 자주 맞이하게 된다. NS 방정식을 간소화하는 일반적인 방법은 아래와 같다.

비압축성 유체에서 $\nabla\vec{v} = 0$이다. 이것은 질량보존의 법칙 혹은 부피보존의 법칙과 동치이다.

게다가 파이프와 같이 들어오는 유체와 나가는 유체의 양이 동일한 시간에 독립적인 정상상태(steady state) 유체에서 $\partial\vec{v}/\partial t = 0$이다. 점성효과를 무시하면 $\rho(\partial\vec{v}/\partial t + \vec{v}\cdot\nabla\vec{v}) \gg \mu\nabla^2\vec{v}$이다. 이 경우 종종 NS 방정식이 공학 베르누이 방정식(1장의 베르누이 미분방정식과는 다르다)으로 간소화 된다. 공학 베르누이 방정식은 펌프와 파이프를 설치하기 위한 일상적인 계산에 사용된다.

연습문제 8.4

문제 1부터 6까지 $\nabla\cdot\mathbf{F}$와 $\nabla\times\mathbf{F}$를 구하고 $\nabla\cdot(\nabla\times\mathbf{F}) = 0$임을 보여라.

1. $\mathbf{F} = x\mathbf{i} + y\mathbf{j} + 2z\mathbf{k}$
2. $\mathbf{F} = \sinh xyz\,\mathbf{j}$
3. $\mathbf{F} = 2xy\mathbf{i} + xe^{y}\mathbf{j} + 2z\mathbf{k}$
4. $\mathbf{F} = \sinh x\mathbf{i} + \cosh xyz\,\mathbf{j} - (x + y + z)\mathbf{k}$
5. $\mathbf{F} = x^2\mathbf{i} + y^2\mathbf{j} + z^2\mathbf{k}$
6. $\mathbf{F} = \sinh(x - z)\mathbf{i} + 2y\mathbf{j} + (z - y^2)\mathbf{k}$

문제 7부터 12까지 $\nabla\varphi$를 구하고 $\nabla \times (\nabla\varphi) = \mathbf{O}$임을 보여라.

7. $\varphi(x, y, z) = x - y + 2z^2$

8. $\varphi(x, y, z) = 18xyz + e^x$

9. $\varphi(x, y, z) = -2x^3yz^2$

10. $\varphi(x, y, z) = \sin xz$

11. $\varphi(x, y, z) = x\cos(x + y + z)$

12. $\varphi(x, y, z) = e^{x+y+z}$

13. φ가 스칼라장이고 $\mathbf{F}$가 벡터장일 때 $\nabla\cdot(\varphi\mathbf{F})$와 $\nabla \times (\varphi\mathbf{F})$를 φ와 $\mathbf{F}$에 연산이 적용된 형태로 표현하여라.

14. $\mathbf{F} = f\mathbf{i} + g\mathbf{j} + h\mathbf{k}$일 때

$$\mathbf{F}\cdot\nabla = \left(f\frac{\partial}{\partial x}\right)\mathbf{i} + \left(g\frac{\partial}{\partial y}\right)\mathbf{j} + \left(h\frac{\partial}{\partial z}\right)\mathbf{k}$$

로 정의한다. $\mathbf{G}$가 벡터장일 때

$$\nabla(\mathbf{F}\cdot\mathbf{G}) = (\mathbf{F}\cdot\nabla)\mathbf{G} + (\mathbf{G}\cdot\nabla)\mathbf{F} + \mathbf{F}\times(\nabla\times\mathbf{G}) + \mathbf{G}\times(\nabla\times\mathbf{F})$$

임을 증명하여라.

15. $\mathbf{F}$와 $\mathbf{G}$가 벡터장일 때

$$\nabla\cdot(\mathbf{F}\times\mathbf{G}) = \mathbf{G}\cdot(\nabla\times\mathbf{F}) - \mathbf{F}\cdot(\nabla\times\mathbf{G})$$

임을 증명하여라.

16. φ와 ψ가 스칼라장일 때 $\nabla\cdot(\nabla\varphi \times \nabla\psi) = 0$임을 증명하여라.

17. $\mathbf{R} = x\mathbf{i} + y\mathbf{j} + z\mathbf{k}$이고 $r = \|\mathbf{R}\|$이다.

(a) $n = 1, 2, \cdots$일 때 $\nabla r^n = nr^{n-2}\mathbf{R}$임을 증명하여라.

(b) f가 r에 관한 일변수 실함수일 때 $\nabla \times (f(r)\mathbf{R}) = \mathbf{O}$임을 증명하여라.

18. $\mathbf{F}$가 벡터장일 때

$$\nabla\times(\nabla\times\mathbf{F}) = \nabla(\nabla\cdot\mathbf{F}) - \nabla^2\mathbf{F}$$

를 증명하여라. 여기서

$$\nabla^2\mathbf{F} = \partial^2\mathbf{F}/\partial x^2 + \partial^2\mathbf{F}/\partial y^2 + \partial^2\mathbf{F}/\partial z^2$$

이고 ∇^2은 라플라시안 연산자라 부른다.

19. $\mathbf{A}$는 상수벡터이고 $\mathbf{R} = x\mathbf{i} + y\mathbf{j} + z\mathbf{k}$일 때

(a) $\nabla(\mathbf{A}\cdot\mathbf{R}) = \mathbf{A}$임을 증명하여라.

(b) $\nabla\cdot(\mathbf{R} - \mathbf{A}) = 3$임을 증명하여라.

(c) $\nabla \times (\mathbf{R} - \mathbf{A}) = \mathbf{O}$임을 증명하여라.

20. $\mathbf{F}$와 $\mathbf{G}$가 벡터장일 때 다음을 증명하여라.

$$\nabla\times(\mathbf{F}\times\mathbf{G}) = (\mathbf{G}\cdot\nabla)\mathbf{F} - (\mathbf{F}\cdot\nabla)\mathbf{G} + (\nabla\cdot\mathbf{G})\mathbf{F} - (\nabla\cdot\mathbf{F})\mathbf{G}.$$

8.5 벡터장과 흐름선

이 절에서는 정의역과 공역이 모두 벡터인 벡터장을 다루고자 한다.

정의 8.10 벡터장

공간 벡터장은 3개의 성분이 모두 3변수함수인 벡터함수이다. 평면상의 벡터장은 2개의 성분이 모두 2변수함수인 벡터함수이다.

공간 벡터장은

$$\mathbf{F}(x, y, z) = f(x, y, z)\mathbf{i} + g(x, y, z)\mathbf{j} + h(x, y, z)\mathbf{k},$$

평면 벡터장은

$$\mathbf{G}(x, y) = f(x, y)\mathbf{i} + g(x, y)\mathbf{j}$$

로 표현할 수 있다. 벡터장 $\mathbf{F}$는 그림 8.24~28과 같이 시점 P에서 종점 $\mathbf{F}(P)$까지의 화살표들로 나타내어진다. 이 화살표의 길이와 방향의 변화를 보면 벡터장의 흐름을 알 수 있다. 그림 8.24와 8.25는 각각 평면 벡터장 $\mathbf{F}(x, y) = xy\mathbf{i} + (x-y)\mathbf{j}$와 $\mathbf{G}(x, y) = y\cos x\mathbf{i} + (x^2 - y^2)\mathbf{j}$를 보여 준다. 그림 8.26, 8.27, 8.28은 각각 공간 벡터장 $\mathbf{H}(x, y, z) = \cos(x+y)\mathbf{i} - x\mathbf{j} + (x-z)\mathbf{k}$, $\mathbf{I}(x, y, z) = -y\mathbf{i} + z\mathbf{j} + (x+y+z)\mathbf{k}$, $\mathbf{J}(x, y, z) = \cos x\mathbf{i} + e^{-x}\sin y\mathbf{j} + (z-y)\mathbf{k}$를 보여 준다.

벡터의 각 성분함수가 연속이면 벡터장은 연속이다. 벡터장의 편도함수는 각 성분을 미분하여 얻는다. 예를 들면

$$\mathbf{F}(x, y) = xy\mathbf{i} + (x-y)\mathbf{j}$$

일 때

$$\frac{\partial \mathbf{F}}{\partial x} = \mathbf{F}_x = y\mathbf{i} + \mathbf{j}, \quad \frac{\partial \mathbf{F}}{\partial y} = \mathbf{F}_y = x\mathbf{i} - \mathbf{j}$$

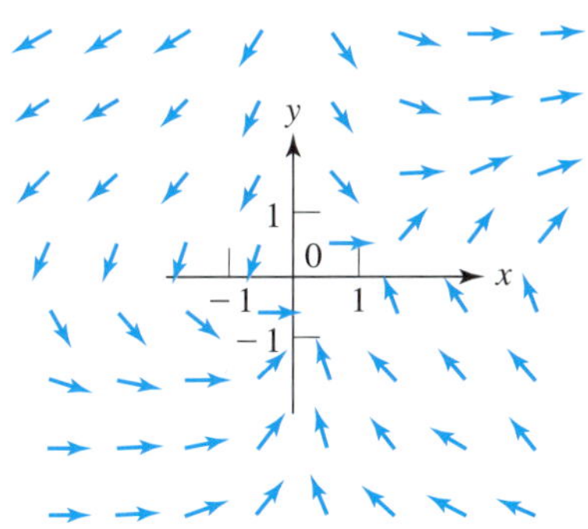

그림 8.24 평면 벡터장 $\mathbf{F}(x, y) = xy\mathbf{i} + (x-y)\mathbf{j}$

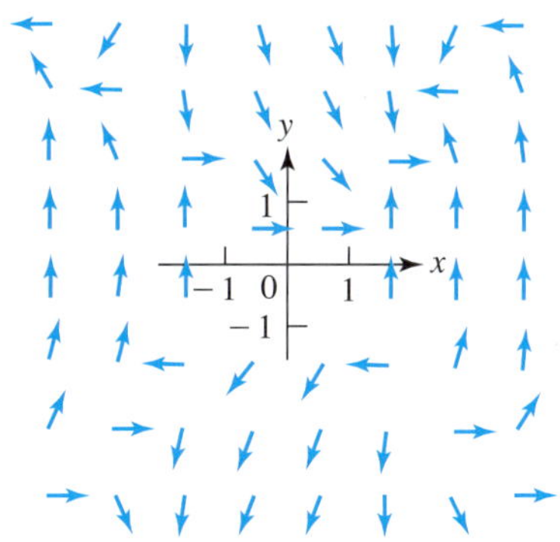

그림 8.25 평면 벡터장 $\mathbf{G}(x, y) = y\cos x\mathbf{i} + (x^2 - y^2)\mathbf{j}$

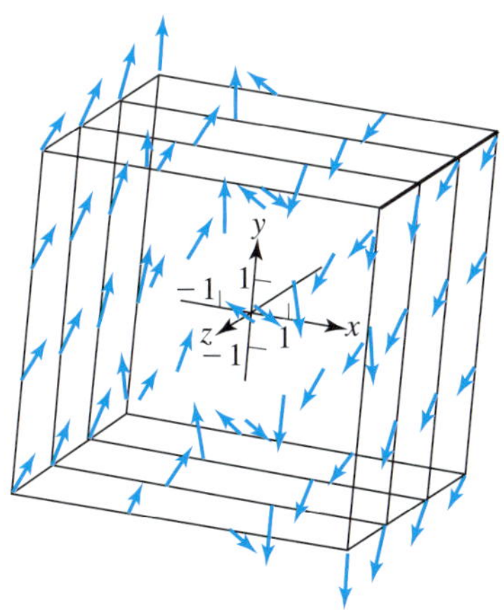

그림 8.26 공간 벡터장 $\mathbf{H}(x, y, z) = \cos(x+y)\mathbf{i} - x\mathbf{j} + (x-z)\mathbf{k}$

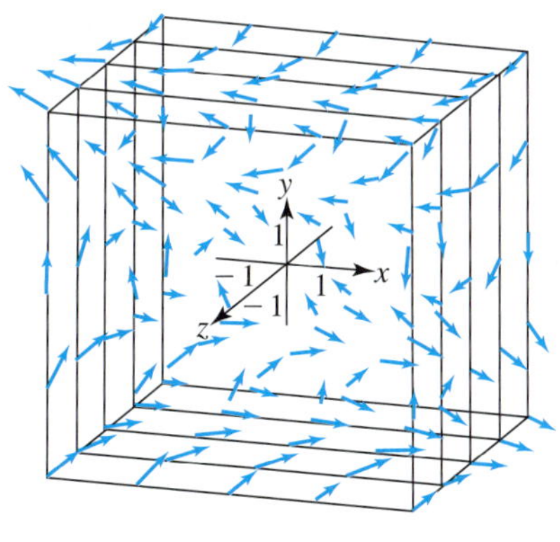

그림 8.27 공간 벡터장 $\mathbf{I}(x, y, z) = -y\mathbf{i} + z\mathbf{j} + (x+y+z)\mathbf{k}$

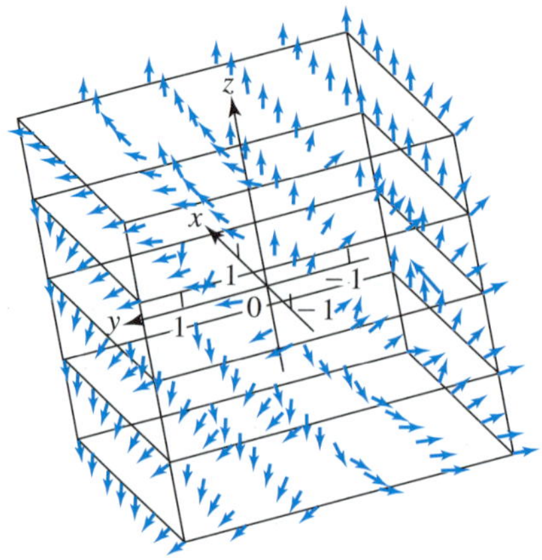

그림 8.28 공간 벡터장 $\mathbf{J}(x, y, z) = \cos x\mathbf{i} + e^{-x}\sin y\mathbf{j} + (z-y)\mathbf{k}$

이고,

$$\mathbf{H}(x, y, z) = \cos(x+y)\mathbf{i} - x\mathbf{j} + (x-z)\mathbf{k}$$

일 때

$$\frac{\partial \mathbf{H}}{\partial x} = \mathbf{H}_x = -\sin(x+y)\mathbf{i} - \mathbf{j} + \mathbf{k}\,,\quad \frac{\partial \mathbf{H}}{\partial y} = \mathbf{H}_y = -\sin(x+y)\,\mathbf{i}\,,\quad \frac{\partial \mathbf{H}}{\partial z} = \mathbf{H}_z = -\mathbf{k}.$$

정의 8.11 흐름선

3차원 공간의 영역 Ω에서 정의된 벡터장 $\mathbf{F}$와 곡선 C가 있다. 곡선 C 위의 점 (x, y, z)에서 $\mathbf{F}(x, y, z)$가 C의 접선 방향이 될 때 C를 $\mathbf{F}$의 **흐름선(streamline)**이라고 한다.

Math in Context | 흐름 함수

흐름선을 그리면 유체의 흐름을 잘 볼 수 있게 된다. 흐름선을 그리기 위해서는 흐름 함수 φ가 필요하다. 2차원 비압축 유체의 경우에는 흐름 함수는 NS 방정식에 회전장을 적용해서 다음과 같은 식으로 나타낸다.

$$v_x = \frac{\partial \varphi}{\partial y},\quad v_y = \frac{\partial \varphi}{\partial x}$$

이 식을 이용해서 흐름 함수 φ를 구할 수 있다. 즉, 1장의 완전 미분방정식을 이용하면 φ를 유도할 수 있다. 이 식이 완전 미분방정식이 되는 것은 비압축조건 $\nabla \cdot \vec{v} = 0$으로부터 나온다.

일반적인 3차원 유체나 난류성을 띠는 대부분의 유체에서 흐름 함수를 얻을 수는 없다. 하지만 주조(molding)나 압출(extrusion) 같은 중합체 공정법을 모델링할 때 이차원 흐름 함수를 유용하게 쓴다.

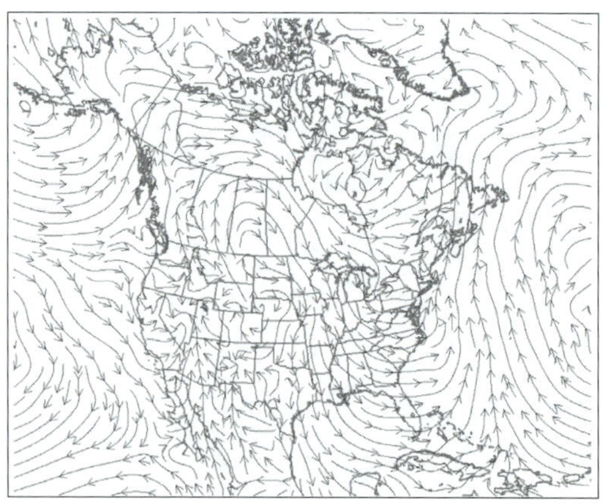

그림 8.29 북아메리카 상공의 풍향에 대한 흐름선 도식화

Ω 안의 각 점을 지나는 $\mathbf{F}$의 흐름선은 반드시 존재하고 $\mathbf{F}$의 흐름선들은 서로 만나지 않는다.

흐름선은 $\mathbf{F}$가 유체의 속도장일 때 **유선(flow line)**, 자기장일 때 **역선(force line)**이라고 부르기도 한다. 철분을 종이 위에 뿌리고 자석을 종이 밑에 놓으면 철분은 자기장의 흐름선, 즉 역선을 따라 정렬된다.

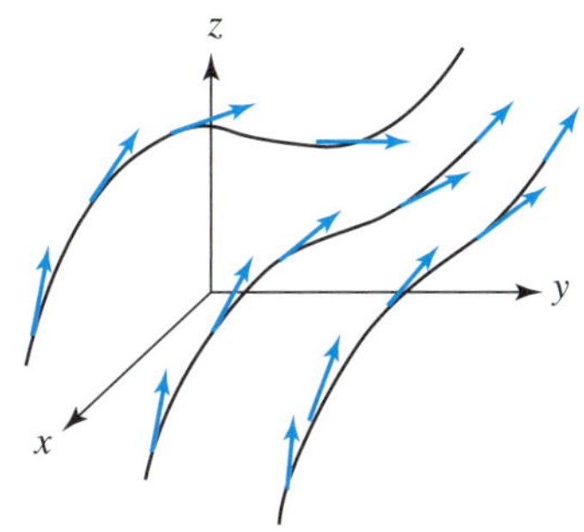

그림 8.30 주어진 벡터장에 대한 흐름선

벡터장 $\mathbf{F}$에 대한 흐름선을 찾는 문제는 각 점에서 곡선에 대한 접선이 벡터장 $\mathbf{F}$와 상수곱을 제외하고 일치하는 곡선을 구하는 문제이다. 그림 8.30은 벡터장의 흐름선과 그 접선벡터를 나타낸 것이다. 흐름선을 구해 보자.

곡선

$$\mathbf{C}(t) = (x(t),\ y(t),\ z(t))$$

를 벡터장 $\mathbf{F} = f\mathbf{i} + g\mathbf{j} + h\mathbf{k}$의 흐름선이라 하자. 이 곡선의 접선벡터는

$$\mathbf{C}'(t) = x'(t)\,\mathbf{i} + y'(t)\,\mathbf{j} + z'(t)\,\mathbf{k}$$

이고, $\mathbf{C}$가 $\mathbf{F}$의 흐름선이므로 $\mathbf{F}$는 $\mathbf{C}'$와 평행하다. 따라서 어떤 상수 k에 대해

$$\mathbf{C}'(t) = k\,\mathbf{F}(x(t),\ y(t),\ z(t))$$

이다. 즉,

$$\begin{aligned}&\frac{dx}{dt}\mathbf{i} + \frac{dy}{dt}\mathbf{j} + \frac{dz}{dt}\mathbf{k}\\ &= kf(x(t), y(t), z(t))\,\mathbf{i} + kg(x(t), y(t), z(t))\,\mathbf{j} + kh(x(t), y(t), z(t))\,\mathbf{k}\end{aligned}$$

이므로

$$\frac{dx}{dt} = kf, \qquad \frac{dy}{dt} = kg, \qquad \frac{dz}{dt} = kh \tag{8.3}$$

가 된다. 이 방정식은 흐름선의 좌표함수에 대한 미분방정식이다. k를 소거하여 분모가 모두 0이 아닐 때

$$\frac{dx}{f} = \frac{dy}{g} = \frac{dz}{h}. \tag{8.4}$$

보기 8.18

$(-1, 6, 2)$를 통과하는 벡터장 $\mathbf{F} = x^2\mathbf{i} + 2y\mathbf{j} - \mathbf{k}$의 흐름선을 구하자.

식 (8.3)을 이용하면

$$\frac{dx}{dt} = kx^2, \qquad \frac{dy}{dt} = 2ky, \qquad \frac{dz}{dt} = -k$$

이다. x와 y가 0이 아니면 식 (8.4)의 꼴로 쓸 수 있다.

$$\frac{dx}{x^2}=\frac{dy}{2y}=\frac{dz}{-1}.$$

이 중 두 개의 식을 이용하여 이 방정식의 해를 구할 수 있다. 예를 들면

$$\frac{dx}{x^2}=-dz$$

의 양변을 적분하여

$$-\frac{1}{x}=-z+c_1$$

을 구할 수 있다. 다음으로

$$\frac{dy}{2y}=-dz$$

를 적분하면

$$\frac{1}{2}\ln|y|=-z+c_2.$$

x와 y를 z를 이용하여 표현하면

$$x=\frac{1}{z-c},\quad y=c_3e^{-2z}\,(c_3\neq 0)$$

이다. 이 식은 다음과 같이 흐름선의 z에 대한 매개변수방정식으로 이해할 수 있다.

$$C(z)=\left(\frac{1}{z-c_1},\,c_3e^{-2z},\,z\right),\quad z\neq c_1,\quad c_3\neq 0.$$

특정한 점을 통과하는 흐름선을 찾기 위해서는 c_1과 c_3를 구해야 한다. 점 $(-1, 6, 2)$를 통과하는 흐름선을 구하자.

$$-1=\frac{1}{2-c_1},\quad 6=c_3e^{-4}$$

이므로 $c_1=3$이고 $c_3=6e^4$이다. 따라서 $(-1, 6, 2)$를 통과하는 흐름선은

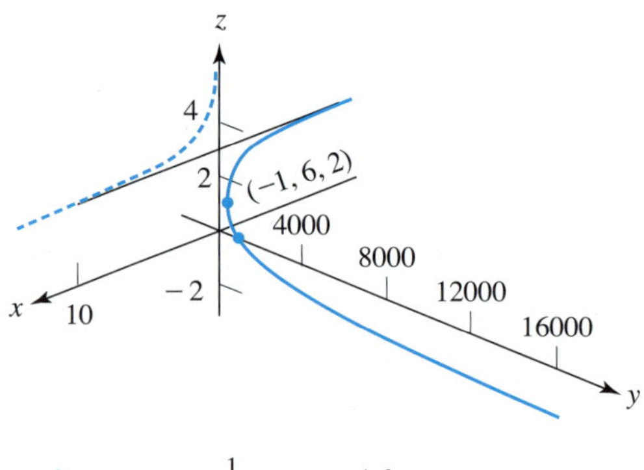

그림 8.31 $x=\frac{1}{z-3},\ y=6e^{4-2z},\ z=z,\ z<3$ 그래프

$$C(z)=\left(\frac{1}{z-3},\ 6e^{4-2z},\ z\right), \quad z<3$$

이다. 이 흐름선의 그래프는 그림 8.31과 같다. 그림에서 점선은 $z>3$일 때 흐름선을 나타낸다.

보기 8.19

$(-4, 1, 7)$을 지나는 벡터장 $\mathbf{F}(x, y, z) = -y\mathbf{j} + z\mathbf{k}$의 흐름선을 구하자.

$$\frac{dx}{dt}=0, \quad \frac{dy}{dt}=-ky, \quad \frac{dz}{dt}=kz$$

이므로 첫 번째 식에서 x는 상수 c_1이며, 이것은 벡터장 $\mathbf{F}$의 모든 흐름선이 yz 평면에 평행한 평면에 있다는 것을 의미한다. 다른 두 개의 식

$$\frac{dy}{-y}=\frac{dz}{z}$$

을 적분하면

$$-\ln|y|+c_2=\ln|z|$$

이므로

$$zy=c_3, \quad c_3\neq 0$$

이다. 즉, 흐름선은

$$C(y)=\left(c_1,\ y,\ \frac{c_3}{y}\right), \quad y\neq 0, \quad c_3\neq 0$$

이다. 이 흐름선이 $(-4, 1, 7)$을 지나면 $c_1=-4$, $c_3=7$이므로 $(-4, 1, 7)$을 지나는 흐름선은

$$C(y)=\left(-4,\ y,\ \frac{7}{y}\right), \quad y>0$$

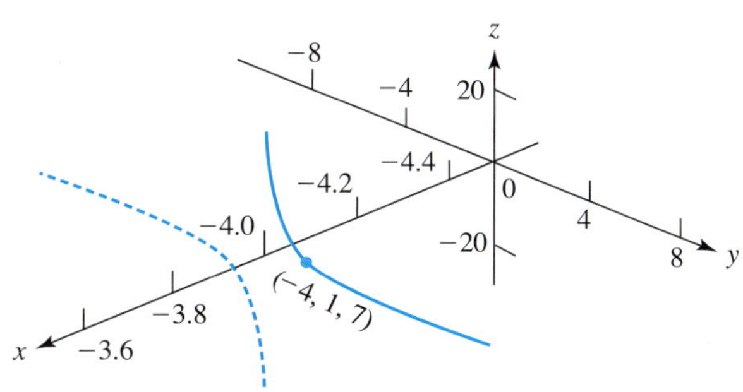

그림 8.32 $x=-4,\ z=\frac{7}{y}$의 그래프

이다. 흐름선은 그림 8.32와 같이 $x = -4$인 평면 위에 있는 쌍곡선의 한쪽 부분이다. 점선은 $y < 0$일 때 흐름선을 나타낸다.

연습문제 8.5

문제 1부터 5까지 벡터장 **G**의 1계 편도함수를 구하고 주어진 점에서 벡터장 **G**를 화살표로 그려라.

1. $\mathbf{G}(x, y) = 3x\mathbf{i} - 4xy\mathbf{j}$;
$\mathbf{G}(0,1)$, $\mathbf{G}(1,3)$, $\mathbf{G}(1,4)$,
$\mathbf{G}(-1,-2)$, $\mathbf{G}(-3,2)$

2. $\mathbf{G}(x, y) = e^x\mathbf{i} - 2x^2y\mathbf{j}$;
$\mathbf{G}(0,0)$, $\mathbf{G}(1,0)$, $\mathbf{G}(0,1)$,
$\mathbf{G}(2,-3)$, $\mathbf{G}(-1,-3)$

3. $\mathbf{G}(x, y) = 2xy\mathbf{i} + \cos x\mathbf{j}$;
$\mathbf{G}(\pi/2,0)$, $\mathbf{G}(0,0)$, $\mathbf{G}(-1,1)$,
$\mathbf{G}(\pi,-3)$, $\mathbf{G}(-\pi/4,-2)$

4. $\mathbf{G}(x, y) = \sin 2xy\mathbf{i} + (x^2 + y)\mathbf{j}$;
$\mathbf{G}(-\pi/2,0)$, $\mathbf{G}(0,2)$,
$\mathbf{G}(\pi/4,4)$, $\mathbf{G}(1,1)$, $\mathbf{G}(-2,1)$

5. $\mathbf{G}(x, y) = 3x^2\mathbf{i} + (x - 2y)\mathbf{j}$;
$\mathbf{G}(1,-1)$, $\mathbf{G}(0,2)$, $\mathbf{G}(-3,2)$,
$\mathbf{G}(-2,-2)$, $\mathbf{G}(2,5)$

문제 6부터 10까지 벡터장 **F**의 1계 편도함수를 계산하여라.

6. $\mathbf{F} = e^{xy}\mathbf{i} - 2x^2y\mathbf{j} + \cosh(z + y)\mathbf{k}$

7. $\mathbf{F} = 4z^2\cos x\mathbf{i} - x^3yz\mathbf{j} + x^3y\mathbf{k}$

8. $\mathbf{F} = 3xy^3\mathbf{i} + \ln(x + y + z)\mathbf{j} + \cosh xyz\mathbf{k}$

9. $\mathbf{F} = -z^4\sin xy\mathbf{i} + 3xy^4z\mathbf{j} + \cosh(z - x)\mathbf{k}$

10. $\mathbf{F} = (14x - 2y)\mathbf{i} + (x^2 - y^2 - z^2)\mathbf{j} + 5xy\mathbf{k}$

문제 11부터 20까지 벡터장 **F**의 흐름선을 구하라. 그리고 주어진 점을 통과하는 흐름선도 구하라.

11. $\mathbf{F} = \mathbf{i} - y^2\mathbf{j} + z\mathbf{k}$; $(2,1,1)$

12. $\mathbf{F} = \mathbf{i} - 2\mathbf{j} + \mathbf{k}$; $(0,1,1)$

13. $\mathbf{F} = (1/x)\mathbf{i} + e^x\mathbf{j} - \mathbf{k}$; $(2,0,4)$

14. $\mathbf{F} = \cos y\mathbf{i} + \sin x\mathbf{j}$; $(\pi/2,0,-4)$

15. $\mathbf{F} = 2e^z\mathbf{j} - \cos y\mathbf{k}$; $(3,\pi/4,0)$

16. $\mathbf{F} = 3x^2\mathbf{i} - y\mathbf{j} + z^3\mathbf{k}$; $(2,1,6)$

17. $\mathbf{F} = e^z\mathbf{i} - x^2\mathbf{k}$; $(4,2,0)$

18. $\mathbf{F} = x^2\mathbf{i} + y^2\mathbf{j} - z^2\mathbf{k}$; $(1,1,1)$

19. $\mathbf{F} = \sec x\mathbf{i} - \cot y\mathbf{j} + \mathbf{k}$; $(\pi/4,0,1)$

20. $\mathbf{F} = -3\mathbf{i} + 2e^z\mathbf{j} - \cos y\mathbf{k}$; $(2,\pi/4,0)$

21. 흐름선이 직선인 벡터장을 구하라.

22. 흐름선이 원점을 중심으로 하는 원인 xy평면 위의 벡터장을 구하라.

23. 공간 벡터장이 xy평면에만 있는 흐름선을 가지는 것이 가능한가?

8.6 선적분

곡선에서 벡터장과 스칼라장의 적분을 구하기 위해서 먼저 곡선에 대해 알아보자.

다음과 같은 매개변수방정식으로 주어진 3차원 공간상의 곡선 C를 생각하자.

$$C(t) = (x(t),\ y(t),\ z(t)), \quad a \le t \le b.$$

여기서 $(x(t), y(t), z(t))$를 C의 좌표함수라고 한다. C는 점 $(x(t), y(t), z(t))$의 궤적이면서 동시에 방향도 가지는데, 시간 t가 a에서 b까지 증가함에 따라 점이 곡선을 따라 움직이는 방향을 갖는 것으로 생각한다. 그림 8.33과 같이 곡선의 그래프에 화살표를 표시함으로써 곡선의 방향을 나타낸다. 연립 미분방정식의 해도 시간이 흐름에 따라 움직이는 방향이 있는 곡선으로 이해할 수 있다. $(x(a), y(a), z(a))$와 $(x(b), y(b), z(b))$를 각각 C의 시작점과 끝점이라고 한다.

방향이 있는 곡선 C에 대해 다음과 같이 정의한다.

- 각 좌표함수가 연속이면 연속이라 한다.
- 각 좌표함수가 미분가능하면 미분가능이라 한다.
- 시작점과 끝점이 같으면 닫혀있다고 한다.
- $a < t_1 < t_2 < b$일 때

  $$(x(t_1),\ y(t_1),\ z(t_1)) \ne (x(t_2),\ y(t_2),\ z(t_2))$$

  이면, 단순하다고 한다.
- 닫힌곡선이 단순할 때 단순닫힌곡선이라 한다.
- 미분가능하면서 미분한 곡선의 각 좌표함수가 동시에 0이 아닐 때 매끄럽다고 한다. 매끄러운 곡선은 영벡터가 아닌 접선벡터를 갖는다.
- 방향이 없는 곡선의 자취를 곡선의 그래프라 한다.
- 평면 위의 닫힌곡선을 따라 걸을 때, 닫힌곡선으로 둘러싸인 부분이 진행 방향의 왼쪽에 있을 때 양의 방향이라 하고, 오른쪽에 있을 때 음의 방향이라 한다.

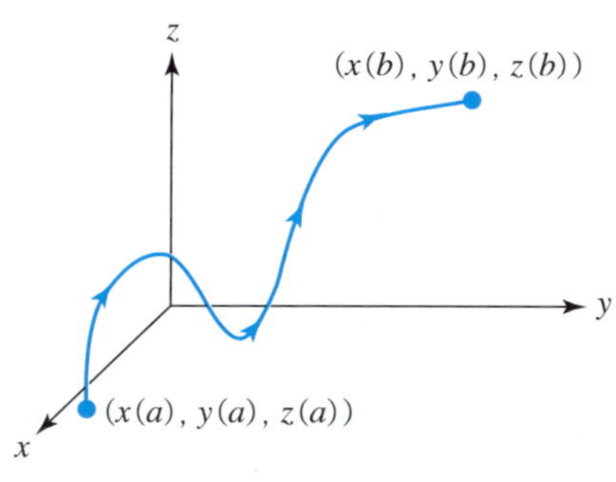

그림 8.33 방향이 있는 곡선

보기 8.20

단순닫힌곡선

곡선 C

$$C(t) = (2\cos t, 2\sin t, 4), \quad 0 \le t \le 2\pi$$

는 그림 8.34처럼 평면 $z = 4$에서 반지름이 2인 원이다. 화살표는 곡선의 방향을 표시한다. $t = 0$일 때 시작점과 $t = 2\pi$일 때 끝점은 모두 (2, 0, 4)로 같으므로 이 곡선은 닫힌곡선이다. 또한 이 곡선은 단순하므로 단순닫힌곡선이다.

한편, 곡선 K

$$K(t) = (2\cos t, 2\sin t, 4), \quad 0 \le t \le 3\pi$$

는 곡선 C와 그래프는 같지만, C와 같이 닫힌곡선은 아니다. K의 시작점은 (2, 0, 4)이지만 끝점은 (−2, 0, 4)이기 때문이다. K를 따라 이동하는 입자는 원을 한 바퀴 돌고 나서 반 바퀴를 더 움직인다. $K(\pi) = K(3\pi)$이므로 곡선 K는 그림 8.35와 같이 단순하지 않은 곡선이다.

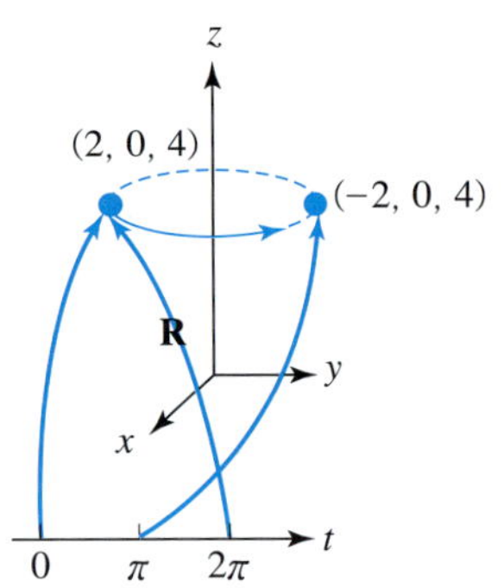

그림 8.34 곡선 $x = \cos t$, $y = \sin t$, $z = 4$, $0 \le t < 2\pi$

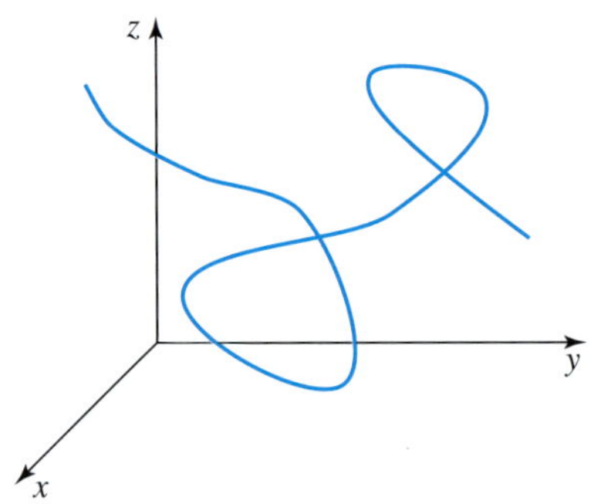

그림 8.35 단순하지 않은 곡선의 그래프

보기 8.20에서 단순닫힌곡선 C는 둘러싸인 부분이 진행 방향의 왼쪽에 있으므로 양의 방향의 단순닫힌곡선이다. 또한 곡선 C는 매끄럽다. 매끄러운 양의 방향 단순닫힌곡선은 다음 절의 Green 정리에서 사용된다.

정의 8.12 선적분

$a \le t \le b$에서 매끄러운 곡선 C가 $x = x(t)$, $y = y(t)$, $z = z(t)$라 하자. 벡터장 $\mathbf{F} = (f(x, y, z), g(x, y, z), h(x, y, z))$가 C의 그래프 위에서 연속일 때, 선적분

$$\int_C \mathbf{F} = \int_C f(x, y, z)dx + g(x, y, z)dy + h(x, y, z)dz$$
$$= \int_a^b \left[f(x(t), y(t), z(t))\frac{dx}{dt} + g(x(t), y(t), z(t))\frac{dy}{dt} + h(x(t), y(t), z(t))\frac{dz}{dt} \right] dt \tag{8.5}$$

로 정의한다.

선적분은 간단히 다음과 같이 쓸 수도 있다.

$$\int_C f\,dx + gdy + hdz.$$

이 선적분을 구하기 위해 좌표함수 $x = x(t)$, $y = y(t)$, $z = z(t)$를 $f(x, y, z)$, $g(x, y, z)$, $h(x, y, z)$에 대입하고

$$dx = \frac{dx}{dt}dt, \quad dy = \frac{dy}{dt}dt, \quad dz = \frac{dz}{dt}dt$$

로 치환하면 매개변수 t에 대한 Riemann 적분인 식 (8.5)의 우변을 얻을 수 있다.

보기 8.21

곡선 C가

$$x = t^3, \quad y = -t, \quad z = t^2; \quad 1 \le t \le 2$$

일 때 $\int_C x\,dx - yz\,dy + e^z dz$를 계산하자.

$$f(x, y, z) = x, \quad g(x, y, z) = -yz, \quad h(x, y, z) = e^z,$$
$$dx = 3t^2 dt, \quad dy = -dt, \quad dz = 2t\,dt$$

이므로

$$\int_C xdx - yzdy + e^z dz = \int_1^2 \left[t^3(3t^2) - (-t)(t^2)(-1) + e^{t^2}(2t) \right] dt$$
$$= \int_1^2 \left[3t^5 - t^3 + 2te^{t^2} \right] dt = \frac{111}{4} + e^4 - e.$$

보기 8.22

(1, 1, 1)부터 (−2, 1, 3)까지 선분 C에 대해 $\int_C xyz\,dx - \cos(yz)\,dy + xz\,dz$를 계산하자.

이 선분의 성분 좌표함수는

$$x(t) = 1 - 3t, \quad y(t) = 1, \quad z(t) = 1 + 2t, \quad 0 \le t \le 1$$

이다. 선적분을 계산하면

$$\begin{aligned}&\int_C xyz\,dx - \cos(yz)\,dy + xz\,dz \\ &= \int_0^1 \left[(1-3t)(1)(1+2t)(-3) - \cos(1+2t)(0) + (1-3t)(1+2t)(2)\right]dt \\ &= \int_0^1 (-1 + t + 6t^2)\,dt = \frac{3}{2}.\end{aligned}$$

C가 xy평면($z = 0$)에서 매끄러운 곡선이고 $f(x, y)$, $g(x, y)$가 C에서 연속이면

$$\int_C f(x, y)dx + g(x, y)dy$$

을 평면에서의 선적분이라 하고, 정의 8.12와 같이 계산한다.

보기 8.23

C가 $-1 \le t \le 4$에서 $x(t) = t^2$, $y(t) = t$일 때 $\int_C xy\,dx - y\sin x\,dy$를 계산하여라.

$$\begin{aligned}\int_C xy\,dx - y\sin x\,dy &= \int_{-1}^4 \left[t^2 t(2t) - t\sin(t^2)(1)\right]dt \\ &= 410 + \frac{1}{2}\cos 16 - \frac{1}{2}\cos 1.\end{aligned}$$

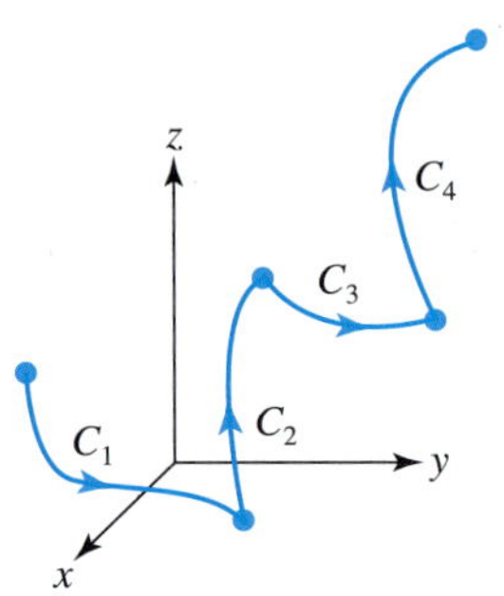

그림 8.36 구분적 매끄러운 곡선(경로)

선적분이 정의되는 곡선이 매끄럽다는 조건은 다음과 같이 완화될 수 있다. $x'(t)$, $y'(t)$, $z'(t)$가 유한 개의 점을 제외하고 매끄러우면 곡선 C를 **구분적으로 매끄러운 곡선** 또는 **경로**라고 한다. 이 곡선은 유한개의 가장자리를 갖는 매끄러운 곡선 C_1, …, C_n들이 연결된 그림 8.36과 같은 모양이다. 이 경로에서 선적분은 일관된 방향을 갖기 위해서 $j = 1, \cdots, n-1$에 대해 C_j의 끝점이 C_{j+1}의 시작점이 되어야 한다. 즉, 구분적으로 매끄러운 곡선에서 선적분은

$$\begin{aligned}\int_C \mathbf{F} &= \int_C f\,dx + g\,dy + h\,dz \\ &= \left[\int_{C_1} f\,dx + g\,dy + h\,dz\right] + \cdots + \left[\int_{C_n} f\,dx + g\,dy + h\,dz\right]\end{aligned}$$

로 정의된다.

보기 8.24

곡선 C는 xy평면에서 (1, 0)부터 (0, 1)까지의 4분원 $x^2 + y^2 = 1$과 (0, 1)부터 (2, 1)까지의 직선으로 이루어져 있다. $\int_C x^2 y\,dx + y^2 dy$를 계산하자.

C는 구분적 매끄러운 곡선이고 그림 8.37과 같이 매끄러운 두 부분

$$C_1: (\cos t, \sin t), \quad 0 \le t \le \pi/2,$$

$$C_2: (p, 1), \quad 0 \le p \le 2$$

로 되어있다. 구별을 위해 두 매개변수에 각각 다른 변수를 사용하였다. C_1에서의 선적분은

$$\begin{aligned}\int_{C_1} x^2 y\,dx + y^2\,dy &= \int_0^{\pi/2} [\cos^2 t \sin t(-\sin t) + \sin^2 t \cos t]\,dt \\ &= \int_0^{\pi/2} (-\cos^2 t \sin^2 t + \sin^2 t \cos t)\,dt \\ &= -\frac{1}{16}\pi + \frac{1}{3}\end{aligned}$$

이고, C_2에서 선적분은

$$\int_{C_2} x^2 y\,dx + y^2\,dy = \int_0^2 p^2\,dp = \frac{8}{3}$$

이다. 그러므로

$$\int_C x^2 y\,dx + y^2\,dy = -\frac{1}{16}\pi + \frac{1}{3} + \frac{8}{3} = -\frac{\pi}{16} + 3.$$

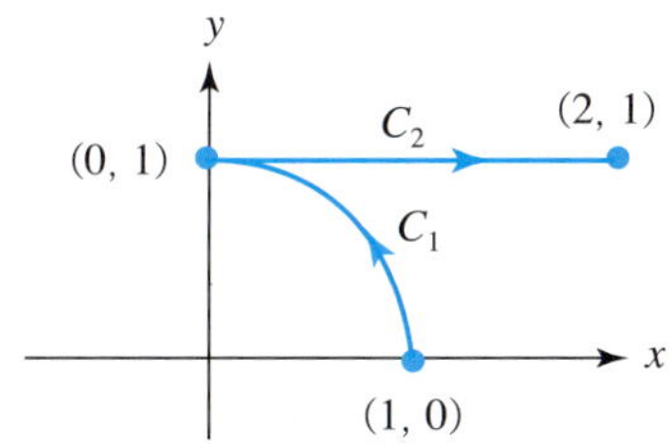

그림 8.37 보기 8.24의 곡선 C

선적분을 벡터연산으로 표현해 보자. 이는 다음 절에서 포텐셜함수를 다룰 때 유용하다. 벡터장

$$\mathbf{F}(x, y, z) = f(x, y, z)\,\mathbf{i} + g(x,y,z)\,\mathbf{j} + h(x, y, z)\,\mathbf{k}$$

와 매끄러운 곡선 C의 위치벡터

$$\mathbf{R}(t) = x(t)\,\mathbf{i} + iy(t)\,\mathbf{j} + z(t)\,\mathbf{k}$$

에 대해 $d\mathbf{R} = dx\,\mathbf{i} + dy\,\mathbf{j} + dz\,\mathbf{k}$로 표현하면

$$\mathbf{F}\cdot d\mathbf{R} = f(x, y, z)\,dx + g(x, y, z)\,dy + h(x, y, z)\,dz,$$

$$\int_C \mathbf{F}\cdot d\mathbf{R} = \int_C f(x, y, z)\,dx + g(x, y, z)\,dy + h(x, y, z)\,dz.$$

선적분은 많은 경우에 이용된다. 예를 들면 위치벡터가 $\mathbf{R}(t)$인 매끄러운 곡선 C를 따라 이동하는 입자에 힘 $\mathbf{F}$가 작용한다면, C 위의 점$(x(t),\ y(t),\ z(t))$에서

입자는 곡선의 접선 방향, 즉 $\mathbf{R}'(t)$ 방향으로 움직인다. $\mathbf{F}(x(t),\ y(t),\ z(t))\cdot\mathbf{R}'(t)$는 힘과 접선벡터의 내적이며 전체 운동 경로상에서 $\mathbf{F}$가 한 일의 합이다. 즉, $\int_C \mathbf{F}\cdot d\mathbf{R} = \int_C f dx + g dy + h dz$는 경로 C를 따라 이동하는 입자에 $\mathbf{F}$가 한 일로 해석할 수 있다.

보기 8.25

$0 \le t \le 1$일 때 곡선 $x=t,\ y=-t^2,\ z=t$를 따라 $(0,\ 0,\ 0)$에서 $(1,\ -1,\ 1)$까지 움직이는 입자에 $\mathbf{F}=\mathbf{i}-y\mathbf{j}+xyz\mathbf{k}$가 한 일을 계산하자.

$$\text{일} = \int_C \mathbf{F}\cdot d\mathbf{R} = \int_C dx - y\,dy + xyz\,dz$$
$$= \int_0^1 (1 + t^2(-2t) - t^4)\,dt$$
$$= \int_0^1 (1 - 2t^3 - t^4)\,dt = \frac{3}{10}.$$

선적분에도 보통 적분이 만족하는 성질들이 성립한다. 선적분을 벡터연산을 이용하여 표현해 보자. C가 위치벡터 $\mathbf{R}$을 갖는 경로이고, $\mathbf{F}$와 $\mathbf{G}$는 C 위에서 연속인 벡터장이면

(1) $\int_C (\mathbf{F}+\mathbf{G})\cdot d\mathbf{R} = \int_C \mathbf{F}\cdot d\mathbf{R} + \int_C \mathbf{G}\cdot d\mathbf{R}$.

(2) 임의의 실수 α에 대해 $\int_C \alpha\mathbf{F}\cdot d\mathbf{R} = \alpha\int_C \mathbf{F}\cdot d\mathbf{R}$.

(3) 곡선 $-C$를, 그림 8.38과 같이 곡선 C의 시작점과 끝점이 각각 끝점과 시작점인 곡선이라 할 때

$$\int_{-C} \mathbf{F}\cdot d\mathbf{R} = -\int_C \mathbf{F}\cdot d\mathbf{R}.$$

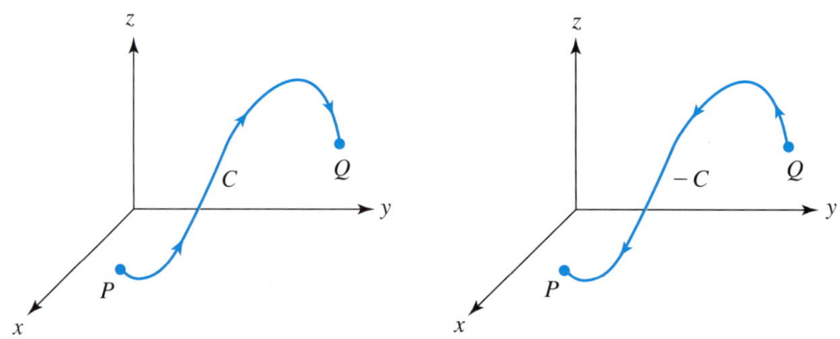

그림 8.38 C와 $-C$

보기 8.26

힘 $\mathbf{F}(x, y, z) = x^2\mathbf{i} - zy\mathbf{j} + x\cos z\mathbf{k}$이고 곡선 C는 $x = t^2$, $y = t$, $z = \pi t$ $(0 \le t \le 3)$라 하자. $-C$를 따라 움직이는 입자에 $\mathbf{F}$가 한 일을 계산하자.

$$\begin{aligned}\int_C \mathbf{F}\cdot d\mathbf{R} &= \int_C f\,dx + g\,dy + h\,dz \\ &= \int_0^3 \left[t^4(2t) - \pi t(t)(1) + t^2(\cos \pi t)(\pi)\right] dt \\ &= 243 - 9\pi - \frac{6}{\pi}\end{aligned}$$

이므로 $-C$를 따라 움직이는 입자에 대해 $\mathbf{F}$가 한 일은

$$\int_{-C} \mathbf{F}\cdot d\mathbf{R} = -\int_C \mathbf{F}\cdot d\mathbf{R} = \frac{6}{\pi} + 9\pi - 243.$$

정의 8.13 곡선의 길이에 대한 선적분

C가 $a \le t \le b$에 대해 $x = x(t)$, $y = y(t)$, $z = z(t)$인 매끄러운 곡선이고 φ가 C상에서 연속인 스칼라장이라 할 때, C 위에서 곡선의 길이에 대한 φ의 적분을

$$\int_C \varphi = \int_C \varphi(x, y, z)ds = \int_a^b \varphi(x(t), y(t), z(t))\sqrt{x'(t)^2 + y'(t)^2 + z'(t)^2}\, dt$$

로 정의한다.

보기 8.27

$0 \le t \le \frac{\pi}{2}$일 때 곡선 $x = 4\cos t$, $y = 4\sin t$, $z = -3$에 대해 $\int_C xy\,ds$를 계산하자.

$$\begin{aligned}\int_C xy\,ds &= \int_0^{\pi/2} (4\cos t)(4\sin t)\sqrt{16\sin^2 t + 16\cos^2 t}\, dt \\ &= \int_0^{\pi/2} 64\cos t \sin t\, dt = 32.\end{aligned}$$

질량, 밀도 등 1차원 물리량을 계산할 때 곡선의 길이에 대한 선적분이 사용된다. 가는 철사와 같이 넓이와 부피가 없는 1차원 물체를 매끄러운 곡선 C

$$x = x(t), \quad y = y(t), \quad z = z(t), \quad (a \le t \le b)$$

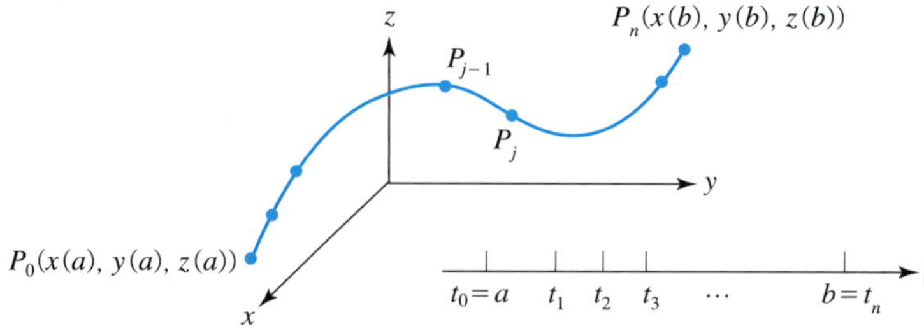

그림 8.39 곡선의 분할

라 하고, 이 곡선 C 위의 점 (x, y, z)에서 밀도를 $\delta(x, y, z)$라 하자. $[a, b]$를 그림 8.39과 같이 부분구간

$$a=t_0<t_1<\cdots<t_{n-1}<t_n=b$$

로 나누고 곡선 C 위의 점 $P_j(x(t_j), y(t_j), z(t_j))$를 잡자.

δ가 연속이고 $\Delta t = t_j - t_{j-1}$이 충분히 작으면 P_{j-1}과 P_j 사이에서 밀도함수 값을 점 P_j에서의 값으로 근사할 수 있다. P_{j-1}과 P_j 사이의 선분의 길이 $\Delta s = s(P_j) - s(P_{j-1})$은

$$\Delta s \approx \sqrt{x'(t_j)^2 + y'(t_j)^2 + z'(t_j)^2}\,\Delta t.$$

P_{j-1}과 P_j 사이 구간의 질량은 이 구간에서 일정한 밀도와 구간 길이의 곱

$$\delta(x(t_j), y(t_j), z(t_j))\sqrt{x'(t_j)^2 + y'(t_j)^2 + z'(t_j)^2}\,\Delta t$$

로 근사할 수 있다. 곡선 전체의 질량 m은 각 구간에서의 질량의 합

$$m \approx \sum_{j=1}^{n} \delta(x(t_j), y(t_j), z(t_j))\sqrt{x'(t_j)^2 + y'(t_j)^2 + z'(t_j)^2}\,\Delta t$$

로 나타낼 수 있다. 위 식의 우변은 Riemann 합으로서 Δt가 0으로 수렴하면 Riemann 적분이 된다. 따라서

$$\begin{aligned} m &= \int_a^b \delta(x(t), y(t), z(t))\sqrt{x'(t)^2 + y'(t)^2 + z'(t)^2}\,dt \\ &= \int_C \delta(x, y, z)\,ds. \end{aligned}$$

같은 방법으로 곡선의 질량중심 $(\bar{x}, \bar{y}, \bar{z})$은

$$\bar{x} = \frac{1}{m}\int_C x\delta(x, y, z)\,ds, \quad \bar{y} = \frac{1}{m}\int_C y\delta(x, y, z)\,ds, \quad \bar{z} = \frac{1}{m}\int_C z\delta(x, y, z)\,ds.$$

보기 8.28

곡선이

$$0 \le t \le \pi/2\text{일 때} \quad x = 2\cos t, \quad y = 2\sin t, \quad z = 3$$

이고, 밀도함수는 $\delta(x, y, z) = xy^2$ g/cm일 때 곡선의 질량 m과 질량중심 $(\bar{x}, \bar{y}, \bar{z})$를 구하자.

$$m = \int_C xy^2\, ds$$

$$= \int_0^{\pi/2} (2\cos t)(2\sin t)^2 \sqrt{4\sin^2 t + 4\cos^2 t}\, dt$$

$$= \int_0^{\pi/2} 16\cos t \sin^2 t\, dt = \frac{16}{3},$$

$$\bar{x} = \frac{1}{m}\int_C x\delta(x, y, z)\, ds$$

$$= \frac{3}{16}\int_0^{\pi/2} (2\cos t)^2 (2\sin t)^2 \sqrt{4\sin^2 t + 4\cos^2 t}\, dt$$

$$= 6\int_0^{\pi/2} \cos^2 t \sin^2 t\, dt = \frac{3\pi}{8},$$

$$\bar{y} = \frac{1}{m}\int_C y\delta(x, y, z)\, ds$$

$$= \frac{3}{16}\int_0^{\pi/2} (2\cos t)(2\sin t)^3 \sqrt{4\sin^2 t + 4\cos^2 t}\, dt$$

$$= 6\int_0^{\pi/2} \cos t \sin^3 t\, dt = \frac{3}{2},$$

$$\bar{z} = \frac{1}{m}\int_C z\delta(x, y, z)\, ds$$

$$= \frac{3}{16}\int_0^{\pi/2} 3(2\cos t)(2\sin t)^2 \sqrt{4\sin^2 t + 4\cos^2 t}\, dt$$

$$= 9\int_0^{\pi/2} \sin^2 t \cos t\, dt = 3$$

이다. 따라서 질량중심은

$$(3\pi/8, \ 3/2, \ 3).$$

Math in Context | 안테나

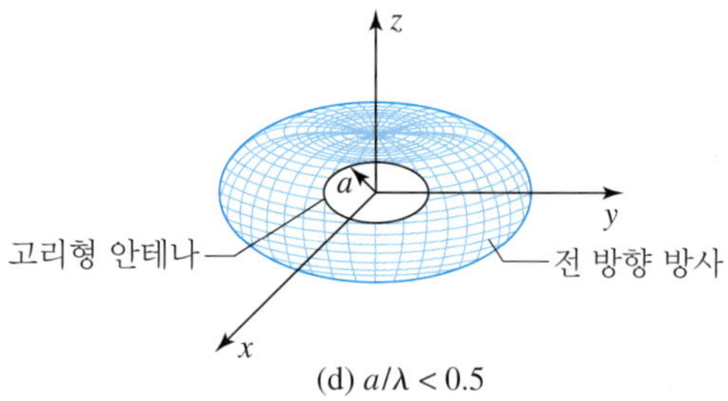

(a) 고리형 안테나의 방사전달장

출처: Sisir K. Das와 Amapurna Das.의 안테나와 파동의 전파(뉴델리, Tata McGraw Hill 출판사, 2013)

(b) Arecibo 천문대, 세계에서 가장 곡률이 큰 초점 안테나

출처: holdeneye/Shutterstock.com

그림 8.40 여러 가지 안테나

안테나 설계는 현대 전기공학의 중요한 부분이다. 전자기파를 보내고 받는 안테나는 인공위성, 무선 인터넷, 텔레비전 방송, 휴대폰을 가능하게 하는 장치이다. 간단하거나 이상적인 안테나 설계에 대한 연구는 벡터 미적분을 이용하여 가능하게 되었다.

좀 더 복잡한 신세대 안테나 설계는 주로 수치해법과 컴퓨터 소프트웨어를 이용하여 수행할 수 있다. 전자기학에서 일어나는 적분방정식을 정확하게 풀기 위한 알고리즘을 개발하는 의미있는 연구는 현재 계속 진행되고 있다.

연습문제 8.6

문제 1부터 25까지 선적분을 계산하여라.

1. $\int_C xdx - dy + zdz;$
$C: x(t)=t,\ y(t)=t,\ z(t)=t^3,\ 0 \le t \le 1$

2. $\int_C -4x\,dx + y^2 dy - yz\,dz;$
$C: x(t)=-t^2,\ y(t)=0,\ z(t)=-3t,\ 0 \le t \le 1$

3. $\int_C (x+y)\,ds;$
$C: x=y=t,\ z=t^2,\ 0 \le t \le 2$

4. $\int_C x^2 z dz;$
C: (0, 1, 0)에서 (0, 1, 1)까지 선분

5. $\int_C \mathbf{F}\cdot d\mathbf{R};$
$\mathbf{F} = \cos x\mathbf{i} - y\mathbf{j} + xz\mathbf{k},$
$\mathbf{R} = t\mathbf{i} - t^2\mathbf{j} + \mathbf{k},\ 0 \le t \le 3$

6. $\int_C 4xy\,ds;$
$C: x=y=t,\ z=2t,\ 1 \le t \le 2$

7. $\int_C \mathbf{F}\cdot d\mathbf{R};\ \mathbf{F} = x\mathbf{i} + y\mathbf{j} - z\mathbf{k},$
$C: x^2 + y^2 = 4,\ z = 0$, 반시계 방향으로 한 바퀴 회전한 원

8. $\int_C yz\,ds;$
C: 포물선 $z = y^2,\ x = 1,\ 0 \le y \le 2$

9. $\int_C -xyz\,dz;$
$C: x=1,\ y=\sqrt{z},\ 4 \le z \le 9$

10. $\int_C xz\,dy;$
C: 곡선 $x = y = t,\ z = -4t^2,\ 1 \le t \le 3$

11. $\int_C 8z^2\,ds;$
C: 곡선 $x = y = 2t^2,\ z = 1,\ 1 \le t \le 2$

12. $\int_C \mathbf{F} \cdot d\mathbf{R}$;

$\mathbf{F} = \mathbf{i} - x\mathbf{j} + \mathbf{k}$, $\mathbf{R} = \cos t\,\mathbf{i} - \sin t\,\mathbf{j} + t\mathbf{k}$, $0 \le t \le \pi$

13. $\int_C 8x^2\,dy$;

C: $x = e^t$, $y = -t^2$, $z = t$, $1 \le t \le 2$

14. $\int_C x dy - y dx$;

C: $x = y = 2t$, $z = e^{-t}$, $0 \le t \le 3$

15. $\int_C \sin x\,ds$;

C: $x = t$, $y = 2t$, $z = 3t$, $1 \le t \le 3$

16. $\int_C \mathbf{F} \cdot d\mathbf{R}$;

$\mathbf{F} = x\mathbf{i} + y\mathbf{j} - xyz\mathbf{k}$, C: $x = y = t$, $z = -3t^2$, $-1 \le t \le 3$

17. $\int_C 3y^3\,ds$;

C: $x = t$, $y = -2t$, $z = 5t$, $1 \le t \le 4$

18. $\int_C \mathbf{F} \cdot d\mathbf{R}$;

$\mathbf{F} = \cos(xy)\mathbf{k}$, C: $x = 1$, $y = t$, $z = 2t - 1$, $0 \le t \le \pi$

19. $\int_C (x + y + z^2)\,dx$;

C: $x = 2y = z$, $4 \le x \le 8$

20. $\int_C (x^2 - yz)\,dy$;

C: $x = t$, $y = z = \sqrt{t}$, $1 \le t \le 4$

21. $\int_C \mathbf{F} \cdot d\mathbf{R}$;

$\mathbf{F} = -y\mathbf{i} + xy\mathbf{j} + x^2\mathbf{k}$,

C: $x = \sqrt{t}$, $y = 2t$, $z = t$, $1 \le t \le 4$

22. $\int_C (x - y + 2z)\,ds$;

C: $x = 3\cos t$, $y = 2$, $z = 3\sin t$, $0 \le t \le \pi$

23. $\int_C \sin z\,dy$;

C: $x = 1 - t$, $y = -t$, $z = 1 - t$, $2 \le t \le 5$

24. $\int_C \mathbf{F} \cdot d\mathbf{R}$;

$\mathbf{F} = \sin x\,\mathbf{i} + 2z\mathbf{j} - \mathbf{k}$,

C: $x = t$, $y = t^2$, $z = t^3$, $0 \le t \le 2$

25. $\int_C 3y^3\,ds$; C: $x = z = t^2$, $y = 1$, $0 \le t \le 3$

26. 밀도가 $\delta(x, y, z) = x + y + z$일 때 원점에서 (3, 3, 3)까지 선분의 질량과 질량중심을 구하라.

27. (1, 1, 1)에서 (4, 4, 4)까지 선분을 따라 움직이는 물체에 $\mathbf{F} = x^2\mathbf{i} - 2yz\mathbf{j} + z\mathbf{k}$가 한 일을 구하라.

28. 꼭지점이 (1, 4, 3), (1, 1, 3), (6, 1, 3), (6, 4, 3)인 직사각형 모양으로 구부러진 철사가 있다. (1, 4, 3)부터 (1, 1, 3), (1, 1, 3)부터 (6, 1, 3)까지는 밀도가 3 g/cm이고 다른 두 변에서 밀도는 5 g/cm일 때 철사의 질량과 질량중심을 구하라.

29. $\mathbf{F} = \nabla\varphi$라고 하자.

(a) C를 P_0에서 P_1까지의 경로라 하고 φ의 1계 편도함수는 C의 모든 점에서 연속이라고 가정하면

$$\int_C \mathbf{F} \cdot d\mathbf{R} = \varphi(P_1) - \varphi(P_0)$$

임을 보여라.

(b) C가 닫힌곡선일 때 $\int_C \mathbf{F} \cdot d\mathbf{R} = 0$임을 보여라.

30. Riemann 적분 $\int_a^b f(x)dx$는 $\mathbf{F}$와 C를 적절하게 선택한 선적분 $\int_C \mathbf{F} \cdot d\mathbf{R}$과 같음을 보여라. 이러한 의미에서 선적분은 Riemann 적분의 일반화이다.

8.7 Green 정리

Green 정리는 평면에서 닫힌곡선에 대한 선적분과 곡선 내부 영역에 대한 이중적분 사이의 관계에 대한 정리로, 영국의 아마추어 물리학자 George Green과 우크라

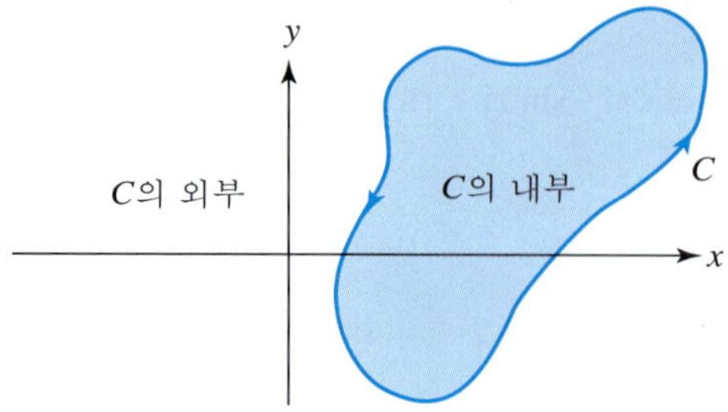

그림 8.41 Jordan 곡선 정리

이나의 수학자 Michel Ostrogradsky가 정립하였다. 이 정리는 포텐셜 이론과 편미분방정식에 응용되었다.

Jordan 곡선 정리에 따르면 평면상의 단순닫힌곡선 C는 평면을 경계선이 같은 두 영역으로 분리한다. 한 영역은 원점으로부터 임의로 멀리 떨어져 있는 점들을 포함하는데, 이를 C의 **외부**라고 한다. 또 다른 영역을 C의 **내부**라고 한다. 이 영역들을 그림 8.41에서 볼 수 있다. 만약 가위를 들고 C를 따라 자른다면 두 개의 분리된 조각으로 갈라질 것이다. C의 내부는 유한한 넓이를 갖지만 외부는 그렇지 않다.

C가 닫힌곡선일 때 $\int_C$를 때로는 $\oint_C$로 쓰기도 한다. 적분기호 위의 작은 원은 단순히 곡선이 닫혀있다는 것을 의미하며 적분을 계산하는 방법은 다르지 않다.

이제 벡터 적분학의 첫 번째 기본 정리를 살펴보자. 경로란 구분적으로 매끄러운 곡선이라는 점을 상기하자.

정리 8.7 Green 정리

C는 평면 위에 있는 양의 방향의 단순닫힌경로이고, D는 C 및 C 내부의 모든 점들로 구성된 집합이라 하자. f, g, $\partial g/\partial x$, $\partial f/\partial y$가 D에서 연속이면

$$\oint_C f(x, y)\,dx + g(x, y)\,dy = \iint_D \left(\frac{\partial g}{\partial x} - \frac{\partial f}{\partial y}\right) dA$$

이다.

증명 D가 다음의 두 가지 다른 방법으로 표현될 수 있는 특수한 모양일 때 Green 정리를 증명하자.

첫째로, D는 그림 8.42(a)와 같이 $a \le x \le b$에서 윗부분은 그래프 $y = k(x)$, 아랫부분은 그래프 $y = h(x)$, 즉

$$h(x) \le y \le k(x), \qquad a \le x \le b$$

인 모든 (x, y)로 구성된다.

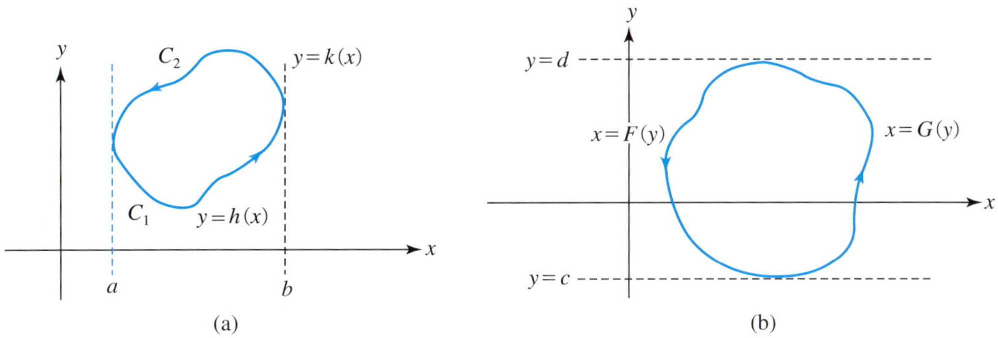

그림 8.42 정리 8.7에 사용되는 영역 D

둘째로, D는 그림 8.42(b)와 같이 $c \leq y \leq d$에서 왼쪽 부분은 그래프 $x = F(y)$, 오른쪽 부분은 그래프 $x = G(y)$, 즉

$$F(y) \leq x \leq G(y), \qquad x \leq y \leq d$$

인 모든 (x, y)로 구성된다.

첫 번째 경우에서 $a \leq x \leq b$일 때 D의 아랫부분을 C_1: $y = h(x)$이라 하고 D의 윗부분을 C_2: $y = k(x)$라고 하면

$$\begin{aligned}\oint_C f(x, y)\,dx &= \int_{C_1} f(x, y)\,dx + \int_{C_2} f(x, y)\,dx \\ &= \int_a^b f(x, h(x))\,dx + \int_b^a f(x, k(x))\,dx \\ &= \int_a^b -[f(x, k(x)) - f(x, h(x))]\,dx\end{aligned}$$

이다. C_1과 C_2에 대한 적분에서 C가 반시계 방향임을 명심하자.

다음으로 면적분을 계산하면

$$\begin{aligned}\iint_D \frac{\partial f}{\partial y}\,dA &= \int_a^b \int_{h(x)}^{k(x)} \frac{\partial f}{\partial y}\,dy\,dx \\ &= \int_a^b [f(x, y)]_{y=h(x)}^{y=k(x)}\,dx \\ &= \int_a^b [f(x, k(x)) - f(x, h(x))]\,dx\end{aligned}$$

이므로

$$\oint_C f(x, y)\,dx = -\iint_D \frac{\partial f}{\partial y}\,dA$$

를 얻게 된다. D의 두 번째 표현을 이용하여 같은 방법으로

$$\oint_C g(x, y)\,dy = \iint_D \frac{\partial g}{\partial x}\,dA$$

를 보일 수 있다. 마지막 두 식을 더하면 Green 정리가 증명된다. ■

Green 정리는 1차원인 곡선에 대한 선적분과 2차원인 평면 영역의 면적분의 관계를 다루었다. 이는 다음 절에서 선적분의 경로 독립성과 편미분방정식과 복소해석학을 배울 때 중요하다. Green 정리는 8.12절의 Stokes 정리와 8.11절의 Gauss 정리에도 이용된다. Green 정리는 복잡한 적분을 쉬운 형태의 적분으로 바꾸는 데에도 흔히 이용된다. 다음 두 보기에서 Green 정리의 전형적인 예를 살펴보자.

보기 8.29

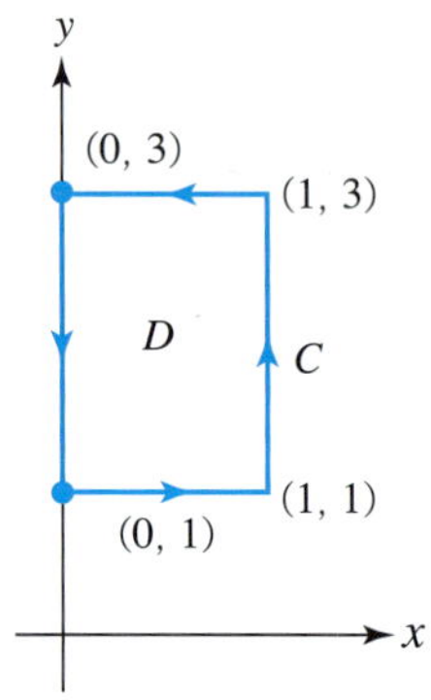

그림 8.43 보기 8.29의 경로 C와 영역 D

그림 8.43과 같은 직사각형 경로 C를 따라 움직이는 입자에 힘

$$\mathbf{F}(x, y) = (y - x^2 e^x)\mathbf{i} + (\cos(2y^2) - x)\mathbf{j}$$

가 한 일을 구하자.

이 직사각형의 각 변을 따라 선적분 $\oint_C \mathbf{F} \cdot d\mathbf{R}$을 계산하려면 네 선분에서 각각 선적분을 계산해야 하므로, 계산이 복잡하다. 그렇지만 직사각형과 그 내부로 구성되는 영역을 D로 하여 Green 정리를 적용하면

$$\text{일(work)} = \oint_C \mathbf{F} \cdot d\mathbf{R} = \iint_D \left(\frac{\partial}{\partial x}(\cos(2y^2) - x) - \frac{\partial}{\partial y}(y - x^2 e^x) \right) dA$$

$$= \iint_D -2dA = (-2)(D\text{의 넓이}) = -4$$

와 같이 보다 쉽게 선적분을 계산할 수 있다.

Green 정리는 보기 8.29와는 달리 구체적이지 않고 일반적인 곡선 C에 대한 선적분도 아래 보기에서와 같이 계산할 수 있다.

보기 8.30

평면에서 양의 방향을 갖는 모든 단순닫힌곡선 C에 대해

$$\oint_C 2x\cos 2y\, dx - 2x^2 \sin 2y\, dy$$

를 계산하자.

무수히 많은 경로가 존재하므로 이것은 매우 어려운 문제인 것처럼 보인다. 그렇지만 $f(x, y) = 2x\cos 2y$, $g(x, y) = -2x^2 \sin 2y$라 하면

$$\frac{\partial g}{\partial x} - \frac{\partial f}{\partial y} = -4x \sin 2y + 4x \sin 2y = 0$$

이므로 Green 정리에 의하여

$$\oint_C 2x\cos 2y\,dx - 2x^2\sin 2y\,dy = \iint_D 0\,dA = 0.$$

내부 D에 유한개의 점들에서 f, g, $\partial f/\partial y$, $\partial g/\partial x$들이 정의되지 않거나 불연속인 경우에도 Green 정리 8.7을 확장할 수 있다.

정리 8.8 확장된 Green 정리

C는 평면 위에 있는 양의 방향의 단순닫힌경로이고, D는 C 위 및 C 내부의 모든 점들로 구성된 집합이라 하자. f, g, $\partial g/\partial x$, $\partial f/\partial y$가 $\{P_1, \cdots, P_n\}$을 제외한 D에서 연속이고 K_j를 $P_j(j = 1, \cdots, n)$를 포함한 충분히 작은 원으로 다른 원 $K_i(i = 1, \cdots, n, i \neq j)$나 C와 만나지 않는다고 할 때 다음이 성립한다.

$$\oint_C f(x, y)\,dx + g(x, y)\,dy = \sum_{j=1}^{n}\oint_{K_j} f(x, y)\,dx + g(x, y)\,dy + \iint_{\hat{D}}\left(\frac{\partial g}{\partial x} - \frac{\partial f}{\partial y}\right)dA,$$

여기서 $\hat{D} = D\bigcup_{j=1}^{n}$ (K_j의 내부)이다.

증명 불연속인 점을 $P_1, \cdots, P_n$라 하자. 이 불연속인 점들을 다음과 같이 잘라내 보자. 각 P_j를 원 K_j로 둘러쌀 때, 그림 8.44(a)와 같이 이 원들은 이들 중 어느 것도 다른 원이나 C와 만나지 않도록 반지름을 충분히 작게 잡는다. 그림 8.44(b)와 같이 D 안에 C에서 K_1으로 통로를 만들고, K_1에서 K_2, K_2에서 K_3, $\cdots$ 마지막으로 K_{n-1}에서 K_n으로 통로를 만든다. 이 통로를 이용하여 C와 K_j를 연속적으로 이어 만든 곡선 C^*를 그림 8.44(c)와 같이 구성한다. 그림 8.44(d)와 같이 C^*의 내부를 빗금친 부분 D^*라 한다.

P_j는 C^*의 외부에 있으므로 f, g, $\partial g/\partial x$, $\partial f/\partial y$는 D^*와 C^*에서 연속이다. C^*와 D^*에 Green 정리를 적용하면

$$\oint_{C^*} f(x, y)\,dx + g(x, y)\,dy = \iint_{D^*}\left(\frac{\partial g}{\partial x} - \frac{\partial f}{\partial y}\right)dA. \tag{8.6}$$

이 통로들을 점점 가늘게 해서 C와 원 $K_1, \cdots, K_n$들을 서로 잇는 선분들을 만나게 만들면 C^*는 그림 8.44(e)의 곡선 $\hat{C}$에, D^*는 그림 8.44(f)의 $\hat{D}$에 접근하게 된다. $\hat{D}$는 D에서 원 $K_1, \cdots, K_n$의 내부를 제거한 것이다. 이렇게 극한을 취하면 식 (8.6)은

$$\oint_C f(x, y)\,dx + g(x, y)\,dy + \sum_{j=1}^{n}\oint_{-K_j} f(x, y)\,dx + g(x, y)\,dy = \iint_{\hat{D}}\left(\frac{\partial g}{\partial x} - \frac{\partial f}{\partial y}\right)dA$$

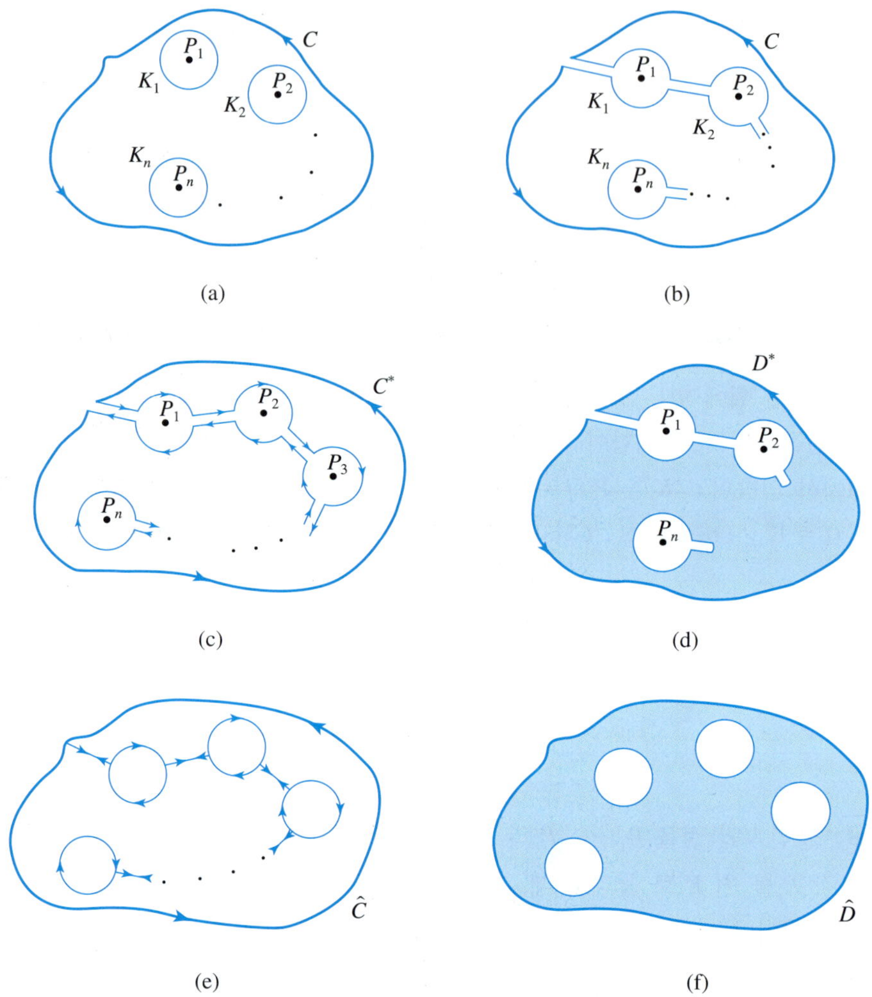

그림 8.44 확장된 Green 정리를 위한 영역 $\hat{D}$과 곡선 $\hat{C} = \partial \hat{D}$을 만드는 방법

로 수렴한다. 이 식의 좌변에서 C와 K_j들을 연결하는 내부 선분들에 대한 적분은 각각 두 개씩 서로 반대 방향으로 적분되기 때문에 상쇄된다. C의 방향은 반시계 방향이나 각 원들의 방향은 그림 8.44(c)와 같이 시계 방향이므로 반시계 방향으로 방향을 바꾸면 적분 부호가 바뀌게 된다. 따라서 확장된 Green 정리가 증명되었다. ■

보기 8.31

xy평면에서 원점을 통과하지 않는 임의의 양의 방향의 단순닫힌경로 C에 대하여

$$\oint_C \frac{-y}{x^2+y^2}\,dx + \frac{x}{x^2+y^2}\,dy$$

를 계산하자.

$$f(x, y)=\frac{-y}{x^2+y^2}, \qquad g(x, y)=\frac{x}{x^2+y^2}$$

라 하면

$$\frac{\partial g}{\partial x}-\frac{\partial f}{\partial y}=\frac{y^2-x^2}{(x^2+y^2)^2}-\frac{y^2-x^2}{(x^2+y^2)^2}=0$$

이다. 또한 f, g, $\partial g/\partial x$, $\partial f/\partial y$는 원점을 제외한 모든 점에서 연속이다. C는 원점을 통과하지 않으므로 다음 두 가지 경우로 나눌 수 있고, 이에 대한 선적분은 아래와 같다.

경우 1. C가 원점을 둘러싸고 있지 않을 때:
Green 정리 8.7을 적용하면

$$\oint_C \frac{-y}{x^2+y^2}dx+\frac{x}{x^2+y^2}dy=\iint_D\left(\frac{\partial g}{\partial x}-\frac{\partial f}{\partial y}\right)dA=0$$

이다.

경우 2. C가 원점을 둘러싸고 있을 때:
그림 8.45와 같이 C와 만나지 않도록 반지름이 충분히 작은 원 K로 원점을 둘러싸고 확장된 Green 정리 8.8을 이용하면

$$\begin{aligned}&\oint_C f(x, y)\,dx+g(x, y)\,dy\\&=\oint_K f(x, y)\,dx+g(x, y)\,dy+\iint_{\hat{D}}\left(\frac{\partial g}{\partial x}-\frac{\partial f}{\partial y}\right)dA\\&=\oint_K f(x, y)\,dx+g(x, y)\,dy\end{aligned}$$

이다. 여기서 $\hat{D}$는 K와 C 사이의 영역으로 두 곡선에서 선적분은 모두 반시계 방향이다.

마지막 줄의 선적분을 계산하기 위해 K를

$$x=r\cos\theta, \quad y=r\sin\theta, \quad 0\le\theta\le 2\pi$$

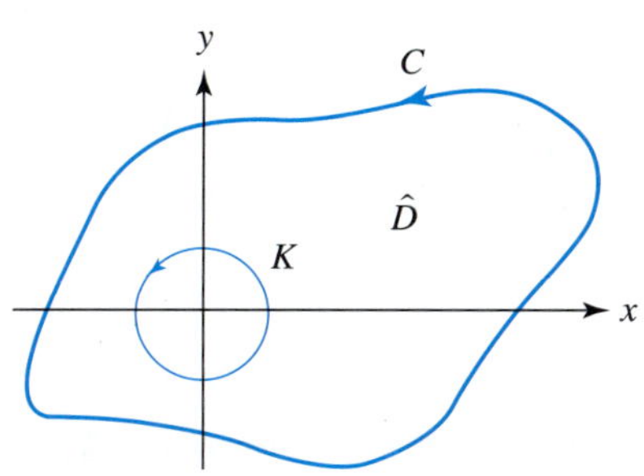

그림 8.45 원점을 둘러싼 곡선 C와 C 내부의 작은 원 K

라 하면

$$\oint_K f(x,y)\,dx + g(x,y)\,dy = \int_0^{2\pi}\left(\frac{-r\sin\theta}{r^2}(-r\sin\theta) + \frac{r\cos\theta}{r^2}(-r\sin\theta)\right)d\theta$$
$$= \int_0^{2\pi} d\theta = 2\pi.$$

그러므로 주어진 선적분의 값은

$$\oint_C f(x,y)\,dx + g(x,y)\,dy = \begin{cases} 0 & C\text{가 원점을 둘러싸지 않을 때,} \\ 2\pi & C\text{가 원점을 둘러쌀 때.} \end{cases}$$

Math in Context | 수신 안테나 모델링

시간에 따라 변하는 자기장 $\mathbf{B} = \mathbf{B}_0 \cos \omega t\mathbf{k}$ 안에 있는 반지름 r인 원모양 고리형태의 전선을 생각해 보자. 원의 한쪽 끝은 연결되어 있지 않은 열린 회로이고, xy평면의 원점이 중심이라고 하면 $\mathbf{B}$의 방향은 이 고리가 있는 평면에 수직이 된다. 자기장 $\mathbf{B}$의 시간에 따른 변화가 고리모양 전선에 전압(electromotive force, EMF)을 발생시킨다. 시간에 따라 변하는 자기장에서 열린 회로의 EMF의 형식적 정의는

$$-V = \oint_C \mathbf{E}\cdot d\mathbf{l}$$

이고, $\mathbf{l}$는 고리회로의 위치벡터를 뜻한다. 여기서 우리가 아는 것은 $\mathbf{B}$밖에 없다. 8장 12절에서 다룰 Stokes 정리에 의해

$$\oint_C \mathbf{E}\cdot d\mathbf{l} = \iint_S \nabla\times\mathbf{E}\cdot d\mathbf{S}$$

로 쓸 수 있다. 여기서 S는 고리에 의해 둘러싸인 영역이다. 맥스웰–패러데이 법칙 $\nabla\times\mathbf{E} = -\frac{\partial\mathbf{B}}{\partial t}$를 대입하면

$$V = \iint_S \frac{\partial B}{\partial t}\cdot d\mathbf{S}$$

를 얻는다. 위 식을 S(고리로 둘러싸인 면적)에서 적분하면

$$V = B_0\pi r^2\omega\sin\omega t.$$

이 계산은 수신 안테나의 기본적인 원리를 설명해준다. 시간에 따라 변하는 자기장이 전도된 고리에서 전압을 발생한다. 이 회로가 닫혀 있으면, 인가된 EMF는 작은 전류를 흐르게 하는데 이 신호를 수신할 수 있다. 고리 안테나는 수신 안테나와 방향센서로 많이 사용된다.

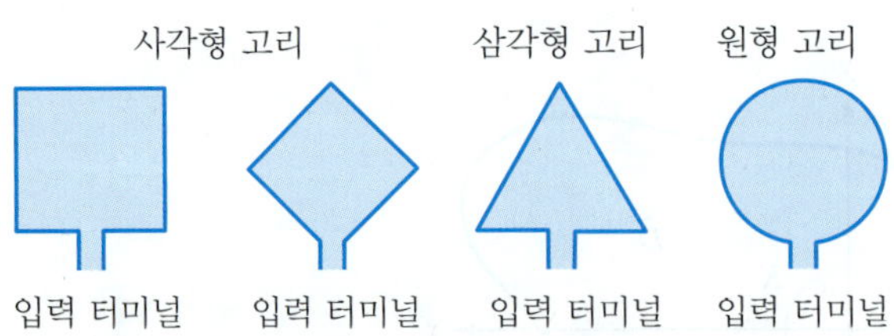

그림 8.46 다양한 모양의 고리 안테나

출처: Sisir K. Das와 Annapurna Das의 안테나와 파동의 전파(뉴델리, Tate Mcgraw Hill 출판사, 2013년)

연습문제 8.7

1. 어떤 입자가 (0, 0), (4, 0), (1, 6)을 꼭지점으로 하는 삼각형을 반시계 방향으로 한 바퀴 운동할 때, 힘 $\mathbf{F} = xy\mathbf{i} + x\mathbf{j}$가 한 일을 구하라.

2. 어떤 입자가 원점을 중심으로 반지름 6인 원을 반시계 방향으로 한 바퀴 운동할 때, 힘 $\mathbf{F} = (e^x - y + x\cosh x)\mathbf{i} + (y^{3/2} + x)\mathbf{j}$가 한 일을 계산하여라.

3. 어떤 입자가 (1, 1), (1, 7), (3, 1), (3, 7)을 꼭지점으로 하는 직사각형을 반시계 방향으로 한 바퀴 운동할 때, 힘 $\mathbf{F} = (-\cosh 4x^4 + xy)\mathbf{i} + (e^{-y} + x)\mathbf{j}$가 한 일을 계산하여라.

문제 4부터 14까지 Green 정리를 사용하여 $\oint_C \mathbf{F}\cdot d\mathbf{R}$을 계산하여라. 모든 곡선은 반시계 방향이다.

4. $\mathbf{F} = 2y\mathbf{i} - x\mathbf{j}$;
C: 중심이 (1, 3)이고 반지름이 4인 원

5. $\mathbf{F} = x^2\mathbf{i} - 2xy\mathbf{j}$;
C: 꼭지점 (1, 1), (4, 1), (2, 6)인 삼각형

6. $\mathbf{F} = (x + y)\mathbf{i} + (x - y)\mathbf{j}$;
C: $x^2 + 4y^2 = 1$인 타원

7. $\mathbf{F} = 8xy^2\mathbf{j}$;
C: 중심이 원점이고 반지름이 4인 원

8. $\mathbf{F} = (x^2 - y)\mathbf{i} - (\cos 2y - e^{3y} + 4x)\mathbf{j}$;
C: 변의 길이가 5인 임의의 정사각형

9. $\mathbf{F} = e^x\cos y\mathbf{i} - e^x\sin y\mathbf{j}$;
C: 평면 위의 임의의 구분적으로 매끄러운 단순닫힌경로

10. $\mathbf{F} = x^2y\mathbf{i} - xy^2\mathbf{j}$;
C: $x^2 + y^2 \le 4$, $x \ge 0$, $y \ge 0$인 부분의 경계선

11. $\mathbf{F} = xy\mathbf{i} + (xy^2 - e^{\cos y})\mathbf{j}$;
C: 꼭지점이 (0, 0), (3, 0), (0, 5)인 삼각형

12. $\mathbf{F} = y\cos x\mathbf{i} - y^3\mathbf{j}$;
C: 꼭지점이 (−1, 0), (0, 0), (0, 1), (−1, 1)인 사각형

13. $\mathbf{F} = (e^{\sin x} - y)\mathbf{i} + (\sinh y^3 - 4x)\mathbf{j}$;
C: 중심이 (−8, 0)이고 반지름이 2인 원

14. $\mathbf{F} = (x^2 + y^2)\mathbf{i} + (x^2 - y^2)\mathbf{j}$;
C: $4x^2 + y^2 = 16$인 타원

15. C는 내부가 D인 양의 방향의 단순닫힌경로라고 하자.

(a) D의 넓이는 $\oint_C -y\,dx$임을 보여라.

(b) D의 넓이는 $\oint_C x\,dy$임을 보여라.

(c) D의 넓이는 $\frac{1}{2}\oint_C -y\,dx + x\,dy$임을 보여라.

16. C는 내부가 D인 양의 방향의 단순닫힌경로이고 $|D|$는 D의 넓이일 때, D의 중심은

$$\bar{x} = \frac{1}{2|D|}\oint_C x^2\,dy,\ \bar{y} = \frac{1}{2|D|}\oint_C y^2\,dx$$

임을 보여라.

17. $u(x, y)$가 D와 D의 경계인 양의 방향의 단순닫힌경로 C에서 연속인 1계 및 2계 도함수를 가질 때

$$\oint_C -\frac{\partial u}{\partial y}dx + \frac{\partial u}{\partial x}dy = \iint_D \left[\frac{\partial^2 u}{\partial x^2} + \frac{\partial^2 u}{\partial y^2}\right]dA$$

임을 보여라.

18. C가 극좌표 $r = f(\theta)(\alpha \le \theta \le \beta)$, $\theta = \alpha$와 $\theta = \beta$로 이루어진 양의 방향의 단순닫힌경로라고 하자. $f'(\theta)$는 $[\alpha, \beta]$에서 연속이고 D는 C의 내부일 때

$$D\text{의 넓이} = \frac{1}{2}\int_\alpha^\beta (f(\theta))^2\,d\theta$$

임을 보여라.

힌트: C의 직선 부분에서는 r을 매개변수로, 그래프 $r = f(\theta)$로 주어지는 부분에서는 θ를 매개변수로 하여 문제 15(c)의 선적분을 계산하여라.

문제 19부터 23까지 주어진 힘 $\mathbf{F}$와 원점을 지나지 않는 임의의 양의 방향의 단순닫힌경로 C에 대해 $\oint_C \mathbf{F}\cdot d\mathbf{R}$을 계산하여라.

19. $\mathbf{F} = \dfrac{x}{x^2 + y^2}\mathbf{i} + \dfrac{y}{x^2 + y^2}\mathbf{j}$

20. $\mathbf{F} = \left(\dfrac{1}{x^2 + y^2}\right)^{3/2}(x\mathbf{i} + y\mathbf{j})$

21. $\mathbf{F}=\left(\dfrac{-y}{x^2+y^2}+x^2\right)\mathbf{i}+\left(\dfrac{x}{x^2+y^2}-2y\right)\mathbf{j}$

22. $\mathbf{F}=\left(\dfrac{-y}{x^2+y^2}+3x\right)\mathbf{i}+\left(\dfrac{x}{x^2+y^2}-y\right)\mathbf{j}$

23. $\mathbf{F}=\left(\dfrac{x}{\sqrt{x^2+y^2}}+2x\right)\mathbf{i}+\left(\dfrac{y}{\sqrt{x^2+y^2}}-3y^2\right)\mathbf{j}$

8.8 경로 독립성과 포텐셜 이론

정의 8.14 보존장과 포텐셜함수

집합 D 위의 벡터장 $\mathbf{F}$에 대해 $\mathbf{F} = \nabla\varphi$인 $\varphi(x, y, z)$가 있으면 $\mathbf{F}$를 보존장이라고 하고, φ를 $\mathbf{F}$의 포텐셜함수라고 부른다.

보존장과 포텐셜함수는 물리학에서 자주 사용된다. φ가 $\mathbf{F}$의 포텐셜함수이면 임의의 상수 c에 대하여 $\nabla(\varphi + c) = \nabla\varphi$이므로, $\varphi + c$도 $\mathbf{F}$의 포텐셜함수이다. 따라서 $\mathbf{F}$의 포텐셜함수가 존재하면 포텐셜함수는 무수히 많다.

벡터장 $\mathbf{F}(x, y, z) = f(x, y, z)\mathbf{i} + g(x, y, z)\mathbf{j} + h(x, y, z)\mathbf{k}$와 매끄러운 곡선 C의 위치벡터 $\mathbf{R}(t) = x(t)\mathbf{i} + y(x)\mathbf{j} + z(t)\mathbf{k}\,(a \le t \le b)$에 대해 $\int_C \mathbf{F}\cdot d\mathbf{R} = \int_C f(x, y, z)dx + g(x, y, z)\,dy + h(x, y, z)dz$인 것을 기억해 두자.

보존장의 선적분은 비보존장의 선적분보다 쉽게 계산할 수 있다. $\mathbf{F}$가 보존장이면

$$\mathbf{F} = \nabla\varphi = \frac{\partial\varphi}{\partial x}\mathbf{i} + \frac{\partial\varphi}{\partial y}\mathbf{j} + \frac{\partial\varphi}{\partial z}\mathbf{k}$$

이므로

$$\begin{aligned}\int_C \mathbf{F}\cdot d\mathbf{R} &= \int_C \frac{\partial\varphi}{\partial x}dx + \frac{\partial\varphi}{\partial y}dy + \frac{\partial\varphi}{\partial z}dz = \int_a^b \left(\frac{\partial\varphi}{\partial x}\frac{dx}{dt} + \frac{\partial\varphi}{\partial y}\frac{dy}{dt} + \frac{\partial\varphi}{\partial z}\frac{dz}{dt}\right)dt \\ &= \int_a^b \frac{d}{dt}\varphi(x(t), y(t), z(t))\,dt = \varphi(x(b), y(b)) - \varphi(x(a), y(a)) \\ &= \varphi(P_1) - \varphi(P_0) = \varphi(C\text{의 끝점}) - \varphi(C\text{의 시작점}). \qquad (8.7)\end{aligned}$$

보존장에 대한 선적분은 포텐셜함수의 끝점에서 값과 시작점에서 값의 차이다. 따라서 보존장에 대한 선적분 값은 경로 그 자체와는 무관하고 경로의 양 끝점에 의해서만 결정된다는 것을 알 수 있다. 즉, 두 K와 C가 시작점과 끝점이 같으면 $\int_K \mathbf{F}\cdot d\mathbf{R}$과 $\int_C \mathbf{F}\cdot d\mathbf{R}$은 같은 값이 된다. 이것은 다음과 같이 선적분에 대한 경로 독립성을 의미한다.

정의 8.15 경로 독립성

D 안의 임의의 두 점 P_0와 P_1에 대하여 두 점을 각각 시점과 종점으로 하는 D 안의 임의의 경로에 대한 선적분 값들이 모두 같을 때 $\int_C \mathbf{F}\cdot d\mathbf{R}$은 D 내에서 **경로에 대해 독립**이라 한다.

정리 8.9 보존장과 경로독립

$\mathbf{F}$가 D에서 보존장이면 D 안의 임의의 경로 C에 대해 $\int_C \mathbf{F}\cdot d\mathbf{R}$은 경로에 대해 독립이다. C가 닫힌경로라면 $\oint_C \mathbf{F}\cdot d\mathbf{R}=0$이다.

이 정리는 식 (8.7)에 의해 증명된다. 즉, $\mathbf{F}=\nabla\varphi$일 때 $\int_C \mathbf{F}\cdot d\mathbf{R}$의 값은 곡선의 시작점과 끝점에서 φ값에만 의존하고 중간지점에는 의존하지 않는다. C가 D에서 닫힌곡선이면 시작점과 끝점은 일치하므로 φ값의 차이는 0이다.

보기 8.32

$\mathbf{F}(x, y)=\nabla\varphi(x, y)$, $\varphi(x, y)=x^2\cos 2y$이다. C는 $(0, 0)$에서 $(1, \pi/8)$까지 평면 위의 임의의 경로이고 K는 평면 위의 임의의 닫힌경로일 때, $\oint_C \mathbf{F}\cdot d\mathbf{R}$과 $\oint_K \mathbf{F}\cdot d\mathbf{R}$을 구하자.

먼저 C에 대한 선적분은

$$\int_C \mathbf{F}\cdot d\mathbf{R}=\varphi\left(1, \frac{\pi}{8}\right)-\varphi(0, 0)=\frac{\sqrt{2}}{2}$$

이다. 그리고 K가 평면 D 내의 임의의 닫힌경로이므로

$$\oint_K \mathbf{F}\cdot d\mathbf{R}=0.$$

주어진 벡터장이 보존장인가 아닌가를 판별하고, 또 보존장의 포텐셜함수를 구하는 방법을 알아보자. 벡터장

$$\mathbf{F}(x, y)=f(x, y)\mathbf{i}+g(x, y)\mathbf{j}+h(x, y)\mathbf{k}$$

가 어떤 φ에 대하여

$$\mathbf{F}=\nabla\varphi=\frac{\partial\varphi}{\partial x}\mathbf{i}+\frac{\partial\varphi}{\partial y}\mathbf{j}+\frac{\partial\varphi}{\partial z}\mathbf{k}$$

이면 보존장이다. 이렇게 되기 위해서는

$$\frac{\partial\varphi}{\partial x}=f(x,y)\,,\quad \frac{\partial\varphi}{\partial y}=g(x,y)\,,\quad \frac{\partial\varphi}{\partial z}=h(x,y)$$

이어야 한다. 포텐셜함수 φ를 구하기 위해서 세 식 중에서 하나를 선택하여, 다른 변수는 고정하고 편도함수를 취한 변수로 적분한다. 이때 적분상수는 고정된 변수의 함수가 된다. 적분상수를 구하기 위해서는 두 식 중 선택되지 않은 나머지 식을 사용하면 된다.

보기 8.33

벡터장 $\mathbf{F}(x,y,z)=(yze^{xyz}-4x)\mathbf{i}+(xze^{xyz}+z+\cos y)\mathbf{j}+(xye^{xyz}+y)\mathbf{k}$의 포텐셜함수를 구하자.

이 벡터장의 포텐셜함수가 φ이면

$$\frac{\partial\varphi}{\partial x}=yze^{xyz}-4x\,,\quad \frac{\partial\varphi}{\partial y}=xze^{xyz}+z+\cos y\,,\quad \frac{\partial\varphi}{\partial z}=xye^{xyz}+y$$

이다. 마지막 식을 z에 관해 적분하면

$$\varphi(x,y,z)=e^{xyz}+yz+h(x,y)$$

인데, 여기서 적분상수 $h(x, y)$는 두 변수 x, y에 대한 함수이다. 다음으로

$$\begin{aligned}\frac{\partial\varphi}{\partial x}&=yze^{xyz}-4x\\&=\frac{\partial}{\partial x}[e^{xyz}+yz+h(x,y)]=yze^{xyz}+\frac{\partial h}{\partial x}\end{aligned}$$

이므로

$$\frac{\partial h}{\partial x}=-4x$$

이다. 따라서

$$\begin{aligned}h(x,y)&=-2x^2+k(y),\\ \varphi(x,y,z)&=e^{xyz}+yz-2x^2+k(y)\end{aligned}$$

이다. φ의 y방향 편미분은

$$\begin{aligned}\frac{\partial\varphi}{\partial y}&=xze^{xyz}+z+\cos y\\&=\frac{\partial}{\partial y}[e^{xyz}+yz-2x^2+k(y)]\\&=xze^{xyz}+z+k'(y)\end{aligned}$$

이고

$$k'(y) = \cos y$$

이므로

$$k(y) = \sin y + C$$

이다. 따라서 포텐셜함수는

$$\varphi(x, y, z) = e^{xyz} + yz - 2x^2 + \sin y + C$$

이다.

보기 8.34

벡터장 $\mathbf{F}(x, y) = (ye^{xy} + xy^2 e^{xy} + 2x)\mathbf{i} + (xe^{xy} + x^2 ye^{xy} - 2y)\mathbf{j}$ 의 포텐셜함수를 구하자.

포텐셜함수가 φ 라면

$$\frac{\partial \varphi}{\partial x} = ye^{xy} + xy^2 e^{xy} + 2x, \quad \frac{\partial \varphi}{\partial y} = xe^{xy} + x^2 ye^{xy} - 2y$$

이다. 두 번째 식을 y에 대하여 적분하면

$$\varphi(x, y) = \int (xe^{xy} + x^2 ye^{xy} - 2y)\, dy = xye^{xy} - y^2 + h(x)$$

이고, 첫 번째 식을 이용하면

$$\begin{aligned} \frac{\partial \varphi}{\partial x} &= ye^{xy} + xy^2 e^{xy} + 2x \\ &= \frac{\partial}{\partial x}(xye^{xy} - y^2 + h(x)) = ye^{xy} + xy^2 e^{xy} + h'(x) \end{aligned}$$

이므로 $h'(x) = 2x$, $h(x) = x^2 + C$이다. 그러므로

$$\varphi(x, y) = xye^{xy} - y^2 + x^2 + C.$$

모든 벡터장들이 보존장이지는 않음을 다음 보기에서 살펴보자.

보기 8.35

벡터장 $\mathbf{F}(x, y) = (2xy^2 + y)\mathbf{i} + (2x^2 y + e^x y)\mathbf{j}$ 의 포텐셜함수를 구하자.

포텐셜함수 φ는

$$\frac{\partial \varphi}{\partial x} = 2xy^2 + y, \quad \frac{\partial \varphi}{\partial y} = 2x^2 y + e^x y$$

를 만족해야 한다. 첫 번째 식을 x에 대해서 적분하면

$$\varphi(x, y) = \int (2xy^2 + y)\,dx = x^2y^2 + xy + h(y)$$

이고 두 번째 식으로부터

$$\frac{\partial \varphi}{\partial y} = 2x^2y + e^x y = \frac{\partial}{\partial y}(x^2y^2 + xy + h(y)) = 2x^2y + x + h'(y).$$

그러므로

$$h'(y) = e^x y - x$$

이고, 이 식을 만족시키는 $h(y)$는 존재하지 않으므로 $\mathbf{F}$는 보존장이 아니다.

모든 벡터장이 보존장인 것은 아니기 때문에 주어진 벡터장이 보존장인가 아닌가를 판별해야 한다. 다음 정리를 이용해서 평면 벡터장이 보존장임을 판별할 수 있다.

정리 8.10 직사각형에서 평면 보존장 판별법

좌표축에 평행한 변들로 구성된 사각형으로 둘러싸인 집합 D에서 f, g, $\partial f/\partial y$, $\partial g/\partial x$가 모두 연속이라고 하자. D에서 $\mathbf{F}(x, y) = f(x, y)\mathbf{i} + g(x, y)\mathbf{j}$가 보존장일 필요충분조건은

$$\frac{\partial g}{\partial x} = \frac{\partial f}{\partial y}. \tag{8.8}$$

이 정리는 평면 전체에서도 성립하는데, 이 경우 식 (8.8)이 성립하면 벡터장은 평면 전체에서 보존장이다. 다음 두 보기에서 정리 8.10을 적용해 보자.

보기 8.36

벡터장 $\mathbf{F}(x, y) = (ye^{xy} + xy^2e^{xy} + 2x)\mathbf{i} + (xe^{xy} + x^2ye^{xy} - 2y)\mathbf{j}$가 보존장임을 정리 8.10을 이용하여 보이자.

$$f(x, y) = ye^{xy} + xy^2e^{xy} + 2x, \quad g(x, y) = xe^{xy} + x^2ye^{xy} - 2y$$

이므로

$$\frac{\partial f}{\partial y} = e^{xy} + 3xye^{xy} + x^2y^2e^{xy},$$

$$\frac{\partial g}{\partial x} = e^{xy} + 3xye^{xy} + x^2y^2e^{xy}$$

이다. 평면 전체에서 식 (8.8)이 성립되므로 정리 8.10에 의해 **F**는 보존장이다. 그러므로 보기 8.34에서 포텐셜함수를 구할 수 있었다.

보기 8.37

$\mathbf{F}(x, y) = (2xy^2 + y)\mathbf{i} + (2x^2 y + e^x y)\mathbf{j}$가 보존장이 아님을 정리 8.10을 이용하여 보이자.

$$\frac{\partial f}{\partial y} = 4xy + 1, \quad \frac{\partial g}{\partial x} = 4xy + e^x y$$

이므로, 이 편미분들은 어떤 사각형 영역에서도 서로 같지 않으므로 정리 8.10에 의해 이 벡터장은 보존장이 아니다. 보기 8.35에서 이 벡터장에 대한 포텐셜 함수는 존재하지 않음을 보인 바 있다.

정리 8.10의 식 (8.8)은

$$\frac{\partial g}{\partial x} - \frac{\partial f}{\partial y} = 0$$

인데

$$\frac{\partial g}{\partial x} - \frac{\partial f}{\partial y}$$

와 같은 표현은 Green 정리에도 있다. 여기에서는 경로의 독립성, Green 정리, 식 (8.8), 포텐셜함수의 존재 사이의 관계를 논의해 보자.

보기 8.38

D가 원점을 제외한 평면 내의 모든 점일 때, D에서 벡터장

$$\mathbf{F}(x, y) = \frac{-y}{x^2 + y^2}\mathbf{i} + \frac{x}{x^2 + y^2}\mathbf{j} = f(x, y)\mathbf{i} + g(x, y)\mathbf{j}$$

의 경로독립성, 보존장, 포텐셜함수에 대해 말해 보자.

$f, g, \frac{\partial f}{\partial y}, \frac{\partial g}{\partial x}$는 D에서 연속이고 보기 8.31에 의해

$$\frac{\partial f}{\partial y} - \frac{\partial g}{\partial x} = 0$$

이다.

이제 (1, 0)에서 (−1, 0)까지 $\int_C f(x, y)dx + g(x, y)dy$의 두 경로를 생각하

자. 먼저

$$0 \le \theta \le \pi \text{에서} \quad x = \cos\theta, \quad y = \sin\theta$$

로 주어진 단위원의 윗부분을 C라고 하면

$$\begin{aligned}&\int_C f(x, y)\,dx + g(x, y)\,dy\\ &= \int_0^\pi [(-\sin\theta)(-\sin\theta) + \cos\theta\cos\theta]\,d\theta = \int_0^\pi d\theta = \pi\end{aligned}$$

이다. 다음으로

$$x = \cos\theta, \quad y = -\sin\theta, \quad 0 \le \theta \le \pi$$

과 같이 단위원의 아랫부분을 따라 (1, 0)에서 (−1, 0)까지 움직이는 경로를 K라고 하면

$$\begin{aligned}&\int_K f(x, y)\,dx + g(x, y)\,dy\\ &= \int_0^\pi [\sin\theta(-\sin\theta) + \cos\theta(-\cos\theta)]\,d\theta = -\int_0^\pi d\theta = -\pi\end{aligned}$$

이다.

이것은 $\int_C f(x, y)\,dx + g(x, y)\,dy$가 D 내에서 경로에 독립이 아니라는 뜻이다. 또한 이것은 D상에서 **F**가 보존장이 아니라는 것을 의미하므로 **F**에 대한 포텐셜함수는 없다(정리 8.9에 의해 포텐셜함수가 있다면 선적분은 경로에 독립이다).

정리 8.10의 D의 범위를 확장해 보자. 다음 두 조건을 만족할 때 D를 **영역**이라고 부른다.

(1) D 안의 임의의 점 P에 대하여 이 점을 중심으로 하고 내부가 D 안에 포함되는 원이 있다.

(2) D의 임의의 두 점을 잇는 경로가 D 안에 있다.

예를 들면 그림 8.47(a)와 같이 $x \ge 0$, $y \ge 0$인 점 (x, y)로 구성되는 1사분면 S는 (2)를 만족하지만 (1)은 만족하지 않는다. $x \ge 0$인 점 $(x, 0)$을 중심으로 그린 원은 반드시 S의 외부점을 포함한다. 마찬가지로 S상의 점 $(0, y)$를 중심으로 한 원도 반드시 S의 외부점을 포함한다. 그러므로 S는 영역이 아니다.

그림 8.47(b)에서 음영으로 표시된 점들의 집합 M은 조건 (2)를 만족하지 않는다. 표시된 점 P와 Q를 연결하는 임의의 경로 C는 반드시 M의 외부를 지난다. 따라서 M도 영역이 아니다.

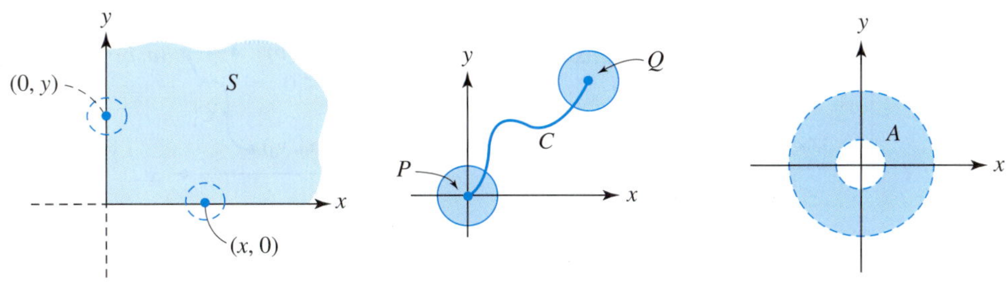

(a) 음이 아닌 좌표를 갖는 집합 S (b) 연결되어 있지 않은 집합 M (c) 동심원 사이의 집합 A

그림 8.47 (a), (b)는 영역이 아닌 집합, (c)는 영역.

그림 8.47(c)는 중심이 원점이고 반지름이 1과 3인 두 동심원 사이 점들의 집합 A를 나타낸다. 따라서 A는 $1 < x^2 + y^2 < 9$를 만족하는 (x, y)들의 집합이다. 이 집합은 조건 (1)과 (2)를 만족하므로 영역이다. 경계인 두 원은 A 내에 있지 않다는 것을 강조하기 위해 점선으로 그렸다.

정리 8.11 보존장과 경로독립

$\mathbf{F}$를 영역 D에서 연속인 벡터장이라고 하자. $\mathbf{F}$가 보존장일 필요충분조건은 $\int_C \mathbf{F} \cdot d\mathbf{R}$이 경로에 독립이라는 것이다.

증명 이 증명은 3차원에서도 성립하지만 여기서는 2차원에 집중해서 증명해 보자. $\mathbf{F}$가 보존장이면 정리 8.9에 의해 이 선적분은 D에서 경로에 독립이다. 이 사실은 D가 영역이라는 가정이 필요 없다. 왜냐하면 이 선적분의 값이 C의 끝점과 시작점에서 포텐셜 함수값의 차이이기 때문이다.

역으로 $\int_C \mathbf{F} \cdot d\mathbf{R}$이 D에서 경로에 독립이라고 가정하자. $\mathbf{F}$에 대한 포텐셜함수를 만들어야 한다. D에서 임의의 점 $P_0(x_0, y_0)$를 택하자. 점 $P(x, y)$가 D 안의 점이면 P_0에서 P까지 D 안에 경로 C가 있다.

$$\varphi(x, y) = \int_C \mathbf{F} \cdot d\mathbf{R}$$

로 정의하면, 이 선적분은 D 내의 P_0와 P 사이의 선택된 경로에 의존하지 않으므로 φ는 잘 정의된 (x, y)의 함수가 된다.

이제 $\mathbf{F} = \nabla\varphi$를 보이자. $\mathbf{F}(x, y) = f(x, y)\mathbf{i} + g(x, y)\mathbf{j}$라 하자. 표기를 간단하게 하기 위해 (a, b)를 D 안의 임의의 점이라고 하고

$$\frac{\partial\varphi}{\partial x}(a, b) = f(a, b), \quad \frac{\partial\varphi}{\partial y}(a, b) = g(a, b)$$

임을 보인다.

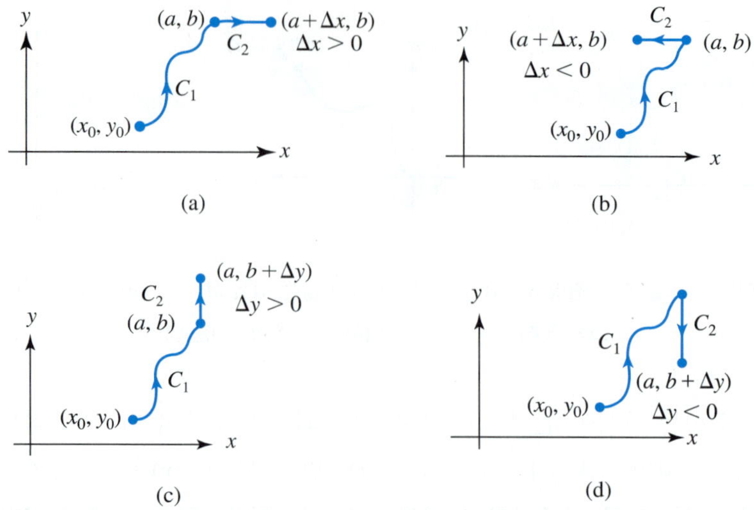

그림 8.48 경로 $C_1 + C_2$: (a) $\Delta x > 0$, (b) $\Delta x < 0$, (c) $\Delta y > 0$, (d) $\Delta y < 0$

첫 번째 편도함수는

$$\frac{\partial \varphi}{\partial x}(a,b) = \lim_{\Delta x \to 0} \frac{\varphi(a+\Delta x, b) - \varphi(a,b)}{\Delta x}$$

임을 상기하자. D는 영역이므로 D 안의 점 (a, b)를 중심으로 하는 원이 존재한다. r을 이 원의 반지름이라고 하고 $0 < \Delta x < r$이 되도록 Δx를 잡는다. 그림 8.48(a)와 같이 C_1을 P_0에서 (a, b)까지 D 안의 임의의 경로, C_2를 (a, b)에서 $(a + \Delta x, b)$까지 수평선분이라고 하고, C를 C_1과 C_2로 구성된 경로라고 하자. 그러면

$$\varphi(a+\Delta x, b) - \varphi(a,b) = \int_C \mathbf{F}\cdot d\mathbf{R} - \int_{C_1} \mathbf{F}\cdot d\mathbf{R} = \int_{C_2} \mathbf{F}\cdot dR$$

이다. C_2를 $0 \le t \le 1$에 대해서 $x = a + t\Delta x$, $y = b$로 매개화하면

$$\begin{aligned}\varphi(a+\Delta x, b) - \varphi(a,b) &= \int_{C_2} \mathbf{F}\cdot d\mathbf{R} \\ &= \int_{C_2} f(x,y)\,dx + g(x,y)\,dy \\ &= \int_0^1 f(a+t\Delta x, b)(\Delta x)\,dt\end{aligned}$$

이다. 따라서

$$\frac{\varphi(a+\Delta x, b) - \varphi(a,b)}{\Delta x} = \int_0^1 f(a+t\Delta x, b)\,dt$$

이다. 적분의 평균값 정리를 이용하면 0과 1 사잇값 ϵ에 대해

$$\int_0^1 f(a+t\Delta x, b)dt = f(a+\epsilon\Delta x, b).$$

이므로

$$\frac{\varphi(a+\Delta x, b)-\varphi(a, b)}{\Delta x}=f(a+\epsilon\Delta x, b)$$

이다. f의 연속성에 의해 Δx가 0으로 수렴할 때 $f(a+\epsilon\Delta x, b)$는 $f(a, b)$로 수렴한다. 그러므로

$$\lim_{\Delta x\to 0+}\frac{\varphi(a+\Delta x, b)-\varphi(a, b)}{\Delta x}=f(a, b)$$

이다.

그림 8.48(b)의 경로에 대해 같은 방법을 이용하면

$$\lim_{\Delta x\to 0-}\frac{\varphi(a+\Delta x, b)-\varphi(a, b)}{\Delta x}=f(a, b),$$

$$\frac{\partial\varphi}{\partial x}(a, b)=f(a, b)$$

이다.

마찬가지로 그림 8.48(c)와 그림 8.48(d)의 경로를 이용해 계산하면 $(\partial\varphi/\partial y)(a, b) = g(a, b)$이다. ■

직사각형 안에서 식 (8.8)이 **F**가 보존장일 필요충분조건임을 알았다. D를 직사각형이 아닌 영역으로 확장해 보자.

D 안의 모든 단순닫힌곡선이 D의 점들만을 둘러싸고 있을 때, 영역 D를 **단순연결(simply connected)**이라고 부른다. 영역 안에 구멍이 있으면 단순연결이 아닌데, 구멍을 둘러싸는 단순닫힌곡선 내부에 D에 속하지 않는 점이 있기 때문이다. D가 평면에서 원점을 제외한 영역이면 D는 단순연결이 아니다. 원점을 중심으로 하는 단위원은 내부에 D의 점이 아닌 원점이 포함되어 있다. 보기 8.31에서 이 영역 D에서 정의된 벡터장이 식 (8.8)을 만족하지만 경로에 독립이 아님을 살펴보았다. 따라서 정리 8.9에 의해 포텐셜함수는 존재하지 않는다. 마찬가지로 그림 8.49와 같이 두 동심원 사이의 영역은 단순연결이 아닌데, 그 이유는 작은 원 내부가 D에 포함되지 않기 때문이다.

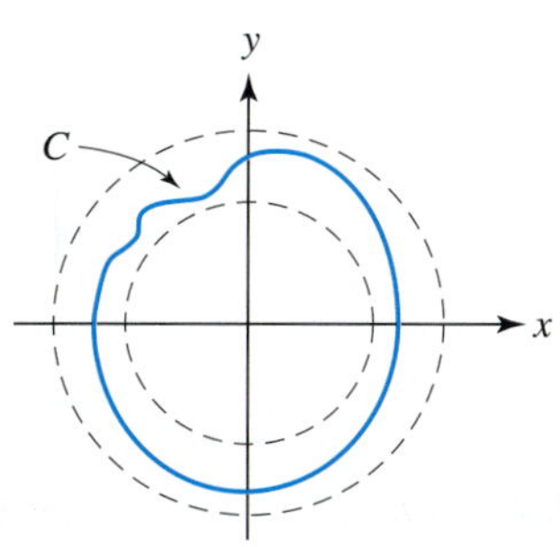

그림 8.49 두 동심원 사이에 있는 점들의 집합은 단순연결이 아니다.

다음 정리는 식 (8.8)을 포텐셜함수의 존재성에 대한 필요충분조건이 되기 위해서는 단순연결성이 필요하다는 것을 보여준다. 핵심은 단순연결성 때문에 Green 정리를 이용할 수 있다는 것이다.

정리 8.12 평면에서 보존장 판별법

$\mathbf{F}(x, y) = f(x, y)\mathbf{i} + g(x, y)\mathbf{j}$가 f, g, $\partial g/\partial x$, $\partial f/\partial y$들이 단순연결 영역 D 위에서 연속인 벡터장이라고 가정하자. 그러면 D 위의 모든 (x, y)에서 $\mathbf{F}$가 보존장일 필요충분조건은

$$\frac{\partial f}{\partial y} = \frac{\partial g}{\partial x}$$

이다.

증명 먼저 $\mathbf{F}$가 보존장, 즉 $\mathbf{F} = \nabla\varphi$라고 가정하자. 그러면

$$f(x, y) = \frac{\partial \varphi}{\partial x}, \quad g(x, y) = \frac{\partial \varphi}{\partial y}$$

이고

$$\frac{\partial f}{\partial y} = \frac{\partial^2 \varphi}{\partial y \partial x} = \frac{\partial^2 \varphi}{\partial x \partial y} = \frac{\partial g}{\partial x}$$

이다. 여기에서는 D가 단순연결이라는 사실을 사용하지 않았다.

역으로 D에서 식 (8.8)이 성립한다라고 가정하자. D에서 $\int_C \mathbf{F} \cdot d\mathbf{R}$이 경로에 독립이라는 것을 보이고자 한다.

그림 8.50과 같이 P_0와 P_1은 D 안의 점일 때, P_0에서 P_1까지 D 안의 경로 C와 K를 생각하자. 먼저 이 경로들이 양 끝점에서만 만난다고 가정하자(그림 8.50(a)). C를 따라 P_0에서 P_1까지 갔다가 다시 $-K$를 따라 P_0로 돌아오는 양의 방향의 닫힌경로 J를 잡을 수 있다(그림 8.50(b)). J가 둘러싸는 영역을 D^*라고 하자. D는 단순연

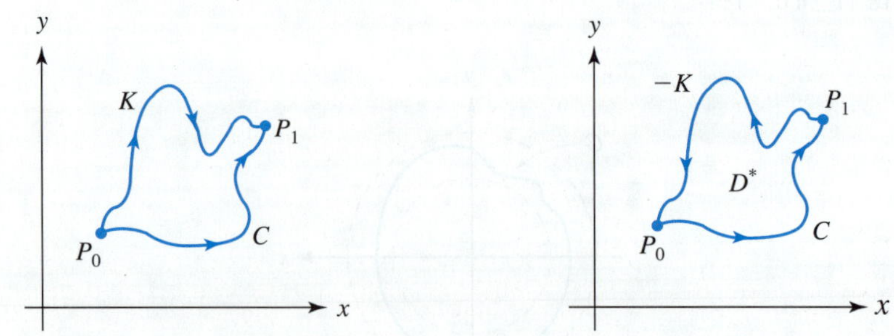

(a) P_0에서 P_1까지의 두 경로 C와 K　　(b) 닫힌경로 $J = C + (-K)$

그림 8.50 P_0와 P_1을 지나는 경로들.

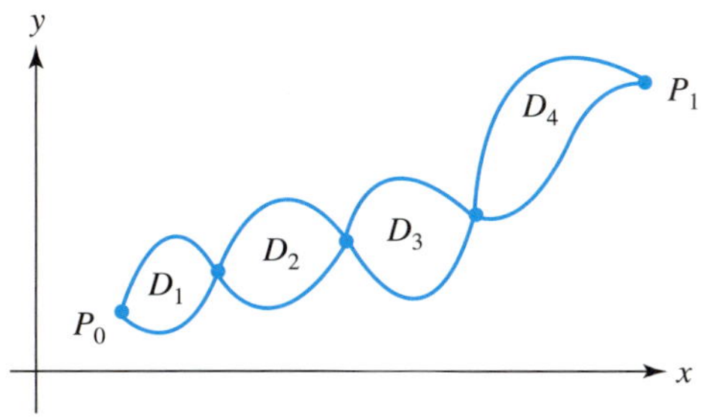

그림 8.51 여러 점에서 교차하는 P_0에서 P_1까지의 두 경로 C와 K

결이므로 D^*의 모든 점은 D 안에 있고 따라서 f, g, $\partial g/\partial x$, $\partial f/\partial y$ 들에 대한 가정은 D^*에서도 성립되므로 다음과 같이 Green 정리를 이용할 수 있다.

$$\oint_J \mathbf{F}\cdot d\mathbf{R} = \iint_{D^*}\left(\frac{\partial g}{\partial x} - \frac{\partial f}{\partial y}\right)dA = 0.$$

그런데

$$\begin{aligned}\oint_J \mathbf{F}\cdot d\mathbf{R} &= \int_C \mathbf{F}\cdot d\mathbf{R} + \int_{-K} \mathbf{F}\cdot d\mathbf{R}\\ &= \int_C \mathbf{F}\cdot d\mathbf{R} - \int_K \mathbf{F}\cdot d\mathbf{R} = 0\end{aligned}$$

이므로

$$\int_C \mathbf{F}\cdot d\mathbf{R} = \int_K \mathbf{F}\cdot d\mathbf{R}$$

이다.

만약 그림 8.51과 같이 P_0에서 P_1 사이 경로 C와 K가 교차한다면 잇따르는 교차점들 간의 닫힌경로를 생각함으로써 증명할 수 있다.

$\int_C \mathbf{F}\cdot d\mathbf{R}$이 경로에 독립이고 D는 영역이므로 정리 8.11에 의해 $\mathbf{F}$는 보존장이다. ■

정리 8.13 공간에서 보존장 판별법

D가 단순연결 영역이고 $\mathbf{F}$와 $\nabla\times\mathbf{F}$는 D에서 연속이면 D에서 $\mathbf{F}$가 보존장일 필요충분조건은 $\nabla\times\mathbf{F} = \mathbf{O}$이다.

증명 먼저 $\mathbf{F}$가 보존장이면 $\mathbf{F} = \nabla\varphi$이므로 $\nabla\times\mathbf{F} = \nabla\times(\nabla\varphi) = \mathbf{O}$이다.

역으로 $\nabla\times\mathbf{F} = \mathbf{O}$일 때 $\mathbf{F}$가 보존장임을 보이자. 이를 위해서 $\int_C \mathbf{F}\cdot d\mathbf{R}$이 경로에 독립임을 보이면 된다. C와 K를 그림 8.52와 같이 D에 있는 P_0에서 P_1까지의 두 경로라고 하자. C와 $-K$는 닫힌경로 L을 만든다. D가 단순연결이므로 L을 경계곡선으로 하는 구분적으로 매끄러운 곡면 Σ가 있다. 8장 12절에 나올 Stokes 정

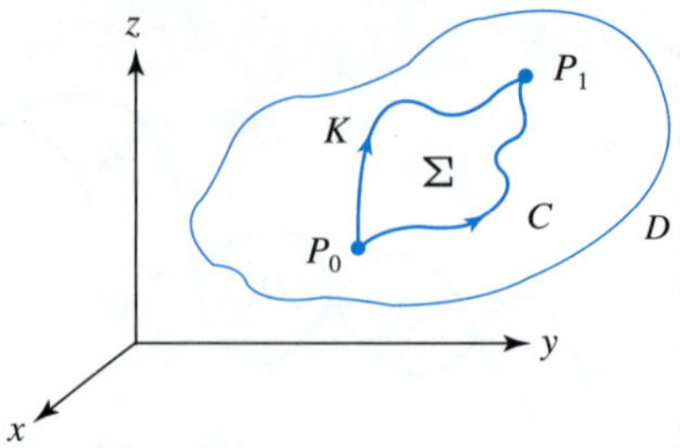

그림 8.52 공간 상의 단순연결 영역 D 안에 있는 P_0에서 P_1까지의 두 경로 C와 K

리를 쓰면

$$\int_C \mathbf{F}\cdot d\mathbf{R} - \int_K \mathbf{F}\cdot d\mathbf{R} = \oint_L \mathbf{F}\cdot d\mathbf{R}$$
$$= \iint_\Sigma (\nabla\times\mathbf{F})\cdot\mathbf{n}\,d\sigma = 0$$

이므로

$$\int_C \mathbf{F}\cdot d\mathbf{R} = \int_K \mathbf{F}\cdot d\mathbf{R}$$

이다. 따라서 선적분은 경로에 독립이다.

정리 8.11은 공간에 대해서도 성립하므로, 정리 8.11에 의해 **F**는 보존장이다. ■

평면 벡터장 $\mathbf{G}(x, y) = f(x, y)\mathbf{i} + g(x, y)\mathbf{j}$는 공간 벡터장

$$\mathbf{G}(x, y, z) = f(x, y)\,\mathbf{i} + g(x, y)\,\mathbf{j} + 0\,\mathbf{k}$$

로 쓸 수 있다. 그러면

$$\nabla\times\mathbf{G} = \begin{vmatrix} \mathbf{i} & \mathbf{j} & \mathbf{k} \\ \dfrac{\partial}{\partial x} & \dfrac{\partial}{\partial y} & \dfrac{\partial}{\partial z} \\ f(x, y) & g(x, y) & 0 \end{vmatrix} = \left(\frac{\partial g}{\partial x} - \frac{\partial f}{\partial y}\right)\mathbf{k}$$

이므로 2차원인 경우 d × **G** = **O**의 조건은 정확히 정리 8.10의 조건과 같다.

요약하면

보존장 ⇒ 경로 독립

영역에서 보존장 ⟺ 경로 독립

단순 연결 영역에서 보존장 ⟺ $\dfrac{\partial g}{\partial x} = \dfrac{\partial f}{\partial y}$ (평면), $\nabla\times\mathbf{F} = \mathbf{O}$(공간)

Math in Context | 정전기학에서 벡터 적분학

정전기학 분야는 축전지, 커피머신, 공기정화기 설계에 사용된다. 정전기학 문제에서 벡터 적분학을 사용해 보자.

자기장이 시간에 독립된 경우

$$\frac{\partial \mathbf{B}}{\partial t} = \mathbf{O} \;\Rightarrow\; \nabla \times \mathbf{E} = \mathbf{O}$$

이므로 정리 8.13에 의하면 $\nabla \times \mathbf{E} = \mathbf{O}$이다. 따라서 전기장 $\mathbf{E}$는 보존장이고, $\mathbf{E} = \nabla V$라 하면

$$\int_a^b \mathbf{E} \cdot d\mathbf{l} = V(b) - V(a) = \Delta V.$$

으로 전압의 선적분은 포텐셜의 차이와 같게 된다. 포텐셜 함수 V가 라플라스 방정식으로부터 구해지면 전기장 $\mathbf{E}$를 위의 식으로부터 역으로 구할 수도 있다. 전기장 $\mathbf{E}$가 보존적이므로 위의 선적분은 어떤 경로를 선택해도 같은 값을 가진다.

그림 8.53 반도체 기판 위의 축전기와 저항기 반도체칩
출처: Benson HE/shutterstock.com

연습문제 8.8

문제 1부터 10까지 주어진 영역 D에서 $\mathbf{F}$가 보존장인지를 결정하고 만약 보존장이면 포텐셜함수를 찾아라. 문제 5를 제외하고 D는 평면 전체이다.

1. $\mathbf{F} = y^3\mathbf{i} + (3xy^2 - 4)\mathbf{j}$

2. $\mathbf{F} = (6y + ye^{xy})\mathbf{j} + (6x + xe^{xy})\mathbf{j}$

3. $\mathbf{F} = 16x\mathbf{i} + (2 - y^2)\mathbf{j}$

4. $\mathbf{F} = 2xy\cos x^2\mathbf{i} + \sin x^2\mathbf{j}$

5. $\mathbf{F} = \left(\dfrac{2x}{x^2 + y^2}\right)\mathbf{i} + \left(\dfrac{2y}{x^2 + y^2}\right)\mathbf{j}$;
   D: 원점을 제외한 평면 전체

6. $\mathbf{F} = \sinh(x + y)(\mathbf{i} + \mathbf{j})$

7. $\mathbf{F} = 2\cos 2xe^y\mathbf{i} + [e^y\sin 2x - y)]\mathbf{j}$

8. $\mathbf{F} = (3x^2y - \sin x + 1)\mathbf{i} + (x^3 - e^y)\mathbf{j}$

9. $\mathbf{F} = (y^2 + 3)\mathbf{i} + (2xy + 3x)\mathbf{j}$

10. $\mathbf{F} = (3x^2 - 2y)\mathbf{i} + (12y - 2x)\mathbf{j}$

문제 11부터 26까지 주어진 첫 번째 점에서 두 번째 점까지 임의의 경로 C에 대한 $\int_C \mathbf{F} \cdot d\mathbf{R}$을 계산하여라.

11. $\mathbf{F} = 3x^2(y^2 - 4y)\mathbf{i} + (2x^3y - 4x^3)\mathbf{j}$;
    $(-1, 1), (2, 3)$

12. $\mathbf{F} = e^x\cos y\mathbf{i} - e^x\sin y\mathbf{j}$; $(0, 0), (2, \pi/4)$

13. $\mathbf{F} = 2xy\mathbf{i} + (x^2 - 1/y)\mathbf{j}$;
    $(1, 3), (2, 2)$ (단, 경로는 x축과 만나지 않는다.)

14. $\mathbf{F} = \mathbf{i} + (6y + \sin y)\mathbf{j}$; $(0, 0), (1, 3)$

15. $\mathbf{F} = (3x^2y^2 - 6y^3)\mathbf{i} + (2x^3y - 18xy^2)\mathbf{j}$;
    $(0, 0), (1, 1)$

16. $\mathbf{F} = \dfrac{y}{x}\mathbf{i} + \ln x\,\mathbf{j}$; $(1, 1), (2, 2)$
    (단, 경로는 $x > 0$인 반평면 안에 있다.)

17. $\mathbf{F} = (-8e^y + e^x)\mathbf{i} - 8xe^y\mathbf{j}$; $(-1, -1), (3, 1)$

18. $\mathbf{F} = \left(4xy + \dfrac{3}{x^2}\right)\mathbf{i} + 2x^2\mathbf{j}$; $(1, 2), (3, 3)$
    (단, 경로는 $x > 0$인 반평면 안에 있다.)

19. $\mathbf{F} = (-4\cosh xy - 4xy\sinh xy)\mathbf{i} - 4x^2\sinh xy\,\mathbf{j}$; $(1, 0), (2, 1)$

20. $\mathbf{F} = (3y^2 + 3\sin y)\mathbf{i} + (6xy + 3x\cos y)\mathbf{j}$; $(0, 0), (-3, \pi)$

21. $\mathbf{F} = \mathbf{i} - 9y^2 z\,\mathbf{j} - 3y^2\mathbf{k}$; $(1, 1, 1), (0, 3, 5)$

22. $\mathbf{F} = (y\cos xz - xyz\sin xz)\mathbf{i} + x\cos xz\,\mathbf{j} - x^2\sin xz\,\mathbf{k}$; $(1, 0, \pi), (1, 1, 7)$

23. $\mathbf{F} = 6x^2 e^{yz}\mathbf{i} + 2x^3 ze^{yz}\mathbf{j} + 2x^3 ye^{yz}\mathbf{k}$; $(0, 0, 0), (1, 2, -1)$

24. $\mathbf{F} = -8y^2\mathbf{i} - (16xy + 4z)\mathbf{j} - 4y\mathbf{k}$; $(-2, 1, 1), (1, 3, 2)$

25. $\mathbf{F} = -\mathbf{i} + 2z^2\mathbf{j} + 4yz\mathbf{k}$; $(0, 0, -4), (1, 1, 6)$

26. $\mathbf{F} = (y - 4xz)\mathbf{i} + x\mathbf{j} + (3z^2 - 2x^2)\mathbf{k}$; $(1, 1, 1), (3, 1, 4)$

27. 다음 에너지 보존 법칙을 증명하여라.

보존적 힘이 물체에 작용할 때 운동에너지와 포텐셜에너지의 합은 항상 일정하다.

힌트: 운동에너지는 $(m/2)\|\mathbf{R}'(t)\|^2$이다. 여기서 m은 물체의 질량, $\mathbf{R}(t)$는 물체의 위치벡터이다. 포텐셜에너지는 $-\varphi(x, y)$로 φ는 힘에 대한 포텐셜함수이다. 물체가 임의의 경로를 따라 움직일 때 운동에너지와 포텐셜에너지의 합의 미분이 0임을 보여라.

8.9 면적분

곡선에 대한 적분처럼 곡면에 대하여도 적분을 정의할 수 있다. 먼저 곡면에 대한 내용을 살펴보자. 곡면은 좌표가 다음과 같이 2개의 매개변수로 표현되는 것으로 정의할 수 있다.

$$x = x(u, v), \quad y = y(u, v), \quad z = z(u, v).$$

이때 (u, v)는 uv평면에 있다.

보기 8.39 타원형 원뿔

좌표함수가 다음과 같은 곡면을 생각하자.

$$x = au\cos v, \quad y = bu\sin v, \quad z = u.$$

여기서 u와 v는 실수이며 a와 b는 0 아닌 상수이다. 이 경우 z를 x와 y로 표현할 수 있다.

$$\left(\frac{x}{au}\right)^2 + \left(\frac{y}{bu}\right)^2 = \cos^2 v + \sin^2 v = 1$$

이므로

$$\frac{x^2}{a^2} + \frac{y^2}{b^2} = u^2 = z^2$$

이다. $y=0$일 때 곡면은 $z=\pm x/a$이 되어 xz평면에서 원점을 지나고 기울기가 $\pm 1/a$인 두 직선이다. $x=0$일 때 곡면은 $z=\pm y/b$이 되어 yz평면에서 원점을 지나고 기울기가 $\pm 1/b$인 두 직선이다. 곡면과 $z=c\neq 0$인 평면과의 교선은 다음의 타원이다.

$$\frac{x^2}{a^2}+\frac{y^2}{b^2}=c^2, \quad z=c.$$

이것은 xy평면에 나란한 평면과 교선이 타원인 **타원형 원뿔**이다.

보기 8.40 쌍곡포물면

다음 좌표함수를 갖는 곡면을 생각하자.

$$x=u\cos v, \quad y=u\sin v, \quad z=\frac{1}{2}u^2\sin 2v.$$

여기서 u와 v는 실수이다. z를 x와 y로 표현하면

$$\begin{aligned} z&=\frac{1}{2}u^2\sin 2v=u^2\sin v\cos v \\ &=(u\cos v)(u\sin v)=xy \end{aligned}$$

이다. $z=c$인 평면과의 교선이 쌍곡선이고, $y=\pm x$ 평면과의 교선은 포물선 $z=\pm x^2$이므로 이 곡면을 **쌍곡포물면**이라고 한다.

때때로 곡면은 $z=S(x, y)$ 꼴로 x와 y를 매개변수로 사용하여 정의된다.

보기 8.41 반구

$x^2+y^2\leq 4$일 때 $z=\sqrt{4-x^2-y^2}$을 생각하자. 이 식의 양변을 제곱함으로써 다음과 같이 나타낼 수 있다.

$$x^2+y^2+z^2=4$$

이것은 원점을 중심으로 하는 반지름 2인 구이다. 하지만 $z\geq 0$이므로 이 곡면은 반지름 2인 반구이다.

보기 8.42 원뿔

$x^2+y^2 \le 8$일 때 $z=\sqrt{x^2+y^2}$은 $0 \le z \le \sqrt{8}$인 원뿔을 나타낸다. 이 원뿔의 가장 윗부분인 $z=\sqrt{8}$일 때 이 곡면은 원이다.

보기 8.43 포물면

$z=x^2+y^2$은 포물면이다. 이 곡면은 z 방향으로 무한히 뻗어 있는 무한 포물면이다.

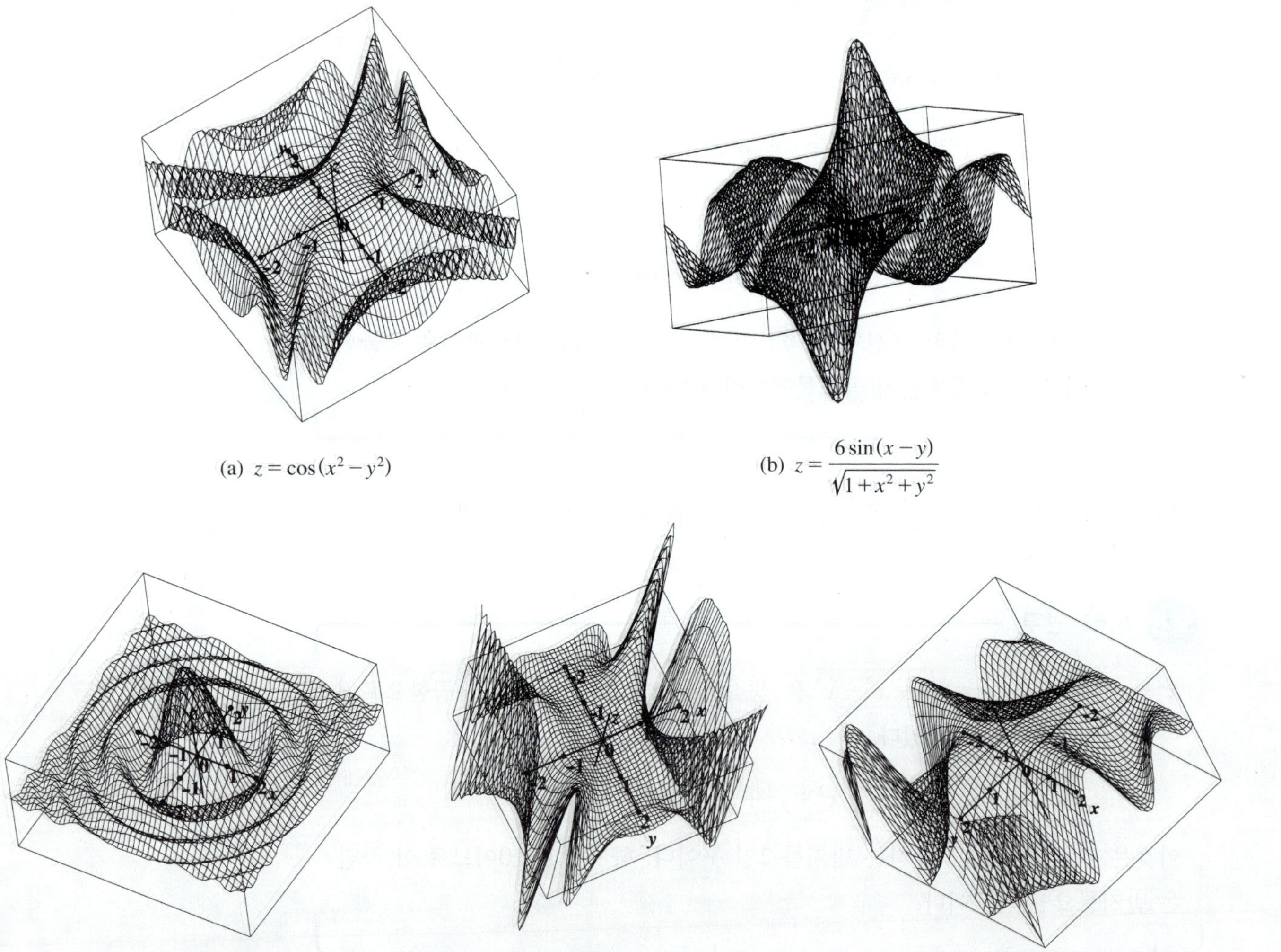

(a) $z=\cos(x^2-y^2)$

(b) $z=\dfrac{6\sin(x-y)}{\sqrt{1+x^2+y^2}}$

(c) $z=\dfrac{4\cos(x^2+y^2)}{1+x^2+y^2}$

(d) $z=x^2\cos(x^2-y^2)$

(e) $z=\cos(xy)\log(4+y)$

그림 8.54 다양한 곡면들

그림 8.54에서 다양한 곡면을 그려 보았다.

곡선과 마찬가지로 곡면도 다음과 같은 위치벡터로 표현할 수 있다.

$$\mathbf{R}(u, v) = x(u, v)\mathbf{i} + y(u, v)\mathbf{j} + z(u, v)\mathbf{k}.$$

$(u_1, v_1) \neq (u_2, v_2)$이면 $\mathbf{R}(u_1, v_1) \neq \mathbf{R}(u_2, v_2)$일 때 $\mathbf{R}$은 단순곡면이라 부른다.

8.9.1 법선벡터

Σ는 좌표함수 $x = x(u, v)$, $y = y(u, v)$, $z = z(u, v)$에 의해 결정되는 곡면이고 좌표함수들의 모든 1계 편도함수가 연속이라고 가정하자. $P_0(x(u_0, v_0), y(u_0, v_0), z(u_0, v_0))$를 Σ 위의 점이라 하자.

$v = v_0$로 고정하면 곡면 위의 곡선 Σ_{v_0}이 그림 8.55와 같이

$$\Sigma_{v_0}: x = x(u, v_0),\ y = y(u, v_0),\ z = z(u, v_0)$$

이다. 이것은 하나의 매개변수 u에 의한 좌표함수이기 때문에 곡선이 된다. P_0에서 Σ_{v_0}의 접선벡터는

$$T_{v_0} = \frac{\partial x}{\partial u}(u_0, v_0)\mathbf{i} + \frac{\partial y}{\partial u}(u_0, v_0)\mathbf{j} + \frac{\partial z}{\partial u}(u_0, v_0)\mathbf{k}$$

이다.

같은 방법으로 $u = u_0$로 고정하고 v가 매개변수라고 하면, 마찬가지로 그림 8.55와 같이 곡선 Σ_{u_0}를 얻을 수 있다. 즉,

$$\Sigma_{u_0}: x = x(u_0, v),\ y = y(u_0, v),\ z = z(u_0, v)$$

이다. P_0에서 Σ_{u_0}의 접선벡터는

$$T_{u_0} = \frac{\partial x}{\partial v}(u_0, v_0)\mathbf{i} + \frac{\partial y}{\partial v}(u_0, v_0)\mathbf{j} + \frac{\partial z}{\partial v}(u_0, v_0)\mathbf{k}$$

이다.

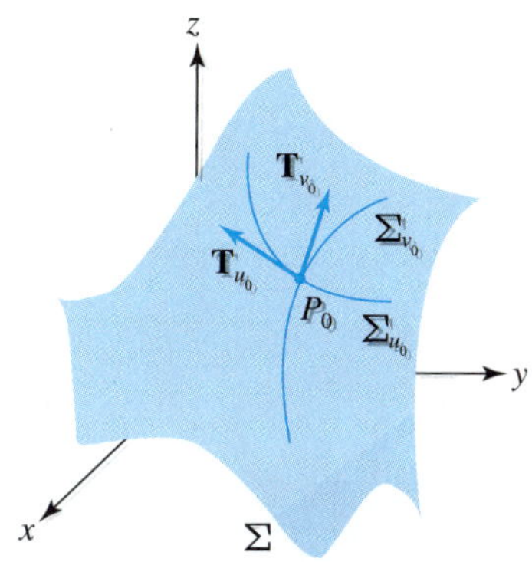

그림 8.55 곡면 Σ에서 점 P_0를 지나는 곡선들의 접선벡터들은 이 곡면에 대한 접평면을 결정한다.

이 두 접선벡터가 영벡터가 아니면 두 벡터는 P_0에서 Σ의 접평면을 결정한다. 이때 이 두 벡터의 벡터곱은 접평면에 수직이므로 P_0에서 Σ의 법선벡터를 다음과 같이 이 두 벡터의 곱으로 정의할 수 있다.

$$\mathbf{N}(P_0) = \left[\frac{\partial x}{\partial u}(u_0, v_0)\mathbf{i} + \frac{\partial y}{\partial u}(u_0, v_0)\mathbf{j} + \frac{\partial z}{\partial u}(u_0, v_0)\mathbf{k}\right] \times \left[\frac{\partial x}{\partial v}(u_0, v_0)\mathbf{i} + \frac{\partial y}{\partial v}(u_0, v_0)\mathbf{j} + \frac{\partial z}{\partial v}(u_0, v_0)\mathbf{k}\right]$$

$$= \begin{vmatrix} \mathbf{i} & \mathbf{j} & \mathbf{k} \\ \dfrac{\partial x}{\partial u}(u_0, v_0) & \dfrac{\partial y}{\partial u}(u_0, v_0) & \dfrac{\partial z}{\partial u}(u_0, v_0) \\ \dfrac{\partial x}{\partial v}(u_0, v_0) & \dfrac{\partial y}{\partial v}(u_0, v_0) & \dfrac{\partial z}{\partial v}(u_0, v_0) \end{vmatrix} \tag{8.9}$$

$$= \left(\frac{\partial y}{\partial u}\frac{\partial z}{\partial v} - \frac{\partial z}{\partial u}\frac{\partial y}{\partial v}\right)\mathbf{i} + \left(\frac{\partial z}{\partial u}\frac{\partial x}{\partial v} - \frac{\partial x}{\partial u}\frac{\partial z}{\partial v}\right)\mathbf{j} + \left(\frac{\partial x}{\partial u}\frac{\partial y}{\partial v} - \frac{\partial y}{\partial u}\frac{\partial x}{\partial v}\right)\mathbf{k}.$$

여기서 편미분값들은 (u_0, v_0)에서 계산한 값이다. f와 g의 Jacobian을 2×2 행렬식

$$\frac{\partial(f, g)}{\partial(u, v)} = \begin{vmatrix} \dfrac{\partial f}{\partial u} & \dfrac{\partial f}{\partial v} \\ \dfrac{\partial g}{\partial u} & \dfrac{\partial g}{\partial v} \end{vmatrix} = \frac{\partial f}{\partial u}\frac{\partial g}{\partial v} - \frac{\partial g}{\partial u}\frac{\partial f}{\partial v}$$

로 정의하면 P_0에서 Σ의 법선벡터

$$\mathbf{N}(P_0) = \frac{\partial(y, z)}{\partial(u, v)}\mathbf{i} + \frac{\partial(z, x)}{\partial(u, v)}\mathbf{j} + \frac{\partial(x, y)}{\partial(u, v)}\mathbf{k}$$

이 되어 기억하기 편한 표현이다. 왜냐하면 순환순서 x, y, z에 따라 $\mathbf{N}(P_0)$의 첫 번째 성분은 x가 생략된 $\partial(y, z)/\partial(u, v)$, 두 번째 성분은 y가 생략된 $\partial(z, x)/\partial(u, v)$, 세 번째 성분은 z가 생략된 $\partial(x, y)/\partial(u, v)$이기 때문이다.

보기 8.44

다음 타원형 원뿔

$$x = au\cos v, \quad y = bu\sin v, \quad z = u$$

에 대해 $u_0 = 1/2$과 $v_0 = \pi/6$에 대한 점 $P(a\sqrt{3}/4, b/4, 1/2)$에서 법선벡터를 구하자.

$$\left.\frac{\partial(y, z)}{\partial(u, v)}\right]_{(1/2,\ \pi/6)} = \left[\frac{\partial y}{\partial u}\frac{\partial z}{\partial v} - \frac{\partial z}{\partial u}\frac{\partial y}{\partial v}\right]_{(1/2,\ \pi/6)}$$

$$= [0 - bu\cos v]_{(1/2,\ \pi/6)} = -\sqrt{3}\, b/4,$$

$$\left.\frac{\partial(z, x)}{\partial(u, v)}\right]_{(1/2,\ \pi/6)} = \left[\frac{\partial z}{\partial u}\frac{\partial x}{\partial v} - \frac{\partial x}{\partial u}\frac{\partial z}{\partial v}\right]_{(1/2,\ \pi/6)}$$

$$= [-au\sin v - 0]_{(1/2,\ \pi/6)} = -a/4,$$

$$\left.\frac{\partial(x, y)}{\partial(u, v)}\right]_{(1/2,\ \pi/6)} = \left[\frac{\partial x}{\partial u}\frac{\partial y}{\partial v} - \frac{\partial y}{\partial u}\frac{\partial x}{\partial v}\right]_{(1/2,\ \pi/6)}$$

$$= [(a\cos v)(bu\cos v) - (b\sin v)(-au\sin v)]_{(1/2,\ \pi/6)}$$

$$= ab/2$$

이므로 P_0에서 법선벡터는

$$\mathbf{N}(P_0) = -\frac{\sqrt{3}b}{4}\mathbf{i} - \frac{a}{4}\mathbf{j} + \frac{ab}{2}\mathbf{k}.$$

특별히 곡면이 $z = S(x, y)$로 주어지는 경우 Σ의 매개변수를 $u = x$와 $v = y$이므로

$$x = x, \quad y = y, \quad z = S(x, y),$$

$$\frac{\partial(y,z)}{\partial(u,v)} = \frac{\partial(y,z)}{\partial(x,y)} = \begin{vmatrix} 0 & 1 \\ \frac{\partial S}{\partial x} & \frac{\partial S}{\partial y} \end{vmatrix} = -\frac{\partial S}{\partial x},$$

$$\frac{\partial(z,x)}{\partial(x,y)} = \begin{vmatrix} \frac{\partial S}{\partial x} & \frac{\partial S}{\partial y} \\ 1 & 0 \end{vmatrix} = -\frac{\partial S}{\partial y},$$

$$\frac{\partial(x,y)}{\partial(x,y)} = \begin{vmatrix} 1 & 0 \\ 0 & 1 \end{vmatrix} = 1$$

이다. 따라서 $P_0(x_0, y_0, S(x_0, y_0))$에서 법선벡터는

$$\mathbf{N}(P_0) = \mathbf{N}(x_0, y_0) = -\frac{\partial S}{\partial x}(x_0, y_0)\mathbf{i} - \frac{\partial S}{\partial y}(x_0, y_0)\mathbf{j} + \mathbf{k}$$
$$= -\frac{\partial z}{\partial x}(x_0, y_0)\mathbf{i} - \frac{\partial z}{\partial y}(x_0, y_0)\mathbf{j} + \mathbf{k}. \qquad (8.10)$$

보기 8.45

$(3, 1, \sqrt{10})$에서 $z = S(x, y) = \sqrt{x^2 + y^2}$의 법선벡터를 구하자.

원점을 제외하고

$$\frac{\partial S}{\partial x} = \frac{x}{\sqrt{x^2+y^2}}, \quad \frac{\partial S}{\partial y} = \frac{y}{\sqrt{x^2+y^2}}$$

이다. 점 $(3, 1, \sqrt{10})$에서 이 곡면의 법선벡터는

$$\mathbf{N}(3, 1, \sqrt{10}) = -\frac{3}{\sqrt{10}}\mathbf{i} - \frac{1}{\sqrt{10}}\mathbf{j} + \mathbf{k}$$

이다. 그림 8.56과 같이 법선벡터는 원뿔의 내부를 향하고 있다. 경우에 따라 법선벡터가 곡면에 대해 내향법선인지 아니면 외향법선인지를 알아야 한다. 외향법선벡터는

$$-\mathbf{N}(P_0) = \frac{3}{\sqrt{10}}\mathbf{i} + \frac{1}{\sqrt{10}}\mathbf{j} - \mathbf{k}.$$

원뿔의 "뾰족한 점"인 원점에서는 법선벡터도 없고, 따라서 접평면도 없다.

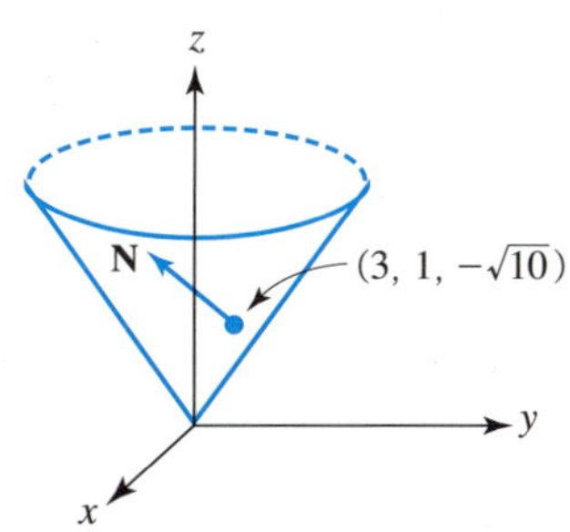

그림 8.56 $(3, 1, \sqrt{10})$에서 원뿔 $z = \sqrt{x^2+y^2}$에 대한 법선

법선벡터 (8.10)을 기울기벡터를 이용하여 구할 수도 있다. 만약 Σ가 $z = S(x, y)$이면 Σ는 다음 함수의 0–등위면이다.

$$\varphi(x, y, z) = z - S(x, y)$$

이 함수의 기울기벡터 $\nabla\varphi$가 바로 법선벡터이다. 왜냐하면

$$\nabla\varphi(P_0) = \left(\frac{\partial\varphi}{\partial x}\mathbf{i} + \frac{\partial\varphi}{\partial y}\mathbf{j} + \frac{\partial\varphi}{\partial z}\mathbf{k}\right)\Bigg|_{(x,\, y,\, z) = P_0}$$

$$= -\frac{\partial S}{\partial x}(x_0, y_0)\mathbf{i} - \frac{\partial S}{\partial y}(x_0, y_0)\mathbf{j} + \mathbf{k} = \mathbf{N}(P_0)$$

이기 때문이다.

8.9.2 곡면의 접평면

곡면 Σ의 점 P_0에서 법선벡터를 $\mathbf{N}$이라고 하면, $\mathbf{N}$을 이용해 P_0에서 Σ의 접평면의 방정식을 결정할 수 있다. 접평면 위의 임의의 점을 (x, y, z)라고 하면 벡터 $(x - x_0)\mathbf{i} + (y - y_0)\mathbf{j} + (z - z_0)\mathbf{k}$는 접평면에 놓여 있고 $\mathbf{N}$과 수직이다. 따라서 P_0에서 접평면의 방정식은

$$\mathbf{N} \cdot [(x - x_0)\mathbf{i} + (y - y_0)\mathbf{j} + (z - z_0)\mathbf{k}] = 0$$

즉,

$$\left[\frac{\partial(y, z)}{\partial(u, v)}\right]_{(u_0,\, v_0)}(x - x_0) + \left[\frac{\partial(z, x)}{\partial(u, v)}\right]_{(u_0,\, v_0)}(y - y_0) + \left[\frac{\partial(x, y)}{\partial(u, v)}\right]_{(u_0,\, v_0)}(z - z_0) = 0$$

이다.

보기 8.46

타원형 원뿔

$$x = au\cos v, \quad y = bu\sin v, \quad z = u$$

에 대해 보기 8.44에서 $P_0 = (a\sqrt{3}/4, b/4, 1/2)$에 대한 법선벡터는 $\mathbf{N} = -\sqrt{3}(b/4)\mathbf{i} - (a/4)\mathbf{j} + (ab/2)\mathbf{k}$임을 알았다. 따라서 이 점에서 Σ의 접평면은

$$-\sqrt{3}\frac{b}{4}\left(x - \frac{a\sqrt{3}}{4}\right) - \frac{a}{4}\left(y - \frac{b}{4}\right) + \frac{ab}{2}\left(z - \frac{1}{2}\right) = 0,$$

$$-\frac{\sqrt{3}}{4}bx - \frac{a}{4}y + \frac{ab}{2}z = 0.$$

Σ가 $z = S(x, y)$로 주어진 경우 P_0에서 법선벡터는 (8.10)에 의해 $\mathbf{N}(P_0) = -(\partial S/\partial x)(x_0, y_0)\,\mathbf{i} - (\partial S/\partial y)(x_0, y_0)\,\mathbf{j} + \mathbf{k}$이다. 이때 접평면의 방정식은

$$-\frac{\partial S}{\partial x}(x_0, y_0)(x - x_0) - \frac{\partial S}{\partial y}(x_0, y_0)(y - y_0) + (z - z_0) = 0$$

인데, 다음과 같이 쓰기도 한다.

$$z - z_0 = \frac{\partial S}{\partial x}(x_0, y_0)(x - x_0) + \frac{\partial S}{\partial y}(x_0, y_0)(y - y_0).$$

8.9.3 곡면의 넓이

곡선의 접선벡터가 연속일 때 이 곡선은 매끄럽다고 하듯이, 곡면의 법선벡터가 연속일 때 이 곡면은 매끄럽다고 한다. 유한 개의 매끄러운 곡면으로 구성된 곡면은 구분적으로 매끄럽다고 한다. 예를 들어 구는 매끄럽고 정육면체의 표면은 구분적으로 매끄럽다. 정육면체는 6개의 매끄러운 정사각형으로 구성되어 있지만 모서리에는 법선벡터가 존재하지 않는다.

곡면 Σ가 $x = x(u, v)$, $y = y(u, v)$, $z = z(u, v)$일 때

$$\Sigma\text{의 넓이} = \iint_D \|N(u, v)\|\, du\, dv \tag{8.11}$$

이다.

한편, $z = S(x, y)$인 매끄러운 곡면 Σ의 넓이는 법선벡터에 대한 식 (8.10)을 이용하면

$$\begin{aligned}\Sigma\text{의 넓이} &= \iint_D \|N(x, y)\|\, dx\, dy = \iint_D \sqrt{1 + \left(\frac{\partial S}{\partial x}\right)^2 + \left(\frac{\partial S}{\partial y}\right)^2}\, dA \\ &= \iint_D \sqrt{1 + \left(\frac{\partial z}{\partial x}\right)^2 + \left(\frac{\partial z}{\partial y}\right)^2}\, dx\, dy \end{aligned} \tag{8.12}$$

이다.

간단한 경우에 곡면의 넓이를 구하자.

보기 8.47

Σ를 중심이 원점이고 반지름이 3인 위쪽 반구라 할 때, Σ의 넓이를 구하자.

Σ는 $z = S(x, y) = \sqrt{9 - x^2 - y^2}$의 그래프로 이해할 수 있다.

$$\frac{\partial z}{\partial x} = -\frac{x}{\sqrt{9 - x^2 - y^2}} = -\frac{x}{z}$$

이고, 비슷한 계산에 의해

$$\frac{\partial z}{\partial y} = -\frac{y}{z}.$$

그러므로

$$\Sigma\text{의 넓이} = \iint_D \sqrt{1 + \left(\frac{x}{z}\right)^2 + \left(\frac{y}{z}\right)^2}\, dx\, dy$$

$$= \iint_D \sqrt{\frac{z^2 + x^2 + y^2}{z^2}}\, dx\, dy = \iint_D \frac{3}{\sqrt{9 - x^2 - y^2}}\, dx\, dy$$

이다. xy평면 위에서 중심이 원점이고 반지름이 3인 D를 극좌표 $x = r\cos\theta$, $y = r\sin\theta$로 치환하여 계산하면

$$\iint_D \frac{3}{\sqrt{9 - x^2 - y^2}}\, dx\, dy = \int_0^{2\pi}\int_0^3 \frac{3}{\sqrt{9 - r^2}}\, r\, dr\, d\theta$$

$$= 6\pi \int_0^3 \frac{r}{\sqrt{9 - r^2}}\, dr = 6\pi\left[-(9 - r^2)^{1/2}\right]_0^3 = 18\pi$$

이고, 이것은 반지름이 3인 구의 겉넓이 36π의 반이라는 예상과 일치한다.

이제 곡면에서 정의된 함수에 대한 적분을 정의하자.

8.9.4 면적분

면적분, 즉 곡면에서 정의된 함수의 적분은 곡선의 길이에 대한 선적분과 비슷하다. 매끄러운 곡선 C가 $x = x(t)$, $y = y(t)$, $z = z(t)$, $a \le t \le b$일 때 곡선의 길이 s와 ds는 각각

$$s(t) = \int_a^t \sqrt{x'(\xi)^2 + y'(\xi)^2 + z'(\xi)^2}\, d\xi, \qquad ds = \sqrt{x'(t)^2 + y'(t)^2 + z'(t)^2}\, dt$$

이고, 곡선의 길이에 대한 스칼라장 φ의 선적분은

$$\int_C \varphi(x,y,z)\,ds = \int_a^b \varphi(x(t), y(t), z(t))\sqrt{x'(t)^2 + y'(t)^2 + z'(t)^2}\, dt$$

이다.

곡면의 좌표함수는 2개의 매개변수 u와 v의 함수인데 (u, v)는 평면 위의 집합 D에 있다. 따라서 선적분의 $\int_a^b$는 면적분에서 $\iint_D$에 해당한다. 선적분에 이용되는 곡선의 길이의 미분요소 ds는 곡면 넓이의 미분요소 $d\sigma$에 대응된다. 식 (8.11)에

서 $d\sigma = \|N(u, v)\| du\, dv$인데, 여기서 $\mathbf{N}(u, v)$는 Σ 위의 점 $(x(u, v), y(u, v), z(u, v))$에서 법선벡터이다.

정의 8.16 면적분

매끄러운 곡면 Σ는 uv평면의 집합 D의 점 (u, v)에 대해 $x = x(u, v)$, $y = y(u, v)$, $z = z(u, v)$의 좌표함수를 가지고, f는 Σ에서 연속이라고 하자. Σ에 관한 f의 적분은

$$\iint_{\Sigma} f(x, y, z)\, d\sigma = \iint_{D} f(x(u, v),\ y(u, v),\ z(u, v)) \|\mathbf{N}(u, v)\| du\, dv$$

로 정의한다.

Σ가 매끄러운 곡면 $\Sigma_1, \cdots, \Sigma_n$으로 이루어져 있고, 각각의 곡면 성분은 곡선에서만 만날 때 구분적으로 매끄럽다고 한다. 이때의 면적분을

$$\iint_{\Sigma} f(x, y, z)\, d\sigma = \iint_{\Sigma_1} f(x, y, z)\, d\sigma + \cdots + \iint_{\Sigma_n} f(x, y, z)\, d\sigma$$

로 정의한다. 예를 들면 정육면체의 표면에 대한 면적분은 6개 면의 면적분을 더한 것이다. 정육면체의 서로 다른 두 개의 면은 모서리에서만 만난다. 이것은 구분적 매끄러운 곡선 C가 매끄러운 곡선 $C_1, \cdots, C_n$의 조합으로 끝점에서만 만나야 한다는 것에 해당한다.

Σ가 $z = S(x, y)$이면

$$\iint_{\Sigma} f(x, y, z)\, d\sigma = \iint_{D} f(x, y, S(x, y)) \sqrt{1 + \left(\frac{\partial S}{\partial x}\right)^2 + \left(\frac{\partial S}{\partial y}\right)^2}\, dx\, dy$$

이다. 다음 보기에서 면적분을 계산해 보자.

보기 8.48

평면 $x + y + z = 4$에서 직사각형 $0 \le x \le 2$, $0 \le y \le 1$의 위에 있는 부분을 Σ라 할 때 $\iint_{\Sigma} z\, d\sigma$를 계산하자.

곡면은 그림 8.57과 같다. D는 $0 \le x \le 2$, $0 \le y \le 1$인 모든 (x, y)로 구성된 xy 평면의 직사각형이다. $z = S(x, y) = 4 - x - y$라면

$$\begin{aligned}\iint_{\Sigma} z\, d\sigma &= \int\int_{D} z\sqrt{1 + (-1)^2 + (-1)^2}\, dx\, dy \\ &= \sqrt{3}\int_0^2 \int_0^1 (4 - x - y)\, dy\, dx = \sqrt{3}\int_0^2 \left(\frac{7}{2} - x\right) dx = 5\sqrt{3}.\end{aligned}$$

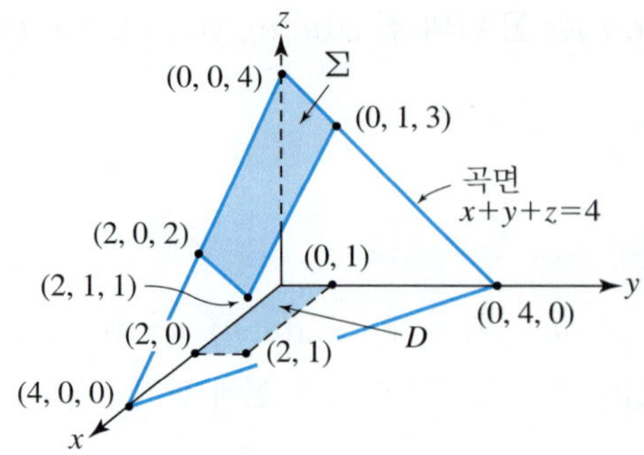

그림 8.57 보기 8.48의 곡면

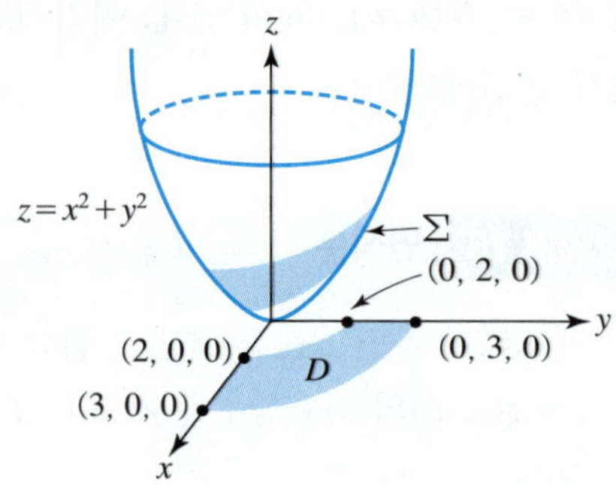

그림 8.58 보기 8.49의 곡면

보기 8.49

곡면 Σ가 포물면 $z = x^2 + y^2$에서 $D = \{(x, y) | 4 \le x^2 + y^2 \le 9, x \ge 0, y \ge 0\}$의 윗부분이라고 할 때 $\iint_\Sigma \frac{xy}{z}\,d\sigma$를 계산하자.

여기서 D는 xy평면에서 중심이 원점이고 반지름이 2와 3인 두 원 사이의 1사분면의 점으로 구성된다. 그림 8.58에서 포물면의 음영으로 표시된 부분이 Σ이다. Σ에서 $z = x^2 + y^2 = S(x, y)$이므로

$$\iint_\Sigma \frac{xy}{z}\,d\sigma = \iint_D \frac{xy}{x^2+y^2}\sqrt{1+(2x)^2+(2y)^2}\,dy\,dx$$

이다. D는 극좌표로 $2 \le r \le 3,\ 0 \le \theta \le \pi/2$로 표현할 수 있으므로

$$\begin{aligned}\iint_\Sigma \frac{xy}{z}\,d\sigma &= \int_0^{\pi/2}\int_2^3 \frac{r^2\cos\theta\sin\theta}{r^2}\sqrt{1+4r^2}\,r\,dr\,d\theta \\ &= \int_0^{\pi/2}\cos\theta\sin\theta\,d\theta\int_2^3 r\sqrt{1+4r^2}\,dr \\ &= \left[\frac{1}{2}\sin^2\theta\right]_0^{\pi/2}\left[\frac{1}{12}(1+4r^2)^{3/2}\right]_2^3 \\ &= \frac{1}{24}\left(37\sqrt{37}-17\sqrt{17}\right).\end{aligned}$$

보기 8.50

보기 8.40의 쌍곡포물면의 일부분인

$$\Sigma = \left\{(x, y, z)\,\middle|\, x = u\cos v,\ y = u\sin v,\ z = \frac{1}{2}u^2\sin 2v,\ 1 \le u \le 2,\ 0 \le v \le \pi\right\}$$

에 대해 $\iint_\Sigma xyz\,d\sigma$를 계산하자.

법선벡터 $\mathbf{N}(u, v)$의 성분을 구하면

$$\frac{\partial(y,z)}{\partial(u,v)}=\begin{vmatrix} \sin v & u\cos v \\ u\sin 2v & u^2\cos 2v \end{vmatrix}$$

$$=u^2[\sin v\cos 2v-\cos v\sin 2v]=-u^2\sin v,$$

$$\frac{\partial(z,x)}{\partial(u,v)}=\begin{vmatrix} u\sin 2v & u^2\cos 2v \\ \cos v & -u\sin v \end{vmatrix}$$

$$=-u^2[\sin v\sin 2v+\cos v\cos 2v]=-u^2\cos v$$

$$\frac{\partial(x,y)}{\partial(u,v)}=\begin{vmatrix} \cos v & -u\sin v \\ \sin v & u\cos v \end{vmatrix}=u$$

이고

$$\|\mathbf{N}(u,v)\|^2=u^4\sin^2 v+u^4\cos^2 v+u^2$$
$$=u^2(1+u^2)$$

이므로

$$\|\mathbf{N}(u,v)\|=u\sqrt{1+u^2}.$$

따라서 면적분은

$$\iint_\Sigma xyz\,d\sigma=\iint_D [u\cos v][u\sin v]\left[\frac{1}{2}u^2\sin 2v\right]u\sqrt{1+u^2}\,dA$$
$$=\int_0^\pi \cos v\sin v\sin 2v\,dv\int_1^2\frac{1}{2}u^5\sqrt{1+u^2}\,du$$
$$=\frac{\pi}{4}\left(\frac{100}{21}\sqrt{5}-\frac{11}{105}\sqrt{2}\right).$$

면적분은 함수 $f(x, y, z)$, $g(x, y, z)$와 임의의 실수 α에 대해서

$$\iint_\Sigma (f(x,y,z)+g(x,y,z))\,d\sigma=\iint_\Sigma (f(x,y,z)\,d\sigma+\iint_\Sigma g(x,y,z)\,d\sigma,$$
$$\iint_\Sigma \alpha f(x,y,z)\,d\sigma=\alpha\iint_\Sigma f(x,y,z)\,d\sigma$$

으로 선형성이 있다.

다음 절에서는 면적분의 응용에 대해 알아본다.

연습문제 8.9

문제 1부터 10까지 $\iint_\Sigma f(x, y, z)\,d\sigma$를 계산하여라.

1. $f(x, y, z) = x$; Σ: 평면 $x + 4y + z = 10$에서 $x, y, z \geq 0$인 부분.

2. $f(x, y, z) = y^2$; Σ: 평면 $z = x$에서 $0 \leq x \leq 2$, $0 \leq y \leq 4$인 부분.

3. $f(x, y, z) = 1$; Σ: 포물면 $z = x^2 + y^2$의 평면 $z = 2$와 평면 $z = 7$ 사이에 있는 부분.

4. $f(x, y, z) = x + y$; Σ: 평면 $4x + 8y + 10x = 25$에서 $(0, 0, 0)$, $(1, 0, 0)$, $(1, 1, 0)$을 꼭지점으로 하는 삼각형 윗부분.

5. $f(x, y, z) = z$; Σ: 원뿔 $z = \sqrt{x^2 + y^2}$에서 $x, y \geq 0$이고, 평면 $z = 2$와 $z = 4$ 사이 부분.

6. $f(x, y, z) = xyz$; Σ: 평면 $z = x + y$에서 $(0, 0, 0)$, $(1, 0, 0)$, $(0, 1, 0)$, $(1, 1, 0)$을 꼭지점으로 하는 사각형 윗부분.

7. $f(x, y, z) = y$; Σ: 곡면 $z = x^2$에서 $0 \leq x \leq 2$, $0 \leq y \leq 3$인 부분.

8. $f(x, y, z) = x^2$; Σ: 포물면 $z = 4 - x^2 - y^2$에서 xy평면 위에 있는 부분.

9. $f(x, y, z) = z$; Σ: 평면 $z = x - y$에서 $0 \leq x \leq 1$, $0 \leq y \leq 5$인 부분.

10. $f(x, y, z) = xyz$; Σ: 곡면 $z = 1 + y^2$에서 $0 \leq x \leq 1$, $0 \leq y \leq 1$인 부분.

문제 11부터 17까지 다음 공식을 이용하여 각 면적분을 구하라.

곡면 Σ가 yz평면의 집합 K에 대해 $x = S(y, z)$이면

$$\iint_\Sigma f(x, y, z)\,d\sigma = \iint_K f(S(y, z), y, z)\sqrt{1 + \left(\frac{\partial x}{\partial y}\right)^2 + \left(\frac{\partial x}{\partial z}\right)^2}\,dy\,dz$$

이고, 곡면 Σ가 xz 평면의 집합 K에 대해 $y = S(x, z)$이면

$$\iint_\Sigma f(x, y, z)\,d\sigma = \iint_K f(x, S(x, z), z)\sqrt{1 + \left(\frac{\partial y}{\partial x}\right)^2 + \left(\frac{\partial y}{\partial z}\right)^2}\,dx\,dz$$

이다.

11. $\iint_\Sigma z\,d\sigma$; Σ: 원뿔 $x = \sqrt{y^2 + z^2}$에서 $y^2 + z^2 \leq 9$인 부분

12. $\iint_\Sigma x\,d\sigma$; Σ: 포물면 $y = x^2 + y^2$에서 $x^2 + z^2 \leq 4$인 부분

13. $\iint_\Sigma y\,d\sigma$; Σ: 평면 $y = 5$에서 $0 \leq x \leq 3$, $0 \leq x \leq 4$인 직사각형.

14. $\iint_\Sigma x\,d\sigma$; Σ: 곡면 $z = y^2$에서 $0 \leq y \leq 2$, $0 \leq z \leq 4$인 부분.

15. $\iint_\Sigma z^2\,d\sigma$; Σ: 평면 $x = y + z$에서 $0 \leq y \leq 1$, $0 \leq z \leq 4$인 부분.

16. $\iint_\Sigma xyz\,d\sigma$; Σ: 평면 $x = 4z + y$에서 $0 \leq y \leq 2$, $0 \leq z \leq 6$인 부분.

17. $\iint_\Sigma xz\,d\sigma$; Σ: 곡면 $y = x^2 + z^2$에서 1팔분면 안에 있는 $1 \leq x^2 + y^2 \leq 4$인 부분.

8.10 면적분의 응용

8.10.1 곡면의 넓이

Σ가 구분적 매끄러운 곡면이라고 하면

$$\Sigma\text{의 넓이} = \iint_{\Sigma} 1 d\sigma = \iint_{D} \|\mathbf{N}(u, v)\| du\, dv$$

이다. 이 공식은 다음 공식들과 비슷한 맥락에 있다.

$$C\text{의 길이} = \int_C ds,$$

$$D\text{의 넓이} = \iint_D dA,$$

$$M\text{의 부피} = \iiint_M dV.$$

8.10.2 곡면의 질량과 질량중심

두께를 무시할 정도로 얇고 매끄러운 곡면 Σ 모양의 껍질을 생각하자. 밀도 $\delta(x, y, z)$가 연속일 때 이 껍질의 질량을 계산하자.

Σ가 $(u, v) \in D$에 대해 $x = x(u, v)$, $y = y(u, v)$, $z = z(u, v)$일 때 그림 8.59와 같이 uv 평면에서 Δu 간격의 수직선과 Δv 간격 수평선 격자를 만들고, D를 직사각형 $R_1, \cdots, R_n$들로 분할한다. 그림 8.60과 같이 R_j에 대응하는 부분곡면을 Σ_j라 하자. (u_j, v_j) 가 R_j 위의 점일 때 δ가 연속이므로 Σ_j의 밀도는 Δu, Δv가 충분히 작을 때 상수

$$\delta_j = \delta(x(u_j, v_j), y(u_j, v_j), z(u_j, v_j))$$

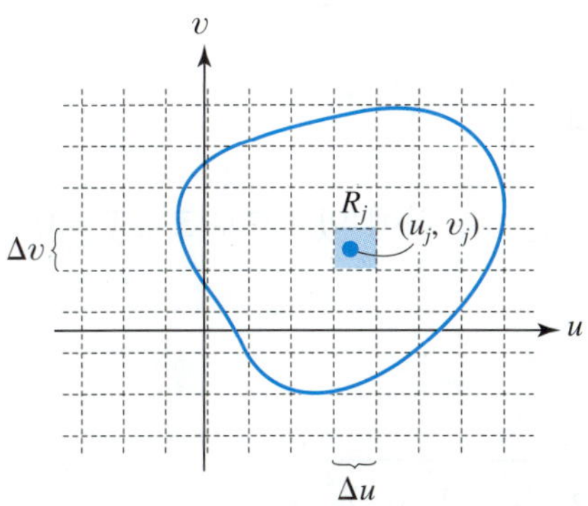

그림 8.59 uv 평면의 격자

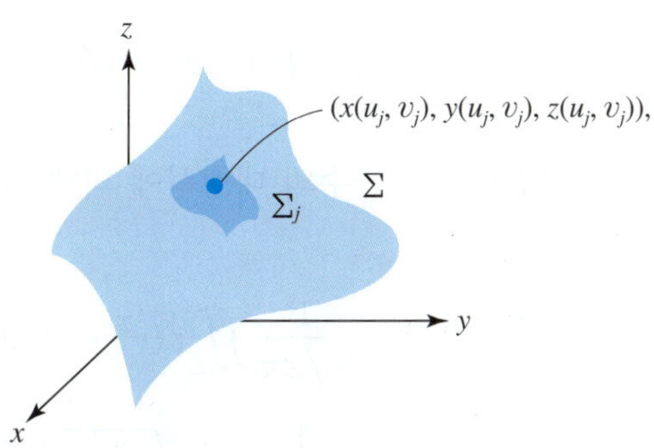

그림 8.60 Σ 위의 부분곡면 Σ_j

로 근사할 수 있다.

Σ_j의 질량은 Σ_j의 넓이 $\|\mathbf{N}(u_j, v_j)\|\Delta u \Delta v$와 δ_j의 곱으로 근사할 수 있으므로

$$\Sigma_j\text{의 질량} \approx \delta_j \|\mathbf{N}(u_j, v_j)\|\Delta u \Delta v.$$

한편, Σ의 질량은 부분곡면들의 질량의 총합은 다음과 같다.

$$\Sigma\text{의 질량} \approx \sum_{j=1}^{N} \delta(x(u_j, v_j),\ y(u_j, v_j),\ z(u_j, v_j)) \|\mathbf{N}(u_j, v_j)\| \Delta u\, \Delta v$$

여기서 우변은 $\iint_D \delta(x(u,v),\ y(u,v),\ z(u,v)) \|\mathbf{N}(u,v)\|\, du\, dv$에 대한 Riemann 합이다. 따라서 Δu와 Δv가 0으로 수렴할 때 우변의 Riemann 합의 극한은 일정한 값인 좌변과 같아지므로

$$m = \Sigma\text{의 질량} = \iint_\Sigma \delta(x, y, z)\, d\sigma.$$

이 껍질의 질량은 밀도함수의 면적분이다. 이것은 철사의 밀도함수를 선적분한 값이 철사의 질량이 되는 것과 비슷하다. 철사의 경우와 마찬가지로 껍질의 질량중심을 $(\bar{x}, \bar{y}, \bar{z})$이라 하면

$$\bar{x} = \frac{1}{m}\iint_\Sigma x\delta(x, y, z)\, d\sigma, \quad \bar{y} = \frac{1}{m}\iint_\Sigma y\delta(x, y, z)\, d\sigma, \quad \bar{z} = \frac{1}{m}\iint_\Sigma z\delta(x, y, z)\, d\sigma.$$

보기 8.51

원뿔 $z = \sqrt{x^2 + y^2}$에서 $x^2 + y^2 \le 4$ 윗부분의 밀도함수가 $\delta(x, y, z) = x^2 + y^2$일 때 질량과 질량중심을 구하자.

$$\frac{\partial z}{\partial x} = \frac{x}{z}, \quad \frac{\partial z}{\partial y} = \frac{y}{z}$$

이므로 질량 m은

$$m = \iint_\Sigma (x^2 + y^2)\, d\sigma = \iint_D (x^2 + y^2)\sqrt{1 + \frac{x^2}{z^2} + \frac{y^2}{z^2}}\, dx\, dy$$

$$= \int_0^{2\pi}\int_0^2 r^2\sqrt{2}\, r\, dr\, d\theta = 2\sqrt{2}\,\pi \frac{1}{4} r^4\Big]_0^2 = 8\sqrt{2}\,\pi.$$

곡면과 밀도함수의 대칭성에 의해 질량중심은 z축 위에 있으므로 $\bar{x} = \bar{y} = 0$이고,

$$\bar{z} = \frac{1}{8\sqrt{2}\,\pi}\iint_\Sigma z(x^2 + y^2)\, d\sigma$$

$$= \frac{1}{8\sqrt{2}\,\pi}\iint_D \sqrt{x^2 + y^2}(x^2 + y^2)\sqrt{1 + \frac{x^2}{z^2} + \frac{y^2}{z^2}}\, dy\, dx$$

$$= \frac{1}{8\pi}\int_0^{2\pi}\int_0^2 r(r^2)r\,dr\,d\theta = \frac{1}{8\pi}2\pi\left[\frac{1}{5}r^5\right]_0^2 = \frac{8}{5}.$$

따라서 질량중심은 $\left(0,\ 0,\ \frac{8}{5}\right)$이다.

8.10.3 곡면을 통과하는 벡터장의 유동

3차원 공간인 수도관에서 속도가 $\mathbf{V}(x, y, z, t)$인 유체를 생각하자. 유체 안 가상 곡면 Σ에 대해 단위법선벡터 $\mathbf{N}$이 연속일 때, Σ를 통과하는 유동은 단위시간당 $\mathbf{N}$ 방향으로 Σ를 통과하는 유체의 총부피이다.

Δt 시간에 Σ의 작은 부분 Σ_j를 통과하는 유체의 부피는 Σ_j를 밑면으로 하고 높이가 $V_N\Delta t$인 입체의 부피이다. 여기서 V_N은 $\mathbf{V}$의 $\mathbf{N}$ 방향성분이다. Σ_j의 넓이를 A_j라 할 때 이 부피는 그림 8.61과 같이 $V_N\Delta t A_j$이다.

$\|\mathbf{N}\| = 1$이므로 $V_N = \mathbf{V}\cdot\mathbf{N}$이고 단위시간당 Σ_j를 통과하는 부피는

$$\frac{V_N(\Delta t)A_j}{\Delta t} = V_N A_j = \mathbf{V}\cdot\mathbf{N}A_j.$$

모든 부분곡면 Σ_j에 대한 이 양들을 더하고 극한을 취하면

$$\Sigma\text{를 통과하는 }\mathbf{V}\text{의 유동} = \iint_\Sigma \mathbf{V}\cdot\mathbf{N}\,d\sigma.$$

그러므로 곡면을 통과하는 벡터장의 유동은 곡면에서 벡터장의 수직성분의 면적분이다.

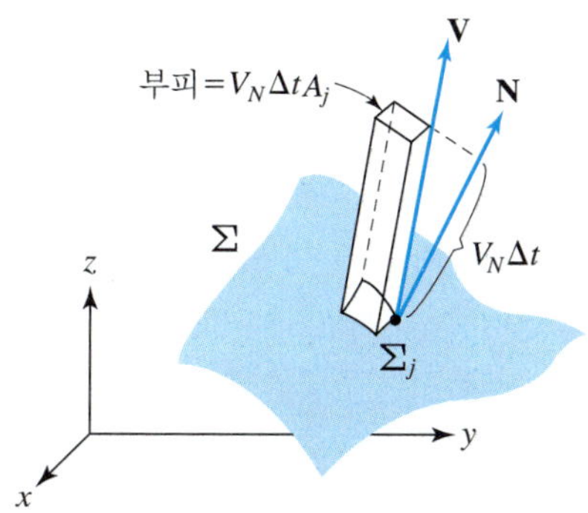

그림 8.61 단위시간당 $\mathbf{N}$ 방향으로 곡면 Σ_j를 통과하는 유체의 총 부피

보기 8.52

구 $x^2 + y^2 + z^2 = 4$에서 $z = 1$, $z = 2$ 평면들 사이에 있는 부분을 내부에서 외부로 통과하는 $\mathbf{F} = x\mathbf{i} + y\mathbf{j} + z\mathbf{k}$의 유동을 구하자.

곡면 Σ는 그림 8.62와 같다. Σ를 $z = S(x, y)$, $(x, y) \in D$라 하고 S와 D를 구하자. 평면 $z = 2$가 구와 만나면 "북극"(0, 0, 2)이 되고, 평면 $z = 1$이 구와 만나면 $x^2 + y^2 = 3$이므로 $z = 1$ 평면에서 중심이 원점이고 반지름이 $\sqrt{3}$인 원이 된다. 따라서 그림 8.62(b)의 그림자 부분과 같이 $D = \{(x, y, 0) | x^2 + y^2 \le 3\}$이다.

구의 방정식을 x에 대해 편미분하면

$$2x + 2z\frac{\partial z}{\partial x} = 0,$$

$$\frac{\partial z}{\partial x} = -\frac{x}{z}$$

이고, 마찬가지로 y에 대해 편미분하면

$$\frac{\partial z}{\partial y} = -\frac{y}{z}.$$

따라서 구에 대한 법선벡터는

$$-\frac{x}{z}\mathbf{i} - \frac{y}{z}\mathbf{j} - \mathbf{k}$$

이고 크기는 $\frac{2}{z}$이다. 단위법선벡터는

$$\mathbf{N} = \frac{z}{2}\left(-\frac{x}{z}\mathbf{i} - \frac{y}{z}\mathbf{j} - \mathbf{k}\right) = -\frac{1}{2}(x\mathbf{i} + y\mathbf{j} + z\mathbf{k}).$$

이 벡터는 그림 8.62(a)와 같이 구의 내부를 향하고 있다. 구의 외부에서 내부로 Σ를 통과하는 유동을 구하려면 이 법선벡터를 사용해야 하지만 구의 내부에서 외부로 Σ를 통과하는 유동을 구한다면 $-\mathbf{N}$을 사용해야 한다.

$$\mathbf{F} \cdot (-\mathbf{N}) = \frac{1}{2}(x^2 + y^2 + z^2)$$

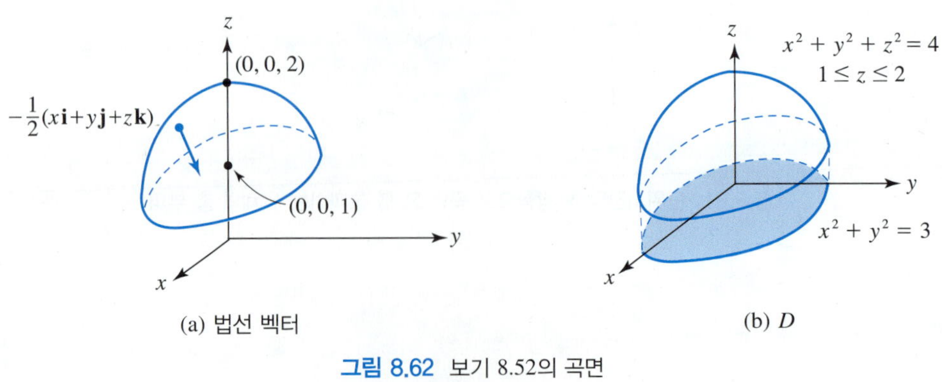

그림 8.62 보기 8.52의 곡면

이고 Σ에서 $x^2+y^2+z^2=4$이므로 구의 내부에서 외부로 향하는

$$\begin{aligned}\text{유동} &= \iint_\Sigma \frac{1}{2}(x^2+y^2+z^2)\,d\sigma = 2\iint_\Sigma d\sigma \\ &= 2\iint_D \sqrt{1+\frac{x^2}{z^2}+\frac{y^2}{z^2}}\,dA = 2\iint_D \sqrt{\frac{x^2+y^2+z^2}{z^2}}\,dA \\ &= 4\iint_D \frac{1}{\sqrt{4-x^2-y^2}}\,dA.\end{aligned}$$

극좌표를 이용하여 계산하면

$$\begin{aligned}\text{유동} &= 4\int_0^{2\pi}\int_0^{\sqrt{3}} \frac{1}{\sqrt{4-r^2}}\,r\,dr\,d\theta \\ &= 8\pi\left[-(4-r^2)^{1/2}\right]_0^{\sqrt{3}} = 8\pi.\end{aligned}$$

Gauss 정리와 Stokes 정리를 배우고 나서 면적분의 응용을 더 살펴보기로 한다.

Math in Context | 벡터장 찾기

송신 안테나 혹은 수신 안테나의 경우에, 자기장 **B**는 시간에 따라 변하기 마련이어서 스칼라 전위차 함수가 존재하지 않는다. 하지만 종종 벡터 전위차 함수 **A**를 정의해서 전기장 **E**와 자기장 **B**를 계산하는 데 쓸 수 있다. 일반적으로

$$\mathbf{A}(\mathbf{r},t)=\frac{\mu}{4\pi}\int_V \frac{\mathbf{J}(\mathbf{r}',t')}{|\mathbf{r}-\mathbf{r}'|}\,dV$$

으로 여기서 **J**는 전류 밀도 벡터, t'는 전류원에서의 시간, $\mathbf{r}'$는 전류원을 향하는 위치벡터, **r**은 관측 위치로 향하는 위치벡터이다.

그림 8.63 통신용 데이터 수신 인공위성 접시
출처: Mrs-ya/Shutterstock.com

이 부피적분은 종종 일차원 혹은 이차원 문제로 간소화될 수 있고, 파동방정식의 해와 관련이 있다. 간소화해도 복잡한 이 적분은 종종 수치해법으로 근사한다. **A**가 구해지면 $\mathbf{B}=\nabla\times\mathbf{A}$로부터 **B**를 구할 수 있고, 따라서 **E**가 결정된다. 이 계산은 안테나 설계에 필요하며, 벡터장에 대한 지식을 이용하여 공학자들은 전파 혹은 수신 신호의 크기와 방향을 계산한다.

연습문제 8.10

1. $\delta(x, y, z) = xz + 1$일 때 $(1, 0, 0)$, $(0, 3, 0)$, $(0, 0, 2)$를 꼭지점으로 하는 삼각형의 질량과 질량중심을 구하라.

2. 밀도함수가 일정할 때 구 $x^2 + y^2 + z^2 = 9$에서 $z = 1$ 평면 윗부분의 질량중심을 구하라.

3. 밀도함수가 일정할 때 원뿔 $z = \sqrt{x^2 + y^2}$에서 $x^2 + y^2 \leq 9$ 윗부분의 질량중심을 구하라.

4. 포물면 $z = 16 - x^2 - y^2$에서 원통 $x^2 + y^2 = 1$과 $x^2 + y^2 = 9$ 사이에 있고 1팔분면에 있는 부분의 밀도가 $\delta(x, y, z) = \dfrac{xy}{\sqrt{1 + 4x^2 + 4y^2}}$일 때 이 부분의 질량과 질량중심을 구하라.

5. 포물면 $z = 6 - x^2 - y^2 \geq 0$의 밀도가 $\delta(x, y, z) = \sqrt{1 + 4x^2 + 4y^2}$일 때 질량과 질량중심을 구하라.

6. 밀도가 균일한 구 $x^2 + y^2 + z^2 = 1$의 1팔분면에 있는 부분의 질량중심을 구하라.

7. 평면 $x + 2y + z = 8$의 1팔분면에 있는 부분을 통과하는 $\mathbf{F} = x\mathbf{i} + y\mathbf{j} - z\mathbf{k}$의 유동을 구하라.

8. $x^2 + y^2 + z^2 = 4$인 구에서 평면 $z = 1$의 윗부분을 통과하는 $\mathbf{F} = xz\mathbf{j} - y\mathbf{k}$의 유동을 구하라.

8.11 Gauss 정리

특정 조건에서 Green 정리는 다음과 같다.

$$\oint_C \mathbf{F} \cdot \mathbf{N}\,ds = \iint_D \nabla \cdot \mathbf{F}\,dA$$

이제 평면에서 공간으로 다음과 같이 일반화 해보자.

평면 위의 D → 공간 위의 M

D를 둘러싸는 닫힌곡선 C → M을 둘러싸는 닫힌곡면 Σ

C의 외향단위법선벡터 $\mathbf{N}$ → Σ의 외향단위법선벡터 $\mathbf{N}$

평면 위의 벡터장 $\mathbf{F}$ → 공간 위의 벡터장 $\mathbf{F}$

선적분 $\oint_C \mathbf{F} \cdot \mathbf{N}\,ds$ → 면적분 $\iint_\Sigma \mathbf{F} \cdot \mathbf{N}\,d\sigma$

2중적분 $\iint_D \nabla \cdot \mathbf{F}\,dA$ → 3중적분 $\iiint_M \nabla \cdot \mathbf{F}\,dV$

이러한 대응관계와 몇 가지 용어들을 이용하면 Green 정리로부터, 19세기 위대한 독일의 수학자 겸 과학자인 Carl Friedrich Gauss를 기념하여 이름 지어진 Gauss 정리를 이끌어낼 수 있다. 곡면 Σ가 입체를 둘러싸고 있을 때 곡면은 닫혀있다고 한다. 예를 들면 구와 육면체는 닫혀있지만 반구는 닫혀있지 않다. Σ의 법선벡터 $\mathbf{N}$이 곡면에 의해 둘러싸인 입체로부터 밖으로 향하면 그 법선벡터를 Σ의

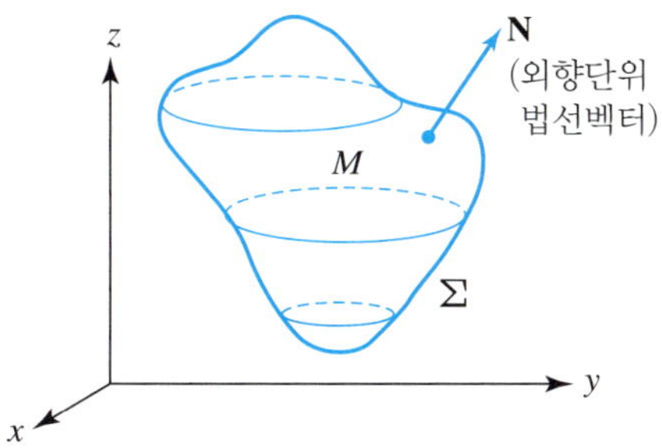

그림 8.64 외향단위법선벡터

외향법선벡터라고 부른다(그림 8.64). 특히 $\mathbf{N}$이 단위벡터이면 외향단위법선벡터라 한다.

정리 8.14 Gauss 발산정리

구분적 매끄러운 닫힌곡면 Σ에 대해 $\mathbf{N}$은 외향단위법선벡터이고 M은 그 내부라고 하자. 벡터장 $\mathbf{F}$가 Σ에서 연속이고 $\nabla \cdot \mathbf{F}$가 M에서 연속이면

$$\iint_{\Sigma} \mathbf{F} \cdot \mathbf{N}\, d\sigma = \iiint_{M} \nabla \cdot \mathbf{F}\, dV. \tag{8.13}$$

$\nabla \cdot \mathbf{F}$는 벡터장의 발산이다. 따라서 이 정리를 "발산정리"라고도 한다. Green 정리처럼 Gauss 정리는 다른 차원의 대상, 즉 평면과 입체에 대한 벡터연산과 관련이 있다.

Gauss 정리는 많은 분야에 응용된다. 첫 번째로 식 (8.13)의 두 적분들 중 하나의 적분을 다른 것으로 대신하여 적분 계산을 쉽게 할 수 있다. 두 번째로 벡터작용소들의 해석에 도움을 준다. 세 번째로 물리 법칙을 유도하는 도구로 사용된다. 마지막으로 편미분방정식의 풀이에 이용할 수 있다.

보기 8.53

Σ를 그림 8.65와 같이 원뿔 $z = \sqrt{x^2 + y^2}$에서 $x^2 + y^2 \le 1$인 곡면 Σ_1과 평면 $z = 1$ 위의 원판 $x^2 + y^2 \le 1$인 Σ_2로 구성된 닫힌곡면이라고 하자. $\mathbf{F}(x, y, z) = x\mathbf{i} + y\mathbf{j} + z\mathbf{k}$일 때 정리 8.14의 양변이 같음을 보이자.

보기 8.45로부터 Σ_1의 외향단위법선벡터

$$\mathbf{N}_1 = \frac{1}{\sqrt{2}}\left(\frac{x}{z}\mathbf{i} + \frac{y}{z}\mathbf{j} - \mathbf{k}\right).$$

Σ_2에서 $z^2 = x^2 + y^2$이므로

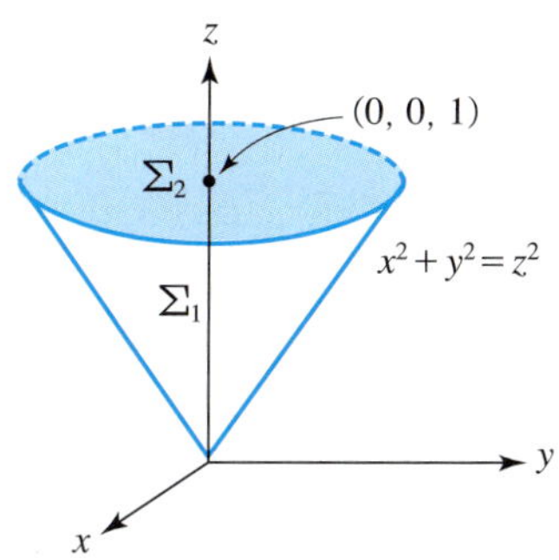

그림 8.65 보기 8.53의 닫힌곡면 $\Sigma = \Sigma_1 \oplus \Sigma_2$

$$\mathbf{F}\cdot\mathbf{N}_1=(x\mathbf{i}+y\mathbf{j}+z\mathbf{k})\cdot\frac{1}{\sqrt{2}}\left(\frac{x}{z}\mathbf{i}+\frac{y}{z}\mathbf{j}-\mathbf{k}\right)$$
$$=\frac{1}{\sqrt{2}}\left(\frac{x^2}{z}+\frac{y^2}{z}-z\right)=0,$$
$$\iint_{\Sigma_1}\mathbf{F}\cdot\mathbf{N}_1\,d\sigma=0.$$

Σ_2에서 외향단위법선벡터 $\mathbf{N}_2=\mathbf{k}$이고, $z=1$이므로

$$\iint_{\Sigma_2}\mathbf{F}\cdot\mathbf{N}_2\,d\sigma=\iint_{\Sigma_2}z\,d\sigma=\iint_{\Sigma_2}d\sigma$$
$$=\Sigma_2\text{의 넓이}=\pi.$$

따라서

$$\iint_{\Sigma}\mathbf{F}\cdot\mathbf{N}\,d\sigma=\iint_{\Sigma_1}\mathbf{F}\cdot\mathbf{N}_1\,d\sigma+\iint_{\Sigma_2}\mathbf{F}\cdot\mathbf{N}_2\,d\sigma=\pi.$$

다음으로 우변의 삼중적분을 계산하면

$$\iiint_M\nabla\cdot\mathbf{F}\,dV=\iiint_M 3\,dV$$
$$=3\times[\text{높이 1, 반지름 1인 원뿔의 부피}]$$
$$=3\frac{1}{3}\pi=\pi$$

이므로 Gauss 정리의 좌변과 우변이 같음을 확인할 수 있다.

보기 8.54

Σ는 다음 여덟 개의 점을 꼭지점으로 하는 정육면체의 표면이라 하자.

$$(0,0,0),\ (1,0,0),\ (0,1,0),\ (0,0,1),$$
$$(1,1,0),\ (0,1,1),\ (1,0,1),\ (1,1,1).$$

$\mathbf{F}(x,y,z)=x^2\mathbf{i}+y^2\mathbf{j}+z^2\mathbf{k}$일 때, 곡면 Σ를 통과하는 이 벡터장의 유동을 구하자.

유동은 $\iint_{\Sigma}\mathbf{F}\cdot\mathbf{N}\,d\sigma$이다. 이 면적분을 Σ의 여섯 면에 대해 직접 계산할 수 있지만, Gauss 정리를 이용하여 더 쉽게 계산할 수 있다.

$$\iint_{\Sigma}\mathbf{F}\cdot\mathbf{N}\,d\sigma=\iiint_M\nabla\cdot\mathbf{F}\,dV=2\iiint_M(x+y+z)\,dV$$
$$=\int_0^1\int_0^1\int_0^1(2x+2y+2z)\,dz\,dy\,dx=\int_0^1\int_0^1(2x+2y+1)\,dy\,dx$$
$$=\int_0^1(2x+2)\,dx=3.$$

8.11.1 Archimedes 원리

유체에 잠긴 물체에 가해지는 부력은 잠긴 부분만큼의 유체의 무게와 같다는 것이 Archimedes 원리이다. 예를 들면 배의 무게는 잠긴 부분의 부피에 해당하는 물의 무게와 같다. 이 원리를 Gauss 정리를 이용하여 유도하자.

구분적 매끄러운 곡면 Σ로 둘러싸여 있고 밀도가 ρ로 일정한 유체 M을 생각하자. 그림 8.66과 같이 xy평면 아래에 M이 있도록 좌표계를 그린다. 유체의 한 점에서 압력은 그 점의 깊이와 밀도의 곱과 같다는 점을 이용하면 Σ의 점 (x, y, z)에서 압력은 $p(x, y, z) = -\rho z$가 된다. 음의 부호가 사용된 이유는 z가 음수일 때 압력이 양의 값을 갖도록 하기 위해서이다.

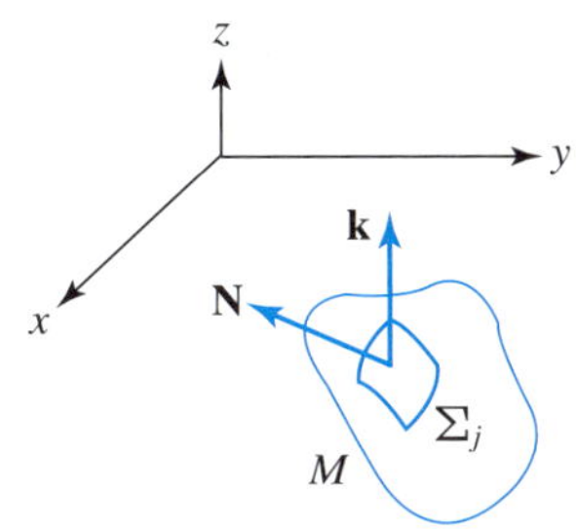

그림 8.66 유체에 잠긴 물체 M의 곡면 Σ_j의 외향단위법선벡터 $-\mathbf{N}$

그림 8.66에서 곡면의 한 부분 Σ_j에 압력에 의해 가해지는 힘의 크기는 근사적으로 $-\rho z$와 Σ_j의 넓이 A_j의 곱이다. $-\mathbf{N}$이 Σ_j의 외향단위법선벡터일 때 이 힘은 $\rho z\mathbf{N}A_j$이다. 이 성분들을 더하고 $\mathbf{k}$ 방향으로 곡면 Σ에 가해지는 부력을 구한 다음 곡면원소 Σ_j를 점점 작게 극한을 취하면

$$\text{곡면 } \Sigma\text{에 가해지는 순 부력} = \iint_\Sigma \rho z\mathbf{N}\cdot\mathbf{k}\,d\sigma$$

이다. Gauss 정리를 적용하여 3중적분으로 변환하면

$$\iint_\Sigma \rho z\mathbf{N}\cdot\mathbf{k}\,d\sigma = \iiint_M \nabla\cdot(\rho z\mathbf{k})\,dV.$$

$\nabla\cdot(\rho z\mathbf{k}) = \rho$이므로

$$\text{곡면 } \Sigma\text{에 가해지는 순 부력} = \iiint_M \rho\,dV = \rho\,[M\text{의 부피}] = M\text{의 무게}$$

이다. 이것은 정확하게 대체된 유체의 무게이므로 Archimedes 원리를 증명하였다.

8.11.2 열방정식

열전도 현상을 설명하는 편미분방정식을 Gauss 정리를 이용하여 유도하자. 밀도가 $\rho(x, y, z)$, 비열이 $\mu(x, y, z)$, 열전달계수가 $K(x, y, z)$인 어떤 매질을 생각하자. 예를 들어 이 매질은 실내 공기, 수영장 물 혹은 금속 막대기라고 할 수 있다. 시간 t와 점 (x, y, z)에서 온도를 $u(x, y, z, t)$라 하고 u에 대한 방정식을 유도하자.

입체 M을 둘러싸는 매끄러운 닫힌곡면 Σ를 시간 Δt 동안 통과해서 빠져나가는 열에너지는

$$\left(\iint_\Sigma (K\nabla u)\cdot\mathbf{N}\,d\sigma\right)\Delta t$$

이다. 이것은 이 곡면을 통과하는 u의 기울기벡터를 K배한 유동에 시간을 곱한 양

이다. 이 시간 동안 온도 변화는 근사적으로 $(\partial u/\partial t)\Delta t$ 이므로 입체 M의 열손실은

$$\left(\iiint_M \mu\rho \frac{\partial u}{\partial t}\, dV\right)\Delta t$$

이다. M에 열에너지원이 없다면 열에너지 변화는 Σ를 통과하는 열손실과 같으므로

$$\left(\iint_\Sigma (K\nabla u)\cdot \mathbf{N}\, d\sigma\right)\Delta t = \left(\iiint_M \mu\rho \frac{\partial u}{\partial t}\, dV\right)\Delta t .$$

따라서

$$\iint_\Sigma (K\nabla u)\cdot \mathbf{N} d\sigma = \iiint_M \mu\rho \frac{\partial u}{\partial t}\, dV$$

이고, Gauss 정리를 적용하면

$$\iiint_M \nabla\cdot (K\nabla u)\, dV = \iiint_M \mu\rho \frac{\partial u}{\partial t}\, dV,$$

$$\iiint_M \left(\mu\rho \frac{\partial u}{\partial t} - \nabla\cdot (K\nabla u)\right) dV = 0.$$

마지막 식의 적분함수가 연속이면 매질 안의 모든 점에서

$$\mu\rho \frac{\partial u}{\partial t} - \nabla\cdot (K\nabla u) = 0$$

이다. 간단하게 이 주장을 증명해 보자.

만약 이 적분함수가 0이 아닌 점 P_0가 있다면 필요하면 -1을 곱하여 이 점에서 적분함수를 양이라 하자. 적분함수가 연속이므로 중심이 P_0이고 반지름이 충분히 작은 구의 내부 Q의 모든 점에서 적분함수가 항상 양이 되게 할 수 있다. 따라서

$$\iiint_Q \left(\mu\rho \frac{\partial u}{\partial t} - \nabla\cdot (K\nabla u)\right) dV > 0$$

이다. 한편 Q에 대해 Gauss 정리를 적용하면 위의 식은 0이므로 모순이다.

이것이 일반적인 열방정식

$$\mu\rho \frac{\partial u}{\partial t} = \nabla\cdot (K\nabla u)$$

이다. 이 식의 우변을 전개하면

$$\nabla\cdot (K\nabla u) = \nabla\cdot \left(K\frac{\partial u}{\partial x}\mathbf{i} + K\frac{\partial u}{\partial y}\mathbf{j} + K\frac{\partial u}{\partial z}\mathbf{k}\right)$$

$$= \frac{\partial}{\partial x}\left(K\frac{\partial u}{\partial x}\right) + \frac{\partial}{\partial y}\left(K\frac{\partial u}{\partial y}\right) + \frac{\partial}{\partial z}\left(K\frac{\partial u}{\partial z}\right)$$

$$= \frac{\partial K}{\partial x}\frac{\partial u}{\partial x} + \frac{\partial K}{\partial y}\frac{\partial u}{\partial y} + \frac{\partial K}{\partial z}\frac{\partial u}{\partial z} + K\left(\frac{\partial^2 u}{\partial x^2} + \frac{\partial^2 u}{\partial y^2} + \frac{\partial^2 u}{\partial z^2}\right)$$

$$= \nabla K \cdot \nabla u + K\nabla^2 u \tag{8.14}$$

인데, 여기서 $\nabla^2 u = \frac{\partial^2 u}{\partial x^2} + \frac{\partial^2 u}{\partial y^2} + \frac{\partial^2 u}{\partial z^2}$를 u의 Laplacian이라고 한다(∇^2은 "del squared"로 읽고 Δ로 표기하기도 한다). 따라서 열방정식은

$$\mu\rho\frac{\partial u}{\partial t} = \nabla K \cdot \nabla u + K\nabla^2 u$$

와 같이 쓸 수 있고, 만약 K가 상수라면 그 기울기벡터는 영벡터이므로 방정식은

$$\frac{\partial u}{\partial t} = \frac{K}{\mu\rho}\nabla^2 u$$

가 된다. 예를 들어 x축에 놓여 있는 가느다란 막대의 온도분포를 $u(x, t)$라 하고, $k = K/\mu\rho$이면 이 식은

$$\frac{\partial u}{\partial t} = k\frac{\partial^2 u}{\partial x^2}$$

가 된다. u가 시간에 따라 변화하지 않는 정상상태에서는 $\partial u/\partial t = 0$이므로 열방정식은 Laplace 방정식

$$\nabla^2 u = 0$$

이 된다.

8.11.3 질량보존의 법칙

$\mathbf{F}(x, y, z, t)$가 점 (x, y, z)와 시간 t에서 움직이는 유체의 속도이고, P_0는 이 유체의 한 점이라 하자. 그림 8.67과 같이 중심이 P_0이고 반지름이 r인 구 Σ_r와 구 내

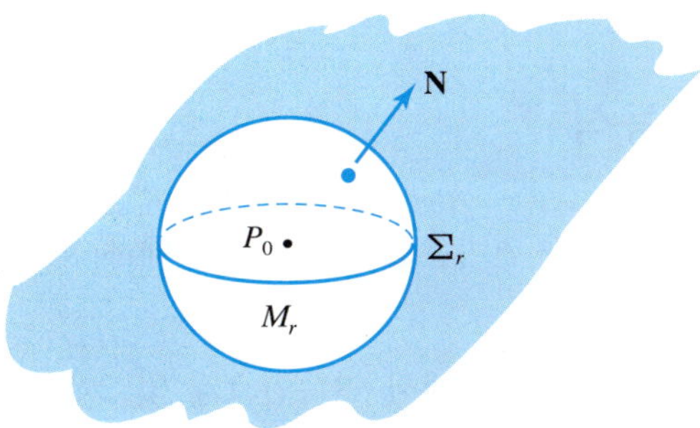

그림 8.67 구와 외향단위법선벡터

부 M_r 그리고 Σ_r의 외향단위법선벡터 $\mathbf{N}$을 생각하자.

$\iint_{\Sigma_r} \mathbf{F} \cdot \mathbf{N} d\sigma$는 Σ_r을 통해 M_r을 빠져나가는 $\mathbf{F}$의 유동이다. r이 충분히 작다면, M_r에서 $\nabla \cdot \mathbf{F}(x, y, z, t)$를 $\nabla \cdot \mathbf{F}(P_0, t)$로 근사할 수 있다. 따라서

$$\begin{aligned}\iiint_{M_r} \nabla \cdot \mathbf{F}(x, y, z, t)\, dV &\approx \iiint_{M_r} \nabla \cdot \mathbf{F}(P_0, t)\, dV \\ &= [\nabla \cdot \mathbf{F}(P_0, t)][M_r \text{의 부피}] = \frac{4}{3}\pi r^3 \nabla \cdot \mathbf{F}(P_0, t).\end{aligned}$$

그러므로 Gauss 정리를 이용하면

$$\begin{aligned}\nabla \cdot \mathbf{F}(P_0, t) &\approx \frac{3}{4\pi r^3} \iiint_{M_r} \nabla \cdot \mathbf{F}(x, y, z, t)\, dV \\ &= \frac{3}{4\pi r^3} \iint_{\Sigma} \mathbf{F} \cdot \mathbf{N} d\sigma.\end{aligned}$$

r이 0으로 수렴하면 Σ_r은 중심 P_0에 접근하게 되고 이 근사식은 다음과 같은 등식이 된다.

$$\nabla \cdot \mathbf{F}(P_0, t) = \lim_{r \to 0} \frac{3}{4\pi r^3} \iint_{\Sigma_r} \mathbf{F} \cdot \mathbf{N} d\sigma.$$

여기서 우변은 r이 0으로 수렴할 때 구를 통과하는 $\mathbf{F}$의 유동을 구의 부피로 나눈 값의 극한값이다. 즉, 이 값은 Σ_r을 통과하여 M_r을 빠져나오는 유체의 단위부피당 유동의 극한이다. 이 극한에서 구는 P_0에 접근하므로 우변은 P_0에서 유체가 팽창하는 정도, 즉 P_0에서 $\mathbf{F}$의 발산인 좌변으로 수렴한다고 해석할 수 있다. 이것은 벡터장의 발산에 대한 물리적인 해석이다.

방정식

$$\iint_{\Sigma} \mathbf{F} \cdot \mathbf{N} d\sigma = \iiint_M \nabla \cdot \mathbf{F} dV$$

에서 곡면 Σ를 통과하여 입체 M을 빠져나오는 $\mathbf{F}$의 유동은 M에서 유체의 발산의 총합과 같아서 물리적 균형을 이룬다는 것을 알 수 있다. 이것은 M 내부에서 생성되거나 소멸되는 유체가 없을 경우에 대한 질량보존의 법칙으로 발산 정리의 물리적 해석이다.

8.11.4 Green 항등식

Gauss 정리로부터 벡터해석과 편미분방정식을 다룰 때 사용되는 두 가지 Green 항등식을 유도하자.

$f(x, y, z)$와 $g(x, y, z)$가 입체 M에서 연속인 1계 및 2계 편도함수를 갖는 함수이고, M은 매끄러운 곡면 Σ로 둘러싸여 있다고 하자. Green의 첫 번째 항등식은

$$\iint_{\Sigma} f\nabla g \cdot \mathbf{N}\, d\sigma = \iiint_{M} (f\nabla^2 g + \nabla f \cdot \nabla g)\, dV$$

이다. 왜냐하면 8.11.2절의 식 (8.14)에 의해

$$\nabla \cdot (f\nabla g) = f\nabla^2 g + \nabla f \cdot \nabla g$$

이므로 Gauss 정리를 사용하면

$$\iint_{\Sigma} f\nabla g \cdot \mathbf{N}\, d\sigma = \iiint_{M} \nabla \cdot (f\nabla g)\, dV$$
$$= \iiint_{M} (f\nabla^2 g + \nabla f \cdot \nabla g)\, dV$$

이기 때문이다.

Green의 첫 번째 항등식에서 f와 g를 바꾼 식을 빼면

$$\iint_{\Sigma} f\nabla g \cdot \mathbf{N}\, d\sigma - \iint_{\Sigma} g\nabla f \cdot \mathbf{N}\, d\sigma$$
$$= \iiint_{M} (f\nabla^2 g + \nabla f \cdot \nabla g)\, dV - \iiint_{M} (g\nabla^2 f + \nabla g \cdot \nabla f)\, dV$$
$$= \iiint_{M} (f\nabla^2 g - g\nabla^2 f)\, dV.$$

이 식을 정리하면 다음과 같은 Green의 두 번째 항등식을 얻게 된다.

$$\iint_{\Sigma} (f\nabla g - g\nabla f) \cdot \mathbf{N}\, d\sigma = \iiint_{M} (f\nabla^2 g - g\nabla^2 f)\, dV.$$

Green의 두 번째 항등식에서 $f(x, y, z) = 1$이라면

$$\iint_{\Sigma} \nabla g \cdot \mathbf{N}\, d\sigma = \iiint_{M} \nabla^2 g\, dV$$

이고, 만약 g가 Laplace 방정식 $\nabla^2 g = 0$을 만족하면

$$\iint_{\Sigma} \nabla g \cdot \mathbf{N}\, d\sigma = 0.$$

어떤 입체에서 Laplace 방정식을 만족하는 함수를 **조화적**이라고 한다. 마지막 식은 곡면을 통과하는 조화함수의 유동은 0이라는 뜻이다. 초기 및 경계 조건이 주어질 때 편미분방정식의 해가 유일함을 공부하는 데 이러한 관계들이 이용된다.

연습문제 8.11

문제 1부터 10까지 주어진 벡터장 $\mathbf{F}$와 곡면 Σ에 대해 $\iint_{\Sigma} \mathbf{F} \cdot \mathbf{N}\, d\sigma$를 구하라. 필요하면 Gauss 정리를 이용하여라.

1. $\mathbf{F} = x\mathbf{i} + y\mathbf{j} - z\mathbf{k}$; Σ: $(1, 1, 1)$을 중심으로 하는 반지름 4인 구의 표면.

2. $\mathbf{F} = x4\mathbf{i} - 6y\mathbf{j} + \mathbf{k}$; Σ: $x^2 + y^2 \le 4,\ 0 \le z \le 2$인 원기둥의 표면.

3. $\mathbf{F} = 2yz\mathbf{i} - 4xz\mathbf{j} + xy\mathbf{k}$; Σ: $(-1, 3, 1)$이 중심이고 반지름이 5인 구의 표면.

4. $\mathbf{F} = x^3\mathbf{i} + y^3\mathbf{j} + z^3\mathbf{k}$; Σ: 원점이 중심이고 반지름이 1인 구의 표면.

5. $\mathbf{F} = 4x\mathbf{i} - z\mathbf{j} + x\mathbf{k}$; Σ: 밑면이 $x^2 + y^2 \le 1,\ z = 0$이고 윗면이 $x^2 + y^2 + z^2 = 1,\ z \ge 0$인 반구의 표면.

6. $\mathbf{F} = (x - y)\,\mathbf{i} + (y - 4xz)\,\mathbf{j} + xz\,\mathbf{k}$; Σ: $x = 0$, $y = 0$, $z = 0$, $x = 4$, $y = 2$, $z = 3$인 6개의 평면으로 둘러싸인 직육면체의 표면.

7. $\mathbf{F} = x^2\mathbf{i} + y^2\mathbf{j} + z^2\mathbf{k}$; Σ: 윗면이 $x^2 + y^2 \le 2,\ z = \sqrt{2}$이고 밑면이 $z = \sqrt{x^2 + y^2},\ x^2 + y^2 \le 2$인 원뿔면.

8. $\mathbf{F} = x^2\mathbf{i} - e^z\mathbf{j} + z\mathbf{k}$; Σ: $x^2 + y^2 \le 4,\ 0 \le z \le 2$인 원기둥의 표면.

9. $\mathbf{F} = 3xy\mathbf{i} + z^2\mathbf{k}$; Σ: 중심이 원점이고 반지름이 1인 구의 표면.

10. $\mathbf{F} = x^2\mathbf{i} + y^2\mathbf{j} + z^2\mathbf{k}$; Σ: $x = 0$, $y = 0$, $z = 0$, $x = 6$, $y = 2$, $z = 7$인 6개의 평면으로 둘러싸인 직육면체의 표면.

11. Σ는 매끄러운 닫힌곡면이고 $\mathbf{F}$는 Σ 및 그 내부에서 연속인 1계 및 2계 편도함수를 갖는 벡터장일 때 $\iint_{\Sigma} (\nabla \times \mathbf{F}) \cdot \mathbf{N}\, d\sigma$를 계산하여라.

12. $\varphi(x, y, z)$와 $\psi(x, y, z)$를 매끄러운 닫힌곡면 Σ 및 그 내부 M에서 연속인 1계 및 2계 편도함수를 갖는 함수라고 하자. M에서 $\nabla\varphi = \mathbf{O}$이면 $\iiint_M \varphi\nabla^2\psi\, dV = 0$임을 증명하여라.

13. 문제 12의 조건에서 $\nabla\varphi = \nabla\psi = \mathbf{O}$이면 $\iiint_M (\varphi\nabla^2\psi - \psi\nabla^2\varphi)\, dV = 0$임을 증명하여라.

14. Σ가 M을 둘러싸는 매끄러운 닫힌곡면일 때 M의 부피 $= \frac{1}{3}\iint_{\Sigma} \mathbf{R} \cdot \mathbf{N}\, d\sigma$임을 보여라. 여기서 $\mathbf{R} = x\mathbf{i} + y\mathbf{j} + z\mathbf{k}$는 곡면 Σ의 위치벡터이다.

15. Σ를 매끄러운 닫힌곡면, $\mathbf{K}$를 상수벡터장이라 할 때 $\iint_{\Sigma} \mathbf{K} \cdot \mathbf{N}\, d\sigma = 0$임을 증명하여라.

16. $2 \le x^2 + y^2 \le 4,\ 0 \le z \le 7$인 원기둥의 표면 Σ를 통과하는 벡터장 $\mathbf{F} = xy^2\mathbf{i} + yz^2\mathbf{j} + zx^2\mathbf{k}$의 유동을 구하라.

17. 다음과 같은 Gauss 정리의 특별한 경우를 증명하여라. Σ가 그림 8.68과 같이 아래 곡면 Σ_1, 위 곡면 Σ_2, 옆 곡면 Σ_3으로 이루어져 있다고 가정하자. 그림 8.69와 같이 Σ_1과 Σ_2가 만난다면 Σ_3을 생략한다. $\mathbf{F}(x, y, z) = f(x, y, z)\mathbf{i} + g(x, y, z)\,\mathbf{j} + h(x, y, z)\mathbf{k}$일 때

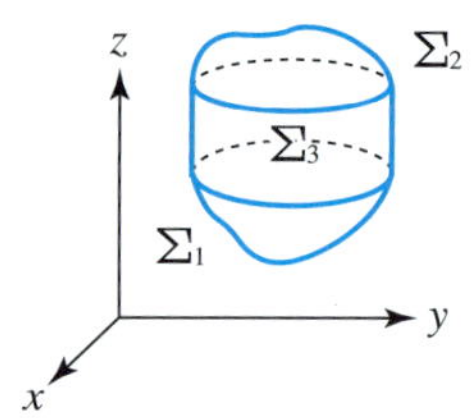

그림 8.68

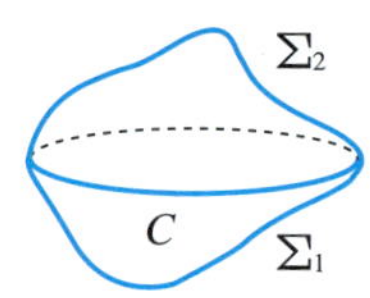

그림 8.69

$$\iint_{\Sigma} f(x, y, z)\mathbf{i} \cdot \mathbf{N}\, d\sigma = \iiint_M \frac{\partial f}{\partial x}\, dV,$$

$$\iint_{\Sigma} g(x, y, z)\,\mathbf{j} \cdot \mathbf{N}\, d\sigma = \iiint_M \frac{\partial g}{\partial y}\, dV,$$

$$\iint_{\Sigma} h(x, y, z)\,\mathbf{k} \cdot \mathbf{N}\, d\sigma = \iiint_M \frac{\partial h}{\partial z}\, dV$$

임을 보여라. 이 등식들을 더하면 이 경우에 대한 Gauss 정리가 증명된다.

18. Σ는 입체 M을 둘러싸는 구분적 매끄러운 닫힌곡면이고 f는 Σ에서 연속이라고 하자. 이 입체와 곡면에 대하여 **Dirichlet 문제**는, M에서 $\nabla^2 u = 0$이고 곡면 Σ에서 $u = f$인 함수 u를 구하는 것이다. 즉, M을 둘러싸는 곡면에서

미리 주어진 값을 갖는 M에서의 조화함수를 찾는 문제이다. M 전체에서 연속인 Dirichlet 문제의 해는 유일함을 증명하여라.

힌트: u_1과 u_2를 해라 하고 $w = u_1 - u_2$로 정의한다. M에서 $\nabla^2 w = 0$이고 Σ에서 $w = 0$임을 보인 후 Gauss 정리를 사용하여 M에서 $w(x, y, z) = 0$임을 증명한다.

19. 다음과 같이 일반화된 열방정식

$$\frac{\partial u}{\partial t} = k\nabla^2 u + \varphi(x, y, z, t)$$

를 만족하면서 Σ에서 $u(x, y, z, t) = f(x, y, z, t)$인 Dirichlet 문제의 해 u를 구하고자 한다. 열방정식과 이 조건을 만족하면서 M 전체에서 연속인 1계 및 2계 편도함수를 갖는 연속인 해 $u(x, y, z)$는 유일함을 보여라.

힌트: u_1과 u_2가 해이고 $w = u_1 - u_2$라 하자. w가 M에서 $\partial u/\partial t = k\nabla^2 w$이고 Σ에서 $w(x, y, z, t) = 0$이므로 M에서 $w(x, y, z, 0) = 0$임을 보여라. 그리고

$$I(t) = \frac{1}{2}\iiint_M w^2(x, y, z, t)\,dV$$

에 대해 $I'(t) = -k\iiint_M \|\nabla w\|^2\,dV$임을 보여라. $t > 0$일 때 $I'(t) \le 0$이므로 $[0, t]$에서 $I(t)$에 대한 중간값 정리를 적용하여 $I(t) \le 0$임을 보여라. 이로부터 $t > 0$에서 $I(t) = 0$이고 M에서 $w(x, y, z, t) = 0$임을 보여라.

20. Σ가 구간 M을 둘러싸는 구분적 매끄러운 닫힌곡면이라고 할 때, 다음 문제를 생각하자.

$$\frac{\partial u}{\partial t} = k\nabla^2 u + \varphi(x, y, z, t),$$
$$(x, y, z) \in M,\quad t > 0$$
$$\frac{\partial u}{\partial N} + hu = f(x, y, z, t),\ (x, y, z) \in \Sigma,\ t > 0$$
$$u(x, y, z, 0) = g(x, y, z),\ (x, y, z) \in M$$

여기서 f와 g는 연속함수, h는 양의 상수, $\mathbf{N}$은 Σ의 외향 단위법선벡터이고 $\partial u/\partial N = \nabla u \cdot \mathbf{N}$이다. $\dfrac{\partial u}{\partial N}$은 Σ에서 u의 법선도함수라고 부른다. M에서 연속인 1계 및 2계 편도함수를 갖는 이 문제의 해는 많아야 하나라는 것을 보여라.

21. f와 g가 매끄러운 닫힌곡면 Σ로 둘러싸인 입체 M에서 Laplace 방정식을 만족하고 Σ에서 $\partial f/\partial N = \partial g/\partial N$라고 가정하자. 어떤 상수 k가 존재하여 M에서 $f(x, y, z) = g(x, y, z) + k$임을 증명하여라.

8.12 Stokes 정리

Green 정리는 다음과 같다.

$$\oint_C \mathbf{F}\cdot\mathbf{T}\,ds = \iint_D (\nabla \times \mathbf{F})\cdot\mathbf{k}\,dA$$

여기서 $\mathbf{T}$는 영역 D를 둘러싸는 양의 방향 단순닫힌경로 C에서 단위접선벡터이다.

위의 식에서 D를 단위법선벡터가 $\mathbf{k}$인 매끄러운 곡면이라고 볼 수도 있다. 3차원으로 일반화하기 위하여 C가 그림 8.70과 같이 매끄러운 곡면 Σ를 둘러싸는 3차원에서 닫힌곡선이라 하자. 여기서 Σ가 닫힌곡면일 필요는 없다. Σ의 단위법선벡터를 $\mathbf{N}$이라 하자.

여기에서 어려운 점은 그림 8.71과 같이 Σ의 어떤 점에서나 반대 방향의 두 개의 법선벡터가 존재한다는 것이다. Σ의 내부와 외부가 정해지지 않았으므로 어떤

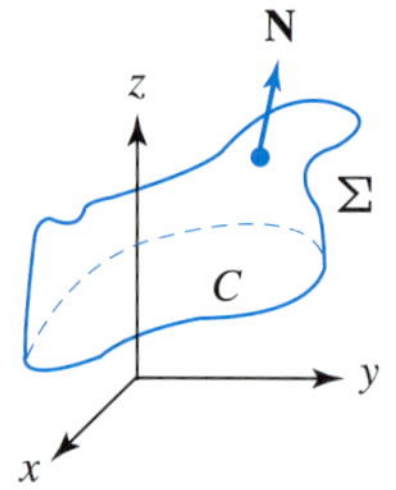

그림 8.70 매끄러운 곡면 Σ를 둘러싸고 있는 단순닫힌곡선 C

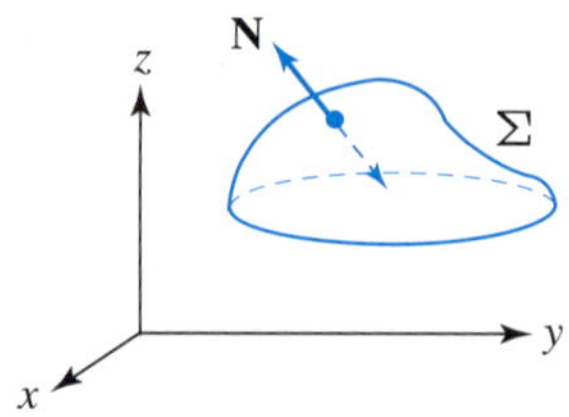

그림 8.71 곡면의 두 법선

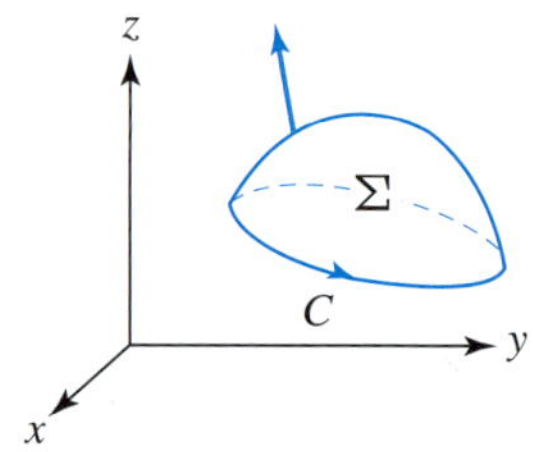

그림 8.72 곡면 Σ의 법선벡터와 연관된 곡선 C의 양의 방향

것을 선택해야 하는지가 문제이다. 이것과 더불어 C의 방향도 선택해야 한다. 평면에서는 반시계 방향을 양의 방향으로 취했지만 3차원에서는 의미가 없다.

먼저 각 점에서 곡면 Σ의 단위법선벡터를 선택하는 규칙을 정하자. Σ의 좌표함수가 $x = x(u, v)$, $y = y(u, v)$, $z = z(u, v)$일 때 법선벡터

$$\frac{\partial(y,z)}{\partial(u,v)}\mathbf{i} + \frac{\partial(z,x)}{\partial(u,v)}\mathbf{j} + \frac{\partial(x,y)}{\partial(u,v)}\mathbf{k}$$

를 크기로 나누어 단위법선벡터를 만든다. 또한 이 단위법선벡터와 방향이 반대되는 벡터도 단위법선벡터이다. 이 벡터나 반대 방향의 벡터를 선택하여 $\mathbf{n}$이라고 하자. 이렇게 선택된 벡터가 Σ의 모든 점에서 주변과 비슷한 방향을 향하게 하자. 즉, 한 점에서는 $\mathbf{n}$, 다른 점에서는 $-\mathbf{n}$을 사용하면 안 된다.

C의 방향을 결정하기 위해 $\mathbf{n}$을 사용한다. 그림 8.72처럼 C 위의 점에서 $\mathbf{n}$을 향하여 서서 움직일 때 Σ가 왼쪽에 있게 되는 방향을 C의 양의 방향으로 정한다. 그림에서 화살표는 이러한 방식으로 얻어진 C의 양의 방향이다. 이 방향을 **$\mathbf{n}$과 연관된 C의 양의 방향**이라고 말한다. 만약 반대 방향의 단위법선벡터를 취하면 C의 방향이 바뀐다. 법선벡터의 선택은 곡선의 방향을 결정한다. 곡선의 절대적인 양 또는 음의 방향이라는 것은 존재하지 않는다. 단지 선택된 법선벡터에 연관되게 정해진 방향이 있을 뿐이다.

이제 Stokes 정리를 살펴보자.

정리 8.15 Stokes 정리

Σ가 구분적으로 매끄러운 곡면이고 Σ의 경계 C가 Σ의 단위법선벡터 $\mathbf{n}$과 연관된 양의 방향을 가진 구분적으로 매끄러운 곡선이다. 벡터장 $\mathbf{F}$가 C에서 연속이고 $\nabla \times \mathbf{F}$가 Σ에서 연속이면

$$\oint_C \mathbf{F} \cdot d\mathbf{R} = \iint_\Sigma (\nabla \times \mathbf{F}) \cdot \mathbf{n}\, d\sigma.$$

F의 성분함수가 f, g, h이라면 좌변은

$$\oint_C \mathbf{F}\cdot d\mathbf{R} = \oint_C f(x,y,z)\,dx + g(x,y,z)\,dy + h(x,y,z)\,dz$$

이다. 그리고 우변에서 **F**의 회전은

$$\nabla\times\mathbf{F} = \begin{vmatrix} i & j & k \\ \dfrac{\partial}{\partial x} & \dfrac{\partial}{\partial y} & \dfrac{\partial}{\partial z} \\ f & g & h \end{vmatrix} = \left(\frac{\partial h}{\partial y}-\frac{\partial g}{\partial z}\right)\mathbf{i} + \left(\frac{\partial f}{\partial z}-\frac{\partial h}{\partial x}\right)\mathbf{j} + \left(\frac{\partial g}{\partial x}-\frac{\partial f}{\partial y}\right)\mathbf{k}.$$

곡면에 대한 법선벡터는 식 (8.9)에 의해서 다음과 같다.

$$\mathbf{N} = \frac{\partial(y,z)}{\partial(u,v)}\mathbf{i} + \frac{\partial(z,x)}{\partial(u,v)}\mathbf{j} + \frac{\partial(x,y)}{\partial(u,v)}\mathbf{k}, \qquad (u,\, v)\in D$$

$$\mathbf{n}(u,v) = \frac{\mathbf{N}(u,v)}{\|\mathbf{N}(u,v)\|}.$$

따라서

$$\begin{aligned}(\nabla\times\mathbf{F})\cdot\mathbf{n} &= (\nabla\times\mathbf{F})\cdot\frac{\mathbf{N}(u,v)}{\|\mathbf{N}(u,v)\|} \\ &= \frac{1}{\|\mathbf{N}(u,v)\|}\left[\left(\frac{\partial h}{\partial y}-\frac{\partial g}{\partial z}\right)\frac{\partial(y,z)}{\partial(u,v)} + \left(\frac{\partial f}{\partial z}-\frac{\partial h}{\partial x}\right)\frac{\partial(z,x)}{\partial(u,v)} \right.\\ &\quad \left. + \left(\frac{\partial g}{\partial x}-\frac{\partial f}{\partial y}\right)\frac{\partial(x,y)}{\partial(u,v)}\right],\end{aligned}$$

$$\begin{aligned}&\iint_\Sigma (\nabla\times\mathbf{F})\cdot\mathbf{n}\,d\sigma \\ &= \iint_D \frac{1}{\|\mathbf{N}(u,v)\|}\left[\left(\frac{\partial h}{\partial y}-\frac{\partial g}{\partial z}\right)\frac{\partial(y,z)}{\partial(u,v)} + \left(\frac{\partial f}{\partial z}-\frac{\partial h}{\partial x}\right)\frac{\partial(z,x)}{\partial(u,v)}\right.\\ &\quad \left. + \left(\frac{\partial g}{\partial x}-\frac{\partial f}{\partial y}\right)\frac{\partial(x,y)}{\partial(u,v)}\right]\|\mathbf{N}(u,v)\|\,du\,dv \\ &= \iint_D \left[\left(\frac{\partial h}{\partial y}-\frac{\partial g}{\partial z}\right)\frac{\partial(y,z)}{\partial(u,v)} + \left(\frac{\partial f}{\partial z}-\frac{\partial h}{\partial x}\right)\frac{\partial(z,x)}{\partial(u,v)} + \left(\frac{\partial g}{\partial x}-\frac{\partial f}{\partial y}\right)\frac{\partial(x,y)}{\partial(u,v)}\right]du\,dv\end{aligned}$$

이다. 여기서 $x(u,\ v)$, $y(u,\ v)$, $z(u,\ v)$는 Σ의 좌표함수이고 D는 이 좌표함수들이 정의되는 영역 (u, v)의 집합이다. Stokes 정리에서 적분함수가 $(\nabla\times\mathbf{F})\cdot\mathbf{n}$이고 이때 $\mathbf{n}=\mathbf{N}/\|\mathbf{N}\|$이 단위법선벡터임을 염두에 두자. 위의 계산에서 면적분을 D에서 이중적분으로 바꿀 때 $(\nabla\times\mathbf{F})\cdot\mathbf{n}$에 $\|\mathbf{N}(u,v)\|$를 곱해 주었다. 이때 $\mathbf{N}(u,\ v)$는 식 (8.9)로 정해진다.

보기 8.55

$z=\sqrt{x^2+y^2}$, $x^2+y^2\le 9$로 이루어진 원뿔 Σ와 $\mathbf{F}(x, y, z) = -y\mathbf{i} + x\mathbf{j} - xyz\mathbf{k}$에 대하여 Stokes 정리의 양변이 같음을 보이자.

원뿔 Σ는 그림 8.73과 같다. 경계곡선 C는 원뿔 꼭대기의 가장자리 원 $z = 3$, $x^2 + y^2 = 9$이다. 곡면은 $z=S(x, y)$, $(x, y)\in D=\{(x, y, 0)\mid x^2+y^2\le 9\}$이다.

$$\mathbf{N}=-\frac{\partial z}{\partial x}\mathbf{i}-\frac{\partial z}{\partial y}\mathbf{j}+\mathbf{k}=-\frac{x}{z}\mathbf{i}-\frac{y}{z}\mathbf{j}+\mathbf{k},$$

$$\|\mathbf{N}\|=\left\|-\frac{x}{z}\mathbf{i}-\frac{y}{z}\mathbf{j}+\mathbf{k}\right\|=\sqrt{\frac{x^2}{z^2}+\frac{y^2}{z^2}+1}=\sqrt{2},$$

$$\mathbf{n}=\frac{\mathbf{N}}{\|\mathbf{N}\|}=\frac{1}{\sqrt{2}\,z}(-x\mathbf{i}-y\mathbf{j}+z\mathbf{k}).$$

이 단위법선벡터는 원점을 제외한 원뿔의 모든 점에서 정의되고, 원점에서는 정의되지 않는다. $\mathbf{n}$은 원뿔의 안쪽을 가리킨다.

C에서 $\mathbf{n}$방향으로 서서 그림 8.73에 표시된 화살표를 따라 움직일 때 곡면은 왼쪽에 놓이게 된다. 그러므로 C의 이 화살표 방향은 $\mathbf{n}$과 연관된 양의 방향이다. C의 좌표함수가

$$0\le t\le 2\pi \text{에서} \quad x=3\cos t, \quad y=3\sin t, \quad z=3$$

이면 t가 0에서 2π까지 증가함에 따라 C는 $\mathbf{n}$과 연관된 양의 방향으로 움직인다. Stokes 정리의 좌변 선적분을 계산하면

$$\begin{aligned}\oint_C \mathbf{F}\cdot d\mathbf{R} &= \oint_C -y\,dx + x\,dy - xyz\,dz \\ &= \int_0^{2\pi}\left[-(3\sin t)(-3\sin t) + (3\cos t)(3\cos t)\right]dt \\ &= \int_0^{2\pi} 9\,dt = 18\pi.\end{aligned}$$

한편, 우변 면적분을 구하기 위해 $\mathbf{F}$의 회전을 계산하면

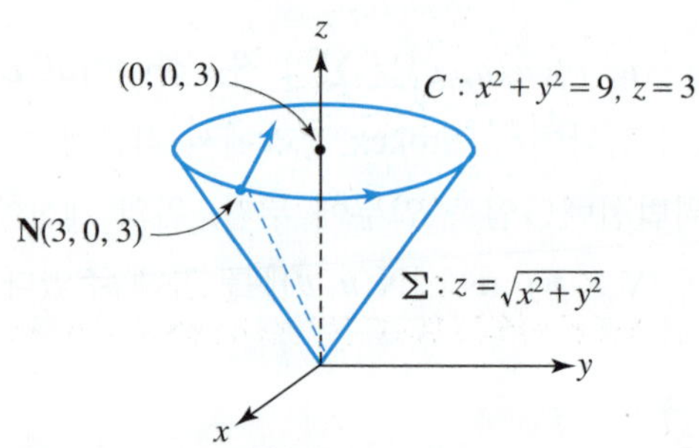

그림 8.73 보기 8.55의 원뿔

$$\nabla\times\mathbf{F}=\begin{vmatrix}\mathbf{i} & \mathbf{j} & \mathbf{k}\\ \dfrac{\partial}{\partial x} & \dfrac{\partial}{\partial y} & \dfrac{\partial}{\partial z}\\ -y & x & -xyz\end{vmatrix}=-xz\mathbf{i}+yz\mathbf{j}+2\mathbf{k}$$

이므로

$$(\nabla\times\mathbf{F})\cdot\mathbf{n}=\frac{1}{\sqrt{2}\,z}(x^2z-y^2z+2z)=\frac{1}{\sqrt{2}}(x^2-y^2+2).$$

따라서

$$\begin{aligned}\iint_\Sigma(\nabla\times\mathbf{F})\cdot\mathbf{n}\,d\sigma&=\iint_D[(\nabla\times\mathbf{F})\cdot\mathbf{n}]\|\mathbf{N}\|\,dx\,dy\\&=\iint_D\frac{1}{\sqrt{2}}(x^2-y^2+2)\sqrt{2}\,dx\,dy\\&=\iint_D(x^2-y^2+2)\,dx\,dy\end{aligned}$$

이고 극좌표를 사용하여 계산하면

$$\begin{aligned}&\int_0^{2\pi}\int_0^3(r^2\cos^2\theta-r^2\sin^2\theta+2)\,r\,dr\,d\theta\\&=\int_0^{2\pi}\int_0^3 r^3\cos 2\theta\,dr\,d\theta+\int_0^{2\pi}\int_0^3 2r\,dr\,d\theta\\&=\left[\frac{1}{2}\sin 2\theta\right]_0^{2\pi}\left[\frac{1}{4}r^4\right]_0^3+2\pi\left[r^2\right]_0^3=18\pi\end{aligned}$$

으로 Stokes 정리의 좌 우변이 같음을 보였다.

연습문제 8.12

문제 1부터 5까지 곡면 Σ의 경계곡선 C에 대해 $\oint_C \mathbf{F}\cdot d\mathbf{R}$을 구하라. 필요하면 Stokes 정리를 이용하여라.

1. $\mathbf{F}=yx^2\mathbf{i}-xy^2\mathbf{j}+z^2\mathbf{k}$;
$\Sigma: x^2+y^2+z^2=4, z\ge 0$인 반구.

2. $\mathbf{F}=xy\mathbf{i}+yz\mathbf{j}+xz\mathbf{k}$; $\Sigma: z=x^2+y^2$, $x^2+y^2\le 9$인 포물면.

3. $\mathbf{F}=z\mathbf{i}+x\mathbf{j}+y\mathbf{k}$;
$\Sigma: z=\sqrt{x^2+y^2}, 0\le z\le 4$인 원뿔.

4. $\mathbf{F}=z^2\mathbf{i}+x^2\mathbf{j}-y^2\mathbf{k}$; Σ: 포물면 $z=6-x^2-y^2$에서 xy 평면 윗부분.

5. $\mathbf{F}=xy\mathbf{i}+yz\mathbf{j}+xy\mathbf{k}$;
Σ: 평면 $2x+4y=z=8$의 1팔분면.

6. $\mathbf{F}=(x-y)\mathbf{i}+x^2y\mathbf{j}+xza\mathbf{k}$의 $x^2+y^2=1$, $z=0$인 원에서 반시계 방향의 순환을 계산하여라. 여기서 a는 양의 상수이다.
힌트: 경계선이 C인 매끄러운 곡면 Σ를 선택하여 Stokes 정리를 이용하여라.

7. Stokes 정리를 이용하여 $\int_C \mathbf{F}\cdot\mathbf{T}ds$를 계산하여라. 여기서 C는 $x + 4y + z = 12$인 평면의 1팔분면에 있는 부분의 경계선이고 $\mathbf{F} = (x - z)\,\mathbf{i} + (y - x)\,\mathbf{j} + (z - y)\mathbf{k}$이다.

8. Stokes 정리를 Σ가 $z = S(x, y)$인 경우에 대해 증명하여라. $\mathbf{F} = f\mathbf{i} + g\mathbf{j} + h\mathbf{k}$일 때

$$\iint_\Sigma (\nabla\times\mathbf{F})\cdot\mathbf{N}\,d\sigma = \iint_D \left[\left(\frac{\partial h}{\partial y}-\frac{\partial g}{\partial z}\right)\left(-\frac{\partial z}{\partial x}\right) + \left(\frac{\partial f}{\partial z}-\frac{\partial h}{\partial x}\right)\left(-\frac{\partial z}{\partial y}\right) + \left(\frac{\partial g}{\partial x}-\frac{\partial f}{\partial y}\right)\right]dA$$

임을 보여라. xy평면에서 D의 경계 C^*를 반시계 방향으로 $x = x(t)$, $y = y(t)$, $a \le t \le b$로 매개화하면 Σ의 경계 C는 $x = x(t)$, $y = y(t)$, $z = S(x(t), y(t))$, $a \le t \le b$로 매개화 할 수 있음을 보여라. 다음으로

$$\oint_C \mathbf{F}\cdot d\mathbf{R} = \oint_{C^*}\left[f + h\frac{\partial z}{\partial x}\right]dx + \left[g + h\frac{\partial z}{\partial y}\right]dy$$

임을 보여라. 끝으로 C^*의 선적분에 Green 정리를 적용하고, 증명의 첫 단계를 이용하여 증명의 결론을 맺어라.

문제 9부터 16까지 3차원 공간 전체에서 $\mathbf{F}$가 보존장인지 판별하여라. 보존장이면 포텐셜 함수를 구하라.

9. $\mathbf{F} = \cosh(x + y)(\mathbf{i} + \mathbf{j} - \mathbf{k})$

10. $\mathbf{F} = 2x\mathbf{i} - 2y\mathbf{j} + 2z\mathbf{k}$

11. $\mathbf{F} = \mathbf{i} - 2\mathbf{j} + \mathbf{k}$

12. $\mathbf{F} = yz\cos x\,\mathbf{i} + (z\sin x + 1)\mathbf{j} + y\sin x\,\mathbf{k}$

13. $\mathbf{F} = (x^2 - 2)\mathbf{i} + xyz\mathbf{j} - yz^2\mathbf{k}$

14. $\mathbf{F} = e^{xyz}(1 + xyz)\mathbf{i} + x^2z\mathbf{j} + x^2y\mathbf{k}$

15. $\mathbf{F} = (\cos x + y\sin x)\mathbf{i} + x\sin xy\,\mathbf{j} + \mathbf{k}$

16. $\mathbf{F} = (2x^2 + 3y^2z)\mathbf{i} + 6xyz\mathbf{j} + 3xy^2\mathbf{k}$

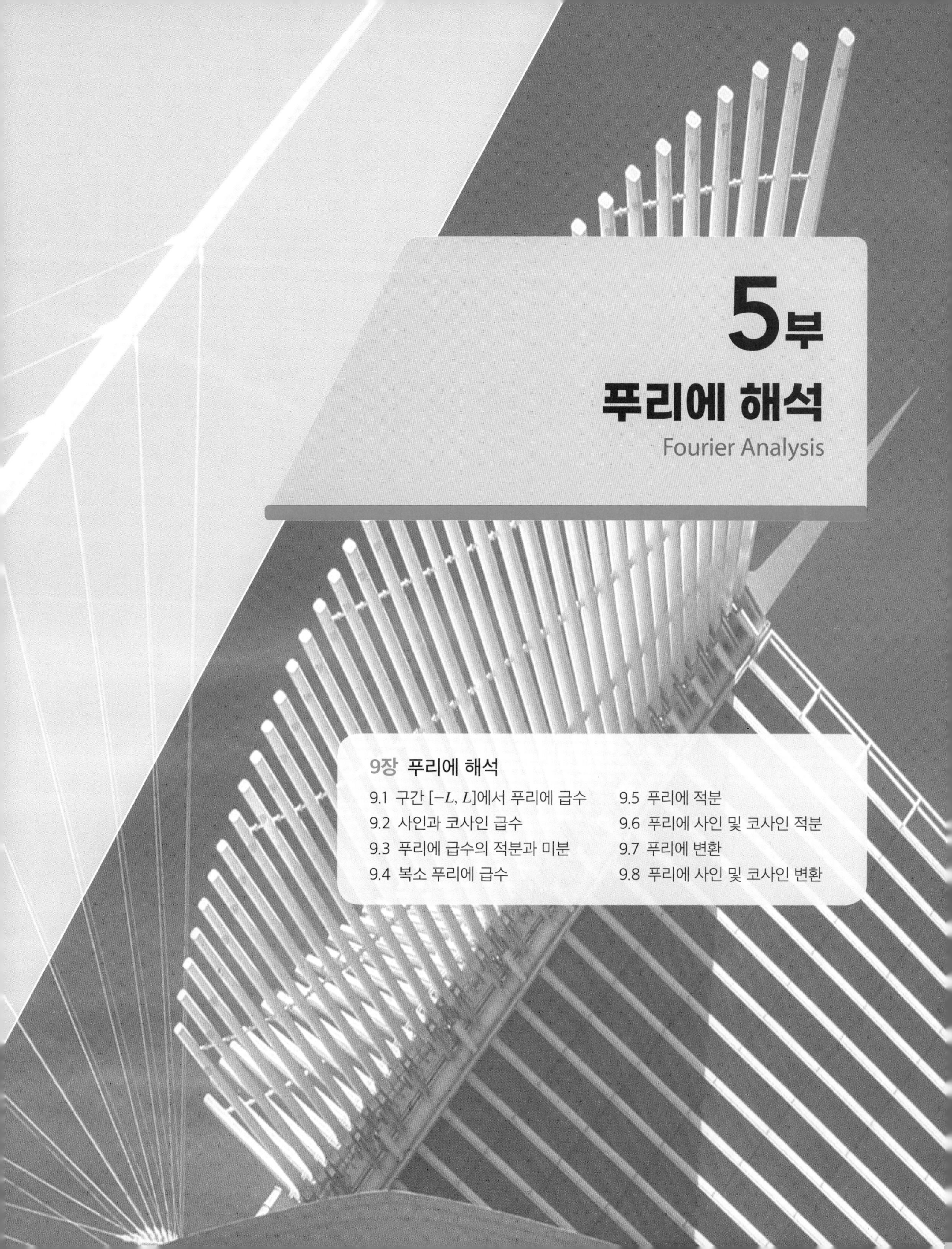

5부

푸리에 해석

Fourier Analysis

9장 푸리에 해석

푸리에 해석 9장

9.1 구간 $[-L, L]$에서 푸리에 급수

푸리에(Fourier) 급수는 편미분방정식 풀이에서 고유함수 전개로 소개한 바 있다. 이 장에서는 푸리에 계수의 성질과 수렴성의 미묘함 등을 포함하여 푸리에 급수를 다른 관점에서 전개한다.

L이 양수일 때 $f(x)$는 구간 $[-L, L]$에서 정의되어 있다고 하자. 이 절에서 $f(x)$는 $[-L, L]$에서 사인과 코사인 급수로 나타낼 수 있음을 알아보자. 즉

$$f(x) = \frac{1}{2}a_0 + \sum_{n=1}^{\infty}\left[a_n \cos\left(\frac{n\pi x}{L}\right) + b_n \sin\left(\frac{n\pi x}{L}\right)\right]. \tag{9.1}$$

일단 이 식이 가능하다고 가정하고 계수 a_n, b_n이 어떻게 선택될까? 비형식적인 논점으로 이것에 대한 직관을 얻을 수 있다.

먼저 식 (9.1)을 적분하면

$$\int_{-L}^{L} f(x)\,dx = \frac{1}{2}\int_{-L}^{L} a_0\,dx$$
$$+ \sum_{n=1}^{\infty}\left[a_n \int_{-L}^{L} \cos\left(\frac{n\pi x}{L}\right)dx + b_n \int_{-L}^{L} \sin\left(\frac{n\pi x}{L}\right)dx\right].$$

를 얻는다. 우변의 합기호 안의 적분은 모두 0이 되므로

$$\int_{-L}^{L} f(x)dx = La_0.$$

그러므로

$$a_0 = \frac{1}{L}\int_{-L}^{L} f(x)dx \tag{9.2}$$

이고, 따라서 식 (9.1)의 a_0를 구했다.

이제 k를 임의의 양정수라 하자. 식 (9.1)에 $\cos(k\pi x/L)$을 곱하고 항별로 적분하면

$$\int_{-L}^{L} f(x)\cos\left(\frac{k\pi x}{L}\right) dx = \frac{1}{2}\int_{-L}^{L} a_0 \cos\left(\frac{k\pi x}{L}\right) dx$$
$$+\sum_{n=1}^{\infty}\left[a_n \int_{-L}^{L}\cos\left(\frac{n\pi x}{L}\right)\cos\left(\frac{k\pi x}{L}\right) dx + b_n \int_{-L}^{L}\sin\left(\frac{n\pi x}{L}\right)\cos\left(\frac{k\pi x}{L}\right) dx\right] \tag{9.3}$$

을 얻는다. 한편 모든 양정수 n과 k에 대하여

$$\int_{-L}^{L}\cos\left(\frac{n\pi x}{L}\right)\sin\left(\frac{k\pi x}{L}\right)dx = 0$$

이고

$$\int_{-L}^{L}\cos\left(\frac{n\pi x}{L}\right)\cos\left(\frac{k\pi x}{L}\right)dx = \begin{cases} 0, & n \neq k, \\ L, & n = k. \end{cases}$$

그러므로 식 (9.3)은

$$\int_{-L}^{L} f(x)\cos\left(\frac{n\pi x}{L}\right) dx = a_k \int_{-L}^{L}\cos^2\left(\frac{k\pi x}{L}\right) dx = La_k$$

으로 나눠지고 $k = 1, 2, \cdots$ 에 대하여

$$a_k = \frac{1}{L}\int_{-L}^{L} f(x)\cos\left(\frac{k\pi x}{L}\right) dx \tag{9.4}$$

이다. 이것은 또한 $k = 0$이면 a_0값이 된다. 그러므로 식 (9.2)와 (9.4)를 합칠 수 있다.

다음으로 식 (9.1)에 $\sin(k\pi x/L)$을 곱하고 적분하면

$$\int_{-L}^{L} f(x)\sin\left(\frac{k\pi x}{L}\right) dx = \frac{1}{2}a_0 \int_{-L}^{L}\sin\left(\frac{k\pi x}{L}\right) dx$$
$$+\sum_{n=1}^{\infty}\left[a_n \int_{-L}^{L}\cos\left(\frac{n\pi x}{L}\right)\sin\left(\frac{k\pi x}{L}\right) dx + b_n \int_{-L}^{L}\sin\left(\frac{n\pi x}{L}\right)\sin\left(\frac{k\pi x}{L}\right) dx\right].$$

우변의 모든 적분은 $n = k$일 때를 제외하고 모두 0이므로 오른쪽 식은 하나의 항

$$\int_{-L}^{L} f(x)\sin\left(\frac{n\pi x}{L}\right) dx = b_k \int_{-L}^{L}\sin^2\left(\frac{k\pi x}{L}\right) dx = Lb_k$$

만 남는다. 그러므로 $k=1, 2, \cdots$에 대하여

$$b_k = \frac{1}{L}\int_{-L}^{L} f(x)\sin\left(\frac{k\pi x}{L}\right) dx \tag{9.5}$$

이다. 이 계산에서 $f(x)$를 급수로 나타내려면

$$\frac{1}{2}a_0 + \sum_{n=1}^{\infty}\left[a_n\cos\left(\frac{n\pi x}{L}\right) + b_n\sin\left(\frac{n\pi x}{L}\right)\right] \tag{9.6}$$

이 되고, $n=0, 1, 2, \cdots$에 대하여는

$$a_n = \frac{1}{L}\int_{-L}^{L} f(x)\cos\left(\frac{n\pi x}{L}\right) dx, \tag{9.7}$$

그리고 $n=1, 2, \cdots$에 대하여는

$$b_n = \frac{1}{L}\int_{-L}^{L} f(x)\sin\left(\frac{n\pi x}{L}\right) dx \tag{9.8}$$

로 두어야 한다.

식 (9.7)과 (9.8)은 구간 $[-L, L]$에서 $f(x)$의 푸리에 계수이다. 이들 계수를 사용할 때 급수 (9.6)은 구간 $[-L, L]$에서 $f(x)$의 **푸리에 급수** 또는 **푸리에 전개**라고 한다. 푸리에 급수에서 이들 계수의 공식은 18세기 Fourier, Euler 등의 수학자들에 의해 알려졌다. 그러나 급수 (9.6)이 $f(x)$에 수렴한다는 보장은 없다. 주어진 구간에서 푸리에 전개와 함수 사이의 관계를 이해하는 데는 많은 수학자의 노력과 논쟁, 엄격한 검토가 한 세기 동안이나 있었다. 이 관계를 찾기 위해 몇 가지 기호와 용어가 필요하다.

$-L < c < L$이면

$$f(c-) = \lim_{x\to c-} f(x) \quad \text{그리고,} \quad f(c+) = \lim_{x\to c+} f(x)$$

로 나타낸다. $f(c-)$는 c에서 $f(x)$의 좌극한이고 $f(c+)$는 c에서 $f(x)$의 우극한이다. 함수가 연속이면 $f(c-)=f(c+)=f(c)$이다. 만약 $f(c-)\neq f(c+)$이면 함수는 c에서 **도약불연속**이다. 이것은 $x=c$에서 함수의 그래프에 틈이 있음을 보여준다. 그림 9.1은 전형적인 도약불연속이다.

왼쪽 끝점에서는 $f(x)$가 $-L$의 왼쪽에서의 x에서 정의되지 않을 수도 있기 때문에 오른쪽으로부터 $x\to -L$일 때 오른쪽 극한만 취할 수 있다. 즉

$$f(-L+) = \lim_{x\to -L+} f(x).$$

같은 방법으로 오른쪽 끝점에서 $f(x)$가 L의 오른쪽에서의 x에서 정의되지 않을 수 있기 때문에 단지 왼쪽으로부터 x가 L에 접근할 수 있다.

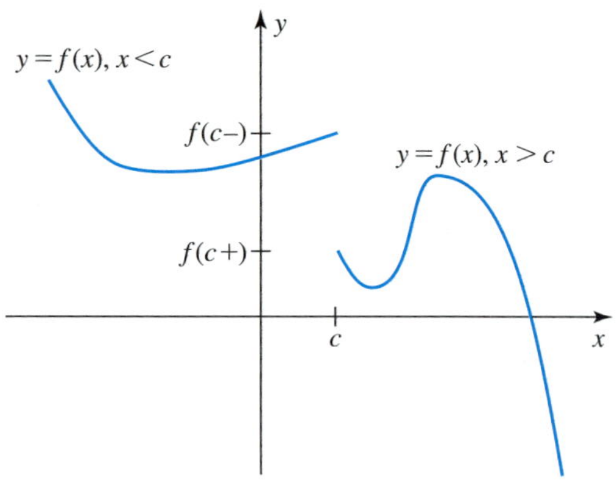

그림 9.1 전형적인 도약불연속을 갖는 함수의 그래프

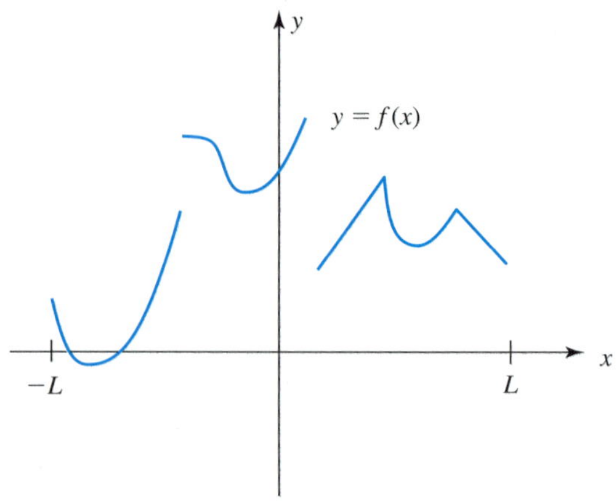

그림 9.2 함수의 그래프는 도약점과 뾰족점을 제외하고 접선을 갖는다.

$$f(L-) = \lim_{x \to L-} f(x).$$

$f(x)$가 $[-L, L]$에서 유한개의 점에서 도약불연속인 것을 제외하고는 연속이면 **구분적 연속**이라고 한다. 또한 $f(x)$가 $[-L, L]$에서 도함수 $f'(x)$가 부분적 연속이면 **조각조각 매끄럽다**고 한다. 이것은 함수의 그래프가 유한개의 틈(불연속점)이나 접선을 갖지 않는 뾰족점을 제외하고 연속인 접선을 가짐을 뜻한다(그림 9.2).

이제 우리는 푸리에 급수의 수렴정리를 말할 수 있다.

정리 9.1 푸리에 급수의 수렴

함수 $f(x)$는 $[-L, L]$에서 구분적으로 매끄럽다고 하자.

1. $-L < c < L$이면 $x = c$에서 $f(x)$의 푸리에 급수는 구간 $[-L, L]$에서

$$\frac{1}{2}(f(c-) + f(c+))$$

에 수렴한다.

2. $-L$과 L 모두에서 푸리에 급수는

$$\frac{1}{2}(f(-L+) + f(L-))$$

에 수렴한다.

내부의 점 c에서 푸리에 급수는 c의 왼쪽과 오른쪽 극한의 평균에 수렴한다(그림 9.3). 만약 $f(x)$가 c에서 연속이면 이들 한쪽 극한은 둘 다 같고 푸리에 급수는 c에서 $f(c)$에 수렴한다.

두 끝점에서 푸리에 급수는 $-L$에서의 오른쪽 극한과 L에서의 왼쪽 극한의 평균

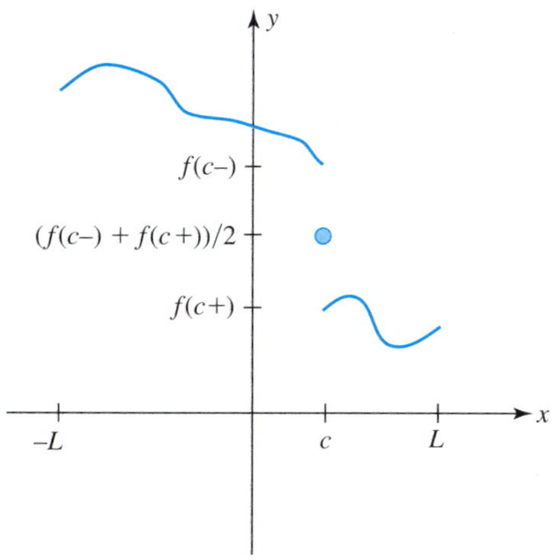

그림 9.3 도약불연속점에서의 푸리에 급수의 수렴

에 수렴한다.

보기를 관찰하기 전에 용어 문제를 분명히 하는 것이 중요하다. $[-L, L]$에서 푸리에 급수를 언급할 때 계수가 구간에 의존하기 때문에 구간은 포함된다. $[-1, 1]$에서 e^x의 전개에서의 계수는 $[-\pi, \pi]$에서 e^x의 전개에서의 계수와는 다르다. 이 용어는 구간에서 급수의 수렴성에 대하여는 아무것도 말해주지 않는다. 이 때문에 우리는 수렴정리를 사용해야 한다. 이는 구분적 연속인 함수에 대하여

(1) $-L < x < L$에서는 연속점에서 함수의 수렴이 나타나고

(2) $-L < x < L$에서의 불연속점에서 수렴은

$$(f(c-)+f(c+))/2$$

(3) 두 점 $-L$과 L에서의 수렴은

$$(f(-L+)+f(L-))/2$$

보기 9.1

$$f(x) = \begin{cases} x+1, & 0 \le x \le 2, \\ x-1, & -2 \le x < 0 \end{cases}$$

일 때 그림 9.4는 $f(x)$의 그래프이다. 이 함수는 도약불연속점 $x=0$을 제외하고는 연속이다. 끝점과 불연속점에서의 한쪽 극한은

$$f(0+) = \lim_{x\to 0+} f(x) = \lim_{x\to 0+} (x+1) = 1,$$

$$f(0-) = \lim_{x\to 0-} f(x) = \lim_{x\to 0-} (x-1) = -1,$$

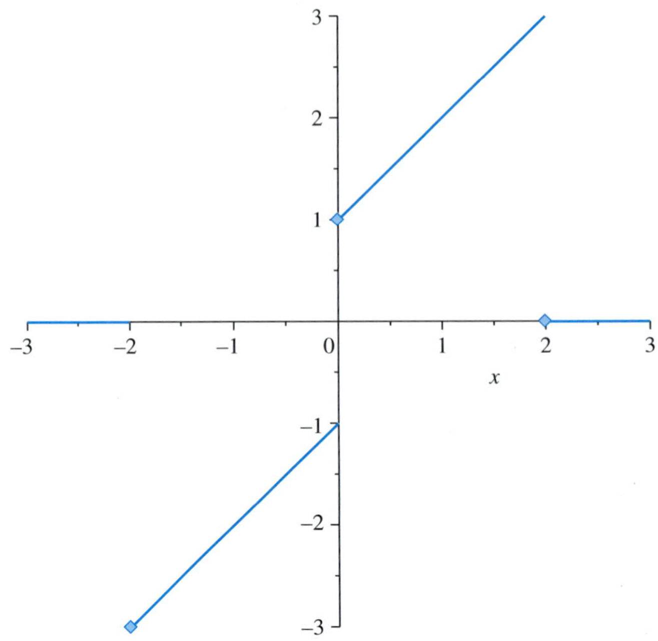

그림 9.4 보기 9.1의 $f(x)$의 그래프

$$f(-2+) = \lim_{x \to -2+} (x-1) = -3,$$
$$f(2-) = \lim_{x \to 2-} (x+1) = 3$$

이므로 푸리에 급수는 $x=0$에서 0에 수렴한다.

그리고

$$\frac{1}{2}(f(-2+) + f(2-) = -3 + 3 = 0,$$

그러므로 이 함수의 푸리에 급수는 양 끝점과 $x=0$에서 0에 수렴한다. $(-2, 0)$과 $(0, 2)$의 모든 점에서는 함수가 연속이고 푸리에 급수는 $f(x)$에 수렴한다. 요약하면 $[-2, 2]$에서 $f(x)$의 푸리에 급수는

$$\begin{cases} x+1, & 0<x<2, \\ x-1, & -2<x<0, \\ 0, & x=-2,\ 0,\ 2 \end{cases}$$

에 수렴한다. 푸리에 급수의 수렴에 대한 정보는 실제 푸리에 계수를 구하지 않고 함수 자체에서 얻을 수 있다. 그러나 여기서는 부분합의 그래프를 조사해서 수렴성을 보여줌으로써 푸리에 계수를 찾는다. 즉

$$a_0 = \frac{1}{2}\int_{-2}^{2} f(x)\,dx = 0,$$

$$a_n = \frac{1}{2}\int_{-2}^{2} f(x)\cos(n\pi x/2)\,dx = 0, \qquad n = 1, 2, \cdots,$$

$$b_n = \frac{1}{2}\int_{-2}^{2} f(x)\sin(n\pi x/2)\,dx = \frac{2+6(-1)^{n+1}}{n\pi}, \qquad n = 1, 2, \cdots.$$

$[-2, 2]$에서 $f(x)$의 푸리에 급수는

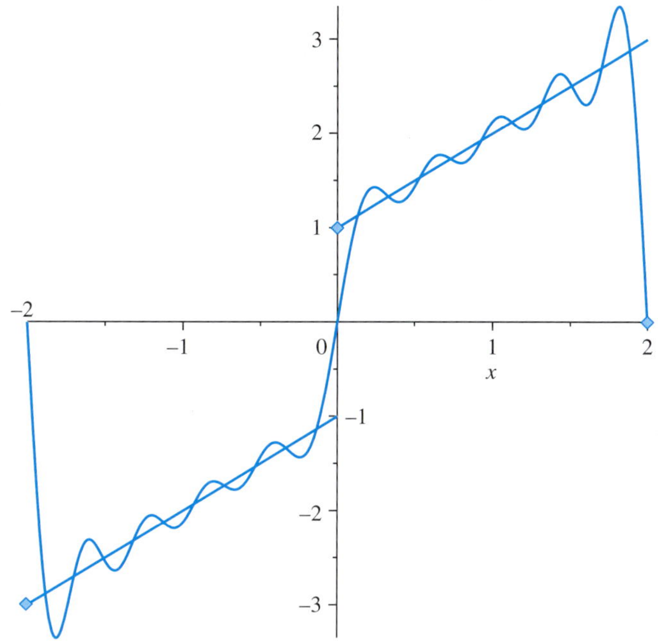

그림 9.5 보기 9.1에서의 $f(x)$와 푸리에 급수의 10번째 부분합

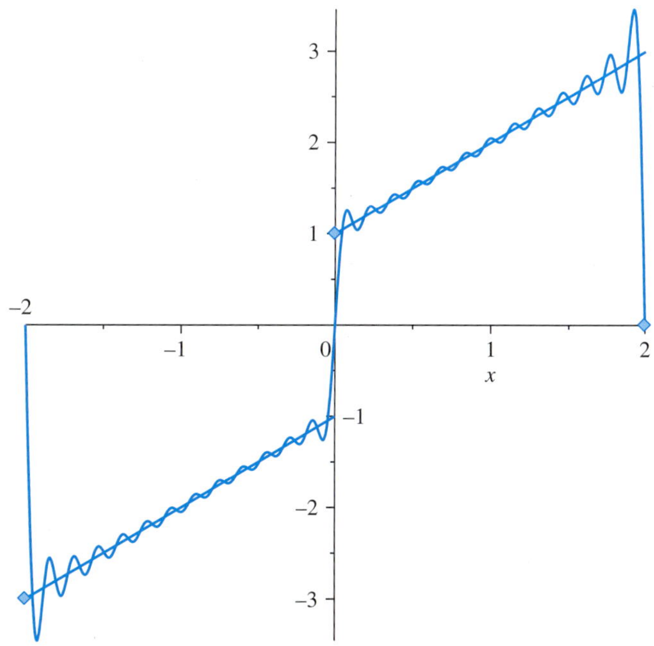

그림 9.6 보기 9.1에서의 푸리에 급수의 25번째 부분합

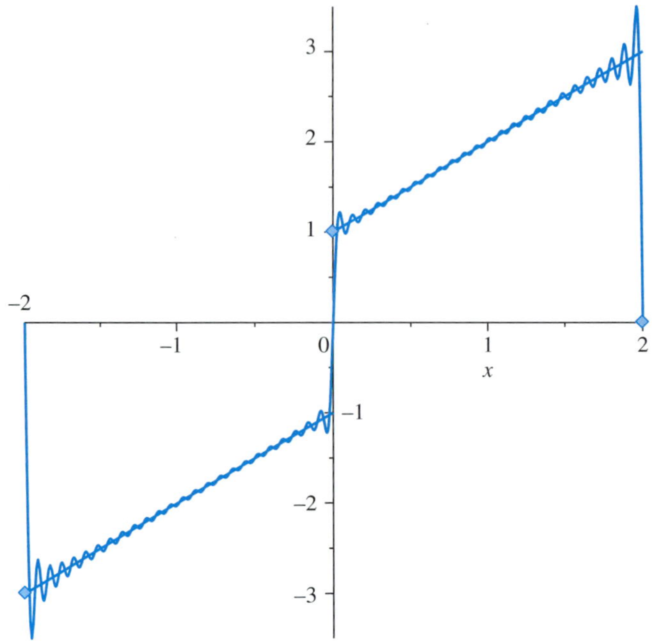

그림 9.7 보기 9.1에서의 푸리에 급수의 50번째 부분합

$$\sum_{n=1}^{\infty} \frac{2+6(-1)^{n+1}}{n\pi} \sin\left(\frac{n\pi x}{2}\right)$$

이다. 그림 9.5, 9.6, 9.7은 각각 급수의 10번째, 25번째, 50번째 부분합을 보여준다. 이 그래프들은 점 0, 2, −2를 제외하고 항이 많을수록 함수 $f(x)$에 접근함을 보여준다.

보기 9.2

구간 [−1, 1]에서 $w(x)= e^{-x}$의 푸리에 전개를 구해 보자. 먼저

$$a_0 = \int_{-1}^{1} e^{-x}\,dx = e - \frac{1}{e}.$$

다음에 $n = 1, 2, \cdots$에 대하여

$$a_n = \int_{-1}^{1} e^{-x} \cos(n\pi x) dx = \frac{(-1)^n}{1+n^2\pi^2}\left(e - \frac{1}{e}\right).$$

그리고 $n = 1, 2, \cdots$에 대하여

$$b_n = \int_{-1}^{1} e^{-x} \sin(n\pi x) dx = \frac{(-1)^n n\pi}{1+n^2\pi^2}\left(e - \frac{1}{e}\right).$$

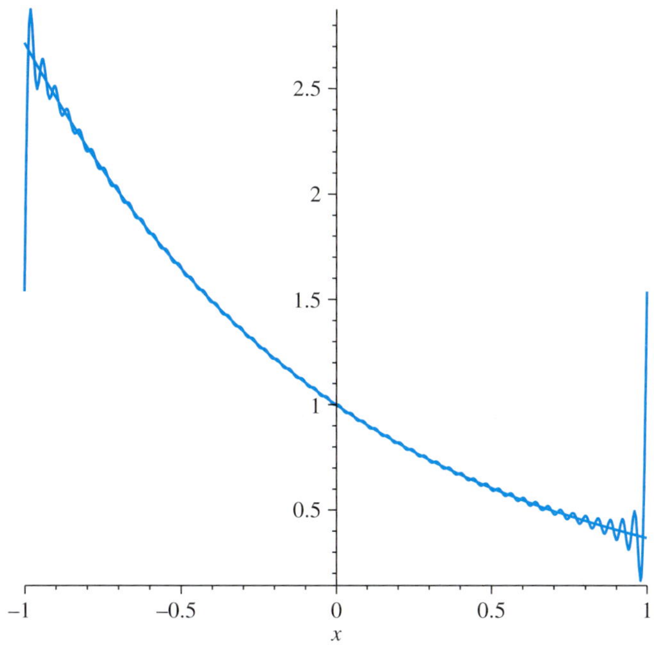

그림 9.8 [−1, 1]에서 e^{-x}의 푸리에 급수의 30번째 부분합

따라서 [−1, 1]에서 푸리에 급수는

$$\frac{1}{2}\left(e-\frac{1}{e}\right)+\left(e-\frac{1}{e}\right)\sum_{n=1}^{\infty}\frac{(-1)^n}{1+n^2\pi^2}[\cos(n\pi x)+n\pi\sin(n\pi x)].$$

이 급수는 (−1, 1)에서 e^{-x}에 수렴한다. −1과 1에서 이 급수는

$$\frac{1}{2}(w(-1+)+w(1-))=\frac{1}{2}\left(\frac{1}{e}-e\right)$$

에 수렴한다. 그림 9.8은 이 급수의 30번째 부분합을 보여준다.

9.1.1 짝함수와 홀함수의 푸리에 급수

때때로 함수의 성질이 어떤 구간에서 푸리에 계수의 계산을 간단하게 할 수 있게 한다.

구간 $[-L, L]$에서 함수 $g(x)$가 $g(-x)=g(x)$이면 $g(x)$을 **짝함수**라고 한다. 이것은 $-L<x<0$에 대한 그래프가 $0<x<L$에서의 그래프를 세로축에 대하여 반사한 것이다. 만약 여러분이 $0<x<L$에서 그래프를 그리고 세로축을 따라 종이를 접고 이 그림을 따라 그리면 $-L<x<0$에 대한 그래프를 얻을 수 있다. 짝함수의 예는 임의의 구간 $[-L, L]$에서 x^2, x^4, $\cos(n\pi x/L)$ 등이다.

함수 $g(x)$가 구간 $[-L, L]$에서 $g(-x) = -g(x)$이면 **홀함수**이다. 이것은 $-L < x < 0$에 대한 그래프는 $0 < x < L$에 대한 그래프를 세로축에 대해 반사하고 다시 가로축에 대해 반사하면 얻어진다. 홀함수의 예는 임의의 구간 $[-L, L]$에서 x^3, x^7, $\sin(n\pi x/L)$ 등이다. 두 개의 짝함수 또는 두 개의 홀함수의 곱은 짝함수이고, 짝함수와 홀함수의 곱은 홀함수이다. 예를 들면 $x^3x^5 = x^8$은 짝함수이고, 반면에 $x^2\sin(x)$는 홀함수이다. 계산해 보면 $g(x)$가 구간 $[-L, L]$에서 홀함수이면

$$\int_{-L}^{L} g(x)dx = 0$$

이고, $g(x)$가 구간 $[-L, L]$에서 짝함수이면

$$\int_{-L}^{L} g(x)dx = 2\int_{0}^{L} g(x)dx$$

이다. 만약 $g(x)$가 짝함수이면 $g(x)\sin(n\pi x/L)$은 홀함수이다(짝함수와 홀함수의 곱). 그러므로 각각의 $b_n = 0$이고 구간 $[-L, L]$에서 푸리에 전개는 오직 코사인항만 가진다. 만약 $g(x)$가 홀함수이면 $g(x)\cos(n\pi x/L)$은 홀함수이다(홀함수와 짝함수의 곱). 그래서 $a_n = 0$이고 구간 $[-L, L]$에서 $g(x)$의 푸리에 전개는 단지 사인항만 가진다. 이것은 보기 9.1에서 볼 수 있다. 이제 짝함수의 예를 보자.

보기 9.3

구간 $[-3, 3]$에서 $g(x) = x^2$이라 하자. 푸리에 계수는

$$a_0 = \frac{2}{3}\int_0^3 x^2 dx = 6$$

이고, $n = 1, 2, \cdots$에 대하여

$$a_n = \frac{2}{3}\int_0^3 x^2 \cos\left(\frac{n\pi x}{3}\right)dx = \frac{36(-1)^n}{n^2\pi^2}.$$

또한 x^2인 짝함수이므로 모든 $b_n = 0$. 그러므로 $[-3, 3]$에서 x^2의 푸리에 급수는

$$3 + \sum_{n=1}^{\infty} \frac{36(-1)^n}{n^2\pi^2}\cos\left(\frac{n\pi x}{3}\right)$$

즉, 코사인 항과 상수항만 갖는다.

만약 $-3 < x < 3$이면 $g(x)$는 x에서 연속이므로 이 급수는 x^2에 수렴한다. 끝점에서는 급수가

$$\frac{1}{2}(f(-3+) + f(3-)) = \frac{1}{2}(9 + 9) = 9$$

에 수렴한다. 이 푸리에 급수는 전체구간 $[-3, 3]$에서 $g(x)$에 수렴한다. 그림 9.9는 이 급수의 5번째 부분합을 보여주고 있고, 이 보기에서 구간 $[-3, 3]$에

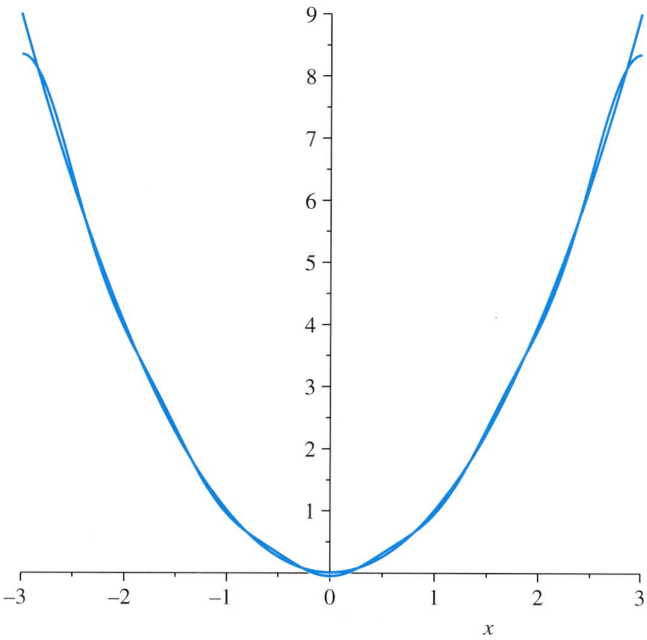

그림 9.9 보기 9.3의 푸리에 급수의 5번째 부분합

서 부분합이 매우 빠르게 함수에 수렴함을 보여준다. 이것은 일반적으로 기대되는 것은 아니다.

연습문제 9.1

주어진 구간에서 함수의 푸리에 급수를 구하고 급수의 합을 결정하여라(1∼6).

1. $f(x) = 4, \ -3 \le x \le 3$

2. $f(x) = \cosh(\pi x), \ -1 \le x \le 1$

3. $f(x) = \begin{cases} -4, & -\pi \le x \le 0 \\ 4, & 0 < x \le \pi \end{cases}$

4. $f(x) = x^2 - x + 3, \ -2 \le x \le 2$

5. $f(x) = \begin{cases} 1, & -\pi \le x < 0 \\ 2, & 0 \le x \le \pi \end{cases}$

6. $f(x) = \cos(x), \ -3 \le x \le 3$

주어진 구간에서 푸리에 급수의 합을 결정하여라. 급수를 쓸 필요는 없다(7∼10).

7. $f(x) = \begin{cases} 2x, & -3 \le x \le -2 \\ 0, & -2 \le x < 1 \\ x^2, & 1 \le x \le 3 \end{cases}$

8. $f(x) = \begin{cases} x^2, & -\pi \le x \le 0 \\ 2, & 0 < x \le \pi \end{cases}$

9. $f(x) = \begin{cases} -1, & -4 \le x < 0 \\ 1, & 0 \le x \le 4 \end{cases}$

10. $f(x) = \begin{cases} -2, & -4 \le x \le -2 \\ 1 + x^2, & -2 < x \le 2 \\ 0, & 2 < x \le 4 \end{cases}$

9.2 사인과 코사인 급수

반구간 [0, L]에서 함수를 오직 사인항만 포함하는 급수로 전개할 수 있다. 또한 코사인항만 포함하는 급수로도 가능하다.

사인 급수에 대하여 다음 전개를 시도해 보자.

$$f(x)=\sum_{n=1}^{\infty} B_n \sin\left(\frac{n\pi x}{L}\right). \tag{9.9}$$

구간 [$-L$, L]에서 푸리에 급수를 전개한 것과 같이 계수를 어떻게 선택할지에 비형식적인 논의를 하자. 식 (9.9)에 $\sin(k\pi x/L)$을 곱하고 항별로 적분하면

$$\int_0^L f(x)\sin\left(\frac{k\pi x}{L}\right)dx=\sum_{n=1}^{\infty} B_n \int_0^L \sin\left(\frac{n\pi x}{L}\right)\sin\left(\frac{k\pi x}{L}\right)dx$$

를 얻는다. $n=k$일 때를 제외하고 오른쪽의 모든 항은 0이다. 그러므로 식은 다음과 같이 된다.

$$\int_0^L f(x)\sin\left(\frac{k\pi x}{L}\right)dx=\int_0^L B_k \sin^2\left(\frac{k\pi x}{L}\right)dx=\frac{L}{2}B_k$$

따라서 $k=1,\ 2,\ \cdots$에 대하여

$$B_k=\frac{2}{L}\int_0^L f(x)\sin\left(\frac{k\pi x}{L}\right)dx.$$

이 관점에서 만약 계수를

$$B_n=\frac{2}{L}\int_0^L f(x)\sin\left(\frac{n\pi x}{L}\right)dx \tag{9.10}$$

으로 선택하면 급수

$$\sum_{n=1}^{\infty} B_n \sin\left(\frac{n\pi x}{L}\right) \tag{9.11}$$

을 구간 [0, L] 위에서 함수 $f(x)$의 **푸리에 사인급수** 또는 **푸리에 사인전개**라고 정의한다.

식 (9.10)은 구간 [0, L]에서 $f(x)$의 **푸리에 사인계수**이다.

다음의 수렴정리는 주어진 구간에서 함수와 푸리에 사인전개 사이의 관계를 준다.

정리 9.2 푸리에 사인급수의 수렴

$f(x)$는 구간 $[0, L]$에서 구분적으로 매끄러운 함수라고 하자. 만약 $0 < x < L$이면 $[0, L]$에서 $f(x)$의 푸리에 사인급수는

$$\frac{1}{2}(f(x-)+f(x+))$$

에 수렴한다. 또 함수가 연속인 $(0, L)$에서의 모든 x에 대하여 이 사인 급수는 $f(x)$에 수렴한다. 끝으로 사인 급수는 $x=0$과 $x=L$의 모두에서 0에 수렴한다.

$x=0$과 $x=L$에서 모든 항이 0이므로 구간 $[0, L]$의 양 끝점에서 사인 급수는 수렴함이 분명하다.

보기 9.4

$0 \le x \le 1$에서 $f(x)=e^{2x}$라고 하자. $[0, 1]$에서 $f(x)$의 푸리에 사인계수는

$$\begin{aligned} B_n &= 2\int_0^1 e^{2x}\sin(n\pi x)\,dx \\ &= \left[\frac{-2n\pi e^{2x}\cos(n\pi x)+4e^{2x}\sin(n\pi x)}{4+n^2\pi^2}\right]_0^1 \\ &= \frac{2n\pi(1-(-1)^n e^2)}{4+n^2\pi^2}. \end{aligned}$$

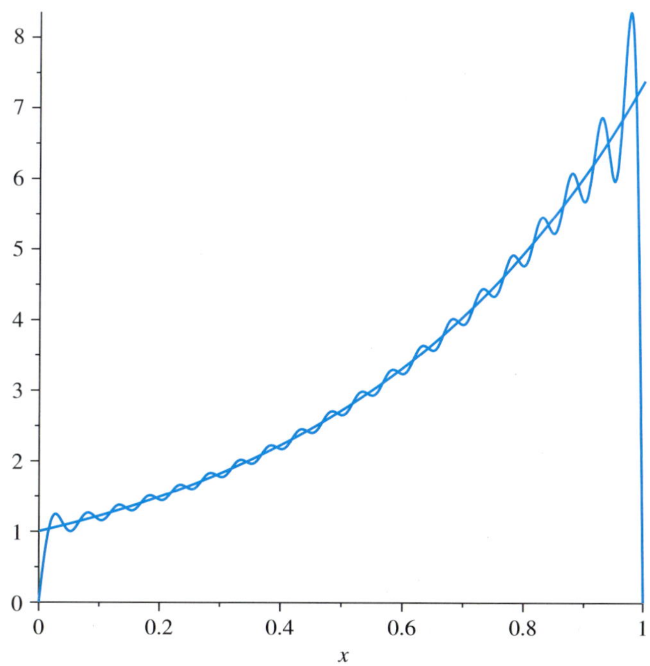

그림 9.10 보기 9.4에서의 $f(x)$와 사인 급수의 40번째 부분합

[0, 1]에서 e^{2x}의 푸리에 전개는

$$\sum_{n=1}^{\infty} \frac{2n\pi(1-(-1)^n e^2)}{4+n^2\pi^2} \sin(n\pi x)$$

이고, 함수

$$\begin{cases} e^{2x}, & 0 < x < 1, \\ 0, & x = 0 \text{ 및 } x = 1 \end{cases}$$

에 수렴한다. 그림 9.10은 e^{2x}의 그래프와 푸리에 사인급수의 40번째 부분합을 비교할 수 있다.

[0, L]에서 코사인 급수에 대하여 $f(x)$를 다음과 같은 급수로 써보자.

$$f(x) = \frac{1}{2}A_0 + \sum_{n=1}^{\infty} A_n \cos\left(\frac{n\pi x}{L}\right).$$

A_0를 구하기 위하여 위 전개를 0에서 L까지 적분하자. 이 급수의 모든 항의 적분은 다음만 남고 모두 0이 된다. 즉

$$\int_0^L f(x)\,dx = \frac{1}{2}\int_0^L A_0\,dx = \frac{1}{2}LA_0.$$

그러므로

$$A_0 = \frac{2}{L}\int_0^L f(x)dx.$$

다음으로 위에 주어진 전개식의 양변에 $\cos(k\pi x/L)$을 곱한다. 여기서 k는 양정수이다. 그리고 0에서 L까지 적분하자. 그러면 오른쪽의 한 항을 제외하고 0이 되므로

$$\int_0^L f(x)\cos(k\pi x/L)dx = \frac{L}{2}A_k.$$

를 얻는다. 그러므로 $k = 1, 2, \cdots$에 대하여

$$A_k = \frac{2}{L}\int_0^L f(x)\cos(k\pi x/L)\,dx.$$

이 적분공식은 $k = 0$으로 두면 A_0임에 유의하여라.

이 비형식적인 논의는 다음 급수를 정의할 수 있게 한다.

$$\frac{1}{2}A_0 + \sum_{n=1}^{\infty} A_n \cos\left(\frac{n\pi x}{L}\right) \tag{9.12}$$

이 급수 (9.12)를 [0, L]에서 $f(x)$의 **푸리에 코사인급수** 또는 **푸리에 코사인전개**라고 한다. 또한 이 구간에서 $f(x)$의 **푸리에 코사인계수**는 다음과 같다.

$$A_n = \frac{2}{L}\int_0^L f(x)\cos\left(\frac{n\pi x}{L}\right)dx, \quad n = 0, 1, 2, \cdots \tag{9.13}$$

사인 급수와 같이 다음 수렴정리를 말할 수 있다.

정리 9.3 푸리에 코사인급수의 수렴

$f(x)$를 $[0, L]$에서 구분적으로 매끄러운 함수라고 하자. 그러면 $0 < x < L$에 대하여 $f(x)$의 푸리에 코사인 급수는 $[0, L]$에서

$$\frac{1}{2}(f(x-) + f(x+))$$

에 수렴한다. 함수가 연속인 $(0, L)$에서의 모든 x에 대하여 푸리에 코사인급수는 $f(x)$에 수렴한다. 끝으로 $x = 0$에서 코사인급수는 $f(0+)$에 수렴하고 $x = L$에서는 $f(L-)$에 수렴한다.

보기 9.5

$0 \leq x \leq 1$에서 $f(x) = e^{2x}$라고 하자. $[0, 1]$에서 $f(x)$의 푸리에 코사인계수는

$$A_0 = 2\int_0^1 e^{2x}dx = e^2 - 1$$

이고, $n = 1, 2, \cdots$에 대하여

$$\begin{aligned} A_n &= 2\int_0^1 e^{2x}\cos(n\pi x)\,dx \\ &= \left[\frac{4e^{2x}\cos(n\pi x) + 2n\pi e^{2x}\sin(n\pi x)}{4 + n^2\pi^2}\right]_0^1 \\ &= \frac{4(e^2(-1)^n - 1)}{4 + n^2\pi^2}. \end{aligned}$$

$[0, 1]$에서 e^{2x}의 코사인전개는

$$\frac{1}{2}(e^2 - 1) + \sum_{n=1}^{\infty}\frac{4(e^2(-1)^n - 1)}{4 + n^2\pi^2}\cos(n\pi x).$$

이 급수는

$$\begin{cases} e^{2x}, & 0 < x < 1 \\ 1, & x = 0 \\ e^2, & x = 1 \end{cases}$$

에 수렴한다. 코사인전개는 구간 전체에서 e^{2x}에 수렴한다. 그리고 $0 \leq x \leq 1$에서

$$e^{2x} = \frac{1}{2}(e^2 - 1) + \sum_{n=1}^{\infty} \frac{4(e^2(-1)^n - 1)}{4 + n^2\pi^2} \cos(n\pi x)$$

로 쓸 수 있다. 그림 9.11은 $f(x)$의 그래프와 이 코사인급수의 5차항까지의 부분합과 비교할 수 있다. 함수 $f(x) = e^{2x}$의 구간 [0, 1]에서 코사인전개는 e^{2x}에 수렴하는 것으로 나타나고 적어도 $0 < x < 1$에서 사인전개보다 빨리 수렴함을 알 수 있다.

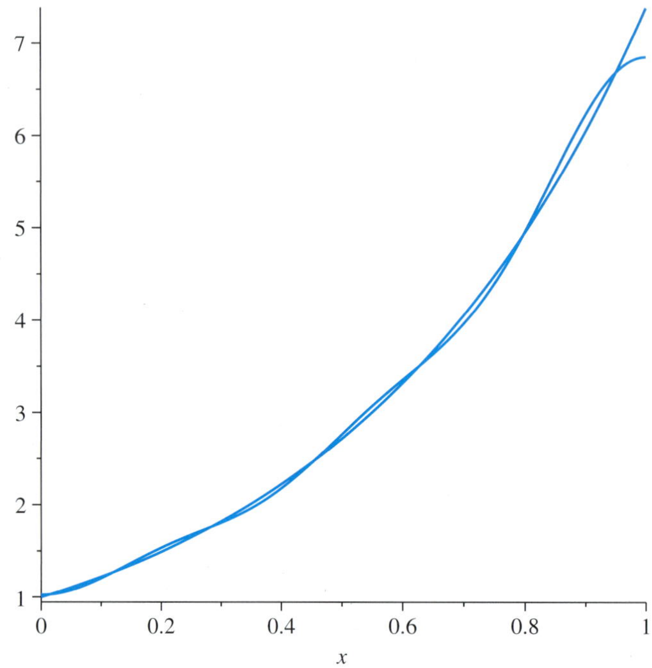

그림 9.11 5번째 부분합

연습문제 9.2

주어진 함수의 푸리에 코사인과 푸리에 사인급수를 쓰고 각 전개가 수렴함을 보여라. 이 급수의 몇몇 부분합의 그래프를 그려라(1~5).

1. $f(x) = 4, \quad 0 \le x \le 3$

2. $f(x) = \begin{cases} 0, & 0 \le x \le \pi, \\ \cos x, & 0 \le x \le 2\pi \end{cases}$

3. $f(x) = x^2, \quad 0 \le x \le 2$

4. $f(x) = \begin{cases} x, & 0 \le x \le 2, \\ 2 - x, & 2 < x \le 3 \end{cases}$

5. $f(x) = \begin{cases} x^2, & 0 \le x < 1, \\ 1, & 1 \le x \le 4 \end{cases}$

6. 급수

$$\sum_{n=1}^{\infty} \frac{(-1)^n}{4n^2-1}$$

의 합을 구하라.

힌트: 구간 $[0, \pi]$에서 $\sin(x)$의 푸리에 코사인급수를 전개하고 x의 적당한 값을 선택하여라.

9.3 푸리에 급수의 적분과 미분

비록 분명히 간단한 함수라고 해도 푸리에 급수의 항별 미분은 가끔 난관에 부딪힌다.

보기 9.6

$-\pi \le x \le \pi$에 대해 $f(x) = x$라고 하자. $[-\pi, \pi]$에서 $f(x)$의 푸리에 전개

$$f(x) = x = \sum_{n=1}^{\infty} \frac{2}{n}(-1)^{n+1}\sin(nx), \quad -\pi < x < \pi$$

는 $-\pi < x < \pi$에서 x에 수렴하고 $x = \pm\pi$에서 0에 수렴한다. 이 급수를 항별로 미분하면

$$\sum_{n=1}^{\infty} 2(-1)^{n+1}\cos(nx)$$

이다. 이 급수는 $f'(x) = 1$에 수렴하지도 않고 구간 $(-\pi, \pi)$에서 어떤 함수에도 수렴하지 않는다. $f(x) = x$는 아주 간단한 함수이므로 푸리에 전개식을 항별로 미분하는 것은 좋은 조짐이 아니다. 한편 먼저 푸리에 급수의 항별 적분에 대한 문제로 가보자. 항별 적분은 항별 미분보다 좋은 것임을 알 수 있다.

정리 9.4 푸리에 급수의 항별 적분

f는 구간 $[-L, L]$에서 푸리에 급수를 갖는 구분적 연속함수라고 하자.

$$\frac{1}{2}a_0 + \sum_{n=1}^{\infty}[a_n\cos(n\pi x/L) + b_n\sin(n\pi x/L)].$$

그러면 $[-L, L]$에 있는 임의의 x에 대하여

$$\int_{-L}^{x} f(x)\,dx = \frac{1}{2}a_0(x+L) + \frac{L}{\pi}\sum_{n=1}^{\infty}\frac{1}{n}[a_n\sin(n\pi x/L) - b_n\cos(n\pi x/L) - (-1)^n].$$

이 식의 오른쪽은 바로 $f(x)$에 대한 푸리에 급수를 $-L$에서 x까지 항별로 적분한 것이다. 이 적분은 푸리에 급수가 $f(x)$에 수렴하지 않는 도약불연속점을 갖는다고 해도 구분적 연속함수에 대하여 유효하다.

보기 9.7

앞의 보기에서

$$f(x) = x = \sum_{n=1}^{\infty} \frac{2}{n}(-1)^{n+1} \sin(nx), \quad -\pi < x < \pi.$$

이 $f(x)$는 구분적 연속이고 연속인 미분 $f'(x) = 1$을 갖는다. $[-\pi, \pi]$에서 이 푸리에 급수를 항별 적분할 수 있다. 즉

$$\begin{aligned}\int_{-\pi}^{x} t\,dt &= \frac{1}{2}(x^2 - \pi^2) \\ &= \sum_{n=1}^{\infty} \frac{2}{n}(-1)^{n+1} \int_{-\pi}^{\pi} \sin(nt)\,dt \\ &= \sum_{n=1}^{\infty} \frac{2}{n}(-1)^{n+1} \left[-\frac{1}{n}\cos(nx) + \frac{1}{n}\cos(n\pi)\right] \\ &= \sum_{n=1}^{\infty} \frac{2}{n^2}(-1)^{n}(\cos(nx) - (-1)^n).\end{aligned}$$

증명 $-L \le x \le L$에서

$$F(x) = \int_{-L}^{x} f(t)\,dt - \frac{1}{2}a_0 x$$

로 정의하자. 그러면 $F(x)$는 $[-L, L]$에서 연속이고

$$F(-L) = F(L) = \frac{1}{2}a_0 L$$

이다. 게다가 f가 연속인 $(-L, L)$의 모든 점에서

$$F'(x) = f(x) - \frac{1}{2}a_0.$$

그러므로 $F(x)$는 $[-L, L]$에서 구분적 매끄러운 함수이고 $[-L, L]$에서의 푸리에 급수는 $F(x)$에 수렴한다. 즉

$$F(x) = \frac{1}{2}\alpha_0 + \sum_{n=1}^{\infty}\left(\alpha_n \cos\left(\frac{n\pi x}{L}\right) + \beta_n \sin\left(\frac{n\pi x}{L}\right)\right).$$

부분적분으로 $f(x)$의 푸리에 계수 a_n, b_n과 $F(x)$의 푸리에 계수 α_n, β_n을 관련짓자. 먼저

$$\begin{aligned}
\alpha_n &= \frac{1}{2}\int_{-L}^{L} F(t)\cos\left(\frac{n\pi t}{L}\right)dt \\
&= \frac{1}{L}\left[F(t)\,\frac{1}{n\pi}\sin\left(\frac{n\pi t}{L}\right)\right]_{-L}^{L} - \frac{1}{L}\int_{-L}^{L}\frac{L}{n\pi}\sin\left(\frac{n\pi t}{L}\right)F'(t)dt \\
&= -\frac{1}{n\pi}\int_{-L}^{L}\left(f(t)-\frac{1}{2}a_0\right)\sin\left(\frac{n\pi t}{L}\right)dt \\
&= -\frac{1}{n\pi}\int_{-L}^{L} f(t)\sin\left(\frac{n\pi t}{L}\right)dt + \frac{1}{2n\pi}a_0\int_{-L}^{L}\sin\left(\frac{n\pi t}{L}\right)dt \\
&= -\frac{1}{n\pi}\int_{-L}^{L} f(t)\sin\left(\frac{n\pi t}{L}\right)dt \\
&= -\frac{1}{n\pi}b_n.
\end{aligned}$$

비슷한 방법으로

$$\beta_n = \frac{1}{L}\int_{-L}^{L} F(t)\sin\left(\frac{n\pi t}{L}\right)dt = \frac{L}{n\pi}a_n$$

임을 알 수 있다. 그러므로 $[-L, L]$에서 $F(x)$의 푸리에 급수는 $-L \le x \le L$에 대하여

$$F(x) = \frac{1}{2}\alpha_0 + \frac{L}{\pi}\sum_{n=1}^{\infty}\left(\frac{1}{n}\right)\left(-b_n\cos\left(\frac{n\pi x}{L}\right) + a_n\sin\left(\frac{n\pi x}{L}\right)\right)$$

이다. α_0을 결정하기 위해

$$\begin{aligned}
F(L) &= \frac{L}{2}\alpha_0 - \frac{L}{\pi}\sum_{n=1}^{\infty}\frac{1}{n}b_n\cos(n\pi) \\
&= \frac{L}{2}\alpha_0 - \frac{L}{\pi}\sum_{n=1}^{\infty}\left(\frac{1}{n}\right)b_n(-1)^n.
\end{aligned}$$

그러므로

$$\alpha_0 = La_0 + \frac{2L}{\pi}\sum_{n=1}^{\infty}\left(\frac{1}{n}\right)b_n(-1)^n.$$

α_0, α_n, β_n에 대한 이 식들을 $F(x)$의 푸리에 급수에 대입하면 정리의 결론을 얻는다. ■

푸리에 급수의 항별 미분을 가능하게 하는 조건이 있다. 여기에 관련 정리가 있다.

정리 9.5

f는 $[-L, L]$에서 연속이고 $f(-L)=f(L)$이라고 가정하자. $f'(x)$는 $[-L, L]$에서 연속이라고 하자. 그러면 $[-L, L]$에서의 $f(x)$의 푸리에 급수는 $-L \le x \le L$에서 $f(x)$에 수렴한다. 즉,

$$f(x) = \frac{1}{2}a_0 + \sum_{n=1}^{\infty}\left[a_n \cos\left(\frac{n\pi x}{L}\right) + b_n \sin\left(\frac{n\pi x}{L}\right)\right].$$

게다가 $f''(x)$가 존재하는 $(-L, L)$에서의 모든 점에서 $f(x)$의 푸리에 급수의 항별 미분은 $f'(x)$에 수렴한다. 즉,

$$f'(x) = \sum_{n=1}^{\infty}\frac{n\pi}{L}\left[-a_n \sin\left(\frac{n\pi x}{L}\right) + b_n \cos\left(\frac{n\pi x}{L}\right)\right].$$

이 정리는 $f'(x)$를 $[-L, L]$에서 푸리에 급수로 전개하면 증명된다. 이 급수는 $f''(x)$가 존재하는 모든 점에서 $f'(x)$에 수렴한다. 부분적분법을 사용하여 $f(x)$의 푸리에 계수와 $f'(x)$의 푸리에 계수를 관련지을 수 있고, 이는 푸리에 급수의 항별 적분에서의 정리의 증명과 비슷한 과정이다.

보기 9.8

$[-2, 2]$에서 $f(x) = x^2$이라 하자. 푸리에 수렴정리에 의해 $[-2, 2]$에서

$$f(x) = \frac{4}{3} + \frac{16}{\pi^2}\sum_{n=1}^{\infty}\frac{(-1)^n}{n^2}\cos(n\pi x/2)$$

$f(x) = x^2$은 짝수함수이므로 위 전개에서 코사인항만 나타난다. 정리에서의 모든 조건과 같고 $-2 < x < 2$에서

$$f'(x) = 2x + \frac{8}{\pi}\sum_{n=1}^{\infty}\frac{(-1)^{n+1}}{n}\sin(n\pi x/2)$$

푸리에 급수의 절대 및 균등수렴에 대한 충분조건과 함께 이 절을 마무리한다.

정리 9.6 절대 및 균등수렴

f가 $[-L, L]$에서 연속이고 f'은 구분적 연속이라고 하자. 또한 $f(-L) = f(L)$이라고 하자. 그러면 $[-L, L]$에서 $f(x)$의 푸리에 급수는 $[-L, L]$에서 $f(x)$에 절대 및 균등수렴한다.

이 정리의 증명은 연습문제 9.3에서 언급한다.

연습문제 9.3

1. $$f(x)=\begin{cases}0, & -\pi\le x\le 0\\ x, & 0<x\le\pi\end{cases}$$

라고 하자.

(a) $[-\pi, \pi]$에서 $f(x)$의 푸리에 전개를 쓰고 이 급수는 $(-\pi, \pi)$에서 $f(x)$에 수렴함을 보여라.

(b) $f(x)$의 적분은 푸리에 급수의 항별 적분으로 구할 수 있음을 보이고, 이것을 사용하여 $\int_{-L}^{x} f(t)dt$의 푸리에 전개를 구하라.

(c) $\int_{-L}^{x} f(t)dt$를 계산하여 (b)의 결과를 확인하고 $[-\pi, \pi]$에서 이 함수를 푸리에 급수로 전개하여라.

2. $[-\pi, \pi]$에서 $f(x)=x\sin(x)$라고 하자.

(a) 이 구간에서 $f(x)$의 푸리에 전개를 써라.

(b) 이 푸리에 급수의 항별 미분을 사용하여 $[-\pi, \pi]$에서 $\sin(x)+x\cos(x)$의 푸리에 전개를 구하라. 이 항별 미분은 정당함을 보여라.

(c) $[-\pi, \pi]$에서 $\sin(x)+x\cos(x)$를 푸리에 급수로 전개하고 이 결과를 (b)에서 구한 급수와 비교하여라.

3. 다음 논의를 상세히 하여 정리 9.6을 증명하여라. 통상적으로 $f(x)$의 푸리에 계수를 a_0, a_n, b_n으로 나타내고 $f'(x)$의 푸리에 계수는 α_0, α_n, β_n으로 나타내어라.

$$\alpha_0=0,\ \alpha_n=\frac{n\pi}{L}b_0,\ \beta_n=-\frac{n\pi}{L}b_n$$

임을 보이고, 또한

$$0\le\alpha_n^2-\frac{2}{n}|\alpha_n|+\frac{1}{n^2}$$

임을 보여라. β_n의 부등식에 대하여도 비슷함을 보여라. 이들 부등식에 대하여

$$\frac{1}{n}(|\alpha_n|+|\beta_n|)\le\frac{1}{2}(\alpha_n^2+\beta_n^2)+\frac{1}{n^2}$$

을 보이고 이 부등식을 사용하여

$$|a_n|+|b_n|\le\frac{L}{2\pi}(\alpha_n^2+\beta_n^2)+\frac{L}{n^2\pi}$$

임을 보여라. 비교판정법으로

$$\sum_{n=1}^{\infty}(|a_n|+|b_n|)$$

은 수렴함을 보여라. 끝으로

$$|a_n\cos(n\pi x/L)+b_n\sin(n\pi x/L)|\le|a_n|+|b_n|$$

임을 보이고 Weierstrass 정리를 적용하여 $f(x)$의 푸리에 급수는 그 구간에서 균등수렴함을 보여라.

9.4 복소 푸리에 급수

구간 $[-L, L]$에서 푸리에 급수의 복소형이 있다.

Euler 공식

$$e^{i\theta}=\cos(\theta)+i\sin(\theta)$$

에서 θ 대신에 $-\theta$를 대입하면

$$e^{-i\theta}=\cos(\theta)-i\sin(\theta).$$

위의 두 식에서 $\cos(\theta)$와 $\sin(\theta)$로 나타내면 삼각함수의 복소 지수형을 얻을 수 있다. 즉

$$\cos(\theta) = \frac{1}{2}(e^{i\theta} + e^{-i\theta}),\ \sin(\theta) = \frac{1}{2i}(e^{i\theta} - e^{-i\theta}).$$

만약 x가 실수이면 e^{ix}의 공액복소수

$$\overline{e^{ix}} = e^{-ix}$$

인 사실을 사용할 수 있다. 이것은 Euler 공식에 의한다. 즉

$$\overline{e^{ix}} = \overline{\cos(x) + i\sin(x)} = \cos(x) - i\sin(x) = e^{-ix}.$$

이제 f를 기본주기 $2L$을 갖는 구분적으로 매끄러운 주기함수라고 하자. 구간 $[-L, L]$에서 복소 푸리에 전개를 유도하기 위해 먼저 $f(x)$의 푸리에 급수에서 시작하자. $\omega_0 = \pi/L$로 두면 이 급수는

$$\frac{1}{2}a_0 + \sum_{n=1}^{\infty}(a_n\cos(n\omega_0 x) + b_n\sin(n\omega_0 x))$$

이고, 여기서 상수는 주어진 구간에서 $f(x)$의 통상적인 푸리에 계수이다.

이 전개식에 $\cos(n\omega_0 x)$와 $\sin(n\omega_0 x)$의 복소수 형태를 대입하자. 즉

$$\frac{1}{2}a_0 + \sum_{n=1}^{\infty}\left[a_n\frac{1}{2}(e^{in\omega_0 x} + e^{-in\omega_0 x}) + b_n\frac{1}{2i}(e^{in\omega_0 x} - e^{-in\omega_0 x})\right]$$
$$= \frac{1}{2}a_0 + \sum_{n=1}^{\infty}\left[\frac{1}{2}(a_n - ib_n)\,e^{in\omega_0 x} + \frac{1}{2}(a_n + ib_n)\,e^{-in\omega_0 x}\right]$$

이 되고, 여기서 우리는 $1/i = -i$를 사용했다. 그리고

$$d_0 = \frac{1}{2}a_0$$
$$d_n = \frac{1}{2}(a_n - ib_n),\quad n = 1, 2, \cdots$$

라고 하자. 그러면 구간 $[-L, L]$에서 $f(x)$의 푸리에 급수는

$$d_0 + \sum_{n=1}^{\infty}d_n e^{in\omega_0 x} + \sum_{n=1}^{\infty}\overline{d_n}e^{-in\omega_0 x} \tag{9.14}$$

이다. 이제

$$d_0 = \frac{1}{2}a_0 = \frac{1}{2L}\int_{-L}^{L}f(x)dx$$

이고, $n = 1, 2, \cdots$에 대하여

$$d_n = \frac{1}{2}(a_n - ib_n)$$
$$= \frac{1}{2L}\int_{-L}^{L}f(x)\cos(n\omega_0 x)dx - \frac{i}{2L}\int_{-L}^{L}f(x)\sin(n\omega_0 x)\,dx$$
$$= \frac{1}{2L}\int_{-L}^{L}f(x)[\cos(n\omega_0 x) - i\sin(n\omega_0 x)]\,dx$$
$$= \frac{1}{2L}\int_{-L}^{L}f(x)e^{-in\omega_0 x}\,dx$$

이다. 따라서

$$\overline{d_n} = \frac{1}{2L}\int_{-L}^{L} f(x)\,\overline{e^{-in\omega_0 x}}\,dx = \frac{1}{2L}\int_{-L}^{L} f(x)e^{in\omega_0 x}\,dx = d_{-n}.$$

이와 함께 식 (9.14)는

$$d_0 + \sum_{n=1}^{\infty} d_n e^{in\omega_0 x} + \sum_{n=1}^{\infty} d_{-n} e^{-in\omega_0 x}$$
$$= \sum_{n=-\infty}^{\infty} d_n e^{in\omega_0 x}$$

이 된다. 따라서 $[-L\,,\,L]$에서 **f의 복소 푸리에 급수**를 정의할 수 있다. 즉

$$\sum_{n=-\infty}^{\infty} d_n e^{in\omega_0 x},$$

여기서 계수는 $n=0,\ \pm1,\ \pm2,\ \cdots$에 대하여

$$d_n = \frac{1}{2L}\int_{-L}^{L} f(x)e^{-in\omega_0 x}\,dx.$$

$f(x)$의 주기성 때문에 위의 계수를 정의하는 적분은 길이 $2L$인 임의의 구간 $[\alpha,\ \alpha+2L]$에서도 수행할 수 있다. 푸리에 수렴정리는 이 복소 푸리에 급수에도 적용된다. 왜냐하면 이 또한 함수의 또 다른 모양의 푸리에 급수이기 때문이다.

보기 9.9

$-1 \le x \le 1$에서 $f(x)=x$이고 f는 기본주기 2를 갖는다고 하자. 즉 $f(x+2)=f(x),\ x\in\mathbb{R}$. 이제 $L=1,\ \omega_0=\pi$이다.

f가 홀함수이므로 $d_0=0$이다. $n\neq 0$에 대하여

$$d_n = \frac{1}{2}\int_{-1}^{1} xe^{-in\pi x}\,dx$$
$$= \frac{1}{2n^2\pi^2}[in\pi e^{in\pi} - e^{in\pi} + in\pi e^{-in\pi} + e^{-in\pi}]$$
$$= \frac{1}{2n^2\pi^2}[in\pi(e^{in\pi}+e^{-in\pi}) - (e^{in\pi}-e^{-in\pi})].$$

$f(x)$의 복수 푸리에 급수는

$$\sum_{n=-\infty,\,n\neq 0}^{\infty} \frac{1}{2n^2\pi^2}\left[in\pi(e^{in\pi}+e^{-in\pi}) - \left(e^{in\pi}-e^{-in\pi}\right)\right] = e^{in\pi x}.$$

이 급수는 $-1<x<1$에서 x에 수렴한다. 이 보기의 급수를 간단히 할 수 있다. $n\neq 0$일 때 항 $\sin(n\pi)=0$이므로

$$d_n = \frac{1}{2n^2\pi^2}[2in\pi\cos(n\pi) - 2i\sin(n\pi)]$$
$$= \frac{i}{n\pi}(-1)^n.$$

$\sum_{n=-\infty}^{-1}$ 에서 n을 $-n$으로 바꾸고 1에서 ∞까지 합한 후 1에서 ∞까지 두 합을 결합하면

$$\sum_{n=-\infty, n\neq 0}^{\infty} \frac{i}{n\pi}(-1)^n e^{in\pi x}$$
$$= \sum_{n=1}^{\infty}\left(\frac{i}{n\pi}(-1)^n e^{in\pi x} + \frac{i}{-n\pi}(-1)^{-n} e^{-in\pi x}\right)$$
$$= \sum_{n=1}^{\infty}\frac{i}{n\pi}(-1)^n (e^{in\pi x} - e^{-in\pi x})$$
$$= \sum_{n=1}^{\infty}\frac{2}{n\pi}(-1)^{n+1}\sin(n\pi x).$$

이 식은 $[-1, 1]$에서 $f(x) = x$의 푸리에 급수이다.

주기함수의 복소 푸리에 급수의 **진폭 스펙트럼**은 점 $(n\omega_0, |d_n|)$의 그래프이다. 때로는 이 그래프를 **주파수 스펙트럼**이라고도 한다.

연습문제 9.4

문제 1~4의 함수의 복소 푸리에 급수를 쓰고 급수의 합을 결정하고 주파수 스펙트럼의 점을 몇 개 그려라.

1. $f(x) = 2x,\ 0 \le x < 3$, 주기 3

2. $f(x) = \begin{cases} 0, & 0 \le x < 1 \\ 1, & 1 \le x < 4 \end{cases}$

주기 4

3. $f(x) = \begin{cases} -1, & 0 \le x < 2 \\ 2, & 2 \le x < 4 \end{cases}$

주기 4

4. $f(x) = \begin{cases} x, & 0 \le x < 1 \\ 2 - x, & 1 \le x < 2 \end{cases}$

주기 2

9.5 푸리에 적분

구간 $[-L, L]$에서 정의된 함수 $f(x)$가 연속이고 주기적이면, 실수에 속하는 모든 x에 대하여 함수 $f(x)$에 대한 푸리에 급수를 구할 수 있다. 그러나 비주기적인 함수는 임의의 x에 대하여 푸리에 급수로 나타낼 수 없다. 따라서 실수 전체에서 정의된 함수를 사인과 코사인항으로 나타내기 위하여 합 대신 적분을 사용하는 것이 필요하다. 함수 $f(x)$가 구간 $[-L, L]$에서 구분적으로 매끄럽고 $\int_{-\infty}^{\infty}|f(x)|\,dx$가 수렴하면, 함수 $f(x)$의 푸리에 급수는

$$\frac{1}{2L}\int_{-L}^{L} f(\xi)d\xi + \sum_{n=1}^{\infty}\left[\left(\frac{1}{L}\int_{-L}^{L} f(\xi)\cos\left(\frac{n\pi\xi}{L}\right)d\xi\right)\cos\left(\frac{n\pi x}{L}\right) + \left(\frac{1}{L}\int_{-L}^{L} f(\xi)\sin\left(\frac{n\pi\xi}{L}\right)d\xi\right)\sin\left(\frac{n\pi x}{L}\right)\right]$$

이다. 이때

$$\omega_n = \frac{n\pi}{L}, \quad \omega_n - \omega_{n-1} = \frac{\pi}{L} = \Delta\omega$$

라 하면 $[-L, L]$에서 함수 $f(x)$의 푸리에 급수는 다음과 같다.

$$\frac{1}{2\pi}\left(\int_{-L}^{L} f(\xi)\,d\xi\right)\Delta\omega + \frac{1}{\pi}\sum_{n=1}^{\infty}\left[\left(\int_{-L}^{L} f(\xi)\cos(\omega_n\xi)\,d\xi\right)\cos(\omega_n x) + \left(\int_{-L}^{L} f(\xi)\sin(\omega_n\xi)\,d\xi\right)\sin(\omega_n x)\right]\Delta\omega \tag{9.15}$$

또한 $L\to\infty$이면 $\Delta\omega\to 0$이므로, $\int_{-L}^{L} f(\xi)d\xi$의 수렴성으로부터

$$\frac{1}{2\pi}\left(\int_{-L}^{L} f(\xi)d\xi\right)\Delta\omega \to 0$$

이다. 식 (9.15)의 다른 항은 정적분에서의 Riemann합과 유사하다. 따라서 $L\to\infty$, $\Delta\omega\to 0$일 때 이 식은 다음 극한에 가깝다.

$$\frac{1}{\pi}\int_{0}^{\infty}\left[\left(\int_{-\infty}^{\infty} f(\xi)\cos(\omega\xi)\,d\xi\right)\cos(\omega x) + \left(\int_{-\infty}^{\infty} f(\xi)\sin(\omega\xi)\,d\xi\right)\sin(\omega x)\right]d\omega$$

이때 이 식을 수직선에서 함수 $f(x)$의 **푸리에 적분**이라 하며, 함수 $f(x)$가 유한 구간에서 구분적으로 매끄럽고 $\int_{-\infty}^{\infty}|f(x)|\,dx$가 수렴하면 모든 점 x에 대하여 위 식은

$$\frac{1}{2}(f(x-) + f(x+))$$

에 수렴한다. 특히 함수 $f(x)$가 수직선에서 연속이면, 이 급수는 $f(x)$로 수렴한다. 그리고 함수 $f(x)$에 대한 푸리에 적분은 **푸리에 적분계수** A_ω와 B_ω에 대하여 다음

과 같이

$$\int_0^{\infty}[A_\omega \cos(\omega x) + B_\omega \sin(\omega x)]d\omega \tag{9.16}$$

으로 나타낼 수 있는데 A_ω와 B_ω는

$$A_\omega = \frac{1}{\pi}\int_{-\infty}^{\infty} f(\xi)\cos(\omega\xi)d\xi, \quad B_\omega = \frac{1}{\pi}\int_{-\infty}^{\infty} f(\xi)\sin(\omega\xi)d\xi$$

이다.

함수 $f(x)$의 푸리에 적분은 한 구간에서 푸리에 급수에 유사하며, 푸리에 적분계수 A_ω와 B_ω는 푸리에 적분 식 (9.16)에서 적분변수인 ω에 관한 함수이다.

보기 9.10

$f(x) = xe^{-|x|}$일 때

$$\int_{-\infty}^{\infty}\left|xe^{-|x|}\right|dx = 2$$

이다. 그리고 함수 $f(x)$는 모든 x에 대하여 연속이고 미분 가능하다. 그러면 함수 $f(x)$의 푸리에 적분계수 A_ω와 B_ω는 각각

$$A_\omega = \frac{1}{\pi}\int_{-\infty}^{\infty}\xi e^{-|\xi|}\cos(\omega\xi)d\xi = 0,$$
$$B_\omega = \frac{1}{\pi}\int_{-\infty}^{\infty}\xi e^{-|\xi|}\sin(\omega\xi)\,d\xi = \frac{4}{\pi}\frac{\omega}{(1+\omega^2)^2}$$

이고, 모든 x에 대하여 다음 식이 성립한다.

$$xe^{-|x|} = \int_0^{\infty}\frac{4}{\pi}\frac{\omega}{(1+\omega^2)^2}\sin(\omega x)d\omega$$

한편 삼각함수의 곱에 대한 공식을 이용하여 푸리에 적분을 다음과 같이 변형할 수 있다.

$$\begin{aligned}
&\int_0^{\infty}[A_\omega\cos(\omega x) + B_\omega\sin(\omega x)]\,d\omega \\
&= \int_0^{\infty}\left[\left(\frac{1}{\pi}\int_{-\infty}^{\infty}f(\xi)\cos(\omega\xi)d\xi\right)\cos(\omega x) + \left(\frac{1}{\pi}\int_{-\infty}^{\infty}f(\xi)\sin(\omega\xi)d\xi\right)\sin(\omega x)\right]d\omega \\
&= \frac{1}{\pi}\int_0^{\infty}\int_{-\infty}^{\infty}f(\xi)[\cos(\omega\xi)\cos(\omega x) + \sin(\omega\xi)\sin(\omega x)]d\xi\,d\omega \\
&= \frac{1}{\pi}\int_0^{\infty}\int_{-\infty}^{\infty}f(\xi)\cos(\omega(\xi - x))d\xi\,d\omega
\end{aligned} \tag{9.17}$$

연습문제 9.5

문제 1에서 3까지 주어진 함수에 대하여 푸리에 적분을 구하고, 푸리에 적분에 대한 수렴값을 구하라.

1. $f(x)=\begin{cases} x, & -\pi \le x \le \pi \\ 0, & |x|>\pi \end{cases}$

2. $f(x)=\begin{cases} \sin(x), & -3\pi \le x \le \pi \\ 0, & x<-3\pi,\ x>\pi \end{cases}$

3. $f(x)=e^{-|x|}$

4. 함수 $f(x)$의 푸리에 적분이 다음과 같이 표현됨을 증명하여라.

$$\lim_{\omega\to\infty}\frac{1}{\pi}\int_{-\infty}^{\infty} f(t)\frac{\sin(\omega(t-x))}{t-x}dt$$

9.6 푸리에 사인 및 코사인 적분

구간 $[0, L]$에서 정의된 함수를 이용하여 푸리에 사인 및 코사인 급수를 유도한 것처럼 반직선 $[0, \infty)$에서 정의된 구분적으로 매끄럽고 $\int_0^\infty |f(\xi)|\,d\xi$가 수렴하는 함수 $f(x)$를 이용하여 푸리에 사인 및 코사인 적분을 유도할 수 있다.

푸리에 코사인 적분을 위하여 함수 $f(x)$를 다음과 같이 수직선 전체에서 정의된 우함수 $f_e(x)$로 전개하자.

$$f_e(x)=\begin{cases} f(x), & x\ge 0 \\ f(-x), & x<0 \end{cases}$$

함수 $f_e(x)$가 우함수이므로 푸리에 적분은 코사인항만 갖는다. $x\ge 0$에서 $f_e(x)=f(x)$이므로 코사인 적분은 $[0, \infty)$에서 f의 푸리에 코사인 적분이 됨을 정의할 수 있다. 이 푸리에 적분 전개에서 f_e의 계수는

$$\frac{1}{\pi}\int_{-\infty}^{\infty} f_e(\xi)\cos(\omega\xi)d\xi = \frac{2}{\pi}\int_0^\infty f(\xi)\cos(\omega\xi)d\xi$$

이다. 따라서 다음과 같은 정의를 내릴 수 있다.

정의 9.1 푸리에 코사인 적분

$[0, \infty)$에서 정의된 함수 $f(x)$에 대하여 $\int_0^\infty |f(\xi)|\,d\xi$가 수렴한다고 하자. 그러면 함수 $f(x)$의 푸리에 코사인 적분은 다음과 같다.

$$\int_0^\infty A_\omega \cos(\omega x)d\omega$$

여기서

$$A_\omega=\frac{2}{\pi}\int_0^\infty f(\xi)\cos(\omega\xi)d\xi$$

이다.

함수 f가 구간 $[0, L]$에서 구분적으로 연속이면, 함수 f의 코사인 적분은 양수 x에 대하여 $\frac{1}{2}(f(x+)+f(x-))$에 수렴하고 $x=0$에서 $f(0)$에 수렴한다. 특히 f가 연속인 어떤 양의 x에서의 코사인 적분은 $f(x)$에 수렴한다.

주어진 함수를 우함수로 전개하여 푸리에 코사인 적분을 유도한 것과 유사하게 주어진 함수를 기함수로 전개하면 다음과 같은 푸리에 사인 적분을 정의할 수 있다.

정의 9.2 푸리에 사인 적분

$[0, \infty)$에서 정의된 함수 $f(x)$에 대하여 $\int_0^\infty |f(\xi)|\, d\xi$가 수렴한다고 하자. 그러면 함수 $f(x)$의 푸리에 사인 적분은 다음과 같이 정의한다.

$$\int_0^\infty A_\omega \sin(\omega x)\, d\omega$$

여기서

$$A_\omega = \frac{2}{\pi}\int_0^\infty f(\xi)\sin(\omega\xi)\, d\xi$$

이다.

함수 f가 모든 구간 $[0, L]$에서 구분적으로 매끄러우면, 함수 f의 사인 적분은 $(0, \infty)$에서 $\frac{1}{2}(f(x+)+f(x-))$에 수렴하고 $x=0$에서 0에 수렴한다.

보기 9.11 Laplace 적분

$x \geq 0$에 대하여 $f(x)=e^{-kx}$이고 k는 양수라 하자. 그러면 f는 구간 $[0, L]$에서 연속적으로 미분 가능하고

$$\int_0^\infty e^{-kx}\, dx = \frac{1}{k}$$

이다. 그리고 푸리에 코사인 적분을 구하기 위하여 계수를 구하면

$$A_\omega = \frac{2}{\pi}\int_0^\infty e^{-k\xi}\cos(\omega\xi)\, d\xi = \frac{2}{\pi}\frac{k}{k^2+\omega^2}$$

이고, $x \geq 0$에 대하여 f의 푸리에 코사인 적분은 e^{-kx}에 수렴한다. 즉,

$$e^{-kx} = \frac{2k}{\pi}\int_0^\infty \frac{1}{k^2+\omega^2}\cos(\omega x)\, d\omega$$

이다. 또 푸리에 사인 적분을 구하기 위하여 계수를 구하면

$$B_\omega = \frac{2}{\pi}\int_0^\infty e^{-k\xi}\sin(k\xi)d\xi = \frac{2}{\pi}\frac{\omega}{k^2+\omega^2}$$

이고, 양수 x에 대하여 f의 푸리에 사인 적분은 e^{-kx}에 수렴하고, $x=0$에서 0에 수렴한다. 즉

$$e^{-kx} = \frac{2}{\pi}\int_0^\infty \frac{\omega}{k^2+\omega^2}\sin(\omega x)d\omega, \quad x>0$$

이다. 그러면 A_ω와 B_ω는 각각 $\cos(\omega x)$와 $\sin(\omega x)$의 Laplace 변환에 $2/\pi$를 곱한 식과 같으므로 위의 적분들을 **Laplace 적분**이라 한다.

연습문제 9.6

문제 1에서 3까지 주어진 함수에 대하여 푸리에 코사인 적분과 사인 적분을 구하고, 각 적분에 대한 수렴값을 구하라.

1. $f(x) = \begin{cases} x^2, & 0 \le x \le 10 \\ 0, & x > 10 \end{cases}$

2. $f(x) = \begin{cases} \sin(x), & 0 \le x \le 2\pi \\ 0, & x > 2\pi \end{cases}$

3. $f(x) = \begin{cases} k, & 0 \le x \le c \\ 0, & x > c \end{cases}$

4. Laplace 적분을 이용하여 $f(x) = 1/(1+x^2)$의 푸리에 코사인 적분과 $g(x) = x/(1+x^2)$의 푸리에 사인 적분을 구하라.

5. $A^*(\omega) = -A''(\omega)$일 때, 다음 식

$$x^2 f(x) = \frac{1}{\pi}\int_0^\infty A^*(\omega)\cos(\omega x)d\omega$$

가 성립함을 증명하여라.

9.7 푸리에 변환

푸리에 적분과 푸리에 변환은 편미분방정식의 풀이에 사용된다. 이 절에서는 푸리에 변환과 역변환의 적분공식의 성질에 국한한다. 아울러 푸리에 사인 및 코사인의 전개도 다룬다.

$f(x)$는 구간 $[-L, L]$의 모든 점에서 구분적으로 매끄러운 함수라고 하자. 또한 $\int_{-\infty}^{\infty}|f(x)|dx$가 수렴하는 절대적 적분가능이라고 하자. 그러면 f가 연속인 모든 점에서 $f(x)$는 푸리에 적분표현

$$f(x) = \int_0^\infty [A_\omega\cos(\omega x) + B_\omega\sin(\omega x)]\,d\omega \tag{9.18}$$

을 갖고 푸리에 적분계수는

$$A_\omega = \frac{1}{\pi}\int_{-\infty}^{\infty} f(\xi)\cos(\omega\xi)\,d\xi, \qquad B_\omega = \frac{1}{\pi}\int_{-\infty}^{\infty} f(\xi)\sin(\omega\xi)\,d\xi \tag{9.19}$$

이다. 만약 f가 x에서 도약 불연속이면 x에서의 푸리에 적분은

$$\frac{1}{2}(f(x-)+f(x+))$$

에 수렴한다. 그러나 앞으로의 논의에서 좀더 쉽게 서술할 수 있도록 식 (9.18)로 계속해서 쓸 것이다.

적분계수 식 (9.19)를 식 (9.18)에 대입하면

$$\begin{aligned} f(x) &= \int_0^{\infty}\left[\left(\frac{1}{\pi}\int_{-\infty}^{\infty} f(\xi)\cos(\omega\xi)d\xi\right)\cos(\omega x)\right. \\ &\quad \left.+\left(\frac{1}{\pi}\int_{-\infty}^{\infty} f(\xi)\sin(\omega\xi)d\xi\right)\sin(\omega x)\right]d\omega \\ &= \frac{1}{\pi}\int_0^{\infty}\int_{-\infty}^{\infty} f(\xi)\,[\cos(\omega\xi)\cos(\omega x)+\sin(\omega\xi)\sin(\omega x)]\,d\xi\,d\omega \\ &= \frac{1}{\pi}\int_0^{\infty}\int_{-\infty}^{\infty} f(\xi)\cos(\omega(\xi-x))d\xi\,d\omega. \end{aligned} \tag{9.20}$$

앞에서의 Euler 공식에서

$$\cos(x) = \frac{1}{2}(e^{ix}+e^{-ix})$$

임을 보았다. 이것을 식 (9.20)에 대입한다:

$$\begin{aligned} f(x) &= \frac{1}{\pi}\int_0^{\infty}\int_{-\infty}^{\infty} f(\xi)\,\frac{1}{2}(e^{i\omega(\xi-x)}+e^{-i\omega(\xi-x)})\,d\xi\,d\omega \\ &= \frac{1}{2\pi}\int_0^{\infty}\int_{-\infty}^{\infty} f(\xi)e^{i\omega(\xi-x)}d\xi\,d\omega + \frac{1}{2\pi}\int_0^{\infty}\int_{-\infty}^{\infty} f(\xi)e^{-i\omega(\xi-x)}d\xi\,d\omega. \end{aligned}$$

마지막 줄의 첫 적분에서 ω를 $-\omega$로 바꾸고 $\int_0^{\infty}\cdots\,d\omega$를 $\int_{-\infty}^{0}\cdots\,d\omega$로 바꾸어 준다:

$$\begin{aligned} f(x) &= \frac{1}{2\pi}\int_{-\infty}^{0}\int_{-\infty}^{\infty} f(\xi)e^{-i\omega(\xi-x)}d\xi\,d\omega \\ &\quad + \frac{1}{2\pi}\int_0^{\infty}\int_{-\infty}^{\infty} f(\xi)e^{-i\omega(\xi-x)}d\xi\,d\omega. \end{aligned}$$

이 적분들을 결합하면

$$f(x) = \frac{1}{2\pi}\int_{-\infty}^{\infty}\int_{-\infty}^{\infty} f(\xi)e^{-i\omega\xi}\,e^{i\omega x}\,d\xi\,d\omega \tag{9.21}$$

를 얻는다. 이것은 **실직선에서 $f(x)$의 복수 적분표현**이다. 만약

$$C_\omega = \int_{-\infty}^{\infty} f(\xi)e^{-i\omega\xi}\,d\xi$$

로 두면, 이 복소 적분표현은

$$f(x) = \frac{1}{2\pi}\int_{-\infty}^{\infty} C_\omega e^{i\omega x}\,d\omega$$

이다. 여기서 C_ω는 f의 **복소 푸리에 적분계수**이다.

이 복소 푸리에 적분은 푸리에 변환의 도약대로 사용하고, 이 개념은 식 (9.21)에 포함되어 있다. 우리는 이 식을 어떻게 생각하기를 원하는지 강조하기 위해 다음과 같이 쓴다.

$$f(x) = \frac{1}{2\pi}\int_{-\infty}^{\infty}\left(\int_{-\infty}^{\infty} f(\xi)e^{-i\omega\xi}\,d\xi\right)e^{i\omega x}\,d\omega\,. \tag{9.22}$$

안쪽 적분은 f의 푸리에 변환 $\mathfrak{F}[f](\omega)$이다. 즉

$$\mathfrak{F}[f](\omega) = \int_{-\infty}^{\infty} f(x)e^{-i\omega x}\,dx. \tag{9.23}$$

공학자들은 가끔 변환함수의 변수 ω를 신호 f의 주파수로 언급한다.

$\mathfrak{F}[f]$는 또한

$$\mathfrak{F}[f](\omega) = \hat{f}(\omega)$$

로 쓰기도 한다.

보기 9.12

c가 양수일 때 $e^{-c|x|}$의 변환을 결정하여라. 먼저

$$f(x) = e^{-c|x|} = \begin{cases} e^{-cx}, & x \geq 0 \\ e^{cx}, & x < 0 \end{cases}$$

로 쓰면

$$\begin{aligned}
\mathfrak{F}[f](\omega) &= \int_{-\infty}^{\infty} e^{-c|x|}e^{-i\omega x}\,dx \\
&= \int_{-\infty}^{0} e^{cx}e^{-i\omega x}\,dx + \int_{0}^{\infty} e^{-cx}e^{-i\omega x}\,dx \\
&= \int_{-\infty}^{0} e^{(c-i\omega)x}\,dx + \int_{0}^{\infty} e^{-(c+i\omega)x}\,dx \\
&= \left[\frac{1}{c-i\omega}e^{(c-i\omega)x}\right]_{-\infty}^{0} + \left[\frac{-1}{c+i\omega}e^{-(c+i\omega)x}\right]_{0}^{\infty} \\
&= \left(\frac{1}{c+i\omega} + \frac{1}{c-i\omega}\right) = \frac{2c}{c^2+\omega^2}.
\end{aligned}$$

이것은 또한 다음과 같이 나타낼 수 있다.

$$\hat{f}(\omega)=\frac{2c}{c^2+\omega^2}.$$

보기 9.13

$H(x)$를 Heaviside(영국의 물리학자, 전기학자) 함수라고 하자.

$$H(x)=\begin{cases}1, & x\geq 0\\ 0, & x<0\end{cases}$$

$$f(x)=H(x)e^{-5x}=\begin{cases}e^{-5x}, & x\geq 0\\ 0, & x<0\end{cases}$$

의 푸리에 변환을 계산하여라. 함수의 정의에서

$$\begin{aligned}\hat{f}(\omega)&=\int_{-\infty}^{\infty}H(x)e^{-5x}e^{-i\omega x}\,dx\\&=\int_0^{\infty}e^{-5x}e^{-i\omega x}\,dx=\int_0^{\infty}e^{-(5+i\omega)x}\,dx\\&=-\frac{1}{5+i\omega}\left[e^{-(5+i\omega)x}\right]_0^{\infty}=\frac{1}{5+i\omega}.\end{aligned}$$

보기 9.14

a와 k는 양수라고 하자. 다음 $f(x)$에 대하여 $\hat{f}(\omega)$를 결정하자.

$$f(x)=\begin{cases}k, & -a\leq x<a\\ 0, & x<-a,\ x\geq a\end{cases}.$$

이것은 맥박이다. 즉

$$f(x)=k[H+(x+a)-H(x-a)].$$

그러므로

$$\begin{aligned}\hat{f}(\omega)&=\int_{-\infty}^{\infty}f(x)e^{-i\omega x}\,dx\\&=\int_{-a}^{a}ke^{-i\omega x}\,dx=\left[\frac{-k}{i\omega}e^{-i\omega x}\right]_{-a}^{a}\\&=-\frac{k}{i\omega}[e^{-i\omega a}-e^{i\omega a}]=\frac{2k}{\omega}\sin(a\omega).\end{aligned}$$

지금까지의 보기는 적분을 하기에 충분하고 간단하다. 통상 어떤 함수의 푸리에 변환은 표나 소프트웨어 도구를 사용하여 구한다. 구간 $[-L, L]$에서 f는 연속이고 f'은 구분적으로 매끄러운 함수라고 하자. $\hat{f}(\omega)$는 f의 복소 푸리에 적분표현에서 계수이므로

$$f(x)=\frac{1}{2\pi}\int_{-\infty}^{\infty}\hat{f}(\omega)e^{i\omega x}\,d\omega \tag{9.24}$$

이다. 식 (9.24)는 **역 푸리에 변환**을 정의한다. 어떤 조건을 만족하는 주어진 f에 대하여 식 (9.23)을 사용하여 푸리에 변환 $\hat{f}$를 계산할 수 있고 역으로 주어진 $\hat{f}$에 대하여 식 (9.24)를 사용하여 f를 복원할 수 있다. 이런 이유로 식 (9.23)과 식 (9.24), 즉

$$\hat{f}(\omega)=\int_{-\infty}^{\infty}f(x)e^{-i\omega x}\,dx \text{ 와 } f(x)=\frac{1}{2\pi}\int_{-\infty}^{\infty}\hat{f}(\omega)e^{i\omega x}\,d\omega$$

은 **변환 짝**을 이룬다고 한다.

역 푸리에 변화을 $\mathfrak{F}^{-1}$로 나타낸다. 즉

$$\mathfrak{F}[f]=\hat{f} \text{ 이면 } \mathfrak{F}^{-1}[\hat{f}]=f$$

보기 9.15

$$f(x)=\begin{cases}1-|x| & -1\le x\le 1\\ 0 & |x|>1\end{cases}$$

라고 두면 f는 연속이고 절대 적분가능이다. 그리고 f'은 구분적 연속이다. 바로 적분하면 f의 푸리에 변환은

$$\begin{aligned}\hat{f}(\omega)&=\int_{-\infty}^{\infty}f(x)e^{-i\omega x}\,dx\\&=\int_{-1}^{1}(1-|x|)e^{i\omega x}=\frac{2(1-\cos(\omega))}{\omega^2}\end{aligned}$$

이다. 식 (9.24)를 보이기 위해 이 푸리에 변환의 역을 계산하면

$$\begin{aligned}\mathfrak{F}^{-1}[\hat{f}](x)&=\frac{1}{2\pi}\int_{-\infty}^{\infty}\hat{f}(\omega)e^{i\omega x}\,d\omega\\&=\frac{1}{\pi}\int_{-\infty}^{\infty}\frac{1-\cos(\omega)}{\omega^2}e^{i\omega x}\,d\omega\\&=\pi(x+1)\mathrm{sgn}(x+1)+\pi(x-1)\mathrm{sgn}(x-1)-2\mathrm{sgn}(x).\end{aligned}$$

이 적분은 소프트웨어 루틴을 사용해서 수행했고

$$\operatorname{sgn}(x) = \begin{cases} 1, & x > 0 \\ -1, & x < 0 \\ 0, & x = 0 \end{cases}$$

이다. $x < -1$, $-1 < x < 1$, $x > 1$의 경우를 각각 고려하면 이 보기에서

$$\mathfrak{F}^{-1}[\hat{f}](x) = f(x)$$

임이 증명된다.

보기 9.16

a와 k를 양수라고 하고

$$f(x) = \begin{cases} k, & -a \le x \le a \\ 0, & x < -a,\ x > a \end{cases}$$

라 두면

$$\begin{aligned} \hat{f}(\omega) &= \int_{-\infty}^{\infty} f(x) e^{-i\omega x} dx \\ &= \int_{-a}^{a} k e^{-i\omega x} dx = -\frac{k}{i\omega}(e^{-i\omega x} - e^{i\omega x})\Big|_{-a}^{a} \\ &= \frac{2k}{\omega} \sin(a\omega). \end{aligned}$$

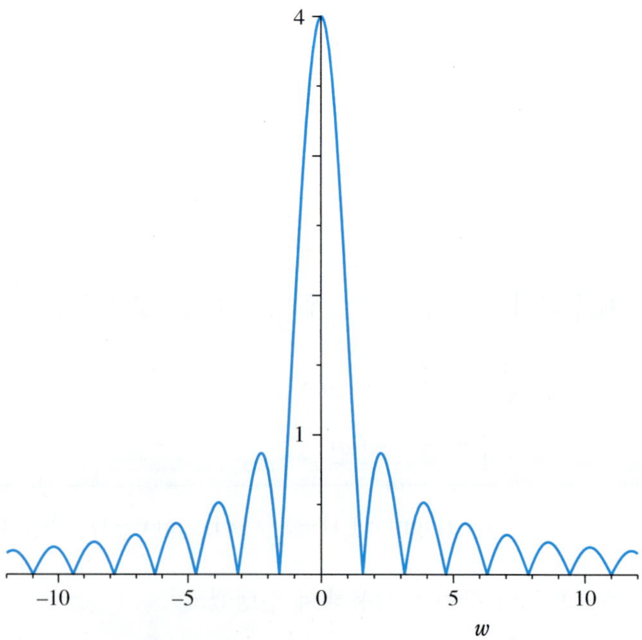

그림 9.12 보기 9.16의 진폭 스펙트럼의 그래프

f의 진폭 스펙트럼은

$$\left|\hat{f}(\omega)\right| = 2k\left|\frac{\sin(a\omega)}{\omega}\right|$$

의 그래프이고, $k=1$과 $a=2$인 경우 그림 9.12이다.

몇 가지 푸리에 변환의 성질과 계산법칙은

1. 선형성

$$\mathfrak{F}[f+g] = \mathfrak{F}[f] + \mathfrak{F}[g]$$

그리고 임의의 수 k에 대하여

$$\mathfrak{F}[kf] = k\mathfrak{F}[f].$$

2. 이동 x_0가 실수이면

$$\mathfrak{F}[f(x-x_0)](\omega) = e^{-i\omega x_0}\hat{f}(\omega) \tag{9.25}$$

이동한 함수 $f(x-x_0)$의 푸리에 변환은 f의 푸리에 변환에 $e^{-i\omega x_0}$를 곱한 것이다. 이것은 라플라스 변환에서의 두 번째 이동정리와 유사하다.

증명 푸리에 변화의 정의로부터

$$\begin{aligned}\mathfrak{F}[f(x-x_0)](\omega) &= \int_{-\infty}^{\infty} f(x-x_0)\, e^{-i\omega x}\, dx \\ &= e^{-i\omega x_0}\int_{-\infty}^{\infty} f(x-x_0)e^{-i\omega(x-x_0)}\, dx.\end{aligned}$$

$u = x - x_0$로 두면

$$\mathfrak{F}[f(x-x_0)](\omega) = e^{-i\omega x_0}\int_{-\infty}^{\infty} f(u)e^{-i\omega u}\, du = e^{-i\omega x_0}\hat{f}(\omega)$$

으로 증명이 완성된다. ■

이동정리의 역 형태는

$$\mathfrak{F}^{-1}\left[e^{-i\omega x_0}\hat{f}(\omega)\right](x) = f(x-x_0) \tag{9.26}$$

보기 9.17

$$\mathfrak{F}^{-1}\left[\frac{e^{2i\omega}}{5+i\omega}\right]$$

를 계산하여라.

지수 인자 $e^{2i\omega}$의 존재는 이동정리의 역 형태를 사용하게 한다. $x_0 = -2$로 두고

$$\hat{f}(\omega) = \frac{1}{5 + i\omega}$$

을 식 (9.26)에 대입하면

$$\mathfrak{F}^{-1}\left[e^{2i\omega}\hat{f}(\omega)\right](x) = f(x - (-2)) = f(x + 2)$$

를 얻는다. 여기서

$$f(x) = \mathfrak{F}^{-1}\left[\frac{1}{5 + i\omega}\right] = H(x)e^{-5x}$$

이다. 이동정리에 의해

$$\mathfrak{F}^{-1}\left[\frac{e^{2i\omega}}{5 + i\omega}\right] = f(x + 2) = H(x + 2)e^{-5(x+2)}.$$

3. 주파수 이동 ω_0가 임의의 실수이면

$$\mathfrak{F}[e^{i\omega_0 x}f(x)](\omega) = \hat{f}(\omega - \omega_0)$$

이다. $e^{i\omega_0 x}$를 곱한 함수의 푸리에 변환은 오른쪽으로 ω_0만큼 이동한 함수의 푸리에 변환이다. 이 결과를 증명하기 위해

$$\begin{aligned}\mathfrak{F}[e^{i\omega_0 x}f(x)](\omega) &= \int_{-\infty}^{\infty} e^{i\omega_0 x}f(x)e^{-i\omega x}\,dx \\ &= \int_{-\infty}^{\infty} e^{-i(\omega - \omega_0)x}f(x)\,dx = \hat{f}(\omega - \omega_0)\end{aligned}$$

를 계산한다. 주파수 이동의 역 형태는

$$\mathfrak{F}^{-1}\left[\hat{f}(\omega - \omega_0)\right](x) = e^{i\omega_0 x}f(x).$$

4. 크기 조정 c가 0이 아닌 임의의 실수이면

$$\mathfrak{F}[f(cx)](\omega) = \frac{1}{|c|}\hat{f}(\omega/c).$$

크기 조정은 $f(cx)$의 변환에 대한 적분에서 변수변환 $u = cx$로 증명할 수 있다. 크기 조정 정리의 역 형태는

$$\mathfrak{F}^{-1}\left[\hat{f}(\omega/c)\right] = |c|f(ct).$$

5. 반전

$$\mathfrak{F}[f(-x)](\omega) = \hat{f}(-\omega).$$

반전은 크기 조정 정리에서 $c=-1$로 두면 바로 나온다.

6. 대칭

$$\mathfrak{F}[\hat{f}(x)](\omega)=2\pi f(-\omega).$$

변환된 함수 $\hat{f}$에 ω를 x로 대체하고 그 다음 x에 대한 이 함수의 변환을 취하면 x가 $-\omega$로 대체된 원래 함수 f의 2π배를 얻는다.

7. 조정 ω_0가 임의의 실수이면

$$\mathfrak{F}[f(x)\cos(\omega_0 x)](\omega)=\frac{1}{2}(\hat{f}(\omega+\omega_0)+\hat{f}(\omega-\omega_0))$$

및

$$\mathfrak{F}[f(x)\sin(\omega_0 x)](\omega)=\frac{i}{2}(\hat{f}(\omega+\omega_0)-\hat{f}(\omega-\omega_0)).$$

위 두 식의 첫 번째 표현을 증명하자.

$$\cos(\omega x)=\frac{1}{2}(e^{i\omega x}+e^{-i\omega x})$$

로 두고, $\mathfrak{F}$의 선형성과 주파수 이동정리를 사용하면

$$\begin{aligned}\mathfrak{F}[f(x)\cos(\omega_0 x)](\omega)&=\mathfrak{F}\left[\frac{1}{2}e^{i\omega_0 x}f(x)+\frac{1}{2}e^{-i\omega_0 x}f(x)\right](\omega)\\&=\frac{1}{2}\mathfrak{F}[e^{i\omega_0 x}f(x)](\omega)+\frac{1}{2}\mathfrak{F}[e^{-i\omega_0 x}f(x)](\omega)\\&=\frac{1}{2}\hat{f}(\omega-\omega_0)+\frac{1}{2}\hat{f}(\omega+\omega_0).\end{aligned}$$

두 번째 결론은 같은 계산으로 증명된다.

8. 연산공식 푸리에 변환을 미분방정식에 적용하기 위해서는 미분을 변환할 수 있어야 한다. 이것을 연산법칙이라고 부른다. f의 k번째 미분을 $f^{(k)}$로 나타내었음을 기억하자. 기호의 편의상 $f^{(0)}=f$라고 두자.

n이 임의의 양정수이고 각 구간 $[-L, L]$에서 $f^{(n-1)}$은 연속, $f^{(n)}$은 구분적으로 연속이라고 하자. 또한 $\int_{-\infty}^{\infty}|f^{(n-1)}(x)|\,dx$는 수렴하고 $k=0, 1, 2, \cdots, n-1$에 대하여

$$\lim_{x\to\infty}f^{(k)}(x)=\lim_{x\to-\infty}f^{(k)}(x)=0$$

이라고 가정하자. 그러면

$$\mathfrak{F}[f^{(n)}(x)](\omega)=(i\omega)^n\hat{f}(\omega)$$

이다. 이들 조건에서 f의 n번째 미분의 푸리에 변환을 f의 푸리에 변환에 $i\omega$를 n번 거듭제곱한 것을 곱한 것과 같다.

증명

$$f^{(n)}(x) = \frac{d}{dx} f^{(n-1)}(x)$$

이므로 $n = 1$일 때 연산공식을 증명하고 수학적 귀납법으로 마무리하는 것이 자연스럽다.

$n = 1$일 때 부분적분을 하면

$$\begin{aligned}\mathfrak{F}[f'(x)](\omega) &= \int_{-\infty}^{\infty} f'(x)e^{-i\omega x}\,dx \\ &= f(x)e^{-i\omega x}\Big|_{-\infty}^{\infty} - \int_{-\infty}^{\infty} f(x)(-i\omega)e^{-i\omega x}\,dx \\ &= i\omega\int_{-\infty}^{\infty} e^{-i\omega x}f(x)dx \\ &= i\omega\hat{f}(\omega)\end{aligned}$$

이다. 여기서 $f(x)$는 ∞와 $-\infty$에서 극한 0을 갖는 사실을 사용해서

$$f(x)e^{-i\omega x}\Big|_{-\infty}^{\infty} = 0$$

으로 결론내었다. 수학적 귀납법에 의해 n번째 미분에 대해서도 결론낼 수 있다. ■

보기 9.18

미분방정식

$$y' - 4y = H(x)e^{-4x}$$

를 풀어라. 미분방정식에 푸리에 변환을 적용하면

$$\mathfrak{F}[y'(x)](\omega) - 4\hat{y}(\omega) = \mathfrak{F}[H(x)e^{-4x}](\omega)$$

를 얻는다. $n = 1$일 때의 연산법칙에서

$$\mathfrak{F}[y'](\omega) = i\omega\hat{y}(\omega)$$

이다. 게다가 보기 9.13에서의 5 대신 4이다. 그러므로

$$\mathfrak{F}[H(x)e^{-4x}](\omega) = \frac{1}{4 + i\omega}$$

이다. 따라서

$$i\omega\hat{y} - 4\hat{y} = \frac{1}{4 + i\omega}.$$

$\hat{y}$에 대하여 풀면

$$\hat{y}(\omega) = -\frac{1}{16 + \omega^2}.$$

보기 9.12의 $c=4$인 경우에서

$$y(x) = \mathfrak{F}^{-1}\left[-\frac{1}{16+\omega^2}\right] = -\frac{1}{8}e^{-4|x|}.$$

연산공식은 f가 유한개의 도약불연속점을 수용하도록 조정할 수 있다. 도약불연속점이 $x_1, \cdots, x_M$이고 만약

$$\lim_{x\to-\infty} f(x) = \lim_{x\to\infty} f(x) = 0$$

이면

$$\mathfrak{F}[f'(x)](\omega) = i\omega\hat{f}(\omega) - \sum_{j=1}^{M}(f(x_j+) - f(x_j-))e^{-ix_j\omega}$$

이다. 각 항 $f(x_j+) - f(x_j-)$는 x_j에서 도약불연속의 크기이다.

9. 주파수 미분 $\hat{f}(\omega)$에서 사용된 변수 ω는 복소지수 $e^{i\omega x}$에서 나타나기 때문에 $f(x)$의 주파수이다. 여기서 $e^{i\omega x} = \cos(\omega x) + i\sin(\omega x)$이다. 이 내용에서

$$\frac{d}{d\omega}\hat{f}(\omega)$$

를 계산하는 과정을 주파수 미분이라고 부른다. $\hat{f}(\omega)$의 미분과 $f(x)$ 사이에는 중요한 관계가 있다.

n을 양정수라고 하자. 또한 모든 양수 L에 대하여 f는 $[-L, L]$에서 구분적으로 연속이라고 하고 $\int_{-\infty}^{\infty}|x^n f(t)|\,dx$는 수렴한다고 가정한다. 그러면

$$\frac{d^n}{d\omega^n}\hat{f}(\omega) = i^{-n}\mathfrak{F}[x^n f(x)](\omega).$$

이 식은 $f(x)$의 푸리에 변환의 n차 미분이 $x^n f(x)$의 변환에 i^{-n}을 곱한 것임을 알 수 있다.

$n=1$인 경우의 증명을 보이자.

$$\begin{aligned}\frac{d}{d\omega}\hat{f}(\omega) &= \frac{d}{d\omega}\int_{-\infty}^{\infty} f(x)e^{-i\omega x}\,dx = \int_{-\infty}^{\infty}\frac{\partial}{\partial\omega}[f(x)e^{-i\omega x}]\,dx \\ &= \int_{-\infty}^{\infty} f(x)(-ix)e^{-i\omega x}\,dx = -i\int_{-\infty}^{\infty}[xf(x)]e^{-i\omega x}\,dx \\ &= -i\mathfrak{F}[xf(x)](\omega).\end{aligned}$$

예를 들어 보기 9.12의 결과를 사용하면

$$\mathfrak{F}[x^2e^{-5|x|}](\omega) = i^2\frac{d^2}{d\omega^2}\left(\frac{10}{25+\omega^2}\right) = 20\left(\frac{25-3\omega^2}{(25+\omega^2)^2}\right).$$

10. 적분의 푸리에 변환 f가 구간 $[-L, L]$에서 구분적으로 연속이고 $\int_{-\infty}^{\infty} |f(x)|\, dx$는 수렴하고 $f(0)=0$라고 하자. 그러면

$$\mathfrak{F}\left[\int_{-\infty}^{x} f(\xi)d\xi\right](\omega) = \frac{1}{i\omega}\hat{f}(\omega)$$

이다. 이것을 증명하자. $g(x) = \int_{-\infty}^{x} f(\xi)\, d\xi$라고 하면 f가 연속인 모든 점에서 $g'(x)=f(x)$이다. 게다가 $x \to -\infty$이면 $g(x) \to 0$이고, 가정에서

$$\lim_{x\to\infty} g(x) = \int_{-\infty}^{\infty} f(\xi)\, d\xi = \hat{f}(0) = 0\,.$$

그러므로 연산공식을 적용하면

$$\begin{aligned}\hat{f}(\omega) &= \mathfrak{F}[g'(x)](\omega) \\ &= i\omega\mathfrak{F}[g(x)](\omega) = i\omega\mathfrak{F}\left[\int_{-\infty}^{x} f(\xi)d\xi\right](\omega).\end{aligned}$$

11. 합성곱

적분변환은 때때로 합성곱 연산을 갖는다. 라플라스 변환에서도 합성곱이 나왔다. 푸리에 변환에서 f와 g의 합성곱 $f*g$는 다음과 같이 정의한다.

$$(f*g)(x) = \int_{-\infty}^{\infty} f(x-\xi)g(\xi)\, d\xi.$$

이 정의에서 모든 구간 $[a, b]$에서 $\int_a^b f(x)\, dx$와 $\int_a^b g(x)\, dx$가 존재하고 또 모든 실수 x에 대하여 $\int_{-\infty}^{\infty} |f(x-\xi)g(\xi)|\, d\xi$는 수렴하는 것으로 가정한다.

합성곱은 다음 성질을 갖는다.

(11-1) 가환성 $f*g$가 정의되면 $g*f$도 정의되고

$$f*g = g*f$$

이다. 이것은 $\tau = x - \xi$로 변수변환하면 증명된다.

(11-2) 수 α, β와 함수 f, g, h에 대하여 모든 합성곱이 정의된다면

$$(\alpha f + \beta g)*h = \alpha(f*h) + \beta(g*h).$$

다음의 세 합성곱의 성질을 말하려면 f, g가 유계이며 실수에서 연속이고 또 f와 g가 절대 적분가능이라고 하면

(11-3)

$$\int_{-\infty}^{\infty} (f*g)(x)dx = \int_{-\infty}^{\infty} f(x)dx \int_{-\infty}^{\infty} g(x)dx.$$

(11-4) 합성곱 정리

$$\mathfrak{F}[f*g] = \hat{f}\,\hat{g}$$

두 함수의 합성곱의 푸리에 변환은 그들 함수의 푸리에 변환의 곱이다.

이것을 합성곱 정리라고 한다. 라플라스 변환에서도 유사한 결과가 성립한다. 역 푸리에 변환에 대한 합성곱의 결과는

$$\mathfrak{F}^{-1}\left[\hat{f}(\omega)\hat{g}(\omega)\right](x) = (f * g)(x)$$

이다. 즉, 두 변환함수의 곱에 대한 역 푸리에 변환은 두 함수의 합성곱이다.

(11-5) 주파수 합성곱

$$\mathfrak{F}[fg](x) = \frac{1}{2\pi}(\hat{f} * \hat{g})(\omega).$$

보기 9.19

$$\mathfrak{F}^{-1}\left[\frac{1}{(4+\omega^2)(9+\omega^2)}\right]$$

을 계산하여라. 각 인자의 역변환을 알 때 곱의 역변환을 알려고 한다. 즉

$$\mathfrak{F}^{-1}\left(\frac{1}{4+\omega^2}\right) = f(x) = \frac{1}{4}e^{-2|x|}$$

그리고

$$\mathfrak{F}^{-1}\left(\frac{1}{9+\omega^2}\right) = g(x) = \frac{1}{6}e^{-3|x|}$$

이므로 합성곱 정리의 역 모양에서

$$\mathfrak{F}^{-1}\left[\frac{1}{(4+\omega^2)(9+\omega^2)}\right](x) = (f * g)(x) = \frac{1}{24}\int_{-\infty}^{\infty} e^{-2|x-\xi|}e^{-3|\xi|}d\xi.$$

적분을 계산하기 위해 세 경우를 생각해야 한다.

먼저 $x > 0$이면

$$\begin{aligned} 24(f * g)(x) &= \int_{-\infty}^{0} e^{-2|x-\xi|}e^{-3|\xi|}d\xi + \int_{0}^{x} e^{-2|x-\xi|}e^{-3|\xi|}d\xi + \int_{x}^{\infty} e^{-2|x-\xi|}e^{-3|\xi|}d\xi \\ &= \int_{-\infty}^{0} e^{-2(x-\xi)}e^{3\xi}d\xi + \int_{0}^{x} e^{-2(x-\xi)}e^{-3\xi}d\xi + \int_{x}^{\infty} e^{-2(x-\xi)}e^{-3\xi}d\xi \\ &= \frac{6}{5}e^{-2x} - \frac{4}{5}e^{-3x}. \end{aligned}$$

만약 $x < 0$이면

$$\begin{aligned} 24(f * g)(x) &= \int_{-\infty}^{x} e^{-2|x-\xi|}e^{-3|\xi|}d\xi + \int_{x}^{0} e^{-2|x-\xi|}e^{-3|\xi|}d\xi + \int_{0}^{\infty} e^{-2|x-\xi|}e^{-3|\xi|}d\xi \\ &= \int_{-\infty}^{x} e^{-2(x-\xi)}e^{3\xi}d\xi + \int_{x}^{0} e^{2(x-\xi)}e^{3\xi}d\xi + \int_{0}^{\infty} e^{2(x-\xi)}e^{-3\xi}d\xi \end{aligned}$$

$$= -\frac{4}{5}e^{3x} + \frac{6}{5}e^{2x}.$$

끝으로 $x=0$이면

$$24(f*g)(0) = \int_{-\infty}^{\infty} e^{-2|\xi|}e^{-3|\xi|}\,d\xi = \frac{2}{5}.$$

그러므로

$$\mathfrak{F}^{-1}\left[\frac{1}{(4+\omega^2)(9+\omega^2)}\right](x) = \frac{1}{24}\left(\frac{6}{5}e^{-2|x|} - \frac{4}{5}e^{-3|x|}\right)$$
$$= \frac{1}{20}e^{-2|x|} - \frac{1}{30}e^{-3|x|}.$$

표 9.1은 푸리에 변환의 간단한 표이다. 여기서 a는 임의의 양수이고 H는 Heaviside 함수이고 부호함수 sgn은

$$\operatorname{sgn}(x) = \begin{cases} 1, & x>0 \\ 0, & x=0 \\ -1, & x<0 \end{cases}$$

으로 정의한다.

▶표 9.1 푸리에 변환의 표

$f(x)$	$\mathfrak{F}(\omega)$
1	$2\pi\delta(\omega)$
$\frac{1}{x}$	$i\operatorname{sgn}(\omega)$
$e^{-a\|x\|}$	$\frac{2a}{a^2+\omega^2}$
$xe^{-a\|x\|}$	$\frac{-4ai\omega}{(a^2+\omega^2)^2}$
$\|x\|e^{-ax}$	$\frac{2(a^2-\omega^2)}{(a^2+\omega^2)^2}$
$e^{-a^2x^2}$	$\frac{\sqrt{\pi}}{a}e^{-\omega^2/4a^2}$
$\frac{1}{a^2+x^2}$	$\frac{\pi}{a}e^{-a\|\omega\|}$
$\frac{x}{a^2+x^2}$	$-\frac{i}{2}\frac{\pi}{a}\omega e^{-a\|\omega\|}$
$H(t+a)-H(t-a)$	$\frac{2}{i\omega}(1-\cos(a\omega))$

9.7.1 여과와 Dirac 델타함수

Dirac 델타함수는 3장 5절에서 논의했다. $\delta(x)$는 높이가 무한대로 접근하고 반면에 소요시간은 0에 접근하는 맥동(pulse)의 극한으로 생각할 수 있다. Heaviside 함수 $H(x)$의 관점에서는

$$\delta(x) = \lim_{a\to 0+} \frac{1}{2a}\left[H(x+a) - H(x-a)\right]$$

이다. 이 정의에서 맥동은 중심이 0에 있고 $x-a$에서 $x+a$까지 확장한다. 가끔 **이동 델타함수** $\delta(x-x_0)$을 취급하기도 한다. 이것은 중심이 x_0인 맥동이다. 델타함수의 여과 성질은 이동 델타함수로 충격을 받았을 때 함수값을 더함으로써 함수값 $f(x_0)$ 를 회복할 수 있게 한다.

정리 9.7 델타함수에 의한 여과

만약 $f(x)$는 푸리에 변환을 갖고 x_0에서 연속이면

$$\int_{-\infty}^{\infty} f(x)\delta(x-x_0)dx = f(x_0)$$

이것을 증명하기 위해 먼저 다음을 보자.

$$H(x-x_0+a) - H(x-x_0-a) = \begin{cases} 0, & x \le x_0 - a,\ x > x_0 + a, \\ 1, & x_0 - a < x \le x_0 + a. \end{cases}$$

이제 $\delta(x)$의 정의에서 다음과 같이 쓸 수 있다.

$$\begin{aligned}
&\int_{-\infty}^{\infty} f(x)\delta(x-x_0)\,dx \\
&= \int_{-\infty}^{\infty} f(x)\left[\lim_{a\to 0+}\frac{1}{2a}\left[H(x-x_0+a) - H(x-x_0-a)\right]\right]dx \\
&= \lim_{a\to 0+}\frac{1}{2a}\int_{-\infty}^{\infty} f(x)\left[H(x-x_0+a) - H(x-x_0-a)\right]dx \\
&= \lim_{a\to 0+}\frac{1}{2a}\int_{x_0-a}^{x_0+a} f(x)dx.
\end{aligned}$$

적분의 중간값 정리에 의해 어떤 ξ_a에 대하여

$$\int_{x_0-a}^{x_0+a} f(x)dx = 2af(\xi_a).$$

여기서 $x_0 - a < \xi_a < x_0 + a$이다. $a \to 0+$이면 $\xi_a \to x_0$이고, 따라서 $f(\xi_a) \to f(x_0)$ 이다. 그러므로

$$\int_{-\infty}^{\infty} f(x)\delta(x-x_0)\,dx = \lim_{a\to 0}\frac{1}{2a}(2af(\xi_a)) = f(x_0).$$

만약 f가 x_0에서 도약불연속이면 이 논의는 다음과 같이 조정할 수 있다. 즉

$$\int_{-\infty}^{\infty} f(x)\delta(x-x_0)\,dx = \frac{1}{2}[f(x_0+)+f(x_0-)].$$

이로써 정리 9.7이 증명되었다.

이제 델타함수의 푸리에 변환을 유도하자. 먼저 다음으로 시작하자:

$$\begin{aligned}\mathfrak{F}[H(x+a)-H(x-a)] &= \int_{-a}^{a} e^{-i\omega x}\,dx = -\frac{1}{i\omega}e^{-i\omega x}\Big]_{-a}^{a}\\ &= \frac{1}{i\omega}(e^{ia\omega}-e^{-ia\omega}) = 2\frac{\sin(a\omega)}{\omega}.\end{aligned}$$

푸리에 변환을 취할 때 극한과 연산의 순서를 교환하면

$$\begin{aligned}\mathfrak{F}[\delta(x)](\omega) &= \mathfrak{F}\left[\lim_{a\to 0+}\frac{1}{2a}[H(x+a)-H(x-a)]\right](\omega)\\ &= \lim_{a\to 0+}\frac{1}{2a}\mathfrak{F}[H(x+a)-H(x-a)](\omega)\\ &= \lim_{a\to 0+}\frac{\sin(a\omega)}{a\omega} = 1.\end{aligned}$$

이 계산 과정에서

$$\mathfrak{F}[\delta(t)](\omega) = 1$$

이 되고, 델타함수의 푸리에 변환은 값 1을 취하는 상수함수이다. 이것과 합성곱을 사용하면

$$\mathfrak{F}[\delta * f] = \mathfrak{F}[\delta]\,\mathfrak{F}[f] = \mathfrak{F}[f]$$

그리고

$$\mathfrak{F}[f * \delta] = \mathfrak{F}[f]\mathfrak{F}[g] = \mathfrak{F}[f]$$

이므로 다음 결론을 얻는다. 즉

$$\delta * f = f * \delta = f.$$

델타함수는 푸리에 합성곱에서는 항등함수처럼 행동한다.

9.7.2 창문 푸리에 변환

$f(x)$는 함수이고

$$\int_{-\infty}^{\infty} |f(x)|^2\,dx$$

는 유한이라고 하자. 이 적분은 함수의 에너지라고 한다.

때로는 변수에 관한 함수의 주파수 성분을 국소화 하기를 원한다. $\hat{f}(\omega)$는 함수의 주파수 ω에 대한 정보를 운반한다. 그러나 $\hat{f}(\omega)$는 특수한 구간에서 이 정보를 특화하지 못한다. 왜냐하면

$$\hat{f}(\omega)=\int_{-\infty}^{\infty} f(t)e^{-i\omega x}\,dx$$

와 이 적분의 변수의 모든 값에서 행해지기 때문이다. 이로부터 전체 진폭 스펙트럼 $|\hat{f}(\omega)|$를 계산할 수 있으나 아주 작은 시간 구간에서는 볼 수 없다. 만약 $f(x)$를 음악의 한 소절로 생각한다면 이 진폭 스펙트럼을 계산하기 전에 전 소절의 연주가 끝날 때까지 기다려야 한다. 함수 $f(x)$의 변환을 취하기 전에 함수를 창을 통해 봄으로써 주어진 구간 안에서 $f(x)$의 주차수 성분의 그림을 얻을 수 있다. 이 생각은 어떤 양수 X에 대하여 단지 유한구간 $[0, X]$ 또는 $[-X, X]$에서 0이 아닌 창문함수 $w(x)$를 사용하는 것이다.

선택된 구간에서만 0이 아니도록 한 곱 $w(x)f(x)$를 창문을 통해 본다. 창문함수 w에 관한 f의 창문 푸리에 변환은

$$\hat{f}_{\text{win}}(\omega)=\int_{-\infty}^{\infty} w(x)f(x)\,e^{-i\omega x}\,dx.$$

보기 9.20

$f(x)=6e^{-|x|}$라 하자. 그러면

$$\hat{f}(w)=\int_{-\infty}^{\infty} 6e^{-|x|}e^{-i\omega x}\,dx=\frac{12}{1+\omega^2}.$$

f를 다음 창문함수를 통하여 보자. 즉

$$w(x)=\begin{cases}1, & -2\le x\le 2\\ 0, & |x|>2.\end{cases}$$

그림 9.13, 9.14, 9.15는 각각 $f(x)$, 창문함수 $w(x)$, 곱 $w(x)f(x)$를 보여준다. 이 함수에서 창문함수의 효과는 $|x|>2$에서 신호를 차단하는 것이다. 그러므로 창문 푸리에 변환은 전 실수구간 대신에 구간 $[-2, 2]$에서의 적분이다. 즉

$$\begin{aligned}\hat{f}_{\text{win}}(\omega)&=\int_{-\infty}^{\infty} 6w(x)e^{-|x|}e^{-i\omega x}\,dx\\&=\int_{-2}^{2} 6e^{-|x|}e^{-i\omega x}\,dx\\&=\frac{12}{1+\omega^2}\left(-2e^{-2}\cos^2(\omega)+e^{-2}+e^{-2}\omega\sin(2\omega)+1\right).\end{aligned}$$

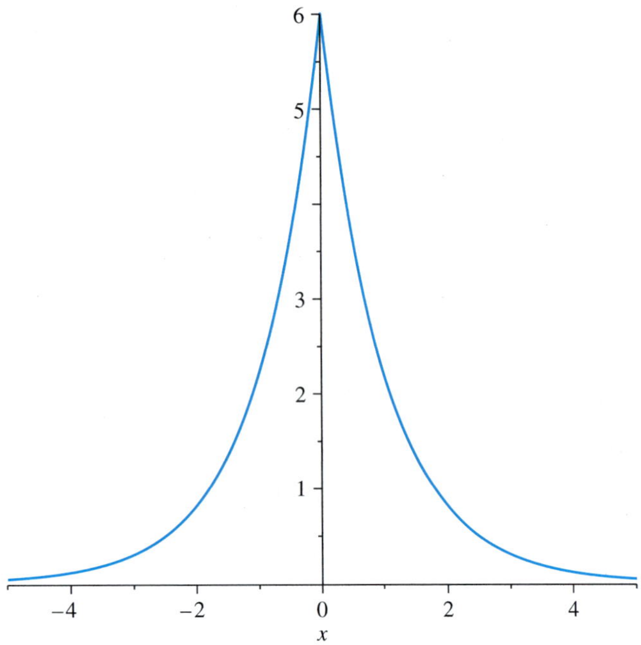

그림 9.13 $f(x) = 6e^{-|x|}$의 그래프

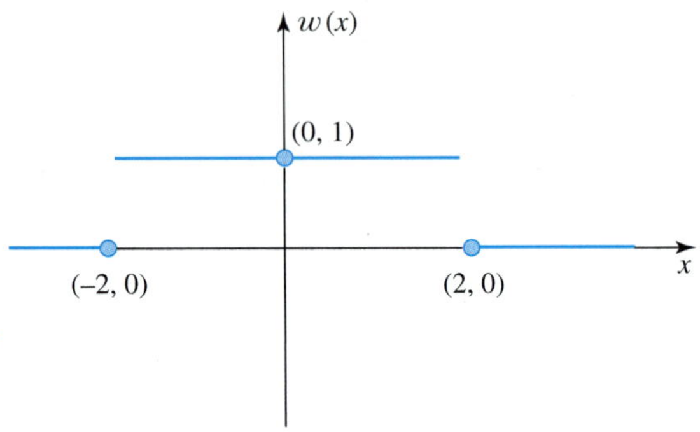

그림 9.14 보기 9.20의 창문함수 $w(x)$

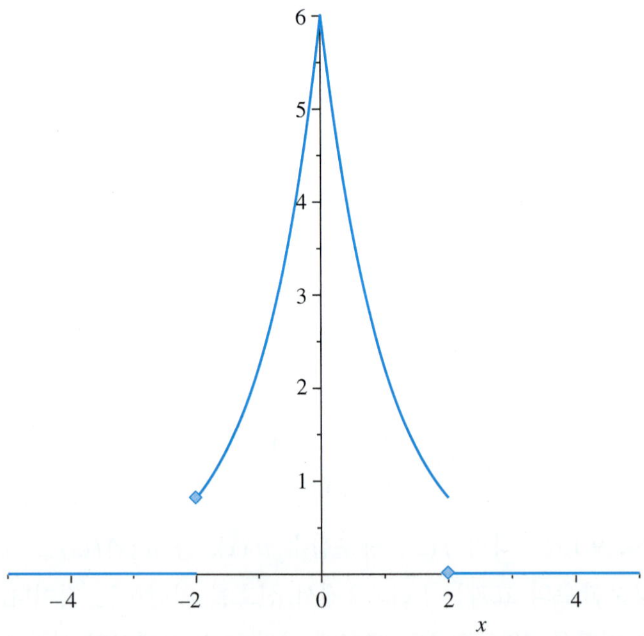

그림 9.15 보기 9.20의 창을 통한 함수 $w(x)f(x)$

이동 창문함수는 때대로 구간 $[-X, X]$에서만 0이 아닐 때 사용된다. 이동 창문함수 $w(x-x_0)$는 $w(x)$를 오른쪽으로 x_0만큼 이동하고 $[x_0-X, x_0+X]$ 위에서만 0이 아닌 그래프이다. 이 경우 이동 창문함수의 푸리에 변환은 $w(x-x_0)f(x)$의 변

환이다.

$$\hat{f}_{\text{win},x_0}(\omega) = \mathfrak{F}\left[w(x-x_0)f(x)\right](\omega)$$
$$= \int_{x_0-X}^{x_0+X} w(x-x_0)f(x)e^{-i\omega x}\,dx.$$

이것은 구간 $[x_0 - X,\ x_0 + X]$에서 x에 대한 주파수 정보를 준다. $x = t$가 시간일 때 공학자들은 **창문화 과정**을 **시간-주파수 극소화**라고 한다. 창문함수 w의 **중심**은

$$t_C = \frac{\int_{-\infty}^{\infty} t|w(t)|^2\,dt}{\int_{-\infty}^{\infty} |w(t)|^2\,dt}$$

로 정의한다. 수

$$t_R = \left(\frac{\int_{-\infty}^{\infty} (t-t_C)^2|w(t)|^2\,dt}{\int_{-\infty}^{\infty} |w(t)|^2\,dt}\right)^{1/2}$$

는 창문함수의 **반경**이다. 창문함수의 **두께**는 $2t_R$이고 창문함수의 **평균지속기간(RMS)**이라고 한다. 창문함수의 푸리에 변환을 취급할 때는 비슷한 용어를 적용한다. 즉,

$$\hat{w}\text{의 중심} = \omega_C = \frac{\int_{-\infty}^{\infty} \omega|\hat{w}(\omega)|^2\,d\omega}{\int_{-\infty}^{\infty} |\hat{w}(\omega)|^2\,d\omega}$$

그리고

$$\hat{w}\text{의 반경} = \omega_R = \left(\frac{\int_{-\infty}^{\infty} (\omega-\omega_C)^2|\hat{w}(\omega)|^2\,d\omega}{\int_{-\infty}^{\infty} |\hat{w}(\omega)|^2\,d\omega}\right)^{1/2}.$$

$\hat{w}$의 두께는 $2w_R$이고 창문함수의 **RMS 대역폭**이라 한다.

연습문제 9.7

문제 1~5에서 함수의 푸리에 변환을 구하고 진폭 스펙트럼의 그래프를 그려라. k는 양의 상수이다. 다음 변환을 할 수 있으면 사용하여라.

$$\mathfrak{F}[e^{-kx^2}](\omega) = \sqrt{\frac{\pi}{k}}e^{-\omega^2/4k}$$

$$\mathfrak{F}\left[\frac{1}{k^2+x^2}\right](\omega) = \frac{\pi}{k}e^{-k|\omega|}$$

1. $f(x) = \begin{cases} 1, & 0 \le x \le 1 \\ -1, & -1 \le x < 0 \\ 0, & |x| > 1 \end{cases}$

2. $f(x) = 5[H(x-3) - H(x-11)]$

3. $f(x) = H(x-k)e^{-x/4}$

4. $f(x) = 1/(1+x^2)$

5. $f(x) = 3e^{-4|x+2|}$

문제 6~8에서 함수의 역 푸리에 변환을 구하라.

6. $9e^{-(\omega+4)^2/32}$

7. $e^{(2\omega-6)i}/(5-(3-\omega)i)$

8. $(1+i\omega)/(6-\omega^2+5i\omega)$.

   힌트: 분모를 인수분해하고 부분분수를 사용하여라.

9. 합성곱을 이용하여 다음 함수의 역 푸리에 변환을 구하라.

$$1/(1+i\omega)^2$$

10. $f(x) = x^2$

$$w(x) = \begin{cases} 1, & -5 \le x \le 5 \\ 0, & |x| > 5 \end{cases}$$

11. $f(x) = e^{-x}$

$$w(x) = \begin{cases} 1, & 0 \le x \le 4 \\ 0, & x < 0,\ x > 4 \end{cases}$$

12. $f(x) = (x+2)^2$

$$w(x) = \begin{cases} 1, & -2 \le x \le 2 \\ 0, & |x| > 2 \end{cases}$$

9.8 푸리에 사인 및 코사인 변환

f가 구간 $[0, L]$에서 구분적으로 매끄러운 함수이고 $\int_0^\infty |f(x)|\,dx$가 수렴한다고 하면 f가 연속인 각 점 x에서 f의 푸리에 코사인 적분은

$$f(x) = \int_0^\infty a_\omega \cos(\omega x)\,d\omega$$

이고, 여기서

$$a_\omega = \frac{2}{\pi}\int_0^\infty f(x)\cos(\omega x)\,dx.$$

이것에 의해 f의 푸리에 코사인 변환을

$$\mathfrak{F}_C[f](\omega) = \int_0^\infty f(x)\cos(\omega x)\,dx \tag{9.27}$$

로 정의한다. 때로는 $\mathfrak{F}_C[f](\omega) = \hat{f}_C(\omega)$로 나타낸다.

다음에 유의하여라.

$$\hat{f}_C(\omega) = \frac{\pi}{2}a_\omega$$

그리고

$$f(t) = \frac{2}{\pi}\int_0^\infty \hat{f}_C(\omega)\cos(\omega t)\,d\omega. \tag{9.28}$$

식 (9.27)과 식 (9.28)은 푸리에 코사인 변환의 변환짝을 이룬다. 식 (9.28)은 역 푸리에 코사인 변환이고 $\hat{f}_C$에서 f를 복원한다. 이 역을 $\hat{f}_C^{-1}$로 나타낸다.

보기 9.21

K가 양수이고

$$f(x)=\begin{cases}1, & 0\le x\le K\\ 0, & x>K\end{cases}$$

이면

$$\hat{f}_C(\omega)=\int_0^\infty f(x)\cos(\omega x)\,dx=\int_0^K \cos(\omega x)\,dx=\frac{\sin(K\omega)}{\omega}.$$

코사인 적분 대신에 푸리에 사인 적분을 사용하면 **f의 푸리에 사인 변환**을 정의할 수 있다. 즉,

$$\mathfrak{F}_S[f](\omega)=\int_0^\infty f(x)\sin(\omega x)\,dx.$$

또한 이것을 $\hat{f}_S(\omega)$로 나타내기도 한다.

f가 $x>0$에서 연속이면 푸리에 사인 적분표현은

$$f(x)=\int_0^\infty b_\omega \sin(\omega x)\,d\omega$$

이다. 여기서

$$b_\omega=\frac{2}{\pi}\int_0^\infty f(x)\sin(\omega x)\,dx=\frac{2}{\pi}\hat{f}_S(\omega).$$

이것은

$$f(x)=\frac{2}{\pi}\int_0^\infty \hat{f}_S(\omega)\sin(\omega x)\,d\omega$$

를 의미하고, $\hat{f}_S$에서 f를 복원하는 방법을 알려준다. 이 적분은 역 푸리에 사인 변환 $\hat{f}_S^{-1}$이다.

보기 9.22

f가 보기 9.21과 같다.

$$\hat{f}_S(\omega)=\int_0^\infty f(x)\sin(\omega x)\,dx=\int_0^K \sin(\omega x)\,dx=\frac{1}{\omega}[1-\cos(K\omega)]$$

이들 변환이 미분방정식의 풀이에 사용될 때는 연산공식이 필요하다.

연산공식 f와 f'이 구간 $[0, L]$의 모든 점에서 연속이고 $\int_0^\infty |f(x)|dx$가 수렴한

다고 하자. $x \to \infty$일 때 $f(x) \to 0$이고 또는 $f'(x) \to 0$이라고 하자. 또한 모든 $[0, L]$에서 f''은 구분적으로 연속이라고 하자. 그러면

1. $\mathfrak{F}_C[f''(x)](\omega) = -\omega^2 \hat{f}_C(\omega) - f'(0)$

2. $\mathfrak{F}_S[f''(x)](\omega) = -\omega^2 \hat{f}_S(\omega) + \omega f(0).$

다음 장에서의 편미분방정식의 풀이에 푸리에 변환(다른 변환 포함)을 응용할 수 있다.

표 9.2와 9.3은 통상 볼 수 있는 함수들의 푸리에 코사인 및 사인 변환의 표이다.

▶표 9.2 푸리에 코사인 변환

$f(x)$	$\mathfrak{F}_C(\omega)$
$x^{r-1},\ 0 < r < 1$	$\omega^{-r}\Gamma(r)\cos(\pi r/2)$
e^{-ax}	$\dfrac{a}{a^2 + \omega^2}$
xe^{-ax}	$\dfrac{a^2 - \omega^2}{(a^2 + \omega^2)^2}$
$e^{-a^2x^2}$	$\dfrac{\sqrt{\pi}}{2a}e^{-\omega^2/4a^2}$
$\dfrac{1}{a^2 + x^2}$	$\dfrac{\pi}{2a}e^{-a\omega}$
$\dfrac{1}{(a^2 + x^2)^2}$	$\dfrac{\pi}{4a^3}(1 + a\omega)e^{-a\omega}$
$\cos(x^2/2)$	$\dfrac{\sqrt{\pi}}{2}[\cos(\omega^2/2) + \sin(\omega^2/2)]$
$\sin(x^2/2)$	$\dfrac{\sqrt{\pi}}{2}[\cos(\omega^2/2) - \sin(\omega^2/2)]$
$\dfrac{1}{2}(1 + x)e^{-x}$	$\dfrac{1}{(1 + \omega^2)^2}$
$\sqrt{\dfrac{2}{\pi x}}$	$\dfrac{1}{\sqrt{\omega}}$
$e^{-x/\sqrt{2}}\sin\left(\dfrac{\pi}{4} + \dfrac{x}{\sqrt{2}}\right)$	$\dfrac{1}{1 + \omega^2}$
$e^{-x/\sqrt{2}}\cos\left(\dfrac{\pi}{4} + \dfrac{x}{\sqrt{2}}\right)$	$\dfrac{\omega^2}{1 + \omega^4}$
$\dfrac{2}{x}e^{-x}\sin(x)$	$\arctan(2/\omega^2)$
$H(t) - H(t - a)$	$\dfrac{1}{\omega}$

▶표 9.3 **푸리에 사인 변환**

$f(x)$	$\mathfrak{F}_S(\omega)$
$\dfrac{1}{x}$	$-\pi/2\,(\omega<0),\ \pi/2\,(\omega>0)$
$x^{r-1},\ \ 0<r<1$	$\omega^{-r}\Gamma(r)\sin(\pi r/2)$
$\dfrac{1}{\sqrt{x}}$	$\sqrt{\pi/2\omega}$
e^{-ax}	$\dfrac{\omega}{a^2+\omega^2}$
xe^{-ax}	$\dfrac{2a\omega}{(a^2+\omega^2)^2}$
$xe^{-a^2x^2}$	$\dfrac{\sqrt{\pi}}{4a^3}\omega e^{-\omega^2/4a^2}$
$\dfrac{1}{x}e^{-ax}$	$\arctan\left(\dfrac{\omega}{a}\right)$
$\dfrac{x}{a^2+x^2}$	$\dfrac{\pi}{2}e^{-a\omega}$
$\dfrac{x}{(a^2+x^2)^2}$	$\dfrac{4}{\pi a}\omega e^{-a\omega}$
$\dfrac{1}{x(a^2+x^2)}$	$\dfrac{\pi}{2a^2}(1-e^{-a\omega})$
$e^{-x/\sqrt{2}}\sin\left(\dfrac{x}{\sqrt{2}}\right)$	$\dfrac{\omega}{1+\omega^4}$
$\dfrac{2}{\pi}\dfrac{x}{a^2+x^2}$	$e^{-a\omega}$
$\dfrac{2}{\pi}\arctan(a/x)$	$\dfrac{1}{\omega}(1-e^{-a\omega})$
$\operatorname{erf}\left(\dfrac{x}{2\sqrt{a}}\right)$	$\dfrac{1}{\omega}(1-e^{-a\omega^2})$
$\dfrac{4}{\pi}\dfrac{x}{4+x^4}$	$e^{-\omega}\sin(\omega)$
$\sqrt{\dfrac{2}{\pi x}}$	$\dfrac{1}{\sqrt{\omega}}$

연습문제 9.8

문제 1~3에서 함수의 푸리에 코사인 변환 및 푸리에 사인 변환을 구하라.

1. $f(x)=e^{-x}$

2. $f(x)=\begin{cases}\cos x, & 0\le x\le K\\ 0, & x>K\end{cases}$

3. $f(x)=e^{-x}\cos(x)$

4. f와 f의 미분에 대한 적당한 조건에서 다음을 보여라.

$$\mathfrak{F}_S\,[f^{(4)}(x)]\,(\omega)=\omega^4\hat{f}_S(\omega)-\omega^3 f(0)+\omega f''(0).$$

6부

편미분방정식

Partial Differential Equations

10장 편미분방정식

편미분방정식 10장

10.1 유계 매질에서의 확산 문제

편미분방정식

$$u_t = ku_{xx} \tag{10.1}$$

을 열방정식 또는 확산방정식이라 한다.

열방정식으로 또한

$$\frac{\partial u}{\partial t} = k\frac{\partial^2 u}{\partial x^2}$$

으로 쓸 수 있으나 보통은 편미분의 아래 첨자 기호를 사용한다.

이 절은 $u(x, t)$, $0 \le x \le L$, $t \ge 0$의 해에 관한 것이다. 이 경우 공간 변수는 유계이고 이 식은 길이 L인 동질의 막대에서 온도함수의 모델링으로 해석한다. 여기서 $u(x, t)$는 x에서 막대의 단면의 시간 t에서 온도이다. 막대의 물질이 상수 k를 결정하고 이것을 막대의 온도 확산율이라 부른다. 이것은 경험으로부터 관계짓는 익숙한 설정이다. 그러나 이 식은 예를 들어 어떤 인구 형태를 포함할 수 있는 것으로 확산 과정에 적용된다. 식 (10.1)의 확산과정 해를 정확하게 모형화 하기 위해서는 (예를 들어 시간 0에서의 온도) 막대의 초기조건을 측정하는 초기와 경계에 대한 정보 뿐만 아니라 주변 환경이 확산과정의 상호작용에 따르는 것을 찾아야 한다. 이 조건들은 다른 설정도 모형화 하기 위해서는 다양한 형태를 취해야 한다. 다음은 통상적으로 많이 보는 조건들이다.

조건

$$u(0,t)=T_1,\ u(L,t)=T_2,\ t\geq 0,$$
$$u(x,0)=f(x),\ 0\leq x\leq L$$

은 막대의 끝이 항상 상수온도 T_1, T_2를 유지하고 막대를 통틀어 초기온도는 양 $f(x)$로 주어진 것을 말한다.

경계와 초기조건

$$u_x(0,t)=u_x(L,t)=0,\ \ t\geq 0,$$
$$u(x,0)=f(x),\ \ 0\leq x\leq L$$

은 절연처리된 끝(끝을 통한 열손실 없음)과 초기온도 $f(x)$인 막대의 조건이다.

만약 초기온도가 $f(x)$이고 왼쪽 끝은 상수온도 T로 유지되고 반면에 오른쪽 끝은 절연처리되었다고 하면

$$u(0,t)=T,\ u_x(L,t)=0,\ t\geq 0$$
$$u(x,0)=f(x),\ 0\leq x\leq L$$

이다.

막대가 끝에서 상수온도를 유지한다고 가정한 주변 매질로 방출에 의해 에너지를 잃을 때 자유복사 또는 대류가 일어난다. 이제 경계와 초기조건

$$u_x(0,t)=A[u(0,t)-T],\ u_x(L,t)=-A[u(L,t)-T],\ t\geq 0$$
$$u(x,0)=f(x),\ 0\leq x\leq L,$$

여기서 A는 양의 상수이다(전이상수로 부른다).

열에너지는 높은 온도의 끝에서 낮은 온도의 끝으로 흐르고, 이 비율은 기울기벡터(양 끝에서의 온도차)에 비례한다. 이것이 뉴턴의 냉각법칙이다.

다음의 복합 경계조건

$$u(0,t)=T_1,\ u_x(L,t)=-A[u(L,t)-T_2],\ t\geq 0$$
$$u(x,0)=f(x),\ 0\leq x\leq L$$

은 왼쪽 끝에서 온도 T_1을 유지하고 반면에 에너지는 오른쪽 끝에서 상수온도 T_2인 주변 매질로 방출한다.

편미분방정식은 주어진 구간에서 초기-경계조건 문제로 이루어진다.

열방정식의 해를 찾는 방법을 모색하고 여러 가지 초기-경계조건에 따른 이 열방정식의 변형에 대해서도 전개한다.

10.1.1 0온도로 유지되는 끝

먼저 다음 문제를 생각한다.

$$u_t = ku_{xx};\ 0 < x < L,\ t > 0$$
$$u(0,t) = u(L,t) = 0$$
$$u(x,0) = f(x)$$

위의 경우 양 끝은 온도가 0으로 유지된다.

변수분리 또는 **푸리에 방법**은 다음 형태의 해를 갖는 조건으로 한다. 즉, x의 함수와 t의 함수의 곱

$$u(x,t) = X(x)T(t)$$

로 이루어져 있다고 하자. 이것을 열방정식에 대입하면

$$XT' = kX''T.$$

그러면 $0 < x < L,\ t \geq 0$에 대하여

$$\frac{X''}{X} = \frac{T'}{kT}$$

위 식의 좌변은 x에 따르고 우변은 t에만 의존한다. 그리고 x와 t는 독립적으로 변한다. 우변에서 $t = t_0$로 고정하면 X''/X은 구간 안의 모든 x에 대하여 상수이다. 비슷하게 x를 고정하면 T'/kT는 모든 $t > 0$에 대하여 상수이다. 또한

$$\frac{X''}{X} = \frac{T'}{kT} = -\lambda.$$

여기서 λ는 어떤 상수(**분리상수**라고 한다)로 결정된다. 두 분수식을 λ 대신 $-\lambda$로 두는 것은 보다 실질적이다. 그러나 마지막에는 어느 쪽이든 같은 해로 귀결된다.

X와 T에 대한 미분방정식은

$$X'' + \lambda X = 0,\ T' + \lambda kT = 0.$$

더욱이

$$u(0,t) = X(0)T(t) = 0,$$

따라서 $X(0) = 0$. 그리고

$$u(L,\ t) = X(L)T(t) = 0$$

그러므로 $X(L) = 0$. 여기서 $T(t)$는 적어도 어떤 시간 동안은 0이 아니라고 가정한다. 그렇지 않으면 $u(x,\ t)$는 항등적으로 0이다.

이들 경계조건으로 구간 $[0,\ L]$에서 $X(x)$에 대한 **정규 Sturm-Liouville 문제**를 갖는다. 즉

$$X'' + \lambda X = 0;\ X(0) = X(L) = 0.$$

정규 Sturm-Liouville 문제의 고유치(λ의 해)와 이에 대한 고유함수(X에 대한 해)는 $\lambda_n = n^2\pi^2/L^2$이다(실수 λ의 경우에 따른 고유치). 그리고

$$X_n(x) = \sin\left(\frac{n\pi x}{L}\right),\quad n = 1, 2, \cdots.$$

이제

$$T' + \lambda k T = T' + \frac{n^2\pi^2 k}{L^2} T = 0$$

이고 해는 $e^{-n^2\pi^2 kt/L^2}$의 상수배이다.

각 양정수 n에 대하여 함수

$$u_n(x, t) = X_n(x)T_n(t) = b_n \sin\left(\frac{n\pi x}{L}\right) e^{-n^2\pi^2 kt/L^2}$$

여기서 각 b_n은 아직 특화해야 하는 상수이고 열방정식과 양쪽 경계조건을 만족하지만 초기조건 $u(x, 0) = f(x)$를 만족할 필요는 없다. 이를 위해 합

$$u(x, t) = \sum_{n=1}^{\infty} b_n \sin(n\pi x/L)\, e^{-n^2\pi^2 kt/L^2}.$$

이 합은 또한 열방정식과 양쪽 경계조건 $u(0, t) = u(L, t) = 0$을 만족한다. 이 초기조건을 만족하려면

$$u(x, 0) = \sum_{n=1}^{\infty} b_n \sin(n\pi x/L) = f(x)$$

가 필요하다. 이것은 구간 $[0, L]$에서 $f(x)$의 푸리에 사인전개이다. 그러므로

$$b_n = \frac{2}{L}\int_0^L f(x)\sin(n\pi x/L)\,dx \tag{10.2}$$

을 선택한다. 양 끝의 온도가 0으로 유지될 때 문제의 해는

$$u(x, t) = \sum_{n=1}^{\infty}\left(\frac{2}{L}\int_0^L f(\xi)\sin(n\pi\xi/L)\,d\xi\right)\sin\left(\frac{n\pi x}{L}\right) e^{-n^2\pi^2 kt/L^2} \tag{10.3}$$

보기 10.1

$L = 1,\ k = 1/4$이고 초기온도 분포가

$$u(x, 0) = f(x) = x\cos(\pi x/2)$$

일 때 이 경계치 문제를 풀어라.

계수를 계산하기 위해 먼저 식 (10.2)를 사용한다. $n = 1, 2, \cdots$에 대하여

$$b_n = 2\int_0^1 \xi\cos(\pi\xi/2)\sin(n\pi\xi)\,d\xi = \frac{32(-1)^{n+1}}{\pi^2(4n^2-1)^2}.$$

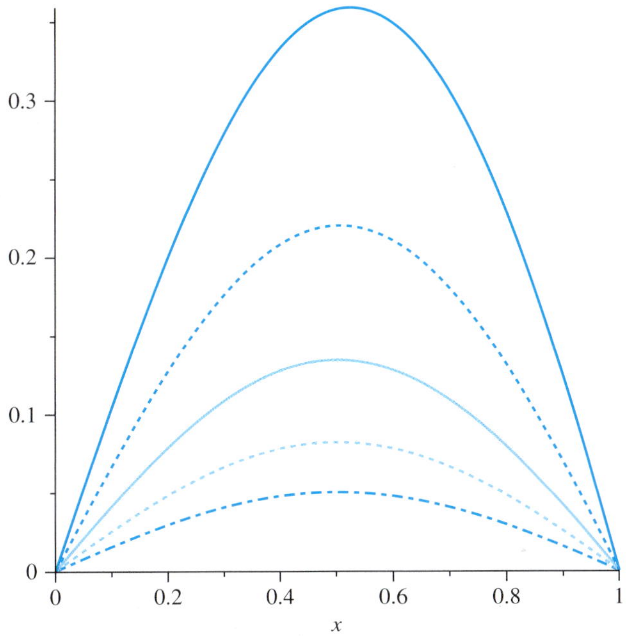

그림 10.1 보기 10.1에서 $t=0,\ 0.2,\ 0.4,\ 0.6,\ 0.8$일 때 $u(x,\ t)$의 그래프

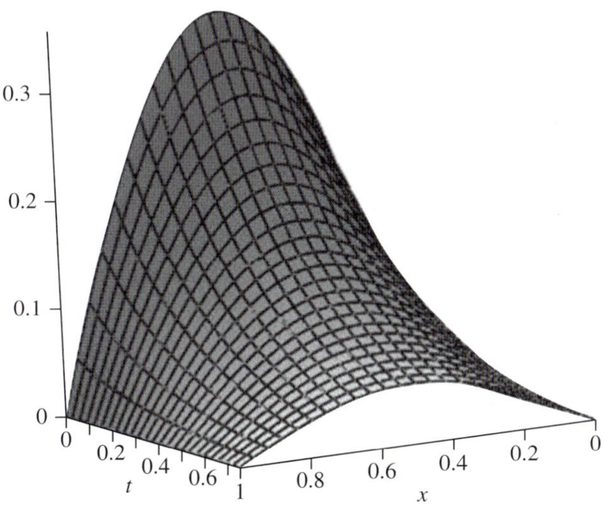

그림 10.2 보기 10.1에서 $0 \le x \le 1,\ 0 \le t \le 3/4$에서의 $u(x,\ t)$의 그래프

식 (10.3)에 의해 해는

$$u(x,t)=\sum_{n=1}^{\infty}\frac{32(-1)^{n+1}}{\pi^2(4n^2-1)^2}\sin(n\pi x)e^{-n^2\pi^2 t/4}.$$

그림 10.1은 시간 $t=0,\ 0.2,\ 0.4,\ 0.6,\ 0.8$일 때 이 해의 20번째 부분합의 그래프이다. 이 근사해는 지수 인자 때문에 시간이 증가할수록 빠르게 감소한다. 위 그래프는 초기온도의 개요이고 이것은 $f(x)=x\cos(\pi x/2)$의 그래프이다. 아래

쪽 그래프는 $t=0.8$일 때의 온도 개요이다. 그림 10.2는 x, t, u−공간에서 곡면으로 $u(x, t)$의 그래프를 보여준다.

10.1.2 절연처리가 된 끝

막대의 끝이 절연처리가 되었을 때 경계조건은

$$u_x(0, t)=u_x(L, t)=0, \ t>0.$$

변수분리 $u(x, t)=X(x)T(t)$를 적용하면 10.1.1에서와 같이

$$X''+\lambda X=0, \ T'+\lambda kT=0$$

를 얻는다. 이 경우와 끝의 온도가 0으로 유지되는 것과의 차이는 단지 경계조건에 있다. 이제 $t \geq 0$에 대하여

$$u_x(0)=X'(0)T(t)=0, \ u_x(L, t)=X'(L)T(t)=0.$$

그러므로

$$X'(0)=X'(L)=0.$$

X에 대한 문제는

$$X''+\lambda X=0; \ \ X'(0)=X'(L)=0$$

이다. $[0, L]$에서 정규 Sturm-Liouville 문제에 따라 이 문제는 고유치와 고유함수를 갖는다. 즉

$$\lambda_n=n^2\pi^2/L^2, \ X_n(x)=\cos(n\pi x/L), \quad n=0, 1, 2, \cdots.$$

T에 대한 문제는 $n=1, 2, \cdots$에 대하여

$$T'+\frac{n^2\pi^2 k}{L^2}T=0$$

이고, $n=0$에 대하여 $T_0(t)=$ 상수. 함수

$$u_0(x, t)=\frac{1}{2}a_0, \ u_n(x, t)=a_n\cos(n\pi x/L)\, e^{-n^2\pi^2 kt/L^2}, \ \ n=1, 2, \cdots$$

는 열방정식과 경계조건을 만족한다. 상수항은 푸리에 전개의 예상에서 $a_0/2$이고, 이것은 통상($f(x)$에 의존) 초기조건 $u(x, 0)=f(x)$를 만족하는 데 필요하다. 이를 위해

$$u(x, t)=\frac{1}{2}a_0+\sum_{n=1}^{\infty}a_n\cos\left(\frac{n\pi x}{L}\right)e^{-n^2\pi^2 kt/L^2} \tag{10.4}$$

로 둔다.

$$u(x,0)=f(x)=\frac{1}{2}a_0+\sum_{n=1}^{\infty}a_n\cos(n\pi x/L)$$

이 필요하고, 이것은 주어진 구간에서 초기온도 함수의 푸리에 코사인전개이다. 그러므로 해는 다음의 상수를 갖는 식 (10.4)로 주어진다. 즉

$$a_n=\frac{2}{L}\int_0^L f(\xi)\cos(n\pi\xi/L)\,d\xi,\quad n=0,\ 1,\ 2,\ \cdots \tag{10.5}$$

보기 10.2

막대의 끝은 절연이고 왼쪽 반은 처음부터 상수온도 T이고 반면에 오른쪽 반은 온도가 0으로 가정하자. 즉

$$f(x)=\begin{cases}T, & 0\le x\le L/2,\\ 0, & L/2<x\le L.\end{cases}$$

해는 식 (10.4)이고 우리가 해야 하는 것은 계수 (10.5)를 계산하는 것이다. 먼저

$$a_0=\frac{2}{L}\int_0^{L/2}T\,dx=T$$

이고, $n=1,\ 2,\ \cdots$에 대하여

$$a_n=\frac{2}{L}\int_0^{L/2}T\cos(n\pi\xi/L)d\xi=\frac{2T}{n\pi}\sin(n\pi/2),$$

해는

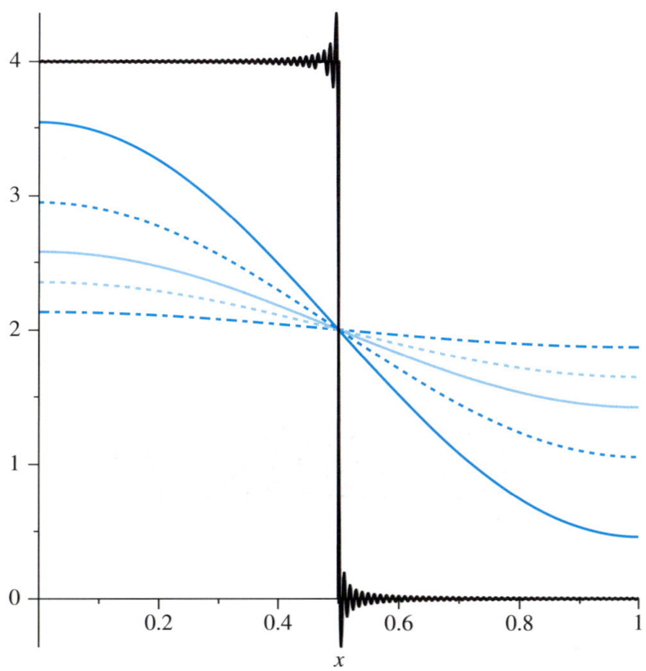

그림 10.3 보기 10.2에서 선택된 시간에서의 온도함수의 그래프

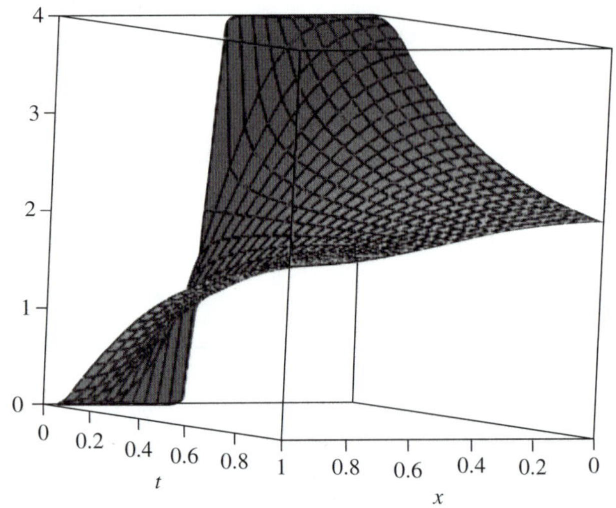

그림 10.4 보기 10.2에서 $u(x, t)$의 곡면

$$u(x,t)=\frac{T}{2}+\frac{2T}{\pi}\sum_{n=1}^{\infty}\frac{1}{n}\sin\left(\frac{n\pi}{2}\right)\cos\left(\frac{n\pi x}{L}\right)e^{-n^2\pi^2 kt/L^2}.$$

합의 항에서 n이 짝수이면 $\sin(n\pi/2)=0$이므로 n 대신 $2n-1$로 대체할 수 있다.

그림 10.3은 해의 첫 250번째 부분합을 사용한 $T=4$, $k=1/4$, $L=1$과 시간 0, 0.2, 0.4, 0.6, 0.8, 1.2일 때 해의 근사 그래프이다. 항을 더 많이 사용하면 보다 나은 정확성을 얻을 것이다. t가 증가할 때 경계조건 때문에 $u(x, t)$의 그래프는 안정되고 상수값 2(이것은 $T/2$이다)에 접근한다. 시간이 경과하면서 열에너지는 막대의 따뜻한 쪽(왼쪽 반)에서 차가운 쪽(오른쪽 반)으로 흐르고 왼쪽 반의 초기온도 4는 막대를 통해서 고르게 분포하게 된다. 그림 10.4는 곡면으로서 $u(x, t)$의 그래프이다.

지금까지 다룬 문제에서 k는 단지 해의 지수인자 $e^{-n^2\pi^2 kt/L^2}$에서만 나타낸다. k를 큰 값으로 선택한다면 시간이 경과함에 따라 이 인자는 보다 빨리 감소하게 된다. 그러므로 시간이 증가함에 따라 온도 분포는 보다 빨리 감소한다. 보기에서 이것을 확인하기 위해 L와 T 등을 다른 다양한 상수값을 선택한다. 그러면 시간 t_0를 선택하고 같은 x, u-축 상에 k의 다른 값에 대한 해 $u(x, t_0)$의 그래프를 그린다. 이와 같은 시도는 다른 t_0의 선택으로 해에서 k의 효과를 보기 위해 반복할 수 있다.

10.1.3 한쪽 끝에서 방출

막대의 오른쪽 끝은 온도가 0으로 유지되고 반면에 오른쪽 끝에서는 온도가 0으로

유지된 주위의 매질로 에너지를 방출한다고 가정하자. 이 문제는 경계-초깃값 문제로 모형화 된다. 즉

$$u_t = ku_{xx};\ 0 < x < L,\ t > 0,$$
$$u(0, t) = 0;\ u_x(L, t) = -Au(L, t),$$
$$u(x, 0) = f(x).$$

A는 양의 전이계수이다. $u(x, t) = X(x)T(t)$로 두고 다른 문제에서처럼 변수를 분리하면

$$X'' + \lambda X = 0,\ T' + \lambda kT = 0$$

를 얻는다. 먼저 모든 $t \geq 0$에 대하여 $u(0, t) = X(0)T(0) = 0.$

그러므로 $X(0) = 0$이다. 그러나 다른 끝에서는

$$X'(L)T(t) = -AX(L)T(t).$$

그래서

$$X'(L) + AX(L) = 0.$$

그러므로 $X(x)$에 대한 Sturm-Liouville 문제는

$$X'' + \lambda X = 0;\ X(0) = 0,\ X'(L) + AX(L) = 0.$$

이것은 [0, L]에서 정규문제이다. 우리는 고유치가 초월방정식

$$\tan(z) = -\frac{z}{AL}$$

의 해임을 알 수 있다. 이 해는 $w = \tan(z)$와 $w = -z/AL$의 그래프의 교차점 첫 번째 좌표이다. 이 고유치를 수

$$z_1 < z_2 < z_3 < \cdots$$

의 증가 순서로 나열한다. 고유함수는

$$X_n(x) = \sin(z_n x/L)$$

이거나 이들 사인함수의 상수곱이다. 또한

$$T_n(t) = e^{-z_n^2 kt/L^2}$$

을 찾을 수 있다. $n = 1, 2, \cdots$에 대하여

$$u_n(x, t) = \sin\left(\frac{z_n x}{L}\right)e^{-z_n^2 kt/L^2}$$

로 두자. 이들 함수는 열방정식과 경계조건을 만족한다. 조건 $u(x, 0) = f(x)$를 만족하도록 일반적으로 해

$$u(x,t)=\sum_{n=1}^{\infty} c_n \sin\left(\frac{z_n x}{L}\right) e^{-z_n^2 kt/L^2}$$

로 시도해야 한다. 계수로는

$$u(x,0)=f(x)=\sum_{n=1}^{\infty} c_n \sin\left(\frac{z_n x}{L}\right)$$

가 필요하다. 이것은 고유함수의 전개의 개념이 요구된다. 여기서 전개식에서의 계수는

$$c_n = \frac{\int_0^L f(\xi)\sin(z_n\xi/L)\,d\xi}{\int_0^L \sin^2(z_n\xi/L)\,d\xi}$$

로 주어진다. 수 z_n은 정확하게 알지 못하므로 우리가 할 수 있는 최선의 방법은 근사값을 취하는 것이다. 예로서 $L=k=A=1$로 택하고 근삿값을 계산한다. 즉,

$$z_1 \approx 2.0288,\ z_2 \approx 4.9132,\ z_3 \approx 7.9787,\ z_4 \approx 11.0855.$$

또한

$$f(x)=\begin{cases} x, & 0 \le x \le \frac{1}{2} \\ 1-x, & \frac{1}{2} < x \le 1 \end{cases}$$

로 취하고 수치적분을 수행하여

$$c_1 \approx 1.9207,\ c_2 \approx 2.6593,\ c_3 \approx 4.1457,\ c_4 \approx 5.6329$$

를 계산한다. 이것은 근사해를 준다. 즉

$$\begin{aligned} u_{\text{approx}}(x,t) \approx\ & 1.9027\sin(2.0288x)e^{-4.1160kt} \\ & + 2.6593\sin(4.9132x)e^{-24.1395kt} \\ & + 4.1457\sin(7.9787x)e^{-63.6597kt} \\ & + 5.6329\sin(11.0855x)e^{-1228.883kt}. \end{aligned}$$

그림 10.5는 $f(x)$와 $u_{\text{approx}}(x, t)$의 그래프를 보여준다. 근사의 정확성은 x가 1에 접근할 때 떨어진다. 그림 10.6은 $x, t, u-$공간에서 곡면으로서의 근사해의 그래프이다.

10.1.4 비제차 경계조건

지금까지의 모든 보기에서 경계조건은 제차였다. 이는 $u(0, t)=0$ 또는 $u_x(L, t)=0$와 같은 어떤 양을 0으로 두는 것을 포함하는 것이다. 경계조건이 비제차(예를 들어 $u_x(L, t)=4$)일 때 변수분리는 적용할 수 없다. 이런 경우 우리는 제차 경계조건을 갖는 문제로 변형할 수 있어서 문제를 푸는 방법을 알게 된다.

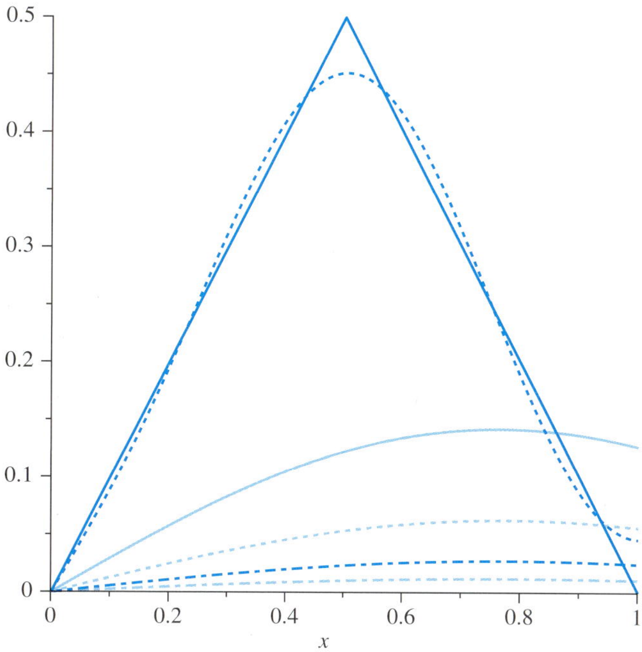

그림 10.5 선택한 시간($t = 0,\ 0.2,\ 0.4,\ 0.6,\ 0.8$)에서 $u_{\text{approx}}(x,\ t)$

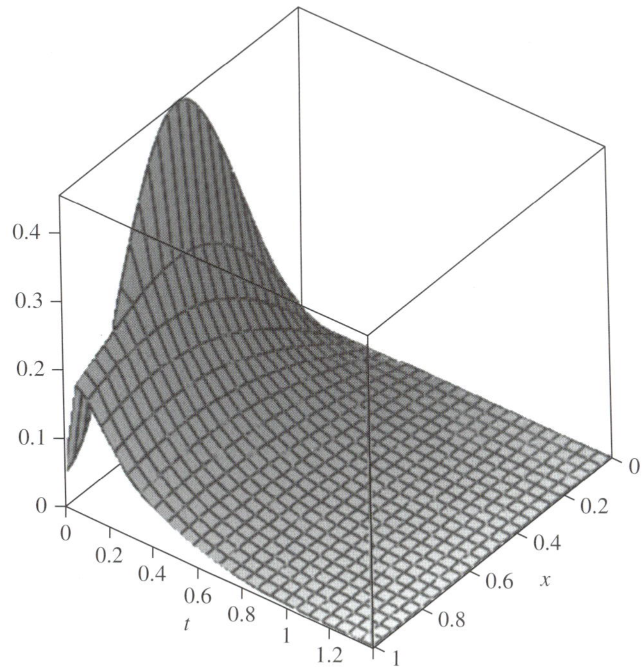

그림 10.6 곡면으로서의 $u_{\text{approx}}(x,\ t)$

보기 10.3

초기–경계치 문제

$$u_t = ku_{xx};\ 0 < x < L, t > 0$$
$$u(0,t) = T_1,\ u(L,t) = T_2$$
$$u(x,0) = f(x)$$

를 풀어라.

비제차 문제라면 적어도 T_1과 T_2 중 하나는 0이 아니라고 가정한다. $u(x,\ t) = X(x)\,T(t)$로 변수분리를 시도한다. 먼저

$$u(0,t) = X(0)T(t) = T_1$$

는 $X(0) = T_1 = 0$이 아니면 $T(t) = T_1/X(0)$가 상수이기를 요구한다. 비슷하게

$$u(L,t) = X(L)T(t) = T_2$$

는 $X(L) = T_2 = 0$이 아니라면 $T(t) = T_2/X(L)$이 위와 다른 상수이길 원한다. 변수분리 접근법은 만약 T_1 또는 T_2가 0이 아니면(재미있는 경우) 여기서는 성공할 수 없다.

문제를 재차 경계조건인 문제로 바꾼다.

$$u(x,t)=v(x,t)+\psi(x)$$

라 두자. 개념은 $\psi(x)$를 선택하는 것이고 그래서 $v(x, t)$에 대한 초기-경계조건 문제로 귀결되도록 하여 어떻게 문제를 풀지 알아내는 것이다. $u(x, t)$를 열방정식에 대입하여

$$v_t=k(v_{xx}+\psi''(x))$$

를 얻는다. 만약 $\psi''(x)=0$, 즉 상수 c, d에 대하여

$$\psi(x)=cx+d$$

이면, 이것은 v에 대한 표준 열방정식이다. 이제

$$u(0,t)=T_1=v(0,t)+\psi(0)$$

는 $\psi(0)=d=T_1$이면 재차조건 $v(0, t)=0$이다. 그러면

$$\psi(x)=ct+T_1.$$

다음으로 $v(L, t)=0$이기 위해

$$u(L,t)=T_2=v(L,t)+\psi(L)=cL+T_1$$

이 필요하다. 그래서

$$c=\frac{1}{L}(T_2-T_1)$$

이다. 이것은 완전히 $\psi(x)$를 결정한다. 즉

$$\psi(x)=\frac{1}{L}(T_2-T_1)x+T_1.$$

이와 같은 $\psi(x)$의 선택으로

$$v(0,t)=v(L,t)=0, \quad t\geq 0$$

이다. 게다가

$$v(x,0)=u(x,0)-\psi(x)=f(x)-\psi(x)$$

이다. $v(x, t)$에 대한 초기-경계치 문제는

$$\begin{gathered} v_t=kv_{xx} \\ v(0,t)=v(L,t)=0 \\ v(x,0)=f(x)-\psi(x) \end{gathered}$$

이고, 이것은 푸는 방법을 아는 문제이다.

보기 10.4

초기–경계치 문제

$$u_t = 7u_{xx};\quad 0 < x < 1$$
$$u(0, t) = 1,\ u(1, t) = 5$$
$$u(x, 0) = f(x) = x^2 + 3x + 1$$

을 풀어라.

$u(x,t) = v(x,t) + \psi(x)$라 두자. 이 논의에서 $T_1 = 1$, $T_2 = 5$, $L = 1$로 하고

$$\psi(x) = 4x + 1$$

로 선택한다. $v(x, t)$에 대한 문제는

$$v_t = 7v_{xx};\ 0 < x < 1,\ t > 0$$
$$v(0,t) = v(1,t) = 0$$
$$v(x,0) = f(x) - \psi(x) = x^2 - x = x(x-1).$$

이 문제의 해는 계수는 식 (10.2)에 따르고 식 (10.3)에 의해 주어진다. 계수는

$$\begin{aligned} b_n &= 2\int_0^1 (f(\xi) - \psi(\xi))\sin(n\pi\xi)d\xi \\ &= 2\int_0^1 \xi(\xi - 1)\sin(n\pi\xi)\,d\xi \\ &= \frac{4}{n^3\pi^3}((-1)^n - 1) \end{aligned}$$

이고 $v(x, t)$에 대한 해는

$$v(x,t) = \sum_{n=1}^{\infty} \frac{4}{n^3\pi^3}((-1)^n - 1)\sin(n\pi x)e^{-7n^2\pi^2 t}$$

이다. 그러므로 원래 문제의 해는

$$u(x,t) = v(x,t) + 4x + 1$$

재차 경계조건에 사용된 이 방법은 달리 절연조건

$$u_x(0, t) = T_1,\quad u_x(L, t) = T_2$$

를 갖는다면 적용할 수 없다. 왜 이러한가를 이해하기 위해

$$u(x,t) = v(x,t) + \psi(x)$$

로 시도하면

$$u_t = v_t = ku_{xx} = k(v_{xx} + \psi''(x)) = kv_{xx} + k\psi''(x)$$

를 얻는다. v에 대한 표준 열방정식을 갖기 위해 앞에서와 같이 $\psi''(x) = 0$, 즉 $\psi(x) = cx + d$가 필요하다. 그러나 그러면 절연조건

$$u_x(0,t) = v_x(0,t) + \psi'(0) = v_x(0,t) + c = T_1$$

에서 $v_x(0, t) = 0$는

$$c = T_1$$

을 요구한다. 그래서 $\psi(x) = T_1 x + d$로 된다. 그렇지만

$$u_x(L,t) = T_2 = v_x(L,t) + \psi'(L)$$

이고 $v_x(L, t) = 0$이기 위해

$$\psi'(L) = c = T_2$$

가 필요하다. 이는 $T_1 = T_2$를 요구한다. 이것은 이 경우를 필요로 하지 않는다.

만약 $T_1 = T_2 = T$이고 절연조건이

$$u_x(0,t) = u_x(L,t) = T$$

이면, $\psi(x) = Tx$와 함께 $u(x,t) = v(x,t) + \psi(x)$로 두는 것은 잘 된 것이다.

연습문제 10.1

문제 1~4에서 초기-경계치 문제의 해를 구하라.

1.

$$u_t = ku_{xx};\ 0 < x < L,\ t > 0,$$
$$u(0, t) = u(L, t) = 0,$$
$$u(x, 0) = x(L - x)$$

2.

$$u_t = 3u_{xx};\ 0 < x < L,\ t > 0,$$
$$u(0, t) = u(L, t) = 0,$$
$$u(x, 0) = L(1 - \cos(2\pi x/L))$$

3.

$$u_t = 4ku_{xx};\ 0 < x < 2\pi,\ t > 0,$$
$$u_x(0, t) = u_x(2\pi, t) = 0,$$
$$u(x, 0) = x(2\pi - x)^2$$

4.

$$u_t = 2u_{xx};\ 0 < x < 6,\ t > 0,$$
$$u_x(0, t) = u_x(6, t) = 0,$$
$$u(x, 0) = x\cos(\pi x/4)$$

5. 아주 얇은 길이 L인 균질 막대는 절연 끝과 초기온도 $f(x)=Bx/L$을 갖고 있다. 여기서 B는 양의 상수이다. 왼쪽 끝은 온도가 0으로 유지되고 오른쪽 끝은 절연되어 있다. 막대의 온도분포를 구하라.

6. 다음을 풀어라.

$$u_t = u_{xx} + 4u_x + 2u;\ 0 < x < \pi,\ t > 0,$$
$$u(0, t) = u(\pi, t) = 0,$$
$$u(x, 0) = x(\pi - x)$$

7. 다음을 풀어라.

$$u_t = u_{xx} - 6u_x;\ 0 < x < \pi,\ t > 0,$$
$$u(0, t) = u(\pi, t) = 0,$$
$$u(x, 0) = x(\pi - x)$$

8. 다음을 풀어라.

$$u_t = ku_{xx};\ 0 < x < L,\ t \geq 0,$$
$$u(0, t) = T, u(L, t) = 0,$$
$$u(x, 0) = x(L - x)^2$$

9. 다음을 풀어라.

$$u_t = 9u_{xx};\ 0 < x < L,\ t > 0,$$
$$u(0, t) = T,\ u(L, t) = 0,$$
$$u(x, 0) = 0$$

10.2 강제조건 $F(x, t)$를 갖는 열방정식

우리는 다음의 초기-경계치 문제를 풀 것이다.

$$u_t = ku_{xx} + F(x, t);\ 0 < x < L,\ t > 0,$$
$$u(0, t) = u(L, t) = 0,$$
$$u(x, 0) = f(x).$$

위의 항 $F(x, t)$는 매질 내의 에너지원 혹은 침몰(손실)일 수 있거나 확산과정에서 작용하는 다른 외부의 영향일 수 있다. 예를 들면 화학반응은 방사능처럼 내부에서 열을 생성할 수 있다.

이 문제에서는 변수분리를 적용할 수 없음을 쉽게 증명할 수 있다. 그러나 $F(x, t)$ 항이 없는 해의 경우에서 단서를 찾을 수 있다. 이 경우

$$u(x, t) = \sum_{n=1}^{\infty} b_n \sin\left(\frac{n\pi x}{L}\right) e^{-n^2\pi^2 kt/L^2}$$

로 수 b_n은 구간 $[0, L]$에서 $f(x)$의 푸리에 사인계수이다. 이 항 $F(x, t)$를 가지는 문제에서는 다음 모양의 해로 시도할 것을 제안한다. 즉

$$u(x, t) = \sum_{n=1}^{\infty} T_n(t) \sin\left(\frac{n\pi x}{L}\right). \tag{10.6}$$

이것을 해로 하기 위해서 $T_n(t)$를 구하자. $T_n(t)$에 대한 미분방정식을 풀고 유도하여 이를 시도해 보자.

당분간 t가 고정된 것으로 생각한다면 식 (10.6)의 우변은 x의 함수인 $u(x, t)$의 푸리에 사인전개이고, 그러므로 $T_n(t)$는 푸리에 사인계수

$$T_n(t) = \frac{2}{L}\int_0^L u(\xi, t)\sin\left(\frac{n\pi\xi}{L}\right)d\xi \tag{10.7}$$

이다. 고정된 t에 대하여 $F(x, t)$는 x의 함수로 생각한다. 이 함수를 $[0, L]$에서 사인급수

$$F(x, t) = \sum_{n=1}^{\infty} B_n(t)\sin\left(\frac{n\pi x}{L}\right) \tag{10.8}$$

로 전개한다. 여기서 $B_n(t)$는 선택한 t와 함께 변한다. 그렇지만 푸리에 사인계수의 공식에서

$$B_n(t) = \frac{2}{L}\int_0^L F(\xi, t)\sin\left(\frac{n\pi\xi}{L}\right)d\xi \tag{10.9}$$

이다. 식 (10.7)을 미분하면

$$T_n'(t) = \frac{2}{L}\int_0^L u_t(\xi, t)\sin\left(\frac{n\pi\xi}{L}\right)d\xi \tag{10.10}$$

이다. 열방정식에서의 u_t로 대체하고 식 (10.9)를 사용하면 다음을 얻는다.

$$\begin{aligned} T_n'(t) &= \frac{2k}{L}\int_0^L u_{xx}(\xi, t)\sin\left(\frac{n\pi\xi}{L}\right)d\xi + \frac{2}{L}\int_0^L F(\xi, t)\sin\left(\frac{n\pi\xi}{L}\right)d\xi \\ &= \frac{2k}{L}\int_0^L u_{xx}(\xi, t)\sin\left(\frac{n\pi\xi}{L}\right)d\xi + B_n(t). \end{aligned} \tag{10.11}$$

이 식의 마지막 적분을 부분적분을 두 번 수행하고 경계조건을 사용하여 계산하면

$$\begin{aligned} &\int_0^L u_{xx}(\xi, t)\sin\left(\frac{n\pi\xi}{L}\right)d\xi \\ &= \left[u_x(\xi, t)\sin\left(\frac{n\pi\xi}{L}\right)\right]_0^L - \int_0^L \frac{n\pi}{L}u_x(\xi, t)\cos\left(\frac{n\pi\xi}{L}\right)d\xi \\ &= -\frac{n\pi}{L}\left[u(\xi, t)\cos\left(\frac{n\pi\xi}{L}\right)\right]_0^L + \frac{n\pi}{L}\int_0^L -\frac{n\pi}{L}u(\xi, t)\sin\left(\frac{n\pi\xi}{L}\right)d\xi \\ &= -\frac{n^2\pi^2}{L^2}\int_0^L u(\xi, t)\sin\left(\frac{n\pi\xi}{L}\right)d\xi \\ &= -\frac{n^2\pi^2}{L^2}\frac{L}{2}T_n(t) \\ &= -\frac{n^2\pi^2}{2L}T_n(t). \end{aligned}$$

이 결과를 식 (10.11)에 대입하면

$$T_n'(t) = -\frac{n^2\pi^2 k}{L^2} T_n(t) + B_n(t)$$

를 얻는다. 이것은 $T_n(t)$에 대한 일계 선형미분방정식

$$T_n'(t) + \frac{n^2\pi^2 k}{L^2} T_n(t) = B_n(t)$$

이다. 초기조건을 얻기 위해 이 미분방정식과 함께 식 (10.7)을 사용하면:

$$T_n(0) = \frac{2}{L}\int_0^L u(\xi, 0)\sin\left(\frac{n\pi\xi}{L}\right)d\xi = \frac{2}{L}\int_0^L f(\xi)\sin\left(\frac{n\pi\xi}{L}\right)d\xi = b_n$$

이고, $[0, L]$에서 $f(x)$의 푸리에 사인전개에서의 n번째 계수이다. 이제 $T_n(t)$에 대한 초기치 문제:

$$T_n'(t) + \frac{n^2\pi^2 k^2}{L} T_n(t) = B_n(t);\ T_n(0) = b_n$$

을 갖는다. $T_n(t)$에 대한 이 미분방정식은 적분인자

$$e^{n^2\pi^2 kt/L^2}$$

를 갖고, 해

$$T_n(t) = \int_0^t e^{-n^2\pi^2 k(t-\tau)/L^2} B_n(\tau)d\tau + b_n e^{-n^2\pi^2 kt/L^2}$$

을 얻는다. 끝으로 이것을 식 (10.6)에 대입하면 해

$$\begin{aligned} u(x,t) &= \sum_{n=1}^{\infty}\left(\int_0^t e^{-n^2\pi^2 k(t-\tau)/L^2} B_n(\tau)d\tau\right)\sin\left(\frac{n\pi x}{L}\right) \\ &\quad + \sum_{n=1}^{\infty} b_n \sin\left(\frac{n\pi x}{L}\right)e^{-n^2\pi^2 kt/L^2} \end{aligned} \tag{10.12}$$

을 얻는다. 여기서

$$b_n = \frac{2}{L}\int_0^L f(\xi)\sin\left(\frac{n\pi\xi}{L}\right)d\xi.$$

$u(x, t)$에 대한 이 해는 두 항의 합이다. 첫 번째 항은 해에서 $F(x, t)$의 영향이고 반면에 두 번째 항은 $F(x, t)$가 항등적으로 0인 경우의 해이다.

보기 10.5

다음 문제를 풀어보자.

$$\begin{aligned} &u_t = 4u_{xx} + xt;\ 0 < x < \pi,\ t > 0, \\ &u(0,t) = u(\pi,t) = 0, \\ &u(x,0) = f(x) = x(\pi - x). \end{aligned}$$

우리는 식 (10.12)인 해를 안다. 항을 채우기만 하면 된다. 먼저 식 (10.9)에서

$$B_n(t) = \frac{2}{\pi}\int_0^{\pi} \xi t \sin(n\xi)\, d\xi = \frac{2(-1)^{n+1}}{n}\, t.$$

이 식에서

$$\int_0^t e^{-4n^2(t-\tau)} B_n(\tau)\, d\tau = \int_0^t \frac{2(-1)^{n+1}}{n}\, \tau e^{-n^2(t-\tau)}\, d\tau$$
$$= \frac{1}{8}(-1)^{n+1}\left(\frac{-1+4n^2t+e^{-4n^2t}}{n^5}\right)$$

를 결정할 수 있다. 다음으로 $[0, \pi]$에서 $f(x)$의 푸리에 사인계수가 필요하다. 즉

$$\begin{aligned} b_n &= \frac{2}{\pi}\int_0^{\pi} f(\xi)\sin(n\xi)\, d\xi \\ &= \frac{2}{\pi}\int_0^{\pi} \xi(\pi-\xi)\sin(n\xi)\, d\xi \\ &= \frac{4}{\pi n^3}(1-(-1)^n). \end{aligned}$$

강제조건 $F(x, t) = xt$가 제거된 문제의 열방정식의 해는

$$u_0(x, t) = \sum_{n=1}^{\infty} \frac{4}{\pi n^3}(1-(-1)^n)\sin(nx)\, e^{-4n^2t}$$

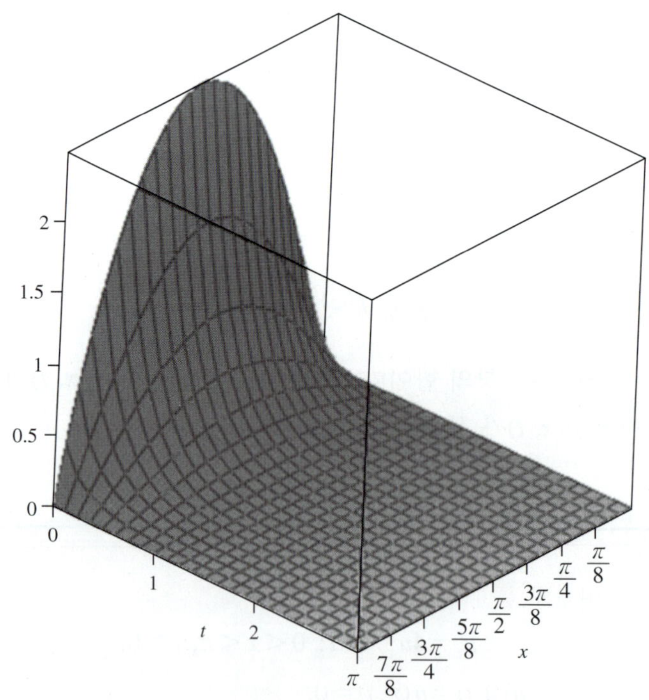

그림 10.7 보기 10.5에서 강제조건이 없는 온도곡면

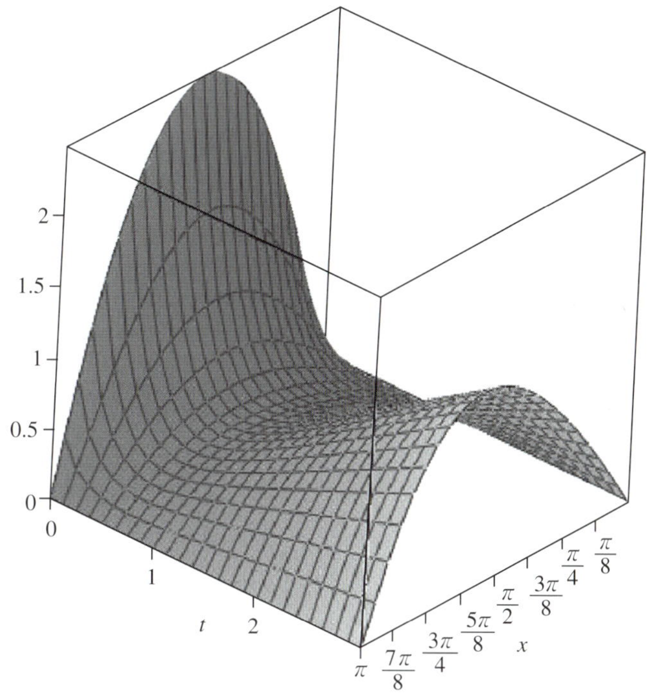

그림 10.8 강제조건이 있는 온도곡면

이다. 그리고 강제조건이 포함된 해는

$$u(x,t)=u_0(x,t)+\sum_{n=1}^{\infty}\left(\frac{1}{8}(-1)^{n+1}\frac{-1+4n^2t+e^{-4n^2t}}{n^5}\right)\sin(nx)$$

이다. 그림 10.7과 10.8은 $u_0(x, t)$와 $u(x, t)$의 곡면으로서의 그래프이고 해에서 $F(x, t)$의 효과를 볼 수 있다. 강제조건의 형태로부터 예상했던 대로 x와 t가 증가하면 강제조건의 효과는 보다 확연하고 온도곡면을 보다 높은 수준으로 들어 올린다.

연습문제 10.2

문제 1~3에서 주어진 조건으로 다음 문제를 풀어라.

$$u_t=ku_{xx}+F(x,t);\ 0<x<L,\ t>0,$$
$$u(0,t)=u(L,t)=0,$$
$$u(x,0)=f(x).$$

1. $k=4,\ L=\pi,\ F(x,t)=t,\ f(x)=x(\pi-x)$

2. $k=1,\ L=5,\ F(x,t)=t\cos(x),\ f(x)=x^2(5-x)$

3. $k=16,\ L=3,\ F(x,t)=xt,\ f(x)=K$

10.3 실직선에서의 열방정식

어떤 환경에서는 비유계 매질에서 확산문제를 풀기를 원한다. 예를 들면 잠수함 함장이나 우주비행사에게는 대양이나 우주가 실질적으로 비유계로 느껴진다.

모두 실수로 구성된 실직선 상의 전형적인 문제가 있다. 즉

$$u_t = ku_{xx};\ -\infty < x < \infty,\ t > 0,$$
$$u(x,0) = f(x).$$

실직선은 경계점이 없기 때문에 경계조건이 없다. 이는 열방정식이 유계구간인 경우와 같기 때문에 변수분리하면

$$\frac{X''(t)}{X(x)} = \frac{T'(t)}{kT(t)} = -\lambda$$

또는

$$X'' + \lambda X = 0,\ T' + \lambda kT = 0$$

가 된다. X에 대한 문제에서 경계조건이 없는 상태에서 λ와 X를 찾는다. 모든 x에 대하여 해가 유계임을 요구하여 이 결핍을 부분적으로 보상한다.

만약 $\lambda = 0$이면 $X(x) =$ 상수는 유계해이다. 그러므로 0이 고유치이다.

만약 $\lambda = -\omega^2$, $\omega > 0$이면

$$X(x) = ae^{\omega x} + be^{-\omega x}$$

이다. 그러나 $a \neq 0$이면 $ae^{\omega x}$는 $x > 0$에 대하여 비유계이고, $b \neq 0$이면 $be^{-\omega x}$는 $x < 0$에 대하여 비유계이다. 그러므로 유계인 고유함수를 갖는 음의 고유치는 존재하지 않는다.

$$X(x) = a\cos(\omega x) + b\sin(\omega x)$$

는 모든 양수 ω에 대하여 X의 유계해이다. 따라서 모든 양수 $\lambda = \omega^2$는 $\cos(\omega x)$와 $\sin(\omega x)$의 일차결합을 고유함수로 갖는 고유치이다.

이 경우는 상수 고유함수를 갖도록 $\omega = 0$로 허용함으로 고유치 0의 경우를 포함한다.

요약하면 모든 $\omega \geq 0$에 대하여 실직선 위에서 X에 대한 유계해를 갖는다. 즉

$$X_\omega(x) = a_\omega \cos(\omega x) + b_\omega \sin(\omega x).$$

더욱이 $T' + \omega^2 kT = 0$는

$$T_\omega(t) = e^{-\omega^2 kt}$$

의 상수배인 해를 갖는다. 그러므로

$$u_\omega(x,t) = X_\omega(x)T_\omega(t) = [a_\omega \cos(\omega x) + b_\omega \sin(\omega x)]\, e^{-\omega^2 kt}$$

는 모든 x와 $t \geq 0$에 대한 열방정식의 유계해이다.

초기조건을 만족하는 해를 구하기 위해서 수 a_ω와 b_ω를 선택하는 일이 남았다. 유계 구간인 경우에 고유치는 $n^2\pi^2/L^2$이었고 각 양정수 n에 고유함수가 있었다. 함수 $u_n(x, t)$는 무한급수를 구성하도록 합해졌고, 이것은 $t = 0$에서 초기온도 함수 $f(x)$에 대한 푸리에 급수였다. 모든 수 $\omega \geq 0$에서 합하고, n의 양정수 값에서 합

$$\frac{1}{2}a_0 + \sum_{n=1}^{\infty}$$

을 $\omega \geq 0$에서 적분

$$\int_0^\infty \cdots\, d\omega$$

로 대체한다. 이것은 다음을 시도하게 한다.

$$\begin{aligned} u(x,t) &= \int_0^\infty u_\omega(x,t)\, d\omega \\ &= \int_0^\infty [a_\omega \cos(\omega x) + b_\omega \sin(\omega x)]\, e^{-\omega^2 kt}\, d\omega. \end{aligned} \tag{10.13}$$

그리고 해가 되기 위해

$$u(x,0) = \int_0^\infty [a_\omega \cos(\omega x) + b_\omega \sin(\omega x)]\, d\omega = f(x) \tag{10.14}$$

를 필요로 한다. 이 적분은 $\omega \geq 0$이기 때문에 0에서 ∞까지 ω에 대한 적분이다. 그러나 x는 임의의 실수가 될 수 있다.

푸리에 급수에서와 마찬가지로 계수 a_ω와 b_ω를 어떻게 선택하느냐 하는 것이고, 그래서 이 적분은 $f(x)$에 수렴한다. 우리는

$$a_\omega = \frac{1}{\pi}\int_{-\infty}^\infty f(\xi)\cos(\omega\xi)\, d\xi, \quad b_\omega = \frac{1}{\pi}\int_{-\infty}^\infty f(\xi)\sin(\omega\xi)\, d\xi \tag{10.15}$$

를 선택해야 함을 보일 수 있다. 이들은 **실직선 위에서 $f(x)$의 푸리에 적분계수**이다. 이들 계수가 선택되었을 때 식 (10.14)는 **실직선 위에서 $f(x)$의 푸리에 적분표현**이다.

만약 $\int_{-\infty}^\infty |f(\xi)|\, d\xi$가 수렴하면 $f(x)$는 절대수렴이다. 게다가 만약 $f(x)$가 모든 구간 $[-L, L]$, $L > 0$에서 구분적으로 매끄러운 함수이면 모든 실수 x에서 $f(x)$의 푸리에 적분은 식 (10.14)에서 본 것과 같이

$$\frac{1}{2}(f(x-) + f(x+))$$

에 수렴한다. 식 (10.15)에서처럼 선택된 푸리에 적분계수와 함께 문제의 해는 식 (10.13)으로 주어진다.

보기 10.6

다음 문제를 풀어라.

$$u_t = ku_{xx};\ -\infty < x < \infty,\ t > 0,$$
$$u(x, 0) = f(x) = e^{-|x|}$$

먼저 다음을 관찰하자.

$$\int_{-\infty}^{\infty} e^{-|\xi|}\, d\xi = 2.$$

그러므로 $f(x)$는 절대수렴한다. $e^{-|x|}$의 푸리에 적분계수를 계산한다. 즉

$$a_\omega = \frac{1}{\pi}\int_{-\infty}^{\infty} e^{-|\xi|}\cos(\omega\xi)\, d\xi = \frac{2}{\pi}\frac{1}{1+\omega^2}$$

및

$$b_\omega = \frac{1}{\pi}\int_{-\infty}^{\infty} e^{-|\xi|}\sin(\omega\xi)\, d\xi = 0.$$

마지막 적분에서 $e^{-|\xi|}\sin(\omega\xi)$는 실수에서 홀함수이므로 적분을 수행할 필요 없이 바로 알 수 있다.

문제의 해는 다음과 같다.

$$u(x, t) = \frac{2}{\pi}\int_0^{\infty} \frac{1}{1+\omega^2}\cos(\omega x)\, e^{-\omega^2 kt}\, d\omega.$$

그림 10.9는 x, t, u−공간에서 곡면으로서의 $u(x, t)$의 근사 그래프이다. 근사 그래프는 $k = 1$인 경우 ω가 −10에서 10까지의 수치적분으로 구했다.

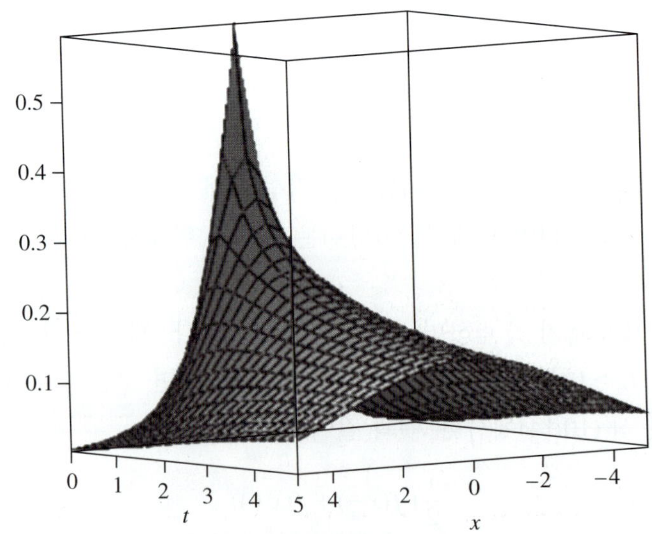

그림 10.9 보기 10.6에서의 온도곡면의 일부분

10.3.1 직선상의 해의 재공식화

실직선상의 열방정식의 해 (10.13)은 $u(x, 0) = f(x)$에 따라 가끔 다른 형태로 쓰여진다. 다음 해로 시작하자.

$$u(x,t) = \int_0^\infty [a_\omega \cos(\omega x) + b_\omega \sin(\omega x)]\, e^{-\omega^2 kt}\, d\omega$$

그리고 푸리에 적분계수 (10.15)를 대입한다:

$$\begin{aligned}
&u(x,t)\\
&= \int_0^\infty \left[\left(\frac{1}{\pi}\int_{-\infty}^\infty f(\xi)\cos(\omega\xi)\,d\xi\right)\cos(\omega x)\right.\\
&\left.+\left(\frac{1}{\pi}\int_{-\infty}^\infty f(\xi)\sin(\omega\xi)\,d\xi\right)\sin(\omega x)\right] e^{-\omega^2 kt}\, d\omega\\
&= \frac{1}{\pi}\int_0^\infty \int_{-\infty}^\infty [\cos(\omega\xi)\cos(\omega x) + \sin(\omega\xi)\sin(\omega x)]\, f(\xi) e^{-\omega^2 kt}\, d\xi\, d\omega\\
&= \frac{1}{\pi}\int_{-\infty}^\infty \int_0^\infty \cos(\omega(x-\xi))\, f(\xi) e^{-\omega^2 kt}\, d\xi\, d\omega.
\end{aligned}$$

이제 적분해야 할 함수는 ω에 대한 짝함수이다. 즉 ω가 $-\omega$로 교체되어도 변하지 않는다. 이것은 ω에 대한 0에서 ∞까지의 적분이 ω에 대한 $-\infty$에서 ∞까지의 적분의 1/2과 같다. 적분한계에서 이 변환을 하고 등호를 유지하기 위해 2로 나누고 적분순서를 반대로 하면

$$u(x,t) = \frac{1}{2\pi}\int_{-\infty}^\infty \int_{-\infty}^\infty \cos(\omega(x-\xi))\, f(\xi) e^{-\omega^2 kt}\, d\omega\, d\xi$$

를 얻는다. 이것은

$$u(x,t) = \frac{1}{2\pi}\int_{-\infty}^\infty \left[\int_{-\infty}^\infty \cos(\omega(x-\xi))\, e^{-\omega^2 kt}\, d\omega\right] f(\xi)\, d\xi \tag{10.16}$$

이다. ω에 관한 사각괄호 안의 적분은 다음 적분의 형태를 갖는다.

$$\int_{-\infty}^\infty e^{-\zeta^2} \cos\left(\frac{\alpha\zeta}{\beta}\right) d\zeta = \sqrt{\pi}\, e^{-\alpha^2/4\beta^2}. \tag{10.17}$$

이 적분은 적분표에서 찾을 수 있고, 또한 문제 5에서 유도한다.

$$\zeta = \sqrt{kt}\,\omega,\quad \alpha = x - \xi,\quad \beta = \sqrt{kt}$$

라 두자. 그러면 $d\zeta = \sqrt{kt}\, d\omega$이고 ω에서 ζ로 적분의 전환은 다음과 같이 진행된다. 즉

$$\int_{-\infty}^{\infty} \cos(\omega(x-\xi))\, e^{-\omega^2 kt}\, d\omega = \int_{-\infty}^{\infty} \cos\left(\frac{\zeta}{\sqrt{kt}}\alpha\right) e^{-\zeta^2} \frac{1}{\sqrt{kt}}\, d\zeta$$
$$= \frac{1}{\sqrt{kt}} \int_{-\infty}^{\infty} \cos\left(\frac{\alpha\zeta}{\beta}\right) e^{-\zeta^2}\, d\zeta$$
$$= \frac{\sqrt{\pi}}{\sqrt{kt}}\, e^{-(x-\xi)^2/4kt}.$$

이것은 해 (10.16)에서 ω-적분을 계산하고, 이 해는 보다 정교하게 다음과 같이 쓰여진다.

$$u(x,t) = \frac{1}{2\sqrt{\pi kt}} \int_{-\infty}^{\infty} f(\xi)\, e^{-(x-\xi)^2/4kt}\, d\xi. \tag{10.18}$$

식 (10.18) 형태를 사용하면 보기 10.6의 문제의 해는

$$u(x,t) = \frac{1}{2\sqrt{\pi kt}} \int_{-\infty}^{\infty} e^{-|\xi|} e^{-(x-\xi)^2/4kt}$$
$$= \frac{1}{2\sqrt{\pi kt}} \int_{-\infty}^{\infty} e^{-|\xi|-(x-\xi)^2/4kt}\, d\xi.$$

연습문제 10.3

문제 1~4에서 식 (10.13)과 $f(x)$의 푸리에 적분표현을 사용하여 실직선에서 문제의 해를 써라.

$$u_t = ku_{xx};\ -\infty < x < \infty,\ t > 0$$
$$u(x,0) = f(x)$$

1. $f(x) = e^{-4|x|}$

2. $f(x) = \begin{cases} x, & 0 \le x \le 4 \\ 0, & x < 0,\ x > 4 \end{cases}$

3. $f(x) = \begin{cases} -1, & -1 \le x < 0 \\ 1, & 0 \le x \le 1 \end{cases}$

4. $f(x) = \begin{cases} \cos(x), & |x| \le \pi/2 \\ 0, & |x| > \pi/2 \end{cases}$

5. 식 (10.17)을 유도하여라.

힌트: $F(x) = \int_0^{\infty} e^{-\zeta^2} \cos(x\zeta)\, d\zeta$

라 하자. 적분 하에서 미분하여

$$F'(x) = -\frac{1}{2} x F(x)$$

임을 보여라. 이 선형일계 미분방정식의 일반해를 찾아라. $F(x)$의 유일한 해로 초기조건

$$F(0) = \int_0^{\infty} e^{-\zeta^2}\, d\zeta = \frac{1}{2}\sqrt{\pi}$$

를 사용하여라. 위의 식은 통계에서 자주 사용되는 결과이다. 끝으로 $x = \alpha/\beta$로 두어라.

10.4 반직선에서 열방정식

반직선 $x \geq 0$에서 열방정식 문제를 생각하자:

$$u_t = ku_{xx};\ x \geq 0,\ t \geq 0,$$
$$u(0,t) = 0,$$
$$u(x,0) = f(x).$$

이 문제는 경계점, 즉 $x = 0$을 갖기에 직선상의 문제와 상이하다. 그러므로 경계조건 $u(0,\ t) = 0$이다. 다른 경계조건을 생각해야 한다.

$u(x,\ t) = X(x)\ T(t)$로 두어 변수분리하여 다음을 얻는다.

$$X'' + \lambda X = 0,\quad T' + \lambda kT = 0.$$

만약 $\lambda = 0$이면 $X(x) = cx + d$이고 경계조건은 $X(0) = d = 0$이 필요하여 $X(x) = cx$이다. 만약 다시 한 번 $x \geq 0$에 대한 유계함수에 관심을 국한하면 $c = 0$가 요구되고, 또한 자명한 해가 된다. 따라서 0은 고유치가 아니다.

만약 $\lambda = -\omega^2 < 0,\ \omega > 0$이면

$$X(x) = ae^{\omega x} + be^{-\omega x}.$$

이것은 $a = 0$이 아니면 $x \geq 0$에 대하여 비유계이고, 그래서 $X(x) = be^{-\omega x}$이다. 그러나 지금 $X(0) = b = 0$이고, 그래서 이 경우는 어떤 고유함수도 아니다.

만약 $\lambda = \omega^2 > 0,\ \omega > 0$이면

$$X(x) = a\cos(\omega x) + b\sin(\omega x).$$

이 함수는 유계이고 $X(0) = a = 0$이다. 모든 양수 ω, $\lambda = \omega^2$은 $\sin(\omega x)$의 상수배를 고유함수로 갖는 고유치이다.

이제 T에 대한 식은

$$T' + \omega^2 kT = 0$$

이고 $e^{-\omega^2 kt}$의 상수배를 해로 갖는다. 모든 양수 ω에 대하여 함수

$$u_\omega(x,t) = b_\omega \sin(\omega x)e^{-\omega^2 kt}$$

는 열방정식과 경계조건을 만족한다. 초기조건으로 $u(x,\ 0) = f(x)$가 필요하고 이것은 통상 함수 $u_\omega(x,t)$를 "합"하는 것이 요구된다. 이것은 모든 양수 ω상에서의 "합"을 요구하고 적분으로 달성할 수 있다. 따라서 해

$$u(x,t) = \int_0^\infty b_\omega \sin(\omega x)e^{-\omega^2 kt}\,d\omega \qquad (10.19)$$

를 시도하자. 다음이 필요하다. 즉

$$u(x,0)=\int_0^\infty b_\omega \sin(\omega x)d\omega = f(x). \tag{10.20}$$

이것은 구간 [0, L]에서 함수의 푸리에 사인전개의 적분유사이다. 어떤 해석에서는 가끔 생략하지만 다음을 선택해야 함을 보여준다. 즉

$$b_\omega = \frac{2}{\pi}\int_0^\infty f(\xi)\sin(\omega\xi)d\xi. \tag{10.21}$$

이 수는 **반직선 $x \geq 0$에서 $f(x)$의 푸리에 사인 적분계수**이다. 이 계수를 사용할 때 식 (10.20)은 **반직선에서 $f(x)$의 푸리에 사인 적분표현**이다. 만약 $f(x)$가 반직선에서 절대 적분가능이면

$$\int_0^\infty |f(x)|dx$$

가 수렴하고, $f(x)$가 모든 구간 [0, L] 위에서 구분적으로 매끄러운 함수이면 이 푸리에 적분은 $x > 0$에서

$$\frac{1}{2}(f(x-)+f(x+))$$

에 수렴한다. 이 푸리에 사인 적분계수 (10.21)을 사용하면 식 (10.19)는 문제의 해이다.

Math in Context | 확산문제

열방정식은 또한 확산문제를 모형화 할 수 있다. 예를 들면 물질 B의 표면으로부터 B의 벌크 안으로 물질 A의 확산을 생각할 수 있다. 이것은 반직선에서의 일차원 문제를 모형화 할 수 있다. 왜냐하면 벌크의 길이 크기는 표면보다 크기가 훨씬 큰 많은 순서이기 때문이다. 현실세계에서 이런 모형은 밀봉 용기의 상부 빈공간으로 액체의 증발과 호수면의 화학 오염물질이 깊게 확산하는 것을 포함한다. 가끔 이런 문제의 해는 보상오차함수로 표현된다. 이 함수는 5장 3절에서 관찰한 적분과 매우 유사하다. 보상오차함수는 다음과 같이 정의한다.

$$erfc(x)=\frac{2}{\sqrt{\pi}}\int_x^\infty e^{-z^2}dz$$

이런 형태의 확산문제의 해는 가끔 다음 형태의 변형이다. 즉

$c_i(x,t)=c_{i,0}\,erfc\left(\dfrac{x}{2\sqrt{D_{i,j}t}}\right)$, 여기서 $c_{i,0}$는 초기표면 집중도이고 $D_{i,j}$는 종 j에서 종 i의 열 확산성이다.

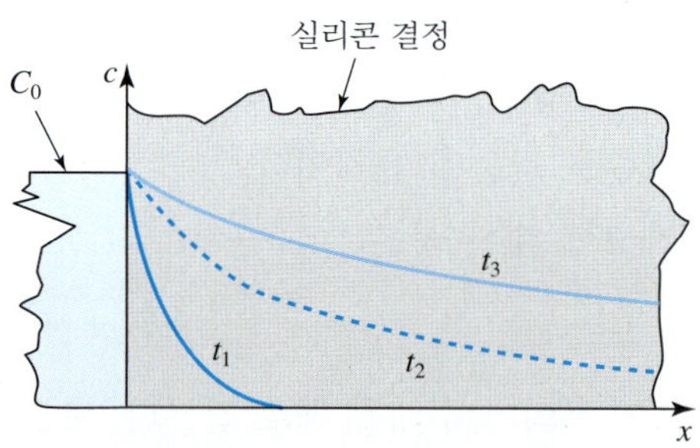

시간 위에서의 반 무한 매질에서의 체계적 확산. 이것은 반도체 제조공정에서 표면에 첨가된 미세한 불순물(dopant, 도펀트)이 벌크 안으로 확산하는 간단한 모형이다. Helmut Föll 교수의 반도체 I, §3.1.2 확산 http:www.tf. uni-kiel.de/matwis/amat/semi_en/kap_3/illustr/infinnite_source.gif

보기 10.7

다음을 풀어라.

$$u_t = ku_{xx};\ x > 0,\ t > 0,$$
$$u(0, t) = 0,$$
$$u(x, 0) = f(x),$$

여기서

$$f(x) = \begin{cases} \pi - x, & 0 \le x \le \pi \\ 0, & x > \pi. \end{cases}$$

우리가 해야 하는 모두는 푸리에 사인 적분계수 (10.21)을 계산하는 것이다. 이것은

$$b_\omega = \frac{2}{\pi}\int_0^\infty f(\xi)\sin(\omega\xi)\,d\xi = \frac{2}{\pi}\int_0^\pi (\pi - \xi)\sin(\omega\xi)\,d\xi$$
$$= \frac{2}{\pi\omega^2}(\pi\omega - \sin(\pi\omega))$$

이다. 해는

$$u(x, t) = \frac{2}{\pi}\int_0^\infty \frac{\pi\omega - \sin(\pi\omega)}{\omega^2}\sin(\omega x)e^{-\omega^2 kt}\,d\omega.$$

$x = 0$에서 다른 경계조건 또한 볼 수 있다. 예를 들면 만약 왼쪽 끝에서의 절연조건을 사용하면 문제는

$$u_t = ku_{xx};\ x > 0,\ t < 0,$$
$$u_x(0, t) = 0,$$
$$u_x(x, 0) = f(x).$$

변수분리는 통상

$$X'' + \lambda X = 0,\ T' + \lambda kt = 0$$

로 된다. 그러나 이제 경계조건은 다음이 필요하다.

$$X'(0)T(t) = 0,\ t > 0$$

이것은 $X'(0) = 0$이 되게 한다. 이제 음이 아닌 모든 수 $\lambda = \omega^2$은 고유치이고 고유함수는 0이 아닌 상수에 $\cos(\omega x)$를 곱한 것이다. 이것은 열방정식과 경계조건을 만족하는 함수

$$u_\omega(x, t) = a_\omega \cos(\omega x)e^{-\omega^2 kt}$$

를 준다. 해를 시도하면

$$u(x,t)=\int_0^\infty a_\omega \cos(\omega x)e^{-\omega^2 kt}\,d\omega \tag{10.22}$$

초기조건은

$$u(x,0)=\int_0^\infty a_\omega \cos(\omega x)\,d\omega = f(x) \tag{10.23}$$

가 필요하다. 이것은 반직선에서 함수의 푸리에 코사인전개의 적분유사이다. 이제 **푸리에 코사인 적분계수**

$$a_\omega = \frac{2}{\pi}\int_0^\infty f(\xi)\cos(\omega\xi)\,d\xi \tag{10.24}$$

를 선택한다. 이 계수가 사용될 때 식 (10.23)은 구간 **[0, ∞]에서 $f(x)$의 푸리에 코사인 적분표현**을 준다. 이 계수와 함께 식 (10.22)는 해이다.

보기 10.8

$$\begin{aligned} &u_t = ku_{xx};\ x>0,\ t>0,\\ &u_x(0,t)=0,\\ &u_x(x,0)=f(x). \end{aligned}$$

를 풀어라. 여기서

$$f(x)=\begin{cases} 1, & 0\le x\le 2,\\ 3, & 2<x\le 9,\\ 0, & x>9. \end{cases}$$

필요한 것은 $f(x)$의 푸리에 코사인 적분계수를 계산하는 것이다. 즉

$$\begin{aligned} a_\omega &= \frac{2}{\pi}\int_0^\infty f(\xi)\cos(\omega\xi)\,d\xi \\ &= \frac{2}{\pi}\int_0^2 \cos(\omega\xi)\,d\xi + \frac{2}{\pi}\int_2^9 3\cos(\omega\xi)\,d\xi \\ &= \frac{2}{\pi\omega}[3\sin(9\omega)-2\sin(2\omega)]. \end{aligned}$$

해는

$$u(x,t)=\frac{2}{\pi}\int_0^\infty \frac{3\sin(9\omega)-2\sin(2\omega)}{\omega}\cos(\omega x)e^{-\omega^2 kt}\,d\omega.$$

연습문제 10.4

문제 1~2에서 초기-경계치 문제를 풀어라.

$$u_t = ku_{xx};\ x > 0,\ t > 0,$$
$$u(0, t) = 0,$$
$$u(x, 0) = f(x).$$

1. $f(x) = e^{-\alpha x}$, α는 임의의 양수

2. $f(x) = \begin{cases} 1, & 0 \le x \le h, \\ 0, & x > h, \end{cases}$

h는 임의의 양수

문제 3~4에서 초기-경계치 문제를 풀어라.

$$u_t = u_{xx};\ x > 0,\ t > 0,$$
$$u_x(0, t) = 0,$$
$$u(x, 0) = f(x).$$

3. $f(x) = \begin{cases} x(x+1), & 0 \le x \le 4, \\ 0, & x > 4 \end{cases}$

4. $f(x) = \begin{cases} 0, & 0 \le x \le 5 \\ 4, & 5 \le x \le 9 \\ 0, & x > 9 \end{cases}$

10.5 2차원 열방정식

지금까지 일차원 공간 변수에서 열방정식을 생각했다. 2차원 공간에서의 열방정식은

$$u_t = k(u_{xx} + u_{yy})$$

이다. 우리는 영역이 $0 \le x \le L$, $0 \le y \le K$인 사각판에서 온도분포를 원한다고 가정하자. 경계조건은 항상 변에서 준다. 특히 변의 온도가 0으로 유지된다면

$$u(x, 0, t) = u(x, K, t) = 0$$
$$u(0, y, t) = u(L, y, t) = 0$$

이다. 또한 시간 0에서 온도를 주는 초기조건을 가정하자. 즉

$$u(x, y, 0) = f(x, y).$$

열방정식에서 변수분리를 시도하여 $u(x,\ y,\ t) = X(x)Y(y)T(t)$로 두면

$$XYT' = k(X''YT + XY''T)$$

를 얻는다. XYT로 나누고 결과를 재정렬하면

$$\frac{X''}{X} = \frac{T'}{kT} - \frac{Y''}{Y}.$$

하나의 식의 반대편에 있는 세 변수를 분리할 수 없지만 x-종속이 한쪽에서 분리되

고 y, t-종속은 다른 쪽에서 분리되는 식을 가질 수 있다. x, y, t가 독립변수이므로 이 식의 양쪽은 같은 상수로 같음에 틀림없다. 즉

$$\frac{X''}{X} = \frac{T'}{kT} - \frac{Y''}{Y} = -\lambda.$$

그러면

$$.X'' + \lambda X = 0, \quad \frac{T'}{kT} + \lambda = \frac{Y''}{Y}.$$

두 번째 식에서 t-종속은 왼쪽에 있고 y-종속은 오른쪽에 있다. 그러므로 이 식의 양쪽은 역시 동일한 상수로 같다. 즉

$$\frac{T'}{kT} + \lambda = \frac{Y''}{Y} = -\mu.$$

이제

$$Y'' + \mu Y = 0, \ T' + (\lambda + \mu)kT = 0$$

이다. 경계조건에서

$$X(0) = X(L) = Y(0) = Y(k) = 0.$$

이제 $[0, L]$에서 X에 대한 Sturm-Liouville 문제

$$X'' + \lambda X = 0; \quad X(0) = X(L) = 0$$

을 갖고, 고유치와 고유함수는

$$\lambda_n = \frac{n^2\pi^2}{L^2}, \ X_n(x) = \sin\left(\frac{n\pi x}{L}\right), \ n = 1, 2, \cdots.$$

그리고 $[0, K]$에서 Y에 대한 두 번째 Sturm-Liouville 문제

$$Y'' + \mu Y = 0; \quad Y(0) = Y(K) = 0$$

를 갖고, 고유치와 고유함수는

$$\mu_m = \frac{m^2\pi^2}{K^2}, \ Y_m = \sin\left(\frac{n\pi y}{K}\right), \ n = 1, 2, \cdots.$$

이들 고유치로 T에 대한 문제는

$$T' + \left(\frac{n^2\pi^2}{L^2} + \frac{m^2\pi^2}{K^2}\right)kT = 0$$

이다. 만약

$$\alpha_{nm} = \frac{n^2\pi^2}{L^2} + \frac{m^2\pi^2}{K^2}$$

이면 T에 대한 해는

$$T_{nm}(t) = e^{-\alpha_{nm}kt}$$

이다. 각각의 양정수 n, m에 대하여 열방정식과 경계조건을 만족하는 함수

$$u_{nm}(x, y, t) = c_{nm}\sin\left(\frac{n\pi x}{L}\right)\sin\left(\frac{m\pi y}{K}\right)e^{-\alpha_{nm}kt}$$

를 갖는다. 초기조건을 만족하기 위해 모든 양정수 n, m의 이중합을 사용한다. 즉

$$u(x, y, t) = \sum_{n=1}^{\infty}\sum_{m=1}^{\infty} c_{nm}\sin\left(\frac{n\pi x}{L}\right)\sin\left(\frac{m\pi y}{K}\right)e^{-\alpha_{nm}t}.$$

$u(x, y, t)$는 2차원 열방정식과 경계조건을 만족한다. 초기조건을 위해서 다음과 같이 c_{nm}을 선택한다.

$$u(x, y, 0) = \sum_{n=1}^{\infty}\sum_{m=1}^{\infty} c_{nm}\sin\left(\frac{n\pi x}{L}\right)\sin\left(\frac{m\pi y}{K}\right) = f(x, y).$$

이를 위해 이 식을 다음 식처럼 다시 쓰도록 제안한다.

$$f(x, y) = \sum_{n=1}^{\infty}\left[\sum_{m=1}^{\infty} c_{nm}\sin\left(\frac{m\pi y}{K}\right)\right]\sin\left(\frac{n\pi x}{L}\right). \tag{10.25}$$

고정된 y에 대하여 $f(x, y)$는 x만의 함수로 생각할 수 있고 식 (10.25)는 $[0, L]$에서 x에 대한 이 함수의 푸리에 사인전개이다. 그러므로 $\sin(n\pi x/L)$의 전체계수는 고정된 y로 $f(x, y)$의 n번째 푸리에 사인계수이다. 각 양정수 n에 대하여

$$\sum_{m=1}^{\infty} c_{nm}\sin\left(\frac{m\pi y}{k}\right) = \frac{2}{L}\int_0^L f(\xi, y)\sin\left(\frac{n\pi\xi}{L}\right)d\xi,\ n = 1, 2, \cdots. \tag{10.26}$$

이제 식 (10.26)의 왼쪽을 구간 $[0, K]$에서 위 식의 오른쪽에서 y에 대한 함수의 푸리에 사인전개로 인식한다. 그래서

$$c_{nm} = \frac{2}{K}\int_0^K\left[\frac{2}{L}\int_0^L f(\xi, n)\sin(n\pi\xi/L)\,d\xi\right]\sin(m\pi\eta)\,d\eta.$$

그러면 $n = 1, 2, \cdots$와 $m = 1, 2, \cdots$에 대하여

$$c_{nm} = \frac{4}{LK}\int_0^L\int_0^K f(\xi, \eta)\sin(m\pi\eta/K)\sin(n\pi\xi/L)\,d\eta\,d\xi. \tag{10.27}$$

이것을 초기조건을 갖는 문제에 적용한다.

$$u(x, y, 0) = f(x, y) = x(L^2 - x^2)y(K - y).$$

이 식에서 $f(x, y)$는 x의 함수와 y의 함수의 곱이고 적분의 한계는 상수이다. 이 이중적분은 반복적분이고, 이것은 분리하여 계산된다. 즉

$$\begin{aligned} c_{nm} &= \frac{4}{LK}\left(\int_0^L \xi(L^2 - \xi^2)\sin(n\pi\xi/L)\,d\xi\right)\left(\int_0^K \eta(K - \eta)\sin(m\pi\eta/K)\,d\eta\right) \\ &= \left(\frac{24L^3}{Kn^3\pi^3}(-1)^n\right)\left(\frac{2K^3}{m^3\pi^3}(1 - (-1)^m)\right) = \frac{48L^3K^2}{n^3m^3\pi^6}(-1)^n(1 - (-1)^m). \end{aligned}$$

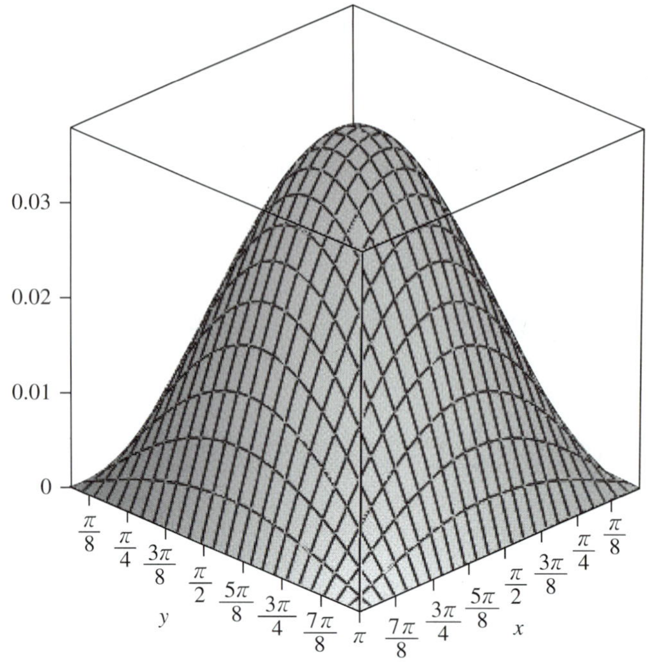

그림 10.10 곡면 $u(x, y, 3)$의 일부

이들 계수와 함께 해는

$$u(x, y, t) = \sum_{n=1}^{\infty}\sum_{m=1}^{\infty} c_{nm} \sin(n\pi x/L)\sin(m\pi y/K)\, e^{-\alpha_{nm}kt}.$$

특별한 경우로 $L = K = \pi$와 $k = 1$로 취하면 해는

$$u(x, y, t) = \sum_{n=1}^{\infty}\sum_{m=1}^{\infty} \frac{48}{n^3 m^3 \pi}(-1)^{n+1}(1-(-1)^m)\sin(nx)\sin(my)e^{-(n^2+m^2)t}.$$

만약 어떤 특별한 값에서 임의의 변수를 고정한다면 결과의 곡면을 그릴 수 있고 해의 습성 속에서 어떤 직관을 얻을 수 있다. 그림 10.10은 $u(x, y, 3)$의 일부이다.

Math in Context | 소프트웨어 모의실험

현대 공학적인 문제의 실행에서 계의 열모형화는 통상 모의실험용 소프트웨어를 사용하여 수행한다. 소프트웨어를 사용한 간단한 기하(원이나 사각형)의 기본적인 모형화도 공학자들은 경계조건을 특화하고 필요한 단순화와 가정을 한다. 좀더 고급 수준에서는 공학자는 특별한 초기나 경계조건을 위해 계산용 보조 코드를 써야 할 수도 있다. 그래서 공학에서는 효과적인 열 모형화는 그들의 한계를 따라 다양한 부류의 해의 질적 속성을 이해하는 것이 요구된다. 이 장에서 논의한 통상적으로 마주치게 되는 경계조건의 지식 또한 필요하다.

연습문제 10.5

문제 1~2에서 주어진 조건에서 직사각형 $0 \le x \le L,\ 0 \le y \le K$ 에 대한 이 절의 초기-경계치 문제를 풀어라.

1. $k = 1,\ u(x, y, 0) = x(L - x)y^2(K - y)$

2. $k = 1,\ L = K = \pi,\ f(x, y) = \sin(x)y\cos(y/2)$

10.6 유계구간에서의 파동

막이나 철판에서의 떨림, 기타 줄의 진동 바다의 파도 등은 파동방정식을 사용하여 모형화 된다. 이 장에서는 주로 일차원 공간의 경우에 집중하여 파동방정식을 푸는 방법을 전개한다. 일차원 파동방정식은

$$y_{tt} = c^2 y_{xx} \tag{10.28}$$

이다. 이 방정식은 수직 평면에서 진동하는 현의 운동을 묘사하는 것으로 생각하자. 수 c는 보통의 기타와 전기기타의 소리가 다른 것처럼 움직이는 대상의 물질에 의존한다.

열방정식처럼 해를 완전히 특화하기 위해서는 초기와 경계조건이 필요하다. 이 절에서는 끝이 고정되어 있어 움직이지 않는다고 가정하자(고정된 기타줄이나 교량의 버팀대를 생각하라). 이것은 **경계조건**

$$y(0,\ t) = y(L,\ t) = 0$$

이다. 현이 초기위치

$$y(x,\ 0) = f(x)$$

로 들어 올려져 있다고 생각하고 초기가속도

$$y_t(x,\ 0) = g(x)$$

로 놓아준다고 생각하자. 이들은 **초기조건**이다.

만약 동일하게 $g(x) = 0$이면 현이 옮겨졌다가 놓아준 것이다.

파동방정식과 경계와 초기조건은 초기-경계치 문제

$$y_{tt} = c^2 y_{xx};\ 0 < x < L,\ t > 0,$$
$$y(0, t) = y(L, t) = 0,$$
$$y(x, 0) = f(x),\ \ y_t(x, 0) = g(x)$$

를 구성한다. 이것은 시간에 대한 2계미분과 두 개의 초기조건(위치와 속도)에서 보통의 확산방정식과 다르다.

$y(x, t) = X(x)T(t)$로 변수를 분리하면

$$T''X = c^2 X'' T$$

를 얻는다. 그러면

$$\frac{X''}{X} = \frac{T''}{c^2 T}.$$

왼쪽 식은 x만 변하고 오른쪽은 t만 변하고 그리고 x와 t는 독립적으로 선택되기 때문에 이 등식은 양쪽이 같은 상수로 둘 수 있다. 즉

$$\frac{X''}{X} = \frac{T''}{c^2 T} = -\lambda.$$

그러면

$$X'' + \lambda X = 0, \ T'' + \lambda c^2 T = 0$$

이다. 모든 $t > 0$에 대하여 경계조건으로부터

$$y(0, t) = X(0)T(0) = 0$$

이다. $T(t)$가 항등적으로 0이 아니라고 가정하면 $X(0) = 0$이 된다. 동일한 방식으로 $X(L) = 0$이고 X에 대한 정규 Strum-Liouville 문제가 된다. 즉

$$X'' + \lambda X = 0; \ X(0) = X(L) = 0.$$

X에 대한 이 문제는 열방정식에서 접한 것과 같다. 고유치와 고유함수는 각각

$$\lambda_n = \frac{n^2\pi^2}{L^2}, \ X_n(x) = \sin\left(\frac{n\pi x}{L}\right), \ n = 1, 2, 3, \cdots.$$

T에 대한 식은

$$T'' + \frac{n^2\pi^2 c^2}{L^2} T = 0$$

이고, 해는

$$T_n(t) = a_n \cos\left(\frac{n\pi ct}{L}\right) + b_n \sin\left(\frac{n\pi ct}{L}\right).$$

각각의 양정수 n에 대하여 함수

$$\begin{aligned} y_n(t) &= X_n(x)T_n(t) \\ &= \left[a_n \cos\left(\frac{n\pi ct}{L}\right) + b_n \sin\left(\frac{n\pi ct}{L}\right)\right] \sin\left(\frac{n\pi x}{L}\right) \end{aligned}$$

는 파동방정식과 경계조건을 만족한다.

통상 $f(x)$와 $g(x)$에 따라 어떤 특별한 n의 선택에 대해 초기조건을 만족할 수 없거나 함수 $y_n(x, t)$의 유한합조차도 만족할 수 없다. 그래서 우리는 해

$$\begin{aligned} y(x,t) &= \sum_{n=1}^{\infty} y_n(x,t) \\ &= \sum_{n=1}^{\infty} \left[a_n \cos\left(\frac{n\pi ct}{L}\right) + b_n \sin\left(\frac{n\pi ct}{L}\right)\right] \sin\left(\frac{n\pi x}{L}\right) \end{aligned} \tag{10.29}$$

을 시도하고 초기조건을 만족하는 계수를 선택하려 한다.

$y(x, 0) = f(x)$의 조건에서 $t = 0$을 식 (10.29)에 대입하여

$$y(x,0) = f(x) = \sum_{n=1}^{\infty} a_n \sin\left(\frac{n\pi x}{L}\right)$$

를 얻는다. 이것은 $[0, L]$에서 초기위치함수 $f(x)$의 푸리에 사인전개이고 그래서

$$a_n = \frac{2}{L}\int_0^L f(\xi)\sin(n\pi\xi/L)\,d\xi \tag{10.30}$$

을 선택한다. 초기속도 조건으로 식 (10.29)를 t에 관하여 미분하고 $t = 0$으로 두면

$$y_t(x,0) = g(x) = \sum_{n=1}^{\infty} \frac{n\pi c}{L} b_n \sin\left(\frac{n\pi x}{L}\right)$$

를 얻는다. 이것은 $[0, L]$에서 $g(x)$의 푸리에 사인전개이고 계수는

$$\frac{n\pi c}{L} b_n = \frac{2}{L}\int_0^L g(\xi)\sin(n\pi\xi/L)\,d\xi$$

이다. 여기서 b_n에 $n\pi c/L$을 곱했고 이것은 미분에서 나온 것이다. 이 식에서

$$b_n = \frac{2}{n\pi c}\int_0^L g(\xi)\sin(n\pi\xi/L)\,d\xi \tag{10.31}$$

계수 (10.30)과 (10.31)을 갖는 식 (10.29)는 문제의 해이다.

보기 10.9

양끝이 0과 π에서 고정된 현이 중점에서의 위치가

$$f(x) = \begin{cases} x, & 0 \le x \le \pi/2 \\ \pi - x, & \dfrac{\pi}{2} \le x \le \pi \end{cases}$$

로 처음부터 들어 올리고 초기속도는 $g(x) = x(1 + \cos(x))$로 놓았다. $c = 1$일 때 현의 운동을 기술하여라.

식 (10.29)에서 해는

$$y(x,t)=\sum_{n=1}^{\infty}[a_n\cos(2nt)+b_n\sin(2nt)]\sin(nx)$$

이다. 여기서 식 (10.30)과 식 (10.31)에 의해

$$a_n=\frac{2}{L}\int_0^L f(\xi)\sin(n\pi\xi/L)d\xi,$$

$$b_n=\frac{2}{n\pi c}\int_0^L g(\xi)\sin(n\pi\xi/L)d\xi.$$

그러므로 계수는

$$a_n=\frac{2}{\pi}\int_0^{\pi} f(\xi)\sin(n\xi)d\xi=\frac{4\sin(n\pi/2)}{n^2\pi},$$

$$b_n=\frac{1}{n\pi}\int_0^{\pi}\xi(1+\cos(\xi))\sin(n\xi)d\xi$$

$$=\begin{cases}3/4, & n=1\\ \dfrac{(-1)^n}{n^2(n^2-1)}, & n=2,3,\cdots.\end{cases}$$

해는

$$y(x,t)=\left[\frac{4}{\pi}\cos(2t)+\frac{3}{4}\sin(2t)\right]\sin(x)$$

$$+\sum_{n=2}^{\infty}\left[\frac{4\sin(n\pi/2)}{\pi n^2}\cos(2nt)+\frac{(-1)^n}{n^2(n^2-1)}\sin(2nt)\right]\sin(nx)$$

여기서 $n=1$의 항인 b_1을 $n=2,\ 3,\ \cdots$인 b_n과 분리하여 계산해야 하므로 분리하여 썼다.

그림 10.11은 선택된 t의 값에 대하여 몇몇 파의 모습 $y(x,\ t)$를 보여주고

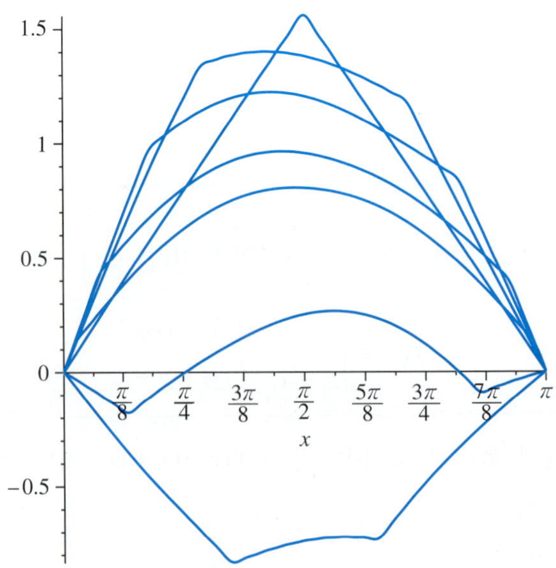

그림 10.11 보기 10.9에서 $t=0,\ 1/3,\ 2/3,\ 3/4,\ 1,\ 4/3$에서 $y(x,\ t)$

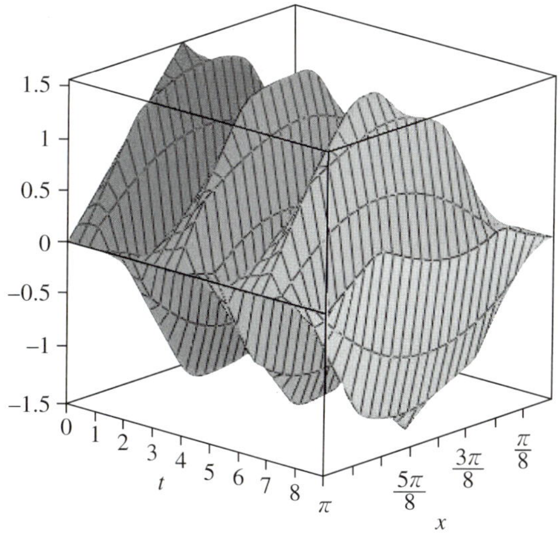

그림 10.12 $0 \le x \le \pi,\ t = 0, \cdots, 9$에 대한 $y(x,\ t)$

있다. 이 시간 구도에서 파는 초기위치에서 아래쪽으로 움직이고 있다. 그림 10.12는 $x,\ y,\ t$ 공간에서 해의 곡면으로서의 그림이다.

때로는 양끝이 고정된 유계구간에서 파동 문제를 두 가지 '간단한' 문제로 분리하여 관찰하는 것이 유용하다.

문제 1: 초기위치는 주어져 있으나 초기속도 0인 경우

문제 2: 초기이동은 없으나 초기속도는 주어진 경우

만약 $y_1(x,\ t)$는 문제 1의 해이고 $y_2(x,\ t)$는 문제 2의 해이면 초기이동과 초기속도를 갖는 주어진 문제의 해는

$$y(x,\ t) = y_1(x,\ t) + y_2(x,\ t)$$

이다. 보기 10.9에서

$$y_1(x, t) = \frac{4}{\pi}\cos(2t)\sin(x) + \sum_{n=2}^{\infty}\frac{4\sin(n\pi/2)}{n^2\pi}\cos(2nt)\sin(nx)$$

이고

$$y_2(x, t) = \frac{3}{4}\sin(2t)\sin(x) + \sum_{n=2}^{\infty}\frac{(-1)^n}{n^2(n^2-1)}\sin(2nt)\sin(nx).$$

그림 10.13은 $y_1(x,\ t)$의 그래프이고 그림 10.14는 $t = 0,\ \cdots,\ 9$에 대한 $y_2(x,\ t)$의 그래프이다. 이 둘의 합이 그림 10.12에 곡면 그림으로 주어진 해 $y(x,\ t)$이다.

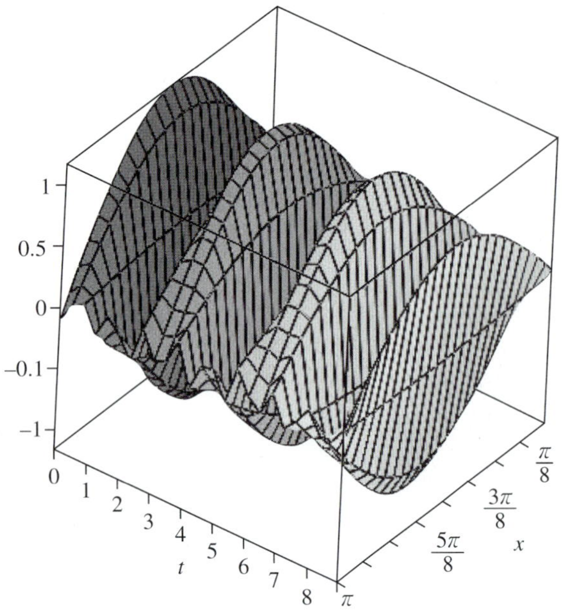

그림 10.13 보기 10.9의 $y_1(x, t)$

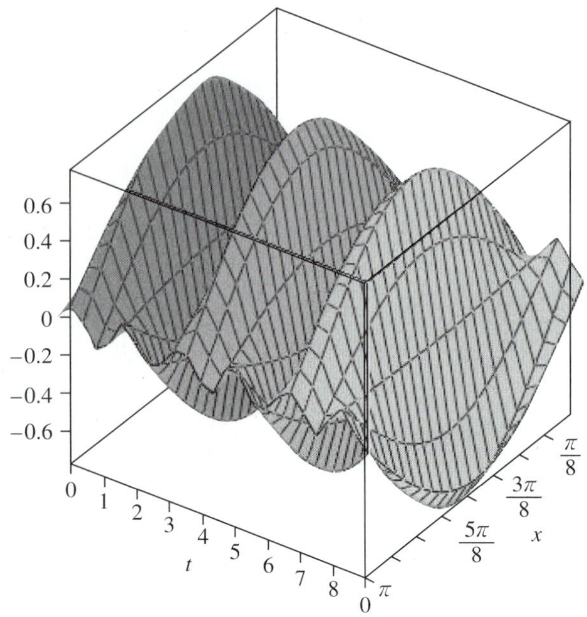

그림 10.14 보기 10.9의 $y_2(x, t)$

10.6.1 강제조건 $F(x)$를 갖는 파동

유계구간에서 x에만 의존하는 강제조건 $F(x)$가 파동방정식에 추가되었을 때의 파동을 생각한다. 이것은 파동에 영향을 주는 어떤 추가적인 힘을 설명한다. 이전 문제를 풀기 위해 우리가 푸는 방법을 아는 문제로 변환하여 다음 예에서 보여주는 열방정식에서 사용한 것과 같은 전략을 시도한다. 즉

$$y_{tt} = c^2 y_{xx} + x; \; 0 < x < L, \, t > 0,$$

$$y(0,t) = y(L,t) = 0,$$

$$y(x,0) = x(L-x) = f(x), \; y_t(x,0) = x(1+\cos(\pi x/L)) = g(x).$$

$$y(x,t) = Y(x,t) + \psi(x)$$

라 두고 $\psi(x)$는 Y에 대한 친숙한 문제를 얻도록 선택한다. $y(x, t)$를 파동방정식에 대입하여

$$y_{tt} = Y_{tt} = c^2 y_{xx} = c^2(Y_{xx} + \psi''(x)) + x$$

를 얻는다. 만약 $\psi(x)$가

$$c^2\psi''(x) = -x$$

이도록 선택하면 이것은 Y에 대한 표준 파동방정식 $Y_{tt} = c^2 Y_{xx}$이다. 두 번의 적분으로

$$\psi(x) = -\frac{x^3}{6c^2} + \alpha x + \beta$$

를 얻고, 여기서 α, β는 결정해야 할 상수이다.

이제 경계조건

$$y(0,t)=0=c^2(Y(0,t)+\psi(0))=c^2Y(0,t)+c^2\beta$$

를 보자. $\beta=0$으로 선택하면 $Y(0, t)=0$이고, 따라서

$$\psi(x)=-\frac{x^3}{6c^2}+\alpha x$$

이다. 다음으로

$$y(L,t)=0=c^2(Y(L,t)+\psi(L))$$

은 만약 $\psi(L)=0$이면 $Y(L, t)=0$일 것이고 이것은

$$-\frac{L^3}{6c^2}+\alpha L=0$$

이 필요하다. 그러면

$$\alpha=\frac{L^2}{6c^2}$$

이고

$$\psi(x)=-\frac{x^3}{6c^2}+\frac{L^2}{6c^2}x=\frac{x}{6c^2}(L^2-x^2)$$

이다. 이와 같은 α, β의 선택으로 Y에 대한 문제는

$$\begin{aligned}
Y_{tt} &= c^2Y_{xx},\\
Y(0,t) &= Y(L,t)=0,\\
Y(x,0) &= f(x)-\psi(x)=x(L-x)-\frac{x}{6c^2}(L^2-x^2),\\
Y_t(x,0) &= g(x)=x(1+\cos(\pi x/L))
\end{aligned}$$

이다. 우리는 이 문제를 푸는 방법을 안다. 즉

$$Y(x,t)=\sum_{n=1}^{\infty}[a_n\cos(n\pi ct/L)+b_n\sin(n\pi ct/L)]\sin(n\pi x/L),$$

여기서

$$\begin{aligned}
a_n &= \frac{2}{L}\int_0^L(f(\xi)-\psi(\xi))\sin(n\pi\xi/l)\,d\xi\\
&= \frac{2L^2}{n^3\pi^3c^2}(2c^2(1-(-1)^n)+L(-1)^n)
\end{aligned}$$

그리고

$$b_n = \frac{2}{n\pi c}\int_0^L g(\xi)\sin(n\pi\xi/L)\,d\xi$$
$$= \begin{cases} 2L^2(-1)^n/n^2\pi^2 c(n^2-1), & n = 2, 3, \cdots, \\ 3L^2/2\pi^2 c, & n = 1. \end{cases}$$

특별한 경우로 $L = \pi$, $c = 1$로 두자. 이제 계수는

$$a_n = \frac{2}{n^3\pi}(2(1-(-1)^n) + \pi(-1)^n)$$

이고

$$b_n = \begin{cases} 2(-1)^n/n^2(n^2-1), & n = 2, 3, \cdots, \\ 3/2, & n = 1. \end{cases}$$

그리고 $Y(x, t)$에 대한 해는

$$Y(x,t) = \left[\frac{8-2\pi}{\pi}\cos(t) + \frac{3}{2}\sin(t)\right]\sin(x)$$
$$+ \sum_{n=2}^{\infty}[a_n\cos(nt) + b_n\sin(nt)]\sin(nx).$$

그러면

$$y(x,t) = Y(x,t) + \frac{x}{6}(\pi^2 - x^2).$$

그림 10.15는 이 곡면의 일부분이다.

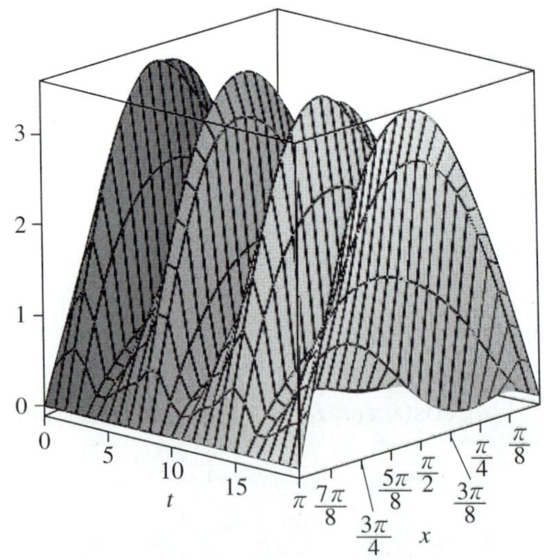

그림 10.15 $y(x,t) = Y(x,t) + \psi(x)$, $0 \le t \le 20$

방금 다룬 문제에서 파동방정식의 운동에서 강제조건의 영향의 개념을 얻기 위해 파동방정식에서 이 항(강제조건 항)을 빼고 $L = \pi$, $c = 1$이라 둔다. 그러면 이제

이 문제는 $y(x, t)$에 대한 표준 문제이다. 이 해를 강제조건의 문제의 해와 구별하기 위해 $y_0(x, t)$로 나타내자. 그러면

$$y_0(x,t)=\sum_{n=1}^{\infty}[A_n\cos(nt)+B_n\sin(nt)]\sin(nx)$$

이다. 여기서

$$\begin{aligned} A_n &= \frac{2}{\pi}\int_0^{\pi}\xi(\pi-\xi)\sin(n\xi)\,d\xi \\ &= \frac{4}{n^3\pi}(1-(-1)^n). \end{aligned}$$

그리고

$$\begin{aligned} B_n &= \frac{2}{n\pi}\int_0^{\pi}\xi(1+\cos(\xi))\sin(n\xi)\,d\xi \\ &= \begin{cases} \dfrac{2(-1)^n}{n^2(n^2-1)}, & n=2,3,\cdots, \\ 3/2, & n=1. \end{cases} \end{aligned}$$

이 해는

$$\begin{aligned} y_0(x,t) &= \left[\frac{8}{\pi}\cos(t)+\frac{3}{2}\sin(t)\right]\sin(x) \\ &\quad+\sum_{n=2}^{\infty}\left[\frac{4}{n^3\pi}(1-(-1)^n)\cos(nt)+\frac{2(-1)^n}{n^2(n^2-1)}\sin(nt)\right]\sin(nx). \end{aligned}$$

그림 10.16은 강제조건을 갖는 문제의 해와 비교하기 위해 $0\le t\le 20$에 대한 비강제 곡면의 일부분의 그래프이다.

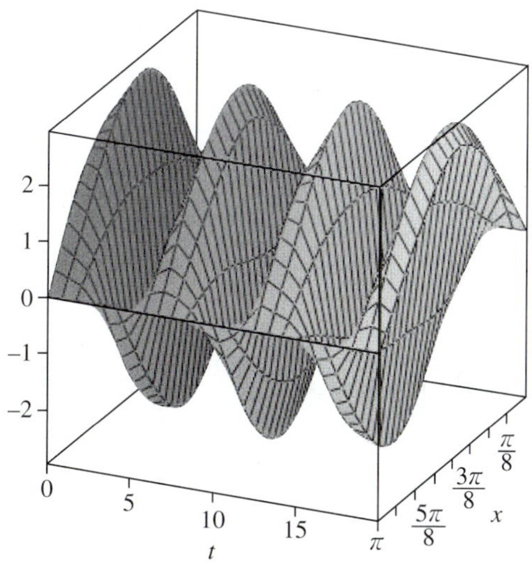

그림 10.16 $y_0(x,t),\ 0\le x\le\pi,\ 0\le t\le 20$

연습문제 10.6

문제 1~4에서 주어진 c, L, $f(x)$, $g(x)$에 대하여 문제를 풀어라.

$$y_{tt}=c^2y_{xx};\ 0<x<L,\ t>0$$
$$y(0,t)=y(L,t)=0$$
$$y(x,0)=f(x),\ y_t(x,0)=g(x)$$

1. $c=1,\ L=2,\ f(x)=0$

$$g(x)=\begin{cases}2x, & 0\le x\le 1\\ 0, & 1<x\le 2\end{cases}$$

2. $c=2,\ L=3,\ f(x)=0,\ g(x)=x(3-x)$

3. $c=2\sqrt{2},\ L=2\pi,\ g(x)=0$

$$f(x)=\begin{cases}3x, & 0\le x\le \pi\\ 6\pi-3x, & \pi<x\le 2\pi\end{cases}$$

4. $c=3,\ L=2,\ f(x)=x(x-2)$

$$g(x)=\begin{cases}0, & 0\le x\le 1/2 \text{ 및 } 1<x\le 2\\ 3, & 1/2\le x\le 1\end{cases}$$

문제 5~6에서 강제조건을 갖는 파동방정식의 초기-경계치 문제를 풀어라.

5.
$$y_{tt}=3y_{xx}+2x;\ 0<x<2,\ t>0,$$
$$y(0,t)=y(2,t)=0$$
$$y(x,0)=0,\ y_t(x,0)=0$$

6.
$$y_{tt}=y_{xx}-\cos(x);\ 0<x<2\pi,\ t>0$$
$$y(0,t)=y(2\pi,t)=0$$
$$y(x,0)=0,\ y_t(x,0)=x$$

7. (a) 다음 문제를 풀어라.

$$y_{tt}=7y_{xx}+e^{-x};\ 0<x<2,\ t>0,$$
$$y(0,t)=y(2,t)=0,$$
$$y(x,0)=0,\ y_t(x,0)=5x.$$

(b) e^{-x}항이 제거되었을 때의 문제를 풀어라.

(c) 파동에서 e^{-x}항의 영향을 판단하기 위해 급수해의 40번째 부분합을 사용하여 $t=0.4$에서 (a)와 (b)의 해의 일부분의 그래프를 그려라. $t=0.8$, 1.4, 2, 2.5, 3, 4일 때 이것을 반복하여라.

10.7 비유계 매질에서의 파동

직선과 반직선 $[0, \infty]$에서 파동방정식의 해를 생각하자. 접근 방법은 푸리에 적분을 유계 구간에서 사용한 푸리에 급수로 대신한 열방정식에서 사용한 방법과 같다.

10.7.1 실직선에서 파동방정식

다음 문제를 생각하자.

$$y_{tt}=c^2y_{xx};\ \text{모든 } x,\ t>0$$
$$y(x,0)=f(x),\quad y_t(x,0)=0.$$

경계조건은 없으나 초기위치와 초기속도는 주어져 있다. 당분간 현이 쉼 상태(초기속도 0)에 놓여 있다고 가정하여 단순화 한다. 열방정식에서 한 것과 같이 경계해를 찾는다. $y(x,t) = X(x)T(t)$로 두어 변수분리하여

$$X'' + \lambda X = 0, \; T'' + \lambda c^2 T = 0$$

를 얻는다. 여기서 λ는 분리상수이다. 열방정식과 파동방정식 사이의 차이는 $T(t)$에 대한 식에서 볼 수 있다. 즉, 파동방정식은 2계미분이다. X에 대한 미분방정식은 두 경우 똑같아서 열방정식의 해석을 사용할 수 있고 고유치와 고유함수를

$$\lambda = \omega^2, \; X_\omega = a_\omega \cos(\omega x) + b_\omega \sin(\omega x), \; \omega \geq 0$$

로 쓸 수 있다.

초기속도 조건 0을 고려하면 $y_t(x,0) = X(x)T'(0) = 0$이어야 하고, $T'(0) = 0$이고 T에 대한 문제는

$$T'' + \omega^2 c^2 T = 0; \; T'(0) = 0$$

이다. 이것은 다음 식의 상수곱의 해를 갖는다.

$$T_\omega(t) = \cos(\omega ct).$$

임의의 $\omega \geq 0$에 대하여

$$y_\omega(x,t) = [a_\omega \cos(\omega x) + b_\omega \sin(\omega x)] \cos(\omega ct)$$

는 파동방정식과 초기조건 $y_t(x, 0) = 0$를 만족한다. 초기위치조건을 만족하기 위해 모든 $\omega > 0$에서 중첩을 시도한다. 이것은 적분:

$$y(x,t) = \int_0^\infty [a_\omega \cos(\omega x) + b_\omega \sin(\omega x)] \cos(\omega ct) \, d\omega \tag{10.32}$$

으로 수행되고

$$y(x,0) = f(x) = \int_0^\infty [a_\omega \cos(\omega x) + b_\omega \sin(\omega x)] \, d\omega$$

가 필요하다.

이것은 실직선에서 $f(x)$의 푸리에 적분표현이고 계수는 다음의 푸리에 적분계수:

$$a_\omega = \frac{1}{\pi} \int_{-\infty}^{\infty} f(\xi) \cos(\omega \xi) \, d\xi, \quad b_\omega = \frac{1}{\pi} \int_{-\infty}^{\infty} f(\xi) \sin(\omega \xi) \, d\xi \tag{10.33}$$

이다.

보기 10.10

초기속도가 0이고 초기위치함수가

$$y(x,0) = f(x) = e^{-|x|}$$

일 때 실직선에서 문제를 풀어라. 우리가 할 모든 것은 $f(x)$의 푸리에 적분계수를 계산하는 것이다. 이것은

$$a_\omega = \frac{1}{\pi}\int_{-\infty}^{\infty} e^{-|\xi|}\cos(\omega\xi)\,d\xi = \frac{2}{\pi(1+\omega^2)}$$

이고 $e^{-|x|}\sin(\omega x)$는 홀함수이므로 어떤 계산도 필요없이 $b_\omega = 0$이다. 해는

$$y(x,t) = \frac{2}{\pi}\int_0^{\infty} \frac{1}{1+\omega^2}\cos(\omega x)\cos(\omega ct)\,d\omega.$$

곡면 $y(x, t)$의 그래프의 개형을 얻을 수 있고 특정한 시간 t_0에서 $y(x, t_0)$의 그래프인 파동의 모습 또한 얻을 수 있다. 이것은 0에서 ∞까지의 ω 적분 대신에 어떤 양수 K에 대하여 0에서 K까지의 적분으로 이루어지고 수치적분을 수행한다. 그림 10.17과 10.18은 $c = 1/8$, $K = 30$일 때의 보기를 보여준다.

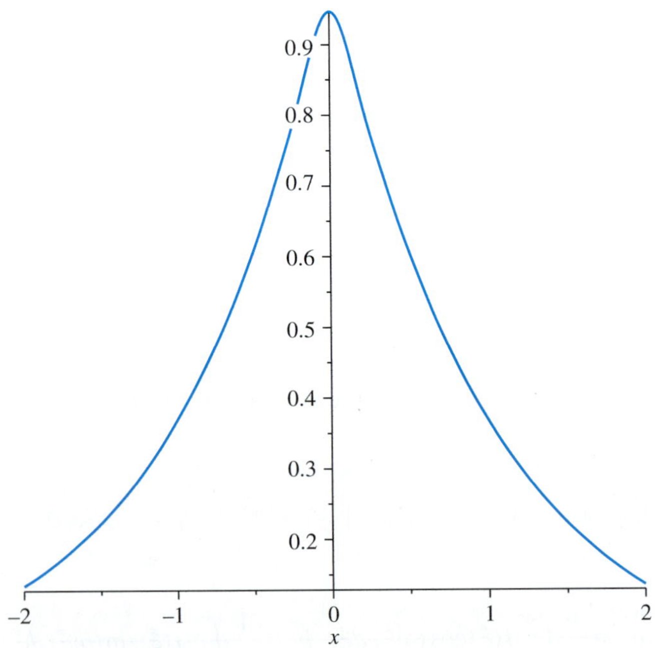

그림 10.17 보기 10.10에서 $y(x, 1/2)$, $-2 \le x \le 2$

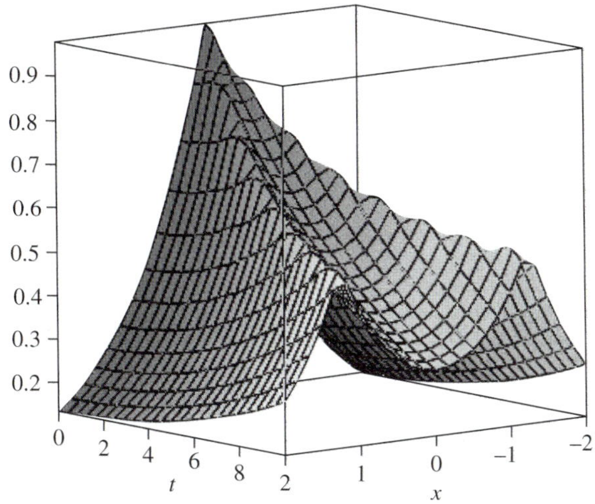

그림 10.18 $y(x, t);\ -2 \leq x \leq 2,\ 0 \leq t \leq 10$

우리는 또한 초기위치가 0함수이고 초기속도가

$$y_{tt} = c^2 y_{xx};\ \text{모든 } x,\ t > 0$$

$$y(x, 0) = 0,\ y_t(x, 0) = g(x)$$

인 문제도 풀 수 있다.

앞에서와 같이 변수분리 $y(x, t) = X(x)T(t)$로 진행하자. X에 대한 방정식은 같고 그래서

$$\lambda = \omega^2;\ X_\omega(x) = \alpha_\omega \cos(\omega x) + \beta_\omega \sin(\omega x),\ \omega > 0$$

로 된다. 여기서 α_ω와 β_ω는 초기속도 0인 경우와 초기변위 0인 경우의 계수를 구별하기 위하여 사용했다.

이제 $T(t)$에 대한 문제는

$$T''(t) + \omega^2 c^2 T = 0;\ T(0) = 0$$

이다. $y(x, 0) = X(x)T(0) = 0$이므로 $T(0) = 0$이다. 그러면

$$T_\omega(t) = \sin(\omega ct)$$

이고 임의의 $\omega > 0$에 대하여 함수

$$y_\omega(x, t) = [\alpha_\omega \cos(\omega x) + \beta_\omega \sin(\omega x)] \sin(\omega ct)$$

를 갖고, 이것은 파동방정식과 초기조건 $y(x, 0) = 0$을 만족한다.

초기속도조건을 만족하기 위해 중첩을 쓰자.

$$y(x, t)=\int_0^{\infty}[\alpha_{\omega}\cos(\omega x)+\beta_{\omega}\sin(\omega x)]\sin(\omega ct)\,d\omega.$$

그러면

$$y_t(x, t)=\int_0^{\infty}[\alpha_{\omega}\cos(\omega x)+\beta_{\omega}\sin(\omega x)]\omega c\cos(\omega ct)d\omega \tag{10.34}$$

이고, 그래서

$$y_t(x, 0)=\int_0^{\infty}[\omega c\alpha_{\omega}\cos(\omega x)+\omega c\beta_{\omega}\sin(\omega x)]d\omega=g(x).$$

이것은 직선에서 $g(x)$의 푸리에 적분전개이다. 그러나 이 전개에서 계수는 $\omega c\alpha_{\omega}$와 $\omega c\beta_{\omega}$이다. 그러므로

$$\alpha_{\omega}=\frac{1}{\pi\omega c}\int_{-\infty}^{\infty}g(\xi)\cos(\omega\xi)d\xi,\ \beta_{\omega}=\frac{1}{\pi\omega c}\int_{-\infty}^{\infty}g(\xi)\sin(\omega\xi)d\xi \tag{10.35}$$

보기 10.11

현이 초기에 변위되지 않았고 초기속도가

$$g(x)=\begin{cases} e^x, & 0\le x\le 1\\ 0, & x<0,\ x>1\end{cases}$$

로 주어져 있다고 가정하자. 이 경우에 파동함수를 풀기 위해 식 (10.35)를 사용하여 계수를 계산한다.

$$\begin{aligned}\alpha_{\omega}&=\frac{1}{\pi\omega c}\int_0^1 e^{\xi}\cos(\omega\xi)d\xi\\ &=\frac{1}{\pi\omega c}\frac{e\cos(\omega)+e\omega\sin(\omega)-1}{1+\omega^2}\end{aligned}$$

그리고

$$\begin{aligned}\beta_{\omega}&=\frac{1}{\pi\omega c}\int_0^1 e^{\xi}\sin(\omega\xi)d\xi\\ &=-\frac{1}{\pi\omega c}\frac{e\omega\cos(\omega)-e\sin(\omega)-\omega}{1+\omega^2}.\end{aligned}$$

해는

$$\begin{aligned}y(x, t)=&\int_0^{\infty}\left(\frac{1}{\pi\omega c}\frac{e\cos(\omega)+e\omega\sin(\omega)-1}{1+\omega^2}\right)\cos(\omega x)\sin(\omega ct)d\omega\\ &+\int_0^{\infty}\left(-\frac{1}{\pi\omega c}\frac{e\omega\cos(\omega)-e\sin(\omega)-\omega}{1+\omega^2}\right)\sin(\omega x)\sin(\omega ct)d\omega.\end{aligned}$$

0에서 ∞까지의 적분을 0에서 K까지의 적분으로 근사하여 해가 어떻게 보

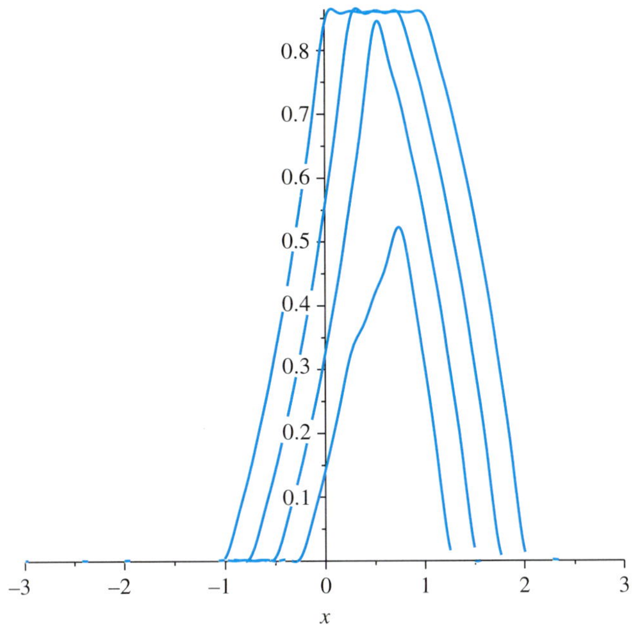

그림 10.19 보기 10.11에서 $t = 1/4,\ 1/2,\ 3/4,\ 1$에 대한 $y(x,\ t)$의 그래프

이는가에 대한 개념을 얻을 수 있다. 그림 10.19는 $c = 1$에 대한 것이고, 적분에서 $K = 30$을 사용하여 $t = 1/4,\ 1/2,\ 3/4,\ 1$로부터 파동이 퍼지는 것을 볼 수 있다.

파동방정식이 실직선에서 초기조건이 0이 아니면 즉

$$y(x,0) = f(x),\ \ y_t(x,0) = g(x)$$

이면, 문제 1(515쪽)은

$$y(x,0) = f(x),\ \ y_t(x,0) = 0$$

인 초기-경계치 문제로 둘 수 있고, 그리고 문제 2는

$$y(x,0) = 0,\ \ y_t(x,0) = g(x)$$

인 문제로 둘 수 있다. 그러면 해 $y(x,\ t)$는 문제 1과 문제 2(515쪽)의 합이다.

10.7.2 반직선에서 파동방정식

반직선에서 문제

$$y_{tt} = c^2 y_{xx};\ \ x > 0,\ t > 0$$
$$y(0,t) = 0$$
$$y(x,0) = f(x),\ \ y_t(x,0) = g(x)$$

를 생각하자. 경계조건 $y(0, t)=0$는 왼쪽이 고정되어 있음을 의미한다. 직선에서 한 것과 같이 변수를 분리하여 이 문제를 푼다.

$$y(x,t)=X(x)T(t)$$

라 두고

$$X''+\lambda X=0,\ T''+\lambda c^2 T=0$$

를 얻는다. 경계조건 $y(0, t)=0$은 $X(0)=0$이므로 X에 대한 문제는

$$X''+\lambda X=0;\ \ X(0)=0$$

이다. λ에서의 경우로 진행하면 해가 유계임을 요구하여 고유값 $\lambda=\omega^2$, $\omega>0$와

$$X_\omega(x)=\sin(\omega x)$$

의 상수배인 고유함수를 얻게 된다. 이제 T에 대한 식은

$$T''+\omega^2 cT=0$$

이고 해는 다음 모양이다. 즉

$$T_\omega(t)=A_\omega\cos(\omega ct)+B_\omega\sin(\omega ct).$$

$\omega>0$에 대하여 함수

$$y_\omega(x,t)=[A_\omega\cos(\omega ct)+B_\omega\sin(\omega ct)]\sin(\omega x)$$

는 파동방정식과 $x=0$에서의 경계조건을 만족한다. 초기조건을 만족하기 위해 중첩을 시도한다.

$$y(x,t)=\int_0^\infty[A_\omega\cos(\omega ct)+B_\omega\sin(\omega ct)]\sin(\omega x)\,d\omega. \tag{10.36}$$

이제

$$y(x,0)=f(x)=\int_0^\infty A_\omega\sin(\omega x)\,d\omega$$

는 계수 $A\omega$를 갖는 반직선에서 푸리에 사인 적분전개이다. 그래서

$$A_\omega=\frac{2}{\pi}\int_0^\infty f(\xi)\sin(\omega\xi)\,d\xi. \tag{10.37}$$

그리고

$$y_t(x,0)=g(x)=\int_0^\infty \omega cB_\omega\sin(\omega x)\,d\omega$$

는 계수 ωcB_ω인 반직선에서 $g(x)$의 푸리에 사인 적분표현이다. 그래서

$$B_\omega=\frac{2}{\pi\omega c}\int_0^\infty g(\xi)\sin(\omega\xi)\,d\xi. \tag{10.38}$$

이들 계수로 식 (10.36)은 해이다.

보기 10.12

초기위치가

$$f(x) = \begin{cases} \sin(\pi x), & 0 \le x \le 1 \\ 0, & x > 1 \end{cases}$$

로 주어져 있고 초기속도는 $g(x) = 0$인 반직선에서의 이 문제에서 $B_\omega = 0$이고

$$\begin{aligned} A_\omega &= \frac{2}{\pi} \int_0^\infty f(\xi) \sin(\omega\xi)\, d\xi \\ &= \frac{2}{\pi} \int_0^1 \sin(\pi\xi) \sin(\omega\xi)\, d\xi \\ &= \frac{2\sin(\omega)}{\pi^2 - \omega^2}. \end{aligned}$$

해는

$$y(x,t) = \int_0^\infty \frac{2\sin(\omega)}{\pi^2 - \omega^2} \cos(\omega ct) \sin(\omega x)\, d\omega.$$

그림 10.20은 $c = 1$, $0 \le x \le 1$, $0 \le t \le 1/2$ 곡면 $y(x,\ t)$의 근사 그래프의 일부를 보여준다.

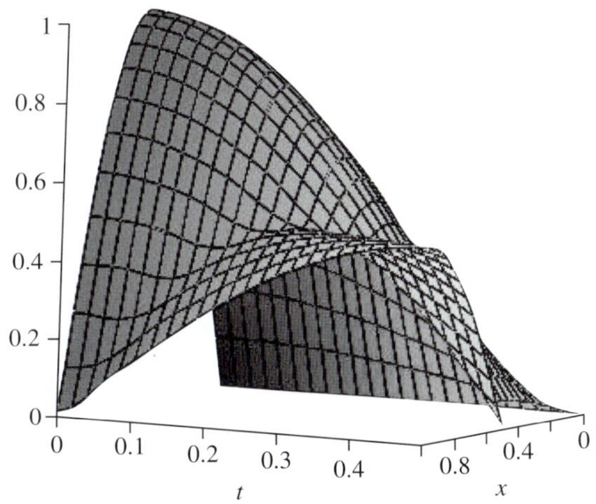

그림 10.20 보기 10.12의 곡면 $y(x,t)$, $0 \le x \le 2$, $0 \le t \le 1$

연습문제 10.7

문제 1~5에서 주어진 값 c, 초기위치 $f(x)$, 초기속도 $g(x)$의 실직선에서의 파동방정식에 대한 해를 결정하여라. 또한 t_0의 다양한 값에서 $y(x, t_0)$의 파동의 모습을 그리고 곡면 $y(x, t)$의 일부분을 그려라.

1. $c = 12,\ f(x) = e^{-5|x|},\ g(x) = 0$

2. $c = 4,\ f(x) = 0$

$$g(x) = \begin{cases} \sin(x), & -\pi \le x \le \pi \\ 0, & |x| > \pi \end{cases}$$

3. $c = 3,\ f(x) = 0$

$$g(x) = \begin{cases} e^{-2x}, & x \ge 1 \\ 0, & x < 1 \end{cases}$$

4. $c = 7$

$$f(x) = \begin{cases} 1, & -1 \le x \le 2 \\ 3, & 2 < x \le 5 \\ 0, & x < -1,\ x > 5 \end{cases}$$

$$g(x) = \begin{cases} e^{-x}, & -1 \le x \le 1 \\ 0, & |x| > 1 \end{cases}$$

5. $c = 1/4$

$$f(x) = \begin{cases} x, & -2 \le x \le 2 \\ 0, & |x| > 2 \end{cases}$$

$$g(x) = \begin{cases} x^2, & -3 \le x \le 3 \\ 0, & |x| > 3 \end{cases}$$

문제 6~8에서 $y(0, t) = 0$이고 주어진 c, 초기위치 $f(x)$, 초기속도 $g(x)$에 대한 반직선에서의 파동방정식을 풀어라.

6. $c = 3,\ f(x) = 0,$

$$g(x) = \begin{cases} 0, & 0 \le x \le 4, \\ 2, & 4 < x \le 11, \\ 0, & x > 11 \end{cases}$$

7. $c = 6,\ f(x) = -2e^{-x},\ g(x) = 0$

8. $c = \sqrt{13}$

$$f(x) = \begin{cases} \sin(\pi x), & 0 \le x \le 1, \\ 0, & x > 1, \end{cases} \qquad g(x) = \begin{cases} 1, & 0 < x < 1, \\ -1, & 1 < x \le 4, \\ 0, & x > 4 \end{cases}$$

10.8 d'Alembert 해와 특성치

실직선에서 파동방정식에 대한 초기–경계치 문제

$$y_{tt} = c^2 y_{xx}; \quad \text{모든 실수 } x\text{와 } t > 0,$$
$$y(x, 0) = f(x), \ y_t(x, 0) = g(x)$$

를 **파동방정식의 Cauchy 문제**라고 한다. 프랑스 수학자 Jean le Rond d'Alembert (달랑베르, 1717~1783)는 초기위치와 초기속도에 의해 해의 쉬운 표현을 얻었다. 즉

$$y(x, t) = \frac{1}{2}[f(x - ct) + f(x + ct)] + \frac{1}{2c}\int_{x-ct}^{x+ct} g(\xi)\,d\xi. \qquad (10.39)$$

이것은 **d'Alembert 해**이고 미분방정식과 초기조건에 직접 대입하여 이것을 증명하는 것이 통상적이다.

보기 10.13

문제

$$y_{tt} = 4u_{xx};\ \text{모든 } x\text{와 } t > 0,$$
$$y(x,0) = e^{-|x|},\ y_t(x,0) = \cos(4x)$$

를 생각하자. 파동방정식에서 $c = 2$이다. 푸리에 적분을 사용하여 해를 쓸 수 있다. d'Alembert 해는

$$\begin{aligned} f(x) &= \frac{1}{2}\left(e^{-|x-2t|} + e^{-|x+2t|}\right) + \frac{1}{4}\int_{x-2t}^{x+2t} \cos(4\xi)\, d\xi \\ &= \frac{1}{2}\left(e^{-|x-2t|} + e^{-|x+2t|}\right) + \frac{1}{16}(\sin(4(x+2t)) - \sin(4(x-2t))) \\ &= \frac{1}{2}\left(e^{-|x-2t|} + e^{-|x+2t|}\right) + \frac{1}{8}\cos(4x)\sin(8t). \end{aligned}$$

d'Alembert 해는 실직선에서 좌우로 움직이는 파동의 중첩으로 흥미로운 해설을 가지고 있다. 해 (10.39)를 다음과 같이 재배치한다. 즉

$$\begin{aligned} y(x,t) &= \frac{1}{2}\left(f(x-ct) - \frac{1}{c}\int_0^{x-ct} g(\xi)d\xi\right) \\ &\quad + \frac{1}{2}\left(f(x+ct) + \frac{1}{c}\int_0^{x+ct} g(\xi)d\xi\right) \\ &= F(x-ct) + B(x+ct) \end{aligned}$$

이고, 여기서

$$F(w) = \frac{1}{2}f(w) - \frac{1}{2c}\int_0^w g(\xi)d\xi \tag{10.40}$$

그리고

$$B(w) = \frac{1}{2}f(w) + \frac{1}{2c}\int_0^w g(\xi)d\xi. \tag{10.41}$$

$F(x-ct)$의 그래프는 $F(x)$의 그래프를 시간 t에서 오른쪽으로 ct 단위만큼 이동한 것이다. t가 증가하면 $F(x-ct)$는 속도 c로 직선을 따라 오른쪽으로 움직인 파동으로 생각한다. $F(x-ct)$를 **순방향 파동**이라 부른다.

$B(x+ct)$는 $B(x)$를 속도 c로 왼쪽으로 움직인 그래프이다. $B(x+ct)$를 이 파동의 **역방향 파동**이라 부른다.

임의의 시간 t에서 파동 $y(x, t)$는 이 시간에서 순방향과 역방향 파동의 합이다. 즉

$$y(x,t) = F(x-ct) + B(x+ct). \tag{10.42}$$

현이 정지 상태에서, 즉 $g(x)=0$에서 놓아주는 경우에 파동해의 이 설명이 아마도 가장 쉬울 것이다. 이 경우 $F(x) = B(x) = \frac{1}{2}f(x)$이고

$$y(x,t) = F(x-ct) + B(x+ct) = \frac{1}{2}(f(x-ct) + f(x+ct)).$$

보기 10.14

$g(x)=0$, $c=1$ 그리고

$$f(x) = \begin{cases} x\cos(3x), & -\pi \le x \le \pi \\ 0, & x < -\pi,\ x > \pi \end{cases}$$

라고 하자. 그림 10.21은 $f(x)$의 그래프이다. 반면에 그림 10.22, 10.23, 10.24는 각각 $f(x-1)$, $f(x-5)$, $f(x-9)$의 그래프를 보여준다. 이들은 그림 10.25의 그래프가 시간 1.5 및 9에서 오른쪽으로 움직인 것을 보여준다.

그림 10.25, 10.26, 10.27은 이들 시간에 왼쪽으로 움직인 초기위치 그래프인 $f(x+1)$, $f(x+5)$, $f(x+9)$의 그래프를 보여주고 있다. 그림 10.28, 10.29, 10.30은 중첩

$$\frac{1}{2}(f(x+1)+f(x-1)),\ \frac{1}{2}(f(x+5)+f(x-5)),\ \frac{1}{2}(f(x+9)+f(x-9))$$

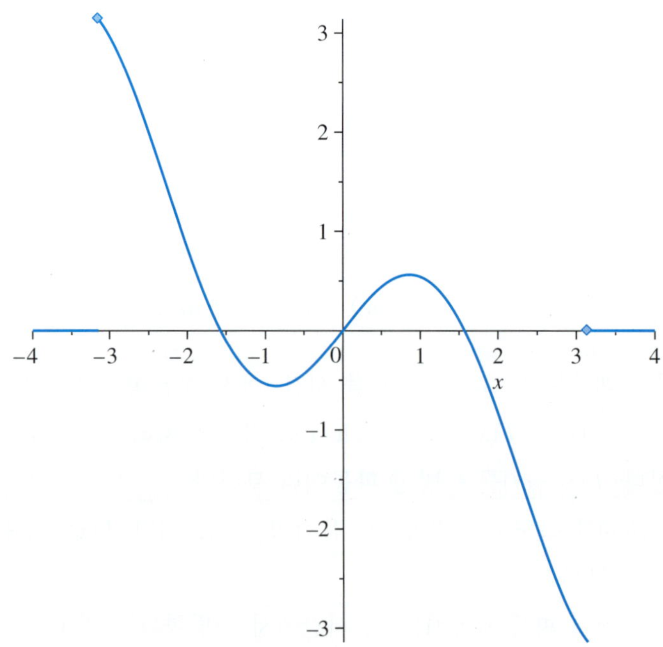

그림 10.21 보기 10.14에서 $f(x)$

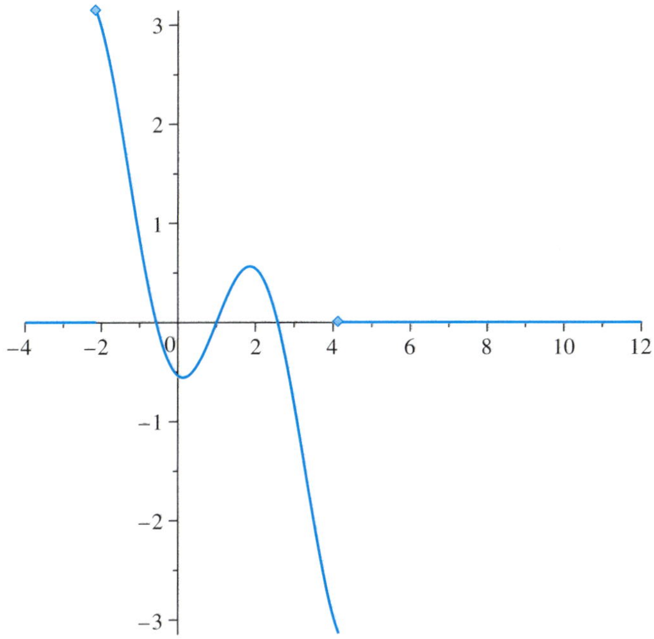

그림 10.22 $f(x-1)$

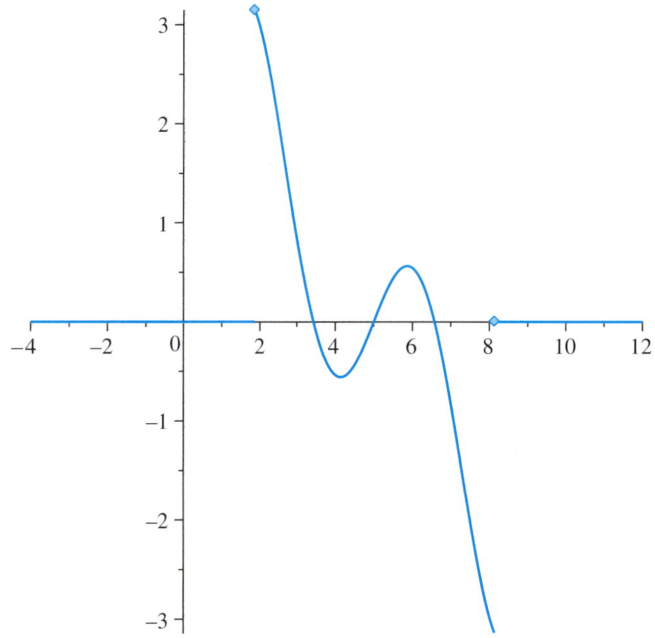

그림 10.23 $f(x-5)$

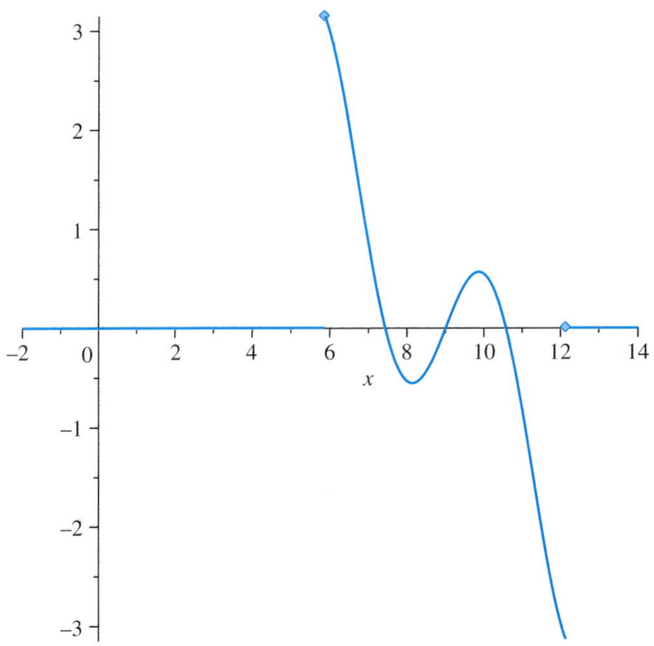

그림 10.24 $f(x-9)$

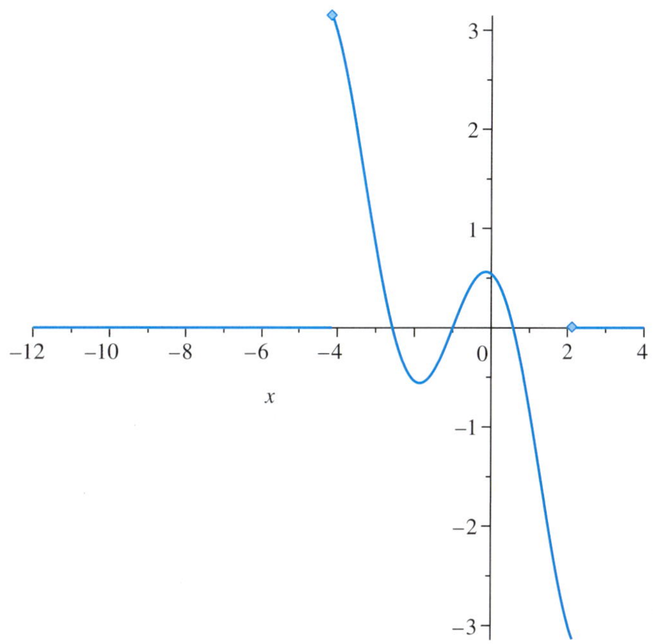

그림 10.25 보기 10.14에서 $f(x+1)$

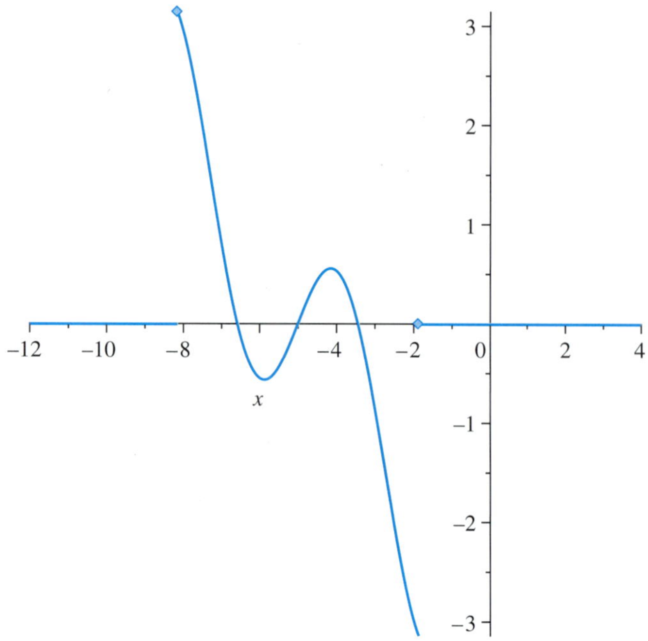

그림 10.26 $f(x+5)$

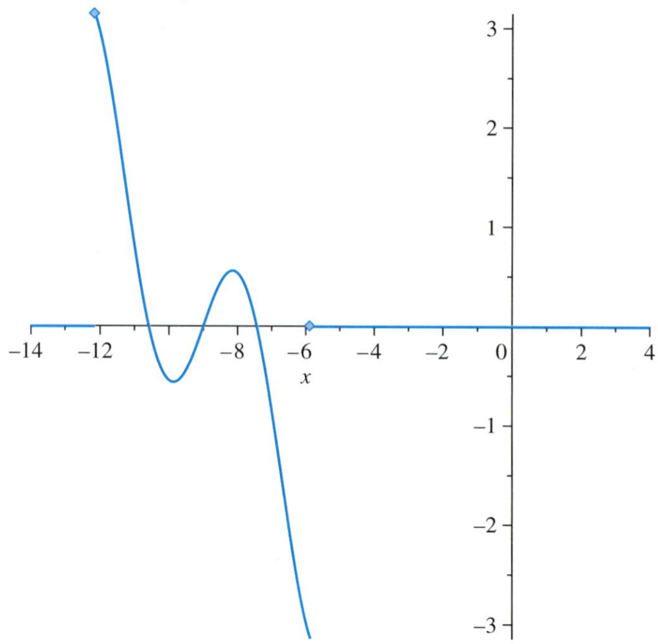

그림 10.27 $f(x+9)$

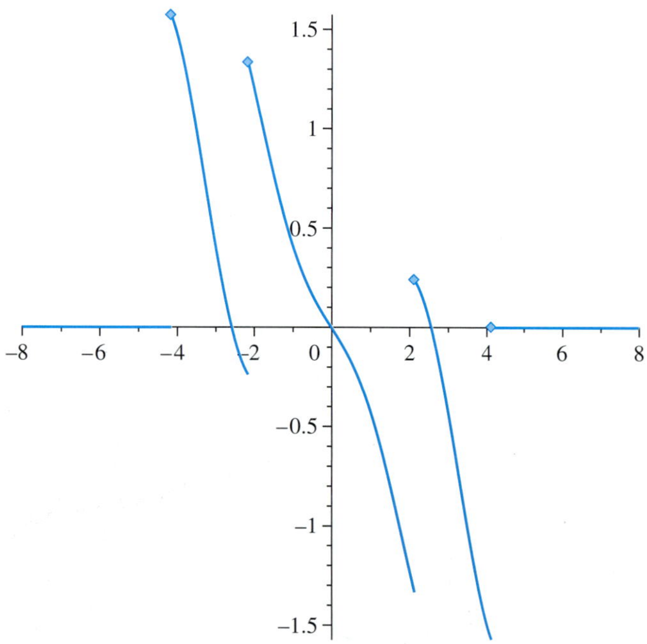

그림 10.28 $\frac{1}{2}(f(x-1)\ +\ f(x+1))$

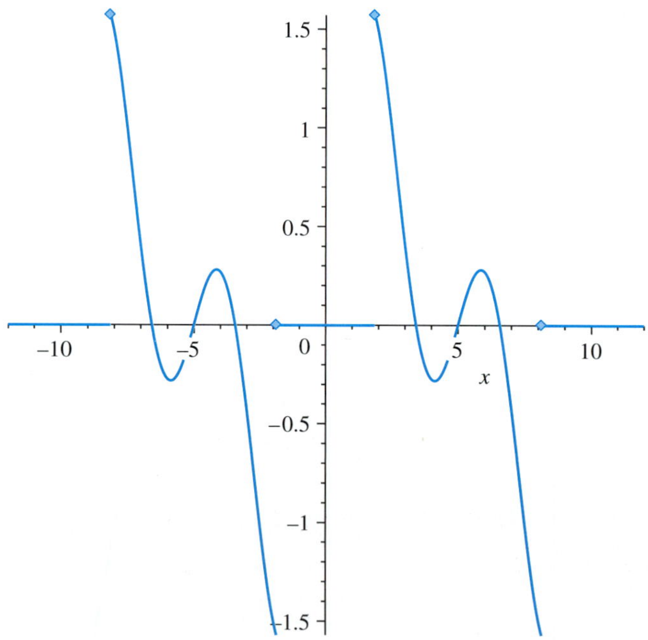

그림 10.29 $\frac{1}{2}(f(x-5)+f(x+5))$

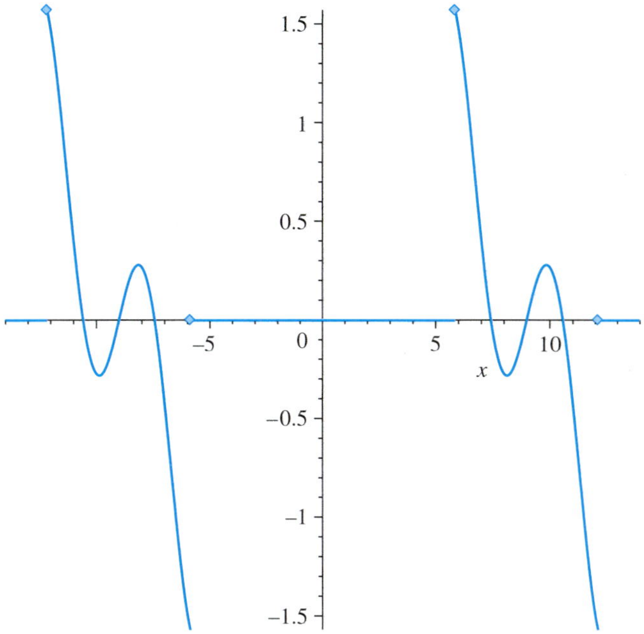

그림 10.30 $\frac{1}{2}(f(x-9)+f(x+9))$

를 보여준다. 이 보기에서 초기위치 함수는 유한구간 $[-\pi, \pi]$의 밖에서는 0이다. 그래서 왼쪽 및 오른쪽 이동 파동은 분리하고 시간이 증가함에 따라 독립적으로 오른쪽과 왼쪽으로 움직인다.

d'Alembert 해는 실직선에서 파동방정식에 대한 Cauchy 문제는 지속적으로 초기자료에 의존한다는 것을 보여주는 데 사용된다. 이것은 초기위치와 속도함수에서의 "작은" 변화가 파동에서 상응하게 "작은" 변화로 귀결된다는 것을 의미한다. 10.8절 연습문제 10에서 이 개념을 전개한다.

d'Alembert 해는 또한 양 $x-ct$와 $x+ct$에 대한 특별한 중요성을 가지고 있다. 파동을 바로 오른쪽 또는 왼쪽으로 옮기는 것 이상이 여기에 있다.

직선 $x-ct=k_1$과 $x+ct=k_2$를 파동방정식의 **특성치**라고 부른다. 여기서 k_1과 k_2는 임의의 실수이다. x, t-평면에서 ξ, η-평면으로 변환을 정의하는 변수변환

$$\xi = x-ct,\ \eta = x+ct$$

를 만들자. 이 변환은 가역적이다. 각 점 (x, t)는 꼭 한 점 (ξ, η)에 관련되고 그 역도 성립한다. ξ와 η의 항으로는

$$x=\frac{1}{2}(\xi+\eta)=x(\xi,\eta) \quad \text{및} \quad t=\frac{1}{2c}(\eta-\xi)=t(\xi,\eta).$$

y에 대한 파동방정식을 Y에 대한 미분방정식으로 변환한다. 여기서

$$Y(\xi, \eta) = y((\xi + \eta)/2, (\eta - \xi)/2c).$$

이를 하기 위해 먼저 편미분이 필요하다. 이것은 연쇄율을 사용하여 계산된다. 즉

$$\begin{aligned} y_x &= Y_\xi \xi_x + Y_\eta \eta_x = Y_\xi + Y_\eta, \\ y_{xx} &= Y_{\xi\xi} \xi_x + Y_{\xi\eta} \eta_x + Y_{\eta\xi} \xi_x + Y_{\eta\eta} \eta_x \\ &= Y_{\xi\xi} + 2Y_{\xi\eta} + Y_{\eta\eta}. \end{aligned}$$

비슷하게

$$y_{tt} = c^2 Y_{\xi\xi} - 2c^2 Y_{\xi\eta} + c^2 Y_{\eta\eta}.$$

그래서

$$y_{tt} - c^2 y_{xx} = 0 = (c^2 Y_{\xi\xi} - 2c^2 Y_{\xi\eta} + c^2 Y_{\eta\eta}) - c^2(Y_{\xi\xi} + 2Y_{\xi\eta} + Y_{\eta\eta}).$$

이것은 매우 간단한 편미분방정식

$$Y_{\xi\eta} = 0$$

이 된다. 미분 순서를 바꾸고 이것을 다음과 같이 쓰자. 즉

$$(Y_\eta)_\xi = 0.$$

이것은 ξ에 대한 Y_η의 편미분은 항등적으로 0이고 Y_η는 η만의 함수를 의미하고 ξ에는 의존하지 않는, 즉 일변수의 함수 h에 대한

$$Y_\eta = h(\eta)$$

임을 말한다. 이 식의 양변을 η에 대하여 적분한다. 즉

$$\int Y_\eta \, d\eta = Y(\xi, \eta) = \int h(\eta) \, d\eta + F(\xi).$$

여기서 η적분에서 "적분상수"는 ξ를 포함할 수 있다(왜냐하면 η에 대한 임의의 $F(\xi)$의 편미분은 0이기 때문이다). 여기서 $F(\xi)$는 ξ의 임의의 함수일 수 있다. 그러나 $\int h(\eta) d\eta$는 바로 η의 다른 함수 $G(\eta)$이다. 그래서

$$Y(\xi, \eta) = F(\xi) + G(\eta)$$

이다. $\xi = x - ct$ 및 $\eta = x + ct$를 기억하면

$$y(x, t) = F(x - ct) + G(x + ct)$$

임을 찾았다. 결론은 파동방정식 $y_{tt} = c^2 y_{xx}$의 모든 해는 일변수로 두 번 미분가능한 함수로 이 모양이어야 한다.

역으로 $F(x - ct) + G(x + ct)$는 임의의 이런 함수의 해이다. $y(x, 0) = f(x)$ 및

$y_t(x,0)=g(x)$의 초기-경계치 문제의 d'Alembert 해는 $F(x-ct)+G(x+ct)$가 이들 초기조건을 만족하도록 F와 G를 선택하여 얻을 수 있다. 이것이 d'Alembert의 업적이다. d'Alembert 해의 유도는 10.8절 연습문제 11에서 개괄한다.

연습문제 10.8

문제 1~4에서 주어진 c, $f(x)$ 및 $g(x)$에 대한 문제의 d'Alembert 해를 쓰라.

1. $c=1,\ f(x)=x^2,\ g(x)=-x$

2. $c=7,\ f(x)=\cos(\pi x),\ g(x)=1-x^2$

3. $c=14,\ f(x)=e^x,\ g(x)=x$

4. $c=\sqrt{3},\ f(x)=e^{-3|x|},\ g(x)=\cos(x/2)$

5. $c=1,\ f(x)=\sin(x),\ g(x)=0$인 실직선에서 Cauchy 문제의 해를 구하라. 그리고 $f(x)=\sin x(x)+\varepsilon,\ g(x)=0$일 때 해를 찾아라. 이들 해는 모든 x와 $t\geq 0$에 대하여 양 ε에서 차이가 있음을 보여라.

6. $F(x)=e^{-3x},\ G(x)=\sin(4x)$라고 하자.

$$y(x,t)=F(x-ct)+G(x+ct)$$

는 파동방정식 $y_{tt}=c^2y_{xx}$를 만족함을 보여라.

문제 7~9에서 $c=1$, 초기속도 0을 갖는 실직선에서의 파동방정식

$$y_{tt}=y_{xx}\ ;\ \text{모든 } x,\ t>0$$

$$y(x,0)=f(x),\quad y_t(x,0)=0\ ;\ \text{모든 } x.$$

주어진 $f(x)$에 대하여 해를 순방향과 역방향 파동의 합으로 쓰고 선택한 시간에서 $y(x,t)$의 그래프를 그려라. 이들 각 문제에서 $f(x)$는 폐구간의 밖에서는 0이고, 그래서 파동이 결국 보기 10.14에서와 같이 분리된다.

7. $f(x)=\begin{cases}1-|x|, & -1\leq x\leq 1\\ 0, & |x|>1\end{cases}$

8. $f(x)=\begin{cases}e^x\cos(x), & |x|\leq 1\\ 0, & |x|>1\end{cases}$

9. $f(x)=\begin{cases}x^3-x^2-4x+4, & -2\leq x\leq 2\\ 0, & |x|>2\end{cases}$

10. $\tilde{f}(x)=f(x)+\varepsilon_1$ 및 $\tilde{g}(x)=g(x)+\varepsilon_2$

라고 하자. $y(x,t)$는 초기위치와 속도가 각각 $f(x)$, $g(x)$인 d'Alembert 해라고 하고, $\tilde{y}(x,t)$는 초기위치 $\tilde{f}(x)$ 및 초기속도 $\tilde{g}(x)$인 해라고 하자. ε_1과 ε_2의 항으로

$$|y(x,t)-\tilde{y}(x,t)|$$

의 경계를 유도하여라.

11. d'Alembert 해를 유도하여라.

힌트: 실직선에서 임의의 파동방정식 $y_{tt}=c^2y_{xx}$의 해는 일변수의 두 번 미분가능한 함수 F와 G에 대하여 $F(x-ct)+G(x+ct)$ 형태여야 한다. 이제 개념은 d'Alembert 해를 얻기 위해 F와 G를 선택하는 것이다. 초기위치 조건

$$y(x,0)=f(x)=F(x)+G(x)$$

와 초기속도 조건

$$y_t(x,0)=-cF'(x)+cG'(x)$$

에서 위 식을 적분하면

$$-F(x)+G(x)=\frac{1}{x}\int_0^x g(w)dw-F(0)+G(0)$$

를 얻는다. 이 식을 조작하여 F와 G에 대한 표현을 얻는다.

10.9 강제조건(외력) $K(x, t)$를 갖는 파동방정식

앞의 절 10.6.1에서 유계구간에서의 파동방정식에 항 $F(x)$를 추가했다. 여기서도 실직선에서의 파동방정식에 x와 t 둘 다에 의존하는 새로운 항 $K(x, t)$를 추가할 것이다. 우리가 풀 문제는

$$y_{tt} = c^2 y_{xx} + K(x, t);\quad \text{모든 } x,\ t > 0,$$

$$y(x, 0) = f(x),\ \ y_t(x, 0) = g(x);\ \text{모든 } x.$$

x, t-평면에서 x_0는 임의의 수, $t_0 > 0$인 점 $P_0 : (x_0, t_0)$에서 이 문제의 해를 원한다.

파동방정식의 특성치는 직선 $x - ct = k_1$, $x + ct = k_2$이다. P_0를 지나는 특성치는 두 개만 존재한다. 즉, 직선

$$x - ct = x_0 - ct_0 \quad \text{및} \quad x + ct = x_0 + ct_0.$$

이 직선들은 $(x_0 - ct_0, 0)$와 $(x_0 + ct_0, 0)$에서 x-축과 교차하고, 이것은 P_0와 함께 P_0에서 **특성삼각형**의 꼭지점을 이룬다.

이 삼각형의 변이 그림 10.31과 같이 M, L, I로 표식을 한다. Δ는 경계선 위의 점과 삼각형의 내부로 이루어진 강체 삼각형이라 두자. 추가항 $K(x, t)$를 갖는 초깃값 문제의 해에 대하여 d'Alembert와 같은 공식으로 이어지는 계산을 추구하자.

파동방정식에서

$$-\iint_\Delta K(x,t)\, dA = \iint_\Delta (c^2 y_{xx} - y_{tt}) dA$$
$$= \iint_\Delta \left(\frac{\partial}{\partial x}(c^2 y_x) - \frac{\partial}{\partial t}(y_t)\right) dA$$

를 갖는다. 마지막 식의 이중적분을 Δ의 경계인 C 위의 선적분으로 바꾸고 반시계 방향으로 Green 정리를 적용하면

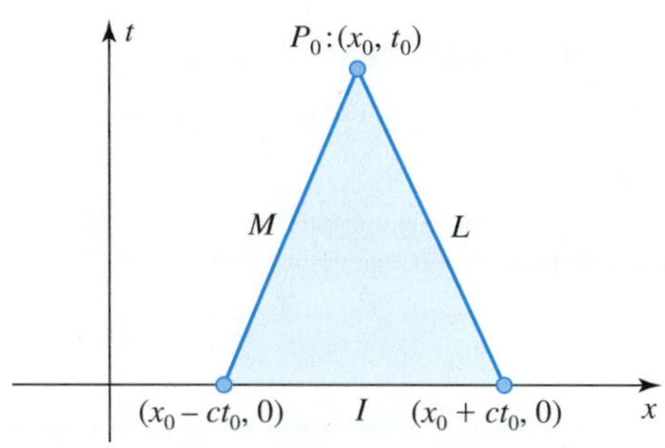

그림 10.31 P_0에서의 특성삼각형

$$-\iint_{\Delta} K(x,t)\,dA = \oint_{C} y_r\,dx + c^2 y_x\,dt$$

를 얻는다. 이것을 계산함에 있어 C는 세 개의 선분으로 구성되어 있고, 각 선분상의 선적분은 쉽게 수행된다.

변 I에서 $t = 0$이고 x는 $x_0 - ct_0$에서 $x_0 + ct_0$까지 변한다. 그러므로 초기조건 $y_t(x, 0) = g(x)$를 사용할 수 있고 다음과 같이 쓴다.

$$\int_I y_t\,dx + c^2 y_x\,dt = \int_{x_0-ct_0}^{x_0+ct_0} y_t(x,0)\,dx = \int_{x_0-ct_0}^{x_0+ct_0} g(w)\,dw.$$

변 L에서 $x + ct = x_0 + ct_0$이므로 $dx = -c\,dt$. 게다가 y의 미분 dy는 $y_x dx + y_t dt$임을 상기하면

$$\begin{aligned}\int_L y_t dx + c^2 y_x dt &= \int_L y_t(-c)\,dt + c^2 y_x\left(-\frac{1}{c}\right)dx \\ &= -c\int_L dy = -c[y(x_0,t_0) - y(x_0+ct_0,0)].\end{aligned}$$

변 M에서 $x - ct = x_0 - ct_0$이므로 $dx = -c\,dt$, 그리고 C 위의 반시계 방향을 염두에 두면

$$\begin{aligned}\int_M y_t dx + c^2 y_x dt &= \int_M y_t c\,dt + c^2 y_x\left(\frac{1}{c}\right)dx = c\int_M dy \\ &= c[y(x_0-ct_0) - y(x_0,t_0)].\end{aligned}$$

Δ의 변에서 이 선적분들을 합하면 결과는

$$\begin{aligned}-\iint K(x,t)\,dA &= \int_{x_0-ct_0}^{x_0+ct_0} g(w)\,dw \\ &\quad - c[y(x_0,t_0) - y(x_0+ct_0,0)] + c[y(x_0-ct_0,0) - y(x_0,t_0)]\end{aligned}$$

끝으로 $y(x_0,t_0)$에 대하여 이 식을 풀고 초기조건 $y(x,0) = f(x)$를 사용하면

$$\begin{aligned}y(x_0,t_0) &= \frac{1}{2}[f(x_0-ct_0) + f(x_0+ct_0)] \\ &\quad + \frac{1}{2c}\int_{x_0-ct_0}^{x_0+ct_0} g(w)\,dw + \frac{1}{2c}\iint K(\xi,\eta)\,dA.\end{aligned}$$

보다 깔끔한 표현을 위해 첨자를 떼고 임의의 수 x와 임의의 양수 t에 대하여 해 $y(x, t)$를 쓰면

$$\begin{aligned}y(x,t) &= \frac{1}{2}[f(x-ct) + f(x+ct)] + \frac{1}{2c}\int_{x-ct}^{x+ct} g(w)\,dw \\ &\quad + \frac{1}{2c}\iint_{\Delta} K(X,T)\,dX\,dT.\end{aligned} \tag{10.43}$$

여기서 X와 T는 해로 주어진 점 (x, t)와의 혼돈을 피하기 위해 쓴 적분변수이다. 강

제조건에 의한 파동방정식의 해 (10.43)은 파동에서 $K(x, t)$의 영향을 고려한 이중 적분항을 동반한 비강제 문제의 d'Alembert 해이다.

보기 10.15

다음 문제를 풀어라.

$$y_{tt} = 4y_{xx} + x^2t^2 \text{ ; 모든 실수 } x,\ t > 0$$

$$y(x,0) = f(x) = \begin{cases} 1+x, & -1 \le x \le 0, \\ 1-x, & 0 \le x \le 1, \\ 0, & |x| > 1, \end{cases}$$

$$y_t(x,0) = 0.$$

식 (10.43)에서 $c = 2$를 사용하여 해

$$y(x,t) = \frac{1}{2}[f(x-2t) + f(x+2t)] + \frac{1}{4}\iint_{\Delta} X^2T^2\,dX\,dT$$

를 얻는다. 이 문제에 대한 특성삼각형 Δ는 그림 10.32이다.

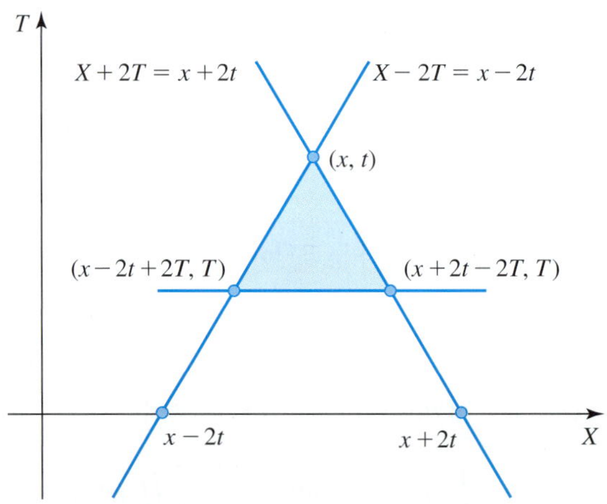

그림 10.32 보기 10.15의 특성삼각형

이 이중적분을 반복적분으로 계산하기 위해 그림에서 보여주는 적분한계를 사용하여

$$\frac{1}{4}\iint_{\Delta} X^2T^2\,dX\,dT = \frac{1}{4}\int_0^t \left(\int_{x-2t+2T}^{x+2t-2T} X^2\,dX\right)T^2\,dT$$

로 쓴다. 통상적인 상세한 계산은 생략하고 X에 대한 적분은

$$\frac{1}{4}\int_{x-2t+2T}^{x+2t-2T} X^2\,dX$$
$$= x^2(t-T) + \frac{4}{3}(t^3 - T^3) + 4tT^2 - 4t^2T.$$

그러면

$$\frac{1}{4}\iint_{\Delta} X^2T^2\,dX\,dT = \int_0^t \left[x^2(t-T) + \frac{4}{3}(t^3 - T^3) + 4tT^2 - 4t^2T\right]T^2\,dT$$
$$= \frac{1}{45}t^6 + \frac{1}{12}x^2t^4.$$

해는

$$y(x,t) = \frac{1}{2}[f(x-2t) + f(x+2t)] + \frac{1}{45}t^6 + \frac{1}{12}x^2t^4.$$

마지막 항은 파동방정식에 있는 항 x^2t^2이 파동에서 갖는 효과에 해당한다. 비교를 위해 그림 10.33은 x^2t^2이 제거되었을 때의 곡면의 일부를 보여주고, 반면에 그림 10.34는 파동방정식에서 이 강제조건 항이 포함되었을 때의 파동 곡면의 일부를 보여준다.

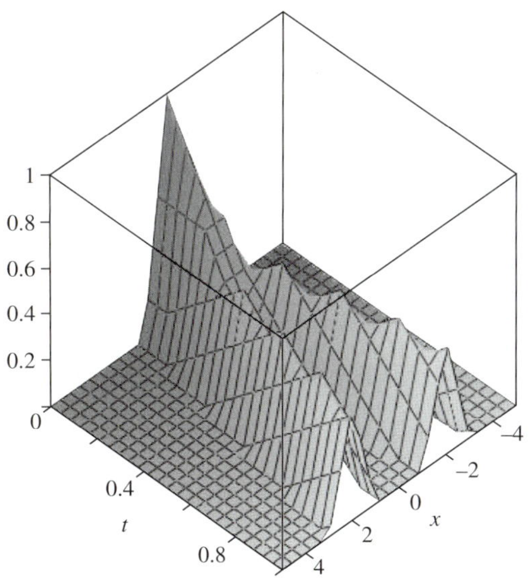

그림 10.33 보기 10.16에서 비강제 파동곡면의 일부

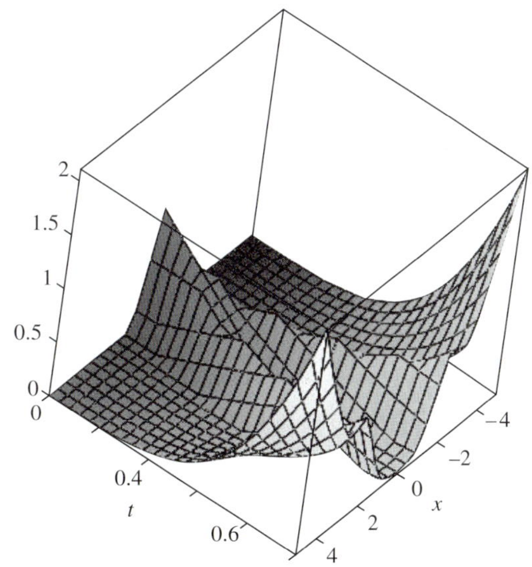

그림 10.34 보기 10.16에서 강제 파동곡면의 일부

연습문제 10.9

문제 1~3에서 주어진 c, $f(x)$, $g(x)$와 강제함수 $K(x, t)$에 대한 강제 파동방정식 문제를 풀어라.

1. $c = 4, f(x) = x, g(x) = e^{-x}, K(x,t) = x + t$

2. $c = 8, f(x) = x^2 - x, g(x) = \cos(2x), K(x,t) = xt^2$

3. $c = 3, f(x) = \cosh(x), g(x) = 1, K(x,t) = 3xt^3$

10.10 고차원 파동방정식

열방정식에서와 같이 일차원 공간 이상에서의 파동방정식의 문제는 다변수 푸리에 급수를 사용하여 풀 수 있다.

보기 10.16

탄성막이 영역 $0 \le x \le L$, $0 \le y \le K$인 직사각형의 틀에 고정되어 있다고 가정하자. 막은 초기변위 $f(x, y)$와 초기속도 $g(x, y)$로 두고 떨림이 허용되었다. 우리는 변위함수 $z(x, y, t)$를 원한다. $z(x, y, t)$에 대한 초기-경계치 문제는

$$\begin{aligned} &z_{tt} = c^2(z_{xx} + z_{yy});\ 0 < x < L,\ 0 < y < K,\ t > 0, \\ &z(x, 0, t) = z(x, K, t) = 0, \\ &z(0, y, t) = z(L, y, t) = 0, \\ &z(x, y, 0) = f(x, y),\ z_t(x, y, 0) = g(x, y). \end{aligned}$$

$g(x, y) = 0$인 경우 이것을 풀고, 그래서 막이 변위되고 또 정지상태에서 놓아졌다. 2차원 열방정식에서 한 것과 같이 변수분리하여 진행한다. $z(x, y, t) = X(x)Y(y)T(t)$라 하고 x, y, t가 독립적이라는 사실을 사용하여

$$\frac{T''}{c^2 T} = \frac{Y''}{Y} = \frac{X''}{X} = -\lambda$$

를 얻는다. 여기서 λ는 분리상수이다. 그러면

$$X'' + \lambda X = 0,\quad \frac{T''}{c^2 T} + \lambda = \frac{Y''}{Y}$$

이다. y와 t가 독립적이기 때문에 마지막 식에서

$$\frac{T''}{c^2 T} + \lambda = \frac{Y''}{Y} = -\mu$$

가 되고, 여기서 μ는 두 번째 분리상수이다. 그래서

$$Y'' + \mu Y = 0, \quad T'' + c^2(\lambda + \mu)T = 0.$$

여기서 변수분리와 연립방정식에서의 변수분리의 차이는 T' 대신 여기서는 T''이 나타난 것이다.

경계조건에서

$$X(0) = X(L) = 0 \quad \text{및} \quad Y(0) = Y(K) = 0.$$

그러므로

$$\lambda_n = \frac{n^2\pi^2}{L^2}, \; X_n(x) = \sin\left(\frac{n\pi x}{L}\right), \quad n = 1, 2, \cdots$$

이고

$$\mu_m = \frac{m^2\pi^2}{K^2}, \; Y_m(y) = \sin\left(\frac{m\pi y}{K}\right), \quad m = 1, 2, \cdots.$$

T에 대한 문제는 $z_t(x, y, 0) = X(x)Y(y)T'(0) = 0$이므로 $T'(0) = 0$와 함께

$$T'' + c^2\left(\frac{n^2\pi^2}{L^2} + \frac{m^2\pi^2}{M^2}\right)T = 0,$$

$$\alpha_{nm} = \sqrt{\frac{n^2}{L^2} + \frac{m^2}{M^2}}$$

라고 두자. 그러면 T에 대한 해는 $\cos(\alpha_{nm}\pi ct)$의 상수배이다.

임의의 양정수 n, m에 대하여

$$z_{nm} = (x, y, t) = \alpha_{nm}\sin(n\pi x/L)\sin(m\pi y/K)\cos(\alpha_{nm}\pi ct)$$

는 파동방정식과 경계조건, 그리고 초기조건 $z_t(x, y, 0) = 0$를 만족한다.

초기위치조건을 만족하기 위해 이들 함수:

$$z(x, y, t) = \sum_{n=1}^{\infty}\sum_{m=1}^{\infty} a_{nm}\sin(n\pi x/L)\sin(m\pi y/K)\cos(\alpha_{nm}\pi ct) \qquad (10.44)$$

는 중첩이 통상 필요하다.

$$z(x, y, 0) = f(x, y) = \sum_{n=1}^{\infty}\sum_{m=1}^{\infty} a_{nm}\sin(n\pi x/L)\sin(m\pi y/K)$$

이도록 계수 a_{nm}을 선택한다. 이것은 초기위치함수의 이중 푸리에 사인전개이다. 이 문제는 열방정식(초기온도 함수의 전개)에서 만났고 계수에 대한 해는 같다.

$$a_{nm} = \frac{4}{LK}\int_0^L\int_0^K f(\xi, \eta)\sin(n\pi\xi/L)\sin(m\pi\eta/K)\,d\eta\,d\xi$$

로 선택한다.

만약 $f(x,y)=A(x)B(y)$, 즉 x의 함수와 y의 함수의 곱이면, 이 이중적분은 각각 하나의 변수에서 단적분의 곱이다. 예를 들어 $L=\pi$, $K=1$, 그리고

$$f(x,y)=x^2(\pi-x)\sin(y)$$

이면

$$\begin{aligned}a_{nm}&=\frac{4}{\pi}\left(\int_0^\pi \xi^2(\pi-\xi)\sin(n\xi)\,d\xi\right)\left(\int_0^1 \sin(\eta)\sin(m\pi\eta)\,d\eta\right)\\&=\frac{4}{\pi}\left[\frac{2\pi(2(-1)^{n+1}-1)}{n^3}\right]\left[\frac{n\pi\sin(1)(-1)^{m+1}}{m^2\pi^2-1}\right]\end{aligned}$$

이다. 이 계수와 함께 식 (10.44)는 문제의 해이다.

연습문제 10.10

문제 1~2에서 초기속도 0, 초기위치 $f(x, y)$, 다른 특화 상수로 진동하는 사각막의 고정틀에 대한 문제를 풀어라.

1. $c=1,\ L=K=2\pi,\ f(x,y)=x^2y$

2. $c=2,\ L=K=\pi,\ f(x,y)=\sin^2(x)\,y\sin(y)$

3. 초기-경계치 문제로 초기변위는 없으나 초기속도 $g(x, y)$가 주어진 경우 $c=3$, $L=K=\pi$, $f(x, y)=0$, $g(x, y)=xy$이면 진동하는 사각막의 파동함수에 대한 문제를 풀어라.

7부 복소해석

Complex Functions

복소해석 11장

11.1 복소수의 기하와 대수

11.1.1 복소수

복소수는 기호 $x+iy$ 또는 $x+yi$이고 x, y는 실수이고 $i^2=-1$이다. 복소수의 산술은 다음과 같이 정의한다:

동등 $a+ib=c+id$는 반드시 $a=c$, $b=d$일 때

가법 $(a+ib)+(c+id)=(a+c)+i(b+d)$.

승법 $(a+ib)(c+id)=(ac-bd)+i(ad+bc)$.

두 복소수의 곱은 다항식 $a+bx$와 $c+dx$의 곱에서 x 대신 i와 $i^2=-1$로 하여 똑같이 진행한다. 예를 들면

$$(6-4i)(8+13i)=(6)(8)+(-4)(13)i^2+i[(6)(13)+(-4)(8)]=100+46i.$$

수 a는 $a+bi$의 실수부분으로 부르고 $\mathrm{Re}(a+bi)$로 나타낸다. 반면에 b는 $a+bi$의 허수부분이고 $\mathrm{Im}(a+bi)$로 나타낸다. 예를 들면

$$\mathrm{Re}(-4+12i)=-4 \quad \text{그리고} \quad \mathrm{Im}(-4+12i)=12.$$

임의의 복소수의 실수와 허수부분은 그 자체로 실수이다.

임의의 실수 a는 $a+0i$로 생각한다. 이 방법으로 복소수는 실수의 확장이다. 복소수 집합에서 일부 또는 모든 수는 실수일 수 있다.

실수의 복소수로의 확장은 대수학과 해석학에 심오한 영향을 준다. 방정식 $x^2+1=0$은 x를 실수로 제한하면 해가 없다. 복소수에서는 두 개의 해 i와 $-i$를 갖는다. 대수학의 기본정리에서 복소계수의 n차 다항식은 복소수의 집합에서 n개의 근(해)을 갖는다. 어떤 계수는 실수일 수 있고 또 어떤 근은 실수이거나 중복근일 수 있다. 그러나 복소 다항식의 모든 근에 대하여 복소수를 넘어설 필요는 결코 없다.

복소수의 산술은 실수에서의 작업으로 익숙한 많은 법칙에 따른다. w, z, u가 복소수이면

(1) $z+w=w+z$ (가법 가환)

(2) $zw=wz$ (승법 가환)

(3) $z+(w+u)=(z+w)+u$ (가법 결합법칙)

(4) $z(wu)=(zw)u$ (승법 결합법칙)

(5) $z(w+u)=zw+zu$ (배분법칙)

(6) $z+0=0+z=z$

(7) $z\cdot 1=1\cdot z=z$

11.1.2 복소평면, 크기, 공액 및 극형식

복소수는 두 가지 기하적 해석이 있다.

복소수 $z=x+iy$는 평면에서 점 (x, y)로 표시할 수 있다(그림 11.1(a)). 이 내용에서 평면은 복소평면으로 부르고 수평축은 실축, 수직축은 허축으로 부른다. 임의의 실수 x는 수평축 또는 실축 위에 점 $(x, 0)$로 그려지고 임의의 순허수 yi(y는 실수)는 허축 위에 점 $(0, y)$이다.

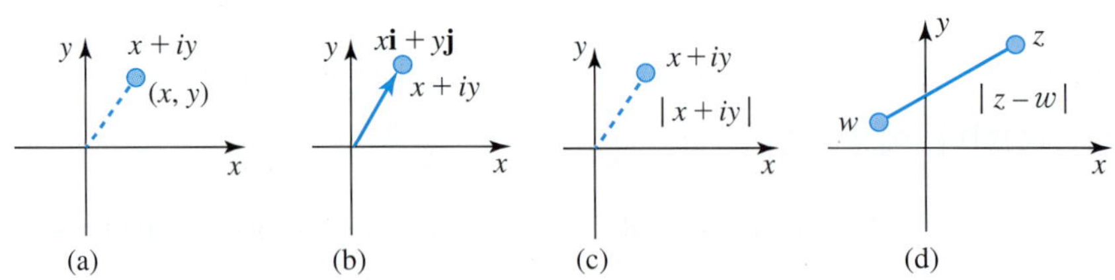

그림 11.1 $z=x+iy$는 점 (x, y)로 표시한다.

복소수는 평면의 점으로 동일시 되기 때문에 복소수는 가끔 점으로 언급된다.

복소수 $x+iy$는 또한 평면에 있는 벡터 $x\mathbf{i}+y\mathbf{i}$로 동일시 된다(그림 11.1(b)). 두 벡터의 합은 각각의 성분을 더한 것이고 두 복소수는 실수와 복소수 부분을 각각

더한 것이기 때문에 이것은 복소수의 가법과 일치한다.

$x+iy$의 **크기**는 실수

$$|x+iy| = \sqrt{x^2+y^2}$$

이다. 이것은 원점에서 복소평면의 점 (x, y)까지의 거리이고 또한 벡터 $x\mathbf{i}+y\mathbf{j}$를 나타내는 화살의 길이이다(그림 11.1(c)). $|z-w|$는 두 복소수 z와 w 사이의 거리이거나 동치적으로 평면에서 이들 점 사이의 거리이다(그림 11.1(d)).

공액복소수 또는 공액은 $x+iy$에 대한 $x-iy$, 즉 허수부분의 부호가 바뀐 것이다. z의 공액을 $\overline{z}$로 나타낸다. 복소평면에서 $\overline{x+iy}=x-iy$는 점 (x, y)를 실축을 통하여 점 $(x, -y)$에 반사한 것이다(그림 11.2).

$$\text{Re}(z)=\text{Re}(\overline{z}) \quad \text{그리고} \quad \text{Im}(z)=-\text{Im}(\overline{z})$$

이다.

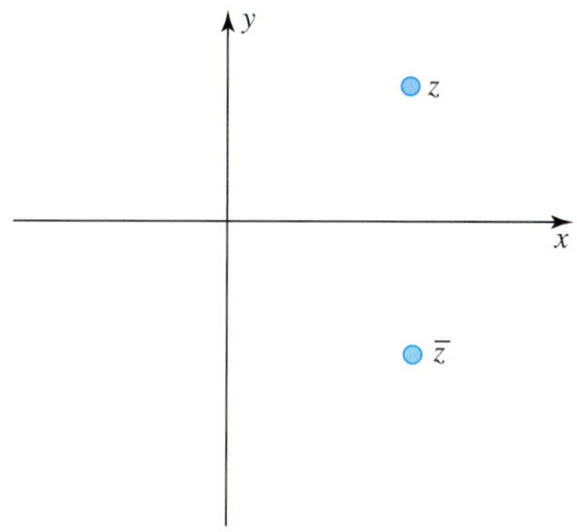

그림 11.2 $\overline{z}$는 z의 x축 대칭

공액(공액을 취한 연산)과 크기는 다음 성질을 갖는다.

(1) $\overline{\overline{z}} = z$.

(2) $\overline{z+w} = \overline{z}+\overline{w}$.

(3) $\overline{zw} = (\overline{z})(\overline{w})$.

(4) $\overline{z}/\overline{w} = \overline{z/w}$, $w \neq 0$.

(5) $|z| = |\overline{z}|$.

(6) $|zw| = |z||w|$.

(7) $\text{Re}(z) = \dfrac{1}{2}(z+\overline{z})$, $\text{Im}(z) = \dfrac{1}{2i}(z-\overline{z})$.

(8) $|z| \geq 0$이고, $|z|=0$일 필요충분조건은 $z=0$

(9) $z=x+iy$이면 $|z|^2 = z\overline{z}$.

이들은 통상적인 계산으로 이루어진다. (5)의 경우 x^2+y^2은 y가 $-y$로 바뀌어도 같다. z와 $\overline{z}$는 원점에서 같은 거리에 있다. (9)의 경우 계산하면

$$|z|^2 = x^2+y^2 = (x+iy)(x-iy) = z\,\overline{z}.$$

공액은 가끔 복소수의 몫 z/w를 계산할 때 사용된다. 이 몫을 분모의 공액으로 분자, 분모에 곱하면

$$\frac{z}{w} = \frac{z}{w}\frac{\overline{w}}{\overline{w}} = \frac{z\overline{w}}{w\overline{w}} = \frac{1}{|w|^2}(z\overline{w}).$$

이것은 나누기 z/w를 $z\overline{w}$와 실수 $|w|^2$으로 나눈 것을 곱한 것으로 바뀐다. 나누기를 이런 방법으로 수행하는 것은 즉시 몫의 실수와 허수부분을 생성한다. 예를 들면

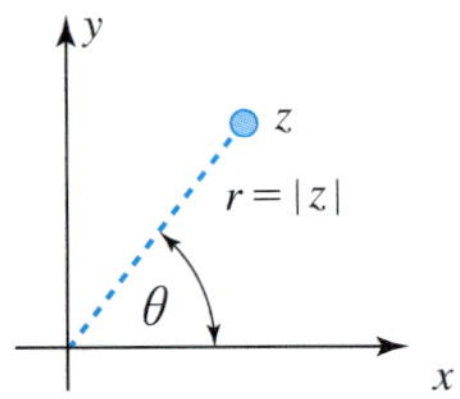

그림 11.3 0에서 z까지의 거리로서 $|z|$

$$\frac{2-7i}{8+3i}=\frac{2-7i}{8+3i}\frac{\overline{8+3i}}{\overline{8+3i}}=\frac{(2-7i)(8-3i)}{64+9}=-\frac{5}{73}-\frac{62}{73}i.$$

만약 $z=a+ib$가 0이 아닌 복소수이면 점 (a, b)는 극좌표 (r, θ)를 갖는다. 여기서 $r=|z|$(그림 11.3), θ는 z의 **편각**이다. 임의의 편각 θ가 주어진 $\theta+2n\pi$(n은 임의의 정수) 또한 편각이다.

Euler 공식을 사용하면

$$z=a+ib=r\cos(\theta)+ir\sin(\theta)=r(\cos(\theta)+i\sin(\theta))=re^{i\theta}.$$

표현 $re^{i\theta}$를 z의 **극형식**으로 부른다. 이 표현에서 θ는 z의 임의의 편각이지만 가끔 우리는 θ를 $[0, 2\pi]$ 또는 $[-\pi, \pi]$에서 선택한다.

보기 11.1

$z=1+i$라고 하자. z를 점 $(1, 1)$과 동일시 하면 임의의 정수 n에 대하여 극좌표 $(\sqrt{2}, \pi/4+2n\pi)$를 갖는다. 임의의 수 $\pi/4+2n\pi$(n은 정수)는 $1+i$의 편각이다. z의 극형식은

$$z=1+i=\sqrt{2}\,e^{i\pi/4}.$$

11.1.3 복소수의 순서

a, b가 서로 다른 실수이면 $b-a>0$일 때 $a<b$, 또한 $a-b>0$일 때 $b<a$이고 이 중 어느 하나가 성립한다. 실수는 **순서**가 있다. 복소수는 순서가 없다. 실수가 아닌 복소수 z와 w에 대해 $z<w$를 주장하는 것은 아무 의미가 없다.

이것은 실수를 모범으로 사용하여 볼 수 있다. 실수에 대한 순서의 본질은 0이 아닌 실수는 두 부류 : 양수와 음수로 분리된다. 모든 실수는 양 또는 음 둘 중 어느 하나이다. 동시에 될 수는 없다. 더욱이 두 양수의 곱은 양수이고 두 음수의 곱은 양수, 그리고 음수와 양수의 곱은 음수이다. 이 설정에서 $a<b$는 $b-a$가 양수이다.

이제 0이 아닌 두 복소수를 두 개의 서로소인 집합, 하나는 양의 복소수 집합, 다른 하나는 음의 복소수 집합으로 양의 실수와 음의 실수처럼 같은 곱의 성질을 가지면서 같은 분리를 할 수 있다고 가정하자. 만약 이것이 가능하다면 $w-z$가 양일 때 $z<w$로 순서를 정의할 수 있을 것이다.

그러나 i는 양 또는 음이어야 한다. 만약 i가 양이면 $i\cdot i=-1$은 양이어야 할 것이다. 그러나 $-1\cdot i=-i$는 양이 될 것이다. 이는 i가 양이라는 가정에 모순이다.

만약 어떤 논의에서 $z < w$라고 가정했다면 이것은 z와 w가 실수라고 가정하고 있는 것이다.

11.1.4 부등식

복소수에 부등식은 없다. 그러나 복소수의 크기를 포함한 실수인 부등식은 몇 개 있다. z와 w를 복소수라 하자. 그러면

(1) $|\mathrm{Re}(z)| \le |z|$, 그리고 $|\mathrm{Im}(z)| \le |z|$.
(2) $|z + w| \le |z| + |w|$.
(3) $||z| - |w|| \le |z - w|$.

(1)은 $|x| \le \sqrt{x^2 + y^2}$ 및 $|y| \le \sqrt{x^2 + y^2}$ 에서 나온다.

(2)는 삼각부등식이다. 우리는 이미 벡터의 삼각부등식을 알고 있으므로 이것은 복소수를 벡터로 해석하면 바로 나온다.

(3)에 대해서는 삼각부등식을 사용하여 다음과 같이 쓴다.

$$|z| = |(z + w) - w| \le |z + w| + |w|.$$

그러므로

$$|z| - |w| \le |z + w|.$$

z와 w를 서로 바꾸면

$$|w| - |z| \le |z + w|.$$

이 부등식에 -1을 곱하면

$$-|z + w| \le |z| - |w|.$$

두 부등식을 결합하면

$$-|z + w| \le |z| - |w| \le |z + w|$$

를 얻고 이것은 $||z| - |w|| \le |z + w|$이 되게 한다.

11.1.5 원판, 열린집합과 닫힌집합

점 (x_0, y_0)의 주위의 반경 r인 원은 (x_0, y_0)에서 상수거리 r에 있는 점 (x, y)의 궤적이다. 이 궤적은 익숙한 방정식

$$\sqrt{(x - x_0)^2 + (y - y_0)^2} = r$$

또는

$$(x - x_0)^2 + (y - y_0)^2 = r^2$$

이다. $z = x + iy$, $z_0 = x_0 + iy_0$이면 이 원은 방정식

$$|z - z_0| = r$$

을 갖는다. 이 식은 중심 z_0, 반경 r인 원을 기술하는 습관적인 방법이다.

z_0 주위에 반경 r의 **열린원판**은 z_0에서 거리가 r보다 작은 모든 점 z로 이루어지고 부등식

$$|z - z_0| < r$$

로 서술된다.

z_0 주위에 반경 r의 **닫힌원판**은

$$|z - z_0| \leq r$$

를 만족하는 모든 점 z로 이루어진다. 이 닫힌원판은 z_0 주위의 반경 r인 열린원판에 있는 모든 점과 원의 경계에 있는 점들과 함께 이루어진다.

복소 해석학에 열린원판은 가끔 미적분학에서 개구간 (a, b)와 같은 역할을 하고 닫힌원판은 폐구간 $[a, b]$와 비슷한 역할을 한다.

이제 S를 복소수집합이라 하고 ζ를 복소수(S에 속할 수도 않을 수도 있다)라 하자.

(1) ζ는 S의 **내점**이라는 것은 ζ 주위에 어떤 열린원판(ζ가 중심)이 있어서 이들의 모든 점이 S에 있다.
이것은 ζ가 S에 있고 S로부터 어느 방향으로도 ζ에 임의로 가까운 S의 점이 있다는 것을 의미한다.

(2) ζ가 S의 **경계점**이라는 것은 ζ 주위의 모든 열린원판은 적어도 S의 한 점과 S에 있지 않는 한 점을 포함한다.

S의 경계점은 이것에 임의로 가까운 S의 점과 이것에 임의로 가까운 S에 있지 않는 점을 갖는다. 이런 의미에서 S의 경계점은 S의 '가장자리' 위에 있다. 그러나 S의 경계점은 S에 속할 필요는 없다. 더욱이 S의 경계점은 내점이 될 수 없고 내점은 경계점이 될 수 없다.

(3) S의 모든 점이 S의 내점이면 S는 **열려있다**(S는 열린집합).

(4) S가 모든 경계점을 포함하면 S는 **닫혀있다**(S는 닫힌집합).

다음 보기에서 보는 것처럼 집합은 열린집합, 닫힌집합, 열린 및 닫힌 집합, 열림도 닫힘도 아닌 집합일 수 있다. '열린집합'과 '닫힌집합'은 반대 개념이 아니다. 집합은 열린집합 아니면 닫힌집합이어야 할 필요도 없다. 그리고 열린집합이 아닌 것

이 닫힌집합을 만들지 않는다.

보기 11.2

S는 $x \geq 0$, $y > 0$인 모든 복소수 $z = x + iy$로 이루어져 있다. x와 y가 모두 양이면 이들은 오른쪽 4분면에 있는 점들이고, 그리고 $x = 0$이면 점 $(0, y)$는 양의 허축 위에 있다. 양의 실축 위에 있는 점 $(x, 0)$는 S에 있지 않다. 그림 11.4는 이 집합을 점선으로 표시하여 양의 실축을 가리키고 있어 S에 있는 점이 아니다. 그리고 진한 양의 허축은 S에 있는 점이다.

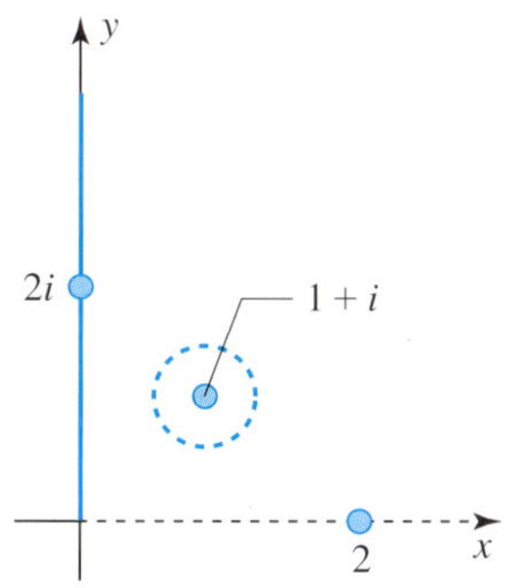

그림 11.4 $S : x \geq 0,\ y > 0$인 모든 $x + iy$

$1 + i$는 S 내점이다. $1 + i$ 주위에 S의 점만을 포함하는 원을 둘 수 있다(즉 반지름 1/10).

$2i$는 S의 경계점이다. $2i$ 주위의 모든 원은 S의 점과 S에 있지 않는 점을 포함한다. $2i$는 S에 있고, S의 내점은 아니기 때문에 S는 열린집합이 아니다.

2 주위에 그린 모든 원은 S의 점을 포함하고 그리고 S에 있지 않는 점을 포함하기 2 또한 경계점이다. 그러나 2는 S에 있지 않다. S는 경계점을 일부 포함한다. 그러나 모두는 아니다. S는 닫혀있지 않다. 이 집합 S는 열린집합도 닫힌집합도 아니다.

보기 11.3

모든 열린원판은 열린집합이다. 모든 닫힌원판은 닫힌집합이다. z_0 주위의 반경 r인 열린원판과 닫힌원판은 같은 경계점을 갖는다. 경계점은 원 $|z - z_0| = r$ 위의 점이다. 이 경계점은 닫힌원판에 속한다. 그러나 열린원판에는 속하지 않는다.

보기 11.4

M은 유리수 실수와 유리수 허수 부분을 가진 모든 복소수로 이루어져 있다고 하자(그러므로 실수와 허수 부분은 정수의 분수이다). M의 한 점의 주위의 모든 원판은 무리수 실수 부분/또는 무리수 허수 부분의 점(M에 있지 않는 점)을 포함해야 하기 때문에 M의 어떤 점도 내점이 아니다. 이것은 모든 실수는 임의로 이것에 가까운 무리수를 갖는다는 사실을 이용한다. 그러므로 M은 열린집합이 아니다. 모든 복소수(M에 있든 아니든)는 M의 경계점이다. 이것은 M의 모든 경계점을 포함하지 않는다. 그래서 M은 닫힌집합이 아니다.

보기 11.5

K는 모든 실수와 복소수 $5i$로 이루어진 집합이다(그림 11.5). $5i$는 K에 있으나 내점은 아니다. 왜냐하면 $5i$ 주위의 어떤 열린원판은 K에 있지 않는 점을 포함한다. 그러므로 K는 열린집합이 아니다. K의 모든 점은 경계점이고 이들은 유일한 경계점이다. 그러므로 K는 모든 경계점을 포함하고, 닫힌집합이다.

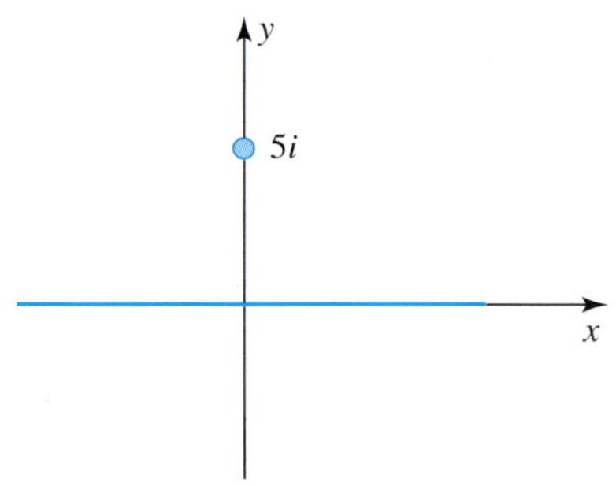

그림 11.5 $K: y=0$이 모든 $x+iy$ 및 점 $5i$, 보기 11.5

보기 11.6

임의의 복소수의 유한집합은 닫힌집합이다. $S=\{z_1,\cdots,z_N\}$은 N개의 점의 집합이라 하자. z_j 주위의 임의의 열린원판은 S에 있지 않는 점과 적어도 S에 있는 한 점, 즉 z_j 자신을 포함하기 때문에 각 z_j는 S의 경계점이다. S에 다른 경계점은 없다. 그러므로 S는 모든 경계점을 포함하고 닫힌집합이다.

정리 11.1

S를 복소수의 집합이라고 하자. S가 열린집합일 필요충분조건은 S가 어떤 경계점도 포함하지 않는 것이다.

증명 S가 경계점 ζ를 포함한다고 하자. 그러면 ζ는 S에 있고 내점은 아니다. 그러므로 S는 열린집합일 수 없다. 이는 S가 열린집합이면 어떤 경계점도 포함할 수 없다는 것을 보여준다.

역으로 S가 경계점을 포함하지 않는다고 하자. S가 열린집합임을 보이고자 한다. ζ는 S의 점이라고 하자. 만약 ζ 주위의 모든 열린원판이 S에 있지 않는 점을 포함한다면 ζ 자신이 S에 있기 때문에 ζ는 경계점이다. 이것은 S가 경계점을 포함하지 않는다는 가정에 모순이다. 그러므로 ζ 주위의 어떤 열린원판은 S 외에 어떤 점도 포함하지 않고 S의 점만 포함한다. 이것은 ζ가 S의 내점임을 말한다. 그러면 S의 모든 점은 내점이고 S는 열린집합이다. ■

위의 정리는 열린집합이 경계점을 갖지 않는다는 것을 의미하지는 않는다. 열린집합이 경계점을 가질 수 있다. 그러나 이들은 집합에 있을 수 없는데, 우리는 이것을 열린원판에서 보았다. 경계원 위의 모든 점은 열린원판의 경계점이나 이들 경계점은 어떤 것도 열린원판에 있지 않다.

연습문제 11.1

문제 1~5에서 지시한 계산을 수행하여라.

1. $(3-4i)(6+2i)$

2. $(2+i)/(4-7i)$

3. $(17-6i)\overline{(-4-12i)}$

4. i^3-4i^2+2

5. $((-6+2i)/(1-8i))^2$

문제 6~8에서 z의 크기와 모든 편각을 결정하여라.

6. $3i$

7. $-3+2i$

8. -4

문제 9~11에서 복소수를 극형식으로 써라.

9. $-2+2i$

10. $5-2i$

11. $8+i$

12. 임의의 양정수에 대하여 다음을 보여라.

$$i^{4n}=1,\ i^{4n+1}=i,\ i^{4n+2}=-1,\ i^{4n+3}=-i$$

13. 복소수 z, w, u가 등변삼각형의 꼭지점을 이룰 때

$$z^2+w^2+u^2=zw+zu+wu$$

임을 보이고 이때만 성립함을 보여라.

14. z, w가 $\bar{z}w \neq 1$인 복소수라고 하자. z 또는 w 어느 하나가 크기 1이라고 가정하자. 다음을 증명하여라.

$$\left|\frac{z-w}{1-\bar{z}w}\right| = 1.$$

힌트: 모든 복소수 u에 대하여 $|u|^2 = u\bar{u}$.

문제 15~17에서 복소수의 집합이 특정지어져 있다. 모든 경계점, 집합의 열림, 닫힘, 열림 및 닫힘, 열림 아님 그리고 닫힘 아님의 어느 것인지 아닌지 결정하여라.

15. M은 $\mathrm{Im}(z) < 7$을 만족하는 모든 z의 집합.

16. U는 $1 < \mathrm{Re}(z) \leq 3$인 모든 z의 집합.

17. W는 $\mathrm{Re}(z) > (\mathrm{Im}(z))^2$인 모든 z의 집합.

11.2 복소함수

복소함수는 복소수에서 작용하고 그리고 실수는 복소수 집합에 포함되는 것으로 이해하여 복소수를 생성하는 함수이다. 가끔 수량사 '복소' 없이 함수나 수를 말한다.

예를 들면 $|z| < 1$에서 $f(z) = z^2$은 원점을 중심으로 하는 열린 단위원판에서 복소수를 제곱한 함수이다.

복소함수에 대한 극한, 연속, 미분가능성의 개념을 전개하려고 한다.

11.2.1 극한, 연속, 미분가능성

f는 함수, L은 수이면 z가 z_0에 접근할 때 $f(z)$는 극한 L을 갖는다를

$$\lim_{z \to z_0} f(z) = L$$

로 쓰고, 이것은 z_0 자신을 제외하고 z_0 주위의 충분히 작은 원판에 놓여 있는 z를 선택함으로써 수 $f(z)$를 우리가 원하는 만큼 L에 가깝게 만들 수 있을 때를 의미한다.

이것은 L 주위의 반경 ε의 열린원판 D_ε이 주어질 때, z_0 주위의 반경 δ의 열린원판 D_δ를 찾을 수 있어서 z_0를 제외한 D_δ에 있는 모든 z에 대하여 $f(z)$이 D_ε에 있을 때를 의미한다.

이 개념은 그림 11.6에 그려져 있고 여기서 두 복소평면이 그려져 있다. 하나는 함수에 집어넣는 점 $z = x + iy$에 대한 z-평면이다. w-평면은 z에서 생성되는 함수 $w = f(z) = u + iv$에 대한 평면이다. ε을 임의의 양수라고 하자(일반적으로 0에 아주 가까운 것으로 생각).이것은 w-평면에서 L 주위에 열린원판 D_ε을 정의한다.

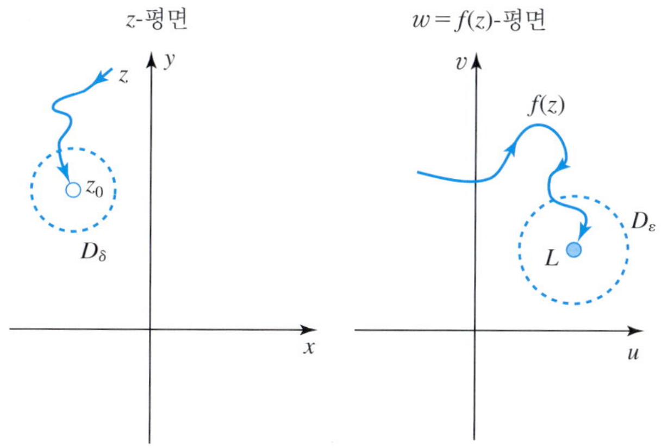

그림 11.6 $z \to z_0$일 때 $f(z) \to L$

$\lim_{z \to z_0} f(z) = L$에 대해 이러한 ε은 다음과 같은 양수 δ(보통 ε에 의존)를 생성할 수 있어야 한다. 즉, z_0 주위에 있는 열린원판 D_δ에 속하는 모든 점(가능한 z_0 자신은 제외)이 f에 의해 L 주위에 있는 원판 D_ε 안으로 보내져야 한다.

부등식으로는 주어진 $\varepsilon > 0$에 대하여 다음과 같은 $\delta > 0$를 찾을 수 있어야 한다. 즉

$$\text{만약 } 0 \neq |z - z_0| < \delta \text{이면 } |f(z) - L| < \varepsilon.$$

극한은 단지 z가 임의로 z_0로 가까이 접근할 때 $f(z)$에 무엇이 일어나는지에 대한 것이므로 이 정의에서 $f(z_0)$ 자신의 고려는 제외한다. 함수가 z_0에서 정의될 필요가 없기 때문에, 그리고 비록 정의되었다고 할지라도 수 $f(z_0)$는 극한 L과 같을 필요는 없다. 이것은 실수함수의 극한에서도 보았다.

미적분학에서처럼 우리가 맞닥뜨리는 많은 극한은 아주 간단하다. ε, δ 정의는 주로 기술적 논의와 결과의 유도에 사용된다.

보기 11.7

$z \neq i$에 대해 $f(z) = z^2$이라 하자. $f(i)$는 정의되지 않지만

$$\lim_{z \to i} f(z) = i^2 = -1.$$

복소함수와 실수함수 사이 극한의 중요한 차이는 실직선에서 x는 x_0의 좌우에서만 접근할 수 있고 반면에 복소평면에서 z는 임의의 방향에서 무수히 많은 다른 길로 z_0에 접근할 수 있다. $f(z)$이 같은 수 L에 모든 그런 길을 따라 접근하는 것을 요구하는 것은 함수가 같은 값에 단지 좌우에서 접근하는 것을 요구하는 것보다 더

강한 조건이다.

복소함수의 극한은 실수함수에서 한 것과 똑같이 복소함수의 산술적 연산에 결합한다.

$$\lim_{n\to z_0} f(z)=L,\quad \lim_{z\to z_0} g(z)=K.$$

라고 하자. 그러면

(1) $$\lim_{z\to z_0}(f(z)+g(z))=L+K,$$

(2) $$\lim_{z\to z_0} f(z)g(z)=LK,$$

그리고 $K\neq 0$이면

(3) $$\lim_{z\to z_0}\frac{f(z)}{g(z)}=\frac{L}{K},$$

더욱이 c가 수이면

(4) $$\lim_{z\to z_0} cf(z)=cL.$$

특별한 경우인

$$\lim_{z\to z_0} f(x)=f(z_0)$$

일 때 f는 z_0에서 **연속**이라고 말한다. 이것은 $f(z_0)$가 정의되고 $f(z)$는 z가 모든 길을 따라 z_0에 접근하면 $f(z)$가 $f(z_0)$에 접근한다. 보기 11.7의 함수는 $f(i)$가 정의되지 않았기 때문에 i에서 연속이 아니다.

f가 S의 모든 점에서 연속이면 f는 **S에서 연속**이다. 보기 11.7의 함수는 i를 제외한 복소평면으로 이루어진 집합 S에서 연속이다.

어떤 양수 M에 대하여 S에 있는 모든 z에 대하여

$$|f(z)|\leq M$$

이면 f는 S에서 **유계**이다. 이것은 S에 있는 z에 대하여 $f(z)$를 포함하는 원점 주위의 원판이 있음을 의미한다. 그리고 z가 S에서 변하면 $f(z)$가 원점에서 임의로 멀리 움직일 수 없다.

연속함수는 유계일 필요는 없다. 예를 들어 $f(z)=1/z$는 원점을 제외한 평면에서 연속이지만 z를 0에 충분히 가깝게 선택함으로써 우리가 원하는 만큼 크게 수 $1/z$를 만들 수 있다.

S에서 연속인 함수가 유계이도록 보장하는 조건을 S에 둘 수 있다. 만약 S에 있는 모든 z에 대하여 어떤 양수 M이 존재하여

$$|z|\leq M$$

이면 S를 **유계집합**이라고 정의한다. 이것은 집합에 있는 모든 점을 에워쌀 수 있는

충분히 큰 원판을 그릴 수 있음을 의미한다.

집합 S가 닫혀있고 또 유계이면 집합 S는 촘촘하다. 예를 들면 닫힌원판은 촘촘하다. 촘촘함은 연속함수가 유계이도록 보장하는 데 충분하다.

정리 11.2

f가 촘촘한 집합 S에서 연속이면 f는 S에서 유계함수이다.

복소 미분은 실수 미분을 따른 모델이다. 어떤 수 L에 대하여

$$\lim_{z\to z_0}\frac{f(z)-f(z_0)}{z-z_0}=L$$

이면 f는 z_0에서 미분가능이다. 이 경우 L은 z_0에서 f의 미분계수이고

$$f'(z_0)=L$$

이라 쓴다.

미분가능성의 정의는 h가 복소수이고 임의의 길을 따라 0에 접근하는 것이 허용되어야 함을 이해함으로써

$$\lim_{h\to 0}\frac{f(z_0+h)-f(z_0)}{h}=f'(z_0)$$

로 바꾸어 쓸 수 있다.

우리는 또한 Leibniz 기호(임의의 점에서의 미분에 대해)

$$\frac{d}{dz}f(z)$$

을 쓸 수 있고 z_0에서의 미분계수는

$$\left.\frac{d}{dz}f(z)\right|_{z=z_0}$$

로 쓸 수 있다.

실수함수에서와 같이 극한의 정의를 적용하여 복소 미분을 거의 계산하지 않고 알 수 있다. 복소함수의 미분 계산의 법칙은 실수함수의 법칙과 같은 형태를 갖는다. 모든 미분이 정의되어 있을 때

(1) $(f+g)'(z)=f'(z)+g'(z)$,

(2) $(f-g)'(z)=f'(z)-g'(z)$,

(3) $(cf)'(z)=cf'(z)$, c는 임의의 실수.

(4) $(fg)'(z)=f(z)g'(z)+f'(z)g(z)$.

그리고

(5)

$$\left(\frac{f}{g}\right)'(z) = \frac{g(z)f'(z) - f(z)g'(z)}{(g(z))^2}.$$

(6) $(f\circ g)(z) = f(g(z))$로 정의되는 합성 $f\circ g$의 미분 법칙에 대한 연쇄규칙의 복소 변형 또한 있다. 미분이 존재한다고 가정하면

$$(f\circ g)'(z) = f'(g(z))g'(z)$$

Leibniz 기호에서는

$$\frac{d}{dz}f(g(z)) = \frac{df}{dw}\frac{dw}{dz}$$

여기서 $w = g(z)$이다.

실수 계산에서 미분이 가능하지 않는 함수가 있었다. 이것은 복소함수에서도 사실이다.

보기 11.8

$f(z) = \overline{z}$ 라고 하자. $f(z)$이 미분가능한지 보기 위해

$$f'(z) = \lim_{h\to 0}\frac{f(z+h) - f(z)}{h}$$
$$= \lim_{h\to 0}\frac{\overline{z} + \overline{h} - \overline{z}}{h} = \lim_{h\to 0}\frac{\overline{h}}{h}$$

를 생각하자. $f'(z)$이 존재하기 위해서는 h가 어떻게 0에 접근하든지 $\overline{h}/h$는 같은 수에 접근하는 것이 필요하다. 만약 h가 실축을 따라 접근하면 $\overline{h} = h$이고 $\overline{h}/h = 1$이다. 그래서 이 극한은 1이어야 할 것이다. 한편 h가 허축을 따라 0에 접근하면 실수 k에 대하여 $h = ik$로 둘 수 있고

$$\frac{\overline{h}}{h} = \frac{\overline{ik}}{ik} = \frac{-ik}{ik} = -1.$$

이 몫은 허축에서 항상 −1이고, 그래서 k가 0에 어떻게 가깝든 $f'(z)$를 정의하는 극한은 −1이어야 한다. 이 미분을 정의하는 극한은 존재하지 않는다고 결론짓는다. 이 함수는 어떤 점에서도 미분을 갖지 않는다.

복소함수는 미분이 가능한 곳 어디에서나 연속이다.

정리 11.3

f가 z_0에서 미분가능이면 f는 z_0에서 연속이다.

이것이 사실인지 보기 위해

$$f(z_0+h)-f(z_0)=h\left(\frac{f(z_0+h)-f(z_0)}{h}\right)$$

로 시작하자. $h\to 0$이면 오른쪽 괄호 안의 몫은 $f'(z_0)$에 접근하고 인자 h는 0에 접근한다. 그러므로 오른쪽은 0에 접근한다. 그러므로

$$\lim_{h\to 0}(f(z_0+h)-f(z_0))=0$$

이고, 이것은 $\lim_{z\to 0} f(z)=f(z_0)$와 동등하다.

11.2.2 Cauchy-Riemann 방정식

복소함수의 미분과 밀접하게 묶여 있는 편미분방정식 한 쌍이 있다. 이들 방정식은 퍼텐셜 이론가 Dirichlet 문제의 취급에 중요한 역할을 한다.

f가 복소수이고 $z=x+iy$이면

$$f(z)=f(x+iy)=u(x,y)+iv(x,y)$$

로 쓸 수 있다. 여기서 u, v는 2변수 실숫값 함수이다. 즉

$$u(x,y)=\text{Re}(f(z)),\quad v(x,y)=\text{Im}(f(z)).$$

보기 11.9

$f(z)=z^2$이라 하자. 그러면

$$f(z)=(x+iy)^2=x^2-y^2+2ixy=u(x,y)+iv(x,y).$$

이 함수에서 $u(x,y)=x^2-y^2$ 및 $v(x,y)=2xy$이고 $2ixy$는 아니다.

만약 $g(z)=1/z$, $z\neq 0$이면

$$\begin{aligned} g(z)&=\frac{1}{x+iy}=\frac{1}{x+iy}\frac{x-iy}{x-iy}\\ &=\frac{x}{x^2+y^2}-i\frac{y}{x^2+y^2}=u(x,y)+iv(x,y). \end{aligned}$$

이 $g(z)$에서

$$u(x,y)=\frac{x}{x^2+y^2} \text{이고 } v(x,y)=-\frac{y}{x^2+y^2}$$

이다.

f가 미분가능이기 위해서는 u와 v의 편미분은 특별한 방법으로 연관되어야 한다.

정리 11.4 Cauchy - Riemann 방정식

$f(x+iy)=u(x,y)+iv(x,y)$가 $z=x+iy$에서 미분가능이라고 하자. 그러면 (x, y)에서

$$\frac{\partial u}{\partial x}=\frac{\partial v}{\partial y} \quad \text{및} \quad \frac{\partial v}{\partial x}=-\frac{\partial u}{\partial y}$$

이들은 f의 실수와 허수 부분에 대한 **Cauchy-Riemann 방정식**이다. 이 식들을 유도하는 과정에 $f'(z)$에 대한 표현 또한 얻는다.

$f(z)$이 z에서 미분가능이면

$$f'(z)=\lim_{h\to 0}\frac{f(z+h)-f(z)}{h}.$$

이 차몫은 h가 0에 접근하는 경로에 상관없이 $f'(z)$에 접근한다. 두 특수한 경로에 집중하자.

경로 1 — 실축을 따라 이제 h가 실수이고 좌우에서 0을 향해 움직인다. h가 실수이므로 $z+h=x+h+iy$이고

$$\begin{aligned} f'(z) &= \lim_{h\to 0}\frac{f(z+h)-f(z)}{h} \\ &= \lim_{h\to 0}\frac{u(x+h,y)+iv(x+h,y)-u(x,y)-iv(x,y)}{h} \\ &= \lim_{h\to 0}\left(\frac{u(x+h,y)-u(x,y)}{h}+i\frac{v(x+h,y)-v(x,y)}{h}\right) \\ &= \frac{\partial u}{\partial x}+i\frac{\partial v}{\partial x}. \end{aligned}$$

경로 2 — 허축을 따라 k가 실수로 $h=ik$이고 $z+h=z+ik=x+i(y+k)$. 그러면

$$\begin{aligned} f'(z) &= \lim_{k\to 0}\frac{u(x,y+k)+iv(x,y+k)-u(x,y)-iv(x,y)}{ik} \\ &= \lim_{k\to 0}\left(\frac{1}{i}\frac{u(x,y+k)-u(x,y)}{k}+\frac{v(x,y+k)-v(x,y)}{k}\right) \end{aligned}$$

$$= -i\frac{\partial u}{\partial y} + \frac{\partial v}{\partial y}.$$

여기서 $1/i = -i$라는 사실을 사용했다. 결론은

$$f'(z) = \frac{\partial u}{\partial x} + i\frac{\partial v}{\partial x} = -i\frac{\partial u}{\partial y} + \frac{\partial v}{\partial y}. \tag{11.1}$$

이 식의 서로 반대편의 실수 부분과 허수 부분을 같게 두면

$$\frac{\partial u}{\partial x} = \frac{\partial v}{\partial y} \quad \text{및} \quad \frac{\partial v}{\partial x} = -\frac{\partial u}{\partial y}$$

를 얻는다.

Cauchy-Riemann 방정식은 복소함수가 미분가능이기 위한 필요조건이다. 주어진 f, u, v가 유일하게 결정되고 u와 v가 Cauchy-Riemann 방정식을 만족하지 않는 점에서 f는 미분가능일 수 없다.

보기 11.10

$f(z) = \bar{z}$는 미분불가능성을 보았다. 정리를 보여주기 위해 Cauchy-Riemann 방정식을 사용한다.

$$f(z) = \bar{z} = x - iy = u(x, y) + iv(x, y)$$

로 쓰자. 그래서 $u(x, y) = x$, $v(x, y) = -y$이다. 그러면

$$\frac{\partial u}{\partial x} = 1 \quad \text{및} \quad \frac{\partial v}{\partial y} = -1$$

그러므로 Cauchy-Riemann 방정식은 성립하지 않고 f는 어떤 점에서도 미분가능하지 않다.

보기 11.11

$f(z) = \text{Re}(z)$이라고 하자. 그러면

$$f(z) = f(x + iy) = \text{Re}(x + iy) = x.$$

그러므로 $f(z) = u(x, y) + iv(x, y)$에서 $u(x, y) = x$, $v = (x, y) = 0$. 그러면

$$\frac{\partial u}{\partial x} = 1, \quad \frac{\partial v}{\partial y} = 0$$

이 함수는 어떤 z에서도 미분가능하지 않다.

Cauchy-Riemann 방정식은 $f=x+iv$가 어떤 점에서 미분가능이기 위해 필요하다. 만약 u, v와 그들의 1계 편미분이 연속이면(즉 어떤 열린원판에서) Cauchy-Riemann 방정식은 f가 이 원판에서 미분가능이기 위해 또한 충분하다.

Cauchy-Riemann 방정식을 사용하여 다음 정리를 증명할 수 있다.

정리 11.5

f가 열린원판 D에서 미분가능이라고 하자. $f=u+iv$이고 u와 v는 연속이며 D에서 Cauchy-Riemann 방정식을 만족하는 연속인 1계와 2계 편도함수를 갖는다고 하자. 그러면

(1) D에서 $f'(z)=0$이면 f는 D에서 상수함수이다.
(2) $|f(z)|$이 D에서 상수이면 $f(z)$도 상수이다.

(1)은 증명하기 쉽다. 임의의 D에 있는 z에 대하여 식 (11.1)을 사용하여

$$f'(z)=0=\frac{\partial u}{\partial x}+i\frac{\partial v}{\partial x}$$

를 얻는다. 이것에서 D에서 $\partial u/\partial x=\partial v/\partial x=0$. Cauchy-Riemann 방정식에 의해 D에서

$$\frac{\partial v}{\partial y}=0 \quad \text{및} \quad \frac{\partial u}{\partial y}=0$$

그러면 u와 v는 상수이고 그래서 f는 상수함수이다.

(2)는 조금 복잡하다. D에 있는 모든 z에 대해 $|f(z)|=k$라고 하자. 그러면 D에 있는 (x, y)에 대해

$$|f(z)|^2=u(x,y)^2+v(x,y)^2=k^2 \tag{11.2}$$

만약 $k=0$이면 D에 있는 모든 z에 대해 $f(z)=0$이다. 만약 $k\neq 0$이면 x에 관해 식 (11.2)를 미분하여

$$u\frac{\partial u}{\partial x}+v\frac{\partial v}{\partial x}=0 \tag{11.3}$$

을 얻고 그 다음 y에 대해 미분하여

$$u\frac{\partial u}{\partial y}+v\frac{\partial v}{\partial y}=0 \tag{11.4}$$

를 얻는다. Cauchy-Riemann 방정식을 이용하여 식 (11.3)과 (11.4)를 다음과 같이 쓴다. 즉

$$u\frac{\partial u}{\partial x} - v\frac{\partial u}{\partial y} = 0 \tag{11.5}$$

그리고

$$u\frac{\partial u}{\partial y} + v\frac{\partial u}{\partial x} = 0. \tag{11.6}$$

식 (11.5)에 u를 곱하고 식 (11.6)에 v를 곱하여 결과 식을 더하면

$$(u^2+v^2)\frac{\partial u}{\partial x} = k^2\frac{\partial u}{\partial x} = 0$$

를 얻는다. 그러므로 D에서 $\partial u/\partial x = 0$. 그리고 Cauchy-Riemann 방정식에 의해 또한 $\partial v/\partial y = 0$. 비슷한 작업에 의해 $\partial u/\partial y = \partial v/\partial x = 0$를 보일 수 있고, $u(x, y)$와 $v(x, y)$는 상수이다. 따라서 $f(z)$은 D에서 상수이다.

미분가능 복소함수와 조화함수 사이에는 밀접한 연관이 있다. 2변수 실숫값 함수 $\varphi(x, y)$는 만약 φ가 Laplace 방정식

$$\nabla^2\varphi = \frac{\partial^2\varphi}{\partial x^2} + \frac{\partial^2\varphi}{\partial y^2} = 0$$

를 만족하면 x, y-평면에 있는 점들의 집합에서 조화이다.

미분가능 복소함수의 실수나 허수 부분은 조화임에 틀림없다는 주장이다.

정리 11.6

G가 복소평면에서 열린집합이라 하고 $f(z) = u(x, y) + iv(x, y)$는 G에서 미분가능이라고 가정한다. 그러면 u와 v는 G에서 조화이다.

증명 u와 v가 Cauchy-Riemann 방정식:

$$\frac{\partial u}{\partial x} = \frac{\partial v}{\partial y} \quad \text{및} \quad \frac{\partial v}{\partial x} = -\frac{\partial u}{\partial y}$$

을 만족한다는 사실에서 시작하자. 첫 번째 식은 x에 대하여, 그리고 두 번째 식은 y에 대하여 미분하면

$$\frac{\partial^2 u}{\partial x^2} = \frac{\partial^2 v}{\partial y \partial x} = \frac{\partial^2 v}{\partial x \partial y} = -\frac{\partial^2 u}{\partial y^2}$$

을 얻는다. 그리고 이것은

$$\frac{\partial^2 u}{\partial x^2} + \frac{\partial^2 u}{\partial y^2} = 0.$$

비슷하게

$$\frac{\partial^2 v}{\partial x^2} + \frac{\partial^2 v}{\partial y^2} = 0.$$

그러므로 u와 v는 G에서 조화이다. ■

지금까지 보면 미분가능 복소함수의 실수와 허수 부분은 조화이다. 이러한 연관은 다음 의미에서 또한 다른 방향으로 간다. 영역 D에서 조화인 함수 u가 주어지면 D에서 조화인 함수 v가 존재하여 $f = u + iv$는 D에서 미분가능이다. 우리는 이런 v를 u의 **조화공액**이라 한다. 이런 의미에서 미분가능 복소함수는 실수 조화함수에서 만들어진다.

정리 11.7

u를 복소평면에 있는 열린원판 D에서 조화함수라고 하자. 그러면 D에서 정의된 어떤 v에 대하여 $f(z) = u(x, y) + iv(x, y)$로 정의된 함수 f는 미분가능이다.

이 결론은 실수와 복소 함수를 연결하는 데 사용되고, 실수함수만 포함하는 문제를 풀기 위해 복소 방법을 사용한다. 예를 들면 편미분방정식에서 Dirichlet 문제는 때로는 복소 방법을 사용하여 풀릴 수 있다.

연습문제 11.2

문제 1~6에서 u와 v, 그래서 $f = u + iv$를 찾고 Cauchy-Riemann 방정식이 성립하는 모든 점을 결정하여라. 그리고 f가 미분가능인 모든 z를 결정하여라. 2변수 실숫값 함수의 연속성에 관한 비슷한 사실을 가정할 수 있다.

1. $f(z) = z - i$

2. $f(z) = |z|$

3. $f(z) = i|z|^2$

4. $f(z) = z/\mathrm{Re}(z)$

5. $f(z) = (\bar{z})^2$

6. $f(z) = -4z + 1/z$

7. $z_n = a_n + ib_n$은 복소수 수열이라고 하자. 만약 실수 수열 a_n과 b_n이

$$a_n \to c \text{ 및 } b_n \to d$$

로 수렴하면 이 복소 수열은 $w = c + id$에 수렴한다. 만약 $f(z)$이 z_0에서 연속이고 z_n이 z_0에 수렴하는 수열이라면 $f(z_n)$은 $f(z_0)$에 수렴함을 보여라.

11.3 지수와 삼각 함수

11.3.1 지수함수

우리는 Euler 공식

$$e^{i\theta} = \cos(\theta) + i\sin(\theta)$$

를 여러 번 사용했다. $z = x + iy$이면 적어도 형식적으로

$$\begin{aligned} e^z &= e^{x+iy} = e^x e^{iy} \\ &= e^x(\cos(y) + i\sin(y)) \end{aligned}$$

로 쓸 수 있다. 이것은 복소 지수함수를 정의하게 한다. 즉

$$e^z = e^x\cos(y) + ie^x\sin(y)$$

함수 $u(x,y) = e^x\cos(y)$가 $v(x,y) = e^x\sin(y)$는 연속함수이고 연속인 1계 편도함수가 있어 Cauchy-Riemann 방정식을 만족한다. 그러므로 e^z은 모든 z에 대하여 미분가능이다. 더욱이 식 (11.1)을 사용하면 실수 지수함수와 함께

$$f'(z) = \frac{\partial u}{\partial x} + i\frac{\partial v}{\partial x} = e^x\cos(y) + ie^x\sin(y) = e^z.$$

다음의 e^z의 성질은 정의의 간단한 결과이다.

정리 11.8

z와 w는 복소수라고 하자. 그러면

(1) $e^0 = 1$

(2) $e^{z+w} = e^z e^w$

(3) 모든 z에 대하여 $e^z \neq 0$

(4) $z \neq 0$이면 $e^{-z} = 1/e^z$

(5) t가 실수이면 $\overline{e^{it}} = e^{-it}$

(2)를 증명하기 위해 $z_1 = x_1 + iy_1$, $z_2 = x_2 + iy_2$라고 하자. 그러면

$$\begin{aligned} e^z e^w &= e^{x_1}(\cos(y_1) + i\sin(y_1))e^{x_2}(\cos(y_2 + i\sin(y_2)) \\ &= e^{x_1}e^{x_2}\,[\cos(y_1)\cos(y_2) - \sin(y_1)\sin(y_2) \\ &\quad + i(\cos(y_1)\sin(y_2) + \sin(y_1)\cos(y_2))] \end{aligned}$$

$$= e^{x_1+x_2}\left[\cos(y_1+y_2)+i\sin(y_1+y_2)\right]$$

$$= e^{x_1+x_2+i(y_1+y_2)}$$

$$= e^{z+w}.$$

(3)에 대하여

$$e^z = e^x\cos(y) + ie^x\sin(y) = 0$$

라 하자. 그러면

$$e^x\cos(y) = e^x\sin(y) = 0.$$

모든 실수 x에 대하여 $e^x \neq 0$이므로

$$\cos(y) = \sin(y) = 0.$$

실수 사인과 실수 코사인은 공통근을 갖지 않기 때문에 이것은 불가능하다.

(4)에 대하여는 (1)과 (2)를 사용하여

$$e^0 = 1 = e^{z-z} = e^z e^{-z}$$

는 $1/e^z = e^{-z}$이 되게 한다.

끝으로 (5)를 증명하기 위해 t는 실수라고 가정하다. Euler 공식에 의해

$$\overline{e^{it}} = \overline{\cos(t)+i\sin(t)}$$

$$= \cos(t) - i\sin(t) = e^{-it}.$$

아마도 복소 지수함수에서 발견되는 첫 번째 놀라움은 e^z가 주기적이라는 사실이다. 주기는 순허수이기 때문에 이 주기성은 실수 지수함수에서는 나타나지 않는다.

정리 11.9 e^z**의 주기**

(1) $e^z = 1$이면 그 경우에만 어떤 정수 n에 대하여 $z = 2n\pi i$이다.

(2) 수 p는 모든 z에 대하여 $e^{z+p} = e^z$이라면 어떤 정수 n에 대하여 $p = 2n\pi i$이다.

(3) 0이 아닌 모든 정수 n에 대하여 e^z은 주기 $2n\pi i$인 주기함수이다. 더욱이 이들은 복소 지수함수의 유일한 주기이다.

(1)을 증명하기 위해 먼저 어떤 정수 n에 대하여 $z = 2n\pi i$이면

$$e^z = e^{2n\pi i} = \cos(2n\pi) + i\sin(2n\pi) = 1.$$

역으로 $e^z = e^{a+ib} = 1$이면

$$e^a\cos(b)+ie^a\sin(b)=1.$$

그러면

$$e^a\cos(b)=1,\quad \text{그리고}\quad e^a\sin(b)=0$$

$e^a\neq 0$이므로 $\sin(b)=0$. 그러면 어떤 정수 k에 대하여 $b=k\pi$. 그러나

$$e^a\cos(b)=e^a\cos(k\pi)=(-1)^k e^a=1.$$

이것은 $(-1)^k$가 양이어야 하고, 어떤 정수 n에 대하여 $k=2n$. 그러면 $e^a=1$. 이것은 실수 a에 대하여 $a=0$임을 의미한다. 그러므로 어떤 정수 n에 대하여 $z=a+bi=2n\pi i$.

(2)에 대하여는 모든 z에 대하여 $e^{z+p}=e^z$라고 가정하자. 그러면 모든 z에 대하여

$$e^{z+p}=e^ze^p=e^z$$

그러면 $e^p=1$이고, (1)에 의해 어떤 정수 n에 대하여 $p=2n\pi i$.

(3)에 대하여 n은 0이 아닌 정수라고 하자. (1)에 의해 모든 z에 대해

$$e^{z+2n\pi i}=e^ze^{2n\pi i}=e^z$$

그래서 e^z은 주기 $2n\pi i$를 갖는다. (3)의 나머지는 e^z의 임의의 주기는 2π의 정수배임을 보이는 것이 필요하다. 그래서 모든 z와 $p\neq 0$인 어떤 수에 대하여 $e^{z+p}=e^z$이라고 가정한다. 그러면 (2)에 의해 어떤 0이 아닌 정수 n에 대하여 $p=2n\pi i$. 그러므로 e^z의 모든 주기는 순허수이고 실수 지수함수에서는 왜 주기가 없는지를 설명한다.

실수와 복소 지수함수의 또 다른 차이는 e^z은 음이 될 수 있다. 예를 들면 어떤 정수 n에 대하여 $z=(2n+1)\pi i$일 때 $e^z=-1$임을 확인하는 것은 쉽다.

보기 11.12

다음 방정식을 풀어라.

$$e^z=1+2i.$$

아래와 같은 모든 z을 원한다. 즉

$$e^z=e^x\cos(y)+ie^x\sin(y)=1+2i.$$

이 식은

$$e^x\cos(y)=1\quad \text{그리고}\quad e^x\sin(y)=2$$

를 요구한다. 이 식들을 제곱하고 더하면 다음을 얻는다.

$$e^{2x}(\cos^2(y)+\sin^2(y)) = e^{2x} = 5.$$

이 식에서 $x = \ln(5)/2$이 된다. 다음으로

$$\frac{e^x \sin(y)}{e^x \cos(y)} = \tan(y) = 2.$$

그러므로 $y = \arctan(2)$. e^z의 모든 해는

$$z = \frac{1}{2}\ln(5) + i\arctan(2)$$

11.3.2 사인과 코사인 함수

복소 사인과 복소 코사인 함수는

$$\cos(z) = \frac{1}{2}\left(e^{iz} + e^{-iz}\right), \quad \sin(z) = \frac{1}{2i}\left(e^{iz} - e^{-iz}\right)$$

으로 정의한다.

때로는 이들 함수의 실수와 허수 부분을 원한다. $\cos(z)$에 대하여 구하면:

$$\begin{aligned}
\cos(z) &= \frac{1}{2}\left(e^{iz} + e^{-iz}\right) \\
&= \frac{1}{2}\left(e^{i(x+iy)} + e^{-i(x+iy)}\right) \\
&= \frac{1}{2}\left(e^{ix}e^{-y} + e^{-ix}e^{y}\right) \\
&= \frac{1}{2}\left(e^{-y}(\cos(x) + i\sin(x)) + e^{y}(\cos(x) - i\sin(x))\right) \\
&= \frac{1}{2}\cos(x)\left(e^{y} + e^{-y}\right) + \frac{i}{2}\sin(x)\left(e^{-y} - e^{y}\right) \\
&= \cos(x)\cosh(y) - i\sin(x)\sinh(y).
\end{aligned}$$

비슷하게

$$\begin{aligned}
\sin(z) &= \frac{1}{2}\sin(x)(e^{y} + e^{-y}) + \frac{i}{2}\cos(x)(e^{y} - e^{-y}) \\
&= \sin(x)\cosh(y) + i\cos(x)\sinh(y).
\end{aligned}$$

$z = x$가 실수이면 $y = 0$이다. 이 경우 복소 사인함수는 실수 사인함수와 일치한다. 그리고 복소 코사인함수는 실수 코사인함수와 역시 일치한다. 이런 의미에서 $\sin(z)$와 $\cos(z)$는 $\sin(x)$와 $\cos(x)$의 복소평면으로의 확장이다.

곱하기는 모든 z에 대하여 예상대로

$$\cos^2(z) + \sin^2(z) = 1$$

이다. 다른 실수 코사인과 사인 함수의 항등식은 쉽게 그들의 복소수 대응 관계식으로 확장된다.

지수함수는 계산하기 쉽기 때문에 이들의 유도는 복소수 경우에 훨씬 간단해진다. 예를 들면 $\sin(2z) = 2\sin(z)\cos(z)$이다. 즉

$$\begin{aligned} 2\sin(z)\cos(z) &= \frac{1}{2i}\left(e^{iz} - e^{-iz}\right)\left(e^{iz} + e^{-iz}\right) \\ &= \frac{1}{2i}\left(e^{2iz} - e^{-2iz}\right) = \sin(2z) \end{aligned}$$

임을 바로 알 수 있다.

Cauchy-Riemann 방정식에서 $\cos(z)$와 $\sin(z)$는 모든 z에 대하여 미분가능임을 알 수 있다. 게다가 식 (11.1)을 사용하여

$$\begin{aligned} \frac{d}{dz}\cos(z) &= \frac{\partial u}{\partial x} + i\frac{\partial v}{\partial y} \\ &= -\sin(z)\cosh(y) - i\cos(x)\sinh(y) = -\sin(z). \end{aligned}$$

그리고 비슷한 계산으로

$$\frac{d}{dz}\sin(z) = \cos(z).$$

복소수 사인과 코사인 함수는 실수 경우에 볼 수 없는 몇 가지 성질을 보여준다. 예를 들면 실수 사인과 코사인 함수는 유계이다. 모든 실수 x에 대하여 $|\sin(x)| \le 1$, $|\cos(x)| \le 1$. 그러나 복소 사인과 코사인은 복소평면에서 유계가 아니다. 실수 y에 대하여

$$\cos(iy) = \frac{1}{2}(e^{-y} + e^{y})$$

는 y를 크게 선택하면 우리가 원하는 만큼 크게 할 수 있다. 비슷하게 $\sin(iy)$도 크기에서 임의로 크게 만들 수 있다.

이런 습성의 관점에서 복소 사인과 코사인의 주기와 z에 대하여 질문해도 된다. 이들 함수의 복소평면으로의 확장은 새로운 주기나 근을 가져오지는 않는다.

정리 11.10 z와 주기

(1) $\sin(z) = 0$일 필요충분조건은 어떤 정수 n에 대하여 $z = n\pi$이다.

(2) $\cos(z) = 0$일 필요충분조건은 어떤 정수 n에 대하여 $z = (2n+1)\pi/2$이다.

(3) $\cos(z)$와 $\sin(z)$은 모든 양정수 n에 대하여 주기 $2n\pi$로 주기적이다. 더욱이 이것은 이 함수들의 유일한 주기이다.

이것은 cos(z)와 sin(z)의 실수와 허수 부분의 체계적인 사용으로 증명된다. 예를 들어 sin(z)의 근을 찾기 위해

$$\sin(z) = \sin(x)\cosh(y) + i\cos(x)\sinh(y) = 0$$

을 풀자. 그러면

$$\sin(x)\cosh(y) = 0 \quad \text{그리고} \quad \cos(x)\sinh(y) = 0.$$

첫 번째 방정식에서 모든 실수에서 $\cosh(y) \neq 0$인 사실에서 $\sin(x) = 0$. 이것은 실수 x에 대해 어떤 정수 n에 대해 $x = n\pi$이다. 두 번째 방정식에서

$$\cos(x)\sinh(y) = \cos(n\pi)\sinh(y) = (-1)^n \sinh(y) = 0.$$

그러면 $\sinh(y) = 0$이고, $y = 0$. 그러므로 n이 정수일 때 $z = n\pi$이므로 (1) 증명된다. 명제 (2)와 (3)은 비슷하게 증명된다.

다른 삼각함수도 통상적인 방법으로 사인과 코사인에 의해 정의된다. 예를 들면 $\cos(z) \neq 0$인 z에 대하여 $\tan(z) = \sin(z)/\cos(z)$.

연습문제 11.3

문제 1~5에서 함수값을 $a + bi$ 형태로 써라.

1. e^i
2. $\cos(3 + 2i)$
3. e^{5+2i}
4. $\sin^2(1 + i)$
5. $e^{\pi i/2}$
6. $e^{z^2} = u(x, y) + iv(x, y)$에서 u, v를 결정하여라. u와 v는 모든 (x, y)에 대하여 Cauchy-Riemann 방정식을 만족함을 보여라.
7. $ze^z = u(x, y) + iv(x, y)$인 u, v를 찾고 u와 v는 모든 z에 대하여 Cauchy-Riemann 방정식을 만족함을 보여라.
8. $e^z = 2i$의 모든 해를 찾아라.
9. $e^z = -2$의 해를 찾아라.

11.4 복소 로그

실수 계산에서 자연 로그는 지수함수의 역함수이다. 즉 $x > 0$이면

$$y = \ln(x)\text{의 필요충분조건은 } x = e^y.$$

이런 방법으로 실수 자연 로그는 방정식 $x=e^y$의 해로 생각할 수 있다. 이런 접근법을 복소 로그의 전개에도 사용된다. 주어진 $z \neq 0$에서 방정식

$$e^w = z$$

에서 w에 대하여 푼다. 이것을 하기 위해 z를 극형식 $z=re^{i\theta}$로 두고 $w=u+iv$라 하고

$$z = re^{i\theta} = e^w = e^u e^{iv} \tag{11.7}$$

로 쓴다. θ와 v가 실수이므로 $|e^{i\theta}|=|e^{iv}|=1$. 식 (11.7)에서 크기를 취하면 $r=|z|=e^u$를 준다. 그러므로

$$u = \ln(r)$$

로 양수 r의 실수 자연 로그이다. 그러나 이제 식 (11.7)에서 $e^{i\theta}=e^{iv}$. 그러면 $e^{iv}/e^{i\theta} = e^{i(v-\theta)}=1$.

정리 11.9(1)에 의해

$$v = \theta + 2n\pi,$$

여기서 n은 정수이다.

정리하면 주어진 $z=re^{i\theta}$, $r \neq 0$에 대하여 $e^w=z$인 무수히 많은 복소수 w가 존재한다. 이들 수 모두 임의의 정수 n으로

$$w = \ln(r) + i\theta + 2n\pi i.$$

$z \neq 0$에 대하여

$$\log(z) = \ln(|z|) + i\theta + 2n\pi i$$

를 정의하게 하고, 여기서 θ는 z의 임의의 편각이고 n은 임의의 정수이다.

복소 로그는 0이 아닌 각 z에 무수히 많은 다른 복소 로그를 가지므로 통상적인 의미에서 함수가 아니다.

보기 11.13

$z=1+i$라고 하자. 극형식으로 $z=\sqrt{2}\,e^{i(\pi/4+2n\pi)}$의 로그 값은

$$\log(1+i) = \ln\sqrt{2} + i\left[\frac{\pi}{4} + 2n\pi\right].$$

복소평면에서 음수의 로그를 취할 수 있다.

보기 11.14

$z=-3$이라 하자. 극형식으로 $z=3e^{i(\pi+2\pi)}=3e^{(2n+1)\pi i}$. -3의 로그의 값은

$$\log(-3)=\ln(3)+(2n+1)\pi i$$

여기서 n은 임의의 정수이다.

연습문제 11.4

문제 1~3에서 z의 복소 로그의 값을 결정하여라.

1. $-4i$

2. -5

3. $-9+2i$

4. z와 w는 0이 아닌 복소수라 하자. $\log(zw)$의 각 값은 $\log(z)$의 값과 $\log(w)$의 값의 더하기이다.

11.5 거듭제곱

z와 w가 복소수이고 $z\neq 0$일 때 z^w에 의미를 부여하려고 한다. 만약 $w=n$이 0이 아닌 정수이면 z^n의 의미는 분명하다. 예를 들면 $z^3=z\cdot z\cdot z$이고, $z\neq 0$이면 $z^{-3}=1/z^3=1/(z\cdot z\cdot z)$이다. 다른 거듭제곱에 대하여 다음 단계로 나아간다.

11.5.1 *n*번째 근

n이 양정수라고 하자. z의 **n제곱근**은 $z^{1/n}$으로 나타내는 수이다. 이것의 n번째 거듭제곱은 z이다. 우리는 $z^{1/n}$의 모든 값을 원한다. 이것들을 찾기 위해 z의 극형식

$$z=re^{i(\theta+2k\pi)}$$

로 시작하고, 지수에서 $\theta+2k\pi$는 z의 모든 편각이다. 그러면

$$z^{1/n}=r^{1/n}r^{i(\theta+2k\pi)/n}$$

이고, 여기서 $r^{1/n}$은 양수 r의 양의 n제곱근이다. k가 정수에서 변하면 오른쪽의 수

는 z의 모든 n제곱근을 준다.

$k=0, 1, 2, \cdots, (n-1)$에 대하여 n개의 서로 다른 수

$$r^{1/n}e^{i\theta/n},\ r^{1/n}e^{i(\theta+2\pi)/n},\ r^{1/n}e^{i(\theta+4\pi)/n}\ldots,\ r^{1/n}e^{i(\theta+2(n-1)\pi)/n} \qquad (11.8)$$

을 얻는다. 이것들은 모두 z의 n제곱근이다. 다른 k의 선택도 이 나열에 이미 있는 수를 재생성한다. 예를 들면 $k=n$이면 $e^{2\pi i}=1$이므로

$$r^{1/n}e^{i(\theta+2n\pi)/n}=r^{1/n}e^{i\theta/n}e^{2\pi i}=r^{1/n}e^{i\theta/n}$$

을 얻는다. 그러므로 $k=n$은 (11.8)에 있는 나열에서 $k=0$에 해당하는 첫 번째 수를 준다.

만약 $k=n+1$이면

$$r^{1/n}e^{i(\theta+2(n+1)\pi)/n}=r^{1/n}e^{i(\theta+2\pi)/n}e^{2\pi i}=r^{1/n}e^{i(\theta+2\pi)/n}$$

을 얻고, 이것은 식 (11.8)의 나열에서 $k=1$에 해당하는 두 번째 수이다.

요약하면 z의 n제곱근은 n개의 수

$$r^{1/n}e^{i(\theta+2k\pi)/n},\quad k=0, 1, 2, \cdots, n-1$$

이다. 이들은 수

$$r^{1/n}\left[\cos\left(\frac{\theta+2k\pi}{n}\right)+i\sin\left(\frac{\theta+2k\pi}{n}\right)\right],\quad k=0, 1, \cdots, n-1$$

이다.

보기 11.15

$1+i$의 4제곱근을 찾아라. $1+i$의 한 편각은 $\pi/4$이고 $|1+i|=\sqrt{2}$이므로 $1+i=2^{1/2}e^{i(\pi/4+2k\pi)}$, 여기서 k는 임의의 정수일 수 있다. 4제곱근은 4개의 수

$$2^{1/8}e^{\pi i/16},\ 2^{1/8}e^{i(\pi/4+2\pi)/4},\ 2^{1/8}e^{i(\pi/4+4\pi)/4},\ 2^{1/8}e^{i(\pi/4+6\pi)/4}$$

이다. k에 대한 다른 선택도 이들 수를 재생성한다. $1+i$의 4제곱근은 또한 다음과 같이 나열할 수 있다. 즉

$$2^{1/8}\left[\cos\left(\frac{\pi}{16}\right)+i\sin\left(\frac{\pi}{16}\right)\right],$$
$$2^{1/8}\left[\cos\left(\frac{9\pi}{16}\right)+i\sin\left(\frac{9\pi}{16}\right)\right],$$
$$2^{1/8}\left[\cos\left(\frac{17\pi}{16}\right)+i\sin\left(\frac{17\pi}{16}\right)\right],$$

$$2^{1/8}\left[\cos\left(\frac{25\pi}{16}\right)+i\sin\left(\frac{25\pi}{16}\right)\right].$$

보기 11.16

1의 n제곱근은 **단원의 n제곱근**이라 부른다. 이들은 많은 내용에서 나오고, 예를 들면 고속 푸리에 변환의 전개에서도 나온다. 1은 크기가 1이고 편각은 0이다. 단원의 n제곱근은 n개의 수

$$e^{2\pi ki/n},\quad k=0,\ 1,\ \cdots,\ n-1$$

이다. 예를 들면 단원의 5제곱근은

$$1,\ e^{2\pi i/5},\ e^{4\pi i/5},\ e^{6\pi i/5},\ e^{8\pi i/5}$$

이다. 이들은 수

$$1, \cos\left(\frac{2\pi}{5}\right)+i\sin\left(\frac{2\pi}{5}\right),\ \cos\left(\frac{4\pi}{5}\right)+i\sin\left(\frac{4\pi}{5}\right),$$
$$\cos\left(\frac{6\pi}{5}\right)+i\sin\left(\frac{6\pi}{5}\right),\ \cos\left(\frac{8\pi}{5}\right)+i\sin\left(\frac{8\pi}{5}\right)$$

이다. 평면에 점을 찍으면 단원의 n제곱근은 단위원 위에 꼭지점이 있는 정다각형을 만들고 한 꼭지점은 (1, 0)에 있다. 그림 11.7은 단원의 5제곱근을 이러한 방법으로 보여주고 있다.

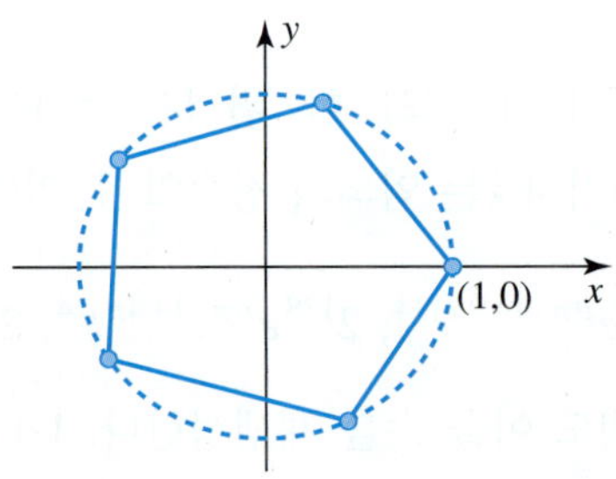

그림 11.7 단원의 5제곱근은 한 꼭지점이 (1, 0)에 있는 정오각형의 꼭지점을 이룬다.

11.5.2 유리수 거듭제곱

유리수는 정수의 분수이다. 만약 m과 n이 정수이고 공통인수가 없다고 하면 $z^{m/n}$을 $(z^m)^{1/n}$, 즉 z^m의 n제곱근으로 계산한다.

보기 11.17

$(2-2i)^{3/5}$의 모든 값을 계산하여라. 먼저 $(2-2i)^3=-16-16i$를 계산한다. 우리는 $-16-16i$의 5제곱근을 원한다. $-16-16i$의 한 편각은 $5\pi/4$이고 $|-16-16i|=\sqrt{512}$이므로 극형식으로는

$$-16-16i=(512)^{1/10}e^{i(5\pi/4+2k\pi)/5}$$

이다. 이들은 수

$$(512)^{1/10}e^{5\pi i/4}, (512)^{1/10}e^{13\pi i/20},$$
$$(512)^{1/10}e^{21\pi i/20}, (512)^{1/10}e^{29\pi i/20}, (512)^{1/10}e^{37\pi i/20}$$

이다.

11.5.3 거듭제곱 z^w

$z\neq 0$이면 임의의 w에 대하여

$$z^w=e^{w\log(z)}$$

로 정의한다. 이 정의는 만약 a, b가 실수이고 $a>0$이면 $a^b=e^{b\ln(a)}$인 사실에서 제안되었다.

만약 w가 유리수가 아니면 z^w는 무수히 많은 값을 갖는다.

보기 11.18

$(1-i)^{1+i}$의 모든 값을 계산하여라. 이들 수는 $e^{(1+i)\log(1-i)}$로 얻어지고, 먼저 $\log(1-i)$의 모든 값을 결정한다. $|1-i|=\sqrt{2}$이고 하나의 편각 $7\pi/4$는 양의 실축에서 점 $(1, -1)$까지 반시계 방향(양의 방향)의 회전으로 얻어진다. 또 다른 편각은 $-\pi/4$이고 양의 실축에서 시계 방향(음의 방향)의 회전으로 얻어진다. 후자를 사용하여

$$1-i=\sqrt{2}\,e^{i(-\pi/4+2n\pi)}$$

여기서 n은 임의의 정수가 될 수 있다. $(1-i)^{1+i}$의 모든 값은 다음 표현에 포함되어 있다. 즉,

$$e^{(1+i)\log(1-i)}=e^{(1+i)[\ln(\sqrt{2})+i(-\pi/4+2n\pi)]}.$$

이들은 복소수

$$e^{\ln(\sqrt{2})+\pi/4-2n\pi}e^{i(\ln(\sqrt{2})-\pi/4+2n\pi)}$$
$$=\sqrt{2}\,e^{\pi/4-2n\pi}(\cos(\ln(\sqrt{2})-\pi/4+2n\pi)+i\sin(\ln(\sqrt{2})-\pi/4+2n\pi))$$
$$=\sqrt{2}\,e^{\pi/4-2n\pi}(\cos(\ln(\sqrt{2})-\pi/4)+i\sin(\ln(\sqrt{2})-\pi/4)).$$

연습문제 11.5

문제 1~7에서 z^w의 모든 값을 결정하여라.

1. i^{1+i}

2. i^i

3. $(-1+i)^{-3i}$

4. $i^{1/4}$

5. $(-4)^{2-i}$

6. $(-16)^{1/4}$

7. $1^{1/6}$

8. n은 $n\geq 2$인 양정수로 u_1, ⋯, u_n은 단원의 n제곱근이라 하자. $\sum_{j=1}^{n}u_j=0$임을 증명하여라.
힌트: 단원의 n제곱근을 $e^{2\pi i/n}$의 거듭제곱으로 써라. n제곱근을 다각형의 꼭지점으로 만들어진 것을 기반으로 벡터 논의로 만들어질 수 있다.

11.6 거듭제곱 급수

복소함수를 공부하는 데 중요한 두 가지 형태의 급수전개가 있다. 실수함수에 대한 Taylor 급수의 복소수 형태인 거듭제곱 급수와 실수와 유사성이 없는 Laurent 급수이다.

복소 거듭제곱 급수에 대한 준비를 실수 수열과 급수에 미적분학 수준의 익숙함을 가정하고 복소수의 수열과 급수에 대한 몇 가지 사실을 재검토한다.

$\{z_n\}$을 복소수열로 가정하고 각 양정수 n에 대하여 z_n은 복소수이다. $z_n=x_n+iy_n$이면 $\{z_n\}$은

$$\lim_{n\to\infty}x_n=c \quad \text{및} \quad \lim_{n\to\infty}y_n=d$$

일 때 정확하게 $L=c+id$에 수렴한다. 이 경우

$$\lim_{n\to\infty}z_n=L$$

로 쓴다. 그러므로 복소수 수열의 수렴은 항상 실수 수열의 관점에서 생각할 수 있다. 이것은 복소 급수는

$$\sum_{n=1}^{\infty} a_n = A \quad \text{및} \quad \sum_{n=1}^{\infty} b_n = B$$

일 때에 한하여 $\sum_{n=1}^{\infty} a_n + ib_n$이 $A + iB$에 수렴한다고 말함으로써 실수 급수의 면에서 취급할 수 있다. 이것은 복소수 급수에 대한 문제를 실수 급수에 대한 문제로 전환하고, 이에 대한 표준적 판정(비교, 적분판정, 비와 근호, 기타)을 적용해도 된다.

$c_n = a_n + ib_n$과 $\sum_{n=1}^{\infty} c_n$이 수렴하면

$$\lim_{n\to\infty} a_n = \lim_{n\to\infty} b_n = 0$$

이고, 또한 $\lim_{n\to\infty} c_n = 0$이다. 실수 급수에서처럼 수렴하는 복수 급수의 일반항 c_n은 $n \to \infty$일 때 극한 0을 가져야 한다.

실수 급수 $\sum_{n=1}^{\infty} |c_n|$이 수렴하면 $\sum_{n=1}^{\infty} c_n$은 **절대수렴**한다. 복소 급수의 절대수렴은 실수 급수에서 그것이 수렴하는 것처럼 이 급수가 수렴하게 한다. $\sum_{n=1}^{\infty} |c_n|$이 수렴한다고 가정하자. $|a_n| \le |c_n|$이기 때문에 $\sum_{n=1}^{\infty} |a_n|$은 비교판정법에 의해 수렴한다. 그래서 $\sum_{n=1}^{\infty} a_n$은 수렴한다. 비슷하게 $|b_n| \le |c_n|$, 그러므로 $\sum_{n=1}^{\infty} b_n$도 수렴하고 $\sum_{n=1}^{\infty} c_n$은 수렴한다.

이제 다음 모양의 급수인 **거듭제곱 급수**를 정의하자.

$$\sum_{n=0}^{\infty} c_n (z - z_0)^n = c_0 + c_1(z - z_0) + c_2(z - z_0)^2 + \cdots.$$

수 c_n은 거듭제곱 급수의 계수, z_0는 중심이다. 거듭제곱 급수에 관한 기본적인 주제는 급수가 수렴하는 모든 z을 결정하는 것이다. 이 주제는 다음 결과를 사용하여 해결할 수 있다. 만약 거듭제곱 급수가 z_0와 다른 어떤 점 z_1에서 수렴한다면 그것은 z_1보다 z_0에 더 가까운 점에서 절대수렴해야 한다고 말하는 것이다.

정리 11.11 거듭제곱 급수의 수렴

$\sum_{n=0}^{\infty} c_n (z - z_0)^n$이 z_0와 다른 z_1에서 수렴한다고 가정하자. 그러면 이 급수는

$$|z - z_0| < |z_1 - z_0|$$

를 만족하는 모든 z에 대하여 절대수렴한다.

증명 $\sum_{n=0}^{\infty} c_n (z_1 - z_0)^n$이 수렴하기 때문에

$$\lim_{n\to\infty} c_n (z_1 - z_0)^n = 0$$

이다. 이것은 n을 충분히 크게 선택함으로써 급수의 항의 크기를 우리가 원하는 만큼 작게 만들 수 있음을 의미한다. 특히 어떤 N에 대하여

$$n \geq N \text{이면 } |c_n(z_1 - z_0)^n| < 1$$

그러면 $n \geq N$에 대하여 $|z - z_0| < |z_1 - z_0|$이므로

$$\begin{aligned} \left|c_n(z - z_0)^n\right| &= \left|\frac{(z - z_0)^n}{(z_1 - z_0)^n}\right|\left|c_n(z_1 - z_0)^n\right| \\ &\leq \left|\frac{(z - z_0)^n}{(z_1 - z_0)^n}\right| \\ &= \left|\frac{z - z_0}{z_1 - z_0}\right|^n < 1. \end{aligned}$$

그러므로 기하급수

$$\sum_{n=0}^{\infty}\left|\frac{z - z_0}{z_1 - z_0}\right|^n$$

은 수렴한다. 비교판정법에 의해

$$\sum_{n=N}^{\infty}|c_n(z - z_0)^n|$$

은 수렴한다. 그래서

$$\sum_{n=0}^{\infty}|c_n(z - z_0)^n|$$

은 수렴한다. 따라서 $\sum_{n=0}^{\infty} c_n(z - z_0)^n$은 절대수렴한다. ■

이 정리는 임의의 복소 거듭제곱 급수에 대한 정확히 세 가지 가능성이 있음을 시사한다.

1. 급수가 z_0 이외의 어떤 점에서도 수렴하지 않을 수 있다. 이 경우에 거듭제곱 급수는 **0의 수렴반경**을 갖고 이의 중심 z_0에서만 수렴한다.
2. 거듭제곱 급수는 모든 z에서 수렴할 수 있다. 이 경우 **무한 수렴반경**을 갖는다.
3. 거듭제곱 급수가 z_0 이외의 점에서 수렴할 수 있으나 다른 어떤 점에서 발산할 수도 있다(즉, (1)과 (2)의 경우가 성립하지 않음). ζ는 z_0에 가장 가까운 급수가 발산하는 점이고 ζ와 z_0 사이의 거리를 $R = |\zeta - z_0|$라고 하자.

$|z - z_0| < R$이면 거듭제곱 급수는 z에서 수렴해야 한다. 그렇지 않으면 이 열린 원판은 급수가 발산하는 점을 포함할 것이고, 이 점은 ζ보다 z_0에 더 가까울 것이다. 이것은 정리 11.11과 ζ의 선택에 위배된다.

$|z - z_0| > R$이면 급수는 z에서 발산해야 한다. 왜냐하면 만약 급수가 z에서 수렴한다면 이것은 z보다 z_0에 더 가까운 모든 점에서 수렴한 것이다. 또한 ζ에서 수렴

할 것이므로 모순이다.

따라서 경우 (3)에서 거듭제곱 급수가 원판 $|z-z_0|<R$ 내에서 거듭제곱 급수가 수렴하는 그런 수 R이 존재하고, $|z-z_0|>R$이면 발산한다. 열린원판 $|z-z_0|<R$은 거듭제곱 급수의 **열린수렴원판**이고 R은 **수렴반경**이다.

원 $|z-z_0|=R$ 위의 점에서 거듭제곱 급수는 수렴 또는 발산할 수 있다.

이것은 경우 (1)에서 $R=0$, 경우 (2)에서 $R=\infty$로 둠으로써 통합할 수 있다. 모든 수 z는 z_0에서 유한 거리에 있기 때문에

$$|z-z_0|<\infty$$

를 복소평면 전체를 의미하는 것으로 해석하자.

때로는 거듭제곱 급수의 수렴반경을 비판정법으로 계산할 수 있다.

보기 11.19

거듭제곱 급수

$$\sum_{n=0}^{\infty}(-1)^n\frac{2^n}{n+1}(z-1+2i)^n$$

은 중심에 $1-2i$이다. 실수 급수에 대한 비판정법을 적용하기 위해 이 급수에서 항 $n+1$을 항 n으로 나눈 비의 크기를 보자 :

$$\left|\left((-1)^{n+1}\frac{2^{n+1}}{n+2}(z-1+2i)^{n+1}\right)\left(\frac{n+1}{(-1)^n2^n(z+1-2i)^n}\right)\right.$$

$$=\left|\frac{2(n+1)}{n+2}(z-1+2i)\right|$$

$n\to\infty$이면 $\to 2|z-1+2i|$.

비판정법에 의해 거듭제곱 급수의 항의 절대값의 급수는 이 극한이 1보다 작으면 수렴하고 극한이 1보다 크면 발산한다. 그러므로

$$2|z-1+2i|<1$$

또는

$$|z-1+2i|<\frac{1}{2}$$

이면 거듭제곱 급수는 절대수렴한다. 이것은 $1-2i$ 주위의 반경 1/2인 원판으로써 열린 수렴원판을 명시한다. 수렴반경은 1/2이다. $|z-1+2i|>1/2$이면 **거듭제곱 급수**는 발산한다.

만약 이 방법을 적용하면 연이은 항의 비의 크기 극한이 무한이면 거듭제곱 급수는 무한 수렴반경을 갖고 모든 z에 대하여 수렴한다.

실수 거듭제곱 급수와 마찬가지로 복소 거듭제곱 급수는 열린 수렴원 내에서 항별로 미분하고 적분할 수 있다.

정리 11.12 거듭제곱 급수의 미분과 적분

f는 $D : |z - z_0| < R$ 안의 모든 z에 대하여

$$f(z) = \sum_{n=0}^{\infty} c_n (z - z_0)^n$$

으로 정의하자. 그러면 D에 있는 z에 대하여

1. $f'(z) = \sum_{n=1}^{\infty} n c_n (z - z_0)^{n-1}$

더욱이 $f'(z)$에 대한 이 거듭제곱 급수는 $f(z)$에 대한 거듭제곱 급수와 똑같은 수렴반경을 갖는다.

2. 만약 γ가 D 안의 경로이면

$$\int_{\gamma} f(z)\,dz = \sum_{n=0}^{\infty} c_n \int_{\gamma} (z - z_0)^n\,dz$$

$R = \infty$이면 이들 두 결론은 성립한다.

이제 한 점 주위의 거듭제곱 급수로 함수의 표현 가능성을 말하고 싶다.

정리 11.13 Taylor 전개

f는 열린원판 $D : |z - z_0| < R$에서 미분가능이라고 하자. 그러면 D에 있는 z에 대하여

$$f(z) = \sum_{n=0}^{\infty} c_n (z - z_0)^n,$$

여기서 $n = 0, 1, 2, \cdots$에 대하여

$$c_n = \frac{f^n(z_0)}{n!}.$$

더욱이 이 거듭제곱 급수는 D에서 절대수렴한다.

c_n은 z_0에서 **n차 Taylor 계수**이고, 이 급수는 **z_0 주위에서 f의 Taylor 급수** 또는 **Taylor 전개**라고 부른다. $z_0 = 0$인 경우 Taylor 급수는 **Maclaurin 급수**로 알려져 있다.

정리에서 R은 ∞일 수 있다. 이 경우 $f(z)$은 모든 z에 대하여 유효하다.

증명 z는 D에 있다고 하고

$$|z-z_0|<r<R$$

인 수 r을 선택하자. γ는 z_0 주위의 반경 r인 원(그림 11.8)이라 하고, γ는 중심이 z_0이고 z를 에워싼다. Cauchy 적분공식(다음 12장)에 의해

$$f(z)=\frac{1}{2\pi i}\oint_\gamma \frac{f(w)}{w-z}dw.$$

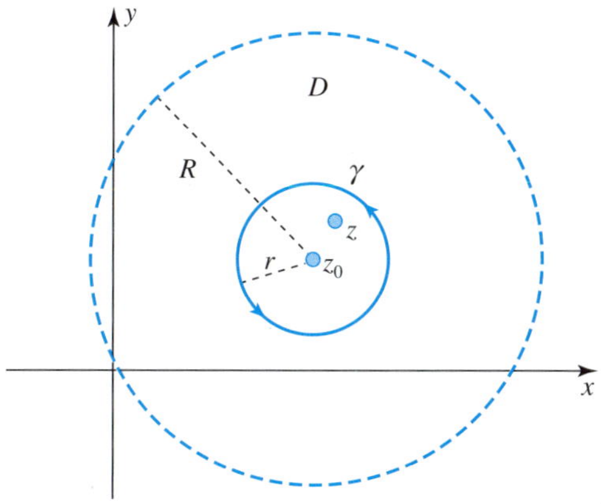

그림 11.8 정리 11.13의 증명에서 γ

대수적 조작으로

$$\frac{1}{w-z}=\frac{1}{w-z_0-(z-z_0)}=\frac{1}{w-z_0}\frac{1}{1-\dfrac{z-z_0}{w-z_0}}$$

로 쓸 수 있다. 이제

$$\left|\frac{z-z_0}{w-z_0}\right|<1$$

이고, 그래서 수렴하는 기하급수를 쓸 수 있다.

$$\begin{aligned}\frac{1}{w-z}&=\sum_{n=0}^{\infty}\frac{1}{w-z_0}\left(\frac{z-z_0}{w-z_0}\right)^n\\&=\sum_{n=0}^{\infty}\frac{1}{(w-z_0)^{n+1}}(z-z_0)^n.\end{aligned}$$

그러면

$$\frac{f(w)}{w-z}=\sum_{n=0}^{\infty}\frac{f(w)}{(w-z_0)^{n+1}}(z-z_0)^n.$$

이 급수는 항별로 적분할 수 있음을 보일 수 있다. 그래서

$$\begin{aligned}f(z)&=\frac{1}{2\pi i}\oint_\gamma\frac{f(w)}{w-z}dw\\&=\frac{1}{2\pi i}\oint_\gamma\left(\sum_{n=0}^{\infty}\frac{f(w)}{(w-z_0)^{n+1}}(z-z_0)^n\right)dw\\&=\sum_{n=0}^{\infty}\left(\frac{1}{2\pi i}\oint_\gamma\frac{f(w)}{(w-z_0)^{n+1}}dw\right)(z-z_0)^n\\&=\sum_{n=0}^{\infty}\frac{f^{(n)}(z_0)}{n!}(z-z_0)^n\end{aligned}$$

여기서 고계 미분에 대한 Cauchy 적분공식(12장)이 사용되었다. ■

우리는 중요한 실숫값 함수가 복소평면으로 확장된 예를 보았다. 이들은 지수함수 e^z과 삼각함수 $\sin(z)$, $\cos(z)$ 등이다. 이들은 $z=x$가 실수일 때 e^x, $\sin(x)$, $\cos(x)$

와 각각 일치한다.

이와 같이 이것이 알려져 있다면 복소함수의 거듭제곱 전개는 실숫값 함수에 대한 전개에서 직접 얻을 수 있다. 예를 들면 e^x에 대해 익숙한 Maclaurin 급수를 사용하여

$$e^z = \sum_{n=0}^{\infty} \frac{1}{n!} z^n.$$

$\sin(x)$와 $\cos(x)$에 대해서도 즉시

$$\sin(z) = \sum_{n=0}^{\infty} \frac{(-1)^n}{(2n+1)!} z^{2n+1},$$

그리고

$$\cos(z) = \sum_{n=0}^{\infty} \frac{(-1)^n}{(2n)!} z^{2n}$$

을 쓸 수 있다.

z_0 주위의 $f(z)$의 전개에서 Taylor 계수를 $f^{(n)}(z_0)/n!$으로 직접 계산하는 것은 드물다. 가능하면 알려진 급수와 대수, 산술연산을 사용한다.

보기 11.20

e^z의 Maclaurin 급수에서 z 대신 z^2으로 대체하여

$$e^{z^2} = \sum_{n=0}^{\infty} \frac{1}{n!} z^{2n}$$

을 얻는다.

보기 11.21

$|z| < 1$에 대하여 익숙한 기하급수

$$\frac{1}{1-z} = \sum_{n=0}^{\infty} z^n = 1 + z + z^2 + z^3 + \cdots$$

로 시작하자. $|z| < 1$에서 미분하여

$$\frac{1}{(1-z)^2} = \sum_{n=1}^{\infty} nz^{n-1} = 1 + 2z + 3z^2 + \cdots$$

을 얻는다. $|z| < 1$에서 다시 미분하여

$$\frac{2}{(1-z)^3}=\sum_{n=2}^{\infty}n(n-1)z^{n-2}=2+6z+12z^2+\cdots$$

을 얻는다.

$|z|<1$에서 $-z$ 대신에 z로 대체하여

$$\frac{1}{1+z}=\sum_{n=0}^{\infty}(-1)^n z^n$$

을 얻는다. 이것 또한 기하급수로 부른다. $|z|<1$에서 이 급수를 미분하여 전개식

$$\frac{-1}{(1+z)^2}=\sum_{n=1}^{\infty}n(-1)^n z^{n-1}$$

이 된다.

보기 11.22

대수와 기하급수를 사용하여 $-3i$ 주위에서 $2i/(4+iz)$의 Taylor 전개를 구하라. $-3i$ 주위의 이 전개는 거듭제곱 $(z+3i)^n$을 포함할 것이기 때문에 이 전개가 $z+3i$의 거듭제곱을 포함하는 기하급수로 전개될 수 있도록 $2i/(4+iz)$을 재정리를 시도한다. 즉

$$\begin{aligned}\frac{2i}{4+iz}&=\frac{2i}{4+i(z+3i)+3}\\&=\frac{2i}{7+i(z+3i)}=\frac{2i}{7}\frac{1}{1+\frac{i(z+3i)}{7}}\\&=\frac{2i}{7}\sum_{n=0}^{\infty}(-1)^n\left(\frac{i}{7}(z+3i)\right)^n\\&=\sum_{n=0}^{\infty}\frac{2}{7^{n+1}}(-1)^n i^{n+1}(z+3i)^n\,.\end{aligned}$$

이 급수에서 항 $n+1$과 항 n에 대한 비의 값의 절댓값을 택하여 만약

$$\left|\frac{1}{7}(z+3i)\right|<1$$

또는

$$|z+3i|<7$$

이면 거듭제곱 급수는 절대수렴한다고 결론짓는다. 이 전개는 중심 $-3i$, 수렴 반경 7이다.

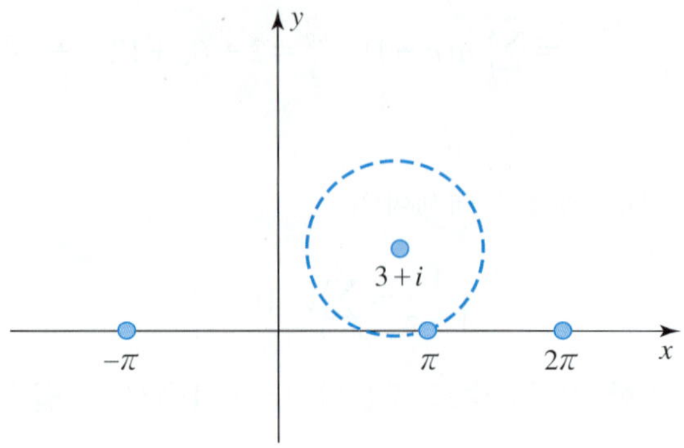

그림 11.9 $3 + i$ 주위의 $1/\sin(z)$의 거듭제곱 급수전개의 열린 수렴원판

이 거듭제곱 급수전개의 수렴반경을 급수를 쓰지 않고 예측할 수 있었다. 전개한 함수는 $f(z) = 2i/(4 + iz)$이고, $z = 4i$를 제외하고 모든 z에서 미분가능이다. $-3i$ 주위의 $f(z)$의 전개의 수렴반경은 중심 $-3i$와 $-3i$에 가장 가까운 $f(z)$가 미분가능하지 않은 점(이 경우 $4i$) 사이의 거리일 것이다. 이 거리는 7이다.

덜 확실한 예로서 $g(z) = 1/\sin(z)$을 생각하자. 이 함수는 π의 정수배를 제외하고 모든 점에서 미분가능이다. 우리는 $3 + i$의 주위에서 거듭제곱 급수로 $g(z)$을 전개할 수 있다(정리에서). 이 급수의 수렴반경은 $3 + i$와 $g(z)$이 미분불가능인 $3 + i$에 가장 가까운 점 사이의 거리일 것이다.

이 점은 π이다. 그래서 수렴반경은 $3 + i$와 π 사이의 거리이다. 혹은 $\sqrt{(3-\pi)^2+1}$이다. $3 + i$ 주위의 $g(z)$의 거듭제곱 급수전개는 열린 수렴원판으로써 $3 + i$ 주위에 이 반경의 열린원판을 갖는다(그림 11.9).

11.6.1 미분가능 함수의 역도함수

만약 f가 z_0 주위의 열린원판 D에서 미분가능이면 D에 있는 모든 z에 대하여 $F'(z) = f(z)$인 미분가능인 함수 F가 존재한다. F는 f의 **역도함수**이다.

$F(z)$을 구성하기 위해 $f(z)$을 D에서 z_0 주위에 거듭제곱 급수로 전개한다. 즉 D에 있는 z에 대하여

$$f(z) = \sum_{n=0}^{\infty} c_n (z - z_0)^n$$

그리고

$$F(z) = \sum_{n=0}^{\infty} \frac{1}{n+1} c_n (z - z_0)^{n+1}$$

이라 하자. 이 급수는 $f(z)$의 급수와 같은 수렴반경을 갖고 D에 있는 모든 z에 대하여 $F'(z) = f(z)$이다.

11.6.2 함수의 근

한 점의 주위에서 함수의 Taylor 전개는 함수의 근('영'이라고도 함)에 대한 중요한 정보를 제공한다. $f(\zeta)=0$이면 수 ζ를 f의 근이라고 한다. ζ의 주위에 f의 다른 어떤 근도 포함하지 않는 열린원판이 존재하면 ζ는 고립되어 있다.

예를 들면 $\sin(z)$은 π의 정수배에서 고립근을 갖는다. 그와 반대로

$$g(z)=\begin{cases}\sin(1/z), & z\neq 0\\ 0, & z\neq 0\end{cases}$$

라 하자. 그러면 g는 0과 0이 아닌 정수에 대한 $1/n\pi$에서 근을 갖는다. 0은 고립근이 아니다. 왜냐하면 0 주위의 모든 원판은 충분히 큰 n에 대하여 0에 임의로 가까운 다른 근 $1/n\pi$를 갖기 때문이다.

이 예의 함수 $g(z)$은 0에서 미분가능이 아니다. 미분가능 함수는 이 함수가 z_0 주위의 어떤 원판에서 항등적으로 0이 아닌 한 또 다른 근 z_0에 수렴하는 근의 수열을 가질 수 없다(이 경우 원판의 모든 점은 근이다).

정리 11.14

f가 영역 G에서 미분가능이고 ζ는 G에서 f의 근이라고 하자. 그러면 ζ는 고립근이거나 $f(z)$가 항등적으로 0인 ζ 주위의 열린원판이 존재하거나 그중 어느 하나이다.

이 정리는 영역에서 항등적으로 0이 아닌 미분가능 복소함수로 그 영역에서 유일한 고립근을 가짐을 의미한다.

증명 G에서 중심 ζ의 열린원판에서 ζ 주위의 f의 거듭제곱 급수전개:

$$f(z)=\sum_{n=0}^{\infty}c_n(z-\zeta)^n$$

을 쓰자. 두 가지 경우가 있다.

만약 모든 $c_n=0$이면 D 전체를 통하여 $f(z)=0$이다.

그 다음에 몇 계수가 0이 아니라고 가정하고, m이 $c_m\neq 0$인 최소의 정수라고 하자. 그러면 $c_0=c_1=\cdots=c_{m-1}=0$이고 D에 있는 z에 대하여

$$f(z)=\sum_{n=m}^{\infty}c_n(z-\zeta)^n=(z-\zeta)^m\sum_{n=0}^{\infty}c_{n+m}(z-\zeta)^n.$$

$g(z)=\sum_{n=0}^{\infty}c_{n+m}(z-\zeta)^n$이라 하자. 그러면 g는 D에서 미분가능이고 $g(\zeta)=c_m\neq 0$

이다. 더욱이

$$f(z)=(z-\zeta)^m g(z).$$

$g(\zeta)\neq 0$이므로 $g(z)\neq 0$인 ζ 주위에 어떤 열린원판 K가 존재한다. 그러나 그 다음에 만약 z가 K에 있고 ζ와 다르다면 $f(z)\neq 0$이다. 그러므로 ζ는 고립근이다. ■

만약 ζ가 f의 근이면 ζ 주위의 f의 Taylor 전개에서 $c_m\neq 0$인 그런 최소의 m을 근 ζ의 **차수**라고 부른다. c_m의 앞에 있는 Taylor 계수는 0이어야 하기 때문에 $j=0, 1, \cdots, m-1$에 대하여 $f^{(j)}(\zeta)=0$, 반면에 $f^{(m)}(\zeta)\neq 0$. 그러므로 근 ζ의 차수는 그 계수의 미분이 ζ에서 0이 아닌 그런 최소의 양정수이다.

정리의 증명에서 차수 m인 f의 고립근 주위의 어떤 원판에서

$$f(z)=(z-\zeta)^m g(z)$$

로 쓸 수 있음을 실제로 보았다. 여기서 이 원판에서는 $g(z)\neq 0$이다. 이 사실은 이것 자체로도 중요하다.

보기 11.23

$f(z)=z^2\sin(z)$라고 하자. 그러면 f는 0에서 고립근을 갖는다. 계산하면

$$\begin{aligned} f'(z) &= 2z\sin(z)+z^2\cos(z), \\ f''(z) &= 2\sin(z)+4z\cos(z)-z^2\sin(z), \\ f'''(z) &= 6\cos(z)-6z\sin(z)-z^2\cos(z). \end{aligned}$$

이제 $f(0)=f'(0)=f''(0)=0$, 반면에 $f'''(z)\neq 0$. 그러므로 f는 0에서 차수 3의 근을 갖는다.

$f(z)=z^3 g(z)$라고 쓰자. 여기서 $g(z)$은 0 주위의 어떤 원판에서 미분가능이고 0이 아니다. Maclaurin 전개를 사용하여

$$\sin(z)=z-\frac{1}{3!}z^3+\frac{1}{5!}z^5-\cdots$$

로 쓰자. 그러면

$$\begin{aligned} f(z) = z^2\sin(z) &= z^3-\frac{1}{3!}z^5+\frac{1}{5!}z^7+\cdots \\ &= z^3\left(1-\frac{1}{3!}z^2+\frac{1}{5!}z^4-\cdots\right) \\ &= z^3 g(z) \end{aligned}$$

이고 0 주위의 원판에서 $g(z) \neq 0$.

ζ 주위의 어떤 원판에서 $g(z) \neq 0$이면서 $f(z) = (z - \zeta)^m g(z)$으로 쓸 수 있는 하나의 즉각적인 영향은 어떤 조건 아래서 함수의 곱에 대한 근의 차수는 합이고, 몫에 대한 근의 차수는 차이다(로그함수를 연상시킨다). 확실히 말하면 $h(z)$은 ζ에서 차수 m인 근을, $k(z)$은 ζ에서 차수 n인 근을 갖는다고 가정하자. 그러면

1. $h(z)k(z)$은 ζ에서 차수 $n+m$의 근을 갖는다.
2. $n < m$이면 $h(z)/k(z)$은 ζ에서 차수 $n-m$의 근을 갖는다.

왜 (1)이 사실인가 보기 위해 $h(z) = (z - \zeta)^m \alpha(z)$, $k(z) = (z - \zeta)^m \beta(z)$으로 쓰자. 여기서 $\alpha(z)$, $\beta(z)$은 ζ 주위의 어떤 열린원판에서 0이 아니다. 그러면

$$h(z)k(z) = (z - \zeta)^{n+m} \alpha(z)\beta(z),$$

그리고 D에서 $\alpha(z)\beta(z) \neq 0$, 그래서 $h(z)k(z)$은 ζ에서 차수 $n+m$의 근을 갖는다. 명제 (2)도 비슷하게 증명된다.

명제 (1)은 보기 11.23에서 볼 수 있다. 여기서 z^2은 0에서 차수 2인 근을 갖고 $\sin(z)$은 0에서 차수 1인 근을 갖는다.

이들 사실은 함수의 특이점의 내용에서 극의 차수를 생각할 때 중요하다.

보기 11.24

$$\frac{\cos^3(z)}{(z-\pi/2)^2}$$

은 $\pi/2$에서 차수 1의 근을 갖는다. 왜냐하면 $\pi/2$에서 분자는 차수 3의 근을, 분모는 차수 2의 근을 갖기 때문이다.

연습문제 11.6

문제 1~3에서 거듭제곱 급수의 수렴반경과 열린 수렴원판을 찾아라.

1. $\displaystyle\sum_{n=0}^{\infty} \frac{n+1}{2^n}(z+3i)^n$

2. $\displaystyle\sum_{n=0}^{\infty} \frac{n^n}{(n+1)^n}(z-1+3i)^n$

3. $\displaystyle\sum_{n=0}^{\infty} \frac{i^n}{2^{n+1}}(z+8i)^n$

4. $\sum_{n=0}^{\infty} c_n(z-2i)^n$은 0에서 수렴하고 i에서 발산하는 것이 가능한가?

문제 5~7에서 주어진 점 주위에서 함수의 Taylor 전개를 찾아라.

5. $\cos(2z)$; $z=0$

6. z^2-3z+i; $z=2-i$

7. $(z-9)^2$; $z=1+i$

8. f가 0의 주위의 열린원판에서 미분가능이고 $f''(z)=2f(z)+1$을 만족한다고 하자. $f(0)=1$, $f'(0)=i$라고 가정하자. $f(z)$의 Maclaurin 전개의 첫 6개 항을 찾아라.

9.
$$\sum_{n=0}^{\infty} \frac{1}{(n!)^2} = \frac{1}{2\pi}\int_0^{2\pi} e^{2z\cos(\theta)}\,d\theta$$

힌트: 먼저 $n=0, 1, 2, \cdots$와 원점 주위의 단위원 γ에 대하여

$$\left(\frac{z^n}{n!}\right)^2 = \frac{1}{2\pi i}\oint_\gamma \frac{z^n}{n!w^{n+1}}e^{zw}\,dw$$

임을 보여라.

문제 10~12에서 주어진 함수의 근의 차수를 결정하여라.

10. $f(z)=z^2\sin(z)$; $z=0$

11. $f(z)=\cos^3(z)$; $z=3\pi/2$

12. $f(z)=\sin(z^4)/z^2$; $z=0$

13. z_0 주변의 어떤 열린원판에서

$$f(z)=\sum_{n=0}^{\infty} a_n(z-z_0)^n = \sum_{n=0}^{\infty} b_n(z-z_0)^n$$

라고 가정하자. $n=0, 1, 2, \cdots$에 대하여 $a_n=b_n$임을 보여라.

11.7 Laurent 전개

만약 f가 z_0 주위의 원판에서 미분가능이면 $f(z)$은 z_0 주위에서 Taylor 급수 전개를 갖는다. 만약 f가 z_0에서 미분가능이 아니면 $f(z)$은 z_0 주위에서 다른 종류의, 즉 Laurent 전개를 가질 수 있다. 이것은 적분 계산에서 중요하다. 몇 가지 용어가 필요하다.

두 동심원 사이 점들의 열린집합을 **원환**이라고 부른다. 전형적으로 중심 z_0인 원환은 부등식

$$r < |z-z_0| < R$$

로 표현한다. 여기서 r은 안쪽 원의 반경이고 R은 바깥쪽 원의 반경이다. $r=0$을 허용하여 이 경우 원환은 $0<|z-z_0|<R$이고, 이것은 중심 z_0가 제거된 z_0 주위의 반경 R인 열린원판이다. 이러한 원환은 **구멍난 원판**이라고 부른다. 우리는 또한 $R=\infty$를 허용하고 이 경우 원환은 z_0가 제거된 전체 평면이다.

이제 Laurent 급수에서 기본적인 결과를 언급한다.

정리 11.15 Laurent 전개

> f가 원환 $r<|z-z_0|<R$에서 미분가능이다. 여기서 $0\le r<R\le\infty$. 그러면 이 원환의 모든 z에 대하여
>
> $$f(z)=\sum_{n=-\infty}^{\infty} c_n(z-z_0)^n,$$
>
> 여기서 각각의 정수 n에 대하여
>
> $$c_n=\frac{1}{2\pi i}\oint_\gamma \frac{f(w)}{(w-z_0)^{n+1}}\,dw$$
>
> 이고 γ은 z_0를 에워싸는 원환에 있는 임의의 폐경로이다.

증명은 생략한다. 고급 복소함수론에서 찾아볼 수 있다.

z_0 주위의 Laurent 전개는 z_0 주위의 원환에서

$$f(z)=\sum_{n=-\infty}^{-1} c_n(z-z_0)^n+\sum_{n=0}^{\infty} c_n(z-z_0)^n=h(z)+g(z)$$

으로 쓸 수 있다. 여기서

$$\begin{aligned}h(z)&=\sum_{n=-\infty}^{-1} c_n(z-z_0)^n\\&=\cdots+\frac{c_{-3}}{(z-z_0)^3}+\frac{c_{-2}}{(z-z_0)^2}+\frac{c_{-1}}{(z-z_0)}\end{aligned}$$

은 전개에서 $z-z_0$의 음의 거듭제곱 항 모두를 포함한다. 그리고

$$\begin{aligned}g(z)&=\sum_{n=0}^{\infty} c_n(z-z_0)^n\\&=c_0+c_1(z-z_0)+c_2(z-z_0)^2+\cdots\end{aligned}$$

은 $z-z_0$의 모든 음이 아닌 거듭제곱 항을 포함한다. $g(z)$을 정의하는 급수는 z_0 주위의 거듭제곱 급수이고 그래서 열린원판 $|z-z_0|<R$ 에서 미분가능이다. z_0 가까이의 $f(z)$의 어떤 "나쁜" 성질은 $h(z)$에 포함되어 있다.

Laurent 계수는 함수와 점에 유일하다. 이것은 만약 z_0 주위의 어떤 원환에서

$$f(z)=\sum_{n=-\infty}^{\infty} c_n(z-z_0)^n=\sum_{n=-\infty}^{\infty} d_n(z-z_0)^n$$

이면 모든 정수 n에 대하여 $c_n=d_n$임을 의미한다.

이 하나의 결과는 한 점 주위의 Laurent 전개는 그것이 어떻게 유도되더라도 같다는 것이다. 이것은 통상 알려진 급수를 조작하여 Laurent 전개를 얻기 때문에 중

요하다. Laurent 계수에 대한 적분공식은 실질적인 계수 계산에서는 거의 사용하지 않는다.

보기 11.25

0 주위의 $e^{1/z}$의 Laurent 전개는

$$\sum_{n=0}^{\infty}\frac{1}{n!}\left(\frac{1}{z}\right)^n=1+\frac{1}{z}+\frac{1}{2!}+\frac{1}{z^2}+\cdots$$

이고 e^z의 Maclaurin 전개에서 z 대신 $1/z$을 대체하여 얻어진다. Laurent 전개는 $0<|z|<\infty$, 즉 원점을 제외한 전체 평면에서 타당하다.

보기 11.26

$f(x)=\cos(z)/z^5$은 원환 $0<|z|<\infty$에서, 즉 원점을 제외한 전체 평면에서 미분가능이다. 우리는 0 주위에서 $\cos(z)$의 Taylor 전개를 안다. 그러므로 $0<|z|<\infty$에서 $f(z)$의 Laurent 전개를 안다. 즉 $z\neq 0$에 대하여

$$\begin{aligned}f(z)&=\frac{1}{z^5}\cos(z)=\frac{1}{z^5}\sum_{n=0}^{\infty}\frac{(-1)^n}{(2n)!}z^{2n}\\&=\sum_{n=0}^{\infty}\frac{(-1)^n}{(2n)!}z^{2n-5}\\&=\frac{1}{z^5}-\frac{1}{2}\frac{1}{z^3}+\frac{1}{4!}\frac{1}{z}-\frac{1}{6!}z+\frac{1}{8!}z^3-\cdots.\end{aligned}$$

$$\frac{\cos(z)}{z^5}=h(z)+g(z)$$

으로 생각할 수 있다. 여기서

$$h(z)=\frac{1}{z^5}-\frac{1}{2!}\frac{1}{z^3}+\frac{1}{4!}\frac{1}{z}$$

그리고

$$g(z)=-\frac{1}{6!}z+\frac{1}{8!}z^3-\cdots.$$

$g(z)$은 모든 z에 대하여 미분가능이고 $h(z)$은 원점이 제거된 평면에서 미분가능이다. 그래서 $h(z)+g(z)$은 원점이 제거된 복소평면에서 미분가능이다. 이것은 원점 가까이에서 $\cos(z)/z^5$의 습성을 결정하는 $h(z)$의 습성이다.

보기 11.27

$$f(z)=\frac{1}{(z+1)(z-3i)}$$

이라 하자. 그러면 f는 -1과 $3i$를 제외하고 미분가능이다. -1 주위에서 $f(z)$의 Laurent 전개를 찾아라. 먼저 부분분수 분해를 사용하여

$$f(z)=\frac{-1+3i}{10}\frac{1}{z+1}+\frac{1-3i}{10}\frac{1}{z-3i}$$

로 쓴다. 오른쪽에서 첫째 항은 $z+1$의 거듭제곱 급수(단 한 개의 항)이기 때문에 자신이 -1 주위의 Laurent 전개이다. 그러므로 둘째 항에 집중한다. $z+1$의 거듭제곱의 급수를 원하는 것을 염두에 두어 작업하고 기하급수를 사용한다. 즉

$$\frac{1}{z-3i}=\frac{1}{-1-3i+(z+1)}=\frac{1}{-1-3i}\frac{1}{1-\frac{z+1}{1+3i}}$$

$$=-\frac{1}{1+3i}\sum_{n=0}^{\infty}\left(\frac{z+1}{1+3i}\right)^n=\sum_{n=0}^{\infty}\frac{-1}{(1+3i)^{n+1}}(z+1)^n.$$

이 전개는

$$\left|\frac{z+1}{1+3i}\right|<1$$

또는 $|z+1|<\sqrt{10}$ 에 대하여 유효하다. -1 주위의 $f(z)$의 Laurent 전개는 원환 $0<|z+1|<\sqrt{10}$ 에서

$$f(z)=\frac{-1+3i}{10}\frac{1}{z+1}-\frac{1-3i}{10}\sum_{n=0}^{\infty}\frac{1}{(1+3i)^{n+1}}(z+1)^n$$

이다. z가 -1에 접근할 때 $f(z)$의 습성은 이 전개에서 $1/(z+1)$ 항에 의해 결정된다.

폐경로를 따라 적분을 계산하기 위해서는 함수의 Laurent 전개에서 한 항(유수 항이라 한다)이 매우 중요한 역할을 한다.

연습문제 11.7

문제 1~5에서 각 문제에 대해 R을 특화하여 z_0 주위의 원환 $0 < |z - z_0| < R$에서 $f(z)$의 Laurent 전개를 구하라. 이들은 모두 아는 급수를 조작하여 이루어진다.

1. $2z/(1+z^2)$; i

2. $(1-\cos(2z))/z^2$; 0

3. $z^2/(1-z)$; 1

4. e^{z^2}/z^2 ; 0

5. $(z+i)/(z-i)$; i

복소적분 12장

12.1 복소함수의 적분

복소함수는 평면에서 곡선을 따라 적분하고 이 적분은 벡터장의 선적분과 많은 유사성이 있다.

곡선과 선적분의 배경은 8장(벡터 적분학)에서 재검토할 수 있다. 지금의 내용에서는 복소 기호, 예를 들면 평면에서 점 (x, y)를 복소수 $x+iy$로 쓴다. 기호로의 곡선의 보기를 두 개 제시한다.

보기 12.1

$0 \le t \le 3\pi/2$에서 $\gamma(t)=e^{it}$라고 하자. γ는 시점이 $\gamma(0)=1$이고 종점이 $\gamma(3\pi/2)=-i$인 매끄러운 단순곡선이다.

매개변수 또는 좌표함수로

$$\gamma(t)=\cos(t)+i\sin(t)=x+iy$$

이고, 여기서

$$x=\cos(t),\quad y=\sin(t),\quad 0\le t\le 3\pi/2.$$

우리는 이것을 $t=0$일 때의 점 $(1, 0)$에서 $t=3\pi/2$일 때의 점 $(0, -1)$까지 이어지는 원점 주위의 반경 1인 원의 일부인 매개변수 방정식으로 인식한다.

그림 12.1은 이 곡선의 그래프이다.

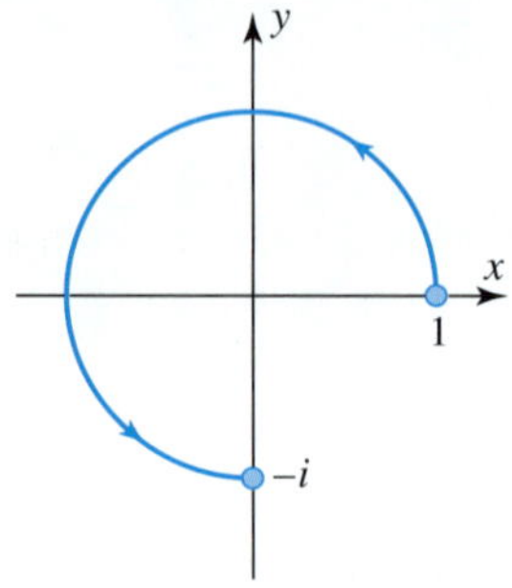

그림 12.1 보기 12.1에서 $\gamma(t)$의 그래프

보기 12.2

C는 $\delta(t) = t + it^2$, $-1 \le t \le 2$로 주어져 있다고 하자. 그러면 C는 $-1 + i$에서 $2 + 4i$까지 매끄러운 단순곡선이다(그림 12.2). 좌표함수는 $x = t$, $y = t^2$이고 C는 $(-1, 1)$에서 $(2, 4)$까지의 포물선의 일부로 생각할 수 있다.

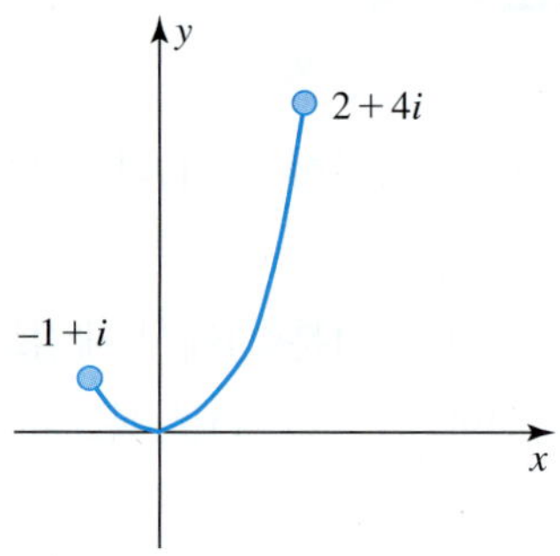

그림 12.2 보기 12.2에서 $\delta(t)$의 그래프

우리는 이제 곡선상의 복소함수의 적분을 정의할 준비가 되어 있다. f를 함수라 하고 γ는 $a \le t \le b$에서 정의된 $\gamma(t)$인 곡선이라 하자. f는 곡선상의 모든 점에서 연속이라고 가정하자. 그러면 **γ에서 f의 적분**은

$$\int_\gamma f(z)\,dz = \int_a^b f(\gamma(t))\gamma'(t)\,dt$$

로 정의한다. 만약 C에서 $z = \gamma(t)$이면 이것은

$$\int_\gamma f(z)\,dz = \int_a^b f(z(t))z'(t)\,dt$$

로 공식화 할 수 있다.

보기 12.3

$C:\gamma(t)=e^{it}$, $0\le t\le\pi$ 위에서 $\int_\gamma \bar{z}\,dz$을 계산하여라.

γ의 그래프는 단위원의 윗부분 반이고 시점 1에서 종점 -1까지 반시계 방향으로 방향이 주어져 있다. 더욱이 곡선 위에서

$$\overline{z(t)}=\overline{e^{it}}=\overline{\cos(t)+i\sin(t)}$$
$$=\cos(t)-i\sin(t)=e^{-it}.$$

이제

$$f(z(t))\,dz=\overline{e^{it}}ie^{it}\,dt=ie^{-it}e^{it}\,dt=i\,dt.$$

그러므로

$$\int_C f(z)dz=\int_0^\pi i\,dt=\pi i.$$

보기 12.4

곡선 $K:\varphi(t)=t+it$, $0\le t\le 1$에서 $\int_C z^2dz$을 계산하여라.

K는 원점에서 $1+i$(점 $(1,\ 1)$)까지의 선분이다. K에서 $z=(1+i)t$. 그래서 $dz=(1+i)dt$. 그러므로

$$\int_K z^2dz=\int_0^1((1+i)t)^2(1+i)dt$$
$$=(1+i)^3\int_0^1 t^2dt=\frac{1}{3}(1+i)^3$$
$$=-\frac{2}{3}(1-i).$$

보기 12.5

$C:\gamma(t)=t-it^2$, $0\le t\le 2$이면 $\int_\gamma z\,\mathrm{Re}(z)dz$을 계산하여라.

C는 원점에서 $2-4i$, 즉 점 $(2,\ -4)$까지의 포물선 그래프의 일부분이다.

C 위에서

$$dz=(1-2it)\,dt$$

그래서

$$f(z(t))\,dz=z(t)\mathrm{Re}(z(t))\,dz$$
$$=(t-it^2)\mathrm{Re}(t-it^2)(1-2it)dt$$

$$= (t - it^2)(t)(1 - 2it)\,dt$$
$$= (t^2 - 3it^3 - 2t^4)\,dt.$$

그러면

$$\int_C f(z)\,dz = \int_0^2 (t^2 - 3it^3 - 2t^4)\,dt = -\frac{152}{15} - 12i.$$

지금까지 우리는 매끄러운 곡선 위에서만 적분을 정의했다. 이제 C는 접선이 없는 점에서 연결된 매끄러운 조각들로 이루어져 있다고 가정하자. 실수함수의 선적분에서 한 것과 같이

$$C = C_1 \oplus C_2 \oplus \cdots \oplus C_n$$

으로 나타내자. 여기서 각 C_j는 매끄럽고 C_{j-1}의 끝점은 C_j의 시점이고, $j = 1, 2, \cdots, n-1$. 이것은 그림 12.3에 나타내고 있다. 그리고 그래프에서 뾰족한 점을 허용하고 이 점에서는 접선이 없다.

$$\int_{C_1 \oplus C_2 \oplus \cdots \oplus C_n} f(z)\,dz = \sum_{j=1}^{n} \int_{C_j} f(z)\,dz$$

으로 정의하고 C의 매끄러운 조각들 위에서 $f(z)$의 적분의 합이다.

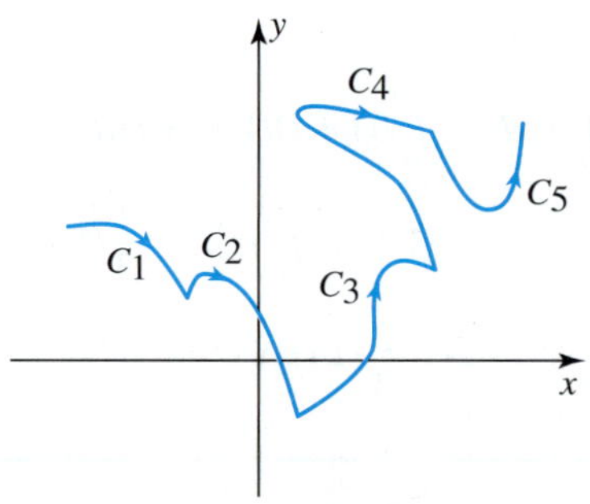

그림 12.3 $C = C_1 \oplus C_2 \oplus \cdots \oplus C_n$

보기 12.6

$C = C_1 \oplus C_2$라고 하자. 여기서

$$C_1 : z = 3e^{it}, \quad 0 \le t \le \pi/2$$

그리고

$$C_2 : z = t^2 + 3(t+1)i, \quad 0 \le t \le 1$$

$\int_C \mathrm{Im}(z)\,dz$을 계산하여라.

C_1은 원점에서 $3i$ (점 (0, 3))까지의 원점이 중심이고 반경 3인 원의 일부이고 반면에 C_2는 $3i$에서 $1+6i$까지의 포물선

$$x=\frac{1}{9}(y-3)^2$$

의 일부이다. C는 그림 12.4에 보여주고 있다.

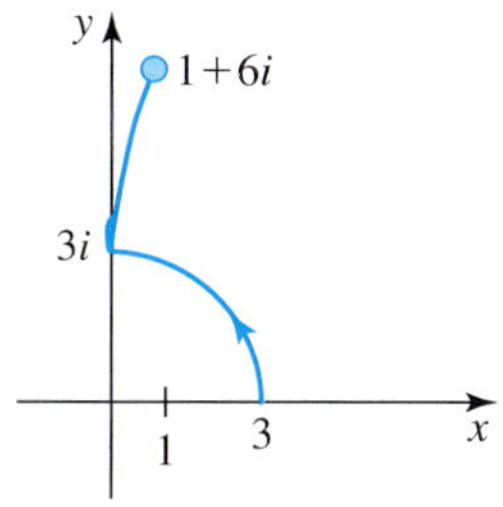

그림 12.4 보기 12.6에서 $C=C_1 \oplus C_2$

C_1에서 $z=3e^{it}=3\cos(t)+3i\sin(t)$. 그러므로

$$\begin{aligned}\int_{C_1} \operatorname{Im}(z)\,dz &= \int_0^{\pi/2} 3\sin(t)[-3\sin(t)+3i\cos(t)]\,dt \\ &= -9\int_0^{\pi/2}\sin^2(t)\,dt + 9i\int_0^{\pi/2}\sin(t)\cos(t)\,dt \\ &= -\frac{9}{4}\pi+\frac{9}{2}i.\end{aligned}$$

C_2에서 $z=t^2+3(t+1)i$, 그러므로

$$\begin{aligned}\int_{C_2} \operatorname{Im}(z)\,dz &= \int_0^1 3(t+1)(2t+3i)\,dt \\ &= \int_0^1(6t^2+6t)\,dt+9i\int_0^1(t+1)\,dt \\ &= 5+\frac{27}{2}i.\end{aligned}$$

끝으로

$$\begin{aligned}\int_C \operatorname{Im}(z)\,dz &= \int_{C_1}\operatorname{Im}(z)\,dz+\int_{C_2}\operatorname{Im}(z)\,dz \\ &= -\frac{9}{4}\pi+\frac{9}{2}i+5+\frac{27}{2}i = 5-\frac{9}{4}\pi+18i.\end{aligned}$$

복소적분의 성질을 몇 가지 나열한다. 이것은 8장에서 선적분의 성질을 반영한다.

1. $\int_\gamma (f(z)+g(z))\,dz = \int_\gamma f(z)\,dz + \int_\gamma g(z)\,dz$.

2. c가 수이면 $\int_\gamma cf(z)\,dz = c\int_\gamma f(z)dz$.
3. 곡선의 방향을 반대로 하면 적분의 부호가 바뀐다. 만약 γ가 $[a, b]$에서 정의되고 $\varphi(t) = \gamma(a+b-t),\ a \le t \le b$로 정의하면

$$\gamma(a) = \varphi(b) \quad \text{및} \quad \gamma(b) = \varphi(a).$$

γ의 시점은 φ의 종점이고 γ의 종점은 φ의 시점이다. 이런 방법으로 정의된 φ를 $-\gamma$로 나타낸다. 그러면

$$\int_{-\gamma} f(z)dz = -\int_\gamma f(z)dz.$$

4. 복소적분에 관한 적분학의 기본정리의 형태가 있다. f가 열린집합 G에서 연속이고 F는 G에서 $F'(z) = f(z)$으로 정의되었다고 가정하자. γ가 구간 $[a, b]$에서 정의된 G에서 매끄러운 곡선이면

$$\int_\gamma f(z)dz = F(\gamma(b)) - F(\gamma(a)).$$

이것을 증명하기 위해 $F(z) = U(x, y) + iV(x, y)$로 두면

$$\begin{aligned}\int_\gamma f(z)dz &= \int_a^b f(z(t))z'(t)dt \\ &= \int_a^b F'(z(t))z'(t)dt = \int_a^b \frac{d}{dt}F(z(t))dt \\ &= \int_a^b \frac{d}{dt}U(x(t), y(t))dt + i\int_a^b \frac{d}{dt}V(x(t), y(t))dt \\ &= U(x(b), y(b)) + iV(x(b), y(b)) - iU(x(a), y(a)) - iV(x(a), y(a)) \\ &= F(\gamma(b)) - F(\gamma(a)).\end{aligned}$$

이러한 파생결과의 하나는 주어진 조건 하에서 $\int_\gamma f(z)dz$의 값은 γ의 시점과 종점에 의존하고 γ 자신에는 의존하지 않는다. γ와 같은 시점과 종점을 갖는 또 다른 경로상의 적분은 γ에서처럼 같은 값을 갖는다.

이것을 **경로 무관**이라고 부른다. 이것의 한 형태는 보존 벡터장으로 보았다.

만약 γ가 폐곡선이면 시점과 종점이 같고, 그리하여 $\gamma(a) = \gamma(b)$이고

$$\int_\gamma f(z)dz = 0$$

이다. 이 개념은 다음 절에서 보다 상세하게 생각한다.

보기 12.7

γ가 i에서 $1-i$까지의 임의의 매끄러운 곡선일 때 $\int_\gamma z^2\,dz$을 계산하여라.

$F'(z)=z^2$이라 하자. 이것은 $F(z)=z^3/3$임을 말한다. 그러면 γ가 평면에서 i와 $1-i$ 사이를 어떻게 움직이는가에 상관없이

$$\int_\gamma z^2\,dz = F(1-i)-F(i) = \frac{(1-i)^3}{3}-\frac{i^3}{3}=\frac{-2-i}{3}.$$

5. $\int_\gamma f(z)dz$은 두 실수 선적분의 합으로 표현될 수 있다. 이것을 보이기 위해 γ는 $[a, b]$에서 정의되었다고 하자. 그러면

$$f(z)=f(x+iy)=u(x,y)+iv(x,y) \text{ 및 } dz=(x'(t)+iy'(t))\,dt.$$

따라서

$$\begin{aligned}\int_\gamma f(z)dz &= \int_a^b [u(x(t),y(t))+iv(x(t),y(t))][x'(t)+iy'(t)]\,dt \\ &= \int_\gamma u\,dx - v\,dy + i\int_\gamma v\,dx+u\,dy.\end{aligned} \tag{12.1}$$

6. γ는 $[a, b]$에서 정의된 매끄러운 곡선이고 f는 γ에서 연속이라고 가정하자. γ의 모든 점에서 $|f(z)|\le M$이라고 가정하고 γ의 길이는 L이라고 하자. 그러면

$$\left|\int_\gamma f(z)dz\right|\le ML$$

이것은 실수적분에 대해 $|g(x)|\le M,\ a\le x\le b$로 가정했을 때의 부등식

$$\left|\int_a^b g(x)dx\right|\le M(b-a)$$

의 복소수 변형이다.

연습문제 12.1

문제 1~8에서 $\int_\gamma f(z)dz$을 계산하여라.

1. $f(z)=1,\ \gamma(t)=t^2-it,\ 1\le t\le 3.$

2. $f(z)=\mathrm{Re}(z)$, γ는 1에서 $2+i$까지의 선분

3. $f(z)=z-1$, γ는 $2i$에서 $1-4i$까지의 임의의 매끄러운 곡선

4. $f(z)=\sin(2z)$, γ는 $-i$에서 $-4i$까지의 선분

5. $f(z)=-i\cos(z)$, γ는 0에서 $2+i$까지의 매끄러운 곡선

6. $f(z)=(z-i)^3,\ \gamma(t)=t-it^2,\ 0\le t\le 2$

7. $f(z)=i\bar{z}$, γ는 0에서 $-4+3i$까지의 선분

8. $f(z) = |z|^2$, γ는 $-i$에서 1까지의 선분

9. γ가 $2+i$에서 $4+2i$까지의 선분일 때 $|\int_\gamma (1/(1+z))dz|$의 한계를 찾아라.

12.2 Cauchy 정리

Cauchy 정리는 복소적분 이론의 초석이다. 이를 설명하기 위해 몇 가지 용어와 준비가 필요하다.

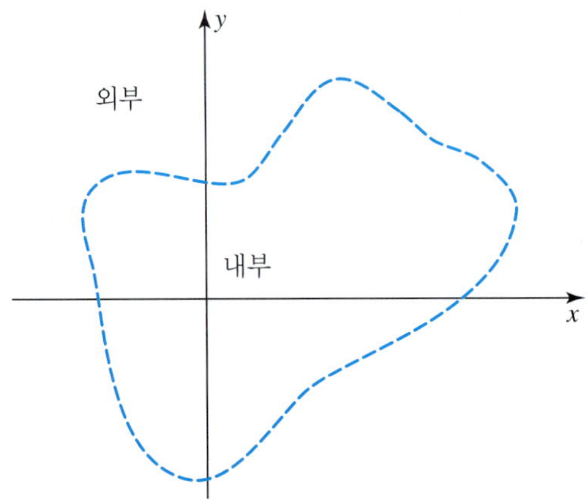

그림 12.5 Jordan 곡선 정리

만약 γ가 연속이고 평면에서 단순폐곡선이면 γ는 평면을 세 부분, 즉 곡선의 그래프, γ의 **내부**로 부르는 유계 열린집합, 곡선의 **외부**로 부르는 비유계 열린집합으로 나눈다(그림 12.5). 이것을 **Jordan 곡선 정리**라고 부른다.

단순하고 부분적으로 매끄러운 곡선은 **경로**라고 말한다. 집합 S에서의 경로는 그래프가 S에 놓여 있는 경로이다.

S의 임의의 두 개의 점이 S에 있는 경로의 끝점이면 복소수의 집합 S는 **연결**이라고 한다. 이것은 S의 임의의 점에서 다른 점으로 S를 떠나지 않고 어떤 경로를 따라 이동하여 도달할 수 있음을 의미한다. 연결인 열린집합을 **영역**이라 한다. 임의의 열린원판은 영역이고 오른쪽 사분면 $x > 0$, $y > 0$은 영역이다.

복소수의 집합 S는 모든 경로가 S에 있는 한 개의 점으로 수축할 수 있을 때 **단순연결**이다.

열린원판은 단순연결이다. 그러나 S가 두 동심원 사이의 영역(그림 12.6)이라 하자. S에 있는 폐곡선 K는 S에 있는 한 점으로 수축될 수 있다. 그러나 S에 있는 폐곡선 C는 S의 내부 경계원을 돌아간다. 만약 C을 한 점으로 수축하려고 시도한다

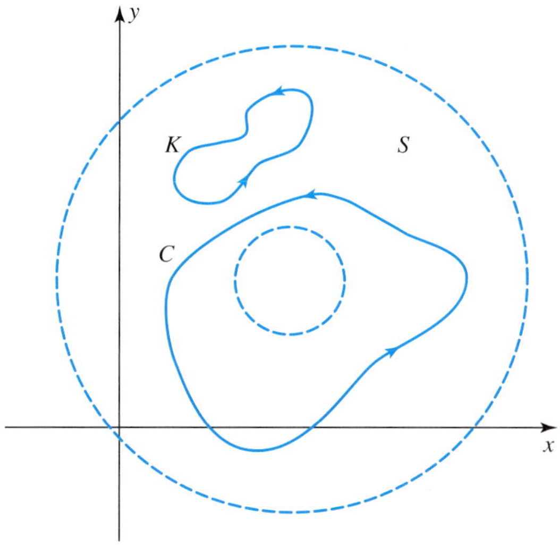

그림 12.6 단순연결이 아닌 영역

면 내부 원을 둘러싸서 한 점으로 수축할 수 없다. 이 영역은 단순연결이 아니다.

평면에 있는 영역에 대해 단순연결성의 또 다른 묘사는 S에 있는 모든 단순 폐경로가 S의 한 점만 에워싸면 S는 단순연결이다. 이것은 단순연결이 아닌 동심원 사이의 영역에서 맞닥뜨리는 문제를 피하면서 폐경로가 한 점으로 수축하게 한다. 이제 주된 결과를 언급한다.

정리 12.1 Cauchy(코시) 정리

f가 단순연결 영역 G에서 미분가능이라고 하자. 그러면 G에 있는 모든 폐경로 γ에 대하여

$$\oint_{\gamma} f(z)dz = 0$$

Cauchy 정리는 f가 단순 폐경로 γ와 γ로 에워싸인 모든 점에서 미분가능이면 $\oint_{\gamma} f(z)dz = 0$임을 말한다. 달리 언급하지 않으면 폐곡선은 우리가 양의 방향으로 취급하는 반시계 방향으로 향하는 것으로 이해한다.

정리에서 기호 $\oint_{\gamma}$가 사용되었다. 적분기호에 있는 원은 가끔 경로가 닫혀 있을 때 사용한다.

보기 12.8

만약 γ가 평면에 있는 임의의 폐경로이면 e^{z^2}는 전체 평면, 즉 단순연결 영역

에서 미분가능이므로

$$\oint_{\gamma} e^{z^2}\, dz = 0$$

보기 12.9

$$\oint_{\gamma} \frac{2z+1}{z^2+3iz}\, dz$$

을 계산하여라. 여기서 γ는 $-3i$ 주위의 반경 2인 원 $|z+3i|=2$이다.

이 보기에서 $f(z)$은 분모가 0이 되는 0과 $-3i$를 제외한 모든 점에서 미분가능이다. 부분분수 분해를 사용하여

$$f(z) = \frac{1}{3i}\frac{1}{z} + \frac{6+i}{3}\frac{1}{z+3i}$$

로 쓴다. 그러면

$$\oint_{\gamma} \frac{2z+1}{z^2+3iz}\, dz = \frac{1}{3i}\oint_{\gamma} \frac{1}{z}\, dz + \frac{6+i}{3}\oint_{\gamma} \frac{1}{z+3i}\, dz.$$

γ는 0을 에워싸지 않으므로 $1/z$은 γ와 γ로 에워싸는 단순연결 영역 안에서 미분가능이다. Cauchy 정리에 의해

$$\oint_{\gamma} \frac{1}{z}\, dz = 0.$$

그러나 $1/(z+3i)$은 γ로 에워싸는 영역에서 미분불가능이다. 그러므로 Cauchy 정리는 γ 위의 이 함수의 적분에는 적용할 수 없다. 이 적분은 $0 \le t \le 2\pi$에서 $\gamma(t) = z(t) = -3i + 2e^{it}$(중심 $-3i$에 있고 반경 2인 원의 극좌표 표현)로 매개변수화 하여 바로 계산한다. 이제

$$\begin{aligned}\oint_{\gamma} \frac{1}{z+3i}\, dz &= \int_0^{2\pi} \frac{1}{z(t)+3i} z'(t)\, dt \\ &= \int_0^{2\pi} \frac{1}{2e^{it}} 2ie^{it}\, dt = \int_0^{2\pi} i\, dt = 2\pi i\end{aligned}$$

그러므로

$$\oint_{\gamma} \frac{2z+1}{z^2+3iz}\, dz = \frac{6+i}{3}(2\pi i) = \left(-\frac{2}{3} + 4i\right)\pi.$$

Cauchy 정리의 증명은 섬세한 논의가 요구되므로 여기서는 하지 않는다. 좀 덜 일반적인 형태는 쉽게 이루어진다. $f = u + iv$로 쓰고 u와 v는 G에서 연속이고, 이 연속인 제1계 및 제2계 편도함수를 갖는다고 하자. 이제 Green 정리와 Cauchy-

Riemann 방정식을 사용한다. 만약 D가 경로와 γ로 에워싸는 모든 점을 포함하는 영역이라면 Cauchy-Riemann 방정식

$$\frac{\partial u}{\partial x} = \frac{\partial v}{\partial y} \text{ 및 } \frac{\partial u}{\partial y} = -\frac{\partial v}{\partial x}$$

에 의하므로

$$\begin{aligned}\int_\gamma f(z)\,dz &= \oint_\gamma u\,dx - v\,dy + i\oint_\gamma v\,dx + u\,dy \\ &= \iint_D \left(\frac{\partial(-v)}{\partial x} - \frac{\partial u}{\partial y}\right) dA + i\iint_D \left(\frac{\partial u}{\partial x} - \frac{\partial v}{\partial y}\right) dA = 0.\end{aligned}$$

Cauchy 정리는 여러 가지 중요한 결과를 갖는다. 이것은 다음 절의 목적이다.

연습문제 12.2

문제 1~6에서 폐경로 위 함수의 적분을 계산하여라. 모든 경로는 반시계 방향이다. 어떤 경우는 Cauchy 정리가 바로 적용되지 않는다. 그러나 보기 12.9에서처럼 유용하다.

1. $f(z) = \sin(3z)$, γ는 원 $|z| = 4$.

2. $f(z) = 1/(z-2i)^3$, γ는 $|z-2i| = 2$로 주어져 있다.

3. $f(z) = \bar{z}$, γ는 원점을 중심으로 한 원.

4. $f(z) = ze^z$, γ는 원 $|z-3i| = 8$.

5. $f(z) = |z|^2$, γ는 원점 주위의 반경 7인 원.

6. $f(z) = \mathrm{Re}(z)$, γ는 $|z| = 2$로 주어져 있다.

12.3 Cauchy 정리의 결과

이 절은 Cauchy 정리의 몇 가지 결과를 전개한다.

12.3.1 경로 무관

경로에 무관함은 f의 역도함수 F에 의한 $\int_\gamma f(z)\,dz$의 계산과 연관하여 간단히 언급했다. 경로 무관은 Cauchy 정리의 관점에서 또한 볼 수 있다.

f가 단순연결 영역 G에서 미분가능이고 z_0와 z_1은 G의 점이라고 가정하자. γ_1과 γ_2는 z_0에서 z_1까지의 G에 있는 경로라고 하자(그림 12.7).

γ_2의 방향을 반대로 하면 폐경로 $\Gamma = \gamma_1 \oplus (-\gamma_2)$를 이룬다. Cauchy 정리에 의해

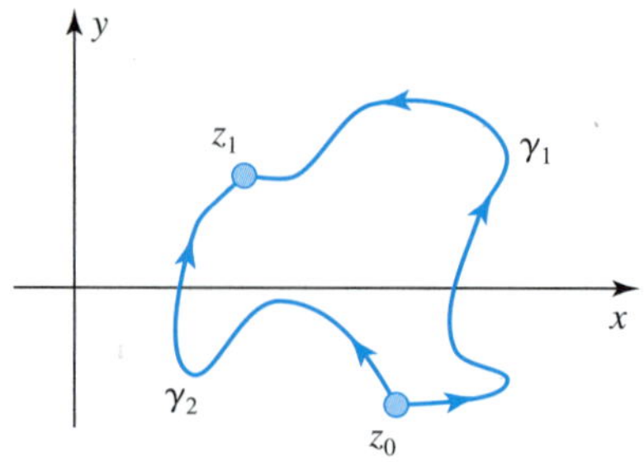

그림 12.7 $\gamma_1 \oplus -\gamma_2$는 G에서 폐경로이다.

$\oint_\Gamma f(z)dz = 0$. 그러므로

$$\int_{\gamma_1} f(z)dz + \int_{-\gamma_2} f(z)dz = 0.$$

그러나

$$\int_{-\gamma_2} f(z)\,dz = -\int_{\gamma_2} f(z)\,dz.$$

따라서

$$\int_{\gamma_1} f(z)dz = \int_{\gamma_2} f(z)dz.$$

이것은 $\int_\gamma f(z)dz$은 G에 있는 경로에 무관함을 의미한다. 왜냐하면 G에 있는 임의의 경로 위의 적분은 경로의 끝점에만 의존하기 때문이다. 이 경우 우리는 가끔

$$\int_\gamma f(x)dz = \int_{z_0}^{z_1} f(z)dz$$

으로 쓴다.

12.3.2 변형정리

변형정리는 어떤 조건 하에 적분의 한 폐경로를 다른 경로, 즉 아마도 더 편리한 것으로 대체하게 된다.

정리 12.2 변형정리

Γ와 γ는 평면에 있는 폐경로로서 γ는 Γ의 내부에 있다고 하자. f는 두 경로와 그들 사이의 모든 점을 포함하는 열린집합에서 미분가능이라고 가정하자. 그러면

$$\oint_\Gamma f(z)dz = \oint_\gamma f(z)dz$$

그림 12.8은 정리의 명칭을 알려준다. γ는 고무로 만들어져 연속적으로 펴서 γ를

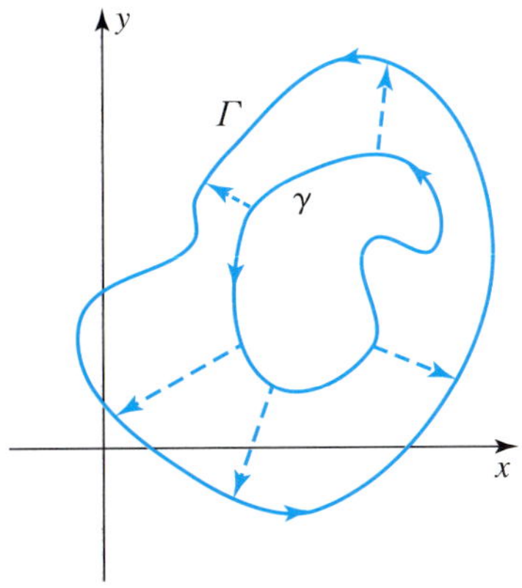

그림 12.8 변형정리

Γ로 변형한다고 생각하자. 그리하여 변형의 중간 단계는 단지 f가 미분가능인 점을 건너뛰고, 두 곡선 사이의 모든 점에서 f가 미분가능이라는 가정이다.

정리는 주어진 조건 하에 f의 적분은 두 경로상에서 같은 값을 가짐을 말한다. 이것은 한 곡선상의 적분을 다른 곡선상의 적분으로 대체할 수 있어서 적분계산에서 경로의 선택에 아주 큰 유연성을 허용하는 것을 의미한다.

보기 12.10

a를 에워싸는 모든 단순경로 Γ(그림 12.9(a))에 대하여

$$\oint_{\Gamma} \frac{1}{z-a}\,dz$$

을 계산하여라.

우리는 Γ를 모른다. 그래서 이 적분을 계산할 수 없는 것으로 나타날 수 있다. $f(z) = 1/(z-a)$는 Γ의 내부 a에서 미분불가능이고 Cauchy 정리를 적용할 수 없다. 그러나 a는 f가 미분불가능인 유일한 점이다. 반경이 충분히 작아 두 곡선이 교차하지 않도록 a 주위에 원 γ를 둔다(그림 12.9(b)). 이제 f는 두 곡선

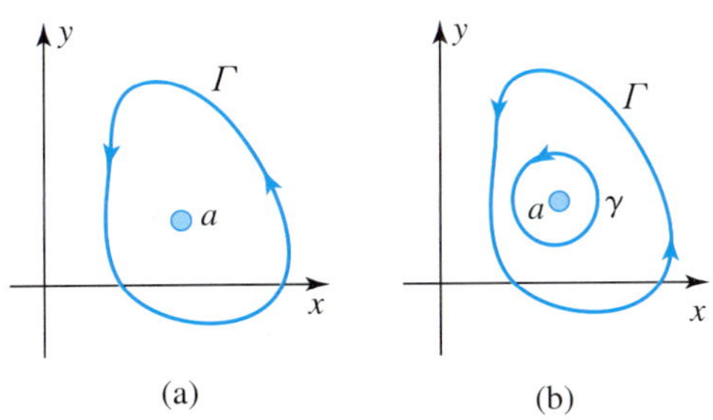

그림 12.9 보기 12.10에서 변형정리의 사용

과 그들 사이의 영역에서 미분가능이다. 그래서

$$\oint_{\Gamma} f(z)dz = \int_{\gamma} f(z)dz.$$

주안점은 γ 위의 적분은 쉽게 계산할 수 있다는 것이다. 중심 a인 극좌표를 사용하여 $\gamma(t) = a + re^{it}$, $0 \le t \le 2\pi$로 쓰면

$$\begin{aligned}\oint_{\Gamma} f(z)dz &= \oint_{\gamma} f(z)dz \\ &= \int_0^{2\pi} \frac{1}{re^{it}} ire^{it} = i\int_0^{2\pi} dt = 2\pi i\end{aligned}$$

변형정리의 증명은 8장의 확장된 Green 정리에서 사용한 논의를 연상시킨다. 그림 12.10(a)는 전형적인 곡선 Γ와 γ를 보여준다. 이들 두 곡선 사이에 선분 L_1과 L_2를 끼워 넣고 그림 12.10에서 보는 것처럼 이들을 두 폐경로 Φ와 Ψ를 구성하는 데 사용한다(그림 12.11).

두 Φ와 Ψ는 양의 방향(반시계 방향)이고 Γ와 γ 위에서 양의 방향과 일치한다. f는 Γ와 γ 위에서 그리고 그 사이의 모든 점에서 미분가능이기 때문에 f는 Φ와 Ψ 위와 그들이 에워싸는 모든 점에서 미분가능이다. 그래서 Cauchy 정리에 의해

$$\oint_{\Phi} f(z)dz = \oint_{\Psi} f(z)dz = 0$$

그러면

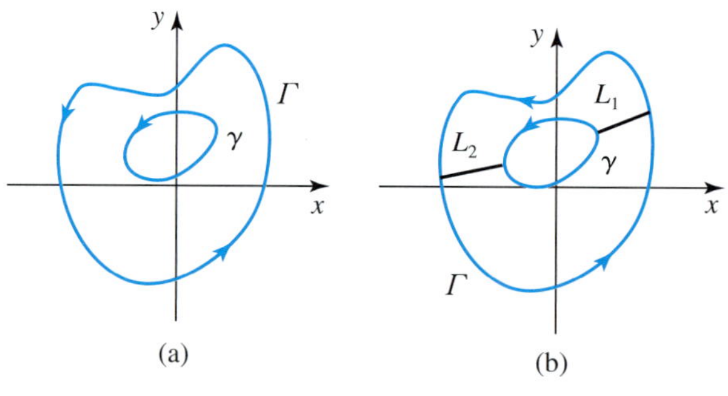

그림 12.10 변형정리의 증명에서의 구성

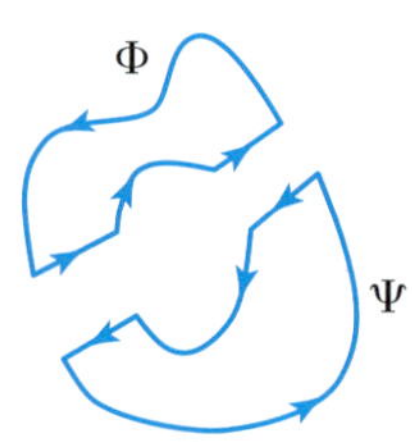

그림 12.11 변형정리의 증명에서 구성된 곡선 Φ와 Ψ

$$\oint_{\Phi} f(z)dz + \oint_{\Psi} f(z)dz = 0. \tag{12.2}$$

적분의 합에서 각 L_1과 L_2는 Φ의 부분이고 한 방향에서는 Ψ의 부분으로, 반대 방향에서 이들 위에 각각 적분되었다. 그래서 이들 적분의 구성은 합 (12.2)에서 상쇄된다. 다음으로 식 (12.2)에서의 적분 합에서 반시계 방향의 Γ 위의 적분을 얻고 시계 방향(음의 방향)으로 γ 위에서 적분을 얻는다. 식 (12.2)는 두 곡선이 모두 양 방향으로

$$\oint_{\Gamma} f(z)dz - \oint_{\gamma} f(z)dz = 0$$

이 된다. 그러면

$$\oint_{\Gamma} f(z)dz = \oint_{\gamma} f(z)dz.$$

함수 f는 γ의 내부의 점에서 정의되지 않거나 미분불가능일 수 있으나, 반면에 f는 Γ와 γ 사이의 영역 안에서와 Γ와 γ 위에서 미분가능일 수 있다.

12.3.3 Cauchy 적분공식

정리 12.3은 미분가능 함수의 값에 대한 적분공식을 주는 놀라운 결과이다.

정리 12.3 Cauchy 적분공식

f는 열린집합 G에서 미분가능이라고 하자. γ는 G의 점만 에워싸는 G에 있는 폐경로라고 하자. 그러면 γ에 의해 에워싸인 각 z_0에 대하여

$$f(z_0) = \frac{1}{2\pi i} \oint_{\gamma} \frac{f(z)}{z - z_0} dz \tag{12.3}$$

우리는 적분공식이 어떻게 사용되는지 살펴본 다음에 적분공식을 유도할 것이다. 하나의 응용은 즉각적이다. Cauchy 적분공식을

$$2\pi i f(z_0) = \oint_{\gamma} \frac{f(z)}{z - z_0} dz$$

와 같이 쓰고, 그렇게 함으로써 오른쪽의 적분을 γ로 에워싸인 점 z_0에서 $f(z)$의 값으로 계산한다. 그러나 이것은

$$\oint_{\gamma} (f(z)/z - z_0) dz$$

을 계산하고 $\oint_{\gamma} f(z)dz$을 계산하지 않음을 명심하여라.

보기 12.11

i를 통과하지 않는 모든 폐경로 γ에 대하여

$$\oint_\gamma \frac{e^{z^2}}{z-i}\,dz$$

을 계산하여라. 여기서 $f(z)=e^{z^2}$은 모든 z에 대하여 미분가능이다.

경우 1 — 만약 γ가 i를 에워싸지 않으면 $e^{z^2}/(z-i)$는 γ에 의해 에워싸인 영역과 γ 위에서 미분가능이다. 그래서 Cauchy 정리에 의해

$$\oint_\gamma \frac{e^{z^2}}{z-i}\,dz=0.$$

경우 2 — γ가 i를 에워싸면 $z_0=i$인 Cauchy 적분공식에 의해

$$\oint_\gamma \frac{e^{z^2}}{z-i}\,dz=2\pi i\,f(i)=2\pi ie^{-1}.$$

보기 12.12

2를 통과하지 않는 임의의 폐경로 위에서

$$\oint_\gamma \frac{e^{2z}\sin(z^2)}{z-2}\,dz$$

을 계산하여라.

$f(z)=e^{2z}\sin(z^2)$이라 하자. 그러면 f는 모든 z에 대하여 미분가능이다. 두 가지 경우가 있다.

경우 1 – γ가 2를 에워싸지 않으면 $f(z)/(z-2)$는 γ 위와 γ 안에서 미분가능이다. 그러므로

$$\oint_\gamma \frac{e^{2z}\sin(z^2)}{z-2}\,dz=0.$$

경우 2 – γ가 2를 에워싸면 Cauchy 적분공식에 의해

$$\oint_\gamma \frac{e^{2z}\sin(z^2)}{z-2}\,dz=2\pi i\,f(2)=2\pi ie^4\sin(4).$$

고차도함수에 대한 적분공식 형태가 있다.

정리 12.4 고차도함수에 대한 Cauchy 적분공식

Cauchy 적분공식(정리 12.3)에서와 같은 f, G, γ, z_0로

$$f^{(n)}(z_0) = \frac{n!}{2\pi i} \oint_\gamma \frac{f(z)}{(z-z_0)^{n+1}} dz \tag{12.4}$$

여기서 n은 임의의 양정수이다.

$n=0$에 대하여 $f^{(0)}(z)=f(z)$로 두면 이것은 Cauchy 적분공식이다. 식에서 $n!$(n 계승)은 1부터 n까지의 정수 모두를 포함하는 곱이다. 그리고 $f^{(n)}$은 f의 n계 도함수이다. z_0에서 $f(z)$의 n계 도함수에 대한 이 적분공식은 Cauchy 적분공식에서 적분기호 하에 z_0에 관해 n번 미분했다면 정확히 우리가 얻고자 하는 것이다.

보기 12.13

γ가 i를 통과하지 않는 임의의 폐경로이다.

$$\oint_\gamma \frac{e^{z^3}}{(z-i)^3} dz$$

을 계산하여라.

γ가 i를 에워싸지 않으면 Cauchy 정리에 의해 이 적분은 0이다. 그래서 γ가 i를 에워싼다고 하자. $z-i$는 적분의 분모에서 세 번째 거듭제곱으로 나타나므로 고계도함수에 대한 Cauchy 공식인 식 (12.4)에서 $f(z)=e^{z^3}$으로 $n=2$라 하자. 계산하면

$$f'(z) = 3z^2 e^{z^3} \text{와} \quad f''(z) = (6z+9z^4)e^{z^3}$$

이다. 그러면

$$\oint_\gamma \frac{e^{z^3}}{(z-i)^3} dz = \frac{2\pi i}{2!} f''(i) = (-6+9i)\pi e^{-i}.$$

Cauchy 적분공식은 그림 12.12에서처럼 γ를 z_0 주위의 반경 r인 원 C로 대체하여 변형정리를 사용하여 유도할 수 있다. 즉

$$\begin{aligned}\oint_\gamma \frac{f(z)}{z-z_0} dz &= \oint_C \frac{f(z)}{z-z_0} dz = \oint_C \frac{f(z)-f(z_0)+f(z_0)}{z-z_0} dz \\ &= f(z_0)\oint_C \frac{1}{z-z_0} dz + \oint_C \frac{f(z)-f(z_0)}{z-z_0} dz \\ &= 2\pi i f(z_0) + \oint_C \frac{f(z)-f(z_0)}{z-z_0} dz\end{aligned}$$

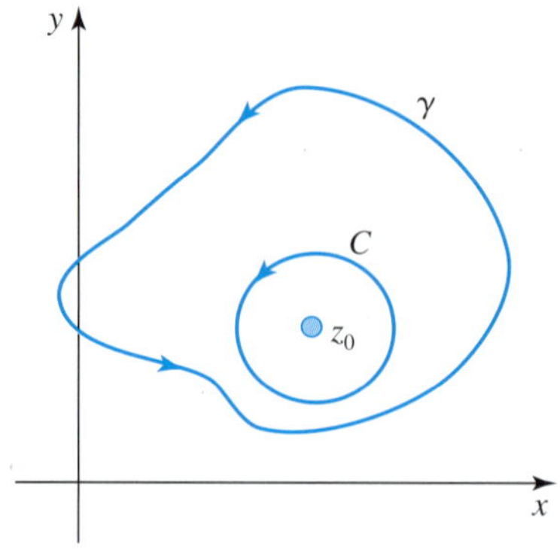

그림 12.12 γ를 z_0 주위의 원 C로 대체한다.

여기서 우리는 보기 12.10의 결과를 사용했다. 마지막 적분이 0임을 보일 수 있다면 우리는 Cauchy 적분표현을 얻을 것이다. C 위에서 $C(t)=z_0+re^{it}$, $0\le t\le 2\pi$로 쓴다. 그러면

$$\begin{aligned}\left|\oint_C \frac{f(z)-f(z_0)}{z-z_0}\,dz\right| &= \left|\int_0^{2\pi} \frac{f(z_0+re^{it})-f(z_0)}{re^{it}}ire^{it}\,dt\right| \\ &= \left|\int_0^{2\pi}(f(z_0+re^{it})-f(z_0))\,dt\right| \le \int_0^{2\pi}|f(z_0+re^{it})-f(z_0)|\,dt.\end{aligned}$$

연속성에 의해 $r\to 0$이면 $|f(z_0+re^{it})-f(z_0)|\to 0$. 그래서 결론은

$$\left|\oint_C \frac{f(z)-f(z_0)}{z-z_0}dz\right|=0,$$

따라서 Cauchy 적분공식을 완성한다.

적분공식은 복소함수에 대한 미분가능성의 조건에 힘을 준다. 공식은 γ 위의 점에서 바로 $f(z)$의 값으로 폐경로 γ에 의해 에워싸인 모든 점에서의 $f(z)$의 값을 준다. 왜냐하면 이들은

$$\oint_\gamma \frac{f(z)}{z-z_0}\,dz$$

을 계산하기 위한 필요한 모두이기 때문이다. 그에 반해서 구간 $[a, b]$의 끝점에서 미분가능인 실숫값 함수 $g(x)$의 값을 아는 것은 $a<x<b$에서의 값 $g(x)$에 대해 아무것도 말해주지 않는다.

고계도함수에 대한 적분공식의 또 다른 결과는 열린집합에서 미분가능인 복소함수는 그 집합에서 모든 계수의 도함수를 갖는 것이다. 이 또한 실수함수는 그렇지 않다. $g'(x)$가 존재하면 $g''(x)$는 존재하지 않을 수 있다.

12.3.4 조화함수의 성질

Cauchy 적분공식의 하나의 응용으로 조화함수의 두 가지 중요한 성질을 유도한다. 우리가 다시금 보게 될 주제이고 조화함수와 미분가능 복소함수의 실수와 허수부분 사이의 연결에 의해 가능하도록 만들어진 것인 실수함수에 대한 사실을 유도하는 데에 복소함수의 사용을 보여준다.

정리 12.5 평균값 성질

u를 영역 D에서 조화라고 하자. (x_0, y_0)는 D의 임의의 점이고 C는 D에서 중심이 (x_0, y_0)인 반경 r의 원이라고 하자. 그리고 D의 점만 에워싼다고 하자. 그러면

$$u(x_0, y_0) = \frac{1}{2\pi}\int_0^{2\pi} u(x_0 + r\cos(\theta),\ y_0 + r\sin(\theta))\, d\theta.$$

C 위의 점은 좌표 $(x_0 + r\cos(\theta),\ y_0 + r\sin(\theta))$ (중심이 (x_0, y_0)인 극좌표)를 갖고 θ가 0에서 2π까지 변할 때 원 주위를 반시계 방향으로 한 바퀴 움직인다. 정리는 원의 중심에서 u의 값은 원 위에서 $u(x, y)$의 값의 평균임을 말한다.

증명 D에서 조화인 어떤 함수 v에 대하여 $f = u + iv$는 D에서 미분가능이다. $z_0 = x_0 + iy_0$라고 두자. Cauchy 적분공식 (12.3)에 의해

$$\begin{aligned}
f(z_0) = u(x_0, y_0) + iv(x_0, y_0) &= \frac{1}{2\pi i}\oint_C \frac{f(z)}{z - z_0}\, dz \\
&= \frac{1}{2\pi i}\int_0^{2\pi} \frac{f(z_0 + re^{i\theta})}{re^{i\theta}}\, ire^{i\theta}\, d\theta \\
&= \frac{1}{2\pi}\int_0^{2\pi} u(x_0 + r\cos(\theta),\ y_0 + r\sin(\theta))\, d\theta \\
&\quad + \frac{i}{2\pi}\int_0^{2\pi} v(x_0 + r\cos(\theta),\ y_0 + r\sin(\theta))\, d\theta.
\end{aligned}$$

이 식의 좌우변의 실수부분을 비교하여 정리의 결론을 얻는다. ■

만약 D가 유계영역이면 집합 $\overline{D}$는 D와 D의 모든 경계점으로 이루어진 닫힌집합이고 x, y-평면에서 유계집합이다. $u(x, y)$가 $\overline{D}$에서 연속이면 $u(x, y)$는 $\overline{D}$에서 최댓값을 갖는다. 2변수 함수에 대해 이것은 $\overline{D}$의 임의의 점이나 $\overline{D}$의 몇 개의 점에서 나타난다. 그러나 u가 D에서 또한 조화이면 $u(x, y)$는 D의 경계점에서 최댓값이 나온다.

정리 12.6 최대 정리

D를 평면에서 유계영역이라 하고 u는 $\overline{D}$에서 실숫값이고 연속이면 D에서 조화함수라고 가정하자. 그러면 $u(x, y)$는 D의 경계점인 $\overline{D}$ 안에서 최댓값을 달성한다.

증명 다시금 어떤 조화함수 v에 대하여 D에서 미분가능인 $f = u + iv$라고 두는 전략을 사용한다.

$$g(z) = e^{f(z)}$$

을 정의한다. 그러면 g는 D에서 미분가능이다.

이제 $|g(z)|$는 $\overline{D}$ (유계이고 닫힌집합)에서 2변수의 연속함수이다. 미적분학의 정리에서 $|g(z)|$는 D의 경계점에서 최댓값을 달성한다. 그러나

$$|g(z)| = |e^{u(x,y)+iv(x,y)}| = |e^{u(x,y)}e^{iv(x,y)}| = e^{u(x,y)}.$$

$e^{u(x,y)}$는 순 증가함수이므로 $e^{u(x,y)}$와 $u(x, y)$는 같은 점에서 이들의 최댓값을 달성한다. 그러므로 $u(x, y)$는 경계점에서 최댓값을 달성한다.

12.3.5 도함수 한계

함수에 대한 한계로 복소함수의 도함수에 대한 한계를 짓는 것이 가능하다.

정리 12.7 도함수 한계

f가 열린집합 G에서 미분가능이고 z_0는 G에 있는 점이라고 가정하자. z_0 주위의 반경 r인 폐원판은 G에 완전히 포함된다고 하자. 이 원판을 경계짓는 원 위에서 $|f(z)| \leq M$이라고 가정하자. 그러면 임의의 양정수 n에 대하여

$$|f^{(n)}(z_0)| \leq \frac{Mn!}{r^n}.$$

이 정리는 원판을 경계짓는 원을 $\gamma(t) = z_0 + re^{it}$로 매개화 하여 $f^{(n)}(z_0)$에 대한 Cauchy 적분공식으로 증명할 수 있다. 고계도함수에 대한 이 한계의 중요한 결과는 **Liouville 정리**이다. 이는 모든 z에 대하여 미분가능인 유계함수는 상수여야 한다는 것이다. 이것은 f가 상수가 아니면서 모든 z에 대하여 미분가능이면 f는 유계함수일 수가 없다는 것을 의미한다. 모든 z에 대하여 미분가능이고 그리고 유계함수가 아닌 (복소평면 전체에서) 함수는 $\cos(z)$와 $\sin(z)$에서 볼 수 있다.

Liouville 정리를 증명하기 위해 모든 z에 대하여 $|f(x)| \le M$이라고 가정하자. $n=1$인 경우 정리 12.7에 의해 어떤 수 z_0에 대하여

$$|f'(z_0)| \le \frac{M}{r}$$

이다. 여기서 r은 z_0 주위의 원의 반경이다. r은 우리가 원하는 만큼 크게 할 수 있으므로 M/r은 임의로 작게 만들 수 있다. 그래서 $|f'(z_0)|$는 0일 수밖에 없다. 그러면 $f'(z_0)=0$이다. 그러나 z_0는 임의의 수이고 그래서 모든 z에 대하여 $f'(z)=0$이고, 이것에 정리 11.7을 사용하여 $f(z)$은 상수여야 한다는 것을 점검하는 것은 통상적이다.

Liouville 정리는 대수학의 기본정리, 즉 $p(z)$이 차수 $n \ge 1$의 복소다항식이면 어떤 z_0에 대하여 $p(z_0)=0$이라는 정리의 간단한 증명을 제공한다. 이는 상수가 아닌 모든 복소다항식은 복소근을 갖는다는 것을 시사한다.

만약 이것이 사실이 아니라면 모든 z에 대하여 $p(z) \ne 0$이어야 할 것이다. 그러면 $1/p(z)$은 모든 z에 대하여 미분가능일 것이다. 그러나 통상적인 추정은 $1/p(z)$은 전체평면에서 유계라고 결론짓게 한다. Liouville 정리에 의해 $1/p(z)$은 상수일 것이다. 그래서 $p(z)$도 상수일 것이다. 이것은 모순이다. 그러므로 $p(z)$은 어떤 복소수에 대하여 0이어야 한다.

12.3.6 확장된 변형정리

변형정리는 어떤 조건에서 하나의 폐경로 Γ에서 또 다른 γ로 $\oint_\Gamma f(z)dz$ 값의 변화 없이 변형하게 한다. 이것은 $f(z)$의 미분가능이 아닌 어떤 점을 제외하지 않고 한 경로에서 다른 경로로의 변형을 요구한다.

이 결과는 임의의 유한개의 서로소인 또는 서로 교차하지 않는 폐경로를 에워싸는 Γ의 경우로 확장한다.

정리 12.8 확장된 변형정리

Γ는 폐경로이고 $\gamma_1, \cdots, \gamma_n$은 Γ로 둘러싸인 폐경로라고 하자. $\Gamma, \gamma_1, \cdots, \gamma_n$의 어느 두 개도 서로 교차하지 않고 어느 γ_j의 내점이 다른 γ_k의 내점이 아니라고 가정한다. f는 Γ를 포함하는 각 γ_j와 Γ의 내부와 각 γ_j의 외부 둘 다에서의 모든 점에서 미분가능이라고 하자. 그러면

$$\oint_\Gamma f(z)\,dz = \sum_{j=1}^{n} \oint_{\gamma_j} f(z)dz.$$

$n=1$이면 이것은 변형정리이다. 여기 적분계산에서 정리의 보기가 있고, 그 후 간단한 유도를 한다.

보기 12.14

$$\oint_\Gamma \frac{z}{(z+2)(z-4i)}\,dz$$

을 계산하여라. 여기서 Γ는 -2와 $4i$ 둘 다 에워싸는 폐경로이다.

그림 12.13에서처럼 -2와 $4i$는 각각 γ_1과 γ_2가 에워싸고 둘 다 서로 또 Γ와 교차하지 않도록 충분히 작은 반경이다. 그러면

$$\oint_\Gamma \frac{z}{(z+2)(z-4i)}\,dz = \oint_{\gamma_1} \frac{z}{(z+2)(z-4i)}\,dz + \oint_{\gamma_2} \frac{z}{(z+2)(z-4i)}\,dz.$$

부분분수 분해를 사용하여 쓰면

$$\frac{z}{(z+2)(z-4i)} = \frac{1-2i}{5}\frac{1}{z+2} + \frac{4+2i}{5}\frac{1}{z-4i}.$$

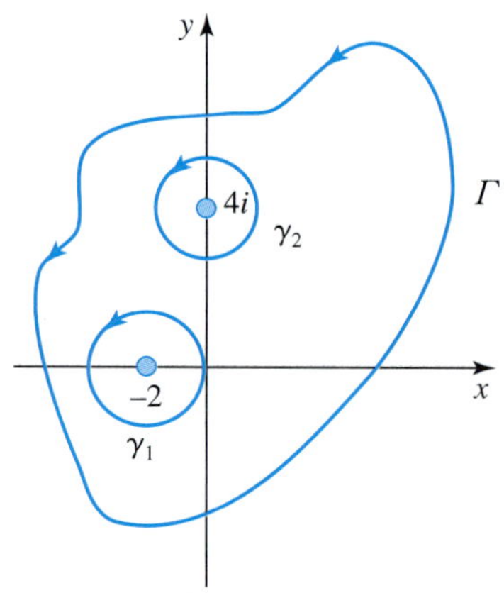

그림 12.13 보기 12.14에서의 Γ, γ_1과 γ_2

이제 Cauchy 정리와 보기 12.10의 결론을 γ_1과 γ_2 위의 적분에 적용하여

$$\begin{aligned}\oint_\Gamma \frac{z}{(z+2)(z-4i)}\,dz &= \frac{1-2i}{5}\oint_{\gamma_1}\frac{1}{z+2}\,dz + \frac{4+2i}{5}\oint_{\gamma_1}\frac{1}{z-4i}\,dz \\ &\quad + \frac{1-2i}{5}\oint_{\gamma_2}\frac{1}{z+2}\,dz + \frac{4+2i}{5}\oint_{\gamma_2}\frac{1}{z-4i}\,dz \\ &= \frac{1-2i}{5}\oint_{\gamma_1}\frac{1}{z+2}\,dz + \frac{4+2i}{5}\oint_{\gamma_2}\frac{1}{z-4i}\,dz \\ &= \frac{1-2i}{5}(2\pi i) + \frac{4+2i}{5}(2\pi i) \\ &= 2\pi i.\end{aligned}$$

확장된 변형정리의 증명은 이제 Γ에서 γ_1까지의 선분 L_1, γ_1에서 γ_2까지의 선분 L_2, ⋯, 그리고 끝으로 γ_{n-1}에서 γ_n까지의 선분 L_n을 긋는 것을 제외하고는 변형정리의 그것을 따라하는 본보기가 된다. $n = 3$인 경우 그림 12.14에 나타내고 있다.

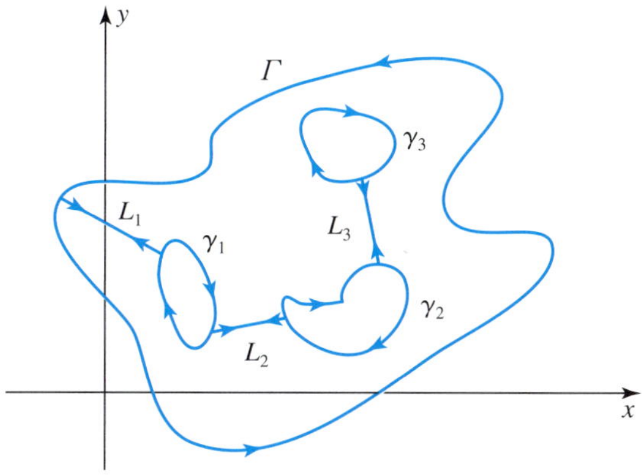

그림 12.14 확장된 변형정리에 대한 논의

이 그림에 대하여 언급하면 한 점이 반시계 방향으로 Γ의 둘레를 L_1에 도달할 때까지, L_1을 따라 γ_1까지, 그리고 시계 방향으로 γ_1을 따라 L_2까지 그리고 γ_2로, 시계 방향으로 γ_2 둘레로 L_3까지, 시계 방향으로 γ_3 전체를 돌아서 그리고 거꾸로 L_3까지, L_2를 따라 시계 방향으로 γ_2를 돌아 L_2까지 계속하고 γ_1으로 시계 방향으로 γ_1의 나머지를 돌아 L_1까지 그리고 L_1을 따라 Γ까지, 끝으로 반시계 방향으로 Γ를 돌아 이 회전의 시작점까지 계속한다. 이 회전에서 각 L_i는 서로 쌍방으로 가로지르고, 그래서 이 선분 위의 선적분은 서로 상쇄된다. 이것은

$$\oint_\Gamma f(z)\,dz = \sum_{j=1}^{n} \oint_{\gamma_j} f(z)\,dz$$

이 되게 한다. 여기서 모든 곡선은 반시계 방향(양의 방향)이다.

연습문제 12.3

1~6에서 $\int_\gamma f(z)\,dz$을 계산하여라. 모든 폐곡선은 양의 방향이다. 이 문제는 Cauchy 정리, 적분공식 또는 변형정리를 포함할 수 있다.

1. $f(z) = z^2/(z - 2i)$, γ는 $2i$를 에워싸는 폐경로

2. $f(z) = (z^2 - 5z + i)/(z - 1 + 2i)$, γ는 원 $|z| = 3$

3. $f(z) = ie^z/(z - 2 + i)^2$, γ는 원 $|z - 1| = 4$

4. $f(z) = z\sin(3z)/(z + 4)^3$, γ는 원 $|z - 2i| = 9$

5. $f(z) = -(2 + i)\sin(z^4)/(z + 4)^2$, γ는 -4를 에워싸는 임의

의 폐경로

6. $f(z) = \mathrm{Re}(z+4)$, γ는 $3+i$에서 $2-5i$까지의 선분

7. $\int_0^{2\pi} e^{\cos(\theta)}\cos(\sin(\theta))\,d\theta$를 계산하여라.

힌트: $\int_\gamma (e^z/z)\,dz$를 생각하여라. γ는 원점 주위의 단위원이다. 적분을 한 번의 Cauchy 적분공식을 사용하여 계산한 후 직접 γ에 대한 좌표함수를 사용하여 계산하여라.

부록 — 미분·적분 공식

미분 공식

1. $\frac{d}{dx}(c)=0$ (단, c는 상수)

2. $\frac{d}{dx}(x^n)=nx^{n-1}$

3. $\frac{d}{dx}(cu)=c\cdot\frac{du}{dx}$

4. $\frac{d}{dx}(uv)=u\frac{dv}{dx}+v\frac{du}{dx}$

5. $\frac{d}{dx}\left(\frac{u}{v}\right)=\frac{v\frac{du}{dx}-u\frac{dv}{dx}}{v^2}$

6. $\frac{d}{dx}(\sin x)=\cos x$

7. $\frac{d}{dx}(\cos x)=-\sin x$

8. $\frac{d}{dx}(\tan x)=\sec^2 x$

9. $\frac{d}{dx}(\cot x)=-\csc^2 x$

10. $\frac{d}{dx}(\sec x)=\sec x\tan x$

11. $\frac{d}{dx}(\csc x)=-\csc u\cot x$

12. $\frac{d}{dx}(\sin^{-1}x)=\frac{1}{\sqrt{1-x^2}}$

13. $\frac{d}{dx}(\cos^{-1}x)=-\frac{1}{\sqrt{1-x^2}}$

14. $\frac{d}{dx}(\tan^{-1}x)=\frac{1}{1+x^2}$

15. $\frac{d}{dx}(\cot^{-1}x)=-\frac{1}{1+x^2}$

16. $\frac{d}{dx}(\sec^{-1}x)=\frac{1}{|x|\sqrt{x^2-1}}$

17. $\frac{d}{dx}(\csc^{-1}x)=-\frac{1}{|x|\sqrt{x^2-1}}$

18. $\frac{d}{dx}(\log_a x)=\frac{1}{x}\log_a e$ (단, $a>0$, $a\neq 1$)

19. $\frac{d}{dx}(a^x)=a^x\ln a$ (단, $a>0$)

20. $\frac{d}{dx}(\ln x)=\frac{1}{x}$

21. $\frac{d}{dx}(e^x)=e^x$

22. $\frac{d}{dx}(\sinh x)=\cosh x$

23. $\frac{d}{dx}(\cosh x)=\sinh x$

24. $\frac{d}{dx}(\tanh x)=\operatorname{sech}^2 x$

25. $\frac{d}{dx}(\coth x)=-\operatorname{csch}^2 x$

26. $\frac{d}{dx}(\operatorname{sech} x)=-\operatorname{sech} x\tanh x$

27. $\frac{d}{dx}(\operatorname{csch} x)=-\operatorname{csch} x\coth x$

28. $\frac{d}{dx}(\sinh^{-1}x)=\frac{1}{\sqrt{x^2+1}}$

29. $\frac{d}{dx}(\cosh^{-1} x) = \frac{1}{\sqrt{x^2-1}}$

30. $\frac{d}{dx}(\tanh^{-1} x) = \frac{1}{1-x^2}$

31. $\frac{d}{dx}(\coth^{-1} x) = \frac{-1}{1-x^2}$

32. $\frac{d}{dx}(\operatorname{sech}^{-1} x) = \frac{-1}{x\sqrt{1-x^2}}$

33. $\frac{d}{dx}(\operatorname{csch}^{-1} x) = \frac{-1}{|x|\sqrt{1+x^2}}$

적분 공식

1. $\int k\,dx = kx + C$ (k는 실수)

2. $\int x^n\,dx = \frac{x^{n+1}}{n+1} + C \ (n \neq -1)$

3. $\int \frac{dx}{x} = \ln|x| + C$

4. $\int e^x\,dx = e^x + C$

5. $\int a^x dx = \frac{a^x}{\ln a} + C \ (a > 0,\ a \neq 1)$

6. $\int \sin x\,dx = -\cos x + C$

7. $\int \cos x\,dx = \sin x + C$

8. $\int \sec^2 x\,dx = \tan x + C$

9. $\int \csc^2 x\,dx = -\cot x + C$

10. $\int \sec x \tan x\,dx = \sec x + C$

11. $\int \csc x \cot x\,dx = -\csc x + C$

12. $\int \tan x\,dx = \ln|\sec x| + C$

13. $\int \cot x\,dx = \ln|\sin x| + C$

14. $\int \sec x\,dx = \ln|\sec x + \tan x| + C$

15. $\int \csc x\,dx = -\ln|\csc x + \cot x| + C$

16. $\int \sinh x\,dx = \cosh x + C$

17. $\int \cosh x\,dx = \sinh x + C$

18. $\int \tanh x\,dx = \ln(\cosh x) + C$

19. $\int \coth x\,dx = \ln|\sinh x| + C$

20. $\int \operatorname{sech} x\,dx = \sin^{-1}(\tanh x) + C$

21. $\int \operatorname{csch} x\,dx = \ln\left|\tanh\frac{x}{2}\right| + C$

22. $\int \operatorname{sech}^2 x\,dx = \tanh x + C$

23. $\int \operatorname{csch}^2 x\,dx = -\coth x + C$

24. $\int \frac{x^2}{(ax+b)^2}\,dx = \frac{1}{a^3}\left[ax + b - \frac{b^2}{ax+b} - 2b\ln|ax+b|\right] + C$

25. $\int \frac{x^2}{(ax+b)^3}\,dx = \frac{1}{a^3}\left[\frac{2b}{ax+b} - \frac{b^2}{2(ax+b)^2} + \ln|ax+b|\right] + C$

26. $\int \frac{dx}{x\sqrt{ax+b}} = \frac{1}{\sqrt{b}}\ln\left|\frac{\sqrt{ax+b}-\sqrt{b}}{\sqrt{ax+b}+\sqrt{b}}\right| + C$ (단, $a > 0, b > 0$)

27. $\int \frac{dx}{x\sqrt{ax-b}} = \frac{2}{\sqrt{b}}\tan^{-1}\sqrt{\frac{ax-b}{b}} + C$ (단, $a > 0, b > 0$)

28. $\displaystyle\int \frac{\sqrt{ax+b}}{x^2}\,dx = -\frac{\sqrt{ax+b}}{x} + \frac{a}{2}\int \frac{dx}{x\sqrt{ax+b}}$

29. $\displaystyle\int \frac{dx}{x^2\sqrt{ax+b}} = -\frac{\sqrt{ax+b}}{x} - \frac{a}{2b}\int \frac{dx}{x\sqrt{ax+b}}$

30. $\displaystyle\int \frac{dx}{a^2+x^2} = \frac{1}{a}\tan^{-1}\frac{x}{a} + C$

31. $\displaystyle\int \frac{dx}{(a^2+x^2)^2} = \frac{x}{2a^2(a^2+x^2)} + \frac{1}{2a^3}\tan^{-1}\frac{x}{a} + C$

32. $\displaystyle\int \frac{dx}{\sqrt{a^2+x^2}} = \sinh^{-1}\frac{x}{a} + C = \ln\left(x+\sqrt{a^2+x^2}\right) + C$

33. $\displaystyle\int \sqrt{a^2+x^2}\,dx = \frac{x}{2}\sqrt{a^2+x^2} + \frac{a^2}{2}\ln\left(x+\sqrt{a^2+x^2}\right) + C$

34. $\displaystyle\int x^2\sqrt{a^2+x^2}\,dx = \frac{x}{8}(a^2+2x^2)\sqrt{a^2+x^2} - \frac{a^4}{8}\ln\left(x+\sqrt{a^2+x^2}\right) + C$

35. $\displaystyle\int \frac{\sqrt{a^2+x^2}}{x}\,dx = \sqrt{a^2+x^2} - a\ln\left|\frac{a+\sqrt{a^2+x^2}}{x}\right| + C$

36. $\displaystyle\int \frac{\sqrt{a^2+x^2}}{x^2}\,dx = \ln\left(x+\sqrt{a^2+x^2}\right) - \frac{\sqrt{a^2+x^2}}{x} + C$

37. $\displaystyle\int \frac{x^2}{\sqrt{a^2+x^2}}\,dx = -\frac{a^2}{2}\ln\left(x+\sqrt{a^2+x^2}\right) + \frac{x\sqrt{a^2+x^2}}{2} + C$

38. $\displaystyle\int \frac{dx}{x\sqrt{a^2+x^2}} = -\frac{1}{a}\ln\left|\frac{a+\sqrt{a^2+x^2}}{x}\right| + C$

39. $\displaystyle\int \frac{dx}{x^2\sqrt{a^2+x^2}} = -\frac{\sqrt{a^2+x^2}}{a^2x} + C$

40. $\displaystyle\int \frac{dx}{\sqrt{a^2-x^2}} = \sin^{-1}\frac{x}{a} + C$

41. $\displaystyle\int \sqrt{a^2-x^2}\,dx = \frac{x}{2}\sqrt{a^2-x^2} + \frac{a^2}{2}\sin^{-1}\frac{x}{a} + C$

42. $\displaystyle\int x^2\sqrt{a^2-x^2}\,dx = \frac{a^4}{8}\sin^{-1}\frac{x}{a} - \frac{1}{8}x\sqrt{a^2-x^2}(a^2-2x^2) + C$

43. $\displaystyle\int \frac{\sqrt{a^2-x^2}}{x}\,dx = \sqrt{a^2-x^2} - a\ln\left|\frac{a+\sqrt{a^2-x^2}}{x}\right| + C$

44. $\displaystyle\int \frac{\sqrt{a^2-x^2}}{x^2}\,dx = -\sin^{-1}\frac{x}{a} - \frac{\sqrt{a^2-x^2}}{x} + C$

45. $\displaystyle\int \frac{x^2}{\sqrt{a^2-x^2}}\,dx = \frac{a^2}{2}\sin^{-1}\frac{x}{a} - \frac{1}{2}x\sqrt{a^2-x^2} + C$

46. $\displaystyle\int \frac{dx}{x\sqrt{a^2-x^2}} = -\frac{1}{a}\ln\left|\frac{a+\sqrt{a^2-x^2}}{x}\right| + C$

47. $\int \frac{dx}{x^2\sqrt{a^2-x^2}} = -\frac{\sqrt{a^2-x^2}}{a^2x} + C$

48. $\int \frac{dx}{\sqrt{x^2-a^2}} = \ln\left|x+\sqrt{x^2-a^2}\right| + C$

49. $\int \sqrt{x^2-a^2}\,dx = \frac{x}{2}\sqrt{x^2-a^2} - \frac{a^2}{2}\ln\left|x+\sqrt{x^2-a^2}\right| + C$

50. $\int \left(\sqrt{x^2-a^2}\right)^n dx = \frac{x\left(\sqrt{x^2-a^2}\right)^n}{n+1} - \frac{na^2}{n+1}\int \left(\sqrt{x^2-a^2}\right)^{n-2} dx$ (단, $n \neq -1$)

51. $\int \frac{dx}{\left(\sqrt{x^2-a^2}\right)^n} = \frac{x\left(\sqrt{x^2-a^2}\right)^{2-n}}{(2-n)a^2} - \frac{n-3}{(n-2)a^2}\int \frac{dx}{\left(\sqrt{x^2-a^2}\right)^{n-2}}$ (단, $n \neq 2$)

52. $\int x^2\sqrt{x^2-a^2}\,dx = \frac{x}{8}(2x^2-a^2)\sqrt{x^2-a^2} - \frac{a^4}{8}\ln\left|x+\sqrt{x^2-a^2}\right| + C$

53. $\int \frac{\sqrt{x^2-a^2}}{x}\,dx = \sqrt{x^2-a^2} - a\sec^{-1}\left|\frac{x}{a}\right| + C$

54. $\int \frac{\sqrt{x^2-a^2}}{x^2}\,dx = \ln\left|x+\sqrt{x^2-a^2}\right| - \frac{\sqrt{x^2-a^2}}{x} + C$

55. $\int \frac{x^2}{\sqrt{x^2-a^2}}\,dx = \frac{a^2}{2}\ln\left|x+\sqrt{x^2-a^2}\right| + \frac{x}{2}\sqrt{x^2-a^2} + C$

56. $\int \frac{dx}{x\sqrt{x^2-a^2}} = \frac{1}{a}\sec^{-1}\left|\frac{x}{a}\right| + C = \frac{1}{a}\cos^{-1}\left|\frac{a}{x}\right| + C$

57. $\int \frac{dx}{x^2\sqrt{x^2-a^2}} = \frac{\sqrt{x^2-a^2}}{a^2x} + C$

58. $\int \frac{dx}{(ax^2+b)^{\frac{3}{2}}} = \frac{x}{b\sqrt{ax^2+b}} + C$

59. $\int \sin^2 ax\,dx = \frac{x}{2} - \frac{\sin 2ax}{4a} + C$

60. $\int \sin^n ax\,dx = -\frac{\sin^{n-1} ax\cos ax}{na} + \frac{n-1}{n}\int \sin^{n-2} ax\,dx$

61. $\int \cos^2 ax\,dx = \frac{x}{2} + \frac{\sin 2ax}{4a} + C$

62. $\int \cos^n ax\,dx = \frac{\cos^{n-1} ax\sin ax}{na} + \frac{n-1}{n}\int \cos^{n-2} ax\,dx$

63. $\int \sin ax\cos bx\,dx = -\frac{\cos(a+b)x}{2(a+b)} - \frac{\cos(a-b)x}{2(a-b)} + C \quad (a^2 \neq b^2)$

64. $\int \sin ax\sin bx\,dx = \frac{\sin(a-b)x}{2(a-b)} - \frac{\sin(a+b)x}{2(a+b)} + C \quad (a^2 \neq b^2)$

65. $\int \cos ax\cos bx\,dx = \frac{\sin(a-b)x}{2(a-b)} + \frac{\sin(a+b)x}{2(a+b)} + C \quad (a^2 \neq b^2)$

66. $\int \sin ax\cos ax\,dx = -\frac{\cos 2ax}{4a} + C$

67. $\displaystyle\int \sin^n ax \cos^m ax\, dx = -\frac{\sin^{n-1} ax \cos^{m+1} ax}{a(m+n)} + \frac{n-1}{m+n}\int \sin^{n-2} ax \cos^m ax\, dx \quad (n \neq -m)$

68. $\displaystyle\int \sin^n ax \cos^m ax\, dx = \frac{\sin^{n+1} ax \cos^{m-1} ax}{a(m+n)} + \frac{m-1}{m+n}\int \sin^n ax \cos^{m-2} ax\, dx \quad (n \neq -m)$

69. $\displaystyle\int \frac{dx}{b + c\,\sin ax} = \begin{cases} \dfrac{-2}{a\sqrt{b^2-c^2}}\tan^{-1}\left[\sqrt{\dfrac{b-c}{b+c}}\tan\left(\dfrac{\pi}{4}-\dfrac{ax}{2}\right)\right] + C \quad (b^2 > c^2) \\ \dfrac{-1}{a\sqrt{c^2-b^2}}\ln\left|\dfrac{c + b\sin ax + \sqrt{c^2-b^2}\cos ax}{b + c\sin ax}\right| + C \quad (b^2 < c^2) \end{cases}$

70. $\displaystyle\int \frac{dx}{1+\sin ax} = -\frac{1}{a}\tan\left(\frac{\pi}{4}-\frac{ax}{2}\right) + C$

71. $\displaystyle\int \frac{dx}{1+\cos ax} = \frac{1}{a}\tan\frac{ax}{2} + C$

72. $\displaystyle\int \frac{dx}{1-\cos ax} = -\frac{1}{a}\cot\frac{ax}{2} + C$

73. $\displaystyle\int x\sin ax\, dx = \frac{1}{a^2}\sin ax - \frac{x}{a}\cos ax + C$

74. $\displaystyle\int x^n \sin ax\, dx = -\frac{x^n}{a}\cos ax + \frac{n}{a}\int x^{n-1}\cos ax\, dx$

75. $\displaystyle\int x\cos ax\, dx = \frac{1}{a^2}\cos ax + \frac{x}{a}\sin ax + C$

76. $\displaystyle\int x^n \cos ax\, dx = \frac{x^n}{a}\sin ax - \frac{n}{a}\int x^{n-1}\sin ax\, dx$

77. $\displaystyle\int \tan^2 ax\, dx = \frac{1}{a}\tan ax - x + C$

78. $\displaystyle\int \tan^n ax\, dx = \frac{\tan^{n-1} ax}{a(n-1)} - \int \tan^{n-2} ax\, dx \quad (n \geq 2)$

79. $\displaystyle\int \cot^2 ax\, dx = -\frac{1}{a}\cot ax - x + C$

80. $\displaystyle\int \cot^n ax\, dx = -\frac{\cot^{n-1} ax}{a(n-1)} - \int \cot^{n-2} ax\, dx \quad (n \geq 2)$

81. $\displaystyle\int \sec^n ax\, dx = \frac{\sec^{n-2} ax \tan ax}{a(n-1)} + \frac{n-2}{n-1}\int \sec^{n-2} ax\, dx \quad (n \geq 2)$

82. $\displaystyle\int \csc^n ax\, dx = -\frac{\csc^{n-2} ax \cot ax}{a(n-1)} + \frac{n-2}{n-1}\int \csc^{n-2} ax\, dx \quad (n \geq 2)$

83. $\displaystyle\int \sin^{-1} ax\, dx = x\sin^{-1} ax + \frac{1}{a}\sqrt{1-a^2x^2} + C$

84. $\displaystyle\int \cos^{-1} ax\, dx = x\cos^{-1} ax - \frac{1}{a}\sqrt{1-a^2x^2} + C$

85. $\displaystyle\int \tan^{-1} ax\, dx = x\tan^{-1} ax - \frac{1}{2a}\ln(1+a^2x^2) + C$

86. $\displaystyle\int \cot^{-1} ax\, dx = x\cot^{-1} ax + \frac{1}{2a}\ln\left|1+a^2x^2\right| + C$

87. $\int \sec^{-1} ax\,dx = x\sec^{-1} ax - \frac{1}{a}\tanh^{-1}\sqrt{1-\frac{1}{a^2x^2}} + C$

88. $\int \csc^{-1} ax\,dx = x\csc^{-1} ax + \frac{1}{a}\tanh^{-1}\sqrt{1-\frac{1}{a^2x^2}} + C$

89. $\int xe^{ax}\,dx = \frac{e^{ax}}{a^2}(ax-1) + C$

90. $\int x^n e^{ax}\,dx = \frac{1}{a}x^n e^{ax} - \frac{n}{a}\int x^{n-1}e^{ax}\,dx$

91. $\int x^n b^{ax}\,dx = \frac{x^n b^{ax}}{a\ln b} - \frac{n}{a\ln b}\int x^{n-1}b^{ax}\,dx \quad (b>0,\ b\neq 1)$

92. $\int e^{ax}\sin bx\,dx = \frac{e^{ax}}{a^2+b^2}(a\sin bx - b\cos bx) + C$

93. $\int e^{ax}\cos bx\,dx = \frac{e^{ax}}{a^2+b^2}(a\cos bx + b\sin bx) + C$

94. $\int \ln ax\,dx = x\ln ax - x + C$

95. $\int x^n(\ln ax)^m\,dx = \frac{x^{n+1}(\ln ax)^m}{n+1} - \frac{m}{n+1}\int x^n(\ln ax)^{m-1}\,dx \quad (n\neq -1)$

96. $\int \sinh^2 ax\,dx = \frac{\sinh 2ax}{4a} - \frac{x}{2} + C$

97. $\int \sinh^n ax\,dx = \frac{\sinh^{n-1} ax\cosh ax}{na} - \frac{n-1}{n}\int \sinh^{n-2} ax\,dx \quad (n\geq 2)$

98. $\int \cosh^2 ax\,dx = \frac{\sinh 2ax}{4a} + \frac{x}{2} + C$

99. $\int \cosh^n ax\,dx = \frac{\cosh^{n-1} ax\sinh ax}{na} + \frac{n-1}{n}\int \cosh^{n-2} ax\,dx \quad (n\geq 2)$

100. $\int x\sinh ax\,dx = \frac{x}{a}\cosh ax - \frac{1}{a^2}\sinh ax + C$

101. $\int x^n\sinh ax\,dx = \frac{x^n}{a}\cosh ax - \frac{n}{a}\int x^{n-1}\cosh ax\,dx$

102. $\int x\cosh ax\,dx = \frac{x}{a}\sinh ax - \frac{1}{a^2}\cosh ax + C$

103. $\int x^n\cosh ax\,dx = \frac{x^n}{a}\sinh ax - \frac{n}{a}\int x^{n-1}\sinh ax\,dx$

104. $\int \tanh^2 ax\,dx = x - \frac{1}{a}\tanh ax + C$

105. $\int \tanh^n ax\,dx = -\frac{\tanh^{n-1} ax}{(n-1)a} + \int \tanh^{n-2} ax\,dx \quad (n\geq 2)$

106. $\int \coth^2 ax\,dx = x - \frac{1}{a}\coth ax + C$

107. $\int \coth^n ax\,dx = -\frac{\coth^{n-1} ax}{(n-1)a} + \int \coth^{n-2} ax\,dx \quad (n\geq 2)$

108. $\int \operatorname{sech}^n ax\,dx = \frac{\operatorname{sech}^{n-2} ax\tanh ax}{(n-1)a} + \frac{n-2}{n-1}\int \operatorname{sech}^{n-2} ax\,dx \quad (n\neq 1)$

109. $\int \operatorname{csch}^n ax\,dx = -\frac{\operatorname{csch}^{n-2} ax \coth ax}{(n-1)a} - \frac{n-2}{n-1}\int \operatorname{csch}^{n-2} ax\,dx \quad (n \neq 1)$

110. $\int_0^\infty x^{n-1}e^{-x}\,dx = \Gamma(n) = (n-1)! \quad (n > 0)$

111. $\int_0^\infty e^{-ax^2}\,dx = \frac{1}{2}\sqrt{\frac{\pi}{a}} \quad (a > 0)$

112. $\int_0^{\pi/2} \sin^n x\,dx = \int_0^{\pi/2} \cos^n x\,dx = \begin{cases} \frac{1\cdot 3\cdot 5\cdot \cdots \cdot (n-1)}{2\cdot 4\cdot 6\cdot \cdots \cdot n}\cdot\frac{\pi}{2} & (n \geq 2,\ \text{짝수}) \\ \frac{2\cdot 4\cdot 6\cdot \cdots \cdot (n-1)}{3\cdot 5\cdot 7\cdot \cdots \cdot n} & (n \geq 3,\ \text{홀수}) \end{cases}$

연습문제 해답

1장 1계 미분방정식

연습문제 1.1

1. $2x^2 = y^3 + c$ **3.** 변수분리형 아님. **5.** $y = \dfrac{1}{1-cx}$ 그리고 $y = 0$ **7.** $\sec y = Cx$ **9.** 변수분리형 아님.

11. $\dfrac{1}{2}y^2 - y + \ln(y+1) = \ln x - 2$ **13.** $(\ln y)^2 = 3x^2 - 3$ **15.** $3y\sin 3y + \cos 3y = 9x^2 - 5$ **17.** $22.5°$

19. 8.57 kg **21.** $\dfrac{1}{2}\sqrt{\pi}\,e^{-6}$

연습문제 1.2

1. $y = cx^3 + 2x^3\ln|x|$ **3.** $y = \dfrac{1}{2}x - \dfrac{1}{4} + ce^{-2x}$ **5.** $y = 4x^2 + 4x + 2 + ce^{2x}$ **7.** $y = \dfrac{1}{x-2}(x^3 - 3x^2 + 4)$

9. $y = x + 1 + 4(x+1)^{-2}$ **11.** $y = -2x^2 + cx$

13. $A_1(t) = 50 - 30e^{-t/20}$, $A_2(t) = 75 + 90e^{-t/20} - 75e^{-t/30}$; $A_2(t)$는 시간 $60\ln\dfrac{9}{5}$분에서 최소값 $\dfrac{5450}{81}$ kg.

연습문제 1.3

1. $2xy^2 + e^{xy} + y^2 = c$ **3.** 완전하지 않음. **5.** $y^3 + xy + \ln|x| = c$ **7.** $\cosh x \sinh y = c$

9. $x^y = c$ **11.** $3xy^4 - x = 47$ **13.** $\dfrac{\partial}{\partial x}(\varphi + c) = \dfrac{\partial \varphi}{\partial x} = M,\ \dfrac{\partial}{\partial y}(\varphi + c) = \dfrac{\partial \varphi}{\partial y} = N$

연습문제 1.4

1. (a) $\dfrac{\partial M}{\partial y} = 1,\ \dfrac{\partial N}{\partial x} = -1$, 완전하지 않음. (b) $\mu(x) = \dfrac{1}{x^2}$ (c) $\nu(y) = \dfrac{1}{y^2}$

(d) $a + b = -2$인 모든 a, b에 대해 $\eta(x, y) = x^a y^b$

3. e^{3y}; $xe^{3y} - e^y = c$ **5.** x^2y; $x^4y^2 + 2x^3y^3 = c$ **7.** $\dfrac{1}{y+1}$; $x^2y = c,\ y = -1$ **9.** e^{2y-x}; $(x^2 - 2xy)e^{2y-x} = c$

11. $3x^{\frac{5}{2}}y^{\frac{5}{2}} + 5x^{\frac{3}{2}} = c$ **13.** $\dfrac{1}{x}$; $y = 4 - \ln|x|$ **15.** x; $x^2(y^3 - 2) = -9$ **17.** $\dfrac{1}{y}$; $y = 4e^{-x^2/3}$

19. e^x; $e^x\sin(x-y) = \dfrac{1}{2}$

연습문제 1.5

1. $y = x + \dfrac{x}{c - \ln|x|}$ **3.** $y = 1/(1 + ce^{x^2/2})$ **5.** $y\ln|y| - x = cy$ **7.** $xy - x^2 - y^2 = c$ **9.** $y = x^{-1}\left(c - \dfrac{7}{5}x^{-5/4}\right)^{4/7}$

11. $y = 2 + \dfrac{2}{cx^2 - 1}$ **13.** $y = e^x + \dfrac{2e^x}{ce^{2x} - 1}$ **15.** $h = \dfrac{ce - br}{ae - bd}$, $k = \dfrac{ar - dc}{ae - bd}$

17. $3(x-2)^2 - 2(x-2)(y+3) - (y+3)^2 = c$ **19.** $(2x + y - 3)^2 = c(y - x + 3)$ **21.** $(x - y + 3)^2 = 2x + c$

23. $3(x - 2y) - 8\ln|x - 2y + 4| = x + c$

25. 개가 움직인 궤적은 $y = -\sqrt{A}\sqrt{A-x} + \dfrac{1}{3\sqrt{A}}(A-x)^{3/2} + \dfrac{2}{3}A$이고 시간 $t = 2A/3v$일 때 점$(A,\ 2A/3)$에서 사람을 따라잡는다.

27. 극좌표 평면에서 잠수함의 원래 위치를 원점, 구축함이 잠수함을 발견한 지점을 (9, 0)이라 두자. 구축함은 먼저 원점을 향해 6만큼 진행한 다음 나선 $r = f(\theta) = 3e^{\theta/\sqrt{3}}$를 따라 이동하면 언젠가는 잠수함 위를 통과하게 된다.

연습문제 1.6

1. 속도 $= 12\sqrt{5}$, 대략 26.84 m/s; 시간 $= \dfrac{\sqrt{3}}{2}\ln(6 + \sqrt{35})$, 대략 2.15초

3. 시간 $= \dfrac{\sqrt{3}}{8}\displaystyle\int_{10}^{40}\dfrac{x}{\sqrt{x^3 - 1000}}\,dx$, 대략 1.7117초

5. 최고 높이 = 342.25 m; 모래 주머니는 8.77초 후 89.97 m/s의 속도로 지면에 충돌.

7. $0 \le t \le 4$일 때 $v(t) = 32 - 32e^{-t}$, $t \ge 4$일 때 $v(t) = 8(1 + ke^{-8t})/(1 - ke^{-8t})$ ft/s,
$k = e^{32}(3e^4 - 4)(5e^4 - 4)$; $\lim_{t\to\infty} v(t) = 8$ ft/s; $0 \le t \le 4$일 때 $s(t) = 32(t + e^{-t} - 1)$, $t \ge 4$일 때
$s(t) = 8t + 2\ln(1 - ke^{-8t}) + 64 + 32e^{-4} - 2\ln(2e^4/5e^4 - 4)$

9. 17.5 m/s **11.** $t = 2\sqrt{R/g}$, R: 반지름

13. $0 < \alpha < 1$일 때 $M\dfrac{dv}{dt} = -kv^{\alpha}$, $v(t) = \left[V_0^{1-\alpha} - \dfrac{k}{M}(1-\alpha)t\right]^{1/(1-\alpha)}$, $v\left(\dfrac{MV_0^{1-\alpha}}{k(1-\alpha)}\right) = 0$;
$\alpha \ge 1$일 때 모든 $t > 0$에서 $v(t) > 0$

15. $t = \ln 20/2$; $V_C = 76$ V, $i\left(\dfrac{1}{2}\ln 20\right) = 16\ \mu A$

17. (a) $q(t) = EC + (q_0 - EC)e^{-t/RC}$ (b) EC (d) $-RC\ln\dfrac{0.01EC}{q_0 - EC}$ **19.** $i(t) = \dfrac{A}{23}(e^{-2t/25} - e^{-t})$

21. $y = c - \dfrac{3}{4}\ln|x|$ **23.** $x^2 + 2y^2 - 4y = c$ **25.** $y^2(\ln y^2 - 1) + 2x^2 = c$

27. $\dfrac{4}{3}y^{3/2} = c - x$ **29.** $y^2 = \ln|x| - \dfrac{1}{2}x^2 + c$

2장 2계 미분방정식

연습문제 2.1

1. 일반해는 $y(x) = c_1\cos 6x + c_2\sin 6x + \dfrac{1}{36}(x-1)$
초깃값 문제의 해는 $y(x) = -\dfrac{179}{36}\cos 6x + \dfrac{71}{216}\sin 6x + \dfrac{1}{36}(x-1)$

3. 일반해는 $y = c_1e^{-2x} + c_2e^{-x} + \dfrac{15}{2}$
초깃값 문제의 해는 $y = \dfrac{23}{2}e^{-2x} - 22e^{-x} + \dfrac{15}{2}$

5. 일반해는 $y = c_1e^x\cos x + c_2e^x\sin x - \dfrac{5}{2}x^2 - 5x - \dfrac{5}{2}$

초깃값 문제의 해는 $y=\frac{17}{2}e^{x}\cos x-\frac{5}{2}e^{x}\sin x-\frac{5}{2}x^2-5x-\frac{5}{2}$

7. 힌트: y'' 의 계수에 유의하여라. **9.** 힌트: $W(x_0)$를 생각하여라.

연습문제 2.2

1. $y=c_1\cos 2x+c_2\sin 2x$ **3.** $y=c_1e^{5x}+c_2xe^{5x}$ **5.** $y=c_1x^2+c_2x^2\ln x$

7. $y=c_1\frac{\cos x}{\sqrt{x}}+c_2\frac{\sin x}{\sqrt{x}}$ **9.** $y=c_1e^{-ax}+c_2xe^{-ax}$

10. (a) $y^4=c_1x+c_2$ (b) $(y-1)e^y=c_1x+c_2$ 그리고 $y=c_3$

(c) $y=c_1e^{c_1x}/(c_2-e^{c_1x})$ 그리고 $y=1/(c_3-x)$

(d) $y=\ln|\sec(x+c_1)|+c_2$ (e) $y=\ln|c_1x+c_2|$

연습문제 2.3

1. $y=c_1e^{-2x}+c_2e^{3x}$ **3.** $y=e^{-3x}(c_1+c_2x)$ **5.** $y=e^{-5x}[c_1\cos x+c_2\sin x]$

7. $y=e^{7x}(c_1+c_2x)$ **9.** $y=e^{-2x}\left(c_1\cos\sqrt{5}\,x+c_2\sin\sqrt{5}\,x\right)$ **11.** $y=5-2e^{-3x}$

13. $y(x)=0$ **15.** $y=\frac{9}{7}e^{3(x-2)}+\frac{5}{7}e^{-4(x-2)}$ **17.** $y=e^{x-1}(29-17x)$

19. $y=e^{(x+2)/2}\left(\cos\frac{\sqrt{15}}{2}(x+2)+\frac{5}{\sqrt{15}}\sin\frac{\sqrt{15}}{2}(x+2)\right)$

21. (a) $\varphi(x)=e^{ax}[c_1+c_2x]$ (b) $\varphi_\epsilon(x)=e^{ax}(c_1e^{\epsilon x}+c_2e^{-\epsilon x})$ (c) $\lim_{\epsilon\to 0}\varphi_\epsilon(x)=e^{ax}(c_1+c_2)\neq\varphi(x)$

연습문제 2.4

1. $y=c_1x^2+c_2x^{-3}$ **3.** $y=c_1\cos(2\ln x)+c_2\sin(2\ln x)$ **5.** $y=c_1x^4+c_2x^{-4}$ **7.** $y=c_1x^{-2}+c_2x^{-3}$

9. $y=x^{-12}(c_1+c_2\ln x)$ **11.** $y=x^{-2}(3\cos(4\ln(-x))+\sin(4\ln(-x)))$ **13.** $y=-3+2x^2$

15. $y=-4x^{-12}(1+12\ln x)$ **17.** $y=\frac{11}{4}x^2+\frac{17}{4}x^{-2}$

연습문제 2.5

1. $y=c_1e^{2x}+c_2e^{-x}-x^2+x-4$ **3.** $y=c_1e^{2x}+c_2e^{4x}+e^{x}$ **5.** $y=c_1e^{x}+c_2e^{2x}+3\cos x+\sin x$

7. $y=c_1+c_2e^{4x}-2x-e^{3x}$ **9.** $y=e^{-x}(c_1+c_2x)-\frac{3}{2}x^2e^{-x}+\frac{4}{3}x^3e^{-x}+1$

11. $y=e^{-2x}(c_1+c_2x)+\frac{7}{4}(x-1)-\frac{3}{8}\sin 2x+\frac{5}{6}x^3e^{-2x}$

13. $y=c_1\cos x+c_2\sin x-\cos x\ln|\sec x+\tan x|$

15. $y=c_1\cos 3x+c_2\sin 3x+4x\sin 3x+\frac{4}{3}\ln|\cos 3x|\cos 3x$ **17.** $y=c_1e^{x}+c_2e^{2x}-e^{2x}\cos(e^{-x})$

19. $y=\frac{3}{8}e^{-2x}-\frac{19}{120}e^{-6x}+\frac{1}{5}e^{-x}+\frac{7}{12}$ **21.** $y=2e^{4x}+2e^{-2x}-2e^{-x}-e^{2x}$

23. $y=-\frac{17}{4}e^{2x}+\frac{55}{13}e^{3x}+\frac{1}{52}\cos 2x-\frac{5}{52}\sin 2x$

25. $y=4e^{-x}-\sin^2 x-2$ **27.** $y=2x^3+x^{-2}-2x^2$ **29.** $y=x-x^2+3\cos(\ln x)+\sin(\ln x)$

연습문제 2.6

1. $y=e^{-2t}\left[5\cosh\sqrt{2}\,t+\dfrac{10}{\sqrt{2}}\sinh\sqrt{2}\,t\right]$;
$y=\dfrac{5}{\sqrt{2}}e^{-2t}\sinh\sqrt{2}\,t$(그림 A.4 참조)

3. $y=\dfrac{5}{2}e^{-t}[2\cos 2t+\sin 2t]$;
$y=\dfrac{5}{2}e^{-t}\sin 2t$(그림 A.5 참조)

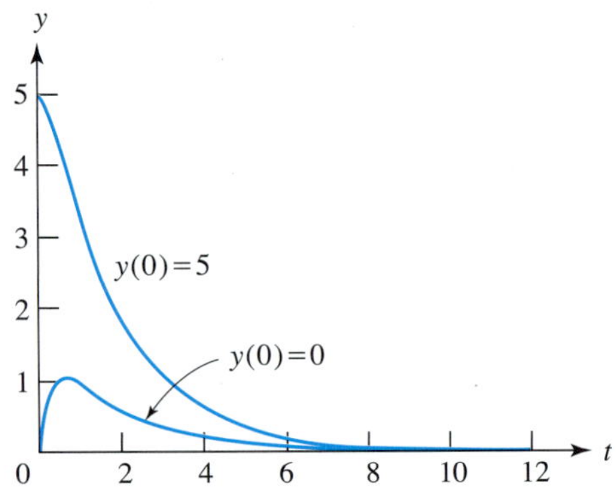

그림 A.4 2.6절 문제 1

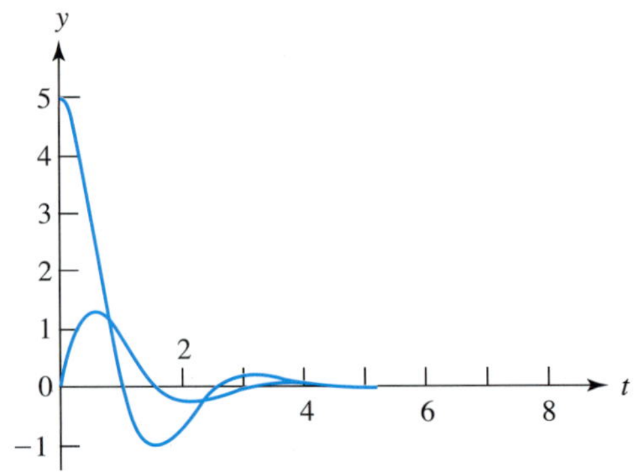

그림 A.5 2.6절 문제 3

5. $y=\dfrac{1}{60}(57e^{-8t}-52e^{-3t})$

7. 최대 한 번; $y(0)$는 0이 아니어야만 하고, $y'(0)$에도 적절한 조건 필요.

9. 힌트: $(m/k)^2=(d/a)^2$을 보여라.

11. 진폭 $=2\text{ m}$, 주파수 $=\dfrac{\sqrt{2}}{\pi}$ cycles/s

13. $i(t)=.015e^{-0.0625t}-5.4\times 10^{-7}e^{-3333.27t}+0.015\cos 20t-0.00043\sin 20t$

15. $i(t)=0.001633e^{-t}+0.00161e^{-0.3177t}+0.000023e^{-t}\cos 6t-0.000183e^{-t}\sin 6t$

3장 Laplace 변환

연습문제 3.1

1. $\dfrac{1}{s-1}-\dfrac{1}{s+1}$ **3.** $\dfrac{16s}{(s^2+4)^2}$ **5.** $\dfrac{2}{s^3}+\dfrac{8}{s^2}+\dfrac{16}{s}$ **7.** $-2e^{-16t}$ **9.** $3e^{7t}+t$ **11.** $\dfrac{5}{s(1+e^{-3s})}$

13. $0<t\le 5$일 때 $f(t)=0$, $5<t\le 10$일 때 $f(t)=5$, $10<t\le 25$일 때 $f(t)=0$, $f(t+25)=f(t)$,
그러므로 f의 주기는 $T=25$. 따라서 $\mathfrak{L}[f](s)=\dfrac{5e^{-5s}(1-e^{-5s})}{s(1-e^{-25s})}$.

15. $\dfrac{E\omega}{s^2+\omega^2}\dfrac{1}{1-e^{-\pi s/\omega}}$

연습문제 3.2

1. $y=\dfrac{1}{4}-\dfrac{13}{4}e^{-4t}$ **3.** $y=-\dfrac{4}{17}e^{-4t}+\dfrac{4}{17}\cos t+\dfrac{1}{17}\sin t$ **5.** $y=-\dfrac{1}{4}+\dfrac{1}{2}t+\dfrac{17}{4}e^{2t}$

7. $y=\dfrac{22}{25}e^{2t}-\dfrac{13}{5}te^{2t}+\dfrac{3}{25}\cos t-\dfrac{4}{25}\sin t$ **9.** $y=\dfrac{1}{16}+\dfrac{1}{16}t-\dfrac{33}{16}\cos 4t+\dfrac{15}{64}\sin 4t$

연습문제 3.3

1. $\dfrac{6}{(s+2)^4}-\dfrac{3}{(s+2)^2}+\dfrac{2}{s+2}$ **3.** $\dfrac{1}{s}(1-e^{-7s})+\dfrac{s}{s^2+1}(\cos 7)e^{-7s}-\dfrac{1}{s^2+1}(\sin 7)e^{-7s}$

5. $\frac{1}{s^2}-\frac{11}{s}e^{-3s}-\frac{4}{s^2}e^{-3s}$ **7.** $\frac{1}{s+1}-\frac{2}{(s+1)^3}+\frac{1}{(s+1)^2+1}$

9. $\frac{s}{s^2+1}+\left(\frac{2}{s}-\frac{s}{s^2+1}-\frac{1}{s^2+1}\right)e^{-2\pi s}$ **11.** $\frac{s^2+4s-5}{(s^2+4s+13)^2}$ **13.** $\frac{1}{s^2}-\frac{2}{s}-\left(\frac{1}{s^2}+\frac{15}{s}\right)e^{-16s}$

15. $\frac{24}{(s+5)^5}+\frac{4}{(s+5)^3}+\frac{1}{(s+5)^2}$ **17.** $e^{2t}\sin t$ **19.** $\cos 3(t-2)H(t-2)$

21. $\frac{1}{\sqrt{2}}e^{-3t}\sinh\sqrt{2}t$ **23.** $e^{-3t}\cosh 2\sqrt{2}t-\frac{1}{2\sqrt{2}}e^{-3t}\sinh 2\sqrt{2}t$

25. $\frac{1}{16}[1-\cos 4(t-21)]H(t-21)$ **27.** $2e^{2t}+8te^{2t}$ **29.** $e^{7t}\cosh 4\sqrt{3}t+\frac{7}{4\sqrt{3}}e^{7t}\sinh 4\sqrt{3}t$

31. $y=\cos 2t+\frac{3}{4}[1-\cos 2(t-4)]H(t-4)$

33. $y=\left[-\frac{1}{4}+\frac{1}{12}e^{2(t-6)}+\frac{1}{6}e^{-(t-6)}\cos\sqrt{3}(t-6)\right]H(t-6)$

35. $y=-\frac{1}{4}+\frac{2}{5}e^{t}-\frac{3}{20}\cos 2t-\frac{1}{5}\sin 2t+\left[-\frac{1}{4}+\frac{1}{5}e^{t-5}+\frac{1}{20}\cos 2(t-5)-\frac{1}{10}\sin 2(t-5)\right]H(t-5)$

37. $y=-\frac{1}{4}[(4-\sqrt{2})e^{-(1+2\sqrt{2})t}+(4+\sqrt{2})e^{-(1-2\sqrt{2})t}]-\frac{1}{28}[8-(4-\sqrt{2})e^{-(1+2\sqrt{2})(t-5)}$
$-(4+\sqrt{2})e^{-(1-2\sqrt{2})(t-5)}]H(t-5)$

연습문제 3.4

1. $\frac{1}{16}[\sinh 2t-\sin 2t]$ **3.** $b^2\neq a^2$ 이면 $\frac{\cos at-\cos bt}{(b-a)(b+a)}$; $b^2=a^2$ 이면 $\frac{t\sin at}{2a}$

5. $\frac{1}{a^4}[1-\cos at]-\frac{1}{2a^3}t\sin at$ **7.** $\left(\frac{1}{2}-\frac{1}{2}e^{-2(t-4)}\right)H(t-4)$ **9.** $y(t)=e^{3t}*f(t)-e^{2t}*f(t)$

11. $y(t)=\frac{1}{4}e^{6t}*f(t)-\frac{1}{4}e^{2t}*f(t)+2e^{6t}-5e^{2t}$ **13.** $y(t)=\frac{1}{3}(\sin 3t)*f(t)-\cos 3t+\frac{1}{3}\sin 3t$

15. $y(t)=\frac{4}{3}e^{t}-\frac{1}{4}e^{2t}-\frac{1}{12}e^{-2t}-\frac{1}{3}e^{t}*f(t)+\frac{1}{4}e^{2t}*f(t)+\frac{1}{12}e^{-2t}*f(t)$ **17.** $f(t)=\frac{1}{2}e^{-2t}-\frac{3}{2}$

19. $f(t)=\cosh t$ **21.** $f(t)=3+\frac{2}{5}\sqrt{15}\,e^{t/2}\sin(\sqrt{15}t/2)$ **23.** $f(t)=\frac{1}{4}e^{-2t}+\frac{3}{4}e^{-6t}$

연습문제 3.5

1. $y=3[e^{-2(t-2)}-e^{-3(t-2)}]H(t-2)-4[e^{-2(t-5)}-e^{-3(t-5)}]H(t-5)$ **3.** $y=6(e^{-2t}-e^{-t}+te^{-t})$

5. 4 **7.** $y(x)=\frac{1}{6}F_0x^3-\frac{x}{6L}\left(F_0L^3+\frac{M}{EI}(L-a)^3H(L-a)\right)+\frac{M}{6EI}(x-a)^3H(x-a)$

9. $y(t)=\sqrt{\frac{m}{k}}\,v_0\sin\sqrt{\frac{k}{m}}\,t$

연습문제 3.6

1. $x(t)=-2+2e^{t/2}-t,\ y(t)=-1+e^{t/2}-t$ **3.** $x(t)=\frac{4}{9}+\frac{1}{3}t-\frac{4}{9}e^{3t/4},\ y(t)=-\frac{2}{3}+\frac{2}{3}e^{3t/4}$

5. $x(t)=\frac{3}{4}-\frac{3}{4}e^{2t/3}+\frac{1}{2}t^2+\frac{1}{2}t,\ y(t)=-\frac{3}{2}e^{2t/3}+t+\frac{3}{2}$

7. $x(t)=e^{-t}\cos t+t-1,\ y(t)=e^{-t}\sin t+t^2-t$ **9.** $x(t)=1-e^{-t}-2te^{-t},\ y(t)=1-e^{-t}$

11. $y_1(t)=\frac{1}{2}e^{t}+\frac{1}{2}e^{-t}-1-t,\ y_2(t)=-\frac{1}{4}t^2-\frac{1}{2}t,\ y_3(t)=-\frac{1}{6}e^{t}+\frac{1}{6}e^{-t}-\frac{1}{3}$

13. $i_1(t)=\left[1-\frac{1}{10}e^{-(t-5)}-\frac{9}{10}e^{-(t-5)/6}\right]H(t-5),\quad i_2(t)=\left[\frac{1}{2}+\frac{1}{10}e^{-(t-5)}-\frac{3}{10}e^{-(t-5)/6}\right]H(t-5)$

15. $x_1(t) = \frac{5}{36} - \frac{1}{20}\cos 2t - \frac{4}{45}\cos 3t - \left[\frac{5}{36} - \frac{1}{20}\cos 2(t-2) - \frac{4}{45}\cos 3(t-2)\right]H(t-2),$

$x_2(t) = \frac{1}{18} - \frac{1}{10}\cos 2t - \frac{2}{45}\cos 3t - \left[\frac{1}{18} - \frac{1}{10}\cos 2(t-2) + \frac{2}{45}\cos 3(t-2)\right]H(t-2)$

17. $m_1 y_1'' = k(y_2 - y_1),\ m_2 y_2'' = -k(y_2 - y_1);\ y_1(0) = y_1'(0) = 0;\ y_2(0) = d$

$(m_1 s^2 + k)Y_1 - kY_2 = 0,\ (m_2 s^2 + k)Y_2 - kY_1 = m_2 ds$. 두 번째 식의 Y_2를 $\frac{m_1 s^2 + k}{k}Y_1$로 치환하면

$Y_1(s) = \frac{kd}{m_1 s[s^2 + k((m_1 + m_2)/m_1 m_2)]}$. 분모의 이차항을 이용하면 주기 $2\pi\sqrt{\frac{m_1 m_2}{k(m_1 + m_2)}}$ 를 찾을 수 있다.

19. $x_1(t) = 9e^{-t/100} + e^{-3t/50} + 3[e^{-(t-3)/100} - e^{-3(t-3)/50}]H(t-3);$

$x_2(t) = 6e^{-t/100} - e^{-3t/50} + [2e^{-(t-3)/100} + 3e^{-3(t-3)/50}]H(t-3)$

연습문제 3.7

1. $y = -1 + ce^{-2/t}$ **3.** $y = 7t^2$ **5.** $y = ct^2 e^{-t}$ **7.** $y = 4$ **9.** $y = 3t^2/2$

4장 미분방정식의 급수해

연습문제 4.1

1. $R = 1;\ (3, 5)$ **3.** $R = 1;\ (-2, 0)$ **5.** $R = 1;\ (-1, 1)$ **7.** $R = \frac{2}{3};\ \left(\frac{11}{6}, \frac{19}{6}\right)$

9. $R = 1;\ (-1, 1)$ **11.** $R = 3;\ (-1, 5)$ **13.** $R = 1;\ (-1, 1)$ **15.** $\sum_{n=1}^{\infty} \frac{1}{2n+2}(-1)^n x^n$

17. $\sum_{n=2}^{\infty} \frac{2n+1}{n-1}x^n$ **19.** $1 + 2x + \sum_{n=2}^{\infty}(2^{n-1} + n + 1)x^n$ **21.** $1 + \frac{1}{2}x + \sum_{n=2}^{\infty}\left(\frac{n!}{n+1} + 2^n\right)x^n$

25. $\frac{1}{1+x} = \frac{1}{3}\frac{1}{1+(x-2)/3} = \frac{1}{3}\sum_{n=0}^{\infty}(-1)^n\left(\frac{x-2}{3}\right)^n = \sum_{n=0}^{\infty}\frac{(-1)^n}{3^{n+1}}(x-2)^n,\ \left|\frac{x-2}{3}\right| < 1$, 또는 $-1 < x < 5$

연습문제 4.2

1. a_0: 임의의 상수, $a_1 = 1,\ 2a_2 - a_0 = -1,\ a_n = \frac{1}{n}a_{n-2},\ n \geq 3;$

$$y = a_0 + (a_0 - 1)\left[\frac{1}{2}x^2 + \frac{1}{2(4)}x^4 + \frac{1}{2(4)(6)}x^6 + \frac{1}{2(4)(6)(8)}x^8 + \cdots\right] + x + \frac{1}{3}x^3 + \frac{1}{3(5)}x^5 + \frac{1}{3(5)(7)}x^7 + \frac{1}{3(5)(7)(9)}x^9 + \cdots$$

3. a_0: 임의의 상수, $a_1 + a_0 = 0,\ 2a_2 + a_1 = 1,\ a_{n+1} = \frac{1}{n+1}(-a_n + a_{n-2}),\ n \geq 2;$

$$y = a_0\left[1 - x + \frac{1}{2!}x^2 + \frac{1}{3!}x^3 - \frac{7}{4!}x^4 + \cdots\right] + \frac{1}{2!}x^2 - \frac{1}{3!}x^3 + \frac{1}{4!}x^4 + \frac{11}{5!}x^5 - \frac{31}{6!}x^6 + \cdots$$

5. a_0, a_1: 임의의 상수, $a_2 = \frac{1}{2}(3 - a_0),\ a_{n+2} = \frac{(n-1)}{(n+1)(n+2)}a_n,\ n \geq 1;$

$$y = a_0 + a_1 x + (3 - a_0)\left[\frac{1}{2!}x^2 + \frac{1}{4!}x^4 + \frac{3}{6!}x^6 + \frac{3(5)}{8!}x^8 + \frac{3(5)(7)}{10!}x^{10} + \cdots\right]$$

7. a_0, a_1: 임의의 상수, $a_2 + a_0 = 0,\ 6a_3 + 2a_1 = 1,\ a_{n+2} = \frac{(n-1)a_{n-1} - 2a_n}{(n+1)(n+2)},\ n \geq 2;$

$$y = a_0 + a_1 x - a_0 x^2 + \left(\frac{1}{6} - \frac{1}{3}a_1\right)x^3 + \left(\frac{1}{6}a_0 + \frac{1}{12}a_1\right)x^4 + \cdots$$

9. a_0, a_1: 임의의 상수, $2a_2+a_1+2a_0=1,\ 6a_3+2a_2+a_1=0,\ 12a_4+3a_3=-1$;

$$a_{n+2}=\frac{(n-2)a_n-(n+1)a_{n+1}}{(n+1)(n+2)},$$

$$n\geq 3,\ y(x)=a_0+a_1x+\left(\frac{1}{2}-a_0-\frac{1}{2}a_1\right)x^2+\left(\frac{1}{3}a_0-\frac{1}{6}\right)x^3-\left(\frac{1}{24}+\frac{1}{12}a_0\right)x^4+\cdots$$

11. a_0: 임의의 상수, $a_1=1,\ a_{2k}=-\dfrac{1}{2k}a_{2k-2},\ k\geq 1;\ a_{2k+1}=\dfrac{-a_{2k-1}+(1/(2k)!)(-1)^k}{2k+1},\ k\geq 1;$

$$y=a_0\left[1-\frac{1}{2}x^2+\frac{1}{2(4)}x^4-\frac{1}{2(4)(6)}x^6+\cdots\right]+x-\frac{1}{2!}x^3+\frac{13}{5!}x^5-\cdots$$

연습문제 4.3

1. 0, 정칙; 3, 정칙 **3.** 0, 비정칙; 2, 정칙

5. $4r^2-2r=0;\ c_n=\dfrac{1}{2(n+r)(2n+2r-1)}c_{n-1},\ n\geq 1;\ y_1=\displaystyle\sum_{n=0}^{\infty}\frac{1}{(2n+1)!}x^{n+1/2},\ y_2=\sum_{n=0}^{\infty}\frac{1}{(2n)!}x^n$

7. $9r^2-9r+2=0;\ c_n=\dfrac{-4}{9(n+r)(n+r-1)+2}c_{n-1},\ n\geq 1;$

$$y_1=x^{2/3}\left[1-\frac{4}{3(4)}x+\frac{4^2}{3(4)(6)(7)}x^2-\frac{4^3}{3(4)(6)(7)(9)(10)}x^3+\frac{4^4}{3(4)(6)(7)(9)(10)(12)(13)}x^4\right.$$
$$\left.-\frac{4^5}{3(4)(6)(7)(9)(10)(12)(13)(15)(16)}x^6+\cdots\right]$$
$$=x^{2/3}+\sum_{n=1}^{\infty}\frac{2(5)(8)\cdots(3n-1)(-1)^n4^n}{(3n+1)!}x^{n+2/3};$$
$$y_2=x^{1/3}+\sum_{n=1}^{\infty}\frac{1(4)(7)\cdots(3n-2)(-1)^n4^n}{(3n)!}x^{n+1/3}$$

9. $2r^2-r=0;\ c_n=\dfrac{-2(n+r-1)}{(n+r)(2n+2r-1)}c_{n-1},\ n\geq 1;$

$$y_1=\sum_{n=0}^{\infty}\frac{(-1)^n(2n+3)}{3(n!)}x^{n+1/2};\ y_2=1+\sum_{n=1}^{\infty}\frac{(-1)^n2^n(n)}{1(3)(5)\cdots(2n-1)}x^n$$

11. $9r^2-4=0;\ (9r^2+18r+5)c_1=0;\ c_n=\dfrac{-9}{9(n+r)^2-4}c_{n-2},\ n\geq 2;$

$$y_1=x^{2/3}-\frac{3}{2^2 1!(5)}x^{8/3}+\frac{3^2}{2^4 2!(5)(8)}x^{14/3}-\frac{3^3}{2^6 3!(5)(8)(11)}x^{20/3}$$
$$+\frac{3^4}{2^8 4!(5)(8)(11)(14)}x^{26/3}-\frac{3^5}{2^{10}5!(5)(8)(11)(14)(17)}x^{32/3}+\cdots;$$
$$y_2=x^{-2/3}-\frac{3}{2^2 1!(1)}x^{4/3}+\frac{3^2}{2^4 2!(1)(4)}x^{10/3}-\frac{3^3}{2^6 3!(1)(4)(7)}x^{16/3}$$
$$+\frac{3^4}{2^8 4!(1)(4)(7)(10)}x^{22/3}-\frac{3^5}{2^{10}5!(1)(4)(7)(10)(13)}x^{28/3}+\cdots$$

13. $y_1=c_0(x-1),\ y_2=c_0^*\left[(x-1)\ln(x)-3x+\dfrac{1}{4}x^2+\dfrac{1}{36}x^3+\dfrac{1}{288}x^4+\dfrac{1}{2400}x^5+\cdots\right]$

15. $y_1=c_0[x^4+2x^5+3x^6+4x^7+5x^8+\cdots]=c_0\dfrac{x^4}{(x-1)^2},\ y_2=c_0^*\dfrac{3-4x}{(x-1)^2}$

17. $y_1=c_0\left[x^2+\dfrac{1}{3!}x^4+\dfrac{1}{5!}x^6+\dfrac{1}{7!}x^8+\dfrac{1}{9!}x^{10}+\cdots\right],\ y_2=c_0^*\left[x-x^2+\dfrac{1}{2!}x^3-\dfrac{1}{3!}x^4+\dfrac{1}{4!}x^5-\cdots\right]$

19. $y_1=c_0\left[x^2-x^3+\dfrac{1}{3}x^4-\dfrac{1}{36}x^5-\dfrac{7}{720}x^6+\cdots\right],$

$$y_2 = c_0^* \left[y_1 \ln x - x + \frac{3}{2}x^3 - \frac{31}{36}x^4 + \frac{65}{432}x^5 + \frac{61}{4320}x^6 + \cdots \right]$$

21. $y_1 = c_0 x^{2+2\sqrt{2}} \left[1 - \frac{3+2\sqrt{2}}{1+4\sqrt{2}}x + \frac{(3+2\sqrt{2})(2+\sqrt{2})}{(1+4\sqrt{2})(2+4\sqrt{2})}x^2 + \cdots \right]$,

$$y_2 = c_0^* x^{2-2\sqrt{2}} \left[1 - \frac{3-2\sqrt{2}}{1-4\sqrt{2}}x + \frac{(3-2\sqrt{2})(2-\sqrt{2})}{(1-4\sqrt{2})(2-4\sqrt{2})}x^2 - \frac{(3-2\sqrt{2})(4-2\sqrt{2})(5-2\sqrt{2})}{(-5-2\sqrt{2})(-2-4\sqrt{2})(3-6\sqrt{2})}x^3 + \cdots \right]$$

5장 벡터와 벡터공간

연습문제 5.1

1. $(2+\sqrt{2})\mathbf{i}+3\mathbf{j}$, $(2-\sqrt{2})\mathbf{i}-9\mathbf{j}+10\mathbf{k}$, $4\mathbf{i}-6\mathbf{j}+10\mathbf{k}$, $3\sqrt{2}\mathbf{i}+18\mathbf{j}-15\mathbf{k}$, $\sqrt{38}$

3. $3\mathbf{i}-\mathbf{k}$, $\mathbf{i}-10\mathbf{j}+\mathbf{k}$, $4\mathbf{i}-10\mathbf{j}$, $3\mathbf{i}+15\mathbf{j}-3\mathbf{k}$, $\sqrt{29}$ **5.** $3\mathbf{i}-\mathbf{j}+3\mathbf{k}$, $-\mathbf{i}+3\mathbf{j}-\mathbf{k}$, $2\mathbf{i}+2\mathbf{j}+2\mathbf{k}$, $6\mathbf{i}-6\mathbf{j}+6\mathbf{k}$, $\sqrt{3}$

7. $\frac{3}{\sqrt{5}}(-5\mathbf{i}-4\mathbf{j}+2\mathbf{k})$ **9.** $\frac{4}{9}(-4\mathbf{i}+7\mathbf{j}+4\mathbf{k})$ **11.** $x=3-6t,\ y=t,\ z=0 \quad -\infty < t < \infty$

13. $x=0,\ y=1-t,\ z=3-2t, \quad -\infty < t < \infty$ **15.** $x=2-3t,\ y=-3+9t,\ z=6-2t, \ -\infty < t < \infty$

연습문제 5.2

1. 2; $2/\sqrt{14}$; 직교 아님 **3.** -23; $-23/\sqrt{29}\sqrt{41}$; 직교 아님 **5.** -18; $-9/10$; 직교 아님

7. $3x-y+4z=4$ **9.** $4x-3y+2z=25$ **11.** $7x+6y-5z=-26$ **13.** $-\frac{9}{14}(-3\mathbf{i}+2\mathbf{j}-\mathbf{k})$

15. $\frac{1}{62}(2\mathbf{j}+7\mathbf{j}-3\mathbf{k})$ **17.** $\frac{15}{53}(-9\mathbf{i}+3\mathbf{j}+4\mathbf{k})$

연습문제 5.3

1. $\mathbf{F}\times\mathbf{G}=8\mathbf{i}+2\mathbf{j}+12\mathbf{k}$ **3.** $\mathbf{F}\times\mathbf{G}=-8\mathbf{i}-12\mathbf{j}-5\mathbf{k}$ **5.** 같은 직선 위가 아님. $x-2y+z=3$

7. 같은 직선 위가 아님. $2x-11y+z=0$ **9.** 같은 직선 위가 아님. $29x+37y-12z=30$

11. $\mathbf{i}-\mathbf{j}+2\mathbf{k}$

연습문제 5.4

1. 부분공간 **3.** 부분공간 아님(스칼라배를 하면 네 번째 성분이 1이 아닐 수 있음)

5. 부분공간 아님(한 성분이 0인 벡터들을 더해서 모든 성분이 0이 아닌 벡터를 만들 수 있음)

7. 일차독립 **9.** 일차독립 **11.** 일차종속 $(6, 4, -6, 4)=(4, 0, 0, 2)+2(1, 2, -3, 1)$

13. 일차종속 $-2(1, -2)+2(4, 1)=(6, 6)$ **15.** 일차독립

17. 기저: $(1, 0, 0, -1)$, $(0, 1, -1, 0)$, 차원: 2

19. 기저: $(1, 0, 0, 0)$, $(0, 0, 1, 0)$, $(0, 0, 0, 1)$, 차원: 3 **21.** 기저: $(0, 1, 0, 2, 0, 3, 0)$, 차원: 1

23. $(-5, -3, -3)=-5(1, 1, 1)+2(0, 1, 1)$ **25.** $(-4, 0, 10, -7)=-3(1, 0, -3, 2)-(1, 0, -1, 1)$

26. $\mathbf{V}_1, \ldots, \mathbf{V}_k$가 S의 기저일 때, S에 속하는 벡터 $\mathbf{U}$는 $\mathbf{V}_1, \ldots, \mathbf{V}_k$의 일차결합이다. 따라서 $\mathbf{V}_1, \ldots, \mathbf{V}_k$, $\mathbf{U}$는 일차종속이다.

연습문제 5.5

5. $\mathbf{V}_1=(0, -1, 2, 0)$, $\mathbf{V}_2=(0, 4/5, 2/5, 0)$

7. $\mathbf{V}_1=(-1, 0, 3, 0, 4)$, $\mathbf{V}_2=\frac{1}{26}(109, 0, -41, 0, 58)$, $\mathbf{V}_3=\frac{1}{651}(-962, 0, -1406, 0, 814)$

9. $V_1=(1, 2, 0, -1, 2, 0)$, $V_2=\frac{1}{10}(21, -8, -60, -31, -18, 0)$,
$V_3=\frac{1}{269}(-423, -300, 489, -759, 132, 0)$, $V_4=\frac{1}{91}(337, -145, 250, 29, -9, 0)$

11. $V_1=(0, -2, 0, -2, 0, -2)$, $V_2=(0, 1, 0, -1, 0, 0)$, $V_3=(0, -8/3, 0, -8/3, 0, 16/3)$

연습문제 5.6

1. $\mathbf{u}_S=(-2, 6, 0, 0)$, $\mathbf{u}^\perp=(0, 0, 1, 7)$

3. $\mathbf{u}_S=(9/2, -1/2, 0, 5/2, -13/2)$, $\mathbf{u}^\perp=(-1/2, -1/2, 3, -1/2, -1/2)$

5. $\mathbf{u}_S=(3, 1/2, 3, 1/2, 3, 0, 0)$, $\mathbf{u}^\perp=(5, 1/2, -2, -1/2, -3, -3, 4)$

7. $\mathbf{u}_1, \cdots, \mathbf{u}_k$를 S의 기저벡터라 하고 $\mathbf{v}_1, \cdots, \mathbf{v}_m$을 $S^\perp$의 기저벡터라 하면 $\mathbf{R}^n$ 내의 임의의 벡터 $\mathbf{w}$는 다음처럼 유일하게 표현된다.

$$\mathbf{w}=c_1\mathbf{u}_1+\cdots+c_k\mathbf{u}_k+d_1\mathbf{v}_1+\cdots+d_m\mathbf{v}_m.$$

더 나아가 이들의 벡터들은 모두 일차독립이므로 $\mathbf{R}^n$의 기저를 이룬다. 따라서

$$\dim(S)+\dim(S^\perp)=k+m=n.$$

9. $\mathbf{u}_S=\frac{7}{3}(1, 1, -1, 0, 0)+(0, 2, 1, 0, 0)-\frac{4}{3}(0, 1, -2, 0, 0)=\left(\frac{11}{3}, 3, -\frac{11}{3}, \frac{11}{3}, 0\right)$

6장 행렬과 1차 연립방정식

연습문제 6.1

1. $\begin{pmatrix} 14 & -2 & 6 \\ 10 & -5 & -6 \\ -26 & -43 & -8 \end{pmatrix}$ **3.** $\begin{pmatrix} 2+2x-x^2 & -12x+(1-x)(x+e^x+2\cos x) \\ 4+2x+2e^x+2xe^x & -22-2x+e^{2x}+2e^x\cos x \end{pmatrix}$

5. $\begin{pmatrix} -36 & 0 & 68 & 196 & 20 \\ 128 & -40 & -36 & -8 & 72 \end{pmatrix}$ **7.** $\mathbf{AB}=\begin{pmatrix} -10 & -34 & -16 & -30 & -14 \\ 10 & -2 & -11 & -8 & -45 \\ -5 & 1 & 15 & 61 & -63 \end{pmatrix}$; BA는 정의 안 됨.

9. $\mathbf{AB}=(115)$; $\mathbf{BA}=\begin{pmatrix} 3 & -18 & -6 & -42 & 66 \\ -2 & 12 & 4 & 28 & -44 \\ -6 & 36 & 12 & 84 & -132 \\ 0 & 0 & 0 & 0 & 0 \\ 4 & -24 & -8 & -56 & 88 \end{pmatrix}$

11. AB는 정의 안 됨; $\mathbf{BA}=\begin{pmatrix} 410 & 36 & -56 & 227 \\ 17 & 253 & 40 & -1 \end{pmatrix}$

13. AB는 정의 안 됨; $\mathbf{BA}=(-16 \ -13 \ -5)$

15. $\mathbf{AB}=\begin{pmatrix} 39 & -84 & 21 \\ -23 & 38 & 3 \end{pmatrix}$; BA는 정의 안 됨. **17.** AB는 14×14; BA 21×21

19. AB는 정의 안 됨; BA는 4×2 **21.** AB는 정의 안 됨; BA는 7×6

23. $\mathcal{M}_{nm}$은 $n\times m$ 차원인 모든 실수 행렬들의 집합이다. $\mathcal{M}_{nm}$에 속하는 행렬들은 합과 스칼라곱이 정의되어 있다. 모든 원소가 0인 영행렬은 덧셈에 대한 항등원이 되고, $-\mathbf{A}=[-a_{ij}]$는 행렬 A의 덧셈에 대한 역원이다. 또한, 임의의 실수 α, β에 대해

$$(\alpha+\beta)\mathbf{A}=\alpha\mathbf{A}+\beta\mathbf{A},$$
$$(\alpha\beta)\mathbf{A}=\alpha(\beta\mathbf{A}),$$
$$\alpha(\mathbf{A}+\mathbf{B})=\alpha\mathbf{A}+\alpha\mathbf{B}$$

를 만족한다. 따라서 $\mathcal{M}_{nm}$은 벡터공간의 대수적 구조를 가진다. $n\times m$ 행렬의 각 행을 순서대로 한 줄로 나열하면 nm 벡터가 되는데 이 관계는 $\mathcal{M}_{nm}$과 R^{nm} 사이의 일대일 대응이 된다. $\mathcal{M}_{nm}$에 속하는 행렬들 중에서 단 한 원소만 1이고 나머지는

0인 행렬들을 모으면 $\mathcal{M}_{nm}$의 기저가 된다. 따라서 $\mathcal{M}_{nm}$은 R^{nm}과 같이 nm 차원의 벡터공간이다.

연습문제 6.2

문제 1부터 7까지 첫 번째 행렬은 $\Omega\mathbf{A}$이고 두 번째는 Ω이다.

1. $\begin{pmatrix} -2 & 1 & 4 & 2 \\ 0 & \sqrt{3} & 16\sqrt{3} & 3\sqrt{3} \\ 1 & -2 & 4 & 8 \end{pmatrix}, \begin{pmatrix} 1 & 0 & 0 \\ 0 & \sqrt{3} & 0 \\ 0 & 0 & 1 \end{pmatrix}$ **3.** $\begin{pmatrix} 40 & 5 & -15 \\ -2+2\sqrt{13} & 14+9\sqrt{13} & 6+5\sqrt{13} \\ 2 & 9 & 5 \end{pmatrix}, \begin{pmatrix} 0 & 5 & 0 \\ 1 & 0 & \sqrt{13} \\ 0 & 0 & 1 \end{pmatrix}$

5. $\begin{pmatrix} 30 & 120 \\ -3+2\sqrt{3} & 15+8\sqrt{3} \end{pmatrix}, \begin{pmatrix} 0 & 15 \\ 1 & \sqrt{3} \end{pmatrix}$ **7.** $\begin{pmatrix} -1 & 0 & 3 & 0 \\ -36 & 28 & -20 & 28 \\ -13 & 3 & 44 & 9 \end{pmatrix}, \begin{pmatrix} 1 & 0 & 0 \\ 0 & 0 & 4 \\ 14 & 1 & 0 \end{pmatrix}$

9. $i \neq s, i \neq t$인 i에 대해

$$(\mathbf{EA})_{ij} = (\mathbf{E}\text{의 } i\text{행}) \cdot (\mathbf{A}\text{의 } j\text{열}) = (\mathbf{I}_n\mathbf{A})_{ij} = \mathbf{A}_{ij}$$

이다. 또한

$$\begin{aligned}(\mathbf{EA})_{sj} &= (\mathbf{E}\text{의 } s\text{행}) \cdot (\mathbf{A}\text{의 } j\text{열}) \\ &= (\mathbf{I}_n\text{의 t행}) \cdot (\mathbf{A}\text{의 } j\text{열}) \\ &= \mathbf{A}_{tj} = \mathbf{B}_{sj}\end{aligned}$$

이다. 마찬가지로 $(\mathbf{EA})_{tj} = \mathbf{A}_{sj} = \mathbf{B}_{tj}$이다.

문제 13부터 23까지 첫 번째 행렬은 $\mathbf{A}_R$이고 두 번째 행렬은 Ω_R이다.

13. $\begin{pmatrix} 1 & 0 & 1/3 & 4/3 \\ 0 & 1 & 0 & 0 \end{pmatrix}, \begin{pmatrix} 1/3 & -1/3 \\ 0 & 1 \end{pmatrix}$ **15.** $\begin{pmatrix} 1 & 0 & 1 & 1 & -1 \\ 0 & 1 & 0 & 0 & 2 \end{pmatrix}, \begin{pmatrix} 1 & 0 \\ 0 & 1 \end{pmatrix}$ **17.** $\begin{pmatrix} 1 & 1 \\ 0 & 0 \end{pmatrix}, \begin{pmatrix} 0 & 1 \\ 1 & -2 \end{pmatrix}$

19. $\begin{pmatrix} 1 & -4/3 & -4/3 \\ 0 & 0 & 0 \end{pmatrix}, \begin{pmatrix} -1/3 & 0 \\ 0 & 1 \end{pmatrix}$ **21.** $\begin{pmatrix} 1 & 0 & 0 & -3/4 \\ 0 & 1 & 0 & 3 \\ 0 & 0 & 1 & 0 \end{pmatrix}, \begin{pmatrix} 0 & 0 & 1/4 \\ 1 & -1 & -2 \\ -1 & 2 & 2 \end{pmatrix}$

23. $\begin{pmatrix} 1 \\ 0 \\ 0 \\ 0 \end{pmatrix}, \begin{pmatrix} 0 & 0 & 1 & 0 \\ 0 & 1 & 3 & 0 \\ 1 & 0 & -6 & 0 \\ 0 & 0 & -1 & 1 \end{pmatrix}$

연습문제 6.3

1. $\alpha\begin{pmatrix} -1 \\ 1 \\ 1 \\ 0 \end{pmatrix} + \beta\begin{pmatrix} 1 \\ -1 \\ 0 \\ 1 \end{pmatrix}$; 2차원 **3.** $\begin{pmatrix} 0 \\ 0 \\ 0 \end{pmatrix}$(자명해뿐); 0차원 **5.** $\alpha\begin{pmatrix} -9/4 \\ -7/4 \\ -5/8 \\ 13/8 \\ 1 \end{pmatrix}$; 1차원

7. $\alpha\begin{pmatrix} -5/6 \\ -2/3 \\ -8/3 \\ -2/3 \\ 1 \\ 0 \end{pmatrix} + \beta\begin{pmatrix} -5/9 \\ -10/9 \\ -13/9 \\ -1/9 \\ 0 \\ 1 \end{pmatrix}$; 2차원 **9.** $\alpha\begin{pmatrix} 5/14 \\ 11/7 \\ 6/7 \\ 1 \end{pmatrix}$; 1차원 **11.** $\alpha\begin{pmatrix} 1 \\ 1 \\ 0 \\ 1 \\ 1 \\ 0 \\ 0 \end{pmatrix} + \beta\begin{pmatrix} -2 \\ -3/2 \\ 2/3 \\ -4/3 \\ 0 \\ 1 \\ 0 \end{pmatrix} + \gamma\begin{pmatrix} 0 \\ 1/2 \\ -3 \\ 0 \\ 0 \\ 0 \\ 1 \end{pmatrix}$; 3차원

13. $m - \text{rank}(\mathbf{A}) > 0$이면 가능하다. 예를 들어 연립방정식

$$x_1 + 3x_2 = 0,\ 2x_1 + 6x_2 = 0,\ 3x_1 + 9x_3 = 0$$

의 해는 $x_1 = -3x_3$, $x_2 = x_3$이고 해공간은 1차원이다.

연습문제 6.4

1. $\begin{pmatrix}1\\1/2\\4\end{pmatrix}$ **3.** $\alpha\begin{pmatrix}1\\1\\3/2\\1\\0\\0\end{pmatrix}+\beta\begin{pmatrix}0\\0\\1/2\\0\\1\\0\end{pmatrix}+\gamma\begin{pmatrix}-17/2\\-6\\-51/4\\0\\0\\1\end{pmatrix}+\begin{pmatrix}9/2\\3\\25/4\\0\\0\\0\end{pmatrix}$

5. $\alpha\begin{pmatrix}2\\2\\7\\3/2\\1\\0\end{pmatrix}+\beta\begin{pmatrix}-2\\-1\\-9/2\\-3/4\\0\\1\end{pmatrix}+\begin{pmatrix}-4\\-4\\-38\\-11/2\\0\\0\end{pmatrix}$ **7.** $\alpha\begin{pmatrix}-1/2\\-1\\3\\1\\0\end{pmatrix}+\beta\begin{pmatrix}-3/4\\1\\-2\\0\\1\end{pmatrix}+\begin{pmatrix}9/8\\2\\0\\0\\0\end{pmatrix}$

9. $\alpha\begin{pmatrix}-1\\1\\0\\0\\0\\0\\0\\0\end{pmatrix}+\beta\begin{pmatrix}1\\0\\0\\1\\0\\0\\0\\0\end{pmatrix}+\gamma\begin{pmatrix}-3/14\\0\\3/14\\0\\1\\0\\0\end{pmatrix}+\delta\begin{pmatrix}-1\\0\\0\\0\\0\\1\\0\end{pmatrix}+\epsilon\begin{pmatrix}1/14\\0\\-1/14\\0\\0\\0\\1\end{pmatrix}+\begin{pmatrix}-29/7\\0\\1/7\\0\\0\\0\\0\end{pmatrix}$

11. $\alpha\begin{pmatrix}-19/15\\3\\67/15\\1\end{pmatrix}+\begin{pmatrix}22/15\\-5\\-121/15\\0\end{pmatrix}$ **13.** $\begin{pmatrix}16/57\\99/57\\23/57\end{pmatrix}$

15. 연립방정식 AX=B가 해 C를 가진다고 하자. 그러면 AC는 A의 열벡터들의 일차결합이므로 B도 그러하다. 역으로 B가 A의 열벡터들의 일차결합

$$\mathbf{B}=a_1\mathbf{A}_1+\cdots+a_m\mathbf{A}_m$$

이라고 하자. 그러면

$$\mathbf{C}=\begin{pmatrix}a_1\\\vdots\\a_m\end{pmatrix}$$

이 AX=B의 해이다.

연습문제 6.5

1. $\frac{1}{5}\begin{pmatrix}-1&2\\2&1\end{pmatrix}$ **3.** $\frac{1}{12}\begin{pmatrix}-2&2\\1&5\end{pmatrix}$ **5.** $\frac{1}{12}\begin{pmatrix}3&-2\\-3&6\end{pmatrix}$ **7.** $\frac{1}{31}\begin{pmatrix}-6&11&2\\3&10&-1\\1&-7&10\end{pmatrix}$ **9.** $\frac{1}{12}\begin{pmatrix}-6&6&0\\3&9&-2\\-3&3&2\end{pmatrix}$

11. $\frac{1}{11}\begin{pmatrix}-23\\-75\\-9\\14\end{pmatrix}$ **13.** $\frac{1}{7}\begin{pmatrix}22\\27\\30\end{pmatrix}$ **15.** $\frac{1}{5}\begin{pmatrix}-21\\14\\0\end{pmatrix}$

연습문제 6.6

1. $\mathbf{X}^*=\begin{pmatrix}-2\\4\end{pmatrix}$ **3.** $\mathbf{X}^*=\alpha\begin{pmatrix}7/3\\1\\5/3\end{pmatrix}+\begin{pmatrix}-2\\0\\-1\end{pmatrix}$ **5.** $\mathbf{X}^*=\begin{pmatrix}13/5\\7/5\end{pmatrix}$ **7.** $y=4.164x-9.267$

9. $y=3.88x+0.16$

연습문제 6.7

1. -22 **3.** -14 **5.** -2247 **7.** -122 **9.** 72 **11.** $15{,}698$ **13.** $3{,}372$

연습문제 6.8

1. $x_1=-11/47,\ x_2=-100/47$ **3.** $x_1=-1/2,\ x_2=-19/22,\ x_3=2/11$

5. $x_1=5/6,\ x_2=-10/3,\ x_3=-5/6$

7. $x_1=-86,\ x_2=-109/2,\ x_3=-43/2,\ x_4=37/2$

9. $x_1=11/31,\ x_2=-409/93,\ x_3=-1/93,\ x_4=116/93$

연습문제 6.9

각 문제의 해답은 특성다항식, 중복도를 고려한 고유값과 대응되는 고유백터들, Gerschgorin 원의 순서이다.

1. $P_A(\lambda)=\lambda^2-2\lambda-5,$

$$1+\sqrt{6},\begin{pmatrix}\sqrt{6}\\2\end{pmatrix};\ 1-\sqrt{6},\begin{pmatrix}-\sqrt{6}\\2\end{pmatrix};$$

중심 (1, 0), 반지름 3; 중심 (1, 0), 반지름 2

3. $P_A(\lambda)=\lambda^2+3\lambda-10;$

$$-5,\begin{pmatrix}7\\-1\end{pmatrix};\ 2,\begin{pmatrix}0\\1\end{pmatrix};$$

중심 (2, 0), 반지름 1

5. $P_A(\lambda)=\lambda^2-3\lambda+14,$

$$\frac{1}{2}(3+\sqrt{47}\,i),\begin{pmatrix}\dfrac{-1+\sqrt{47}\,i}{4}\end{pmatrix};\frac{1}{2}(3-\sqrt{47}\,i),\begin{pmatrix}\dfrac{-1-\sqrt{47}\,i}{4}\end{pmatrix};$$

중심 (1, 0), 반지름 6; 중심 (2, 0), 반지름 2

7. $P_A(\lambda)=\lambda^3-5\lambda^2+6\lambda,$

$$0,\begin{pmatrix}0\\1\\0\end{pmatrix};\ 2,\begin{pmatrix}2\\1\\0\end{pmatrix};\ 3,\begin{pmatrix}0\\2\\3\end{pmatrix};$$

중심 (0, 0), 반지름 3

9. $P_A(\lambda)=\lambda^2(\lambda+3);$

$$0,0,\begin{pmatrix}1\\0\\3\end{pmatrix};\ -3,\begin{pmatrix}1\\0\\0\end{pmatrix}.$$

중심 (−3, 0), 반지름 2

11. $P_A(\lambda)=(\lambda+14)(\lambda-2)^2,$

$$-14,\begin{pmatrix}-16\\0\\1\end{pmatrix};\ 2,2,\begin{pmatrix}0\\0\\1\end{pmatrix};$$

중심 (−14, 0), 반지름 1; 중심 (2, 0), 반지름 1

13. $P_A(\lambda)=\lambda(\lambda^2-8\lambda+7),$

$$0,\begin{pmatrix}14\\7\\10\end{pmatrix};\ 1,\begin{pmatrix}6\\0\\5\end{pmatrix};\ 7,\begin{pmatrix}0\\0\\1\end{pmatrix};$$

중심 (1, 0), 반지름 2; 중심 (7, 0), 반지름 5

15. $P_A(\lambda) = (\lambda-1)(\lambda-2)(\lambda^2+\lambda-13)$,

$$1, \begin{pmatrix} -2 \\ -11 \\ 0 \\ 1 \end{pmatrix};\ 2, \begin{pmatrix} 0 \\ 0 \\ 1 \\ 0 \end{pmatrix};\ \frac{-1+\sqrt{53}}{2}, \begin{pmatrix} \sqrt{53}-7 \\ 0 \\ 0 \\ 2 \end{pmatrix};\ \frac{-1-\sqrt{53}}{2}, \begin{pmatrix} -\sqrt{53}-7 \\ 0 \\ 0 \\ 2 \end{pmatrix};$$

중심 (−4, 0), 반지름 2; 중심 (3, 0), 반지름 1

연습문제 6.10

문제 1부터 9까지 각각 고유값, 대각화 행렬, 대각화 결과를 제시하거나 대각화 불가능인 이유를 설명한다.

1. $\frac{3+\sqrt{7}i}{2}, \frac{3-\sqrt{7}i}{2}$

$$\mathrm{P} = \begin{pmatrix} 2 & 2 \\ -3-\sqrt{7}i & -3+\sqrt{7i} \end{pmatrix},\quad \mathrm{P}^{-1}\mathrm{AP} = \begin{pmatrix} \frac{3+\sqrt{7}i}{2} & 0 \\ 0 & \frac{3-\sqrt{7}i}{2} \end{pmatrix}$$

3. 고유값은 1, 1이고 모든 고유벡터는 $\begin{pmatrix} 0 \\ 1 \end{pmatrix}$의 상수배 뿐이므로 대각화 불가능.

5. 0, 5, −2

$$\mathrm{P} = \begin{pmatrix} 0 & 5 & 0 \\ 1 & 1 & -3 \\ 0 & 0 & 2 \end{pmatrix},\quad \mathrm{P}^{-1}\mathrm{AP} = \begin{pmatrix} 0 & 0 & 0 \\ 0 & 5 & 0 \\ 0 & 0 & -2 \end{pmatrix}$$

7. 고유값 1, −2, −2이고 −2에 대응되는 고유벡터는 $\begin{pmatrix} -3 \\ 1 \\ 0 \end{pmatrix}$의 상수배 뿐이므로 대각화 불가능.

9. 1, 4, $\frac{-5+\sqrt{5}}{2}, \frac{-5-\sqrt{5}}{2}$

$$\mathrm{P} = \begin{pmatrix} 1 & 0 & 0 & 0 \\ 0 & 1 & \frac{2-3\sqrt{5}}{41} & \frac{2+3\sqrt{5}}{41} \\ 0 & 0 & \frac{-1+\sqrt{5}}{2} & \frac{-1-\sqrt{5}}{2} \\ 0 & 0 & 1 & 1 \end{pmatrix},\quad \mathrm{P}^{-1}\mathrm{AP} = \begin{pmatrix} 1 & 0 & 0 & 0 \\ 0 & 4 & 0 & 0 \\ 0 & 0 & \frac{-5+\sqrt{5}}{2} & 0 \\ 0 & 0 & 0 & \frac{-5-\sqrt{5}}{2} \end{pmatrix}$$

11. $\mathrm{P}^{-1}\mathrm{AP} = \mathrm{D}$이므로, $\mathrm{A} = \mathrm{PDP}^{-1}$이다. 따라서

$$\begin{aligned} \mathrm{A}^k &= (\mathrm{PDP}^{-1})(\mathrm{PDP}^{-1}) \cdots (\mathrm{PDP}^{-1}) \\ &= \mathrm{PD}^k\mathrm{P}^{-1} \end{aligned}$$

이다.

13. $\mathrm{A}^6 = \begin{pmatrix} 1 & 0 \\ -3906 & 15625 \end{pmatrix}$ **15.** $\mathrm{A}^6 = \begin{pmatrix} 8 & 0 \\ 0 & 8 \end{pmatrix}$

7장 선형 연립 미분방정식

연습문제 7.1

1. $\Omega(t) = \begin{pmatrix} -e^{2t} & 3e^{6t} \\ e^{2t} & e^{6t} \end{pmatrix}$; $x_1(t) = -3e^{2t} + 3e^{6t}$, $x_2(t) = 3e^{2t} + e^{6t}$

3. $\Omega(t) = \begin{pmatrix} 4e^{(1+2\sqrt{3})t} & 4e^{(1-2\sqrt{3})t} \\ (-1+\sqrt{3})e^{(1+2\sqrt{3})t} & (-1-\sqrt{3})e^{(1-2\sqrt{3})t} \end{pmatrix}$;

$$x_1(t) = \left(1 + \frac{5}{3}\sqrt{3}\right)e^{(1+2\sqrt{3})t} + \left(1 - \frac{5}{3}\sqrt{3}\right)e^{(1-2\sqrt{3})t},\ x_2(t) = \left(1 - \frac{1}{6}\sqrt{3}\right)e^{(1+2\sqrt{3})t} + \left(1 + \frac{1}{6}\sqrt{3}\right)e^{(1-2\sqrt{3})t}$$

5. $\Omega(t) = \begin{pmatrix} e^t & 0 & e^{-3t} \\ 0 & e^t & 3e^{-3t} \\ e^t & e^t & e^{-3t} \end{pmatrix}$; $x_1(t) = 10e^t - 9e^{-3t}$, $x_2(t) = 24e^t - 27e^{-3t}$, $x_3(t) = 14e^t - 9e^{-3t}$

연습문제 7.2

1. 기본행렬은 $\Omega(t) = \begin{pmatrix} 7e^{3t} & 0 \\ 5e^{3t} & e^{-4t} \end{pmatrix}$, 일반해는 $\mathbf{X}(t) = \Omega(t)\mathbf{C} = \begin{pmatrix} 7c_1e^{3t} \\ 5c_1e^{3t} + c_2e^{-4t} \end{pmatrix}$.

3. $\Omega(t) = \begin{pmatrix} 1 & e^{2t} \\ -1 & e^{2t} \end{pmatrix}$; $\mathbf{X}(t) = \Omega(t)\mathbf{C} = \begin{pmatrix} c_1 + c_2e^{2t} \\ -c_1 + c_2e^{2t} \end{pmatrix}$

5. $\Omega(t) = \begin{pmatrix} 1 & 2e^{3t} & -e^{-4t} \\ 6 & 3e^{3t} & 2e^{-4t} \\ -13 & -2e^{3t} & e^{-4t} \end{pmatrix}$; $\mathbf{X}(t) = \begin{pmatrix} c_1 + 2c_2e^{3t} - c_3e^{-4t} \\ 6c_1 + 3c_2e^{3t} + 2c_3e^{-4t} \\ -13c_1 - 2c_2e^{3t} + c_3e^{-4t} \end{pmatrix}$

7. $\Omega(t) = \begin{pmatrix} -e^t & e^{-2t} & e^{3t} \\ 4e^t & -e^{-2t} & 2e^{3t} \\ e^t & -e^{-2t} & e^{3t} \end{pmatrix}$; $\mathbf{X}(t) = \begin{pmatrix} -c_1e^t + c_2e^{-2t} + c_3e^{3t} \\ 4c_1e^t - c_2e^{-2t} + 2c_3e^{3t} \\ c_1e^t - c_2e^{-2t} + c_3e^{3t} \end{pmatrix}$

9. 기본행렬은 $\Omega(t) = \begin{pmatrix} 2e^{4t} & e^{-3t} \\ -3e^{4t} & 2e^{-3t} \end{pmatrix}$, 초깃값 문제의 해는 $\mathbf{X}(t) = \begin{pmatrix} 6e^{4t} - 5e^{-3t} \\ -9e^{4t} - 10e^{-3t} \end{pmatrix}$.

11. $\Omega(t) = \begin{pmatrix} 0 & e^{2t} & 3e^{3t} \\ 1 & e^{2t} & e^{3t} \\ 1 & 0 & e^{3t} \end{pmatrix}$; $\mathbf{X}(t) = \begin{pmatrix} 4e^{2t} - 3e^{3t} \\ 2 + 4e^{2t} - e^{3t} \\ 2 - e^{3t} \end{pmatrix}$

13. $\Omega(t) = \begin{pmatrix} 3e^{-t} & 0 & e^{4t} \\ -5e^{-t} & -e^{2t} & 0 \\ 0 & e^{2t} & 0 \end{pmatrix}$; $\mathbf{X}(t) = \begin{pmatrix} -\frac{6}{5}e^{-t} + \frac{51}{5}e^{4t} \\ 2e^{-t} - 3e^{2t} \\ 3e^{2t} \end{pmatrix}$ **15.** $\begin{pmatrix} c_1t^8 + c_2t^2 \\ c_1t^8 - 2c_2t^2 \end{pmatrix}$

17. $\Omega(t) = \begin{pmatrix} 2e^{2t}\cos 2t & 2e^{2t}\sin 2t \\ e^{2t}\sin 2t & -e^{2t}\cos 2t \end{pmatrix}$ **19.** $\begin{pmatrix} 5e^t\cos t & 5e^t\sin t \\ e^t[2\cos t + \sin t] & e^t[2\sin t - \cos t] \end{pmatrix}$

21. $\begin{pmatrix} 0 & e^{-t}\cos 2t & e^{-t}\sin 2t \\ 0 & e^{-t}[\cos 2t - 2\sin 2t] & e^{-t}[\sin 2t + 2\cos 2t] \\ e^{-2t} & 3e^{-t}\cos 2t & 3e^{-t}\sin 2t \end{pmatrix}$

23. $\begin{pmatrix} 2\cos t & 2\sin t & 0 & 0 \\ 3\cos t + \sin t & 3\sin t - \cos t & 0 & 0 \\ 0 & 0 & 2\cos t & 2\sin t \\ 0 & 0 & 3\cos t + \sin t & 3\sin t - \cos t \end{pmatrix}$

25. $\begin{pmatrix} 2\cos t - 14\sin t \\ 10\cos t - 20\sin t \end{pmatrix}$ **27.** $\begin{pmatrix} 2e^t + 5e^t[\cos t + \sin t] \\ 2e^t + e^t[2\cos t + 6\sin t] \\ 2e^t + e^t[\cos t + 3\sin t] \end{pmatrix}$

29. $\begin{pmatrix} 6t^3\cos(2\ln t) - 4t^3\sin(2\ln t) \\ 5t^3\cos(2\ln t) + t^3\sin(2\ln t) \end{pmatrix}$ **31.** $\Omega(t) = \begin{pmatrix} e^{3t} & 2te^{3t} \\ 0 & e^{3t} \end{pmatrix}$; $\mathbf{X}(t) = \begin{pmatrix} c_1e^{3t} + 2c_2te^{3t} \\ c_2e^{3t} \end{pmatrix}$

33. $\Omega(t) = \begin{pmatrix} 2e^{4t} & (1-2t)e^{4t} \\ -e^{4t} & te^{4t} \end{pmatrix}$; $\mathbf{X}(t) = \begin{pmatrix} 2c_1e^{4t} + c_2(1-2t)e^{4t} \\ -c_1e^{4t} + c_2te^{4t} \end{pmatrix}$

35. $\Omega(t)=\begin{pmatrix} e^{2t} & 3e^{5t} & 27te^{5t} \\ 0 & 3e^{5t} & (3+27t)e^{5t} \\ 0 & -e^{5t} & (2-9t)e^{5t} \end{pmatrix}$; $\mathbf{X}(t)=\begin{pmatrix} c_1e^{2t}+[3c_2+27c_3t]e^{5t} \\ [3c_2+(3+27t)c_3]e^{5t} \\ [-c_2+(2-9t)c_3]e^{5t} \end{pmatrix}$

37. $\Omega(t)=\begin{pmatrix} 2 & 3e^{3t} & e^t & 0 \\ 0 & 2e^{3t} & 0 & -2e^t \\ 1 & 2e^{3t} & 0 & -2e^t \\ 0 & 0 & 0 & e^t \end{pmatrix}$; $\mathbf{X}(t)=\begin{pmatrix} 2c_1+3c_2e^{3t}+c_3e^t \\ 2c_2e^{3t}-2c_4e^t \\ c_1+2c_2e^{3t}-2c_4e^t \\ c_4e^t \end{pmatrix}$ **39.** $\mathbf{X}(t)=\begin{pmatrix} (5+2t)e^{6t} \\ (3+2t)e^{6t} \end{pmatrix}$

41. $\mathbf{X}(t)=\begin{pmatrix} -e^{2t}+(1+22t)e^{-4t} \\ -6e^{2t}+10e^{-4t} \\ 12e^{-4t} \end{pmatrix}$ **43.** $\mathbf{X}(t)=\begin{pmatrix} 2\cos t+6\sin t \\ -2\cos t+4\sin t \\ (1-9t)e^{2t} \\ (4-9t)e^{2t} \end{pmatrix}$

연습문제 7.3

1. $\mathbf{X}(t)=\begin{pmatrix} [c_1(1+2t)+2c_2t+t^2]e^{3t} \\ [-2c_1t+(1-2t)c_2+t-t^2]e^{3t}+\frac{3}{2}e^t \end{pmatrix}$ **3.** $\mathbf{X}(t)=\begin{pmatrix} [c_1+(1+t)c_2+2t+t^2-t^3]e^{6t} \\ [c_1+c_2t+4t^2-t^3]e^{6t} \end{pmatrix}$

5. $\mathbf{X}(t)=\begin{pmatrix} c_2e^t \\ (1-2c_2)e^t+(c_3-9c_4)e^{3t} \\ 2c_4e^{3t} \end{pmatrix}$ **7.** $\mathbf{X}(t)=\begin{pmatrix} (-1-14t)e^t \\ (3-14t)e^t \end{pmatrix}$

9. $\mathbf{X}(t)=\begin{pmatrix} \left(6+12t+\frac{1}{2}t^2\right)e^{-2t} \\ \left(2+12t+\frac{1}{2}t^2\right)e^{-2t} \\ \left(3+38t+66t^2+\frac{13}{6}t^3\right)e^{-2t} \end{pmatrix}$ **11.** $\Omega(t)\Omega^{-1}(0)=\begin{pmatrix} \frac{2}{5}e^t+\frac{3}{5}e^{6t} & -\frac{2}{5}e^t+\frac{2}{5}e^{6t} \\ -\frac{3}{5}e^t+\frac{3}{5}e^{6t} & \frac{3}{5}e^t+\frac{2}{5}e^{6t} \end{pmatrix}$

13. $\begin{pmatrix} -e^{-3t}+2e^t & e^{-3t}-e^t & -e^{-3t}+e^t \\ -3e^{-3t}+3e^t & 3e^{-3t}-2e^t & -3e^{-3t}+3e^t \\ -e^{-3t}+e^t & e^{-3t}-e^t & -e^{-3t}+2e^t \end{pmatrix}$ **15.** $\mathbf{X}(t)=\begin{pmatrix} 3c_1e^{2t}+c_2e^{6t}-4e^{3t}-\frac{10}{3} \\ -c_1e^{2t}+c_2e^{6t}+\frac{2}{3} \end{pmatrix}$

17. $\mathbf{X}(t)=\begin{pmatrix} c_1e^t+5c_2e^{7t}+\frac{68}{145}\cos 3t-\frac{54}{145}\sin 3t+\frac{40}{7} \\ -c_1e^t+c_2e^{7t}+\frac{2}{145}\cos 3t+\frac{24}{145}\sin 3t-\frac{48}{7} \end{pmatrix}$

19. $\mathbf{X}(t)=\begin{pmatrix} c_1e^t+c_2e^{-t}+c_3e^{-3t}+e^{2t}+12t+6 \\ c_1e^t+3c_2e^{-t}-3c_3e^{-3t}+2e^{2t}+18t \\ c_1e^t+3c_2e^{-t}+c_3e^{-3t}+e^{2t}+21t-1 \end{pmatrix}$ **21.** $\mathbf{X}(t)=\begin{pmatrix} (c_2-c_3)\cos t-(c_2+c_3)\sin t+4e^t \\ -c_1e^{-t}+c_2\cos t-c_3\sin t-e^{-3t}+2e^t \\ c_1e^{-t}+c_2\cos t-c_3\sin t+2e^t+e^{-3t} \end{pmatrix}$

23. $\mathbf{X}(t)=\begin{pmatrix} 2+4(1+t)e^{2t} \\ -2+2(1+2t)e^{2t} \end{pmatrix}$ **25.** $\mathbf{X}(t)=\begin{pmatrix} 10\cos t+\frac{5}{2}t\sin t-5t\cos t \\ 5\cos t+\frac{5}{2}\sin t-\frac{5}{2}t\cos t \end{pmatrix}$

27. $\mathbf{X}(t)=\begin{pmatrix} -\frac{1}{4}e^{2t}+(2+2t)e^t-\frac{3}{4}-\frac{1}{2}t \\ e^{2t}+(2+2t)e^t-1-t \\ -\frac{5}{4}e^{2t}+2te^t-\frac{3}{4}-\frac{1}{2}t \end{pmatrix}$ **29.** $\mathbf{X}(t)=\begin{pmatrix} \frac{1}{4}e^t[-\cos t+\sin t]+\frac{1}{4} \\ \frac{1}{4}t-\frac{1}{4}e^t\sin t \end{pmatrix}$

8장 벡터 미분학

연습문제 8.1

1. $\frac{d}{dt}[f(t)\mathbf{F}(t)] = -12\sin 3t\mathbf{i} + 12t[2\cos 3t - 3t\sin 3t]\mathbf{j} + 8[\cos 3t - 3t\sin 3t]\mathbf{k}$

3. $\frac{d}{dt}[\mathbf{F}(t)\times\mathbf{G}(t)] = [1-4\sin t]\mathbf{i} - 2t\mathbf{j} - [\cos t - t\sin t]\mathbf{k}$

5. $\frac{d}{dt}[f(t)\mathbf{F}(t)] = (1-8t^3)\mathbf{i} + [6t^2\cosh t - (1-2t^3)\sinh t]\mathbf{j} + [-6t^2e^t + e^t(1-2t^3)]\mathbf{k}$

7. $\frac{d}{dt}[\mathbf{F}(t)\times\mathbf{G}(t)] = te^t(2+t)[\mathbf{j}-\mathbf{k}]$ **9.** $\frac{d}{dt}[\mathbf{F}(f(t))] = -16t^3\mathbf{i} - 4t\sin(2t^2)\mathbf{k}$

15. 위치벡터 $\mathbf{F}(t) = \sin t\mathbf{i} + \cos t\mathbf{j} + 45t\mathbf{k}$; 접선벡터 $\mathbf{F}'(t) = \cos t\mathbf{i} - \sin t\mathbf{j} + 45\mathbf{k}$;

길이 $s(t) = \sqrt{2026}\,t$; 위치벡터 $\mathbf{G}(s) = \mathbf{F}(t(s)) = \sin\frac{s}{\sqrt{2026}}\mathbf{i} + \cos\frac{s}{\sqrt{2026}}\mathbf{j} + \frac{45s}{\sqrt{2026}}\mathbf{k}$

17. 위치벡터 $\mathbf{F}(t) = 2t^2\mathbf{i} + 3t^2\mathbf{j} + 4t^2\mathbf{k} = t^2(2\mathbf{i}+3\mathbf{j}+4\mathbf{k})$; 접선벡터 $\mathbf{F}'(t) = 2t(2\mathbf{i}+3\mathbf{j}+4\mathbf{k})$;

길이 $s(t) = \sqrt{29}(t^2-1)$; 위치벡터 $\mathbf{G}(s) = \left(1+\frac{s}{\sqrt{29}}\right)(2\mathbf{i}+3\mathbf{j}+4\mathbf{k})$

20. $\frac{d}{dt}[\mathbf{F}, \mathbf{G}, \mathbf{H}] = \mathbf{F}'(t)\cdot[\mathbf{G}(t)\times\mathbf{H}(t)] + \mathbf{F}(t)\cdot[\mathbf{G}'(t)\times\mathbf{H}(t)] + \mathbf{F}(t)\cdot[\mathbf{G}(t)\times\mathbf{H}'(t)]$

연습문제 8.2

1. $\mathbf{v} = 2\mathbf{i} - 2\mathbf{j} + \mathbf{k}$, $v = 3$, $\mathbf{a} = \mathbf{O}$, $\kappa = 0$, $\mathbf{T} = \frac{1}{3}(2\mathbf{i}-2\mathbf{j}+\mathbf{k})$

3. $\mathbf{v} = 2t(\alpha\mathbf{i} + \beta\mathbf{j} + \gamma\mathbf{k})$, $v = 2|t|\sqrt{\alpha^2+\beta^2+\gamma^2}$, $\mathbf{a} = 2(\alpha\mathbf{i}+\beta\mathbf{j}+\gamma\mathbf{k})$,

(여기서 $t \ge 0$이면 $\mathrm{sgn}(t) = 1$, $t < 0$이면 $\mathrm{sgn}(t) = -1$), $\kappa = 0$, $\mathbf{T} = \frac{1}{\sqrt{\alpha^2+\beta^2+\gamma^2}}(\alpha\mathbf{i}+\beta\mathbf{j}+\gamma\mathbf{k})$.

5. $\mathbf{v}(t) = 3\mathbf{i} + 2t\mathbf{k}$, $v(t) = \sqrt{9+4t^2}$, $\mathbf{a}(t) = 2\mathbf{k}$, $a_T = \frac{4t}{\sqrt{9+4t^2}}$, $a_N = \frac{6}{\sqrt{9+4t^2}}$, $\kappa = \frac{6}{(9+4t^2)^{3/2}}$,

$\mathbf{T} = \frac{1}{\sqrt{9+4t^2}}[3\mathbf{i}+2t\mathbf{k}]$, $\mathbf{N} = \frac{1}{\sqrt{9+4t^2}}[-2t\mathbf{i}+3\mathbf{k}]$, $\mathbf{B} = -\mathbf{j}$

7. $\mathbf{v} = 2\cosh t\mathbf{j} - 2\sinh t\mathbf{k}$, $v = 2\sqrt{\cosh 2t}$, $\mathbf{a} = 2\sinh t\mathbf{j} - 2\cosh t\mathbf{k}$,

$a_T = \frac{2\sinh 2t}{\sqrt{\cosh 2t}}$, $a_N = \frac{2}{\sqrt{\cosh 2t}}$, $\kappa = \frac{1}{2[\cosh 2t]^{3/2}}$,

$\mathbf{T} = \frac{1}{\sqrt{\cosh 2t}}[\cosh t\mathbf{j} - \sinh t\mathbf{k}]$, $\mathbf{N} = \frac{1}{\sqrt{\cosh 2t}}[-\sinh t\mathbf{j} - \cosh t\mathbf{k}]$, $\mathbf{B} = -\mathbf{i}$

9. $\mathbf{T}(s) = (a, b, c)$, $a, b, c \in \mathbb{R}$ 이면 $c(s) = (as+d, bs+e, cs+f)$, $d, e, f \in \mathbb{R}$ 이므로 곡선 C는 직선이다.

11. $\mathbf{B}'(s) = -\tau\mathbf{N}(s)$, 따라서 $\mathbf{N}\cdot\mathbf{B}' = -\tau\mathbf{N}\cdot\mathbf{N} = -\tau\|\mathbf{N}\|^2 = -\tau$.

13. 모든 함수는 s에 대한 미분이다.

$\mathbf{F}' = \mathbf{T}$, $\mathbf{F}'' = \mathbf{T}' = \kappa\mathbf{N}$, $\mathbf{F}''' = \kappa'\mathbf{N} + \kappa\mathbf{N}' = \kappa'\mathbf{N} + \kappa(-\kappa\mathbf{T} + \tau\mathbf{B}) = \kappa'\mathbf{N} - \kappa^2\mathbf{T} + \kappa\tau\mathbf{B}$.

따라서 $[\mathbf{F}', \mathbf{F}'', \mathbf{F}'''] = \kappa^2\tau$이므로 $\tau = \frac{1}{\kappa^2}[\mathbf{F}', \mathbf{F}'', \mathbf{F}''']$.

연습문제 8.3

1. $\frac{\partial \mathbf{G}}{\partial x}=3\mathbf{i}-4y\mathbf{j},\ \frac{\partial \mathbf{G}}{\partial y}=-4x\mathbf{j}$ **3.** $\frac{\partial \mathbf{G}}{\partial x}=2y\mathbf{i}-\sin x\mathbf{j},\ \frac{\partial \mathbf{G}}{\partial y}=2x\mathbf{i}$ **5.** $\frac{\partial \mathbf{G}}{\partial x}=6x\mathbf{i}+\mathbf{j},\ \frac{\partial \mathbf{G}}{\partial y}=-2\mathbf{j}$

7. $\frac{\partial \mathbf{F}}{\partial x}=-4z^2\sin x\mathbf{i}-3x^2yz\mathbf{j}+3x^2y\mathbf{k},\ \frac{\partial \mathbf{F}}{\partial y}=-x^3z\mathbf{j}+x^3\mathbf{k},\ \frac{\partial \mathbf{F}}{\partial z}=8z\cos x\mathbf{i}-x^3y\mathbf{j}$

9. $\frac{\partial \mathbf{F}}{\partial x}=-yz^4\cos xy\mathbf{i}+3y^4z\mathbf{j}-\sinh(z-x)\mathbf{k},\ \frac{\partial \mathbf{F}}{\partial y}=-xz^4\cos xy\mathbf{i}+12xy^3z\mathbf{j},$

$\frac{\partial \mathbf{F}}{\partial z}=-4z^3\sin xy\mathbf{i}+3xy^4\mathbf{j}+\sinh(z-x)\mathbf{k}$

11. $x=x,\ y=\frac{1}{x+c},\ z=e^{x+k};\ x=x,\ y=\frac{1}{x-1},\ z=e^{x-2}$

13. $x=x,\ y=e^x(x-1)+c,\ x^2=-2z+k;\ x=x,\ y=e^x(x-1)-e^2,\ z=\frac{1}{2}(12-x^2)$

15. $x=c,\ y=y,\ 2e^z=k-\sin y;\ x=3,\ y=y,\ z=\ln\left(1+\frac{1}{4}\sqrt{2}-\frac{1}{2}\sin y\right)$

17. $x=x,\ y=c,\ \frac{1}{3}x^3+k=-e^z;\ x=x,\ y=2,\ z=\ln\frac{1}{3}(67-x^3)$

19. $\sin x+c=\ln|\cos y|,\ y=y,\ z=\ln|\cos y|+k;$

$x=\sin^{-1}\left(\frac{1}{2}\sqrt{2}+\ln|\cos y|\right),\ y=y,\ z=1+\ln|\cos y|$

21. $\mathbf{F}=\mathbf{i}+\mathbf{j}+\mathbf{k}$ **23.** 불가능

연습문제 8.4

1. $yz\mathbf{i}+xz\mathbf{j}+xy\mathbf{k},\ \mathbf{i}+\mathbf{j}+\mathbf{k},\ \sqrt{3},\ -\sqrt{3}$

3. $(2y+e^z)\mathbf{i}+2x\mathbf{j}+xe^z\mathbf{k},\ (2+e^6)\mathbf{i}-4\mathbf{j}-2e^6\mathbf{k},\ \sqrt{20+4e^6+5e^{12}},\ -\sqrt{20+4e^6+5e^{12}}$

5. $2y\sinh 2xy\mathbf{i}+2x\sinh 2xy\mathbf{j}-\cosh z\mathbf{k},\ -\cosh 1\mathbf{k},\ \cosh 1,\ -\cosh 1$

7. $\frac{1}{x+y+z}(\mathbf{i}+\mathbf{j}+\mathbf{k}),\ \frac{1}{2}(\mathbf{i}+\mathbf{j}+\mathbf{k}),\ \frac{1}{2}\sqrt{3},\ -\frac{1}{2}\sqrt{3}$

9. $e^x\cos y\cos z\mathbf{i}-e^x\sin y\cos z\mathbf{j}-e^x\cos y\sin z\mathbf{k},\ \frac{1}{2}(\mathbf{i}-\mathbf{j}-\mathbf{k}),\ \frac{1}{2}\sqrt{3},\ -\frac{1}{2}\sqrt{3}$

11. $\frac{1}{\sqrt{3}}(8y^2-z+16xy-x)$ **13.** $\frac{1}{\sqrt{5}}(2x^2z^3+3x^2yz^2)$

15. 0 **17.** $x+y+\sqrt{2}z=4;\ x=y=1+2t,\ z=\sqrt{2}(1+2t)$ **19.** $x=y;\ x=1+2t,\ y=1-2t,\ z=0$

연습문제 8.5

1. 4, $\mathbf{0}$ **3.** $2y+xe^y+2;\ (e^y-2x)\mathbf{k}$ **5.** $2(x+y+z);\ \mathbf{0}$

7. $\mathbf{i}-\mathbf{j}+4z\mathbf{k}$ **9.** $-6x^2yz^2\mathbf{i}-2x^3z^2\mathbf{j}-4x^3yz\mathbf{k}$

11. $[\cos(x+y+z)-x\sin(x+y+z)]\mathbf{i}-x\sin(x+y+z)\mathbf{j}-x\sin(x+y+z)\mathbf{k}$

13. $\nabla\cdot(\varphi\mathbf{F})=\nabla\varphi\cdot\mathbf{F}+\varphi\nabla\cdot\mathbf{F};\ \nabla\times(\varphi\mathbf{F})=\nabla\varphi\times\mathbf{F}+\varphi\nabla\times\mathbf{F}$

15. 힌트: $\mathbf{F}=f_1\mathbf{i}+f_2\mathbf{j}+f_3\mathbf{k},\ \mathbf{G}=g_1\mathbf{i}+g_2\mathbf{j}+g_3\mathbf{k}$라 하고 양변을 계산.

17. 힌트: $r=\|\mathbf{R}\|=(x^2+y^2+z^2)^{1/2}$이라 하면 $r^n=(x^2+y^2+z^2)^{n/2}$,

$\frac{\partial}{\partial x}r^n=\frac{n}{2}(x^2+y^2+z^2)^{(n/2)-1}(2x)=nxr^{n-2}$, 같은 방법으로 $\frac{\partial}{\partial y}r^n$과 $\frac{\partial}{\partial z}r^n$을 구한다.

(a) $\nabla r^n=nr^{n-2}(x\mathbf{i}+y\mathbf{j}+z\mathbf{k})=nr^{n-2}\mathbf{R}$

(b) $\nabla\times(\varphi(r)\mathbf{R})$의 첫 번째 성분은

$\dfrac{\partial}{\partial y}[\varphi(r)z]-\dfrac{\partial}{\partial z}[\varphi(r)y]=z\varphi'(r)\dfrac{\partial r}{\partial y}-y\varphi'(r)\dfrac{\partial r}{\partial z}=\varphi'(r)[zy(x^2+y^2+z^2)^{-1/2}$
$-yz(x^2+y^2+z^2)^{-1/2}]=0$. 같은 방법으로 두 번째와 세 번째 성분을 계산하면 $\nabla\times(\varphi(r)\mathbf{R})=\mathbf{O}$.

연습문제 8.6

1. 0 **3.** $\frac{26}{3}\sqrt{2}$ **5.** $\sin 3-\frac{81}{2}$ **7.** 0 **9.** $-\frac{422}{5}$ **11.** $48\sqrt{2}$

13. $-12e^4+4e^2$ **15.** $\sqrt{14}[\cos 1-\cos 3]$ **17.** $-1530\sqrt{30}$ **19.** $\frac{556}{3}$

21. $\frac{1573}{30}$ **23.** $\cos 1-\cos 4$ **25.** $27\sqrt{2}$ **27.** $-\frac{27}{2}$

연습문제 8.7

1. -8 **3.** -12 **5.** -40 **7.** 512π **9.** 0 **11.** $\frac{95}{4}$ **13.** -12π

19. 0 **21.** C가 원점을 둘러싸면 2π, 아니면 0

연습문제 8.8

1. 보존장, $\varphi(x, y)=xy^3-4y$ **3.** 보존장, $\varphi(x, y)=8x^2+2y-\frac{1}{3}y^3$

5. 보존장, $\varphi(x, y)=\ln(x^2+y^2)$ **7.** 보존장, $\varphi(x, y)=e^y\sin(2x)-\frac{1}{2}y^2$

9. 비보존장 **11.** -27 **13.** $5+\ln(3/2)$ **15.** -5

17. $e^3-24e-9e^{-1}$ **19.** $-8\cosh 2+4$ **21.** -403 **23.** $2e^{-2}$ **25.** 71

연습문제 8.9

1. $125\sqrt{2}$ **3.** $\frac{\pi}{6}[(29)^{3/2}-27]$ **5.** $\frac{28\pi}{3}\sqrt{2}$ **7.** $\frac{9}{8}[\ln(4+\sqrt{17})+4\sqrt{17}]$ **9.** $-10\sqrt{3}$

11. 0 **13.** 60 **15.** $\frac{64\sqrt{3}}{3}$ **17.** $\frac{1}{240}[391\sqrt{17}-25\sqrt{5}]$

연습문제 8.10

1. $\frac{49}{12}$; $\left(\frac{12}{35}, \frac{33}{35}, \frac{24}{35}\right)$ **3.** $9\pi\sqrt{2}$; $(0, 0, 2)$ **5.** 78π; $\left(0, 0, \frac{27}{13}\right)$ **7.** 32

연습문제 8.11

1. $\frac{256}{3}\pi$ **3.** 0 **5.** $\frac{8}{3}\pi$ **7.** 7π **9.** 0 **11.** 0, 왜냐하면 $\nabla\cdot(\nabla\times\mathbf{F})=\mathbf{O}$.

13. 힌트: 2번째 Green 항등식을 이용. **15.** 힌트: Green 정리와 $\nabla\cdot\mathbf{K}=0$을 이용.

연습문제 8.12

1. -8π **3.** -16π **5.** $-\frac{32}{3}$ **7.** -108 **9.** 비보존장 **11.** $\varphi(x, y)=x-2y+z$

13. 비보존장 **15.** 비보존장

9장 푸리에 해석

연습문제 9.1

1. 4; the series (consisting of one term) converges to 4 on $[-3, 3]$.

3. $\dfrac{16}{\pi}\displaystyle\sum_{n=1}^{\infty}\frac{1}{2n-1}\sin((2n-1)x)$, converging to -4 for $-\pi < x < 0$, to 4 for $0 < x < \pi$ and to 0 for $x = 0, -\pi, \pi$.

5. $\dfrac{3}{2}+\dfrac{1}{\pi}\displaystyle\sum_{n=1}^{\infty}\frac{1-(-1)^n}{n}\sin(nx)$, converging to 1 for $-\pi < x < 0$, to 2 for $0 < x < \pi$ and to $3/2$ at $x = 0, -\pi, \pi$.

7. The series converges to

$$\begin{cases} 3/2 & \text{if } x = \pm 3, \\ 2x & \text{if } -3 < x < -2, \\ -2 & \text{if } x = -2, \\ 0 & \text{if } -2 < x < 1, \\ 1/2 & \text{if } x = 1, \\ x^2 & \text{if } 1 < x < 3. \end{cases}$$

9. The series converges to

$$\begin{cases} -1 & \text{if } -4 < x < 0, \\ 0 & \text{if } x = \pm 4 \text{ or } x = 0, \\ 1 & \text{if } 0 < x < 4. \end{cases}$$

연습문제 9.2

1. The cosine series is 4, the function itself, for $0 \le x \le 3$. The sine series is

$$\frac{16}{\pi}\sum_{n=1}^{\infty}\frac{1}{2n-1}\sin\left(\frac{(2n-1)\pi x}{3}\right),$$

converging to 0 if $x = 0$ or $x = 3$ and to 4 for $0 < x < 3$.

3. The cosine series is

$$\frac{4}{3}+\frac{16}{\pi^2}\sum_{n=1}^{\infty}\frac{(-1)^n}{n^2}\cos(n\pi x/2),$$

converging to x^2 for $0 \le x \le 2$. The sine series is

$$-\frac{8}{\pi}\sum_{n=1}^{\infty}\left[\frac{(-1)^n}{n}+\frac{2(1-(-1)^n)}{n^3\pi^2}\right]\sin(n\pi x/2),$$

converging to x^2 if $0 < x < 2$ and to 0 for $x = 0$ and for $x = 2$.

5. The cosine series is

$$\frac{5}{6}+\frac{16}{\pi^2}\sum_{n=1}^{\infty}\left[\frac{1}{n^2}\cos\left(\frac{n\pi}{4}\right)-\frac{4}{n^3\pi}\sin\left(\frac{n\pi}{4}\right)\right]\cos\left(\frac{n\pi x}{4}\right),$$

converging to x^2 for $0 \le x \le 1$ and to 1 for $1 < x \le 4$.
The sine series is

$$\sum_{n=1}^{\infty}\left[\frac{16}{n^2\pi^2}\sin\left(\frac{n\pi}{4}\right)+\frac{64}{n^3\pi^3}\left[\cos\left(\frac{n\pi}{4}\right)-1\right]-\frac{2(-1)^n}{n\pi}\right]\sin\left(\frac{n\pi x}{4}\right),$$

converging to x^2 for $0 \le x \le 1$, 1 for $1 < x < 4$, and 0 for $x = 4$.

연습문제 9.3

1. The Fourier series of $f(x)$ on $[-\pi, \pi]$ is

$$\frac{\pi}{4}+\sum_{n=1}^{\infty}\left[\frac{-1+(-1)^n}{\pi n^2}\cos(nx)+\frac{(-1)^{n+1}}{n}\sin(nx)\right].$$

This converges to $f(x)$ on $(-\pi, \pi)$. Integrate this series term by term to obtain

$$\int_{-\pi}^{x} f(t)\,dt=\frac{\pi}{4}(x+\pi)+\sum_{n=1}^{\infty}\left[\frac{-1+(-1)^n}{\pi n^3}\sin(nx)+\frac{(-1)^n}{n}(\cos(nx)-(-1)^n)\right]$$

for $-\pi < x < \pi$. Now compute $\int_{\pi}^{x} f(t)\,dt$ explicitly and expand the resulting function in a Fourier series on $[-\pi, \pi]$, comparing this with the result of the term by term integration of the series for $f(x)$.

연습문제 9.4

1. $3+\frac{3i}{\pi}\sum_{n=-\infty,n\neq 0}^{\infty}\frac{1}{n}e^{2n\pi ix/3}$

The series converges to 3 for $x = 0$ and $x = 3$, and to $2x$ for $0 < x < 3$. Points of the frequency spectrum are

$$(0,3),\left(\frac{2n\pi}{3},\frac{3}{n\pi}\right).$$

3. $\frac{1}{2}+\frac{3i}{\pi}\sum_{n=-\infty,n\neq 0}^{\infty}e^{(2n-1)\pi ix/2}$

This series converges to $1/2$ if $x = 0, 2$ or 4, to -1 if $0 < x < 2$ and to 2 if $2 < x < 4$. Points of the frequency spectrum are

$$\left(0,\frac{1}{2}\right),\left(\frac{n\pi}{2},\frac{3}{(2n-1)\pi}\right).$$

연습문제 9.5

1. $\int_0^{\infty}\left[\frac{2\sin(\pi\omega)}{\pi\omega^2}-\frac{2\cos(\pi\omega)}{\omega}\right]\sin(\omega x)\,d\omega$, converging to $-\frac{\pi}{2}$ if $x = -x$, to x for $-\pi < x < \pi$. to $\frac{\pi}{2}$ if $x = \pi$, and to 0 if $|x| > \pi$.

3. $\int_0^{\infty}\frac{2}{\pi(1+\omega^2)}\cos(\omega x)\,d\omega$, converging to $e^{-|x|}$ for all real x.

연습문제 9.6

1. sine integral: $\int_0^{\infty}\frac{4}{\pi\omega^3}[10\omega\sin(10\omega)-(50\omega^2-1)\cos(10\omega)-1]\sin(\omega x)d\omega$;

cosine integral: $\int_0^{\infty}\frac{4}{\pi\omega^3}[10\omega\cos(10\omega)-(50\omega^2-1)\sin(10\omega)]\cos(\omega x)\,d\omega$;

both integrals converge to x^2 for $0 \le x < 10$, to 50 if $x = 10$, and to 0 for $x > 10$.

3. sine integral: $\int_0^{\infty} \frac{2k}{\pi\omega}[1-\cos(c\omega)]\sin(\omega x)\,d\omega$; cosine integral: $\int_0^{\infty} \frac{2k}{\pi\omega}\sin(c\omega)\cos(\omega x)d\omega$;

both integrals converge to k for $0 < x < c$, to $\frac{1}{2}k$ for $x = c$, and to 0 for $x > c$.

The coeine integral converges to k for $x = 0$, and the sine integral to 0 for $x = 0$.

5. 생략

연습문제 9.7

1. $2i[\cos(\omega) - 1]/\omega$

   The amplitude spectrum is the graph of

$$|\widehat{f}(\omega)| = \left|\frac{2}{\omega}\cos(\omega - 1)\right|.$$

3. $\frac{4}{1+4i\omega}e^{-(1+4i\omega)k/4}$

   The amplitude spectrum is the graph of

$$\left|\frac{4e^{-k/4}}{\sqrt{1+16\omega^2}}\right|.$$

5. $\frac{24}{16+\omega^2}e^{2i\omega}$

   The amplitude spectrum is the graph of

$$\frac{24}{16+\omega^2}.$$

7. $H(x+2)e^{-(10+(5-3i)x)}$

9. $H(x)te^{-x}$

11. $\frac{1}{1+\omega^2}(1 - e^{-4}\cos(4\omega) + e^{-4}\sin(4\omega)) + \frac{i}{1+\omega^2}(e^{-4}\sin(4\omega) + (e^{-4}\cos(4\omega) - 1)\omega)$

연습문제 9.8

1. $\widehat{f_C}(\omega) = \frac{1}{1+\omega^2},\ \widehat{f_S}(\omega) = \frac{\omega}{1+\omega^2}$

3. $f_C(\omega) = \frac{1}{2}\left[\frac{1}{1+(1+\omega)^2} + \frac{1}{1+(1-\omega)^2}\right]$

$$f_S(\omega) = \frac{1}{2}\left[\frac{1+\omega}{1+(1+\omega)^2} - \frac{1-\omega}{1+(1-\omega)^2}\right].$$

10장 편미분방정식

연습문제 10.1

1. $u(x,t) = \sum_{n=1}^{\infty} \frac{8L^2}{(2n-1)^3\pi^3}\sin((2n-1)\pi x/L)\exp(-(2n-1)^2\pi^2 kt/L^2)$

3. $u(x,t) = \frac{2}{3}\pi^3 + \sum_{n=1}^{\infty} a_n\cos(nx/2)e^{-n^2 t}$,

   where

$$a_n = -\frac{16}{\pi n^4}\left(n^2\pi^2 - 6 + 5(-1)^n\right)$$

5. $u(x,t) = \sum_{n=1}^{\infty} c_n \sin((2n-1)\pi x/2L) e^{-(2n-1)^2\pi^2 kt/4L^2}$,

where

$$c_n = \frac{8B}{\pi^2(2n-1)^2}(-1)^{n+1}$$

7. With $A = -6, B = 0$ and $k = 1$, use the transformation

$$u(x,t) = e^{3x-9t} v(x,t).$$

Then

$$v(x,t) = \sum_{n=1}^{\infty} c_n \sin(nx) e^{-n^2 t}$$

where

$$\begin{aligned} c_n &= \frac{2}{\pi}\int_0^{\pi} \xi(\pi - \xi)e^{-3\xi}\sin(n\xi)\, d\xi \\ &= \frac{2ne^{-3\pi}}{\pi(n^2+9)^3}\left[6\pi(n^2+9)((-1)^n + e^{-3\pi}) + 2(n^2-27)(e^{3\pi} - (-1)^n)\right] \end{aligned}$$

9. Let $u(x,t) = v(x,t) + h(x)$ and choose

$$h(x) = T\left(1 - \frac{x}{L}\right).$$

With $u(x,0) = 0$, then $v(x,0) = -h(x)$ and the solution for v is

$$v(x,t) = \sum_{n=1}^{\infty} b_n \sin(n\pi x/L) e^{-9n^2\pi^2 t/L^2},$$

where

$$b_n = \frac{2}{L}\int_0^L -T\left(1 - \frac{\xi}{L}\right)\sin(n\pi\xi/L)\, d\xi = -\frac{2T}{n\pi}.$$

연습문제 10.2

1. $u(x,t) = \sum_{n=1}^{\infty} \frac{1}{8\pi n^5}(1-(-1)^n)(-1+4n^2 t + e^{-4n^2 t})\sin(nx) + \sum_{n=1}^{\infty} \frac{1}{\pi n^3}(1-(-1)^n)\sin(nx)e^{-4n^2 t}$

3. $$\begin{aligned} u(x,t) &= \sum_{n=1}^{\infty} \frac{27(-1)^{n+1}}{128n^5\pi^5}\left(16n^2\pi^2 - 9 + 9e^{-16n^2\pi^2 t/9}\right)\sin(n\pi x/3) \\ &\quad + \sum_{n=1}^{\infty} \frac{2K}{n\pi}(1-(-1)^n)\sin(n\pi x/3)e^{-16n^2\pi^2 t/9} \end{aligned}$$

연습문제 10.3

1. A solution is given by

$$u(x,t) = \frac{8}{\pi}\int_0^{\infty} \frac{1}{16+\omega^2}\cos(\omega x)e^{-\omega^2 kt}\, d\omega.$$

We can also write

$$u(x,t) = \frac{1}{2\sqrt{\pi kt}}\int_{-\infty}^{\infty} e^{-|\xi|}e^{-(x-\xi)^2/4kt}\, d\xi.$$

3.

$$u(x,t)=\int_0^\infty (a_\omega\cos(\omega x)+b_\omega\sin(\omega x))e^{-\omega^2 kt}$$

where $a_\omega=0$ and

$$b_\omega=\frac{1}{\pi}\int_{-1}^{1} f(\xi)\sin(\omega\xi)\,d\xi=4\left(\frac{1-\cos(\omega)}{\pi\omega}\right)$$

연습문제 10.4

1. $u(x,t)=\dfrac{2}{\pi}\displaystyle\int_0^\infty\left(\frac{\omega}{\omega^2+\alpha^2}\right)\sin(\omega x)e^{-k\omega^2 t}\,d\omega$

3. $u(x,t)=\displaystyle\int_0^\infty a_\omega\cos(\omega x)e^{-\omega^2 kt}\,d\omega,$
where

$$a_\omega=\frac{2}{\pi}\int_0^4 \xi(1+\xi)\cos(\omega\xi)\,d\xi=\frac{2}{\pi\omega^3}\left(-\omega+20\omega^2\sin(4\omega)-2\sin(4\omega)+9\omega\cos(4\omega)\right)$$

연습문제 10.5

1. $u(x,y,t)=\displaystyle\sum_{n=1}^\infty\sum_{m=1}^\infty c_{nm}\sin(n\pi x/L)\sin(m\pi y/K)e^{-\alpha_{nm}t}$
where

$$\alpha_{nm}=\frac{n^2\pi^2}{L^2}+\frac{m^2\pi^2}{K^2}$$

and

$$c_{nm}=\frac{16L^2K^2}{n^3m^3\pi^6}(1-(-1)^n)(1+2(-1)^m).$$

연습문제 10.6

1. $y(x,t)=\displaystyle\sum_{n=1}^\infty\left(\frac{16\sin(n\pi/2)-8n\pi\cos(n\pi/2)}{n^3\pi^3}\right)\sin\left(\frac{n\pi x}{2}\right)\sin\left(\frac{n\pi t}{2}\right)$

3. $y(x,t)=\displaystyle\sum_{n=1}^\infty\frac{24(-1)^{n+1}}{(2n-1)^2\pi}\sin((2n-1)x/2)\cos((2n-1)\sqrt{2}t)$

5. Let $Y(x,t)=y(x,t)+h(x)$ and substitute into the problem to choose $h(x)=(x^3-4x)/9$. The problem for Y is

$$\frac{\partial^2 Y}{\partial t^2}=3\frac{\partial^2 Y}{\partial x^2}$$
$$Y(0,t)=Y(2,t)=0,$$
$$Y(x,0)=\frac{1}{9}(x^3-4x),\ \frac{\partial Y}{\partial t}(x,0)=0,$$

with solution

$$Y(x,t)=\sum_{n=1}^\infty\frac{32(-1)^n}{3n^3\pi^3}\sin(n\pi x/2)\cos(n\pi\sqrt{3}t/2).$$

Then

$$y(x,t)=Y(x,t)-\frac{1}{9}x(x^2-4).$$

7. Let $y(x,t) = Y(x,t) + \psi(x)$, where

$$\psi(x) = -\frac{1}{7}e^{-x} + \frac{1}{14}(e^{-2} - 1)x + \frac{1}{7}.$$

Then

$$Y(x,t) = \sum_{n=1}^{\infty}(a_n \cos(n\pi\sqrt{7}t/2) + b_n \sin(n\pi\sqrt{7}t/2))\sin(n\pi x/2),$$

where

$$a_n = \frac{2}{7n\pi(4+n^2\pi^2)}(-4 + (-n^2\pi^2e^{-2} + e^{-1}n^2\pi^2 + 4e^{-1})(-1)^n)$$

and

$$b_n = \frac{40(-1)^{n+1}}{n^2\pi^2\sqrt{7}}.$$

연습문제 10.7

1. $y(x,t) = \int_0^{\infty} \frac{10}{\pi(25+\omega^2)}\cos(\omega x)\cos(12\omega t)\,d\omega$

3. $y(x,t) = \int_0^{\infty}\left[\left(\frac{e^{-2}}{3\pi\omega}\frac{2\cos(\omega) - \omega\sin(\omega)}{4+\omega^2}\right)\cos(\omega x) + \left(\frac{e^{-2}}{3\pi\omega}\frac{\omega\cos(\omega) + 2\sin(\omega)}{4+\omega^2}\right)\sin(\omega x)\right]\sin(3\omega t)\,d\omega$

5. $y(x,t) = \int_0^{\infty} b_\omega \cos(\omega x)\cos(\omega t/4)\,d\omega + \int_0^{\infty} A_\omega \cos(\omega x)\sin(\omega t/4)\,d\omega,$
where

$$b_\omega = \frac{1}{\pi\omega^2}(2\sin(2\omega) - 4\omega\cos(2\omega))$$

and

$$A_\omega = \frac{8}{\pi\omega^4}(9\omega^2\sin(3\omega) - 2\sin(3\omega) + 6\omega\cos(3\omega)).$$

7. $y(x,t) = -\frac{4}{\pi}\int_0^{\infty}\frac{\omega}{1+\omega^2}\sin(\omega x)\cos(6\omega t)\,d\omega$

연습문제 10.8

1. $y(x,t) = \frac{1}{2}[(x-t)^2 + (x+t)^2] + \frac{1}{2}\int_{x-t}^{x+t} -\xi\,d\xi = x^2 + t^2 - xt$

The forward and backward waves are, respectively,

$$F(x,t) = \frac{1}{2}(x-t)^2 - \frac{1}{2}\int_0^{x-t} -\xi\,d\xi$$

and

$$B(x,t) = \frac{1}{2}(x+t)^2 + \frac{1}{2}\int_0^{x+t} -\xi\,d\xi.$$

3. $y(x,t) = \frac{1}{2}[e^{x-14t} + e^{x+14t}] + xt = e^x\cosh(14t) + xt,$

$$F(x,t) = \frac{1}{2}e^{x-14t} - \frac{1}{28}\int_0^{x-14t}\xi\,d\xi,$$

$$B(x,t) = \frac{1}{2}e^{x+14t} + \frac{1}{14}\int_0^{x+14t}\xi\,d\xi$$

7. Figures 0.1–0.4.

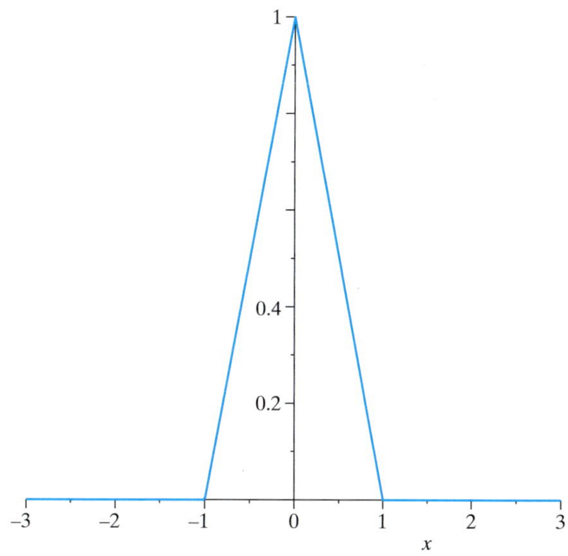

FIGURE 0.1 Problem 7, $t = 0$.

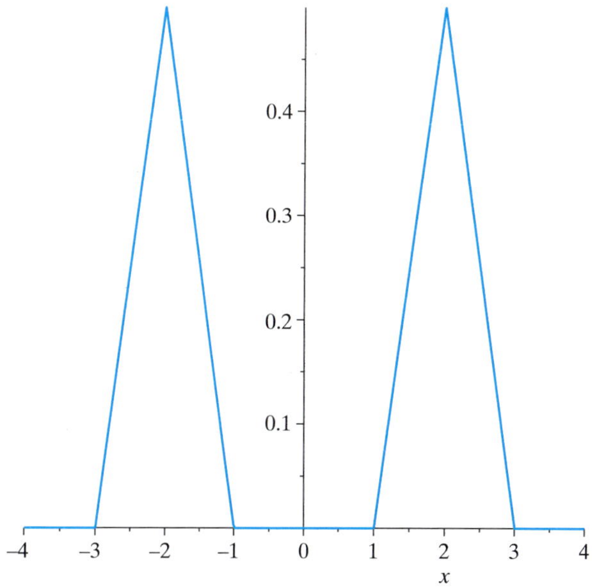

FIGURE 0.2 Problem 7, $t = 1/2$.

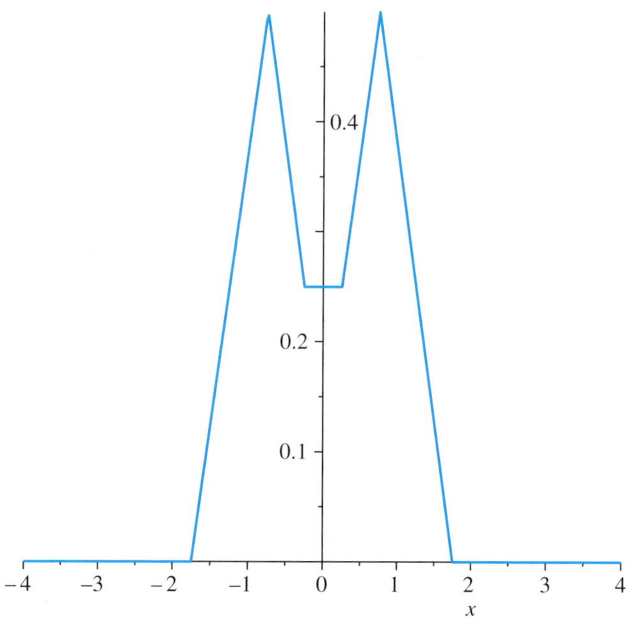

FIGURE 0.3 Problem 7, $t = 3/4$.

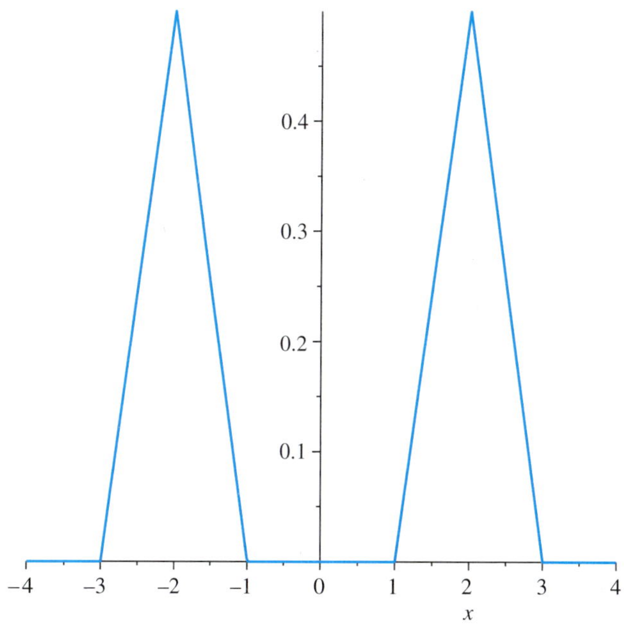

FIGURE 0.4 Problem 7, $t = 2$.

9. Figures 0.10–0.15.

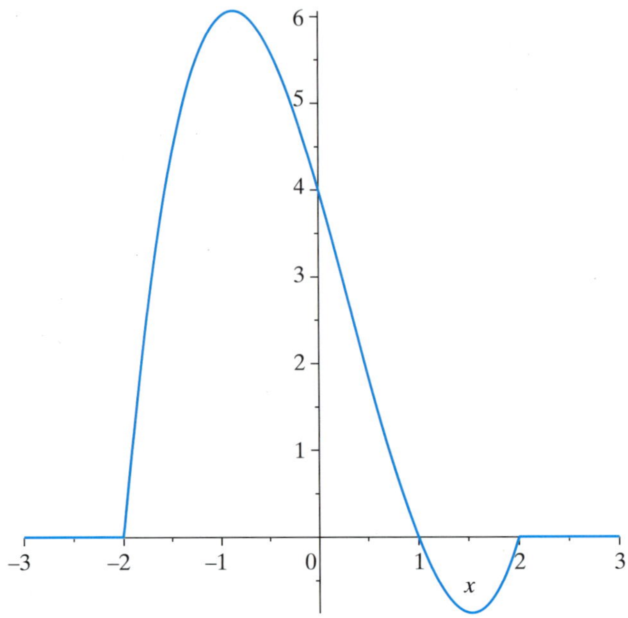

FIGURE 0.10 Problem 9, $t = 0$

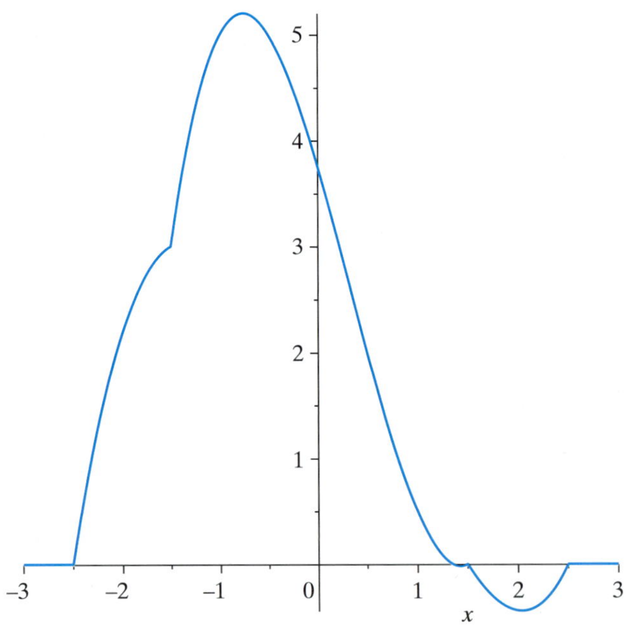

FIGURE 0.11 Problem 9, $t = 1/2$.

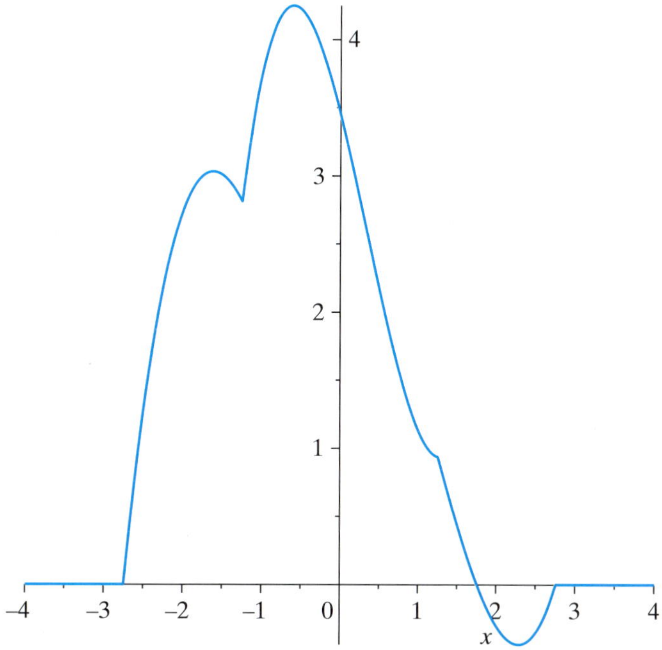

FIGURE 0.12 Problem 9, $t = 3/4$.

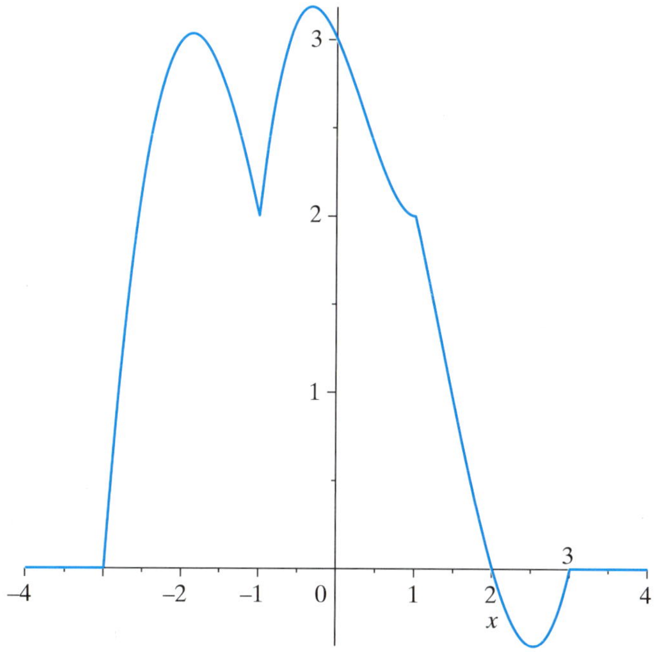

FIGURE 0.13 Problem 9, $t = 1$

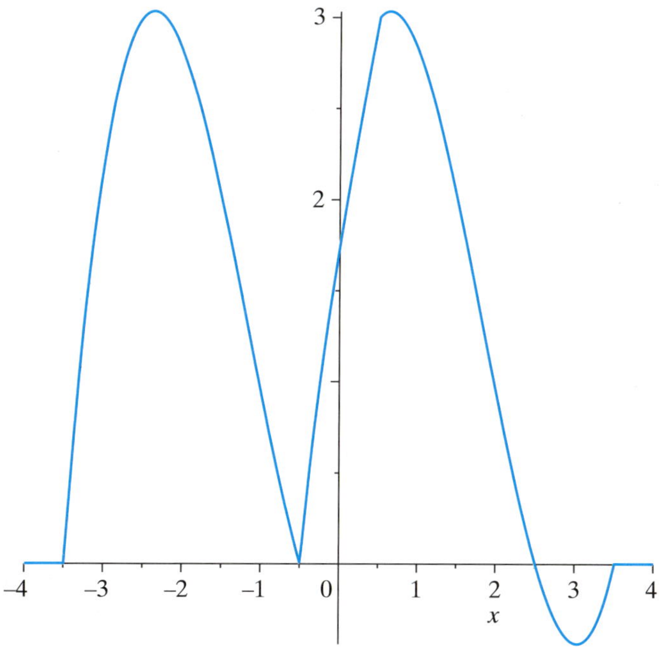

FIGURE 0.14 Problem 9, $t = 3/2$.

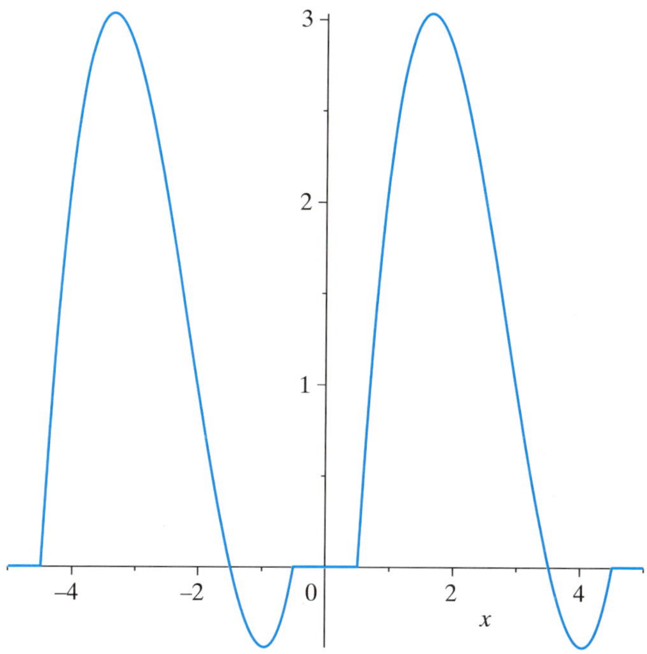

FIGURE 0.15 Problem 9, $t = 5/2$.

연습문제 10.9

1. $y(x,t) = x + \frac{1}{8}(e^{-x+4t} - e^{-x-4t}) + \frac{1}{2}xt^2 + \frac{1}{6}t^3$

3. $y(x,t) = \frac{1}{2}[\cosh(x-3t) + \cosh(x+3t)] + t + \frac{3}{20}xt^5$

연습문제 10.10

1. $z(x,y,t) = \sum_{n=1}^{\infty}\sum_{m=1}^{\infty} a_{nm}\sin(nx/2)\sin(my/2)\cos(\sqrt{n^2+m^2}t/2)$,

where

$$a_{nm} = \frac{32}{n^3 m\pi}(-1)^m(2 - 2(-1)^n + n^2\pi^2(-1)^n).$$

3. $z(x,y,t) = \sum_{n=1}^{\infty}\sum_{m=1}^{\infty} b_{nm}\sin(nx)\sin(my)\sin(3\sqrt{n^2+m^2}t)$,

where

$$b_{nm} = \frac{4}{3nm\sqrt{n^2+m^2}}(-1)^{n+m}.$$

11장 복소해석

연습문제 11.1

1. $26 - 18i$ **3.** $4 + 228i$ **5.** $(-1632 + 2024i)/4225$

7. $|-3+2i| = \sqrt{13}, \arg(-3+2i) = \arctan(-2/3) + \pi + 2k\pi$

9. $2\sqrt{2}e^{3\pi i/4}$ **11.** $\sqrt{65}e^{i(\arctan(1/8))}$

13. Label the vertices z, w, u in counterclockwise order. The sides are vectors represented by the complex numbers $w-z, u-w, z-u$. The triangle is equilateral if and only if

$$|w-z| = |u-w| = z-u|,$$

and each side can be rotated $2\pi/3$ radians to align with the next side. Therefore

$$u - w = (w-z)e^{-2\pi i/3} \text{ and } z - u = (u-w)e^{-2\pi i/3}.$$

Check that this gives $z^2 + w^2 + u^2 = zw + zu + wu$.

15. M is an open half-plane consisting of all $z = x + iy$ with $y < 7$. Boundary points are points $x + 7i$, a horizontal line.

17. $z = x + iy$ is in W if and only if $x > y^2$. This is the open region "inside" the parabola $x = y^2$. Boundary points are points $y^2 + iy$ on the parabola. W is not closed because it does not contain all of its boundary points. W is open because all points of W are interior points.

연습문제 11.2

1. $u(x,y) = x, v(x,y) = y - 1$. The Cauchy-Riemann equations hold everywhere and f is differentiable for all z.

3. $u(x,y) = 0, v(x,y) = x^2 + y^2$. The Cauchy-Riemann equations hold only at $z = 0$, so the only possible number at which f might be differentiable is $z = 0$. From the limit definition of the derivative, we obtain $f'(0) = 0$.

5. $u(x,y) = x^2 - y^2, v(x,y) = -2xy$. The Cauchy-Riemann equations hold only at $z = 0$, and we find from the limit definition of derivative that $f'(0) = 0$.

연습문제 11.3

1. $\cos(1) + i\sin(1)$

3. $e^5[\cos(2) + i\sin(2)]$

5. i

7. $f(z) = ze^z = (x+iy)e^x(\cos(y) + i\sin(y))$
$= xe^x\cos(y) - ye^x\sin(y) + i(ye^x\cos(y) + xe^x\sin(y)),$

so

$$u(x,y) = xe^x\cos(y) - ye^x\sin(y) \text{ and } v(x,y) = ye^x\cos(y) + xe^x\sin(y).$$

The Cauchy-Riemann equations are satisfied at all (x, y).

9. $\ln(2) + (2k+1)\pi$

연습문제 11.4

1. $\ln(4) + i(3\pi/2 + 2n\pi)$, with n any integer.

3. $\frac{1}{2}\ln(85) + (\arctan(-2/9) + (2n+1)\pi)i$

연습문제 11.5

1. $ie^{-(\pi/2+2n\pi)}$

3. $e^{9\pi/4+6n\pi}[\cos(3\ln(2\sqrt{2})) - \sin(3\ln(2\sqrt{2}))]$

5. $16e^{(2n+1)\pi}[\cos(\ln(4)) - i\sin(\ln(4))]$

7. $e^{n\pi i/3}, n = 0, 1, 2, 3, 4, 5$
These numbers are

$$1, \frac{1}{2}(1+\sqrt{3}i), \frac{1}{2}(-1+\sqrt{3}i), -1, \frac{1}{2}(-1-\sqrt{3}i), \frac{1}{2}(1-\sqrt{3}i).$$

연습문제 11.6

1. radius of convergence 2, open disk of convergence $|z+3i| < 2$

3. $2, |z+8i| < 2$

5. $\cos(z) = \sum_{n=0}^{\infty} \frac{(-1)^n}{(2n)!} 2^{2n} z^{2n}$
for $|z| < \infty$ (all z)

7. $(z-9)^2 = 63 - 16i + (-16+2i)(z-1-i) + (z-1-i)^2$

9. First expand e^{zw} in a Maclaurin series:

$$\frac{1}{2\pi i}\oint_\gamma \frac{z^n}{n!w^{n+1}} e^{zw}\, dw = \frac{1}{2\pi i}\oint_\gamma \sum_{k=0}^{\infty} \frac{z^{n+k}w^{k-n-1}}{n!k!}\, dw.$$

Parametrize $w = e^{\theta}$ for $0 \le \theta \le 2\pi$ in this integral to obtain

$$\frac{1}{2\pi i}\oint_\gamma \frac{z^n}{n!w^{n+1}} e^{zw}\, dw = \frac{(z^n)^2}{(n!)^2}.$$

Using this, obtain

$$\sum_{n=0}^{\infty} \frac{1}{(n!)^2} z^{2n} = \frac{1}{2\pi}\int_0^{2\pi} \sum_{n=0}^{\infty} \frac{z^n}{n! e^{i(n+1)\theta}} e^{ze^{i\theta}} e^{i\theta}\, d\theta$$
$$= \frac{1}{2\pi}\int_0^{2\pi} e^{z(e^{i\theta}+e^{i\theta})} d\theta = \frac{1}{2\pi}\int_0^{2\pi} e^{2z\cos(\theta)}\, d\theta.$$

11. $\cos^3(z)$ has a zero of order 3 at $3\pi/2$.

13. Show that

$$a_n = \frac{f^{(n)}(z_0)}{n!} = b_n \text{ for } n = 0, 1, 2, \cdots.$$

연습문제 11.7

1. $\frac{1}{z-i} + \frac{1}{2i}\sum_{n=0}^{\infty} \frac{(-1)^n}{(2i)^n}(z-i)^n$ for $0 < |z-i| < 2$

3. $-\frac{1}{z-1} - 2 - (z-1), 0 < |z-1| < \infty$

5. $1 + \frac{2i}{z-i}, 0 < |z-i| < \infty$

12장 복소적분

연습문제 12.1

1. $8 - 2i$

3. $-\frac{13}{2} + 2i$

5. $-\cos(2)\sinh(1) - i\sin(2)\cosh(1)$

7. $25i/2$

9. One bound is $1/\sqrt{2}$. Any larger number is also a bound.

연습문제 12.2

1. 0 by Cauchy's theorem

3. $2\pi i$

5. 0

연습문제 12.3

1. $32\pi i$

3. $-2\pi e^2[\cos(1) - \sin(1)i]$

5. $-512\pi(1-2i)\cos(256)$

7. 2π

찾아보기

ㅎ

기타

핵심 공업수학 개정판 번역 및 교정에 참여하신 분

강순부 · 권기운 · 김성옥 · 김영식 · 김원종 · 김정국 · 김태균 · 김홍태
나성수 · 문환표 · 박준상 · 박진주 · 박태훈 · 배은규 · 손진우 · 엄상인
이문식 · 이용균 · 이주성 · 이준경 · 임영빈 · 장인범 · 장주석 · 정은태
정종수 · 정현우 · 정희택 · 조덕빈 · 조범규 · 조영덕 · 조정호 · 최승회
최영기 · 한만배 (가나다 순)

핵심 공업수학 개정판

2022년 9월 1일 인쇄
2022년 9월 5일 발행

원 저 자 ◉ Peter V. O'Neil
역 자 ◉ **공업수학 교재편찬위원회**
발 행 인 ◉ **조 승 식**
발 행 처 ◉ (주)도서출판 **북스힐**
서울시 강북구 한천로 153길 17
등 록 ◉ 제 22-457 호
TEL (02) 994-0071
FAX (02) 994-0073
E-MAIL www.bookshill.com
bookshill@bookshill.com

값 30,000원

ISBN 979-11-5971-454-2